Fortran程序设计（第四版）

Stephen J. Chapman 著

王志强　李浩亮　林慕清　章小莉 等　译

中国电力出版社
CHINA ELECTRIC POWER PRESS

内 容 提 要

本书介绍了 Fortran 语言基础知识，以及结构化程序设计思想，该设计思想使得大型 Fortran 程序的维护更易于实现。本书在讲述 Fortran 知识过程中，按适用于大型项目开发的模式来展开。本书的主要内容有：计算机和 Fortran 语言简介，Fortran 基础知识，程序设计与分支结构，循环和字符操作，基本的 I/O 概念，数组，过程，数组的高级特性，过程的附加特性，字符变量的更多特性，附加的内置数据类型，派生数据类型，过程和模块的高级特性，高级 I/O 概念，指针和动态数据结构，Fortran 面向对象程序设计，优化数组和并行计算，冗余、废弃以及已被删除的 Fortran 特性。

本书是一本理想的 Fortran 语言资料。

图书在版编目（CIP）数据

Fortran 程序设计：第四版/（美）史蒂芬·查普曼（Stephen J.Chapman）著；王志强等译.
—北京：中国电力出版社，2018.10（2024.5重印）
ISBN 978-7-5198-2294-1

Ⅰ. ①F… Ⅱ. ①史…②王… Ⅲ. ①FORTRAN 语言—程序设计 Ⅳ. ①TP312.8

中国版本图书馆 CIP 数据核字（2018）第 174504 号

著作权合同登记号 图字：01-2018-3788
Stephen J. Chapman
Fortran for Scientists and Engineers, Fourth Edition
ISBN: 978-0-07-338589-1, Copyright © 2018 by McGraw-Hill Education.

出版发行：中国电力出版社
地　　址：北京市东城区北京站西街 19 号（邮政编码 100005）
网　　址：http://www.cepp.sgcc.com.cn
责任编辑：刘　炽（liuchi1030@163.com）
责任校对：黄　蓓　常燕昆
装帧设计：王红柳
责任印制：杨晓东

印　　刷：三河市航远印刷有限公司
版　　次：2018 年 10 月第一版
印　　次：2024 年 5 月北京第五次印刷
开　　本：787 毫米×1092 毫米　16 开本
印　　张：51
字　　数：1322 千字
印　　数：8001—9000 册
定　　价：148.00 元

在此谨将本书献给我 8 岁的儿子 Avi，

他是一个年龄只有 8 岁，

但能实际动手编写软件的可爱小伙子！

——Stephen J.Chapman

译 者 的 话

Fortran 起源于 1954 年，是最早出现的高级程序设计语言之一，它主要适合用来解决科学计算方面的问题。今天即使是已经进入到面向对象编程时代，Fortran 语言仍然被专注于数据计算的科学家和工程师广泛使用。本书为第四版，相较于第三版以 Fortran 95/2003 为蓝本，这次主要讲解 Fortran 2008，并在第 17 章增加了并行处理和优化数组两个 Fortran 2008 中的全新内容。但是原书的结构与风格依然未变：章节学习目标明确，自上而下的程序设计方法贯穿始终，理论阐述翔实，例题讲解清晰，代码测试完整，验证学习效果的测验问题和练习内容丰富。所有这些特性都是作者为方便读者自学、掌握 Fortran 语言程序设计而精心设计的，这也成为用 Fortran 语言编程的人们乐于购买本书的亮点。

本书不仅是 Fortran 语言初学者的入门必选，也是熟练掌握 Fortran 语言人员的首选参考书。本书第 1～7 章，从计算机基本结构出发，讲述了计算机中数据的表示。Fortran 语言的发展历史，以及编程良好习惯如何培养，详尽介绍了 Fortran 语言基本知识。第 8～15 章介绍了 Fortran 语言高级特性，为初学者掌握和用好 Fortran 语言提供了强有力的支持。第 16 章介绍了 Fortran 语言面向对象编程方法，第 17 章介绍了 Fortran 2008 中的并行处理和优化数组，第 18 章逐一简述已经宣布废弃的那些 Fortran 旧特性，为遗留的旧版 Fortran 程序继续使用提供支持，这些新知识和旧特性是熟练使用 Fortran 编程人员最关心的内容。

本书自始至终强调树立实际工程编程思想，致力于培养读者编写良好的可读性、维护性和完整性的程序的能力。书中有大量的工程实例，在每章后面的习题中配有很多练习，其中不少练习涉及各个学科的实际工程计算。例如，相对论、电子工程、万有引力、逃逸速度、双曲余弦、振动周期、无线电接收机等的编程。这极利于读者明白所学知识在实际工程中的运用，掌握所学知识，增加学习兴趣。

本书主要译者有刘博雅（第 1～4 章）、林慕清（第 5～7 章）、李浩亮（第 8～10 章）、王志强（第 13～15 章）、张克君（第 16 章）、李援南（第 17 章）、章小莉（第 18 章、附录及其他内容），还得到了张悦、钱榕、李伟、杨志成、霍刚、周志全、曹长宏、章晓盛等人的大力支持。最后章小莉对全部译稿进行了审阅。在此对大家的精诚合作表示深深的感谢！

我们希望这本新修订的第四版图书能为用计算机处理数据计算、完成科学研究的读者们带去更多的帮助。限于时间和水平，书中难免存在不足之处，敬请读者批评指正。

译 者

前　　言

本书第一版是我编写和维护国防和地球物理领域的大型 Fortran 程序的产物。在工作期间，很显然，成功编写大型程序取决于策略和技术，那时候对一个年轻的工程师来说，维护 Fortran 程序与在学校学习 Fortran 程序的编写完全不同。一旦程序投入服务，维护和修改大型程序绝对需要高得令人难以置信的费用。因为编程的人容易理解程序，而修改程序的人相较于原程序员来说就很难明白它们的内容。我编写本书的目标是，既传授 Fortran 语言的基础知识，也很好地讲解编写和维护程序的技术。另外，还希望本书对今后打算从事编程工作的学生有参考价值。

在学生学习程序设计过程的早期，要教会他们花更多的精力来保证程序的可维护性是非常难的。因为课堂上的编程任务都很简单，一个人足以在短时间内完成编写任务，且这些程序也不需要多年的维护。正因为项目简单，一个学生只要参加了课程学习，就能完成所有编程任务，通过考试，即使不学实际工作中参加大型编程项目时需要的习惯，常常也能胜任从“编写”到产生代码整个过程的任务。

本书一开始介绍编写的 Fortran 程序就适用于大型项目开发，这样可以强调在编代码前认真进行设计的重要性。其中设计过程使用的技术是自顶向下设计，即把大型程序分解为可以单独实现的若干个逻辑部分。书中还强调完成单个逻辑部分编写过程的重要性和在开始将各个独立部分集成为最终产品的过程开始之前单元测试的重要性。

另外，本书讲述的 Fortran 程序，工程师和科学家在实际工作与研究中都会遇到。所有编程环境中一个问题是很常见的：必须维护大量遗留代码。在特殊场合的遗留代码起初是用 Fortran Ⅳ（或甚至更早版本！）编写的，今天这些程序的结构已不再被使用。例如，这些代码可以通过使用 IF 语句来完成，或计算转到或赋值转到 GO TO 语句。第 18 章将介绍 Fortran 语言中那些不再被使用，但是在遗留代码中还是会遇到的旧特性。同时也强调在新程序中应该永不再用这些特性，并教会学生在遇到这些特性时如何处理它们。

第四版的变化

本书第四版直接基于 Fortran 95/2003（适用科学家和工程师） 的第三版而编写，保留了上一版的编写结构，但全书都穿插 Fortran 2008 的新知识（以及 Fortran 2015 标准建议的相关内容），可喜的是，Fortran 起源于 1954 年，至今还生机勃勃。

从逻辑上来说，Fortran 2008 大部分新增技术是对 Fortran 2003 的扩展，各章的相应地方都介绍了这些新技术。但是，并行处理和优化数组为全新内容，第 17 章专门对它们有介绍。

绝大多数 Fortran 语言课程授课时间限定为三个月或一个学期，学生从中掌握 Fortran 语言的基础知识和编程基本概念。这些课程的内容为本书第 1～7 章，如果有时间的话，可选学第 8 章、第 9 章。给学生打下良好基础，以便他们在实践中更好地使用 Fortran 语言。

有能力的学生、工作中的科学家和工程师会需要第 11～15 章的 COMPLEX（复数）、派生数据类型和指针知识。工作中的科学家和工程师几乎肯定需要第 18 章中陈旧、丰富和已删除的 Fortran 特性，这些知识很少在课堂中传授。但是本书包含了这些知识，目的在于实际中用 Fortran 语言解决真实问题时，本书依然有参考价值。

本书特点

本书设计了很多特性来强调如何用恰当的方法编写可靠性高的 Fortran 程序。这些特性对于首次学习 Fortran 的学生和实际工程中的人们都很有用。它们是：

1. 现代技术

本书在例题中始终用的是最新特性。许多 Fortran 2008 现代特性中不仅一直保留着 Fortran 语言旧版本的特性，还有了可取代它们的新特性。在这种情况下，例题中用的是现代新技术。旧技术的使用大部分被移到第 18 章中讲述，在那里强调了它们是旧版本的/不受欢迎的。保留的旧版本 Fortran 特性有：使用模块替代 COMMON（通用）块来实现数据共享，DO… END DO 循环替代 DO…CONTINUE 循环，内部过程替代语句函数、CASE 结构替代计算转向 GOTO 语句。

2. 强制类型

全书一直使用 IMPLICIT NONE 语句来强制每个程序中的每个变量类型要显式声明，以便编译时捕捉到常见的打字错误。与程序中每个变量显式声明一起，书中强调创建数据字典的重要性。该字典描述程序中每个变量的作用。

3. 自顶向下设计方法

本书第 3 章介绍了自顶向下设计方法，并且随后的其他章节一直在用该方法。这一方法鼓励学生在开始编代码前，仔细思考，对程序进行好的设计。强调明确定义问题的重要性，以便在开始任何其他工作之前准备好需要的输入和输出数据。一旦问题被恰当定义，紧接着就教授学生逐步细化问题，即将问题分解得更小，把单个子任务设计为子例程或函数，最后告诉学生每个阶段中测试的重要性，包括关于构建程序的单元测试和最终产品的集成测试。书中给出了几个程序示例说明如何进行测试，这些程序可以在一些数据集上正确运行，而在另一数据集上运行时却可能失败。

通过学习本书可以知道标准的程序设计过程是：

（1）清晰地说明要解决的问题。

（2）定义程序需要的输入和将产生的输出。

（3）描述打算用于程序的算法。这一步涉及自顶向下、逐步分解、伪代码或流程图。

（4）把算法转换成 Fortran 程序。

（5）测试程序。这一步包括对于特定子例程的单元测试，也包括用许多不同数据完成最终程序的集成测试。

4. 过程

本书强调用子例程和函数来实现在逻辑上大任务分解出来的子任务，并利用过程隐藏数据，还强调要重视在将子任务集成为最后的程序之前的单元测试。另外，书中还介绍了使用过程时常见的错误，以及怎样避免这些错误（参数类型不匹配、数组长度不匹配等）。书中强调对过程要用好显式接口，因为它使得在对 Fortran 编译时，编译器能尽可能多地捕捉常见的编程错误。

5. 简版和标准版 Fortran

本书强调编写简洁 Fortran 代码的重要性，因为这样才可以很容易地实现代码在不同类型计算机之间的移植。书中还教授学生在自己的程序中一定要用标准版的 Fortran 语句，以便代码达到最大限度的简洁。另外，书中还教授多用像 SELECTED_REAL_KIND 函数这样的特性，以避免在不同机器上运行程序时，发生数据精度和类别不同的问题。

本书也教授学生不要在少数特殊的过程中用与机器型号有关的代码（如调用与机器系统有关的类库文件），以免在移植程序时不得不重写这些代码。

6. 良好的编程习惯

当介绍良好编程习惯时，便于对学生强调它们，这些知识点被突出表示，以示强调这是好的编程做法。另外，每章介绍的“良好的编程习惯”在每章最后都进行了小结。下面举例说明书中如何标示“良好的编程习惯”知识点。

良好的编程习惯

书写代码时，请保证用多个空格来缩进 IF 语句的语句体，从而使代码的可读性好。

7. 编程警示

书中对编程时需要注意的事项进行了突出表示，以提示要避免它们的发生。下面举例说明书中如何标示“编程警示”知识点。

编程警示

要关注整型数运算，因为整型数除法常常会得出难以预料的结果。

8. 指针和动态数据结构

第 15 章详细讨论了 Fortran 指针，包括指针使用不正确可能带来的问题。如内存不足，指针指向的空间将得不到分配。书中给出了很多动态数据结构示例，包括链表和二叉树。

第 16 章讨论了 Fortran 的对象和面向对象编程，包括涉及程序多态性的动态指针的使用。

9. 注意事项

本书中有很多的注意事项，这些注意事项列出的是学生可能感兴趣的其他信息。某些注意事项实质上展示了 Fortran 的发展史。例如，第 1 章有一条注意事项描述了 IBM Model 704，这是第一台运行 Fortran 的机器。另有一条注意事项是对书本知识的补充。再如，第 9 章的一条注意事项回顾和概述了 Fortran 中数组的多处不同。

10. 知识点完整参考资料

最后，书中给出了现代 Fortran 语言的完整参考资料，以便读者在实际应用中能快速查找需要的相关知识点。这里把特别关注点列入在特性表中，很容易查阅，其中包括晦涩和难于理解的特性，如通过地址引用传递过程名，在表控输入语句中的默认值等。

本书教学特点

为了便于学生理解书中所讲内容，本书有如下设计特点：

每章开头列出了本章学习目标。共有 27 个测验分布于全书之中，相应答案在附录 F。这些测验能帮助读者自我检验学习效果。另外，有大约 360 个练习出现在各章节之后，全部练习答案在图书网站可以找到，当然练习答案在教师参考手册上也有包含。各章中“良好的编程习惯”均加粗强调，常见的错误在“编程警示”中给出了提醒，各章末尾也对“良好的编程习惯”和 Fortran 语句和结构进行了小结，最后附录 C 给出了 Fortran 内置过程的详细说明，附录 E 列出了全部的术语。

本书有教师参考手册，其中含有各章练习答案，教师也可在该图书网站的教师参考手册中找到答案，书中全部例题源代码和相关的补充材料也可以从图书网站上下载获得。

关于 Fortran 编译器的注意事项

在写作本书的时候，我用过两种 Fortran 编译器：Intel Visual Fortran Version 16.0 和 GNU G95 Fortran 编译器。两个编译器对 Fortran 2008 的完整功能基本实现，仅有非常少的几项功能不支持，同时这两种编译器对 Fortran 2015 未来的实现特性的建议给予了关注。

在此，我对潜在的用户强烈推荐该两编译器，因为 Intel Fortran 的优点是很好地集成了调试环境，但其缺点是价格偏高。G95 编译器则可以免费使用，但其调试功能相对难用。

用户最后的注意事项

无论我多么努力地审校本书，书中还是会存在一些印刷和打印错误，如果读者发现这些错误，请通过出版社告诉我，我将在重印和改版时努力修正它们。对于你的帮助与支持我深表感谢。

在本书网站上我将提供完整的勘误表和错误改正说明，网址是 www.mhhe.com/chapman4e，如果需要获取修订信息和最新更新请查看该网站。

致谢

在此我对 Raghu Srinivasan 和 McGraw-Hill 教育团队为本次图书修订所做的工作深表感谢。另外，我要感谢我的妻子 Rosa 和女儿 Devorah，她们在本次图书修订过程中给予了我大力支持（在前一版的图书修订中，我也对其他 7 个孩子给予了感谢，但是这次他们均已长大成人）。

Stephen J. Chapman
Melbourne, Victoria, Australia

目　　录

第1章

计算机和Fortran语言简介

本章学习目标：

- 了解计算机的基本组成。
- 理解二进制、八进制和十六进制数。
- 学习 Fortran 语言发展历史。

计算机可以说是20世纪最重要的发明，它以多种方式深刻地影响着我们的生活。当我们去食品店购物，收银台的扫描设备通过计算机识别我们购买的食物。客户在银行的账户是用计算机来管理，自动柜员机、信用卡和借记卡使得我们无论白天还是晚上什么时候都可以办理业务，因为有很多的计算机一直在服务着。计算机也控制着我们的电话和电力系统、微波炉和其他设备的运行，甚至它还控制着汽车的引擎。今天，如果突然使它们的计算机失灵，那么许多国家几乎一夜之间就会崩溃。考虑到计算机对人们生活的重要性，很难想象第一台计算机是在大约65年前才发明出来的东西。

这是个怎样的设备呢？为什么对我们的生活产生如此大的冲击？计算机（computer）是一种特殊的机器，它可以存储信息，并能对信息以令人难于置信的极高速度进行算术计算。存储在计算机内存中的程序（program）能告诉计算机需要按怎样的顺序执行计算任务，从而保证对信息的计算顺利完成。大多数计算机都非常灵活。例如，如果在它的上面执行相应的程序，我用来编写本书的计算机也可以进行银行账户管理。

计算机能够存储巨大量的信息和相应的处理程序，当需要的时候，也可以使信息被立即有效利用。例如，银行的计算机能存储每个客户所有账户上每一笔资金进出的细目表。更大规模的信息存储例子是，在美国信用公司使用计算机存储每个公民的信用历史，有数十亿条信息记录。当需要的时候，公司可以搜索这十几亿条记录信息，从而确认每个人的信用记录，并在几秒钟的时间内向用户展示他的信用状况。

认识到*计算机的能力不会超出人们的想象力*这一点非常重要。计算机仅仅是按照存储在它内存的程序步骤在工作着，当计算机展示它做事情的聪明才智时，是因为聪明的人已经编写好了它正执行的程序，即那个舞台人类已经到达，是人类的集体智慧使得计算机创造了奇迹。本书将教会读者如何编写自己需要的程序，以便计算机完成你所需要它完成的工作。

1.1 计算机

图 1-1 所示框图是典型的计算机结构图，计算机上重要的组成部件（component）是中央处理单元（Central Processing Unit，CPU）、主存（Main Memory）、辅助存储器（Secondary Memory）和输入输出设备（Input and Output Device）。这些组成部件用框图描述如下：

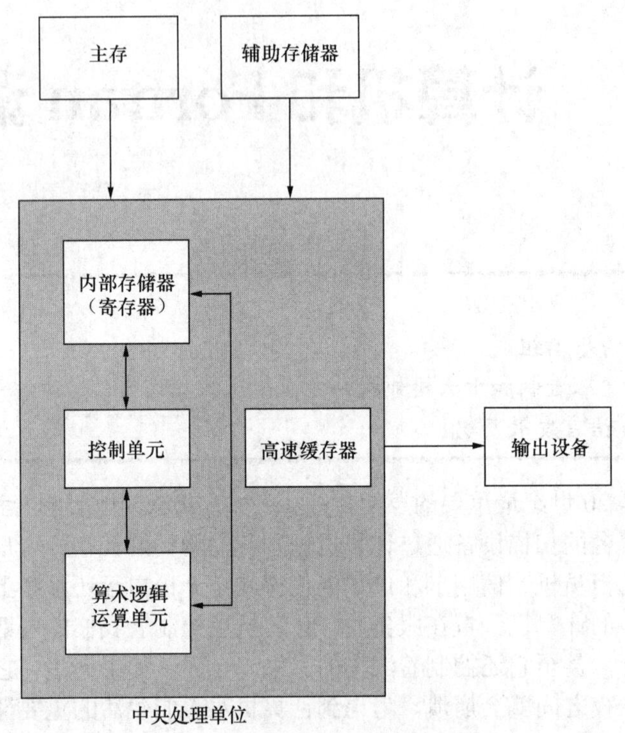

图 1-1　典型的计算机结构框图

1.1.1 CPU

中央处理单元是任何计算机的核心，它由一个控制单元、一个算术逻辑运算单元（ALU）和内部存储器组成。当 ALU 在完成实际算术运算时，CPU 中的控制单元控制着计算机所有其他部件的操作。CPU 中的内部存储器由一系列寄存器组成，用于临时存储运算时产生的中间结果，加上高速缓存，以临时存储在不久的将来需要使用到的数据。

CPU 中的控制单元不仅解释计算机程序指令，也负责从主存（或者高速缓存）获取数据值，存储到寄存器中，还负责把数据值从寄存器传送到输出设备或主存。例如，如果程序要求实现两个数的相乘，并保存结果。控制单元将从主存获取两个数据，存储它们到寄存器，之后，把数据送入 ALU，同时控制 ALU 完成两个数据相乘，再存储结果到另一个寄存器。最后在 ALU 完成数据相乘之后，控制单元取出目标寄存器中的结果，将它存储到高速缓存中（CPU 的其他部分在后续的时间内将数据从高速缓存复制到主要的内存）。

现代 CPU 通过并行操作多个 ALU，变得更快，能够在给定的时间内执行更多的操作。

它们还在 CPU 芯片上集成了更多的高速缓存，从而可以非常快速地获取和保存数据。

1.1.2 存储器

计算机存储器主要划分为三大类：高速缓存、主存或内存，以及辅助存储器。高速缓存存储器是存储在 CPU 芯片内部的存储器。CPU 可以非常快速地访问该存储器，所以允许以非常高的速度进行其内部存储的计算。控制单元预判在程序中将需要哪些数据，并将其从主存储器提前预取到高速缓存中，以便数据可以以最小的延迟得到使用。当数据长时间不再需要时，控制单元会将计算结果从高速缓存中复制回主内存。

主存通常由半导体芯片组成，这些半导体芯片通过称为内存总线的导线与 CPU 相连，其速度非常快。与 CPU 内部的内存相比，相对便宜。存储在主存储器中的数据可以在现代计算机上以几纳秒或更少（有时少得多）时间获取。因为它是如此的快速和便宜，主存储器被用来临时存储当前由计算机执行的程序，以及该程序需要的数据。

主存不用于存储永久保留的程序或数据。大多数主存是不稳定的（volatile），这意味着一旦计算机电源关闭，它的内容就会丢失。此外，主存价格相对更高，于是我们仅购买足以容纳下任何时候运行的最大程序的主存。

辅助存储器是由比主存速度慢和廉价的设备组成。购买它们的价钱可以比主存低很多，但是它们却能存储下比主存多的多的信息。另外，大多数辅助存储设备是稳定的（nonvolatile），这意味着无论计算机电源是否关闭，它都能保存程序和数据，且不丢失。典型的辅助存储器有硬盘（hard disk）、固态硬盘（SSD）、USB 存储棒和 DVD 等。辅助存储设备通常被用于存储不需要立即使用、但将来某个时候还是要用到的程序和数据。

1.1.3 输入和输出设备

数据通过输入设备输入到计算机，通过输出设备从计算机输出。现代计算机上最常见的输入设备有键盘和鼠标。人们可以用键盘敲入计算机程序或数据到计算机中。在某些计算机上也可以发现其他类型的输入设备，如触摸屏、扫描仪、麦克风和摄像机。

输出设备允许人们使用存储在计算机中的数据。今天计算机上最常见的输出设备是显示器和打印机，其他类型的输出设备有绘图仪和扬声器。

1.2 计算机中数据的表示

计算机存储器是由单个数十亿的开关组成的，它们每一个都可以开（ON）或关（OFF），且可以在两种状态下随意切换。每个开关表示一位二进制（也称为 bit，位）数据，ON 表示二进制的 1，OFF 表示二进制的 0。获取开关状态，单个开关就可以唯一表示数字 0 和 1。显然，由于人们日常需要使用的数据不仅仅是 0 和 1，所以在计算机中需要把多个数字位组合在一起来表示数据。当几个位被组合在一起的时候，可以用来表示二进制（基数为 2）系统中的数据。

最通用的一组位被称为字节（byte）。一个字节是 8 位二进制，它用来表示二进制数据。字节是用于度量计算机内存容量的基本单元。例如，我用来编写本书的计算机的主存大小为

24GB（24000000000 字节），辅助存储器（磁盘驱动器）容量为 2TB（2000000000000 字节）。

在计算机中比字节更大的位组称为字（word）。一个字由 2，4 或更多连续的字节组成，每个字表示存储器中的单个数据。字的大小随计算机类型的不同而不同，字不是可以用来度量计算机存储器大小的单位。现代 CPU 的趋势是每个字的大小为 32 位或 64 位二进制。

1.2.1 二进制数系统

在人们熟悉的基数为 10 的计数制系统中，数据的最小位（最右边的）是个位数（10^0），下一位是十位数（10^1），再下一位是百位数（10^2）等，因此，数据 122_{10} 实际上是$(1\times10^2)+(2\times10^1)+(2\times10^0)$。在基数为 10 的系统中，每个数字比它右边的数字的幂大 10［见图 1-2（a）］。

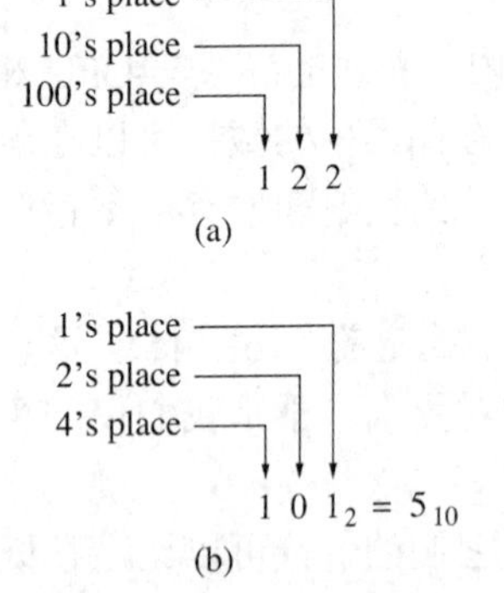

图 1-2（a）基数为 10 的数据 122 实际上是（1×10^2）+（2×10^1）+（2×10^0）；（b）相似地，基数为 2 的数据 101_2 实际上是（1×2^2）+（0×2^1）+（1×2^0）

相似地，在二进制系统中，最小位（最右边的）是 1 的位置（2^0），下一位是 2 的位置（2^1），再下一位是 4 的位置（2^2）等。在基数为 2 的系统中，每一位比它右边的数字的幂大 2。例如，二进制数据 101_2 实际上是（1×2^2）+（0×2^1）+（1×2^0）=5［见图 1-2（b）］，而二进制数 111_2=7。

注意，三位二进制数字可以被用来表示 8 种可能的取值：0（=000_2）到 7（=111_2）。通常，如果 n 位组合在一起构成一个二进制数，那么它们可以表示 2^n 种可能的取值。因此，一组 8 位（1 个字节）二进制数可以表示 256 种可能取值，一组 16 位（2 个字节）二进制数可以表示 65536 种可能取值，32 位（4 个字节）二进制数可以表示 4294967296 种可能取值。

在典型的实现系统中，所有可能的取值一半被留存于表示负数，一半用于表示 0 加上正数，因此，一组 8 位（1 字节）二进制数常用于表示–128 到+127 的数据，包括 0。一组 16 位（2 字节）二进制数常用于表示–32768 到+32767 的数据，包括 0[1]。

注意事项

二进制补码运算

二进制系统中最常用的表示负数的方法称为二的补码表示法。什么是二的补码？它特殊在哪？请看下文。

负数的二进制补码表示

在二进制补码表示法中，数字最右边的位是符号位。如果位为 0，则数据为正。如果是 1，则数据为负数。为了在二进制补码系统中把正数改成为相应的负数，需要完成以下两步操作：

（1）用补码表示数据（把所有的 1 改为 0，所有的 0 改为 1）。

（2）变补码的数据加 1。

下面用简单的 8 位整型数为例说明处理过程。正如已经知道的，8 位二进制表示数据 3 可以写成 00000011，数据–3 的二进制补码表示是：

[1] 在计算机存储器中有几种不同的方式表示负数，在任何一本计算机工程方面的教材上都介绍了这些知识。其中最常用的表示方式被称为二进制补码，在本章的注意事项中对此有详细介绍。

（1）正数变补，为：11111100。

（2）补码数据加 1，为：11111100+1=11111101。

严格来说，同样的过程也可以用来把负数转换为正数。为了把–3（11111101）转换为 3，可以：

（1）负数变补，为：00000010。

（2）补码数据加 1，为：00000010+1=00000011。

二进制补码运算

现在知道了怎样用二进制补码来表示数据，如何实现正数和负数二进制补码之间的转换。二进制补码运算的最大优点是：只要按普通的加法把正数和负数相加，无需特别关注符号位，所得答案是正确的，包括相应的符号位也正确。由于这一事实，计算机可以直接相加两个整型数据，而无需检测它们的符号位。这就简化了计算机电路的设计。

现在列举几个例子来说明这一点。

（1）用补码实现 3+4。

```
  3    00000011
 +4    00000100
 ---   --------
  7    00000111
```

（2）用补码实现(–3)+(–4)。

```
  -3    11111101
 +-4    11111100
 ----   ---------
  -7    111111001
```

在这样的情况下，忽略了结果中的第 9 位，答案是 11111001。二进制补码 11111001 是 00000111 或 7，于是相加的结果是–7!

（3）用补码实现 3+（–4）。

```
   3    00000011
 +-4    11111100
 ----   --------
  -1    11111111
```

答案是 11111111。二进制补码 11111111 是 00000001 或 1，所以相加的结果是–1!

可见，用二进制补码实现二进制数据的相加，无论加数是正数，还是负数，或者一正一负，答案都会是正确的。

1.2.2 二进制数据的八进制和十六进制表示

计算机用二进制系统工作，但人们学习的是十进制。幸运的是，可以编程，使计算机接受十进制数据的输入和输出，也使计算机为了处理，在机器内把数据转换为二进制形式。大多数时候，计算机按二进制工作的事实与程序员无关。

但是，有些情况下，科学家或工程师必须直接操作计算机内部编码为二进制的数据。例如，单个位或一组写在字中的位含有一些机器操作的状态信息。如果这样，程序员将必须考虑字的单个位，所以必然要按二进制系统做操作。

必须按二进制系统做操作的科学家或工程师立即面临二进制数难于理解的问题。例如，像 1100_{10} 的十进制数据用二进制表示是 010001001100_2，操作这样的数据，太容易出错！为避免这样的问题，习惯上把二进制数分为每组 3 位到 4 位二进制数，用单个基数为 8（八进制）或基数为 16（十六进制）的数表示那些位。

为了明白这一思想，注意一组 3 位二进制数可以表示 0（$=000_2$）和 7（$=111_2$）之间的任何一个数字，这些数字在八进制（octal）或基数为 8 的运算系统中也能看到。一个八进制系统有 7 个数字：0 到 7。可以把二进制数按 3 位一组分解，每组用相应的八进制数替代。如，以数据 010001001100_2 为例，把该数按 3 位一组分解 $010|001|001|100_2$，如果每个 3 位组用相应的八进制表示，值可以写成 2114_8。八进制可以严格地表示二进制的相应数据，但位数更紧凑。

相似地，一组 4 位的数据可以表示 0（0000_2）到 15（1111_2）中的任何一个数字。在十六进制或基数为 16 的运算系统中能看到这些数字。十六进制系统有 16 个数字：0 到 9 和 A 到 F。由于十六进制系统需要 16 个数字，人们用 0 到 9 表示前 10 个数字，然后用字母 A 到 F 表示剩余的数字。因此，$9_{16}=9_{10}$，$A_{16}=10_{10}$，$B_{16}=11_{10}$ 等。可以把二进制数按 4 位一组分解，然后每组二进制数用十六进制的数字替代。例如，以数据 010001001100_2 为例，按 4 位一组分解为 $0100|0100|1100_2$，每组 4 位的数字用相应的十六进制数表示，值可以写成为 $44C_{16}$。十六进制数字可以严格地表示二进制的相应数据，但位数更紧凑。

一些计算机厂商更喜欢使用八进制表示位组合模式，当其他计算机厂商喜爱使用十六进制数来表示位组合模式时。两种表示方式相同，即它们都比二进制数的表示位长更短、更紧凑。Fortran 语言程序可以接受 4 种格式（十进制、二进制、八进制和十六进制）中的任何一种表示的输入或输出数据。表 1-1 列出了 0～15 的十进制、二进制、八进制和十六进制形式的数据。

表 1-1　　十进制、二进制、八进制和十六进制数据表

十进制	二进制	八进制	十六进制
0	0000	0	0
1	0001	1	1
2	0010	2	2
3	0011	3	3
4	0100	4	4
5	0101	5	5
6	0110	6	6
7	0111	7	7
8	1000	10	8
9	1001	11	9
10	1010	12	A
11	1011	13	B
12	1100	14	C
13	1101	15	D
14	1110	16	E
15	1111	17	F

1.2.3　存储器中的数据类型

有三种常见数据类型存储在计算机存储器中：字符，整型数和实型 0（数据用十进制表示）。每个数据类型有不同的特性，占用不同数量的计算机存储单元。

1. 字符数据类型

字符数据类型由字符和符号组成。在非亚洲语言中，典型表示字符数据的系统必须含有以下符号：

（1）26 个大写字母 A～Z。

（2）26 个小写字母 a～z。

（3）10 个数字 0 到 9。

（4）各色各样的常用符号，如:”，()，{}，[]，!，～，@，#，$，%，^，&，和 *。

（5）语言需要的特殊字母或符号。如 á ç ë 和£。

由于需要用来书西方语言的字符和符号总数少于 256 个，习惯上用存储器的 1 字节存储每个字符。因此，10000 字符将占用计算机存储器的 10000 字节。

特殊位的数值和相应的字母或符号对应关系，在不同类型的计算机上不同，这与字符的编码系统有关。最重要的编码系统是 ASCII。ASCII 代表信息交换的美国国家标准编码（ANSI X3.4 1977 或 ISO/IEC 646：1991）。ASCII 编码系统定义了可以存储在 1 字节字符中 256 种可能取值的前 128 个数据值。附录 A 中列出了 ASCII 编码系统中 8 位编码和相应的字母和数字。

可以存储在 1 字节字符中的后 128 个字符没有在 ASCII 字符集中定义，在不同的国家或地区，它们的定义不同。这些定义是 ISO 8859 标准系列的一部分，有时候被作为编码页（code page）引用。例如，ISO-8859-1（拉丁语 1）字符集是西欧国家使用的版本。相类似的编码页对东欧语言、阿拉伯语、希腊语、希伯来语等也有效。不幸的是，不同编码页的使用使得程序的输出和文件内容在不同的国家出现不同。结果，这些编码页正在被废弃，也正在被下面介绍的 Unicode 编码系统取代。

一些东方的语言，如中文和日文，含有的字符远多于 256 个（事实上，这些语言需要大约 4000 个字符）。为了在世界上提供这些语言和所有其他语言，称为 Unicode❷的新编码系统被开发出来。在 Unicode 编码系统中，每个字符用 2 个字节存储，于是 Unicode 系统可以支持 65536 个不同的字符。前 128 个 Unicode 字符与 ASCII 字符相同，其他字符块用于表示各种语言，如中文、日文、希伯来语、阿拉伯语和北印度语等。当使用 Unicode 编码系统时，可以表示任何语言中的字符数据。

2. 整型数据

整型数据类型由正数、负数和 0 组成。大量存储器用于存储的整型数会因计算机不同而不同，但是通常整型数占用的内存是 1、2、4 或 8 字节。4 字节整型数是现代计算机中最常用的类型。

由于有限的位被用于存储每个数值，所以在计算机上整型数可表示的数据取值范围有限。通常，可以存储在 n 位整型数中的最小数是：

$$\text{最小整型数}=-2^{n-1} \tag{1-1}$$

而可以存储在 n 位整型数中的最大数是：

$$\text{最大整型数}=2^{n-1}-1 \tag{1-2}$$

对于 4 字节的整型数来说，最小数和最大数分别可以取值–2147483648 和 2147483647。企图使用比整型数最大值更大的数或比整型数最小值更小的数，将带来称为溢出❸的错误。

3. 实型数据

整型数据有两个基本限制：

（1）它不可能表示除整型数部分以外的小数部分（0.25，1.5，3.14159 等）。

（2）它不可能表示非常大的正整型数或非常小的负整型数，因为没有足够多的有效位来表示数值。式 1-1 和式 1-2 给出了在给定的内存空间里可以存储的最大和最小整型数。

要跨越这些限制，计算机包含有实型或浮点数据类型。

实型数据类型用科学表示法存储数据。我们知道用科学表示法可以很方便地表示非常大或非常小的数据。例如，真空中的光速大约是 299800000 米/秒，这个数据用科学表示法很容

❷ Unicode 也被对应于标准的 ISO 10646：2014 来引用。

❸ 当发生溢出时，一些处理器将终止引发溢出的程序的运行。其他处理器则在最大正整型数和最小负整型数之间“循环”数值，不给出任何警告提示。这些操作因计算机类型不同而不同。

易表示成 2.998×10^{8}m/s。科学表示法中表示数据的两个部分称为尾数和指数，上面数据的尾数是 2.998，指数（以十进制为基）是 8。

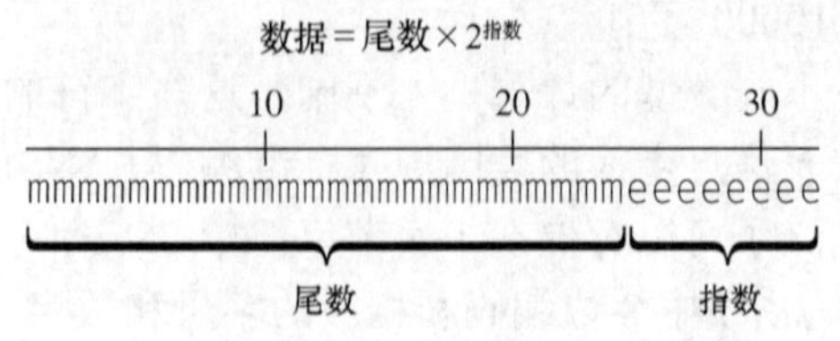

图 1-3 这些浮点数包括 24 位尾数和 8 位指数

计算机中的实型数与上面的科学表示符号很相似，除计算机是按二进制而不是十进制数据计算以外。实型数常占计算机存储器的 32 位（4 字节），划分为两部分：24 位尾数和 8 位指数（见图 1-3）❹。尾数含有的数据在−1.0～1.0 间，指数含有幂为 2 的实际数值。

实数特征是有两个数量值：精度和取值范围。精度是数据中保存的最大数字个数，取值范围是可以表示的最大数据值到最小数据值之间的范围。实数的精度取决于尾数的个数，而数据取值范围依赖于指数位数的个数。一个 24 位的尾数可以表示大约$\pm2^{23}$个数字，或有关 7 位数字的巨大十进制数，所以实数精度为大约是 7 位数的巨大数值。8 位指数可以表示 2^{-128}～2^{127} 个数字，于是实数的取值范围为 10^{-38}～10^{38}。注意实数类型表示的数字可以比整型数大很多或小很多，但仅有 7 位数字表示的精度。

当用多于 7 位精度的数据表示的数值存储在实型变量时，仅有 7 位数字存储在计算机中，其他信息将被永久省略。例如，如果值 12345678.9 存储到 PC 机的实数变量中，它被四舍五入后存入计算机，这就是众所周知的舍入误差错。

本书很多地方用到了实数，在学完本课程之后，也会在程序中用到大量的实数。实数十分有用，但是必须始终牢记它有四舍五入的误差存在，这可能导致程序产生的结果令人瞠目。例如，如果程序必须要区别出 1000000.0 和 1000000.1 不同，那么千万不要用标准的实数类型❺来定义变量，因为它没有足够的精度值来区分这两个数值之间的不同。

编程警示

在程序中使用实数类型时，千万要记住该数据类型的精度和取值范围，以免因微小的、难以发现的编程错误，而导致计算结果不对。

测验 1-1

这个测验是快速检查你是否掌握了 1.2 学到的知识点，如果完成本测验的任务有难度，那么请重新学习本节，向老师请教或与同学讨论学过的知识。本测验的答案提供在本书附录中。

1．用二进制数据表示以下十进制数。

（a）27_{10}

（b）11_{10}

（c）35_{10}

（d）127_{10}

2．用十进制数据表示以下二进制数。

（a）1110_{2}

（b）01010101_{2}

（c）1001_{2}

❹ 这里讨论的是基于 IEEE 标准 754 的浮点数，最现代的计算机支持这一标准。

❺ 在第 11 章会学习怎样使用更高精度的浮点数。

3．用八、十六进制数据表示以下二进制数。

（a）1110010110101101_2

（b）1110111101_2

（c）1001011100111111_2

4．131_{10}的第 4 位是 1 还是 0？

5．假设下列数字是字符变量的内容，根据 ASCII 编码方案查找每个数字对应的字符（在 ASCII 编码方案中的字符附录 A 中有定义）。

（a）77_{10}

（b）01111011_2

（c）249_{10}

6．找出可以存储在 2 字节的整型变量中的最大值和最小值。

7．4 字节的实型变量用来存储的大数据是比 4 字节整型变量存储的数据大吗？为什么是或为什么不是？如果可能，这时候实型变量可能舍弃的数字是什么？

1.3 计算机语言

当计算机执行程序时，它执行的是一些非常简单的操作码字符串序列，如 load（加载）、store（存储）、add（加法）、subtract（减法）、multiply（乘法）等，其中每一个操作码有一个唯一的二进制码（称为操作码）来标识它。计算机执行的程序恰好是一个必然完成任务的操作码（和与操作码关联的数据[6]）字符串序列。由于它们是可以被计算机识别和执行的实际语言，所以操作码集被称为机器语言。

不幸的是，人们发现机器语言很难使用，更喜欢用类似于英语的语句和算术表达式，因为人们很熟悉这类表达形式，而不是 0 和 1 随机组合的数据。人们喜欢用高级语言来编写程序。用高级语言写出指令，然后用称为编译器（compiler）和连接器（linker）的特殊程序来把指令转换为计算机能识别的机器语言。

有许多不同的高级语言，它们各自的特点不同。一些被设计来解决业务问题，其他一些用于解决通用科学问题，而还有一些是特别适合解决像操作系统程序似的应用问题。找出一个适合解决正在求解问题的语言非常重要。

今天一些常用的高级语言包括：Ada、C、C++、Fortran 和 Java。历史上，Fortran 是一个常用于解决科学计算的优秀语言。60 年来它有两种形式，被用于实现从核能源工厂的计算机控制、到飞行器设计程序、再到地震信号处理系统等多件事物。这些程序中，有些在文字上代码量就高达数百万条。该语言特别适合于数据分析和技术运算。另外，Fortran 语言对于超级计算机和大型并行计算机，具有统治地位。

1.4 Fortran 语言发展史

Fortran 是所有科学计算语言的祖先，Fortran 的名字由 FORmula TRANslation（公式转换）

---

[6] 与操作码关联的数据称为操作数。

派生而来，显然该语言出现的初始目的是要将科学计算公式转换为计算机代码。第一版 FORTRAN[7]语言是由 IBM 于 1954～1957 年为它的 704 计算机（见图 1-4）开发的。在那之前，几乎所有的计算机程序都是经手工编写的机器语言，它运行很慢、冗长、且常常出错。FORTRAN 是一个革命性的产品。第一次，程序员能像写一系列标准代数公式似的编写需要的程序，FORTRAN 编译器将转换语句为计算机可以识别和执行的机器语言。

注意事项

IBM 704 计算机是第一台曾经使用过 FORTRAN 语言的计算机，该机器于 1954 年发布，并被广泛使用，直到 1960 年，那时出现了替代品 709。正如在图 1-4 中所见，704 占满了一整个房间。

1954 年那样的计算机能干什么呢？用今天的标准来看，没什么了不起。如今的任何一台台式计算机都能完成它当时所做的工作。704 能每秒钟完成 4000 个整数相乘和相除，或每秒钟完成大约 8000 个浮点数的操作，或每秒钟从磁鼓（磁驱动设备）读取大约 50000 个字节到内存。磁鼓上的数据存储量也非常小，大多数程序是存储在穿孔纸带上，不能被及时使用。

相比来说，一台典型的现代个人计算机（大约 2006 年）每秒钟能完成大约 2000000000 个整数相乘除、数百万的浮点数操作。今天一些小到足于放在桌面的工作站，也能每秒钟完成 5000000000 个浮点数操作，以每秒钟从磁盘读取 25000000 个字节的速度把数据存储到内存，一台典型的 PC 磁盘驱动器可以存储 200000000000 个字节还多的数据。

704 不仅资源有限，且程序用于其他计算机上还需要额外付出劳动，以实现程序移植。人们今天用来构造程序的技术不可能再简单，因为没有足够的速度和存储器来支持它们，也因为早期版本的 FORTRAN 就含有这些技术，所以为什么人们可以在现代版本的 Fortran 中找到许多像“活化石”一样的古老特性。

图 1-4　IBM 704 类型计算机（Bettman/Getty 提供图片）

FORTRAN 非常神奇！它一出现，人们就开始使用它，因为相比于机器语言，用它编程程序非常容易。从 1957 年 4 月该语言正式发布，到 1958 年秋天，多一半的 IBM 704 的程序使用 Fortran 语言编写。

相对于现代版本的 Fortran 程序，原始的 FORTRAN 程序非常小，它仅含有有限条语句，

[7] Fortran 90 之前的版本是人们所知晓的 FORTRAN（全部字母大写），从 Fortran 90 及以后的版本都写成 Fortran（仅有第一个字母大写）。

仅支持整型和实型数据。第一个 FORTRAN 程序没有子程序，它是第一个用高级语言编写的程序，当人们开始有规律地使用该语言时，自然会发现第一个程序存在许多不足，IBM 处理了那些问题，并在 1958 年春天发布了 FORTRAN II。

更进一步的发展持续到 1962 年，当 FORTRAN IV 发布时，FORTRAN IV 有很大改进，它是后面 15 年的 Fortran 版本的标准。1966 年 FORTRAN IV 被 ANSI 标准采纳，它成为众所周知的 FORTRAN 66。

Fortran 语言在 1977 年又接受了一次大修改，FORTRAN 77 含有许多新特性，这些特性适合于结构化程序的设计与维护，它很快的变成了“这个”Fortran。FORTRAN 77 介绍了一些像 IF 块似的结构，并且它是第一版支持字符类型变量的 Fortran，这个 Fortran 使得字符变量很容易操作。

Fortran 语言的下一个重要改进版本是 Fortran 90[8]。Fortran 77 是 Fortran 90 的一个子集，Fortran 90 在许多方面对 Fortran 77 进行了扩展。有关 Fortran 90 中主要的新特点有：自由源码形式、直接操作数组元素或整个数组、参数化数据类型、派生数据类型以及显式接口。Fortran 90 对以前版本的语言做了巨大改进。

1996 年紧随 Fortran 90 之后的 Fortran 95 仅有很小的修改，Fortran 95 语言中添加了几个新特性，例如 FORALL 结构、纯函数和一些新的内置过程。另外，还澄清了 Fortran 90 标准中的几个模糊点。

Fortran 2003 是下一个新修订版本[9]。它对 Fortran 95 有较多改进，包括的新特性有：增强的派生数据类型、面向对象编程、Unicode 字符集、增强的数据操作功能、过程指针和与 C 语言互操作。之后是一个有十分小的更新称为 Fortran 2008 的版本。

本书主要讲述的是 Fortran 2008 语言，Fortran 2008 的设计师刻意使语言向后兼容 FORTRAN 77 和更早版本。由于这种向后兼容性，数百万个用 FORTRAN 77 版本语言编写的程序都可以在 Fortran 2008 中使用。不幸的是，与 Fortran 早期版本向后兼容，Fortran 2008 保留了一些不应在任何现代程序中使用的古老特性。在本书中，我们将仅使用其现代功能来学习在 Fortran 中进行编程。向后兼容而保留的旧特性被归入本书第 18 章。老版本的程序中遇到的任何问题在第 18 章有描述，但是不应该在任何新程序中再使用老特性。

1.5 Fortran 的演进

Fortran 语言是一个动态发展的语言，它在不断地演进，以保持住拥有高级的编程实践和计算技术，每十二年就有一些特别重要的新特性出现，使版本更新。

开发新版 Fortran 语言的责任由国际标准化组织（ISO）的 Fortran 工作组（WG5）承担，该组织已经授权给国际信息技术标准委员会（INCITS）的 J3 委员会，来实际准备新版本的 Fortran 语言。每个新版本的准备涉及到对开始要求语言满足的建议的研究，确定哪些建议被采纳和实现，编写实现草案，向全世界对新建议有兴趣的所有人们传播草案，修改草案和再次试用实现草案，直到人们普遍认可。最终，在世界人民的共同努力下，标准被采用。

---

[8] 美国国家标准编程语言 Fortran，ANSI X3.198—1992，国际标准组织 ISO/IEC 1539：1991，信息技术—编程语言—Fortran。

[9] 国际标准组织 ISO/IEC 1539：2004，信息技术—编程语言—Fortran。

Fortran 语言新版的设计者要花费大量精力，在向后兼容、与现有 Fortran 程序的基本特性和希望的新特性上求平衡。尽管语言已经含有现代结构化的程序特性和方法，但是早期版本的 Fortran 中的不再受欢迎特性因向后兼容原因，依然存在。

设计者开发了一种机制来标识 Fortran 语言中不再需要和废弃的特性，这些特性肯定也不再被使用，最终在语言中定会被删除。已经被新的和更好的方法取代的语言那些部分被声明为废弃特性。已经被声明为废弃的特性在新程序中永不会被用到。正如你看到的，这些特性在现存的 Fortran 代码库中地位在下降，最终它们将被从语言中删除。一个特性只有在语言的前一个版本中被声明为废弃，且特性已经极其罕见地被使用，才可以从语言中删除它。如此维护 Fortran 语言的方式，使得语言的演进永远不会威胁到现存 Fortran 代码库的生存。

Fortran 2008 中大量废弃要被删除的特性在第 18 章有介绍。尽管这些特性还被程序员在现存程序中使用，但是它们在新程序中永不会被再使用。

通过测试图 1-5～图 1-7 这些代码，就可以了解这些年有多少 Fortran 语言的特性正被逐步淘汰。这三段代码展示了如何用 FORTRAN I 和 FORTRAN 77 以及 Fortran 2008 来求解 $ax^2+bx+c=0$ 平方根。显然，语言的可读性越来越好，结构越来越清晰。惊奇的是，仅做少量的修改[10]！Fortran 2008 编译器一直可以编译 FORTRAN I 程序。

```
C   SOLVE QUADRATIC EQUATION IN FORTRAN I
    READ 100,A,B,C
100 FORMAT(3F12.4)
    DISCR = B**2-4*A*C
    IF(DISCR)10,20,30
10  X1=(-B)/(2.*A)
    X2=SQRTF(ABSF(DISCR))/(2.*A)
    PRINT 110,X1,X2
110 FORMAT(5H X =,F12.3,4H+i,F12.3)
    PRINT 120,X1,X2
120 FORMAT(5H X =,F12.3,4H -i,F12.3)
    GOTO 40
20  X1=(-B)/(2.*A)
    PRINT 130,X1
130 FORMAT(11H X1 = X2 =,F12.3)
    GOTO 40
30  X1=((-B)+SQRTF(ABSF(DISCR)))/(2.*A)
    X2=((-B)-SQRTF(ABSF(DISCR)))/(2.*A)
    PRINT 140,X1
140 FORMAT(6H X1 =,F12.3)
    PRINT 150,X2
150 FORMAT(6H X2 =,F12.3)
40  CONTINUE
    STOP 25252
```

图 1-5 求解 $ax^2+bx+c=0$ 平方根的 FORTRAN I 程序

```
    PROGRAM QUAD4
C
C   This program reads the coefficients of a quadratic equation of
C   the form
```

[10] 把 SQRTF 改成 SQRT，ABSF 改成 ABS，加上 END 语言。

```
C      A * X**2+B * X+C = 0,
C    and solves for the roots of the equation(FORTRAN 77 style).
C
C    Get the coefficients of the quadratic equation.
C
     WRITE(*,*)'Enter the coefficients A,B and C:'
     READ(*,*)A,B,C
C
C    Echo the coefficients to make sure they are entered correctly.
C
     WRITE(*,100)'The coefficients are:',A,B,C
100 FORMAT(1X,A,3F10.4)
C
C    Check the discriminant and calculate its roots.
C
     DISCR = B**2 -4.*A*C
     IF(DISCR .LT. 0)THEN
         WRITE(*,*)' This equation has complex roots:'
         WRITE(*,*)' X = ',-B/(2.*A),'+i ',SQRT(ABS(DISCR))/(2.*A)
         WRITE(*,*)' X = ',-B/(2.*A),' -i ',SQRT(ABS(DISCR))/(2.*A)
     ELSE IF((B**2 -4.*A*C).EQ. 0)THEN
         WRITE(*,*)' This equation has a single repeated real root:'
         WRITE(*,*)' X = ',-B/(2.*A)
     ELSE
         WRITE(*,*)' This equation has two distinct real roots:'
         WRITE(*,*)' X = ',(-B+SQRT(ABS(DISCR)))/(2.*A)
         WRITE(*,*)' X = ',(-B - SQRT(ABS(DISCR)))/(2.*A)
     END IF
C
     END
```

图 1-6 求解 $ax^2+bx+c=0$ 平方根的 FORTRAN 77 程序

```
PROGRAM roots
!目的:
!  该程序求解一元二次方程的平方根
!  A * X**2+B * X+C = 0. 计算结果是全方位的
! (Fortran 95/2003 style).
!
IMPLICIT NONE
! 声明程序中用到的变量
REAL::a                   ! 公式中 X**2 的系数
REAL::b                   ! 公式中 X 的系数
REAL::c                   ! 公式中的常数
REAL::discriminant        ! 公式根值判断值
REAL::imag_part           ! 虚部(对复数根)
REAL::real_part           ! 实部(对复数根)
REAL::x1                  ! 第一个根值(对实数根)
REAL::x2                  ! 第二个根值(对实数根)
! 提示用户公式所需的系数
WRITE(*,*)'This program solves for the roots of a quadratic '
WRITE(*,*)'equation of the form A * X**2+B * X+C = 0. '
WRITE(*,*)'Enter the coefficients A,B,and C:'
READ(*,*)a,b,c
```

```
! 回显系数
WRITE(*,*)'The coefficients A,B,and C are:',a,b,c
! 计算公式根值判断值
discriminant = b**2 -4. * a * c
! 求根,根据判断值
IF(discriminant > 0.)THEN ! 有两个实根,于是...
  X1 =(-b+sqrt(discriminant))/(2. * a)
  X2 =(-b - sqrt(discriminant))/(2. * a)
  WRITE(*,*)'This equation has two real roots:'
  WRITE(*,*)'X1 = ',x1
  WRITE(*,*)'X2 = ',x2
ELSE IF(discriminant == 0.)THEN ! 有复根,于是...
  x1 =(-b)/(2. * a)
  WRITE(*,*)'This equation has two identical real roots:'
  WRITE(*,*)'X1 = X2 = ',x1
ELSE ! 有复数根,于是 ...
  real_part =(-b)/(2. * a)
  imag_part = sqrt(abs(discriminant))/(2. * a)
  WRITE(*,*)'This equation has complex roots:'
  WRITE(*,*)'X1 = ',real_part,'+i ',imag_part
  WRITE(*,*)'X2 = ',real_part,' -i ',imag_part
END IF
END PROGRAM roots
```

图 1-7 求解 $ax^2+bx+c=0$ 平方根的 Fortran 2008 程序

1.6 小结

计算机是一种特殊的机器，它可以存储信息，以比人类想象要快得多的速度对信息进行算术运算处理。存储在计算机内存中的程序告诉计算机按什么顺序进行计算，在哪些信息上进行计算处理。

计算机主要组成部件是中央处理单元（CPU）、高速缓存、主存、辅助存储器和输入输出设备。CPU 完成对计算机的所有控制和计算操作。高速缓存实际上是直接集成在 CPU 芯片上的内存。主存储器用于存储正在执行的程序及其相关数据的稍慢的内存。主存是不稳定的，这意味着一旦关闭电源它内部存储的信息就会丢失。辅助存储器比主存速度慢和廉价，它是稳定的。硬盘是常见的辅助存储设备。输入/输出设备被用于读取数据到计算机和从计算机中输出数据，最常用的输入设备是键盘，而最常用的输出设备是显示器或打印机。

计算机存储器由数百万的单个开关组成，每个开关有 ON 和 OFF 两种状态，且不可以有任何第三种状态。这些单个的开关是二进制设备，被称为位。8 位二进制组合在一起形成一个字节的存储器，两个或更多个字节（与处理器有关）组合在一起形成一个字的存储器。

计算机存储器可以用来存储字符、整型数或实型数。大多数字符集中每个字符占一个字节。一个字节的 256 种可能使得可以存储 256 个字符代码（在 Unicode 字符集中字符占两个字节，所以可以有 65535 个字符代码）。整型数占 1、2、4 或 8 个字节，存储整型数值。实型数值以一种科学表示法来存储，它们常占用 4 字节，位被划分为独立的尾数和指数两部分。数据的精度依赖于尾数的位数多少，数据取值范围取决于指数中位数多少。

计算机上最早的程序是用机器语言编写的，这一编程过程缓慢、麻烦，且易出错。大约 1954 年高级语言开始出现，它们很快就替代了机器语言，被广泛应用。FORTRAN 是最早发明的高级语言之一。

FORTRAN I 计算机语言和编译器最初开发于 1954—1957 年，由于语言已经被多次修订，因此已经创建了一个语言的标准机制。本书使用现代 Fortran 环境来讲授良好的编程习惯。

习题

1-1 用二进制表示下列十进制数：

（a）10_{10}

（b）32_{10}

（c）77_{10}

（d）63_{10}

1-2 用十进制表示下列二进制数：

（a）01001000_2

（b）10001001_2

（c）11111111_2

（d）0101_2

1-3 用八进制和十六进制表示下列数据：

（a）1010111011110001_2

（b）330_{10}

（c）111_{10}

（d）11111101101_2

1-4 用二进制和十进制表示下列数据：

（a）377_8

（b）$1A8_{16}$

（c）111_8

（d）$1FF_{16}$

1-5 一些计算机（如 IBM 主机）常用 23 位尾数和 9 位指数表示实数，用这种机制表示的数据的精度和取值范围是什么？

1-6 一些新型的超级计算机支持 46 位和 64 位整型数据，用 46 位和 64 位可以表示的最大数和最小数是多少？

1-7 写出下列十进制数的 16 位二进制补码。

（a）55_{10}

（b）-5_{10}

（c）1024_{10}

（d）-1024_{10}

1-8 用二进制运算规则实现两个数据 0010010010010010_2 和 1111110011111100_2 的二进制补码运算，并把二进制数转换为十进制，再进行十进制数加法运算，试问两个答案相等否？

1-9 最大可能的 8 位二进制补码是 01111111_2，最小可能的 8 位二进制补码是 10000000_2

转换数据为十进制，结果与式（1-1）和式（1-2）的结果比较，情况怎样？

1-10 Fortran 语言包含第二类的浮点数，称为双精度浮点数。双精度数据常占 8 字节（64 位），即不再是 4 字节的实数。在最常见的实现中，53 位为尾数，11 位为指数。双精度最多可表示的数据有多少？它的取值范围是多少？

第2章

Fortran 基础知识

本章学习目标：

- 了解 Fortran 中的合法字符。
- 了解 Fortran 语句和 Fortran 程序基本结构。
- 了解可执行和不可执行语句之间的区别。
- 了解常量与变量的区别。
- 理解 INTEGER、REAL 和 CHARACTER 数据类型的区别。
- 掌握默认和显式类型说明的不同，理解为什么总该使用显式类型说明。
- 了解 Fortran 赋值语句的结构。
- 掌握在使用时整数运算和实数运算的不同。
- 了解 Fortran 操作符号的运算级别。
- 掌握 Fortran 怎样计算混合运算表达式。
- 掌握什么是内置函数和怎样使用它们。
- 了解怎样使用表控输入和输出语句。
- 了解为什么总是使用 IMPLICIT NONE 语句很重要。

2.1 介绍

作为工程师和科学家，人们要设计和执行计算机程序，来完成要完成的任务。一般来说，任务是关于科学计算，它用手工来完成很难解决，且特别费时间。Fortran 语言是常用于解决科学计算的计算机语言之一。

本章介绍 Fortran 语言基础知识，学完本章可以编写除函数以外的简单程序。

2.2 Fortran 字符集

每一种语言，无论是像英语这样的自然语言，还是像 Fortran、Java 或 C++这样的计算机语言，都有自己特殊的字母表，仅有这些字母表上的符号才可以在该语言中使用。

Fortran 语言使用的特殊字母表被称为 Fortran 字符集。这一版的 Fortran 的字符集由 97 个字符组成，如表 2-1 所示。

表 2-1　　Fortran 字符集

符号个数	类　　型	取　　值
26	大写字母	A～Z
26	小写字母	a～z
10	数字	0～9
1	下划线	_
5	算术符号	+– * / **
28	其他各种符号	().+，‘$：！ “ %&；<>?和空格 ～\ [ ] ` ^ { } | # @和空格

注意，字母表上的大写字母相当于 Fortran 字符集中的小写字母（例如，大写字母 A 等于小写字母 a）换句话说，Fortran 对字母大小写不敏感。这一情况相对于其他大小写敏感的语言，如 C++和 Java 而言，在那些语言中 A 和 a 是两个不同的字母。

2.3　Fortran 语句结构

Fortran 程序由一系列语句组成，这些语句被设计来完成程序员希望完成的任务。语句有两种基本类型：可执行语句和不可执行语句。可执行语句描述程序执行时的行为（加、减、乘、除等），而不可执行语句对程序中的相应操作进行必要的说明。随着学习的深入，将看到每种类型的语句使用实例。

Fortran 语句可以放在书写行的任意位置，每行可以长达 132 个字符。如果语句太长，不适合放在一行，那么可以用&符号标记在下一行继续这行的书写，直到结束（也可选择，从下一行开始）。如下面 3 条语句的表示：

```
output = input1+input2              ! 求和输入值
output = input1 &
       +input2                      ! 求和输入值
999 output = input1 &              ! 求和输入值
           &+input2
```

以上每条语句都是指定计算机实现两个存储在 input1 和 input2 中数据的加，结果存储在 output。如果需要的话，一条 Fortran 语句可以写在 256 行上。

上面最后一条语句是以数字开始，这些数字称为语句标号。语句标号可以是 1～99999 中的任何一个数字，它是 Fortran 语句的“名字”，使用它可以在程序的其他部分引用这条语句。注意语句标号除了是语句的“名字”，没有其他神奇的地方。它不是行号，也不能说明语句的执行顺序。在现代 Fortran 程序中很少使用语句标号，大多数语句没有语句标号。如果使用语句标号，它在程序单元中必须是唯一的。例如，假如使用 100 作为某条语句的标号，它就不能被再次用作同一程序单元的其他语句行的标号。

感叹号后面跟随的字符是注释（comment），Fortran 编译器不编译注释。从感叹号开始到行末的字符都不被编译，所以注释可以与执行语句处于同一行。注释非常重要，因为它帮助说明程序相应的操作。在上面 3 个例子中的注释会被忽略，编译器把&符号当成这一行的最后一个字符来处理。

2.4 Fortran 程序结构

每一个 Fortran 程序由可执行和不可执行语句组成，它们按特定的顺序排列。图 2-1 给出了一个 Fortran 程序例子。该程序读入两个数据，对它们进行相乘，然后打印结果。让我们来仔细分析该程序的特点。

```
PROGRAM my_first_program
! 目的:
!  本程序主要说明 Fortran 语言的基本特点
!
! 声明程序中用到的变量
INTEGER::i,j,k            ! 所有变量均为整型
! 获取存入变量 i 和 j 的值
WRITE(*,*)'Enter the numbers to multiply:'
READ(*,*)i,j
! 求两个数的相乘
k = i * j
! 输出计算结果
WRITE(*,*)'Result = ',k
! 完成
STOP
END PROGRAM my_first_program
```

图 2-1 简单的 Fortran 程序

这个 Fortran 程序与所有的 Fortran 程序单元[1]一样，分为三个部分：

（1）声明部分（declaration section）。这部分由一组不可执行语句组成，位于程序的开头，定义程序名和程序引用的数据以及变量的类型。

（2）执行部分（execution section）。这一部分由一或多条语句组成，语句描述程序完成的操作。

（3）终止部分（termination section）。这一部分由一条语句或终止程序执行的语句组成，告诉编译器程序结束了。

注意，注释可以自由地插入程序的任何位置，包括程序中间、之前和之后。

2.4.1 声明部分

声明部分由不可执行语句组成，位于程序的开头，定义程序名和程序引用的数据以及变量的类型。

这一部分的第一条语句是 PROGRAM 语句。它对 Fortran 编译器指定程序的名字。Fortran 的程序名可长达 63 个字符，还可以是字母、数字和下划线任意组合而成的字符串。但是，程序名的第一个字符必须是字母。如果存在 PROGRAM 语句，它必须是程序的第一个语句行。在这个例子中，程序被命名为 my_first_program。

---

[1] 程序单元是一段独立编译的 Fortran 代码。在第 7 章还会看见几个其他类型的程序单元。

程序中的下面几行是注释，描述程序的作用。再下面跟随 INTEGER 类型声明语句，这条不可执行语句在本章后面有介绍。这里，它声明程序要用的整型变量 i、j 和 k。

2.4.2 执行部分

执行部分由一或多条执行语句组成，描述程序将完成的操作。

这个程序的第一条可执行语句是 WRITE 语句，它输出信息，提示用户键入两个待相乘的数据。下一条执行语句 READ 语句，读入两个用户提供的整型数。第三条执行语句指示计算机乘以两数 i 和 j，结果存储在变量 k。最后一条 WRITE 语句打印用户看到的结果。注释被嵌入在整个执行部分的任意位置。

所有这些语句在本章后面有详细的介绍。

2.4.3 终止部分

终止部分由 STOP 和 END PROGRAM 语句组成。STOP 语句告诉计算机停止运行。END PROGRAM 语句告诉编译器程序中不再有语句需要编译。

STOP 语句采用如下形式之一：

```
STOP
STOP 3
STOP 'Error stop'
```

如果只使用 STOP 语句，则执行将停止。如果 STOP 语句与数字一起使用，则程序停止时将打印出该数字，通常将作为错误代码返回给操作系统。如果 STOP 语句与字符串一起使用，则程序停止时将打印出该字符串。

当 STOP 语句紧挨着出现在 END PROGRAM 语句之前，它是可选的；当到达 END PROGRAM 语句时，编译器将自动地产生一条 STOP 语句。因此 STOP 语句很少被用到❷。

有一个替代版本的 STOP 语句叫做 ERROR STOP。该版本停止程序，但它也通知操作系统程序无法正常执行。示例如下：

```
ERROR STOP 'Cannot access database'
```

此版本的 STOP 语句已在 Fortran 2008 中添加，如果需要通知操作系统，脚本程序异常失败，可能会很有用。

2.4.4 程序书写格式

这些例题程序遵循常用的 Fortran 编程原则：保留字都大写，如 PROGRAM、READ 和 WRITE，而程序的变量用小写字母表示。名字中的下划线出现在两个字之间，如上面的 my_first_program。它也用大写字母作为常量名，如 PI（π）。这个原则不是 Fortran 要求的，其实无论用大写还是小些字母，程序照样工作。由于大写和小写字母在 Fortran 中作用相当，

❷ 对于 STOP 语句的使用，在 Fortran 程序员中存在一种不被人们认可的观点。一些程序设计教师坚持要始终使用 STOP 语句，尽管把它放在 END PROGRAM 之前略显多余。他们争辩到 STOP 语句会明确地结束程序的执行。在本书作者坚信，好程序仅应该有一个始点和一个终点，程序的其他地方不该再有其他结束点。这种情况下，STOP 总是显得很多余，永不会被用到。依据你的导师的观点，可能被鼓励或不被鼓励使用这条语句。

所以程序按任何一种方式来书写都可以。

整本书我们遵循这条大写 Fortran 保留字和常量的原则，变量名、过程名等则小写。

一些程序员使用其他样式来写程序。例如，也编写 Fortran 程序的 Java 程序员可能更愿意采纳像 Java 一样的书写原则，即保留字和名字是小写，但每个字的首字符大写（有时称为“骆驼方式”）。如，这种程序员给出的程序名可能是 myFirstProgram，这种书写格式与 Fortran 程序书写原则等效。

对你来说在书写 Fortran 程序时，不是必须要遵循某个原则，但是应该总是保持程序样式的一致。在工作中要建立标准或采纳某组织的标准，然后在程序中一直保持这种风格。

良好的编程习惯

采纳程序书写格式，然后在所有程序中始终保持这一风格。

2.4.5 编译、连接和执行 Fortran 程序

在运行例题程序之前，必须用 Fortran 编译器把它编译为目标码，然后用计算机系统类库产生可执行程序（见图 2-2）。在响应一条程序员命令后，这两步常一起做。编译和连接的细节因编译器和操作系统的不同而不同。需要询问自己的导师或查询相应的操作手册来判断自己使用的系统的工作过程。

图 2-2　创建可执行的 Fortran 程序涉及两个步骤，编译和链接

Fortran 程序可以用两种可能方式的某一种来编译、连接和执行：批处理（batch）和交互处理（interactive）。在批处理中程序不接受用户的输入或交互而执行。这是早期大多数 Fortran 程序的工作方法，程序作为一幅穿孔卡片或以一个文件的方式提交，之后编译、连接和执行，不与用户发生任何交互。在开始工作之前，程序的所有输入数据必须放在卡片上，或放在文件中，所有输出将输出到文件或行式打印机上。

相反，当用户等待输入设备（如计算机屏幕或终端）时，程序按交互式运行模式编译、连接和执行。由于程序当人们的面执行，所以它可以要求用户输入数据，且一旦计算结束就输出中间和最终结果。

今天，大多数 Fortran 程序是用交互式方式执行，但是，一些非常大的程序由于需要运行几天的时间，所以它们还是按批处理方式执行。

2.5 常数与变量

Fortran 常数（constant，也称为常量）是数据对象，它定义在程序执行之前，且在程序执行期间取值不可改变。当 Fortran 编译器遇到常数时，它将常数放置在一个位置已知的内存单

元，无论何时程序使用常数，就引用该存储位置。变量是一个数据对象，它的值在程序执行期间可以改变（Fortran 变量的取值可以在程序执行前初始化，不初始化也行）。当 Fortran 编译器遇到变量时，它给变量预留已知的内存单元，无论何时程序使用变量，就引用该存储位置。

程序单元中的每个 Fortran 变量有唯一的名字，变量名是内存中特定位置的标号，该标号方便人类记忆和使用。Fortran 中的变量名可以长达 63 个字符，由字母、数字和下划线字符的任意组合构成，但是名字的第一个字符总必须是字母，下列举例都是有效变量名。

```
time
distance
z123456789
I_want_to_go_home
```

下列举例都是无效变量名：

this_is_a_very_very_very_very_very_very_very_very_long_variable_name(名字太长)

```
3_days      (第一个字符是数字)
A$          ($是非法字符)
```

当编程序时，给变量取有意义的名字很重要，有意义的名字使程序可读性好，易于维护。例如 day、month 和 year 对第一次看见程序的人来说十分好理解。由于 Fortran 变量名中不可以包含空格字符，所以可以用下划线来创建有意义的变量名。例如，exchange rate（交换律）可以写成 exchange_rate。

良好的编程习惯

在程序中，要尽可能地使用有意义的变量名。

在编写的程序的开头包含数据字典（data dictionary）也非常重要，数据字典列出了程序中每个变量的定义，定义含有两项内容：数据项内容和数据项占用几个存储单元的描述。写程序的时候，看上去数据字典可以是不必要的，但是当后期自己或其他人不得不修改程序时，它就价值无限。

良好的编程习惯

记得为每个程序创建一个数据字典，以使程序的可维护性好。

Fortran 有 5 个自带或“内置”的常数和变量数据类型，其中三个对数字有效（INTEGRE、REAL 和 COMPLEX），一个是逻辑的（LOGICAL），还有一个是字符串组成的（CHARACTER）。本章将介绍最简单形式的数据类型 INTEGRE、REAL 和 CHARACTER，LOGICAL 在第 3 章介绍，更高级的各种数据类型将在第 11 章介绍。

除内置数据类型以外，Fortran 允许程序员定义派生数据类型，它是特殊的数据类型，目的在于解决特殊的问题。派生数据类型将在第 12 章中介绍。

2.5.1 整型常数和变量

整型数据由整型常数和变量组成，这一数据类型仅可以存储整型数据值，不能表示数据的小数点部分。

整型常数是不含有小数点的任一数据，如果一个常数是正值，符号“+”可以写或不写。逗号不可以嵌入在整型常数中。下列举例都是有效的整型常数。

```
        0
     -999
123456789
      +17
```

下列举例都是无效的整型常数。

```
1,000,000    (嵌入的逗号是非法的)
-100.        (假如有小数点,它就不是整型常数！)
```

整型变量是含有整数取值的变量。整型数据类型的常数和变量常用计算机中的单个字存储。由于在不同的计算机上字的长度是不同的，长度由 32 位到 64 位不定，所以能存储在计算机中的最大整数也就是不定的。存储于特定计算机中的最大和最小整数可以用字长和式（1-1）、式（1-2）来决定。

许多 Fortran 编译器都支持两种长度的整型数。例如，大多数 PC 编译器支持 16 位、32 位和 64 位的整数，这些不同长度的整数被看成是不同类别的整数。Fortran 有一个显式的机制用于为给定的取值选择属于那种类别。第 11 章中会介绍该机制。

2.5.2 实型常数和变量

实型数据由存储的实数或浮点格式组成。与整数不同，实型数据类型用小数部分来表示。

实型常数是用十进制小数点来表示的常数，可以用或不用指数来书写，如果常数是正值，符号“+”可以写或不写。逗号不可嵌入在实型常数中。

实型常数可以用或不用指数来书写，如果用，指数由字母 E 后随整数或负数组成，当用科学表示法写数据时，指数对应的幂是 10。如果指数为正值，符号“+”可以省略。数据的尾数（指数前面的数据部分）含有小数点。下列举例都是有效的实型常数。

       10.
     999.9
   +1.0E-3   (=1.0×10^{-3} 或 0.001)
 123.45E20   (=123.45×10^{20} 或 1.2345×10^{22})
    0.12E+1   (=0.12×10^{1} 或 1.2)

下列举例都是无效的实型常数。

```
1,000,000.      (嵌入的逗号是非法的)
     111E3      (尾数需要表示为十进制数)
-12.0E1.5       (指数不该是十进制小数)
```

实型变量是含有实数的变量。

实数由两部分组成：尾数和指数。分配给存放尾数的位数决定常量的精度（即，常量是众所周知的用带符号数字表示的数据），分配给存储指数的位数决定常量的取值范围（即，可以表示的最大值和最小值）。正如第 1 章介绍的，对于一个给定的字，实数精度越高，数据取值范围越小；反之亦然。

最近的 25 年里，几乎所有的计算机都转而支持符合 IEEE 标准 754 的浮点数。表 2-2 给出了支持 IEEE 标准 754 计算机的典型实数和变量的精度和取值范围。

表 2-2 实数取值精度和范围

计算机标准	总位长	尾数位长	十进制精度	指数位长	指数取值范围
IEEE754	32 64 128	24 53 112	7 15 34	8 11 16	$10^{-38}\sim10^{38}$ $10^{-308}\sim10^{308}$ $10^{-4932}\sim10^{4932}$

所有 Fortran 编译器都支持各种长度的实数。例如，PC 编译器既支持 32 位实数也支持 64 位的实数，这些不同长度的实数可看成不同类别的数据。通过适当的选择类别，可以增加实型常数或变量的精度和取值范围。Fortran 有显式机制来供指定给定数值的实数类别。第 11 章会详细介绍这一机制。

2.5.3 字符常数和变量

字符类型由字母字符串组成，一个字符常数是单引号（'）或双引号（"）括住的字符串。字符串最少的字符个数是 0，不同编译器的字符串最多字符个数各不相同。

单引号或双引号之间的字符被称为字符文本。在字符文本中包含计算机上可以描述的任何字符都是合法的，不是说只有包含 97 个 Fortran 字符集上的字符才合法。

下列字符常数都有效：

```
'This is a test!'
'φ'                    (单个空格)❸
'{^}'                  (在字符文本中这些字符是合法的,尽管有一部分不在 Fortran 字符集中)
"3.141593"             (这是一个字符串,不是数值)
```

下列字符常数都无效：

```
This is a test!        (缺单引号或双引号)
'This is a test!"      (引号不匹配)
"Try this one.'        (单引号不配对)
```

如果字符串中要包含着重符，那么符号可以用两个连续的单引号来表示。例如，字串“Man’s best friend”将用下列字符常数表示：

```
'Man''s best friend'
```

另一种表示方法是，含有单引号的字符串可以用双引号来括住。例如，字串“Man's best friend”可以写成：

```
"Man's best friend"
```

相似地，含有双引号的字符串可以用单引号来括住。例如字符串“Who cares?”可以用下列字符常量表示：

```
'"Who cares?"'
```

字符常数最常用来经过 WRITE 语句打印说明信息。例如，图 2-1 中的字符串‘Result=’是有效的字符常数。

```
WRITE(*.*)'Result=',k
```

字符变量是含有字符数据的变量。

2.5.4 默认的和显式的变量类型

当看见常量时，很容易看出它是 IETEGER、REAL 或 CHARACTER 类型，假如数据不

❸ 这里有一件事情要注意，符号'φ'用于表示空格字符，所以学生要能区别不含任何字符的字符串（''）和含有一个空格的字符串（'φ'）的不同。

含小数点符号，它就是 INTEGER。假如有小数点，就是 REAL。假如常数用单引号或双引号括住，则就是 CHARACTER。对于变量，则情况就没这么清晰，我们（或编译器）怎样能知道变量 junk 含的是整型、实型或字符型数值呢？

有两种方法可以定义变量的类型：默认式和显式。如果在程序中没有明确指定变量类型，那么就是默认式定义变量类型。默认方式是：

任何以字母 i,j,k,l,m 或 n 开头的变量名假定为 INETEGER,其他字母开头的变量名则假定为 REAL。

因此，默认称为 incr 的变量为整型，big 为实型。这一类型默认习惯从 1954 年 FORTRAN I 就开始启用。注意，默认情况下没有变量的类型为字符型，因为在 FORTRAN I 中不存在该数据类型！

变量的类型也可以在程序开头的声明部分显式地定义，下列 Fortran 语句用于指定变量的类型[4]：

```
INTEHER::   var1 [,var2,var3,…]
REAL::      var1 [,var2,var3,…]
```

这里 *[]* 中的内容是可选的。在这种情况下，括号内的内容说明可以在一行中同时定义两个或多个变量，变量之间用逗号隔开。

这些不可执行的语句称为类型声明语句。它们放在程序中的 PROGRAM 语句之后，第一条可执行语句之前。如下例子所示。

```
PROGRAM example
INTEGER::day,month,year
REAL::second
...
(这以下是执行语句...)
```

没有默认的名字与字符数据类型关联，于是所有字符变量必须显式地用 CHARACTER 声明语句声明，这条语句比前面的声明语句更复杂，因为字符变量的长度可变。它的形式是：

```
CHARACTER(len=<len>)::var1 [,var2,var3,…]
```

这里<len>是变量中的字符数。语句的（len=<len>）部分是可选的。假如圆括号中有数字，那么这个数字是语句声明的字符变量的长度。假如圆括号全缺省，那么语句声明的字符变量长度为 1。例如，类型声明语句

```
CHARACTER(len=10)::first,last
CHARACTER::initial
CHARACTER(15)::id
```

定义两个含有 10 个字符的变量 first 和 last，一个含有 1 个字符的变量 initial 和一个含有 15 个字符的变量 id。

2.5.5 保持程序中常数一致

在整个程序中要始终保持常数的取值一致非常重要。例如，在程序中不要在一个地方把π

---

[4] 为了实现向后与早期版本的 Fortran 兼容，上面语句中的双冒号：：是可选的。因此，下列两条语句是等效的。

```
INTEGER count
INTEGER::count
```

带双冒号的形式更可爱，因为双冒号在后面将看到的类型说明语句的更多高级形式中是不可选的。

的值取为 3.14，而在另一个地方又取值为 3.141593。应该总是给常数取至少一个计算机接受的精度值，假如你使用的计算机的实数类型精度是 7 个可表示的数字，那么π应该被写成 3.141593，而不是 3.14！

保持整个程序中常数取值一致和精度的最好方法是给常数赋一个名字，然后在整个程序中引用该常数名。假如给常数 3.141593 指定名字 PI，那么可以在整个程序中用这个名字引用 PI，这样肯定可以在所有地方保持获得同样的 PI 取值。幸运的是，赋有意义的名字给常数改进了整个程序的可读性，因为程序员一瞥就能知道常数表示什么。

常数命名可以在类型声明语句中用 PARAMETER 属性来创建，有 PARAMETER 属性的类型声明语句的形式是：

```
type,PARAMETER::name=value [,name2= value2,…]
```

这里 type 是常数的类型（整型、实型、逻辑型或字符型），name 是赋给常数 value 的名字。如果用逗号分隔，一条常数声明语句中可以声明多个参数。例如，下列语句给名字 PI 赋常数组 3.141593 的值。

```
REAL,PARAMETER::PI = 3.141593
```

如果有名常数是 CHARACTER 类型，那么不必声明字符串的长度，因为有名常数是定义在类型声明的同一行中，Fortran 编译器可以直接计算字符串中的字符数。例如，下列语句声明了名为 error_message 常数值是 14 个字符的字符串‘Unknown error!’。

```
CHARACTER,PARAMETER::ERROR_MESSAGE = 'Unknown error!'
```

在一些语言中，如 C，C++和 Java，有名常数都写成大写字母。许多 Fortran 程序员也熟悉那些语言，他们在 Fortran 中也采用大写常数字母的习惯。本书中就采用了这一习惯。

良好的编程习惯

在整个程序中要始终保持常数取值一致、精度一致。为了改善程序的常数取值非一致性和代码难理解的状况，请给一些重要的常数指定名字，并在程序中用名字引用这些常数。

测验 2-1

本测验可以快速检查是否理解了 2.5 所介绍的概念。如果完成这个测验有一定困难，那么请重读这些章节，或者问问导师或者和同学一起讨论。本测验的答案可以参见附录。

问题 1 ~ 问题 12 含有一组有效和无效常数，说明每个常数是否有效，如果是，指明它的类型，如果不是，说明为什么。

```
1. 10.0
2. -100,000
3. 123E-5
4. 'That's ok!'
5. -32768
6. 3.14159
7. "Who are you?"
8. '3.14159'
9. 'Distance =
10. "That's ok!"
```

11. 17.877E+6

12. 13.0^2

问题 13 ~ 问题 16 分别含有两个实型常数，试说明在计算机中这两个常数表示的值是否一样。

13. 4650.;4.65E+3

14. -12.71;-1.27E1

15. 0.0001;1.0E4

16. 3.14159E0;314.159E-3

问题 17 和问题 18 含有有效和无效的 Fortran 程序名，说明每个名字是否有效，如果无效，说明为什么。

17. PROGRAM new_program

18. PROGRAM 3rd

问题 19 ~ 问题 23 含有有效和无效的 Fortran 变量名，说明每个名字是否有效，如果有效，指明它的类型（假定的默认类型）；如果无效，说明为什么。

19. length

20. distance

21. 1problem

22. when_does_school_end

23. _ok

下面的 PARAMETER 声明是正确还是错误？如果不正确，说明为什么无效。

24. REAL,PARAMETER BEGIN=-30

25. CHARACTER,PARAMETER::NAME='Rosa'

2.6 赋值语句和算术运算

在 Fortran 中用赋值语句指定计算，赋值语句的常见形式是：

```
variable_name = expression
```

赋值语句计算等号右边表达式的值，然后把值赋给等号左边的变量。注意，等号不是常见意义上的相等的意思。取而代之的意思是：存储 expression 的值到位置 variable_name。由于这个原因，等号被称为赋值操作符。语句

```
i=i+1
```

与普通的代数中意义不同，而完全是 Fortran 中的意思。在 Fortran 中，它的意思是：取变量 i 中当前存储的值，给它加 1，再把结果回存到变量 i 中。

赋值符号右边的表达式由常数、变量、圆括号和算术或逻辑运算符的任意组合组成。Fortran 中有下列标准算术操作符：

+	加法
-	减法
*	乘法
/	除法
**	指数运算

注意乘号（*）、除号（/）和指数运算符号（**）与普通的算术表达式中的符号不同。选用这些特殊的符号是因为它们在 20 世纪 50 年代的计算机字符集中是有效的，还因为它们不

可以用于变量名中。

上面描述的 5 个算术运算符是二元操作符，这意味着它们要用于两个操作变量或常数之间。如：

```
a+b
a-b
a**b
a*b
a/b
```

另外，+和–符号也是一元操作符，这意味着它们是用在一个变量和常数前。如：

```
+23
-a
```

当使用 Fortran 算术操作符时，遵循下列规则：

（1）两个操作符不可以连续出现。因此表达式 a*–b 是非法的。在 Fortran 中，它必须被写成 a*（–b）。类似地，a**–2 非法，应该写成 a**（–2）。

（2）在 Fortran 中暗示要做乘法是非法的。像表达式 x（y+z）意味着把 y 加上 z，然后把结果乘以 x。在 Fortran 中暗含的乘号必须显式地写出，如 x*（y+z）。

（3）圆括号把一组数据项按要求组合在一起。当圆括号出现时，圆括号内的内容要在表达式中圆括号之外的内容之前计算。例如，表达式 2**（(8+2）/5）计算顺序如下所示：

```
2**((8+2)/5)=2**(10/5)
            =2**2
            =4
```

2.6.1 整数运算

整型运算是仅涉及整数的算法运算。整型运算的结果始终是整型的。当做除法时，这点特别重要，要牢记，因为答案没有小数部分。如果两个整数的除法不是整数，计算机自动截去答案的小数部分。这一行为可能导致惊人的不希望的答案出现。例如，下列整数运算会产生奇怪的结果：

$$\frac{3}{4}=0 \quad \frac{4}{4}=1 \quad \frac{5}{4}=1 \quad \frac{6}{4}=1$$

$$\frac{7}{4}=1 \quad \frac{8}{4}=2 \quad \frac{9}{4}=2$$

因为这一行为，整数永远不该用来求算现实世界中连续变化的数值，例如距离、速度、时间等。它们仅被用于处理自然界固有的整数，如计数和索引。

编程警示

注意关注整数运算，因为整数除法常给出希望值之外的结果。

2.6.2 实数运算

实数运算（或浮点数运算）是涉及实型常数和变量的运算，实数运算基本上总是产生一个我们希望的实型结果。例如，实型运算产生下列结果：

$$\frac{3.}{4.}=0.75 \quad \frac{4.}{4.}=1 \quad \frac{5.}{4.}=1.25 \quad \frac{6.}{4.}=1.50$$

$$\frac{7.}{4.}=1.75 \quad \frac{8.}{4.}=2 \quad \frac{9.}{4.}=2.25 \quad \frac{10.}{4.}=0.3333333$$

但是，实数有它自己的特殊性，因为计算机的字长有限，一些实数不能被精确表示。例如，数据 1/3 等于 0.3333333333...，但是由于存储在计算机中数据有精度限制，计算机中 1/3 表示可能是 0.3333333。根据这个精度的限制，一些理论上的数量值将不等于计算机计算出来的值。例如，在一些计算机上

```
3.*(1./3.)≠1.,
```

但是

```
2.*(1./2.)=1.
```

当使用实型数的时候，对相等的测试必须非常小心。

编程警示

注意实数运算：因为精度的限制，理论上表示相等的两个表达式，其计算结果常常可能有一点点不同。

2.6.3 操作顺序

通常，在单个表达式中可以组合许多个运算操作。例如，考虑从静止开始运行的物体的移动距离计算等式，其中物体的加速度是固定的。

```
distance=0.5*accel*time**2
```

表达式中有乘法和指数运算。在这个表达式中，知道操作符的计算顺序非常重要。假如表达式中的指数运算优于乘法运算，该表达式等效于：

```
distance=0.5*accel*(time**2)
```

但是如果乘法优于指数运算，该表达式等效于：

```
distance=(0.5*accel*time)**2
```

由于两个等效的表达式计算结果不同，所以必须要能毫不含糊地区分它们。

为了能明确地计算表达式，Fortran 已经建立一系列规则来管理表达式中操作符的级别或计算顺序。通常，Fortran 遵循代数中的一般规则，这其中的运算操作计算顺序是：

（1）首先做圆括号内的计算，且内层括号比外层括号优先。

（2）再从右到左做指数运算。

（3）从左到右做乘法和除法运算。

（4）从左到右做加法和减法运算。

基于这些规则，上面两种解释中第一种是正确的，在做乘法前，先做 time 的平方运算。

某些人使用简短的惯用语来帮助记住操作的顺序。例如，"Please excuse my dear Aunt Sally"（抱歉，亲爱的姑姑 Sally）。这些字的第一个字母给出了操作符的执行顺序：parentheses（圆括号），exponents（指数），multiplication（乘法），division（除法），addition（加法），subtraction（减法）。

例题 2-1　变量 a，b，c，d，e，f 和 g 初始化如下值：

```
a=3,b=2,c=5,d=4,e=10,f=2,g=3
```

计算下列 Fortran 赋值语句中的表达式：

```
(a) output = a*b+c*d+e/f**g
(b) output = a*(b+c)*d+(e/f)**g
(c) output = a*(b+c)*(d+e)/f**g
```

答案：

```
(a) 表达式:                        output = a*b+c*d+e/f**g
    填上数据:                      output = 3.*2.+5.*4.+10./2.**3.
    首先,计算 2.**3.:              output = 3.*2.+5.*4.+10./8
    然后从左到右计算乘法和除法:    output = 6.+5.*4.+10./8.
                                   output = 6.+20.+10./8.
                                   output = 6.+20.+1.25
    现在计算添加:                  output = 27.25
(b) 表达式:                        output = a*(b+c)*d+(e/f)**g
    填上数据:                      output = 3.*(2.+5.)*4.+(10./2.)**3
    首先,计算圆括号:               output = 3.*7.*4.+5.**3.
    然后算指数运算:                output = 3.*7.*4.+125
    再从左到右计算乘法和除法:      output = 21.*4.+125.
                                   output = 84.+125.
    计算添加:                      output = 209.
(c) 表达式:                        output = a*(b+c)*(d+e)/f**g
    填上数据:                      output = 3.*(2.+5.)*(4.+10.)/2.**3.
    首先,计算圆括号:               output = 3.*7.*14./2.**3.
    然后算指数运算:                output = 3.*7.*14./8
    再从左到右计算乘法和除法:      output = 21.*14./8.
                                   output = 294./8.
                                   output = 36.75
```

正如上面看见的，操作的执行顺序影响代数表达式最后的计算结果。

例题 2-2　变量 a，b 和 c 如下初始化：

```
a=3.    b=2.    c=3.
```

计算如下 Fortran 赋值语句中的表达式：

```
(a) output = a**(b**c)
(b) output =(a**b)**c
(c) output = a**b**c
```

答案：

```
(a) 表达式:                        output = a**(b**c)
    填上数据:                      output = 3.**(2.**3.)
    首先,计算圆括号:               output = 3.**8.
    计算表达式的剩余部分:          output = 6561.
(b) 表达式:                        output =(a**b)**c
    填上数据:                      output =(3.**2.)**3.
    首先,圆括号:                   output = 9.**3.
    计算表达式的剩余部分:          output = 729.
(c) 表达式:                        output = a**b**c
    填上数据:                      output = 3.**2.**3.
    首先,计算最右边的指数运算:     output = 3.**8.
    然后,计算其余部分:             output = 6561.
```

（a）和（c）的结果是一样的，但是表达式（a）更容易理解，而表达式（c）有点模糊。

程序中每个表达式要尽可能地清晰，以便需要的时候任何程序的值不仅好编写，而且好维护。应该总是自问："如果 6 个月后重读程序，其中的表达式很容易理解吗？其他程序员看我编写的代码时，容易理解我在做什么吗？"假如心中有任何一点质疑，就要给表达式再添圆括号，以使它结构更清晰。

良好的编程习惯

在表达式中要尽可能使用圆括号，以使表达式结构尽量地清晰和容易理解。

假如表达式中使用圆括号，那么圆括号必须配对。即，表达式中的左括号个数与右括号个数必须相等。无论左还是右多余，就说明表达式有错，这是印刷错，Fortran 编译器能捕捉到它们。例如，表达式

```
(2.+4.)/2.)
```

编译时会产生错，因为圆括号不匹配。

2.6.4 混合运算

当运算操作是在两个实型数据上完成，则结果的类型为 REAL。同样，操作是在两个整型数上执行，则结果是 INTEGER。通常，运算操作要求两个操作数的类型相同。例如，两个实数相加是合法操作，两个整数相加也是合法操作，但一个实数和一个整数的加法是非法的。这是事实，因为在计算机中实数和整数以完全不同的形式存储。

如果实数和整数相操作会发生什么呢？含有实数和整数的表达式被称为混合模式的表达式（mixed-mode expression），涉及实数和整数操作的运算称为混合模式运算。在进行实数与整数操作的情况下，计算机将整数转换为实数，然后进行实数运算，结果是实数类型。例如请看以下等式：

整型表达式：$\frac{3}{2}$ 计算结果为 1（整型结果）

实型表达式：$\frac{3.}{2.}$ 计算结果为 1.5（实型结果）

混合模式表达式：$\frac{3.}{2}$ 计算结果为 1.5（实型结果）

管理混合模式运算的规则对于初学者来说，太难，甚至有经验的程序员也时不时的会犯糊涂。当混合模式表达式涉及除法时，特别容易出错。如下列表达式：

	表达式	结果
1.	1+1/4	1
2.	1.+1/4	1.
3.	1+1./4	1.25

表达式 1 仅含有整数，于是按整数运算计算。在整数运算中，1/4=0 和 1+0=1，所以最终结果是 1（整型数）。表达式 2 是混合模式表达式，含有实数和整数，但是第一个操作是除法，由于在操作级别中除法优于加法。除法是计算两整型数，于是结果是 1/4=0，下一个操作是实数 1 和整数 0 的加法，所以编译器转换整数 0 为实数，然后完成加法，结果是 1.（实型数）。表达式 3 也是混合模式表达式，含有实数和整数。第一个操作是实数与整数的除法，于是编

译器转换整数 4 为实数，然后做除法，结果是 0.25，下一个操作是整数 1 和实数 0.25 的加法，所以编译器把整数 1 转换为实数，然后完成加法，结果是实数 1.25（实型数）。

小结

（1）一个整数和一个实数之间的操作称为混合模式的操作，含有一个或多个这种操作的表达式称为混合表达式。

（2）当遇到混合模式操作时，Fortran 转换整数为实数，然后完成运算，结果是实数。

（3）自动模式转换不发生，除非实数和整数出现在同一个操作中。因此，可能表达式的一部分是按整数运算，另一部分是按实数运算。

当表达式中的变量被赋的结果与变量类型不同时，自动类型转换也发生。如下列赋值语句所示：

```
nres=1.25+9/4
```

这里 nres 是整数。等号右边的表达式计算结果是实数 3.25。由于 nres 是整数，在把结果存入 nres 之前，3.25 自动转换为整数 3。

编程警示

混合模式表达式是很危险的，因为它们很难理解，可能产生错误的结果。请尽力避免使用混合模式的表达式。

Fortran 含有五种转换函数，使得可以显式地控制整数和实数之间的转换。这些函数如表 2-3 所示。

REAL、INT、NINI、CEILING 和 FLOOR 函数通过显式地实现两种数据类型的转换，可以用来避免不期望出现的混合模式表达式。REAL 函数转换整数为实数，INT、NINI、CEILING 和 FLOOR 函数转换实数为整数。INT 函数截取实数的尾数，NINT 函数对实数进行四舍五入计算。CEILING 函数返回的值比整数大或等于实数，但最接近的整数。FLOOR 函数返回的值比整数小或等于实数。

表 2-3 类型转换函数

函数名和参数	参数类型	结果类型	返回值的说明
INT（X）	REAL	INTEGER	x 的整型部分（x 被截尾）
NINT（X）	REAL	INTEGER	最接近 x 的整数（x 被四舍五入）
CEILING（X）	REAL	INTEGER	大于或等于 x 的最小的整数值
FLOOR（X）	REAL	INTEGER	小于或等于 x 的最大的整数值
REAL（I）	INTEGER	REAL	整数转换为实数

为了便于理解这四个函数之间的不同，来看实数 2.9995 和–2.9995。每个函数操作这些输入数据的结果如下所示：

函数	结果	说明
INT（2.9995）	2	2.9995 截尾为 2
NINT（2.9995）	3	2.99952 四舍五入为 3
CEILING（2.9995）	3	选择大于 2.9995 的最小整数
FLOOR（2.9995）	2	选择小于 2.9995 的最大整数

续表

函数	结果	说明
INT（–2.9995）	–2	–2.9995 截尾为–2
NINT（–2.9995）	–3	–2.99952 四舍五入为–3
CEILING（–2.9995）	–2	选择大于–2.9995 的最小整数
FLOOR（–2.9995）	–3	选择小于–2.9995 的最大整数

NINI 函数特别适于用来实现实数向整数的转换，因为实数计算中的一点点误差不会对整型结果值构成影响。

2.6.5 混合运算和表达式

与通用规则一样，混合模式运算操作是不希望出现的，因为很难理解，有时会带来不希望的结果。但是，对指数，这有一个例外。对于指数，混合模式操作实际上是期望的。

为了弄明白为什么是这样，请看下列赋值语句：

```
result=y**n
```

这里 result 和 y 是实数，n 是整数。表达式 y**n 是“用 y 进行 n 次乘法”的缩写，当遇到这种表达式时，计算机能进行精确的运算。由于 y 是实数，计算机是把 y 进行自乘，计算机实际做的是实数运算，而不是混合模式运算！

现在看下列赋值语句：

```
result=y**x
```

这里 result，y 和 x 是实数，表达式 y**x 是“用 y 做 x 次乘法”的缩写，但是这里 x 不是整数，取而代之的是，x 可能是像 2.5 这样的数据。实际上不可能完成一个数据自身的 2.5 次乘法，于是必须依靠间接方法来计算 y**x。最通用的方法是用标准代数公式来计算：

$$y^x=e^{x\ln y} \tag{2-1}$$

使用这个等式，可以通过用 y 的自然对数来计算 y**x，乘于 x，然后对结果求 e 的幂运算。当用这个技术时，它比普通的连续乘法的实现所需时间长，精度更低。因此，如果有选择，应该给出实数一个整数的幂而不是实数的幂。

良好的编程习惯

无论何时，尽量使用整型指数，而不是实型指数。

也要注意到，对于负数不可以求负的实数幂运算。对于负数进行整数幂计算是完全合法的操作，例如（–2.0）**2=4。但是，对负数进行实数运算不可能的，因为没有定义负数的自然对数。因此，表达式（–2.0）**2.0 将产生一个运行错。

良好的编程习惯

永远不要对负数进行实数幂运算。

测验 2-2

本测验可以快速检查是否理解了 2.6 所介绍的概念。如果完成这个测验有一定困难，那么请重读这些章节，或者问问导师或者和同学一起讨论。本测验的答案可以参见附录。

1. 如果算术和逻辑操作都出现在运算表达式中，它们的运算顺序是什么？怎样用圆括号修改这一顺序？

2. 下列表达式是合法还是非法？如果合法，计算结果是什么？如果非法，错在哪里？

```
(a) 37 / 3
(b) 37+17 / 3
(c) 28 / 3 / 4
(d) (28 / 3)/ 4
(e) 28 /(3 / 4)
(f) -3. ** 4. / 2.
(g) 3. **(-4. / 2.)
(h) 4. ** -3
```

3. 计算下列表达式:

```
(a) 2+5 * 2 - 5
(b) (2+5)*(2 - 5)
(c) 2+(5 * 2) - 5
(d) (2+5)* 2 - 5
```

4. 下列表达式合法否？如果合法，计算结果是什么?如果非法，错在哪里？

```
(a) 2. ** 2. ** 3.
(b) 2. **(-2.)
(c) (-2)** 2
(d) (-2.)**(-2.2)
(e) (-2.)** NINT(-2.2)
(f) (-2.)** FLOOR(-2.2)
```

5. 下列表达式合法否？如果合法，计算结果是什么?如果非法，错在哪里？

```
INTEGER::i,j
INTEGER,PARAMETER::K = 4
i = K ** 2
j = i / K
K = i+j
```

6. 执行下列语句之后，存储在 result 中的值是什么？

```
REAL::a,b,c,result
a = 10.
b = 1.5
c = 5.
result = FLOOR(a / b)+b * c ** 2
```

7. 执行下列语句之后，存储在 a，b 和 n 中的值是什么？

```
REAL::a,b
INTEGER::n,i,j
i = 10.
j = 3
n = i / j
a = i / j
b = REAL(i)/ j
```

2.7 内置函数

在算术运算中，函数是一个表达式，它接受一个或多个输入数值，计算得出单个结果。科学和技术计算常需要比简单的加法、减法、乘法、除法和指数操作要复杂的多的函数，迄今为止已经讨论了这些简单操作。某些复杂的函数非常常用，在许多的技术学科上都用到它们，而另外一些复杂函数则用的很少，主要解决特殊的某个问题或少量的问题。经常使用的函数例子是三角函数、对数和平方根。很少用的函数例子包括双曲线函数、贝塞尔（Bessel）函数等。

Fortran 语言有支持非常通用的和很少用的函数的机制。许多最通用的函数直接内置在 Fortran 语言中，它们被称为内置函数（intrinsic function，或自带函数）。少量通用函数不包含在 Fortran 语言中，但是用户可以像外部函数（external function）或内部函数（internal function）一样提供需要解决特殊问题的函数。第 7 章将介绍外部函数，第 9 章会介绍内部函数。

Fortran 函数获取一个或多个输入数据，计算出单个结果值。提供给函数的输入值是众所周知的参数，它们出现在函数名后紧跟随的圆括号中。函数的输出是单个数据、逻辑值或字符串，它可以被用于 Fortran 表达式中的其他函数、常数和变量中。当函数出现在 Fortran 语句中，函数的参数被传递给独立的计算函数结果的程序，然后结果被放置在原始计算中函数所在位置（见图 2-3）。Fortran 编译器支持内置函数。而对于外部函数和内部函数，则需要用户提供相应的程序。

表 2-4 列出了某些常用内置函数。附录 B 中列出了 Fortran 的全部内置函数，并给出了简单的说明。

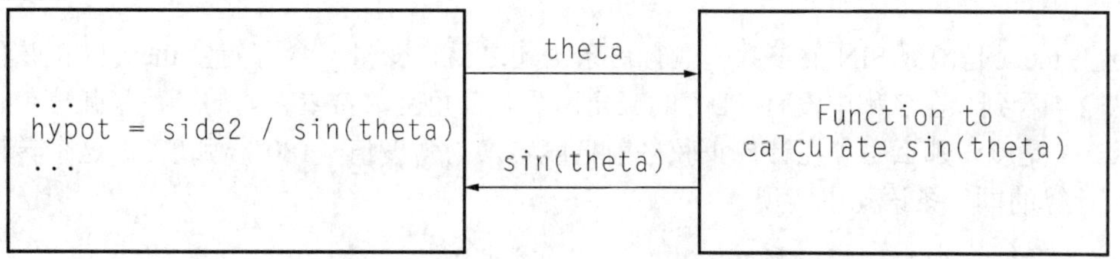

图 2-3 当 Fortran 语句中包含一个函数时，该函数的参数是一个单独的函数，用于计算函数的结果，然后使用结果代替原始计算中的函数

表 2-4　　某些内置函数

函数名和参数	函数值	参数类型	结果类型	说明
SQRT（X）	$\sqrt{x}$	REAL	REAL	求 x≥0 的 x 的平方根
ABS（X）		REAL/INTEGER	*	求 x 绝对值
ACHAR（I）		INTEGER	CHAR（1）	返回字符在 I 位置的 ASCII 表上对照顺序的位置值
SIN（X）	sin（x）	REAL	REAL	x 的正弦（x 必须是弧度值）
SIND（X）	sin（x）	REAL	REAL	x 的正弦（x 必须是角度值）
COS（X）	cos（x）	REAL	REAL	x 的余弦（x 必须是弧度值）
COSD（X）	cos（x）	REAL	REAL	x 的余弦（x 必须是角度值）
TAN（X）	tan（x）	REAL	REAL	x 的正切（x 必须是弧度值）
TAND（X）	tan（x）	REAL	REAL	x 的正切（x 必须是角度值）
EXP（X）	e^x	REAL	REAL	e 的 x 次幂

续表

函数名和参数	函数值	参数类型	结果类型	说　明
LOG（X）	$\log_e(x)$	REAL	REAL	x 的自然对数，其中 x>0
LOGIO（X）	$\log_{10}(x)$	REAL	REAL	基数 10 的对数，其中 x>0
IACHAR（C）		CHAR（I）	INTEGER	返回字符 C 在 ASCII 表上对照顺序的位置值
MOD（A，B）		REAL/INTEGER	*	模函数的余数
MAX（A，B）		REAL/INTEGER	*	a 和 b 中的更大值
MIN（A，B）		REAL/INTEGER	*	a 和 b 中的更小值
ASIN（X）	$\sin^{-1}(x)$	REAL	REAL	x 的反正弦，–1≤x≤1（结果是弧度值）
ASIND（X）	$\sin^{-1}(x)$	REAL	REAL	x 的反正弦，–1≤x≤1（结果是角度值）
ACOS（X）	$\cos^{-1}(x)$	REAL	REAL	x 的反余弦，–1≤x≤1（结果是弧度值）
ACOSD（X）	$\cos^{-1}(x)$	REAL	REAL	x 的反余弦，–1≤x≤1（结果是角度值）
ATAN（X）	$\tan^{-1}(x)$	REAL	REAL	x 的反正切（结果是弧度值，且–π/2≤x≤π/2）
ATAND（X）	$\tan^{-1}(x)$	REAL	REAL	x 的反正切（结果是角度值，且–90≤x≤90）
ATAN2（Y/X）	$\tan^{-1}(y/x)$	REAL	REAL	x 四象限的反切函数（结果是弧度值，且–π≤x≤π）
ATAN2D（Y，X	$\tan^{-1}(y/x)$	REAL	REAL	x 四象限的反切函数（结果是角度值，且–180≤x≤180）

注　*=结果类型与输入参数类型相同。

表达式中用 Fortran 函数名调用函数，例如，下列表达式中内置函数 SIN 用来计算数据的正弦值。

```
y=SIN(theta)
```

这里 theta 是函数 SIN 的参数。执行这条语句之后，变量 y 含有变量 theta 的正弦值。注意从表 2-4 看到，在名称中没有“D”的三角函数，三角函数希望它们的参数是弧度值。如果变量 theta 是度，那么必须在计算正弦之前把度转换为弧度值（$180^{o}=\pi$弧度），这个转换可以在正弦计算的同一条语句中实现。

```
y=SIN(theta*(3.141593/180.))
```

另一种方法是可以创建一个含有数据转换的常量，当执行函数时引用常量即可：

```
INTEGER,PARAMETER::DEG_2_RAD = 3.141593 / 180.
...
y = SIN(theta * DEG_TO_RAD)
```

函数的参数可以是常数、变量、表达式或甚至是另一个函数的结算结果。下列语句都是合法的：

```
y=SIN(3.141593) (参数是常数)
y=SIN(x)        (参数是变量)
y=SIN(PI*x)     (参数是表达式)
y=SIN(SQRT(x))  (参数是另一个函数的计算结果)
```

函数可以用在表达式中常数和变量出现的任何位置，但是函数永远不可以出现在赋值操作符（等号）的左边，因为它们不是存储位置，没有什么东西存储在它们里面。

表 2-4 中指定了那里列出的内置函数需要的参数的类型和返回值的类型。这些内置函数

的某一些是通用函数（generic function），这意味着它们的输入参数的数据类型可以是多种。绝对值函数 ABS 就是一个通用函数，假如 X 是实数，那么 ABX（X）是实数。如果 X 是整型数，那么 ABS（X）是整数。某些函数被称为专用函数（specific function），因为它们的输入参数仅可以为特定数据类型，产生的输出结果也仅有特定类型。例如，IABS 函数需要整型参数，返回值是整型结果。附录 B 完整列出了所有内置函数（包括通用函数和专用函数）。

2.8 表控输入和输出语句

输入语句从输入设备读入一个或多个数值，并存储它们到程序员指定的变量中。输入设备可以是交互环境中的键盘，或批处理环境中的磁盘文件。输出语句写一个或多个数值到输出设备。输出设备可以是 CRT 屏幕，或批处理环境的输出设备。

在图 2-1 所示的 my_first_program 中已经见过输入和输出语句。图中的输入语句形式如下：

```
READ(*.*)input_list
```

这里的 input_list 是读入的值放置在里面的变量列表。如果列表中有多个变量，它们用逗号分隔。语句中圆括号（*.*）含有读入操作的控制信息。圆括号的第一数据域指明从哪个输入/输出单元（或 io 单元）读入数据（第 5 章将解释输入/输出单元的概念）。这个域中的星号意味着数据是从计算机的标准输入设备上读入，通常在交互模式下是键盘。圆括号的第二个数据域指明读入数据的格式（格式在第 5 章中介绍）。这个域的星号意味着使用表控输入（有时被称为自由格式输入）。

术语 list-directed input（表控输入）意味着变量列表中的变量类型决定输入数据需要的格式（见图 2-4）。例如，请看以下语句：

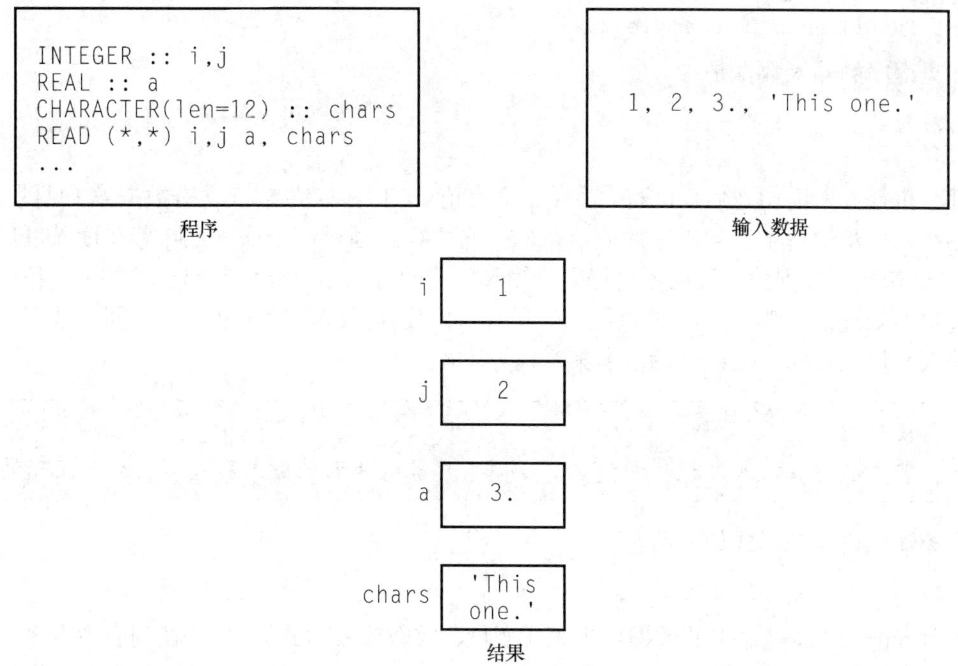

图 2-4 对于表控输入，输入数据值的类型和顺序必须与提供的输入数据的类型和顺序匹配

```
PROGRAM input_example
INTEGER::i,j
REAL::a
CHARACTER(len=12)::chars
READ(*,*)i,j,a,chars
END PROGRAM input_example
```

提供给程序的输入数据必须由两个整数、一个实数和一个字符串组成。还有，它们必须按序出现。值可以出现在同一行，并用逗号或空格隔开，也可以是在独立的行上。表控 READ 语句将继续读取输入数据，直到列表中变量的值全被找到。如果在执行的时候提供给程序的输入数据是

```
1,2,3.,'this one.'
```

那么变量 i 将填写 1，j 填写 2，a 填写 3.0，chars 填写'this one.'。由于输入字符串仅有 9 个字符长，当变量 chars 有 12 个字符空间，在字符变量中字符串左对齐，三个空格自动加到剩余的空间。还要注意，对于表控读入，如果含有空格，输入字符串必须用单或双引号括住。

当使用表控输入，读入值必须在顺序和类型方面匹配输入列表中的变量。假如有输入数据

```
1,2,'This one.',3.
```

那么当程序尝试读数据时，会发生运行错。

程序的每条 READ 语句从输入数据的一个新行开始读取。假如前一输入行的数据有遗留，那么这些数据会被抛弃。如下列程序所示：

```
PROGRAM input_example_2
INTEGER::i,j,k,l
READ(*,*)i,j
READ(*,*)k,l
END PROGRAM input_example_2
```

如果程序的输入数据是：

```
1,2,3,4
5,6,7,8
```

那么执行读入语句之后，i 含有值 1，j 含有值 2，k 含有值 5，l 含有数据 6（见图 2-5）。

始终回显从键盘上读到程序的数值是一个好主意。回显一个值，意味着在读入以后，用 WRITE 语句显示数据值。假如不这样做，输入数据的键入错可能引起错误的答案，程序的用户永远也不知道错在哪。可以在读入之后立即回显数据，或在程序某个地方回显数据，但是每个输入变量应该回显在程序输出的某个地方。

良好的编程习惯

回显用户从键盘输入到程序的变量，以便用户确认他们的键入和处理过程是正确的。

表控输出语句的形式如下所示：

```
WRITE(*.*)output_list
```

这里 output_list 是输出的数据项列表（变量、常数或表达式）。如果在列表中有多个数据项，那么数据项应该用逗号隔开。语句中的圆括号（*.*）含有输出的控制信息，这里的两个

星号对表控输入语句的意思相同❺。

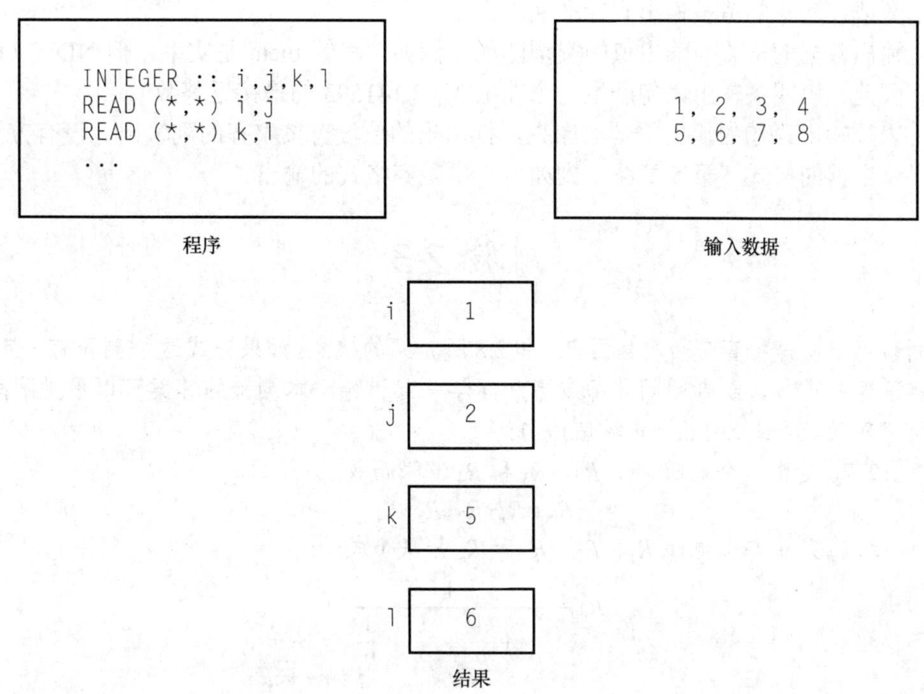

图 2-5　每条表控 READ 语句从输入数据的一个新行开始读取，
前一输入行上任何未用的数据都会被抛弃。这里，第一行的输入数据 3 和 4 值永远不会被用到

术语 list-directed output（表控输出）意味着输出语句的输出列表中的值类型决定输出数据的格式。如下列语句所示：

```
PROGRAM output_example
INTEGER::ix
REAL::theta
ix = 1
test = .TRUE.
theta = 3.141593
WRITE(*,*)' IX =                ',ix
WRITE(*,*)' THETA =             ',theta
WRITE(*,*)' COS(THETA)=         ',COS(theta)
WRITE(*,*)REAL(ix),NINT(theta)
END PROGRAM output_example
```

这些语句的输出结果是：

```
IX =              1
THETA =         3.141593
COS(THETA)=     -1.000000
  1.000000      3
```

这个例子说明了表控输出语句的几点：

❺ 表控输出语句的另一种形式：

```
PRINT *. output_list
```

这条语句等价于上面讨论的表控 WRITE 语句，被某些程序员使用。本书不再使用 PRINT 语句，但在 14.3.7 会讨论该语句。

（1）输出列表可以含有常数（'IX='是常数）、变量、函数和表达式。在每种情况下，常数、变量、函数或表达式的值被输出到标准输出设备。

（2）输出数据的格式与输出值的类型匹配。例如，尽管 theta 是实型，但 NINT（theta）是整型。因此，第四条输出语句产生一个输出 3（3.141593 的最接近整数）。

（3）表控输出语句的输出不是很漂亮。打印出的值没有按整齐的列输出，没有方法来控制实数显示数据的格式。第 5 章会学到如何产生整齐格式的输出。

测验 2-3

本测验可以快速检查是否理解了 2.7 和 2.8 所介绍的概念。如果完成这个测验有一定困难，那么请重读这些章节，或者问问导师或者和同学一起讨论。本测验的答案可以参见附录。

转换下列代数等式为 Fortran 赋值语句：

1. 电阻 R_{eq} 是由四个电阻 R_1、R_2、R_3 和 R_4 串联而成：

$$R_{eq}=R_1+R_2+R_3+R_4$$

2. 电阻 R_{eq} 是由四个电阻 R_1、R_2、R_3 和 R_4 并联而成：

$$R_{eq}=\frac{1}{\frac{1}{R_1}+\frac{1}{R_2}+\frac{1}{R_3}+\frac{1}{R_4}}$$

3. 振动钟摆的周期 T：

$$T=2\pi\sqrt{\frac{L}{g}}$$

这里 L 是钟摆的长度，g 是地球引力的加速度。

4. 减幅正弦振动公式：

$$v(t)=V_M e^{-\alpha t}\cos\omega t$$

这里 V_M 是振幅的最大值；α 是指数减幅因子；ω 是振动的角速度。

转换下列 Fortran 赋值语句为代数等式：

5. 万有引力中的物理运动：

```
distance=0.5*accel*t**2+vel_0*t+pos_0
```

6. 减幅 RLC 电路的振动频率：

```
freq=1./(2.*PI*SQRT(l*c))
```

这里 PI 是常数π（3.141592...）。

7. 感应器的能量存储：

```
energy=1.0/2.0*inductance*current**2
```

8. 当执行下列语句的时候，输出的结果是什么？

```
PROGRAM quiz_1
INTEGER::i
REAL::a
a = 0.05
i = NINT(2. * 3.141493 / a)
a = a *(5 / 3)
```

```
WRITE(*,*)i,a
END PROGRAM quiz_1
```

9. 假如输入数据如所列出，下列程序将输出什么？

```
PROGRAM quiz_2
INTEGER::i,j,k
REAL::a,b,c
READ(*,*)i,j,a
READ(*,*)b,k
c = SIN((3.141593 / 180)* a)
WRITE(*,*)i,j,k,a,b,c
END PROGRAM quiz_2
```

输入数据是:

```
1,3
2.,45.,17.
30.,180,6.
```

2.9 变量初始化

请看下列程序:

```
PROGRAM init
INTEGER::i
WRITE(*,*)i
END PROGRAM init
```

存储在变量 i 中的值是什么？WRITE 语句将打印出什么值？答案是：不知道！

变量 i 是一个没有初始化的变量例子。它已经用语句 INTEGER: : i 语句定义，但是没有赋值。在 Fortran 标准中没有给未初始化的变量定义值。一些编译器自动地设置没有初始化变量为 0，而有些编译器设置它们为任意值。一些旧版的 Fortran 编译器让未初始化的变量保留它所在单元前面已经存在的数据值。还有某些编译器甚至产生运行错，如果变量使用前没有初始化。

没有初始化的变量可能带来严重问题。因为在不同的机器上对它们的处理不同，在某台计算机上运行很好的程序，在另一台机器上可能出错。在某些机器上，同样的程序有时工作的很好，有时又出错，这取决于前面程序中占用同一存储单元变量遗留的值。这样的情况令人很难接受，所以在程序中始终要记得初始化所有变量，以避免出错。

良好的编程习惯

程序中记得在使用变量之前，一定要初始化它们。

在 Fortran 程序中有三种有效技术初始化变量：赋值语句、READ 语句和类型声明语句中的初始化[6]。赋值语句把等号右边的表达式的值赋给等号左边的变量。在下面的代码中，变量 i 初始化为 1，用 WRITE 语句打印使知道结果。

```
PROGRAM init_1
INTEGER::i
```

[6] 第 4 种（旧版）技术使用 DATA 语句。这条语句为向后兼容早期版本的 Fortran 被保留，但是它已经被类型声明语句中的初始化取代。DATA 语句在新程序中不再使用。第 18 章会介绍 DATA 语句。

```
i = 1
WRITE(*,*)i
END PROGRAM init_1
```

READ 语句可以用来把用户输入的值初始化变量。与用赋值语句初始化不同，每次运行程序时，用户可以修改存储在变量中的值。例如，下列代码将用用户希望的值初始化变量 i，WRITE 将打印出这个值。

```
PROGRAM init_2
INTEGER::i
READ(*,*)i
WRITE(*,*)i
END PROGRAM init_2
```

有效地初始化 Fortran 程序中的变量的第三种技术是在定义它们的类型声明语句中指定它们的初始值。这个声明指定在编译和连接时预加载数值到变量。注意类型声明语句中的初始化和赋值语句中的初始化的基本不同：类型声明语句在程序开始之前初始化变量，而赋值语句在程序运行时初始化变量。

用来初始化变量的类型声明语句的形式如下：

```
type::var1=value, [var2=value,…]
```

在单条类型声明语句中可以声明和初始化许多变量，变量间用逗号隔开。用来初始化一系列变量的类型声明语句举例如下：

```
REAL::time = 0.0,distance = 5128.
INTEGER::loop = 10
```

在执行程序前，time 被初始化为 0.0，distance 被初始化为 5128.，loop 初始化为 10。

下列代码中，变量 i 用类型声明语句初始化，于是知道当开始执行时，变量 i 有值 1，因此，WRITE 语句将打印出 1。

```
PROGRAM init_3
INTEGER::i = 1
WRITE(*,*)i
END PROGRAM init_3
```

2.10 IMPLICIT NONE 语句

有另一条非常重要的非执行语句：IMPLICIT NONE 语句。当使用它时，IMPLICIT NONE 语句使 Fortran 中默认提供输入值的功能丧失。当程序含有 IMPLICIT NONE 语句，没有出现在显式类型声明语句中的变量被认为是错的。IMPLICIT NONE 语句出现在 PROGRAM 语句之后和类型声明语句之前。

当程序含有 IMPLICIT NONE 语句，程序员必须显式声明程序中每个变量的类型。首先想到的是，这可能是个缺点，因为程序员在写程序的时候必须多做很多工作，初始映像是不可能有更多错。事实上，用好这条语句有几个优点。

在执行期间产生细微的错之前，主要的程序错是简单的打字错误，IMPLICIT NONE 语句让编译时能捕获所有这些错误。如下列简单程序所示：

```
PROGRAM test_1
REAL::time = 10.0
WRITE(*,*)'Time = ',tmie
END PROGRAM test_1
```

在这个程序里，变量 time 在一个地方错拼写为 tmie。当用 Fortran 编译器编译和执行这个程序时，输出“TIME=0.000000E+00”，它是错误的答案！相反，再看加上 IMPLICIT NONE 语句的程序：

```
PROGRAM test_1
IMPLICIT NONE
REAL::time = 10.0
WRITE(*,*)'Time = ',tmie
END PROGRAM test_1
```

当用同一编译器编译时，这个程序产生下列编译错：

```
1 PROGRAM test_1
2 IMPLICIT NONE
3 REAL::time = 10.0
4 WRITE(*,*)'Time = ',tmie
..............................1
(1)Error:This name does not have a type,and must have an explicit type. [TMIE]
5 END PROGRAM
```

取代在另一个程序运行中的错，在编译时得到一条明确的错误信息，标识出问题所在位置。在编写很长含有许多变量的程序时，这是一个巨大的优点。

IMPLICIT NONE 语句的另一个优点是使代码更好维护。使用这条语句的程序必须有所有变量的完整列表，变量包含在程序的声明部分。如果必须修改程序，程序员检查列表，以免使用已经在程序中定义的变量名。这个检查帮助减少了很常见的错误，这些错误可能是由于修改程序时不经意地改变了程序某个地方的某些变量取值而产生的。

通常，使用 IMPLICIT NONE 语句的优点随着程序工程的增大越来越突出。IMPLICIT NONE 语句的使用如此重要，为设计出好的程序，本书中我们一直在用该语句。

良好的编程习惯

在程序中始终显式地定义每个变量，用 IMPLICIT NONE 语句帮助在执行程序前查找和改正印刷错。

2.11 程序举例

在本章中已给出了编写简单但是功能齐全的 Fortran 程序需要的基本概念，现在将给出几个使用这些概念的例题程序。

例题 2-3 温度转换

设计一个 Fortran 程序，读取输入的按华氏度计量的温度，转换它为用开氏温度计量的绝度温度，输出结果。

解决方案

物理教科书上可以找到的华氏温度（℉）和开氏温度（K）的关系是：

$$T（开氏温度）= \left[\frac{5}{9} T(in ℉) - 32.0 \right] + 273.15 \tag{2-2}$$

物理教科书上也给出两个温度的样本值。可以用样本值来测试程序的操作。两个样本值是：

水的沸点	212°F	373.15K
干冰的升华点	-110°F	194.26K

程序必须完成以下几步操作：

（1）提示用户输入华氏温度 °F。

（2）读取温度。

（3）用式（2-2）计算开氏温度。

（4）打印结果，停止。

程序代码如图 2-6 所示。

```
PROGRAM temp_conversion
!目的:
!   将输入的温度值从华氏度计量转换为开氏温度值,并输出
!
! 版本号:
!    日期          程序员            修改说明
!    ====          ==========        =====================
!   11/03/15 --S. J. Chapman      原始代码
!
IMPLICIT NONE                        ! Force explicit declaration of variables
! 数据字典:声明变量类型、定义和计量单位
REAL::temp_f                         ! 华氏温度
REAL::temp_k                         ! 开氏温度
! 提示用户输入温度.
WRITE(*,*)'Enter the temperature in degrees Fahrenheit:'
READ(*,*)temp_f
! 转换为开氏温度.
temp_k =(5. / 9.)*(temp_f - 32.)+273.15
! 输入结果.
WRITE(*,*)temp_f,' degrees Fahrenheit = ',temp_k,' kelvins'
! 完成.
END PROGRAM temp_conversion
```

图 2-6　转换华氏温度为开氏温度的程序

为彻底测试程序，将用已知值运行程序。注意下文中用户的输入出现在黑体字下面[7]。

```
C:\book\fortran\chap2>temp_conversion
Enter the temperature in degrees Fahrenheit:
212
   212.000000 degrees Fahrenheit =  373.150000 kelvins
C:\book\fortran\chap2>temp_conversion
Enter the temperature in degrees Fahrenheit:
-110
   -110.000000 degrees Fahrenheit =  194.261100 kelvins
```

[7] 这样一个 Fortran 程序常在命令行下运行。在 Windows 中，单击“开始”按钮，选择“运行”，键入“cmd”，启动程序，打开命令窗口。当运行命令窗口时，提示给出了当前工作的目录（这个例子中是 C：\book\fortran \chap2），在命令行键入它的名字，执行程序。注意，在 Linux 或 UNIX 上提示看上去会有所不同。

程序的输出结果与物理教科书上的值相同。

在以上的程序中，既返回了输入值，也打印了输出值，还给出了数据的计量单位。程序的结果有意义，仅在数据计量单位（华氏和开氏度）与数据值一同输出时。作为一条普遍使用的规则就是：伴随输入值的计量单位应该总是与需要的数据值的提示一起输出，且伴随输出值的计量单位要一直与输出数据值一起输出。

良好的编程习惯

在程序中记得总是对输入和输出值给出相应的计量单位。

上面的程序中运用了多个本章中介绍的良好编程习惯：它用 IMPLICIT NONE 语句强制程序中所有的变量要显式声明类型；也在声明部分包含了一个数据字典，对每个变量进行了类型声明、定义和计量单位说明；还说明了每个变量名的意义；变量 temp_f 在使用前用 READ 语句来初始化；返回了所有输入值，全部的输出值伴随有相应的计量单位。

例题 2–4　电子工程：计算实际功率、无功功率和有效功率：

图 2-7 在正弦 AC（直流）电路中，电压 V 向负载电阻 $Z\angle\theta\Omega$ 供给电量。从简单的电路原理可知，加给负载的 rms 电流 I，实际功率 P，无功功率 Q，有效功率 S 和功率因子 PF 之间的计算公式是：

$$I = \frac{V}{Z} \tag{2-3}$$

$$P = VI\cos\theta \tag{2-4}$$

$$Q = VI\sin\theta \tag{2-5}$$

$$S = VI \tag{2-6}$$

$$\mathrm{PF} = \cos\theta \tag{2-7}$$

这里功率源的 rms 电压 V 的计量单位为伏特（V）。电流的计量单位是安培（A），实际功率的计量单位是瓦特（W），无功功率的计量单位是伏安/阻抗（VAR），有效功率的计量单位是伏安（VA），功率因子没有相关的计量单位。

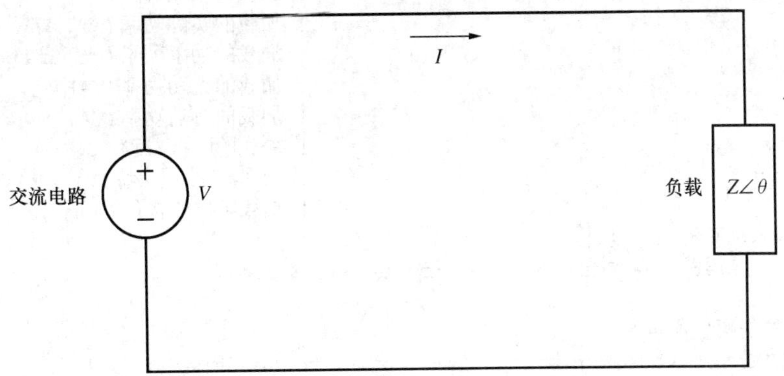

图 2-7　正弦 AC（直流）电路中，电压 V 向负载电阻 $Z\angle\theta\Omega$ 供给电量的电路图

已知功率源的 rms 电压和阻抗 Z 的幅值和角度，编写程序计算 rms 的电流 I、实际功率 P、无功功率 Q，有效功率 S 和负载的功率因子 PF。

解决方案

在这个程序中，需要读取电源的 rms 电压 V 和阻抗的幅值 Z 和角度 θ。输入电压将用伏特来测量，阻抗 Z 的幅值是欧姆（ohm），阻抗的角度是度（°）。一旦读入数据，必须用 Fortran 三角函数把角度 θ 转换为弧度，下一步计算需要的数值，输出结果。

程序必须按下列步骤完成操作：

（1）提示用户输入电源值，计量单位为伏特。

（2）读入原始电压。

（3）提示用户输入阻抗的幅值和角度，计量单位是欧姆和度。

（4）读入阻抗的幅值和角度。

（5）用式（2-3）计算电流 I。

（6）用式（2-4）计算实际功率 P。

（7）用式（2-5）计算无功功率 Q。

（8）用式（2-6）计算有效功率 S。

（9）用式（2-7）计算功率因子 PF。

（10）输出结果，结束。

图 2-8 给出了最终写出的 Fortran 程序。

```
PROGRAM power
!
! 目的:
!  计算电流,实际功率,无功功率和有效功率,功率因子
!
! 修订版本:
!   日期          程序员          修订说明
!   ====          ==========      =====================
!  11/03/15       S. J. Chapman   源代码
!
IMPLICIT NONE
! 数据字典:声明常量
REAL,PARAMETER::DEG_2_RAD = 0.01745329 ! 度转换为度的因子
! 数据字典:声明变量类型,定义和计量单位
REAL::amps                                   ! 加载的电流(A)
REAL::p                                      ! 加载的实际功率(W)
REAL::pf                                     ! 加载的功率因子(no units)
REAL::q                                      ! 加载的无功功率(VAR)
REAL::s                                      ! 加载的有功功率(VA)
REAL::theta                                  ! 加载的阻抗(度)
REAL::volts                                  ! 功率源 rms 伏特(V)
REAL::z                                      ! 加载阻抗的幅值(ohms)
! 提示用户输入功率源 rms 伏特.
WRITE(*,*)'Enter the rms voltage of the source:'
READ(*,*)volts
!提示用户阻抗的幅值和角度.
WRITE(*,*)'Enter the magnitude and angle of the impedance '
WRITE(*,*)'in ohms and degrees:'
READ(*,*)z,theta
! 完成计算
amps = volts / z                             ! rms 电流
p = volts * amps * cos(theta * DEG_2_RAD)    ! 实际功率
q = volts * amps * sin(theta * DEG_2_RAD)    ! 无功功率
s = volts * amps                             ! 有效功率
pf = cos(theta * DEG_2_RAD)                  !功率因子
```

```
! 输出结果
WRITE(*,*)'Voltage            = ',volts,' volts'
WRITE(*,*)'Impedance          = ',z,' ohms at ',theta,' degrees'
WRITE(*,*)'Current            = ',amps,' amps'
WRITE(*,*)'Real Power         = ',p,' watts'
WRITE(*,*)'Reactive Power     = ',q,' VAR'
WRITE(*,*)'Apparent Power     = ',s,' VA'
WRITE(*,*)'Power Factor       = ',pf
! 完成
END PROGRAM power
```

图 2-8 计算加给负载的实际功率、无功功率、有效功率和功率因子的程序

这个程序中也运用了许多本章中介绍的良好编程习惯：用 IMPLICIT NONE 语句强制程序中所有的变量要显式声明类型；声明部分包含一个定义程序中所有变量的数据字典，说明了每个变量名的意义（尽管变量名很短，*P*、*Q*、*S* 和 PF 是人们接受的相应变量的标准缩写）；所有变量在使用前都进行了初始化；程序定义了一个度–弧度转换因子的常量名，然后在整个程序中当需要转换因子时都使用的是该常量名，返回了所有输入值，全部的输出值伴随有相应的计量单位。

为了验证程序 power 的操作是否正确，先手工进行样本的计算，并把它与程序的输出结果相比较。如果 rms 电压 V 是 120V，阻抗 *Z* 的幅值是 5Ω，角度 θ是 30°，那么输出值是：

$$I = \frac{V}{Z} = \frac{120\text{V}}{5\Omega} = 24\text{A} \tag{2-3}$$

$$P = VI\cos\theta = (120\text{V})(24\text{A})\cos 30° = 2494\text{W} \tag{2-4}$$

$$Q = VI\sin\theta = (120\text{V})(24\text{A})\sin 30° = 1440\text{VAR} \tag{2-5}$$

$$S = VI = (120\text{V})(24\text{A}) = 2880\text{VA} \tag{2-6}$$

$$\text{PF} = \cos\theta = \cos 30° = 0.86603 \tag{2-7}$$

当用给定的输入数据运行程序 power 时，结果应该与我们手工计算的值相同。

```
C:\book\fortran\chap2>power
Enter the rms voltage of the source:
120
Enter the magnitude and angle of the impedance
in ohms and degrees:
5.,30.
Voltage               = 120.000000 volts
Impedance             = 5.000000 ohms at  30.000000 degrees
Current               = 24.000000 amps
Real Power            = 2494.153000 watts
Reactive Power        = 1440.000000VAR
Apparent Power        = 2880.000000VA
Power Factor          = 8.660254E-01
```

例题 2–5 碳 14 的测定

元素的放射性同位素能测定元素是否稳定。取而代之的是，经过一段时间，它自然衰落成另一个元素。放射性衰落是按指数过程进行的。如果时间 t=0 时 Q_o 是放射性物质的初始量，那么在给定的未来时间的任何时刻可以给出物质的质量。

$$Q(t) = Q_o e^{-\lambda t} \tag{2-8}$$

这里λ是放射性衰落常量（见图 2-9）。

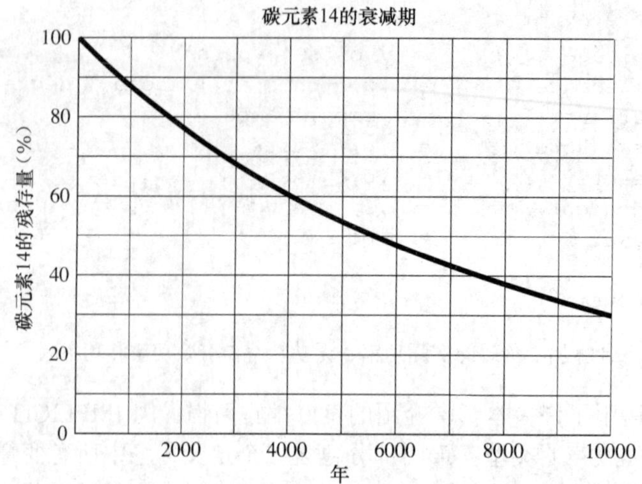

图 2-9 碳 14 的放射性衰落时间函数。注意经过 5730 年的时光飞逝后初始的碳 14 已经衰落 50%

因为放射性衰落按照已知的速度发生，所以它可以用来当成时钟测定从它开始衰落到测量点的时间。假如在样本中知道放射性材料 Q_o 的初始量，剩余材料 Q 现在的量可以用式（2-8）计算时间，决定衰落已经持续了多长时间。结果计算等式是：

$$t_{\text{decay}} = -\frac{1}{\lambda}\log\frac{Q}{Q_o} \tag{2-9}$$

式（2-8）在科学界实际使用了很多年。例如，考古学家用基于碳 14 的放射性时钟判定曾经活着的东西死去了多长时间。当植物或动物活着时，碳 14 连续浸入物体，于是假如知道它的数量，就能给出物体死去的时间。碳 14 的衰落常数λ已知是 0.00012097/年，所以可以精确地测试出现在碳 14 的剩余量。式（2-9）被用于判定活物死去了多长时间。

编写程序，读取碳 14 在样本中的剩余百分比，计算样本的年龄，打印出计算结果，并给出计量单位。

解决方案

程序必须完成以下几个步骤：

（1）提示用户输入在样本中碳 14 剩余的百分比。

（2）读取百分数。

（3）把百分数转换为因子 Q/Q_o。

（4）用式（2-9）计算样本死去的时间。

（5）输出计算结果，结束。

图 2-10 给出了程序代码。

```
PROGRAM c14_date
!
! 目的:
!   通过样本碳 14 剩余的百分比计算死去的时间
!
! 修订版本:
!    日期          程序员              修订说明
!   ====         ==========          =====================
!  11/03/15      S. J. Chapman       源代码
!
```

```
IMPLICIT NONE
! 数据字典:声明变量
REAL,PARAMETER::LAMDA = 0.00012097! 衰落常数
                                  ! 常量碳 14,
                                  ! 计量单位 1/years
! 数据字典:声明变量类型,定义和计量单位
REAL::age                         ! 样本年龄(years)
REAL::percent                     ! 测量到的碳 14 百分比(%)
REAL::ratio                       ! 碳 14 从原始量到剩余量的衰减率(无计量单位)
! 提示用户碳 14 剩余百分比
WRITE(*,*)'Enter the percentage of carbon 14 remaining:'
READ(*,*)percent
! 回显输入值
WRITE(*,*)'The remaining carbon 14 = ',percent,' %.'
! 计算
ratio = percent / 100.        ! 转换为百分比小数衰减率
age =(-1.0 / LAMDA)* log(ratio)! 知道年龄
! 告诉用户样本大概的年龄
WRITE(*,*)'The age of the sample is ',age,' years.'
! 完成
END PROGRAM c14_date
```

为了测试整个程序,计算一半碳 14 死去的时间。这个时间称为碳 14 的半衰期。

```
C:\book\fortran\chap2>c14_date
Enter the percentage of carbon 14 remaining:
50.
The remaining carbon 14 =    50.000000 %.
The age of the sample is  5729.910000 years.
```

图 2-10 用碳 14 剩余的百分比计算样本死去年龄的程序

化学物理的 CRC 手册中认为碳 14 的半衰期是 5730 年,所以程序的输出应与参考书的结果相同。

2.12 调试 Fortran 程序

有一句老话:“唯一的一个事实是,只要活着就必须交税。”对这句话,可以加上更肯定的一句:“无论编写程序的大小是多少,第一时间,它都难以顺利执行!”程序的错误就是众所周知的 bug,定位和除去 bug 称为调式(debugging),已经编写好的程序不能运行,怎样调试它呢?

在调试 Fortran 程序时会遇到三类错误。第一类错是语法错(syntax error)。语法错是 Fortran 语句本身出错,如拼写错或标点符号错。这类错可以在编译时被编译器检测出来。第二类错是运行错(run-time error),当程序执行时企图做非法运算操作,则发生运行错(例如,企图除于 0)。这些错误导致程序执行时异常中断。第三类错是逻辑错(logical error),当程序连续编译和运行,但是产生的结果错,则发生了逻辑错。

编程时最常见的错误是打字错。一些打字错构成了无效的 Fortran 语句,这些错导致语法错,它能被编译器捕获。其他打字错使得变量名出错。例如,在某些变量名中的字母被错拼写,假如使用 IMPLICIT NONE 语句,那么编译器也能捕获这些错误。但是,假如合法的变

量名被另一个合法的变量名取代，编译器则不能检出这类错。如果有两个很相似的变量名，就容易发生这类错误。例如，假设程序用变量名 val1 和 val2 表示速度，若在某一点错用一个速度名替代了另一个速度名，那么这类打字错就会导致出现一个逻辑错。这时候就必须手工详读代码，检查出这类错误，因为编译器不能捕获它。

有时候可能连续编译和连接程序，当执行程序时出现了运行错和逻辑错。这种情况下，有一些是输入数据错，还有一些是程序的逻辑结构错。定位错误类型的第一步是检查程序的输入数据，需要设计程序有返回输入数据的功能，假如不这样，回头，加上 WRITE 语句，以检查输入的数据是不是希望的值。

如果变量名看上去是正确的，输入也正确，那么可以考虑是逻辑错，这时候应该检查每条赋值语句。

（1）若赋值语句很长，分开它为几条短的赋值语句，因为语句越短越容易检查。

（2）检查赋值语句中的圆括号所在位置。非常常见的错是赋值语句中的圆括号计算顺序不对。如果对计算变量所在位置有质疑，多添加一些圆括号，使表达式计算关系更清晰。

（3）保证所有的变量已经初始化。

（4）保证所有函数有正确的计量单位。如，输入给三角函数的数据必须是弧度，而不是度。

（5）检查整数或混合模式运算中是否存在错。

如果一直还是得到错误答案，在程序各个点添加 WRITE 语句，看中间结果。如能定位计算出错的点，那么就知道了在哪里查找问题，那里 95%是错误出现的地方。

如果做完以上步骤，还是查不出错误，对另一个同学或导师解释自己的任务，让他们帮你查看代码。很常见的情况是，自己很难查出自己程序代码中的错，而别人能很快地替你查出错误来。

良好的编程习惯

为减少调试错，保证设计程序时：

（1）使用 IMPLICIT NONE 语句。

（2）返回所有输入值。

（3）初始化所有变量。

（4）用圆括号使赋值语句的功能更清晰。

所有现代编译器有特殊的调试工具，称为符号调试器（symbolic debugger）。符号调试器是允许一次只执行程序的一条语句，并查看每一步的每个变量值。符号调试器不用在代码中插入许多 WRITE 语句，就可以检查中间结果。它的功能强大且非常有用，但是不幸的是，每类编译器对它的操作方法不同。若在课堂上使用符号调试器调试程序，导师会指导怎样在编译器上完成相应的调试工作。

2.13 小结

在本章，介绍了许多编写功能完整的 Fortran 程序所需要的基础概念。给出了 Fortran 程序的基本结构，介绍了 4 种数据类型：整型、实型、逻辑型和字符。还介绍了赋值语句、运算、内置函数和表控的输入/输出语句。整章中强调了语言中那些很重要的特点，这些特点对于编写好理解和易维护的 Fortran 代码非常重要。

本章介绍的 Fortran 语句在 Fortran 程序中出现有特定的顺序，合适的顺序总结在表 2-5 中。

表 2-5　程序中 Fortran 语句出现的顺序

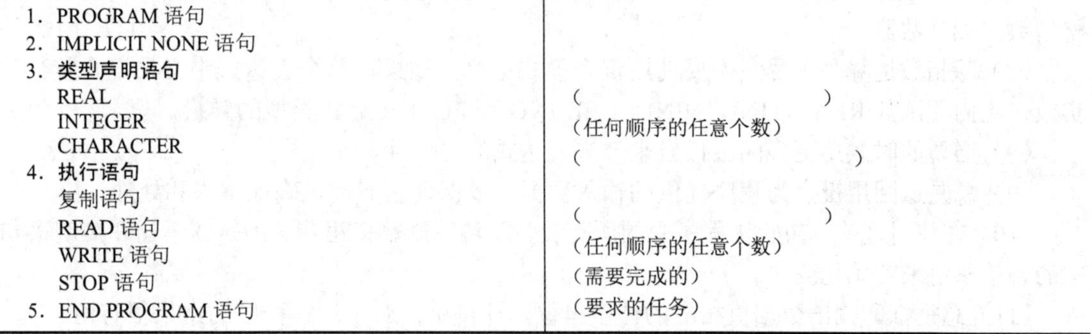

1. PROGRAM 语句	
2. IMPLICIT NONE 语句	
3. **类型声明语句**	
REAL	（　　　　　　　）
INTEGER	（任何顺序的任意个数）
CHARACTER	（　　　　　　　　）
4. **执行语句**	
复制语句	
READ 语句	（　　　　　　　）
WRITE 语句	（任何顺序的任意个数）
STOP 语句	（需要完成的）
5. END PROGRAM 语句	（要求的任务）

Fortran 表达式中的计算顺序有固定的级别，高一级操作必须在低级别的操作之前实现，操作的级别简述在表 2-6 中。

表 2-6　Fortran 语言中操作符的级别

1. 首先计算圆括号中的运算，先内层括号，后外层括号
2. 下一步从右到左计算所有指数运算
3. 再从左到右计算所有乘法和除法
4. 最后从左到右计算所有加法和减法

Fortran 语言包含很多内置函数，可帮助人们解决问题。这些函数被称为内置函数，因为它们是 Fortran 语言自带的。一些常用的内置函数汇总在表 2-3 和表 2-4 中，附录 B 中给出了 Fortran 的全部内置函数表。

内置函数分两类：专用函数和通用函数。专用函数需要特定类型的输入数据，若错误类型的数据提供给专用函数，结果将无意义。相反，通用函数可以接受多种类型的输入数据，产生正确的答案。

2.13.1　良好编程习惯小结

设计的每一个 Fortran 程序都应该便于熟悉 Fortran 的人很容易理解它。这一点很重要，因为好的程序可以用很长时间。过一段时间后，条件会变，程序需要改进以反应条件的变化。程序的修改可能由一个非原创人员来完成，在企图修改程序之前，程序员必须要首先理解程序。

设计一个结构清晰、好理解和易维护的程序比写一个简单的程序难很多。为了这样，程序员必须对所担当的工作编写相应的文档。另外，程序员必须小心记住编程警示，遵循良好编程习惯。下列指南将帮助开发出好的程序。

（1）尽可能给变量取有意义的名字。以便一瞥就可以理解变量的作用。如 day、month 和 day。

（2）在程序中始终用 IMPLICIT NONE 语句，以便编译时，编译器捕获打字错。

（3）在编写的程序中创建数据字典。数据字典应该明确地声明和定义程序的每个变量。如果是应用题，还要记得保证每个物理量要有相应的计量单位。

（4）常数的取值要始终一致。例如，不要在程序某地方π取值 3.14，而在另一个地方π又取值 3.141593。为保证一致性，该用常数，需要的时候就引用常数名即可。

（5）保证给所有常数指定所用机器支持的相应精度。例如，π取值 3.141593，而不是 3.14。

（6）真实世界连续变化的量不该用整型数据来计算，如距离、时间等。仅对固定值使用整型数，如计数器。

（7）除指数运算外，尽量不要使用混合模式运算。如果在单个表达式中必须混合整数和实数，用内置函数 REAL，INI，NINI，CEILING 和 FLOOR 显式类型的转换。

（8）必要的时候用更多的圆括号来改进表达式的可读性。

（9）总是返回用键盘为程序提供的输入数据，以保证它们被正确地键入和处理。

（10）在使用之前，初始化程序中的所有变量。可以用赋值语句、READ 语句和声明语句中的直接赋值来初始化变量。

（11）总是打印输出数据值相应的计量单位，计量单位对于理解程序的结果很有用。

2.13.2 Fortran 语句小结

下面小结本章介绍过的所有 Fortran 语句。

赋值语句：

```
variable=expression
```

例如：

```
pi = 3.141593
distance = 0.5 * acceleration * time ** 2
side = hypot * cos(theta)
```

说明：

赋值语句的左边必须是变量名。右边可以是常数、变量、函数或表达式。等号右边的数量值存储到等号左边的变量名中。

CHARACTER 语句：

```
CHARACTER(len=<len>)::variable_name1 [,variable_name2,...]
CHARACTER(<len>)::variable_name1 [,variable_name2,...]
CHARACTER::variable_name1 [,variable_name2,...]
```

例如：

```
CHARACTER(len=10)::first,last,middle
CHARACTER(10)::first = 'My Name'
CHARACTER::middle_initial
```

说明：

CHARACTER 语句是类型声明语句，它声明字符数据类型的变量。每个变量的字符长度用（len<=len>）或<len>指定。如果缺省长度声明，那么变量的默认长度是 1。

CHARACTER 变量的取值可以在声明的时候用字符串初始化，如上面的第二个举例所示。

END PROGRAM 语句：

```
END PROGRAM [name]
```

说明：

END PROGRAM 语句必须是 Fortran 程序段的最后一条语句。它告诉编译器不再有语句需要处理。当遇到 END PROGRAM 语句，程序执行停止。END PROGRAM 中的程序名是可选项。

ERROR STOP 语句：

```
ERROR STOP
ERROR STOP n
ERROR STOP 'message'
```

说明：

ERROR STOP 语句停止 Fortran 程序的执行，告知操作系统发生了一个执行错。

IMPLICIT NONE 语句：

```
IMPLICIT NONE
```

说明：

IMPLICIT NONE 语句关闭 Fortran 的默认类型定义。当在程序中使用这条语句，程序中的每个变量都必须在类型声明语句中显式声明。

INTEGER 语句：

```
INTEGER::variable_name1 [,variable_name2,…]
```

例如：

```
INTEGER::i,j,count
INTEGER::day=4
```

说明：

INTEGER 语句是类型声明语句，它声明整型数据类型的变量。这条语句重载 Fortran 中指定的默认类型。INTEGER 变量的取值可以在声明时初始化，如上面的第二个举例所示。

PROGRAM 语句：

```
PROGRAM program_name
```

例如：

```
PROGRAM my_ program
```

说明：

PROGRAM 语句指定 Fortran 程序的名字，它必须是程序的第一条语句，名字必须是唯一的，不能与程序中的变量名相同。程序名由 1～31 个字母、数字和下划线字符组成，但是程序名的第一个字符必须是字母。

READ 语句（表控 READ）：

```
READ(*.*)variable_name1 [,variable_name2,…]
```

例如：

```
READ(*.*)stress
READ(*.*)distance,time
```

说明：

表控 READ 语句从标准输入设备读入一个或多个数据，并把它们加载到列表的变量名中，数据值是按列出的变量名顺序存入到变量。数据值必须由空格或逗号隔开。按多行读入数据也可以，但是每条 READ 语句从一个新行开始读取数据。

REAL 语句：

```
REAL::variable_name1 [,variable_name2,…]
REAL::variable_name=value
```

例如：

```
REAL::distance,time
EAL::distance,time
```

说明：

REAL 语句是类型声明语句，它声明实型数据类型的变量。这条语句重载 Fortran 中指定的默认类型。REAL 变量的取值可以在声明时初始化，如上面的第二个例题所示。

STOP 语句：

```
STOP
STOP  n
STOP  'message'
```

说明：

STOP 语句停止 Fortran 程序的执行。一个 Fortran 程序可以有多条 STOP 语句，每条 STOP 语句紧接在 END PROGRAM 语句之前就可以省略，因为当执行到 END PROGRAM 语句时程序也停止。

WRITE 语句（表控 WRITE）：

```
WRITE(*.*)expression1 [,expression2,etc.]
```

例如：

```
WRITE(*.*)stress
WRITE(*.*)distance,time
WRITE(*.*)'SIN(theta)=',SIN(theta)
```

说明：

表控 WRITE 语句把一个或多个表达式的计算值输出到标准输出设备。输出的数据值按列表中的表达顺序排列。

2.13.3 习题

2-1 说明下列常数是否正确。如果是，说明常数的类型。如果不是，说明为什么。

(a) `3.14159`

(b) `'.TRUE.'`

(c) `-123,456.789`

(d) `+1E-12`

(e) `'Who's coming for dinner?'`

(f) `"Pass / Fail'`

(g) `"Enter name:"`

2-2 说明下列每一对数据在计算机中表示的是同样的数据值吗？

(a) `123.E+0; 123`

(b) `1234.E-3; 1.234E3`

(c) `1.41421; 1.41421E0`

(d) `0.000005E+6; 5.`

2-3 说明下列程序名是否正确，如果不是，说明为什么。

(a) `junk`

(b) `3rd`

(c) `Who_are_you?`

(d) `time_to_intercept`

2-4 下列 Fortran 表达式哪个是合法的？如果合法，计算它们的值。

(a) `2.**3 / 3**2`

(b) `2 * 6 + 6 ** 2 / 2`

(c) `2 * (-10.)**-3.`

(d) `2 / (-10.) ** 3.`

(e) `23 / (4 / 8)`

2-5 下列 Fortran 表达式哪个是合法的？如果合法，计算它们的值。

(a) `((58/4)*(4/58))`

(b) `((58/4)*(4/58.))`

(c) `((58./4)*(4/58.))`

(d) `((58./4*(4/58.))`

2-6 计算下列表达式。

(a) `13 / 5 * 6`

(b) `(13 / 5) * 6`

(c) `13 / (5 * 6)`

(d) `13. / 5 * 6`

(e) `13 / 5 * 6.`

(f) `INT(13. / 5) * 6`

(g) `NINT(13. / 5) * 6`

(h) `CEILING(13. / 5) * 6`

(i) `FLOOR(13. / 5) * 6`

2-7　计算下列表达式。

(a) `3 ** 3 ** 2`

(b) `(3 ** 3) ** 2`

(c) `3 ** (3 ** 2)`

2-8　下列程序的输出数据是什么？

```
PROGRAM sample_1
INTEGER :: i1, i2, i3, i4
REAL :: a1 = 2.4, a2
i1 = a1
i2 = INT( -a1 * i1 )
i3 = NINT( -a1 * i1 )
i4 = FLOOR( -a1 * i1 )
a2 = a1**i1
WRITE (*,*) i1, i2, i3, i4, a1, a2
END PROGRAM sample_1
```

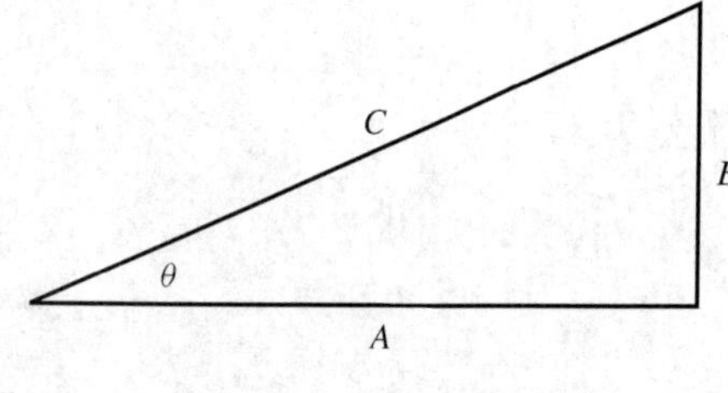

图 2-11　习题 2-9 的直角三角形

2-9　图 2-11 给出了直角三角形，它的斜边长度为 C，夹角为θ，直角边 A 和 B 与斜边和夹角的关系如下：

$$A = C\cos\theta$$

$$B = C\sin\theta$$

下列程序的目的是用已知的斜边 C 和夹角θ 计算直角边 A 和 B。这个程序能运行吗？能产生正确结果吗？为什么？

```
PROGRAM triangle
REAL :: a, b, c, theta
WRITE (*,*) 'Enter the length of the hypotenuse C:'
READ (*,*) c
WRITE (*,*) 'Enter the angle THETA in degrees:'
READ (*,*) theta
a = c * COS ( theta )
b = c * SIN ( theta )
WRITE (*,*) 'The length of the adjacent side is ', a
WRITE (*,*) 'The length of the opposite side is ', b
END PROGRAM triangle
```

2-10　下列程序的输出是什么？

```
PROGRAM example
REAL :: a, b, c
INTEGER :: k, l, m
READ (*,*) a, b, c, k
READ (*,*) l, m
WRITE (*,*) a, b, c, k, l, m
END PROGRAM example
```

输入值是：

```
-3.141592
100, 200., 300, 400
```

```
-100, -200, -300
-400
```

2-11 编写程序，计算每周员工获得的收入。程序需要询问用户个人单位小时工资额、一周的总工作时间，然后按下列公式计算总的收入。

总收入=小时工资额×工作时间

最后，显示总的收入。用个人每小时工资额$7.90、一周工作 42 小时测试程序。

2-12 物体在地球表面上的势能计算公式是：

$$\mathrm{PE}=mgh \tag{2-10}$$

这里 m 是物体的质量；g 是地球加速度；h 是在地球表面上的高度。运动物体的动能计算公式是：

$$\mathrm{KE}=\frac{1}{2}mv^2 \tag{2-11}$$

这里 m 是物体的质量；v 是物体的运动速度。编写 Fortran 程序，计算地球引力范围内的物体拥有的总能量（势能加动能）。

2-13 假如静止球体从地球表面上高度 h 处落下，当它撞击地球时的速度 v 的计算公式是：

$$v=\sqrt{2gh} \tag{2-12}$$

这里 g 是地球加速度，h 是物体所在地球表面上的高度（假设没有空气阻力）。编写 Fortran 程序，计算球体撞击地球的速度。

2-14 编写 Fortran 程序，用式（2-12）计算速度为 v 和高度为 h 的球体自由落体撞击地球的速度。用程序计算高度为（a）1m；（b）10m；（c）100m 的撞击速度。

2-15 相对论。在爱因斯坦的相对论理论中，用下列计算公式可以计算物质静质量相当的能量：

$$E=mc^2 \tag{2-13}$$

这里 E 是能源，单位为焦耳，m 是质量，单位是千克，c 是每秒米光速（c=2.9979×10^{8}m/s）。假设每年产生 400MW（=400000000 焦耳/秒）核能源的能源站给电网全功率供给能量。编写程序，计算按年所需的物质消耗量。记得在程序中要遵守所有的良好编程习惯（注意，假设能源站产生的电源百分百有效）。

2-16 编写一个前一习题的测试程序，计算在用户指定的月份内产生用户指定的输出功率能源站需要的物质消耗。

2-17 **振荡周期**。振荡钟摆的周期 T（每秒）用下列公式计算

$$T=2\pi\sqrt{\frac{L}{g}} \tag{2-14}$$

这里 L 是钟摆的长度，计量单位米，g 是每秒米地球加速度。编写程序，计算程序 L 的振荡周期。程序运行时，用户指定钟摆的长度。记得在程序中要遵守所有的良好编程习惯（地球表面的加速度是 9.81m/s^2）。

2-18 编写程序，根据给定的两个直角边，计算直角三角形的斜边。记得在程序中要遵守所有的良好编程习惯。

2-19 **任意基数的对数**。编写程序，计算任意基数 b 的数据 x 的对数（$\log_b^x$）。用下列公式计算：

$$\log_b^{\ x} = \log_{10}^{\ x} / \log_{10} b \qquad (2\text{-}15)$$

通过计算 100 的基数 e 的对数，测试程序（注意，用 LOG（x）函数检测答案，该函数计算的是 $\log_e^{\ x}$）。

2-20　编写含有 IMPLICIT NONE 语句的程序，其中保留一个变量不声明，看看编译器会产生什么类型的错误？

2-21　笛卡尔坐标平面上的两点之间的距离用下列公式计算（见图 2-12）：

$$d = \sqrt{(x_1 - x_2)^2 + (y_1 - y_2)^2} \qquad (2\text{-}16)$$

编写程序，计算两点（x_1，y_1）和（x_2，y_2）之间的距离，这两点坐标由用户指定。记得在程序中要遵守所有的良好编程习惯。用该程序计算点（−1，1）和（6，2）之间的距离。

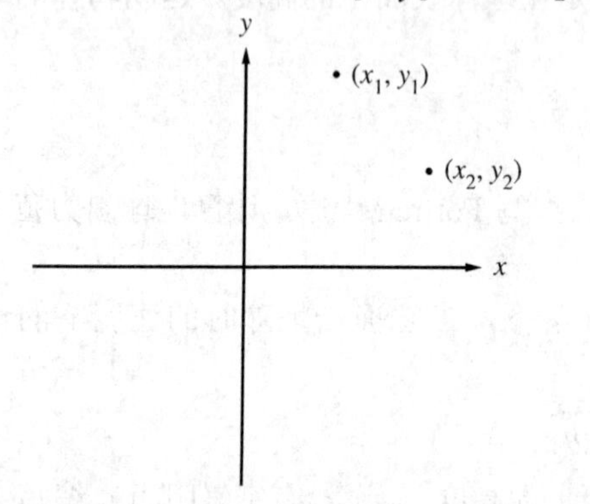

图 2-12　含有两点（x_1，y_1）和（x_2，y_2）的笛卡尔平面

2-22　**分贝**。工程师常用分贝或 dB 测定两种能源测量值之间的比例。分贝描述两种能源测量值的比例是：

$$\text{dB} = 10\log_{10}\frac{P_2}{P_1} \qquad (2\text{-}17)$$

这里 P_2 是测量的能源级别，P_1 是参考能源的级别。假设参考能源级别 P_1 是 1 毫瓦，编写程序，接收输入能源 P_2，并依据 1–mW 参考值转换为 dB。

2-23　**双曲余弦**。双曲余弦函数用下列公式定义：

$$\cosh x = \frac{e^x + e^{-x}}{2} \qquad (2\text{-}18)$$

编写 Fortran 程序，计算用户指定的数值 x 的双曲余弦值。用程序计算 3.0 的双曲余弦值。比较程序产生的答案和 Fortran 内置函数 COSH（x）产生的答案。

2-24　**复利计算**。假设在本地银行的账户上存有金额 P，银行会付给复利（P 是现在的金额值）。假定银行按每年 i%付给利息，每年累计利息 m 次，在 n 年之后，账户上在银行的金额是：

$$F = P\left(1 + \frac{APR}{100m}\right)^{mn} \qquad (2\text{-}19)$$

这里 F 是账户的未来金额值，APR 是账户的年百分率。量 APR/100m 是一个复利计算期得到的利息额（分母中的额外因子 100 转换百分率为小数额）。编写 Fortran 程序，读取初始金额 P，年利率 APR，年计复利次数 m，账户所有金额计算的年数 n。程序应该计算的是该账户未来的金额值 F。

如果账户上有$1000.00 存款，每年的 APR 是 5，复利计算（a）每年一次；（b）半年一次；（c）每月一次，用这个程序计算未来账户的值是多少。复利计算时间不同，账户上的金额差异是多少？

2-25　**无线电接收器**（收音机）。一台简单的前端 AM 无线电接收器电路如图 2-13 所示。这台接收器由 RLC 调频电路组成，含有一系列电阻、电容和电感。在图中 RLC 电路连接到一个外部天线和地线。

调频电路允许无线电选择所有发送 AM 波段的特定电台。在电路共振频率点，通常天线测出穿过电阻的信号 V_0，它代表射频中心点。换句话说，无线电接收共振频率的最强信号。LC 电路的共振频率用下列公式给出：

$$f_0 = \frac{1}{2\pi\sqrt{LC}} \tag{2-20}$$

这里 L 是电感，单位亨（利）；C 是电容，单位法（拉）。编写程序，依据给定的 L 和 C 值，计算该无线电设备的共振频率。计算当 L=0.1mH 和 C=0.25nF 时，无线电的频率，测试编写的程序。

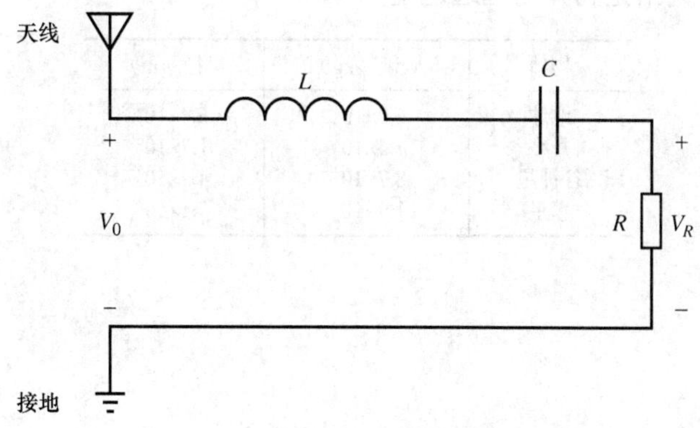

图 2-13 简单 AM 无线电装置的表示

2-26 **飞行器旋转半径**。用恒定切线速度 v 旋转的物体如图 2-14 所示。物体旋转运动所需的半径加速度如式（2-21）给出：

$$a = \frac{v^2}{r} \tag{2-21}$$

这里 a 是物体的向心加速度，单位 m/s^2；v 是物体的切线切向速度 m/s；r 是每米旋转半径。假设物体是一架飞机，编写程序，回答下列问题：

（a）假设飞机按 0.80 马赫或 80%音速运动。假设向心加速度是 2.5g，那么飞机飞行的半径是多少（注意，对于这个问题，可以假设 1 马赫等于 340m/s，1g=9.81m/s^2）？

（b）假设飞机的速度增加到 1.5 马赫，现在飞机的飞行半径是多少呢？

（c）假设飞机的最大加速度是 7g，飞机按 1.5 马赫飞行，最小的飞行半径是多少？

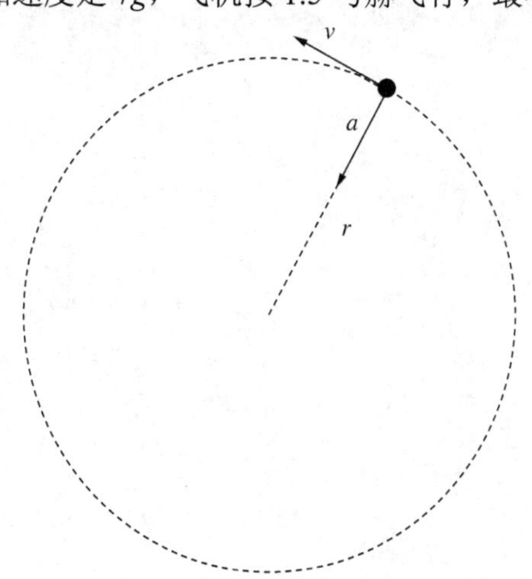

图 2-14 依据向心加速度 a，以匀速圆周运动的物体

2-27 **逃逸速度**。物体从行星或月球逃逸的速度（不考虑空气的影响）用式（2-22）计算：

$$v_{\text{esc}} = \frac{\sqrt{2GM}}{R} \tag{2-22}$$

这里 V_{esc} 是逃逸速度，单位为米/秒；G 是引力常数（$6.673\times10^{11}\text{N}\cdot\text{m}^{-2}\cdot\text{kg}^{-2}$）；$M$ 是行星的质量，单位为千克。R 是行星的半径，单位为米。编写函数，计算逃逸速度，形参为质量和半径，用函数计算下列给定物体的逃逸速度。

物体	质量（kg）	半径（m）
地球	6.0×10^{24}	6.4×10^{6}
月亮	7.4×10^{22}	1.7×10^{6}
谷神星	8.7×10^{20}	4.7×10^{5}
木星	1.9×10^{27}	7.1×10^{7}

第3章

程序设计与分支结构

本章学习目标：

- 掌握自顶向下设计和分解。
- 掌握伪代码和流程图及其使用的原因。
- 了解如何建立和使用 LOGICAL 常数和变量。
- 掌握关系和复合逻辑运算符，以及如何将其归入到各个操作级别中。
- 了解如何使用 IF 结构。
- 了解如何使用 SELECT CASE 结构。

在前面的章节中，设计了几个完整可运行的 Fortran 程序。但是这些程序非常简单，包括了一系列 Fortran 语句，按照固定的顺序一个接着一个地执行。这样的程序称为顺序程序。它们读取输入数据，然后对其处理，产生所需的答案，再输出答案，最后退出。这种程序无法根据输入数据的数值再次重复执行某段程序或者有选择地只执行某个特定的程序段。

在下面的两章中，将介绍一些 Fortran 语句，可以使我们控制语句在程序中的执行顺序。控制语句大致有两种类型：选择执行特定代码段的分支（branch）语句和使特定的代码段重复执行的循环（loop）语句。在本章中将介绍分支语句，在第 4 章中将介绍循环语句。

随着分支语句和循环语句的引入，程序将变得更加复杂，并且更容易出现错误。为了避免程序错误，将介绍一种基于自顶向下技术的正规的程序设计方法。还将介绍两种算法设计工具——流程图和伪代码。

在介绍程序设计方法后，将介绍逻辑数据类型和创建它们的操作。逻辑表达式用来控制许多的分支语句，所以在学习分支语句前要掌握逻辑表达式。

最后，还要学习各种类型的 Fortran 分支语句。

3.1 自顶向下设计技术入门

假设你是在工业企业工作的一个工程师，要编写一个能解决某个问题的 Fortran 程序。如何开始呢？

当给定一个新问题，有一种自然的倾向就是，坐在终端前开始编程，而不是“浪费”很多的时间先来思考。对于非常小的问题，采用这种飞跃式的方法编程通常是可能的，例如本书中的许多例子。但是在现实世界中，问题一般是大型的，如果尝试用这种方法，程序员将陷入绝望的困境。对于大型问题，在编写某一行代码之前彻底地考虑一下问题以及要采取的方法是值得的。

将在本节中介绍一种正规的程序设计方法，然后将这种方法应用到本书后面所设计的每个主要的应用程序中。对于列举的一些简单例子，这种设计方法可能显得有些多余。但是随着要解决的问题变得越来越大，这种方法对于成功的编程将变得越来越重要。

在我还是一个大学生时，我的一个教授喜欢说，“编程很简单，而知道如何编程很难。”在我离开大学开始在企业中研究大型软件项目之后，对他的观点有着更为强烈的认识。我发现工作中最困难的部分就是去理解我将要解决的问题。一旦我真正理解了问题，将问题分解成更小的、更容易处理的具有明确功能的块，然后再一次性处理这些块就变得很容易。

自顶向下设计就是这样一个过程：从大型任务开始，然后将其分解成更小的、更容易理解的块（子任务），执行所需任务的一部分。如果需要的话，每个子任务还可以依次再细分为更小的子任务。一旦程序被分解成小块，每个块都可以单独编码和测试。直到每一个子任务经验证能够独立地正确工作，才能将这些子任务集成为一个完整的任务。

自顶向下设计的概念是正规程序设计方法的基础。现在就介绍这种方法的细节，如图 3-1 所示。包括的步骤如下：

（1）清楚地陈述要解决的问题。

通常编写程序是为了满足某些认识到的需求，但是要用程序的人可能不能清楚地表达出这种需求。例如，一个用户要求有一个程序求解联立线性方程系统。这个要求就不够清楚，使得程序员设计的程序不能满足需求；首先必须知道要解决的问题的更多细节。这个要解决的方程系统是实数的还是复数的？程序必须处理的方程和未知数的最大个数是什么？在方程中有没有对称性可以用来使任务变得更容易完成？程序设计人员必须与要用程序的用户进行交谈，二者必须要对于所要完成的事情提出一个清晰报告。这个清晰的问题报告可以避免误解，并且还可以帮助程序设计人员正确地建立思想。在我们所描述的实例中，对于问题的正确报告可以是：

设计并编写一个程序，求解一个联立线性方程系统，它是具有实数系数和 20 个未知数的 20 个方程。

（2）定义程序所需的输入和程序的输出。

必须要确定程序的输入和程序的输出，这样新程序才能正确地配合到整个处理方案中。在上面的例子中，要求解的方程系数可能有预先设定的顺序，新程序需要能够按这个顺序读取数据。同样地，还需要在这个处理方案中按照这个顺序产生程序所需的答案，并且按照这个顺序以程序要求的格式写出答案。

（3）设计要在程序中实现的算法。

算法是找到问题解决方案的逐步求解步骤。就是在这一阶段自顶向下设计技术进入角色。设计者寻求问题内部的逻辑界线，并按这些界线将其分解成子任务。这个过程称为分解。如果子任务自身就很大，设计者可以将它们分解为更小的子任务。这个过程可以持续到问题已经被分成许多的小块为止，每个块都可以做简单的、可以清楚地理解的工作。

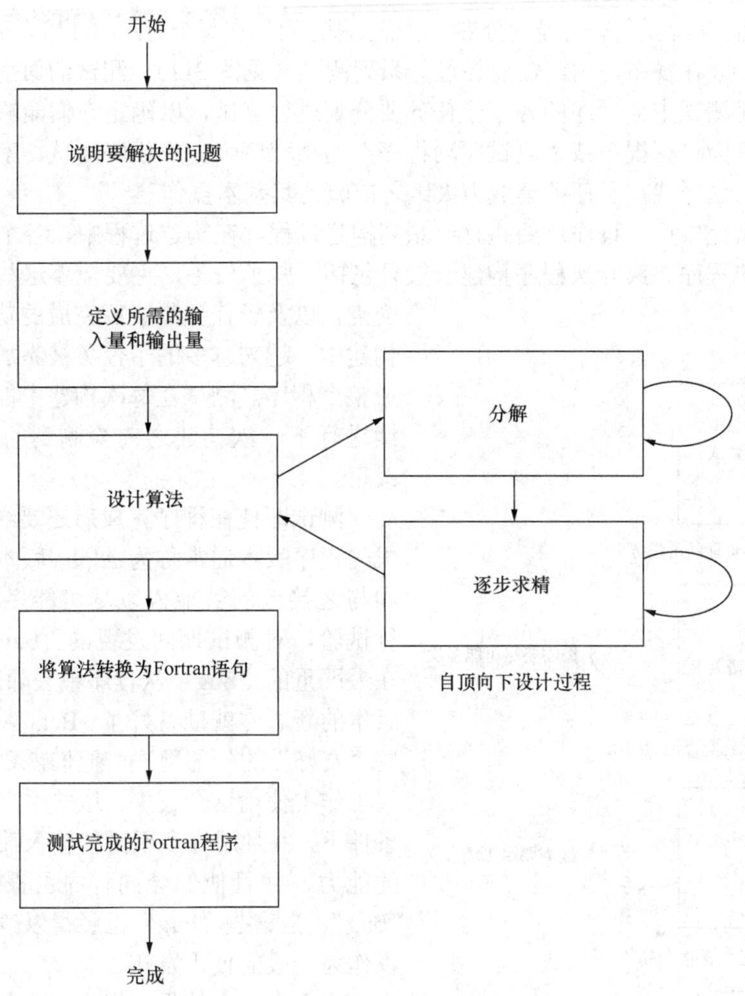

图 3-1 本书中使用的程序设计过程

在问题已经被分解为小块后，每块都可以通过一个称为逐步求精的过程进一步精炼。在逐步求精的过程中，设计者先从大致描述代码段应该做什么开始，然后越来越细致地定义代码段的功能，直至足够明确能够转换为 Fortran 语句。逐步求精通常利用伪代码完成，伪代码将在下一节描述。

在算法设计过程中，亲手求解简单问题的实例通常是有帮助的。通过亲身经历解决问题的各个步骤，对其理解的设计者能够更好地将分解和逐步求精方法应用于问题求解中。

（4）将算法转换为 Fortran 语句。

如果正确完成了分解和求精过程，这个过程就会非常简单。程序员所要做的就是用相应的 Fortran 语句一个一个地替换伪代码。

（5）测试完成的 Fortran 程序。

这一步是真正的难点。如果可能的话，程序的各个组成部分必须首先单独进行测试，然后整个程序再进行测试。在测试程序时，必须要验证程序对于所有的合法输入数据集都能正确工作。对于一个经过编写、用一些标准的数据集进行测试、发布使用的程序来说，利用各种输入数据集来查找它是否产生错误答案（或者崩溃）是很平常的。如果在程序中实现的算法包括了不同的分支，就必须测试所有可能的分支，以证实程序可以在每个可能的环境下正确执行。

大型程序一般在发布使用前需要经过一系列测试（见图 3-2）。测试的第一步有时称为单元测试。在单元测试中，程序的各个子任务要分别进行测试，以确定它们能够正确工作。程序员通常编写称为“存根”或“测试驱动程序”的小程序来完成代码测试，察看代码是否返回正确的结果。这样就在子任务集成为大组之前验证其基本操作。

在单元测试完成后，程序还要执行一系列构建过程，在构建过程中，各个子任务集成在一起生成最终的程序。第一次程序构建一般只包括一些子任务，主要检查这些子任务间的相交点，以及子任务集成后完成的功能。在连续的构建中，越来越多的子任务被添加进来，直至完成整个程序。测试在每次构建中都要执行，在继续进行下一次构建之前检测到的任何错误都要改正。

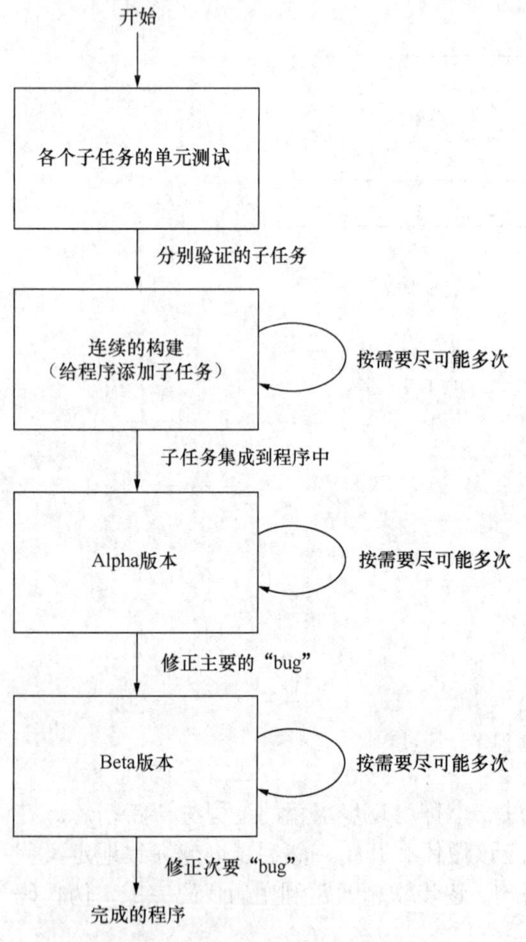

图 3-2　对大型问题的一般测试过程

测试即使在程序完成后还要继续。第一个完成的程序版本通常称为 Alpha 版本。它由程序员和与之接近的其他人以尽可能多的不同方法进行试验，对测试期间发现的“bug”进行改正。在最严重的“bug”从程序中去除后，称为 Beta 版本的新版本就准备好了。Beta 版本一般供给那些“友好”的外部用户，他们需要在日常的一天天工作中使用这个程序。这些用户在许多不同的条件下，并且用许多不同的输入数据集考察程序的能力，并且他们会向程序员报告发现的所有“bug”。当这些“bug”已经得以改正，程序就可以作为一般的使用发布了。

由于本书中的程序很小，不会经历上面描述的那种完整的测试。但是将按照基本原则来测试所有的程序。

程序设计过程可以概括如下：

（1）清楚地陈述要解决的问题。

（2）定义程序所需的输入和程序产生的输出。

（3）设计要在程序中实现的算法。

（4）将算法转换为 Fortran 语句。

（5）测试 Fortran 程序。

良好的编程习惯

按照程序设计过程的步骤，可以产生可靠的、可理解的 Fortran 程序。

在大型程序设计项目中，令人惊讶的是，实际花费在程序设计上的时间很少。Federick P.Brooks 在他的书《人月神话》[1]中提出，在一般的大型软件项目中，三分之一的时间花在计划要做什么（第 1 步～第 3 步）上面，六分之一的时间实际花在编写程序（第 4 步）上，一

[1] 《人月神话》Frederick P. Brooks 和 Jr.，Addison-wesley，1995 著。

半的时间完全花费在测试和调试程序上！很明显，为了减少测试和调试时间，所能做的任何事都将是非常有帮助的。在计划阶段认真仔细地工作、使用良好编程习惯都可以有效地减少测试和调试时间。良好编程习惯可以减少程序中“bug”的数量，也使蔓延的“bug”容易被发现。

3.2 伪代码和流程图的使用

作为设计过程的一部分，有必要对要实现的算法进行描述。为了便于你和他人理解，应该以一种标准的形式对算法进行描述，并且这个描述还应该便于设计思路转换为 Fortran 代码。用来描述算法的标准形式称为结构，利用这些结构描述的算法成为结构化算法。当算法在 Fortran 程序中实现时，结果程序称为结构化程序。

用来建立算法的结构可以用两种不同的方法描述：伪代码和流程图。伪代码是一种 Fortran 语句和英文表示掺杂在一起的混合体。其构成类似 Fortran 程序，对每个不同的想法或代码段都有单独的一行来表示，但是每行上的描述是用英文表示的。伪代码的每一行都应该用简单清楚、易理解的英文描述其思想。伪代码由于其灵活性和易修改，对算法设计非常有用。由于伪代码的编写和修改可以与编写 Fortran 程序在同一台终端上，不需要特殊的图形功能，所以伪代码特别有用。

例如，对于实例 2-3 的伪代码是：

```
提醒用户输入温度，单位是华氏
读入华氏温度→temp_f
华氏温度与温氏温度转换，kelvins ← (5./9.) * (temp_f - 32) + 273.15
输出温氏（绝对）温度 kelvins
```

注意左箭头（←）用来代替等号（=），表示一个值存进一个变量中，这样就避免了赋值与公式的混淆。伪代码就是为了在将想法转换为 Fortran 代码前，帮助组织思想。

流程图是一种描述算法的图形化方法。在流程图中，各种图形化符号表示算法中的各种操作，标准结构是由一个或多个符号集成在一起组成的。流程图对于在程序完成之后对其中实现的算法进行描述特别有用。但是，由于流程图是图形化的，修改起来比较麻烦，所以在算法定义的初始阶段经常有快速的改动时，流程图不是非常有用。流程图中最常用的图形符号如图 3-3 所示，实例 2-3 的算法流程图如图 3-4 所示。

对于本书中的全部实例，将描述伪代码和流程图的使用。在你自己的编程项目中，欢迎使用任意一个能够带给你最好结果的工具。

3.3 逻辑常数、变量和运算符

正如在本章的导言中提到，大多数的 Fortran 分支结构是由逻辑值控制的。在开始学习分支结构前，先来介绍控制它们的数据类型。

3.3.1 逻辑常数和变量

逻辑数据类型只包括两个可能的数值中的一个：TRUE 或 FALSE。逻辑常数可以有下列数值中的一个：.TRUE. 或 .FALSE.（注意在数值的两边需要有句点以区别于变量名）。因此，下列为有效的逻辑常数：

```
.TRUE.
.FALSE.
```

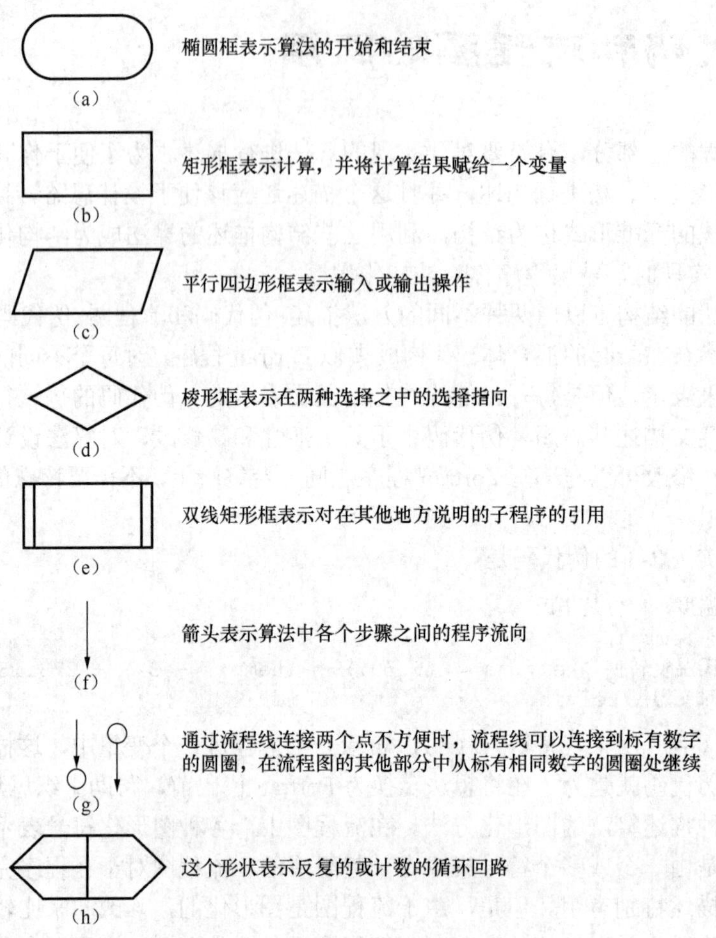

图 3-3 流程图中使用的常用符号

下列不是有效的逻辑常数：

```
TRUE     (没有句点,这是一个变量名)
.FALSE   (不平衡的句点)
```

逻辑常数很少使用，但是逻辑表达式和变量经常用来控制程序执行，在本章和第 4 章将会看到。

逻辑变量是一种保存逻辑数据类型数值的变量。逻辑变量利用 LOGICAL 语句来声明：

```
LOGICAL::var1 [,var2,var3,...]
```

这类声明语句应该放在 PROGRAM 语句之后、程序中的第一条执行语句之前，如下例所示：

```
PROGRAM example
LOGICAL::test1,test2
...
(下面是可执行语句)
```

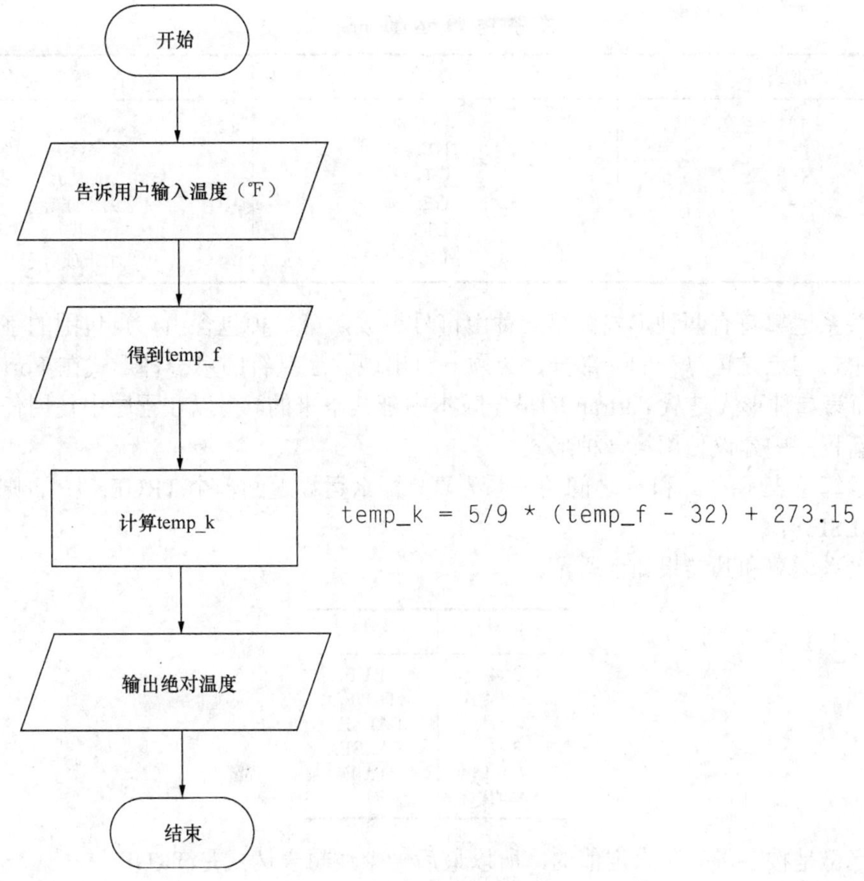

图 3-4　实例 2-3 的算法流程图

3.3.2　赋值语句和逻辑计算

与算术计算相似，逻辑计算是用赋值语句来完成的，其形式为：

```
logical_variable_name = logical_expression
```

等号右边的表达式可以是任何有效的逻辑常量、逻辑变量和逻辑运算符的组合。逻辑运算符是数字、字符或逻辑数据的运算符，产生逻辑结果。逻辑运算符有两种基本类型：关系运算符和组合运算符。

3.3.3　关系运算符

关系运算符带有两个数字或字符的运算对象，产生逻辑结果。结果取决于两个被比较的数值之间的关系，所以这些运算符被称为关系运算符。关系运算符的一般形式为：

$$a_1 \text{ op } a_2$$

其中 a_1 和 a_2 为算术表达式、变量、常数或字符串，op 为表 3-1 所列的关系逻辑运算符中的一个。

表 3-1 关系逻辑运算符

新形式	旧形式	意义
==	.EQ.	等于
/=	.NE.	不等于
>	.GT.	大于
>=	.GE.	大于或等于
<	.LT.	小于
<=	.LE.	小于或等于

每个关系运算符有两种形式。第一种由符号组成，第二种包含由句点包围的字符。在第二种形式中，句点是运算符的一部分，必须一直出现。运算符的第一种形式在 Fortran 90 中介绍过，而第二种形式是从 Fortran 的早先版本中延续下来的。可以在程序中使用任何一种形式，但在新程序中建议使用第一种形式。

如果运算符表示的 a_1 和 a_2 之间的关系为真，那么运算返回一个.TRUE.值；否则，运算返回一个.FALSE.值。

一些关系运算和其结果如下所示。

运算	结果
3<4	.TRUE.
3<=4	.TRUE.
3= =4	.FALSE.
3>4	.FALSE.
4<=4	.TRUE.
'A'<'B'	.TRUE.

因为字符是按字母顺序来定值的，所以最后一个逻辑表达式是.TRUE.。

等值关系运算符写为两个等号，而赋值运算符写为一个等号。它们是非常不同的运算符，初学的编程员经常弄混淆。= =符是比较运算符，返回一个逻辑结果，而=符是将等号右边的表达式的值赋给等号左边的变量。对于初学的编程员来说，使用单个等号去做比较是经常犯的错误。

编程警示

注意不要将等值关系运算符（= =）与赋值运算符（=）混淆。

在运算的级别中，关系运算符在所有的算术运算符计算之后才计算。因此下列两个表达式是等价的（两个都为.TRUE.）。

```
7+3 < 2+11
(7+3)<(2+11)
```

如果将实数数值与整数数值进行比较，那么在比较执行前，整数数值将被转换为实数数值。数值数据与字符数据进行比较是非法的，将产生编译时的错误：

```
4= =4.   .TRUE.   (整数被转换为实数,然后做比较)
4<='A'            (非法,产生编译时的错误)
```

3.3.4 组合逻辑运算符

组合逻辑运算符带有一个或两个逻辑运算对象，产生一个逻辑结果。有四个二元的运算

符：.AND.，.OR.，.EQV.和.NEQV.，以及一个一元的运算符.NOT.。二元组合逻辑运算的一般形式为

$$l_1.\text{op}.l_2$$

其中 l_1 和 l_2 是逻辑表达式、变量或常数，.op.是表 3-2 所列的组合运算符中的一个。

句点是运算符的一部分，必须一直出现。如果运算符表示的 l_1 和 l_2 之间的关系为真，则运算返回一个.TRUE.值；否则运算返回一个.FALSE.值。

运算符的结果在表 3-3（A）和表 3-3（B）所示真值表中说明，指明了 l_1 和 l_2 所有可能组合的每种操作结果。

表 3-2　　组合逻辑运算符

运算符	功能	定义
l_1.AND. l_2	逻辑与	如果 l_1 和 l_2 为真，则结果为真
l_1.OR. l_2	逻辑或	如果 l_1 和 l_2 任一为真或都为真，则结果为真
l_1.EQV. l_2	逻辑等值	如果 l_1 和 l_2 相同（都为真或都为假），则结果为真
l_1.NEQV. l_2	逻辑非等值	如果 l_1 和 l_2 其中一个为真，另一个为假，则结果为真
.NOT. l_1	逻辑非	如果 l_1 为假，则结果为真；如果 l_1 为真，则结果为假

表 3-3（A）　　二元组合逻辑运算符的真值表

l_1	l_2	l_1 .AND. l_2	l_1 .OR l_2	l_1 .EQV. l_2	l_1 .NEQV. l_2
.FALSE.	.FALSE.	.FALSE.	.FALSE.	.TRUE.	.FALSE.
.FALSE.	.TRUE.	.FALSE.	.TRUE.	.FALSE.	.TRUE.
.TRUE.	.FALSE.	.FALSE.	.TRUE.	.FALSE.	.TRUE.
.TRUE.	.TRUE.	.TRUE.	.TRUE.	.TRUE.	.FALSE.

表 3-3（B）　　.NOT.运算符的真值表

l_1	.NOT. l_1
.FALSE.	.TRUE.
.TRUE.	.FALSE.

在操作级别中，组合逻辑运算符是在所有的算术运算和所有的关系运算计算完之后才进行计算。表达式中运算符的计算顺序如下：

（1）所有的算术运算符按照以前描述的顺序先计算。

（2）所有的关系运算符（= =、/=、>、>=、<、<=）从左至右计算。

（3）所有的.NOT.运算符进行计算。

（4）所有的.AND.运算符从左至右计算。

（5）所有的.OR.运算符从左至右计算。

（6）所有的.EQV.和.NEQV.运算符从左至右计算。

与算术运算符一样，圆括号可以用来改变默认的计算顺序。下面是一些组合逻辑运算符及其结果。

例题 3-1　假设下列变量的初始值如下，计算特定表达式的结果：

```
log1=.TRUE.
log2=.TRUE.
log3=.FALSE.
```

逻辑表达式	结果
(a) NOT. log1	.FALSE.

```
(b) log1 .OR. log3                    .TRUE.
(c) log1 .AND. log3                   .FALSE.
(d) log2 .NEQV. log3                  .TRUE.
(e) log1 .AND. log2 .OR. log3         .TRUE.
(f) log1 .OR. log2 .AND. log3             .TRUE.
(g) .NOT.(log1 .EQV. log2)            .FALSE.
```

.NOT.运算符在其他组合逻辑运算符之前计算。因此，上例（g）中需要圆括号。如果忽略了圆括号，（g）中的表达式就按照（.NOT.log1）.EQV. log2 进行计算。

包含数字或字符数据的组合逻辑运算是违法的，将产生编译时的错误：

```
4 .AND. 3        Error
```

3.3.5 输入输出语句中的逻辑值

如果逻辑变量出现在以 READ 开头的语句中，那么相应的输入值必须是常数.TRUE.或.FALSE.或以 T 或 F 开头的一个或一组字符。如果输入值的第一个值是.TRUE.或以 T 开头的字符，那么逻辑变量就会被设定为.TRUE.。如果输入值的第一个值是.FALSE.或 F 开头的字符，那么逻辑变量就会被设定为.FALSE.。输入值以任何其他字符开头都会产生运行时错误。

如果逻辑变量或表达式出现在以 WRITE 开头的语句中，那么如果变量值为.TRUE.，则相应的输出值将为单个字符 T，如果变量值为.FALSE.，则相应的输出值为 F。

3.3.6 逻辑变量和表达式的重要性

逻辑变量和表达式很少是 Fortran 程序的最终产物。然而，它们对于大多数程序的正确操作绝对是必需的。大多数 Fortran 的主要分支和循环结构是由逻辑变量控制的，所以必须能够读和写出逻辑表达式，以理解和使用 Fortran 控制语句。

测验 3-1

本测验可以快速检验你是否已经理解了 3.3 节介绍的概念。如果你对于本测验存在问题，就需要重新阅读本节，向指导老师请教或者与同学讨论。本测验的答案可以在书后面找到。

1. 假设实数变量 a，b，c 分别包含数值–10.，0.1 和 2.1，逻辑变量 l1，l2 和 l3 分别包含数值.TRUE.，.FALSE.和.TRUE.。下列表达式是合法的还是非法的？如果表达式是合法的，那么其结果是什么？

```
(a) a > b .OR. b > c
(b) (.NOT. a) .OR. l1
(c) l1 .AND. .NOT. l2
(d) a < b .EQV. b < c
(e) l1 .OR. l2 .AND. l3
(f) l1 .OR. (l2 .AND. l3)
(g) (l1 .OR. l2) .AND. l3
(h) a .OR. b .AND. l1
```

2. 如果输入数据如下所示，那么下列程序的输出结果是什么？

```
PROGRAM quiz_31
INTEGER :: i, j, k
```

```
LOGICAL :: l
READ (*,*) i, j
READ (*,*) k
l = i + j == k
WRITE (*,*) l
END PROGRAM quiz_31
```

输入数据是：

```
1,3,5
2,4,6
```

3.4 控制结构：分支

分支是允许跳过其他代码段而选择执行特定代码段（称为程序块）的 Fortran 语句。主要有 IF 语句和 SELECT CASE 结构。

3.4.1 IF 结构块

IF 语句的最常用形式就是 IF 结构块。该结构指明了当且仅当某一特定的逻辑表达式为真时，应执行的代码块。IF 结构块具有的形式为

```
IF(logical_expr)THEN   ┐
  语句 1               │
  语句 2               ├ 代码块 1
  ...                  │
END IF                 ┘
```

如果逻辑表达式为真，则程序执行 IF 和 END IF 语句之间的程序块中的语句。如果逻辑表达式为假，则程序跳过所有 IF 和 END IF 语句之间的程序块中的语句，执行 END IF 之后的下一个语句。IF 结构块的流程图如图 3-5 所示。

IF（…）THEN 是单个 Fortran 语句，必须一起写在同一行上，并且要执行的语句必须占用 IF（…）THEN 语句下面的单独的一行。紧跟其后的 END IF 语句必须另起一行。在包含 END IF 语句的行上不能有行号。出于可读性的考虑，IF 和 END IF 语句之间的代码块通常缩进两个或三个空格，但是实际上这不是必需的。

良好的编程习惯

总是将 IF 结构块整体缩进两个或多个空格，以提高代码的可读性。

作为 IF 结构块的实例，考虑二次方程式的解，形式如下：

$$ax^2+bx+c=0 \tag{3-1}$$

该方程式的解为：

$$x=\frac{-b\pm\sqrt{b^2-4ac}}{2a} \tag{3-2}$$

b^2-4ac 项称为方程的判别式。如果 $b^2-4ac>0$，则二次方程式有两个不同的实根。如果

$b^2-4ac=0$，则方程式有一个重根。如果 $b^2-4ac<0$，则二次方程式有两个复根。

假设要检查二次方程式的判别式，并告诉用户方程式是否有复根。完成这项工作的 IF 结构块的伪代码形式为：

```
IF(b**2 - 4.*a*c)<0. THEN
  输出方程式有两个复根的信息
IF 结束
IF 结构块的 Fortran 语句为：
      IF((b**2 – 4.*a*c)< 0.)THEN
         WRITE(*,*)'There are two complex roots to this equation.'
      END IF
```

该结构的流程图如图 3-6 所示。

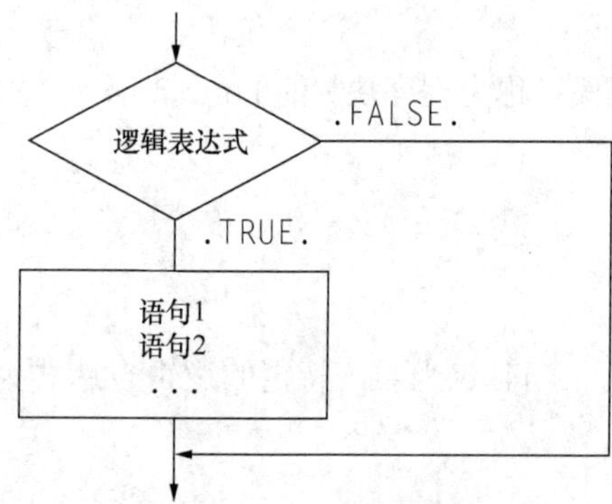

图 3-5　简单的 IF 结构块的流程图

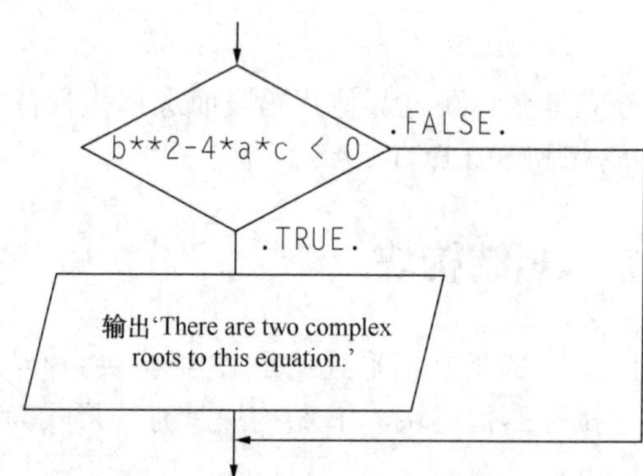

图 3-6　流程图，确定是否二次方程有两个复根

3.4.2　ELSE 和 ELSE IF 子句

在简单的 IF 结构块中，如果控制逻辑表达式为真，就执行一段代码。如果控制逻辑表达式为假，就跳过结构中的所有语句。

有时如果某些条件为真，可能要执行一组语句，如果其他条件为真，就执行另外的语句组。事实上，可能有许多要考虑的选项。为此可以在 IF 结构块中加入一个 ELSE 子句和一个或多个 ELSE IF 子句。带有一个 ELSE 子句和一个 ELSE IF 子句的 IF 结构块形式如下：

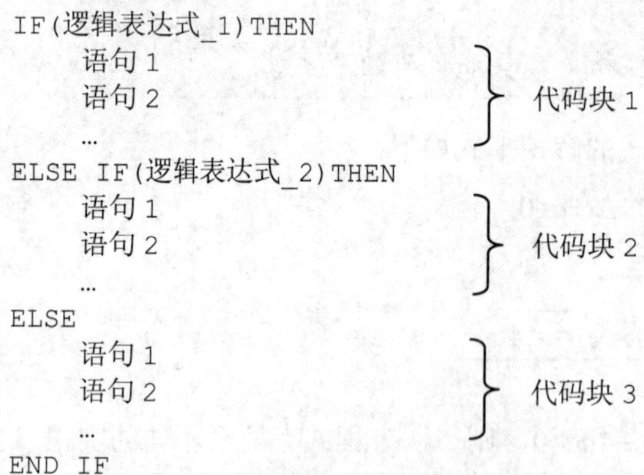

```
IF(逻辑表达式_1)THEN
     语句 1
     语句 2                      } 代码块 1
     …
ELSE IF(逻辑表达式_2)THEN
     语句 1
     语句 2                      } 代码块 2
     …
ELSE
     语句 1
     语句 2                      } 代码块 3
     …
END IF
```

如果逻辑表达式_1 为真，程序则执行代码块 1 中的语句，并跳到 END IF 后面的第一个可执行语句处。否则，程序检查逻辑表达式_2 的状态。如果逻辑表达式_2 为真，程序则执行代码块 2 中的语句，并跳到 END IF 后面的第一个可执行语句处。如果两个逻辑表达式都为假，程序则执行代码块 3 中的语句。

ELSE 和 ELSE IF 语句必须独自占用一行。在包含 ELSE 和 ELSE IF 语句的行上不能有语句号。

在 IF 结构块中可以有任意多个 ELSE IF 子句。只有当上面子句中的逻辑表达式为假时，每个子句中的逻辑表达式才进行检验。一旦一个表达式检验为真，相应的代码段执行后，就跳到 END IF 后面的第一个可执行语句处。

带有一个 ELSE IF 和一个 ELSE 子句的 IF 结构块的流程图如图 3-7 所示。

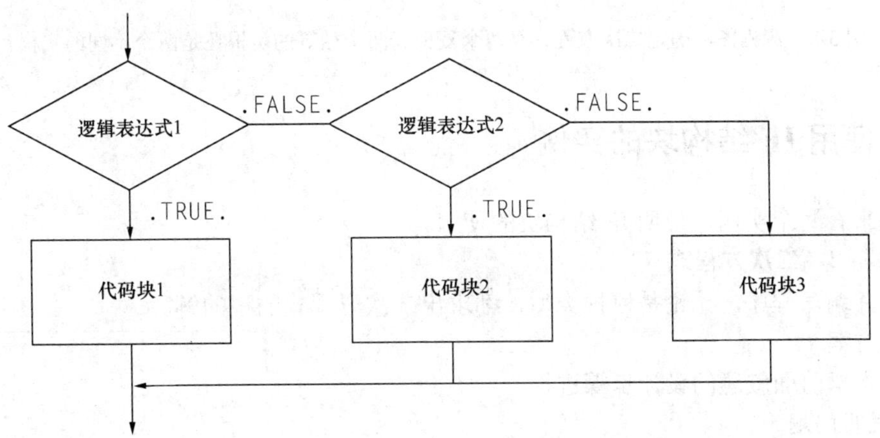

图 3-7　带有一个 ELSE IF（…）THEN 子句和一个 ELSE 子句的 IF 结构块的流程图

为了说明 ELSE 和 ELSE IF 的使用，再一次重新考虑二次方程式问题。假设要检查二次方程式的判别式，并告诉用户方程式是有两个复根、两个相等的实根还是两个不同的实根。该结构的伪代码形式如下：

```
IF(b**2 - 4.*a*c)<0.0  THEN
  输出方程式有两个复根的信息
ELSE IF (b**2 - 4.*a*c)>0.0  THEN
  输出方程式有两个不同的实根的信息
ELSE
  输出方程式有两个相等的实根
END IF
```

完成这项工作的 Fortran 语句为：

```
IF((b**2 - 4.*a*c)< 0.0)THEN
  WRITE(*,*)'This equation has two complex roots.'
ELSE IF((b**2 - 4.*a*c)> 0.0)THEN
  WRITE(*,*)'This equation has two distinct real roots.'
ELSE
  WRITE(*,*)'This equation has two identical real roots.'
END IF
```

该结构的流程图如图 3-8 所示。

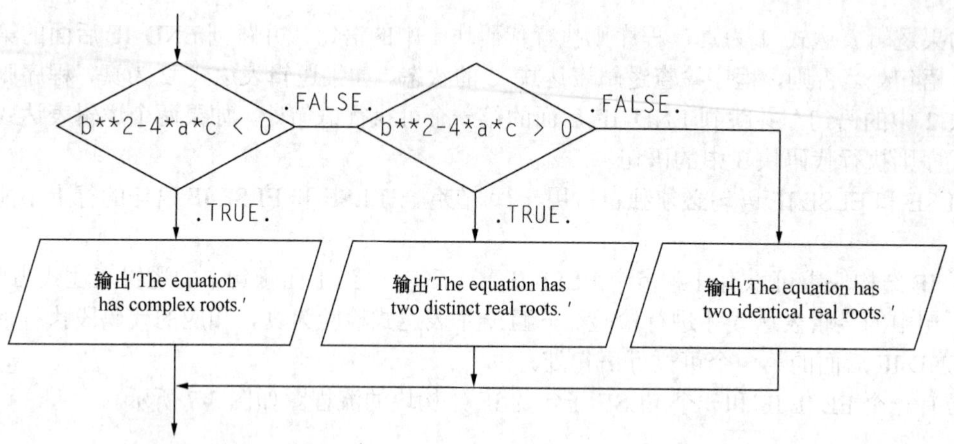

图 3-8　流程图，确定二次方程式有两个复根、两个相等的实根还是两个不同的实根

3.4.3　使用 IF 结构块的实例

现在来看两个实例，说明 IF 结构块的使用。

例题 3-2　二次方程式

设计并编写程序，无论是何种类型，都求出二次方程式的根的解。

解决方案

按照本章前面叙述的设计步骤进行。

1. 说明问题

该实例的问题说明非常简单。要编写一个程序，无论是不同的实根、重复的实根，还是复根，都求出二次方程式的根的解。

2. 定义输入和输出

该程序所需的输入是二次方程式的系数 a，b 和 c。

$$ax^2+bx+c=0 \tag{3-1}$$

程序的输出是二次方程式的根，无论是不同的实根、重复的实根还是复根。

3. 设计算法

该任务可以分解为三个主要部分，其功能分别为输入、处理和输出：

读取输入数据

计算根

输出根

现在将上面的主要部分分成更小的、更细的块。根据判别式的值，计算根有三种可能的方式，所以用带有三个分支的 IF 语句来实现这个算法是合乎逻辑的。产生的伪代码为：

```
提示用户输入系数 a,b 和 c。
读取 a,b 和 c
回显输入系数
discriminant ← b**2 - 4.*a*c
IF discriminant > 0 THEN
  x1 ←(-b+sqrt(discriminant))/(2.*a)
  x2 ←(-b - sqrt(discriminant))/(2.*a)
  输出方程式有两个不同的实根的信息。
```

```
  输出两个实根。
ELSE IF discriminant < 0 THEN
  real_part ←-b/(2.*a)
  imag_part ← sqrt(abs(discriminant))/(2.*a)
  输出方程式有两个复根的信息。
  输出两个根。
ELSE
  x1 ←  -b  /(2.*a)
  输出方程式有两个相等的实根的信息。
  输出重复的根。
END IF
```

该程序的流程图如图 3-9 所示。

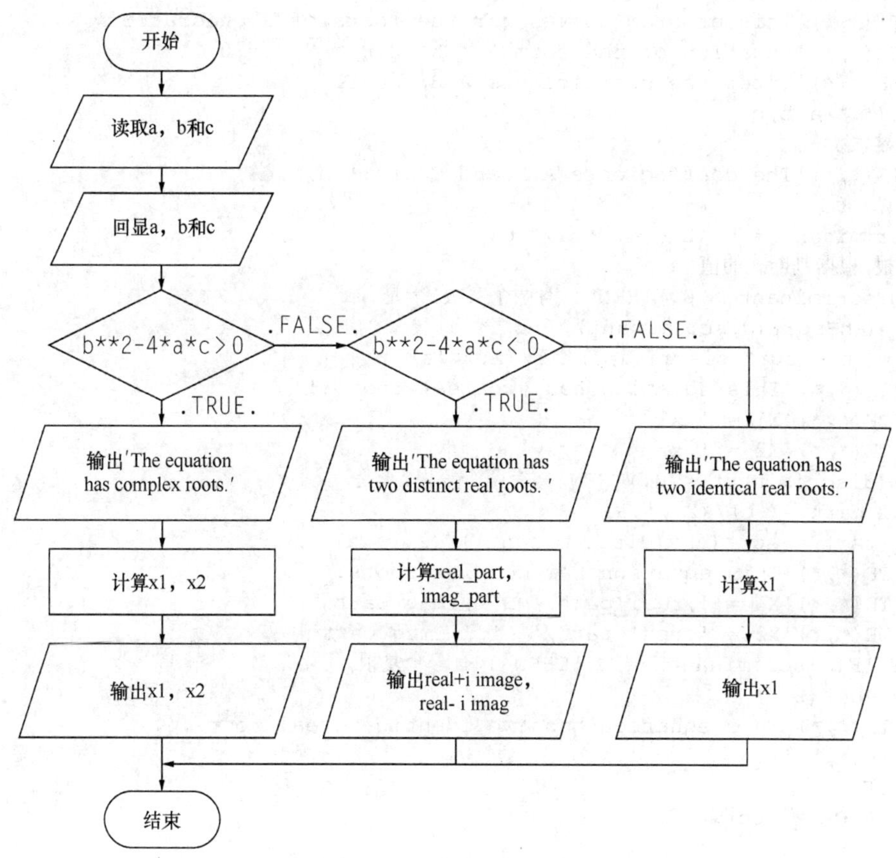

图 3-9 程序 roots 的流程图

4. 将算法转换为 Fortran 语句

最终的 Fortran 代码如图 3-10 所示。

```
PROGRAM roots
! 目的:
! 该程序求解一元二次方程的根 a*x**2+b*x+c = 0.
! 任何类型的根值均计算
!
! 修订版本:
!  日期            程序员                修改说明
!  ====            ==========            =====================
```

```
! 11/06/15     S. J. Chapman       源代码
!
IMPLICIT NONE
! 数据字典:声明变量类型,定义和计量单位
REAL::a                    ! 二次项 x**2 系数
REAL::b                    ! 一次项 x**2 系数
REAL::c                    ! 常数
REAL::discriminant         ! 判断值
REAL::imag_part            ! 虚部(对复根)
REAL::real_part            ! 实部(对复根)
REAL::x1                   ! 第一个根(对实根)
REAL::x2                   ! 第二个根(对实根)
! 提示用户公式的系数
WRITE(*,*)'This program solves for the roots of a quadratic '
WRITE(*,*)'equation of the form A * X**2+B * X+C = 0. '
WRITE(*,*)'Enter the coefficients A,B,and C:'
READ(*,*)a,b,c
! 回显系数
WRITE(*,*)'The coefficients A,B,and C are:',a,b,c
! 计算判断式
discriminant = b**2 - 4. * a * c
! 求根,根据判断式的值
IF(discriminant > 0.)THEN ! 有两个实根,于是...
 x1 =(-b+sqrt(discriminant))/(2. * a)
 x2 =(-b - sqrt(discriminant))/(2. * a)
 WRITE(*,*)'This equation has two real roots:'
 WRITE(*,*)'X1 = ',x1
 WRITE(*,*)'X2 = ',x2
ELSE(discriminant < 0.)THEN ! 有两个复根,于是 ...
 real_part =(-b)/(2. * a)
imag_part = sqrt(abs(discriminant))/(2. * a)
 WRITE(*,*)'This equation has complex roots:'
 WRITE(*,*)'X1 = ',real_part,'+i ',imag_part
 WRITE(*,*)'X2 = ',real_part,' -i ',imag_part
ELSE IF(discriminant == 0.)THEN ! 有一个复根,于是...
x1 =(-b)/(2. * a)
 WRITE(*,*)'This equation has two identical real roots:'
 WRITE(*,*)'X1 = X2 = ',x1
END IF
END PROGRAM roots
```

图 3-10 求解二次方程式的根的程序

5. 测试程序

下面必须用实际的输入数据来测试程序。由于有三种可能的程序分支，所以在确定程序能够正确工作前，必须对三种分支全部进行测试。利用式（3-2）可以验证方程式，给定如下：

$$x^2+5x+6=0 \qquad x=-2, \; x=-3$$

$$x^2+4x+4=0 \qquad x=-2$$

$$x^2+2x+5=0 \qquad x=-1\pm i2$$

如果编译该程序，然后利用上面的系数运行程序三次，结果如下所示（用户输入以粗体表示）：

```
C:\book\fortran\chap3>roots
 This program solves for the roots of a quadratic
 equation of the form A * X**2+B * X+C = 0.
 Enter the coefficients A,B,and C:
 1.,5.,6.
 The coefficients A,B,and C are:  1.000000   5.000000
  6.000000
 This equation has two real roots:
 X1 =   -2.000000
 X2 =   -3.000000

 C:\book\fortran\chap3>roots
 This program solves for the roots of a quadratic
 equation of the form A * X**2+B * X+C = 0.
 Enter the coefficients A,B,and C:
 1.,4.,4.
 The coefficients A,B,and C are:  1.000000   4.000000
  4.000000
 This equation has two identical real roots:
 X1 = X2 =   -2.000000
 C:\book\fortran\chap3>roots
 This program solves for the roots of a quadratic
 equation of the form A * X**2+B * X+C = 0.
 Enter the coefficients A,B,and C:
 1.,2.,5.
 The coefficients A,B,and C are:  1.000000   2.000000
   5.000000
 This equation has complex roots:
 X1 =   -1.000000+i2.000000
 X2 =   -1.000000 -i2.000000
```

程序对于三种可能情况下的测试数据都给出了正确的答案。

例题 3–3 计算有两个变量的函数值

编写一个 Fortran 程序，计算函数 $f(x, y)$ 对任意两个用户确定的值 x 和 y 的函数值。函数 $f(x, y)$ 定义如下。

$$f(x,y)=\begin{cases} x+y & x\geqslant 0 \text{ 且 } y\geqslant 0 \\ x+y^2 & x\geqslant 0 \text{ 且 } y<0 \\ x^2+y & x<0 \text{ 且 } y\geqslant 0 \\ x^2+y^2 & x<0 \text{ 且 } y<0 \end{cases}$$

解决方案

根据两个独立变量 x 和 y 的符号，分别计算函数 $f(x, y)$ 的值。要确定所用的式子，必须检查用户提供的 x 和 y 值的符号。

1. 说明问题

该问题的陈述非常简单：对于用户提供的任何 x 和 y 的值，求出函数 $f(x, y)$ 的值。

2. 定义输入和输出

本程序所需的输入为两个独立变量 x 和 y 的值。程序的输出为函数 $f(x, y)$ 的值。

3. 设计算法

本任务可以分解成三个主要部分，其功能分别为输入、处理和输出：

读取输入值 *x* 和 *y*

计算 f（*x*，*y*）

输出 f（*x*，*y*）

现在将上面主要的部分再分为更小的、更细的块。根据 *x* 和 *y* 的值，有四种可能的方式计算函数 f（*x*，*y*）的值，所以用带有四个分支的 IF 语句实现算法是合乎逻辑的。产生的伪代码为：

```
提示用户输入 x 和 y 的值。
读取 x 和 y
回显输入系数
IF x≥0 and y≥0  THEN
   fun ← x+y
ELSE IF x≥0 and y<0  THEN
   fun ← x+y**2
ELSE IF x<0 and y≥0  THEN
   fun ← x**2+y
ELSE
   fun ← x**2+y**2
END IF
输出 f(x,y)
```

该程序的流程图如图 3-11 所示。

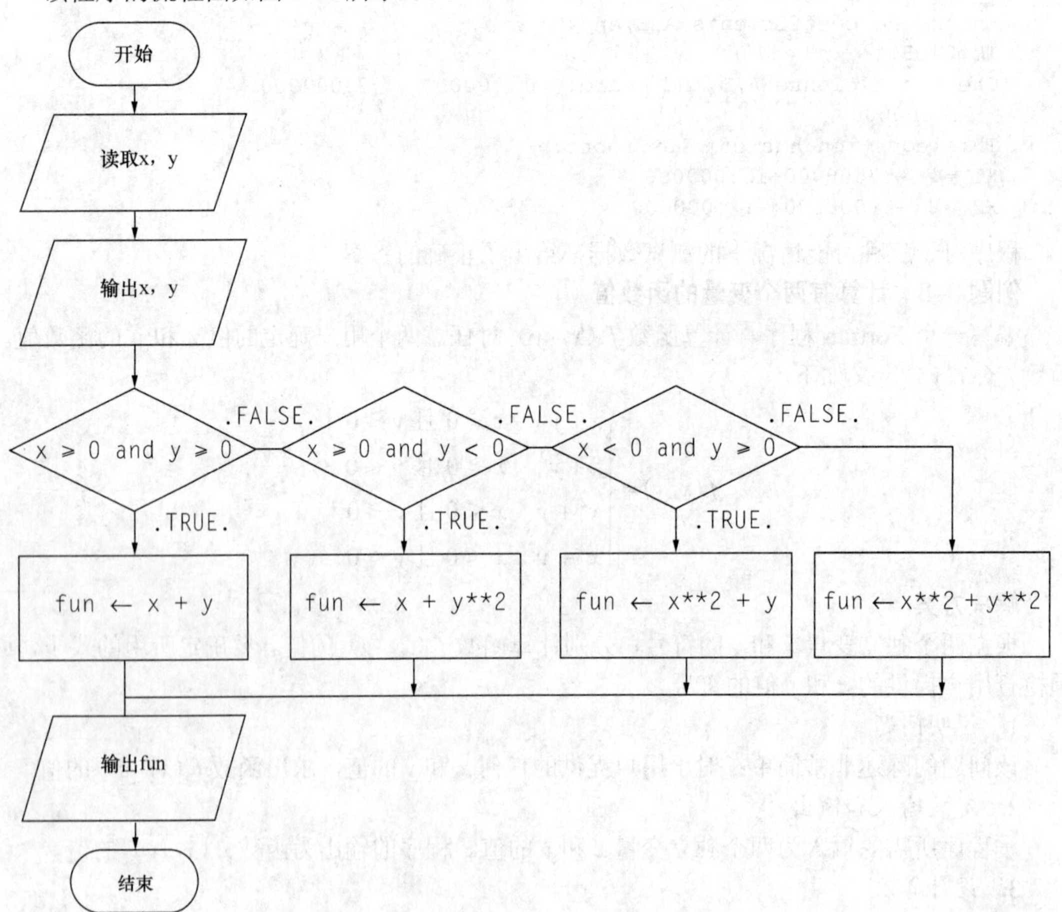

图 3-11　程序 funxy 的流程图

4. 将算法转换为 Fortran 语句

最终的 Fortran 代码如图 3-12 所示。

```
! 目的:
! 该程序计算函数 f(x,y),其中 x 和 y 由用户指定,
! 这里 f(x,y)定义如下 as:
!            _
!            |
!            | X+Y       X >= 0 and Y >= 0
!            | X+Y**2      X >= 0 and Y < 0
!   F(X,Y)= | X**2+Y      X < 0 and Y >= 0
!            | X**2+Y**2    X < 0 and Y < 0
!            |_
!
! 修订版本:
!  日期                程序员              修改说明
! ========             =============       =====================
! 11/06/15             S. J. Chapman       源代码
!
IMPLICIT NONE
! 数据字典:声明变量类型,定义和计量单位
REAL::x                ! 第一个变量
REAL::y                ! 第二个变量
REAL::fun              ! 函数计算结果
! 提示用户输入 x 和 y 取值
WRITE(*,*)'Enter the coefficients x and y:'
READ(*,*)x,y
! 输出系数 x 和 y.
WRITE(*,*)'The coefficients x and y are:',x,y
! 根据 x 和 y 的符号,计算函数 f(x,y).
IF((x >= 0.).AND.(y >= 0.))THEN
 fun = x+y
ELSE IF((x >= 0.).AND.(y < 0.))THEN
 fun = x+y**2
ELSE IF((x < 0.).AND.(y >= 0.))THEN
 fun = x**2+y
ELSE
 fun = x**2+y**2
END IF
! 输出计算结果.
WRITE(*,*)'The value of the function is:',fun
END PROGRAM funxy
```

图 3-12　例题 3-3 的 funxy 程序

5. 测试程序

下面利用实际的输入数据测试程序。由于程序有四种可能的分支，在确定程序能够正常工作之前，必须对这四种可能的分支全部进行测试。为了测试全部四种可能的分支，用四组输入值（x，y）=（2，3），（2，−3），（−2，3）和（−2，−3）分别执行程序。经过手工计算，可以看到：

$$f(2, 3)=2+3=5$$

$$f(2, -3)=2+(-3)^2=11$$

$$f(-2，3)=(-2)^2+3=7$$
$$f(-2，33)=(-2)^2+(-3)^2=13$$

如果编译该程序，然后用上述值运行程序四次，结果为：

```
C:\book\fortran\chap3>funxy
   Enter the coefficients X and Y:
   2. 3.
   The coefficients X and Y are:   2.000000    3.000000
   The value of the function is:   5.000000

   C:\book\fortran\chap3>funxy
   Enter the coefficients X and Y:
   2. -3.
   The coefficients X and Y are:   2.000000   -3.000000
   The value of the function is:   11.000000

   C:\book\fortran\chap3>funxy
   Enter the coefficients X and Y:
   -2. 3.
   The coefficients X and Y are:   -2.000000    3.000000
   The value of the function is:   7.000000

   C:\book\fortran\chap3>funxy
   Enter the coefficients X and Y:
   -2. -3.
   The coefficients X and Y are:   -2.000000   -3.000000
   The value of the function is:   13.000000
```

程序对于所有四种可能的情况下的测试数值都给出了正确的答案。

3.4.4 命名的 IF 结构块

可以给 IF 结构块指定一个名称。带有名称的结构的一般形式为

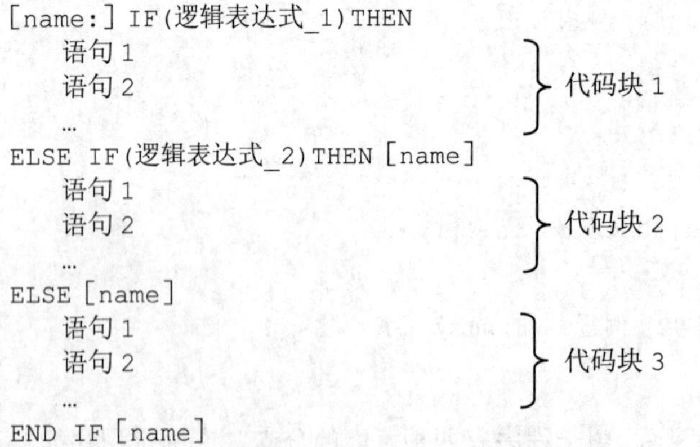

```
[name:] IF(逻辑表达式_1)THEN
    语句 1
    语句 2            } 代码块 1
    …
ELSE IF(逻辑表达式_2)THEN [name]
    语句 1
    语句 2            } 代码块 2
    …
ELSE [name]
    语句 1
    语句 2            } 代码块 3
    …
END IF [name]
```

其中的名称由字母开头，最多可由包含 63 个字母和数字的字符构成。在每个程序单元内部，指定给 IF 结构的名称必须是唯一的，并且不能与程序单元内部的任何常数和变量的名称一样。如果给 IF 指定了一个名称，那么在关联的 END IF 上也必须出现同样的名称。对于结构中的 ELSE 和 ELSE IF 语句，名称是任选的，但是如果使用了名称，它们必须与 IF 上的名称相同。

为什么要对 IF 结构命名呢？对于到目前为止所看到的简单实例来说，没有什么特别的理

由要这样做。使用名称的主要原因是当IF结构变得非常复杂时，能够帮助（以及编译器）将IF结构直接记在头脑中。例如，假设有一个复杂的IF结构，上百行长，清单占了许多页。如果对这样一个结构的所有组成部分进行了命名，那么就可以快速地指明某一特定的ELSE或ELSE IF语句属于哪个结构。它们可使程序员的注意力更加清晰。此外，在发生错误时，结构上的名称可以帮助编译器标识错误发生的特定位置。

良好的编程习惯

给程序中的大型而复杂的IF结构指定名称，可以帮助牢记关联在一起的结构部分。

3.4.5 有关IF结构块使用的注意事项

IF结构块是非常灵活的。它必须有一个IF（...）THEN语句和一个END IF语句。在其间可以有任意数目的ELSE IF子句，也可以有一个ELSE子句。利用这种组合特色，就可能实现任何想要的分支结构。

此外，IF结构块可以嵌套。如果两个IF结构块中的一个完全位于另一个的代码块内部，则称两个IF结构块是嵌套的。下列两个IF结构就完全是嵌套的。

```
outer:IF(x > 0.)THEN
  ...
 inner:IF(y < 0.)THEN
  ...
 END IF inner
  ...
END IF outer
```

在IF结构为嵌套时，给它们命名是个不错的方法，因为名字可以明确地指出某一特定的END IF与哪个IF相关联。如果结构未命名，Fortran编译器就总是将某一给定的END IF与最近的IF语句相关联。这对于正确编写的程序还可以正常运转，但是在程序员出现编码错误时，可使编译器产生令人迷惑的错误信息。例如假设有一个大型的程序包含下列所示的结构。

```
PROGRAM mixup
...
IF(test1)THEN
  ...
 IF(test2)THEN
   ...
   IF(test3)THEN
    ...
   END IF
  ...
 END IF
  ...
END IF
...
END PROGRAM mixup
```

该程序包含三个嵌套的IF结构，可能覆盖上百行的代码。现在假设第一个END IF语句在编辑时被意外地删除。这时，编译器将自动将第二个END IF与最里面的IF（test3）结构相关联，将第三个END IF与中间的IF（test2）相关联。在编译器到达END PROGRAM语句时，它会注意到第一个 IF（test1）结构从未结束过，就产生一个错误信息，表示有一个丢失的 END IF。不幸的是，它不能告诉问题发生在什么地方，所以必须回来手工查找整个程序来定位问题的发生地。

相反，考虑一下如果给每个 IF 结构都指定名字会发生什么呢。产生的程序将为：

```
PROGRAM mixup_1
...
outer:IF(test1)THEN
 ...
 ...
 middle:IF(test2)THEN
   ...
   ...
   inner:IF(test3)THEN
    ...
    ...
   END IF inner
   ...
 END IF middle
 ...
END IF outer
...
END PROGRAM mixup_1
```

假设第一个 END IF 语句在编辑期间再次被意外地删除。这时，编译器将注意到内层的 IF 语句没有 END IF 语句与之相关联，一遇到 END IF middle 语句就产生一条错误信息。而且错误信息将明确地表明问题与内层的 IF 结构有关，这样就能够知道确定修改错误的确切位置。

有时既可以用 ELSE IF 子句又可以用嵌套的 IF 语句来实现一个算法。在这种情况下，程序员可以选择其喜欢的任意一种形式。

例题 3-4 用字母标注成绩

编写一个程序，读取以数字表示的成绩，并按下表将其转换为用字母表示。

```
95 < GRADE          A
86 < GRADE ≤ 95     B
76 < GRADE ≤ 86     C
66 < GRADE ≤ 76     D
 0 < GRADE ≤ 66     F
```

编写一段 IF 结构，分别利用多个 ELSE IF 子句（a）和嵌套的 IF 结构（b）按上述方法标注成绩。

解决方案

（1）利用 ELSE IF 子句的构造是：

```
IF(grade > 95.0)THEN
    WRITE(*,*)'The grade is A.'
ELSE IF(grade > 86.0)THEN
    WRITE(*,*)'The grade is B.'
ELSE IF(grade > 76.0)THEN
    WRITE(*,*)'The grade is C.'
ELSE IF(grade > 66.0)THEN
    WRITE(*,*)'The grade is D.'
ELSE
```

```
        WRITE(*,*)'The grade is F.'
    END IF
```

（2）利用嵌套的 IF 结构的构造是：

```
  if1:IF(grade > 95.0)THEN
        WRITE(*,*)'The grade is A.'
     ELSE
        if2:IF(grade > 86.0)THEN
          WRITE(*,*)'The grade is B.'
        ELSE
            if3:IF(grade > 76.0)THEN
              WRITE(*,*)'The grade is C.'
            ELSE
              if4:IF(grade > 66.0)THEN
                  WRITE(*,*)'The grade is D.'
              ELSE
              WRITE(*,*)'The grade is F.'
            END IF if4
        END IF if3
     END IF if2
   END IF if1
```

从上面的例子中可以清楚地看到，如果有许多相互排斥的任选项的选择分支，用带有 ELSE IF 子句的 IF 结构要比嵌套的 IF 结构简单得多。

良好的编程习惯

对于有许多相互排斥的任选项的分支，使用带有 ELSE IF 子句的 IF 结构优先于嵌套的 IF 结构。

3.4.6 逻辑 IF 语句

上述 IF 结构块还有另一种可供使用的形式。它只是单条语句，形式是

```
IF(逻辑表达式)语句
```

其中语句是可执行的 Fortran 语句。如果逻辑表达式为真，则程序执行与之同行的语句。否则，程序跳到程序中的下一条可执行语句处。逻辑 IF 语句的这种形式与在 IF 块中只带有一个语句的 IF 结构块等价。

3.4.7 SELECT CASE 结构

SELECT CASE 结构是分支结构的另一种形式。它允许程序员根据一个整数、一个字符或者一个逻辑表达式的数值选择要执行的特定代码块。CASE 结构的一般形式为：

```
[name:] SELECT CASE(    case_expr)
CASE(情况选择子_1) [name]
    语句 1                          }
    语句 2                          } 代码块 1
    …                               }
CASE(情况选择子_2) [name]
```

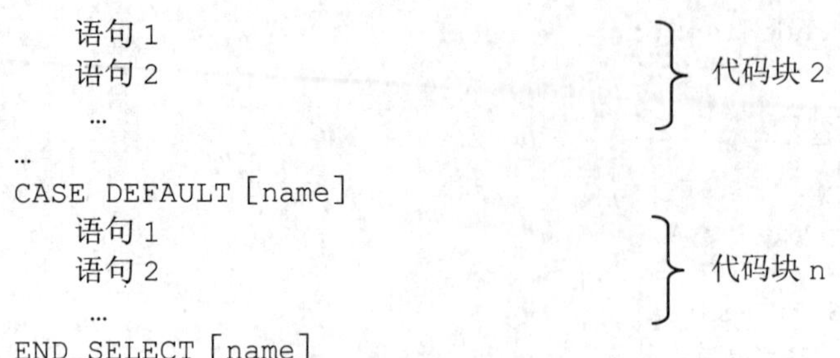

```
    语句 1
    语句 2           } 代码块 2
     …
…
CASE DEFAULT [name]
    语句 1
    语句 2           } 代码块 n
     …
END SELECT [name]
```

如果 case_expr 的值在情况选择子_1 所包含的数值范围内，那么第一个代码块将被执行。同样地，如果 case_expr 的值在情况选择子_2 所包含的数值范围内，那么第二个代码块将被执行。同样的思想适用于结构中其他任何的情况（case）。缺省代码块是可选的。如果它存在，当 case_expr 的值在所有情况选择子的数值范围之外时，缺省代码块将被执行。如果它不存在，则不执行任何代码块。CASE 结构的伪代码与用 Fortran 实现的语句正好相同，该结构的流程图如图 3-13 所示。

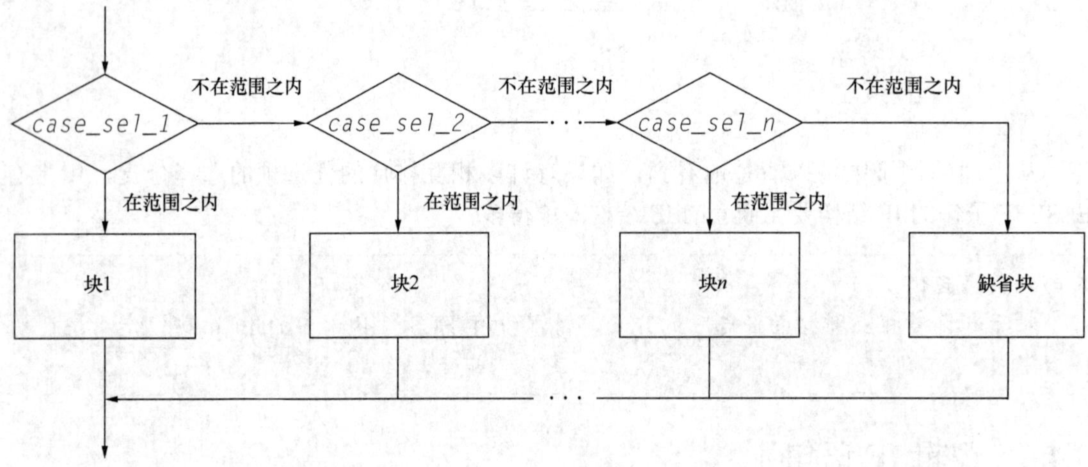

图 3-13　SELECT CASE 结构的流程图

如果需要，可以给 CASE 结构命名。在每个程序单元中，名字必须是唯一的。如果给 SELECT CASE 语句指定了名字，那么必须在相关的 END SELECT 上出现相同的名字。该结构 CASE 语句上的名字是可选的，但是如果使用了名字，就必须与 SELECT CASE 语句上名字相同。

case_expr 可以是任意的整数、字符或者逻辑表达式。每个情况选择子必须是整数、字符或逻辑数值，或者是数值范围。所有的情况选择子必须是相互独立的，同一个数值不能出现在多个情况选择子上。

让我们来看一个简单的 CASE 结构的实例。该实例根据整数变量的数值输出一条信息。

```
INTEGER::temp_c     ! Temperature in degrees C
...
temp:SELECT CASE(temp_c)
CASE(:-1)
 WRITE(*,*)"It's below freezing today!"
CASE(0)
 WRITE(*,*)"It's exactly at the freezing point."
CASE(1:20)
 WRITE(*,*)"It's cool today."
CASE(21:33)
```

```
 WRITE(*,*)"It's warm today."
CASE(34:)
 WRITE(*,*)"It's hot today."
END SELECT temp
```

temp_c 的数值控制选择哪一种情况。如果温度低于 0，则选择第一种情况，输出的信息为“It's below breezing today”（今天低于冰冻点）！如果温度正好是 0，则选择第二种情况，等等。注意各种情况不会交叠，一个给定的温度只能在一种情况中出现。

情况选择子可以采取下列四种形式中的一种：

case_value	如果 case_value= =case_expr,就执行代码块
low_value	如果 low_value< =case_expr,就执行代码块
:high_value	如果 case_expr< =high_value,就执行代码块
low_value:high_value	如果 low_value<=case_expr< =high_value,就执行代码块

或者还可以是这些形式的一个组合序列，用逗号隔开。

下列语句确定一个在 1～10 之间的整数是奇数还是偶数，并输出相应的信息。这个例子说明了一列数值作为情况选择子的使用，以及 CASE DEFAULT 块的使用。

```
INTEGER::value
...
SELECT CASE(value)
CASE(1,3,5,7,9)
  WRITE(*,*)'The value is odd.'
CASE(2,4,6,8,10)
  WRITE(*,*)'The value is even.'
CASE(11:)
  WRITE(*,*)'The value is too high.'
CASE DEFAULT
  WRITE(*,*)'The value is negative or zero.'
END SELECT
```

CASE DEFAULT 代码块对于良好的程序设计特别重要。如果 SELECT CASE 语句中的输入数值与任何一种情况都不匹配，将不执行任何一种情况。在设计良好的程序中，这种情况通常是逻辑设计中的错误或非法输入的结果。应该一直包含缺省情况，并使之建立一个给用户的警告信息。

良好的编程习惯

在 CASE 结构中总是包含一个 CASE DEFAULT 子句来捕捉可能在程序中发生的任何逻辑错误或非法输入。

例题 3–5　用 SELECT CASE 结构选择星期几

编写程序，从键盘读取一个整数，显示出整数相对应的一周中的日子。注意要处理非法输入数值的情况。

解决方案

在本例中，将提醒用户输入一个 1～7 之间的整数，然后利用 SELECT CASE 结构选择与输入数相对应的星期几。使用惯例：星期天是一个星期中的第一天。SELECT CASE 结构还将包含一个缺省情况以处理非法的一周中的日子。

产生的程序如图 3-14 所示。

```
PROGRAM day_of_week
!
! 目的:
!  该程序显示输入的数据相对应是星期几
!
! 修订版本:
!  日期           程序员              修改说明
!  ====          ==========         =====================
! 11/06/15       S. J. Chapman      源代码
!
IMPLICIT NONE
! 数据字典:声明变量类型,定义和计量单位
CHARACTER(len=11)::c_day          ! 日子对应表示星期几的字符串
INTEGER::i_day                    ! 星期几的整数表示
! 提示用户输入的是星期几数字
WRITE(*,*)'Enter the day of the week(1-7):'
READ(*,*)i_day
! 判断,转换为对应的星期几
SELECT CASE(i_day)
CASE(1)
  c_day = 'Sunday'
CASE(2)
  c_day = 'Monday'
CASE(3)
  c_day = 'Tuesday'
CASE(4)
  c_day = 'Wednesday'
CASE(5)
  c_day = 'Thursday'
CASE(6)
  c_day = 'Friday'
CASE(7)
  c_day = 'Saturday'
CASE DEFAULT
  c_day = 'Invalid day'
END SELECT
! 输出星期几对应的字符串
WRITE(*,*)'Day = ',c_day
END PROGRAM day_of_week
```

图 3-14 例题 3-5 的程序 day_of_week

如果这个程序被编译，然后用不同的数值执行三次，结果是:

```
C:\book\fortran\chap3>day_of_week
Enter the day of the week(1-7):
1
Day = Sunday

C:\book\fortran\chap3>day_of_week
Enter the day of the week(1-7):
5
Day = Thursday

C:\book\fortran\chap3>day_of_week
```

```
Enter the day of the week(1-7):
-2
Day = Invalid day
```

注意本程序给出了一周中的有效天的正确数值，也显示了无效天的错误信息。

例题 3-6　在 SELECT CASE 结构中使用字符

编写程序，从键盘读取包含星期几的字符串，如果这天是在星期一到星期五内，就显示“Weekday”；如果这天是星期六或星期天，就显示“Weekend”。注意要处理非法输入数值的情况。

解决方案

在本例中，将提示用户输入星期几，然后使用 SELECT CASE 结构选择这一天是在平日还是在周末。SELECT CASE 结构还将包含一个缺省情况以处理非法的一周中的日子。

产生的程序如图 3-15 所示。

```
PROGRAM weekday_weekend
!
! 目的:
!  该程序接收含有星期几的字符串,并显示一条信息,
!  确定该天是平日还是周末
! 修订版本:
!  日期           程序员                 修改说明
!  ====           ============           =====================
! 11/06/15        S. J. Chapman          源代码
!
IMPLICIT NONE
! 声明程序中使用的变量
CHARACTER(len=11)::c_day                 ! 含有星期几的字符串
CHARACTER(len=11)::c_type                ! 表示日期类型的字符串

! 提示用户输入星期几的字符串
WRITE(*,*)'Enter the name of the day:'
READ(*,*)c_day
! 转换为一周里对应的日子
SELECT CASE(c_day)
CASE('Monday','Tuesday','Wednesday','Thursday','Friday')
  c_type = 'Weekday'
CASE('Saturday','Sunday')
  c_type = 'Weekend'
CASE DEFAULT
  c_type = 'Invalid day'
END SELECT
! 输出日期的类型
WRITE(*,*)'Day Type = ',c_type
END PROGRAM weekday_weekend
```

图 3-15　例题 3-6 的程序 weekday_weekend

如果编译本程序，然后用不同的数值执行三次，结果为：

```
C:\book\fortran\chap3>weekday_weekend
Enter the name of the day:
Tuesday
Day Type = Weekday
```

```
C:\book\fortran\chap3>weekday_weekend
Enter the name of the day:
Sunday
Day Type = Weekend

C:\book\fortran\chap3>weekday_weekend
Enter the name of the day:
Holiday
Day Type = Invalid day
```

注意本程序给出了一周中的有效天的正确数值，也显示了无效天的错误信息。本程序说明了如何在每个 CASE 子句中使用一列可能的情况数值。

测验 3-2

本测验可以快速检查你是否已经理解了 3.5 节中介绍的概念。如果对本测验存在问题，重新阅读本节，向指导教师请教，或者与同学讨论。本测验的答案在本书后面可以找到。

编写 Fortran 语句，完成下面描述的功能。

1. 如果 x 大于或等于 0，就将 x 的平方根赋值给 sqrt_x，并输出结果。否则，输出关于平方根函数的参数的错误信息，并将 sqrt_x 设置为 0。

2. 变量 fun 计算为 numerator/denominator。如果 denominator 的绝对值小于 1.0E-10，就输出“被 0 除错误”。否则，计算并输出 fun。

3. 出租车辆每千米花费为：第一个 100 千米为$0.30，第二个 100 千米为$0.20，超过 300 千米之外的所有公里为$0.15。编写 Fortran 语句，确定给定千米数（保存在 distance 变量中）的总花费和每千米的平均花费。

检查下列 Fortran 语句。它们是正确的还是错误？如果是正确的，其输出是什么？如果是错误的，错在哪里？

4.
```
IF(volts > 125.)THEN
      WRITE(*,*)'WARNING:High voltage on line. '
   IF(volts < 105.)THEN
      WRITE(*,*)'WARNING:Low voltage on line. '
   ELSE
      WRITE(*,*)'Line voltage is within tolerances. '
   END IF
```

5.
```
PROGRAM test
   LOGICAL::warn
   REAL::distance
   REAL,PARAMETER::LIMIT = 100.
   warn = .TRUE.
   distance = 55.+10.
   IF(distance > LIMIT .OR. warn)THEN
     WRITE(*,*)'Warning:Distance exceeds limit.'
   ELSE
     WRITE(*,*)'Distance = ',distance
   END IF
```

6.
```
REAL,PARAMETER::PI = 3.141593
   REAL::a = 10.
   SELECT CASE(a * sqrt(PI))
   CASE(0:)
```

```
        WRITE(*,*)'a > 0'
      CASE(:0)
        WRITE(*,*)'a < 0'
      CASE DEFAULT
        WRITE(*,*)'a = 0'
      END SELECT
```

7. CHARACTER(len=6)::color = 'yellow'

```
   SELECT CASE(color)
   CASE('red')
     WRITE(*,*)'Stop now!'
   CASE('yellow')
     WRITE(*,*)'Prepare to stop.'
   CASE('green')
     WRITE(*,*)'Proceed through intersection.'
   CASE DEFAULT
     WRITE(*,*)'Illegal color encountered.'
   END SELECT
```

8. IF(temperature > 37.)THEN

```
        WRITE(*,*)'Human body temperature exceeded. '
      ELSE IF(temperature > 100.)
        WRITE(*,*)'Boiling point of water exceeded. '
      END IF
```

3.5 有关调试 Fortran 程序的问题

编写包含分支和循环结构的程序比编写简单的顺序结构的程序更容易犯错误。即使经历了全部的设计过程，无论规模多大的程序几乎都不能保证第一次使用时是完全正确的。假设已经创建了程序，并进行了测试，只是发现输出值有错误。如何对程序中出现的问题进行查找并修改它们呢？

定位错误的最好方法是用好符号调试器，假如调试器支持该功能的话，必须请求指导教师或查看系统手册以确定如何使用与特定的编译器和计算机一起提供的符号调试器，因为它们各有不同。

另一种定位错误的方法就是在代码中插入 WRITE 语句，在程序中的关键点输出重要的变量。当程序运行时，WRITE 语句将输出主要变量的数值。这些数值可以与期望的数值进行比较，实际值与期望值不同的地方可以当作一个线索，帮助定位问题的发生点。例如，要校验一个 IF 结构块的操作：

```
WRITE(*,*)'At if1:var1 = ',var1
if1:IF(sqrt(var1)> 1.)THEN
   WRITE(*,*)'At if1:sqrt(var1)> 1.'
   ...
ELSE IF(sqrt(var1)< 1.)THEN
  WRITE(*,*)'At if1:sqrt(var1)< 1.'
  ...
ELSE
  WRITE(*,*)'At if1:sqrt(var1)== 1.'
  ...
END IF if1
```

当程序执行时，其输出列表将包含有关控制 IF 结构块的变量以及执行哪个分支的详细信息。

一旦已经确定了发生错误的代码段的位置，就可以查看该区域的特定语句以确定问题的发生点。下面描述了两种常见的错误。注意在代码中对它们进行检查。

（1）如果问题是在 IF 结构中，查看一下是否在逻辑表达式中使用了正确的关系运算符。是不是有打算使用>=时使用了>等类似的错误？由于编译器不会给这类错误发出错误信息，所以发现它们非常困难。特别要注意非常复杂的逻辑表达式，因为它们很难理解，并且非常容易搞乱。应该使用一些额外的圆括号，使其更容易理解。如果逻辑表达式实在很大，可以考虑将它们分解成更为简单的表达式，使其更容易理解。

（2）另一个 IF 语句常见的问题会发生在测试实数型变量的相等性的时候。由于在浮点算术运算中的小数的四舍五入的误差，理论上应该相等的两个数有一点点数量上的差别，相等性的测试就会失败。在使用实数变量时，用近似相等性的测试替代相等性的测试通常是个好主意。例如，应该测试是否|X−10.|< 0.0001，而不是测试 x 是否等于 10.。任一在 9.9999 和 10.0001 之间的 x 的值都可满足前一种测试，这样四舍五入的误差不会带来问题。Fortran 语句

```
IF(x == 10.)THEN
```

替换为

```
IF(abs(x - 10.)<= 0.0001)THEN
```

良好的编程习惯

由于四舍五入误差会引起应该相等的两个变量在测试相等性时失败的问题，所以取代的方法是，应注意在 IF 结构中将测试实数变量的相等性问题改为测试近似相等性。

3.6 小结

在本章中，提出了自顶向下的程序设计方法，包括伪代码和流程图。

然后讨论了逻辑数据类型，以及有关字符数据类型的细节，它可用来控制 Fortran 分支结构。这部分内容包括关系运算符和组合逻辑运算符，前者可以比较两个数字或字符的表达式，产生逻辑结果；后者可以从一个或两个逻辑输入数值中产生逻辑结果。

Fortran 的运算层次扩大到包括关系和组合逻辑运算符，在表 3-4 中进行了描述。

最后，提出了 Fortran 分支和循环的基本类型。分支的主要类型有 IF-ELSE IF-ELSE-END IF 结构块。这个结构是非常灵活的，它可以按需要有很多个 ELSE IF 子句，构造任何需要的测试。而且 IF 结构块可以嵌套建立更为复杂的测试。分支的第二种类型是 CASE 结构。它可以用来在相互独立的由整数、字符或逻辑控制表达式确定的选项中进行选择。

表 3-4　　Fortran 运算层次

1. 圆括号内的运算先计算，从最内层的圆括号开始，由内向外进行。
2. 然后计算所有的指数运算，从右向左进行。
3. 计算所有的乘法和除法运算，从左至右进行。
4. 计算所有的加法和减法，从左至右进行。
5. 计算所有的关系运算（==，/=，>，>=，<，<=），从左至右进行。
6. 计算所有的.NOT.运算。
7. 计算所有的.AND.运算，从左至右进行。
8. 计算所有的.OR.运算，从左至右进行。
9. 计算所有的.EQV.和.NEQV.运算，从左至右进行。

3.6.1 良好编程习惯小结

在用分支或循环结构进行编程时应该坚持下列原则。遵循下列原则，你的程序代码将减少错误，更容易调试，并且对将来需要使用该程序的其他人来说更容易理解。

（1）总是将 IF 和 CASE 结构块中的代码块缩进，以增加其可读性。

（2）由于四舍五入误差可能引起两个应该相等的变量在测试相等性时失败，因此注意 IF 结构中实数变量的相等性测试问题。取代的方法是，在所使用的计算机上测试变量在四舍五入误差范围内是否与期望的值近似相等。

（3）在 CASE 结构中要一直包括有 DEFAULT CASE 子句，捕捉程序中可能发生的任何逻辑错误或非法输入。

3.6.2 Fortran 语句和结构小结

下列简要说明了本章介绍的 Fortran 语句和结构。

IF 结构块：

```
[name:] IF(逻辑表达式_1)THEN
    块 1
ELSE IF(逻辑表达式_2)THEN [name]
    块 2
ELSE [name]
    块 3
END IF [name]
```

说明：

IF 结构块允许根据一个或多个逻辑表达式执行一个代码块。如果逻辑表达式_1 为真，就执行第一个代码块。如果逻辑表达式_1 为假而逻辑表达式_2 为真，就执行第二个代码块。如果两个逻辑表达式均为假，就执行第三个代码块。在任一代码块被执行后，控制程序跳到结构后面的第一条语句处。

在 IF 结构块中必须有且只有一个 IF()THEN 语句。可以有任意多个数目的 ELSE IF 子句（0 个或多个），并且结构中最多可有一个 ELSE 子句。名字是任意的，但是如果用在了 IF 语句上，那么它也必须用在 END IF 语句上。ELSE IF 和 ELSE 语句上的名字是任意的，即使其用在了 IF 和 END IF 语句上。

CASE 结构：

```
[name:] SELECT CASE(case_expr)
CASE(情况选择子_1) [name]
   块 1
CASE(情况选择子_2) [name]
   块 2
CASE DEFAULT [name]
   块 n
END SELECT  [name]
```

说明：

CASE结构根据case_expr的值执行一个特定的语句块，case_expr的值可以是一个整数、字符或逻辑值。每个情况选择子为情况表达式指定一个或多个可能的数值。如果case_expr为包含在某一给定的情况选择子中的数值，那么就执行相应的语句块，控制程序跳到该结构结尾后面的第一条可执行语句处。如果没有可执行的情况选择子，如果存在 CASE DEFAULT 块就执行该语句块，控制程序跳到该结构结尾后面的第一条可执行语句处。如果 CASE DEFAUL T 不存在，该结构就不做任何事情。

在 CASE 结构中必须有一个 SELECT CASE 语句和一个 END SELECT 语句。可以有一个或多个 CASE 语句，最多可包含一个 CASE DEFAULT 语句。注意所有的情况选择子必须是相互独立的。名字是任意的，但是如果用在了 SELECT CASE 语句上，那么它也必须用在 END SELECT 语句上。CASE 语句上的名字是任意的，即使其用在了 SELECT CASE 和 END SELECT 语句上。

LOGICAL 语句：

```
LOGICAL::variable_name1 [,variable_name2,etc.]
```

例如：

```
LOGICAL::initialize,debug
LOGICAL::debug = .false.
```

说明：

LOGICAL 语句是一种类型声明语句，声明逻辑数据类型的变量。LOGICAL 变量的数值可以在声明时初始化，比如上面第二个例子。

逻辑 IF 语句：

```
IF(逻辑表达式)语句
```

说明：

逻辑 IF 语句是 IF 结构块的一种特殊情况。如果逻辑表达式为真，则与 IF 在同一行的语句被执行。然后接着执行 IF 语句的下一行。

如果作为逻辑条件的结果只需要执行一条语句，那么该语句可用来代替 IF 结构块。

3.6.3 习题

3-1 下列表达式哪些在 Fortran 中是合法的？如果表达式是合法的，那么其值是什么？

(a) `5.5 >= 5`
(b) `20 > 20`
(c) `.NOT. 6 > 5`
(d) `.TRUE. > .FALSE.`
(e) `35 / 17. > 35 / 17`
(f) `7 <= 8 .EQV. 3 / 2 == 1`
(g) `17.5 .AND.(3.3 > 2.)`

3-2 正切函数定义为 $\tan\theta=\sin\theta/\cos\theta$ 。在 $\cos\theta$ 的数值不过于接近 0 时，计算该表达

式的值，求出正切值（如果 cosθ 为 0，计算该公式求 tanθ 将会产生被 0 除的错误）。设给定了θ 的度数，编写 Fortran 语句，计算当时的 tanθ 的值。如果 cosθ 的数值小于 10^{-20}，则输出错误信息。

3-3 编写 Fortran 语句，对于用户提供的 *t* 值，按下列公式计算 *y*（*t*）的值。

$$y(t)=\begin{cases}-3t^2+5 & t\geqslant 0\\ 3t^2+5 & t<0\end{cases}$$

3-4 下列 Fortran 语句想要警示用户口试温度计的读数过高（数值以华式温度数表示）。它们是正确的还是错误的？如果不正确，解释一下原因，并进行修改。

```
IF(temp < 97.5)THEN
  WRITE(*,*)'Temperature below normal'
ELSE IF(temp > 97.5)THEN
  WRITE(*,*)'Temperature normal'
ELSE IF(temp > 99.5)THEN
  WRITE(*,*)'Temperature slightly high'
ELSE IF(temp > 103.0)THEN
  WRITE(*,*)'Temperature dangerously high'
END IF
```

3-5 由快递服务邮寄包裹的费用是第一个 2 磅为$12.00，超过 2 磅以上的部分，每磅$4.00。如果包裹重量超过 70 磅，就增加一笔$10.00 的超重费。不接收超过 100 磅的包裹。编写程序，接收包裹的重量（磅数），计算邮寄的包裹的费用。注意处理超重包裹的情况。

3-6 反正弦函数。ASIN（x）只定义在 −1.0≤x≤1.0 的范围之内。如果 *x* 超出了这个范围，计算函数时会发生错误。下列 Fortran 语句计算一个在正确范围内的数的反正弦值，并且如果该数不在正确范围内，则输出错误信息。假设 *x* 和 inverse_sine 为实数。该段代码正确还是不正确？如果不正确，解释原因并进行修改：

```
test:IF(ABS(x)<= 1.)THEN
   inverse_sine = ASIN(x)
ELSE test
   WRITE(*,*)x,' is out of range!'
END IF test
```

3-7 在例题 3-3 中，编写了一个程序，对于任意两个用户指定的数值 *x* 和 *y*，计算函数 *f*（*x*，*y*），其中 *f*（*x*，*y*）定义如下：

$$f(x,y)\begin{cases}x+y & x\geqslant 0\text{ 且 }y\geqslant 0\\ x+y^2 & x\geqslant 0\text{ 且 }y<0\\ x^2+y & x<0\text{ 且 }y\geqslant 0\\ x^2+y^2 & x<0\text{ 且 }y<0\end{cases}$$

问题的解决是利用带有的四个代码块的 IF 结构块，对所有可能的 *x* 和 *y* 的组合计算 *f*(*x*，*y*)。利用嵌套的 IF 结构重写程序 funxy，其中的外层结构计算 *x* 的值，内层结构计算 *y* 的值。注意给每个结构指定名字。

3-8 编写程序计算函数：

$$y(x)=\ln\frac{1}{1-x}$$

对于任何用户指定的 *x* 值，其中 *x* 是数字<1.0（注意，ln 是自然对数，对 *e* 的对数）。使

用 if 结构来验证传递给程序的值是否合法。如果 x 的值是合法的，则计算 y（x）。如果没有，请输出相应的错误消息并退出。

3-9 假设学生对某一学期中的选修课有选择其中一门的选择权。学生必须从限定可选的列表中选择一门课程：英语、历史、天文学和文学。构造一段 Fortran 代码，提示学生输入所选项，读取所选项，将答案作为 SELECT CASE 结构的情况表达式。注意要包含缺省情况以处理无效输入。

3-10 本书的作者现在生活在澳大利亚。在 2009 年，澳大利亚公民和居民的个人所得税如下：

应征税的收入（澳元）	收入税额
\$0～\$6000	零
\$6001～\$34000	超过\$6，000 以上，每\$1 付 15 分
\$34001～\$80000	\$4200 加上超过\$34000 以上的每\$1 的¢30
\$80001～\$180000	\$18000 加上超过\$80000 以上的每\$1 的¢40
\$180000 以上	\$58000 加上超过\$180000 以上的每\$1 的¢45

此外，对于所有的收入一律征收 1.5%的医疗保险费。根据以上信息编写程序，计算一个人应缴纳多少所得税。程序应接收用户的总收入数，计算所得税、医疗保险费和个人应付的总税额。

3-11 2002 年，澳大利亚公民和居民的个人所得税额如下：

应征税的收入（澳元）	收入税额
\$0～\$6000	零
\$6001～\$20000	超过\$6000 以上，每\$1 付 17 分
\$20001～\$50000	\$2380 加上超过\$20000 以上的每\$1 的¢30
\$50001～\$60000	\$11380 加上超过\$50000 以上的每\$1 的¢42
\$60000 以上	\$15580 加上超过\$60000 以上的每\$1 的¢47

此外，对于所有的收入一律征收 1.5%的医疗保险费。根据以上信息编写程序，计算一个人在 2002 年所支付的个人税额比在 2009 年所支付的税额少多少。

3-12 以不同的货币单位标价的物品通常是很难进行比较的。编写程序，让用户输入以美元、澳元、欧元或英镑购买商品的价钱，然后将其转换成任意其他由用户指定的货币单位的表示。在程序中使用下列转换系数：

```
 A$ 1.00 = US $ 0.71
    €1.00 = US $ 1.12
UK£ 1.00 = US $1.42
```

3-13 **分贝**。在习题 2-22 中，编写了计算相对于 1mW 参考电平的功率电平的分贝数。实现的公式为：

$$\mathrm{dB} = 10\log_{10}\frac{P_2}{P_1} \tag{2-16}$$

其中 P_2 是测量的功率电平，P_1 是参考功率电平（1mW）。这个公式利用基数为 10 的对数，对负数和零未作定义。修改程序捕捉负数或零输入数值，并告知用户无效输入数值。

3-14 **折射**。在一束光线从折射率为 n_1 的区域穿透到折射系数为 n_2 的另一个区域，光线被折曲（见图 3-16）。光线折曲的角度由斯涅尔定律给定为：

$$n_1\sin\theta_1 = n_2\sin\theta_2 \tag{3-3}$$

其中θ_1为第一个区域中的光线入射角，θ_2为第二个区域中的光线入射角。利用斯涅尔定律，如果已知区域 1 中的入射角θ_1、折射率 n_1 和 n_2，可以预测区域 2 中的光线入射角。完成该计算的公式为：

$$\theta_2=\sin^{-1}\left(\frac{n_1}{n_2}\sin\theta_1\right) \tag{3-4}$$

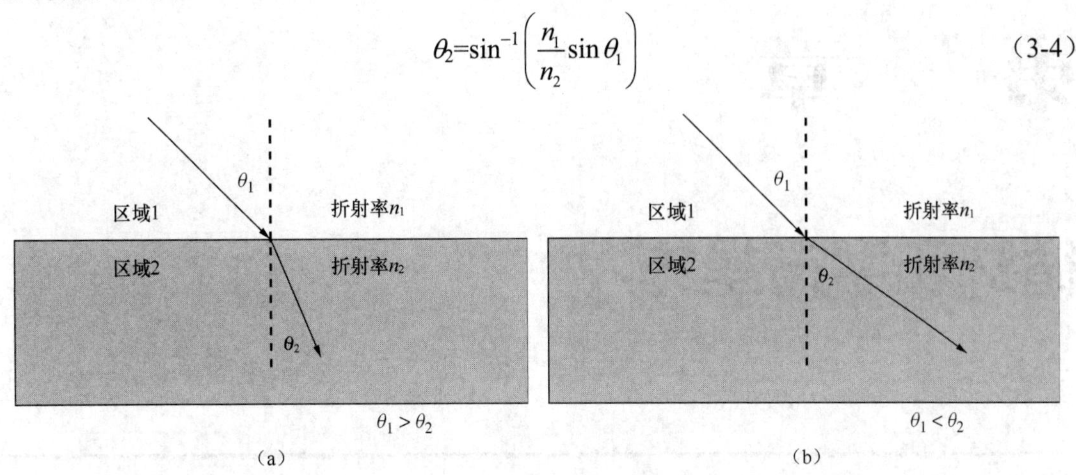

图 3-16　一束光线从一种介质穿透到另一种介质发生折射

（a）如果光束从低折射率的区域穿透到较高折射率的区域，光束更接近垂直方向折射；

（b）如果光束从高折射率的区域穿透到较低折射率的区域，光束折射更偏离垂直方向折射

编写 Fortran 程序，给定区域 1 中的入射角θ_1和折射率 n_1，n_2，计算光束在区域 2 中的入射角（以度表示）(注意：如果 $n_1>n_2$，那么对于某些角度θ_1，由于参数［$(n_1/n_2)\sin\theta_1$］会大于 1.0，式 3-4 没有实解。发生这种情况时，所有的光线被反射回到区域 1，根本没有光线能够穿透到区域 2 中。程序必须能够识别并正确地处理这种情况)。按下列两种情况运行程序进行测试：（a）n_1=1.0，n_2=1.7，θ_1=45°；（b）n_1=1.7，n_2=1.0，θ_1=45°。

第 4 章

循环和字符操作

本章学习目标：

- 了解如何建立和使用当循环。
- 了解如何建立和使用计数循环。
- 了解何时应使用当循环以及何时使用计数循环。
- 了解 CONTINUE 和 EXIT 语句的用途，以及如何使用。
- 理解循环名和使用它的原因。
- 学习有关字符赋值和字符运算符的内容。
- 学习子字符串和字符串的操作。

在前面的章节中，介绍了分支结构，可以使程序根据某个控制表达式的数值从几个可能的语句系列中选择执行一个。在本章中介绍循环，可以使特定的代码段重复执行。

在本章中还将学习更多的有关如何操作字符变量的内容。多数操作包括循环，在使用循环时将练习使用字符操作。

4.1 控制结构：循环

循环是一种 Fortran 结构，可允许多次执行一个语句序列。循环结构有两种基本形式：当循环和迭代循环（或计数循环）。这两种类型循环的主要区别在于循环是如何控制的。当循环中的代码循环次数不确定，直到满足了某个用户指定的条件为止。相反，迭代循环中的代码循环次数是确定的，重复次数在循环开始前是已知的。

4.1.1 当循环

当循环是当满足某些条件时一个语句块不确定地重复执行。Fortran 中的当循环的一般形式为

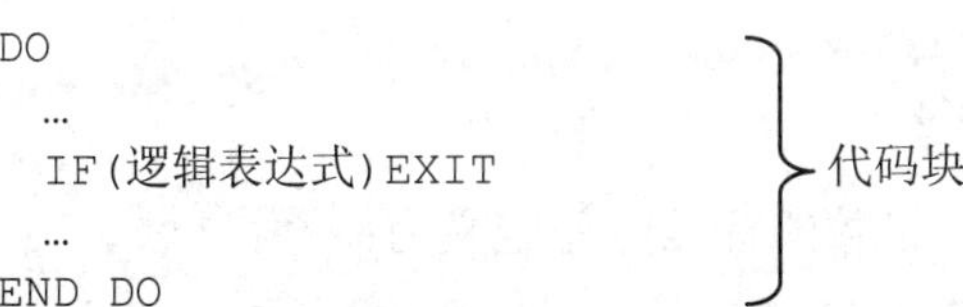

在DO和END DO之间的语句块不确定地重复执行，直到逻辑表达式变为真，执行了EXIT语句。EXIT语句执行后，控制程序转到END DO之后的第一条语句处。

循环可以包含一个或多个 EXIT 语句来终止其执行。每个EXIT语句通常是IF语句或结构块的一部分。在执行IF语句时，如果IF 中的逻辑表达式为假，循环继续执行。在执行IF语句时，如果IF中的逻辑表达式为真，控制程序立刻转到END DO之后的第一条语句处。如果在到达当循环的第一次时逻辑表达式就为真，那么循环中 IF 下面的语句将根本不会被执行！

当循环相应的伪代码是：

```
WHILE
  ...
  IF logical_expr EXIT
  ...
End of WHILE
```

该结构的流程图如图4-1所示。

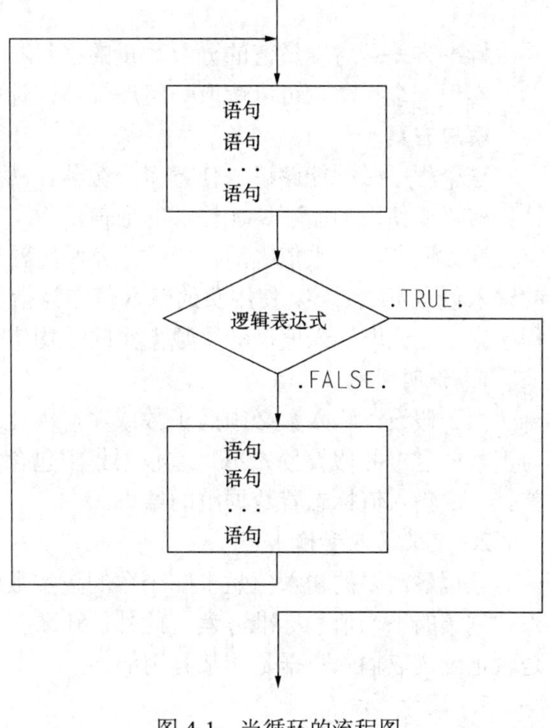

图4-1 当循环的流程图

在一个好的结构化程序中，每个当循环都应有一个单一的入口点和一个单一的出口点。当循环的入口点就是 DO 语句，出口点就是 EXIT 语句。循环中只有一个出口点可以帮助确认循环在所有情况下都能操作正确。因此，每个当循环应该只有一条EXIT语句。

良好的编程习惯

每个当循环应该只包含一条EXIT语句。

现在将展示一个统计分析程序例题，它是利用当循环实现的。

例题4–1 统计分析

在科学和工程中通常用到大型的数据集，每个数据都是对所感兴趣的一些特性的度量值。一个简单的例子就是本课程第一次测验的成绩，每个成绩都是对目前某个学生在本课程的学习程度的度量。

在大多数情况下，对所做出的每一个度量值并不需要仔细查看。但是，想要用一些数值对一组度量值进行合计，其结果可以告诉我们许多有关综合数据集的信息。此类合计数值有两个，分别是度量值的平均值（即算术平均值）和标准方差。一组数的平均值或算术平均值定义为：

$$\overline{x} = \frac{1}{N}\sum_{i=1}^{N} x_i \qquad (4\text{-}1)$$

其中 x_i 为来自 N 个样本中的第 i 个采样。一组数的标准方差定义为：

$$s = \sqrt{\frac{N\sum_{i=1}^{N} x_i^2 - \left(\sum_{i=1}^{N} x_i\right)^2}{N(N-1)}} \qquad (4\text{-}2)$$

标准方差是对度量值的分散数量的度量；标准方差越大，数据集中的点越分散。

实现一个算法，可以读取一组度量值，计算输入数据的平均值和标准方差。

解决方案

这个程序必须能够读入任意多个数值，然后计算这些数值的平均值和标准方差。在进行计算前，要使用当循环累加输入的数值。

在读取了所有数值之后，必须用某种方法告诉程序没有要输入的数据了。现在假设所有的输入值是正数或零，使用负的输入值作为指示没有要读取的数据的标记。如果输入了负值，程序就停止读取输入值，计算数据集的平均值和标准方差。

1．说明问题

由于假设了输入数必须是正数或零，因此这个问题的正确说明应该是：假设所有的数值为正数或零，并假设预先不知道数据集中包含多少个数值，计算一组数值的平均值和标准方差。负的输入值标志着数据组的结束。

2．定义输入和输出

该程序需要的输入值是未知个数的正实数或零（浮点数）的数值集。该程序的输出为输入数据集的平均值和标准方差。此外，还要打印输出输入到程序中的数据值个数，这对检查是否正确读取输入数据是非常有用的。

3．设计算法

该程序可以分解为三个主要步骤：

（1）累加输入数据。

（2）计算平均值和标准方差。

（3）输出平均值、标准方差和数据个数。

程序的第一个步骤是累加输入数据。要完成这个任务，必须要提示用户输入所需的数据。在输入了数据后，必须要知道输入的数据的个数，求这些数值的和以及这些数值的平方和。这些步骤的伪代码是：

```
初始化 n,sum_x, sum_x2 为 0
WHILE
  提示用户输入下一个数值
  读入下一个数值 x
  IF x < 0. EXIT
  n ← n+1
  sum_x ← sum_x+x
  sum_x2 ← sum_x2+x**2
End of WHILE
```

注意必须要在 IF（）EXIT 测试前读入第一个数值，这样当循环才能有一个数值来测试是否要执行第一次。

接着，要计算平均值和标准方差。该步骤的伪代码正好是式（4-1）和式（4-2）的 Fortran 翻版。

```
x_bar ← sum_x / REAL(n)
std_dev ← SQRT((REAL(n)*sum_x2 - sum_x**2)/(REAL(n)*REAL(n-1)))
```

最后，要输出结果。

（1）输出平均值数值 x_bar。

（2）输出标准方差 std_dev。

（3）输出输入数据的个数 *n*。

该程序的流程图如图 4-2 所示。

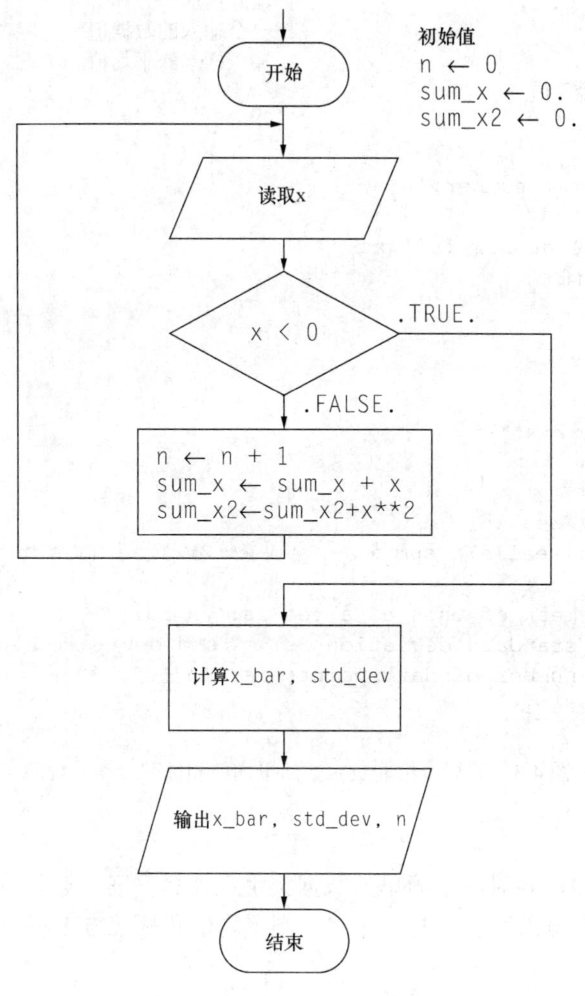

图 4-2　例题 4-1 统计分析程序的流程图

4. 将算法转换为 Fortran 语句

最终的 Fortran 程序如图 4-3 所示。

```
PROGRAM stats_1
!
! 目的:
```

```
! 计算一组包含任意多个输入数值的数据的平均值和标准方差
!
! 修订版本:
! 日期          程序员            修改说明
!  ====         ==========        =====================
! 11/10/15      S. J. Chapman     源代码
!
IMPLICIT NONE
! 数据字典:声明变量类型,定义和计量单位
INTEGER::n = 0                    ! 输入样本的个数
REAL::std_dev = 0.                ! 输入样本的标准方差
REAL::sum_x = 0.                  ! 输入值的累加和
REAL::sum_x2 = 0.                 ! 输入值的平方和
REAL::x = 0.                      ! 一个输入的数据值
REAL::x_bar                       ! 输入样本的平均值
! 当循环控制读取输入值
DO
  ! 读入下一个值
  WRITE(*,*)'Enter number:'
  READ(*,*)x
  WRITE(*,*)'The number is ',x
  ! 测试当循环退出否
  IF(x < 0)EXIT
  ! 另一个,累加和
  n   = n+1
  sum_x = sum_x+x
  sum_x2 = sum_x2+x**2
END DO
! 计算平均值和标准差
x_bar = sum_x / real(n)
std_dev = sqrt((real(n)* sum_x2 - sum_x**2)/(real(n)* real(n-1)))
! 输出结果
WRITE(*,*)'The mean of this data set is:',x_bar
WRITE(*,*)'The standard deviation is:  ',std_dev
WRITE(*,*)'The number of data points is:',n
END PROGRAM stats_1
```

图 4-3　计算一组非负实数的平均值和标准方差的程序

5. 测试程序

为了测试这个程序，要对一个简单的数据集手工计算答案，然后将这个答案与程序结果进行比较。如果用三个输入数值：3、4 和 5，则平均值和标准方差将为：

$$\bar{x} = \frac{1}{N}\sum_{i=1}^{N} x_i = \frac{1}{3}(12) = 4$$

$$s = \sqrt{\frac{N\sum_{i=1}^{N} x_i^2 - \left(\sum_{i=1}^{N} x_i\right)^2}{N(N-1)}} = 1$$

当这些数值输入到程序中，结果为：

```
C:\book\fortran\chap4>stats_1
Enter number:
3.
The number is      3.000000
Enter number:
4.
The number is      4.000000
Enter number:
5.
The number is      5.000000
Enter number:
-1.
The number is     -1.000000
The mean of this data set is:      4.000000
The standard deviation is:         1.000000
The number of data points is:         3
```

程序对这个测试数据集给出了正确的答案。

在上面的例子中，没有完全按照设计步骤进行。这个过失给程序留下了致命的错误！你发现了吗？

因为没有用所有可能的输入数值的类型来彻底地测试程序，所以犯了错误。再看看这个例题。如果没有输入数据或者只输入了一个数据，那么上面的公式中将会被零除！被零除的错误将会使程序异常中断。需要修改程序，使其能够发现这个问题，并将发现的问题通知用户，然后适时停止。

程序的修改版本称为 stats_2，如图 4-4 所示，修改的部分以黑体字显示。在这里，在执行计算前检查了是否有足够的输入数据。如果没有，程序将智能地输出错误信息并停止运行。自己来测试修改的程序。

```
PROGRAM stats_2
!
! 目的:
!  计算一组包含任意多个输入数值的数据的平均值和标准方差
!
! 修订版本:
!  日期          程序员            修改说明
!   ====         ==========        =====================
!  11/10/15     S. J. Chapman      源代码
! 1. 11/12/15   S. J. Chapman      如果输入值是 0 或 1,纠正被 0 除的错
!
IMPLICIT NONE
! 数据字典:声明变量类型,定义和计量单位
INTEGER::n = 0                     ! 输入样本的个数
REAL::std_dev = 0.                 ! 输入样本的标准方差
REAL::sum_x = 0.                   ! 输入值的累加和
REAL::sum_x2 = 0.                  ! 输入值的平方和的累加
REAL::x = 0.                       ! 一个输入的数据值
REAL::x_bar                        ! 输入样本的平均值
! 当循环控制读取输入值
DO
  ! 读入下一个值
  WRITE(*,*)'Enter number:'
```

```
   READ(*,*)x
   WRITE(*,*)'The number is ',x
   ! 测试当循环退出否
   IF(x < 0)EXIT
   ! 另一个,累加和
   n   = n+1
   sum_x = sum_x+x
   sum_x2 = sum_x2+x**2
END DO
! 检查是否有足够的输入数据
IF(n < 2)THEN ! 不足够的信息
   WRITE(*,*)'At least 2 values must be entered!'
ELSE ! There is enough information,so
! 计算平均值和标准差
   x_bar = sum_x / real(n)
   std_dev = sqrt((real(n)* sum_x2 - sum_x**2)/(real(n)*real(n-1)))
   ! 输出结果
   WRITE(*,*)'The mean of this data set is:',x_bar
   WRITE(*,*)'The standard deviation is:  ',std_dev
   WRITE(*,*)'The number of data points is:',n
END IF
END PROGRAM stats_2
```

图 4-4 修改后的统计分析程序，避免了程序 stats_1 带有的被零除的错误

4.1.2 DO WHILE 循环

在 Fortran 中，还有另一种形式的当循环，称为 DO WHILE 循环。DO WHILE 结构的形式如下：

```
DO WHILE(逻辑表达式)
   ...                          语句 1
   ...                          语句 2
   ...                          ...
   ...                          语句 n
END DO
```

如果逻辑表达式为真，将执行语句 1 到语句 *n*，然后控制返回到 DO WHILE 语句处。如果逻辑表达式仍为真，语句将再次被执行。这个过程将一直继续直到逻辑表达式变为假。当控制返回到 DO WHILE 语句处并且逻辑表达式为假，程序将执行 END DO 之后的第一条语句。

该结构是更一般的当循环的特殊情况，必须一直在循环顶部进行退出测试。没有理由永远使用它，因为一般的当循环可以做同样的工作，灵活性更高。

良好的编程习惯

在新程序中不要使用 DO WHILE 循环，而使用更一般的当循环。

4.1.3 迭代或计数循环

在 Fortran 语言中，以特定次数执行一个语句块的循环称为迭代 DO 循环或计数循环。计

数循环结构的形式如下：

```
DO index=istart,iend,incr
  语句 1   ⎫
  …        ⎬ 代码块
  语句 n   ⎭
END  DO
```

其中，index 是一个整型变量，作为循环计数器使用（也称为循环控制变量）。整型数 istart、iend 和 incr 是计数循环的参数；它们控制变量 index 在执行期间的数值。参数 incr 是可选的；如果缺少它，就设置为 1。

在 DO 语句和 END DO 语句之间的语句称为循环体。在每一次通过 DO 循环期间，都要被重复执行。

计数循环结构的作用如下：

（1）三个循环参数 istart，iend 和 incr 可以是常量、变量或表达式。如果是变量或表达式，其值是在循环开始前进行计算，得到的数值用于控制循环。

（2）在 DO 循环执行的开始处，程序将数值 istart 赋给控制变量 index。如果 index*incr≤iend*incr，程序执行循环体内的语句。

（3）在循环体内的语句被执行后，控制变量重新计算为

```
index = index+incr
```

如果 index*incr≤iend*incr，程序再次执行循环体内的语句。

（4）只要 index*incr≤iend*incr，第 2 步就反复执行。当该条件不再为真时，就跳到 DO 循环的结尾处执行其后面的第一条语句。

DO 循环执行的迭代次数可以由下列公式计算：

$$\text{iter} = \frac{\text{iend} - \text{istart} + \text{incr}}{\text{incr}} \tag{4-3}$$

来看一些特殊的例子，能更清楚地了解计数循环的操作。首先，看看下面的例子：

```
DO i=1,10
  语句 1
  …
  语句 n
END  DO
```

在这个例子中，语句 1 到语句 n 将被执行 10 次。控制变量 i 第一次为 1，第二次为 2，依此类推。控制变量在最后一次执行这些语句时为 10。在第 10 次循环后，控制返回到 DO 语句处，控制变量 i 增到 11。由于 11×1>10×1，控制转移到 END DO 语句后面的第一条语句处。

其次，看看下面的例子：

```
DO i=1,10,2
  语句 1
  …
  语句 n
ENDDO
```

在这个例子中，语句 1 到语句 n 将被执行 5 次。控制变量 i 在第一次时为 1，第二次为 3，依此类推。控制变量在第 5 次也是最后一次执行语句时为 9。在第 5 次循环后，控制返回到

DO 语句处，控制变量增至 11。由于 11×2>10×2，控制转移到 END DO 语句后面的第一条语句处。

再看看第三个例子：

```
DO i=1,10,-1
  语句 1
  …
  语句 n
ENDDO
```

在这里，因为在到达 DO 语句的第一次 index*incr 就大于 iend*incr，因此语句 1 到语句 n 不会被执行。控制转移到 END DO 语句后面的第一条语句处。

最后，看下面的例子：

```
DO i=3,-3,-2
  语句 1
  …
  语句 n
ENDDO
```

在这个例子中，语句 1 到语句 n 将被执行四次。控制变量 i 第一次为 3，第二次为 1，第三次为–1，第四次为–3。在第四次循环后，控制返回到 DO 语句处，控制变量 i 减至–5。由于–5×–2>–3×–2，控制转移到 END DO 语句后面的第一条语句处。

计数循环相应的伪代码为：

```
DO for index=istart to iend by incr
  语句 1
  …
  语句 n
ENDDO
```

该结构的流程图如图 4-5 所示。

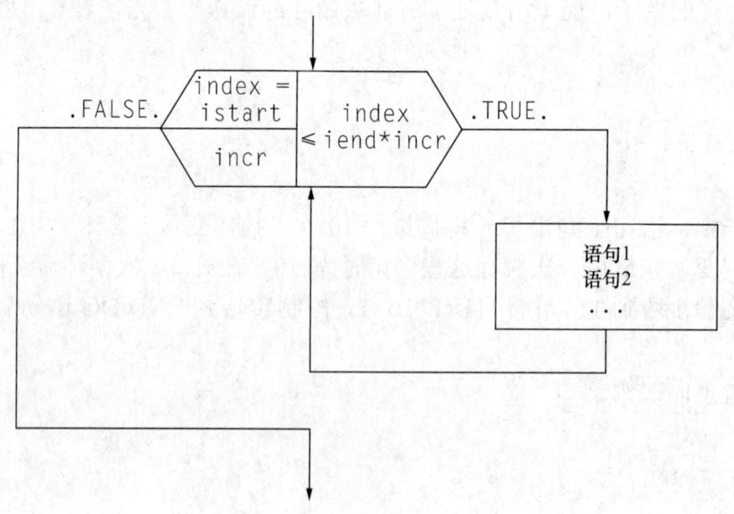

图 4-5 DO 循环结构的流程图

例题 4-2 阶乘函数

为了说明计数循环的操作，利用 DO 循环计算阶乘函数。阶乘函数定义为：

$$n! = \begin{cases} 1 & n > 0 \\ n \times (n-1) \times (n-1) \times \cdots \times 2 \times 1 & n > 0 \end{cases} \tag{4-4}$$

计算正数 N 的 N 阶乘的 Fortran 代码为：

```
n_factorial = 1
DO i = 1,n
 n_factorial = n_factorial * i
END DO
```

假设想要计算 5！的值，DO 循环参数将为 istart=1，iend=4，incr=1。该循环将被执行五次，变量 i 的值在连续的循环中将为 1，2，3，4 和 5。n_factorial 的结果值为 1×2×3×4×5=120。

例题 4-3　计算一年中的天数

一年中的天数是指从某个给定年开始，过去的天数（包括今天）。对于平常的年份，它是一个 1～365 之间的数，对于闰年来说，它是一个 1～366 之间的数。编写一个 Fortran 程序，接收天、月和年的数值，计算该日期相应的在一年中的天数。

解决方案

要确定一年中的天数，这个程序需要计算当月之前的每个月的总天数，再加上当月过去的天数。使用 DO 循环执行这个求和操作。由于每月中的天数是不同的，因此需确定每月要相加的正确天数。利用 SELECT CASE 结构确定每月要相加的正确天数。

在闰年中，必须给二月后的任意一个月中的天数增加一个附加的天数。这个附加天数解决了闰年存在 2 月 29 日的问题。因此，要正确完成一年中的天数的计算问题，必须确定哪一年是闰年。在阳历中，闰年由下列规则决定：

（1）能被 400 整除的年是闰年。

（2）能被 100 整除但不能被 400 整除的年不是闰年。

（3）能被 4 整除但不能被 100 整除的年是闰年。

（4）所有其他的年都不是闰年。

使用 MOD（取模）函数来确定一个年份是否能被一个给定的数整除。如果 MOD 函数的结果为零，则该年能被整除。

计算一年中的天数的程序如图 4-6 所示。注意程序求出了当前月前的每个月天数总和，使用了 SELECT CASE 结构确定每个月的天数。

```
PROGRAM doy
! 目的:
!  该程序计算某一特定日期对应的在一年中的天数。
!  它说明了计数循环和 SELECT CASE 结构的用法
!
! 修订版本:
!  日期              程序员              修改说明
!   ====          ==========          =====================
!  11/13/15    S. J. Chapman        源代码
!
IMPLICIT NONE
! 数据字典:声明变量类型,定义和计量单位
INTEGER::day                          ! 日(dd)
INTEGER::day_of_year                  ! 一年中的天数
INTEGER::i                            ! 控制变量
```

```
INTEGER::leap_day                  ! 闰年的附加天
INTEGER::month                     ! 月(mm)
INTEGER::year                      ! 年(yyyy)
! 获得用于转换的日,月和年
WRITE(*,*)'This program calculates the day of year given the '
WRITE(*,*)'current date. Enter current month(1-12),day(1-31),'
WRITE(*,*)'and year in that order:'
READ(*,*)month,day,year
! 判断式闰年否,如果是,加上附加天
IF(MOD(year,400)== 0)THEN
  leap_day = 1                     ! 年除 400,判断闰年否
ELSE IF(MOD(year,100)== 0)THEN
  leap_day = 0                     ! 非闰年
ELSE IF(MOD(year,4)== 0)THEN
  leap_day = 1                     ! 此外,每 4 年有一个闰年
ELSE
  leap_day = 0                     ! 其他年份不是闰年
END IF
! 计算一年中的天数
day_of_year = day
DO i = 1,month-1
  ! 计算从一月到指定月的天数和
  SELECT CASE(i)
  CASE(1,3,5,7,8,10,12)
   day_of_year = day_of_year+31
  CASE(4,6,9,11)
   day_of_year = day_of_year+30
  CASE(2)
   day_of_year = day_of_year+28+leap_day
  END SELECT
END DO
! 输出结果
WRITE(*,*)'Day      = ',day
WRITE(*,*)'Month    = ',month
WRITE(*,*)'Year     = ',year
WRITE(*,*)'day of year = ',day_of_year
END PROGRAM doy
```

图 4-6 根据给定的日期（年、月、日）计算相应的在一年中的天数的程序

使用下列已知结果测试程序：

（1）1999 不是闰年。1 月 1 日为该年中的第 1 天，12 月 31 日为该年中的第 365 天。

（2）2000 年是闰年。1 月 1 日为该年中的第 1 天，12 月 31 日为该年中的第 366 天。

（3）2001 年不是闰年。因为一月有 31 天，二月有 28 天，所有 3 月 1 日为三月的第 1 天，为该年中的第 60 天。

如果编译这个程序，然后用上述日期运行五次，结果为：

```
C:\book\fortran\chap4>doy
This program calculates the day of year given the
current date. Enter current month(1-12),day(1-31),
and year in that order:1 1 1999
Day         =           1
```

```
Month            =       1
Year             =       1999
day of year      =       1
C:\book\fortran\chap4>doy
This program calculates the day of year given the
current date. Enter current month(1-12),day(1-31),
and year in that order:12 31 1999
Day              =       31
Month            =       12
Year             =       1999
day of year =            365
C:\book\fortran\chap4>doy
This program calculates the day of year given the
current date. Enter current month(1-12),day(1-31),
and year in that order:1 1 2000
Day              =       1
Month            =       1
Year             =       2000
day of year      =       1
C:\book\fortran\chap4>doy
This program calculates the day of year given the
current date. Enter current month(1-12),day(1-31),
and year in that order:12 31 2000
Day              =       31
Month            =       12
Year             =       2000
day of year      =       366
C:\book\fortran\chap4>doy
This program calculates the day of year given the
current date. Enter current month(1-12),day(1-31),
and year in that order:3 1 2001
Day              =       1
Month            =       3
Year             =       2001
day of year      =       60
```

在所有五次测试中，该程序给出了 4 个测试日期值的正确答案。

例题 4-4　统计分析

实现一个算法，读取一组测量值，计算输入数据集的平均值和标准方差，数据集中的数值可以为正数、负数或零。

解决方案

这个程序必须能够读入任意个数的测量值，然后计算这些测量值的平均值和标准方差。每个测量值可以是正数、负数和零。

由于这次不能使用一个数据值作为结束标记，所以要求用户告知输入数值的个数，然后使用 DO 循环读入这些数值。该程序的流程图如图 4-7 所示。注意当循环已被计数循环取代。允许使用任意输入数值的改进程序如图 4-8 所示。自己通过求出下列五个输入数值：3.，–1.，0.，1.和–2.的平均值和标准方差，来验证程序的操作。

操作说明

既然已经看到了计数 DO 循环操作的例题，那么现在我们来分析正确使用 DO 循环的一些重要的细节。

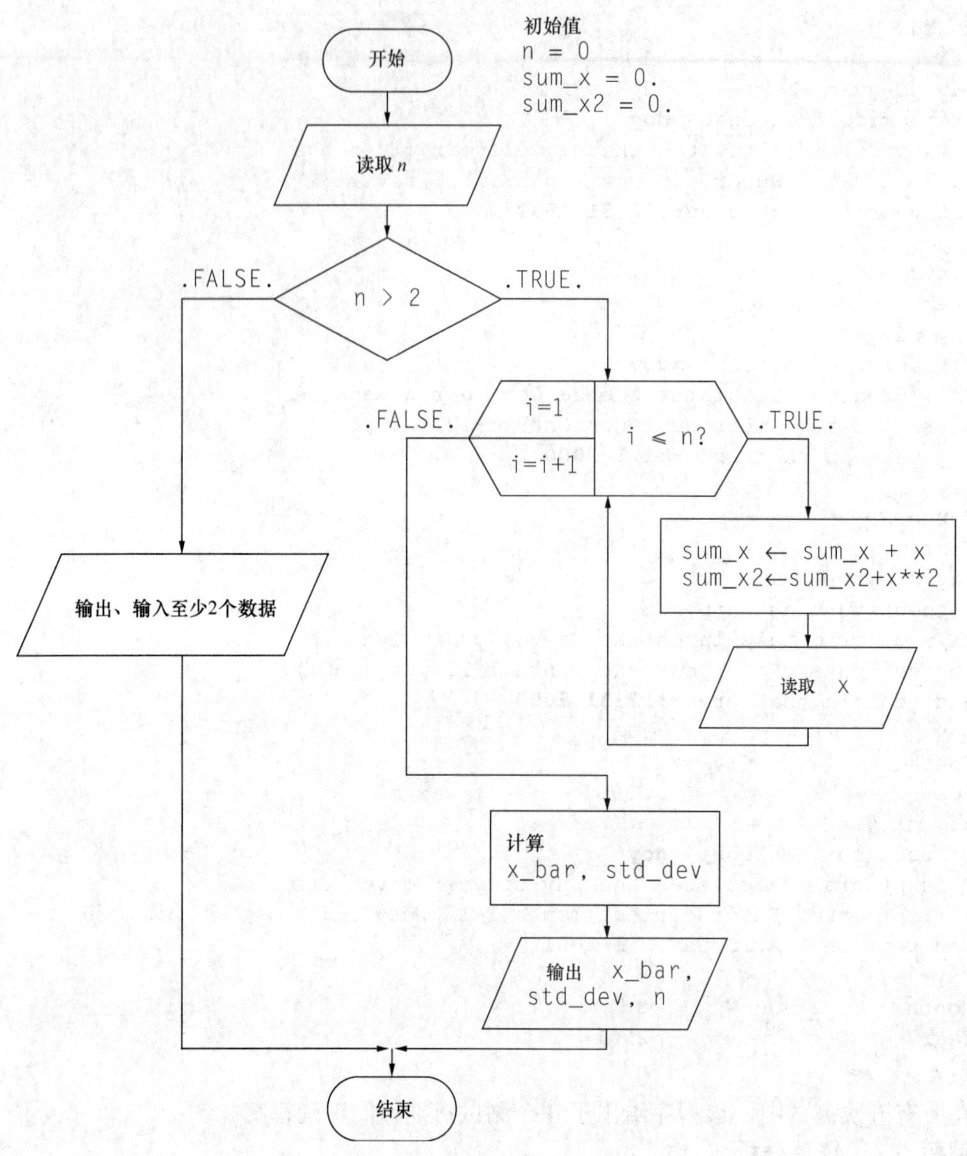

图 4-7 改进的使用 DO 循环的统计分析程序的流程图

```
PROGRAM stats_3
!
! 目的:
!  计算输入数据集的平均值和标准方差,
!  其中每个输入数值都可为正数、负数和零
!
! 修订版本:
!  日期          程序员              修改说明
!   ====         ==========          =====================
!  11/13/15      S. J. Chapman       源代码
!
IMPLICIT NONE
! 数据字典:声明变量类型,定义和计量单位
INTEGER::i                           ! 循环控制变量
```

```
INTEGER::n = 0                          ! 输入样本的个数
REAL::std_dev                           ! 输入样本的标准差
REAL::sum_x = 0.                        ! 输入值的累加和
REAL::sum_x2 = 0.                       ! 输入值的平方累加和
REAL::x = 0.                            ! 一个输入值
REAL::x_bar                             ! 输入样本的平均值
! 获得输入数据的个数值
WRITE(*,*)'Enter number of points:'
READ(*,*)n
! 检查输入的数据是否足够
IF(n < 2)THEN ! Insufficient data
  WRITE(*,*)'At least 2 values must be entered.'
ELSE ! 有足够的数据,下面读入数据值
  ! 当循环读取数据
  DO i = 1,n
   ! 读入数值
   WRITE(*,*)'Enter number:'
   READ(*,*)x
   WRITE(*,*)'The number is ',x
   ! 累加和
   sum_x = sum_x+x
   sum_x2 = sum_x2+x**2
  END DO
  ! 现在计算统计值
  x_bar = sum_x / real(n)
  std_dev = sqrt((real(n)*sum_x2 - sum_x**2)/(real(n)*real(n-1)))
  ! 输出结果
  WRITE(*,*)'The mean of this data set is:',x_bar
  WRITE(*,*)'The standard deviation is:',std_dev
  WRITE(*,*)'The number of data points is:',n
END IF
END PROGRAM stats_3
```

图 4-8　使用正数或负数输入值的改进的统计分析程序

（1）不必像前面例题那样将 DO 循环体缩进。即使程序中的每条语句都从第 1 列开始，Fortran 编译器也能识别出循环体。但是，如果 DO 循环体被缩进，那么代码可读性会更强，所以应该始终将 DO 循环体缩进。

良好的编程习惯

始终将 DO 循环体缩进两个或多个空格，以提高代码的可读性。

（2）由于控制变量被用来控制 DO 循环中的重复次数，它的改变会产生意想不到的结果，因此在 DO 循环内部的任何一个地方 DO 循环中的控制变量不能修改。在最坏的情况下，修改控制变量将会产生永不结束的无限循环。看看下面的例子：

```
PROGRAM bad_1
INTEGER::i
DO i = 1,4
  i = 2
END DO
END PROGRAM bad_1
```

如果 i 每次循环后都被重置为 2，由于控制变量永远不能大于 4，因此循环将永远不会终止！这个循环将一直运行除非包含它的程序被强行终止。几乎所有的 Fortran 编译器都能识别出这个问题的存在，如果程序要在循环内部修改控制变量，就会产生编译时错误。

良好的编程习惯

决不在循环体内部修改 DO 循环控制变量的数值。

（3）如果由式（4-3）计算的迭代次数小于或等于零，DO 循环内部的语句将根本不会运行。例如，下列 DO 循环中的语句将永远不被执行：

```
DO i = 3,2
  ...
END DO
```

因为

$$iter = \frac{iend - istart + incr}{incr} = \frac{2-3+1}{1} = 0$$

（4）可以将计数 DO 循环设计为递增计数或递减计数。下列 DO 循环执行三次，i 在相继的循环中依次为 3，2 和 1。

```
DO i = 3,1,-1
  ...
END DO
```

（5）DO 循环的控制变量和控制参数，应该总是为整数类型。

将实数变量作为 DO 循环控制变量和 DO 循环控制参数曾经在 Fortran 中是合法的，但不是期望的功能。

（6）可以在循环执行之中的任意时刻退出 DO 循环。如果程序执行在循环结束前就退出了 DO 循环，循环的控制变量将保留退出循环时的所具有的值。看看下面的例子：

```
INTEGER::i
DO i = 1,5
  ...
  IF(i >= 3)EXIT
  ...
END DO
WRITE(*,*)i
```

在第 3 次循环时，程序将退出 DO 循环，转到 WRITE 语句处。当程序执行到 WRITE 语句时，变量 i 包含的值为 3。

（7）如果 DO 循环正常结束，则当循环结束时，控制变量的值是不确定的。在下面的例子中，按照 Fortran 标准 WRITE 语句输出的数值是不确定的。

```
INTEGER::i
DO i = 1,5
  ...
END DO
WRITE(*,*)i
```

在许多的计算机上，在循环完成后，控制变量 i 将包含使 index*incr≤iend*incr 测试不成立的第一个数值。在上面的例子中，循环结束后，结果通常为 6。但是，对其不要期待！由于在 Fortran 标准中未正式定义这个数值，所以一些编译器可能产生不同的结果。如果代码依赖于循环完成后的控制变量的值，当程序在不同的计算机间移植时，可能会得到不同的结果。

良好的编程习惯

不要依赖于 DO 循环正常结束后控制变量包含的特定数值。

4.1.4 CYCLE 和 EXIT 语句

有两个可用于控制当循环和计数 DO 循环操作的附加语句：CYCLE 语句和 EXIT 语句。

如果 CYCLE 语句在 DO 循环体内执行，当前循环的执行将被终止，控制返回到循环的顶部。循环控制变量将增加，如果控制变量还没有达到其极限，循环执行将再继续。计数 DO 循环中 CYCLE 语句的实例如下所示。

```
PROGRAM test_cycle
INTEGER::i
DO i = 1,5
  IF(i == 3)CYCLE
  WRITE(*,*)i
END DO
WRITE(*,*)'End of loop!'
END PROGRAM test_cycle
```

该循环的流程图如图 4-9（a）所示。当该程序执行时，输出为：

```
C:\book\fortran\chap4>test_cycle
           1
           2
           4
           5
End of loop!
```

注意CYCLE语句是在i为3的循环中被执行的，控制返回到循环的顶部，而不执行WRITE语句。控制返回到循环的顶部后，循环控制变量增加，循环继续执行。

如果在循环体中执行 EXIT 语句，循环执行将终止，控制转到循环后面的第一条可执行语句处。DO 循环中 EXIT 语句的实例如下所示。

```
PROGRAM test_exit
INTEGER::i
DO i = 1,5
  IF(i == 3)EXIT
  WRITE(*,*)i
END DO
WRITE(*,*)'End of loop!'
END PROGRAM test_exit
```

该循环的流程图如图 4-9（b）所示。当该程序执行时，输出为：

```
C:\book\fortran\chap4>test_exit
   1
   2
End of loop!
```

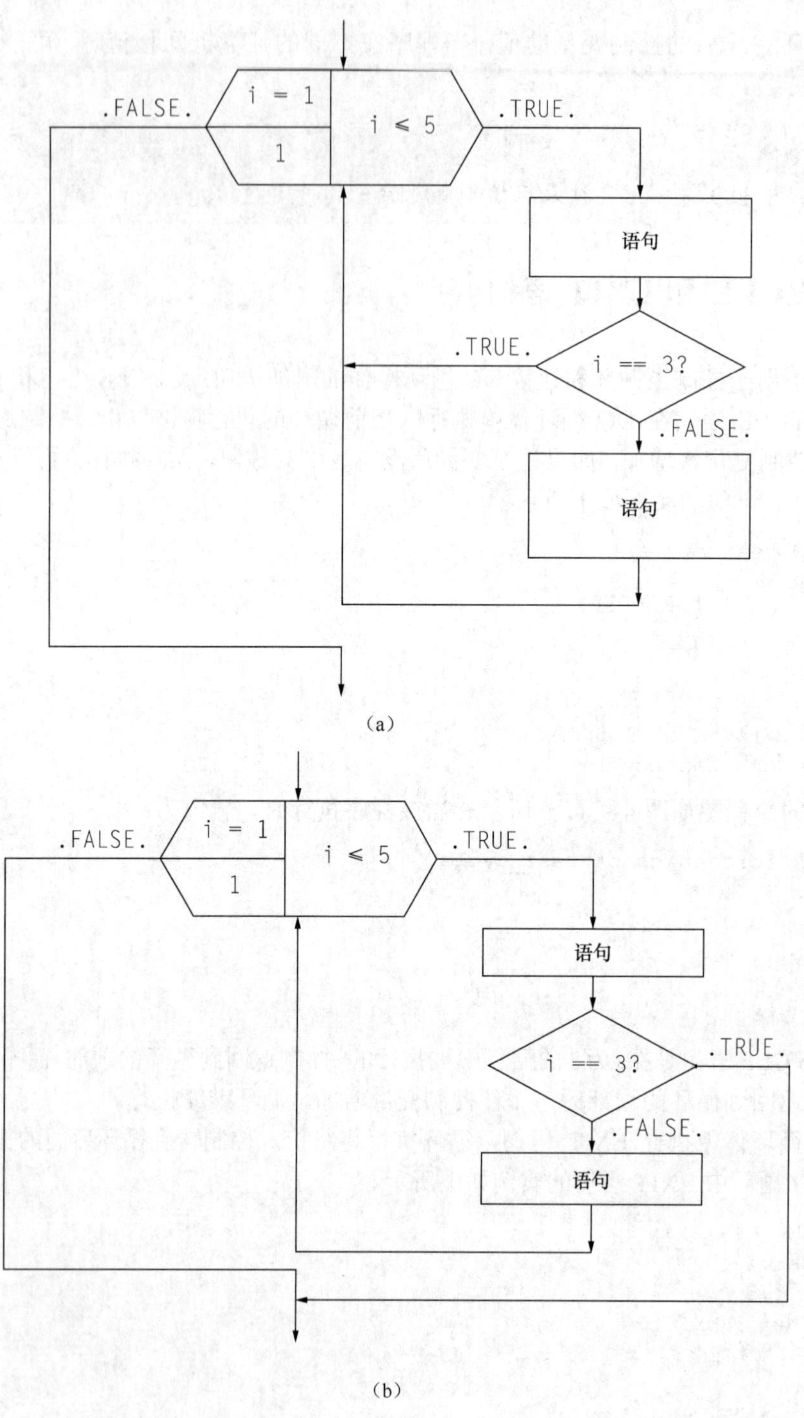

图 4-9
（a）包含 CYCLE 语句的 DO 循环流程图；（b）包含 EXIT 语句的 DO 循环流程图

注意 EXIT 语句在 i 为 3 的循环上被执行，控制转到循环后面的第一条可执行语句处，而不执行 WRITE 语句。

CYCLE 语句和 EXIT 语句都可以被当循环和计数 DO 循环使用。

4.1.5 命名的循环

可以给循环指定一个名称。带有名称的当循环的一般形式为：

```
[name:] DO
   语句
   语句
   语句
   IF(逻辑表达式)CYCLE [name]
   …
   IF(逻辑表达式)EXIT [name]
END DO [name]
```

带有名称的计数循环的一般形式为：

```
[name:] DO index=istart,iend,incr
   语句
   语句
   IF(逻辑表达式)CYCLE [name]
   …
   END DO [name]
```

其中的名称由字母开头，最多可由包含 63 个字母和数字的字符构成。在每个程序单元内部，指定给循环结构的名称必须是唯一的。如果给循环指定了一个名称，那么在关联的 END DO 上也必须出现同样的名称。与循环相关的 CYCLE 和 EXIT 语句上的名称是可选的，但是如果使用了名称，它们必须与 DO 语句上的名称相同。

为什么要给循环命名呢？对于到目前为止所看到的简单实例来说，没有什么特别的理由要这样做。使用名称的主要原因是当循环变得非常复杂时，能够帮助我们（以及编译器）将循环直接记在头脑中。例如，假设有一个复杂的循环结构，上百行长，清单占了许多页。在循环体内部可能还存在许多更小的循环。如果对循环的所有组成部分进行了命名，那么就可以快速地指明某一特定的 END DO、CYCLE 或 EXIT 语句属于哪个结构。它们可使程序员的注意力更加清晰。此外，在发生错误时，结构上的名称可以帮助编译器标识错误发生的特定位置。

良好的编程习惯

给程序中大型而复杂的循环指定名称，可以帮助记住结构中关联在一起的组成部分。

4.1.6 嵌套循环和 IF 块结构

嵌套循环

一个循环可以完全嵌在另一个循环的内部。如果一个循环完全嵌在另一个循环内部，两个循环称为嵌套循环。下面的例子说明了用于计算和输出两个整数的乘积的两个嵌套 DO 循环。

```
PROGRAM nested_loops
INTEGER::i,j,product
DO i = 1,3
  DO j = 1,3
   product = i * j
   WRITE(*,*)i,' * ',j,' = ',product
```

```
  END DO
END DO
END PROGRAM nested_loops
```

在该例题中，外部的 DO 循环给控制变量 i 赋值 1，然后内部 DO 循环被执行。内部 DO 循环将被执行三次，其控制变量 j 分别为 1，2 和 3。当整个内部 DO 循环完成后，外部循环的控制变量 i 被赋值 2，内部循环将再次执行。这个过程一直重复直到外部循环已执行三次之后，产生的输出为：

```
1 *   1 =   1
1 *   2 =   2
1 *   3 =   3
2 *   1 =   2
2 *   2 =   4
2 *   3 =   6
3 *   1 =   3
3 *   2 =   6
3 *   3 =   9
```

注意内部 DO 循环在外部 DO 循环的控制变量增加之前完整地执行一遍。

当 Fortran 编译器遇到 END DO 语句时，它就会将该语句与最里面的当前打开的循环相联系。因此，上例中第一条 END DO 语句关闭的是“DO j=1，3”循环，第二条 END DO 语句关闭的是“DO i=1，3”循环。如果在一个嵌套循环结构中的某个地方意外地删除了一条 END DO 语句，就会产生难以发现的错误。如果为每个嵌套的循环命名，那么这个错误就更容易被发现。

为了说明这个问题，就来“意外地”删除上例中内层的 END DO 语句，用 Intel Visual Fortran 编译器对程序进行编译。

```
PROGRAM bad_nested_loops_1
INTEGER::i,j,product
DO i = 1,3
  DO j = 1,3
   product = i * j
   WRITE(*,*)i,' * ',j,' = ',product
END DO
END PROGRAM bad_nested_loops_1
```

编译器的输出是：

```
C:\book\fortran\chap4>ifort bad_nested_loops_1.f90
Intel(R)Visual Fortran Intel(R)64 Compiler for applications running on Intel(R)64,Version 16.0.2.180 Build 20160204
Copyright(C)1985-2016 Intel Corporation. All rights reserved.
bad_nested_loops_1.f90(3):error #6321:An unterminated block exists.
DO i = 1,3
^
compilation aborted for bad_nested_loops_1.f90(code 1)
```

编译器报告了循环结构存在问题，但是直到 END PROGRAM 语句都不能察觉问题的原因，也不能告知问题发生在什么地方。如果程序非常大，要努力发现问题的所在，就将面临非常困难的任务。

现在，来给每个循环命名，然后“意外地”删除内层的 END DO 语句。

```
PROGRAM bad_nested_loops_2
INTEGER::i,j,product
outer:DO i = 1,3
  inner:DO j = 1,3
   product = i * j
   WRITE(*,*)i,' * ',j,' = ',product
END DO outer
END PROGRAM bad_nested_loops_2
```

当用 Intel Visual Fortran 编译器对程序进行编译时，输出为：

```
C:\book\fortran\chap4>df bad_nested_loops_2.f90
Intel(R)Visual Fortran Intel(R)64 Compiler for applications running on
Intel(R)64,Version 16.0.2.180 Build 20160204
Copyright(C)1985-2016 Intel Corporation. All rights reserved.
bad_nested_loops_2.f90(7):error #6606:The block construct names must
match,and they do not. [OUTER]
END DO outer
-------^
bad_nested_loops_2.f90(3):error #8147:DO construct with a construct name must
be terminated by an ENDDO statement with the same name.
outer:DO i = 1,3
^
compilation aborted for bad_nested_loops_2.f90(code 1)
```

编译器报告了循环结构存在问题，并且报告了哪个循环存在问题。这就给调试程序提供了重要的帮助。

良好的编程习惯

给所有的嵌套循环指定名称，这样可以使其更易理解和调试。

如果 DO 循环是嵌套的，它们必须要有自己单独的控制变量。记住不能在 DO 循环体的内部修改控制变量。因此，两个嵌套的 DO 循环不能使用同一控制变量，这是因为内层循环要在外层循环体内修改外层循环的控制变量。

此外，如果两个循环是嵌套的，它们中的一个必须完全位于另一个循环的内部。下列 DO 循环就是不正确的嵌套，对于这个代码将会产生编译时错误。

```
outer:DO i = 1,3
  ...
  inner:DO j = 1,3
   ...
END DO outer
   ...
  END DO inner
```

嵌套循环中的 CYCLE 和 EXIT 语句

如果 CYCLE 或 EXIT 语句出现在未命名的一组嵌套循环的内部，那么 CYCLE 或 EXIT 语句就会引用包含它的最内层循环。例如，看看下面的程序：

```
PROGRAM test_cycle_1
INTEGER::i,j,product
DO i = 1,3
  DO j = 1,3
```

```
    IF(j == 2)CYCLE
    product = i * j
    WRITE(*,*)i,' * ',j,' = ',product
   END DO
 END DO
 END PROGRAM test_cycle_1
```

如果内层循环计数器 j 等于 2，则执行 CYCLE 语句。这就会使最内层的 DO 循环代码块的剩余部分被跳过，最内层循环将从头开始执行，j 增加 1。产生的输出值为：

```
1 *  1 =  1
1 *  3 =  3
2 *  1 =  2
2 *  3 =  6
3 *  1 =  3
3 *  3 =  9
```

每当内层循环变量有了值 2，内层循环的执行就被跳过。

通过在语句中指定循环名称，还可以使 CYCLE 或 EXIT 语句指向一个命名的循环嵌套结构的外层循环。在下例中，当内层循环计数器 j 等于 2，执行 CYCLE outer 语句。这就使外层 DO 循环的其余代码块被跳过，而外层循环从 i 增加 1 开始执行。

```
PROGRAM test_cycle_2
INTEGER::i,j,product
outer:DO i = 1,3
  inner:DO j = 1,3
   IF(j == 2)CYCLE outer
   product = i * j
   WRITE(*,*)i,' * ',j,' = ',product
  END DO inner
END DO outer
END PROGRAM test_cycle_2
```

产生的输出值为：

```
1 *  1 =  1
2 *  1 =  2
3 *  1 =  3
```

对于嵌套循环中的 CYCLE 或 EXIT 语句，应该始终使用循环名称，这样可以保证这些语句作用于正确的循环上。

良好的编程习惯

对于嵌套循环中的 CYCLE 或 EXIT 语句要使用循环名称，保证语句能够作用于正确的循环上。

IF 结构内的嵌套循环和循环内的嵌套 IF 结构

可以在 IF 块结构中嵌入循环或者在循环内嵌入 IF 块结构。如果循环嵌在了 IF 块结构内，循环必须完全位于一个 IF 结构的代码块中。例如，由于循环的范围延伸在 IF 结构的 IF 和 ELSE 代码块之间，因此下列语句是非法的。

```
outer:IF(a < b)THEN
  ...
  inner:DO i = 1,3
   ...
```

```
ELSE
   ...
  END DO inner
  ...
END IF outer
```

相反，由于循环完全位于一个 IF 结构的代码块中，因此下列语句是合法的。

```
outer:IF(a < b)THEN
 ...
 inner:DO i = 1,3
   ...
 END DO inner
 ...
ELSE
 ...
END IF outer
```

从嵌套结构的循环中退出

在 Fortran 2008 和更高版本中，EXIT 语句可以退出到包含 DO 循环的任何结构上的任何标号处。例如，在下面的代码中，当 i 等于 3 时，执行将在 IF 结构结束后转移到第一条语句。

```
if1:IF(i > 0)THEN
   loop_1:DO i = 1,5
    IF(i == 3)EXIT if1
    WRITE(*,*)i
  END DO loop_1

ELSE if1
  ...
END IF if1
```

测验 4-1

本测验可以快速检查你是否已经理解了 4.1 节中介绍的概念。如果对本测验存在问题，重新阅读本节，向指导教师请教，或者与同学讨论。本测验的答案在本书后面可以找到。

检查下列 DO 循环，确定每个循环将会执行多少次。假定所示的所有控制变量为整数类型。

1. DO index = 5, 10
2. DO j = 7, 10, -1
3. DO index = 1, 10, 10
4. DO loop_counter = -2, 10, 2
5. DO time = -5, -10, -1
6. DO i = -10, -7, -3

检查下列循环，确定在每个循环结束时 ires 的值。假定 ires，incr 和所有控制变量都为整数。

7.
```
ires = 0
DO index = 1,10
 ires = ires+1
END DO
```

8.
```
ires = 0
DO index = 1,10
 ires = ires+index
END DO
```
9.
```
ires = 0
DO index = 1,10
 IF(ires == 10)CYCLE
 ires = ires+index
END DO
```
10.
```
ires = 0
DO index1 = 1,10
 DO index2 = 1,10
  ires = ires+1
 END DO
END DO
```
11.
```
ires = 0
DO index1 = 1,10
  DO index2 = index1,10
   IF(index2 > 6)EXIT
   ires = ires+1
  END DO
END DO
```
检查下列 Fortran 语句，回答它们是否合法。如果不合法，指明不合法的原因。

12.
```
loop1:DO i = 1,10
 loop2:DO j = 1,10
  loop3:DO i = i,j
     ...
  END DO loop3
 END DO loop2
END DO loop1
```
13.
```
loop1:DO i = 1,10
 loop2:DO j = i,10
   loop3:DO k = i,j
     ...
  END DO loop3
 END DO loop2
END DO loop1
```
14.
```
loopx:DO i = 1,10
  ...
 loopy:DO j = 1,10
  ...
 END DO loopx
END DO loopy
```

4.2 字符赋值和字符操作

可以通过使用字符表达式操作字符数据。字符表达式可以由有效的字符常量、字符变量、字符操作符和字符函数组成。字符操作符是一种作用于字符数据并产生字符结果的操作符。字符操作符有两种基本的类型：子字符串提取和连接。字符函数是可以产生字符结果的函数。

4.2.1 字符赋值

字符表达式可以用一条赋值语句赋给字符变量。如果字符表达式短于它所赋值的字符变量的长度，那么变量的多余部分就用空格填充。例如，语句

```
CHARACTER(len=3)::file_ext
file_ext = 'f'
```

将值'fϕϕ'存入到变量 file_ext 中（ϕ表示空格字符）。如果字符表达式比它所赋值的字符变量的长度长，那么超出字符变量的部分就被省略。例如，语句

```
CHARACTER(len=3)::file_ext_2
file_extent_2 = 'FILE01'
```

将值'FIL'存入到变量 file_ext_2 中，字符'E01'被省略。

4.2.2 子串提取

子串（子字符串）提取选择字符变量的一部分，并将该部分看作一个独立的字符变量。例如，如果变量 str1 是一个包含字符串'123456'六个字符的变量，那么子串 str1（2：4）就为包含字符串'234'三个字符的变量。子串 str1（2：4）实际指向与 str1 的第 2 个字符到第 4 个字符相同的内存地址，所以如果 str1（2：4）的内容发生改变，变量 str1 中间的字符也将改变。

一个子串表示为：在变量名后面的括号中放置两个由逗号隔开的表示开始和结束的字符编号的整数数值。如果结束字符编号小于开始字符编号，就会产生长度为零的字符串。

下列实例说明了子串的用法。

例题 4-5　下列程序结束时，变量 a，b 和 c 的值是什么？

```
PROGRAM test_char1
CHARACTER(len=8)::a,b,c
a = 'ABCDEFGHIJ'
b = '12345678'
c = a(5:7)
b(7:8)= a(2:6)
END PROGRAM test_char1
```

解决方案

该程序中的字符操作有：

（1）第 3 行将字符串'ABCDEFGHIJ'赋给 a，但是因为 a 只是八个字符长，所以只有前八个字符存入到 a。因此 a 包含'ABCDEFGH'。

（2）第 4 行的语句将字符串'12345678'赋给 b。

（3）第 5 行将子串 a（5：7）赋给 c。因为 c 为八个字符长，所以变量 c 将被填充五个空格，c 将包含'EFGϕϕϕϕϕ'。

（4）第 6 行将子字符串 a（2：6）赋给子字符串 b（7：8)。由于 b（7：8）只有两个字符长，所以只使用了 a（2：6）的两个字符。因此变量 b 将包含'123456BC'。

4.2.3 连接（//）操作符

可以将两个或多个字符串或子串合并成一个大的字符串。这个操作称为连接。Fortran 中的连接操作符为双斜线，斜线间无空格。例如，执行下列各行程序：

```
PROGRAM test_char2
CHARACTER(len=10)::a
CHARACTER(len=8)::b,c
a = 'ABCDEFGHIJ'
b = '12345678'
c = a(1:3)// b(4:5)// a(6:8)
END PROGRAM test_char2
```

变量 c 包含字符串'ABC45FGH'。

4.2.4 字符数据的关系运算符

利用关系运算符= =、/=、<、<=、>和>=，字符串可以在逻辑表达式中进行比较。比较的结果为逻辑值真或假。例如，表达式'123'= ='123'为真，而表达式'123'= ='1234'为假。在标准 Fortran 中，字符串可以与字符串进行比较，数值可以与数值进行比较，但是字符串不能与数值进行比较。

两个字符串是如何进行比较，来确定一个要大于另一个的呢？比较操作是基于执行程序的计算机上的字符排序序列。字符排序序列是字符在特定的字符集内出现的顺序。例如，字符'A'在 ASCII 字符集中的字符序号为 65，而字符'B'在该字符集中的字符序号为 66（参见附录 A）。另一方面，字符'a'在 ASCII 字符集中的字符序号为 97，因此在 ASCII 字符集中'a'<'A'为假。注意在字符比较中，小写字母与相应的大写字母是不同的。

两个字符串进行比较是如何确定一个大于另一个的呢？比较从每个字符串的第一个字符开始。如果它们是相同的，那么再比较第二个字符。这个过程一直持续到发现了两个字符串之间存在的第一个差别。例如'AAAAAB'>'AAAAAA'。

如果两个字符串的长度不同，会怎样呢？比较操作从每个字符串的第一个字符开始，每个字符进行比较，直到发现了差别为止。如果两个字符串一直到其中一个结束时始终是相同，那么就认为另一个字符串为大。因此，

'AB' > 'AAAA' and 'AAAAA' > 'AAAA'

4.2.5 内置字符函数

在表 4-1 中列出了一些常用的内置字符函数。函数 IACHAR（c）接收一单个的字符 c，返回与其在 ASCII 字符集中相应的位置的整数。例如，因为'A'在 ASCII 字符集中是第 65 个字符，所以函数 IACHAR（'A'）返回整数 65。

表 4-1 常用内置字符函数

函数名和参数	参数类型	结果类型	注释
ACHAR（ival）	INT	CHAR	返回 ival 在 ASCII 排序序列中相应的字符

续表

函数名和参数	参数类型	结果类型	注释
IACHAR（char）	CHAR	INT	返回 char 在 ASCII 排序序列中相应的整数
LEN（str1）	CHAR	INT	返回 str1 的字符长度
LEN_TRIM（str1）	CHAR	INT	返回 str1 的长度，不包括尾部的空格
TRIM（str1）	CHAR	CHAR	返回被截去尾部空格的 str1

函数 ACHAR（i）接收整数值 i，返回 ASCII 字符集中该位置处的字符。例如，由于在 ASCII 字符集中'A'是第 65 个字符，所以函数 ACHAR（65）返回字符'A'。

函数 LEN（str）和 LEN_TRIM（str）返回指定字符串的长度。函数 LEN（str）返回包括尾部空格在内的字符串长度，而 LEN_TRIM（str）返回去除了尾部空格的字符串长度。

函数 TRIM（str）接收一个字符串，返回去除了尾部空格的字符串。

测验 4-2

本测验可以快速检查你是否已经理解了 4.2 节中介绍的概念。如果对本测验存在问题，重新阅读本节，向指导教师请教，或者与同学讨论。本测验的答案在本书后面可以找到。

1. 假定计算机使用了 ASCII 字符集。下列每个表达式是合法的还是非法的？如果表达式是合法的，那么其结果是什么（注意ϕ表示一个空格字符）？

（a）'AAA' >= 'aaa'

（b）'1A' < 'A1'

（c）'Helloϕϕϕ'// 'there'

（d）TRIM ('Helloϕϕϕ') // 'there'

2. 假设字符变量 str1、str2 和 str3 包含的值分别为'abc'、'abcd'、'ABC'，并且计算机使用 ASCII 字符集。下列每个表达式是合法的还是非法的？如果表达式是合法的，其结果是什么？

（a）str2 (2：4)

（b）str3 // str2 (4：4)

（c）str1 > str2

（d）str1 > str3

（e）str2 > 0

（f）IACHAR ('C') == 67

（g）'Z' >= ACHAR (100)

3. 下列每个 WRITE 语句的输出是什么？

```
PROGRAM test_char
CHARACTER(len=10)::str1 = 'Hello'
CHARACTER(len=10)::str2 = 'World'
CHARACTER(len=20)::str3
str3 = str1 // str2
WRITE(*,*)LEN(str3)
WRITE(*,*)LEN_TRIM(str3)
str3 = TRIM(str1)// TRIM(str2)
WRITE(*,*)LEN(str3)
WRITE(*,*)LEN_TRIM(str3)
END PROGRAM test_char
```

例题 4-6　将字符串转换为大写字母

正如本章介绍的，大写字母和小写字母在字符串内是不同的。因为'STRING'与'string'或'String'不同，大写和小写字母之间的这种差别在匹配或比较两个字符串时会带来问题。如果要比较两个字符串，看看它们是否包含相同的字符，若字符串的开头在大小写上不同的话，那就不能得到正确的答案。

在进行比较时，经常希望将所有字符转换为大写字母，这样同样的字符串就会始终匹配。编写程序，从用户处接收两个字符串，将之进行比较，忽略大小写，确定它们是否相等。要完成这个比较，就要将每个字符串的副本转换为大写字母，然后对副本进行比较。告诉用户两个字符串是否相同。

解决方案

假定执行程序的计算机使用的是 ASCII 字符集，或其超集，如 ISO 8859 或 ISO 10646（Unicode）。

附录 A 列出了 ASCII 排序序列。如果看一下附录 A，我们就可以发现在每个排序序列中大写字母和其相应的小写字母之间存在固定的 32 个字符的偏移量。所有的字母按顺序排列，没有非字母的字符混在字母表的中间。

1. 说明问题

编写程序，读取两个字符串，将每个字符串的副本中的所有小写字母转换为大写字母，然后比较字符串的相等性。程序应输出一条信息，指明两个字符串忽略了大小写后是否相等。

2. 定义输入和输出

输入到程序的是两个字符串 str1 和 str2。程序的输出为表明两个字符串在忽略大小写时是否相等的信息。

3. 描述算法

查看附录 A 中的 ASCII 表，要注意大写字母从序列号 65 开始，而小写字母从序列号 97 开始。在每个大写字母和其对应的小写字母间正好相差 32 个数。而且在字母表的中间没有混入其他符号。

这些情况提供了将字符串转换为大写字母的基本算法。通过确定一个字符是否是 ASCII 字符集中的'a'到'z'之间的字符来决定字符是否是小写字母。如果是小写字母，那么利用 ACHAR 和 IACHAR 函数，将其序列号减去 32，转换为大写字母。该算法的初始伪代码是

```
提示输入 str1 和 str2
读取 str1,str2

在 str1a 和 str2a 中建立 str1 和 str2 的副本
DO for str1 中的每个字符
   确定字符是否(if)为小写,如果是
      转换为整数形式
      将整数减去 32
      再转换为字符形式
   IF 结束
DO 结束
DO for str2 中的每个字符
   确定字符是否(if)为小写,如果是
      转换为整数形式
      将整数减去 32
      再转换为字符形式
```

```
  IF 结束
DO 结束

比较转换后的字符
输出结果
```

该程序最终的伪代码是：

```
提示输入 str1 和 str2
读取 str1 和 str2
str1a←str1
str2a←str2

DO for i=1 to LEN(str1a)
IF str1a(i:i)>= 'a').AND. str1a(i:i)<= 'z' THEN
   str1a(i:i)← ACHAR(IACHAR(str1a(i:i)- 32))
  END of IF
END of DO
DO for i = 1 to LEN(str2a)
  IF str2a(i:i)>= 'a').AND. str2a(i:i)<= 'z' THEN
   str2a(i:i)← ACHAR(IACHAR(str2a(i:i)- 32))
  END of IF
END of DO
IF str1a= = str2a
  输出字符串相等
ELSE
  输出字符串不等
END IF
```

其中 length 为输入字符串的长度。

4. 将算法转换为 Fortran 语句

结果 Fortran 程序如图 4-10 所示。

```
PROGRAM compare
!
! 目的:
!  比较两个字符串,看它们是否相等
!
! 修订版本:
!  日期          程序员              修改说明
!   ====         ==========          =====================
!  11/14/15      S. J. Chapman       源代码
!
IMPLICIT NONE
! 数据字典:声明变量类型,定义和计量单位
INTEGER::i                               ! 循环控制变量
CHARACTER(len=20)::str1                  ! 要比较的第一个字符串
CHARACTER(len=20)::str1a                 ! 复制第一个要比较的字符串
CHARACTER(len=20)::str2                  ! 要比较的第二个字符串
CHARACTER(len=20)::str2a                 ! 复制第二个要比较的字符串
! 提示输入字符串
WRITE(*,*)'Enter first string to compare:'
READ(*,*)str1
WRITE(*,*)'Enter second string to compare:'
READ(*,*)str2
```

```
! 复制字符串,以保证原始字符串不被修改
str1a = str1
str2a = str2
! 现在将小写字符串转换成大写
DO i = 1,LEN(str1a)
  IF(str1a(i:i)>= 'a' .AND. str1a(i:i)<= 'z')THEN
   str1a(i:i)= ACHAR(IACHAR(str1a(i:i))- 32)
  END IF
END DO
DO i = 1,LEN(str2a)
  IF(str2a(i:i)>= 'a' .AND. str2a(i:i)<= 'z')THEN
   str2a(i:i)= ACHAR(IACHAR(str2a(i:i))- 32)
  END IF
END DO
! 比较字符串,输出结果
IF(str1a == str2a)THEN
  WRITE(*,*)"'",str1,"' = '",str2,"' ignoring case."
ELSE
  WRITE(*,*)"'",str1,"' /= '",str2,"' ignoring case."
END IF
END PROGRAM compare
```

图 4-10 compare 程序

5. 测试结果 Fortran 程序

给程序输入两对字符串进行比较，测试程序。一对字符串在忽略大小写时是相等的，另一对字符串不相等。对于两组输入字符串，程序的结果是：

```
C:\book\fortran\chap4>compare
Enter first string to compare:
'This is a test.'
Enter second string to compare:
'THIS IS A TEST.'
'This is a test.  ' = 'THIS IS A TEST.  ' ignoring case.
C:\book\fortran\chap4>compare
Enter first string to compare:
'This is a test.'
Enter second string to compare:
'This is another test.'
'This is a test.  ' /= 'This is another test' ignoring case.
```

程序看来运行正确。

例题 4-7 物理——小球射程

如果假定摩擦力可以忽略不计，忽略地球的曲率，从地球表面的任意一点抛入空中的小球将沿着抛物线射程路径运动[见图 4-11(a)]。小球被抛出后，在任一时间 t 的高度由式(4-5)给定：

$$y(t) = y_0 + v_{y0}t + \frac{1}{2}gt^2 \tag{4-5}$$

其中 y_0 为物体超出地面之上的初始高度，v_{y0} 为物体的初始铅垂速度，g 是重力加速度。小球抛出后行进的水平距离（射程）是时间的函数，由式（4-6）给定：

$$x(t) = x_0 + v_{y0}t \tag{4-6}$$

其中 x_0 是小球在地面上的初始水平位置，v_{x0} 是小球的初始水平速度。

如果小球以某个初始速度 v_0，相对于地平面的角度为 θ 的度数被抛出，那么初始速度的水平分量和垂直分量为：

$$v_{x0} = v_0 \cos\theta \tag{4-7}$$

$$v_{y0} = v_0 \sin\theta \tag{4-8}$$

假定小球是以 20m/s 的初始速度、初始角度为 θ 度、初始位置（x_0，y_0）=（0，0）被抛出。设计、编写并测试程序，确定小球从抛出时开始直到再次到达地面为止行进的水平距离。程序应该对角度 θ 的所有可能值（以 1°的间隔，0°～90°）求解。确定使小球的射程为最大值的角度 θ。

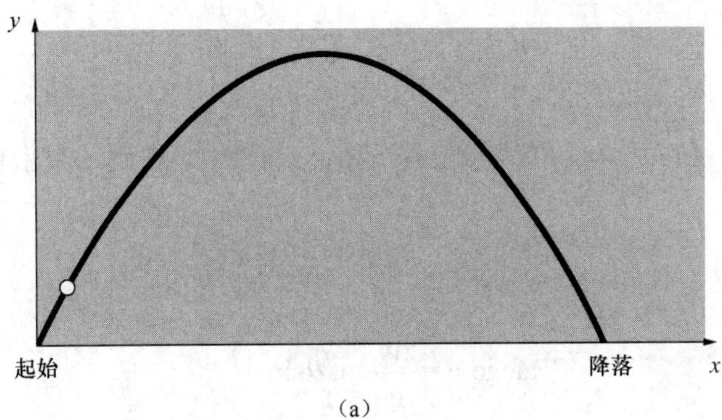

（a）

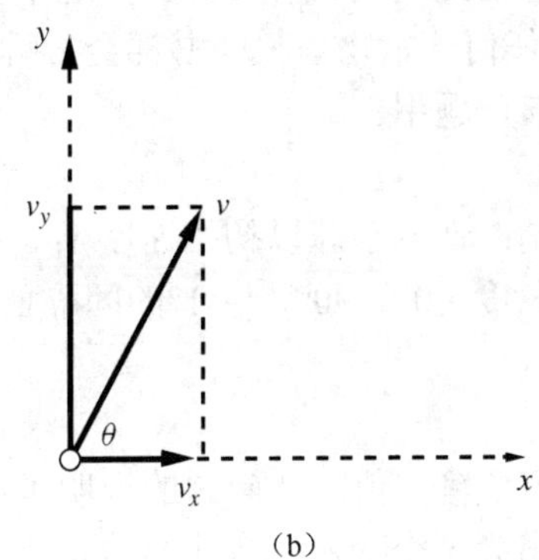

（b）

图 4-11

（a）当小球被向上抛出时，它沿着抛物线轨道运行；

（b）在相对于水平的角度 θ 下的速度向量 v 的水平和垂直分量

解决方案

为了解决这个问题，我们必须对抛出小球的射程确定一个方程式。要完成这个工作，首先要找到小球停留在空中的时间，然后找到在这个时间内行进的水平距离。

小球被抛出后停留在空中的时间可以由式（4-5）计算得到。小球在时间 t 到达地面，$y(t)=0$。记住小球从地平面（$y(0)=0$）开始，对于 t 的解，得到：

$$y(t) = y_0 + v_{y0}t + \frac{1}{2}gt^2 \tag{4-5}$$

$$0 = 0 + v_{y0}t + \frac{1}{2}gt^2$$

$$0 = \left(v_{y0} + \frac{1}{2}gt\right)t$$

因此小球在时间 t_1=0（小球抛出时）位于地平面，在时间

$$t_2 = -\frac{2v_{y0}}{g} \tag{4-9}$$

小球在时间 t_2 行进的水平距离可以从式（4-6）得到：

$$\text{Range} = x(t_2) = x_0 + v_{x0}t_2$$

$$\text{Range} = 0 + v_{x0}\left(-\frac{2v_{y0}}{g}\right) \tag{4-6}$$

$$\text{Range} = -\frac{2v_{x0}v_{y0}}{g}$$

可以将式（4-7）和式（4-8）代入到公式的 v_{x0} 和 v_{y0} 中，得到一个由初始速度 v 和初始角度 θ 表示的公式：

$$\text{Range} = -\frac{2(v_0\cos\theta)(v_0\sin\theta)}{g}$$

$$\text{Range} = -\frac{2v_0^2}{g}\cos\theta\sin\theta \tag{4-10}$$

根据对问题的说明，我们知道初始速度 v_0 为 20m/s，这个小球将从所有的角度（以 1°的间隔，0°～90°）被抛出。最后，任何一本物理教科书都会告诉我们重力加速度是 9.81m/s^2。

现在将这个设计方法应用到该问题中。

1．说明问题

对这个问题的正确陈述应该是：计算小球以初始速度 v_0、初始角度 θ 抛出时，其行进的射程。对于 20m/s 的 v_0 和所有的角度（0°～90°，以 1°的间隔增长）计算射程。假定没有空气摩擦力。

2．定义输入和输出

根据上面对问题的定义，不需要输入值。从问题的说明可以知道 v_0 和 θ 的值是什么，所以不需要读取它们。该程序的输出为一个表示在各个角度 θ 下小球的射程的表格以及使射程最大的角度 θ。

3．设计算法

这个程序可以分解为下列主要步骤：

```
DO for theta=0 to 90 度
   计算每个角度 theta 下小球的射程
   确定这个角度 theta 迄今为止是否产生了最大的射程
   输出该 theta 下的射程
DO 结束
输出产生最大射程的 theta
```

由于要对指定个数的角度计算小球的射程，因此迭代 DO 循环适合于该算法。要计算每个 θ 值下的射程，并将各个射程与迄今为止找到的最大射程进行比较，确定哪个角度产生了最大的射程。注意三角函数以弧度计算，所以在计算射程以度表示的角度必须转换为弧度。

该算法的详细伪代码是：

```
将 max_range 和 max_degrees 初始化为 0
将 v0 初始化为 20 米/秒
DO for theta=0 to 90 度
    radian←theta*degrees_2_rad(将度转换为弧度)
    angle ←(-2.* v0**2/gravity)*sin(radian)*cos(radian)
    输出 theta 和 range
    IF range>max_range then
        max_range ← range
        max_degrees ← theta
    IF 结束
DO 结束
输出 max_degrees 和 max_range
```

该程序的流程图如图 4-12 所示。

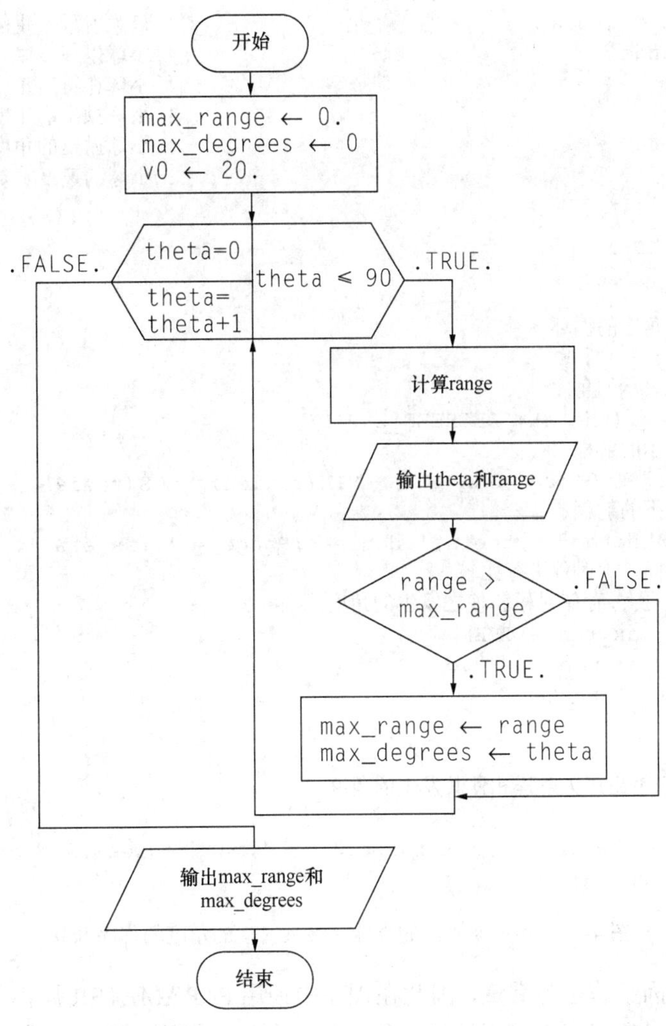

图 4-12　确定小球以 20m/s 的初始速度 v_0 被抛出时最远射程的角度θ 的程序流程图

4. 将算法转换为 Fortran 语句

最终的 Fortran 程序如图 4-13 所示。

```
PROGRAM ball
!
! 目的:
!  计算小球从地面的一点以特定的角度 THETA 和特定的速度 V0 抛出后行进的距离,
!  忽略空气摩擦力和地球曲率的作用
!
! 修订版本:
!  日期           程序员                修改说明
!   ====          ==========            =====================
!   11/14/15      S. J. Chapman         源代码
!
IMPLICIT NONE
! 数据字典:声明常量
REAL,PARAMETER::DEGREES_2_RAD = 0.01745329     ! Deg ==> rad conv.
REAL,PARAMETER::GRAVITY = -9.81                ! 地球引力加速度(m/s)
! 数据字典:声明变量类型,定义和计量单位
INTEGER::max_degrees                           ! 最大射程产生的角度(度)
REAL::max_range                                ! 小球以速度 V0 的最大射程(米)
REAL::range                                    ! 小球在特定角度下的射程(米)
REAL::radian                                   ! 小球抛出的角度(以弧度表示)
INTEGER::theta                                 ! 小球抛出的角度(以度表示)
REAL::v0                                       ! 小球的速度(以 m/s 表示)
! 初始化变量
max_range = 0.
max_degrees = 0
v0 = 20.
! 跨越所有指定角度的循环
loop:DO theta = 0,90
  ! 获得以弧度表示的角度
  radian = real(theta)* DEGREES_2_RAD
  ! 计算以米表示的射程
  range =(-2. * v0**2 / GRAVITY)* SIN(radian)* COS(radian)
  ! 输出该角度下的射程
  WRITE(*,*)'Theta = ',theta,' degrees;Range = ',range,& ' meters'
  ! 将射程与前面最大射程进行比较
  ! 如果该射程更大,存储射程和使之发生的角度
  IF(range > max_range)THEN
   max_range = range
   max_degrees = theta
  END IF
END DO loop
! 跳过一行,然后输出最大射程和使其发生的角度
WRITE(*,*)' '
WRITE(*,*)'Max range = ',max_range,' at ',max_degrees,' degrees'
END PROGRAM ball
```

图 4-13 确定使抛出的小球有最大射程的角度的程序 ball

度到弧度转换因子总是为常量，因此在程序中使用 PARAMETER 属性为其指定名称，所有在程序内对该常量的引用都使用这个名称。如前所述，海平面上的重力加速度可以在任何一本物理教科书中找到。大约是 9.81m/s^2，直接向下。

5. 测试程序

要测试程序，先手工计算几个角度的答案，将结果与程序的输出进行比较。

θ	$v_{x0}=v_0\cos\theta$	$v_{y0}=v_0\sin\theta$	$t_2=-\frac{2v_{y0}}{g}$	$x=v_{x0}t_2$
0°	20m/s	0m/s	0s	0m
5°	19.92m/s	1.74m/s	0.355s	7.08m
40°	15.32m/s	12.86m/s	2.621s	40.15m
45°	14.14m/s	14.14m/s	2.883s	40.77m

执行 ball 程序时，会产生一个有 90 行的角度和射程的表格。为了节省空间，只在下面重现了表格中的一部分。

```
C:\book\fortran\chap4>ball
Theta =      0 degrees;Range =    0.000000E+00 meters
Theta =      1 degrees;Range =    1.423017 meters
Theta =      2 degrees;Range =    2.844300 meters
Theta =      3 degrees;Range =    4.262118 meters
Theta =      4 degrees;Range =    5.674743 meters
Theta =      5 degrees;Range =    7.080455 meters
  ...
Theta =     40 degrees;Range =    40.155260 meters
Theta =     41 degrees;Range =    40.377900 meters
Theta =     42 degrees;Range =    40.551350 meters
Theta =     43 degrees;Range =    40.675390 meters
Theta =     44 degrees;Range =    40.749880 meters
Theta =     45 degrees;Range =    40.774720 meters
Theta =     46 degrees;Range =    40.749880 meters
Theta =     47 degrees;Range =    40.675390 meters
Theta =     48 degrees;Range =    40.551350 meters
Theta =     49 degrees;Range =    40.377900 meters
Theta =     50 degrees;Range =    40.155260 meters
  ...
Theta =     85 degrees;Range =    7.080470 meters
Theta =     86 degrees;Range =    5.674757 meters
Theta =     87 degrees;Range =    4.262130 meters
Theta =     88 degrees;Range =    2.844310 meters
Theta =     89 degrees;Range =    1.423035 meters
Theta =     90 degrees;Range =    1.587826E-05 meters
Max range =    40.774720 at      45 degrees
```

在上面手工计算的几个角度下，程序的输出与手工计算值在 4 位精确性上是匹配的。注意最大射程发生在 45°角上。

4.3 Fortran 循环的调试

如果有一个符号调试器提供给了计算机的话，在包含循环的程序中定位错误的最好方法是使用符号调试器。应该向指导老师请教或查看系统手册，确定如何使用提供给特定的编译器和计算机的符号调试器。

定位错误的另一种方法是在代码中插入 WRITE 语句，在程序的关键点上输出重要的变量。当程序运行时，WRITE 语句输出关键变量的数值。这些数值可以与期望的数值比较，实际数值与期望数值不同的地方可以作为帮助定位问题所在的一个线索。例如，要证实计数循环的操作的正确性，可以将下列 WRITE 语句加入到程序中。

```
WRITE(*,*)'At loop1:ist,ien,inc = ',ist,ien,inc
loop1:DO i = ist,ien,inc
 WRITE(*,*)'In loop1:i = ',i
 ...
END DO loop1
WRITE(*,*)'loop1 completed'
```

当程序执行时，其输出列表将包含关于控制 DO 循环的变量以及循环执行次数的详细信息。

一旦找出了错误发生的位置，就可以查看该区域的特定语句，找出问题所在。常见错误在下面列出。一定要在代码中检查这些错误。

（1）在计数 DO 循环中的大多数错误是由于循环参数的错误。如果像前面一样给 DO 循环添加了 WRITE 语句，问题就应该相当清楚。DO 循环是从正确的数值开始的吗？是以正确的值结束的吗？是以正确的增量增加的吗？如果不是，再仔细地检查 DO 循环的参数。你将很可能在控制参数上发现错误。

（2）当循环中的错误通常与用于控制其作用的逻辑表达式中的错误有关。这些错误可以通过用 WRITE 语句检查当循环中的 IF（逻辑表达式）EXIT 语句来发现。

4.4 小结

在第 4 章中介绍了 Fortran 循环的基本类型，以及一些关于操作字符数据的细节。

在 Fortran 中有两种循环的基本类型，当循环和迭代也就是计数循环。当循环用于在事先不知道循环必须重复的次数的情况下来重复执行一段代码。计数 DO 循环用于在事先知道循环应重复执行的次数的情况下来重复执行一段代码。

可以利用 EXIT 语句在任何时刻从循环中退出，也可以使用 CYCLE 语句跳回到循环的顶部。如果循环是嵌套的，那么 EXIT 或 CYCLE 语句默认指向最内层的循环。

4.4.1 良好编程习惯小结

在用分支或循环结构编程时，应坚持下列方针。如果始终按照它们来做，代码将会减少错误，更容易调试，并且对于将来需要使用代码的其他人来说更好理解。

（1）始终将 DO 循环中代码块缩进，可使其可读性更高。

（2）在事先不知道循环应执行多少次的时候，使用当循环使代码段重复执行。

（3）保证从当循环中只有一个退出口。

（4）在事先知道循环应执行的次数时，使用计数 DO 循环使代码段重复执行。

（5）不要试图在循环内部修改 DO 循环控制变量的数值。

（6）给大型复杂的循环或 IF 结构指定名称，特别是在它们嵌套的情况下。

（7）在嵌套循环中给 CYCLE 和 EXIT 语句使用循环名称，确保 CYCLE 和 EXIT 语句能够作用于正确的循环上。

4.4.2 Fortran 语句和结构小结

下列小结描述了本章介绍的 Fortran 的语句和结构。

CYCLE 语句：

```
CYCLE [name]
```

例如：

```
CYCLE inner
```

说明：

CYCLE 语句可以在任何 DO 循环的内部出现。当执行该语句时，循环内部所有在其下面的语句都被跳过，控制返回到循环的顶部。在当循环中，从循环的顶部再继续执行。在计数循环中，循环控制变量增加，如果控制变量仍然小于其限度，那么再从循环顶部继续执行。

未命名的 CYCLE 语句总会使包含该语句的最内层循环转向。命名的 CYCLE 语句可以使命名的循环转向，即使它不是最内层的循环。

DO 循环（迭代或计数循环）结构：

```
[name:] DO index = istart,iend,incr
    …
END DO [name]
```

例如：

```
loop:DO index = 1,last_value,3
    …
END DO loop
```

说明：

迭代 DO 循环用于以已知的次数重复一个代码块的执行。在 DO 循环的第一次迭代中，变量 index 设置为数值 istart。index 在每个后续的循环中增加 incr，直到 index*incr>iend*incr 循环结束为止。循环名称是可选的，但是如果在 DO 语句上使用了名称，那么必须在 END DO 语句上也使用这个名称。在每次循环前要使循环变量 index 增加并对其进行测试，所以如果 istart*incr>iend*incr，DO 循环代码就永远不会执行。

EXIT 语句：

```
EXIT [name]
```

例如：

```
EXIT  loop1
```

说明：

EXIT 语句可以在任何 DO 循环的内部出现。当执行该语句时，程序停止执行循环，并跳到 END DO 语句后面的第一条可执行语句处。

未命名的 EXIT 语句总会使包含该语句的最内层循环被退出。命名的 EXIT 语句可以使命名的循环退出，即使它不是最内层的循环。

WHILE 循环结构：

```
    [name:] DO
      …
      IF(逻辑表达式) EXIT [name]
    END DO [name]
```

举例：

```
    loop1:DO
       …
       IF(istatus /= 0)EXIT  loop1
       …
    END DO loop1
```

说明：

当循环用于重复一个代码块的执行，直到一个特定的逻辑表达式变为真为止。它与计数 DO 循环不同之处在于，事先不知道循环将要重复执行的次数。当执行循环中的 IF 语句，其逻辑表达式为真时，就跳到循环尾部后面执行其下一条语句。

循环的名称是可选的,但是如果在 DO 语句上包含了一个名称,那么在 END DO 语句上就必须出现相同的名称。在 EXIT 语句上的名称是可选的;即使 DO 和 END DO 被命名了，它也可以忽略。

4.4.3 习题

4-1 在 Fortran 中，下列哪个表达式是合法的？如果表达式是合法的，求出它的值。假定使用 ASCII 排序序列。

(a) `'123' > 'abc'`

(b) `'9478' == 9478`

(c) `ACHAR (65) // ACHAR (95) // ACHAR (72)`

(d) `ACHAR (IACHAR ('j') +5)`

4-2 编写计算和输出 0 到 50 之间所有偶数的平方所需的 Fortran 语句。

4-3 编写 Fortran 程序，对于 x 的所有值，求出公式 $y(x)=x^2-3x+2$ 的值，x 为−1 到 3 之间的数，增量为 0.1。

4-4 编写根据下列公式计算 y（t）所需的 Fortran 语句。

$$y(t)\begin{cases}-3t^2+5 & t\geqslant 0\\ 3t^2+5 & t<0\end{cases}$$

4-5 编写 Fortran 程序，计算例题 4-2 中定义的阶乘函数的值。一定要处理 0！和非法输入数值的特殊情况。

4-6 CYCLE 语句和 EXIT 语句有何不同的特点？

4-7 修改程序 stats_2，用 DO WHILE 结构取代程序中现有的当循环结构。

4-8 检查下列 DO 语句，确定各个循环执行的次数（假定所有的循环控制变量均为整数）。

(a) `DO irange = -32768, 32767`

(b) `DO j = 100, 1, -10`

(c) `DO kount = 2, 3, 4`

(d) `DO index = -4, -7`

(e) `DO i = -10, 10, 10`

(f) `DO i = 10, -2, 0`

(g) `DO`

4-9 检查下列迭代 DO 循环，确定各个循环结束时 ires 的值，以及各个循环执行的次数。假定所有变量均为整数。

(a)
```
ires = 0
DO index = -10,10
 ires = ires+1
END DO
```
(b)
```
ires = 0
loop1:DO index1 = 1,20,5
 IF(index1 <= 10)CYCLE
 loop2:DO index2 = index1,20,5
  ires = ires+index2
 END DO loop2
END DO loop1
```
(c)
```
ires = 0
loop1:DO index1 = 10,4,-2
 loop2:DO index2 = 2,index1,2
  IF(index2 > 6)EXIT loop2
  ires = ires+index2
 END DO loop2
END DO loop1
```
(d)
```
ires = 0
loop1:DO index1 = 10,4,-2
 loop2:DO index2 = 2,index1,2
   IF(index2 > 6)EXIT loop1
   ires = ires+index2
 END DO loop2
END DO loop1
```

4-10 检查下列当循环，确定各个循环结束时 ires 的值，以及各个循环执行的次数。假定所有变量均为整数。

(a)
```
ires = 0
loop1:DO
 ires = ires+1
 IF((ires / 10)* 10 == ires)EXIT
END DO loop1
```
(b)
```
ires = 2
loop2:DO
 ires = ires**2
 IF(ires > 200)EXIT
END DO loop2
```
(c)
```
ires = 2
DO WHILE(ires > 200)
 ires = ires**2
END DO
```

4-11 修改例题 4-7 的程序 ball，读入某一特定位置的重力加速度，计算小球在该加速度下的最大射程。修改程序后，分别以-9.8m/s^2，-9.7m/s^2，-9.6m/s^2 运行程序。重力吸引的减少对小球的射程有何影响？重力吸引的减少对小球抛出的最佳角度θ 有何影响？

4-12 修改例题 4-7 的程序 ball，读入小球抛出时的初始速度。修改程序后，分别以 10m/s、20m/s 和 30m/s 的初始速度运行程序。改变初始速度 v_0 对小球的射程有何影响？改变初始速度 v_0 对小球抛出的最佳角度 θ 有何影响？

4-13 例题 4-3 中的程序 day 计算任一给定月、日、年相关的一年中的天数。编写的该程序不能查看用户输入的数据是否有效。它能够接收无意义的月和日的数值，并对其进行计算产生无意义的结果。修改该程序使其能够在使用输入数据前查看其有效性。如果输入是无效的，程序应告诉用户发生了什么错误，并停止运行。年份应该是大于零的数，月份应该是 1～12 之间的数，日子应是 1 到一个最大数之间的数，这个最大数与月份有关。使用 SELECT CASE 结构实现对于日子执行的边界检查。

4-14 编写一个 Fortran 程序，对于任一用户指定的 x 值，求出下列函数的值。

$$y(x) = \ln\frac{1}{1-x} \tag{4-11}$$

其中 ln 为自然对数（以 e 为底的对数）。编写程序，使用当循环，使程序能够对每个输入到程序的合法数值 x 进行重复计算。当输入一个 x 的非法数值，就终止程序运行（注意，$x \leqslant 1$ 值是非法的，因为实数的自然对数无定义）。

4-15 编写一个 Fortran 程序，将用户提供的字符串中的所有大写字符转换为小写，但是不改变字符串中的大写字母和非字母字符。假定计算机使用的是 ASCII 排序序列。

4-16 **轨道计算**。人造卫星绕着地球而行，人造卫星的轨道形成一个椭圆形，地球位于该椭圆的其中一个焦点上。人造卫星的轨道可以极坐标的形式表示为

$$r = \frac{p}{1-\varepsilon\cos\theta} \tag{4-12}$$

其中 r 和 θ 为人造卫星相对地球中心的距离和角度，p 为确定轨道大小的参数，ε 是表示轨道离心率的参数。圆形轨道的离心率 ε 为 0。椭圆形轨道的离心率 $0 \leqslant \varepsilon \leqslant 1$。如果 $\varepsilon > 1$，人造卫星就将沿着双曲线的路径而行，并将脱离地球的重力吸引区域。

假定人造卫星的大小参数值 $p = 1200$km。编写一个程序，如果人造卫星的离心率分别为（a）$\varepsilon=0$；（b）$\varepsilon=0.25$；（c）$\varepsilon=0.5$ 时，计算作为 θ 的函数的人造卫星相对于地球中心的距离。编写单独的程序，其中的 r 和 ε 均为输入值。

哪个轨道距离地球最近？哪个轨道距离地球最远？

4-17 编写程序 caps，读入一个字符串，查找字符串内的所有单词，并将每个单词的第一个字母变为大写，而将单词的其余部分变为小写。假定在字符变量内所有的非字母和非数字字符可以标记一个单词的边界（如句号、逗号）。非字母字符应不进行修改。

4-18 **二极管的电流计算**。通过半导体二极管的电流如图 4-14 所示，它由公式

$$i_D = I_o\left(e^{\frac{qv_D}{KT}} - 1\right) \tag{4-13}$$

式中：v_D =二极管上的电压，以 V 表示；

i_D = 通过二极管的电流，以 A 表示；

I_o = 二极管的渗漏电流，以 A 表示；

q = 电子电荷，1.602×10^{-19}C；

k = 玻尔兹曼常量，1.38×10^{-23}J/K；

T = 温度，以开式温标（K）表示。

二极管的渗漏电流 I_0 为 2.0μA。编写程序，对于−1.0V 到+0.6V 之间的间隔 0.1V 的所有电压值，计算通过二极管的电流。对下列温度重复这个过程：75°F、100°F 和 125°F。利用实例 2-3 的程序将温度从°F 转换为开氏温标。

4-19 **二-十进制的转换**。编写程序，提示用户输入一个二进制数，以一个 0 和 1 组成的字符串输入到字符变量。例如用户输入 01000101 字符串。程序应该将输入的二进制转换为十进制数，并向用户显示相应的十进制数。

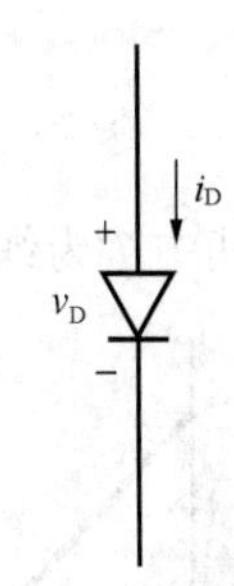

图 4-14 半导体二极管

该程序应该能够处理从 0000000000 到 1111111111 的数，将它们转换为等价的十进制数值 0～1023。程序也应该能够测试和处理输入的字符中的无效数值（一个字母、符号或大于 1 的数字）。用下列二进制数测试程序。

（a）0010010010

（b）1111111111

（c）10000000001

（d）01111111110

4-20 **十-二进制的转换**。编写程序，提示用户输入 0～1023 之间的十进制整数，并将数据转换为等价的二进制数。二进制数应为由 0 和 1 组成的字符串。程序应该向用户显示相应的二进制数。用下列十进制数测试程序。

（a）256

（b）63

（c）140

（d）768

4-21 **八-十进制的转换**。编写程序，提示用户输入八进制数，以一个 0～7 组成的字符串输入到字符变量。例如，用户输入 377 字符串。程序应将输入的八进制数转换位十进制数，并向用户显示相应的十进制数。设计程序，使其能处理五个八进制位（提示：对于 SELECT CASE 来说，这可能是最好的应用场所）。用下列二进制数测试程序。

（a）377

（b）11111

（c）70000

（d）77777

4-22 **斐波纳契数**。第 n 个斐波纳契数由下列递归方程定义：

$$\begin{aligned} f(1) &= 1 \\ f(2) &= 2 \\ f(n) &= f(n-1) + f(n-2) \end{aligned} \tag{4-14}$$

因此，$f(3)=f(2)+f(1)=2+1=3$，等更大的数字。写一个程序来计算和写出 $n>2$ 的第 n 个斐波那契数，其中 n 由用户输入。使用 while 循环执行计算。

4-23 **绳索的张力**。在一根重量忽略不计的 3m 长水平硬杆的一端悬挂一个 20kg 的物体，如图 4-15 所示。硬杆由一个轴将其固定在墙上，并有一个 3m 长的绳索支撑，它被固定于墙上的更高点。这条绳索的张力由下列公式给定：

$$T = \frac{W \cdot l_c \cdot l_p}{d\sqrt{lp^2 - d^2}} \tag{4-15}$$

其中 T 为绳索的张力，W 是物体的重量，l_c 是绳索的长度，l_p 为硬杆的长度，d 为绳索系在硬杆上的距离。编写程序，确定使绳索张力最小的其系在硬杆上的距离 d。要完成这个任务，程序应计算从 d=0.5m 到 d=2.8m 之间，每间隔 0.1m 的绳索张力，并应该找到产生最小张力的位置 d。

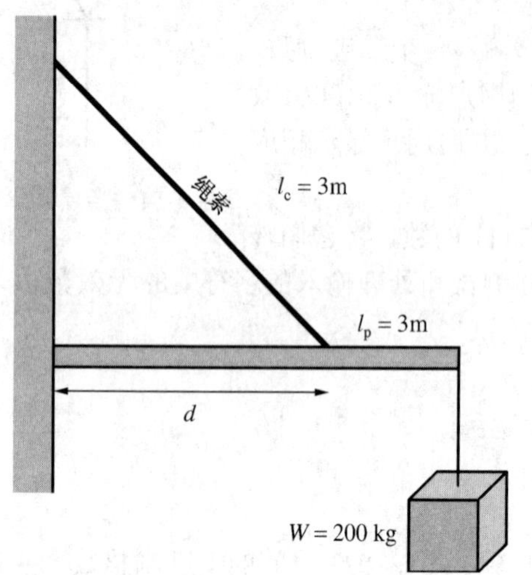

图 4-15　在一条绳索支撑的硬杆上悬挂 200kg 的物体

4-24　如果前一个练习中的最大绳索张力为 350，距离 d 在什么范围内可使绳索安全地固定于杆上？

4-25　**细菌生长**。假设一个生物学家进行一项实验，她测量在不同的培养基下某一特定类的细菌无性繁殖的速率。实验显示在培养基 A 中，细菌每 90min 繁殖一次，在培养基 B 中细菌每 120min 繁殖一次。假定实验开始时在每种培养基中都放置单个的细菌。编写程序，计算并输出从实验开始到 24h 后每隔 6h，在各个培养基中出现的细菌个数。如何对 24h 后两种培养基中的细菌个数进行比较？

4-26　**分贝**。工程师经常测量以分贝或 dB 表示两个功率测量值的比率。以分贝表示的两个功率测量值比率的公式为：

$$\mathrm{dB} = \log_{10}\frac{p_2}{p_1} \tag{4-16}$$

其中 P_2 是测量的功率强度，P_1 是某个参考功率强度。假定参考功率强度 P_1 为 1W，编写程序，计算在 1～20W 之间每隔 0.5W 的功率强度相应的分贝数。

4-27　**无穷级数**。在计算机上，三角函数的计算通常利用截取的无穷级数。无穷级数是一组无穷项的集合，一起加到一个特定的函数或表达式的值中。例如，用于计算一个数的正弦的无穷级数为：

$$\sin x = x - \frac{x^3}{3!} + \frac{x^5}{5!} - \frac{x^7}{7!} + \frac{x^9}{9!} + \cdots \tag{4-17}$$

或

$$\sin x = \sum_{n=1}^{\infty}(-1)^{n-1}\frac{x^{2n-1}}{(2n-1)!} \tag{4-18}$$

其中 x 以单位弧度表示。

由于计算机对每个计算的正弦值没有足够的时间将一个无穷级数相加，所以无穷级数在一个有穷数后被截断。保留在级数中的项数完全能够按照求函数值的计算机上浮点数的精度计算出函数的值。求 sin$x$ 的截断无穷级数为：

$$\sin x = \sum_{n=1}^{N}(-1)^{n-1}\frac{x^{2n-1}}{(2n-1)!} \tag{4-19}$$

其中 N 为保留在级数中的项数。

编写一个 Fortran 程序，读入 x 的度数，然后利用内置的正弦函数计算 x 的正弦值。下一步，再利用式（4-19），N=1，2，3，…，10 计算 x 的正弦值。将 sin$x$ 的实际值与使用截断无穷级数计算的数值进行比较。使 sin$x$ 的计算值完全达到计算机的精度需要多少项？

4-28 **几何平均值**。一组从 x_1 到 x_n 的数，其几何平均值定义为这组数的乘积的 n 次根：

$$几何平均值=\sqrt[n]{x_1x_2x_3\cdots x_n} \tag{4-20}$$

编写一个 Fortran 程序，接收任意多个数的正数输入值，计算这些数的算术平均值（即平均值）和几何平均值。使用当循环获取输入值，用户输入负数时输入中止。通过计算四个数 10，5，4 和 5 的平均值和几何平均值来测试程序。

4-29 **RMS 平均值**。均方根（RMS）平均值是另一种计算一组数的平均值的方法。RMS 平均值为这组数平方的算术平均值的平方根：

$$\text{rms}均值=\sqrt{\frac{1}{N}\sum_{i=1}^{N}x_i^2} \tag{4-21}$$

编写一个 Fortran 程序，接收任意多个数正数输入值，计算这组数的 RMS 平均值。提示用户输入要输入的数值的个数，使用 DO 循环读入输入数。通过计算四个数 10，5，4 和 5 的 RMS 平均值来测试程序。

4-30 **调和平均值**。调和平均值也是另一种计算一组数的平均值的方法。一组数的调和平均值由下列公式给定：

$$调和平均值=\frac{N}{\frac{1}{x_1}+\frac{1}{x_2}+\frac{1}{x_3}+\cdots+\frac{1}{x_N}} \tag{4-22}$$

编写一个 Fortran 程序，读入任意多个数正数输入值，计算这组数的调和平均值。你可以使用任何期望的方法读取输入值。通过计算四个数 10，5，4 和 5 的调和平均值来测试程序。

4-31 编写一个 Fortran 程序，对一组正数，计算其算术平均值（平均值）、RMS 平均值、几何平均值和调和平级数。你可以使用任何期望的方法读取输入值。将下列每组数的上述各个数值进行比较：

（a）4，4，4，4，4，4，4

（b）5，2，3，6，3，2，6

（c）4，1，4，7，4，1，7

（d）1，2，3，4，5，6，7

4-32 **平均故障间隔时间的计算**。一件电子元件的可靠性通常按照平均故障间隔时间（MTBF）来度量，其中 MTBF 是元件在发生故障前可以操作的平均时间。对于大型的包含许多元件的系统来说，一般要确定每个元件的 MTBF，然后根据各个组件的故障率计算整个系统的 MTBF。如果系统的结果如图 4-16 所示的那样，每个组件必须按序工作以使整个系统运转，那么整个系统的 MTBF 可以按下式计算：

$$\text{MBTF}_{\text{SYS}}=\frac{1}{\frac{1}{\text{MTBF}_1}+\frac{1}{\text{MTBF}_2}+\cdots+\frac{1}{\text{MTBF}_N}} \tag{4-23}$$

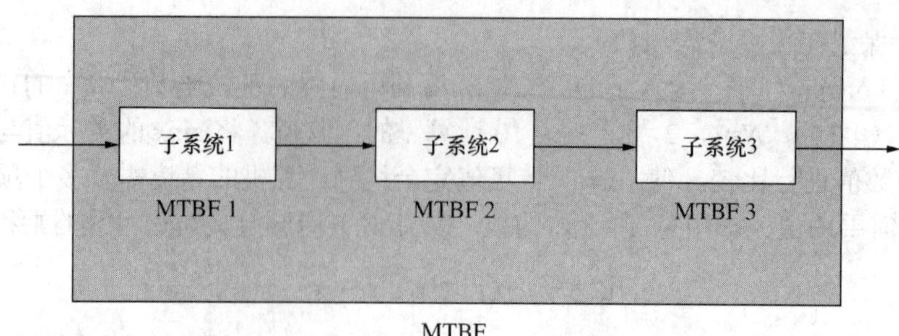

图 4-16　包含三个已知 MTBF 子系统的电子系统

为了测试程序，利用一个雷达系统，它包含 MTBF 为 2000h 的天线子系统，MTBF 为 800h 的发射机，MTBF 为 3000h 的接收机，以及 MTBF 为 5000h 的计算机，确定这个系统的 MTBF。

4-33　**理想气体定律**。理想气体是一种其中所有的分子间碰撞都为完全弹性碰撞的气体。可以将理想气体中的分子当作特别硬的撞球，相互碰撞和反弹，而不损失动能。

这样一种气体可以由三个量来表示：绝对压力（P）、体积（V）和绝对温度（T）。在理想气体中，这些量之间的关系称为理想气体定律：

$$PV=nRT \tag{4-24}$$

其中 P 是以千帕斯卡（kPa）表示的气体压力，V 是以公升表示的体积，n 是以单位克分子（mol）表示的气体分子数，R 是通用气体常量（8.314 L·kPa/mol·K），T 是以开氏温标（K）表示（提示：1 mol=6.02×10^{23} 克分子）。

假定理想气体的抽样在 273K 的温度下包含 1mol 的分子，回答下列问题。

（a）编写程序，计算并输出气体压力从 1 到 1001 kPa 间隔为 100kPa 的气体体积。

（b）假设气体温度增至 300K。气体体积如何随着同样范围内压力的改变而改变？

4-34　假定 1 mol 的理想气体有一个固定的体积 10L，当温度从 250K 变到 400K 时，计算并输出作为温度的函数的气体压力。

4-35　**杠杆**。杠杆（见图 4-17）可能是最简单的机械。它用于举起重物，而用其他方法可能由于重物太重而举不起来。如果没有摩擦力，加到杠杆上作用力与能举起的重量之间的关系由下列公式给定：

$$F_{APP}\times d_1=\text{Weight}\times d_2 \tag{4-25}$$

其中 F_{APP} 是以牛顿表示的作用力，d_1 是杠杆支点到作用力施加点的距离，d_2 是杠杆支点到重物所在点的距离，重量是重物的重量（向下的力）。

假定作用力包括可以叠加到杠杆一端的重量。编写一个程序，如果杠杆支点到重物所在点的距离 d_2 固定为 1m，杠杆支点到作用力施加点的距离 d_1 从 0.5～3.0m 间隔 0.1m 变化，计算要提起 600kg 重物所需的重量。假设只能施加 400kg 的重量，那么这个杠杆能够用的最短距离 d_1 是多少？

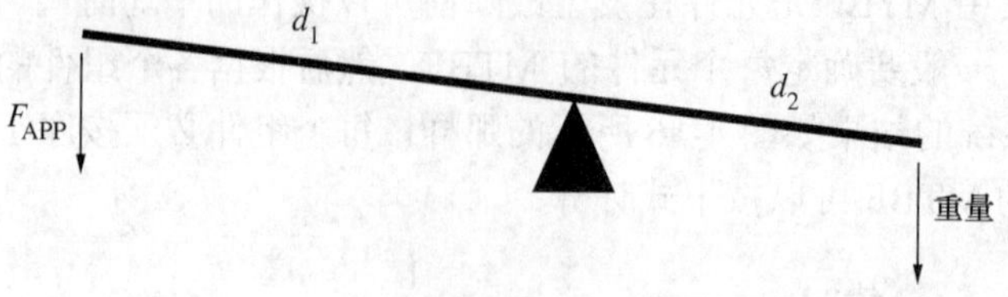

图 4-17　杠杆

第 5 章

基本的 I/O 概念

本章学习目标：

- 了解如何使用格式化 WRITE 语句创建格式整齐的程序输出结果。
- 学习如何使用 I，F，E，ES，L，A，X，T 和 / 格式描述符。
- 了解如何使用格式化 READ 语句将数据读入到程序中。
- 了解如何打开、读取、写、浏览和关闭文件。

在前面的章节中，已经使用表控 READ 和 WRITE 语句将数值读入到程序和从程序中将它们输出。表控 I/O 语句是以自由格式表示的。自由格式由 READ（*，*）和 WRITE（*，*）语句中的第二个星号确定。可以看到，使用自由格式来输出数据，并不是总能得到完美的结果。在输出中经常有很多额外的空格。在本章中，将学习如何使用指定了数字的精确打印方式的格式来输出数据。

格式既可用于输出数据，也可用于读取数据。由于格式在输出时最有用，所以首先探讨格式化 WRITE 语句，并将格式化 READ 语句放在本章的稍后一节中介绍。

本章的第二个主题是磁盘文件操作。将会学习如何对磁盘文件进行读写的基础内容。磁盘文件的高级操作将在第 14 章中进行介绍。

5.1 格式和格式化 WRITE 语句

格式可用来指定程序打印输出变量的确切方式。通常来说，格式可以指定变量在纸上的水平和垂直位置，以及要打印输出的有效位数。用于整数 i 和实数变量 result 的典型格式化 WRITE 语句如下所示：

```
WRITE(*,100)i,result
100 FORMAT(' The result for iteration ',I3,' is ',F7.3)
```

FORMAT 语句包含 WRITE 语句所使用的格式化信息。出现在 WRITE 语句括号内部的数字 100 是用于描述如何打印输出 i 和 result 数值的 FORMAT 语句的语句标号。I3 和 F7.3 分别是和变量 i 和 result 相关的格式描述符。在这个例子中，FORMAT 语句指定了程序应该首先输出短语“The result for iteration”，随后输出变量 i 的数值。格式描述符 I3 指定了打印输出变量 i 的值应该使用三个字符宽的空间。变量 i 的值后面跟有短语“is”，其后是变量 result 的值。格式描述符 F7.3 指定了打印输出变量 result 的值应该使用七个字符宽的空间，并且应在小数点的右边打印三位数字。与用自由格式打印输出同一行结果相比，输出的结果如下所示：

```
The result for iteration 21 is  3.142         (格式化的)
The result for iteration     21 is   3.141593   (自由格式的)
```

注意我们能够使用格式化语句将多余的空白区和不想要的小数位删除。还要注意变量 result 的数值在以 F7.3 格式输出之前进行了四舍五入（只有输出的数值被舍入；变量 result 的内容未被改变）。格式化 I/O 允许创建整齐的程序输出列表。

除了 FORMAT 语句之外，还可以在字符常量或变量中指定格式。如果字符常量或变量被用于包含格式，那么就要在 WRITE 语句的括号中出现常量或变量的名称。例如，下列三个 WRITE 语句是等价的：

```
WRITE(*,100)i,x                    ! 在 FORMAT 语句中的格式
100 FORMAT(1X,I6,F10.2)

CHARACTER(len=20)::string          ! 在字符变量中的格式
string = '(1X,I6,F10.2)'
WRITE(*,string)i,x
WRITE(*,'(1X,I6,F10.2)')i,x        ! 在字符常量中的格式
```

我们将在本章的实例中混合使用 FORMAT 语句中的格式、字符常量中的格式和字符变量中的格式。

在上例中，每个格式描述符都用逗号与其相邻元素隔开。除一些特殊情况外，一个格式中的多个格式描述符都必须用逗号隔开[❶]。

5.2 输出设备

为了理解 FORMAT 语句的结构，应了解一些关于用来显示数据的输出设备的内容。Fortran 程序的输出会显示在输出设备上。计算机使用许多类型的输出设备。一些输出设备可以生成数据的永久性纸质副本，而其他一些输出设备仅暂时性地将数据显示出来以供查看。常见的输出设备有激光打印机、行式打印机和显示器等。

得到一个 Fortran 程序的纸质副本输出的传统方法是使用行式打印机。行式打印机最初得名于其一次打印一行输出数据。由于它是第一个常用的计算机输出设备，所以 Fortran 输出规范在设计时便将其考虑在内。其他更现代的输出设备一般都被设计成与行式打印机向后兼容，因此在任何设备上都可以使用相同的输出语句。

---

❶ 还有另一种形式的格式化输出语句：

```
PRINT fmt,output_list
```

该语句与上述格式化 WRITE 语句等价，其中 fmt 可以是格式语句的语句号，也可以是字符常量或变量。PRINT 语句未在本书中使用过，但是将在 14.3.7 节中进行讨论。

行式打印机在计算机纸上打印。这种纸在连续的卷上被分为许多页，在页之间有穿孔，这样可以很容易地将其分开。在美国，行式打印机的打印纸的最常用规格为 11in 高、$14\frac{7}{8}$ in 宽。每一页都被分成若干行，每一行被分成 132 列，每列一个字符。由于大多数的行式打印机在垂直方向上每英寸打印 6 行或 8 行，所以打印机在每页上可以打印 60 行或 72 行（注意这是假定每页的顶部和底部各有 0.5 英寸的空白。如果页边的空白变大，打印的行数会变少）。

大多数现代的打印机是激光打印机，它使用分页的打印纸，而不是连续的卷制打印纸。在北美，纸张规格通常是“Letter”或“Legal”，在有些国家一般是 A4 或 A3。激光打印机可以根据正文篇幅大小设置为打印 80 列或 132 列，所以它可以与行式打印机兼容，并且对 Fortran 程序的输出有相同的响应。

格式指定了在行式打印机或激光打印机上某一行打印在何处（垂直位置），以及每个变量打印在行内的何处（水平位置）。

打印机输出中的控制字符

计算机在将各行发送到输出设备之前，先在内存中对其建立完整的映像。保存行映像的计算机内存称为输出缓冲区（见图 5-1）。在行式打印机时代，一行的第一个字符具有特殊功能，被称为控制字符。控制字符指定了该行的垂直间距。缓冲区中的其余 132 个字符包含了要在该行上打印的数据。Fortran 的所有版本（包括 Fortran 95）均支持控制字符指定的特殊行为。

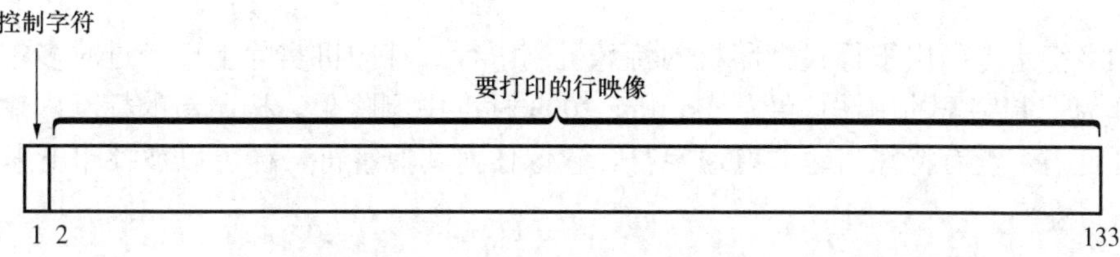

图 5-1　输出缓冲区通常为 133 个字符长。第一个字符为控制字符，随后的 132 个字符为要在行上打印的数据映像

行式打印机不会将控制字符打印在页面上。控制字符只是给打印机提供了垂直定位的控制信息。表 5-1 列出了由各种控制字符产生的垂直间距。

表 5-1　Fortran 控制字符

控制字符	作　用
1	跳到新页
空格	单行间距
0	双行间距
+	没有间距（在前一行上打印）

字符“1”使打印机跳过当前页的剩余部分，并将当前行打印在下一页的顶部。空格字符使打印机在前一行的正下方打印当前行，而“0”字符使打印机在当前行打印前跳过一行。“+”字符表示没有间距；这时新的一行将覆盖当前行。如果将其他任何字符用作控制字符，结果应与空格字符的结果一样。

对于表控输出［WRITE（*，*)］，空格字符被自动地插入到每个输出缓冲区的开头。因此，表控输出的各行总是以单行间距打印。

下列 FORMAT 语句说明了控制字符的用法。这些语句将在一个新页的顶部打印出一个标题，跳过一行，然后在下面打印表 5-1 的列标题。

```
WRITE(*,100)
100 FORMAT('1','This heading is at the top of a new page.')
WRITE(*,110)
110 FORMAT('0',' Control Character   Action ')
WRITE(*,120)
120 FORMAT(' ',' =================   ====== ')
```

这些 Fortran 语句的执行结果如图 5-2 所示。

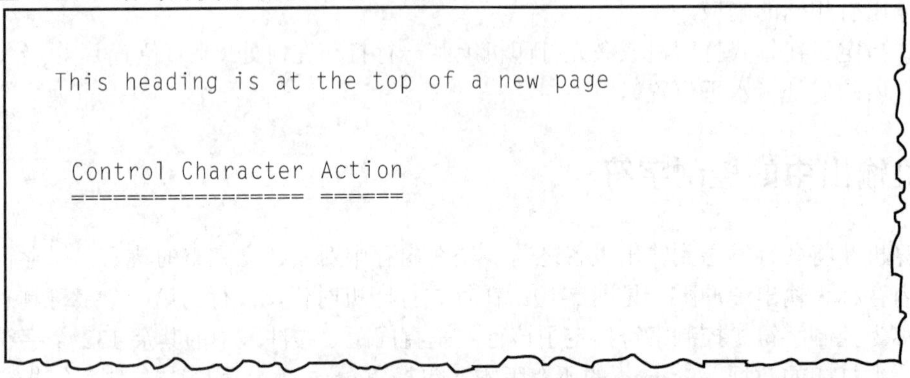

```
This heading is at the top of a new page


  Control Character Action
  ================= ======
```

图 5-2 使用旧式控制字符机制打印表 5-1 列标题的结果

控制字符是专门用于行式打印机的特殊机制。行式打印机实际上已经过时多年，所以将第 1 列作为控制字符的用法已经从 Fortran 2003 标准中删除了。按照新的标准，输出缓冲区的第 1 列是一个没有特殊用途的普通字符。它像任何其他字符一样可以被打印出来。

编程警示

留意旧版本 Fortran 程序中的控制字符，以及支持和修改旧版本程序的编译器中的控制字符。

Fortran 编译器仍然支持这种向后兼容机制，但通常是默认关闭的。在现代 Fortran 程序中，一行中的第一个字符不再具有特殊意义。

5.3 格式描述符

有许多不同的格式描述符。它们分为四个基本的类别：

（1）描述文本行垂直位置的格式描述符。

（2）描述行中数据水平位置的格式描述符。

（3）描述特定数值的输出格式的格式描述符。

（4）控制格式中一部分的重复的格式描述符。

本章将讨论格式描述符的一些常用实例。其他较不常用的格式描述符将在第 14 章讨论。表 5-2 列出了格式描述符使用的符号及其含义。

表 5-2 格式描述符使用的符号

符号	含　义
c	列号
d	实数输入或输出的小数位右边的位数
m	要显示的最小位数
n	要跳过的空格数
r	重复计数，一个或一组描述符的使用次数
w	域宽，输入或输出占用的字符数

5.3.1 整数输出——I 描述符

I 描述符是一种用于描述整数数据显示格式的描述符。它的一般格式如下：

rIw 或 *rIw.m*

其中 *r*，*w* 和 *m* 的含义由表 5-2 给出，整数数值在其域内为右对齐。这就意味着整数在打印时会使其最后一位占数据域的最右边一列。如果整数过大，不能放入其要打印的区域，那么该区域就用星号填充。例如，下列语句：

```
INTEGER::index = -12,junk = 4,number = -12345
WRITE(*,200)index,index+12,junk,number
WRITE(*,210)index,index+12,junk,number
WRITE(*,220)index,index+12,junk,number
200 FORMAT(' ',2I5, I6,I10)
210 FORMAT(' ',2I5.0,I6,I10.8)
220 FORMAT(' ',2I5.3,I6,I5)
```

将产生输出：

```
  -12    0     4    -12345
  -12          4  -00012345
 -012  000     4*****
----|----|----|----|----|----|
    5   10   15   20   25   30
```

特殊的零长度描述符 I0 会使整数输出到足以容纳其中信息的可变域宽中。例如，下列语句：

```
INTEGER::index = -12,junk = 4,number = -12345
WRITE(*,100)index,junk,number
100 FORMAT(I0,1X,I0,1X,I0)
```

将产生输出：

```
-12 4 -12345
----|----|----|----|----|----|
    5   10   15   20   25   30
```

格式描述符的这种形式对于确保数据总是显示是特别有用的，但是它不适合用来创建数据表，因为数据列将不能正确对齐。

5.3.2 实数输出——F 描述符

F 描述符是一种用于描述实数数据显示格式的格式描述符。它的格式为：

rFw.d

其中 *r*，*w* 和 *d* 与表 5-2 中给定的含义相同。实数数值在其显示区域内以右对齐方式打印输出。如果有必要的话，数值在显示前会被四舍五入。例如，假设变量 pi 的值为 3.141593。如果该变量使用 F7.3 格式描述符进行显示，那么显示的数将为ϕϕ3.142。另一方面，如果显示长度的数据包含的有效数字比实际数字的内容长度长，那么将在小数点的右边添加额外的零。如果变量 pi 使用 F10.8 格式描述符进行显示，那么产生的数值将为 3.14159300。如果实数太大，不能放入到其要打印的区域内，那么该区域就用星号填充。

例如，下列语句：

```
REAL::a = -12.3,b = .123,c = 123.456
WRITE(*,200)a,b,c
WRITE(*,210)a,b,c
200 FORMAT(2F6.3,F8.3)
210 FORMAT(3F10.2)
```

将产生输出：

```
****** 0.123 123.456
   -12.30      0.12    123.46
----|----|----|----|----|----|
    5   10   15   20   25   30
```

5.3.3 实数输出——E 描述符

实数数据也可使用 E 描述符以指数表示法打印输出。科学计数法是科学家和工程师们显示非常大或非常小的数值时的常用方法。它将一个数值表示为一个规范化的 1～10 之间的数值乘以 10 的幂的形式。

为了理解科学记数法的方便性，考虑下列两个物理和化学中的实例。阿伏伽德罗（Avogadro）常数是 1 摩尔物质中的原子数。可以写作 602，000，000，000，000，000，000，也可以用科学计数法表示为 6.02×10^{23}。另一方面，一个电子上的电荷为 0.0000000000000000001602 库仑。这个数可以用科学计数法表示为 1.602×10^{-19}。科学记数法的确是表示这些数值的一个更为方便的方法！

E 格式描述符的格式为：

$$rEw.d$$

其中 *r*，*w* 和 *d* 与表 5-2 中给定的含义相同。与标准的科学记数法不同，实数数值用带有 E 描述符的指数表示法显示，并规范化到 0.1 和 1.0 之间。也就是说，它们显示为一个 0.1 到 1.0 之间的数值乘以 10 的幂。例如，数值 4096.0 的标准科学记数法为 4.096×10^{3}，而带有 E 描述符的计算机输出为 0.4096×10^{4}。由于在行式打印机上不易表示指数，因此计算机在打印机上的输出应显示为 0.4096E+04。

如果一个实数不能放入其要打印的区域，那么该区域就用星号填充。在使用 E 格式描述符时应特别注意区域的大小，因为在计算输出区域大小时要考虑很多因素。例如，假设要以 E 格式，精确到 4 位有效数字打印输出一个变量。那么就需要 11 个字符宽度的区域，如下所示：1 个字符用于表示尾数的符号，2 个用于表示零和小数点，4 个用于表示实际的尾数，1 个用于表示 E，1 个用于表示指数的符号，2 个用于表示指数本身。

±0.ddddE±ee

一般来说，E 格式描述符域的宽度应满足以下表达式：

$$w \geqslant d+7 \tag{5-1}$$

否则该区域将以星号填充❷。所需的 7 个额外的字符使用如下：1 个字符用于表示尾数的符号，2 个用于表示零和小数点，1 个用于表示 E，1 个用于表示指数的符号，2 个用于表示指数本身。

例如，下列语句：

```
REAL::a = 1.2346E6,b = 0.001,c = -77.7E10,d = -77.7E10
WRITE(*,200)a,b,c,d
200 FORMAT(2E14.4,E13.6,E11.6)
```

将产生输出❸：

```
    0.1235E+07     0.1000E-02-0.777000E+12***********
----|----|----|----|----|----|----|----|----|----|----|
    5   10   15   20   25   30   35   40   45   50  55
```

注意因为格式描述符没有满足式（5-1），所以第四个区域中全是星号。

5.3.4 真正的科学记数——ES 描述符

之前提到过，E 格式描述符的输出与常规的科学记数并不完全一致。常规的科学记数法将一个数表示为一个 1.0～10.0 之间的数乘以 10 的幂，而 E 格式描述符将该数表示为一个 0.1～1.0 之间的数乘以 10 的幂。

可以对 E 描述符稍加修改，使得计算机输出与常规的科学记数保持一致，称为 ES 描述符。ES 描述符除了输出的数值显示为尾数的范围在 1～10 之间外，其他与 E 描述符完全相同。ES 格式描述符的格式为：

$$rESw.d$$

其中 *r*，*w* 和 *d* 与表 5-2 中给定的含义相同。ES 格式描述符的最小宽度公式与 E 格式描述符的宽度公式相同，但是 ES 描述符可以在给定的宽度内多显示一个有效数字，因为开头的零替换成了一位有效数字。ES 域必须满足下列表达式：

$$w \geqslant d+7 \qquad (5\text{-}1)$$

否则该域将被星号填充❹。

例如，下列语句：

```
REAL::a = 1.2346E6,b = 0.001,c = -77.7E10
WRITE(*,200)a,b,c
200 FORMAT(2ES14.4,ES12.6)
```

将产生的输出结果为：

---

❷ 如果在域中要显示的数为正数，那么区域宽度 *w* 只需要比 *d* 大 6 个字符。如果该数为负数，则需要一个额外字符表示负号。因此，一般 *w* 必须≥*d*+7。还有要注意一些编译器删掉了前面的零，因此可以少需要一列。

❸ 在 E 格式描述符中，是否显示前面的零是可选的。它是否存在，不同的编译器厂商有不同的处理。一些编译器显示前面的零，而另一些可能不显示。下列两行显示了两种不同的编译器对该例所产生的输出，两者都可以认为是正确的。

```
    0.1235E+07     0.1000E-02-0.777000E+12***********
     .1235E+07      .1000E-02 -.777000E+12***********
----|----|----|----|----|----|----|----|----|----|----|
    5   10   15   20   25   30   35   40   45   50   55
```

❹ 如果要在区域中显示的数为正数，那么区域宽度 *w* 就只需比 *d* 大 6 个字符。如果该数为负数，则需要一个额外的字符表示负号。因此一般来说 *w*≥*d*+7。

```
   1.2346E+06   1.0000E-03************
----|----|----|----|----|----|----|----|
    5   10   15   20   25   30   35   40
```

因为格式描述符不满足式（5-1），所以第三个区域全是星号。

良好的编程习惯

在显示非常大或非常小的数时，使用 ES 格式描述符，可以使它们以常规的科学记数法来显示。这种显示可以帮助读者快速理解输出的数据。

5.3.5 逻辑输出——L 描述符

用于显示逻辑数据的描述符具有如下格式：

*r*L*w*

其中 r 和 w 与表 5-2 中给定的含义相同。逻辑变量的值只能为.TRUE.或.FALSE.。逻辑变量的输出为 T 或 F，在输出域内右对齐。

例如，下列语句：

```
LOGICAL::output = .TRUE.,debug = .FALSE.
WRITE(*,"(2L5)")output,debug
```

产生的输出为：

```
    T    F
----|----|----|
    5   10   15
```

5.3.6 字符输出——A 描述符

使用 A 格式描述符可以显示字符数据。

*r*A 或 *r*A*w*

其中 *r* 和 *w* 与表 5-2 中给定的含义相同。*r*A 描述符在宽度与要显示的字符数相同的区域内显示字符数据，而 *r*A*w* 描述符在一个固定宽度 *w* 的区域内显示字符数据。如果区域宽 *w* 比字符变量的长度长，变量就在区域内右对齐打印输出。如果区域宽比字符变量的长度短，那么只会在该区域内打印输出变量的前 *w* 个字符。

例如，下列语句：

```
CHARACTER(len=17)::string = 'This is a string.'
WRITE(*,10)string
WRITE(*,11)string
WRITE(*,12)string
10 FORMAT(' ',A)
11 FORMAT(' ',A20)
12 FORMAT(' ',A6)
```

产生的输出结果为：

```
This is a string.
    This is a string.
```

```
This i
----|----|----|----|----|
    5   10   15   20   25
```

5.3.7 水平定位——X 和 T 描述符

有两种格式描述符可以控制数据在输出缓冲区中的间距以及在最终输出行上的间距。它们是可以在缓冲区中插入间距的 X 描述符，以及可以在缓冲区中跳过特定列的 T 描述符。X 描述符的格式为：

*n*X

其中 *n* 为要插入的空格数。它用于在输出行上的两个数值之间添加一个或多个空格。T 描述符的格式为：

T*c*

其中 *c* 是要转到的列号。它用来在输出缓冲区中直接跳到一个特定列。T 描述符的作用很像打字机上的“tab”字符，但是它能跳到输出行中的任意位置，即使已经在 FORMAT 语句中越过了这个位置。

例如，下列语句：

```
CHARACTER(len=10)::first_name = 'James    '
CHARACTER::initial = 'R'
CHARACTER(len=16)::last_name = 'Johnson  '
CHARACTER(len=9):: class = 'COSC 2301'
INTEGER::grade = 92
WRITE(*,100)first_name,initial,last_name,grade, class
100 FORMAT(A10,1X,A1,1X,A10,4X,I3,T51,A9)
```

产生的输出结果：

```
James      R Johnson      92                   COSC 2301
----|----|----|----|----|----|----|----|----|----|----|----|
    5   10   15   20   25   30   35   40   45   50   55   60
```

第一个 1X 描述符产生了一个空格控制字符，因此这个输出行打印在了打印机的下一行上。名字从第 1 列开始，中间名起始于第 12 列，姓从第 14 列开始，分数从第 28 列开始，课程名从第 50 列开始（因为输出缓冲区中的第一个字符为控制字符，所以课程名从缓冲区的第 51 列开始，但它打印在第 50 列）。同样的输出结构也可以由下列语句生成：

```
WRITE(*,110)first_name,initial,last_name,class,grade
110 FORMAT(A10,T13,A1,T15,A10,T51,A9,T29,I3)
```

在该例中，打印输出分数时，实际是在输出行中向后跳。

因为使用 T 描述符可以在输出缓冲区中自由地移动到任何地方，所以可能碰巧在该行打印前覆盖了输出数据的一部分。例如，如果将 class 的制表描述符从 T51 修改为 T17，

```
WRITE(*,120)first_name,initial,last_name,class,grade
120 FORMAT(A10,T13,A1,T15,A10,T17,A9,T29,I3)
```

那么程序将产生下列输出结果：

```
JAMES      R JOCOSC 2301   92
----|----|----|----|----|----|----|----|----|----|----|----|
    5   10   15   20   25   30   35   40   45   50   55   60
```

编程警示

在使用 T 描述符时，要注意确定好打印区域不会重叠。

5.3.8 格式描述符组的重复使用

前文曾提过，许多单个的格式描述符可以在其前面加一个重复计数来使其重复使用。例如，格式描述符 2I10 与一对描述符 I10，I10 相同。

也可以通过将整个格式描述符组放入到括号内，并在括号前放置重复次数来重复使用整组描述符。例如，下列两个 FORMAT 语句是等价的：

```
320 FORMAT(I6,I6,F10.2,F10.2,I6,F10.2,F10.2)
320 FORMAT(I6,2(I6,2F10.2))
```

如果需要的话，格式描述符组可以嵌套。例如，下列两个 FORMAT 语句是等价的：

```
330 FORMAT(I6,F10.2,A,F10.2,A,I6,F10.2,A,F10.2,A)
330 FORMAT(2(I6,2(F10.2,A)))
```

但是，不要滥用嵌套。FORMAT 语句的结构越复杂，自己或他人就越难以理解和调试这条语句。

如果用一个星号来代替重复次数的话，只要还有待打印输出的数据，则括号内的内容将无限次重复使用，直到没有可输出的数据为止。如下的 FORMAT 语句

```
340 FORMAT(I6,*(I6,2F10.2))
```

将无限重复使用（I6，2F10.2）描述符。

5.3.9 改变输出行——斜线（/）描述符

斜线（/）描述符可以使当前输出缓冲区中的内容发送到打印机中，并启动一个新的输出缓冲区。使用斜线描述符，单个 WRITE 语句可以将输出值显示在多行上。要跳过几行，可以几个斜线一起使用。斜线是几个特殊的不需要用逗号与其他描述符隔开的描述符之一。但是，如果想使用逗号也可以。

例如，假设要打印输出一个实验的结果，在这个实验中测量了在某一特定时间和深度的信号的振幅和相位。假定整数变量 index 为 10，实数变量 time，depth，amplitude 和 phase 分别为 300.，330.，850.65 和 30.。那么语句：

```
WRITE(*,100)index,time,depth,amplitude,phase
100 FORMAT(T20,'Results for Test Number ',I3,///,&
  'Time      = ',F7.0/,&
  'Depth     = ',F7.1,' meters',/,&
  'Amplitude = ',F8.2/ &,
  'Phase     = ',F7.1)
```

生成七个不同的输出缓冲区。第一个缓冲区输出了一个标题。后面两个输出缓冲区为空，所以打印两个空行。最后四个输出缓冲区分别包含了对应变量的输出，所以 time，depth，amplitude 和 phase 这四个数值打印在了连续的行上。输出结果如图 5-3 所示。

```
                Results for Test Number 10


     Time      =  300.
     Depth     =  330.0 meters
     Amplitude =  850.65
     Phase     =   30.2
```

图 5-3　振幅和相位的打印结果

注意每个斜线后的 1X 描述符。这些描述符在每个输出缓冲区的字符中放置一个空格，使得后续每一行都从第 2 列开始。

5.3.10　格式在 WRITE 语句中的使用

大多数的 Fortran 编译器在编译时仅检验 FORMAT 语句和包含格式的字符常量的语法，但是不处理它们。包含格式的字符变量在编译时甚至都不检验其语法的正确性，这是因为格式在程序执行期间可以被动态地修改。无论何种情况，格式在编译后的程序内部都被保存为不变的字符串。当执行程序时，格式中的字符被用作指引格式化 WRITE 语句操作的模板。

在执行时，与 WRITE 语句关联的输出变量列表和语句的格式一起被处理。程序从变量列表的最左端和格式的最左端开始，从左至右扫描，将输出列表中的第一个变量与格式中的第一个格式描述符结合起来，依此类推。输出列表中的变量与格式中的格式描述符必须是同样的类型和同样的次序，否则将会发生运行时的错误。例如，图 5-4 中的程序可以正确地编译和链接，因为其中的所有语句都是合法的 Fortran 语句，而且程序在运行前不会检查格式描述符与数据类型的一致性。但是它在运行时，当检查出逻辑格式描述符对应到了一个字符变量上时，会异常中止。

```
C:\book\fortran\chap5>type bad_format.f90
PROGRAM bad_format
IMPLICIT NONE
INTEGER::i = 10
CHARACTER(len=6)::j = 'ABCDEF'
WRITE(*,100)i,j
100 FORMAT(I10,L10)
END PROGRAM

C:\book\fortran\chap5>ifort bad_format.f90
Intel(R)Visual Fortran Intel(R)64 Compiler for applications running on
Intel(R)64,Version 16.0.2.180 Build 20160204
Copyright(C)1985-2016 Intel Corporation. All rights reserved.

Microsoft(R)Incremental Linker Version 12.00.40629.0
Copyright(C)Microsoft Corporation. All rights reserved.
```

```
-out:bad_format.exe
-subsystem:console
bad_format.obj

C:\book\fortran\chap5>bad_format
forrtl:severe(61):format/variable-type mismatch,unit -1,file CONOUT$
Image              PC                Routine      Line        Source
bad_format.exe     00007FF7512BE7AB  Unknown      Unknown     Unknown
bad_format.exe     00007FF7512B619D  Unknown      Unknown     Unknown
bad_format.exe     00007FF7512B109C  Unknown      Unknown     Unknown
bad_format.exe     00007FF75130124E  Unknown      Unknown     Unknown
bad_format.exe     00007FF751301524  Unknown      Unknown     Unknown
KERNEL32.DLL       00007FFA56B38102  Unknown      Unknown     Unknown
ntdll.dll          00007FFA594DC5B4  Unknown      Unknown     Unknown
```

图 5-4 由于数据/格式描述符的不匹配而出现运行时错误的一个 Fortran 程序。
注意 Fortran 编译器不检查格式的一致性，所以无法检测到该错误

编程警示

确保 WRITE 语句中的数据类型与相关的 FORMAT 语句中的格式描述符类型一一对应，否则程序将在执行期间出错。

当程序从左至右移过 WRITE 语句的变量列表时，它也从左至右扫描对应格式。但是，格式中内容的使用顺序可能由于包含重复次数和括号而改变。格式的扫描规则如下：

（1）以从左至右的顺序扫描格式。格式中的第一个变量格式描述符与 WRITE 语句输出列表中的第一个值相对应，依此类推。每个格式描述符的类型必须与输出数据的类型相匹配。在下例中，描述符 I5 与变量 i 相对应，I10 与变量 j 相对应，I15 与变量 k 相对应，F10.2 与变量 a 相对应。

```
WRITE(*,10)i,j,k,a
10 FORMAT(I5,I10,I15,F10.2)
```

（2）如果一个格式描述符带有一个与之相关的重复次数，那么在使用下一个描述符之前，该描述符将按重复次数中指定的次数使用。在下例中，描述符 I5 与变量 i 相对应，然后再一次与变量 j 相对应。它被使用两次后，I10 与变量 k 相对应，F10.2 与变量 a 相对应。

```
WRITE(*,20)i,j,k,a
20 FORMAT(2I5,I10,F10.2)
```

（3）如果包含在括号内的一组格式描述符带有与之相关的重复次数，那么在使用下一个描述符之前，整组描述符将按重复次数中指定的次数使用。组内的每个格式描述符在每次重复时都按从左至右的顺序使用。在下例中，描述符 F10.2 与变量 a 相对应。随后括号中的描述符组将被使用两次，所以 I5 与 i 相对应，E14.6 与 b 相对应，I5 与 j 相对应，E14.6 与 c 相对应。最后，F10.2 与 d 相对应。

```
WRITE(*,30)a,i,b,j,c,d
30 FORMAT(F10.2,2(I5,E14.6),F10.2)
```

（4）如果 WRITE 语句在格式结束前用完了所有变量，格式的使用要么停在第一个没有对应变量的格式描述符处，要么停在格式的结尾处，无论哪种先出现。例如，语句：

```
INTEGER::m = 1
WRITE(*,40)m
  40 FORMAT('M = ',I3,'N = ',I4,'O = ',F7.2)
```

产生的输出结果为：

```
M =   1 N =
----|----|----|----|----|----|
   5   10   15   20   25   30
```

这是因为格式的使用停在了 I4 处，即第一个未被匹配的格式描述符。语句：

```
REAL::voltage = 13800.
WRITE(*,50)voltage / 1000.
50 FORMAT('Voltage = ',F8.1,' kV')
```

产生的输出结果为：

```
Voltage =     13.8 kV
----|----|----|----|----|----|
   5   10   15   20   25   30
```

这是因为没有未被匹配的描述符，格式的使用停在了语句的结尾处。

（5）如果在 WRITE 语句数值输出完之前，扫描到了格式的结尾处，程序就将当前的输出缓冲区发送到打印机，然后在格式中最右边不带重复次数的开始括号处重新开始。例如，语句：

```
INTEGER::j = 1,k = 2,l = 3,m = 4,n = 5
WRITE(*,60)j,k,l,m,n
60 FORMAT('value = ',I3)
```

产生的输出结果为：

```
value =  1
value =  2
value =  3
value =  4
value =  5
----|----|----|----|----|----|
   5   10   15   20   25   30
```

程序在用 I3 描述符打印了 j 之后，到达了 FORMAT 语句的结尾处，它将这个输出缓冲区中的内容发送给打印机，并回到最右边不带重复次数的开始括号处。在本例中，最右边不带重复次数的开始括号处就是语句的格式描述开始括号，所以整条语句会再次被使用，打印输出 k，l，m 和 n。相反，语句：

```
INTEGER::j = 1,k = 2,l = 3,m = 4,n = 5
WRITE(*,60)j,k,l,m,n
60 FORMAT('Value = ',/,('New Line',2(3X,I5)))
```

产生的输出结果为：

```
Value =
New Line    1    2
New Line    3    4
New Line    5
----|----|----|----|----|----|
   5   10   15   20   25   30
```

在本例中，整个 FORMAT 语句用于打印输出数值 j 和 k。因为最右边不带重复次数的开始括号就是在“New Line”之前的括号，所以部分语句被再次用来控制打印 l，m 和 n。注意（3X，I5）的开始括号由于带有重复次数，所以被忽略。

例题 5-1　生成一个信息表

生成并打印输出一个数据表是说明格式化 WRITE 语句用法的一个好方法。如图 5-5 所示的示例程序生成了 1～10 之间所有整数的平方根、平方和立方，并在带有适当标题的表格中显示这些数据。

```
PROGRAM table
!
! 目的:说明格式化 WRITE 语句的使用。这个程序生成一个包含 1～10 之间所有整数的平!方根、平方和立方的表格。表格包括标题和列名称
!
! 版本记录:
!   日期              程序员                修改版本
!   ====              ==========            =====================
!  11/18/15           S. J. Chapman         原始代码
!
IMPLICIT NONE
INTEGER::cube                             ! i 的立方
INTEGER::i                                ! 下标变量
INTEGER::square                           ! i 的平方
REAL  ::square_root                       ! i 的平方根
! 在新页上打印表的标题
WRITE(*,100)
100 FORMAT(T3,'Table of Square Roots,Squares,and Cubes'/)
! 跳到新行上之后,打印列标题
WRITE(*,110)
110 FORMAT(T4,'Number',T13,'Square Root',T29,'Square',T39,'Cube')
WRITE(*,120)
120 FORMAT(T4,'======',T13,'===========',T29,'======',T39,'===='/)
! 生成所需的数值并打印输出
DO i = 1,10
  square_root = SQRT(REAL(i))
  square = i**2
  cube = i**3
  WRITE(*,130)i,square_root,square,cube
  130 FORMAT(1X,T4,I4,T13,F10.6,T27,I6,T37,I6)
END DO
END PROGRAM table
```

图 5-5　生成平方根、平方和立方表格的 Fortran 程序

这个程序使用制表格式描述符，为表格建立了整齐的数据列。当使用 Intel Fortran 编译器编译执行该程序时，结果为：

```
C:\book\fortran\chap5>table
 Table of Square Roots,Squares,and Cubes
 Number  Square Root   Square  Cube
 ======  ===========   ======  ====
   1        1.000000      1       1
   2        1.414214      4       8
   3        1.732051      9       27
```

```
 4       2.000000      16       64
 5       2.236068      25       125
 6       2.449490      36       216
 7       2.645751      49       343
 8       2.828427      64       512
 9       3.000000      81       729
10        3.162278      100      1000
```

例题 5-2　电容器的电荷

电容器是一种可以存储电荷的电子设备。它主要由两个平的金属板组成，其间带有绝缘材料（电介质）（见图 5-6）。电容器的电容定义为：

$$C = \frac{Q}{V} \tag{5-2}$$

其中 Q 为存储在电容器中的电荷数量，以单位 C 表示，V 是电容器两个金属板之间的电压，以 V 表示。电容的单位是法拉（F），$1F=1C/V$。当在电容器的金属板上出现一个电荷，在两个金属板之间就有电场存在。存储在这个电场中的能量由下列公式给出：

$$E = \frac{1}{2}CV^2 \tag{5-3}$$

其中 E 是以焦耳表示的能量。

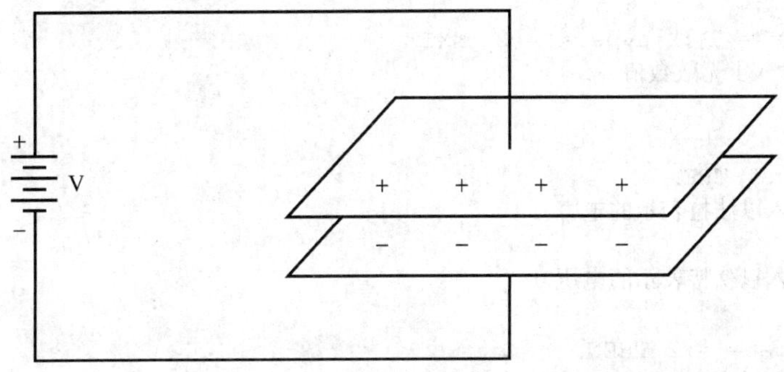

图 5-6　由两个被绝缘材料分隔的金属板所构成的电容器

编写一个程序，执行下列计算中的一种：

（1）对于已知的电容和电压，计算金属板上的电荷量，金属板上电子的个数，以及存储在电场中的能量。

（2）对于已知的电荷和电压，计算电容器的电容，金属板上电子个数和存储在电场中的能量。

解决方案

这个程序必须能够询问用户希望执行哪种运算，读入与运算对应的数值，并以合理的格式输出结果。注意该程序需要我们使用非常小和非常大的数，所以必须特别注意程序中的 FORMAT 语句。例如，电容一般以微法拉（μF 或 10^{-6}F）或微微法拉（pF 或 10^{-12}F）度量，每库仑的电荷有 6.241461×10^{18} 个电子。

1. 描述问题

问题可以简单地描述如下：

（1）对于已知的电容和电压，计算电容器的电荷、存储的电子数和存储在其电场中的能量。

（2）对于已知的电荷和电压，计算电容器的电容、存储的电子数和存储在其电场中的能量。

2. 定义输入和输出

该程序有两组可能的输入值：

（1）以法拉表示的电容和以伏特表示的电压。

（2）以库仑表示的电荷和以伏特表示的电压。

任一模式下的程序输出都是电容器的电容、电容器上的电压、电容器金属板上的电荷以及电容器金属板上的电子个数。必须以合理和可理解的格式打印输出。

3. 算法描述

该程序可以分成四个主要步骤：

```
确定需要进行哪种运算
为选择的运算获取输入数据
计算未知量
输出电容、电压、电荷和电子个数
```

程序的第一个主要步骤是确定需要进行哪种运算。有两种类型的运算：第一类运算需要电容和电压值，第二类运算需要电荷和电压值。必须提示用户有关输入数据的类型，读取用户的回答，然后读入适当的数据。这些步骤的伪代码如下：

```
提示用户输入运算类型 type
WHILE
   读取 type
   IF type = = 1 或 type = = 2  EXIT
   告诉用户输入了无效数值
WHILE 结束

IF type = = 1 THEN
  提示用户输入以法拉表示的电容 c
  读取电容 c
  提示用户输入以伏特表示的电压 v
  读取电压 v
ELSE IF type = = 2 THEN
  提示用户输入以库仑表示的电荷 charge
  读取 charge
  提示用户输入以伏特表示的电压 v
  读取电压 v
END IF
```

下一步应计算未知数值。对于第一类运算，未知数值为电荷、电子个数和电场中的能量。对于第二类运算，未知数值为电容、电子个数和电场中的能量。该步骤的伪代码如下所示：

```
IF type == 1 THEN
  charge ← c * v
ELSE
  c ← charge / v
END IF
electrons ← charge * electrons_per_coulomb
energy ← 0.5 * c * v**2
```

其中 electrons_per_coluomb 是每库仑电荷的电子数目（6.241461×10^{18}）。最后，要以一种有效格式输出结果。

```
WRITE v,c,charge,electrons,energy
```

该程序的流程图如图 5-7 所示。

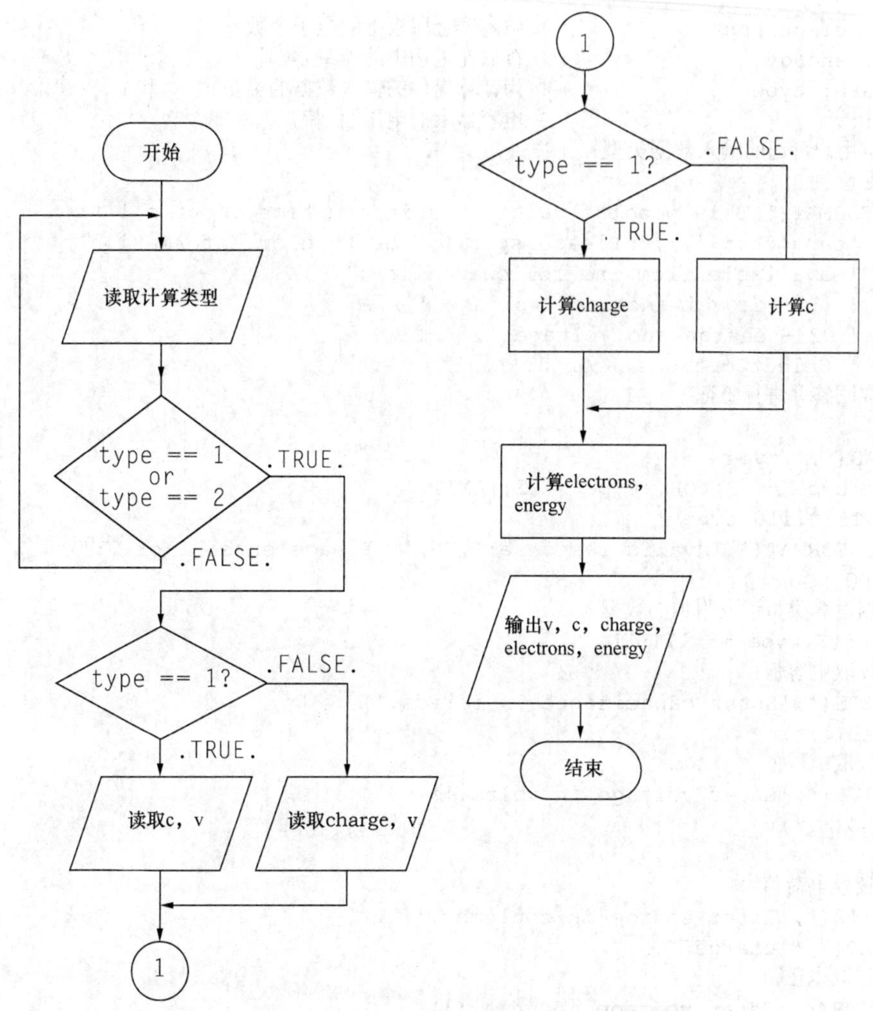

图 5-7　计算电容器有关信息的程序流程图

4. 将算法转换为 Fortran 语句

最终的 Fortran 程序如图 5-8 所示。

```
PROGRAM capacitor
!
! 目的:按如下方式计算电容器状态参数:
!   1.如果已知电容和电压,计算电荷、电子个数和存储能量。
!   2.如果已知电荷和电压,计算电容、电子个数和存储能量
!
! 版本记录:
!    日期          程序员             修改版本
!    ====          ==========         =====================
!   11/18/15      S. J. Chapman      原始代码
!
IMPLICIT NONE
! 数据字典:声明常量
REAL,PARAMETER::ELECTRONS_PER_COULOMB = 6.241461E18
! 数据字典:声明变量类型、定义和单位
REAL::c                                ! 电容器的电容(法拉)
REAL::charge                           ! 电容器上的电荷(库仑)
```

```
REAL::electrons                ! 电容器金属板上的电子个数
REAL::energy                   ! 存储在电场中的能量(焦耳)
INTEGER::type                  ! 为计算提供的输入数据的类型:1:C 和 V  2:CHARGE 和 V
REAL::v                        ! 电容器上的电压(伏特)
! 提示用户可选的输入数据类型
WRITE(*,100)
100 FORMAT(' This program calculates information about a ' &
    'capacitor.',/,' Please specify the type of information',&
    ' available from the following list:',/,&
    '  1 --capacitance and voltage ',/,&
    '  2 --charge and voltage ',//,&
    ' Select options 1 or 2:')
! 读取回答并进行验证
DO
  READ(*,*)type
  IF((type == 1).OR.(type == 2))EXIT
  WRITE(*,110)type
  110 FORMAT(' Invalid response:',I6,'. Please enter 1 or 2:')
END DO
! 根据运算类型读取附加的数据
input:IF(type == 1)THEN
  ! 读取电容值
  WRITE(*,'Enter capacitance in farads:')
  READ(*,*)c
  ! 读取电压值
  WRITE(*,'Enter voltage in volts:')
  READ(*,*)v
ELSE
  ! 读取电荷值
  WRITE(*,'Enter charge in coulombs:')
  READ(*,*)charge
  ! 读取电压值
  WRITE(*,'Enter voltage in volts:')
  READ(*,*)v
END IF input
! 计算未知量
calculate:IF(type == 1)THEN
  charge = c * v                ! 电荷
ELSE
  c = charge / v                ! 电容
END IF calculate
electrons = charge * ELECTRONS_PER_COULOMB    ! 电子
energy = 0.5 * c * v**2                 ! 能量
! 输出答案
WRITE(*,120)v,c,charge,electrons,energy
120 FORMAT('For this capacitor:',/,&
    ' Voltage          = ',F10.2,' V',/,&
    ' Capacitance      = ',ES10.3,' F',/,&
    ' Total charge     = ',ES10.3,' C',/,&
    ' Number of electrons = ',ES10.3,/,&
    ' Total energy     = ',F10.4,' joules')
END PROGRAM capacitor
```

图 5-8　执行电容器运算的程序

5. 测试程序

为了测试这个程序，先手工计算出一组简单数据的答案，然后将答案与程序结果进行比较。如果使用 100V 的电压值，100μF 的电容值，那么电容器金属板上的电荷则为 0.01C，在电容器上有 6.241×10^{16} 个电子，存储能量为 0.5J。

分别使用选项 1 和选项 2，通过程序运行这些数值，产生下列结果：

```
C:\book\fortran\chap5>capacitor
This program calculates information about a capacitor.
Please specify the type of information available from the following list:
 1 --capacitance and voltage
 2 --charge and voltage
Select options 1 or 2:
1
Enter capacitance in farads:
100.e-6
Enter voltage in volts:
100.
For this capacitor:
 Voltage        =  100.00 V
 Capacitance     = 1.000E-04 F
 Total charge    = 1.000E-02 C
 Number of electrons = 6.241E+16
 Total energy     =   .5000 joules
C:\book\fortran\chap5>capacitor
This program calculates information about a capacitor.
Please specify the type of information available from the following list:
 1 --capacitance and voltage
 2 --charge and voltage
Select options 1 or 2:
2
Enter charge in coulombs:
0.01
Enter voltage in volts:
100.
For this capacitor:
 Voltage        =  100.00 V
 Capacitance     = 1.000E-04 F
 Total charge    = 1.000E-02 C
 Number of electrons = 6.241E+16
 Total energy     =  .5000 joules
```

对于该测试数据集，程序给出了正确的答案。

在例题 5-2 中，有时格式出现在 FORMAT 语句中，而有时它们以字符常量的形式出现在 WRITE 语句内部。因为这两种格式是等价的，所以都可以用来给任意 WRITE 语句提供格式。如果是这样的话，那么何时应该使用 FORMAT 语句，何时应该使用字符常量呢？作者本人一般根据常识来判断：如果格式小且简便，一般将其放在 WRITE 语句内的字符常量中；如果格式大且复杂，就将其放在单独的 FORMAT 语句中。

测验 5-1

本测验可以快速检查读者是否已经理解了 5.1 节到 5.3 节中介绍的概念。如果对本测验存在困难，重新阅读这几节，向指导教师请教，或者与同学讨论。本测验的答案在本书后面可以找到。除非有另外说明，均假定以字母 I 到 N 开头的变量为整数，其他变量为实数。

编写执行下面所描述的操作的 Fortran 语句。

1．从 25 列开始打印标题“This is a test!”。

2．跳过一行，然后在 10 个字符宽的区域内显示 i，j 和 data_1 的数值。允许实数变量有两位小数。

3．从 12 列开始，输出字符串“The result is”，后面跟有以正确的科学计数法表示的带有 5 个有效数字的 result 值。

假定实数变量 a，b 和 c 分别初始化为-0.0001，6.02×10^{23} 和 3.141593，整数变量 i，j 和 k 分别初始化为 32767，24 和-1010101。下列每个语句组的输出是什么？

4．
```
WRITE (*, 10) a, b, c
10 FORMAT(3F10.4)
```

5．
```
WRITE (*, 20) a, b, c
20 FORMAT(F10.3,2X,E10.3,2X,F10.5)
```

6．
```
WRITE (*, 40) a, b, c
40 FORMAT(ES10.4,ES11.4,F10.4)
```

7．
```
WRITE (*, '(I5)') i, j, k
```

8．
```
CHARACTER (len=30):: fmt
fmt = "(I0,2X,I8.8,2X,I8)"
WRITE(*,fmt)i,j,k
```

假定 string_1 是 10 字符的变量，初始化为字符串“ABCDEFGHIJ”，string_2 是 5 个字符的变量，初始化为字符串“12345”。下列每个语句组的输出是什么？

9．
```
WRITE (*, "(2A10)") string_1, string_2
```

10．
```
WRITE (*, 80) string_1, string_2
80 FORMAT(T21,A10,T24,A5)
```

11．
```
WRITE (*, 100) string_1, string_2
100 FORMAT(A5,2X,A5)
```

检查下列 Fortran 语句。它们是否正确？如果是不正确的，为何不正确？如果变量未被另外定义，则采用其默认类型。

12．
```
WRITE (*, '(2I6, F10.4)') istart, istop, step
```

13．
```
LOGICAL:: test
CHARACTER(len=6)::name
INTEGER::ierror
WRITE(*,200)name,test,ierror
200 FORMAT('Test name:',A,/,' Completion status:',&
I6, ' Test results: ', L6)
```

下列程序产生的输出是什么？描述程序的输出，包括每个输出项的水平和垂直位置。

14．
```
INTEGER:: index1 = 1, index2 = 2
REAL::x1 = 1.2,y1 = 2.4,x2 = 2.4,y2 = 4.8
WRITE(*,120)index1,x1,y1,index2,x2,y2
120 FORMAT(T11,'Output Data',/,&
       T11,'===========',//,&
       ('POINT(',I2,')= ',2F14.6))
```

5.4 格式化 READ 语句

输入设备是一种可以将数据输入到计算机内的装置。现代计算机上最常用的输入设备是键盘。数据被送入到输入设备中时，它就被保存在计算机内存中的一个输入缓冲区中。一旦有一整行键入到输入缓冲区中，用户单击键盘上 ENTER 键，输入缓冲区中的内容就可以由计算机进行处理了。

READ 语句从与输入设备相关的输入缓冲区中读取一个或多个数据值。要读取的特定输入设备由 READ 语句中的 i/o 单元号指定，将在本章的后面讲解。可以使用格式化 READ 语句指定解释输入缓冲区中内容的确切方式。

一般来说，格式指定输入缓冲区的哪一列与某一特定变量相对应，以及这些列如何解释。典型的格式化 READ 语句如下所示：

```
READ(*,100)increment
100 FORMAT(6X,I6)
```

这条语句指定跳过输入缓冲区的前六列，然后第 7～12 列的内容将被解释为整数，结果数值保存在变量 increment 中。与 WRITE 语句一样，格式可以保存在 FORMAT 语句、字符常量或者字符变量中。

READ 语句相关的格式所使用的许多格式描述符与 WRITE 语句的格式相同。但是，对这些描述符的解释略有些不同。对 READ 语句的常用格式描述符的含义说明如下。

5.4.1 整数输入——I 描述符

I 描述符用于读取整数数据。其一般格式如下：

```
rIw
```

其中 *r* 和 *w* 具有表 5-2 中给定的含义。整数数值可以放置在区域内的任何位置，并且可被正确读取和解释。

5.4.2 实数输入——F 描述符

F 描述符用于描述实数数据的输入格式。其格式为：

```
rFw.d
```

其中 *r*, *w* 和 *d* 具有表 5-2 中给定的含义。在格式化 READ 语句中对实数数据的解释较为复杂。在 F 输入域中的输入值可以是带有小数点的实数、以指数表示法表示的实数或者是不带小数点的数。如果在区域中出现的是带有小数点的实数或以指数表示法表示的实数，那么该数总能得到正确的解释。例如，考虑下列语句：

```
READ(*,'(3F10.4)')a,b,c
```

假设该语句的输入数据为：

```
1.5      0.15E+01  15.0E-01
----|----|----|----|----|----|
   5    10   15    20   25   30
```

执行该语句后，三个变量都将包含数值 1.5。

如果在区域中出现的是不带小数点的数值，那么则假定小数点出现在由格式描述符中的 d 项指定的位置上。例如，如果格式描述符为 F10.4，则输入数值的最右边四位就为小数部分，其余位为整数部分。考虑下列 Fortran 语句：

```
READ(*,'(3F10.4)')a,b,c
```

假定该语句的输入数据为：

```
  15  150                   15000
----|----|----|----|----|----|
  5     10   15   20   25   30
```

这条语句执行后，a 为 0.0015，b 为 0.0150，c 为 1.5000。在实数输入域中使用不带小数点的数值非常使人困惑。它是从 Fortran 早先的版本遗留下来的产物，所以在程序中永远不要使用它。

良好的编程习惯

在使用格式化 READ 语句时，总是使用带小数点的实数。

对于输入数据来说，E 和 ES 格式描述符与 F 描述符完全相同。如果需要的话，它们可以替代 F 描述符使用。

5.4.3 逻辑输入——L 描述符

用于读取逻辑数据的描述符具有下列格式：

*r*L*w*

其中 *r* 和 *w* 具有表 5-2 中给定的含义。逻辑变量的值只能为.TRUE.或.FALSE.。输入数值必须为值.TRUE.或.FALSE.，或者是在输入域中第一个非空字符以 T 或 F 开头的字符块。如果在该域中第一个非空字符是其他的字符，则将发生运行时错误。逻辑输入格式描述符很少使用。

5.4.4 字符输入——A 描述符

使用 A 格式描述符可以读取字符数据。

*r*A 或 *r*A*w*

其中 *r* 和 *w* 具有表 5-2 中给定的含义。*r*A 描述符读取一个区域中的字符数据，区域的宽度与被读取的字符变量的长度相同；而 *r*A*w* 描述符在一个固定宽度 *w* 的区域中读取字符数据。如果区域宽 *w* 大于字符变量的长度，则将该区域的最右边部分的数据读入到字符变量中。如果区域宽小于字符变量的长度，则将该区域中的字符保存到变量的最左边，变量的其余部分用空格填充。

例如，设有下列语句：

```
CHARACTER(len=10)::string_1,string_2
CHARACTER(len=5)::string_3
CHARACTER(len=15)::string_4,string_5
```

```
READ(*,'(A)') string_1
READ(*,'(A10)')string_2
READ(*,'(A10)')string_3
READ(*,'(A10)')string_4
READ(*,'(A)') string_5
```

假设这些语句的输入数据为：

```
ABCDEFGHIJKLMNO
ABCDEFGHIJKLMNO
ABCDEFGHIJKLMNO
ABCDEFGHIJKLMNO
ABCDEFGHIJKLMNO
----|----|----|
   5   10   15
```

语句执行后，因为变量 string_1 为 10 个字符长，A 描述符将读取与变量长度一样多的字符，所以 string_1 包含“ABCDEFGHIJ”。因为变量 string_2 为 10 个字符长，A10 描述符会读取 10 个字符，所以 string_2 包含“ABCDEFGHIJ”。变量 string_3 只有 5 个字符长，A10 描述符是 10 个字符长，所以 string_3 包含域中 10 个字符的最右边的 5 个字符：“FGHIJ”。因为变量 string_4 为 15 个字符长，A10 描述符只读取 10 个字符，所以 string_4 包含“ABCDEFGHIJϕϕϕϕϕ”。最后，因为变量 string_5 为 15 个字符长，A 描述符会读取与变量长度一样多的字符，所以 string_5 包含“ABCDEFGHIJKLMNO”。

5.4.5 水平定位——X 和 T 描述符

X 和 T 格式描述符可用于读取格式化的输入数据。X 描述符的主要作用是跳过输入数据中不想读取的区域。T 描述符可用于同样的目的，但其也可以用来以两种不同的格式读取同一数据。例如，下列代码读取两次输入缓冲区的第 1 至 6 个字符中的数值——一次读为整数，一次读为字符串。

```
CHARACTER(len=6)::string
INTEGER::input
READ(*,'(I6,T1,A6)')input,string
```

5.4.6 垂直定位——斜线（/）描述符

斜线（/）格式描述符可以使格式化 READ 语句放弃当前输入缓冲区，从输入设备中获得另一个输入值，是从新的输入缓冲区的头部开始处理。例如，下列格式化 READ 语句从第一个输入行中读取变量 a 和 b 的值，向下跳过两行，再从第三个输入行中读取变量 c 和 d 的值。

```
REAL::a,b,c,d
READ(*,300)a,b,c,d
300 FORMAT(2F10.2,//,2F10.2)
```

如果这些语句的输入数据为：

```
     1.0    2.0    3.0
     4.0    5.0    6.0
     7.0    8.0    9.0
----|----|----|----|----|----|
   5    10    15    20   25    30
```

那么变量 a，b，c 和 d 的值将分别为 1.0，2.0，7.0 和 8.0。

5.4.7 格式在 READ 语句中的使用

大多数的 Fortran 编译器在编译时仅检验 FORMAT 语句和包含格式的字符常量的语法，但是不处理它们。包含格式的字符变量在编译时甚至都不检验其语法的正确性，这是因为格式在程序执行期间可以被动态地修改。无论何种情况，格式在编译后的程序内部都被保存为不变的字符串。当执行程序时，格式中的字符被用作指引格式化 READ 语句操作的模板。

在执行时，与 READ 语句关联的输入变量列表和语句的格式一起被处理。READ 语句扫描格式的规则与 WRITE 语句的扫描规则是相同的。扫描顺序、重复次数以及括号的使用都是一致的。

如果要读取的变量的个数与格式中的描述符的个数不同，格式化 READ 语句将按如下规则执行：

（1）如果 READ 语句在格式结束前用完了所有变量，则格式的使用就停在最后读取的变量后面。下一个 READ 语句将从一个新的输入缓冲区开始，原有的输入缓冲区中的其他数据将被丢弃。例如，考虑下列语句：

```
READ(*,30)i,j
READ(*,30)k,l,m
30 FORMAT(5I5)
```

以及下列输入数据：

```
  1  2  3  4  5
  6  7  8  9  10
----|----|----|----|----|
  5    10   15   20   25
```

执行第一个语句之后，i 和 j 的值分别为 1 和 2。第一个 READ 语句在此处结束，所以输入缓冲区被丢弃，即使缓冲区中的其余数据从未被用过。下一个 READ 语句使用第二个输入缓冲区，所以 k，l 和 m 的值为 6，7 和 8。

（2）如果在 READ 语句变量全赋完值之前扫描到了格式的结尾，则程序丢弃当前的输入缓冲区，然后重新获取一个新的输入缓冲区，并在格式中最右边不带重复次数的开始括号处重新开始。例如，考虑语句：

```
READ(*,40)i,j,k,l,m
40 FORMAT(I5,(T6,2I5))
```

以及输入数据：

```
  1  2  3  4  5
  6  7  8  9  10
----|----|----|----|----|
  5    10   15   20   25
```

在执行 READ 语句时，变量 i，j 和 k 从第一个输入缓冲区中读取。它们分别为 1，2 和 3。FORMAT 语句在该点停止，所以第一个输入缓冲区被丢弃，使用下一个缓冲区。FORMAT 语句从最右边不带重复次数的开始括号处重新开始，所以变量 l 和 m 分别为 7 和 8。

测验 5-2

本测验可以快速检查读者是否已经理解了 5.4 节中介绍的概念。如果对本测验存在困难，重新阅读本节，向指导教师请教，或者与同学讨论。本测验的答案在本书后面可以找到。除非有另外说明，均假定以字母 I 到 N 开头的变量为整数，其他变量为实数。

编写 Fortran 语句，执行下面所描述的操作。

1. 从当前输入缓冲区的 10 ~ 20 列中读取实数变量 amplitude 的数值，从 30 ~ 35 列中读取整数变量 count 的数值，从 60 ~ 72 列中读取字符变量 identity 的数值。

2. 从第一个输入行的 10 ~ 34 列读取名为 title 的有 25 字符的变量，然后从后面 5 行的每一行中的 5 ~ 12 列读取 5 个整数变量 i1 ~ i5 的数值。

3. 从当前输入行的 11 ~ 20 列中读取字符变量 string，跳过两行，然后从 11 ~ 20 列中读取整数变量 number。用单条格式化 READ 语句完成。

下列每个变量中保存的数值是什么？

4. `READ (*, '(3F10.4)') a, b, c`

输入数据为：

```
1.65E-10  17.     -11.7
----|----|----|----|----|----|----|
    5    10   15   20   25   30   35
```

5.
```
READ (*, 20) a, b, c
20 FORMAT(E10.2,F10.2,/,20X,F10.2)
```

输入数据为：

```
-3.1415932.7182818210.1E10
    -11.    -5.   37.5532
----|----|----|----|----|----|----|
    5    10   15   20   25   30   35
```

6. `READ (*, '(3I5)') i, j, k`

输入数据为：

```
-35  67053687
----|----|----|----|----|----|----|
    5    10   15   20   25   30   35
```

7.
```
CHARACTER(len=5)::string_1
CHARACTER(len=10)::string_2,string_4
CHARACTER(len=15)::string_3
READ(*,'(4A10)')string_1,string_2,string_3,string_4
```

输入数据为：

```
ABCDEFGHIJLKMNOPQRSTUVWXYZ0123 _TEST_ 1
----|----|----|----|----|----|----|----|
    5    10   15   20   25   30   35   40
```

检查下列 Fortran 语句。它们是否正确？如果不正确，原因是什么？如果正确，其功能是什么？

8.
```
READ (*, 100) nvals, time1, time2
100 FORMAT(10X,I10,F10.2,F10.4)
```

9.
```
READ (*, 220) junk, scratch
220 FORMAT(T60,I15,/,E15.3)
```

10.
```
READ (*, 220) icount, range, azimuth, elevation
220 FORMAT(I6,4X,F20.2)
```

5.5 文件及文件处理介绍

到目前为止所编写的程序中，输入和输出数据量相对较少。每次程序运行时，都从键盘键入要输入的数据，输出数据都直接送给终端或打印机。对于小型的数据集来说，这是可以接受的，但是当处理大量的数据时这种方法很快就会变得不适用。想象一下每次程序运行时都要键入 100000 个输入值的情形！这样一个过程既浪费时间，又容易出现键入错误。我们需要一种简便的读入和输出大数据集合的方法，并且不需再次输入即可重复使用。

幸运的是，计算机有一种保存数据的标准结构，可以在程序中使用它。这个结构称为文件。一个文件由许多相互关联的数据行组成，可以作为一个整体被访问。文件中的每行信息称为一条记录。Fortran 可以一次一条记录地对文件读取或写入信息。

计算机中的文件可以保存在各种类型的设备上，它们都统称为辅助存储器（计算机的 RAM 是其主存储器)。辅助存储器比计算机的主存储器要慢，但它仍能对数据进行相对较快的存取。通常辅助存储设备包括硬盘、USB 存储棒，以及 CD 或 DVD。

在计算机的早期，磁带是最常见的辅助存储设备。计算机磁带保存数据的方式与用于播放音乐的盒式录音磁带相似。与它们相似，计算机磁带必须从磁带的开始到结束的顺序读取（或者“播放”)。当以这种方式一个接着一个记录地按连续的顺序读取数据时，使用的就是顺序访问方式。其他设备如硬盘能够在文件内从一个记录的位置跳到任意另一个记录的位置处。当不按指定顺序自由地从一个记录跳到另一个记录时，使用的就是直接访问方式。由于历史原因，即使正在使用能够直接访问的设备，Fortran 中的默认访问技术仍为顺序存取。

为了在 Fortran 程序中使用文件，需要一些选择所需文件以及读写该文件的方法。幸运的是，Fortran 有一种极其灵活的读写文件的方法，无论文件是在磁盘上、磁带上，还是在与计算机相连的其他设备上。这个机制称为输入/输出单元（I/O 单元，有时称为逻辑单元，或简称为单元)。I/O 单元号与 READ（*，*）和 WRITE（*，*）语句中的第一个星号对应。如果这个星号被 I/O 单元号代替，那么对应的读和写将指向该单元指定的设备，替代标准的输入或输出设备。读写任意文件或与计算机相连设备的语句，除了在第一个位置上的 I/O 单元号不同外，其他都完全相同，所以如何使用文件 I/O 单元号所需了解的主要内容我们已经都学过了。I/O 单元号必须为整数类型。

一些 Fortran 语句可用于控制磁盘文件的输入和输出。本章讨论的语句在表 5-3 中进行了总结。

表 5-3　　Fortran 文件控制语句

I/O 语句	作　用
OPEN	将特定磁盘文件与特定的 i/o 单元号相关联
CLOSE	结束特定磁盘文件与特定 i/o 单元号的关联

续表

I/O 语句	作　　用
READ	从特定 i/o 单元号读取数据
WRITE	向特定 i/o 单元号写入数据
REWIND	移动到文件的开头
BACKSPACE	在文件中向前移动一条记录

使用 OPEN 语句可以将 I/O 单元号分配给磁盘文件或设备，使用 CLOSE 语句可以将它们分离。一旦使用 OPEN 语句将一个文件连接到一个 i/o 单元上，就可以用与已经学到的相同的方式进行读和写。在完成了文件操作后，CLOSE 语句关闭文件并释放 i/o 单元，以备后续分配给其他文件使用。REWIND 和 BACKSPACE 语句可以用于改变在打开的文件中的当前读写位置。

某些单元号被预定义连接到了某些指定的输入或输出设备上，因此使用这些设备时就不需使用 OPEN 语句。这些预定义的单元随着处理器的不同而有所不同❺。一般 i/o 单元 5 预定义为程序的标准输入设备（即，如果在终端上运行就是键盘，如果以批处理方式运行就为输入批处理文件）。与此相似，i/o 单元 6 通常预定义为程序的标准输出设备（如果在终端上运行就为显示器，如果以批处理方式运行就为行式打印机）。这些指定可以追溯到早期 IBM 计算机上的 Fortran，所以它们已经被多数其他厂商在其 Fortran 编译器中采用。另一个常用的相关设备是 i/o 单元 0，为程序的标准错误设备。这个指定可以追溯到 C 语言和基于 UNIX 的计算机。

但是，不能指望所有这些关联在所有处理器上都是正确的。如果要读写标准设备，使用星号来代替设备的标准单元号。星号可以保证在任意的计算机系统上正确工作。

良好的编程习惯

在涉及标准输入或标准输出设备时，使用星号来代替 I/O 单元号。标准 I/O 单元号随着处理器的不同而不同，但是星号在所有处理器上都能正确工作。

如果要访问除了预定义的标准设备外的其他任意文件或设备，那么必须首先使用 OPEN 语句将文件或设备与特定的 I/O 单元号关联起来。一旦建立这个关联，就能在普通的 Fortran READ 和 WRITE 语句使用这个单元来处理文件中的数据❻。

5.5.1 OPEN 语句

OPEN 语句将一个文件与一个给定的 i/o 单元号关联起来。其格式为：

```
OPEN (open_list)
```

其中 open-list 包含一组子句，分别指定 i/o 单元号、文件名和关于如何存取文件的信息。列表中的子句由逗号隔开。关于 OPEN 语句中所有子句的完整列表将在第 14 章中讨论。目前只介绍列表中最重要的六项。它们是：

（1）子句 UNIT=指明与文件关联的 i/o 单元号。这条子句的格式为：

```
UNIT= int_expr
```

❺ 处理器定义为特定计算机与特定编译器的组合。

❻ 一些 Fortran 编译器将默认文件附加到未打开的逻辑单元上。例如，在 Intel Fortran 中，对未打开的 I/O 单元 26 的写操作会自动进入到一个名为 fort.26 的文件中。永远不要使用这个功能，因为它不是标准的，并且会随着处理器的不同而不同。如果在写入到文件前总是使用 OPEN 语句，程序的可移植性将会更强。

其中 int_expr 可以是非负的整数值。

（2）子句 FILE=指定要打开的文件名。这条子句的格式为：

```
FILE= char_expr
```

其中 char_expr 是一个包含要打开文件名称的字符值。

（3）子句 STATUS=指定要打开文件的状态。这条子句的格式为：

```
STATUS= char_expr
```

其中 char_expr 为下列值中的一个："OLD"，"NEW"，"REPLACE"，"SCRATCH"或"UNKNOW"。

（4）子句 ACTION=指定一个文件是否以只读、只写或读写方式打开。该子句的格式为：

```
ACTION= char_expr
```

其中 char_expr 是下列值中的一个："READ"，"WRITE"或"READWRITE"。如果没有指定任何一个操作，文件就以读写方式打开。

（5）子句 IOSTAT=指定一个整数变量名，打开操作的状态可以返回到这个变量中。该子句的格式为：

```
IOSTAT= int_var
```

其中 int_var 是一个整数变量。如果 OPEN 语句成功执行，返回给这个整数变量的值为 0。如果 OPEN 语句未执行成功，一个与系统错误信息相应的正数值将返回到变量中。系统错误信息在不同的处理器中是不同的，但是零总是意味着成功。

（6）子句 IOMSG=指定一个字符变量名，如果发生错误，它将包含错误信息。该子句的格式为：

```
IOMSG= chart_var
```

其中 chart_var 为字符变量。如果 OPEN 语句成功执行，字符变量的内容将不变。如果未成功执行，一个描述错误的信息将返回到该字符串中。

上述子句可在 OPEN 语句中以任何顺序出现。一些 OPEN 语句的正确实例如下所示。

示例 1　打开文件进行输入

下列语句打开一个名为 EXAMPLE.DAT 的文件，并将其连接到 i/o 单元 8 上。

```
INTEGER::ierror
OPEN(UNIT=8,FILE='EXAMPLE.DAT',STATUS='OLD',ACTION='READ',&
   IOSTAT=ierror,IOMSG=err_string)
```

子句 STATUS='OLD'指定已经存在的文件；如果它不存在，那么 OPEN 语句将返回给变量 ierror 一个错误代码，以及字符串 err_string 一条错误信息。这是 OPEN 语句打开输入文件的正确格式。如果要打开一个文件并从中读取输入数据，那么这个文件最好是存在的并且含有数据！如果不存在，则明显是错误的。通过检查 ierror 中的返回值，可以检测到问题，并采取相应的措施。

子句 ACTION='READ'指定了文件应是只读的。如果试图对文件写入，就会发生错误。这个操作适合于输入文件。

示例 2　打开文件进行输出

下列语句打开一个名为 OUTDAT 的文件，并将其连接到 i/o 单元 25 上。

```
INTEGER::unit,ierror
CHARACTER(len=6)::filename
unit = 25
filename = 'OUTDAT'
OPEN(UNIT=unit,FILE=filename,STATUS='NEW',ACTION='WRITE',&
  IOSTAT=ierror,IOMSG=err_string)
```

或

```
OPEN(UNIT=unit,FILE=filename,STATUS='REPLACE',ACTION='WRITE',&
  IOSTAT=ierror,IOMSG=err_string)
```

子句 STATUS='NEW'指定了文件是新文件；如果文件已经存在，那么 OPEN 语句就给变量 ierror 返回一个错误代码。如果要确保不会覆盖已存在的文件中的数据，那么这个例子给出了输出文件的 OPEN 语句的正确格式。

子句 STATUS='REPLACE'指定了无论是否有相同名称的文件，都应打开一个新的文件用于输出。如果文件已经存在，程序就将其删除，建立一个新的文件，然后打开它进行输出。文件中的原有内容将丢失。如果文件不存在，程序将建立一个新的具有此名称的文件并打开它。如果不管是否存在相同名称的文件，都要打开这个文件，那么这就是输出文件的 OPEN 语句的正确格式。

子句 ACTION='WRITE'指定了文件应为只写。如果要从文件读取，则会发生错误。这个操作适合于输出文件。

示例 3 打开一个临时文件

下列语句打开一个临时文件，并将其连接到 i/o 单元 12 上。

```
OPEN(UNIT=12,STATUS='SCRATCH',IOSTAT=ierror)
```

临时文件是由程序建立的临时文件，当文件被关闭或当程序终止运行时，它将被自动删除。这类文件可用于保存程序运行时中间结果，但它不可用来在程序结束后保存任何我们要保留的结果。注意在 OPEN 语句中没有指定文件名。实际上，给临时文件指定文件名是错误的。由于没有包含 ACTION=子句，所以文件是以读写方式打开的。

良好的编程习惯

根据要读文件还是要写文件，从而在 OPEN 语句中指定正确的状态，这个操作要一直小心谨慎。这个习惯可以避免出现意外地覆盖了要保留的数据文件的错误。

5.5.2 CLOSE 语句

CLOSE 语句关闭一个文件并释放与之关联的 i/o 单元号。其格式为：

```
CLOSE (close_list)
```

其中 close_list 必须包含一个指定 i/o 单元号的子句。其还可以指定其他选项，这些将与高级 i/o 的知识一起在第 14 章讨论。如果在程序中没有包含对给定文件的 CLOSE 语句，这个文件将在程序结束运行时被自动关闭。

在关闭一个非临时文件之后，它还可以在任何时候用新的 OPEN 语句再次打开。当其被再次打开时，可以与同一 i/o 单元或不同的 i/o 单元关联。在文件被关闭后，与其关联的 I/O 单元被释放，可以在新的 OPEN 语句中再重新分配给其他任意文件。

5.5.3 磁盘文件的读和写

一旦文件通过 OPEN 语句连接到 i/o 单元，就可以使用之前用过的 READ 和 WRITE 语句对文件进行读或写。例如，语句：

```
OPEN(UNIT=8,FILE='INPUT.DAT',STATUS='OLD',IOSTAT=ierror)
READ(8,*)x,y,z
```

以自由格式从文件 INPUT.DAT 中读取变量 x，y 和 z 的值，语句：

```
OPEN(UNIT=9,FILE='OUTPUT.DAT',STATUS='REPLACE',IOSTAT=ierror)
WRITE(9,100)x,y,z
100 FORMAT(' X = ',F10.2,' Y = ',F10.2,' Z = ',F10.2)
```

以特定的格式向文件 INPUT.DAT 中写入变量 x，y 和 z 的值。

5.5.4 READ 语句中的 IOSTAT=和 IOMSG=子句

当使用磁盘文件时，可以给 READ 语句增加 IOSTAT=和 IOMSG=子句，这是一种重要的附加功能。IOSTAT=子句的格式为：

```
IOSTAT= int_var
```

其中 int_var 是整型变量。如果 READ 语句成功执行，就给这个整型变量返回 0。如果由于文件或格式错误，READ 语句执行失败，就给该变量返回一个与系统错误信息对应的正数。如果由于已经到达输入数据文件的尾部而使语句执行失败，就给该变量返回一个负数❼。

如果 READ 语句包含 IOMSG=子句，而且返回的 I/O 状态为非零值，那么 IOMSG=子句返回的字符串将以语句的形式来解释发生的错误。程序应该设计为将这个信息显示给用户。

如果在 READ 语句中不存在 IOSTAT=子句，则任何对文件结尾之外的行信息的读取操作都将使程序的运行异常中断。这种行为在设计良好的程序中是不能接受的。我们经常要从文件中读取所有数据，直到到达文件的结尾，然后再对这些数据进行某些处理。这就是 IOSTAT=子句得以应用的地方：如果存在 IOSTAT=子句，程序不会由于读取文件尾之外的行信息而异常中断。相反，READ 语句会完成执行，并将 IOSTAT 变量设置为负数。随后可以测试这个变量的值，并对应地处理数据。

良好的编程习惯

当从磁盘文件读取数据时，总是包含 IOSTAT=子句。该子句提供了一种检测输入文件中数据结尾条件的优雅方法。

例题 5-3 从文件中读取数据

通常要从一个文件中将大型数据集读到程序中，然后以某种方式对数据进行处理。程序通常没有办法事先知道文件中有多少数据。在这种情况下，程序需要用 WHILE 循环读取数

❼ 有另外一种检测文件读错误和文件尾条件的方法，就是使用 ERR=和 END=子句。这两个 READ 语句的子句将在第 14 章中讨论。IOSTAT=和 IOMSG=子名比其他子句更适合结构化程序设计，所以其他子句将推迟到后面章节进行介绍。

据，直到到达了数据集尾部为止，然后还必须检测是否已没有可读取的数据。一旦读入了所有的数据，程序就可以按任何要求对数据进行处理。

通过编写一个程序来说明这个过程，程序可以从磁盘文件中读入未知个数的实数值，并检测磁盘文件中的数据尾。

解决方案

这个程序应打开磁盘输入文件，然后从其中读取数值，并使用 IOSTAT=子句检测是否有问题存在。如果在 READ 之后 IOSTAT 变量包含一个负数，则已到达文件末尾。如果在 READ 之后 IOSTAT 变量包含 0，则一切顺利。如果 READ 之后 IOSTAT 变量包含一个正数，则会发生 READ 错误。在本例中，如果发生了 READ 错误，程序应停止运行。

1. 描述问题

问题可以简述如下：

编写一个程序，可以从用户指定的输入数据文件中读取未知个数的实数值，出现数据文件尾时能够检测到。

2. 定义输入和输出

该程序的输入包括：

（1）要打开的文件名。

（2）包含在该文件中的数据。

程序的输出为数据文件中的输入值。在文件尾部输出一条提示信息，告诉用户发现了多少个有效的输入数值。

3. 算法描述

该程序的伪代码为：

```
将 nvals 初始化为 0
提示用户输入文件名
获取输入文件的名称
OPEN 输入文件
检查是否有 OPEN 错误

IF  没有 OPEN 错误  THEN
  !读取输入数据
  WHILE
    READ 数值
    IF  status/=0  EXIT
    nvals ← nvals+1
    WRITE 有效数据到屏幕
  END of  WHILE

  !检查是否由于到达文件尾或 READ 错误而使 WHILE 终止
  IF status > 0
    WRITE '发生 READ 错误于行',nvals
  ELSE
    WRITE 有效输入数值的个数 nvals
  END of IF(status > 0)
END of IF(没有 OPEN 错误)
END PROGRAM
```

程序的流程图如图 5-9 所示。

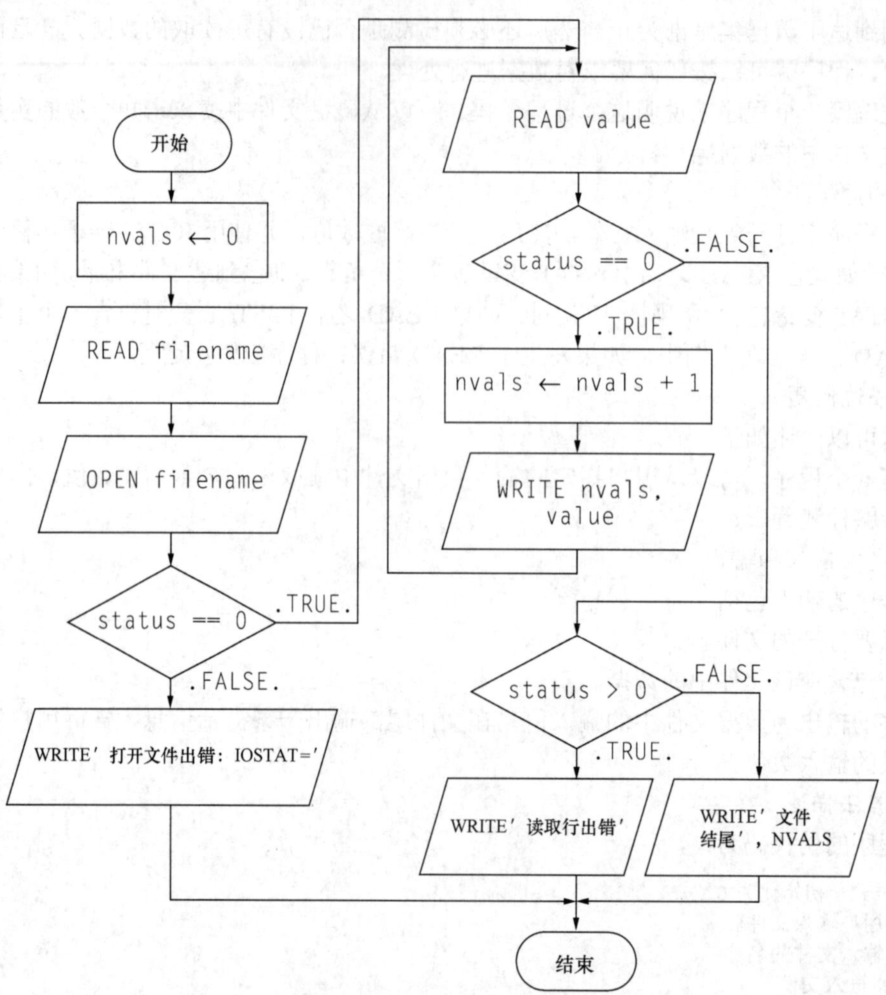

图 5-9　从输入数据文件中读取未知个数数值的程序流程图

4. 将算法转换为 Fortran 语句

最终的 Fortran 程序如图 5-10 所示。

```
PROGRAM read_file
!
! 目的:说明如何从输入数据文件中读取未知个数的数值,并检测格式错误和文件尾
!
! 版本记录:
!   日期          程序员              修改版本
!   ====          ==========          =====================
!  11/18/15       S. J. Chapman       原始代码
!
IMPLICIT NONE
! 数据字典:声明变量类型、定义和单位
CHARACTER(len=20)::filename        ! 要打开的文件名
CHARACTER(len=80)::msg             ! 错误信息
INTEGER::nvals = 0                 ! 读入数值的个数
INTEGER::status                    ! I/O 状态
REAL::value                        ! 读入的实数值
```

```
! 获取文件名,并将之回显给用户
WRITE(*,*)'Please enter input file name:'
READ(*,*)filename
WRITE(*,1000)filename
1000 FORMAT('The input file name is:',A)
! 打开文件,检查是否有打开错误
OPEN(UNIT=3,FILE=filename,STATUS='OLD',ACTION='READ',&
   IOSTAT=status,IOMSG=msg)
openif:IF(status == 0)THEN
  ! OPEN 成功。读取数值
  readloop:DO
   READ(3,*,IOSTAT=status)value      ! 获得下一个数值
   IF(status /= 0)EXIT               !如果无效则退出
   nvals = nvals+1                   !有效:计数增加
   WRITE(*,1010)nvals,value          ! 回显到屏幕
   1010 FORMAT('Line ',I6,':Value = ',F10.4)
  END DO readloop
  ! WHILE 循环已终止。是由于 READ 错误还是由于到达了输入文件的尾部
  readif:IF(status > 0)THEN ! 发生了 READ 错误。告诉用户
   WRITE(*,1020)nvals+1
   1020 FORMAT('An error occurred reading line ',I6)
  ELSE ! 到达了数据尾部。告诉用户
   WRITE(*,1030)nvals
   1030 FORMAT('End of file reached. There were ',I6,&
         ' values in the file.')
  END IF readif
ELSE openif
  WRITE(*,1040)status
  1040 FORMAT('Error opening file:IOSTAT = ',I6)
  WRITE(*,1050)TRIM(msg)
  1050 FORMAT(A)
END IF openif
! 关闭文件
CLOSE(UNIT=3)
END PROGRAM read_file
```

图 5-10 从用户指定的磁盘输入文件中读取未知个数数值的程序

注意因为是从文件中读取数据，输入数据必须在程序执行前就已经存在，所以用STATUS='OLD'来打开输入文件。

5. 测试程序

要测试这个程序，需要建立两个输入文件，一个包含有效数据，一个有输入数据错误。对这两个输入文件都运行该程序，验证程序是否能对有效数据和包含输入错误的数据正确运行。此外，还要用一个无效的文件名来运行程序，展示其能够正确处理不存在的输入文件。

有效的输入文件称为 READ1.DAT。它包含下列各行：

```
-17.0
30.001
1.0
12000.
-0.012
```

无效的输入文件称为 READ2.DAT。它包含下列各行：

```
-17.0
30.001
ABCDEF
12000.
-0.012
```

通过程序运行这些文件，产生下列结果：

```
C:\book\fortran\chap5>read_file
Please enter input file name:
read1.dat
The input file name is:read1.dat
Line   1:Value = -17.0000
Line   2:Value =  30.0010
Line   3:Value =   1.0000
Line   4:Value = 12000.0000
Line   5:Value =   -.0120
End of file reached. There were  5 values in the file.
C:\book\fortran\chap5>read_file
Please enter input file name:
read2.dat
The input file name is:read2.dat
Line   1:Value =  -17.0000
Line   2:Value =  30.0010
An error occurred reading line  3
```

最后，我们用一个无效的输入文件名来测试程序。

```
C:\book\fortran\chap5>read_file
Please enter input file name:
xxx
The input file name is:xxx
Error opening file:IOSTAT =  29
file not found,unit 3,file C:\Data\book\fortran\chap5\xxx
```

该程序报告的 IOSTAT 错误的数字会随着处理器的不同而变化，但是它总为正数。应参考所使用的特定编译器的运行时错误代码列表，来找到计算机报告的错误代码的确切含义。对于这里使用的 Fortran 编译器，IOSTAT=29 表示“文件未找到”。注意由 IOMSG 子句所返回的错误信息对用户来说是清晰的，不再需要去查找状态 29 的含义！

这个程序正确地读取了输入文件中的所有数值，并在出现数据集结尾时能够检测到。

5.5.5 文件定位

前面已经说过，普通的 Fortran 文件是顺序文件，读取顺序是从文件中的第一条记录开始到文件中的最后一条记录。但是，有时需要在程序执行期间多次读取一块数据，或者多次处理整个文件。如何能够在顺序文件内部来回跳跃呢？

Fortran 提供了两条语句，帮助在顺序文件内部来回移动。它们是 BACKSPACE 语句，每次调用它都可以回退一条记录；REWIND 语句，可以从文件头重新开始文件。语句的格式是：

```
BACKSPACE(UNIT=unit)
```

和

```
REWIND(UNIT=unit)
```

其中 unit 是与要使用的文件关联的 I/O 单元号[8]。

两条语句还可以包含 IOSTAT=和 IOMSG=子句，检测回退或倒回操作期间是否发生错误，以不引起程序异常中断。

例题 5-4　使用文件定位命令

现在使用一个简单示例问题来说明临时文件以及文件定位命令的使用。编写一个程序，接收一组非负的实数值，并将其保存在一个临时文件中。数据输入后，程序应询问用户对什么数据记录感兴趣，然后从磁盘文件中重新找到并显示这个数值。

解决方案

由于希望程序只读取正数或零值，因此可以使用一个负数值作为终止对程序的输入操作的标记。完成此项工作的 Fortran 程序如图 5-11 所示。该程序打开了一个临时文件，然后读取来自用户的输入值。如果数值为非负数，就写入到临时文件中。当遇到负数值时，程序就询问用户要显示的记录。程序查看是否输入了有效的记录号。如果记录号是有效的，程序回倒文件，并向前读取该记录号标记的记录信息。最后，将这条记录的内容显示给用户。

```
PROGRAM scratch_file
!
! 目的:按如下方式说明临时文件和定位命令的使用:
! 1.读入任意个数的正数或零值,将它们保存在一个临时文件中。当遇到负数值时,停止! 读取操作。
! 2.询问用户要显示的记录号。
! 3.回倒文件,获得要求的数值,并显示出来。
!
! 版本记录:
!   日期          程序员              修改版本
!   ====          ==========          =====================
!   11/19/15      S. J. Chapman       原始代码
!
IMPLICIT NONE
! 数据字典:声明常量
INTEGER,PARAMETER::LU = 8          ! 临时文件的 i/o 单元
! 数据字典:声明变量类型、定义和单位
REAL::data                         ! 保存在磁盘文件中的数据值
INTEGER::icount = 0                ! 输入的数据记录的个数
INTEGER::irec                      ! 要重新找到并显示的记录号
INTEGER::j                         ! 循环控制变量
! 打开临时文件
OPEN(UNIT=LU,STATUS='SCRATCH')
! 提示用户输入并获取输入数据
WRITE(*,100)
100 FORMAT('Enter positive or zero input values. ',/,&
      'A negative value terminates input.')
! 获得输入值,并将其写到临时文件中
DO
  WRITE(*,110)icount+1             ! 提示输入下一个数值
  110 FORMAT('Enter sample ',I4,':')
  READ(*,*)data                    ! 读取数值
  IF(data < 0.)EXIT                ! 负数时退出
  icount = icount+1                ! 有效值:计数增加
  WRITE(LU,120)data                ! 将数据写到临时文件中
```

[8] 这些语句的另外形式在第 14 章中描述。

```
  120 FORMAT(ES16.6)
END DO
! 现在有了所有的记录。询问要查看哪个记录。文件中有 icount 个记录
WRITE(*,130)icount
130 FORMAT('Which record do you want to see(1 to ',I4,')? ')
READ(*,*)irec
! 得到合法的记录号了吗？如果是,获得该记录。如果没有,告诉用户并停止
IF((irec >= 1).AND.(irec <= icount))THEN
  ! 这是一个合法记录。回倒临时文件
  REWIND(UNIT=LU)
  ! 向前读到所需的记录处
  DO j = 1,irec
   READ(LU,*)data
  END DO
  ! 告诉用户
  WRITE(*,140)irec,data
  140 FORMAT('The value of record ',I4,' is ',ES14.5)
ELSE
  ! 非法记录号。告诉用户
  WRITE(*,150)irec
  150 FORMAT('Illegal record number entered:',I8)
END IF
! 关闭文件
CLOSE(LU)
END PROGRAM scratch_file
```

图 5-11　说明文件定位命令使用的示例程序

下面用有效数据来测试程序：

```
C:\book\fortran\chap5>scratch_file
Enter positive or zero input values.
A negative input value terminates input.
Enter sample 1:
234.
Enter sample 2:
12.34
Enter sample 3:
0.
Enter sample 4:
16.
Enter sample 5:
11.235
Enter sample 6:
2.
Enter sample 7:
-1
Which record do you want to see(1 to 6)?
5
The value of record 5 is 1.12350E+01
```

下面，应该用一个无效记录号测试程序，看看是否能正确地处理错误条件。

```
C:\book\fortran\chap5>scratch_file
Enter positive or zero input values.
```

```
A negative input value terminates input.
Enter sample 1:
234.
Enter sample 2:
12.34
Enter sample 3:
0.
Enter sample 4:
16.
Enter sample 5:
11.235
Enter sample 6:
2.
Enter sample 7:
-1
Which record do you want to see(1 to 6):
7
Illegal record number entered:7
```

程序看来能够正确地运行。

例题 5-5 一组噪声测量值的直线拟合

在重力场恒定不变的条件下，下落物体的速度由下面公式给定：

$$v(t)=at+v_0 \tag{5-4}$$

其中 $v(t)$ 是任意时刻 t 时的速度，a 是重力加速度，v_0 是在时间为 0 时的速度。这个公式来自于基础物理学，每个物理系新生都知道。如果绘制下落物体的速度-时间图，(v, t) 测量点应该是沿着一条直线分布。但是同样的物理新生也知道，如果进入到实验室，尝试测量一个物体相对于时间的速度，测量值并不会沿着一条直线分布。它们可能比较接近，但永远不会完全地排成一线。为什么呢？因为永远不能得到完美的测量值。在测量值中总会包括一些噪声，使其失真。

在科学研究和工程实践中有很多与该情况类似的情形，存在着噪声数据集，我们希望能估计出与数据“最佳拟合”的直线。这个问题称为线性回归问题。给定一个噪声测量值集合 (x, y)，沿着一条直线分布，如何找到与这些测量值最佳拟合的直线方程呢？

如果确定了回归系数 m 和 b，就能够通过评估式（5-5）来对任意 x 值给出预测的 y 值。

$$y=mx+b \tag{5-5}$$

寻找回归系数 m 和 b 的标准方法是最小平方法。因为该方法在产生直线 $y=mx+b$ 时，使 y 的观察值和预测值之间的差的平方总和尽可能小，所以它称为最小平方。最小平方线的斜率由下面的公式给定：

$$m=\frac{(\sum xy)-(\sum x)\bar{y}}{(\sum x^2)-(\sum x)\bar{x}} \tag{5-6}$$

最小平方线的截距由下面公式给定：

$$b=\bar{y}-m\bar{x} \tag{5-7}$$

式中：$\sum x$ 为 x 值的总和；

$\sum x^2$ 为 x 值的平方和；

$\sum xy$ 为对应的 x 值和 y 值乘积的和；

$\bar{x}$ 为 x 值的平均数；

$\bar{y}$ 为 y 值的平均数。

编写程序，对输入数据文件中给定的噪声测量数据点（x，y）的集合，计算最小平方斜率 m 和 y 轴截距 b。

解决方案

1. 描述问题

对于包含任意数目的（x，y）对的输入数据集合，计算与其最佳拟合的最小平方线的斜率 m 和截距 b。输入的（x，y）数据在用户指定的输入文件中。

2. 定义输入和输出

本程序所需的输入值为数据点（x，y），其中 x 和 y 为实数量。在输入磁盘文件中每对数据点都位于不同的行上。磁盘文件中的数据点个数事先是未知的。

本程序的输出值为最小平方拟合线的斜率和截距，以及参与拟合的数据点个数。

3. 描述算法

本程序可以分解为四个主要步骤：

（1）获得输入文件的名称并打开它。

（2）计算输入的统计值的累加值。

（3）计算斜率和截距。

（4）输出斜率和截距。

程序的第一步是获得输入文件的名称，然后打开该文件。要完成这个工作，就必须提示用户键入输入文件的名称。文件打开后，还必须检查打开操作是否成功。下一步，要读取文件，并跟踪输入数值的个数，求出$\sum x$、$\sum y$、$\sum x^2$ 和$\sum xy$。这些步骤的伪代码为：

```
将 n,sum_x,sum_x2,sum_y,sum_xy 初始化为 0
提示用户键入输入文件的名称
打开文件“filename”
检查 OPEN 错误
WHILE
  从文句“filename”中读取 x,y
  IF(文件尾)EXIT
  n←n+1
  sum_x ← sum_x+x
  sum_y ← sum_y+y
  sum_x2 ← sum_x2+x**2
  sum_xy ← sum_xy+x*y
END of WHILE
```

接下来，要计算最小平方线的斜率和截距。该步骤的伪代码就是式（5-6）和式（5-7）的 Fortran 版本。

```
x_bar ← sum_x / real(n)
y_bar ← sum_y / real(n)
slope ←(sum_xy -sum_x * y_bar)/(sum_x2 -sum_x * x_bar)
y_int ← y_bar -slope * x_bar
```

最后，输出结果。

```
输出斜率“slope”和截距“y_int”
```

4. 将算法转换为 Fortran 语句

最终的 Fortran 程序如图 5-12 所示。

```
PROGRAM least_squares_fit
!
! 目的:对输入数据集作最小平方拟合,拟合成一条直线,打印输出斜率和截距。该拟合! 输入的数据
! 来自用户指定的输入数据文件。
!
! 版本记录:
!   日期        程序员             修改版本
!   ====        ==========         =====================
!   11/19/15    S. J. Chapman      原始代码
!
IMPLICIT NONE
! 数据字典:声明常量
INTEGER,PARAMETER::LU = 18              ! 用于硬盘 I/O 的 I/O 单元
! 数据字典:声明变量类型、定义和单位。注意累加变量均初始化为 0
CHARACTER(len=24)::filename             !输入文件的名称(≤24 个字符)
INTEGER::ierror                         ! I/O 语句的状态标志
CHARACTER(len=80)::msg                  ! 错误信息
INTEGER::n = 0                          ! 输入数据对(x,y)的个数
REAL::slope                             ! 直线的斜率
REAL::sum_x = 0.                        ! 所有输入的 x 值的总和
REAL::sum_x2 = 0.                       ! 所有输入的 x 的平方和
REAL::sum_xy = 0.                       ! 所有输入的 x*y 的总和
REAL::sum_y = 0.                        ! 所有输入的 y 值的总和
REAL::x                                 ! 输入的 x 值
REAL::x_bar                             ! x 的平均值
REAL::y                                 ! 输入的 y 值
REAL::y_bar                             ! y 的平均值
REAL::y_int                             ! 直线的 y 轴截距
! 提示用户输入并获得输入文件名
WRITE(*,1000)
1000 FORMAT('This program performs a least-squares fit of an ',/,&
     'input data set to a straight line. Enter the name',/ &
     'of the file containing the input(x,y)pairs:')
READ(*,'(A)')filename
! 打开输入文件
OPEN(UNIT=LU,FILE=filename,STATUS='OLD',IOSTAT=ierror,IOMSG=msg)
! 查看 OPEN 操作是否失败
errorcheck:IF(ierror > 0)THEN
  WRITE(*,1010)filename
  1010 FORMAT('ERROR:File ',A,' does not exist!')
  WRITE(*,'(A)')TRIM(msg)
ELSE
  ! 如果文件成功打开,就从输入文件中读取数据对(x,y)
  DO
   READ(LU,*,IOSTAT=ierror)x,y          ! 获得数据对
   IF(ierror /= 0)EXIT
   n   = n+1                            !
   sum_x = sum_x+x                      ! 计算统计值
   sum_y = sum_y+y                      ! 计算统计值
   sum_x2 = sum_x2+x**2                 ! 计算统计值
   sum_xy = sum_xy+x * y                ! 计算统计值
  END DO
  ! 现在计算斜率和截距。
  x_bar = sum_x / real(n)
```

```
  y_bar = sum_y / real(n)
  slope =(sum_xy -sum_x * y_bar)/(sum_x2 -sum_x * x_bar)
  y_int = y_bar -slope * x_bar
  ! 告知用户
  WRITE(*,1020)slope,y_int,N
  1020 FORMAT('Regression coefficients for the least-squares line:',&
     /,' slope(m)  = ',F12.3,&
     /,' Intercept(b)= ',F12.3,&
     /,' No of points = ',I12)
  ! 关闭输入文件并退出
  CLOSE(UNIT=LU)
END IF errorcheck
END PROGRAM least_squares_fit
```

图 5-12 例题 5-5 的最小平方拟合程序

5. 测试程序

使用一组简单的数据来测试程序。例如，如果输入数据集中的每个点实际上都沿着一条直线分布，那么得出的斜率和截距应该正好是这条直线的斜率和截距。因此数据集：

```
1.1,1.1
2.2,2.2
3.3,3.3
4.4,4.4
5.5,5.5
6.6,6.6
7.7,7.7
```

应该得出 1.0 的斜率和 0.0 的截距。如果将这些数值放在一个名为 INPUT 的文件中，然后运行程序，结果是：

```
C:\book\fortran\chap5>least_squares_fit
This program performs a least-squares fit of an
input data set to a straight line. Enter the name
of the file containing the input(x,y)pairs:
INPUT
Regression coefficients for the least-squares line:
 slope(m)  =  1.000
 Intercept(b)=   .000
 No of points =    7
```

现在，将一些噪声添加到测量值中。数据集变为：

```
1.1,1.01
2.2,2.30
3.3,3.05
4.4,4.28
5.5,5.75
6.6,6.48
7.7,7.84
```

如果这些数值放在一个名为 INPUT1 的文件中，并在该文件上运行程序，结果是：

```
C:\book\fortran\chap5>least_squares_fit
This program performs a least-squares fit of an
input data set to a straight line. Enter the name
```

```
of the file containing the input(x,y)pairs:
INPUT1
Regression coefficients for the least-squares line:
 slope(m)  =  1.024
 Intercept(b)=  -.120
 No of points =    7
```

如果手工计算答案，则很容易表明程序对于两种测试数据集都给出了正确的答案。噪声输入数据集和得出的最小平方拟合线如图 5-13 所示。

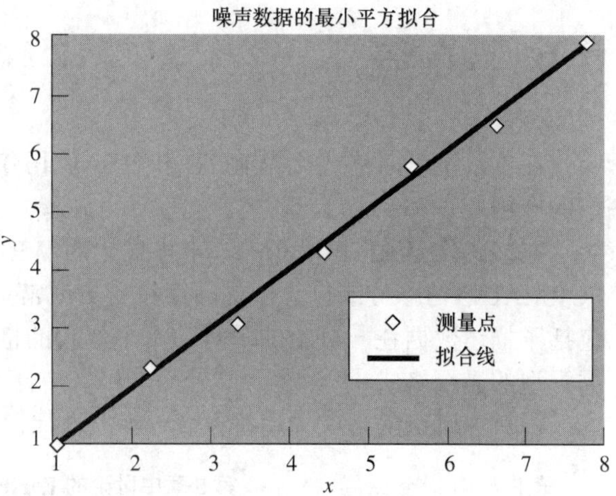

图 5-13　噪声输入数据集和得出的最小平方拟合线

本例中的程序有一个问题，它不能区分是到了输入文件结尾，还是遇到了输入文件的读取错误（如字符数据代替实数数据）。那么应该如何修改程序，使其能够区分这两种可能的情况呢？

还有，注意这个程序在字符常量中存储了两个简单格式，而不是为每个格式定义独立的格式语句。当格式很简单时，这是一个好的习惯。

测验 5-3

本测验可以快速检查是否已经理解了 5.5 节中介绍的概念。如果对本测验存在困难，重新阅读本节，向指导教师请教，或者与同学讨论。本测验的答案在本书后面可以找到。

编写完成下列功能的 Fortran 语句。除非另外说明，均假定以字母 I 到 N 开头的变量都为整数，其他变量都为实数。

1. 在 i/o 单元 25 上打开一个名为 IN052691 的现有文件，为只读输入用，并检查状态判断 OPEN 语句是否成功执行。

2. 打开一个新的输出文件，并确保不会覆盖任何一个具有相同名称的现有文件。输出文件的名称保存在字符变量 out_name 中。

3. 关闭与 i/o 单元 24 关联的文件。

4. 以自由格式从 i/o 单元 8 中读取变量 first 和 last 的值，在 READ 期间要检查到达数据结尾否。

5. 在与 i/o 单元 13 关联的文件中回退八行。

检查下列 Fortran 语句。它们是否正确？如果是错误的，为什么？除非另外说明，均假定以字母 I 到 N 开头的变量都为整数，其他变量都为实数。

6. `OPEN (UNIT=35, FILE='DATA1', STATUS='REPLACE', IOSTAT=ierror)`
```
READ(35,*)n,data1,data2
```

7. `CHARACTER (len=80):: str`
```
OPEN(UNIT=11,FILE='DATA1',STATUS='SCRATCH',IOSTAT=ierror,&
IOMSG=str)
```

8. `OPEN (UNIT=15, STATUS='SCRATCH', ACTION='READ', IOSTAT=ierror)`

9. `OPEN (UNIT=x, FILE='JUNK', STATUS='NEW', IOSTAT=ierror)`

10. `OPEN(UNIT=9,FILE='TEMP.DAT',STATUS='OLD',ACTION='READ',&`

```
IOSTAT=ierror)
READ(9,*)x,y
```

5.6 小结

在本章中，对格式化 WRITE 和 READ 语句以及为输入输出数据用的磁盘文件进行了基本的介绍。

在格式化 WRITE 语句中，未格式化的 WRITE 语句（WRITE（*，*））的第二个星号被 FORMAT 语句序号或包含格式的字符变量或常量所取代。该格式描述输出数据如何显示。它包括了描述数据在一页上的垂直和水平位置的格式描述符，以及整数、实数、逻辑和字符数据类型的显示格式。

本章中讨论的格式描述符在表 5-4 中进行了概要说明。

表 5-4　第 5 章中讨论的 Fortran 格式描述符

FORMAT 描述符		用　法
A*w*	A	字符数据
E*w.d*		以指数表示法表示的实数
ES*w.d*		以科学计数法表示的实数
F*w.d*		以十进制计数法表示的实数
I*w*	I*w.m*	整数数据
I0		带有可变域宽的整数数据
L*w*		逻辑数据
T*c*		TAB：移到当前行的第 *c* 列
*n*X		水平间距：跳过 *n* 个空格
/		垂直间距：向下移一行

注　*c* 表示列号。

d 表示小数点右边的位数。

m 表示要显示的最小位数。

n 表示要跳过的空格数。

w 表示以字符数表示的域宽。

格式化 READ 语句使用格式来描述输入数据是如何被解释的。上面的所有格式描述符在格式化 READ 语句中也是合法的。

使用 OPEN 语句可以打开磁盘文件，使用 READ 和 WRITE 语句可以读写磁盘文件，使用 CLOSE 语句可以关闭磁盘文件。OPEN 语句将一个文件与一个 I/O 单元号关联，这个 I/O 单元号被程序中的 READ 语句和 WRITE 语句用来访问文件。当文件关闭时，这个关联就被断开。

使用 BACKSPACE 和 REWIND 语句，可以在一个顺序磁盘文件内来回移动。只要 BACKSPACE 语句被执行，就将文件中的当前位置后移一条记录，REWIND 语句则会将当前位置移回到文件的第一条记录上。

5.6.1 良好编程习惯小结

在用格式化输出语句或用磁盘 I/O 编程时，应该遵守下列原则。如果能始终如一地遵循这些原则，那么程序代码出现的错误就会很少，易调试，并且更可以被将来要使用程序的其他人所理解。

（1）要注意将 WRITE 语句中的数据类型与相应格式中的描述符的类型匹配。整数应该与 I 格式描述符关联，实数应该与 E、ES 或 F 格式描述符关联，逻辑数据应该与 L 描述符关联，字符应该与 A 描述符关联。数据类型与格式描述符的不匹配将会造成运行时的错误。

（2）为了使输出数据以常规的科学记数法出现而以指数形式显示数据时，要使用 ES 格式描述符而不是 E 描述符。

（3）当从标准输入设备读取数据或向标准输出设备写数据时，要使用星号，而不用 I/O 单元号。由于星号在所有系统中是相同的，而指定给标准输入设备和标准输出设备的实际 I/O 单元号在不同的系统中是不同的，所以这样可使程序代码可移植性更强。

（4）总是用 STATUS='OLD'来打开输入文件。根据定义，如果我们要从一个输入文件中读取数据，该文件就必须已经存在。如果文件不存在，这就是个错误，STATUS='OLD'将会捕捉到这个错误。输入文件还应该用 ACTION='READ'打开，以防止对输入数据的意外重写。

（5）根据是否要保留输出文件的现有内容，使用 STATUS='NEW'或 STATUS= 'REPLACE'来打开输出文件。如果文件用 STATUS='NEW'打开，文件就不可能重写现有的文件，因此程序就不会意外地破坏数据。如果不在意输出文件中的现有数据，就用 STATUS='REPLACE'来打开文件，文件如果存在就将被重写。用 STATUS='SCRATCH'打开临时文件，这样文件就可以在关闭时自动删除。

（6）当读取磁盘文件时，总是要包含 IOSTAT=子句，以检测文件尾或错误状态。

5.6.2 Fortran 语句和结构小结

下列总结本章介绍的 Fortran 语句和结构。

BACKSPACE 语句：

```
BACKSPACE(UNIT=unit)
```

例如：

```
BACKSPACE(UNIT=8)
```

说明：

BACKSPACE 语句将文件的当前位置后移一个记录。

CLOSE 语句：

```
CLOSE(close_list)
```

例如：

```
CLOSE(UNIT=8)
```

说明：

CLOSE 语句关闭与某一 I/O 单元号关联的文件。

FORMAT 语句：

```
标号 FORMAT(格式描述符,...)
```

例如：

```
100 FORMAT(' This is a test:',I6)
```

说明：

FORMAT 语句描述读或写数据的位置和格式。

格式化 READ 语句：

```
READ(单元号,格式)输入列表
```

例如：

```
READ(1,100)time,speed
100 FORMAT(F10.4,F18.4)
READ(1,'(I6)')index
```

说明：

格式化 READ 语句按照格式中指定的格式描述符从输入缓冲区中读取数据。格式为一个字符串，可以在 FORMAT 语句、字符常量或字符变量中给定。

格式化 WRITE 语句：

```
WRITE(单元号,格式)输出列表
```

例如：

```
WRITE(*,100)i,j,slope
100 FORMAT(2I10,F10.2)
WRITE(*,'(2I10,F10.2)')i,j,slope
```

说明：

格式化 WRITE 语句按照格式中指定的格式描述符将输出列表中的数据输出。格式为一个字符串，可以在 FORMAT 语句、字符常量或字符变量中给定。

OPEN 语句：

```
OPEN(open_list)
```

例如：

```
OPEN(UNIT=8,FILE='IN',STATUS='OLD' ACTION='READ',&
IOSTAT=ierror,IOMSG=msg)
```

说明：

OPEN 语句将一个文件与一个 i/o 单元号关联，这样可以通过 READ 或 WRITE 语句访问该文件。

REWIND 语句：

```
REWIND(UNIT=lu)
```

例如：

```
REWIND(UNIT=8)
```

说明：

REWIND 语句将文件的当前位置移回到文件头。

5.6.3 习题

5-1 格式有什么用途？指定格式有哪三种方法？

5-2 下列 Fortran 语句的输出是什么？

(a)
```
INTEGER::i
CHARACTER(len=20)::fmt
fmt = "('i = ',I6.5)"
i = -123
WRITE(*,fmt)i
WRITE(*,'(I0)')i
```
(b)
```
REAL::a,b,sum,difference
a = 1.0020E6
b = 1.0001E6
sum = a+b
difference = a - b
WRITE(*,101)a,b,sum,difference
101 FORMAT('A = ',ES14.6,' B = ',E14.6,&
' Sum = ',E14.6,' Diff = ',F14.6)
```
(c)
```
INTEGER::i1,i2
i1 = 10
i2 = 4**2
WRITE(*,300)i1 > i2
300 FORMAT('Result = ',L6)
```

5-3 下列 Fortran 语句的输出是什么？

```
REAL::a = 1.602E-19,b = 57.2957795,c = -1.
WRITE(*,'(ES14.7,2(1X,E13.7))')a,b,c
```

5-4 对于下列 Fortran 语句和给定的输入数据，说明 READ 语句完成后每个变量的数值是什么？

语句：

```
CHARACTER(5)::a

CHARACTER(10)::b
CHARACTER(15)::c
READ(*,'(3A10)')a,b,c
```

输入数据：

```
This is a test of reading characters.
----|----|----|----|----|----|----|----|----|
    5    10   15   20   25   30   35   40   45
```

5-5 对于下列 Fortran 语句和给定的输入数据，说明 READ 语句完成后每个变量的数值是什么？

（a）语句：

```
INTEGER::item1,item2,item3,item4,item5
INTEGER::item6,item7,item8,item9,item10
READ(*,*)item1,item2,item3,item4,item5,item6
READ(*,*)item7,item8,item9,item10
```

输入数据：

```
   -300   -250    -210   -160   -135
   -105    -70    -55        -28     -11
    17    55    102    165    225
----|----|----|----|----|----|----|----|----|----|
    5    10    15    20    25   30    35   40    45    50
```

（b）语句：

```
INTEGER::item1,item2,item3,item4,item5
INTEGER::item6,item7,item8,item9,item10
READ(*,8)item1,item2,item3,item4,item5,item6
READ(*,8)item7,item8,item9,item10
8 FORMAT(4I10)
```

输入数据:与(a)相同。

5-6 **对数表**。编写一个 Fortran 程序，产生一张表格，记录 1～10 之间（以 0.1 为一级）各个数的以 10 为底的对数。该表应包含描述表格的标题，以及行和列的标题。该表的组织形式如下所示：

	X.0	X.1	X.2	X.3	X.4	X.5	X.6	X.7	X.8	X.9
1.0	0.000	0.041	0.079	0.114	…					
2.0	0.301	0.322	0.342	0.362	…					
3.0	…									
4.0	…									
5.0	…									
6.0	…									
7.0	…									
8.0	…									
9.0	…									
10.0	…									

5-7 例题 5-3 说明了从输入数据文件中读取任意个实数的方法。修改该程序，使其从输入数据文件中读入数据，然后计算文件中的样本平均数和标准偏差。

5-8 实数 length 要以 Fw.d 格式显示，且小数点右边保留四位（d=4）。如果已知该数的取值范围为－10000.0≤length≤10000.0，那么总是能够显示 length 值的最小区域宽 w 是多少？

5-9 下列字符将在哪列打印输出？为什么？

```
WRITE(*,'(T30,A)')'Rubbish!'
```

5-10 编写 Fortran 语句，完成下列描述的功能。假定以字母 I 到 N 开头的变量都为整数，其他变量都为实数。

（a）跳到新的一行上，从第 40 列开始打印标题“INPUT DATA”。

（b）跳过一行，然后在第 6 列到第 10 列显示数据点数 ipoint，在第 15 列到第 26 列显示数据点值 data_1。以带有七个有效数字的科学记数法显示数据的数值。

5-11　以 E 或 ES 格式显示精度为六个有效位的任意实数数值所需的最小区域宽是多少？

5-12　编写一个 Fortran 程序，读入一个一天开始以来的时间值（以秒计，这个值在 0. 到 86400.的范围内），并使用 24 小时制，以 HH：MM：SS 的形式输出该时间。使用 Iw.m 格式描述符来保证 MM 和 SS 域内前面的 0 被保留。此外，一定要检查输入的秒数的有效性，如果输入的数值无效，还要输出一条适当的错误信息。

5-13　**重力加速度**。在地球表面之上的任意高度 h，由于地球引力导致的加速度由式 5-8 给定。

$$g = -G\frac{M}{(R+h)^2} \tag{5-8}$$

其中 G 为重力常数（$6.672\times10^{-11}\ N\,\mathrm{m}^2/\mathrm{kg}^2$），$M$ 为地球质量（5.98×10^{24}kg），R 是地球的平均半径（6371km），h 是高出地球表面的高度。如果 M 以 kg 计，R 和 h 以 m 计，则计算出的加速度的单位是 $\mathrm{m/s^2}$。编写程序计算在地球表面之上从 0km 到 40000km（以 500km 的增量增长）的高度上的重力加速度。计算结果以高度相对于加速度的表格形式打印输出，表格要带有合适标题，且包含输出值的单位。

5-14　当打开一个用于读取输入数据的文件时，所使用的正确 STATUS 是什么？打开一个用于写输出数据的文件，所使用的正确 STATUS 是什么？打开一个临时存储文件所使用的正确 STATUS 是什么？

5-15　当打开一个用于读取输入数据的文件时，所使用的正确 ACTION 是什么？打开一个用于写输出数据的文件，所使用的正确 ACTION 是什么？打开一个临时存储文件所使用的正确 ACTION 是什么？

5-16　使用磁盘文件的 Fortran 程序是否总是需要 CLOSE 语句？为什么？

5-17　编写 Fortran 语句，完成下面描述的功能。假设文件 INPUT.DAT 包含一组实数值，以每条记录一个数值的形式组织。

（a）在 I/O 单元 98 上打开一个名为 INPUT.DAT 的已有文件用于输入，在 I/O 单元 99 上打开一个名为 NEWOUT.DAT 的新文件用于输出。

（b）从 INPUT.DAT 中读取数据值，直到到达文件结尾。将所有的正数写到输出文件中。

（c）关闭输入和输出数据文件。

5-18　编写程序，从用户指定的输入数据文件中读取任意多个实数值，将数值四舍五入到最近的整数，然后将这些整数写到用户指定的输出文件中。用适当的状态打开输入和输出文件，还要正确处理文件结束和错误等状况。

5-19　**矩形的面积**。图 5-14 所示的矩形的面积由式（5-9）给出，矩形的周长由式（5-10）给出。

$$\text{area}=W\times H \tag{5-9}$$

$$\text{perimeter}=2W+2H \tag{5-10}$$

假设矩形的总周长限定为 10。编写程序，计算并绘制矩形的宽从最小可能值变化到最大可能值时的面积曲线。使用格式语句创建整齐的输出表格。当宽为多少时，矩形的面积最大？

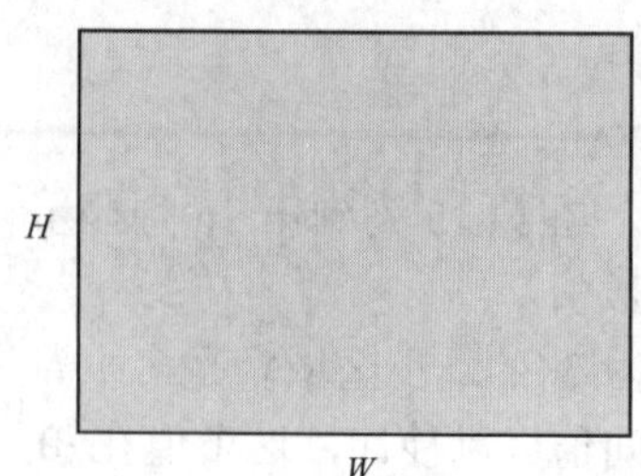

图 5-14 一个矩形

5-20 编写程序，打开一个临时文件，将 1～10 的整数写到前 10 个记录中。然后，在文件中向回移动 6 个记录，读取存储在该记录中的数值。将这个数值保存在变量 x 中。然后，在文件中再向回移动 3 个记录，读取存储在该记录中的数值。将该数值保存在变量 y 中。将两个数值 x 和 y 相乘，它们的积是多少？

5-21 检查下列 Fortran 语句。它们是否正确？如果不正确，为什么（除非另外说明，否则假定以字母 I 到 N 开头的变量都为整数，其他变量都为实数）？

(a)
```
OPEN(UNIT=1,FILE='INFO.DAT',STATUS='NEW',IOSTAT=ierror)
READ(1,*)i,j,k
```
(b)
```
OPEN (UNIT=17, FILE='TEMP.DAT', STATUS='SCRATCH', IOSTAT=ierror)
```
(c)
```
OPEN (UNIT=99, FILE='INFO.DAT', STATUS='NEW', &
ACTION='READWRITE',IOSTAT=ierror)
WRITE(99,*)i,j,k
```
(d)
```
INTEGER:: unit = 8
OPEN(UNIT=unit,FILE='INFO.DAT',STATUS='OLD',IOSTAT=ierror)
READ(8,*)unit
CLOSE(UNIT=unit)
```
(e)
```
OPEN (UNIT=9, FILE='OUTPUT.DAT', STATUS='NEW', ACTION='WRITE', &
IOSTAT=ierror)
WRITE(9,*)mydat1,mydat2
WRITE(9,*)mydat3,mydat4
CLOSE(UNIT=9)
```

5-22 **正弦和余弦表**。编写程序，生成一个包含θ的正弦和余弦值的表格，θ在 0°到 90°之间，增量为 1°。程序应该正确地标识表中的每一列。

5-23 **速度—高度表**。一个初始静止的小球，其速度是落下距离的函数，计算公式为：

$$v=\sqrt{2g\Delta h} \tag{5-11}$$

其中 g 是重力加速度，Δh 是小球落下的距离。如果 g 的单位为 m/s$\sqrt{2}$，Δh 的单位为米，那么速度的单位就是 m/s。编写程序，建立一张表格，描述小球的速度与其落下距离的关系，距离从 0 到 200m，每次增长 10m。程序应该正确地标识表中的每一列。

5-24 **势能—动能**。小球在地面上的高度产生的势能由公式给定：

$$\text{PE}=mgh \tag{5-12}$$

其中 m 是小球质量（kg），g 是重力加速度（m/s^2），h 是小球在地球表面之上的高度（m）。小球的速度产生的动能由公式给定：

$$\text{KE}=\frac{1}{2}mv^2 \tag{5-13}$$

其中 m 是小球质量（kg），v 是小球的速度（m/s）。假设小球最初在 100m 高度上静止。当小球被释放，它将开始降落。小球从初始高度 100m 下落到地面，计算其每下降 10m 的势能和动能，并创建一个表格，包含每一步的小球的高度，PE，KE 和总能量（PE+KE）。程序应该正确地标识表中的每一列。小球下落时总能量将如何［提示：可以使用式（5-11）计算给定高度的速度，然后使用该速度计算 KE］？

5-25 **利息计算**。假定你有总数为 P 的钱放在当地银行的计息账户中（P 代表现有数值）。如果银行按年利率 i%计息，并且复利每月利息，那么 n 月后你在银行拥有的钱数由以下公式给出：

$$F = P\left(1+\frac{i}{1200}\right)^n \tag{5-14}$$

其中 F 是账户的未来数值，i/12 是每月的利率百分比（分母中的另一个因数 100 将利率从百分比转换为分数值）。编写 Fortran 程序，读取初始钱数 P 和年利率 i，计算并输出一张表格，显示以后 4 年中每个月账户的预期值。表格应该写到一个名为“interest”的输出文件中。要正确标识表格的各个列。

5-26 编写程序，从输入数据文件中读取一组整数，确定最大值和最小值在文件中的位置。打印输出最大值和最小值，以及它们所在的行。假设在读取文件前不知道文件中数值的个数。

5-27 **平均数**。在习题 4-31 中，编写了计算一组数的算术平均数、rms 平均值、几何平均数和调和平均值的 Fortran 程序。修改这个程序，使其从一个输入数据文件中读取任意多个数值，计算这些数值的平均数。为了测试程序，将下列数值放到一个输入数据文件中，并用该文件运行程序：1.0，2.0，5.0，4.0，3.0，2.1，4.7，3.0。

5-28 **将弧度转换为度/分/秒**。角度经常以度（°），分（′）和秒（″）测量，一个圆周为 360°，1°为 60'，1'为 60"。编写程序，从一个输入磁盘文件中读取以弧度表示的角度，将它们转换为度、分和秒。将下列四个以弧度表示的角度放到一个输入文件中，将该文件读入到程序中，测试程序：0.0，1.0，3.141593，6.0。

5-29 在例题 5-5 的程序 least_squares_fit 中有一个逻辑错误。该错误可使程序由于被零除错误而中断执行。因为我们没有用所有可能的输入值对程序进行完全的测试，所以在该例题中错误被略过。查找这个错误，重新编写程序消除错误。

5-30 **理想气体定律**。修改习题 4-33 中的理想气体定律程序，将其输出值以整齐的列打印输出，并带有适当的列标题。

5-31 **天线增益模式**。某一特定的微波截抛物面天线的增益 G 可以由以下公式表示为角度的函数：

$$G(\theta) = \left|\text{sinc}\,6\theta\right| \text{对于} \quad -\frac{\pi}{2} \leqslant \theta \leqslant \frac{\pi}{2} \tag{5-15}$$

其中 θ 以弧度表示距离抛物面反射器的瞄准线的角度，sinc 函数定义如下：

$$\sin cx = \begin{cases} \dfrac{\sin x}{x} & x \neq 0 \\ 1 & x = 0 \end{cases} \tag{5-16}$$

建立一个关于该天线的增益与其距瞄准线角度的表格，角度以度为单位，范围为 $0° \leqslant \theta \leqslant 90°$，增幅为 1°。给表格加上“天线增益与角度（deg）”的标题，同时包含列标题。

5-32 **细菌生长**。修改习题 4-25 的细菌生长问题，生成一个整齐的表格，包含细菌个数与时间的函数关系。

5-33 **发动机的输出功率**。由一个旋转的发动机产生的输出功率由以下公式给定：

$$P = \tau_{\text{IND}}\omega_m \tag{5-17}$$

其中 τ_{IND} 是牛顿测量仪的轴上产生的转矩，ω_m 是轴的角速度，以弧度每秒表示，P 以瓦特表示。假设某一特定的发动机轴的角速度由下列公式给定：

$$\omega_m=377\,(1-e^{-0.25t})\ \text{rad/s} \tag{5-18}$$

轴上产生的转矩由下面公式给定：

$$\tau_{\text{IND}}=10e^{-0.25t}\,\text{N}\cdot\text{m} \tag{5-19}$$

计算该轴相对于时间提供的转矩、速度和功率，时间 $0\leqslant t\leqslant 10\text{s}$，间隔为 0.25s，以表格显示结果。要给表标上标题，并提供列标题。

5-34 **计算轨道**。当卫星围绕地球运行时，卫星的轨道将形成一个椭圆形，地球位于椭圆的某个焦点上。卫星的轨道可以以极坐标的形式表示为：

$$r=\frac{p}{1-\varepsilon\cos\theta} \tag{5-20}$$

其中 r 和 θ 是卫星距离地球中心的距离和角度，p 是确定轨道大小的参数，ε 是表示轨道离心率的参数。圆形轨道的离心率 ε 为 0。椭圆形轨道离心率 $0\leqslant\varepsilon\leqslant 1$。如果 $\varepsilon>1$，卫星就将沿着双曲线的路径运行，并将脱离地球引力场。

假定卫星的轨道大小参数 p=10000km。计算并建立一张表，显示当（a）$\varepsilon=0$；（b）$\varepsilon=0.25$；（c）$\varepsilon=0.5$ 时，该卫星相对于 θ 的高度。各个轨道距离地球中心的最近距离是多少？各个轨道距离地球中心的最远距离呢？

5-35 **远地点和近地点**。式（5-20）中的 r 项表示卫星与地球中心的距离。如果地球半径 $R=6.371\times10^6\text{m}$，那么我们可以由下面的公式计算出卫星在地球之上的高度：

$$h=r-R \tag{5-21}$$

其中 h 是以 m 表示的高度，r 是由式（5-20）计算出的卫星与地球中心的距离。

轨道的远地点是轨道在地面之上的最大高度，近地点是轨道在地面之上的最小高度。可以使用式（5-20）和式（5-21）计算出某一轨道的远地点和近地点。

假定卫星的轨道大小参数 p=10000km。计算并建立一张表，显示该卫星相对于离心率 $0\leqslant\varepsilon\leqslant 0.5$（每步增量为 0.05）的远地点和近地点。

5-36 **动态修改格式描述符**。编写程序，从输入数据文件的每行中以自由格式读取一组四个实数值，并将其打印输出到标准输出设备上。每个数值如果正好为零或者满足 0.01≤|value|≤1000.0，就以 F14.6 格式打印，否则以 ES14.6 格式打印（提示：在一个字符变量中定义输出格式，打印输出时对其进行修改，使其匹配每行数据）。用下列数据组测试程序：

```
   0.00012    -250.   6.02E23  -0.012
     0.0  12345.6   1.6E-19    -1000.
  ----|----|----|----|----|----|----|----|----|----|
  5    10   15   20   25   30   35   40   45   50
```

5-37 **相关系数**。最小平方法用于将一条直线与包含数值对（x，y）的噪声输入数据组相拟合。如同在例题 5-5 中看到的，对公式：

$$y=mx+b \tag{5-5}$$

的最好拟合由：

$$m=\frac{(\sum xy)-(\sum x)\overline{y}}{(\sum x^2)-(\sum x)\overline{x}} \tag{5-6}$$

和

$$b=\overline{y}-m\overline{x} \tag{5-7}$$

给定。

式中：$\sum x$ 为 x 值的总和；

$\sum x^2$ 为 x 值的平方和；

$\sum xy$ 为对应的 x 值和 y 值乘积的和；

$\bar{x}$ 为 x 值的平均数；

$\bar{y}$ 为 y 值的平均数。

图 5-15 展示了两个数据组以及每一组数据的最小平方拟合。可以看到，低噪声数据比噪声数据能更好地与最小平方线相拟合。如果有定量的方法能够描述数据与式（5-5）～式（5-7）给出的最小平方线的拟合程度，是非常有用的。

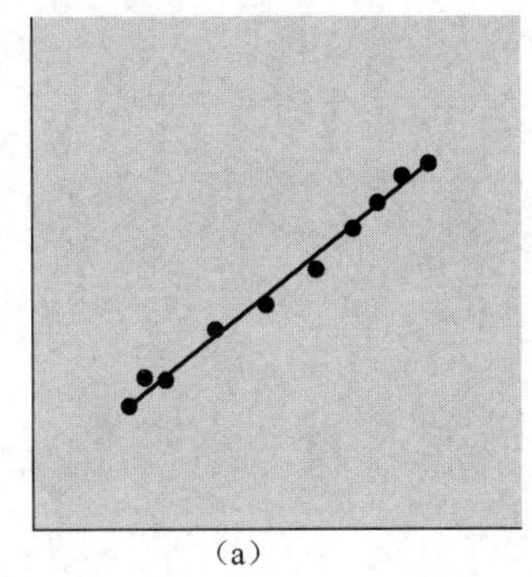
（a）

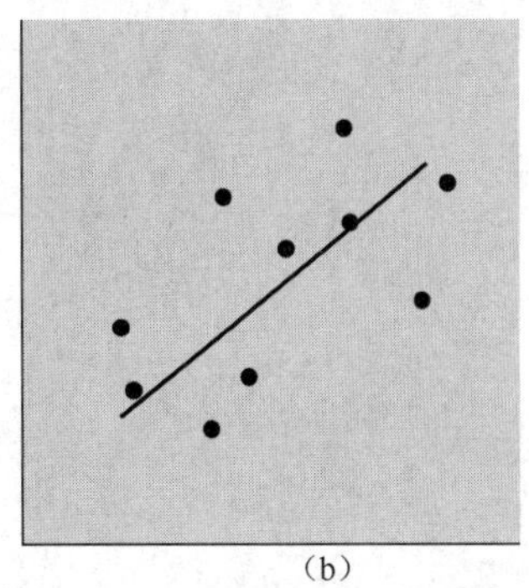
（b）

图 5-15　两个不同的最小平方拟合

（a）好的低噪声数据；（b）噪声很大的数据

对一个数据组与一条最小平方线的“拟合优度”，有一种标准的统计方法，称为相关系数。当在数据 x 和 y 之间存在一个理想的正线性关系时，相关系数等于 1.0；当在数据 x 和 y 之间存在一个理想的负线性关系时，相关系数等于－1.0。当在数据 x 和 y 之间完全不存在线性关系时，相关系数等于 0.0。相关系数由下面公式给定：

$$r = \frac{n(\sum xy) - (\sum x)(\sum y)}{\sqrt{[(n\sum x^2) - (\sum x)^2][(n\sum y^2) - (\sum y)^2]}} \tag{5-22}$$

其中 r 是相关系数，n 是拟合中包含的数据点个数。

编写程序，从输入数据文件中读取任意数目的数据对（x，y），计算并打印输出数据的最小平方拟合以及该拟合的相关系数。如果相关系数很小（$|r|<0.3$），就给用户输出一条警告信息。

5-38　**飞行器旋转半径**。以不变的切向速度 v 围绕圆形路径运动的物体如图 5-16 所示。物体沿着圆形路径运动所需的径向加速度由式（5-23）给定：

$$a = \frac{v^2}{r} \tag{5-23}$$

其中 a 是物体的向心加速度（m/s^2），v 是物体的切向速度（m/s），r 是旋转半径（m）。假设物体为飞行器，编写程序，回答有关的下列问题：

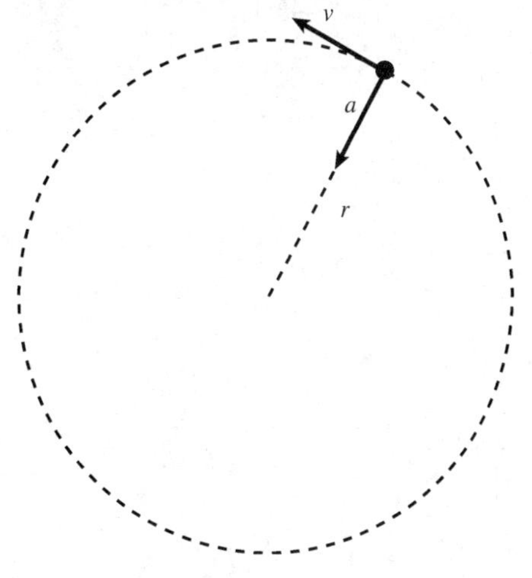

图 5-16　由于向心加速度 a 而均匀地做圆周运动的物体

（a）打印一张表格，显示飞行器旋转半径与飞行器速度的函数关系，飞行器速度在 0.5 马赫到 2.0 马赫之间，每步增量为 0.1 马赫，假定加速度保持为 2*g*。在表格中要包含合适的标题。

（b）打印一张表格，显示飞行器旋转半径与向心加速度的函数关系，加速度在 2*g* 到 8*g* 之间，每步增量为 0.5*g*，假定速度保持为 0.85 马赫。在表格中要包含合适的标题。

第6章 数组

本章学习目标：

- 了解怎样定义、初始化和使用数组。
- 了解怎样使用整个数组操作来实现单语句对整个数组中数据的操作。
- 了解怎样使用部分数组。
- 学习怎样读和写数组和部分数组。

数组是一组类型全相同、且用单个名字来引用的变量或常量。组中的数值占用计算机内存中的连续若干个空间（见图 6-1）。数组中的单个数值称为数组元素，数组元素用数组名和指向数组特定位置的下标来标识。例如，图 6-1 中所示的第一个变量用 a（1）来引用，第五个变量用 a（5）来引用。数组的下标类型为 INTEGER，常数或变量都可以用做下标。

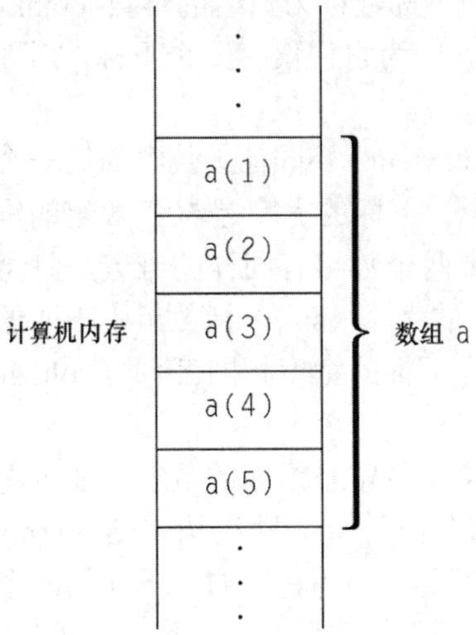

计算机内存 a(1) a(2) a(3) a(4) a(5) 数组 a

图 6-1 数组的元素在计算机内存中占用连续的空间

可以看出，数组是非常有用的工具，它们允许我们使用一条简单的 DO 循环把同一计算反复地作用到多个不同的数据项上。例如，假设要计算 100 个不同实数的平方根，若数据存储为一个由 100 个实型数值组成的数组的元素，那么代码：

```
DO i=1,100
  a(i)=SQRT(a(i))
END DO
```

将计算每个实数的平方根，然后将它们存回到原来的内存位置。若不用数组计算 100 个实数的平方根，则必须写出的语句是：

```
a1=SQRT(a1)
a2=SQRT(a2)
…
a100=SQRT(a100)
```

这是 100 条独立的语句！数组显然可以更清晰和简捷地处理要重复执行的相似操作。

在 Fortran 中，数组是一个非常有用的操作数据工具，正如将看到的，它可以逐个地操作和完成数组中单个元素的计算，或一次操作整个数组，或操作数组的某些部分。本章首先学习怎样在 Fortran 程序中声明数组，然后学习怎样在 Fortran 语句中使用单个数组元素，最后学习怎样在 Fortran 语句中使用整个数组或部分数组。

6.1 声明数组

在使用数组之前，它包含的元素类型和个数必须用类型声明语句来向编译器声明，以便编译器知道要存储在数组中的数据类型，以及需要多少内存来存储数组。例如，含有 16 个元素的实数数组 voltage 可以被如下声明❶。

```
REAL,DIMENSION(16)::voltage
```

类型声明语句中的 DIMENSION 属性说明被定义数组的大小。数组 voltage 中的元素用 voltage（1），voltage（2）等访问，直到 voltage（16）。相似地，有 50 个元素，每个元素为 20 个字符长变量的数组可以用如下语句声明：

```
CHARACTER(len=20),DIMENSION(50)::last_name
```

数组 last_name 的每个元素是长度为 20 个字符的变量，元素将用 last_name(1)，last_name（2）等访问。

数组可以用多个下标来声明，以组成二维或多维数组。这些数组可以很方便地表示常规情况下多个维度组成的数据，如地图信息。为给定数组声明的下标数称为数组的维数（rank，阶，秩）。数组 voltage 和数组 last_name 都是维数为 1 的数组，因为它们仅有一个下标。后面的第 8 章会介绍更复杂的数组。

数组给定维度的元素个数称为数组在那个维度中的宽度（extent），voltage 数组的第一个（仅一个）下标的宽度是 20，last_name 数组的第一个（仅一个）下标的宽度是 50。数组的维数和每个维度的宽度定义了数组的结构（shape）。因此，如果两个数组有同样的维数，且每维的宽度一样，那么这两个数组的结构是一样的。最后，数组的大小（size）指数组中声明的元素总数。对于简单的维数为 1 的数组，数组的大小与它的单个下标的宽度相同。因此，voltage 数组的大小是 20，last_name 数组的大小是 50。

也可以定义数组常量（array constant）。一个数组常量完全是由常量组成的数组。通过将常量数值放在特殊的分隔符之间来定义数组常量，这种特殊分隔符称为数组构造器（array constructor）。数组构造器的起始分隔符是（/或［，结束分隔符是/）或］。例如，下面的两个表达式各自定义了含有 5 个整型元素的数组常量。

```
(/ 1,2,3,4,5 /)
[1,2,3,4,5]
```

数组构造器（//）的形式要早于使用[ ]的数组构造器，所以多数现有程序在使用（//）。应能同时识别这两种形式的数组构造器。本书后续内容中，这两种都会被使用，但更倾向于

❶ 声明数组的另一种方法是直接把维度信息附加在数组名后：

```
REAL:: voltage(16)
```

这种声明风格用于向后兼容早期的 Fortran 版本，它们完全与上面的数组声明相等。

新的形式。

6.2 在 Fortran 语句中使用数组元素

这一部分包含了在 Fortran 程序中使用数组时的一些实际细节。

6.2.1 数组元素也是普通变量

数组的每个元素是和任何其他变量一样的变量，其可以用在任何其他同类型的普通变量可以出现的地方。数组元素可以包含在算术和逻辑表达式中，表达式的结果也可以赋给数组元素。例如，假设数组 index 和 temp 的声明是：

```
INTEGER，DIMENSION(10)::index
REAL，DIMENSION(3)::temp
```

那么下列 Fortran 语句完全有效：

```
index(1)= 5
temp(3)= REAL(index (1))/ 4.
WRITE (*, *)' index(1)=', index(1)
```

在某些情况下，整个数组和部分数组可以用在表达式和赋值语句中。这些情况将在 6.3 节介绍。

6.2.2 数组元素初始化

和普通变量一样，必须在使用之前初始化数组中的值。如果没有初始化数组，数组元素的内容就是未定义的。在下列 Fortran 语句中，数组 j 是没有初始化数组的例子。

```
INTEGER,DIMENSION(10)::j
WRITE (*,*)'j(1)= ',j(1)
```

数组 j 已经用类型声明语句声明，但没有给它赋值。因为没有初始化的数组的内容是不确定的，并且随着计算机不同而不同，因此在没有将其初始化为已知数值之前，千万不要使用数组元素。

良好的编程习惯

在使用数组元素之前，一定要先初始化它。

数组元素可以用下面三种方法之一来初始化：

（1）用赋值语句初始化数组。

（2）使用类型声明语句在编译时初始化数组。

（3）用 READ 语句初始化数组。

用赋值语句初始化数组

可以用赋值语句对数组赋初始值，在 DO 循环中逐个初始化数组元素，或用数组构造器一次性初始化。例如，下列 DO 循环将数组 array1 的元素初始化为 0.0，2.0，3.0 等，一次一个元素：

```
REAL，DIMENSION(10)::array1
DO i=1,10
  array1(i)=REAL(i)
END DO
```

下列赋值语句可以使用数组构造器一次性完成同样的功能：

```
REAL，DIMENSION(10)::array1
array1 = [1.,2.,3,4,5,6,7,8,9,10.]
```

用一条简单的赋值语句也可以将数组的所有元素初始化为同一个值。例如，下列语句将数组 array1 的所有元素初始化为 0：

```
REAL，DIMENSION(10)::array1
array1 = 0.
```

图 6-2 给出的简单程序实现了数组 number 中数据平方的计算，然后打印数据和它们的平方。注意数组 number 中的数值用 DO 循环逐个初始化。

```
PROGRAM squares
IMPLICIT NONE
INTEGER ::i
INTEGER，DIMENSION(10)::number，square
! 初始化 number 并计算平方
DO i = 1，10
  number(i) = i                        ! 初始化 number
  square(i) = number(i)**2             ! 计算平方
END DO
! 输出每个数和它的平方
DO i = 1，10
  WRITE (*，100) number(i)，square(i)
  100 FORMAT ('Number ='，I6，' Square ='，I6)
END DO
END PROGRAM squares
```

图 6-2　计算整数 1 到 10 的平方的程序。用赋值语句初始化数组 number 中的数值

在类型声明语句中初始化数组

通过在类型声明语句中声明它们的值，可在编译时把初始值加载到数组中。为了在类型声明语句中初始化数组，可以用数组构造器声明相应语句中数组的初始值。例如，下列语句声明了一个有 5 个元素的整型数组 array2，并将 array2 的元素初始化为 1，2，3，4 和 5：

```
INTEGER，DIMENSION(5)::array2=[ 1，2，3，4，5 ]
```

5 个元素数组常量［1，2，3，4，5］用于初始化数组 array2 的 5 个元素。通常，常量中的元素个数必须匹配要初始化的数组元素个数。过多或过少的元素个数都会导致编译错误。

这个方法很适于初始化小的数组，但是如果数组有 100（或甚至是 1000）个元素该怎么办呢？为 100 个元素的数组写出初始值会非常乏味和烦琐。为了初始化更大的数组，可以用隐式 DO 循环（implied DO loop）语句。隐式 DO 循环的常规形式是

```
(arg1，arg2，…，index = istart，iend，incr)
```

这里 arg1，arg2 等是每次循环执行时所求的值，index，istart，iend 和 incr 的作用与普通的计数 DO 循环完全相同。例如，上面的 array2 声明可以用隐式 DO 循环写成：

```
INTEGER，DIMENSION(5)::array2 = [ (i，i=1，5)]
```

而用下列隐式 DO 循环可以将 1000 个元素的数组的值初始化为 1，2，…，1000：

```
INTEGER，DIMENSION(1000)::array3 = [ (i, i=1, 1000)]
```

隐式 DO 循环可以与常量嵌套或混合，以产生复杂的模式。例如，下列语句将 array4 中不能被 5 整除的元素初始化为 0，且把能整除 5 的元素初始化为元素编号。

```
INTEGER，DIMENSION(25)::array4 = [((0, i=1, 4),5*j,j=1,5)]
```

对于外层 DO 循环的每一步，都完全执行内层的 DO 循环（0，i=1，4），于是对于外层循环控制变量 j 的每一个取值，都有 4 个 0（从内层循环得到），随后是 5*j 数值。这些嵌套循环产生的数值结果是：

```
0,0,0,0,5,0,0,0,0,10,0,0,0,0, 15,...
```

最后，简单地在类型声明语句中包含的常量可以将数组的所有元素初始化为单个常数值。在下列例子中，数组 array5 的所有元素被初始化为 1.0：

```
REAL,DIMENSION(100) ::array5=1.0
```

图 6-3 中的程序说明了如何用类型声明语句初始化数组的值。它计算数组 value 中数的平方根，然后打印出数和它们的平方根。

```
PROGRAM square_roots
IMPLICIT NONE
INTEGER ::i
REAL,DIMENSION(10)::value = [(i,i=1,10)]
REAL,DIMENSION(10)::square_root
! 计算数的平方根
DO i = 1,10
  square_root(i)= SQRT(value(i))
END DO
! 输出每个数和它的平方根
DO i = 1,10
  WRITE (*,100)value(i),square_root(i)
  100 FORMAT ('Value = ',F5.1,' Square Root = ',F10.4)
END DO
END PROGRAM square_roots
```

图 6-3 计算整数 1 到 10 的平方根的程序。其中使用类型声明语句初始化数组 value 中的数值

用 READ 语句初始化数组

数组也可以用 READ 语句初始化。本章 6.4 节将详细介绍如何在 I/O 语句中使用数组。

6.2.3 改变数组下标的取值范围

N 个元素的数组元素通常用下标 1，2，…，*N* 来访问，因此用这个语句声明的数组 arr：

```
REAL,DIMENSION(5)::arr
```

其元素可用 arr（1），arr（2），arr（3），arr（4）和 arr（5）来访问。但是在某些问题中，用其他下标可以更方便地访问数组元素。例如，在考试中可能的成绩取值范围是 0 到 100。如果希望累计统计得到指定分数的人数，使用下标范围为 0～100 的 101 个元素的数组比 1 到 101 更方便。如果下标范围是 0 到 100，每个学生的考试成绩可以直接用来作为数组索引。

对于这个问题，Fortran 提供了一种方法来指定用于访问数组元素的数字范围。为指定下标

的取值范围，可以在声明语句中包含起始下标和结束下标的数值，这两个数据之间用冒号隔开。

```
REAL, DIMENSION(lower_bound : upper_bound) :: array
```

例如，下列三个数组都由 5 个元素组成：

```
REAL, DIMENSION(5) :: a1
REAL, DIMENSION(-2:2) :: b1
REAL, DIMENSION(5:9) :: c1
```

数组 a1 用下标 1 到 5 来访问，数组 b1 用下标-2 到 2 来访问，数组 c1 用下标 5 到 9 来访问。所有三个数组有同样的结构，因为它们有一样的维数，每个维度的宽度一样。

通常，数据给定的维度中的元素个数可以用下列公式来求出

$$\text{宽度}=\text{上界值}-\text{下界值}+1 \tag{6-1}$$

图 6-4 中给出的简单程序 squares_2 计算数组 number 中数据的平方，然后打印数据和它们的平方。这个例子中的数组含有 11 个元素，用下标–5，–4，…，0，…，4，5 来访问。

```
PROGRAM squares_2
IMPLICIT NONE
INTEGER ::i
INTEGER，DIMENSION(-5: 5)::number，square
! 初始化 number 并计算平方
DO i = -5, 5
  number(i)= i                          ! 初始化 number
  square(i)= number(i)**2               ! 计算平方
END DO
! 输出每个数和它的平方
DO i = -5, 5
  WRITE (*,100)number(i),square(i)
  100 FORMAT ('Number = ',I6,' Square = ',I6)
END DO
END PROGRAM squares_2
```

图 6-4 计算整数–5 到 5 的平方的程序，用下标–5 到 5 来访问数组元素

当执行程序 squares_2 时，结果是：

```
C: \book\fortran\chap6>squares_2
Number = -5 Square =  25
Number = -4 Square =  16
Number = -3 Square =   9
Number = -2 Square =   4
Number = -1 Square =   1
Number =  0 Square =   0
Number =  1 Square =   1
Number =  2 Square =   4
Number =  3 Square =   9
Number =  4 Square =  16
Number =  5 Square =  25
```

6.2.4 数组下标越界

用整型下标可以访问数组的每个元素。用来访问数组元素的整数取值范围取决于声明的

数组宽度。对于如下声明的实数数组：

```
REAL, DIMENSION(5)::a
```

整型下标 1 到 5 能访问数组的元素。所有其他整数（比 1 小的或比 5 大的）都不能用做下标，因为它们并不对应分配的内存位置。这样的整数下标对数组来说即为越界了。但是若在程序中错误地试图访问越界的元素 a（6），会发生什么呢？

这个问题的答案非常复杂，因为它随着编译器的不同而不同，并且还与所选的编译选项有关。在某些情况下，运行的 Fortran 程序将检查每个用来引用数组的下标，看它是否越界。如果检测到下标越界，程序将给出提示性的错误信息，并停止运行。不幸的是，这种边界检查需要大量的计算机时间，程序会运行得很慢。为使程序更快运行，大多数 Fortran 编译器的边界检查是可选的。如果打开这个可选项，程序运行的更慢，但是它们能检测出越界引用。如果关闭这个可选项，程序运行得更快，但是将不检测越界引用。如果你的 Fortran 编译器有边界检测选项，应该在调试程序时始终打开它，以帮助检测程序的错误。一旦调试好程序，如果必要，可关闭边界检测，以提高最终程序的执行速度。

良好的编程习惯

在程序开发和调试时，总是打开 Fortran 编译器的边界检测选项，以帮助捕获产生越界引用的编程错误。如果必要，在最终程序中可以关闭边界检测选项，以提高执行速度。

如果发生越界引用，且边界检测选项没打开，程序中会发生什么呢？有时候程序将异常中断。大多数时候，计算机会简单地转到内存的相应位置，并使用该内存位置。这个位置是如果所引用的数组元素被分配的话将在的位置（见图 6-5）。例如，上面声明的数组 a 有 5 个元素。假如在程序中使用 a（6），计算机将访问数组 a 末端外的第一个字。因为该位置的内存可能被用于完全不同的目的，程序可能以微小和奇异的方法出错，并且几乎不可能跟踪到原因。当在调试程序时，注意数组的下标，并始终使用边界检测器！

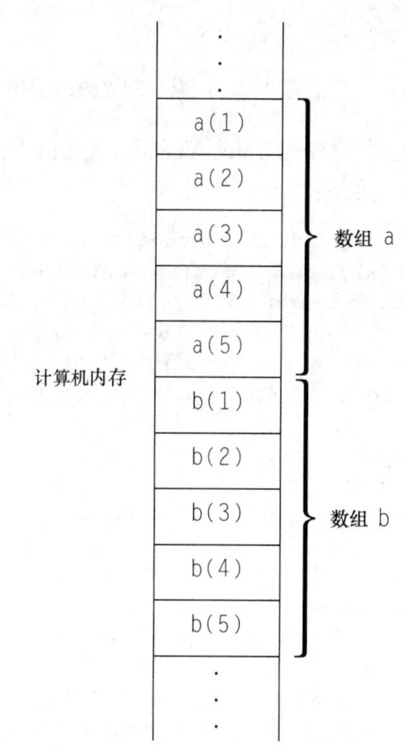

图 6-5　一段计算机内存中，一个 5 元素的数组 a 后面紧跟着一个 5 元素的数组 b。如果关闭了边界检测，某些处理器可能识别不出数组 a 的结尾，会将 a 后面的内存位置作为 a（6）看待

图 6-6 给出的程序说明了当打开或关闭边界检测选项时，含有不正确的数组引用的 Fortran 程序会出现的行为。这个简单的程序声明了一个 5 元素实型数组 a 和 5 元素实型数组 b。数组 a 用值 1.，2.，3.，4. 和 5. 初始化，数组 b 用值 10.，20.，30.，40. 和 50.初始化。许多 Fortran 编译器会在数组 a 的内存后面紧跟着分配数组 b 的内存，如图 6-5

所示[2]。

图 6-6 中的程序使用 DO 循环给数组 a 写入元素值 1 到 6，尽管事实上数组 a 只有 5 个元素。因此，它试图访问越界的数组元素 a（6）。

```
PROGRAM bounds
!
! 目的：说明访问越界数组元素的影响
!
! 修订版本：
!
!   日期        程序员          修改说明
!   ====        ==========      =====================
!   11/15/15    S. J. Chapman   原始代码
!
IMPLICIT NONE
! 声明并初始化本程序中用到的变量
INTEGER ::i                                    ! 循环控制变量
REAL,DIMENSION(5)::a = (/ 1.,2.,3.,4.,5./)
REAL,DIMENSION(5)::b = (/10.,20.,30.,40.,50./)
! 输出数组 a 的值
DO i = 1,6
  WRITE (*, 100)i, a(i)
  100 FORMAT ( 'a(',I1,')= ',F6.2 )
END DO
END PROGRAM bounds
```

图 6-6　一个简单程序，说明越界数组引用在边界检测开启和关闭的情况下会造成什么影响

如果这个程序用 Intel Visual Fortran 编译器在 PC 兼容机上编译，边界检测开启（选项 -check），结果是：

```
C: \book\fortran\chap6>ifort -check bounds.f90
Intel(R)Visual Fortran Intel(R)64 Compiler for applications running on
Intel(R)64,Version 16.0.2.180 Build 20160204
Copyright (C)1985-2016 Intel Corporation.All rights reserved.
Microsoft (R)Incremental Linker Version 12.00.40629.0
Copyright (C)Microsoft Corporation.All rights reserved.
-out:bounds.exe
-subsystem:console
bounds.obj
C:\book\fortran\chap6>bounds
a(1)= 1.00
a(2)= 2.00
a(3)= 3.00
a(4)= 4.00
a(5)= 5.00
forrtl:severe (408):fort:(10):Subscript #1 of the array A has value 6 which
is greater than the upper bound of 5
Image     PC  Routine Line        Source
bounds.exe  00007FF62EEAB66E    Unknown Unknown Unknown
bounds.exe  00007FF62EEA117A    Unknown Unknown Unknown
bounds.exe  00007FF62EEF116E    Unknown Unknown Unknown
```

[2] 但并不强制编译器这样做。Fortran 标准并没有限制编译器在内存中分配数据的方式。

```
bounds.exe        00007FF62EEF1A28    Unknown Unknown Unknown
KERNEL32.DLL      00007FFA56B38102    Unknown Unknown Unknown
ntdll.dll         00007FFA594DC5B4    Unknown Unknown Unknown
```

程序检测每个数组引用，当遇到表达式越界时异常中断。注意错误信息告诉我们什么是错的，甚至包括发生错误的行号。如果程序在编译时边界检测是关闭的，结果是：

```
C: \book\fortran\chap6>bounds
a(1)= 1.00
a(2)= 2.00
a(3)= 3.00
a(4)= 4.00
a(5)= 5.00
a(6)= 10.00
```

当程序尝试打印 a（6）时，它输出了数组末端后的第一个内存位置的内容。这个位置恰好是数组 b 得第一个元素。

6.2.5 在数组声明中使用命名常数

在许多 Fortran 程序中，数组用来存储大量的信息。程序能处理的信息量取决于其包含的数组的大小。如果数组相对很小，则程序也很小，不需要多少内存来运行，但是它仅能处理少量的数据。另一方面，如果数组很大，程序将能处理很多信息，但是它需要许多内存来运行。这样一个程序中的数组的大小常常会变化，以便它对于不同的问题或在不同的处理器上运行得更好。

一个好方法是用命名常数来声明数组的大小，用命名常数很容易改变 Fortran 程序中数组的大小。下列代码中，简单的修改单个命名常数 MAX_SIZE 便可以改变所有数组的大小。

```
INTEGER, PARAMETER ::MAX_SIZE = 1000
REAL ::array1(MAX_SIZE)
REAL ::array2(MAX_SIZE)
REAL ::array3(2*MAX_SIZE)
```

这可以看成是一个小技巧，但对于正确维护大的 Fortran 程序非常重要。假如程序中所有相关的数组的大小都用命名常数来声明，并且在任何大小测试中都使用这些相同的命名常数，那么以后可以更简便地修改该程序。想象一下必须在一个 50000 行的程序中定位和修改每一处对数组大小的引用是什么样的情形！这一处理需要花费数周的时间来完成和调试。相反，在一个设计良好的程序中，这一数组大小可以在 5min 内仅更改一条代码中的语句就可以实现。

良好的编程习惯

在 Fortran 程序中始终用参数声明数组的大小，以保证程序很容易修改。

例题 6-1　查找数据集中的最大和最小值

为说明数组的使用，编写一个简单程序，读取数据值，并查找数据集上的最大值和最小值。然后程序打印出这些数值，分别用“LARGEST”标记数据集上的最大值，“SMALLEST”标记数据集上的最小值。

解决方案

这个程序必须询问用户要读的数值个数，然后读入输入数值存于数组中。当所有数值读完后，程序遍历数据，以找出数据集中的最大值和最小值。最后，打印数值，并在数据集的最大和最小值旁边加上合适的注释。

1. 描述问题

在此没有指定要处理的数据的类型。假设处理的是整数，那么问题可以描述如下：

开发程序，从标准输入设备上读取用户指定个数的整型数值，查找数据集中的最大值和最小值，并输出所有数值，其中最大值和最小值用字“LARGEST”和“SMALLEST”标记。

2. 定义输入和输出

该程序有两类输入：

（1）要读取一个含有整型数值个数的整数。这个值来源于标准输入设备。

（2）数据集中的整数值。这些数值也将来源于标准输入设备。

这个程序的输出是数据集中的数值，用字“LARGEST”标记最大值，“SMALLEST”标记最小值。

3. 描述算法

程序可以分为 4 个主要步骤：

（1）获得要读取数值的个数。

（2）读入输入数值，并存入数组。

（3）找出数据集中的最大和最小值。

（4）打印数据，在相应位置用字“LARGEST”标记最大值，“SMALLEST”标记最小值。

程序的前两个主要步骤得到要读入的数值个数，并读入数值存于输入数组。我们必须提示用户输入要读入数值的个数。如果个数少于或等于输入数组的大小，那么应该读入数据值。反之就必须警告用户，且退出。这些步骤的详细伪代码如下所示：

```
提示用户输入要读取的数值的个数 nvals
读取 nvals
IF nvals <= max_size then
  DO for j = 1 to nvals
   读取输入数据
  End of DO
  …
  …(进一步处理)
  …
ELSE
  告诉用户数值相对于数组大小来说太多
End of IF
END PROGRAM
```

下一步必须查找数据集中的最大和最小值，用变量 ilarge 和 ismall 作为指针指向数组中最大和最小的元素。查找最大和最小值的伪代码如下：

```
! 查找最大值
temp ← input(1)
ilarge ← 1
DO for j = 2 to nvals
  IF input(j)> temp then
   temp ← input(j)
   ilarge ← j
  End of IF
End of DO
```

```
! 查找最小值
temp ← input(1)
ismall ← 1
DO for j = 2 to nvals
  IF input(j)< temp then
   temp ← input(j)
   ismall ← j
  End of IF
End of DO
```

最后一步是输出这些值，并标记找到的最大和最小值：

```
DO for j = 1 to nvals
  IF ismall == j then
   输出 input(j)和 'SMALLEST'
  ELSE IF ilarge == j then
   输出 input(j)和 'LARGEST'
  ELSE
   输出 input(j)
  END of IF
End of DO
```

4. 把算法转换为 Fortran 语句

形成的 Fortran 程序如图 6-7 所示。

```
PROGRAM extremes
!
! 目的:找到数据集中最大和最小值,打印数据集,并标记最大和最小值
!
! 修订版本:
!    日期          程序员           修改说明
!    ====          ==========       ======================
!    11/16/15      S.J.Chapman      原始代码
!
IMPLICIT NONE
! 数据字典:声明常量
INTEGER,PARAMETER ::MAX_SIZE = 10         ! 数据集的最大尺寸
! 数据字典:声明变量类型、定义和单位
INTEGER,DIMENSION(MAX_SIZE)::input        ! 输入数值
INTEGER ::ilarge                          ! 指向最大值的指针
INTEGER ::ismall                          ! 指向最小值的指针
INTEGER ::j                               ! 循环控制变量
INTEGER ::nvals                           ! 数据集中的数值个数
INTEGER ::temp                            ! 临时变量
! 得到数据集中数值个数
WRITE (*,*)'Enter number of values in data set:'
READ (*,*)nvals
! 是否有 number <= MAX_SIZE?
size:IF ( nvals <= MAX_SIZE )THEN
  ! 获得输入数值
  in:DO J = 1,nvals
   WRITE (*,100)'Enter value ',j
   100 FORMAT (A,I3,':')
   READ (*,*)input(j)
  END DO in
```

```
  ! 寻找最大值
  temp = input(1)
  ilarge = 1
  large:DO j = 2,nvals
   IF ( input(j)> temp )THEN
    temp = input(j)
    ilarge = j
   END IF
  END DO large
  ! 寻找最小值
  temp = input(1)
  ismall = 1
  small:DO j = 2,nvals
   IF ( input(j)< temp )THEN
    temp = input(j)
    ismall = j
   END IF
  END DO small
  ! 输出列表
  WRITE (*,110)
  110 FORMAT ('The values are:')
  out:DO j = 1,nvals
   IF ( j == ilarge )THEN
     WRITE (*,'(I6,2X,A)')input(j),'LARGEST'
   ELSE IF ( J == ismall )THEN
     WRITE (*,'(I6,2X,A)')input(j),'SMALLEST'
   ELSE
     WRITE (*,'(I6)')input(j)
   END IF
  END DO out
 ELSE size
  ! nvals > max_size。告知用户并退出
  WRITE (*,120)nvals,MAX_SIZE
  120 FORMAT ('Too many input values:',I6,' > ',I6)
 END IF size
 END PROGRAM extremes
```

图 6-7 程序从标准输入设备读入数据集，找出最大和最小值，打印输出这些值，并标记找到的最大和最小值

5. 测试程序

使用两组数据集测试这个程序，其中一个含有 6 个数值，另一个含有 12 个数值。用 6 个数值运行该程序，产生下列结果：

```
C: \book\fortran\chap6>extremes
Enter number of values in data set:
6
Enter value 1:
-6
Enter value 2:
5
Enter value 3:
-11
Enter value 4:
```

```
16
Enter value 5:
9
Enter value 6:
0
The values are:
  -6
   5
  -11 SMALLEST
  16 LARGEST
   9
   0
```

程序正确地标记了数据集中的最大和最小值。用 12 个数值运行该程序，产生下列结果：

```
C: \book\fortran\chap6>extremes
Enter number of values in data set:
12
Too many input values:   12 >   10
```

程序发现输入数值太多，退出。因此，可见程序对于测试的数据集给出了正确的答案。

这个程序用命名常数 MAX_SIZE 声明数值的大小，并且在数组相关的全部比较中都用到了该常量。因此，可以对这个程序进行修改，通过简单地把 MAX_SIZE 的取值由 10 改为 1000，就可以处理多达 1000 个数值。

6.3 在 Fortran 语句中使用整个数组和部分数组

在 Fortran 语句中可以使用整个数组，也可以使用部分数组。当这样做时，操作是同时在全部指定的数组元素上完成的。本节学习在 Fortran 语句中怎样使用整个数组和部分数组。

6.3.1 操作整个数组

在特定的环境下，整个数组（whole array）可像普通变量一样用于算术计算。如果两个数组有的同样的结构，那么可以对它们使用普通的算术操作，此时操作会逐个地应用于数据元素上（见图 6-8）。以图 6-9 中的示例程序为例。这里，数组 a，b，c 和 d 都有 4 个元素，数组 c 中每个元素是用 DO 循环将数组 a 和 b 中相应元素相加计算出来的。数组 d 是用单条赋值语句计算出来的数组 a 和 b 的和。

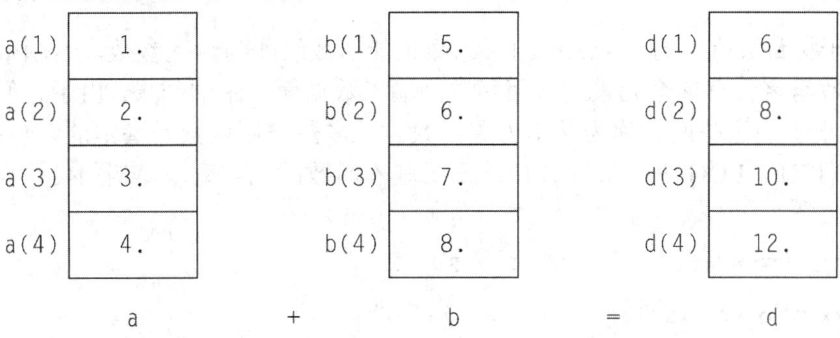

图 6-8 当操作应用于同样结构的两个数组时，操作是在数组的逐个元素上完成的

```
PROGRAM add_arrays
IMPLICIT NONE
INTEGER ::i
REAL,DIMENSION(4)::a = [ 1.,2.,3.,4.]
REAL,DIMENSION(4)::b = [ 5.,6.,7.,8.]
REAL,DIMENSION(4)::c,d
! 逐个数组元素相加
DO i = 1,4
  c(i)= a(i)+ b(i)
END DO
! 整个数组相加
d = a + b
! 输出结果
WRITE (*,100)'c',c
WRITE (*,100)'d',d
100 FORMAT (A,' = ',5(F6.1,1X))
END PROGRAM add_arrays
```

图 6-9　说明逐个数组元素相加和整个数组相加的程序

当执行这个程序，两个计算的结果完全相等。

```
C: \book\fortran\chap6>add_arrays
c = 6.0 8.0 10.0 12.0
d = 6.0 8.0 10.0 12.0
```

当且仅当两个数组的结构相同时，可以将其用作内置操作（加法等）的操作数。这意味着它们必须有同样的维数（一样的阶），每个维度上的元素相等（一样的宽度）。同样结构的两个数组称为是一致的。注意，尽管两个数组必须结构一样，它们每个维度的下标值范围却不一定要相同。下列数组可以任意相加，尽管访问它们元素的下标是不一样的。

```
REAL,DIMENSION(1:4)::a = [ 1.,2.,3.,4.]
REAL,DIMENSION(5:8)::b = [ 5.,6.,7.,8.]
REAL,DIMENSION(101:104)::c
c = a + b
```

如果两个数组不一致，那么使用它们进行算术操作将产生编译时错误。

标量值与数组是一致的。这种情况下，标量数值被平等地应用于数组的每个元素上。例如，执行下列代码段后，数组 c 将含有数值［10.，20.，30.，40.］。

```
REAL, DIMENSION (4) ::a = [1., 2., 3., 4.], c
REAL ::b = 10
c = a * b
```

许多用于标量数值上的 Fortran 内置函数也能以数组作为输入参数，返回数组作为结果。返回的数组将含有逐个元素地应用函数到输入数据而产生的结果。由于它们操作在数组的逐个元素上，这些函数称为基本内置函数。大多数通用函数是基本的，包括 ABS，SIN，COS，EXP，LOG 等。附录 B 中给出了基本函数的完整列表。例如，假设数组 a 定义如下：

```
REAL,DIMENSION(4)::a = [ -1.,2.,-3.,4.]
```

那么函数 ABS（a）返回值是［1.，2.，3.，4.］。

6.3.2 部分数组

前面已经看到，在计算中既可以使用数组元素，也可以使用整个数组。此外，还可以在计算中使用部分数组。数组的子集称为部分数组（section array）。部分数组用下标三元组（subscript triple）或向量下标（vector subscript）代替数组下标来指定。

下标三元组的常见形式是：

```
subscript_1 : subscript_2 : stride
```

这里 subscript_1 是包含在部分数组中的第一个下标，subscript_2 包含在部分数组中的最后一个下标，stride 是遍历数据集时的下标增量。这个三元组就像隐式 DO 循环一样工作。下标三元组指定了所有数组下标的有序子集，这个子集的起始点是 subscript_1，结束点是 subscript_2，数值之间按 stride 增量前进。例如，定义数组 array：

```
INTEGER,DIMENSION(10)::array = [1,2,3,4,5,6,7,8,9,10]
```

那么，部分数组 array（1：10：2）将是仅含元素 array（1），array（3），array（5），array（7）和 array（9）的数组。

下标三元组的任何或全部成分都可以缺省。如果在三元组中缺省 subscript_1，它默认取值为数组中第一个元素的下标。如果在三元组中缺省 subscript_2，它默认取值为数组中最后一个元素的下标。如果在三元组中缺省 stride，它默认取值为 1。下列内容都是合法三元组的举例。

```
subscript_1 : subscript_2 : stride
subscript_1 : subscript_2
subscript_1 :
subscript_1 ::stride
: subscript_2
: subscript_2 : stride
::stride
:
```

例题 6-2　用下标三元组指定部分数组

假设有下列类型声明语句：

```
INTEGER ::i = 3, j = 7
REAL, DIMENSION (10) ::a = [1., -2., 3., -4., 5., -6., 7., -8., 9., -10.]
```

判断用下列下标三元组指定的部分数组的元素个数和内容。

```
(a) a(:)
(b) a(i:j)
(c) a(i:j:i)
(d) a(i:j:j)
(e) a(i:)
(f) a(:j)
(g) a(::i)
```

答案

（a）a(:)与原始数组相同：: [1., −2., 3., −4., 5., −6., 7., −8., 9., −10.]。

（b）a(i : j)是起始元素是 3，结束元素是 7 的部分数组，默认的增量是 1: [3., −4., 5., −6., 7.]。

（c）a(i : j : i)是起始元素是 3，结束元素是 7 的部分数组，增量是 3: [3., –6.]。

（d）a(i : j : j)是起始元素是 3，结束元素是 7 的部分数组，增量是 7: [3.]。

（e）a(i ：)是起始元素是 3，默认结束元素是 10（数组末端）的部分数组，默认增量是 1: [3., –4., 5., –6., 7., –8., 9., –10.]。

（f）a(: j)是默认起始元素是 1，结束元素是 7 的部分数组，默认增量是 1: [1., –2., 3., –4., 5., –6., 7.]。

（g）a(: :i)是默认起始元素是 1，默认结束元素是 10 的部分数组，增量是 3: [1., –4., 7., –10.]。

下标三元组筛选出排序的数组元素子集用于参与计算。相反，向量下标允许选择数组元素的任意组合用于操作。向量下标是一维的整数数组，指定了参与计算的数组元素。可以任意指定数组元素的顺序，而且数组元素可以被多次指定。结果获得的数组将含有向量中指定的每个下标对应的元素。例如，分析如下类型声明语句：

```
INTEGER,DIMENSION(5)::vec = [1,6,4,1,9 ]
REAL,DIMENSION(10)::a = [1.,-2.,3.,-4.,5.,-6.,7.,-8.,9.,-10.]
```

根据这个定义，a（vec）将是数组［1.，-6.，-4.，1.，9.］。

如果向量下标多次指定某个数组元素，那么所得结果的部分数组称为多对一部分数组。这样的部分数组不能用在赋值语句的左边，因为它会同时指定两个或多个不同数值同时赋予同一数组元素！例如，分析如下 Fortran 语句：

```
INTEGER,DIMENSION(5)::vec = [1,2,1 ]
REAL,DIMENSION(10)::a = [10.,20.,30.]
REAL,DIMENSION(2)::b
b(vec)= a
```

赋值语句试图把数值 10.和 30.都赋给数组元素 b（1），这是不可能的。

6.4 输入和输出

可以对单个数组元素或整个数组做 I/O 操作。本节介绍这两种 I/O 操作。

6.4.1 数组元素的输入和输出

前面说过，数组元素和任何其他普通变量一样，可以用于和同类型普通变量用法相同的任何地方。因此，含有数组元素的 READ 和 WRITE 语句就像包含任何其他变量的 READ 和 WRITE 语句一样。要打印出数组的特定元素，在 WRITE 语句的参数列表上列出它们的名字即可。例如，下列代码打印实数数组 a 的前五个元素。

```
WRITE (*,100)a(1),a(2),a(3),a(4),a(5)
100 FORMAT ('a = ',5F10.2)
```

6.4.2 隐式 DO 循环

隐式 DO 循环也允许出现在 I/O 语句中，作为控制变量的函数来多次输出参数列表。在隐式 DO 循环中，每个控制变量数值都输出一次参数列表中所有参数。用隐式 DO 循环，前面的语句可以写成：

```
WRITE (*,100)( a(i),i = 1,5 )
100 FORMAT ('a = ',5F10.2)
```

这种情况下的参数列表仅含有一个数据项：a（i）。这个列表对控制变量 i 的每个取值重复一次。由于 i 取值是 1 到 5，将输出数组元素 a（1），a（2），a（3），a（4）和 a（5）。

用隐式 DO 循环的 WRITE 和 READ 语句的常见形式是：

```
WRITE (unit,format)(arg1,arg2,...,index = istart,iend,incr)
READ (unit,format)(arg1,arg2,...,index = istart,iend,incr)
```

这里参数 arg1，arg2 等是要输出或输入的数值，变量 index 控制 DO 循环，istart，iend 和 incr 分别是循环控制变量的起始值、结束值和增量。控制变量和所有循环控制参数的类型应该是 INTEGER。

对于含有隐式 DO 循环的 WRITE 语句，每次执行循环时，都逐个输出一次参数列表中的参数。因此，像下列语句：

```
WRITE (*,1000)(i,2*i,3*i,i = 1,3)
1000 FORMAT (9I6)
```

将在一行上输出 9 个数值：

```
1 2 3 2 4 6 3 6 9
```

现在看一个稍微复杂的使用了含有隐式 DO 循环数组的例子。图 6-10 给出了计算一组数据的平方根和立方根的程序，并用表格形式打印出平方根和立方根。程序对 1 和 MAX_SIZE 之间的所有数计算平方根和立方根，这里 MAX_SIZE 是参数。该程序的输出是什么样的呢？

```
PROGRAM square_and_cube_roots
!
!  目的:计算一个关于数、平方根和立方根的表格,使用隐式 DO 循环输出这个表格
!
!   修订版本:
!   日期        程序员          修改说明
!   ====        ==========      =====================
!   11/16/15    S.J.Chapman     原始代码
!
IMPLICIT NONE
! 数据字典:声明常量
INTEGER,PARAMETER ::MAX_SIZE = 10                 ! 数组中的最大值
! 数据字典:声明变量类型、定义和单位
INTEGER ::j                                       ! 循环控制变量
REAL,DIMENSION(MAX_SIZE)::value                   ! 数的数组
REAL,DIMENSION(MAX_SIZE)::square_root             ! 平方根的数组
REAL,DIMENSION(MAX_SIZE)::cube_root               ! 立方根的数组
! 计算数的平方根、立方根
DO j = 1,MAX_SIZE
  value(j)= real(j)
  square_root(j)= sqrt(value(j))
  cube_root(j)= value(j)**(1.0/3.0)
END DO
! 输出每个数、其平方根和其立方根
WRITE (*,100)
100 FORMAT (20X,'Table of Square and Cube Roots',/,&
```

```
    4X,' Number Square Root Cube Root',&
     3X,' Number Square Root Cube Root',/,&
     4X,' ====== =========== =========',&
     3X,' ====== =========== =========')
WRITE (*,110)(value(j),square_root(j),cube_root(j),j = 1,MAX_SIZE)
110 FORMAT (2(4X,F6.0,9X,F6.4,6X,F6.4))
END PROGRAM square_and_cube_roots
```

图 6-10 计算一组数的平方根和立方根，并使用隐式 DO 循环输出结果的程序

本例子中的隐式 DO 循环将执行 10 次，其中 j 取 1～10 之间（这里循环增量是默认的 1）的每个值。在每次循环迭代中，会输出整个参数列表。因此，这条 WRITE 语句将输出 30 个数值，每行 6 个。输出结果是：

```
Table of Square and Cube Roots
Number  Square Root Cube Root   Number  Square Root Cube Root
======     ===========    =========      ======   ===========      ========
1.         1.0000         1.0000         2.       1.4142           1.2599
3.         1.7321         1.4422         4.       2.0000           1.5874
5.         2.2361         1.7100         6.       2.4495           1.8171
7.         2.6458         1.9129         8.       2.8284           2.0000
9.         3.0000         2.0801         10.      3.1623           2.1544
```

嵌套的隐式 DO 循环

像普通的 DO 循环一样，隐式 DO 循环也可以嵌套使用。如果它们嵌套，对于外层循环中的每一步都完全执行一遍内层循环。作为一个简单程序，研究下列语句：

```
WRITE (*, 100)((i, j, j = 1, 3), i = 1, 2)
100 FORMAT (I5, 1X, I5)
```

在这个 WRITE 语句中有两个隐式 DO 循环，内层循环的控制变量是 j，外层循环的控制变量是 i。在执行 WRITE 语句时，当 i 为 1 时，变量 j 将取值 1，2 和 3；i 为 2 时，变量 j 依然取值 1，2 和 3。这条语句的输出将是：

```
    1 1
    1 2
    1 3
    2 1
    2 2
    2 3
```

嵌套的隐式 DO 循环对于二维或多维数组的操作非常重要，第 8 章将有详细介绍。

用标准 DO 循环 I/O 和用隐式 DO 循环 I/O 的区别

输入和输出数组可以用含有 I/O 语句的标准 DO 循环或含有 I/O 语句的隐式 DO 循环来完成，但是这两类循环之间有一点不同。为了更好地理解它们的差异，使用两种循环实现相同的输出语句。假设整型数组 arr 按如下方式初始化：

```
INTEGER, DIMENSION (5) ::arr = [ 1, 2, 3, 4, 5 ]
```

比较用标准 DO 循环和用隐式 DO 循环的输出。用标准 DO 循环的输出语句如下所示：

```
DO i = 1, 5
  WRITE (*,1000)arr(i),2.*arr(i).3*arr(i)
  1000 FORMAT (6I6)
END DO
```

在这个循环中，执行了 WRITE 语句 5 次。实际上，这个循环等价于下列语句：

```
WRITE (*,1000)arr(1),2.*arr(1).3*arr(1)
WRITE (*,1000)arr(2),2.*arr(2).3*arr(2)
WRITE (*,1000)arr(3),2.*arr(3).3*arr(3)
WRITE (*,1000)arr(4),2.*arr(4).3*arr(4)
WRITE (*,1000)arr(5),2.*arr(5).3*arr(5)
1000 FORMAT (6I6)
```

用隐式 DO 循环的输出语句如下所示：

```
WRITE (*,1000)(arr(i),2.*arr(i).3*arr(i),i = 1,5)
1000 FORMAT (6I6)
```

这里，仅有一条 WRITE 语句，但是 WRITE 语句有 15 个参数。事实上，使用隐式 DO 循环的 WRITE 语句相当于下列语句：

```
WRITE (*,1000)arr(1),2.*arr(1).3*arr(1),&
       arr(2),2.*arr(2).3*arr(2),&
       arr(3),2.*arr(3).3*arr(3),&
       arr(4),2.*arr(4).3*arr(4),&
       arr(5),2.*arr(5).3*arr(5)
1000 FORMAT (6I6)
```

有少量参数的多条 WRITE 语句和有多个参数的一条 WRITE 语句之间的主要区别是它们关联的格式的行为不同。记住每条 WRITE 语句从格式的开头开始。因此，标准 DO 循环中的 5 条 WRITE 语句的每一条将从 FORMAT 语句的开头重新开始，仅会使用 6 个 I6 描述符的前三个。标准 DO 循环的输出是：

```
1 2 3
2 4 6
3 6 9
4 8 12
5 10 15
```

另外，隐式 DO 循环产生单条有 15 个参数的 WRITE 语句，于是将完整的使用关联的格式次。隐式 DO 循环的输出是：

```
1 2 3 2 4 6
3 6 9 4 8 12
5 10 15
```

同样的概念也适用于用标准 DO 循环的 READ 语句和用隐式 DO 循环的 READ 语句之间的比较（参见本章末尾的习题 6-9）。

6.4.3 整个数组和部分数组的输入和输出

整个数组和部分数组也可以用 READ 和 WRITE 语句来读或写。假如在 Fortran 的 I/O 语句中不带下标地使用数组名，那么编译器假设数组的每个元素都要被读入或写出。假如在 Fortran 的 I/O 语句中使用部分数组，那么编译器假设整个部分都要被读入或写出。图 6-11 给出了一个在 I/O 语句中使用一个整个数组和两个部分数组的简单例子。

```
PROGRAM array_io
!
```

```
! 目的:说明数组 I/O
!
! 修订版本:
!    日期           程序员            修改说明
!    ====           ==========        ======================
!    11/17/15       S.J.Chapman       原始代码
!
IMPLICIT NONE
! 数据字典:声明变量类型和定义
REAL,DIMENSION(5)::a = [1.,2.,3.,20.,10.]         ! 5 个元素的测试数组
INTEGER,DIMENSION(4)::vec = [4,3,4,5]             ! 向量下标
! 输出整个数组
WRITE (*,100)a
100 FORMAT ( 6F8.3 )
! 输出由三元组选择的部分数组
WRITE (*,100)a(2::2)
! 输出由向量下标选择的部分数组
WRITE (*,100)a(vec)
END PROGRAM array_io
```

图 6-11 说明数组 I/O 的例子程序

这个程序的输出是:

```
 1.000  2.000   3.000   0.000   10.000
 2.000  20.000
20.000  3.000   20.000  10.000
```

测验 6-1

本测验可以快速检查是否理解了 6.1 ~ 6.4 节所介绍的概念。如果对本测验存在困难，重新阅读这几节，向指导教师请教，或者与同学讨论。本测验的答案在本书后面可以找到。

对于问题 1 ~ 问题 3，判断下列每条声明语句指定的数组的长度和每个数组的下标有效取值范围。

1. `INTEGER :: itemp(15)`
2. `LOGICAL :: test(0:255)`
3.
```
INTEGER, PARAMETER :: I1 = -20
INTEGER, PARAMETER :: I2 = -1
REAL, DIMENSION(I1:I1*I2) :: a
```

判断下列哪条 Fortran 语句是有效的。对于每条有效的语句，说明在程序中将发生的事情。对于没有显式声明类型的变量，取默认的类型。

4.
```
REAL :: phase(0:11) = (/ 0., 1., 2., 3., 3., 3., &
                         3., 3., 3., 2., 1., 0. /)
```
5. `REAL, DIMENSION(10) :: phase = 0.`
6.
```
INTEGER :: data1(256)
data1 = 0
data1(10:256:10) = 1000
WRITE (*,'(1X,10I8)') data1
```

7.
```
REAL, DIMENSION(21:31) :: array1 = 10.
REAL, DIMENSION(10) :: array2 = 3.
WRITE (*,'(1X,10I8)') array1 + array2
```

8.
```
INTEGER :: i, j
INTEGER, DIMENSION(10) :: sub1
INTEGER, DIMENSION(0:9) :: sub2
INTEGER, DIMENSION(100) :: in = &
        (/((0,i=1,9),j*10,j=1,10)/)
sub1 = in(10:100:10)
sub2 = sub1 / 10
WRITE (*,100) sub1 * sub2
100 FORMAT (1X,10I8)
```

9.
```
REAL, DIMENSION(-3:0) :: error
error(-3) = 0.00012
error(-2) = 0.0152
error(-1) = 0.0
WRITE (*,500) error
500 FORMAT (T6,error = ,/,(3X,I6))
```

10.
```
INTEGER, PARAMETER :: MAX = 10
INTEGER :: i
INTEGER, DIMENSION(MAX) :: ivec1 = (/(i,i=1,10)/)
INTEGER, DIMENSION(MAX) :: ivec2 = (/(i,i=10,1,-1)/)
REAL, DIMENSION(MAX) :: data1
data1 = real(ivec1)**2
WRITE (*,500) data1(ivec2)
500 FORMAT (1X,'Output = ',/,5(3X,F7.1))
```

11.
```
INTEGER, PARAMETER :: NPOINT = 10
REAL, DIMENSION(NPOINT) :: mydata
DO i=1, NPOINT
   READ (*,*) mydata
END DO
```

6.5 程序举例

现在通过分析两个例题来说明数组的使用。

例题 6-3 数据排序

在许多科学与工程应用中，需要获取随机输入的数据集并对其进行排序，使得数据集中的数据均按升序（低到高）或者均按降序（高到低）排列。例如，假设你是一个动物学家，正在研究大量动物，需要标识这些动物中 5%数量最多的动物。解决这个问题的最直接方法是按数量升序排序所有动物，然后取前 5%的值。

按升序或按降序排序数据看上去是一件很简单的事情。毕竟这样的工作经常在做。把数据（10，3，6，4，9）排序为数据（3，4，6，9，10）是一件很简单的事。这是怎样完成的呢？首先扫描输入数据列表（10，3，6，4，9），找出列表中的最小值 3，然后扫描剩余的输入数据（10，6，4，9），找出次小数值 4 等，直到排序整个列表。

事实上，排序数据是一件很难的工作。随着要排序的数据量的增加，完成上面描述的简单排序所需要的时间也迅速增加，因为每排序一个数值需要扫描一次输入数据。对于非常大的数据集来说，这个技术消耗的时间太多，不能实际用来解决问题。更糟糕的是，如果数据太多，不能放到计算机的主存中，应怎样完成数据的排序呢？对大数据集的有效排序技术的研究是一个活跃的研究领域，也是一门完整的学科。

在这个例子中，我们将问题限定在最简单可行算法上来说明排序的概念。这个最简单的算法称为选择排序法。它仅仅是上面描述的心算算法的计算机实现。选择排序的基本算法是：

（1）扫描要排序的数据，找到列表中的最小值。通过将小值与当前列表最前面的值进行交换，把最小值放到列表的最前面。如果列表最前面的值已经是最小值，那么什么也不做。

（2）扫描列表位置 2 到末尾的数据，找出列表中的次小数据。通过把次小值与当前列表第 2 个位置的值进行交换，把次小值放到列表的第 2 个位置上。如果第 2 个位置上的值已经是次小值，那么什么也不做。

（3）扫描列表位置 3 到末尾的数据，找出列表中的第 3 小数据。通过把第 3 小值与列表第 3 个位置的值进行交换，把第 3 小值放到列表的第 3 个位置上。如果列表第 3 个位置上的值已经是第 3 小的值，那么什么也不做。

（4）重复这个过程，使得列表中下一个到末尾的位置都被处理到。下一个到末尾的位置都被处理过后，即完成排序。

注意假如排序 N 个数值，这个程序需要 N–1 次扫描数据来完成排序操作。

图 6-12 说明了这个过程。因为要排序数据集中的 5 个数据，所以需要扫描数据 4 次。在第一次扫描整个数据集时，最小数值是 3，于是 3 与位置 1 的 10 交换。第 2 次从位置 2 到 5 搜索最小值，最小值是 4，所以把 4 与位置 2 上的 10 交换。第 3 次从位置 3 到 5 搜索最小值，最小值是 6，它已经在位置 3，所以不需要交换。最后，第 4 次从位置 4 到 5 搜索最小值，那个最小值是 9，所以把 9 与位置 4 上的 10 交换。整个排序完成。

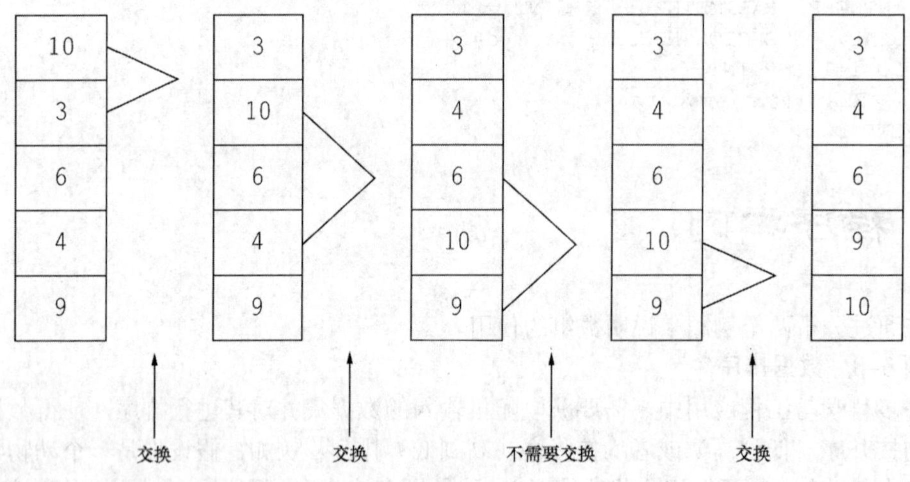

图 6-12　演示选择排序算法问题的示例

编程警示

选择排序算法是最容易理解的排序算法，但是它的计算效率不高。对于特别大量的数据（比如数据多于 1000 个元素）进行排序，不应该使用该算法。这些年来，计算机科学家已经开发了多种更有效的排序算法。在习题 7-35 中会遇到一个这样的算法（堆排序算法）。

现在开发一个程序，它从文件读取数据集，升序排序数据，然后显示排序后的数据集。

解决方案

这个程序应能询问用户要进行排序的文件名，打开这个文件，读取输入数据，对数据进行排序，最后输出排序后的数据。对于这个问题所设计的过程如下所示。

1. 描述问题

这里并没有指定要排序数据的类型。假设数据是实型，那么问题可以陈述如下：

开发一个程序，从用户指定的文件中读取任意数量的实型输入数据，按升序排序数据，然后将排序后的数据输出到标准输出设备上。

2. 定义输入和输出

这个程序有两类输入数据：

（1）含有输入数据文件文件名的字符串。这个字符串将由标准输入设备输入。

（2）文件中的实型数值。

该程序的输出是排序后的实数值，输出到标准输出设备上。

3. 描述算法

这个程序可以分解为以下 5 个主要步骤：

（1）获取输入文件名。

（2）打开输入文件。

（3）读取输入数据到数组。

（4）升序排序数据。

（5）输出排好序的数据。

程序的前三个主要步骤是获得输入文件名、打开文件和读取数据。应提示用户输入文件名，读取这个名字，然后打开文件。如果打开文件成功，应从中读入数据，并保持记录已经读入的数据的个数。由于事先不知道有多少个数据，所以在循环中使用 READ 语句是合适的。这些步骤的流程图如图 6-13 所示，详细的伪代码如下：

```
提示用户输入文件名"filename"
读入文件名"filename"
OPEN 文件"filename"
IF OPEN 成功 THEN
  WHILE
   读取数值到 temp
   IF 读取失败 EXIT
   nvals ← nvals + 1
   a(nvals)← temp
  End of WHILE
  ...
  ...          (在这里加入排序步骤)
  ...          (在这里加入输出步骤)
End of IF
```

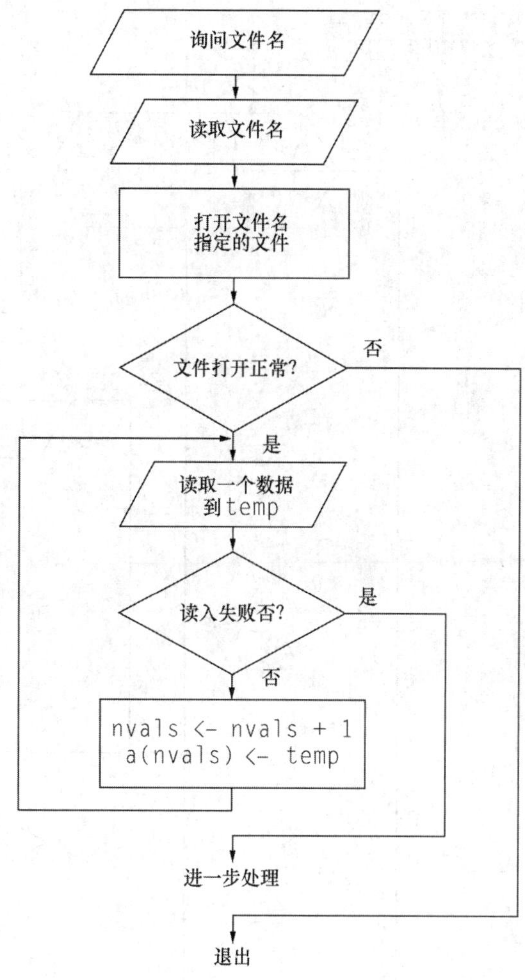

图 6-13　从输入文件读取要排序数值的流程图

下面应排序数据。需要遍历整个数据 nvals-1 次，每次找出剩余值中的最小值。用指针指向每次遍历中的最小值。一旦找到最小值，就把它交换到列表的顶部，如果它原来不在那里的话。这些步骤的流程图如图 6-14 所示，详细伪代码如下所示：

```
DO for i = 1 to nvals-1
  ! 找到从 a(i)到 a(nvals)中的最小值
  iptr ← i
  DO for j == i+1 to nvals
   IF a(j)< a(iptr)THEN
     iptr ← j
   END of IF
  END of DO
  ! iptr 现在指向最小值,如果 iptr /= i 则交换 a(iptr)和 a(i)
  IF i /= iptr THEN
   temp ← a(i)
   a(i)← a(iptr)
   a(iptr)← temp
  END of IF
END of DO
```

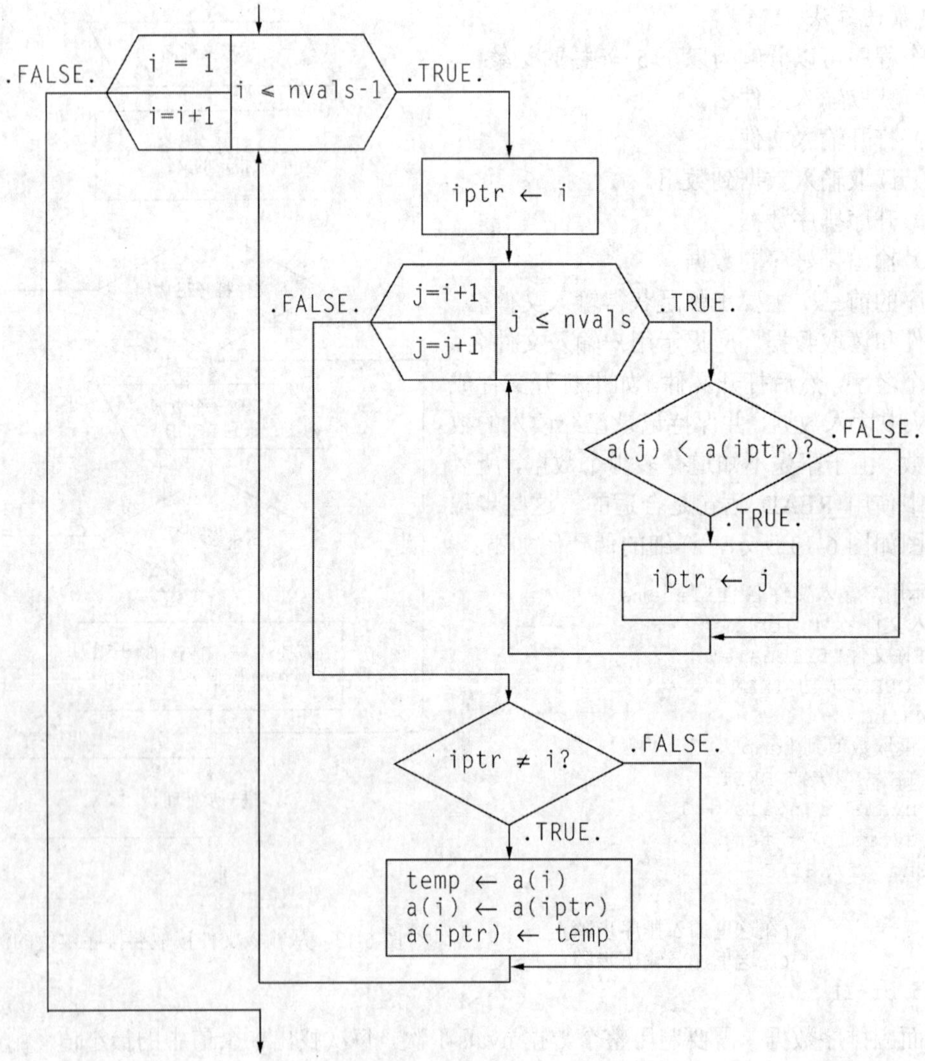

图 6-14 用选择排序来排序数据的流程图

最后一步是输出排好序的数据。这一步的伪代码不需要进一步提炼。最终的伪代码是把读取、排序和输出步骤组合在一起。

4. 把算法转换为 Fortran 语句

最终的 Fortran 程序如图 6-15 所示。

```
PROGRAM sort1
!
! 目的:读入一个实数数据集,使用选择排序算法进行升序排序,然后将排序后的数据输
! 出到标准输出设备
!
! 修订版本:
!    日期          程序员          修改说明
!    ====          ==========      =====================
!    11/17/15      S.J.Chapman     原始代码
!
IMPLICIT NONE
! 数据字典:声明常量
INTEGER,PARAMETER ::MAX_SIZE = 10          ! 输入数据集的最大尺寸
! 数据字典:声明变量类型和定义
REAL,DIMENSION(MAX_SIZE)::a                ! 要排序的数据数组
CHARACTER(len=20)::filename                ! 输入数据文件名
INTEGER ::i                                ! 循环控制变量
INTEGER ::iptr                             ! 指向最小数值的指针
INTEGER ::j                                ! 循环控制变量
CHARACTER(len=80)::msg                     ! 错误信息
INTEGER ::nvals = 0                        ! 要排序的数据个数
INTEGER ::status                           ! I/O 状态:0 为成功
REAL ::temp                                ! 用于交换的临时变量
! 得到包含输入数据的文件名
WRITE (*,1000)
1000 FORMAT ('Enter the file name with the data to be sorted:')
READ (*,'(A20)')filename
! 打开输入数据文件。状态为 OLD 是因为输入数据必须已经存在
OPEN ( UNIT=9,FILE=filename,STATUS='OLD',ACTION='READ',&
   IOSTAT=status,IOMSG=msg )
! OPEN 操作是否成功?
fileopen:IF ( status == 0 )THEN            ! 打开成功
  ! 文件打开成功,因此从中读取要排序的数据,进行排序,然后输入结果。首先读入数
  ! 据
  DO
   READ (9,*,IOSTAT=status)temp            ! 读取数据
   IF ( status /= 0 )EXIT                  ! 到达数据尾时退出
   nvals = nvals + 1                       ! 计数增加
   a(nvals)= temp                          ! 保存数值到数组
  END DO
  ! 现在,对数据排序
  outer:DO i = 1,nvals-1
   ! 找到从 a(i)到 a(nvals)的最小值
   iptr = i
   inner:DO j = i+1,nvals
     minval:IF ( a(j)< a(iptr))THEN
      iptr = j
     END IF minval
```

```
      END DO inner
      ! iptr 现在指向最小值,所以若 i  /= iptr 则交换 a(iptr)和 a(i)
      swap:IF ( i /= iptr )THEN
        temp  = a(i)
        a(i) = a(iptr)
        A(iptr)= temp
      END IF swap
    END DO outer
    ! 现在输出排序后的数据
    WRITE (*,'(A)')'The sorted output data values are:'
    WRITE (*,'(3X,F10.4)')( a(i),i = 1,nvals )
  ELSE fileopen
    ! 文件打开失败。告知用户。
    WRITE (*,1050)TRIM(msg)
    1050 FORMAT ('File open failed--error = ',A)
  END IF fileopen
  END PROGRAM sort1
```

图 6-15　从输入数据文件读入数值，并进行升序排序的程序

5. 测试程序

为测试该程序，创建一个输入数据文件，并使用它运行程序。数据集将含有正数、负数，且至少有一个数据重复出现一次，以验证在这些条件下程序是否能正确运行。下列数据集将放在文件 INPUT2 中：

```
13.3
12.
-3.0
 0.
 4.0
 6.6
 4.
-6.
```

使用以上数据运行程序产生如下结果：

```
C: \book\fortran\chap6>sort1
Enter the file name containing the data to be sorted:
input2
The sorted output data values are:
   -6.0000
   -3.0000
      .0000
    4.0000
    4.0000
    6.6000
   12.0000
   13.3000
```

程序对测试数据集给出了正确答案。注意它能支持正数和负数，还允许数据重复出现。

为了确定程序可以合理地工作，必须用每种可能的输入数据测试程序。对于测试数据集，程序运行是正确的，但程序在所有输入数据集上都能正确运行吗？现在研究这个代码，看能否在继续阅读下一段之前发现任何缺陷。

程序有一个必须纠正的主要缺陷。如果输入文件中的数值个数在 10 个以上，程序会试图

存储输入数据到 a（11），a（12）等内存位置中，但这些位置并没有在程序中分配（这是越界或数组溢出情形）。如果打开了边界检查选项，当试图写入 a（11）时，程序会异常中断。如果关闭了边界检查选项，则结果是不可预知的，且在不同的计算机上表现不同。所以必须重写这个程序，以阻止它试图把数据写入到已分配的数组之外的位置上。可以在存储每个数据到数组 a 之前检查数据个数是否超出 max_size 来解决这个问题。图 6-16 给出了改正后的读取数据的流程图，纠正后的程序如图 6-17 所示。

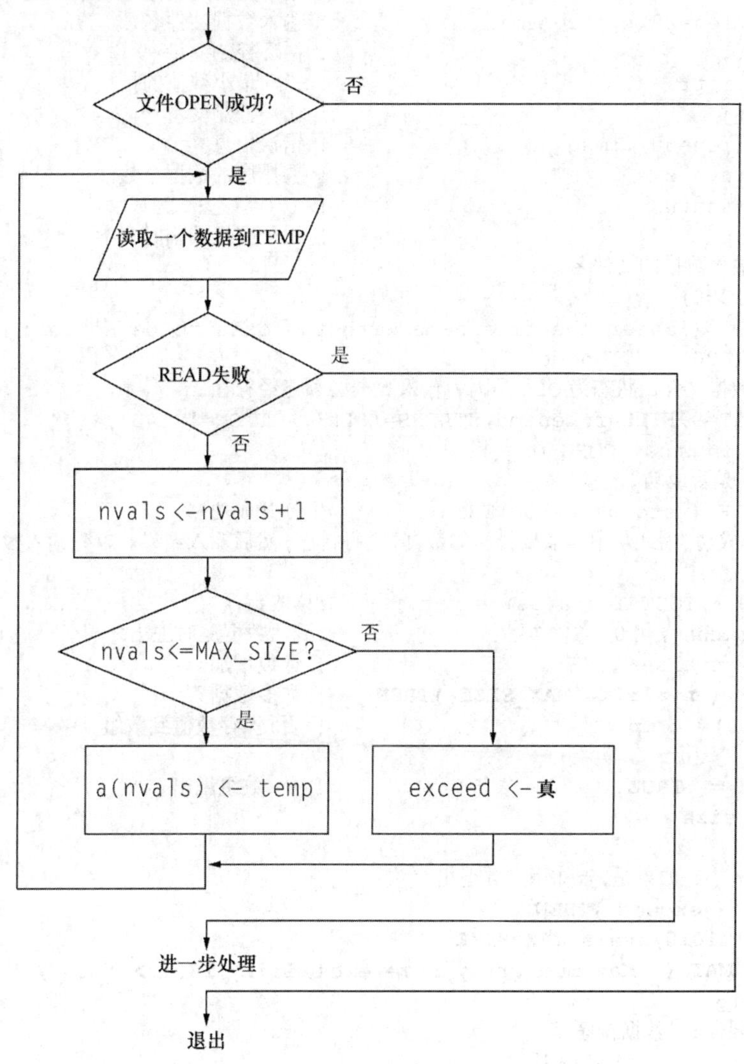

图 6-16　纠正后的流程图，从输入文件读取数值并排序，且不引起数组溢出

```
PROGRAM sort2
!
! 目的：读入一个实数数据集，使用选择排序算法进行升序排序，然后将排序后的数据输
! 出到标准输出设备
!
! 修订版本：
!    日期           程序员           修改说明
!    ====           ==========       =====================
!    11/15/05       S. J. Chapman    原始代码
```

```
! 1. 11/16/05        S. J. Chapman    修改以防止出现数组溢出
!
IMPLICIT NONE
! 数据字典:声明常量
INTEGER,PARAMETER ::MAX_SIZE = 10          ! 输入数据集的最大尺寸
! 数据字典:声明变量类型和定义
REAL,DIMENSION(MAX_SIZE)::a                ! 要排序的数据数组
LOGICAL ::exceed = .FALSE.                 ! 指示是否超出数组上限的逻辑值
CHARACTER(len=20)::filename                ! 输入数据文件名
INTEGER ::i                                ! 循环控制变量
INTEGER ::iptr                             ! 指向最小数值的指针
INTEGER ::j                                ! 循环控制变量
CHARACTER(len=80)::msg                     ! 错误信息
INTEGER ::nvals = 0                        ! 要排序的数据个数
INTEGER ::status                           ! I/O 状态:0 为成功
REAL ::temp                                ! 用于交换的临时变量
! 得到包含输入数据的文件名
WRITE (*,1000)
1000 FORMAT ('Enter the file name with the data to be sorted:')
READ (*,'(A20)')filename
! 打开输入数据文件。状态为 OLD 是因为输入数据必须已经存在
OPEN ( UNIT=9,FILE=filename,STATUS='OLD',ACTION='READ',&
   IOSTAT=status,IOMSG=msg )
! OPEN 操作是否成功?
fileopen:IF ( status == 0 )THEN            ! 打开成功
 ! 文件打开成功,因此从中读取要排序的数据,进行排序,然后输入结果。首先读入数据
DO
   READ (9,*,IOSTAT=status)temp            !读取数据
   IF ( status /= 0 )EXIT                  !到达数据尾时退出
   nvals = nvals + 1                       ! 计数增加
   size:IF ( nvals <= MAX_SIZE )THEN       ! 太多数据?
    a(nvals)= temp                         ! 否:保存数值到数组
   ELSE
    exceed = .TRUE.                        ! 是:数组溢出
   END IF size
END DO
! 超出数组大小?如果是,告知用户并退出
toobig:IF ( exceed )THEN
  WRITE (*,1010)nvals,MAX_SIZE
  1010 FORMAT (' Maximum array size exceeded:',I6,' > ',I6 )
ELSE toobig
  ! 未超出限制:对数据排序
  outer:DO i = 1,nvals-1
   ! 找到从 a(i)到 a(nvals)的最小值
   iptr = i
   inner:DO j = i+1,nvals
     minval:IF ( a(j)< a(iptr))THEN
      iptr = j
     END IF minval
   END DO inner
   ! iptr 现在指向最小值,所以若 i /= iptr 则交换 a(iptr)和 a(i)
   swap:IF ( i /= iptr )THEN
     temp  = a(i)
     a(i) = a(iptr)
```

```
      a(iptr)= temp
     END IF swap
    END DO outer
    ! 现在输出排序后的数据
    WRITE (*,'(A)')' The sorted output data values are:'
    WRITE (*,'(3X,F10.4)')( a(i),i = 1,nvals )
    END IF toobig
  ELSE fileopen
    ! 文件打开失败。告知用户
    WRITE (*,1050)TRIM(msg)
    1050 FORMAT ('File open failed--error = ',A)
  END IF fileopen
  END PROGRAM sort2
```

图 6-17　正确版本的检测数组溢出的排序程序

在数组溢出条件测试中，使用了一个逻辑变量 exceed。如果下一个读入数组的数值会引起数组溢出，那么设置 exceed 为“真”，且不存储该数值。当从输入文件读入所有数据后，程序检测是否超出了数组大小。如果是，则打印出一条错误信息并退出。如果否，则程序读入并排序数据。

这个程序也说明了正确地使用命名常数，可以使得程序中的数组大小很容易修改。数组 a 的大小用参数 MAX_SIZE 来设置，在代码中测试数组溢出也用了参数 MAX_SIZE。这个程序的最大排序容量可以从 10 变到 1000，这只需简单地修改程序顶部的命名常数 MAX_SIZE 的定义即可实现。

例题 6-4　中值

第 4 章中讨论了数据的两个常用统计指标：平均值（或均值）和标准偏差。数据的另一个常用统计量是中值。数据集的中值是这样一个数值，数据集中一半的数值比这个值大，数据集中一半的数值比这个值小。如果数据集有偶数个数据，那么没有正好在中间位置的数值。这种情况下，中值通常定义为中间位置两个数据元素的平均值。数据集的中值常常接近于数据集的平均值，但不总是这样。例如，分析如下数据集：

```
  1
  2
  3
  4
100
```

这个数据集的平均值或均值是 22，而它的中值是 3！

计算数据集中值的一个简单方法是升序排序数据，然后选择数据集中间的数值作为中值。如果数据集中有偶数个数据，那么取中间两个数值的平均值即可得到中值。

编写一个程序，计算输入数据集的均值、中值和标准偏差。输入数据集从用户指定的文件中读取。

解决方案

这个程序应能够从文件中读入任意多个测量值，然后计算那些测量值的均值和标准偏差。

1. 描述问题

计算从用户指定的输入文件中读取的测量值集合的平均值、中值和标准偏差，并将结果打印到标准输出设备上。

2. 定义输入和输出

这个程序有两类输入数据：

（1）含有输入数据文件的文件名的字符串。这个字符串将由标准输入设备输入。

（2）文件中的实数值。

该程序的输出是输入数据集的平均值、中值和标准偏差，结果输出到标准输出设备上。

3. 描述算法

这个程序可以分为以下 6 个主要步骤：

（1）获取输入文件名。

（2）打开输入文件。

（3）读取输入数据到数组。

（4）升序排序数据。

（5）计算平均值、中值和标准偏差。

（6）输出平均值、中值和标准偏差。

前 4 步的详细伪代码与前面例子相似：

```
初始化变量
提示用户输入文件名"filename"
读取文件名"filename"
OPEN 文件"filename"
IF OPEN 成功 THEN
  WHILE
   读取数值至 temp
   IF 读失败 EXIT
   nvals ← nvals + 1
   IF nvals <= max_size then
     a(nvals)← temp
   ELSE
    exceed ← .TRUE.
  End of IF
End of WHILE
! 如果超出数组大小则提示用户
IF 数组大小超出 then
  向用户输出消息
ELSE
  ! 排序数据
  DO for i = 1 to nvals-1
    ! 寻找从 a(i)到 a(nvals)中的最小值
    iptr ← i
    DO for j = i+1 to nvals
     IF a(j)< a(iptr)THEN
       iptr ← j
     END of IF
    END of DO (for j = i+1 to nvals)
    ! iptr 现在指向最小值,若 iptr /= i 则交换 A(iptr)和 a(i)
    IF i /= iptr THEN
     temp ← a(i)
     a(i)← a(iptr)
     a(iptr)← temp
    END of IF
  END of DO (for i = 1 to nvals-1)
```

```
（在此处添加代码）
End of IF（超出数组大小…）
End of IF（打开成功…）
```

第 5 步是计算需要的平均值、中值和标准偏差。为了做这些操作，必须首先累计数据的一些统计（Σx 和Σx^2），然后应用前面给出的平均值、中值和标准偏差的定义。这一步骤的伪代码是：

```
DO for i = 1 to nvals
  sum_x ← sum_x + a(i)
  sum_x2 ← sum_x2 + a(i)**2
End of DO
IF nvals >= 2 THEN
  x_bar ← sum_x / real(nvals)
  std_dev ← sqrt((real(nvals)*sum_x2-
      sum_x**2)/(real(nvals)*real(nvals-1)))
  IF nvals 是偶数 THEN
   median ← (a(nvals/2)+ a(nvals/2+1))/ 2.
  ELSE
   median ← a(nvals/2+1)
  END of IF
END of IF
```

使用求模函数 mod（nvals，2）判定 nvals 是否是偶数。如果 nvals 是偶数，该函数将返回 0，反之，返回 1。最后，必须打印出结果。

```
输出平均值、中值和标准偏差和数据点的个数
```

4. 把算法转换为 Fortran 语句

图 6-18 给出了最后的 Fortran 程序。

```
PROGRAM stats_4
!
!  目的：计算从文件读入的输入数据集合的均值、中值和标准偏差
!
! 修订版本：
!    日期         程序员          修改说明
!    ====        ==========      =====================
!    11/18/15    S. J. Chapman   原始代码
!
IMPLICIT NONE
! 数据字典：声明常量
INTEGER, PARAMETER ::MAX_SIZE = 100          ! 最大数据大小
! 数据字典：声明变量类型和定义
REAL, DIMENSION (MAX_SIZE) ::a               ! 要排序的数据数组
LOGICAL ::exceed = .FALSE.                   ! 指示超出数组限制的逻辑变量
CHARACTER (len=20) ::filename                ! 输入数据文件名
INTEGER ::i                                  ! 循环控制变量
INTEGER ::iptr                               ! 指向最小数据的指针
INTEGER ::j                                  ! 循环控制变量
REAL ::median                                ! 输入样本的中值
CHARACTER (len=80) ::msg                     ! 错误消息
INTEGER ::nvals = 0                          ! 要排序的数值个数
INTEGER ::status                             ! I/O 状态：0 为成功
REAL ::std_dev                               ! 输入样本的标准偏差
REAL ::sum_x = 0.                            ! 输入值的和
REAL ::sum_x2 = 0.                           ! 输入值的平方和
```

```
REAL ::temp                                    ! 用于交换的临时变量
REAL ::x_bar                                   ! 输入值的平均数
! 获得包含输入数据的文件名
WRITE (*,1000)
1000 FORMAT ('Enter the file name with the data to be processed:')
READ (*,'(A20)')filename
! 打开输入数据文件。状态为 OLD 是因为输入数据必须已经存在
OPEN ( UNIT=9,FILE=filename,STATUS='OLD',ACTION='READ',&
    IOSTAT=status,IOMSG=msg )
! OPEN 是否成功?
fileopen:IF ( status == 0 )THEN                ! 打开成功
  ! 文件打开成功,所以读取要排序的数据,进行排序,并输出结果。首先读入数据
  DO
    READ (9,*,IOSTAT=status)temp               ! 获得数值
    IF ( status /= 0 )EXIT                     ! 若数据结束则退出
    nvals = nvals + 1                          ! 计数增加
    size:IF ( nvals <= MAX_SIZE )THEN          ! 太多数值?
     a(nvals)= temp                            ! 否:保存数值到数组
    ELSE
     exceed = .TRUE.                           ! 是:数组溢出
    END IF size
  END DO
  ! 超出数组大小吗? 若是,告知用户并退出
  toobig:IF ( exceed )THEN
    WRITE (*,1010)nvals,MAX_SIZE
    1010 FORMAT ('Maximum array size exceeded:',I0,' > ',I0 )
  ELSE
   ! 未超出限制:排序数据
   outer:DO i = 1,nvals-1
    ! 寻找 a(i)到 a(nvals)中的最小值
    iptr = i
    inner:DO j = i+1,nvals
      minval:IF ( a(j)< a(iptr))THEN
       iptr = j
      END IF minval
    END DO inner
    ! iptr 现在指向最小值,所以若 i /= iptr 则交换 a(iptr)和 a(i)
    swap:IF ( i /= iptr )THEN
      temp  = a(i)
      a(i) = a(iptr)
      a(iptr)= temp
    END IF swap
   END DO outer
   ! 数据已排序。累加和以计算统计值
   sums:DO i = 1,nvals
    sum_x = sum_x + a(i)
    sum_x2 = sum_x2 + a(i)**2
   END DO sums
   ! 检查是否有足够的输入数据
   enough:IF ( nvals < 2 )THEN
    ! 数据不足
    WRITE (*,*)' At least 2 values must be entered.'
   ELSE
```

```
    ! 计算均值、中值和标准偏差
    x_bar  = sum_x / real(nvals)
    std_dev = sqrt( (real(nvals)* sum_x2 - sum_x**2) &
       / (real(nvals)* real(nvals-1)))
    even:IF ( mod(nvals,2)== 0 )THEN
      median = ( a(nvals/2)+ a(nvals/2+1))/ 2.
    ELSE
      median = a(nvals/2+1)
    END IF even
    ! 告知用户
    WRITE (*,*)'The mean of this data set is:',x_bar
    WRITE (*,*)'The median of this data set is:',median
    WRITE (*,*)'The standard deviation is:  ',std_dev
    WRITE (*,*)'The number of data points is:',nvals
   END IF enough
  END IF toobig
ELSE fileopen
  ! 文件打开失败。告知用户
  WRITE (*,1050)TRIM(msg)
  1050 FORMAT ('File open failed--error = ',A)
END IF fileopen
END PROGRAM stats_4
```

图 6-18　从输入数据文件读取数值，计算平均值、中值和标准偏差的程序

5. 测试程序

为测试该程序，先手工计算一个简单数据集的答案，然后把答案与程序的结果相比较。如果使用 5 个输入数值：5，3，4，1 和 9，那么均值和标准偏差是

$$\bar{x} = \frac{1}{N}\sum_{i=1}^{N} x_i = \frac{1}{5}(22) = 4.4 \tag{4-1}$$

$$s = \sqrt{\frac{N\sum_{i=1}^{N} x_i^2 - \left(\sum_{i=1}^{N} x_i\right)^2}{N(N-1)}} = 2.966 \tag{4-2}$$

中值=4

如果将这些值放在文件 INPUT4 中，并以该文件为输入来运行程序，结果是

```
C: \book\fortran\chap6>stats_4
Enter the file name containing the input data:
input4
The mean of this data set is:       4.400000
The median of this data set is:     4.000000
The standard deviation is:          2.966479
The number of data points is:       5
```

对测试数据集，程序给出了正确答案。

注意上面程序中使用了循环名和分支名。这些名字帮助我们直接记住循环和分支。随着程序的变大，这一技巧越来越重要。甚至在这个简单程序中，在某些位置上循环和分支嵌套了 4 层深！

6.6 什么时候该用数组?

本章学习了在 Fortran 程序中怎样使用数组，但是还没学习什么时候该用数组。关于这一点，在典型的 Fortran 课程中，许多学生被建议用数组解决问题，仅仅是因为他们学会了数组的使用，不管是否需要。怎样来判断一个特定问题中使用数组是否合理呢?

通常，如果大部分或全部输入数据必须同时存在于计算机内存中，以有效解决问题，那么对这问题来说用数组存储数据是很合理的。反之，不需要数组。例如，让我们对比例题 4-1 和例题 6-4 编写的统计程序。例题 4-1 计算数据集的均值和标准偏差，例题 6-4 计算数据集的均值、中值和标准偏差。

复习数据集的均值和标准偏差公式：

$$\bar{x} = \frac{1}{N}\sum_{i=1}^{N} x_i = \frac{1}{5}(22) = 4.4 \qquad (4\text{-}1)$$

和

$$s = \sqrt{\frac{N\sum_{i=1}^{N} x_i^2 - \left(\sum_{i=1}^{N} x_i\right)^2}{N(N-1)}} = 2.966 \qquad (4\text{-}2)$$

用来求均值和标准偏差的式（4-1）和式（4-2）中的求和可以很容易地做成一个一个读入数据值的形式。在开始求和前不需要等到全部数据读入。因此，计算数据集均值和标准偏差的程序不需要使用数组。在计算均值和标准偏差前，确实可以使用一个数组来存储输入数据，但是由于数组不是必需的，不应该这样做。例题 4-1 工作得很好，完全没有使用数组。

另外，找出数据集的中值需要对存储的数据进行升序排序。由于排序需要所有的数据存在内存中，在计算开始之前，计算中值的程序必须使用数组来存储所有的输入数据。因此，例题 6-4 使用数组存储输入数据。

如果不需要，但是程序中使用了数组，有什么不对呢? 有两个主要问题与不必要的使用数组有关：

（1）不必要的数组浪费了内存。不必要的数组能吃掉大量内存，使程序使用的内存比实际需要大。大型程序需要大量内存来运行，这使得能运行这类程序的计算机更昂贵。在某些情况下，额外的内存消耗会导致程序在一些特定的计算机上根本不能运行。

（2）不必要的数组限制了程序的能力。为明白这点，让我们分析计算数据集均值和标准偏差的例题程序。假如设计的程序使用了 1000 个元素的静态输入数组，那么它支持的数据集数据元素仅能达到 1000 个。假如遇到多于 1000 个元素的数据集，则必须用更大尺寸的数组，这需要修改、重新编译和连接程序。而随着数值的输入来计算数据集均值和标准偏差的程序，则没有数据集大小的上限限制。

良好的编程习惯

除非实际问题需要，否则不要用数组来解决问题。

6.7 小结

在本章中，介绍了 Fortran 程序中的数组及其应用。数组是一组变量，它们的类型相同，并通过单个变量名来引用。数组的单个变量称为数组元素。单个数组元素通过一个或多个（可高达 15 个）下标来引用。本章讨论的是有一个下标的数组（维数为 1 的数组）。第 8 章将讨论有多个下标的数组。

用类型声明语句声明数组，其中要声明数组名，并使用 DIMENSION 属性指定最大的（和最小的，可选项）下标值。编译器根据声明的下标取值范围来预留计算机中存储数组的内存空间。

与所有变量相同，数组必须在使用前初始化。可以在类型声明语句中使用数组构造器在编译时初始化数组，或在运行时用数组构造器、DO 循环，或 Fortran 的 READ 初始化数组。

在 Fortran 程序中单个数组元素可以像其他普通变量一样随意使用，赋值语句中它们可以出现在等号的两边。整个数组和部分数组也可以用于计算和赋值，只要参与操作的数组是一致的。如果它们的维数（阶）相同、每维的宽度相同，则这种数组是一致的。标量与任何数组都是一致的。两个一致的数组之间的操作按逐个元素的方式来完成。标量值同样与数组是一致的。

数组在存储以某一变量（时间，位置等）的函数的形式进行变化的数据值时特别有用。一旦数据存入数组，用它们可以很容易地求出需要的统计信息和其他信息。

6.7.1 良好的编程习惯小结

使用数组时需要遵守下列原则。

（1）在使用数组写程序前，判断是否实际上真的需要数组来解决问题。假如不需要，不要使用数组！

（2）所有数组的大小都应该用命名常数来声明。如果用命名常数声明数组的大小，并在程序中使用相同的常数来测试任何大小，则随后很容易修改程序的最大容量。

（3）所有数据在使用前都要初始化，使用未初始化的数组的结果难以预测，且随处理器的不同而不同。

（4）程序中使用数组时，最常见问题是试图读或写数组的越界位置。为检测出这些问题，在测试和调试程序时，应该总是打开编译器的边界检测选项。由于边界检测会降低程序的运行速度，一旦完成调试应该关闭边界检测。

6.7.2 Fortran 语句和结构的小结

数组的类型声明语句：

```
type,DIMENSION( [i1:]i2 )::array1,...
```

例如：

```
REAL,DIMENSION(100)::array
```

```
INTEGER,DIMENSION(-5:5)::i
```

说明：

这些类型声明语句声明数组的类型和大小。

隐式 DO 循环结构：

```
READ (unit,format)(arg1,arg2,...,index = istart,iend,incr)
WRITE (unit,format)(arg1,arg2,...,index = istart,iend,incr)
[ (arg1,arg2,...,index = istart,iend,incr)]
```

例如：

```
WRITE (*,*)( array(i),i = 1,10 )
INTEGER,DIMENSION(100)::values
values = [(i,i=1,100)]
```

说明：

隐式 DO 循环用于按已知次数重复使用参数列表中的数值。参数列表上的数值可以起 DO 循环控制变量的作用。在第一次迭代 DO 循环时，设置 index 变量的值为 istart，后面每次循环，index 增加 incr，直到它的值超过 iend 时循环终止。

6.7.3 习题

6-1 如何声明数组？

6-2 数组和数组元素有什么不同？

6-3 在你的计算机上打开和关闭边界检测，并执行下列 Fortran 程序，每种情况下发生了什么？

```
PROGRAM bounds
IMPLICIT NONE
REAL, DIMENSION(5) :: test = [1., 2., 3., 4., 5.]
REAL, DIMENSION(5) :: test1
INTEGER :: i
DO i = 1, 6
   test1(i) = SQRT(test(i))
   WRITE (*,100) 'SQRT(',test(i), ') = ', test1(i)
   100 FORMAT (1X,A,F6.3,A,F14.4)
END DO
END PROGRAM bounds
```

6-4 判断下列声明语句指定的数组结构和大小，以及每个数组的每一维度的有效下标取值范围。

(a)
```
CHARACTER(len=80), DIMENSION(60)::line
```
(b)
```
INTEGER, PARAMETER ::ISTART = 32
INTEGER,PARAMETER ::ISTOP = 256
INTEGER,DIMENSION(ISTART:ISTOP)::char
```
(c)
```
INTEGER, PARAMETER ::NUM_CLASS = 3
INTEGER,PARAMETER ::NUM_STUDENT = 35
LOGICAL,DIMENSION(NUM_STUDENT,NUM_CLASS)::passfail
```

6-5 判断下列哪个 Fortran 程序段有效。对每段有效语句，指出程序会发生什么（假设程序段中没有明显给出类型的变量，其类型默认）。

（a）
```
INTEGER, DIMENSION (100) ::icount, jcount
...
icount = [ (i,i=1,100)]
jcount = icount + 1
```
（b）
```
REAL, DIMENSION (10) ::value
value(1:10:2)= [ 5.,4.,3.,2.,1.]
value(2:11:2)= [ 10.,9.,8.,7.,6.]
WRITE (*,100)value
100 FORMAT ('Value = ',/,(F10.2))
```
（c）
```
INTEGER, DIMENSION (6) ::a
INTEGER,DIMENSION(6)::b
a = [1,-3,0,-5,-9,3]
b = [-6,6,0,5,2,-1]
WRITE (*,*)a > b
```

6-6 下列每个数组项的含义是什么？（a）大小/尺寸；（b）结构；（c）宽度；（d）维数/阶；（e）一致性。

6-7 给定数组 my_array 的定义如下所示，它含有如下数值。判断下列部分数组哪个有效。指出每个有效的部分数组的结构和内容是什么。

```
REAL, DIMENSION (-2: 7) ::my_array = [-3 -2 -1 0 1 2 3 4 5 6]
```
（a）`my_array(-3,3)`

（b）`my_array(-2:2)`

（c）`my_array(1:5:2)`

（d）
```
INTEGER, DIMENSION(5) :: list = (/ -2, 1, 2, 4, 2 /)
my_array(list)
```

6-8 下列程序中的每条 WRITE 语句将输出什么内容？为什么两条语句的输出不同？

```
PROGRAM test_output
IMPLICIT NONE
INTEGER,DIMENSION(0:7)::my_data
INTEGER ::i,j
my_data = [ 1,2,3,4,5,6,7,8 ]
DO i = 0,1
 WRITE (*,100)(my_data(4*i+j),j=0,3)
 100 FORMAT (6(1X,I4))
END DO
WRITE (*,100)((my_data(4*i+j),j=0,3),i=0,1)
END PROGRAM test_output
```

6-9 一个输入数据文件 INPUT1 含有如下数值：

```
27  17   10  8    6
 11 13  -11 12  -21
 -1  0    0  6   14
-16 11   21 26  -16
 04 99  -99 17    2
```

假设文件 INPUT1 已经用 I/O 单元 8 打开，数组 values 是有 16 个元素的整型数组，其元素都被初始化为 0。在执行下列每条 READ 语句之后，数组 values 的内容是什么？

（a）
```
DO i = 1, 4
READ (8,*)(values(4*(i-1) +j), j = 1, 4)
END DO
```
（b）
```
READ (8,*)((values(4*((i-1) +j), j = 1,4), i = 1,4)
```
（c）
```
READ (8,'(4I6)')((values(4*(i-1)+j), j = 1,4), i = 1,4)
```

6-10 **极坐标转换为直角坐标**。标量是可以用单个数字表示的量。例如，给定地点的温度是标量。相比之下，矢量是具有与其相关联的幅度和方向的量。例如，汽车的速度是矢量，因为它有幅值大小和方向。

矢量可用幅值大小和方向来定义，也可以通过沿直角坐标系的轴上的矢量投影的分量来定义。两种表示是相等的。对于一个二维的矢量，可以用下列等式实现两种表示方式之间的转换。

$$\mathbf{V} = V\angle\theta = V_x\boldsymbol{i} + V_y\boldsymbol{j} \quad (6\text{-}2)$$

$$V_x = V\cos\theta \quad (6\text{-}3)$$

$$V_x = V\sin\theta \quad (6\text{-}4)$$

$$V = \sqrt{V_x^2 + V_y^2} \quad (6\text{-}5)$$

$$\theta = \tan^{-1}\frac{V_y}{V_x}\text{，在所有 4 个象限上} \quad (6\text{-}6)$$

这里 $\boldsymbol{i}$ 和 $\boldsymbol{j}$ 分别是 x 和 y 方向上的单位矢量。以幅值大小和角度表示的矢量称为极坐标，以坐标轴分量表示的矢量称为直角坐标（见图 6-19）。

编写一个程序，读取一个二维矢量的极坐标（幅值和角度），存入一个一维数组 polar（polar（1）将含有幅值 V，polar（2）含有以度为单位的角度θ）中，并把矢量从极坐标形式转换为直角坐标形式，将结果存储到一个一维数组 rect 中。rect 的第一个元素含有该矢量的 x 坐标，第二个元素含有该矢量的 y 坐标。转换后，显示数组 rect 的内容。通过转换下列极坐标矢量为直角坐标形式来测试程序：

（a）5∠–36.87°

（b）10∠45°

（c）25∠233.13°

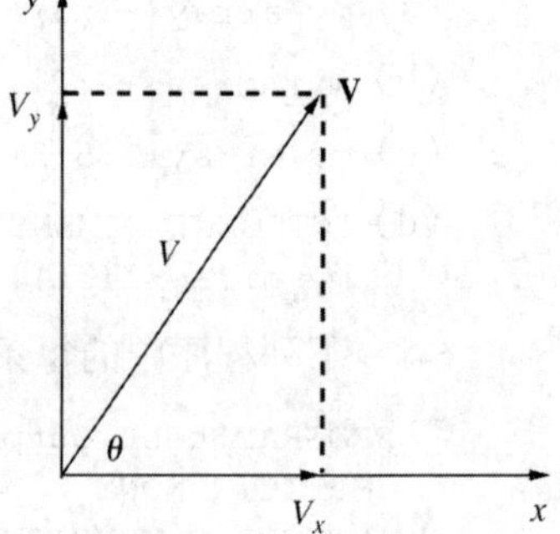

图 6-19 向量的表示

6-11 **直角坐标转换为极坐标**。编写一个程序，读入二维矢量的直角坐标，存入维数为 1 的数组 rect（rect（1）含有 v_x 分量，rect（2）含有 v_y 分量）中，并转换直角坐标为极坐标，将结果存储在 1 维数组 polar 中。polar 的第一个元素含有矢量的幅度值，第二个元素含有矢量的角度值，以度为单位。转换之后，显示数组 polar 的内容（提示：查询附录 B 中的函数 ATAN2D）。通过把下列直角坐标转换为极坐标来测试程序。

（a）3$\boldsymbol{i}$-4$\boldsymbol{j}$

（b）5$\boldsymbol{i}$+5$\boldsymbol{j}$

（c）-5$\boldsymbol{i}$+12$\boldsymbol{j}$

6-12 假设 values 是有 101 个元素的数组，含有一组科学试验的测量值。数组用下列语句声明：

```
REAL,DIMENSION(-50:50)::values
```

编写一个 Fortran 程序，统计数组中正数、负数和零的个数，并输出一条消息，总结这三种类型的数各有多少。

6-13 编写 Fortran 语句，将习题 6-12 中数组 values 的每 5 个数值打印出 1 个，输出形式如下：

```
values(-50)= xxx.xxxx
values(-45)= xxx.xxxx
...
values( 50)= xxx.xxxx
```

6-14 **点积**。直角坐标中的三维矢量表示如下

$$\boldsymbol{V}=V_x\boldsymbol{i}+V_y\boldsymbol{j}+V_z\boldsymbol{k} \tag{6-7}$$

这里 V_x 是矢量 V 在 x 方向的分量，V_y 是矢量 V 在 y 方向的分量，V_z 是矢量 V 在 z 方向的分量。这样的一个矢量可以存储在秩为 1 含有三个元素的数组中，因为坐标系统有三个维度。同样的思想用于 n 维矢量。n 维矢量可以存储在秩为 1 含有 n 个元素的数组中，这就是维数为 1 的数组有时可称为矢量的原因。

两个矢量间的一种常用运算是点积。两个矢量 $\boldsymbol{V_1}=V_{x1}\boldsymbol{i}+V_{y1}\boldsymbol{j}+V_{z1}\boldsymbol{k}$ 和 $\boldsymbol{V_2}=V_{x2}\boldsymbol{i}+V_{y2}\boldsymbol{j}+V_{z2}\boldsymbol{k}$ 之间的点积结果是一个标量，用下列等式定义：

$$\boldsymbol{V_1}\cdot\boldsymbol{V_2}=V_{x1}V_{x2}+V_{y1}V_{y2}+V_{z1}V_{z2} \tag{6-8}$$

编写程序，读入两个矢量 $\boldsymbol{V_1}$ 和 $\boldsymbol{V_2}$ 到计算机内存中两个一维数组中，然后根据上面给出的公式计算点积。计算矢量 $\boldsymbol{V_1}=5\boldsymbol{i}-3\boldsymbol{j}+2\boldsymbol{k}$ 和 $\boldsymbol{V_2}=2\boldsymbol{i}+3\boldsymbol{j}+4\boldsymbol{k}$ 的点积来测试这个程序。

6-15 **作用于物体的功率**。如果使用力 $\boldsymbol{F}$ 以速度 $\boldsymbol{v}$ 推动物体（见图 6-20），那么可以用下列等式求该力作用于物体上的功率：

$$P=\boldsymbol{F}\cdot\boldsymbol{v} \tag{6-9}$$

这里力 F 的计量单位为 N，速度 v 的计量单位是米/秒，功率 P 的单位是瓦特。假设力为 $\boldsymbol{F}=4\boldsymbol{i}+3\boldsymbol{j}-2\boldsymbol{k}$N，物体运动速度为 $\boldsymbol{V}=4\boldsymbol{i}-2\boldsymbol{j}+1\boldsymbol{k}$m/s，用习题 6-14 的 Fortran 程序计算作用于物体的功率。

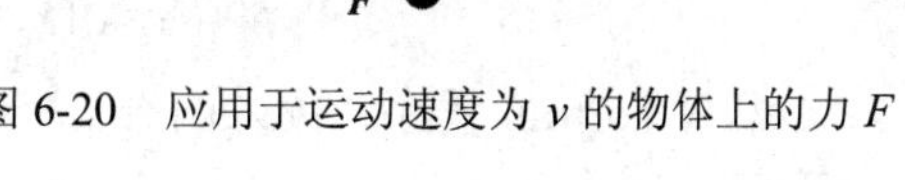

图 6-20 应用于运动速度为 v 的物体上的力 F

6-16 **交叉乘积**。两个矢量间的另一种常用运算是交叉乘积。两个矢量 $\boldsymbol{V_1}=V_{x1}\boldsymbol{i}+V_{y1}\boldsymbol{j}+V_{z1}\boldsymbol{k}$ 和 $\boldsymbol{V_2}=V_{x2}\boldsymbol{i}+V_{y2}\boldsymbol{j}+V_{z2}\boldsymbol{k}$ 之间的交叉乘积结果是一个矢量，用下列等式定义：

$$V_1\times V_2=(V_{y1}V_{z2}-V_{y2}V_{z1})\,\boldsymbol{i}+(V_{z1}V_{x2}-V_{z2}V_{x1})\,\boldsymbol{j}+(V_{x1}V_{y2}-V_{x2}V_{y1})\,\boldsymbol{k} \tag{6-10}$$

编写 Fortran 程序，读入两个矢量 V_1 和 V_2 到计算机内存中的数组里，然后根据上面给出的公式计算交叉乘积。计算矢量 $\boldsymbol{V_1}=5\boldsymbol{i}-3\boldsymbol{j}+2\boldsymbol{k}$ 和 $\boldsymbol{V_2}=2\boldsymbol{i}+3\boldsymbol{j}+4\boldsymbol{k}$ 的交叉乘积来测试程序。

6-17 **绕轨道运行物体的速度**。运动物体的矢量角速度ω、速度 v 和到坐标系统原点的距离 r（见图 6-21）之间的关系如下所示：

$$\boldsymbol{v}=\boldsymbol{r}\times\omega \tag{6-11}$$

这里距离 r 的单位是 m，角速度ω 的单位是 rad/s，速度 v 的单位是 m/s。如果从地球中心到卫星轨道的距离 $\boldsymbol{r}=300000\boldsymbol{i}+400000\boldsymbol{j}+50000\boldsymbol{k}$ m，卫星的角速度是$\omega=-6\times10^{-3}\boldsymbol{i}+2\times10^{-3}\boldsymbol{j}-9\times10^{-4}\boldsymbol{k}$ rad/s，卫星的速度（m/s）是多少？用前面开发的程序计算答案。

6-18 如果用户在输入数据集中键入无效数值，例题 6-4 中的程序 stat_4 将出错。例如，若用户在一行上键入字符 1.o 而不是 1.0，那么 READ 语句在这行上将返回非零状态。

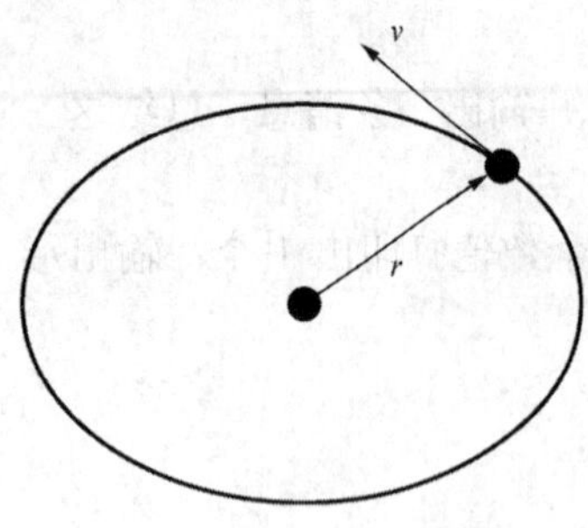

图 6-21 计算轨道物体的速度

这个非零状态将被错误地解释为到达了数据集的末端，因此会导致只能处理到部分输入数据。修改程序，以防止输入数据文件中出现错误数值。假如在输入数据文件中遇到错误的数值，程序应该显示含有错误数据的行号，并跳过它。程序应该能处理文件中的所有有效值，甚至是错误数据之后的有效数值。

6-19 在集合理论中，两个集合的并集是出现在两个集合中的所有元素的列表，两个集合的交集是仅同时出现在两个集合中的所有元素的列表。假如集合 A 的元素是：

$$A \in \{1\ 3\ 7\ 6\ 2\ 5\}$$

第二个集合 B 的元素是：

$$B \in \{-1\ 2\ 0\ 5\ 8\ 9\}$$

那么两个集合的并运算是：

$$A \cup B \in \{-1\ 0\ 1\ 2\ 3\ 5\ 6\ 7\ 8\ 9\}$$

两个集合的交运算是：

$$A \cap B \in \{2\ 5\}$$

编写程序，从用户指定的不同输入文件读入表示两个集合元素的整数到两个数组，计算这两个集合的并集和交集。使用数组来存放输入的集合，同时用来建立交集和并集。注意，输入集合可以是未排序的。无论键入的集合元素是否排序，程序中的算法都必须正常运行。

用文件 inputA.dat 和 inputB.dat 来测试程序。两个文件中含有下列两个集合：

```
文件 inputA.dat: 0,1,-3,5,-11,6,8,11,17,15
文件 inputB.dat: 0,-1,3,7,-6,16,5,12,21
```

6-20 在三维空间中的任意一点 P 的位置可以表示为三个数值的集合（x，y，z），这里 x 是点在 x 坐标轴上的距离，y 是点在 y 坐标轴上的距离，z 是点在 z 坐标轴上的距离。因此，一个点可以表示为包含值 x，y 和 z 的三个元素的矢量。若两点 P_1 和 P_2 可以表示为（x_1，y_1，z_1）和（x_2，y_2，z_2），那么 P_1 和 P_2 之间的距离可以用下列等式计算

$$\text{距离}=\sqrt{(x_1-x_2)^2+(y_1-y_2)^2+(z_1-z_2)^2} \tag{6-12}$$

编写 Fortran 程序，读入两个点（x_1，y_1，z_1）和（x_2，y_2，z_2），计算它们之间的距离。测试程序，计算点（–1，4，6）和（1，5，-2）之间的距离。

第7章 过程

本章学习目标：

- 学习 Fortran 语言中的过程如何帮助实现好的程序设计。
- 了解子程序与函数的不同。
- 掌握创建和调用子程序。
- 理解并学会使用 INTENT 属性。
- 理解使用地址传递方案实现变量传递。
- 理解显式结构形参数组、不定结构的形参数组和不定大小的形参数组之间的区别。
- 理解为什么不再使用不定大小的形参数组。
- 掌握在过程之间使用模块实现共享数据。
- 理解显式接口，以及为什么在模块内部定义过程更好。
- 能创建并且调用用户定义函数。
- 掌握如何把 Fortran 过程作为调用参数传递给其他过程。

在第 3 章中学习了好的程序设计的重要性。用于实现好的程序设计的基本技术是自顶向下的设计方法。在自顶向下的设计中，程序员首先描述需要解决的问题及它的输入输出；紧接着，以一种概括的方式描述程序要实现的算法；然后用分解思想把算法分解成若干个称为子任务（subtask）的逻辑子部分（subdivision）；再把每个子任务继续分解，直到分成许多小片段（piece），每一片段分别完成一个简单、易于理解的工作；最终，将每个独立的片段转化为 Fortran 代码。

尽管在例子中采用的都是这种设计方法，然而得到的结果还是存在着一些局限性，因为需要把每个子任务的最终 Fortran 代码集成为一个独立的大程序。而在把它们集成为最终的程序之前是无法独立的编码、验证和测试每个子任务的。

幸运的是，Fortran 提供了一个特定的机制，使得可以在构建最终的程序前较容易地独立开发和调试子任务。可以把每个子任务作为独立的程序单元❶（program unit）来编码，该独立程序单元被称为外部过程（external procedure）。每个外部过程都可以独立于程序中的其他

❶ 一个程序单元是 Fortran 程序中的一个独立编译部分。主程序、子例程、函数子程序都是程序单元。

子任务（过程）来进行编译、测试和调试[❷]。

Fortran 中有两种外部过程：子例程（subroutine）和函数子程序（function subprogram）（或者就叫函数，function）。子例程是一种通过在一个单独的 CALL 语句中引用其名称进行调用的过程，并且可以通过调用参数来返回多个结果。函数子程序是另外一种通过在表达式中引入函数名来进行调用的过程，它的结果是单个数值，该值用来参与表达式求值。本章将介绍这两种类型的过程。

设计良好的过程（procedure）可以极大地减少一个大型编程项目所需要付出的努力。它们带来的好处有：

（1）子任务的独立测试。每一个子任务都可以被当作一个独立的单元进行编码和编译。子任务可以被独立测试，以确保它在被集成到大程序之前实现正确的功能。这一步是单元测试，它减少了构建最终程序时的主要问题来源。

（2）可重用代码。在很多情况下，一个程序的很多地方都需要用到完成同一基本功能的子任务。例如，一个程序中可能经常要对一组数据进行升序排列，甚至在其他程序中也有可能需要这一功能。这一排序功能就完全可以当成一个独立的过程来设计、编码、测试和调试，然后在需要用到排序的地方重复使用这个过程。这种代码重用有两个主要优点：既降低了总的编程工作量，又简化了调试工作，因为排序函数只需要被调试一次。

（3）隔离意外的副作用。主程序通过称为参数表的一个变量列表来和其调用的子程序通信。在主程序中只有参数表中的那些变量可以被过程改变。这一点非常重要，因为这可以使得偶然发生的编程错误只能够影响到发生错误的过程中的变量。

编写并发布一个大型程序之后，必须对它进行维护。程序维护包括修正错误和修改程序，以应对新的或未能预知到的情形。在程序维护的过程中，修改程序的程序员往往并不是原来写程序的那个人。对于一个编写得非常糟糕的程序来说，程序员在修改程序的时候经常会出现改动代码的一个区域，却对程序中完全不同的另一个部分产生意外的副作用的情况。这是因为在程序的不同部分中复用了同样的变量名。当程序员改变了某些变量的值时，那些值有可能碰巧被用于代码的其他地方。

使用一个设计良好的过程，可以通过数据隐藏来尽可能减少这种问题的发生。除了在参数表中的变量之外，过程中的所有变量在主程序中都无法看到，因此那些变量中的错误或者改动不会对程序的其他部分产生意外副作用。

良好的编程习惯

在实际编程时，把一个大程序任务分解为若干个子过程，可以获得很多好处：独立的组件测试、复用性，以及隔离无意的副作用。

现在，介绍不同的两类 Fortran 过程：子例程和函数。

7.1 子例程

子例程是一个 Fortran 过程，它通过在 CALL 语句中使用过程名来调用，并通过参数表获

❷ Fortran 也支持内部过程（internal procedures），它是完全包含在另一个程序单元中的过程。第 9 章将介绍内部过程。除非特别指出，本章中的过程、子例程和函数指的是外部过程、外部子例程和外部函数。

取输入数值和返回结果。子例程的一般格式如下：

```
SUBROUTINE subroutine_name ( argument_list )
  ...
  (Declaration section)
  ...
  (Execution section)
  ...
RETURN
END SUBROUTINE [subroutine_name]
```

SUBROUTINE 语句标志着子例程的开始。它定义了子例程名和相关参数表。子例程名必须遵循标准的 Fortran 命名规则：由字母和数字组成，最大长度可以到 63 个字符，但第一个字符必须是字母。参数表含有一系列变量和/或数组，这些变量、数组的值将从调用程序传递给子例程。这些变量被称为形参（dummy argument，形式参数），因为子例程实际上没有为它们真正分配任何内存空间。它们仅仅是从调用程序单元传递来的实参（实际参数）的占位符。

需要注意的是，像任何 Fortran 程序一样，子例程必须包含声明部分和执行部分。当程序调用子例程时，调用程序的执行暂时被挂起，子例程执行部分开始运行。当运行到子例程的 RETURN 语句或 END SUBROUTINE 语句时，调用程序又开始运行子例程调用语句后面的程序代码。

每个子例程是一个独立的程序单元，它开始于 SUBROUTINE 语句，结束于 END SUBROUTINE 语句。它的编译也独立于主程序和其他的过程。因为程序中的每个程序单元都是独立进行编译的，局部变量名和语句标号可以在不同的例程（routine）中被复用，且不会引起任何错误。

任何可执行程序单元都可以调用子例程，包括另一个子例程（但是，子例程不能调用它自身，除非它被定义为递归类型(recursive)。第 13 章中会介绍递归概念)。调用程序使用 CALL 语句来调用子例程。CALL 语句的格式如下所示：

```
CALL subroutine_name (argument_list)
```

这里，参数列表中的实际参数的顺序和类型必须和子例程中定义的形参的顺序和类型相匹配。

图 7-1 给出了一个简单的子例程例子。这个子例程用直角三角形的两个直角边的长度计算它的斜边。

```
SUBROUTINE calc_hypotenuse ( side_1, side_2, hypotenuse )
!
!目的：根据另外两个边计算直角三角形的斜边
!
! 修订版本：
!   日期        程序员          修改说明
!   ====        ==========      ======================
!   11/22/15    S.J.Chapman     原始代码
!
IMPLICIT NONE
! 数据字典:声明调用参数类型和定义
REAL,INTENT(IN)::side_1                  ! 第一个边的长度
REAL,INTENT(IN)::side_2                  ! 第二个边的长度
REAL,INTENT(OUT)::hypotenuse             ! 斜边的长度
! 数据字典:声明本地变量类型和定义
REAL ::temp                              ! 临时变量
! 计算斜边
```

```
temp = side_1**2 + side_2**2
hypotenuse = SQRT ( temp )
END SUBROUTINE calc_hypotenuse
```

图 7-1 计算直角三角形斜边的简单子例程

这个子例程的形参表中有 3 个参数。参数 side_1 和参数 side_2 是三角形两条直角边长度的实际值的占位符。这两个形参用于传递数据到子例程中，且数据在子例程内不会被改变，所以它们用 INTENT（IN）属性来声明为输入值。形参 hypotenuse 是接受三角形斜边长度的实数变量的占位符，hypotenuse 的值在子例程内设置，所以它用 INTENT（OUT）属性声明为输出变量。

temp 变量实际上是在子例程内定义的，它只在子例程内部使用，不能被任何调用程序访问。仅在子例程内部使用、且不能被调用程序访问的变量称为局部变量。

最后，子例程中的 RETURN 语句是可选的。当运行到 END SUBROUTINE 语句时，程序会自动返回到调用程序。只有需要在子例程结束之前返回到调用程序时，才需要用到 RETURN 语句。所以，RETURN 语句很少用到。

为了测试子例程，必须编写称为测试驱动程序的程序。测试驱动程序是一个小程序，它使用样本数据集来调用子例程，专门用来测试它。图 7-2 给出了 calc_hypotenuse 子例程的测试驱动程序。

```
PROGRAM test_calc_hypotenuse
!
! 目的:测试子例程 calc_hypotenuse 操作的程序
!
! 修订版本:
!   日期        程序员        修改说明
!   ====        ==========    =====================
!   11/22/15    S.J.Chapman   原始代码
!
IMPLICIT NONE
! 数据字典:声明变量类型和定义
REAL ::s1             ! 边长 1
REAL ::s2             ! 边长 2
REAL ::hypot          ! 斜边
! 获得两个边的长度
WRITE (*,*)'Program to test subroutine calc_hypotenuse:'
WRITE (*,*)'Enter the length of side 1:'
READ (*,*)s1
WRITE (*,*)'Enter the length of side 2:'
READ (*,*)s2
! 调用 calc_hypotenuse
CALL calc_hypotenuse ( s1,s2,hypot )
! 输出斜边
WRITE (*,1000)hypot
1000 FORMAT ('The length of the hypotenuse is:',F10.4 )
END PROGRAM test_calc_hypotenuse
```

图 7-2 子例程 calc_hypotenuse 的测试驱动程序

这个程序用变量 s1、s2 和 hypot 作为实参列表调用子例程 calc_hypotenuse，所以，不论子例程的形参 side_1 出现在子例程的什么地方，都会用变量 s1 代替它。类似地，斜边实际上会写到 hypot 变量中。

7.1.1 例题-排序

现在，重新考虑例题 6-3 中的排序问题，且在适当位置使用子例程。

例题 7–1 数据排序

开发一个程序，从文件中读入一个数据集，用升序排序数据，并且显示已排序数据集。要求在适当位置使用子例程。

解决方案

例题 6-3 的程序从用户提供的文件中读取任意个数的实数输入数据值，以升序排序数据，并把排序后的数据输出到标准输出设备上。排序过程非常适合写成子例程，因为只有数组 a 和它的长度 nvals 在排序过程和程序其余部分中是相同的。图 7-3 给出了重写后的程序，使用了排序子例程。

```
PROGRAM sort3
!
! 目的：读入一个实数输入数据集，使用选择排序算法进行升序排序，然后将排序后的数
! 据输出到标准输出设备。程序调用子例程“sort”来完成实际的排序
!
! 修订版本：
!    日期          程序员          修改说明
!    ====          ==========      =====================
!    11/22/15      S.J.Chapman     原始代码
!
IMPLICIT NONE
! 数据字典：声明常量
INTEGER,PARAMETER ::MAX_SIZE = 10                ! 输入数据集的最大尺寸
! 数据字典：声明变量类型和定义
REAL,DIMENSION(MAX_SIZE)::a                      ! 要排序的数据数组
LOGICAL ::exceed = .FALSE.                       ! 指示是否超出数组上限的逻辑值
CHARACTER(len=20)::filename                      ! 输入数据文件名
INTEGER ::i                                      ! 循环控制变量
CHARACTER(len=80)::msg                           ! 错误信息
INTEGER ::nvals = 0                              ! 要排序的数据个数
INTEGER ::status                                 ! I/O 状态：0 为成功
REAL ::temp                                      ! 用于读的临时变量
! 得到包含输入数据的文件名
WRITE (*,*)'Enter the file name with the data to be sorted:'
READ (*,1000)filename
1000 FORMAT ( A20 )
! 打开输入数据文件。状态为 OLD 是因为输入数据必须已经存在
OPEN ( UNIT=9,FILE=filename,STATUS='OLD',ACTION='READ',&
   IOSTAT=status,IOMSG=msg )
! OPEN 操作是否成功？
fileopen:IF ( status == 0 )THEN                  ! 打开成功
 !文件打开成功，因此从中读取要排序的数据，进行排序，然后输入结果。首先读入数据
 DO
  READ (9,*,IOSTAT=status)temp                   ! 读取数据
  IF ( status /= 0 )EXIT                         ! 到达数据尾时退出
```

```
   nvals = nvals + 1                                 ! 计数增加
   size:IF ( nvals <= MAX_SIZE )THEN                 ! 太多数据?
     a(nvals)= temp                                  ! 否:保存数值到数组
   ELSE
     exceed = .TRUE.                                 ! 是:数组溢出
   END IF size
  END DO
  ! 超出数组大小?如果是,告知用户并退出
  toobig:IF ( exceed )THEN
   WRITE (*,1010)nvals,MAX_SIZE
   1010 FORMAT (' Maximum array size exceeded:',I6,' > ',I6 )
  ELSE
   ! 未超出限制:对数据排序
   CALL sort (a,nvals)
   ! 现在输出排序后的数据
   WRITE (*,'(A)')' The sorted output data values are:'
   WRITE (*,'(3X,F10.4)')( a(i),i = 1,nvals )
  END IF toobig
ELSE fileopen
  ! 文件打开失败。告知用户
  WRITE (*,1050)TRIM(msg)
  1050 FORMAT ('File open failed--error = ',A)
END IF fileopen
END PROGRAM sort3
!*****************************************************************
!*****************************************************************
SUBROUTINE sort (arr,n)
!
! 目的:使用选择排序将实数数组“arr”升序排序
!
IMPLICIT NONE
! 数据字典:声明调用参数类型和定义
INTEGER,INTENT(IN)::n                                ! 数值个数
REAL,DIMENSION(n),INTENT(INOUT)::arr                 ! 要排序的数组
! 数据字典:声明局部变量类型和定义
INTEGER ::i                                          ! 循环控制变量
INTEGER ::iptr                                       ! 指向最小数值的指针
INTEGER ::j                                          ! 循环控制变量
REAL ::temp                                          ! 用于交换的临时变量
! 对数组排序
outer:DO i = 1,n-1
   ! 找到从arr(i)到arr(n)的最小值
   iptr = i
   inner:DO j = i+1,n
     minval:IF ( arr(j)< arr(iptr))THEN
       iptr = j
     END IF minval
   END DO inner
   ! iptr现在指向最小值,所以若i /= iptr则交换arr(iptr)和arr(i)
   swap:IF ( i /= iptr )THEN
     temp    = arr(i)
     arr(i)  = arr(iptr)
     arr(iptr)= temp
   END IF swap
```

```
END DO outer
END SUBROUTINE sort
```

图 7-3　用 sort 子例程将实数值升序排序的程序

这个新程序可以像原来的程序一样测试，结果相同。假设文件 INPUT2 中有下面的数据集：

```
13.3
12.
-3.0
0.
4.0
6.6
4.
-6.
```

那么测试的结果则为：

```
C: \book\fortran\chap7>sort3
Enter the file name containing the data to be sorted:
input2
The sorted output data values are:
-6.0000
-3.0000
  .0000
 4.0000
 4.0000
 6.6000
12.0000
13.3000
```

程序也像以前一样给出了正确答案。

子例程 sort 实现了原来例题中排序代码一样的功能，但是现在的 sort 是一个独立的子例程，我们可以在任何需要的时候，不做任何修改复用这一子例程来完成一组实数值的排序。

需要注意的是，在排序子例程中数组按照如下方式声明：

```
REAL, DIMENSION (n), INTENT (INOUT) ::arr ! 待排序的数组
```

这个语句告诉 Fortran 编译器形参 arr 是一个长度为 n 的数组，这里 n 也是一个调用参数。形参 arr 只是一个在子例程被调用的时候作为参数传进来的数组的占位符。数组的实际大小由调用程序传进来的数组大小决定。

同时也应该注意到，变量 n 在用于定义 arr 之前已经被声明为输入参数。大部分编译器都需要提前声明 n，使得它的含义在被用于声明数组之前是已知的。如果声明顺序颠倒，大部分编译器将产生一个错误："在声明 arr 时，n 没有被声明。"

最后，需要注意的是，形参 arr 既用于向子例程 sort 传数据，也用于返回已经排序的数据给调用程序。因为它既被当作输入又被当作输出，所以应该使用 INTENT（INOUT）属性来声明它。

7.1.2　INTENT 属性

子例程的形参可以与一个 INTENT 属性联合使用。INTENT 属性与类型声明语句联合使

用，来声明每个形参的类型。这个属性可写成以下 3 种格式中的任何一种：

```
INTENT(IN)                          形参仅用于向子程序传递输入数据
INTENT(OUT)                         形参仅用于将结果返回给调用程序
INTENT(INOUT)或 INTENT(IN OUT)       形参既用来向子程序输入数据，也用来向调用程序返回结果
```

INTENT 属性的作用是告诉编译器，程序员打算如何使用形参。一些参数可能仅用来给子例程提供输入数据，另一些可能仅用来从子例程返回结果。最后，还有一些参数可能既用来传递数据，也用来返回结果。对于每一个参数来说，都应该声明一个合适的 INTENT 属性❸。

一旦编译器知道了打算如何使用每个形参，它就可以在编译的时候使用这些信息来捕捉编程中出现的错误。例如，假设一个子例程偶然改动了输入参数。这种对输入参数的修改将会影响调用程序中对应变量的值，且变动过的值会用于所有后序处理中。这种类型的编程错误可能非常难以定位，因为只有两个过程相互交互时才会发生。

下面给出一个简单例子。这里子例程 sub1 计算一个输出值，但它同时也偶然修改了输入值。

```
SUBROUTINE sub1(input,output)
IMPLICIT NONE
REAL,INTENT(IN)::input
REAL,INTENT(OUT)::output
output = 2.* input
input = -1.   ! 这一行会发生错误!
END SUBROUTINE sub1
```

通过声明每个形参的用途，编译器可以在编译时发现这种错误。当这个子例程在 Intel Fortran 编译器中编译时，结果如下：

```
    C:\book\fortran\chap7>ifort sub1.f90
    Intel(R)Visual Fortran Intel(R)64 Compiler for applications running on
Intel(R)64,Version 16.0.2.180 Build 20160204
    Copyright (C)1985-2016 Intel Corporation.All rights reserved.

    sub1.f90(7):error #6780:A dummy argument with the INTENT(IN)attribute shall
not be defined nor become undefined.[INPUT]
    input = -1.
    ^
    compilation aborted for sub1.f90 (code 1)
```

类似的，使用 INTENT（OUT）声明的变量必须在子例程中定义，否则编译器会生成一个错误。

INTENT 属性仅对过程的形参有效。如果用它来声明子例程的局部变量或主程序的变量，则是错误的。

正如后面会看到的，声明每个形参的 INTENT 属性也可以帮助发现发生在过程间的调用参数表中的错误。对于每一个过程，都应该声明它的每一个形参的 INTENT 属性。

良好的编程习惯

在每一个过程中要始终记得声明每一个形参的 INTENT 属性。

❸ 形参的 INTENT 属性也可以用独立的 INTENT 语句来定义：
INTENT(IN) :: arg1, arg2, ...

7.1.3 Fortran 中的变量传递：地址传递方案

Fortran 程序和它的子例程之间用地址传递（pass-by-reference）方案来进行通信。当调用子例程时，主程序传递一个指针来指向实参表中各个参数的存储位置。子例程查找调用程序所指向的内存位置，以获得它需要的形参值。这一过程用图 7-4 描述。

(a)

PROGRAM test

SUBROUTINE sub1

```
PROGRAM test
REAL :: a, b(4)
INTEGER :: next
...
CALL sub1 ( a, b, next )
...
END PROGRAM test

SUBROUTINE sub1 ( x, y, i )
REAL, INTENT(OUT) :: x
REAL, INTENT(IN) :: y(*)
INTEGER :: i
...
END SUBROUTINE sub1
```

(b)

内存地址	主程序名	子例程名
001	a	x
002	b(1)	y(1)
003	b(2)	y(2)
004	b(3)	y(3)
005	b(4)	y(4)
006	next	i
007		

图 7-4　地址传递内存方案。注意仅有指向实参内存位置的指针被传递到子例程

图中展示了主程序 test 调用子例程 sub1 的过程。有 3 个实参传递到子例程：一个实型变量 a，一个 4 元素实数数组 b 和一个整型变量 next。在一些计算机中这些变量分别占用的内存地址是 001，002-005 和 006。sub1 中声明的 3 个形参是：一个实型变量 x，一个实型数组 y 和一个整型变量 i。当主程序调用 sub1 时，传递给子例程的是指向了包含调用参数的内存位置的指针：001，002 和 006。不论子例程何时引用变量 x，访问的都是内存位置 001 的内容，其他变量也如此。这种参数传递方案被称为地址传递，因为只有指向数值的指针传递到了子例程，而不是传递实参数据本身。

地址传递方案存在几个可能的陷阱：程序员必须确保调用参数列表中的值与子例程的调用参数在个数、类型、次序方面都完全匹配。如果存在不匹配，因为 Fortran 程序不能识别这种情况，所以它会在没有任何提示的情况下错用这些参数。这是程序员在使用 Fortran 子例程时最容易犯的错误。例如，考虑图 7-5 所示的程序。

```
PROGRAM bad_call
!
! 目的：
!   演示错误的解释调用列表
!
IMPLICIT NONE
REAL ::x = 1.                             ! 声明实数变量 x
```

```
CALL bad_argument ( x )          ! 调用子程序
END PROGRAM bac_call

SUBROUTINE bad_argument ( i )
IMPLICIT NONE
INTEGER ::i                      ! 声明整数参数
WRITE (*,*)'i = ',i              ! 输出 i
END SUBROUTINE bad_argument
```

图 7-5 举例说明调用子例程时类型不匹配所产生的影响

在调用中传递给子例程 bad_argument 的参数是实型的，然而对应的形参类型是整型的。Fortran 传递实型参数 x 的地址给子例程，子例程却把它当作整型来处理，结果完全错误。当程序在 Intel Fortran 编译器中编译之后，将得到：

```
C: \book\fortran\chap7>bad_call
I = 1065353216
```

另一个可能产生的严重错误是调用参数列表中本应该放数组的位置却放上了一个变量。子例程不能区分变量和数组，于是它会把变量以及内存中变量后面的内容当成是一个大数组！这种行为会产生极大的问题。在调用参数中含有名为 x 的变量的子例程将连带修改没有传递到子例程的另一个变量 y，仅仅是因为 y 碰巧在计算机内存中位于变量 x 后面。类似于这样的问题非常难以进行查找和调试。

在 7.3 节中将会学习怎样使 Fortran 编译器自动检测每次子例程调用时参数的个数、类型、传递方向以及次序，以便编译器在编译时可以帮助发现这些错误。

编程警示

一定要确保子例程调用中的参数与子例程声明中的参数在个数、类型和次序上保持一致。如果没有确保正确匹配这些参数，可能会产生非常糟糕的后果。

7.1.4 传递数组给子例程

调用参数通过传递指向这个参数的内存位置指针来传递给子例程。如果参数恰好是个数组，那么指针指向的就是数组中的第一个值。然而子例程需要同时知道数组的地址和大小，保证不会发生越界，才能进行数组操作。那么怎么样把这些信息提供给子例程呢？

在子例程中，有 3 种可能的方式来指明形参数组的大小。第一种方法是在子例程调用时，将数组每一维度的边界值作为参数传递给子例程，并且将相应的形参数组声明为该长度。因此，这种形参数组是一个显式结构的形参数组，因为它的每一个维度都被明确指定。如果这么做，子例程可以运行时知道每一个形参数组的结构。因为数组结构已知，那么大部分 Fortran 编译器的边界检测器将能够检测和报告是否发生内存引用越界错误。例如：下面的代码声明了两个数组 data1 和 data2，它们的宽度为 n，然后在数组中处理 nvals 个元素值，如果子例程中发生了引用越界错误，可以被检测到并报告。

```
SUBROUTINE process ( data1,data2,n,nvals )
INTEGER,INTENT(IN)::n,nvals
REAL,INTENT(IN),DIMENSION(n)::data1     ! 显式结构
REAL,INTENT(OUT),DIMENSION(n)::data2    ! 显式结构
```

```
DO i = 1,nvals
 data2(i)= 3.* data1(i)
END DO
END SUBROUTINE process
```

当使用显式结构形参数组时，编译器知道每一个形参数组的大小和结构。正因为知道每一个数组的大小和结构，就可以用形参数组进行数组操作，以及使用部分数组。下面的子例程使用了部分数组，因为这个形参数组是一个显式结构数组，所以它可以正常运行。

```
SUBROUTINE process2 ( data1,data2,n,nvals )
INTEGER,INTENT(IN)::nvals
REAL,INTENT(IN),DIMENSION(n)::data1     ! 显式结构
REAL,INTENT(OUT),DIMENSION(n)::data2    ! 显式结构
data2(1:nvals)= 3.* data1(1:nvals)
END SUBROUTINE process2
```

第二种方法是把子例程中的所有形参数组声明为不定结构的形参数组，以创建一个子例程的显式接口。这种方法将在 7.3 节中介绍。

第三种（也是最古老的）一种方法，用星号（*）来声明每一个形参数组的长度，称为不定大小的形参数组。在这种情况下，编译器并不知道传递给子例程的实际数组的长度。正因为编译器不知道数组的实际大小和结构，所以对于不定大小的形参数组来说，边界检测、整个数组操作以及部分数组都不能工作。例如，下面的代码声明了两个不定大小的形参数组 data1 和 data2，接着处理 nvals 个数组元素的值。

```
SUBROUTINE process3 ( data1,data2,nvals )
REAL,INTENT(IN),DIMENSION(*)::data1     ! 不定大小
REAL,INTENT(OUT),DIMENSION(*)::data2    ! 不定大小
INTEGER,INTENT(IN)::nvals
DO i = 1,nvals
 data2(i)= 3.* data1(i)
END DO
END SUBROUTINE process3
```

数组 data1 和数组 data2 的长度应至少含有 nvals 个元素。如果不是这样，Fortran 代码要么由于运行时错误而终止，要么覆盖了其他的内存空间。因为大多数编译器对于不知道长度的数组无法进行边界检测，所以以这种方式写出的子例程很难调试。这种子例程也不能操作整个数组或部分数组。

不定大小的形参数组只是 Fortran 早期版本的一个过渡行为，在新的程序中不应再使用。

良好的编程习惯

在所有新过程中使用显式结构形参数组或不定结构形参数组，这使得在过程中可以实现对数组的整体操作。这也使得调试更容易，因为能检测出越界引用错误。永远不要使用不定大小的形参数组，它不符合要求，很可能在 Fortran 语言的未来版本中被取消。

例题 7–2　子例程中的越界检测

编写一个简单的包含子例程的 Fortran 程序，其中该子例程越界访问了其参数列表的中数组。用关闭越界检测和打开越界检测两种方式编译和执行这个程序。

解决方案

图 7-6 中的程序分配了一个 5 元素数组 a。初始化数组所有元素为 0，然后调用子例程 sub1。

尽管数组 a 只有 5 元素，sub1 将试图修改 a 中的 6 个元素。

```
PROGRAM array2
!
! 目的:演示访问越界的数组元素
!
! 修订版本:
!   日期        程序员          修改说明
!   ====        ==========      =====================
!   11/22/15    S.J.Chapman     原始代码
!
IMPLICIT NONE
! 声明并初始化程序中用到的变量
INTEGER ::i                                      ! 循环控制变量
REAL,DIMENSION(5)::a = 0.                        ! 数组
! 调用子程序 sub1
CALL sub1( a,5,6 )
! 输出数组 a 的值
DO i = 1,6
  WRITE (*,100)i,a(i)
  100 FORMAT ( 'A(',I1,')= ',F6.2 )
END DO
!*******************************************************************
!*******************************************************************
END PROGRAM array2
SUBROUTINE sub1 ( a,ndim,n )
IMPLICIT NONE
INTEGER,INTENT(IN)::ndim                        ! 数组大小
REAL,INTENT(OUT),DIMENSION(ndim)::a             ! 形式参数
INTEGER,INTENT(IN)::n                           ! # 要处理的元素个数
INTEGER ::i                                     ! 循环控制变量
DO i = 1,n
  a(i)= i
END DO
END SUBROUTINE sub1
```

图 7-6 说明子例程中数组越界产生的影响的程序

当这个程序在 Intel Fortran 编译器中关闭了越界检测功能的时候编译并执行，它的运行结果为：

```
C: \book\fortran\chap7>array2
a(1)=1.00
a(2)=2.00
a(3)=3.00
a(4)=4.00
a(5)=5.00
a(6)=6.00
```

在这种情形下，子例程将数值写到了数组 a 后面的内存中，而这部分内存被分配为其他目的使用。假如这部分内存分配给了另一个变量，那么那个变量的内容将会在没人知道会发生什么的情况下被改写。这可能会产生一个非常细小且很难发现的 bug！

如果打开 Intel Fortran 编译器的越界检测功能，再次编译这个程序，那么结果将如下所示：

```
C: \book\fortran\chap7>array2
forrtl: severe (408): fort: (10): Subscript #1 of the array A has value 6 which
is greater than the upper bound of 5
Image              PC                Routine            Line        Source
array2.exe         00007FF60DA3B81E  Unknown            Unknown     Unknown
array2.exe         00007FF60DA31383  Unknown            Unknown     Unknown
array2.exe         00007FF60DA31085  Unknown            Unknown     Unknown
array2.exe         00007FF60DA8132E  Unknown            Unknown     Unknown
array2.exe         00007FF60DA81BE8  Unknown            Unknown     Unknown
KERNEL32.DLL       00007FFA56B38102  Unknown            Unknown     Unknown
ntdll.dll          00007FFA594DC5B4  Unknown            Unknown     Unknown
```

这里，程序检测到了越界引用，并在通知用户错误发生在什么地方之后，停止操作。

7.1.5 传递字符变量给子例程

当一个字符变量被作为子例程的形参时，用星号来声明字符变量的长度。因为没有实际给形参分配内存，所以没有必要在编译时知道字符参数的长度。一个典型的字符形参如下：

```
SUBROUTINE sample ( string )
CHARACTER ( len=* ), intent( IN ) :: string
…
```

当调用子例程时，形式字符参数的长度将是调用程序传递来的实际参数的长度。在执行过程中，如果需要知道传递给子例程的字符串长度，可以使用内部函数 LEN()来获取。例如，下面这个简单的子例程显示了传递给它的任意字符参数的长度。

```
SUBROUTINE sample ( string )
CHARACTER(len = *), INTENT(IN) :: string
WRITE (*,'(1X,A,I3)') 'Length of variable = ', LEN(string)
END SUBROUTINE sample
```

7.1.6 子例程中错误处理

如果程序在调用子例程时，实参个数不够或数据值无效，会发生什么情况呢？比如，假设编写了一个子例程来计算两个输入变量的差，并对结果做开方运算。那么如果两个变量的差为负数该怎么办？

```
SUBROUTINE process (a, b, result)
IMPLICIT NONE
REAL, INTENT(IN) :: a, b
REAL, INTENT(OUT) :: result
REAL :: temp
temp = a - b
result = SQRT ( temp )
END SUBROUTINE process
```

例如，假设 a 是 1，b 是 2。如果在子例程中只处理数据值，那么在试图对负数做开方处理时，将会产生运行时错误，程序将中断运行。这显然并不是期望的结果。

下面展示了该子例程的另一个版本。在这个版本中会对负数进行测试，如果出现负数，程序将输出错误提示信息，然后停止运行。

```
SUBROUTINE process (a, b, result)
IMPLICIT NONE
REAL, INTENT(IN) :: a, b
REAL, INTENT(OUT) :: result
REAL :: temp
temp = a - b
IF ( temp > = 0. ) THEN
   result = SQRT ( temp )
ELSE
   WRITE (*,*) 'Square root of negative value in subroutine "process"!'
   STOP
END IF
END SUBROUTINE process
```

尽管这段代码比前面那个要好，这个的设计依然糟糕。因为如果 temp 是负数，程序不会从子例程 process 返回就停止了。如果这样，用户将会丢失之前的所有数据和处理进度。

一个更好的方法是设计一个子例程来检查可能出现的错误条件，并通过给一个错误标志赋值来向调用程序报告错误。然后调用程序可以针对错误做相应处理。例如，如果可能，可以设计从错误中恢复过来。如果不能，至少可以输出一条错误提示信息，保存到当前为止所做的部分计算结果，然后正常结束。

在下面的示例程序中，返回的错误标志为 0 时，意味着成功执行，1 代表发生了对负数求开方的错误。

```
SUBROUTINE process (a, b, result, error)
IMPLICIT NONE
REAL, INTENT(IN) :: a, b
REAL, INTENT(OUT) :: result
INTEGER, INTENT(OUT) :: error
REAL :: temp
temp = a - b
IF ( temp >= 0. ) THEN
   result = SQRT ( temp )
   error = 0
ELSE
  result = 0
  error = 1
END IF
END SUBROUTINE process
```

编程警示

永远不要在子例程中使用 STOP 语句。如果这么做，可能发布给用户一个一旦遇到某些特定数据集就会神秘终止的程序。

良好的编程习惯

如果在一个子例程中可能存在错误条件，那么应该对错误进行检测，并设置错误标志，以返回给调用程序。调用程序在调用子例程后，应该对错误条件进行检测，并采取适当的操作。

测验 7-1

本测验用于快速检测读者是否理解了 7.1 节中介绍的概念。如果对本测验感到困难，应该重读本节，向导师请教或者和同学一起探讨。本书后面给出了测验的答案。

对于问题 1 ~ 问题 3，判断子例程调用是否正确，如果错误，指出错在哪里。

1.
```
PROGRAM test1
REAL, DIMENSION(120) :: a
REAL :: average, sd
INTEGER :: n
...
CALL ave_sd ( a, 120, n, average, sd )
...
END PROGRAM test1
SUBROUTINE ave_sd( array, nvals, n, average, sd )
REAL, INTENT(IN) :: nvals, n
REAL, INTENT(IN), DIMENSION(nvals) :: array
REAL, INTENT(OUT) :: average, sd
...
END SUBROUTINE ave_sd
```

2.
```
PROGRAM test2
CHARACTER(len=12) :: str1, str2
str1 = 'ABCDEFGHIJ'
CALL swap_str (str1, str2)
WRITE (*,*) str1, str2
END PROGRAM test2
SUBROUTINE swap_str (string1, string2)
CHARACTER(len=*),INTENT(IN) :: string1
CHARACTER(len=*),INTENT(OUT) :: string2
INTEGER :: i, length
length = LEN(string1)
DO i = 1, length
string2(length-i+1:length-i+1)=string1(i:i)
END DO
END SUBROUTINE swap_str
```

3.
```
PROGRAM test3
INTEGER, DIMENSION(25) :: idata
REAL :: sum
...
CALL sub3 ( idata, sum )
...
END PROGRAM test3
SUBROUTINE sub3( iarray, sum )
INTEGER, INTENT(IN), DIMENSION(*) :: iarray
REAL, INTENT(OUT) :: sum
INTEGER :: i
sum = 0.
DO i = 1, 30
   sum = sum + iarray(i)
END DO
END SUBROUTINE sub3
```

7.1.7 举例

例题 7-3 统计子例程

开发一组可复用的子例程，用于求数组中实数集合的统计属性。这组子例程应该包含：

（1）求最大值子例程：求数据集中的最大值，以及包含该值的样本编号。

（2）求最小值子例程：求数据集中的最小值，以及包含该值的样本编号。

（3）求均值和标准差子例程：求数据集的平均值和标准偏差。

（4）求中值子例程：求数据集的中值。

解决方案

这里将生成 4 个子例程，它们共用一个实数组成的数组作为输入数据。

1. 描述问题

问题在上面陈述的很清楚。应该写 4 个不同的子例程：rmax 用来查找实数数组的最大值以及该值的位置；rmin 用来查找实数数组的最小值以及该值的位置；ave_sd 计算实数数组的平均值和标准偏差；median 求实数数组的中值。

2. 输入和输出定义

每个子例程的输入都是一个数值数组，以及数组中数值的个数。输出如下所示：

（a）子例程 rmax 的输出是一个实数变量和一个整型变量，实数变量含有输入数组中的最大数值；整型变量含有该最大数值在数组中的位置。

（b）子例程 rmin 的输出是一个实数变量和一个整型变量，实数变量含有输入数组中的最小数值；整型变量含有该最小数值在数组中的位置。

（c）子例程 ave_sd 的输出是两个实型变量，它们分别含有输入数组的平均值和标准偏差。

（d）子例程 median 的输出是一个实型变量，它包含输入数组的中值。

3. 描述算法

子例程 rmax 的伪代码如下：

```
! 初始化"real_max"为数组的第一个值，"imax"为 1
real_max ← a(1)
imax ← 1
! 寻找从 a(1)到 a(n)的最大值
DO for i = 2 to n
    IF a(i) > real_max THEN
        real_max ← a(i)
        imax ← i
     END of IF
END of DO
```

子例程 rmin 的伪代码如下：

```
! 初始化"real_min"为数组的第一个值，"imin"为 1
real_min ← a (1)
imin ← 1
! 寻找从 a(1)到 a(n)的最小值
DO for i = 2 to n
  IF a(i)< real_min THEN
   real_min ← a(i)
   imin ← i
```

```
  END of IF
END of DO
```

子例程 ave_sd 的伪代码基本上和例题 6-4 相同，这里就不重复了。对于中值的计算，可以利用已经编写好的 sort 子例程（这是一个代码复用的例子，可以节约时间和精力）。median 子例程的伪代码如下：

```
CALL sort ( n,a )
IF n 是偶数 THEN
  med ← (a(n/2)+ a(n/2+1))/ 2.
ELSE
  med ← a(n/2+1)
END of IF
```

4. **把算法转化为 Fortran 语句**

图 7-7 给出了形成的 Fortran 子例程。

```
SUBROUTINE rmax  ( a, n, real_max, imax )
! 目的:寻找数组中的最大值,以及该值在数组中的位置
!
IMPLICIT NONE
! 数据字典:声明调用参数的类型和定义
INTEGER,INTENT(IN)::n                          ! 数组 a 中值的个数
REAL,INTENT(IN),DIMENSION(n)::a                ! 输入数据
REAL,INTENT(OUT)::real_max                     ! a 中的最大值
INTEGER,INTENT(OUT)::imax                      ! 最大值的位置
! 数据字典:声明局部变量的类型和定义
INTEGER ::i                                    ! 循环控制变量
! 初始化最大值为数组中第一个值
real_max = a(1)
imax = 1
! 寻找最大值
DO i = 2,n
  IF ( a(i)> real_max )THEN
   real_max = a(i)
   imax = i
  END IF
END DO
END SUBROUTINE rmax
!*****************************************************************
!*****************************************************************
SUBROUTINE rmin ( a,n,real_min,imin )
!
! 目的:寻找数组中的最小值,以及该值在数组中的位置
!
IMPLICIT NONE
! 数据字典:声明调用参数的类型和定义
INTEGER,INTENT(IN)::n                          ! 数组 a 中值的个数
REAL,INTENT(IN),DIMENSION(n)::a                ! 输入数据
REAL,INTENT(OUT)::real_min                     ! a 中的最小值
INTEGER,INTENT(OUT)::imin                      ! 最小值的位置
! 数据字典:声明局部变量的类型和定义
INTEGER ::i                                    ! 循环控制变量
! 初始化最小值为数组中第一个值
real_min = a(1)
```

```
imin = 1
! 寻找最小值
DO I = 2,n
  IF ( a(i)< real_min )THEN
   real_min = a(i)
   imin = i
  END IF
END DO
END SUBROUTINE rmin
!*****************************************************************
!*****************************************************************
SUBROUTINE ave_sd ( a,n,ave,std_dev,error )
!
! 目的:计算数组的均值和标准偏差
!
IMPLICIT NONE
! 数据字典:声明调用参数的类型和定义
INTEGER,INTENT(IN)::n                          ! 数组 a 中值的个数
REAL,INTENT(IN),DIMENSION(n)::a                ! 输入数据
REAL,INTENT(OUT)::ave                          ! a 的均值
REAL,INTENT(OUT)::std_dev                      ! 标准偏差
INTEGER,INTENT(OUT)::error                     ! 标志:0 - 无错误
                                               ! 1 - sd 无效
                                               ! 2 - ave 或 sd 无效
! 数据字典:声明局部变量的类型和定义
INTEGER ::i                                    ! 循环控制变量
REAL ::sum_x                                   ! 输入数值的和
REAL ::sum_x2                                  ! 输入数值的平方和
! 初始化和为 0
sum_x = 0.
sum_x2 = 0.
! 将和累加
DO I = 1,n
  sum_x = sum_x + a(i)
  sum_x2 = sum_x2 + a(i)**2
END DO
! 检查是否有足够的输入数据
IF ( n >= 2 )THEN ! 数据足够
  ! 计算均值和标准偏差
  ave = sum_x / REAL(n)
  std_dev = SQRT( (REAL(n)* sum_x2 - sum_x**2)&
      / (REAL(n)* REAL(n - 1)))
  error = 0
ELSE IF ( n == 1 )THEN                         ! 没有有效的 std_dev
  ave = sum_x
  std_dev = 0.                                 !std_dev 无效
  error = 1
ELSE
  ave = 0.                                     ! ave 无效
  std_dev = 0.                                 ! std_dev 无效
  error = 2
END IF
END SUBROUTINE ave_sd
!*****************************************************************
```

```
!***********************************************************************
SUBROUTINE median ( a,n,med )
!
! 目的:计算数组的中值
!
IMPLICIT NONE
! 数据字典:声明调用参数的类型和定义
INTEGER,INTENT(IN)::n                                   ! 数组 a 中值的个数
REAL,INTENT(IN),DIMENSION(n)::a                         ! 输入数据
REAL,INTENT(OUT)::med                                   ! a 的中值
! 升序排序数据
CALL sort ( a,n )
! 得到中值
IF ( MOD(n,2)== 0 )THEN
  med = ( a(n/2)+ a(n/2+1))/ 2.
ELSE
  med = a(n/2+1)
END IF
END SUBROUTINE median
```

图 7-7 子例程 rmin、rmax、ave_sd 以及 median

5. 测试 Fortran 程序

为了测试这些子例程，必须编写一个驱动程序来读取输入数据、调用子例程、输出运行结果。这个测试作为习题留给大家自己做（参见本章后面的习题 7-13）。

7.2 用模块共享数据

前面已经看到，程序通过带有参数表的调用实现与子例程的数据交换。程序 CALL 语句参数表中的每个数据项必须和被调用子例程的参数表中的每个形参相匹配。调用程序的每个参数的地址指针被传递给子例程，用于对参数的访问。

除了参数表之外，Fortran 程序、子例程以及函数也可以通过模块来交换数据。模块是一个独立编译的程序单元，它包含了希望在程序单元间共享的数据的定义和初始值[4]。如果程序单元中使用了包含模块名的 USE 语句，那么在该程序单元中可以使用模块中声明的数据。每个使用同一个模块的程序单元可以访问同样的数据，所以模块提供了一种程序单元间共享数据的方式。

模块以 MODULE 语句来表示开始，该语句指定模块的名字。模块名的最大长度为 63 个字符，且必须遵循标准 Fortran 的命名规则。模块以 END MODULE 语句结束，在结束语句中模块名字是可选的。这两条语句之间声明的是共享数据。图 7-8 给出了一个模块的例子。

```
MODULE shared_data
!
! 目的: 声明在两个程序之间共享的数据
IMPLICIT NONE
SAVE
INTEGER,PARAMETER ::num_vals = 5          ! 数组中的最大数值个数
```

[4] 正如在 7.3 节和第 13 章中将看到的那样，模块也有其他的功能。

```
REAL,DIMENSION(num_vals)::values          ! 数据值
END MODULE shared_data
```

图 7-8 用于在程序单元间共享数据的简单模块

SAVE 语句能够确保模块中声明的数据值在不同过程间引用时会被保留。在任何声明了可共享数据的模块中都应包含这条语句。第 9 章将会详细讨论 SAVE 语句。

要使用模块中的数值，程序单元必须使用 USE 语句声明模块名。USE 语句的格式如下：

```
USE module_name
```

USE 语句必须出现在程序单元中的其他任何语句之前（除了 PROGRAM 或 SUNROUTINE 语句，也除了可以出现在任意位置的注释语句）。用 USE 语句来访问模块中的数据被称为 USE 关联。

图 7-9 举例说明了使用模块 shared_data 在主程序和子例程间共享数据。

```
PROGRAM test_module
!
! 目的:演示模块中的共享数据
!
USE shared_data                           ! 使模块"test"中的数据可见
IMPLICIT NONE
REAL,PARAMETER ::PI = 3.141592 ! Pi
values = PI * [ 1.,2.,3.,4.,5.]
CALL sub1                                 ! 调用子程序
END PROGRAM test_module
!*******************************************************************
!*******************************************************************
SUBROUTINE sub1
!
! 目的:演示通过模块共享数据
!
USE shared_data                           ! 使模块"test"中的数据可见
IMPLICIT NONE
WRITE (*,*)values
END SUBROUTINE sub1
```

图 7-9 使用模块在主程序和子例程间共享数据的示例程序

模块 shared_data 的内容被主程序和子例程 sub1 共享。该程序中的其他任何子例程或函数都可以通过包含 USE 语句来访问模块中的数据。

需要注意的是，values 数组是在模块中定义，却在程序 test_module 和子例程 sub1 中使用。然而，values 数组在主程序和子例程中都没有类型声明。定义是通过关联的 USE 继承而来。事实上，在过程中声明一个与通过关联的 USE 继承而来的变量同名的变量是错误的。

编程警示

声明局部变量时，它的名字不应该和从关联 USE 继承的变量同名。这种对变量名的重复定义将会产生编译错误。

模块对于在很多个程序单元间共享大量数据而言是非常有用的。也可用于在一组相关的

过程间共享数据，同时不被调用的程序单元可见。

良好的编程习惯

可以使用模块在程序的过程间传递大量的数据。如果想要这样做，应该始终在模块中包含 SAVE 语句来确保在两次使用之间模块中的内容保持不变。为了在特定程序单元中访问数据，应该把 USE 语句放置在 PROGRAM、SUBROUTINE 或者 FUNCTION 语句后面的第一个非注释语句位置处。

例题 7-4 随机数生成器

现实世界中，不存在完美的测量结果。每种测量总会含有一些测量误差。在设计各种设备，诸如飞机、炼油厂等的控制系统时，必须重点考虑这一事实。一个好的工程设计必须将这些测量错误考虑在内，使得测量误差不会引起不稳定的行为（不发生飞机坠毁或炼油厂爆炸）。

大多数工程设计在建造系统之前都需要对系统的操作进行仿真测试。这种仿真包括创建系统行为的数学模型，然后为模型提供真实的输入数据。如果模型针对模拟的输入数据响应正确，那么有理由相信真实世界的系统对实际输入也会有一个正确的响应。

提供给模型的模拟输入数据应该用一个模拟的测量噪声进行干扰。这个测量噪声可以是附加到理想输入数据上的一串随机数值。模拟的噪声通常可以用随机数发生器来生成。

随机数发生器是一个过程，每次调用它时，都会返回一个不同且非常随机的数字。因为这些数字事实上是通过一个确定算法生成的，所以它们只是看上去很随机[5]。然而，如果使用的生成算法足够复杂，那么生成的数字将足够随机，足以在模拟过程中使用了。

一个简单的随机数生成器算法如下所示[6]。它依赖于大整数的模运算的不可预知性。参见下面的等式：

$$n_{i+1}=\text{mod}\ (8121n_i+28411,134456) \qquad (7\text{-}1)$$

假设 n_i 是一个非负整数，根据取模函数，n_{i+1} 将会是一个介于 0 到 134455 之间的数。接下来，可以以 n_{i+1} 为等式的输入生成一个同样也是介于 0 到 134455 之间的数 n_{i+2}。一直重复这个过程，生成一系列数据，它们取值都在［0，134455］之间。如果事先并不知道 8121、28411 以及 134456 这 3 个数，那么也就无法猜测出数据 n 出现的顺序。此外，在生成的序列中，任何给定数据的出现概率是相等的（或均匀的）。因为这些特性，式（7-1）可以作为一个均匀分布的简单随机数生成器的基础。

现在使用式（7-1）来设计一个随机数生成器，它将输出一个范围为［0.0，1.0）[7]的实数。

解决方案

首先编写一个子例程，每次调用它时，会生成一个大于等于 0 且小于 1 的随机数 ran。该随机数基于式（7-2）生成。

$$\text{ran}_i=\frac{n_i}{134456} \qquad (7\text{-}2)$$

其中，n_i 是通过式（7-1）产生的取值范围在 0 到 134455 之间的数据。

式（7-1）和式（7-2）生成的特定序列由序列的初始值 n_0（称之为种子）决定。必须给用

[5] 基于这一原因，有人称这一过程为伪随机数生成器。

[6] 这一算法改编自《数字魔方：科学编程的艺术》一书的第 7 章。该书由 Press、Flannery、Teukolsky 和 Vetterling 编著，剑桥大学于 1986 年出版。

[7] 符号[0.0,1.0)代表随机数的范围在 0.0 和 1.0 之间，包含数据 0.0，但不包含数据 1.0。

户提供一个指定 n_0 的方法，以使每次运行产生的序列都不相同。

1. 描述问题

编写子例程 random0，根据式（7-1）和式（7-2）确定的序列生成并返回一个数据 ran，ran 的值均匀分布在［0，1.0）之间。种子值 n_0 的初始值通过调用 seed 子例程来设定。

2. 定义输入输出

在这个问题中存在两个子例程：seed 和 random0。输入到子例程 seed 的是一个整型数，作为序列的开始值，该子例程没有输出。子例程 random0 没有输入，输出是一个［0.0，1.0）之间的实数。

3. 描述算法

子例程 random0 的伪代码非常简单：

```
SUBROUTINE random0  ( ran )
n←MOD (8121 * n + 28411,134456 )
ran←REAL(n)/ 134456.
END SUBROUTINE random0
```

在两次调用之间，*n* 的值保持不变。子例程 seed 的伪代码也同样简单：

```
SUBROUTINE seed ( iseed )
n←ABS ( iseed )
END SUBROUTINE seed
```

因为使用了绝对值函数，用户可以输入任何整数作为开始值。用户事先不需要知道只有正整数才是合法的种子数据。

变量 *n* 将被放在模块中，以便它可以被两个子例程访问。另外，给 *n* 设定一个合理的初始值，使得即使在第一次调用 random0 之前没有调用 seed 子例程来设置种子，也可以获得好结果。

4. 把算法转化为 Fortran 语句

得到的 Fortran 子例程如图 7-10 所示。

```
MODULE ran001
!
! 目的： 声明在子程序 random0 和 seed 之间共享的数据
!
! 修订版本：
!    日期         程序员              修改说明
!    ====        ==========          =====================
!    11/23/15    S. J. Chapman       原始代码
!
IMPLICIT NONE
SAVE
INTEGER ::n = 9876
END MODULE ran001
!*******************************************************************
!*******************************************************************
SUBROUTINE random0 ( ran )
!
! 目的:生成一个在范围 0. ≤ ran < 1.0 内均匀分布的伪随机数的子例程
!
! 修订版本：
!    日期         程序员              修改说明
!    ====        ==========          =====================
```

```
!   11/23/15    S. J. Chapman          原始代码
!
USE ran001                                              ! 共享的种子
IMPLICIT NONE
! 数据字典:声明调用参数的类型和定义
REAL,INTENT(OUT)::ran                                   ! 随机数
! 计算下一个数
n = MOD (8121 * n + 28411,134456 )
! 从该数生成随机值
ran = REAL(n)/ 134456.
END SUBROUTINE random0
!*****************************************************************
!*****************************************************************
SUBROUTINE seed ( iseed )
!
! 目的: 为随机数生成器 random0 设置种子
!
! 修订版本:
!   日期        程序员                 修改说明
!   ====        ==========             =====================
!   11/23/15    S. J. Chapman          原始代码
!
USE ran001                                              ! 共享的种子
IMPLICIT NONE
! 数据字典:声明调用参数的类型和定义
INTEGER,INTENT(IN)::iseed                               ! 初始化序列的值
! 设置种子
n = ABS ( iseed )
END SUBROUTINE seed
```

图 7-10　生成随机数序列和设置序列种子的子例程

5. 测试 Fortran 程序

如果这些程序生成的数据确实是均匀分布在［0，1.0）之间的随机值，那么多个数据的平均值应该接近于 0.5。为了测试这一结果，编写一个测试程序，打印出 random0 子例程生成的前 10 个数据，看是否确实是在［0，1.0）之间。然后，程序对五段连续 1000 个样本随机数求平均值，判断是否接近 0.5。图 7-11 给出了调用子例程 seed 和 random0 的测试程序。

```
PROGRAM test_random0
!
! 目的:  测试随机数生成器子程序 random0
!
! 修订版本:
!   日期        程序员                 修改说明
!   ====        ==========             =====================
!   11/23/15    S. J. Chapman          原始代码
!
IMPLICIT NONE
! 数据字典:声明参数的类型和定义
REAL ::ave                                          ! 随机数的均值
INTEGER ::i                                         ! 循环控制变量
INTEGER ::iseed                                     ! 随机数序列的种子
INTEGER ::iseq                                      ! 循环控制变量
REAL ::ran                                          ! 随机数
```

```
REAL ::sum                                    ! 随机数的和
! 得到种子
WRITE (*,*)'Enter seed:'
READ (*,*)iseed
! 设置种子
CALL SEED ( iseed )
! 输出 10 个随机数
WRITE (*,*)'10 random numbers:'
DO i = 1,10
  CALL random0 ( ran )
  WRITE (*,'(3X,F16.6)')ran
END DO
! 求 5 组连续 1000 个值序列的平均值
WRITE (*,*)'Averages of 5 consecutive 1000-sample sequences:'
DO iseq = 1,5
  sum = 0.
  DO i = 1,1000
    CALL random0 ( ran )
    sum = sum + ran
  END DO
  ave = sum / 1000.
  WRITE (*,'(3X,F16.6)')ave
END DO
END PROGRAM test_random0
```

编译和运行测试程序的结果如下：

```
C:\book\fortran\chap7>test_random0
Enter seed:
12
10 random numbers:
           .936091
           .203204
           .431167
           .719105
           .064103
           .789775
           .974839
           .881686
           .384951
           .400086
Averages of 5 consecutive 1000-sample sequences:
           .504282
           .512665
           .496927
           .491514
           .498117
```

图 7-11　子例程 seed 和 random0 的测试驱动程序

所有的数据出现在 0.0 和 1.0 之间。这些数据的长集合的平均值接近 0.5，所以这两个子例程看起来是正确的。可以使用不同的种子数据再次测试它们，看看是否结论一致。

Fortran 有一个内部子例程 RANDOM_NUMBER 可以生成随机数序列。这个子例程生成的随机数要比本节例题更加接近于随机结果。附录 B 中详细介绍了如何使用子例程 RANDOM_NUMBER。

7.3 模块过程

除了数据之外，模块还可以含有完整的子例程和函数，它们被称为模块过程。这些过程被作为模块的一部分进行编译，并且可以通过在程序单元中使用包含模块名的USE语句使模块过程在程序单元中有效。包含在模块中的过程必须可以接受模块中声明的任何数据对象，并在前面加上CONTAINS语句。CONTAINS语句告诉编译器后面的语句被包含在过程中。

下面给出了一个简单的模块过程示例。子例程sub1在模块my_subs中。

```
MODULE my_subs
IMPLICIT NONE
(在这里声明共享数据)
CONTAINS
  SUBROUTINE sub1 ( a,b,c,x,error )
  IMPLICIT NONE
  REAL,DIMENSION(3),INTENT(IN)::a
  REAL,INTENT(IN)::b,c
  REAL,INTENT(OUT)::x
  LOGICAL,INTENT(OUT)::error
  ...
  END SUBROUTINE sub1
END MODULE my_subs
```

如果程序单元的第一个非注释语句是“USE my_subs”，那么调用程序单元中可以使用子例程sub1。如下所示，可以用标准CALL语句调用该子例程。

```
PROGRAM main_prog
USE my_subs
IMPLICIT NONE
  ...
CALL sub1 ( a,b,c,x,error )
  ...
END PROGRAM main_prog
```

使用模块创建显式接口

何必非要在模块中包含过程呢？既然已经知道可以独立编译子例程并在其他程序单元中调用，那么为什么要额外地多费步骤，在模块中含有子例程、编译该模块、用USE语句声明模块，然后调用子例程呢？

答案就是当在模块中编译一个过程，并且在调用程序中使用模块时，该过程接口的所有细节对编译器都是可用的。当编译调用程序时，编译器可以自动检测过程调用中的参数个数、类型、是否是数组、以及每个参数的INTENT属性。简而言之，编译器可以捕捉程序员在调用过程时可能犯的常见错误！

一个在模块内编译和用USE访问的过程称为带有显式接口（explicit interface），因为无论何时使用过程，Fortran编译器都清楚地知道过程的每个参数的所有细节，并可以通过检查接口来确保正确使用过程。

与之相反，不在模块内的过程称为带有隐式接口（implicit interface）。Fortran编译器在编译调用过程的程序单元时，不知道这些过程的任何信息，所以只能假设程序员正确地使用了参数的个数、类型、方向等信息。如果程序员事实上使用了错误的调用参数序列，那么程序将莫名其妙地终止，而且很难找到原因。

为了解释这一点，再次解释图 7-5 所示的程序。在那个程序中，程序 bad_call 和子例程 bad_argument 间存在一个隐式接口。当子例程需要一个整型变量而传递给它的是一个实数时，这个实数将会被子例程错误地解释。就像在示例中看到的那样，Fortran 编译器不能捕捉到调用参数中的错误。

图 7-12 给出的重写程序，将子例程包含在了模块中。

```
MODULE my_subs
CONTAINS
 SUBROUTINE bad_argument ( i )
 IMPLICIT NONE
 INTEGER,INTENT(IN)::i                ! 声明参数为整型
 WRITE (*,*)' I = ',i                 ! 输出 i
 END SUBROUTINE
END MODULE my_subs
!*******************************************************************
!*******************************************************************
PROGRAM bad_call2
!
! 目的：演示错误解释的调用参数
!
USE my_subs
IMPLICIT NONE
REAL ::x = 1.                         ! 声明实数变量 x
CALL bad_argument ( x )               ! 调用子程序
END PROGRAM bad_call2
```

图 7-12 示例说明在调用模块中的子例程时，类型不匹配所造成的影响

当编译这个程序时，Fortran 编译器将捕捉到参数不匹配的错误。

```
C: \book\fortran\chap7>ifort bad_call2.f90
Intel(R)Visual Fortran Intel(R)64 Compiler for applications running on Intel(R)64,Version 16.0.2.180 Build 20160204
Copyright (C)1985-2016 Intel Corporation. All rights reserved.
bad_call2.f90(21):error #6633:The type of the actual argument differs from the type of the dummy argument. [X]
CALL bad_argument ( x ) ! Call subroutine.
compilation aborted for bad_call2.f90 (code 1)
```

还有另外一种方式允许 Fortran 编译器明确的检查过程的接口，即 INTERFACE 块。这部分内容将在第 13 章中介绍。

良好的编程习惯

在过程中，要么使用不定结构数组，要么使用显式结构数组作为形参数组参数。如果使用不定结构数组，还需要一个显式接口。当用这两种方式声明数组形参时，整个数组操作、数组部分，以及数组的内部函数都可以使用。永远不要在任何新程序中使用不定大小的数组。

测验 7-2

本测验用于快速检测读者是否理解 7.2 节和 7.3 节中介绍的概念。如果做这些测验有困难，请重读书中的章节，向导师请教或者和同学探讨。该测验的答案在本书的后面可以找到。

1. 如果不通过调用接口传递数据，如何实现两个或多个过程间共享数据？为什么要这样做？

2. 为什么应该集中程序中的过程，并把它们写在模块中？

针对问题 3 和问题 4，阅读下述程序代码，判断是否有错。如果可能，指出每个程序的输出是什么。

3.
```
MODULE mydata
IMPLICIT NONE
REAL, SAVE, DIMENSION(8) :: a
REAL, SAVE :: b
END MODULE mydata
PROGRAM test1
USE mydata
IMPLICIT NONE
a = [1.,2.,3.,4.,5.,6.,7.,8. ]
b = 37.
CALL sub2
END PROGRAM test1
SUBROUTINE sub1
USE mydata
IMPLICIT NONE
WRITE (*,*) 'a(5) = ', a(5)
END SUBROUTINE sub1
```

4.
```
MODULE mysubs
CONTAINS
   SUBROUTINE sub2(x,y)
   REAL, INTENT(IN) :: x
   REAL, INTENT(OUT) :: y
   y = 3. * x - 1.
   END SUBROUTINE sub2
END MODULE
PROGRAM test2
USE mysubs
IMPLICIT NONE
REAL :: a = 5.
CALL sub2 (a, -3.)
END PROGRAM test2
```

7.4 Fortran 函数

Fortran 函数是这样一个过程，它的结果是单个数值、逻辑值、字符串或数组。一个函数的结果是单个数值或单个数组，它们可以和变量、常量结合，以形成一个 Fortran 表达式。这些表达式可以出现在调用程序的赋值语句右边。有两种不同类型的函数：内部函数（intrinsic function）和用户定义函数（user-defined function，或者函数子程序，function subprograms）。

内部函数是内建在 Fortran 语言中的函数，比如 SIN（X）、LOG（X）等。第 2 章中描述了一部分这些函数，附录 C 详细地列出了所有函数。用户定义函数或函数子程序由程序员定义，用来满足标准内部函数无法解决的特定需求。它们可以像一个内部函数那样在表达式中使用。用户定义 Fortran 函数的通用格式如下所示：

```
FUNCTION name ( 参数列表 )
...
(在声明部分必须声明 name 的类型)
...
(执行部分)
...
 name = expr
 RETURN
END FUNCTION [name]
```

函数必须用 FUNCTION 语句开始，用 END FUNCTION 语句结束。函数名长度最多为 63 个字符，且由字母、数字、下划线构成，第一个字符必须是字母。函数名必须在 FUNCTION 语句中指定，但在 END FUNCTION 语句中是可选的。

在表达式中，用函数名来调用函数。当调用函数时，从函数的顶部开始执行，当运行到 RETURN 语句或 END FUNCTION 语句时结束。因为当运行到 END FUNCTION 时执行总会结束，所以实际上在大部分函数中都不需要 RETURN 语句，也很少使用它。当函数返回时，返回值将用于继续计算调用它的表达式的值。

在函数中，函数名必须至少出现在赋值语句的左侧一次。当返回调用程序单元时，赋给函数名的值是函数的返回值。

如果函数可以在没有任何输入参数的情况下完成全部计算，那么函数的参数表可以是空的。但即使函数的参数表为空，也需要使用一对圆括号将参数表的位置括起来。

因为函数能够返回一个值，所以必须为函数指定一个类型。如果使用了 IMPLICIT NONE 语句，那么在函数过程和调用程序中都应该声明函数类型。如果没有使用 IMPLICIT NONE 语句，除非用类型声明语句覆盖，否则函数的缺省类型将会遵循 Fortran 语言的标准规则来确定。一个用户定义 Fortran 函数的类型声明可以采用以下两种等价格式来完成：

```
INTEGER FUNCTION my_function ( i,j )
```

或

```
FUNCTION my_function ( i,j )
INTEGER ::my_function
```

图 7-13 给出了一个用户定义函数的示例。函数 quadf 用来求二次表达式的值，其中系数和变量 *x* 均由用户指定。

```
REAL FUNCTION quadf ( x,a,b,c )
!
! 目的：计算以下形式的二次多项式的值：
!    quadf = a * x**2 + b * x + c
!
! 修订版本：
!    日期          程序员           修改说明
!    ====          ==========       =====================
!    11/23/15      S. J. Chapman    原始代码
```

```
!
IMPLICIT NONE
! 数据字典:声明调用参数的类型和定义
REAL,INTENT(IN)::x                          ! 表达式的变量值
REAL,INTENT(IN)::a                          ! X**2 项的系数
REAL,INTENT(IN)::b                          ! X 项的系数
REAL,INTENT(IN)::c                          ! 常量值
! 表达式求值
quadf = a * x**2 + b * x + c
END FUNCTION quadf
```

图 7-13　求二次多项式 $f(x)=ax^2+bx+c$ 的值的函数

这个函数得出一个实型结果。需要注意的是，在声明函数名 quadf 时并没有使用 INTENT 属性，这是因为它仅用于输出。图 7-14 给出了这个函数的简单测试程序。

```
PROGRAM test_quadf
!
! 目的: 测试函数 quadf 的程序
!
IMPLICIT NONE
! 数据字典:声明变量的类型和定义
REAL ::quadf                                ! 声明函数
REAL ::a,b,c,x                              ! 声明局部变量
! 获得输入数据
WRITE (*,*)'Enter quadratic coefficients a,b,and c:'
READ (*,*)a,b,c
WRITE (*,*)'Enter location at which to evaluate equation:'
READ (*,*)x
! 输出结果
WRITE (*,100)'quadf(',x,')= ',quadf(x,a,b,c)
100 FORMAT (A,F10.4,A,F12.4)
END PROGRAM test_quadf
```

图 7-14　函数 quadf 的测试驱动程序

注意，函数 quadf 在它自身和测试程序中都被声明为实数型。在这个例子中，WRITE 语句的参数表中使用了 quadf 函数。这个函数也可以用于赋值语句或是任何可以使用 Fortran 表达式的地方。

良好的编程习惯

要在用户定义函数本身和任何调用该函数的其他程序中声明函数类型。

7.4.1　函数中的意外副作用

输入数据通过函数的参数表传递给函数，函数和子例程使用的是同样的参数传递模式。函数获取的是指向参数位置的指针，所以它可能会有意或无意地修改了那些内存位置中的内容。因此，一个函数子程序有可能修改了自己的输入数据。如果函数的任何一个形参出现在了函数中赋值语句的左侧，那么对应那些参数的输入变量的值将会被改变。修改了其参数表值的函数会产生副作用。

根据定义，函数用一个或多个输入值生成一个输出值，且不应该有副作用。函数永远不应该修改自身的输入参数。如果程序员需要用一个过程生成多个输出值，那么应该把过程写成为子例程而不是函数。为了确保函数的参数不被无意地修改，应该总是用 INTENT(IN)属性声明输入参数。

良好的编程习惯

一个设计良好的 Fortran 函数应该根据一个或多个输入生成单个输出值，并且从不修改自身的输入参数。为了避免函数偶然地修改自己的输入参数，应该总是用 INTENT(IN)属性来声明参数。

7.4.2 故意的使用函数副作用

经常使用 C++和其他语言的程序员习惯于编写带有不同调用约定的函数。与子例程一样，这些函数通过参数接收数据，并通过其他参数返回输出数据。在这种设计中，函数的返回值是一个指示函数所执行的操作成功与否的状态值。按照惯例，从函数返回 0 通常表示执行成功，返回非零值表示各种错误代码。有这种经历的人常常也将 Fortran 函数设计成这种方式。他们故意编写带有副作用的函数来返回数据，并将函数的返回值用来指示操作的状态。

这是一个完全可以接受的编程风格，但编写函数时应保持一致。如果你使用此编程风格，请始终如一的使用。

测验 7-3

本测验用于快速检测读者是否理解 7.4 节中介绍的概念。如果对该测验感到困难，重读书中的章节，向老师请教或者和同学探讨。本测验的答案在本书的后面可以找到。

写出用户定义函数，以实现下面的计算：

1. $f(x)=\dfrac{x-1}{x+1}$

2. 双曲正切函数 $\tanh(x)=\dfrac{e^x-e^{-x}}{e^x+e^{-x}}$

3. 阶乘函数 $n!=(n)(n-1)(n-2)...(3)(2)(1)$

4. 编写一个逻辑运算函数，它有两个输入参数 x 和 y。当 $x^2+y^2>1.0$ 时，函数返回真值，否则返回假值。

对于问题 5～问题 7，判断其中的函数是否有错，如果有，说明如何改正。

5.
```
REAL FUNCTION average ( x, n )
IMPLICIT NONE
INTEGER, INTENT(IN) :: n
REAL, DIMENSION(n), INTENT(IN) :: x
INTEGER :: j
REAL :: sum
DO j = 1, n
   sum = sum + x(j)
END DO
average = sum / n
```

```
END FUNCTION average
```

6.
```
FUNCTION fun_2 ( a, b, c )
IMPLICIT NONE
REAL, INTENT(IN) :: a, b, c
a = 3. * a
fun_2 = a**2 - b + c
END FUNCTION fun_2
```

7.
```
LOGICAL FUNCTION badval ( x, y )
IMPLICIT NONE
REAL, INTENT(IN) :: x, y
badval = x > y
END FUNCTION badval
```

例题 7–5　sinc 函数

下列公式定义了 sinc 函数：

$$\sin c(x) = \frac{\sin(x)}{x} \tag{7-3}$$

很多不同类型的工程分析问题中都会用到这个函数。例如，sinc 函数描述了矩形时间脉冲的频谱。函数 sinc（x）与 x 的关系如图 7-15 所示。编写一个用户定义 Fortran 函数来计算 sinc 函数。

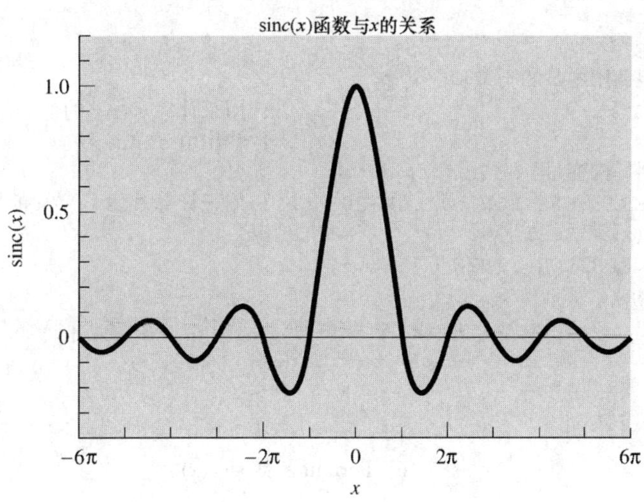

图 7-15　sinc（x）函数与 x 的关系

解决方案

sinc 函数看起来比较容易实现，但是当 x=0 时，存在一个计算问题。sinc（0）=1，因为：

$$\sin c(0) = \lim_{x\to 0}\left[\frac{\sin(x)}{x}\right] = 1$$

不幸的是，计算机程序是不能把 0 作为除数的。在函数中必须使用一个逻辑 IF 结构来处理 x 接近于 0 这一特殊情况。

1. 描述问题

编写计算 sinc（x）的 Fortran 函数。

2. 定义输入输出

函数的输入是实数参数 x，函数的类型是实数，它的输出是一个实数值 sinc（x）。

3. 描述算法

函数的伪代码如下所示：

```
IF |x|>epsilon THEN
   sinc←SIN(x)/x
ELSE
   sinc←1.
END IF
```

这里选用 epsilon 是为了避免发生除 0 错误。对于大部分的计算机来说，一个好的选择是把 epsilon 取值为 1.0E-30.

4. 把算法转化为成 Fortran 语句

形成的 Fortran 子例程如图 7-16 所示。

```
FUNCTION sinc ( x )
!
! 目的: 计算 sinc 函数    sinc(x)= sin(x)/ x
!
! 修订版本:
!   日期        程序员          修改说明
!   ====        ==========      =====================
!   11/23/15    S. J. Chapman   原始代码
!
IMPLICIT NONE
! 数据字典:声明调用参数的类型和定义
REAL,INTENT(IN)::x                        ! 用来计算 sinc 的值
REAL ::sinc                               ! 输出值 sinc(x)
! 数据字典:声明局部变量
REAL,PARAMETER ::EPSILON = 1.0E-30        ! 用来计算 SIN(x)/x 的最小值
! 检查是否 ABS(x)> EPSILON.
IF ( ABS(x)> EPSILON )THEN
  sinc = SIN(x)/ x
ELSE
  sinc = 1.
END IF
END FUNCTION sinc
```

图 7-16 Fortran 函数 sinc(*x*)

5. 测试 Fortran 程序

为了测试这个函数，需要编写驱动程序来读入输入值、调用函数并打印输出结果。首先用计算器计算几个 sinc（*x*）的值，并把它们和测试程序生成的结果进行比较。需要注意的是，用来验证程序功能的输入值必须包括大于 epsilon 和小于 epsilon 的值。

测试驱动程序如图 7-17 所示。

```
PROGRAM test_sinc
!
! 目的: 测试 sinc 函数 sinc(x)
!
IMPLICIT NONE
! 数据字典:声明函数类型
REAL ::sinc                                    ! sinc 函数
! 数据字典:声明变量类型和定义
REAL ::x                                       !用来计算的输入值
```

```
! 获得值进行计算
WRITE (*,*)'Enter x:'
READ (*,*)x
! 输出答案
WRITE (*,'(A,F8.5)')'sinc(x)= ',sinc(x)
END PROGRAM test_sinc
```

图 7-17 函数 sinc(x)的测试驱动程序

下面是手工计算得到的 sinc(x)值：

x	sinc(x)
0	1.00000
10^{-29}	1.00000
$\frac{\pi}{2}$	0.63662
π	0.00000

这些输入值使用测试程序运行的结果如下：

```
C: \book\fortran\chap7>test_sinc
Enter x:
0
sinc(x)= 1.0000
C:\book\fortran\chap7>test_sinc
Enter x:
1.E-29
sinc(x)= 1.0000
C:\book\fortran\chap7>test_sinc
Enter x:
1.570796
sinc(x)= 0.63662
C:\book\fortran\chap7>test_sinc
Enter x:
3.141593
sinc(x)= 0.0000
```

函数看起来可以正确工作。

7.5 过程作为参数传递给其他过程

当调用过程的时候，实参表当作一系列指向特定内存地址的指针传递给过程。每个地址在内存中的内容如何解释，取决于过程中声明的形参的类型和大小。

这种地址传递方法可以被扩展到允许传递一个指向过程的指针，而不是内存地址。函数和子例程都可以被当作调用参数来传递。为了简单起见，首先讨论向过程传递用户定义函数，之后再讨论向过程传递子例程。

7.5.1 用户定义函数作为参数传递

如果在过程调用中，指定用户定义函数作为实参，那么将传递给过程一个指向那个函数的指针。如果过程中相应的正式参数被用作函数，那么当执行该过程时，调用参数表中的函数将替代过程中形参函数名。请分析下述例题：

```
PROGRAM ::test
REAL,EXTERNAL ::fun_1,fun_2
REAL ::x,y,output
...
CALL evaluate ( fun_1,x,y,output )
CALL evaluate ( fun_2,x,y,output )
...
END PROGRAM test
SUBROUTINE evaluate ( fun,a,b,result )
REAL,EXTERNAL ::fun
REAL,INTENT(IN)::a,b
REAL,INTENT(OUT)::result
result = b * fun(a)
END SUBROUTINE evaluate
```

假设 fun_1、fun_2 是两个用户提供的函数。在第一次被调用时，传递给子例程 evaluate 的是指向函数 fun_1 的指针，而函数 fun_1 被用来替代子例程中形参 fun。在第二次被调用时，传递给子例程 evaluate 的是指向函数 fun_2 的指针，而函数 fun_2 被用来替代子例程中的形参 fun。

只有在调用和被调用过程将用户定义函数声明为外部（external）时，才能将其作为调用参数传递。当参数表中的某个名字被声明为外部时，相当于告诉编译器在参数表中传递的是独立的已编译函数，而不是变量。EXTERNAL 属性或者 EXTERNAL 语句均可以声明函数为外部的。EXTERNAL 属性像其他属性一样包括在类型声明语句中。比如：

```
REAL, EXTERNAL ::fun_1, fun_2
EXTERNAL 语句是一个特殊语句，格式如下：
EXTERNAL fun_1, fun_2
```

上面两种格式说明了 fun_1，fun_2 等是定义在当前程序外部的过程名。如果需要使用它们，EXTERNAL 语句必须出现在声明部分，即在第一条执行语句之前[8]。

例题 7-6　函数作为参数表中的参数传递给过程

图 7-18 中的 ave_value 函数通过在 n 个均匀间隔的点进行采样来计算用户指定的范围 first_value 和 last_value 之间的函数的平均幅度，并计算这些点之间的平均幅度。要求值的函数作为形参 func 被传递给函数 ave_value。

```
REAL FUNCTION ave_value ( func, first_value, last_value, n )
!
! 目的:
! 在范围[first_value,last_value]内采集 n 个均匀间隔的样本,计算函数"func"在
! 范围内的平均值,求结果的平均数。函数"func"通过形参传递给程序
!
! 修订版本:
!    日期        程序员          修改说明
!    ====        ==========      =====================
!    11/23/15    S. J. Chapman   原始代码
!
IMPLICIT NONE
! 数据字典:声明调用参数的类型和定义
```

[8] 还有另一种方法，可以使用函数指针将函数传递给过程。函数指针将在第 15 章中描述。

```
REAL,EXTERNAL ::func                          ! 要求值的函数
REAL,INTENT(IN)::first_value                  ! 范围内第一个值
REAL,INTENT(IN)::last_value                   ! 范围内最后一个值
INTEGER,INTENT(IN)::n                         ! 要求平均的样本数
! 数据字典:声明局部变量的类型和定义
REAL ::delta                                  ! 样本间的步长
INTEGER ::i                                   ! 循环控制变量
REAL ::sum                                    ! 用于求平均值的总和
! 获得步长
delta = ( last_value - first_value )/ REAL(n-1)
! 累加和
sum = 0.
DO i = 1,n
  sum = sum + func ( REAL(i-1)* delta )
END DO
! 获得平均值
ave_value = sum / REAL(n)
END FUNCTION ave_value
```

图 7-18 函数 ave_value 计算两个点 first_value 和 last_value 之间的函数的平均幅度。函数作为调用参数传递给函数 ave_value

图 7-19 给出了用来测试函数 ave_value 的测试驱动程序。在程序中，用户定义函数 my_function 被用为调用参数来调用函数 ave_value。注意，在测试驱动程序 test_ave_value 中，函数 my_function 声明为了 EXTERNAL。针对间隔［0，1］中的 101 个样本求取了函数 my_function 的平均值，并打印出结果。

```
PROGRAM test_ave_value
!
! 目的:测试函数 ave_value。使用用户定义函数 my_func 来调用它
!
! 修订版本:
!   日期         程序员           修改说明
!   ====         ==========       =====================
!   11/23/15     S. J. Chapman    原始代码
!
IMPLICIT NONE
! 数据字典:声明函数类型
REAL ::ave_value                              ! 函数平均值
REAL,EXTERNAL ::my_function                   ! 要求值的函数
! 数据字典:声明局部变量的类型和定义
REAL ::ave                                    ! my_function 的均值
! 使用 func=my_function 调用函数
ave = ave_value ( my_function,0.,1.,101 )
WRITE (*,1000)'my_function',ave
1000 FORMAT ('The average value of ',A,' between 0. and 1. is ',&
       F16.6,'.')
END PROGRAM test_ave_value
REAL FUNCTION my_function( x )
IMPLICIT NONE
REAL,INTENT(IN)::x
my_function = 3. * x
END FUNCTION my_function
```

图 7-19 函数 ave_value 的测试驱动程序，演示如何把用户定义函数当作调用参数传递

当执行 test_ave_value 程序时，输出结果如下：

```
C: \book\fortran\chap7>test_ave_value
The average value of my_function between 0. and 1. is 1.500000.
```

因为本例中 my_function 在（0，0）和（1，3）之间是直线，所以很显然计算出来的平均值 1.5 是正确的。

7.5.2 子例程作为参数传递

子例程也可以作为调用参数传递给过程。如果要把子例程当作参数传递，也必须用 EXTERNAL 语句来声明它。相应的形参应该出现在过程中的 CALL 语句里。

例题 7–7 子例程作为参数表中的参数传递给过程

图 7-20 中，函数 subs_as_arguments 接收了两个输入参数 *x* 和 *y*，且把它们传递给计算子例程。要执行的子例程名字作为命令行参数传递。

```
SUBROUTINE subs_as_arguments(x,y,sub,result )
!
! 目的: 测试将子例程名字作为参数
!
IMPLICIT NONE
! 数据字典:声明调用参数的类型和定义
EXTERNAL ::sub                                  ! 子例程形参名
REAL,INTENT(IN)::x                              ! 第一个值
REAL,INTENT(IN)::y                              ! 最后一个值
REAL,INTENT(OUT)::result                        ! 结果
CALL sub(x,y,result)
END SUBROUTINE subs_as_arguments
```

图 7-20 子例程 subs_as_arguments 调用一个子例程，完成对 *x* 和 *y* 的处理。要执行的子例程名字作为命令行参数传递

图 7-21 给出了测试子例程 test_subs_as_arguments 的测试驱动程序。在程序中，使用用户定义子例程 prod 和 sum 作为调用参数调用了两次子例程 subs_as_arguments。注意，在子例程 subs_as_arguments 中，形参 sub 声明为 EXTERNAL。在主程序中声明实际的子程序 prod 和 sum 为外部的。

```
PROGRAM test_subs_as_arguments
!
! 目的: 测试将子程序名作为参数
!
IMPLICIT NONE
! 数据字典:声明调用参数的类型和定义
EXTERNAL ::sum,prod                             ! 要调用的子程序名
REAL ::x                                        ! 第一个值
REAL ::y                                        ! 最后一个值
REAL ::result                                   ! 结果
! 获得 x 和 y 值
WRITE (*,*)'Enter x:'
READ (*,*)x
WRITE (*,*)'Enter y:'
READ (*,*)y
! 计算乘积
```

```
CALL subs_as_arguments(x,y,prod,result)
WRITE (*,*)'The product is ',result
! 计算乘积与和
CALL subs_as_arguments(x,y,sum,result)
WRITE (*,*)'The sum is ',result
END PROGRAM test_subs_as_arguments
!*********************************************************************
!*********************************************************************
SUBROUTINE prod ( x,y,result )
!
! 目的: 计算两个实数的积
!
IMPLICIT NONE
! 数据字典:声明调用参数的类型和定义
REAL,INTENT(IN)::x                                    ! 第一个值
REAL,INTENT(IN)::y                                    ! 最后一个值
REAL,INTENT(OUT)::result                              ! 结果
! 计算值
result = x * y
END SUBROUTINE prod
!*********************************************************************
!*********************************************************************
SUBROUTINE sum ( x,y,result )
!
! 目的: 计算两个实数的和
!
IMPLICIT NONE
! 数据字典:声明调用参数的类型和定义
REAL,INTENT(IN)::x                                    ! 第一个值
REAL,INTENT(IN)::y                                    ! 最后一个值
REAL,INTENT(OUT)::result                              ! 结果
! 计算值
result = x + y
END SUBROUTINE sum
```

图 7-21 子例程 subs_as_arguments 的测试驱动程序，说明如何把用户定义子例程作为调用参数传递

当执行程序 test_subs_as_arguments 程序时,结果如下:

```
C:\book\fortran\chap7>test_subs_as_arguments
Enter x:
4
 Enter y:
5
 The product is  20.00000
 The sum is  9.000000
```

这里子例程 subs_as_agruments 执行了两次，一次是以子例程 prod 为参数，一次是以子例程 sum 为参数。

7.6 小结

在本章中介绍了 Fortran 的过程。过程是独立编译的程序单元，它有自己的声明部分、执

行部分和结束部分。过程对于一个大型程序的设计、编码和维护非常重要。过程允许在构建项目时对子任务进行独立测试，通过代码复用来节约时间，还通过变量隐藏来提高程序的可靠性。

有两种类型的过程：子例程和函数。子例程是包含一个或多个结果值的过程。子例程用 SUBROUTINE 语句定义，用 CALL 语句执行。SUBROUTINE 语句和 CALL 语句中的参数列表用来传入子例程需要的输入值和传出计算结果。当调用子例程时，传递给子例程的指针指向的是参数表中每一个参数的内存地址。子例程的读写操作都针对该内存地址。

子例程参数列表中每个参数的作用可以通过指定参数类型声明语句中的 INTENT 属性来控制。每个参数都可以被指定为仅用于输入（IN）、仅用于输出（OUT），或者既输入又输出（INOUT）。Fortran 编译器会检测每个参数的正确使用，因此在编译时可以捕捉到许多编程错误。

你也可以通过模块把数据传递给子例程。模块是一个独立编译的程序单元。它包含数据声明、过程，或者二者都有。模块中声明的数据和过程可以被任何使用 USE 语句来包含该模块的过程使用。因此通过把数据放入模块并使用 USE 语句，可以实现两个过程间的数据共享。

如果过程被放在模块中，且该模块用于程序中，那么该过程具有显式接口。编译器可以在每个过程调用中自动检测参数的个数、类型和用法是否与这一过程指定的参数表匹配。这一特性可以捕捉到许多常见错误。

Fortran 函数是仅有单个结果的过程，这个结果可以是数值、逻辑值、字符串或数组。Fortran 函数有两种类型：内置函数和用户定义函数。第 2 章中介绍了部分内置函数，附录 C 列出了所有的内置函数。用户定义函数通过 FUNCTION 语句来声明，函数名可以出现在表达式中，以便执行。可以通过调用参数或者模块来把数据传递给用户定义函数。一个合理设计的 Fortran 函数不应该改变它的输入参数，只能改变它唯一的输出值。

通过调用参数可以把函数或子例程传递给过程。要想这么做，必须在调用程序中将函数或者子例程声明为 EXTERNAL。

7.6.1 良好的编程习惯小结

当用子例程或函数时，应该遵循下述原则：

（1）尽可能地将大程序任务分解为更小更易理解的过程。

（2）始终记得用 INTENT 属性指定过程中每个形参的作用，以帮助捕捉编程错误，

（3）确保过程调用的实参表和形参表中的变量个数、类型、属性和位置次序都匹配。把过程放在模块中，然后用 USE 访问该过程，将创建显式接口，这可以使编译器自动检测出参数表中是否有错。

（4）测试子例程中可能的错误条件，并设置错误标志，以返回给调用程序单元。当调用子例程之后，调用程序单元应该检查错误条件，以便在发生错误时采取相应操作。

（5）始终使用显式结构的形参数组或不定结构的形参数组。在新的程序中，永远不要使用不定大小的形参数组。

（6）模块可用来在程序的过程间传递大量数据。模块中的数据仅需要声明一次，所有的过程就可以通过那个模块来访问那些数据。要保证模块中含有 SAVE 语句，以确保过程在访问模块后，其中的数据值被保留。

（7）把程序中要使用的过程集中起来，并放置在模块中。当它们构成模块的时候，Fortran 编译器将会在每次使用它们的时候，自动检测调用参数表。

（8）确保在函数本身和任何调用该函数的程序单元中声明函数的类型。

（9）一个设计良好的 Fortran 函数应根据一个或多个输入值生成单个输出值。它不应该修改自己的输入参数。为了保证函数不会偶然修改了自己的输入参数，始终用 INTENT（IN）属性声明参数[9]。

7.6.2 Fortran 语句和结构小结

CALL 语句：

```
CALL subname( arg1,arg2,... )
```

例如：

```
CALL sort ( number,data1 )
```

说明：

此语句将执行从当前程序单元传送到子例程，将指针传递给调用参数。子例程一直执行，直到遇到 RETURN 或 END SUBROUTINE 语句，然后在调用程序单元中的 CALL 语句之后的下一个可执行语句处继续执行。

CONTAINS 语句：

```
CONTAINS
```

例如：

```
MODULE test
...
CONTAINS
  SUBROUTINE sub1(x,y)
  ...
  END SUBROUTINE sub1
END MODULE test
```

说明：

CONTAINS 语句指定以下语句是模块中的单独过程。CONTAINS 语句及其后的模块过程必须出现在模块中的任何类型和数据定义之后。

END 语句：

```
END FUNCTION [name]
END MODULE [name]
END SUBROUTINE [name]
```

例如：

[9] 然而，某些程序员使用不同的风格。其中函数使用参数返回结果，而函数本身的返回值是一个状态。如果你以这种风格进行编程，则本条“良好编程习惯”不适用于你。

```
END FUNCTION my_function
END MODULE my_mod
END SUBROUTINE my_sub
```

说明：

这些语句分别结束用户定义的 Fortran 函数，模块和子例程。函数，模块或子例程的名称可以被包含，但不是必需的。

EXTERNAL 属性：

```
type,EXTERNAL ::name1,name2,...
```

例如：

```
REAL,EXTERNAL ::my_function
```

说明：

该属性声明一个特定的名称是外部定义的函数。相当于在 EXTERNAL 语句中命名该函数。

EXTERNAL 语句：

```
EXTERNAL name1,name2,...
```

例如：

```
EXTERNAL my_function
```

说明：

该语句声明特定的名称是外部定义的过程。如果将 EXTERNAL 语句中指定的过程作为实参传递，则在调用程序单元和被调用过程中必须使用该语句或 EXTERNAL 属性。

FUNCTION 语句：

```
[type] FUNCTION name( arg1,arg2,... )
```

例如：

```
INTEGER FUNCTION max_value ( num,iarray )
FUNCTION gamma(x)
```

说明：

此语句声明用户定义的 Fortran 函数。函数的类型可以在 FUNCTION 语句中声明，也可以在单独的类型声明语句中声明。该函数通过在调用程序中的表达式中命名来执行。形参是执行函数时传递来的调用参数的占位符。如果一个函数没有参数，在声明它的时候仍然必须使用一对空括号［例如 name()］。

INTENT 属性：

```
type,INTENT(intent_type)::name1,name2,...
```

例如：

```
REAL,INTENT(IN)::value
INTEGER,INTENT(OUT)::count
```

说明：

这一属性声明指定过程中特定形参的预期用途。intent_type 的可能值为 IN，OUT 和 INOUT。INTENT 属性允许 Fortran 编译器知道参数的预期用途，并检查它是否以预期的方式使用。此属性只可能出现在过程的形参中。

INTENT 语句：

```
INTENT(intent_type)::name1,name2,...
```

例如：

```
INTENT(IN)::a,b
INTENT(OUT)::result
```

说明：

此语句声明过程中特定形参的预期用途。intent_type 的可能值为 IN，OUT 和 INOUT。INTENT 语句允许 Fortran 编译器知道参数的预期用途，并检查它是否以预期的方式使用。INTENT 语句中只能出现形参。不要使用这个语句；请改用 INTENT 属性。

MODULE 语句：

```
MODULE name
```

例如：

```
MODULE my_data_and_subs
```

说明：

这个语句声明了一个模块。该模块可能包含数据、过程或两者均有。通过在 USE 语句（USE 关联）中声明模块名称，数据和过程可用于程序单元。

RETURN 语句：

```
RETURN
```

例如：

```
RETURN
```

说明：

当在一个过程中执行该语句时，控制返回到调用该过程的程序单元。这个语句在子例程或函数结束时是可选的，因为当达到 END SUBROUTINE 或 END FUNCTION 语句时，执行将自动返回到调用程序。

SUNROUTION 语句：

```
SUBROUTINE name ( arg1,arg2,... )
```

例如：

```
SUBROUTINE sort ( num,data1 )
```

说明：

该语句声明了 Fortran 子例程。子例程用 CALL 语句执行。形参是执行子例程时传递的调用参数的占位符。

USE 语句：

```
USE module1,module2,...
```

例如：

```
USE my_data
```

说明：

该语句使得一个或多个模块的内容可用于程序单元中。USE 语句必须是程序单元中的 PROGRAM，SUBROUTINE 或 FUNCTION 语句后的第一个非注释语句。

7.6.3 习题

7-1 子例程和函数间有什么不同？

7-2 当调用子例程时，数据如何从调用程序传递给子例程，子例程的结果如何返回到调用程序？

7-3 Fortran 中使用的地址传递方案有什么优缺点？

7-4 在过程中使用显式结构形参数组有什么优缺点？不定结构形参数组有什么优缺点？为什么不应使用不定大小的形参数组？

7-5 假设一个 15 元素的数组 a 作为一个调用参数被传递给一个子例程。如果子例程试图写入元素 a（16）会发生什么？

7-6 假设给子例程传递一个实数，而该子例程的参数表上声明的是一个整数，那么对于子例程来说，有什么方法可以判断参数类型不匹配？当执行下列代码时，计算机上会发生什么？

```
PROGRAM main
IMPLICIT NONE
REAL :: x
x = -5.
CALL sub1 ( x )
END PROGRAM main
SUBROUTINE sub1 ( i )
IMPLICIT NONE
INTEGER, INTENT(IN) :: i
WRITE (*,*) ' I = ', i
END SUBROUTINE sub1
```

7-7 练习 7-6 中的程序如何修改，以确保 Fortran 编译器捕获主程序中的实参和子例程 sub1 中的形参之间的参数不匹配？

7-8 INTENT 属性的用途是什么？该用在何处？为什么要使用 INTENT 属性？

7-9 确定以下子例程调用是否正确。如果它们有错误，请指定它们有什么问题。

(a)
```
PROGRAM sum_sqrt
IMPLICIT NONE
INTEGER, PARAMETER :: LENGTH = 20
INTEGER :: result
REAL :: test(LENGTH) = &
   [1., 2., 3., 4., 5., 6., 7., 8., 9.,10., &
    11.,12.,13.,14.,15.,16.,17.,18.,19.,20. ]
...
CALL test_sub ( LENGTH, test, result )
...
END PROGRAM sum_sqrt
SUBROUTINE test_sub ( length, array, res )
IMPLICIT NONE
INTEGER, INTENT(IN) :: length
REAL, INTENT(OUT) :: res
INTEGER, DIMENSION(length), INTENT(IN) :: array
INTEGER, INTENT(INOUT) :: i
DO i = 1, length
   res = res + SQRT(array(i))
END DO
END SUBROUTINE test_sub
```

(b)
```
PROGRAM test
IMPLICIT NONE
CHARACTER(len=8) :: str = '1AbHz05Z'
CHARACTER :: largest
CALL max_char (str, largest)
WRITE (*,100) str, largest
100 FORMAT (' The largest character in ', A, ' is ', A)
END PROGRAM test
SUBROUTINE max_char(string, big)
IMPLICIT NONE
CHARACTER(len=10), INTENT(IN) :: string
CHARACTER, INTENT(OUT) :: big
INTEGER :: i
big = string(1:1)
DO i = 2, 10
   IF ( string(i:i) > big ) THEN
      big = string(i:i)
   END IF
END DO
END SUBROUTINE max_char
```

7-10 下面的程序是否正确？如果不对，错在哪里？如果正确，将打印出的值是什么？

```
MODULE my_constants
IMPLICIT NONE
REAL, PARAMETER ::PI = 3.141593           ! Pi
REAL, PARAMETER ::G = 9.81                ! 重力加速度
END MODULE my_constants
PROGRAM main
IMPLICIT NONE
```

```
USE my_constants
WRITE (*,*)'SIN(2*PI)= ' SIN(2.*PI)
G = 17.
END PROGRAM main
```

7-11 修改本章中的选择排序子例程，使得它以降序排列实数。

7-12 编写接受字符串的子例程 ucase，并将字符串中的任何小写字母转换为大写，而不影响字符串中的任何非字母字符。

7-13 编写一个驱动程序来测试例题 7-3 中开发的统计子例程。确保使用各种输入数据集测试程序。你发现子例程有什么问题吗？

7-14 编写一个使用子例程 random0 生成一个范围［-1.0，1.0）的随机数的子程序。

7-15 **模拟掷骰子**。能够模拟一个公平骰子的投掷往往是有用的。编写 Fortran 函数 dice()，模拟掷公平骰子的过程，每次调用该函数将返回一个 1 到 6 之间的随机整数（提示：可以调用 random0 函数生成一个随机数。把 random0 的可能输出值分成 6 等分，生成的随机数落在哪个区间就返回那个区间的序号）。

7-16 **道路交通密度**。子例程 random0 产生在［0.0，1.0）范围内具有均匀概率分布的数。这个子例程适合模拟那些具有相同发生概率的随机事件。然而在很多事件中，每个事件的发生概率并不相同，均匀概率分布不适合于模拟这种事件。

例如，交通工程师研究在长度为 t 的时间间隔内通过给定位置的汽车的数量时，发现在该间隔期内 k 辆汽车通过的概率由以下等式确定：

$$p(k,t)=e^{-\lambda t}\frac{(\lambda t)^k}{k!},\text{其中 } t\geqslant 0,\lambda>0\text{ ,且 } k=0,1,2,\ldots \tag{7-4}$$

这种概率分布称作泊松分布，在很多科学和工程应用中都有使用。例如，在时间间隔 t 内电话总机被呼叫的次数 k、在特定体积 t 的液体中的细菌的数量 k、时间间隔 t 内一个复杂系统出现失败的次数 k 都服从泊松分布。

编写函数计算针对任意 k，t，λ 的泊松分布值。测试程序，计算 1min 内 0，1，2，…，5 辆车通过高速路上指定点的概率。对该高速路设定 λ 为 1.6/min。

7-17 模块的两个目的是什么？将过程放置在模块中的特殊优点是什么？

7-18 编写三个 Fortran 函数，计算双曲正弦、余弦和正切函数：

$$\sin h(x)=\frac{\mathrm{e}^x-\mathrm{e}^{-x}}{2} \qquad \cos h(x)=\frac{\mathrm{e}^x+\mathrm{e}^{-x}}{2} \qquad \tan h(x)=\frac{\mathrm{e}^x-\mathrm{e}^{-x}}{\mathrm{e}^x+\mathrm{e}^{-x}}$$

使用你的函数计算以下值的双曲正弦，余弦和正切：-2，-1.5，-1.0，-0.5，-0.25，0.0，0.25，0.5，1.0，1.5 和 2.0。绘制双曲正弦，余弦和正切函数的形状。

7-19 **向量积**。编写一个函数，计算两个向量 V_1、V_2 的向量积：

$$\boldsymbol{V}_1\times\boldsymbol{V}_2=(V_{y1}V_{z2}-V_{y2}V_{z1})\boldsymbol{i}+(V_{z1}V_{x2}-V_{z2}V_{x1})\boldsymbol{j}+(V_{x1}V_{y2}-V_{x2}V_{y1})\boldsymbol{k}$$

其中 $\boldsymbol{V}_1=V_{x1}\boldsymbol{i}+V_{y1}\boldsymbol{j}+V_{z1}\boldsymbol{k}$ 和 $\boldsymbol{V}_2=V_{x2}\boldsymbol{i}+V_{y2}\boldsymbol{j}+V_{z2}\boldsymbol{k}$。注意，函数返回一个实数数组。使用该函数计算这两个向量的向量积：$\boldsymbol{V}_1$=［-2，4，0.5］，$\boldsymbol{V}_2$=［0.5，3，2］。

7-20 **携带排序**。在对数组 arr1 进行升序排序的同时，带上第二个数组 arr2 经常是很有用的。在这种排序中，每次数组 arr1 中的一个元素与另一个元素交换时，数组 arr2 中的对应元素也进行交换。当排序完成后，arr1 中的元素按升序排列，而且数组 arr2 中的元素与数组 arr1 中对应的特定元素仍然保持关联。例如，假设有下列两个数组：

元素	arr1	arr2
1.	6.	1.
2.	1.	0.
3.	2.	10.

当排序数组 arr1 的同时带上数组 arr2，最后两个数组的内容是：

元素	arr1	arr2
1.	1.	0.
2.	2.	10.
3.	6.	1.

编写子例程，对实数数组进行升序排序，同时带上第二个数组。并用下列两个 9 元素数组测试该子例程。

```
REAL，DIMENSION（9）::&
  a = [ 1.，11.，-6.，17.，-23.，0.，5.，1.，-1.]
 REAL，DIMENSION（9）::&
  b = [ 31.，101.，36.，-17.，0.，10.，-8.，-1.，-1.]
```

7-21　**函数的最大值和最小值**。编写子例程，尝试找到任意函数 $f(x)$在一定范围内的最大值和最小值。要计算的函数应该作为调用参数传递给子例程。这个子例程应包括下面几个输入参数：

first_value	搜索 x 的第一个值
last_value	搜索 x 的最后一个值
num_steps	搜索过程中所包含的步长数
func	所要求的函数名

子例程应具有以下输出参数：

xmin	最小值所处的位置
min_value	找到的最小值
xmax	最大值所处的位置
max_value	找到的最大值

7-22　编写一个上一题所编写的子例程的测试驱动程序。测试驱动程序将用户定义函数 $f(x)=x^3-5x^2+5x+2$ 传递给子程序，在 200 步内求取值范围在 $-1 \leqslant x \leqslant 3$ 之间的函数最大值和最小值。打印出最大值和最小值。

7-23　**微分函数**。连续函数$f(x)$的微分定义如下：

$$\frac{\mathrm{d}}{\mathrm{d}x}f(x)=\lim_{\Delta x\to 0}\frac{f(x+\Delta x)-f(x)}{\Delta x} \tag{7-5}$$

在示例函数中，这个定义是：

$$f'(x_i)=\frac{f(x_{i+1})-f(x_i)}{\Delta x} \tag{7-6}$$

这里 $\Delta x = x_{i+1}-x_i$。假如向量 vect 含有函数的 nsamp 个样本，且每个样本的间隔为 dx。编写一个子例程，它使用式（7-6）计算向量的微分。子例程应该确保 dx 大于 0，以避免除 0 错误。

为了检测子例程，应该生成一个微分已知的数据集，并把子例程生成的结果与正确答案比较。sin（x）是一个好的选择。由初等微积分可知：

$$\frac{\mathrm{d}}{\mathrm{d}x}(\sin x)=\cos x$$

生成一个输入向量，它含有函数 sin（x）的 100 个值，从 x=0 开始，步长Δx=0.05。用你的子例程取向量的微分，然后把结果与已知的正确答案比较。程序的计算结果与正确的微分值有多接近？

7-24　**带噪声的微分**。我们现在将探讨输入噪声对数字微分质量的影响（见图 7-22）。首先，像上个问题一样，生成包含从 x=0 开始的函数 sin$x$ 的 100 个值的输入向量，步长 Δx 为 0.05。接下来，使用子例程 random0 生成最大幅度为±0.02 的少量随机噪声，并将该随机噪声添加到输入向量中的样本中。注意，噪声的峰值幅度仅为信号峰值幅度的 2%，因为 sin（x）的最大值为 1。现在用上个问题中开发的微分子例程获取函数的微分值。获得的微分值与理论上的微分值差距是多少？

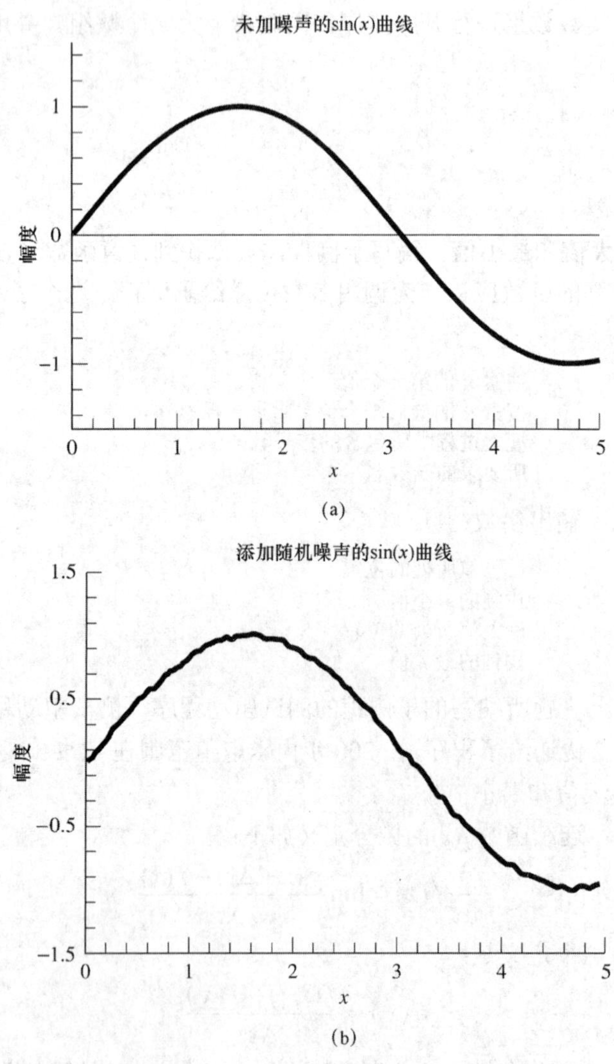

图 7-22 （a）x 没有增加噪声数据时函数 sin(x)的曲线；（b）x 加上峰值幅度 2%的均匀随机噪声后函数 sin(x)的曲线

7-25　**二进制补码运算**。正如在第 1 章中学到的，8 位二进制补码的整数可以表示-128 到+127 之间的数据，包括 0。第 1 章中的侧边栏还说明了如何以二进制补码格式进行加法和减法运算。假设二进制的补码用一个 8 字符变量替代，该字符变量内仅含有 0 和 1，请完成以下操作：

（a）编写一个子例程或函数，将两个存储在字符变量中的二进制补码数相加，并在第三个字符变量中返回结果。

（b）编写一个子例程或函数，将两个存储在字符变量中的二进制补码数相减，并在第三个字符变量中返回结果。

（c）编写一个子例程或函数，将存储在字符变量中的二进制补码数转换为十进制整数，并存储在一个 INTEGER 变量中，返回该结果。

（d）编写一个子例程或函数，将存储在一个 INTEGER 变量中的十进制整数转换为二进制补码数，并存储在一个字符变量中，返回该结果。

（e）用上面实现的 4 个过程编写程序来实现一个二进制补码计算器。在计算器中用户可以以十进制或二进制的形式输入数据，并进行数据的加法和减法。任何操作结果都可以用十进制或者二进制格式显示。

7-26 **线性最小二乘拟合**。设计一个子例程用来计算与输入数据集最优拟合的最小二乘线的斜率 m 和截距 b。输入数据点（x，y）将以两个输入数组 X 和 Y 传到子程序中。最小二乘线的斜率和截距的计算公式如下：

$$y = mx + b \tag{5-5}$$

$$m = \frac{(\sum xy) - (\sum x)\bar{y}}{(\sum x^2) - (\sum x)\bar{x}} \tag{5-6}$$

以及

$$b = \bar{y} - m\bar{x} \tag{5-7}$$

式中：$\sum x$ 是 x 值之和；

$\sum x^2$ 是 x 值的平方和；

$\sum xy$ 是对应的 x 和 y 乘积的和；

$\bar{x}$ 是 x 值的平均值；

$\bar{y}$ 是 y 值的平均值。

使用测试驱动程序和下列 20 个输入数据测试程序（见表 7-1）。

表 7-1 **测试最小二乘拟合程序的样本数据**

No.	x	y	No.	x	y
1	−4.91	−8.18	11	−0.94	0.21
2	−3.84	−7.49	12	0.59	1.73
3	−2.41	−7.11	13	0.69	3.96
4	−2.62	−6.15	14	3.04	4.26
5	−3.78	−5.62	15	1.01	5.75
6	−0.52	−3.30	16	3.60	6.67
7	−1.83	−2.05	17	4.53	7.70
8	−2.01	−2.83	18	5.13	7.31
9	0.28	−1.16	19	4.43	9.05
10	1.08	0.52	20	4.12	10.95

7-27 **最小二乘拟合的相关系数**。设计一个子例程，计算最优拟合输入数据集的最小二乘线的斜率 m 和截距 b，以及拟合的相关系数。输入数据点（x，y）将以两个输入数组 X 和 Y 传到子程序中。计算最小二乘线的斜率和截距的公式在上一问题中给出，相关系数的计算式如下：

$$r=\frac{n(\sum xy)-(\sum x)(\sum y)}{\sqrt{[(n\sum x^2)-(\sum x)^2][(n\sum y^2)-(\sum y)^2]}} \tag{7-7}$$

式中：$\sum x$ 是 x 值之和；

$\sum y$ 是 y 值之和；

$\sum x^2$ 是 x 值的平方和；

$\sum y^2$ 是 y 值的平方和；

$\sum xy$ 是对应的 x 和 y 乘积的和；

n 是拟合中包含的点的个数。

使用测试驱动程序和前一题中所给出的 20 个输入数据测试程序。

7-28 **生日问题**。生日问题是：如果一间屋子里有 n 个人，那么他们中的两个或多个人有相同生日的概率为多少？通过模拟可以求得该题的答案。编写一个函数计算 n 个人中两个或多个人具有相同生日的概率，其中 n 为调用参数（提示：为了求解这个问题，函数应该创建一个大小为 n 的数组，随机地生成范围为 1 到 365 的 n 个生日。检查 n 个生日中是否有相同的。函数应至少执行这种测试 10000 次，计算两个或多个人有相同生日的分数）。编写一个主程序计算和输出当 n=2，3，…，40 时 n 个人中的两个或多个有相同生日的概率。

7-29 **经时计算**。在测试过程的操作中，建立一系列经时子例程非常有用。在子例程运行前开始计时器，运行完成之后再次检查计时器，可以看到过程运行的快慢。用这种方式，程序员可以确定程序耗时的部分，并在需要时重写程序使其运行的更快。

编写一对名为 set_timer 和 elapsed_time 的子例程，以秒来计算上次调用 set_timer 子例程到这次调用 elapsed_time 子例程之间经过的时间。当调用子例程 set_timer 时，应得到当前时间，并把它存放在模块中的一个变量中。当调用子例程 elapsed_time 时，也应该得到当前时间，并计算当前时间与存储在模块中的时间的差。以秒的形式表示的两次调用之间的经过时间应通过子例程 elapsed_time 的参数返回给调用程序单元（注意：读取当前时间的内置子例程叫做 DATE_AND_TIME，见附录 C）。

7-30 使用子例程 random0 生成三个随机数数组。三个数组应该分别有 100，1000 以及 10000 个元素。使用上一题编写的经时子例程来确定它使用子例程 sort 对每个数组排序的时间。随着被排序的元素个数的增加，排序消耗的时间与其呈什么关系（提示：在一个快速计算机中，为了克服系统时钟的量化误差，需要多次排序每个数组，计算平均排序时间）？

7-31 **无限序列求值**。指数函数 e^x 可以通过求值下面的无限序列来计算：

$$e^x=\sum_{n=0}^{\infty}\frac{x^n}{n!} \tag{7-8}$$

编写一个 Fortran 函数，使用无限序列的前 12 项来计算 e^x。计算当 x=-10.，−5.，−1.，0.，1.，5.，10.及 15.时的函数值，并与内置函数 EXP（x）的结果比较。

7-32 使用子例程 random0 生成一个包含 10000 个 0.0 到 1.0 之间随机数的数组。使用本章中设计的统计子例程计算数组的平均值和标准偏差。一个范围在［0，1）之间的均匀随机分布的理论平均值是 0.5，理论标准偏差是。random0 生成的随机数组的计算值与理论分布相差是多少？

7-33 **高斯（正态）分布**。子例程 random0 返回一个在［0，1）范围内均匀分布的随机变量，这意味着在调用该子例程时，该范围内的任何数据出现的概率是相同的。另一种类型的随机分布是高斯分布，在这种分布中随机值遵循的是图 7-23 中所示的经典的钟型曲线。带有 0.0 的平均值和 1.0 的标准偏差的高斯分布被称为标准正态分布。标准正态分布中任意给定值出现的概率遵循下面的公式：

$$p(x)=\frac{1}{\sqrt{2\pi}}e^{-x^2/2} \tag{7-9}$$

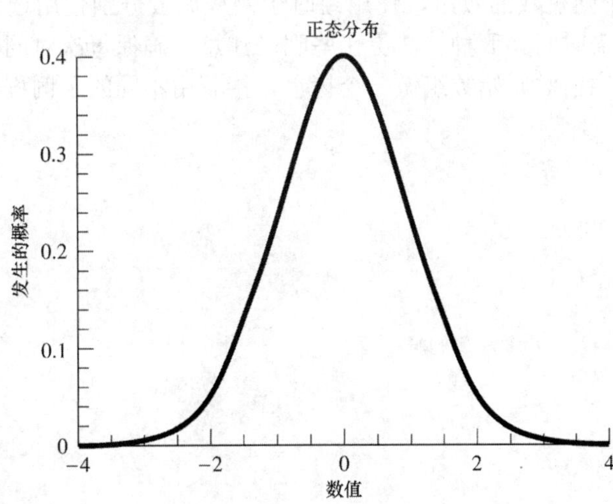

图 7-23 正态概率分布

可以根据下述步骤从一个遵循［−1，1）范围内均匀分布的随机变量生成一个遵循标准正态分布的随机变量：

1．从范围［−1，1）中选择两个均匀随机变量 x_1 和 x_2，要求 $x_1^2+x_2^2<1$。要想满足该要求，在范围［−1，1）中产生两个均匀随机变量，看看它们的平方和是否恰好小于 1，如果是，使用它们，如果不是，则再次选择。

2．下面公式中的每个 y_1 和 y_2 都是正态分布的随机变量。

$$y_1=\sqrt{\frac{-2\log_e r}{r}}x_1 \tag{7-10}$$

$$y_2=\sqrt{\frac{-2\log_e r}{r}}x_2 \tag{7-11}$$

其中

$$r=x_1^2+x_2^2 \tag{7-12}$$

编写一个子例程，在每次调用的时候返回一个正态分布随机值。获取 1000 个随机值，并计算标准偏差来测试所编写的子例程，结果有多接近 1.0？

7-34 **引力**。质量为 m_1 和 m_2 的两个物体之间的引力 F 为：

$$F = \frac{Gm_1m_2}{r^2} \tag{7-13}$$

这里 G 为引力常量（$6.672\times10^{-11}\mathrm{N}\cdot\mathrm{m}^2/\mathrm{kg}^2$），$m_1$ 和 m_2 是单位为千克的物体质量，r 是两个物体之间的距离。编写一个函数计算给定质量和相互距离的两个物体的引力。计算在地球 38000km 处的轨道上的 1000kg 的人造卫星和地球之间的引力，以测试所编程序（地球的质量为 5.98×10^{24}kg）。

7-35 **堆排序**。本章介绍的选择排序子程序并不是唯一的排序算法。另一种可能的替代是堆排序算法，对它的介绍超出了本书的范围。然而，在本书的网站上，第 7 章的文件中包含了一个 heapsort.f90 文件，它给出了堆排序算法的一种实现。

如果之前没有做过的话，那么为你的计算机编写一组习题 7-29 中描述的经时子例程。产生一个包含 10000 个随机数的数组，使用经时子例程比较分别使用选择排序和堆排序对这 10000 个数据排序所需时间。哪种算法更快些呢（注意：确保每次对同样的数组进行排序。最好的方式就是在排序前对原始数组做一个拷贝，接着用不同的子例程对两个数组分别进行排序）？

第 8 章

数组的高级特性

本章学习目标：

- 学会如何定义和使用二维数组。
- 学会如何定义和使用多维数组。
- 学会什么时候如何使用 WHERE 结构。
- 学会什么时候如何使用 FORALL 结构。
- 理解如何分配、使用、释放可分配数组。

在第 6 章中学习了如何使用简单的一维数组。这一章接着介绍第 6 章没讲到的，内容包括一些高级话题，比如多维数组、数组函数及可分配数组。

8.1 二维数组

在第 6 章中使用的数组都是一维数组或者叫 1 阶数组（也称为向量、矢量）。这些数组可以被看作是分布在一列中的一系列数据，使用独立的下标来选择每个独立的数组元素［见图 8-1（a)］。这种数组很适合描述作为独立变量的一组数据，诸如在固定的时间间隔内的一系列温度测量值。

还有一类数据不是独立的变量，也可以用数组描述。例如，可能会需要在 4 个不同的时间去测量 5 个不同地点的温度。那么在理论上来说这 20 个测量值应该被分成不同的 5 列，每一列有 4 个测量值。每一列代表每一个位置［见图 8-1（b)］。Fortran 语言提供了一种特殊的机制用于存放这种类型的数据：一个二维或者叫二阶数组（也称矩阵）。

二维数组元素可以通过两个下标来定位，数组中的任何元素都可以通过同时指定两个下标来获取。例如图 8-2（a）展示出了 4 台发电机在 6 个不同时间点上的电能输出。图 8-2（b）显示了一个由 4 台发电机的 6 个不同测量值组成的数组。

在这个例子中，每一行代表一个时间点上的测量值，每一列代表一台发电机。数组元素 power（4，3）表示 3 号发电机在第四个时间点上的电能输出，它的值是 41.1MW。

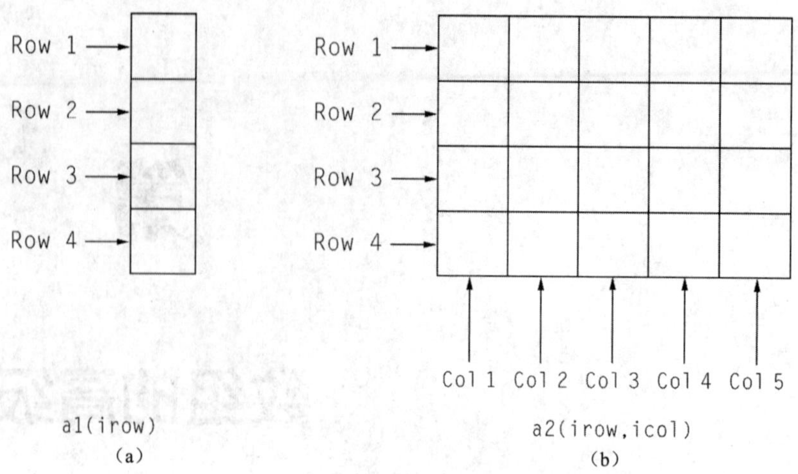

图 8-1 一维数组和二维数组的表示

（a）一维数组；（b）二维数组

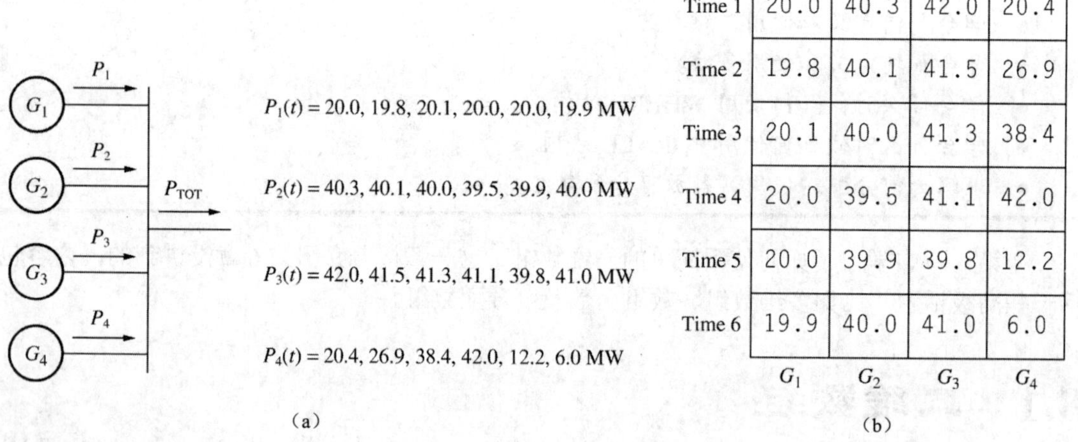

	G_1	G_2	G_3	G_4
Time 1	20.0	40.3	42.0	20.4
Time 2	19.8	40.1	41.5	26.9
Time 3	20.1	40.0	41.3	38.4
Time 4	20.0	39.5	41.1	42.0
Time 5	20.0	39.9	39.8	12.2
Time 6	19.9	40.0	41.0	6.0

图 8-2 （a）一个由 4 台不同发电机组成的发电站。每一台发电机的电能输出被测量 6 次；（b）电能输出的二维矩阵

8.1.1 声明二维数组

必须使用一个类型声明语句来声明二维数组的类型和大小。下面列举了一些数组的声明：

1. REAL，DIMENSION（3，6）::sum

这个类型语句声明了一个由 3 行 6 列构成的实数数组，总共有 18 个元素。第一个下标的有效值为 1～3，第二个下标的有效值为 1～6。任何其他的下标值都属于越界。

2. INTEGER，DIMENSION（0:100，0:20）::hist

这个类型语句声明了一个 101 行 21 列的整数数组，总共有 2121 个元素。第一个下标的有效值是 0～100，第二个下标的有效数值是 0～20。任何其他的下标都属于越界。

3. CHARACTER（len=6），DIMENSION（–3:3，10）::counts

这个类型语句声明了一个 7 行 10 列的数组，总共有 70 个元素。数组的类型是字符型

（CHARACTER），每个数组元素包含 6 个字符。第一个下标的有效值是–3～3，第二个下标的有效值是 1～10。任何其他的下标都属于越界。

8.1.2 二维数组的存储

已经知道一个长度为 *N* 的一维数组在计算机内存中占用连续的 *N* 个空间。类似地，一个 *N* 行 *M* 列大小的二维数组占据了计算机内存中的 *M*×*N* 个连续的空间。那么数组的元素在计算机内存中是如何排列的呢？Fortran 语言总是以列为主顺序为数组元素分配空间。也就是说，Fortran 在内存中首先为第一列分配空间，接着是第二列，接着是第三列等，直到所有列都被分配完。图 8-3 描述了一个 3×2 数组 *a* 的分配结构。就像图中看到的那样，数组元素 *a*（2，2）实际上被放在内存中第五个位置上。当在这章后面的部分中讨论到数据初始化和 I/O 语句的时候，内存分配的顺序是非常重要的❶。

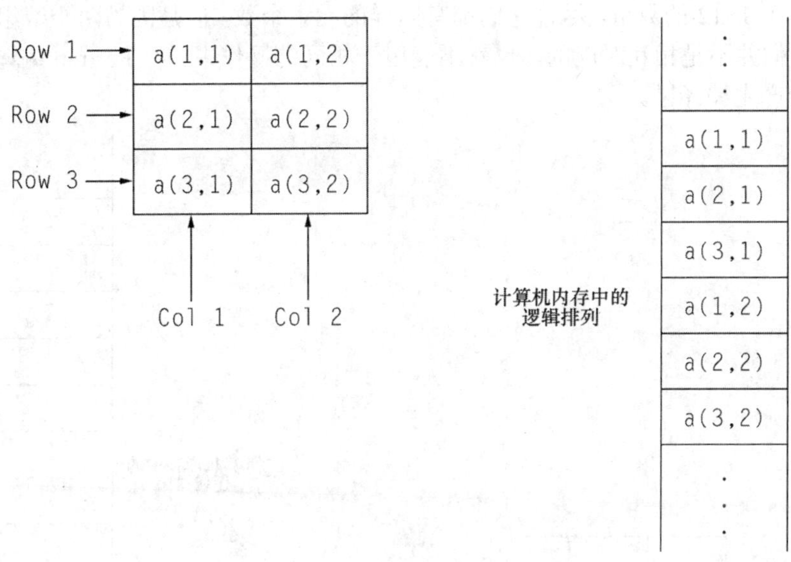

图 8-3 3×2 的二维数组 *a* 的内存分配图

8.1.3 初始化二维数组

可以利用赋值语句、类型声明语句或是 Fortran 的 READ 语句对二维数组进行初始化。

用赋值语句对二维数组进行初始化

可以用嵌套的 DO 循环语句为数组元素逐个赋值，或者一次用数组构造器为数组整个赋值。例如，假设有一个 4×3 的整型数组 istat，希望将图 8-4 中的数据作为初值赋给该数组。

可以在运行的时候用 DO 循环对该数组的元素一个一个地初始化，代码如下：

❶ Fortran 实际上并不需要数组的元素占用连续内存空间。它们只需要它在用适当的下标定位或者使用诸如 I/O 语句的操作时看上去是连续的就可以了。为了清楚地显示出这种差别，这里借助了一个内存中元素的逻辑次序概念来帮助理解处理器所有可能的实际实现的真实次序（然而，实际情况是，作者所见到的所有 Fortran 编译器都是在一个连续的内存空间中为数组元素分配空间的）。在一些可能采用不同的存储模块的大型的并行计算机中，为了更容易实现，会为数组元素采取某种条件故意地分配一些不连续的空间。

```
INTEGER, DIMENSION (4, 3) ::ISTAT
DO i=1,4
   DO j=1,3
      istat (i,j) =j
   END DO
END DO
```

也可以在单条语句中用数组构造器对数组做初始化。然而，这个步骤并不像它看上去的那么简单。图 8-4（b）显示了初始化的数组在内存中的逻辑数据模式。它由 4 个 1 组成，后面跟着 4 个 2，再后面是 4 个 3，数组构造器将在内存中产生该模式：

```
[1, 1, 1, 1, 2, 2, 2, 2, 3, 3, 3, 3]
```

于是，看上去数组应该像用下面的赋值语句进行初始化：

```
istat = [1, 1, 1, 1, 2, 2, 2, 2, 3, 3, 3, 3]
```

不幸的是，这条赋值语句不能正常运行。当数组 istat 是一个 4×3 的数组时，数组构造器产生的却是一个 1×12 的数组。尽管它们都有同样的元素个数，但是因为两个数组具有不同的结构，所以它们并不是相互对应的，也就不能用于相同的操作中。在 Fortran 编译器中，这种赋值语句将会产生编译错。

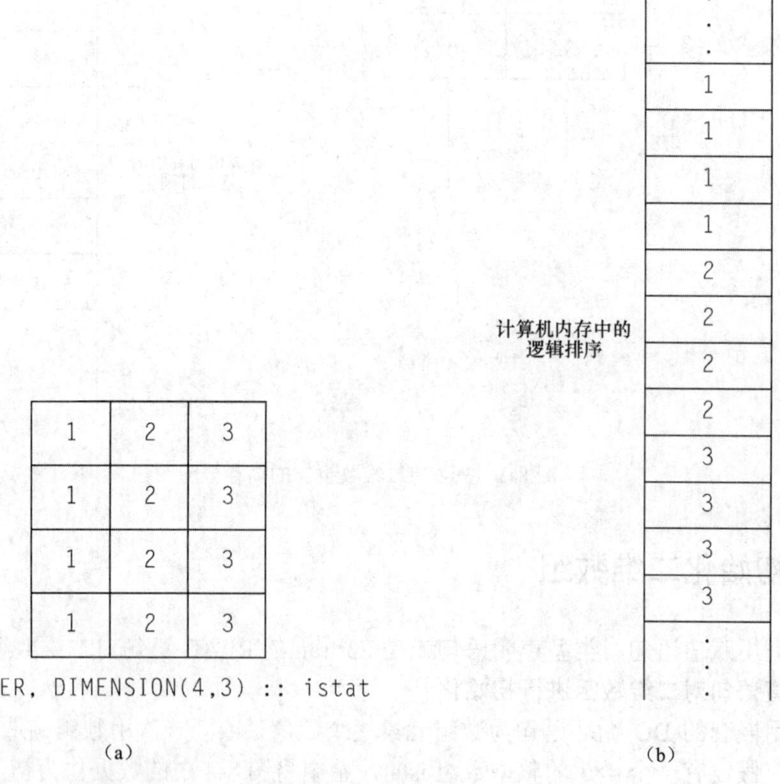

图 8-4 （a）整型数组 istat 的初始化值；（b）数组 istat 在内存中的逻辑外形

数组构造器总是产生一个一维数组。那么如何能克服这种限制，使用数组构造器来初始化二维数组呢？Fortran 编译器提供了一个特殊的内部函数，叫做 RESHAPE，它可以在不改变数组中元素的个数情况下，改变一个数组的结构。RESHAPE 函数的格式如下：

```
output = RESHAPE (array1,array2)
```

这里，array1 包含了要再改变结构的数据，array2 是描述新结构的一维数组。array2 中的元素取值是要输出的数组的维数，array2 数组中的元素值是每个维度的宽度。array1 中的元素个数必须和 array2 中所指定结构的数组的元素个数相同，否则 RESHAPE 函数将会报错。初始化数组 istat 的赋值语句可以写成：

```
istat = RESHAPE ([1,1,1,1,2,2,2,2,3,3,3,3],[4,3])
```

RESHAPE 函数把一个 1×12 的数组转化为一个 4×3 的数组，然后赋给 istat。

注意，当 RESHAPE 改变了数组的结构时，它以列为主要顺序进行数据从旧结构向新结构映射。因此，形成的数组中第一个元素是 istat（1，1），第二个是（2，1）。

良好的编程习惯

使用 RESHAPE 函数来改变数组的结构。使用一个已知数组构造器去构造所需要结构的数组时，这一点非常有用。

用类型声明语句对二维数组进行初始化

使用类型声明语句可以使初始化数据在编译的时候也被加载到数组中去。当使用类型声明语句初始化一个二维数组时，数据是按照 Fortran 分配的逻辑顺序被加载到数组中去的。因为数组是依照列序来分配的，那么在类型声明语句中的数据列表也必须依照列序排列。也就是说，所有在第一列的元素必须排列在列表的前面，然后是所有在第二列的元素等。istat 数组包含 4 行 3 列，于是用类型声明语句初始化该数组，第一列的 4 个值应该排在第一位，然后是第二列的 4 个值，最后是第三列的 4 个值。

用于初始化数组的值必须和数组具有同样的结构，所以必须使用 RESHAPE 函数。因此，采用下面的语句可以在编译的时候初始化 istat 数组：

```
INTEGER, DIMENSION(4,3)::istat(4,3)=&
                  RESHAPE([1,1,1,1,2,2,2,2,3,3,3,3],[4,3])
```

用 READ 语句初始化二维数组

也可以使用 Fortran 的 READ 语句对数组进行初始化。如果在一条 READ 语句的参数列表中出现了一个没有下标的数组名，那么程序将会为数组中的所有元素读取数值，这些数值将会按照数组元素在计算机内存中的逻辑顺序为数组赋值。因此，如果文件 INITIAL.DAT 包含有下述数据：

```
1 1 1 1 2 2 2 2 3 3 3 3
```

那么通过下面的代码可以为数组 istat 赋上图 8-4 所示的值：

```
INTEGER,DIMENSION(4,3)::istat
OPEN(7,FILE='initial.dat',STATUS='OLD',ACTION='READ')
READ(7,*) istat
```

也可以在 READ 语句中使用隐含的 DO 循环来改变数组元素初始化的顺序，或者仅仅是初始化数组的一部分。例如，如果文件 INITIAL1.DAT 包含有下述数据：

```
1 2 3 1 2 3 1 2 3 1 2 3
```

那么通过下面的代码可以为数组 istat 赋上图 8-4 所示的值：

```
INTEGER::I,j
INTEGER, DIMENSION(4,3)::istat
```

```
OPEN(7,FILE='initial.dat', STATUS='OLD',ACTION='READ')
READ(7,*) ((istat(i,j),j=1,3), i=1,4)
```

虽然是以与前面的例子不同的顺序从文件 INITIAL1.DAT 读出数据，但是隐含的 DO 循环却能确保恰当的数组元素中放入相应的输入值。

8.1.4 举例

例题 8-1 发电机

图 8-2 给出了 Acme 发电站的 4 台发电机在 6 个不同的时间段内输出电能的测量值。编写程序，从磁盘文件中读取这些数据，计算每台发电机在测量时间段的平均发电量，以及所有的发电机在每一个测量时间段上的发电总额。

解决方案：

1. 问题说明

计算电站中每台发电机在一个测量时间段内的平均发电数量，并计算发电站在每一个测量时间段的发电总额。将计算值输出到标准输出设备上。

2. 输入和输出定义

这个程序有两种类型的输入值：

（1）包含有输入数据文件文件名的字符串。这个字符串来自于标准输入设备。

（2）文件中的 24 个实数代表了 4 台发电机在 6 个不同时间段发电的数量。文件中的数据必须按照第一排列出发电机 G1 的 6 个发电值，随后是发电机 G2 的 6 个发电值，其他依次按排放的顺序分布。

这个程序的输出值是发电站的每台发电机在一个测量时间段的平均发电量和发电站在一个测量时间段的发电总额。

3. 算法描述

这个程序可以被分成 6 个主要步骤：

（1）获取输入文件名。

（2）打开输入文件。

（3）把输入数据读入到数组中。

（4）计算每个时间段的输出电能总数。

（5）计算每台发电机的平均输出电量。

（6）输出数据。

该例子的伪代码如下所示：

```
提示用户输入文件名“filename”
读文件名“filename”
OPEN 文件“filename”
IF OPEN 成功 THEN
读取电能数据到数组

! 计算发电站输出电能量
DO for itime=1 to 6
   Do for igen=1 to 4
     power_sum(itime)←power(itime,igen)+power_sum(itime)
   END of DO
END of DO
```

```
! 计算每台发电机的平均发电量
DO for igen=1 to 4
   DO for itime=1 to 6
      power_ave(igen)←power(itime,igen)+power_ave(igen)
   END of  DO
   power_ave(igen)←power_ave(igen)/6
END of  DO
! 输出每一时间段的总发电量
对于 itime=1 to 6 输出 power_sum
! 输出每台发电机的平均发电量
对于 igen=1 to 4 输出 power_ave
End of IF
```

4. 把算法转换为 Fortran 语句

最终的 Fortran 程序如图 8-5 所示。

```
PROGRAM generate
!
! 目的:计算发电站提供的总发电量,以及按每次测量到的每台发电机的输出计算平均发电量
!
! 修订版本:
!    日期          程序员              修改说明
!    ====          ==========          =====================
!  11/23/15        S. J. Chapman       原始代码
!
IMPLICIT NONE
! 数据字典:声明常量
INTEGER,PARAMETER ::MAX_GEN = 4                      ! 最大发电机数
INTEGER,PARAMETER ::MAX_TIME = 6                     ! 最大时间段数
! 数据字典:声明变量类型,定义和计量单位
CHARACTER(len=20)::filename                          ! 输入数据文件名
INTEGER ::igen                                       ! 循环控制变量:发电机数
INTEGER ::itime                                      ! 循环控制变量:时间段数
CHARACTER(len=80)::msg                               ! 出错信息
REAL,DIMENSION(MAX_TIME,MAX_GEN)::power              ! 每次每台发电机输出的 Pwr (MW)
REAL,DIMENSION(MAX_GEN)::power_ave                   ! 每台发电机输出的平均功率 (MW)
REAL,DIMENSION(MAX_TIME)::power_sum                  ! 每个时间段的总功率 (MW)
INTEGER ::status                                     ! I/O 状态:0 =成功
! 初始化累加和为 0
power_ave = 0.
power_sum = 0.
! 获得含有输入数据的文件名
WRITE (*,1000)
1000 FORMAT ('Enter the file name containing the input data:')
READ (*,'(A20)')filename
! 打开输入数据文件,状态是 OLD,因为输入数据必须已经存在
OPEN ( UNIT=9,FILE=filename,STATUS='OLD',ACTION='READ',&
    IOSTAT=status,IOMSG=msg )
! OPEN 成功否?
fileopen:IF ( status == 0 )THEN
  ! 文件打开成功,读入数据,以便处理
  READ (9,*,IOSTAT=status)power

  ! 计算每次的发电输出功率
```

```
  sum1:DO itime = 1,MAX_TIME
   sum2:DO igen = 1,MAX_GEN
     power_sum(itime)= power(itime,igen)+ power_sum(itime)
   END DO sum2
  END DO sum1

  !按每次测量到的每台发电机的输出计算平均功率
  ave1:DO igen = 1,MAX_GEN
   ave2:DO itime = 1,MAX_TIME
     power_ave(igen)= power(itime,igen)+ power_ave(igen)
   END DO ave2
   power_ave(igen)= power_ave(igen)/ REAL(MAX_TIME)
  END DO ave1

  ! 输出结果
  out1:DO itime = 1,MAX_TIME
   WRITE (*,1010)itime,power_sum(itime)
   1010 FORMAT ('The instantaneous power at time ',I1,' is ',&
           F7.2,' MW.')
   END DO out1
   out2:DO igen = 1,MAX_GEN
     WRITE (*,1020)igen,power_ave(igen)
     1020 FORMAT ('The average power of generator ',I1,' is ',&
            F7.2,' MW.')
  END DO out2
ELSE fileopen
  ! 如果文件打开失败,告知用户
  WRITE (*,1030)msg
  1030 FORMAT ('File open failed:',A)
END IF fileopen

END PROGRAM generate
```

图 8-5 计算发电站的总发电量和电站每台发电机的平均发电量

5. 测试程序

为了测试上述程序，需要把图 8-2 中的数据放入文件 GENDAT 中，GENDAT 的内容如下：

```
20.0    19.8    20.1    20.0    20.0    19.9
40.3    40.1    40.0    39.5    39.9    40.0
42.0    41.5    41.3    41.1    39.8    41.0
20.4    26.9    38.4    42.0    12.2     6.0
```

注意文件中的每一行对应一台特定的发电机，每一列对应一个特定的时间段。下面，手工计算一台发电机以及一个时间段上的答案，与程序生成的结果进行比较。在第 3 个时间段上，所有发电机发出的总电量为：

$$P_{\mathrm{TOT}} = 20.1\mathrm{MW} + 40.0\mathrm{MW} + 41.3\mathrm{MW} + 38.4\mathrm{MW} = 139.8\mathrm{MW}$$

发电机 1 的平均发电量为

$$P_{\mathrm{G_1,AVE}} = \frac{(20.1 + 19.8 + 20.1 + 20.0 + 20.0 + 19.9)}{6} = 19.98\mathrm{MW}$$

程序的输出是

```
C: \book\fortran\chap8>generate
Enter the file name containing the input data:
gendat
The instantaneous power at time 1 is 122.70MW.
The instantaneous power at time 2 is 128.30MW.
The instantaneous power at time 3 is 139.80MW.
The instantaneous power at time 4 is 142.60MW.
The instantaneous power at time 5 is 111.90MW.
The instantaneous power at time 6 is 106.90MW.
The average power of generator  1 is 19.97MW.
The average power of generator  2 is 39.97MW.
The average power of generator  3 is 41.12MW.
The average power of generator  4 is 24.32MW.
```

数据匹配，程序运行正确。

在这个程序中需要注意的是原始数据数组 power 是一个 6×4 的矩阵（4 台发电机，6 个时间段），但是输入数据文件是按 4×6 矩阵（6 个时间段，4 台发电机）来组织数据的。这种相反的情况是由于在 Fortran 中以列序存储数组数据，但按行序读取数据。为了正确地填充内存中的每一列数据，输入文件中的数据就必须反着存放。无需多说，这种方式可能会把那些需要处理程序和它的输入数据的人们搞糊涂。

如果使计算机中的数据组织方式和输入文件中的数据组织方式相一致，以消除这种困惑，那么就太好了。可是具体应该怎么做呢？使用隐含的 DO 循环。如果用下述语句：

```
READ(9,*,IOSTAT=status)((power(itime,igen),igen=1,max_gen),itime=1,max_time)
```

来替换语句：

```
READ(9,*,IOSTAT=status)power
```

那么输入文件中的一行数据将会输入计算机内存中矩阵对应的一行数据中。使用新的 READ 语句，输入数据文件将会被组织成下图所示的那样：

```
20.0 40.3 42.0 20.4
19.8 40.1 41.5 26.9
20.1 40.0 41.3 38.4
20.0 39.5 41.1 42.0
20.0 39.9 39.8 12.2
19.9 40.0 41.0  6.0
```

READ 语句执行之后，数组 power 的内容将会变成

$$
\text{power}=\begin{bmatrix} 20.0 & 40.3 & 42.0 & 20.4 \\ 19.8 & 40.1 & 41.5 & 26.9 \\ 20.1 & 40.0 & 41.3 & 38.4 \\ 20.0 & 39.5 & 41.1 & 42.0 \\ 20.0 & 39.9 & 39.8 & 12.2 \\ 19.9 & 40.0 & 41.0 & 6.0 \end{bmatrix}
$$

良好的编程习惯

为了保证文件中的矩阵结构和程序中的矩阵结构一样，在读或写二维数组的时候应该使用 DO 循环和/或隐含的 DO 循环。这种方式有助于提高程序的可理解性。

8.1.5 整个数组的操作和部分数组

只要两个数组一致（也就是说，只要他们具有同样的结构或者其中一个是标量），在数学运算和赋值语句中，它们就可以一起使用。如果它们一致，那么将逐个元素对应地完成相关操作。

可以使用下标三元组或者下标向量从二维数组中选取部分数组。在数组中的每一个维度都可以分别使用三元组下标或下标向量来划分。例如，对于下面的 5×5 数组：

$$a = \begin{bmatrix} 1 & 2 & 3 & 4 & 5 \\ 6 & 7 & 8 & 9 & 10 \\ 11 & 12 & 13 & 14 & 15 \\ 16 & 17 & 18 & 19 & 20 \\ 21 & 22 & 23 & 24 & 25 \end{bmatrix}$$

a（:,1）选用的部分数组对应的是数组的第一列：

$$a(:,1) = \begin{bmatrix} 1 \\ 6 \\ 11 \\ 16 \\ 21 \end{bmatrix}$$

a（1,:）选用的部分数组是数组的第一行：

$$a(1,:) = \begin{bmatrix} 1 & 2 & 3 & 4 & 5 \end{bmatrix}$$

在每个维度上都可以独立的使用数组下标。例如，部分数组 a（1：3，1：3：5）选用的是数组的第一到三行和第一、三、五列。该数组集为：

$$a(1:3,1:3:5) = \begin{bmatrix} 1 & 3 & 5 \\ 6 & 8 & 10 \\ 11 & 13 & 15 \end{bmatrix}$$

相似地，下标组合可以用来选用二维数组的任意行或列。

8.2 多维数组

Fortran 语言支持下标多达 15 个的复杂数组。这些大数组的声明、初始化和使用方式都和前面章节中介绍过的二维数组相同。

为 *n* 维数组分配内存采用的方式是二维数组以列序分配的方式的扩展。图 8-6 描述了一个 2×2×2 的三维数组的内存分配。注意，当第一个下标的取值范围取值完后，第二个下标才增加 1，第二个下标取值范围取值完后，第三个下标才增 1。所有数组定义的下标都重复地按这个过程使用，第一个下标总是改变的最快，最后一个下标总是改变的最慢。如果需要对 *n* 维数组进行初始化或进行 I/O 操作，那么就必须牢记这种分配结构。

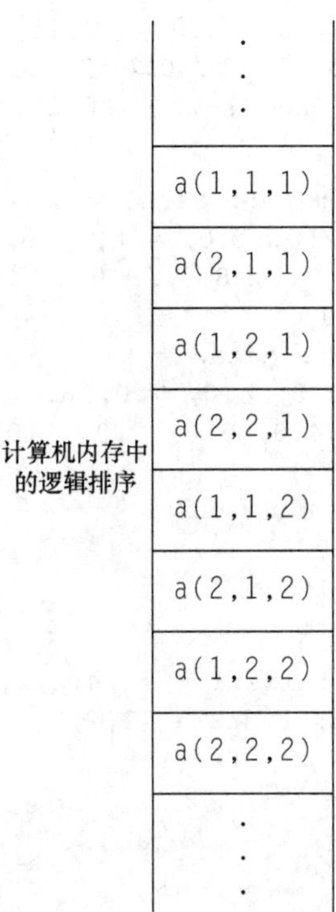

图 8-6　2×2×2 数组 a 的逻辑内存分配。分配数组元素，以便第一个下标变化最快，第二个下标其次，第三个下标最慢

测验 8-1

该测验用于快速检测读者是否理解 8.1 节和 8.2 节中介绍的概念。如果对该测验感到困难，重读书中的章节，向老师请教或者和同学探讨。该测验的答案在本书的附录给出。

对于第 1 题到第 3 题，求出声明语句所指定的数组元素个数，以及每个数组的有效下标取值范围。

1.
```
REAL, DIMENSION(-64:64,0:4) :: data_input
```

2.
```
INTEGER, PARAMETER :: MIN_U = 0, MAX_U = 70
INTEGER, PARAMETER :: MAXFIL = 3
CHARACTER(len=24), DIMENSION(MAXFIL,MIN_U:MAX_U) :: filenm
```

3.
```
INTEGER, DIMENSION(-3:3,-3:3,6) :: in
```

判断下面哪个 Fortran 语句是有效的。对于每个有效语句，指出程序的结果是什么。假设没有显式定义类型的变量其类型默认。

4.
```
REAL, DIMENSION(0:11,2) :: dist
dist = [ 0.00,  0.25,   1.00,  2.25,   4.00,  6.25, &
         9.00, 12.25, 16.00, 20.25, 25.00, 30.25, &
        -0.00, -0.25, -1.00, -2.25, -4.00, -6.25, &
        -9.00,-12.25,-16.00,-20.25,-25.00,-30.25]
```

5.
```
REAL, DIMENSION(0:11,2) :: dist
dist = RESHAPE([0.00, 0.25,  1.00,   2.25,  4.00,  6.25, &
```

```
                  9.00,12.25, 16.00, 20.25, 25.00, 30.25, &
                  0.00, 0.25,  1.00,   2.25,  4.00,  6.25, &
                  9.00,12.25, 16.00, 20.25, 25.00,30.25], &
                 [12,2])
```

6.
```
REAL, DIMENSION(-2:2,-1:0) :: data1 = &
      RESHAPE ( [ 1.0, 2.0, 3.0, 4.0, 5.0, &
                  6.0, 7.0, 8.0, 9.0, 0.0 ], &
              [ 5, 2 ] )
REAL, DIMENSION(0:4,2) :: data2 = &
      RESHAPE ( [ 0.0, 9.0, 8.0, 7.0, 6.0, &
                  5.0, 4.0, 3.0, 2.0, 1.0 ], &
              [ 5, 2 ] )
REAL, DIMENSION(5,2) :: data_out
data_out = data1 + data2
WRITE (*,*) data_out(:,1)
WRITE (*,*) data_out(3,:)
```

7.
```
INTEGER, DIMENSION(4) :: list1 = [1,4,2,2]
INTEGER, DIMENSION(3) :: list2 = [1,2,3]
INTEGER, DIMENSION(5,5) :: array
DO i = 1,5
   DO j = 1,5
      array(i,j) = i + 10 * j
   END DO
END DO
WRITE (*,*) array(list1, list2)
```

8.
```
INTEGER, DIMENSION(4) :: list = [2,3,2,1]
INTEGER, DIMENSION(10) :: vector = [ (10*k, k = -4,5) ]
vector(list) = [ 1, 2, 3, 4 ]
WRITE (*,*) vector
```

假设在输入输出单元 2 上打开了一个文件 INPUT，文件中包含下述数据:

```
11.2    16.5    31.3   3.1414    16.0    12.0
 1.1     9.0    17.1    11.      15.0    -1.3
10.0    11.0    12.0    13.0     14.0     5.0
15.1    16.7    18.9    21.1     24.0   -22.2
```

对于下面的每条语句，将会从 INPUT 文件中读出什么数据？在每种情况下，mydata (2, 4) 的值是什么？

9.
```
REAL, DIMENSION(3,5) :: mydata
READ (2,*) mydata
```

10.
```
REAL, DIMENSION(0:2,2:6) :: mydata
READ (2,*) mydata
```

11.
```
REAL, DIMENSION(3,5) :: mydata
READ (2,*) ((mydata(i,j), j=1,5), i=1,3)
```

12.
```
REAL, DIMENSION(3,5) :: mydata
DO i = 1, 3
  READ (2,*) (mydata(i,j), j=1,5)
END DO
```

回答下面的问题:

13. 在本测验的问题 5 中 dist (6, 2) 的值是什么?

14. 在本测验的问题 10 中 mydata 是几维的？
15. 在本测验的问题 10 中 mydata 的结构是什么？
16. 在本测验的问题 1 中，data_input 的第一维的宽度是多少？
17. 在 Fortran 中一个数组的最大维度是多少？

8.3 对数组使用 Fortran 内置函数

Fortran 有三大类内置函数：elemental functions（基本函数）、inquiry functions（查询函数）和 transformational functions（变换函数）。这几类里面的部分函数可用数组参数。下面将对它们做简单介绍。附录 B 中给出了完整的 Fortran 内置函数和子过程的说明。

8.3.1 基本内置函数

基本内置函数是使用标量参数的函数，它也可以适用于数组参数。如果一个基本函数的参数是一个标量，那么这个函数的返回值也应该是一个标量。如果函数的参数是一个数组，那么函数的返回值应该也是一个和输入数组相同结构的数组。注意，如果输入参数不止一个，那么所有的参数都必须有同样的结构。如果一个数组中用了基本函数，那么该函数的结果将和按逐个元素对数组调用该基本函数所得的结果相同。因此，下面两组语句是等价的：

```
REAL,DIMENSION(4)::x = [ 0.,3.141592,1.,2. ]
REAL,DIMENSION(4)::y
INTEGER ::i
y = SIN(x)                  ! 一次给整个数组赋值
DO i = 1,4
  y(i)= SIN(x(i))           ! 逐个元素赋值
END DO
```

大部分接受标量参数的 Fortran 内置函数都是基本函数，它们也能适用于数组。这些通用函数包括 ABS、SIN、COS、TAN、EXP、LOG、LOG10、MOD 以及 SQRT 等。

8.3.2 查询内置函数

查询内置函数的值依赖于所研究对象的属性。例如，函数 UBOUND（arr）是一个查询函数，它返回数组 arr 的最大下标。表 8-1 列出了部分常用的数组查询函数。斜体字标识的函数参数为可选的，当调用函数的时候，可以出现，也可以不出现。

这些函数对于判断一个数组的属性取值非常有用。比如，数组的大小、结构、宽度和每个宽度的有效下标取值范围。在第 9 章中，将数组传递给过程时，这些内容非常重要。

表 8-1　　部分常用的数组查询函数

函数名称和调用序列	用　　途
ALLOCATED（ARRAY）	判断可分配数组的分配状态（见 8.6 节）
LBOUND（ARRAY，DIM）	如果缺少 DIM，返回所有的 ARRAY 下界；如果给出了 DIM，返回指定的 ARRAY 下界。如果 DIM 缺省，结果是一个一维数组，如果给出了 DIM，结果是一个标量

续表

函数名称和调用序列	用　　途
SHAPE（SOURCE）	返回数组 SOURCE 的结构
SIZE（ARRAY，DIM）	如果给出了 DIM 返回指定维度的 ARRAY 的宽度，否则返回数组中元素的总个数
UBOUND（ARRAY，DIM）	如果缺少 DIM，返回所有的 ARRAY 上界；如果给出了 DIM，返回指定的 ARRAY 上界。如果 DIM 缺省，结果是一个一维数组，如果给出了 DIM，结果是标量

例题 8-2　判定数组的属性

为了解释数组查询函数的用途，声明一个二维数组 a，使用函数来判断它的属性。

解决方案

图 8-7 的程序调用了函数 SHAPE，SIZE，LBOUND 和 UBOUND，以判断数组的属性。

```
PROGRAM check_array
!
! 目的:说明数组查询函数的使用
!
! 修订版本:
!   日期          程序员              修改说明
!   ====          ==========          =====================
!  11/23/15       S. J. Chapman       原始代码
!
IMPLICIT NONE
! 变量列表:
REAL,DIMENSION(-5:5,0:3)::a = 0.          ! 测试数组
! 获得数组的结构、大小和下标边界值
WRITE (*,100)SHAPE(a)
100 FORMAT ('The shape of the array is:                ',7I6)
WRITE (*,110)SIZE(a)
110 FORMAT ('The size of the array is:                 ',I6)
WRITE (*,120)LBOUND(a)
120 FORMAT ('The lower bounds of the array are:        ',7I6)
WRITE (*,130)UBOUND(a)
130 FORMAT ('The upper bounds of the array are:        ',7I6)
END PROGRAM check_array
```

图 8-7　判断数组属性的程序

当运行该程序时，结果如下：

```
C: \book\fortran\chap8>check_array
The shape of the array is:          11  4
The size of the array is:           44
The lower bounds of the array are:   -5  0
The upper bounds of the array are:    5  3
```

对于数组 *a* 来说，这个结果显然是正确的。

8.3.3　变换内置函数

变换内置函数是有一个或多个数组值参数或一个数组值结果的函数。与基本函数不同，它的操作是基于逐个元素进行的，变换函数是操作整个数组。变换函数的输出和输入参数常

常可能没有相同的结构。例如，函数 DOT_PRODUCT 有两个同样大小的向量输入参数，生成一个标量输出。

Fortran 中有许多变换内置函数。表 8-2 中总结出了一些很常见的变换函数。列在表中的部分函数的附加可选参数并没有列出来。附录 B 给出了每个函数包括所有附加参数的完整介绍。斜体字显示的函数参数为可选的，当调用函数的时候，可以出现或不出现。

我们已经学习了使用 RESHAPE 函数对数组进行初始化。其他变换函数的功能将会在本章最后的习题中出现。

表 8-2　　部分常见变换函数

函数名称和调用序列	用　　途
ALL（MASK）	如果数组 MASK 中的所有元素值都为真，逻辑函数返回 TRUE
ANY（MASK）	如果数组 MASK 中的任意元素值为真，逻辑函数返回 TRUE
COUNT（MASK）	返回数组 MASK 中为真元素的个数
DOT_PRODUCT（VECTOR_A，VECTOR_B）	计算两个大小相等的向量的点积
MATMUL（MATRIX_A，MATRIX_B）	对两个一致的矩阵执行矩阵乘法
MAXLOC（ARRAY，MASK）	返回 MASK 为真对应的 ARRAY 中的元素的最大值的位置，结果是带有一个元素的一维数组，这个数组元素是 ARRAY 中的下标值（MASK 是可选的）
MAXVAL（ARRAY，MASK）*	返回 MASK 为真对应的 ARRAY 中的元素的最大值（MASK 是可选的）
MINLOC（ARRAY，MASK）	返回符合 MASK 为真的 ARRAY 中的元素的最小值的位置，结果是带有一个元素的一维数组，这个数组元素是 ARRAY 中的下标值（MASK 是可选的）
MINVAL（ARRAY，MASK）*	返回符合 MASK 为真的 ARRAY 中的元素的最小值（MASK 是可选的）
PRODUCT（ARRAY，MASK）*	计算 ARRAY 中 MASK 为真的元素的乘积。MASK 为可选的；如果不提供，计算数组中所有元素的乘积
RESHAPE（SOURCE，SHAPE）	构造一个数组，它的结构由数组 SOURCE 中的元素指定。SHAPE 是一个一维数组，它包含了将要建造的数组的每个维度的宽度值
SUM（ARRAY，MASK）*	计算 ARRAY 中 MASK 为真的元素的和。MASK 为可选的；如果不提供，计算数组中所有元素的和
TRANSPOSE（MATRIX）	返回一个倒置的二维矩阵

* 如果函数中使用 MASK，必须定义为 MASK=mask_expr，其中，mask_expr 是指定掩码的逻辑数组。相关原因参见第 9 章和附录 B。

8.4 加掩码的数组赋值：WHERE 结构

前文学过 Fortran 允许在数组赋值语句中使用数组元素或是整个数组。例如，想要获得二维数组 value 的每个元素的对数，可以采取下面两种方式：

```
DO i=1,ndim1
   DO j=1,ndim2
     logval(i,j)=LOG(value(i,j))
   END DO
END DO
```

```
logval=LOG(value)
```

上面例子中的两种形式都是对数组 value 中的所有元素取对数，然后把值存储到数组 logval 中。

假设需要获取数组 value 部分元素的对数值，而不是全体。例如，设只需要得到正数的对数值，因为 0 和负数的对数没有定义，如果求它们的对数将会运行错误。那应该怎么做呢？一种方法是使用 DO 循环和 IF 结构相结合，逐个元素地操作，例如：

```
DO i = 1, ndim1
 DO j = 1, ndim2
  IF ( value(i,j) > 0. )THEN
   logval(i,j) = LOG(value(i,j))
  ELSE
   logval(i,j)= -99999.
  END IF
 END DO
END DO
```

还可以使用称为掩码数组赋值的数组赋值语句一次完成所有这些计算。掩码数组赋值语句的操作被一个逻辑数组控制，这个逻辑数组和赋值的数组结构相同。赋值的操作只针对那些对应掩码条件值为 TRUE 的数组元素。在 Fortran 中，使用 WHERE 结构或语句可实现掩码数组赋值。

8.4.1 WHERE 结构

WHERE 结构的常用格式为：

```
[name: ] WHERE (mask_expr1)
  Array Assignment Statement(s)      ! 块 1
ELSEWHERE (mask_expr2) [name]
  Array Assignment Statement(s)      ! 块 2
ELSEWHERE [name]
  Array Assignment Statement(s)      ! 块 3
END WHERE [name]
```

这里每个 mask_expr1 是一个逻辑数组，它和数组执行语句中处理的数组具有同样的结构。该结构使得块 1 中的操作或操作集用于 mask_expr1 为 TRUE 的所有数组元素上，使得块 2 中的操作或操作集用于所有 mask_expr1 为 FALSE 而 mask_expr2 为 TRUE 的所有数组元素上。最后，它使得块 3 中的操作或操作集用于 mask_expr1 和 mask_expr2 均为 FALSE 的所有数组元素上。在 Fortran 中 WHERE 结构可按需提供 ELSEWHERE 子句。

注意，对于数组中任何给定元素，至多只能执行语句中的一个块。

如果需要的话可以为 WHERE 结构赋一个名字。如果在 WHERE 语句的开始为该结构命名，那么相对应的 END WHERE 语句也必有同样的名字。即使用在 WHERE 和 END WHERE 语句中，ELSEWHERE 语句上的名字也是可选的。

上面的例子可以用一个 WHERE 结构来实现：

```
WHERE(value>0.)
   logval = LOG(value)
ELSEWHERE
   logval = -99999.
END WHERE
```

表达式“value>0.”生成一个逻辑数组，当 value 数组中的对应元素大于 0 时，这个数组中的元素为 TRUE，当 value 中的元素小于或等于 0 时，这个数组中的元素为 FALSE。所有这个逻辑数组可以作为一个掩码条件来控制数组赋值语句的操作。

WHERE 结构更加优于逐个元素完成运算，尤其是对于多维数组。

良好的编程习惯

如果在某些测试中，只是希望修改或者赋值部分元素，应该使用 WHERE 结构。

8.4.2 WHERE 语句

Fortran 中也提供了一条单行 WHERE 语句：

```
WHERE (mask_expr)Array Assignment Statement
```

赋值语句用于那些掩码表达式为真的数组元素。

例题 8-3　限制数组的值在最大值和最小值之间

假设要求编写一个程序用来分析输入的数据。要求输入数据的取值范围为[-1000,1000]，如果数据大于 1000 或者小于-1000，那么会导致处理算法发生问题。需要对所有的数据都进行限定操作，使其变为接受范围内的数据。使用 DO、IF 结构和 WHERE 结构写测试程序，其中输入为实型数组 input，一维，有 10000 个元素。

解决方案

测试使用 DO、IF 结构的程序如下：

```
DO i=1, 10000
IF(input(i)>1000.)THEN
   input(i)=1000.
ELSE IF(input(i)<-1000.)THEN
   input(i)=-1000.
END IF
END DO
```

使用 WHERE 结构的测试程序如下：

```
WHERE (input>1000.)
input = 1000.
ELSEWHERE(input<-1000.)
input=-1000.
END WHERE
```

对于这个例子来说，WHERE 结构要比 DO、IF 结构更加简单一些。

8.5 FORALL 结构

Fortran 也包含了一个结构，该设计结构允许一系列操作用于数组中部分元素，且是逐个用到数组元素上的。被操作的数组元素可以通过下标索引和通过逻辑条件来进行选择。只有那些索引满足约束和逻辑条件的数组元素才会被操作。这种结构称为 FORALL 结构。

8.5.1 FORALL 结构的格式

FORALL 结构的格式如下：

```
[name:] FORALL (in1=triplet1[,in2=triplet2,…,logical_expr])
Statement 1
Statement 2
…
Statement n
END FORALL [name]
```

FORALL 语句中的每个索引都是通过下标的三元组形式来指定的：

```
subscript_1: subscript_2: strid
```

这里 subscript_1 是索引的开始值，subscript_2 是结束值，stride 是增量值。在结构体中的语句（statement）1 到 *n* 是赋值语句，它们逐个操作已选择且满足逻辑表达式的数组元素。

如果有必要，可以为 FORALL 结构命名。如果在 FORALL 语句结构开始部分命名了，那么在关联的 END FORALL 语句中也必须使用相同的名字。

下面给出了一个 FORALL 结构的简单例子。这些语句创建一个 10×10 的特征矩阵，它的对角线为 1，其余位置为 0.

```
REAL,DIMENSION(10,10)::i_matrix=0.
…
FORALL(i=1:10)
   i_matrix(i,i)=1.0
END FORALL
```

一个复杂一点的例子，假设需要求一个 n×m 数组 work 的所有元素的倒数，那么应该使用下面这个简单的语句：

```
work = 1./ work
```

但是这一句可能对于 work 中任意一个为 0 的元素产生一个运行错，并中断退出。FORALL 结构可以避免这种问题：

```
FORALL(i=1:n,j=1:m,work(i,j)/=0.)
work(i,j)=1./work(i,j)
END FORALL
```

8.5.2 FORALL 结构的重要性

一般说来，任何一个可以用 FORALL 结构表示的表达式也可以用包含有 IF 结构的嵌套 DO 结构来表示。例如，前面的那个 FORALL 例子可以表示成下述那样：

```
DO i=1, n
   DO j=1,m
      IF(work(i,j)/=0.)THEN
         work(i,j)=1./work(i,j)
      END IF
   END DO
END DO
```

这两组语句有什么不同呢？在 Fortran 语言中到底为什么要包含 FORALL 结构呢？

答案是在 DO 循环结构中的语句必须按照一种严格的顺序来执行，而 FORALL 结构中的语句可以按照任意次序来执行。在 DO 循环中，数组 work 的元素是严格按照下列顺序进行处理的：

```
work(1,1)
work(1,2)
…
work(1,m)
work(2,1)
work(2,2)
…
work(2,m)
…
work(n,m)
```

相反，在 FORALL 结构中可以根据处理器选择的任意次序来处理同一组的元素。这种自由意味着使用大型并行计算器可以优化程序，通过给每台独立的处理器分配元素来最大地提高运行速度。处理机可以以任何次序来完成它们的工作，而不会对最终的结果产生影响。

如果 FORALL 结构体中包含了不止一条语句，那么处理器首先完成第一条语句所涉及的所有元素的处理后，才开始第二条语句元素的操作。下面例子中，第一条语句中计算的 a（i，j）的值被用于第二条语句中 b（i，j）的计算。在计算第一个 b 之前，应先计算完所有的 a。

```
FORALL(i=2:n-1,j=2:n-1)
   a(i,j)=SQRT(a(i,j))
   b(i,j)=1.0/a(i,j)
END FORALL
```

因为要求必须能独立地处理每个元素，所有 FORALL 结构体内不能包含那些结果依赖于整个数组值的变换函数。但是，FORALL 体可以嵌套包含 FORALL 和 WHERE 结构。❷

8.5.3 FORALL 语句

Fortran 也包含一条单行 FORALL 语句：

```
FORALL (ind1=triplet1[,…,logical_expr])Assignment Statement
```

对于那些满足 FORALL 控制参数的下标和逻辑表达式才执行赋值语句。这种简单格式和只有一条语句的 FORALL 结构相同。

8.6 可分配数组

到现在为止，所看到的所有数组的大小都是在程序开始的时候在类型声明语句中声明好的。这种数组声明的类型称作静态内存分配，因为每个数组的大小在编译的时候就已经设定了不再改变。每个数组的大小都必须设定的足够大，以满足特定程序可能需要解决大型问题

❷ 前期提出的《Fortran 2015 标准草案》声明 FORALL 即将过时，暗示在新的程序中，将不再使用 FORALL。现已被处理器中更好的分配工作机制取代，我们将在后续介绍。

的需要，这些问题可能限制非常多。如果声明的数组大小足够能满足处理可能遇到的大型问题的需要，那么程序在运行时将会浪费 99%的内存。除此之外，程序可能根本就不能在没有足够内存的小型计算机上运行。如果数组声明的小，那么程序可能根本无法解决一些大型的问题。

对于这个问题，程序员应该如何解决呢？如果程序设计良好，那么只需要在源代码中改变一两个数组大小参数并重新编译它，就可以修改数组大小的限制。这个过程只适用于可以获取源代码的自开发程序，并不是非常好。对于那些无法得到源代码的程序来说，有可能无法实现，比如从别的地方买来的程序。

使用动态内存分配来设计程序是更好的一种解决方法。在每次执行的时候动态地设置数组大小使得它的大小足够解决当前问题。这种方式并不会浪费计算机内存，而且允许同一个程序不论是在小型机还是大型机上都能运行。

8.6.1 Fortran 可分配数组

Fortran 在类型声明语句中使用 ALLOCATABLE 属性来声明动态分配内存的数组，它使用 ALLOCATE 语句实际分配内存。当程序使用完内存之后，应该使用 EDALLOCATE 语句释放内存，以供其他用户使用。一个典型的用 ALLOCATABLE 属性[3]定义数组的结构如下：

```
REAL,ALLOCATABLE,DIMENSION(:,:)::arr1
```

注意因为不知道数组实际的大小，所以在声明中使用冒号作为占位符。在类型声明语句中定义的是数组的维数而不是数组的大小。

一个用冒号来代表它维度的数组被称为预定义结构数组，因为数组的实际结构一直延迟到给数组分配了内存之后才知道（与之对应，大小在类型声明语句中显式声明的数组被称为显式结构数组）。

当执行程序的时候，数组的实际大小通过 ALLOCATE 语句来指定。ALLOCATE 语句的格式如下：

```
ALLOCATE(list of arrays,STAT=status,ERRMSG=err_msg)
ALLOCATE(array to allocate,SOURCE=source_expr,STAT=status,ERRMSG=string)
```

一个典型的例子：

```
ALLOCATE(arr1(100,0:10),STAT=status,ERRMSG=msg)
```

这条语句在执行时分配数组 arr1 为一个 100×11 的数组。STAT=和 ERRMSG=子句是可选的。如果出现这一句，将返回一个整数状态值。分配成功状态为 0，ERRMSG=的值将不再变化。如果分配失败，则 STAT=返回一个非 0 值，用来指示错误类型，ERRMSG=的值包含描述信息，用来告诉用户问题所在。

分配语句的第二种形式为，分配数据与源表达式结构相同，源表达式的数据将被复制到新分配的数组中。例如，如果 source_array 数组是一个 10×20 数组，则 myarray 数组也被分配

---

[3] 也可以使用单独的 ALLOCATABLE 语句定义一个数组为可分配的数组，格式如下：

```
ALLOCATABLE :: arr1
```

最好不要使用这条语句，因为有可能已经在类型声明语句中指定了 ALLOCATABLE 属性，数组将可能出现在类型声明语句中。只有当使用缺省类型，而不是类型声明语句的时候，才需要用到 ALLOCATABLE 语句。正因为在任何程序中都不应该使用缺省类型，所以也就不需要使用这条语句。

为一个 10×20 数组，两个数组的内容将是相同的。

```
ALLOCATE（myarray，SOURCE=source_array，STAT=istat，ERRMSG=msg）
```

大部分出错的原因都是因为没有足够的空间来分配数组。如果分配失败，没有 STAT=子句，那么程序将中断退出。如果没有足够的内存来分配数组，始终应该使用 STAT=子句，使得程序可以友好地终止。

良好的编程习惯

在任何一个 ALLOCATE 语句中，始终应该包含 STAT=子句，来检查返回值的状态，如果在给数组分配必要的空间时出现内存不足的情况，程序可以友好地终止。

没有给数组分配内存空间之前，在程序中不可以以任何方式使用可分配数组。任何企图对没有分配空间的数组的使用，都会产生运行错，导致程序退出。Fortran 提供了一个逻辑型内置函数 ALLOCATED()，允许程序在使用数组之前先测试它的分配状态。例如，下面的代码在引用可分配数组 input_data 之前先测试它的状态：

```
REAL,ALLOCATABLE,DIMENSION(:)::input_data
…
IF(ALLOCATED(input_data))THEN
   READ (8,*)input_data
ELSE
   WRITE(*,*)'Warning:Array not allocated!'
END IF
```

在涉及许多过程的大型程序中，这个函数非常有用。在这种程序中有可能在一个过程中分配内存，在另一个不同的过程中使用它。

在使用可分配数组的程序或过程的最后应该释放内存，使得这些内存可以再次使用。通过 DEALLOCATE 语句来这么做。DEALLOCATE 语句的结构如下：

```
DEALLOCATE(list of arrays to deallocate,STAT=status)
```

一个典型的例子如下：

```
DEALLOCATE(arr1,STAT=status)
```

这里状态子句和 ALLOCATE 语句中的具有同样的含义。执行 DEALLOCATE 语句之后，已经释放的数组中的数据将不再可用。

一旦使用完可分配数组，就应该释放掉给它分配的空间。被释放的内存空间可以被程序中的其他位置或者同一台计算机中运行的其他程序使用。

良好的编程习惯

一旦使用完成，始终记得使用 DEALLOCATE 语句释放可分配数组。

例题 8–4　使用可分配数组

为了解释可分配数组的使用，重新编写例题 6-4 的统计分析程序，动态地分配解决的是问题求解中所需内存数量。为了判断分配了多少内存，程序从输入文件中读取数据，计算数据的个数。接着为数组分配内存，重新调整文件记录指针到文件头，读取数据，计算统计值。

解决方案

图 8-8 给出了用可分配数组修改的程序

```
PROGRAM stats_5
!
! 目的:计算从文件中输入数据的均值、中值和标准偏差。
!  该程序仅使用必需的内存空间分配给数组来求解各个问题
!
! 修订版本:
!    日期          程序员          修改说明
!    ====          ==========      =====================
!    11/18/15      S. J. Chapman   原始代码
! 1. 11/23/15      S. J. Chapman   Modified for dynamic memory
!
IMPLICIT NONE
! 数据字典:声明变量类型和定义
REAL,ALLOCATABLE,DIMENSION(:)::a                    ! 待排序数据存储的数组
CHARACTER(len=20)::filename                          ! 输入数据文件名
INTEGER ::i                                          ! 循环控制变量
INTEGER ::iptr                                       ! 指向最小值的指针
INTEGER ::j                                          ! 循环控制变量
REAL ::median                                        ! 输入样本的中值
CHARACTER(len=80)::msg                               ! 出错信息
INTEGER ::nvals = 0                                  ! 待处理值个数
INTEGER ::status                                     ! 成功状态:0
REAL ::std_dev                                       ! 输入样本的标准差
REAL ::sum_x = 0.                                    ! 输入值的累加和
REAL ::sum_x2 = 0.                                   ! 输入值的均方和
REAL ::temp                                          ! 交换用临时变量
REAL ::x_bar                                         ! 输入值的平均值
! 获的有输入数据的文件名
WRITE (*,1000)
1000 FORMAT ('Enter the file name with the data to be sorted:')
READ (*,'(A20)')filename
! 打开输入数据文件。状态是OLD,因为输入数据必须已经存在
OPEN ( UNIT=9,FILE=filename,STATUS='OLD',ACTION='READ',&
    IOSTAT=status,IOMSG=msg )
! OPEN成功否?
fileopen:IF ( status == 0 )THEN                      ! Open 成功
  ! 文件打开成功,读入数据且确定文件中值的个数,分配存储空间
  DO
   READ (9,*,IOSTAT=status)temp                      ! 获得数据值
   IF ( status /= 0 )EXIT                            ! 到数据末尾,退出
   nvals = nvals + 1                                 ! 计数
  END DO
  ! 分配内存
  WRITE (*,*)'Allocating a:size = ',nvals
  ALLOCATE ( a(nvals),STAT=status)                   ! 分配内存
  ! 分配成功否?如果是,回跳文件记录指针,读取数据,且处理之
  allocate_ok:IF ( status == 0 )THEN
   REWIND ( UNIT=9 )                                 ! 回跳文件记录指针
   ! 现在读取数据,这里已知有足够的数据值填充数组
   READ (9,*)a                                       ! 获得数据值
   ! 排序数据
   outer:DO i = 1,nvals-1
     ! 找出a(i)到a(nvals)的最小值
     iptr = i
```

```
    inner:DO j = i+1,nvals
     minval:IF ( a(j)< a(iptr))THEN
       iptr = j
     END IF minval
    END DO inner
    ! 现在iptr指向最小值,如果i /= iptr,交换a(iptr)和a(i)
    swap:IF ( i /= iptr )THEN
     temp  = a(i)
     a(i) = a(iptr)
     a(iptr)= temp
    END IF swap
  END DO outer
  ! 现在数据已排序。累加计算统计的和
  sums:DO i = 1,nvals
    sum_x = sum_x + a(i)
    sum_x2 = sum_x2 + a(i)**2
  END DO sums
  ! 检测是否有足够的输入数据
  enough:IF ( nvals < 2 )THEN
    ! 数据不足
    WRITE (*,*)'At least 2 values must be entered.'
  ELSE
    ! 计算均值、中值和标准偏差
    x_bar  = sum_x / real(nvals)
    std_dev = sqrt( (real(nvals)* sum_x2 - sum_x**2)&
        / (real(nvals)* real(nvals-1)))
    even:IF ( mod(nvals,2)== 0 )THEN
     median = ( a(nvals/2)+ a(nvals/2+1))/ 2.
    ELSE
     median = a(nvals/2+1)
    END IF even
    ! 输出结果
    WRITE (*,*)'The mean of this data set is:',x_bar
    WRITE (*,*)'The median of this data set is:',median
    WRITE (*,*)'The standard deviation is:  ',std_dev
    WRITE (*,*)'The number of data points is:',nvals
   END IF enough
   ! 现在释放数组空间
   DEALLOCATE ( a,STAT=status )
 END IF allocate_ok
ELSE fileopen
  ! 如果文件打开失败,告知用户
 WRITE (*,1050)TRIM(msg)
  1050 FORMAT ('File open failed--status = ',A)
END IF fileopen
END PROGRAM stats_5
```

图 8-8　修改过的使用可分配数组的统计程序

使用和例 6-4 相同的数据来测试该程序，运行结果如下：

```
C:\book\fortran\chap8>stats_5
Enter the file name containing the input data:
input4
Allocating a:size =     5
```

```
The mean of this data set is:          4.400000
The median of this data set is:        4.000000
The standard deviation is:             2.966479
The number of data points is:          5
```

对测试数据集，程序给出了正确的答案。

8.6.2 在赋值语句中使用 Fortran 可分配数组

我们已经学习了如何使用 ALLOCATE 和 DEALLOCATE 语句来分配和释放可分配数组。此外，Fortran 2003 和更高版本允许通过简单地赋值数据来自动分配和释放可分配数组。

假如要将一个表达式赋给一个同样维数的可分配数组，那么如果该数组没有分配，将自动为数组分配正确的结构，或者如果先前分配的结构和要求不一致，系统将会自动地释放空间，并重新分配给它一个正确的结构。不需要 ALLOCATE 和 DEALLOCATE 语句。如果所赋的数据结构和已分配的结构相同，则该数据不需重新分配便可重新使用。这就意味着在运算中数组可以无缝使用。

例如，研究下面程序：

```
PROGRAM test_allocatable_arrays
IMPLICIT NONE
! 声明数据
REAL,DIMENSION(:),ALLOCATABLE ::arr1
REAL,DIMENSION(8)::arr2 = [ 1.,2.,3.,4.,5.,6.,7.,8. ]
REAL,DIMENSION(3)::arr3 = [ 1.,-2.,3. ]
! 自动把数组 arr1 按 3 个元素值的规模来分配
arr1 = 2. * arr3
WRITE (*,*)arr1
! 自动把数组 arr1 按 4 个元素值的规模来分配
arr1 = arr2(1:8:2)
WRITE (*,*)arr1
! 按 4 个元素值的规模复用数组 arr1,不回收空间
arr1 = 2. * arr2(1:4)
WRITE (*,*)arr1
END PROGRAM test_allocatable_arrays
```

当程序被编译并执行后，结果如下：

```
C:\book\fortran\chap8>ifort/standard-semantics test_allocatable_arrays.f90
Intel(R)Visual Fortran Intel(R)64 Compiler for applications running on
Intel(R)64,Version 16.0.2.180 Build 20160204
Copyright (C)1985-2016 Intel Corporation. All rights reserved.
Microsoft (R)Incremental Linker Version 12.00.40629.0
Copyright (C)Microsoft Corporation. All rights reserved.
-out:test_allocatable_arrays.exe
-subsystem:console
test_allocatable_arrays.obj
C:\book\fortran\chap8>test_allocatable_arrays
2.000000   -4.000000    6.000000
1.000000    3.000000    5.000000    7.000000
2.000000    4.000000    6.000000    8.000000
```

当执行第一条赋值语句的时候，arr1 并没有分配空间，系统自动的为它分配一个 3 元素

的数组，值为［2. -4. 6.］。当执行第二条赋值语句的时候，因为 arr1 是一个 3 元素的数组，大小是错误的，所以 arr1 的空间被释放掉，重新分配一个 4 元素的数组，存入的值为[1.3.5.7.]。当执行第三条语句的时候，arr1 已经是分配为一个 4 元素的数组 5，这个大小是正确的，所以不再为数组重新分配空间，数值［2.4.6.8.］将被放入已经存在的数组空间中❹。

注意如果可分配变量和将要赋值给它的表达式有相同的维数，才会自动进行分配和释放的操作。如果维数不同，赋值语句会产生编译错。

```
REAL,DIMENSION(:),ALLOCATABLE::arr1
REAL,DIMENSION(2,2),::arr2=RESHAPE((/1,2,3,4/),(/2,2/))
...
arr1=arr2     ! Error
```

良好的编程习惯

当在 Fortran 2003 或后续程序中使用可分配数组时，为保证可分配数组与赋给它的值有相同的维数，将自动按赋给它的数据值调整数组大小，使两者大小一致。

Fortran 2003 中没有声明 SAVE 属性的可分配数组❺，无论何时包含该属性的程序单元结束，数组将自动释放。因此，在子例程或函数中的可分配数组，将不用在子例程或函数结尾处使用 DEALLOCATE 语句来释放。

良好的编程习惯

在子例程或者函数中没有声明 SAVE 属性的可分配函数，当子例程或函数退出时会自动释放。不再需要 DEALLOCATE 语句。

测验 8-2

该测验用于快速检测读者是否理解第 8.3 ~ 8.6 节中介绍的概念。如果对该测验感到困难，重读书中的章节，向老师请教或者和同学探讨。该测验的答案在本书的附录给出。

对于第 1 ~ 6 题，判断 WRITE 语句将会输出什么内容。

1.
```
REAL,DIMENSION(-3:3,0:50)::values
WRITE (*,*)LBOUND(values,1)
WRITE (*,*)UBOUND(values,2)
WRITE (*,*)SIZE(values,1)
WRITE (*,*)SIZE(values)
WRITE (*,*)SHAPE(values)
```

2.
```
REAL, ALLOCATABLE, DIMENSION (:,:,:) ::values
...
ALLOCATE( values(3,4,5),STAT=istat )
WRITE (*,*)UBOUND(values,2)
WRITE (*,*)SIZE(values)
WRITE (*,*)SHAPE(values)
```

3.
```
REAL,DIMENSION(5,5)::input1
 DO i = 1,5
```

❹ 注意使用英特尔 Fortran 编译器时，有必要使用/standard-semantics 操作启用 Fortran 2003 可分配数组操作，其他编译器可能需要使用其他不同的操作选项。

❺ SAVE 属性将在第 9 章介绍。

```
      DO j = 1,5
        input1(i,j)= i+j-1
      END DO
    END DO
    WRITE (*,*)MAXVAL(input1)
    WRITE (*,*)MAXLOC(input1)
```

4.
```
REAL,DIMENSION(2,2)::arr1
arr1 = RESHAPE( [3.,0.,-3.,5.],[2,2] )
WRITE (*,*)SUM( arr1 )
WRITE (*,*)PRODUCT( arr1 )
WRITE (*,*)PRODUCT( arr1,MASK=arr1 /= 0. )
WRITE (*,*)ANY(arr1 > 0.)
WRITE (*,*)ALL(arr1 > 0.)
```

5.
```
INTEGER,DIMENSION(2,3)::arr2
arr2 = RESHAPE( [3,0,-3,5,-8,2],[2,3] )
WHERE ( arr2 > 0 )
   arr2 = 2 * arr2
END WHERE
WRITE (*,*)SUM( arr2,MASK=arr2 > 0. )
```

6.
```
REAL, ALLOCATABLE, DIMENSION (:) ::a, b, c
a = [ 1., 2., 3.]
b = [ 6., 5., 4.]
c = a + b
WRITE (*, *) c
```

判断下面哪段 Fortran 语句是有效的。对于每条有效语句，指出程序中会发生什么。对于每条无效语句，指出错在哪里。假设没有显式声明类型的变量取默认类型。

7.
```
REAL,DIMENSION(6)::dist1
REAL,DIMENSION(5)::time
dist1 = [ 0.00,0.25,1.00,2.25,4.00,6.25 ]
time = [ 0.0,1.0,2.0,3.0,4.0 ]
WHERE ( time > 0. )
  dist1 = SQRT(dist1)
END WHERE
```

8.
```
REAL,DIMENSION(:),ALLOCATABLE ::time
time = [ 0.00,0.25,1.00,2.25,4.00,6.25,&
         9.00,12.25,16.00,20.25]
WRITE (*,*)time
```

9.
```
REAL,DIMENSION(:,:),ALLOCATABLE ::test
WRITE (*,*)ALLOCATED(test)
```

8.7 小结

在第 8 章中介绍了二维（二阶）和多维（*n* 阶）数组。Fortran 语言允许一个数组最多为 15 维。

通过在类型声明语句中用 DIMENSION 属性命名数组，指定最大下标值（最小值可选的）的方式来定义多维数组。编译器根据定义的下标取值范围在计算机内存中预留空间以存放数组。数组元素在计算机中是按照第一个下标变化最快，最后一个下标变化最慢的顺序来分配内存空间的。

像使用任何一个变量一样，数组也必须在使用前进行初始化。数组可以使用类型声明语句中的数组结构在编译的时候进行初始化，也可以使用数据构造器、DO 循环或 Fortran 中的 READ 语句在运行时初始化。

在 Fortran 程序中可以像其他变量一样自由地使用每个独立的数组元素。它们可以出现在赋值语句等式的两边。只要数组之间相互一致，可以在计算或赋值语句中使用整个数组或部分数组。如果数组具有相同的维数，且每一维的宽度相同，就称数组相互一致。标量与任意数组都一致。两个相互一致的数组间的操作是按逐个元素的方式来进行。标量值与数组也是一致的。

Fortran 包含了三种类型的内部函数：基本函数、查询函数和变换函数。基本函数的输入是标量，产生的输出就是标量。当输入为数组的时候，基本函数对输入数组中的每个元素进行操作，产生一个输出数组。查询函数返回关于数组的信息，比如数组的大小或下标取值。变换函数对整个数组进行处理，产生一个基于数组元素的输出数组。

WHERE 结构允许对数组中那些满足特定条件的元素执行指定的操作，对于防止数组中的值发生越界错误非常有用。

FORALL 结构提供了一种对数组中许多元素进行处理的方式，在处理这些元素的时候并不需要必须为每个元素指定执行的顺序。

数组可以是静态的或是动态的。静态数组的大小在编译时声明，只能靠重新编译程序进行修改。动态数组的大小在执行时声明，为了适应解决问题所需要的大小，可以允许程序调整内存需求量。使用 ALLOCATABLE 属性声明一个可分配数组，使用 ALLOCATE 语句在程序执行过程中分配空间，使用 DEALLOCATE 语句释放空间。在 Fortran2003 和后续版本中，使用赋值语句也可以自动分配或释放可分配数组。没有 SAVE 属性的可分配数组也可以在子例程或函数结尾自动释放。

8.7.1 良好的编程习惯小结

当处理一个数组时，应遵循下面的原则：

1. 使用 RESHAPE 函数改变数组的结构。当利用数组构造器创建所需结构的数组常量时，这一函数非常有用。

2. 使用隐含的 DO 循环来读写二维数组，数组的一行看作是输入或输出文件的一行。这种方式可以使程序员更容易将文件中的数据和程序中表示的数据建立联系。

3. 如果只是希望修改和赋值那些通过某些测试的元素，可以使用 WHERE 结构来修改和赋值数组元素。

4. 使用可分配数组来产生程序，可以动态的调节内存需求以适应于所解决问题的大小。用 ALLOCATABLE 属性声明可分配数组，用 ALLOCATE 语句分配内存，用 DEALLOCATE 语句释放内存。

5. 在任何 ALLOCATE 语句中始终应该总是包含 STAT=子句，始终检查返回的状态，以便如果没有足够的空间分配给数组，可以使程序友好地退出。

6. 一旦使用完可分配数组之后，始终应该用 DEALLOCATE 语句释放可分配数组。

7. 当在 Fortran 2003 或后续程序中使用可分配数组时，为保证数据和可分配数组有相同的维数，将自动调整数组大小，使其与已分配的数据大小一致。

8. 在子例程或者函数中没有声明 SAVE 属性的可分配数组，当子例程或函数退出时将自动释放。不再需要执行 DEALLOCATE 语句释放。

8.7.2 Fortran 语句和结构小结

ALLOCATABLE 属性：

```
type,ALLOCATABLE,DIMENSION(:,[:,…])::ARRAY1,…
```

例如：

```
REAL,ALLOCATABLE,DIMENSION(:)::array1
INTEGER,ALLOCATABLE,DIMENSION(:,:,:)::indices
```

说明：

ALLOCATABLE 属性声明数组的大小是动态的。大小在运行时由 ALLOCATE 语句指定。类型声明语句必须指明数组的维数，但不用说明每个维度的宽度。每个维度用冒号来指定。

ALLOCATABLE 语句：

```
ALLOCATABLE::array1,…
```

例如：

```
ALLOCATABLE::array1
```

说明：

ALLOCATABLE 语句声明数组的大小是动态的，当关联类型声明语句，它实现 ALLOCATABLE 属性的功能。不要再使用这个语句了，而应该使用 ALLOCATABLE 属性。

ALLOCATE 语句：

```
ALLOCATE(array1( [i1:]i2,[j1:]j2,…),…,STAT=status)
ALLOCATE(array1,SOURCE=expr,STAT=status,ERRMSG=msg)
```

例如：

```
ALLOCATE(array1(10000),STAT=istat)
ALLOCATE(indices(-10:10,-10:10,5),STAT=istat)
ALLCOATE(array1,SOURCE=array2,STAT=istat,ERRMSG=msg)
```

说明：

ALLOCATE 语句为前面声明的数组动态分配内存空间。在 ALLOCATE 语句的第一种形式中，ALLOCATE 语句指定每个维度的宽度。如果成功完成，返回状态为 0，一旦出错，返回状态将会是一个依赖于机器的正数。

在 ALLOCATE 语句的第二种形式中，数组大小和原数组大小一致，数组的维度的宽度也和原数组一致。

在 ALLOCATE 语句的第二种形式中，SOURCE=子句和 ERRMSG=子句仅在 Fortran2003 和后续版本才支持。

DEALLOCATE 语句：

```
DEALLOCATE(array1,…,STAT=status,ERRMSG=msg)
```

例如：

```
DEALLOCATE(array1,indices,STAT=status)
```

说明：

DEALLOCATE 语句动态的释放 ALLOCATE 语句为一个或多个可分配数组分配的内存。当该语句执行完成之后，关联那些数组的内存将不再能够被访问。成功执行返回状态为 0，一旦出错，返回状态将会是一个依赖于机器的正数。

FORALL 结构：

```
[name:] FORALL (index1=triplet1[,…logical_expr])
Assignment Statement(s)
END FORALL [name]
```

例如：

```
FORALL(i=1:3,j=1:3,i>j)
arr1(i,j)=ABS(i-j)+3
END FORALL
```

说明：

FORALL 结构用于为那些用三元组下标和可选的逻辑表达式标识下标的数组元素执行赋值语句，但是并不能够指定它们执行的次序。可能有许多数组元素的下标符合要求，且每个索引值用下标三元组指定。逻辑表达式当成掩码作用于数组的下标索引，使得操作的仅是那些逻辑表达式为 TRUE 的特定下标索引组指定的数组元素。

FORALL 语句：

```
FORALL(index1=triplet1[,…,logical_expr])Assignment Statement
```

说明：

FORALL 语句是 FORALL 结构的简化版本，这条语句中只有一个赋值语句。

WHERE 结构：

```
[name:] WHERE (mask_expr1)
  块 1
ELSEWHERE (mask_expr2)[name]
  块 2
ELSEWHERE[name]
  块 3
END WHERE [name]
```

说明：

WHERE 结构允许操作用于与给定条件匹配的数组元素，另一些不同操作集用于不匹配的元素。每个 mask_expr1 必须是与用代码块操作的数组一样结构的逻辑数组。如果给定的 mask_expr1 的元素为真，那么块 1 中的赋值语句将用于正操作的数组的相应元素上。如果 mask_expr1 中的元素为假，而相应的 mask_expr2 中的元素为真，那么块 2 中的数组赋值语句将被用于正操作的数组的相应元素上。如果两个掩码表达式均为假，那么块 3 中的数组赋值语句将用于正操作的数组的相应元素上。

在这个结构中，ELSEWHERE 子句是可选的。可以有想要的很多有掩码的 ELSEWHERE 子句，直到遇到一个简单的 ELSEWHERE 为止。

WHERE 语句：

```
WHERE (mask expression)array_assignment_statement
```

说明：

WHERE 语句是 WHERE 结构的简化版本，在这个语句中只有一条数组赋值语句，没有 ELSEWHERE 子句。

8.7.3 习题

8-1 判断下列声明语句中指定的数组的结构和大小，以及每个数组的每个维度的下标取值范围。

(a) `CHARACTER (len=80), DIMENSION (3, 60) ::line`

(b) `INTEGER, DIMENSION (-10: 10, 0: 20) ::char`

(c) `REAL, DIMENSION (-5: 5, -5: 5, -5: 5, -5: 5, -5: 5) ::range`

8-2 判断下面哪段 Fortran 程序段是有效的。对每个有效的程序段，指明程序的结果（在程序段中，假设没有显式指定类型的变量都为默认类型）。

(a)
```
REAL,DIMENSION(6,4)::b
...
DO i = 1,6
  DO j = 1,4
   temp = b(i,j)
   b(i,j)= b(j,i)
   b(j,i)= temp
  END DO
END DO
```

(b)
```
INTEGER,DIMENSION(9)::info
info = [1,-3,0,-5,-9,3,0,1,7]
WHERE ( info > 0 )
  info = -info
ELSEWHERE
  info = -3 * info
END WHERE
WRITE (*,*)info
```

(c)
```
INTEGER,DIMENSION(8)::info
info = [1,-3,0,-5,-9,3,0,7]
WRITE (*,*)info <= 0
```

(d)
```
REAL,DIMENSION(4,4)::z = 0.
```

```
…
FORALL ( i=1:4,j=1:4 )
  z(i,j)= ABS(i-j)
END FORALL
```

8-3 下面是一个 5×5 的数组 my_array 所包含的值，判断下面每个部分数组的结构和内容。

$$my\_array = \begin{bmatrix} 1 & 2 & 3 & 4 & 5 \\ 6 & 7 & 8 & 9 & 10 \\ 11 & 12 & 13 & 14 & 15 \\ 16 & 17 & 18 & 19 & 20 \\ 21 & 22 & 23 & 24 & 25 \end{bmatrix}$$

（a）my_array (3,:)

（b）my_array (:, 2)

（c）my_array (1: 5: 2,:)

（d）my_array (:, 2: 5: 2)

（e）my_array (1: 5: 2, 1: 5: 2)

（f）INTEGER, DIMENSION (3) ::list = [1, 2, 4]
my_array(:,list)

8-4 下面程序中的每个 WRITE 语句将会输出什么内容？为什么两个语句的输出不同？

```
PROGRAM test_output1
IMPLICIT NONE
INTEGER,DIMENSION(0:1,0:3)::my_data
INTEGER ::i,j
my_data(0,:)= [ 1,2,3,4 ]
my_data(1,:)= [ 5,6,7,8 ]
!
DO i = 0,1
 WRITE (*,100)(my_data(i,j),j=0,3)
 100 FORMAT (6(1X,I4))
END DO
WRITE (*,100)((my_data(i,j),j=0,3),i=0,1)
END PROGRAM test_output1
```

8-5 输入数据文件 INPUT1 包含了下述数值：

27	17	10	8	6
11	13	–11	12	–21
–1	0	0	6	14
–16	11	21	26	–16
04	99	–99	17	2

假设在输入/输出单元 8 中打开了 INPUT1 文件，values 数组是一个 4×4 的整型数组，它的所有元素的初始值都为 0。执行下面的 READ 语句后，数组 values 的内容是什么？

（a）DO i = 1, 4

```
    READ (8,*)(values(i,j),j = 1,4)
  END DO
```

(b)
```
READ (8, *)((values (i, j), j = 1, 4), i=1, 4)
```

(c)
```
DO i = 1, 4
   READ (8,*)values(i,:)
 END DO
```

(d)
```
READ (8, *) values
```

8-6　下面的程序将会输出什么？

```
PROGRAM test
IMPLICIT NONE
INTEGER,PARAMETER ::N = 5,M = 10
INTEGER,DIMENSION(N:M,M-N:M+N)::info
WRITE (*,100)SHAPE(info)
100 FORMAT ('The shape of the array is:   ',2I6)
WRITE (*,110)SIZE(info)
110 FORMAT ('The size of the array is:    ',I6)
WRITE (*,120)LBOUND(info)
120 FORMAT ('The lower bounds of the array are:',2I6)
WRITE (*,130)UBOUND(info)
130 FORMAT ('The upper bounds of the array are:',2I6)
END PROGRAM test
```

8-7　假设 values 是有 10，201 个元素的数组，包含了一系列科学实验中的测量值。该数组这样声明：

```
REAL,DIMENSION(-50:50,0:100)::values
```

（a）创建一段 Fortran 语句计算数组中正数、负数和 0 的个数，输出信息简述每一类型的元素个数。不能在代码中使用内置函数。

（b）使用变换内置函数 COUNT 创建一段 Fortran 程序用来计算数组中正数、负数和 0 的个数。输出信息简述每一类型的元素个数。比较这段程序和（a）中程序的复杂性。

8-8　编写程序从磁盘输入文件中读取数据到二维数组中，计算数组中每行每列数据的和。读入的数组大小由输入文件中第一行的两个数指定，输入文件中的一行数据作为数组的一行元素。程序所处理的数组大小最大为 100 行 100 列。下面给出了包含 2×4 数组数据的输入文件：

```
  2          4
-24.0     -1121.   812.1    11.1
 35.6      8.1E3   135.23  -17.3
```

以下面的格式输出结果：

```
Sum of row 1 =
Sum of row 2 =
…
Sum of col 1 =
…
```

8-9　用下面的数组测试习题 8-8 中编写的程序。

$$
\text{array} = \begin{bmatrix} 33. & -12. & 16. & 0.5 & -1.9 \\ -6. & -14. & 3.5 & 11. & 2.1 \\ 4.4 & 1.1 & -7.1 & 9.3 & -16.1 \\ 0.3 & 6.2 & -9.9 & -12. & 6.8 \end{bmatrix}
$$

8-10 使用可分配数组修改习题 8-8 中的程序，要求每次运行程序都改变行和列的个数。

8-11 编写一段 Fortran 语句，检索三维数组 arr，限制数组中的元素的最大值小于等于 1000。如果有元素的值超过了 1000，那么该元素被赋值为 1000。假设数组 arr 为 1000×10×30。编写两段程序，一段用 DO 循环来依次检查数组元素，一段用 WHERE 结构来完成。两种方法哪个更简单？

8-12 **计算年平均温度**。在进行气象试验的时候有一个内容是要在 36 个不同的地点测量年平均温度，下表给出了指定 36 个地点的经度和纬度：

	90.0° W long	90.5° W long	91.0° W long	91.5° W long	92.0° W long	92.5° W long
30.0° N lat	68.2	72.1	72.5	74.1	74.4	74.2
30.5° N lat	69.4	71.1	71.9	73.1	73.6	73.7
31.0° N lat	68.9	70.5	70.9	71.5	72.8	73.0
31.5° N lat	68.6	69.9	70.4	70.8	71.5	72.2
32.0° N lat	68.1	69.3	69.8	70.2	70.9	71.2
32.5° N lat	68.3	68.8	69.6	70.0	70.5	70.9

编写 Fortran 程序，计算试验中的每个经度和每个纬度的年平均温度。最后计算实验中的所有地点的年平均温度。为了简化程序可以在适当的时候使用内置函数。

8-13 **矩阵乘法**。矩阵乘法仅定义在两个矩阵之间，要求第一个矩阵的列数和第二个矩阵的行数相同。如果矩阵 A 是 N×L 矩阵，矩阵 B 是 L×M 矩阵，那么乘积 C=A×B 是 N×M 的矩阵，它的元素用下面的公式求得：

$$c_{ik} = \sum_{j=1}^{L} a_{ij} b_{jk} \tag{8-1}$$

例如，如果矩阵 A 和 B 都是 2×2 矩阵：

$$A = \begin{bmatrix} 3.0 & -1.0 \\ 1.0 & 2.0 \end{bmatrix} \text{和} B = \begin{bmatrix} 1.0 & 4.0 \\ 2.0 & -3.0 \end{bmatrix}$$

那么矩阵 C 的元素应该是：

$$c_{11} = a_{11}b_{11} + a_{12}b_{21} = (3.0)(1.0) + (-1.0)(2.0) = 1.0$$
$$c_{12} = a_{11}b_{12} + a_{12}b_{22} = (3.0)(4.0) + (-1.0)(-3.0) = 15.0$$
$$c_{21} = a_{21}b_{11} + a_{22}b_{21} = (1.0)(1.0) + (2.0)(2.0) = 5.0$$
$$c_{22} = a_{21}b_{12} + a_{22}b_{22} = (1.0)(4.0) + (2.0)(-3.0) = -2.0$$

编写程序，从两个磁盘输入文件中读入两个任意大小的矩阵，如果大小合适，进行相乘。如果大小不合适，输出一条匹配错误的信息。每个文件第一行的两个整型数指定了矩阵的行数和列数，输入文件的一行数据作为矩阵的一行元素。使用可分配数组作为两个输入矩阵和结果输出矩阵。创建两个包含对应大小矩阵数据的输入文件验证所写程序，计算输出值，手工检测结果是否正确。此外，提供两个大小不匹配的矩阵来验证程序所做操作。

8-14 使用习题 8-14 编写的程序计算 C=A×B，这里：

$$A = \begin{bmatrix} 1. & -5. & 4. & 2. \\ -6. & -4. & 2. & 2. \end{bmatrix} \text{和} B = \begin{bmatrix} 1. & -2. & -1. \\ 2. & 3. & 4. \\ 0. & -1. & 2. \\ 0. & -3. & 1. \end{bmatrix}$$

在结果矩阵 C 中有多少行多少列？

8-15 Fortran 中包含有一个实现矩阵相乘的内置函数 MATMUL。使用 MATMUL 函数改写习题 8-13 的程序，实现矩阵相乘。

8-16 **相对极大（或称为鞍点）**。如果一个二维数组中的一点大于它周围的八个点，那么称该点为鞍点。例如下面数组中的（2，2）位置上的元素就是鞍点，因为它的值比它周围所有的点都大。

$$\begin{bmatrix} 11 & 7 & -2 \\ -7 & 14 & 3 \\ 2 & -3 & 5 \end{bmatrix}$$

编写程序，从磁盘输入文件中读取矩阵 A，检测出矩阵中所有的鞍点。输入文件的第一行包含了矩阵的行数和列数，下面的行包含了矩阵中所有的数据，输入文件中的每一行给出了矩阵中每行的数据（确保使用恰当的 DO 语句正确读取数据）。使用可分配数组实现。程序只需要考虑矩阵内部的点，因为任意一个矩阵边上的点都不可能被小于它的数完全包围。为了测试程序，找出下面矩阵上的所有鞍点，这个矩阵包含在文件 FINDPEAK 中。

$$A = \begin{bmatrix} 2. & -1. & -2. & 1. & 3. & -5. & 2. & 1. \\ -2. & 0. & -2.5. & 5. & -2. & 2. & 1. & 0. \\ -3. & -3. & -3. & 3. & 0. & 0. & -1. & -2. \\ -4.5. & -4. & -7. & 6. & 1. & -3. & 0. & 5. \\ -3.5. & -3. & -5. & 0. & 4. & 17. & 11. & 5. \\ -9. & -6. & -5. & -3. & 1. & 2. & 0. & 0.5. \\ -7. & -4. & -5. & -3. & 2. & 4. & 3. & -1. \\ -6. & -5. & -5. & -2. & 0. & 1. & 2. & 5. \end{bmatrix}$$

8-17 **金属盘温度分布**。在稳定条件下，一个金属盘表面上任一点的温度是它周围所有点的温度的平均值。这一特性可用于重复地计算，求出分布在一个盘子上的所有点的温度。

图 8-9 显示了一个方形盘子，被网格分为 100 个小方块或者节点。节点的温度形成了一个两维数组 T。在盘子边缘的所有节点的温度被一个冷却系统控制为 20℃，节点（3，8）的温度通过接触沸腾的水使其固定在 100℃。

任意给定节点的温度值 $T_{i,j}$ 的估计值可以通过围绕它的所有方块的温度的平均值计算得到：

$$T_{ij,new} = \frac{1}{4}(T_{i+1,j} + T_{i-1,j} + T_{i,j+1} + T_{i,j-1}) \tag{8-2}$$

为了求得分布在盘子表面的温度，必须对每个节点的温度做一个初始的设定，然后式（8-2）用于估算每一个温度不固定的节点的温度值。这些更新过的温度估算值可以用于计算更新的估算值，重复这个过程，直到每个节点的估算值和旧的值都仅有一点点不同。在那点上，将会找出一个比较稳定的结果。

编写程序，计算整个盘子上的稳定温度值分布，假设所有内部节点的初始值都被设为 50℃。记住所有外部节点都稳定在 20℃，节点（3，8）的温度固定在 100℃。程序应该反复应用公式（8-1），直到任意节点的前后变化小于 0.01℃。节点（5，5）处稳定状态下的温度是多少？

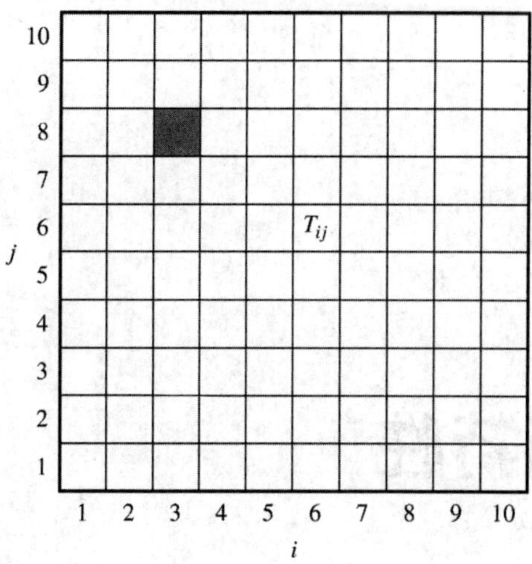

图 8-9　分割成 100 个小区间的金属盘

第 9 章

过程的附加特性

本章学习目标：

- 学习在 Fortran 过程中如何使用多维数组。
- 理解何时、如何使用 SAVE 属性或者 SAVE 语句。
- 理解可分配数组和自动数组之间的区别以及何时在过程中分别使用它们。
- 理解纯过程和逐元过程。
- 学习怎样声明和使用内部子例程和函数。
- 学习怎样使用 SUBMODULE 分离过程接口和可执行代码。

在第 7 章中学习了使用 Fortran 子例程、函数子程序以及模块的基础知识。在这一章中介绍有关过程的附加特性，包括过程中的多维数组和内部过程的使用。

9.1 给子例程和函数传递多维数组

多维数组可以像一维数组那样传递给子例程或者函数。但是，为了能够正确的使用数组，子例程或者函数需要知道数组的维数和每一维度的宽度。有三种方式将这些信息传递给子程序。

9.1.1 显式结构的形参数组

第一种方式是使用显式结构的形参数组或显式结构的哑元数组）。在这种方式中，将数组和数组中每一维度的取值范围传递给子例程。范围值用于在子例程中声明数组的大小，这时子例程知道数组的所有信息。下面给出了一个子例程使用显式结构的形参数组的例子：

```
SUBROUTINE process1 (data1,data2,n,m)
INTEGER,INTENT(IN)::n,m
REAL,INTENT(IN),DIMENSION(n,m)::data1        ! 显式结构
REAL,INTENT(OUT),DIMENSION(n,m)::data2       ! 显式结构
```

```
data2 = 3.×data1
END SUBROUTINE process1
```

当使用显式结构的形参数组时，编译器知道子程序中每个形参数组的大小和结构。因为知道每个数组的大小和结构，才可以去使用数组操作和形参数组的部分数组。

9.1.2 不定结构的形参数组

第二种方式是在子例程中声明所有的形参数组为不定结构的形参数组。在声明不定结构的数组时，数组中的每个下标都用冒号来代替。只有子例程或者函数有显式接口，才能使用这种数组，于是调用程序知道关于子例程接口的所有信息。通常采用的方式是将子程序放在模块中，然后在调用程序中使用（USE）该模块。

因为编译器可以从接口中的信息判断每个数组的大小和结构，所有对整个数组和部分数组的操作以及数组内置函数都可以使用不定结构的形参数组。如果有必要的话，可以利用表8-1中的数组查询函数求出不定结构数组的实际大小和宽度。但是，因为只有实际数组的结构被传递给了过程，而不包含每个维度的取值范围，所以并不能够获知每个维度的上下标取值范围。如果出于某种原因在特定的过程中必须要求实际的边界值，那么就必须使用显式结构的形参数组。

如果不需要将每个边界从调用程序单元中传递给过程，那么不定结构的形参数组通常要比显式结构的形参数组好用。但是如果过程中有显式接口，不定结构的数组才能工作正常。

下面显示出一个采用不定结构形参数组子例程的例子：

```
MODULE test_module
CONTAINS

   SUBROUTINE process2(data1,data2)
REAL,INTENT(IN),DIMENSION(:,:)::data1        ! 显式结构
REAL,INTENT(OUT),DIMENSION(:,:)::data2       ! 显式结构

   data2 = 3.*data1

   END SUBROUTINE process2
END MODULE test_module
```

9.1.3 不定大小的形参数组

第三种（也是最老的）方法是用不定大小的形参数组。这种数组的一个维度的长度用星号来代替。不定大小形参数组是Fortran语言早期版本的一种延续，不应该在新的程序中再使用它，所以这里不再对它进行介绍。

良好的编程习惯

在过程中使用不定结构数组或显式结构数组作为形参数组。如果使用的是不定结构数组，那么必须要有显式接口。在这两种情况中，都可以对形参数组进行整个数组的操作、部分数组及数组内置函数。不要在任何新的程序中再去使用不定大小的数组。

例题 9-1 高斯-亚当消元法

在科学和工程中许多重要的问题都需要求解 N 个未知数组成的 N 个联立线性方程组。这

些问题中的部分问题可能需要求解一个小型方程组，比如 3×3 或者 4×4 方程组。这样的问题相对容易解决。还有一些问题可能会需要求解相当大量的方程组，比如 1000 个未知数的 1000 个方程，这些问题解决起来就相当困难，需要大量特殊的重复迭代技术来求解。以不同的方式求解联立线性方程组是数学科学中的一个独立的分支。

下面用一种直截了当的方式设计一个子例程求解联立线性方程组。这种方式被称作高斯-亚当消元法。这个子例程应该能适用于直到 20 个未知数的 20 个方程这样的系统。

高斯-亚当消元法依据的原理是用一个常量乘以方程组中的某个方程，然后加到另一个方程上去，形成的新方程组和原来的方程组等价。事实上，这种方法和手动解联立方程组的方式是一样的。

为了更好地理解这个技术，观察下面的 3×3 方程组：

$$
\begin{aligned}
1.0x_1 + 1.0x_2 + 1.0x_3 &= 1.0 \\
2.0x_1 + 1.0x_2 + 1.0x_3 &= 2.0 \\
1.0x_1 + 3.0x_2 + 2.0x_3 &= 4.0
\end{aligned}
\tag{9-1}
$$

处理这个方程组时，用一个常量乘以这个方程组中的某个方程，然后加到另一个方程上去，最终生成下面的方程：

$$
\begin{aligned}
1.0x_1 + 0.0x_2 + 0.0x_3 &= b_1 \\
0.0x_1 + 1.0x_2 + 0.0x_3 &= b_2 \\
0.0x_1 + 0.0x_2 + 1.0x_3 &= b_3
\end{aligned}
\tag{9-2}
$$

当获得这种形式的方程组时，系统的解显而易见：$x_1=b_1$，$x_2=b_2$，$x_3=b_3$。

从方程组（9-1）到方程组（9-2）需要经过下面三个步骤：

（1）消去除了第一个方程之外所有其他方程中 x_1 的系数。

（2）消去除了第二个方程之外所有其他方程中 x_2 的系数。

（3）消去除了第三个方程之外所有其他方程中 x_3 的系数。

首先应该消去除了第一个方程之外所有其他方程中 x_1 的系数。如果用–2 乘以第一个方程把它加到第二个方程之上，用–1 乘以第一个方程把它加到第三个方程之上，结果为：

$$
\begin{aligned}
1.0x_1 + 1.0x_2 + 1.0x_3 &= 1.0 \\
0.0x_1 - 1.0x_2 - 1.0x_3 &= 0.0 \\
0.0x_1 + 2.0x_2 + 1.0x_3 &= 3.0
\end{aligned}
\tag{9-3}
$$

下一步，消去除了第二个方程之外所有其他方程中 x_2 的系数。如果把第二个方程加到第一个方程上，用 2 乘以第二个方程加到第三个方程之上，结果为：

$$
\begin{aligned}
1.0x_1 + 0.0x_2 + 0.0x_3 &= 1.0 \\
0.0x_1 - 1.0x_2 - 1.0x_3 &= 0.0 \\
0.0x_1 + 0.0x_2 - 1.0x_3 &= 3.0
\end{aligned}
\tag{9-4}
$$

最后，消去除了第三个方程之外的所有其他方程中 x_3 的系数。在这一步中，第一个方程没有 x_3 的系数，所以不用对它做任何操作。如果用–1 乘以第三个方程把它加到第二个方程上，结果为：

$$
\begin{aligned}
1.0x_1 + 0.0x_2 + 0.0x_3 &= 1.0 \\
0.0x_1 - 1.0x_2 + 0.0x_3 &= -3.0 \\
0.0x_1 + 0.0x_2 - 1.0x_3 &= 3.0
\end{aligned}
\tag{9-5}
$$

最后一步相当简单，用第一个方程中的 x_1 的系数除该方程，用第二个方程中的 x_2 的系数除第二个方程，用第三个方程中的 x_3 的系数除第三个方程，那么方程组的解将显示在方程的右边：

$$\begin{aligned}1.0x_1+0.0x_2+0.0x_3&=1.0\\0.0x_1+1.0x_2+0.0x_3&=3.0\\0.0x_1+0.0x_2+1.0x_3&=-3.0\end{aligned}\tag{9-6}$$

最终结果为 x_1=1，x_2=3，x_3=-3。

有时候上面的方法并不能求出解。当被求解的方程组之间不是绝对独立的情况下会出现这种情况。例如，观察下面的 2×2 方程组：

$$\begin{aligned}2.0x_1+3.0x_2&=4.0\\4.0x_1+6.0x_2&=8.0\end{aligned}\tag{9-7}$$

如果用-2 乘以第一个方程加到第二个方程之上，会得到：

$$\begin{aligned}2.0x_1+3.0x_2&=4.0\\0.0x_1+0.0x_2&=0.0\end{aligned}\tag{9-8}$$

这种方程组不可能得出唯一的解。因为会有无数个 x_1 和 x_2 满足方程（9-8）。第二个方程式中的 x_2 的系数为 0 的事实可用于识别出这些条件。这种方程组的解不唯一。要求设计的程序对这种情况进行检查，并用一个错误代码报告情况。

解决方案

编写一个用于求解 N 个未知数构成的 N 个联立方程组的子例程。程序将会精确地按照上面的方式来工作，但不会按照上面的每个具体步骤进行，程序将对方程组进行重新排序。第一步，对 N 个方程重新排序，第一个变量的系数值（绝对值）最大的方程为第一个方程。第二步，重新排序 N 个方程中的第二个方程为第二个变量的系数值（绝对值）最大的那个方程。在解决方案中重复地执行这一过程。重新排序方程组非常重要，因为它可以减少大型方程组的舍入错误，也可以避免 0 为除数的错误（在数学方法文献中对方程组的重排序被称为最大支点技术）。

1. 问题说明

编写一个子例程运用高斯-亚当消元法求解 N 个未知数构成的 N 个联立方程组，用最大支点技术来避免舍入错误。子例程必须能够检测奇异方程组，如果发现这种方程组设置一个错误标志。在子例程中使用显式结构的形参数组。

2. 输入和输出定义

子例程的输入由一个 ndim×ndim 的矩阵 a 和 ndim 的向量 b 构成，a 包含了 $n \times n$ 的联立方程组的系数集合，b 为方程组右边的内容。矩阵 ndim 大小必须大于等于联立方程组 n 的大小。因为子例程用显式结构的形参数组，所以必须将 ndim 传递给子例程，用它来声明形参数组的大小。子例程的输出是方程组的解（在向量 b 中），或者是错误标志。注意，在求解的过程中会破坏系数矩阵 a。

3. 算法描述

子例程的伪代码如下：

```
DO for irow = 1 to n
  ! 在 irow 的 i 到 n 行中找出列项上的支点(peak pivot)
  ipeak ← irow
  DO for jrow = irow+1 to n
```

```
    IF |a(jrow,irow)| > |a(ipeak,irow)| then
      ipeak ← jrow
    END of IF
  END of DO
  ! 检测单个方程否
  IF |a(ipeak,irow)| < epsilon THEN
    Equations are singular;  set error code & exit
  END of IF
  ! 另外,如果 ipeak /= irow,交换方程 irow 和 ipeak
  IF ipeak <> irow
    DO for kcol = 1 to n
      temp ← a(ipeak,kcol)
      a(ipeak,kcol)← a(irow,kcol)
      a(irow,kcol)← temp
    END of DO
    temp ← b(ipeak)
    b(ipeak)← b(irow)
    b(irow)← temp
  END of IF
  ! -a(jrow,irow)/a(irow,irow)乘于方程 irow,然后将结果加上方程 jrow
  DO for jrow = 1 to n except for irow
    factor ← -a(jrow,irow)/a(irow,irow)
    DO for kcol = 1 to n
      a(jrow,kcol)← a(irow,kcol)* factor + a(jrow,kcol)
    END of DO
    b(jrow)← b(irow)* factor + b(jrow)
  END of DO
END of DO
! 关于所有方程的主循环结束.现在所有非对角线项均为 0,
! 为了获得最终答案,必须用对角线项上的系数除每个方程
DO for irow = 1 to n
  b(irow)← b(irow)/ a(irow,irow)
  a(irow,irow)← 1.
END of DO
```

4. *把算法转换为 Fortran 语句*

图 9-1 中给出了 Fortran 子例程。注意，子例程数组 a 和 b 的大小由 a（ndim，ndim）和 b（ndim）显式的传递进来。这么做编译器可以在调试子例程的时候进行边界检测。需要注意，为了容易理解和跟踪程序，对子例程中大的外部循环和 IF 结构都进行了命名。

```
SUBROUTINE simul ( a,b,ndim,n,error )
!
! 目的:在不知道 n 值的情况下用高斯消元法和最大支点技术求解 n 个线性方程集的解
!
! 修订版本:
!    日期          程序员          修改说明
!    ====         ===========     ======================
!    11/25/15     S.J.Chapman     原始代码
!
IMPLICIT NONE
! 数据字典 声明调用参数类型和定义
INTEGER,INTENT(IN)::ndim     ! 数组 a 和 b 的维度
REAL,INTENT(INOUT),DIMENSION(ndim,ndim)::a
                             ! 维度为(n×n)系数数组
```

```
                              ! 这个数组的大小是 ndim×ndim
                              ! 但仅使用 n×n 个系数
                              ! 声明的维度 ndim 必须传递给子例程,否则下标的解释有问题
                              !(在处理时,该数组会被销毁)
REAL,INTENT(INOUT),DIMENSION(ndim)::b
                              ! 输入:方程右边。
                              ! 输出:求出的矢量
INTEGER,INTENT(IN)::n         ! 要求解的方程个数
INTEGER,INTENT(OUT)::error    ! 错误标志:
                              !  0 -- 没错
                              !  1 -- 单个方程
! 数据字典:声明常量
REAL,PARAMETER ::EPSILON = 1.0E-6 ! A "small" number for comparison
                              ! 当判定单个方程时
! 数据字典:声明局部变量类型和定义
REAL ::factor                 ! 在加到方程 jrow 之前,因子乘于方程 irow
INTEGER ::irow                ! 当前被处理的方程个数
INTEGER ::ipeak               ! 指向方程含有的最大支点指针
INTEGER ::jrow                ! 与当前方程比较的方程个数
INTEGER ::kcol                ! 整个方程列值的索引项
REAL ::temp                   ! 临时值
! 处理 n 次全部的方程...
mainloop:DO irow = 1,n
  ! 在 rows 的 irow 到 n 行的列值中找出峰值
  ipeak = irow
  max_pivot:DO jrow = irow+1,n
   IF (ABS(a(jrow,irow))> ABS(a(ipeak,irow)))THEN
     ipeak = jrow
   END IF
  END DO max_pivot
  ! 检查单个方程否
  singular:IF ( ABS(a(ipeak,irow))< EPSILON )THEN
   error = 1
   RETURN
  END IF singular
  ! 另外,如果,if ipeak /= irow,交换方程 irow 和 ipeak
  swap_eqn:IF ( ipeak /= irow )THEN
   DO kcol = 1,n
     temp    = a(ipeak,kcol)
     a(ipeak,kcol)= a(irow,kcol)
     a(irow,kcol)= temp
   END DO
   temp   = b(ipeak)
   b(ipeak)= b(irow)
   b(irow)= temp
  END IF swap_eqn
  ! -a(jrow,irow)/a(irow,irow)乘于方程 irow,然后加到方程 jrow,
  ! (对所有方程,除 irow 自身外)
  eliminate:DO jrow = 1,n
   IF ( jrow /= irow )THEN
     factor = -a(jrow,irow)/a(irow,irow)
     DO kcol = 1,n
      a(jrow,kcol)= a(irow,kcol)*factor + a(jrow,kcol)
     END DO
```

```
    b(jrow)= b(irow)*factor + b(jrow)
   END IF
  END DO eliminate
END DO mainloop
! 关于所有方程的主循环结束.现在所有非对角线项均为 0,
! 为了获得最终答案,必须用对角线项上的系数除每个方程
divide:DO irow = 1,n
  b(irow)  = b(irow)/ a(irow,irow)
  a(irow,irow)= 1.
END DO divide
! 置错误标志为 0,返回
error = 0
END SUBROUTINE simul
```

图 9-1 子例程 simul

5. 测试 Fortran 程序

需要写一个驱动程序来测试这个子例程。驱动程序打开一个输入数据文件，读入要求解的方程组。文件的第一行是方程组的个数 *n*，下面的 *n* 行数据是方程组的系数。为了表示联立方程子例程是否正常运行，将在调用 simul 之前和之后都显示数组 a 和 b 的内容。

图 9-2 给出了子例程 simul 的测试程序。

```
PROGRAM test_simul
!
! 目的:测试子例程 simul 在 N 不可知的情况下,求解 N 个线性方程的解
!
! 修订版本:
!    日期         程序员         修改说明
!    ====         ==========     ======================
!    11/25/15     S.J.Chapman    原始代码
!
IMPLICIT NONE
! 数据字典:声明常量
INTEGER,PARAMETER ::MAX_SIZE = 10  ! 方程的最大个数
! 数据字典:声明局域量类型和定义
REAL,DIMENSION(MAX_SIZE,MAX_SIZE)::a
                               ! 系数数组维度为(n×n)
                               ! 这个数组的大小是 ndim×ndim
                               ! 但仅使用(n×n)个系数
                               ! 声明的维度 ndim 必须被传递给子例程,否则下标的解释有问题
                               !(在处理时,该数组会被销毁)
REAL,DIMENSION(MAX_SIZE)::b ! 输入:方程的右边
                               ! 输出:求出的矢量
INTEGER ::error                ! 错误标志:
                               !  0 -- 无错
                               !  1 -- 单个方程
CHARACTER(len=20)::file_name! 含有方程的文件名
INTEGER ::i                    ! 循环控制变量
INTEGER ::j                    ! 循环控制变量
CHARACTER(len=80)::msg         ! 出错信息
INTEGER ::n                    ! 方程个数值 (<= MAX_SIZE)
INTEGER ::istat                ! I/O 状态
! 获得含有方程的磁盘文件名
WRITE (*,"('Enter the file name containing the eqns:')")
```

```
READ (*,'(A20)')file_name
! 打开输入数据文件.状态是 OLD,因为输入数据必须已经存在
OPEN ( UNIT=1,FILE=file_name,STATUS='OLD',ACTION='READ',&
    IOSTAT=istat,IOMSG=msg )
! OPEN 成功否?
fileopen:IF ( istat == 0 )THEN
  ! 文件打开成功,读取系统中的方程个数
  READ (1,*)n
  ! 如果方程个数是 <= MAX_SIZE,读取它们,然后处理它们
  size_ok:IF ( n <= MAX_SIZE )THEN
   DO i = 1,n
     READ (1,*)(a(i,j),j=1,n),b(i)
   END DO
   ! 显示系数
   WRITE (*,"(/,'Coefficients before call:')")
   DO i = 1,n
     WRITE (*,"(1X,7F11.4)")(a(i,j),j=1,n),b(i)
   END DO
   ! 解方程
   CALL simul (a,b,MAX_SIZE,n,error )
   ! 检查出错否
   error_check:IF ( error /= 0 )THEN
     WRITE (*,1010)
     1010 FORMAT (/'Zero pivot encountered!',&
           //'There is no unique solution to this system.')
   ELSE error_check
     ! 无错,显示系数
     WRITE (*,"(/,'Coefficients after call:')")
     DO i = 1,n
       WRITE (*,"(1X,7F11.4)")(a(i,j),j=1,n),b(i)
     END DO
     ! 输出最终答案
     WRITE (*,"(/,'The solutions are:')")
     DO i = 1,n
      WRITE (*,"(2X,'X(',I2,')= ',F16.6)")i,b(i)
     END DO
   END IF error_check
  END IF size_ok
ELSE fileopen
  ! 否则文件打开失败,告知用户
  WRITE (*,1020)msg
  1020 FORMAT ('File open failed:',A)
END IF fileopen
END PROGRAM test_simul
```

图 9-2 子例程 simul 的测试程序

为了测试子例程，需要用两个不同的数据集来调用它。其中一个应该有唯一解，另一个应该是奇异的。用这两个方程组来测试程序。文件 INPUTS1 中存放原来那个手工计算的方程组

$$\begin{aligned}1.0x_1+1.0x_2+1.0x_3&=1.0\\2.0x_1+1.0x_2+1.0x_3&=2.0\\1.0x_1+3.0x_2+2.0x_3&=4.0\end{aligned}\qquad(9\text{-}1)$$

文件 INPUTS2 中存放下面的方程组

$$\begin{aligned}1.0x_1+1.0x_2+1.0x_3&=1.0\\2.0x_1+6.0x_2+4.0x_3&=8.0\\1.0x_1+3.0x_2+2.0x_3&=4.0\end{aligned} \tag{9-9}$$

这组方程中第二个方程是第三个方程的倍数，所以它是奇异的，于是用这些数据运行测试程序 test_simul 时，结果如下：

```
C:\book\fortran\chap9>test_simul
Enter the file name containing the eqns:
inputs1
Coefficients before call:
   1.0000    1.0000    1.0000    1.0000
   2.0000    1.0000    1.0000    2.0000
   1.0000    3.0000    2.0000    4.0000
Coefficients after call:
   1.0000     .0000     .0000    1.0000
    .0000    1.0000     .0000    3.0000
    .0000     .0000    1.0000   -3.0000
The solutions are:yghj
 X( 1) =        1.000000
 X( 2) =        3.000000
 X( 3) =       -3.000000
C:\book\fortran\chap9>test_simul
Enter the file name containing the eqns:
inputs2
Coefficients before call:
   1.0000    1.0000    1.0000    1.0000
   2.0000    6.0000    4.0000    8.0000
   1.0000    3.0000    2.0000    4.0000
Zero pivot encountered!
There is no unique solution to this system.
```

子例程对有唯一解和奇异解的联立方程组都运行正确。

注意子例程 simul 使用的是显式结构数组，在本章最后的习题中要求用不定结构形参数组修改这个子例程。

例题 9-2 使用不定结构的形参数组

图 9-3 给出了一个使用不定结构形参数组的简单过程。这个过程定义了一个不定结构形参数组 array，使用数组内置函数判断它的大小、结构以及下标取值范围。注意子例程包含在模块中，所以要有显式接口。

```
MODULE test_module
! 目的:说明不定结构数组的使用
!
CONTAINS
  SUBROUTINE test_array(array)
  IMPLICIT NONE
  REAL,DIMENSION(:,:)::array                  ! 不定数组
  INTEGER ::i1,i2                             ! 一维边界值
  INTEGER ::j1,j2                             ! 二维边界值
  ! 获得数组的细节信息
  i1 = LBOUND(array,1)
```

```
  i2 = UBOUND(array,1)
  j1 = LBOUND(array,2)
  j2 = UBOUND(array,2)
  WRITE (*,100)i1,i2,j1,j2
  100 FORMAT ('The bounds are:(',I2,':',I2,',',I2,':',I2,')')
  WRITE (*,110)SHAPE(array)
  110 FORMAT ('The shape is: ',2I4)
  WRITE (*,120)SIZE(array)
  120 FORMAT ('The size is:  ',I4)
  END SUBROUTINE test_array
END MODULE test_module
PROGRAM assumed_shape
!
! 目的:说明不定结构数组的使用
!
USE test_module
IMPLICIT NONE
! 声明局部变量
REAL,DIMENSION(-5:5,-5:5)::a = 0.          ! 数组 a
REAL,DIMENSION(10,2)::b = 1.               ! 数组 b
! 用数组 a 调用 test_array.
WRITE (*,*)'Calling test_array with array a:'
CALL test_array(a)
! 用数组 b 调用 test_array.
WRITE (*,*)'Calling test_array with array b:'
CALL test_array(b)
END PROGRAM assumed_shape
当运行 assumed_shape 程序时,运行结果如下:
C:\book\chap9>assumed_shape
Calling test_array with array a:
The bounds are:(1:11,1:11)
The shape is:    11  11
The size is:    121
Calling test_array with array b:
The bounds are:(1:10,1:2)
The shape is:    10  2
The size is:    20
```

图 9-3　说明不定结构数组用法的子例程

注意，子例程给出了每次传递给它的每个数组的全部信息，包括维数、结构以及大小，但是它无法给出在调用程序中可使用的数组的下标取值范围。

9.2　SAVE 属性和语句

根据 Fortran 的标准，当退出过程时，过程中的所有局部变量和数组的值都成为未定义的值，任何局部可分配数组也将被删除。当过程再次被调用的时候，根据所用特定编译器的操作，局部变量和数组的值和上一次调用生成的值可能一样也可能不一样。如果编写的过程在两次调用之间，不改变它依赖的局部变量，那么这个过程在一些计算机上运行良好的同时，在另一些计算机上可能完全出错。

Fortran 提供了一种方式来保证在调用过程之间不修改保存的局部变量和数组：SAVE 属性。像其他任何属性一样，SAVE 属性出现在类型声明语句中。在调用过程间，任何一个用 SAVE 属性定义的局部变量都会被保存，而不改变。例如，用 SAVE 属性来定义局部变量 sums：

```
REAL,SAVE::sums
```

另外，任意在类型声明语句中初始化的局部变量都会被自动保存。如果需要，也可以显式的指定 SAVE 属性，不论是否显式地指明了它的属性，变量的值都会被保存起来。因此，下面这两个变量在包含它们的过程执行的时候都会被保存。

```
REAL,SAVE::sum_x=0
REAL::sum_x2=0
```

包含 SAVE 属性的局部可分配数组也不被释放，将在过程调用中被保存，而不改变。

Fortran 也提供了 SAVE 语句。它是一个位于过程的声明部分的非执行语句，跟在类型声明语句后面。任何列在 SAVE 语句中的局部变量都会在调用过程间无改变地保存。如果 SAVE 语句中没有变量，那么所有的局部变量都会被无改变的保存起来。SAVE 语句的格式如下：

```
SAVE::var1,var2,…
```

或者简写为：

```
SAVE
```

SAVE 属性不能出现在关联的形参中或是用 PARAMETER 属性定义的数据项中。同样，这些数据项也不能出现在 SAVE 语句中。

任意共享数据的模块都应该使用 SAVE 语句，这样可以确保模块中的数值在调用过程间保持完整。这些过程通过 USE 语句使用该模块。图 7-8 给出了一个使用 SAVE 语句的模块示例。

良好的编程习惯

如果一个过程需要局部变量的值在连续调用时不被修改，那么应该在变量的类型声明语句中使用 SAVE 属性，或者在 SAVE 语句中包含该变量或者在变量的类型声明语句中初始化它。如果不这么做，在某些处理器中子例程可以正常运行，但是在另一些处理器中可能会运行失败。

例题 9-3 计算均值

有时候需要针对数据集中的输入数据记录进行统计。图 9-4 给出了一个子例程 running_arerage，用于计算输入数据的均值和标准方差。随着每个新数据的输入，不断计算当前所有数据的均值和标准方差。当逻辑参数 reset 被设为真时调用子例程，求统计值的和。注意，在子例程中累加和 n、sum_x、sum_x2 都是局部变量。为了确保它们在子例程调用的过程中不被更改，这些局部变量都必须出现在 SAVE 语句中或者用 SAVE 属性来定义。

```
SUBROUTINE running_average ( x,ave,std_dev,nvals,reset )
!
! 目的:计算数据集的均值和标准方差,以及
!  数据值 x 的个数,如果"reset" = .TRUE.,那么求和,并退出
!
! 修订版本:
!   日期        程序员          修改说明
!   ====        ==========      ====================
```

```
!   11/25/15    S.J.Chapman      原始代码
!
IMPLICIT NONE
! 数据字典:声明调用参数的类型和定义
REAL,INTENT(IN)::x                                 ! 输入数据值
REAL,INTENT(OUT)::ave                              ! 求出的均值
REAL,INTENT(OUT)::std_dev                          ! 求出的标准方差
INTEGER,INTENT(OUT)::nvals                         ! 当前数值个数
LOGICAL,INTENT(IN)::reset                          ! 复位标志,如果为真,清除求出的和
! 数据字典:声明局部变量类型和定义
INTEGER,SAVE ::n                                   ! 输入值的个数
REAL,SAVE ::sum_x                                  ! 输入值的和
REAL,SAVE ::sum_x2                                 ! 输入值平方的和
! 如果 reset 标志被设置,这次就清除求解的和.
calc_sums:IF ( reset )THEN
  n     = 0
  sum_x  = 0.
  sum_x2 = 0.
  ave    = 0.
  std_dev = 0.
  nvals  = 0
ELSE
  ! 求累加和
  n   = n + 1
  sum_x = sum_x + x
  sum_x2 = sum_x2 + x**2
  ! 计算平均值
  ave = sum_x / REAL(n)
  ! 计算标准方差
  IF ( n >= 2 )THEN
   std_dev = SQRT( (REAL(n)* sum_x2 - sum_x**2)&
       / (REAL(n)* REAL(n-1)))
  ELSE
   std_dev = 0.
  END IF
  ! 数据点的个数
  nvals = n
END IF calc_sums
END SUBROUTINE running_average
```

图 9-4　计算输入数据集的均值和标准方差的子例程

图 9-5 给出了该子例程的测试程序。

```
PROGRAM test_running_average
!
!目的:测试计算平均值子例程
!
IMPLICIT NONE
! 声明变量:
INTEGER ::istat                                    ! I/O 状态
REAL ::ave                                         ! 平均值
REAL ::std_dev                                     ! 标准方差
CHARACTER(len=80)::msg                             ! 出错信息
INTEGER ::nvals                                    ! 数据值的个数
```

```
REAL ::x                                    ! 输入值
CHARACTER(len=20)::file_name                ! 输入数据文件名
! 清除累加和
CALL running_average ( 0.,ave,std_dev,nvals,.TRUE.)
! 获得含有输入数据的文件名
WRITE (*,*)'Enter the file name containing the data:'
READ (*,'(A20)')file_name
! 打开输入数据文件。状态是 OLD,因为输入数据必须已经存在
OPEN ( UNIT=21,FILE=file_name,STATUS='OLD',ACTION='READ',&
    IOSTAT=istat,IOMSG=msg )
! OPEN 成功?
openok:IF ( istat == 0 )THEN
  ! 文件打开成功,读入数据,计算平均值
  calc:DO
   READ (21,*,IOSTAT=istat)x                ! 获得下一个值
   IF ( istat /= 0 )EXIT                    ! 如果无效,EXIT
   ! 获得平均值和标准方差
   CALL running_average ( x,ave,std_dev,nvals,.FALSE.)
   ! 现在输出统计值
   WRITE (*,1020)'Value = ',x,' Ave = ',ave,&
          ' Std_dev = ',std_dev,&
          ' Nvals = ',nvals
   1020 FORMAT (3(A,F10.4),A,I6)
  END DO calc
ELSE openok
  ! 否则文件打开失败,告知用户
  WRITE (*,1030)msg
  1030 FORMAT ('File open failed:',A)
END IF openok
END PROGRAM test_running_average
```

图 9-5 子例程 running_average 的测试程序

为了测试这个子例程，手工计算一组五个数的统计值，比较计算机程序生成的结果和手工计算结果。均值和标准方差的定义如下：

$$\bar{x} = \frac{1}{N}\sum_{i=1}^{N} x_i \tag{4-1}$$

和

$$s = \sqrt{\frac{N\sum_{i=1}^{N} x_i^2 - \left(\sum_{i=1}^{N} x_i\right)^2}{N(N-1)}} \tag{4-2}$$

这里 x_i 是 N 个样本中的第 i 个样本，如果五个数是：

3.，2.，3.，4.，2.8

那么手工计算得到的统计值为：

值	n	Σx	Σx^2	平均值	标准方差
3.0	1	3.0	9.0	3.00	0.000
2.0	2	5.0	13.0	2.50	0.707
3.0	3	8.0	22.0	2.67	0.577
4.0	4	12.0	38.0	3.00	0.816
2.8	5	14.8	45.84	2.96	0.713

测试程序对同一个数据集得出的输出为：

```
C:\book\fortran\chap9>test_running_average
Enter the file name containing the data:
input6
Value =    3.0000 Ave =   3.0000 Std_dev =   0.0000 Nvals =   1
Value =    2.0000 Ave =   2.5000 Std_dev =   0.7071 Nvals =   2
Value =    3.0000 Ave =   2.6667 Std_dev =   0.5774 Nvals =   3
Value =    4.0000 Ave =   3.0000 Std_dev =   0.8165 Nvals =   4
Value =    2.8000 Ave =   2.9600 Std_dev =   0.7127 Nvals =   5
```

所以，结果和手工计算一样精确相等。

9.3 过程中的可分配数组

在第 7 章中介绍了如何声明可分配数组和为其分配内存。可分配数组的大小应该满足所要解决的特定问题的需求。

用于过程中的可分配数组在过程中应该声明为局部变量。如果用 SAVE 属性来声明可分配数组或者它出现在一个 SAVE 语句中，那么数组只会在该过程第一次被调用的时候利用 AOOLCATE 语句分配一次内存。然后数组会被用于计算，但它的内容在每次调用过程间会被保持原封不动。

如果没有用 SAVE 属性来声明可分配数组，那么在每次调用过程的时候都必须用 ALLOCATE 语句[1]给数组分配空间。数组还是会被用于计算，但是当返回到调用程序的时候，数组的内容会被自动地释放掉。

9.4 过程中的自动数组

Fortran 提供了另外一种简单的方式在过程执行的时候自动创建临时数组，在过程执行到返回之后自动释放掉数组。这种数组被称为自动数组。自动数组是局部的显式结构数组，它没有固定的下标取值（下标由形式参数或者来自于模块的数据指定）。

例如，下面的代码中，temp 数组是自动数组。无论何时执行子例程 sub1，形式参数 n 和 m 都会被传递给子例程。注意，传递给子例程的数组 x 和 y 是大小为 n×m 的显式结构的形参数组，而数组 temp 是子例程中创建的自动数组。当子例程开始运行的时候，自动地创建大小为 n×m 的数组 temp，当子例程运行结束，数组被自动销毁。

```
SUBROUTINE sub1(x,y,n,m)
IMPLICIT NONE
INTEGER,INTENT(IN)::n,m
REAL,INTENT(IN),DIMENSION(n,m)::x        ! Dummy array
REAL,INTENT(OUT),DIMENSION(n,m)::x       ! Dummy array
REAL,DIMENSION(n,m)::temp                ! Automatic array
temp = 0.
...
```

[1] 在 Fortran 2003 和后续版本中，可以通过直接的赋值语句进行分配。

```
END SUBROUTINE sub1
```

在类型声明语句中不会初始化自动数组，但是在创建它们的过程开始运行的时候，可以在赋值语句中初始化它。在过程调用别的过程时，自动数组可以作为调用参数传递给别的过程。当创建它们的过程执行到 RETURN 或 END 语句的时候自动数组不再存在。为自动数组指定 SAVE 属性是非法的。

9.4.1 自动数组和可分配数组的比较

在程序中，自动数组和可分配数组都可以被用于创建临时工作数组。那么它们之间有什么区别呢？对于特定应用程序来说，什么时候应该选择这种类型，什么时候又该选择那种类型呢？下面给出了两种类型数组的主要区别：

（1）当进入含有自动数组的子例程时，会自动地分配自动数组，而可分配数组必须手动的分配和释放空间。这个特性表明，自动数组可用于一个仅需要临时空间的过程中，用它可以调用其他的过程。

（2）可分配数组更通用和灵活。因为它们可以在独立的过程中创建和销毁。例如，在一个大型的程序中，可以创建一个特定的子例程，来为所有的数组分配合适大小的空间，以解决当前问题，还可以创建另一个不同的子例程，在数组使用完后，释放它们。因此，可分配数组可以用于主程序，而自动数组不可以。

（3）在计算过程中，可分配数组可以改变大小。在执行的过程中，程序员可以使用 DEALLOCATE 和 ALLOCATE 语句[2]改变可分配数组的大小，所以在单个过程中，单个数组能满足多个需要不同结构的数组的需求。相反，自动数组是在过程执行开始时自动地分配指定大小的空间，在执行过程中，数组的大小不能被改变。

自动数组通常被用于创建过程内部临时工作数组。而可分配数组被用于那些在主程序中创建，或在不同的过程中创建或销毁的数组，或者用于在给定过程中能够改变大小的数组。

良好的编程习惯

在过程中使用自动数组创建局部临时工作数组。使用可分配数组创建主程序中的数组，或者在不同的过程中创建或销毁的数组，或者在给定过程中能够改变大小的数组。

9.4.2 示例程序

例题 9–4 在过程中使用自动数组

作为在过程中使用自动数组的例子，下面将给出子例程 simul 的一个新版本，在计算结果的时候并不会破坏输入数据。

为了避免破坏数据，必须增加一个新的形式参数用于返回方程组的解。这个参数称为 soln，因为它只用于输出，所以具有 INTENT（OUT）属性。因为在整个子例程中不被修改，所以形式参数 a 和 b 具有 INTENT（IN）属性。此外，可以利用部分数组来简化原来子例程 simul 的嵌套 DO 循环。

图 9-6 给出了子例程。注意，数组 a1 和 temp1 都是自动数组，因为它们属于子例程的局部量，下标取值作为形式参数传递给子例程。数组 a、b 和 soln 是显式结构形参数组，因为它

[2] 在 Fortran 2003 的程序中可以通过直接的赋值语句来进行空间分配。

们出现在子例程的参数列中。

```
SUBROUTINE simul2 ( a,b,soln,ndim,n,error )
!
! 目的:在 N 不可知的情况下用高斯消元法和最大支点技术,求解 N 个线性方程集的解
!  这个版本的 simul 已经被用部分数组和可分配数组修改,且不会销毁原输入数据值
!
! 修订版本:
!   日期         程序员                修改说明
!   ====         ===========           ======================
!   11/25/15     S.J.Chapman           原始代码
!   1.11/25/15      S.J.Chapman        添加自动数组
!
IMPLICIT NONE
! 数据字典:声明的调用参数类型和定义
INTEGER,INTENT(IN)::ndim                   ! 数组 a 和 b 的维度
REAL,INTENT(IN),DIMENSION(ndim,ndim)::a
                                           ! 系数数组 (N x N).
                                           ! 数组的大小是 ndim x ndim,
                                           ! 但仅使用了 (N x N)个系数
REAL,INTENT(IN),DIMENSION(ndim)::b
                                           ! 输入:方程的右边.
REAL,INTENT(OUT),DIMENSION(ndim)::soln
                                           ! 输出:结果是矢量.
INTEGER,INTENT(IN)::n                      ! 求解的方程个数
INTEGER,INTENT(OUT)::error                 ! 出错标志:
                                           !  0 -- 没错
                                           !  1 -- 单个方程
! 数据字典:声明常量
REAL,PARAMETER ::EPSILON = 1.0E-6          ! A "small" number for comparison
                                           ! 当判断是单个方程时
! 数据字典:声明局部变量类型和定义
REAL,DIMENSION(n,n)::a1                    ! 用于复制 "a",因为求解期间 a 会被销毁
REAL ::factor                              ! 在加到方程 jrow 之前乘于方程 irow 的因子
INTEGER ::irow                             ! 当前正处理的方程个数
INTEGER ::ipeak                            ! 指向含有最大支点的方程的指针
INTEGER ::jrow                             ! 与当前方程比较的方程个数
REAL ::temp                                ! 临时值
REAL,DIMENSION(n)::temp1                   ! 临时数组
! 复制数组"a"和"b",以备局部使用
a1 = a(1:n,1:n)
soln = b(1:n)
! 处理 N 次,获得所有方程……
mainloop:DO irow = 1,n
  ! 在 rows 的取值从 irow 变到 N 中,找出列 irow 的支点
  ipeak = irow
  max_pivot:DO jrow = irow+1,n
   IF (ABS(a1(jrow,irow))> ABS(a1(ipeak,irow)))THEN
     ipeak = jrow
   END IF
  END DO max_pivot
  ! 检查是单个方程吗
  singular:IF ( ABS(a1(ipeak,irow))< EPSILON )THEN
   error = 1
```

```
    RETURN
   END IF singular
   ! 另外,如果 ipeak /= irow,交换方程的 irow 和 ipeak
   swap_eqn:IF ( ipeak /= irow )THEN
    temp1 = a1(ipeak,1:n)
    a1(ipeak,1:n)= a1(irow,1:n)       ! 交换 a 中的行值
    a1(irow,1:n)= temp1
    temp = soln(ipeak)
    soln(ipeak)= soln(irow)           ! 交换 b 中的行值
    soln(irow)= temp
   END IF swap_eqn
   ! 用-a1(jrow,irow)/a1(irow,irow)乘于方程 irow ,再加到方程 jrow(对于所有方程,除了
irow 自身)
   eliminate:DO jrow = 1,n
    IF ( jrow /= irow )THEN
      factor = -a1(jrow,irow)/a1(irow,irow)
      a1(jrow,:)= a1(irow,1:n)*factor + a1(jrow,1:n)
      soln(jrow)= soln(irow)*factor + soln(jrow)
    END IF
   END DO eliminate
  END DO mainloop
  ! 对于整个方程的主循环结束.现在所有非对角线项均为 0,
  ! 为了获得最终答案,必须用对角线项上的系数除每个方程
  divide:DO irow = 1,n
    soln(irow)= soln(irow)/ a1(irow,irow)
    a1(irow,irow)= 1.
  END DO divide
  ! 设置出错标志为 0,并结束运行
  error = 0
  END SUBROUTINE simul2
```

图 9-6 使用可分配数组对子例程 simul 进行改写。该版本不会破坏输入数据，自动数组 a1 和 temp1 的声明以及部分数组的使用用粗体字标记

对该子例程的测试留作习题(见习题 9-9)。

注意事项

丰富且易混淆的 FORTRAN 数组类型

现在已经学习了多种不同类型的 Fortran 数组，无疑会对它们产生一些混淆。下面来回顾一下不同的数组类型，看看每种类型用于哪里，以及它们怎样彼此相关。

1. 带有常数下标的显式结构数组

带有常数下标的显式结构数组不是形参数组，在类型声明语句中显式指定了它的结构。它们可以被声明在主程序或者过程中，但是不能出现在过程的形式参数列表中。带有常数下标的显式结构数组在程序中被分配固定的空间，可以持续使用。它们可以在类型声明语句中被初始化。

如果一个带有常数下标的显式结构数组在过程中分配空间，只有当这个数组用 SAVE 属性定义，或者在类型声明语句中初始化存储在该数组中的数据，才能在调用之间保持不被修改。

下面给出了两个带有常数下标的显式结构数组的例子:

```
INTEGER,PARAMETER::NDIM = 100
REAL,DIMENSION(NDIM,NDIM)::input_data = 1.
```

```
REAL,DIMENSION(-3:3)::scratch = 0.
```

2. 形参数组

形参数组（也称为哑元数组）是出现在过程的形式参数列表中的数组。它们是过程调用的时候，传递给过程的实际数组的占位符。对于形参数组来说并没有为它实际分配内存。有三种类型的形参数组：显式结构形参数组、不定结构形参数组、不定大小形参数组。

a. 显式结构形参数组

显式结构形参数组是出现在过程的形式参数列表中的数组，它的维数通过过程的参数列表中的参数显式地声明。所有 Fortran 数组的高级特性都适用于显式结构形参数组，包括整个数组的操作、部分数组，以及数组内置函数。下面是显式结构形参数组的例子：

```
SUBROUTINE test(array,n,m1,m2)
INTEGER,INTENT(IN)::n,m1,m2
REAL,DIMENSION(n,m1,m2)::array
```

b. 不定结构形参数组

不定结构形参数组是出现在过程的参数列表中的数组，它的维数用冒号声明。类型声明语句指定数组的类型和维数，但是并没有指定每个维度的宽度。不定结构形参数组只能用在带有显式接口的过程中。不论过程被调用的时候，实际传给过程的数组的结构是什么样的，这些数组的结构已经假定。所有 Fortran 数组的高级特性都支持不定结构形参数组，包括整个数组的操作、部分数组片段、以及数组内置函数。下面是不定结构形参数组的例子：

```
SUBROUTINE test(array)
REAL,DIMENSION(:,:)::array
```

c. 不定大小的形参数组

不定大小形参数组是出现在过程的形式参数列表中的数组，它的最后一个维度用星号声明。除了最后一个维度，该数组的所有维度的大小都是显式地指定的，所以过程可以判断如何在内存中定位指定的数组元素。因为实际数组的结构并不知道，所以不定大小形参数组不能够使用那些针对整个数组的操作或者数组内置函数。不定大小形参数组是早期 Fortran 版本的延续，在新的程序中不应该再去使用它。不定大小形参数组的例子如下：

```
SUBROUTINE test(array)
REAL,DIMENSION(10,*)::array
```

3. 自动数组

自动数组是出现在过程中的显式结构数组，它没有恒定的下标值。它们不会出现在过程的参数列表中，但是数组的下标是通过参数列表或者模块中的共享数据来传递的。

当调用过程时，自动创建数组，该数组的结构和大小通过不固定的下标来指定。当过程结束的时候，数组被自动销毁。如果再次调用过程，将会创建一个新数组，这个数组的结构可以和前面的那个一样，也可以不一样。在两次调用过程之间，数据并不会保存在自动数组中，用 SAVE 属性定义自动数组或者对自动数组进行默认的初始化是非法的。下面给出自动数组的例子：

```
SUBROUTINE test(n,m)
INTEGER,INTENT(IN)::n,m
REAL,DIMENSION(n,m)::array  ! Bounds in argument list,but not array
```

4. 预定义结构数组

预定义结构数组是一个可分配数组或者指针数组（指针数组将在第 15 章中介绍）。预定义结构数组利用 ALLOCATABLE 属性（或 POINTER 属性）在类型声明语句中声明。它的维数用冒号来声明。它既可以出现在主程序中，也可以出现在过程中。除非实际地为它分配内存，否则不能以任何方式来使用该数组（除了作为 ALLOCATED 函数的参数）。使用 ALLOCATE 语句进行内存分配，使用 DEALLOCATE 语句进行释放（在 Fortran 2003 中，也可以通过赋值语句自动分配内存）。不能在类型声明语句中初始化预定义结构数组。

如果在过程中声明并分配可分配数组，而且希望在两次调用过程间保存这个数组的值，那么必须用 SAVE 属性来声明这个数组。如果不需要保存这个数组，那就不需要用 SAVE 属性来声明。在这种情况下，在过程的最后自动地释放可分配数组。应该显式的释放不再需要的指针数组（后面会提到）以避免可能出现的"内存泄漏"问题。

预定义结构数组的例子如下：

```
INTEGER,ALLOCATABLE::array(:,:)
ALLOCATE(array(1000,1000),STATUS=istat)
…
DEALLOCATE(array,STATUS=istat)
```

测验 9-1

该测验用于快速检测读者是否理解第 9.1 ~ 9.3 节中介绍的概念。如果对该测验感到困难，重读书中的章节，向老师请教或者和同学探讨。该测验的答案在本书的最后给出。

1. 在程序或者过程中，什么时候应该使用 SAVE 语句，或者 SAVE 属性？为什么要使用它们？

2. 自动数组和可分配数组的区别是什么？它们分别在什么时候使用？

3. 不定结构形参数组的优点和缺点是什么？

对于问题 4 ~ 问题 6，判断程序中是否有错，如果可能，给出每个程序的输出。

4.
```
PROGRAM test1
IMPLICIT NONE
INTEGER,DIMENSION(10)::i
INTEGER ::j
DO j = 1,10
  CALL sub1 ( i(j))
  WRITE (*,*)' i = ',i(j)
END DO
END PROGRAM test1
SUBROUTINE sub1 ( ival )
IMPLICIT NONE
INTEGER,INTENT(INOUT)::ival
INTEGER ::isum
isum = isum + 1
ival = isum
END SUBROUTINE sub1
```

5.
```
PROGRAM test2
IMPLICIT NONE
REAL,DIMENSION(3,3)::a
a(1,:)= [ 1.,2.,3.]
a(2,:)= [ 4.,5.,6.]
a(3,:)= [ 7.,8.,9.]
```

```
CALL sub2 (a,b,3)
WRITE (*,*)b
END PROGRAM test2
SUBROUTINE sub2(x,y,nvals)
IMPLICIT NONE
REAL,DIMENSION(nvals),INTENT(IN)::x
REAL,DIMENSION(nvals),INTENT(OUT)::y
REAL,DIMENSION(nvals)::temp
temp = 2.0 * x**2
y = SQRT(x)
END SUBROUTINE sub2
```

6.
```
PROGRAM test3
IMPLICIT NONE
REAL,DIMENSION(2,2)::a = 1.,b = 2.
CALL sub3(a,b)
WRITE (*,*)a
END PROGRAM test3
SUBROUTINE sub3(a,b)
REAL,DIMENSION(:,:),INTENT(INOUT)::a
REAL,DIMENSION(:,:),INTENT(IN)::b
a = a + b
END SUBROUTINE sub3
```

9.5 在过程中作为形参的可分配数组

在 Fortran 2003 和后续版本中，可分配数组更加灵活。它的两点改变会对过程产生影响：

（1）现在可以使用可分配形式参数。

（2）现在函数可以返回可分配的值。

9.5.1 可分配形式参数

如果子例程有显式接口，那么对于子例程来说，它的形式参数可以是可分配的。如果声明形式参数为可分配的，那么用于调用子例程的相应实际参数也必须是可分配的。

可分配形式参数可以有 INTENT 属性。INTENT 属性可能影响到子例程的操作：

（1）如果可分配参数具有 INTENT（IN）属性，那么不允许在子例程中对这个数组分配空间或者释放它，数组中的值也不能被修改。

（2）如果可分配参数具有 INTENT（INOUT）属性，那么当调用子例程的时候，将会传递给它相应的实际参数的状态（是否可分配）和数据。数组可以在子例程的任何位置被释放、重分配或者修改。形式参数的最终状态（是否可分配）和数据将会返回给实际参数所在的调用程序。

（3）如果可分配参数具有 INTENT（OUT）属性，那么调用程序中的实际参数将会在入口处被自动地释放掉，实际数组中的所有数据都会丢失。子例程可以以任何方式来使用没有分配的参数，形式参数的最终状态（是否可分配）和数据将会返回给实际参数所在的调用程序。

图 9-7 给出了一个程序，用来说明可分配数组形式参数的用法。该程序分配和初始化一

个可分配数组，并将它传递给子例程 test_alloc。在 test_alloc 入口处的数组数据和初始化值是相同的。在子例程中释放、重分配和初始化数组，当子例程返回的时候，数据出现在主程序中。

```
MODULE test_module
! 目的:说明在子例程中可分配数组的使用
!
CONTAINS
  SUBROUTINE test_alloc(array)
  IMPLICIT NONE
  REAL,DIMENSION(:),ALLOCATABLE,INTENT(INOUT)::array
                                               ! 测试数组
  ! 局部变量
  INTEGER ::i                                  ! 循环控制变量
  INTEGER ::istat                              ! 分配状态
  ! 获得这个数组的状态
  IF ( ALLOCATED(array))THEN
   WRITE (*,'(A)')'Sub:the array is allocated'
   WRITE (*,'(A,6F4.1)')'Sub:Array on entry = ',array
  ELSE
   WRITE (*,*)'Sub:the array is not allocated'
  END IF
  ! 回收数组
  IF ( ALLOCATED(array))THEN
   DEALLOCATE( array,STAT=istat )
  END IF
  ! 按 5 个元素的矢量再分配空间
  ALLOCATE(array(5),STAT=istat )
  ! 保存数据
  DO i = 1,5
    array(i)= 6 - i
  END DO
  ! 退出时显示数组 a 的内容
  WRITE (*,'(A,6F4.1)')'Sub:Array on exit = ',array
  ! Return to caller
  END SUBROUTINE test_alloc
END MODULE test_module
PROGRAM test_allocatable_arguments
!
! 目的:说明在子例程中可分配数组的使用
!
USE test_module
IMPLICIT NONE
! 声明局部变量
REAL,ALLOCATABLE,DIMENSION(:)::a             ! 可分配数组
INTEGER ::istat                              ! 可分配状态
! 初始的可分配数组
ALLOCATE( a(6),STAT=istat )
! 初始化数组
a = [ 1.,2.,3.,4.,5.,6.]
! 在调用前显示 a 数组
WRITE (*,'(A,6F4.1)')'Main:Array a before call = ',a
```

```
! 调用子例程
CALL test_alloc(a)
! 在调用后显示 a 数组
WRITE (*,'(A,6F4.1)')'Main:Array a after call = ',a
END PROGRAM test_allocatable_arguments
```

图 9-7　说明可分配数组形式参数用法的程序

当执行该程序的时候，结果如下：

```
C:\book\fortan\chap9>test_allocatable_arguments
Main:Array a before call = 1.0 2.0 3.0 4.0 5.0 6.0
Sub:the array is allocated
Sub:Array on entry = 1.0 2.0 3.0 4.0 5.0 6.0
Sub:Array on exit = 5.0 4.0 3.0 2.0 1.0
Main:Array a after call = 5.0 4.0 3.0 2.0 1.0
```

9.5.2　可分配函数

Fortran 函数的返回值允许有 ALLOCATABLE 属性。在函数的入口不会分配返回变量。在函数内部每当需要的时候，可以分配和释放变量，但必须在函数返回之前分配并包含一个值。

图 9-8 给出了一个程序，用于说明可分配函数的用法。该程序调用函数 test_alloc_fun，参数指定可分配数组中返回值的个数。函数中分配结果变量，给它赋值，将它返回给主程序，用于显示。

```
MODULE test_module
! 目的:说明可分配函数返回值的使用
!
CONTAINS
  FUNCTION test_alloc_fun(n)
  IMPLICIT NONE
  INTEGER,INTENT(IN)::n                ! 返回元素的个数
  REAL,ALLOCATABLE,DIMENSION(:)::test_alloc_fun
  ! 局部变量
  INTEGER ::i                          ! 循环控制变量
  INTEGER ::istat                      ! 可分配状态
  ! 获得数组的状态
  IF ( ALLOCATED(test_alloc_fun))THEN
   WRITE (*,'(A)')'Array is allocated'
  ELSE
   WRITE (*,'(A)')'Array is NOT allocated'
  END IF
  ! 当成一个有 n 个元素的矢量来分配
  ALLOCATE(test_alloc_fun(n),STAT=istat )
  ! 初始化数据
  DO i = 1,n
   test_alloc_fun(i)= 6 - i
  END DO
  ! 退出时显示数组 a 的内容
  WRITE (*,'(A,20F4.1)')'Array on exit = ',test_alloc_fun
  ! 返回调用者
```

```
  END FUNCTION test_alloc_fun
 END MODULE test_module

PROGRAM test_allocatable_function
!! 目的:说明可分配函数返回值的使用
!USE test_module
IMPLICIT NONE
! 声明局部变量
INTEGER ::n = 5                                 ! 待分配的元素个数
REAL,DIMENSION(:),ALLOCATABLE ::res    ! Result
! 调用函数,显示结果
res = test_alloc_fun(n)
WRITE (*,'(A,20F4.1)')'Function return = ',res
END PROGRAM test_allocatable_function
```

图 9-8　说明可分配函数用法的程序

当运行该程序的时候，结果如下：

```
C:\book\fortran\chap9>test_allocatable_function
Array is NOT allocated
Array on exit = 5.0 4.0 3.0 2.0 1.0
Function return = 5.0 4.0 3.0 2.0 1.0
```

9.6 纯过程和逐元过程

在前面的章节中曾经提到过，Fortran 语言提供了一些扩展方法，以在大型并行处理器上更容易执行程序。作为这种扩展的一部分，Fortran 95 提供两种新的过程类型：**纯过程**和**逐元过程**。

9.6.1 纯过程

纯函数是没有任何负面影响的函数。也就是说，它们不会修改输入参数，也不会修改任何在函数外部可见的其他数据（比如模块中的数据）。另外，局部变量不可以有 SAVE 属性，不可以在类型声明语句中初始化局部变量（因为这一初始化隐含有 SAVE 属性）。任何被纯函数调用的过程也必须是纯过程。

因为纯函数没有任何负面影响，那么可以安全的用 FORALL 结构来调用它。在结构中，它可以以任意次序来执行。对于大型并行处理器来说这一点非常有用，因为每台处理器都可以从 FORALL 结构中获取一个控制序列的组合，然后和其他的处理器一起并行执行它。

在纯函数中每个参数都必须定义为 INTENT（IN），被纯函数调用的任何子例程或函数也必须是纯的。除此之外，该函数也不能有任何外部文件 I/O 操作，不能包含 STOP 语句。这些限制很容易遵守，到现在为止创建的所有函数都是纯函数。

在函数语句中增加一个 PURE 前缀就可以定义纯函数。例如，下面的函数是纯函数：

```
PURE FUNCTION length(x,y)
IMPLICIT NONE
REAL,INTENT(IN)::x,y
```

```
REAL::length
length = SQRT(x**2+y**2)
END FUNCTION length
```

纯子例程是没有任何负面影响的子例程。除了允许它们修改用 INTENT（OUT）或者 INTENT（INOUT）声明的参数外，它们的限制和纯函数是相同的。在 SUBROUTINE 语句中增加 PURE 前缀可以声明纯子例程。

9.6.2 逐元过程

逐元函数是为标量参数指定的函数。它也适用于数组参数。如果一个逐元函数的参数是标量，那么这个函数的返回值也是标量。如果函数的参数是数组，那么函数的返回值也是和输入参数相同结构的数组。

用户自定义的逐元函数一定是 PURE 函数，必须满足下面额外的限制：

（1）所有的形式参数都必须是标量，不能带有指针（POINTER）属性（将在第 15 章中学习指针）。

（2）函数的返回值也必须是标量，不能带有 POINTER 属性。

（3）除了作为某种内置函数的参数，形式参数不能用在类型声明语句中。这种限制阻止了自动数组在逐元函数中的使用。

在函数语句中增加一个 ELEMENTAL 前缀可以声明用户自定义逐元函数。例如，图 7-16 中的函数 sinc（x）是逐元函数，它将会被做如下声明：

```
ELEMENTAL FUNTION sinc(x)
```

如果 sinc 函数声明为 ELEMENTAL，那么该函数也可以接收数组参数，并返回数组结构值。

逐元子例程是为标量参数指定的子例程，也适用于数组参数。它和逐元函数具有同样的限制。在子例程语句中增加一个 ELEMENTAL 前缀可声明逐元子例程。例如：

```
ELEMENTAL SUBROUTINE convert(x,y,z)
```

9.6.3 不纯逐元过程

逐元过程也可以被设计成可以修改其调用函数，如果这样，此时该过程称为不纯逐元过程。这类过程必须使用 IMPURE 关键词声明，并且被修改的参数必须使用 INTENT（INOUT）声明。当在数组中调用不纯逐元过程时，该过程按照数组顺序 a（1），a（2），a（3），…，a（n）逐步执行。如果是多维数组，元素将以列：a（1，1），a（2，1），…等为主顺序执行。

例如如下介绍的不纯逐元过程 cum。此函数将数组中的每个值替换为数组中该点的所有值的总和。

```
IMPURE ELEMENTAL REAL FUNCTION cum(a,sum)
IMPLICIT NONE
REAL,INTENT(IN)::a
REAL,INTENT(INOUT)::sum
sum=sum+a
cum=sum
END FUNCTION cum
```

这个函数的测试程序如下：

```
PROGRAM test_cum
REAL,DIMENSION(5)::a,b
REAL::sum
INTEGER::i
sum=0.
a=[1.,2.,3.,4.,5.]
b=cum(a,sum)
WRITE(*,*)b
END PROGRAM test_cum
```

当该程序执行时，数组 b 中每个元素的值是数组 a 中所有元素的和，包括相应的索引：

```
1.00000  3.000000  6.000000  10.000000  15.000000
```

9.7 内部过程

第 7 章中介绍过外部过程和模块过程。还有第三种过程——内部过程。内部过程是完全包含在另一个被称为宿主程序单元或者就叫宿主（host）的程序单元中的过程。内部过程和宿主一起编译，只能从宿主程序单元中调用它。像模块过程一样，内部过程用 CONTAINS 语句来引入。内部过程必须跟在宿主过程的所有执行语句之后，而且必须用 CONTAINS 语句引入。

为什么要使用内部过程呢？在某些问题中，作为解决方案的一部分，有一些低级操作可能要重复执行。经定义内部过程来完成这些操作，可以简化这些低级操作。

图 9-9 给出了一个内部过程的简单实例。该程序接受一个角度值作为输入，然后使用一个内部过程计算该值的正切值。尽管在这个简单的实例中内部过程 secant 只被调用了一次，然而在一个需要多次计算不同角度正切值的大型程序中，可以重复地去调用该过程。

```
PROGRAM test_internal
!
! 目的:说明内部过程的使用
!
! 修订版本:
!    日期          程序员           修改说明
!    ====          ==========       ======================
!    11/25/15      S.J.Chapman      原始代码
!
IMPLICIT NONE
! 数据字典:声明常量
REAL,PARAMETER ::PI = 3.141592    ! PI
! 数据字典:声明变量类型和定义
REAL ::theta               ! 角度,计量单位为度
! 获得期望的角度值
WRITE (*,*)'Enter desired angle in degrees:'
READ (*,*)theta
! 计算和显示结果
WRITE (*,'(A,F10.4)')'The secant is ',secant(theta)
! 注意,上面 WRITE 是最后一条执行语句
! 现在,声明求解角度正切值的内部函数:
```

```
CONTAINS
  REAL FUNCTION secant(angle_in_degrees)
  !
  ! 目的:计算以度为计量单位的角度的正切值
  !
  REAL ::angle_in_degrees
  ! 计算正切值
  secant = 1./ cos( angle_in_degrees * pi / 180.)
  END FUNCTION secant
END PROGRAM test_internal
```

图 9-9　使用内部过程来计算角度正切值的程序

注意，内部函数 secant 出现在 test 程序的最后一条执行语句后面。它不属于宿主程序的执行代码。当执行 test 程序的时候，提示用户输入一个角度值，然后调用内部函数 secant 计算该值的正切值，作为最后的 WRITE 语句的一部分输出。程序执行完后输出结果为：

```
C:\book\fortran\chap9>test
Enter desired angle in degrees:
45
The secant is 1.4142
```

内部过程函数和外部过程有以下三方面的区别：

（1）内部过程只能被宿主过程调用，程序中的其他过程不能访问它。

（2）内部过程的名字不能作为命令行参数传递给其他的过程。

（3）内部过程通过宿主关联继承了宿主程序单元的所有数据实体（参数和变量）。

最后一点需要多做一些解释。当在宿主程序单元中定义内部过程时，宿主程序单元中的所有参数和变量都可以在内部过程中使用。再次来看图 9-9，注意在内部过程中没有 IMPLICIT NONE 语句，因为在宿主程序中的变量都可以用于内部过程。注意常量名 PI，它是在宿主程序中定义的，在内部过程中使用。

只有一种情况内部过程不能去访问定义在宿主程序中的数据，那就是在内部过程中定义了和宿主程序中的数据同名的数据。在这种情况下，在宿主程序中定义的数据体不能被过程访问，内部过程中所发生的所有操作不会对宿主程序中的数据造成任何影响。

良好的编程习惯

使用内部过程完成一些只需要在一个程序单元中执行，且必须重复执行的低级操作。

9.8　子模块

在第 7 章学习了模块过程。在一个含义有全部显式接口的模块中声明过程，这些过程可以通过使用 USE 语句，在程序中的其他模块中使用。模块可以用来存储过程集，然后用于程序的其他部分。

通过将整个过程放在模块中的关键字 CONTAINS 之后，Fortran 编译器为过程自动生成一个显示接口，还根据对过程的解释自动编译代码和执行之。

```
MODULE test_module
IMPLICIT NONE
```

```
CONTAINS
  SUBROUTINE procedure1(a,b,c)
  IMPLICIT NONE
  REAL,INTENT(IN)::a
  REAL,INTENT(IN)::b
  REAL,INTENT(OUT)::c
  ...
  END SUBROUTINE procedure1
  REAL FUNCTION func2(a,b)
  IMPLICIT NONE
  REAL,INTENT(IN)::a
  REAL,INTENT(IN)::b
  ...
  END FUNCTION func2
END MODULE test_module
```

不幸的是，如果模块发生任何改变，编辑器将必须重新编译之，而且程序中任何依赖于模块的部分发生改变，也需要重新编译该模块。这就导致如果涉及某个关键模块的线路被更改，会引起大规模的重新编译，占用很长时间。在大型程序的开发过程中，这个冗长的编译周期非常低效。

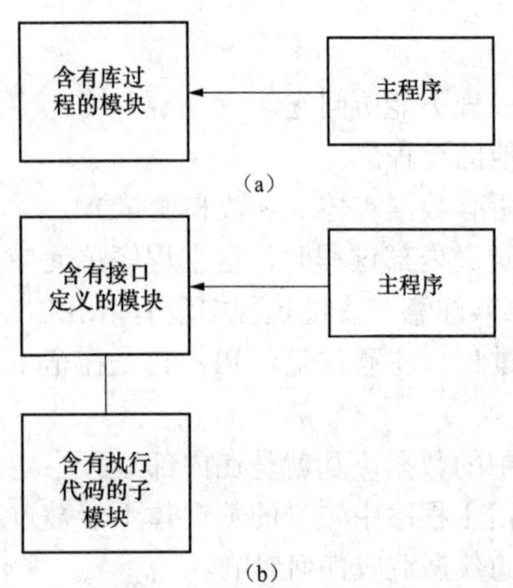

图 9-10（a）使用 USE 关联的主程序可以访问模块中的库。库中任何更改将强制主程序重新编译；（b）模块/子模块组合的库。接口放置在模块中，可执行代码放置于子模块中。使用 USE 关联的主程序可以访问模块。任何未修改接口的库中的可执行代码更改时，不再需要主程序重新编译

为什么必须要根据某些模块重新编译所有内容呢？通过调用过程可见的模块过程的唯一部分是接口，即过程调用和返回参数的列表。过程中的任何可执行代码对调用过程都是不可见的，因此在它内部的任何更改都不应强制完全重新编译调用程序。

Fortran 有一个机制来做到这一点，称为子模块。如果程序员使用子模块，他/她将模块中的过程分为两部分，第一部分是模块本身，包含每个模块过程的接口（调用参数），第二部分是包含过程的实际可执行代码的子模块。如果任何过程的接口发生更改，则必须重新编译使用模块的所有其他过程。如果只在子模块中更改过程的实施内容（可执行代码），则只需要重新编译子模块。子模块过程的接口没有任何更改，因此程序的其他部分不需要修改或重新编译（见图 9-10）。

通过将接口包含到模块的过程和子模块的可执行代码中，可以将过程放入模块/子模块组合中。注意模块包含一个 INTERFACE 块，而不是 CONTAINS 语句，并且每个过程的接口都是由关键字 MODULE 引入的。Fortran 编译器自动从接口块中生成一个显式接口。

```
MODULE test_module
IMPLICIT NONE
INTERFACE
  MODULE SUBROUTINE procedure1(a,b,c)
  IMPLICIT NONE
  REAL,INTENT(IN)::a
  REAL,INTENT(IN)::b
```

```
  REAL,INTENT(OUT)::c
  END SUBROUTINE procedure1
  MODULE REAL FUNCTION func2(a,b)
  IMPLICIT NONE
  REAL,INTENT(IN)::a
  REAL,INTENT(IN)::b
  END FUNCTION func2
END INTERFACE
END MODULE test_module
```

然后将可执行代码置入子模块中，如下所示：

```
SUBMODULE (test_module)test_module_exec
IMPLICIT NONE
CONTAINS
  MODULE PROCEDURE procedure1
  …
  END PROCEDURE procedure1
  MODULE PROCEDURE func2
  …
  END PROCEDURE func2
END SUBMODULE test_module_exec
```

通过 SUBMODULE 语句将该子模块声明为 test_module 子模块。注意这里没有定义每个模块过程的输入和输出参数，它们将从模块的接口定义中继承过来。如代码用此方法编写，则子模块的内容可以更改和重新编译，但无需重新编译依赖于它的程序部分。

例题 9-5　子模块的使用

重写在示例 9-1 中创建的连立方程求解子例程 simul，以便在模块/子模块中创建显式接口，将可执行代码与接口隔离开来。

Fortran 模块如图 9-11 所示，子模块如图 9-12 所示。注意在模块中定义子例程的接口，在子模块中定义子例程的可执行代码。

```
MODULE solvers
! 这个模块含有类似的方程式求解方法
INTERFACE
  MODULE SUBROUTINE simul ( a,b,ndim,n,error )
  !
  ! 目的:子例程是在不知道 n 的情况下用高斯消元法方法和最大支点技术求解 n 个线性方程集的解
  !
  ! 修订版本:
  !  日期         程序员          修改说明
  !  ====         ==========      ====================
  !  11/25/15     S.J.Chapman     原始代码
  !
  IMPLICIT NONE
  ! 数据字典:声明调用参数类型和定义
  INTEGER,INTENT(IN)::ndim                    ! 数组 a 和 b 的维数
  REAL,INTENT(INOUT),DIMENSION(ndim,ndim)::a
          !系数数组 (n x n).该数组的大小是 ndim x ndim
          ! 但是仅使用了 n x n 系数
          !声明维度 ndim 必须传递给子例程,否则不能正确解释下标大小
          !(这个数组处理期间被销毁)
  REAL,INTENT(INOUT),DIMENSION(ndim)::b
          ! 输入:方程式的右边
```

```
        ! 输出:求解的结果矢量值
  INTEGER,INTENT(IN)::n                          ! 要求解的方程个数
  INTEGER,INTENT(OUT)::error                     ! 出错标志
        ! 0 - 无错
        ! 1 - 单个方程式
  END SUBROUTINE simul

END INTERFACE
END MODULE solvers
```

图 9-11 子例程 simul 的接口被放置在模块 solver 中

```
SUBMODULE (solvers)solvers_exec
! 该子模块含有类型方程式求解的执行代码
CONTAINS
  MODULE PROCEDURE simul
  ! 数据字典:声明常量
  REAL,PARAMETER ::EPSILON = 1.0E-6      ! A "small" number for comparison
                  ! 当判断是单个方程式时
  ! 数据字典 declare local variable types & definitions
  REAL ::factor                          ! 在加到方程式jrow之前乘于方程irow的因子
  INTEGER ::irow                         ! 当前处理的方程式个数
  INTEGER ::ipeak                        ! 指向含有最大支点的方程式的指针
  INTEGER ::jrow                         ! 与当前方程式比较的方程个数
  INTEGER ::kcol                         ! 控制循环整个方程上的列数的变量
  REAL ::temp                            ! 临时值
  ! 处理 n 次,得到全部方程
  mainloop:DO irow = 1,n
   ! 在 irow ={rows,n}行的 irow 列上找出峰值
   ipeak = irow
   max_pivot:DO jrow = irow+1,n
     IF (ABS(a(jrow,irow))> ABS(a(ipeak,irow)))THEN
      ipeak = jrow
     END IF
   END DO max_pivot
   ! 检测是单个方程式否
   singular:IF ( ABS(a(ipeak,irow))< EPSILON )THEN
     error = 1
     RETURN
   END IF singular
   ! 另外,如果 ipeak /= irow,交换方程式 irow & ipeak
   swap_eqn:IF ( ipeak /= irow )THEN
     DO kcol = 1,n
      temp    = a(ipeak,kcol)
      a(ipeak,kcol)= a(irow,kcol)
      a(irow,kcol)= temp
     END DO
     temp   = b(ipeak)
     b(ipeak)= b(irow)
     b(irow)= temp
   END IF swap_eqn
   ! -a(jrow,irow)/a(irow,irow)乘于方程式 irow,然后加到方程式 jrow
   ! (对所有的方程式,除了 irow 自身)
   eliminate:DO jrow = 1,n
```

```
    IF ( jrow /= irow )THEN
     factor = -a(jrow,irow)/a(irow,irow)
     DO kcol = 1,n
       a(jrow,kcol)= a(irow,kcol)*factor + a(jrow,kcol)
     END DO
     b(jrow)= b(irow)*factor + b(jrow)
    END IF
  END DO eliminate
 END DO mainloop
! 对于整个方程的主循环结束.现在所有非对角线项均为 0,
! 为了获得最终答案,必须用对角线项上的系数除每个方程
 divide:DO irow = 1,n
  b(irow)  = b(irow)/ a(irow,irow)
  a(irow,irow)= 1.
 END DO divide
 ! 设置出错标志为 0,且返回
 error = 0
 END PROCEDURE simul
END SUBMODULE solvers_exec
```

图 9-12 子例程 simul 的可执行代码被放置在子模块 solver_exec 中

子例程 simul 的测试驱动程序如图 9-13 所示，注意这个测试程序使用模块求解而不是子模块。

```
PROGRAM test_simul_2
!
! 目的:为了测试子例程 simul,在 N 不可知的情况求解 N 个线性方程集
!
! 修订版本:
!   日期         程序员          修改说明
!   ====         ==========      ======================
!   11/25/15     S.J.Chapman     原始代码
!
USE solvers
IMPLICIT NONE
! 数据字典:声明常量
INTEGER,PARAMETER ::MAX_SIZE = 10                 ! 方程的最大个数
! 数据字典:声明局部变量类型和定义
REAL,DIMENSION(MAX_SIZE,MAX_SIZE)::a
                         ! 系数数组 (n×n)。该数组的大小是 ndim×ndim
                         ! 但是仅使用了 n×n 系数
                         !声明维度 ndim 必须传递给子例程,否则不能正确解释下标大小
                         ! (这个数组处理期间被销毁)
REAL,DIMENSION(MAX_SIZE)::b                       ! 输入:方程式的右边
                         ! 输出:求出的结果矢量值
INTEGER ::error          ! 出错标志
                         ! 0 - 无错
                         ! 1 - 单个方程
CHARACTER(len=20)::file_name                      ! 含有方程的文件名
INTEGER ::i              ! 循环控制变量
INTEGER ::j              ! 循环控制变量
CHARACTER(len=80)::msg                            ! 错误信息
INTEGER ::n              ! simul 方程式个数 (<= MAX_SIZE)
INTEGER ::istat          ! I/O 状态
```

```
! 获得含有方程式的磁盘文件名
WRITE (*,"(' Enter the file name containing the eqns:')")
READ (*,'(A20)')file_name
! 打开输入数据文件。状态为 OLD,因为输入数据必须已经存在
OPEN ( UNIT=1,FILE=file_name,STATUS='OLD',ACTION='READ',&
    IOSTAT=istat,IOMSG=msg )
! OPEN 成功?
fileopen:IF ( istat == 0 )THEN
  ! 文件打开成功,于是读入系统中方程式个数
  READ (1,*)n
  ! 如果方程式个数 <= MAX_SIZE,读入它们,且处理之
  size_ok:IF ( n <= MAX_SIZE )THEN
   DO i = 1,n
     READ (1,*)(a(i,j),j=1,n),b(i)
   END DO
   ! 显示系数
   WRITE (*,"(/,'Coefficients before call:')")
   DO i = 1,n
     WRITE (*,"(1X,7F11.4)")(a(i,j),j=1,n),b(i)
   END DO
   ! 求解方程
   CALL simul (a,b,MAX_SIZE,n,error )
   ! 检查出错否
   error_check:IF ( error /= 0 )THEN
     WRITE (*,1010)
     1010 FORMAT (/'Zero pivot encountered!',&
           //'There is no unique solution to this system.')
   ELSE error_check
     ! 无错。显示系数
     WRITE (*,"(/,'Coefficients after call:')")
     DO i = 1,n
       WRITE (*,"(1X,7F11.4)")(a(i,j),j=1,n),b(i)
     END DO
     ! 输出最终答案
     WRITE (*,"(/,'The solutions are:')")
     DO i = 1,n
      WRITE (*,"(2X,'X(',I2,')= ',F16.6)")i,b(i)
     END DO
   END IF error_check
  END IF size_ok
ELSE fileopen
  ! 否则文件打开失败,告知用户
  WRITE (*,1020)msg
  1020 FORMAT ('File open failed:',A)
END IF fileopen
END PROGRAM test_simul_2
```

图 9-13 子例程 simul 的测试驱动程序

为了测试这个子例程，需要调用与前面相同的两个数据集。

```
C:\book\fortran\chap9\solvers>test_simul_2
Enter the file name containing the eqns:
inputs1
Coefficients before call:
```

```
 1.0000   1.0000   1.0000   1.0000
 2.0000   1.0000   1.0000   2.0000
 1.0000   3.0000   2.0000   4.0000
Coefficients after call:
 1.0000    .0000    .0000   1.0000
  .0000   1.0000    .0000   3.0000
  .0000    .0000   1.0000  -3.0000
The solutions are:
 X( 1)=    1.000000
 X( 2)=    3.000000
 X( 3)=   -3.000000
C:\book\fortran\chap9\solvers>test_simul_2
Enter the file name containing the eqns:
inputs2
Coefficients before call:
 1.0000   1.0000   1.0000   1.0000
 2.0000   6.0000   4.0000   8.0000
 1.0000   3.0000   2.0000   4.0000
Zero pivot encountered!
There is no unique solution to this system.
```

该子例程看来是能正确求出相同的唯一和奇异解集。

良好的编程习惯

使用子模块从过程接口中分离可执行代码，使得在不需要强制主要内容重新编译的情况下，更简单地修改内部代码。

对于给定的模块，可以关联多个子模块，子模块可以拥有自己的子模块。这种自由度可以帮助以结构化的方式组织代码。

在子模块中的过程也叫做独立过程。

9.9 小结

多维数组可以作为显式结构形参数组或不定结构形参数组传递给子程序或者函数。如果把多维数组当作显式结构形参数组传递，那么必须把数组每个维度的宽度通过调用参数的方式传递给子例程，以用来声明数组。如果多维数组被当作不定结构形参数组传递，那么过程中必须有显式接口，数组的维数用冒号声明。

当一个过程执行完成之后，Fortran 标准说过程中的局部变量可以不定义。当再次调用该过程的时候，根据编译器和对编译器选项的设置，局部变量的值和前一次调用的值可能相同也可能不同。如果过程需要某些局部变量在两次调用之间保持数据不变，那么必须用 SAVE 属性或者 SAVE 语句来声明变量。

自动数组在过程开始执行的时候自动创建，当过程执行结束后自动销毁。自动数组是局部数组，它的维数被调用参数设定，所以在过程每次调用的时候都可以有不同的大小。自动数组用作过程中的临时工作区。

在 Fortran 中，只要子例程或者函数有显式接口，可分配数组可以作为形式参数和函数的返回值。如果使用 INTENT（IN）声明一个可分配数组，那么在子例程或函数中就不能释放或者修改该数组。如果使用 INTENT（OUT）声明一个可分配数组，那么在子例程或函数开始执行之前将自动释放该数组。如果使用 INTENT（INOUT）声明一个可分配数组，那么在子例程或者函数开始时数组保持不变，但是子例程或函数可以自由修改数据和/或该数组的分配。

一个内部过程是完全定义在另一个称作宿主程序单元的程序单元中的过程。它只能被宿主程序单元访问。内部过程包含在宿主程序单元中的所有执行语句之后，前面有一个 CONTAINS 语句。通过宿主关联内部过程可以访问定义在宿主程序单元中的所有数据项，除非内部过程包含一个和宿主程序单元中的数据项同名的数据项。在那种情况下，内部过程不能访问宿主程序中的该数据项。

子模块可用于将过程接口定义从程序的可执行代码中分离出来。如果使用子模块，只要接口不改变，那么程序员可以自由地修改子模块中的可执行代码，而不会强制所有其他依赖于它的代码被重新编译。

9.9.1 良好的编程习惯小结

当使用子例程和函数的时候应该遵循下述原则：

1. 始终应该用显式结构形参数组或者不定结构形参数组作为形参数组参数。永远不要在任何新的程序中使用不定大小形参数组。

2. 如果需要在连续的过程调用期间过程中的变量值不被改变，那么在变量的类型声明语句中指明 SAVE 属性，包含该变量在 SAVE 语句中，或者在它的类型声明语句中初始化该变量。

3. 在过程中使用自动数组来创建局部临时工作数组。使用可分配数组创建在主程序中的数组，或者在不同的过程中创建或销毁的数组、或者在给定的过程中能够改变大小的数组。

4. 使用内部过程完成只需要在一个程序单元中执行，且必须重复执行的低级操作。

5. 使用子模块从过程接口中分离可执行代码，使得在不需要强制主要内容重新编译的情况下，更简单地修改内部代码。

9.9.2 Fortran 语句和结构小结

CONTAINS 语句：

```
CONTAINS
```

例如：

```
PROGRAM main
…
CONTAINS
SUBROUTINE sub1(x,y)
…
END SUBROUTINE sub1
END PROGRAM
```

说明：

CONTAINS 语句是指明下面的语句是宿主单元中的一个或多个独立过程的语句。当用于模块时，CONTAINS 语句标志着一个或多个模块过程的开始。当用于主程序或者外部过程时，CONTAINS 语句标志着一个或多个内部过程的开始。CONTAINS 语句必须出现在任何类型、接口及模块中的数据定义之后，必须跟在主程序或者外部过程的最后一条执行语句之后。

ELEMENTAL 前缀：

```
ELEMENTAL FUNCTION name(arg1,…)
ELEMENTAL SUBROUTINE name(arg1,…)
```

例如：

```
ELEMENTAL FUNCTION my_fun(a,b,c)
```

说明：

这个前缀定义一个过程是逐元的，这意味着它是用标量输入和输出定义的。也可以用于数组的输入和输出。当用于数组的时候，逐元过程定义的操作按逐个元素的方式作用于输入数组中的每个元素上。

END SUBMODULE 语句：

```
END SUBMODULE[module_name]
```

例如：

```
END SUBMODULE solvers_exec
```

说明：

该语句标记子模块的结束。

PURE 前缀：

```
PURE FUNCTION name(arg1,…)
PURE SUBROUTINE name(arg1,…)
```

例如：

```
PURE FUNCTION my_fun(a,b,c)
```

说明：

这个前缀定义一个过程为纯的，它意味着没有任何负面影响。

SAVE 属性：

```
Type,SAVE::name1,name2,…
```

例如：

```
REAL,SAVE::sum
```

说明：

这个属性声明过程中的局部变量的值在连续的调用过程期间必须保持不变。它和在 SAVE 语句中包含变量名是等价的。

SAVE 语句：

```
SAVE [var1,var2,…]
```

例如：

```
SAVE count,index
SAVE
```

说明：

这条语句定义一个过程中的局部变量的值在连续的调用过程期间必须保持不变。如果包含一系列变量，那么只有那些变量会保存，如果没有包含任何变量，那么在过程或者模块中的每个局部变量都会保存下来，以保持不变。

SUBMODULE 语句：

```
SUBMODULE(parent_module)module_name
```

例如：

```
SUBMODULE(solvers)solvers_exec
```

说明：

该语句用于声明一个子模块，用于将程序的可执行代码从接口（调用参数表）中分离出来，子模块在父模块中声明。

9.9.3 习题

9-1 在过程中使用显式结构形参数组有什么优点和缺点？使用不定结构形参数组有什么优点和缺点？为什么不再使用不定大小形参数组？

9-2 内部过程和外部过程有什么不同？什么时候内部过程可以替代外部过程？

9-3 SAVE 语句和属性的作用是什么？什么时候应该使用它们？

9-4 下面的程序是否正确？如果正确，执行的时候会输出什么结果？如果不正确，错在哪里？

```
PROGRAM junk
IMPLICIT NONE
REAL::a=3,b=4,output
INTEGER::i=0
call sub1(a,I,output)
WRITE(*,*)'The output is',output

CONTAINS
  SUBROUTINE sub1(x,j,junk)
  REAL,INTENT(IN)::x
  INTEGER,INTENT(IN)::j
  REAL,INTENT(OUT)::junk
  junk=(x-j)/b
  END SUBROUTINE sub1
END PROGRAM junk
```

9-5 当执行下面的程序代码时，将输出什么结果？程序的每个点上 x，y，i，j 的值是多少？如果一个值在执行的过程中被改变了，解释为什么会改变。

```
PROGRAM exercise9-5
IMPLICIT NONE
REAL::x=12.,y=-3.,result
INTEGER::i=6,j=4
WRITE(*,100)'Before call:x,y,i,j=',x,y,i,j
100 FORMAT(A,2F6.1,2I6)
result=exec(y,i)
WRITE(*,*)'The result is',result
WRITE(*,100)'After call:x,y,i,j=',x,y,i,j
CONTAINS
   REAL FUNCTION exec(x,i)
   REAL,INTENT(IN)::x
   INTEGER,INTENT(IN)::i
   WRITE(*,100)'In exec:x,y,i,j=',x,y,i,j
   100 FORMAT(A,2F6.1,2I6)
   exec=(x+y)/REAL(i+j)
   j=i
   END FUNCTION exec
END PROTRAM exercise9-5
```

9-6 **矩阵乘法**。如果两个矩阵的大小一致，编写子例程，计算两个矩阵的积，并假设输出数组足够大能存放结果。如果两个矩阵的大小不一致，或者输出数组太小，设置错误标志返回给调用程序。调用程序传递所有的三个数组 a，b 和 c 的维数给子例程，使得它可以使用显式结构形参数组，并且检测大小（注意：习题 8-14 中已经给出了矩阵乘法的定义）。分别使用子例程和内部函数 MATMUL 对下面两组数组进行相乘来检验编写的子例程。

（a）$a=\begin{bmatrix}2 & -1 & 2\\ -1 & -3 & 4\\ 2 & 4 & 2\end{bmatrix}$ $b=\begin{bmatrix}1 & 2 & 3\\ 2 & 1 & 2\\ 3 & 2 & 1\end{bmatrix}$

（b）$a=\begin{bmatrix}1 & -1 & -2\\ 2 & 2 & 0\\ 3 & 3 & 3\\ 5 & 4 & 4\end{bmatrix}$ $b=\begin{bmatrix}-2\\ 5\\ 2\end{bmatrix}$

9-7 使用显式接口和不定结构数组编写习题 9-6 的程序的新版本，用来实现矩阵乘法。这个版本应该在矩阵相乘之前有检查，以确保输入数组的结构一致，输出数组足够大，能存放两个矩阵的乘积。也可以利用表 8-1 中的查询内置函数来检查数组是否一致。如果不满足这些条件，子例程应该设置一个错误标志，然后返回。

9-8 编写习题 9-6 的矩阵乘法子例程新版本，使用子模块从可执行代码中分离显式接口。

9-9 使用不定结构数组修改例 9-1 中的子例程 simul。使用例 9-1 中的两个数据集来测试该子例程。

9-10 编写一个测试程序测试图 9-6 中的子程序 simul2。使用例 9-1 中的两个数据集来测试该子程序。

9-11 为什么模块中的数据应该用 SAVE 属性来声明？

9-12 修改图 9-7 中的程序 test_alloc，使得可分配形式参数具有 INTENT（IN）属性，程序能够运行吗？如果能，它将做什么？如果不能，为什么不能？

9-13 修改图 9-7 中的程序 test_alloc，使得可分配形式参数具有 INTENT（OUT）属性，程序能够运行吗？如果能，它将做什么？如果不能，为什么不能？

9-14 **模拟掷骰子**。假设程序员要写一个游戏程序。作为程序的一部分，必须模拟一副骰子的投掷过程。写一个名叫 throw 的子例程，每次它被调用的时候返回从 1 到 6 间的两个随机数。这个子例程应该包含一个叫做 die 的内部函数，它用来实际计算每次骰子投掷的结果。这个函数被调用两次用来生成两个随机数，返回给调用程序（注意：使用内置子程序 RANDOM_NUMBER 也可以生成一个随机掷骰子的结果）。

9-15 创建一组 ELEMENTAL 函数用于计算角度 θ 的正弦、余弦、正切值，这里 θ 用度数来表示。创建一组 ELEMENTAL 函数用于计算反正弦、反余弦、反正切值，并以度数的形式返回结果。试着计算一个 2×3 的数组 arr1 的正弦、余弦和正切值，用于测试编写的程序，接着用反函数来反向计算。数组 arr1 定义如下：

$$\text{arr1} = \begin{bmatrix} 10.0 & 20.0 & 30.0 \\ 40.0 & 50.0 & 60.0 \end{bmatrix} \tag{9-10}$$

应该尝试着在单条语句中对整个数组使用每个函数。编写的函数针对输入数组能够正常工作吗？

9-16 将前面习题中的 ELEMENTAL 函数转换为 PURE 函数，再次完成题目，使用 PURE 函数可以得到什么结果？

9-17 **二阶最小二乘拟合**。有时候要拟合一组指向一条直线的数据点。例如，考虑一个抛出去的球。根据基本物理学得知球的高度相对时间形成了一条抛物线，而不是一条直线。那么如何对这种非直线形状上的噪声数据进行拟合呢？

可以扩展最小二乘法的思想用于求比直线表达式更复杂的多项式的最优解（用最小二乘的思想）。任何一个多项式可以用方程式来表示：

$$y(x) = c_0 + c_1x + c_2x^2 + c_3x^3 + c_4x^4 + \ldots \tag{9-11}$$

这里，多项式的阶对应着多项式中 x 的最高次方。对 n 阶多项式执行最小二乘拟合，必须求解系数 $c_0, c_1, \ldots, c_n$，这些系数可以使多项式和数据点之间的误差最小。

要被拟合的多项式可以有任意项，只要它至少提供和要求解方程中系数一样多的数据点。例如，只要在拟合的过程中有至少两个不同的数据点，那么这些数据就可以拟合如下格式的一阶多项式：

$$y(x) = c_0 + c_1x \tag{9-12}$$

这是一条直线，c_0 是直线的截距，c_1 是直线的斜率。同样，只要在拟合的过程中有至少三个不同的数据点，那么这些数据就可以拟合一个二阶多项式：

$$y(x) = c_0 + c_1x + c_2x^2 \tag{9-13}$$

这是一个二次表达式，它的形状是一条抛物线。

可以表明[3]，对多项式 $y(x) = c_0 + c_1x$ 的线性最小二乘拟合系数是下面所示的方程组的解：

$$Nc_0 + (\sum x)c_1 = \sum y \tag{9-14}$$

❸ 概率与统计，Athanasios，Papoulis，Prentice-Hall 出版，1990，392-393。

$$(\sum x)c_0 + (\sum x^2)c_1 = \sum xy$$

式中：（x_i，y_i）是第 i 个样本点；

N 是拟合中包含的样本数目；

$\sum x$ 是所有点的 x_i 值之和；

$\sum x^2$ 是所有点的 x_i 值的平方之和；

$\sum xy$ 是对应的 x_i 和 y_i 乘积之和。

只要样本点的数目大于等于 2，那么任意数目的样本点（x_i，y_i）都可以用于拟合。

上面的公式可以扩展为高阶多项式的拟合。例如，一个对于二阶多项式 $y(x) = c_0 + c_1x + c_2x^2$ 的最小二乘拟合系数就是下面的方程组的解：

$$\begin{aligned} Nc_0 + (\sum x)c_1 + (\sum x^2)c_2 &= \sum y \\ (\sum x)c_0 + (\sum x^2)c_1 + (\sum x^3)c_2 &= \sum xy \\ (\sum x^2)c_0 + (\sum x^3)c_1 + (\sum x^4)c_2 &= \sum x^2y \end{aligned} \tag{9-15}$$

其中的各个变量的含义和上面描述的相同。只要样本点的数目大于等于 3，那么任意数目的样本点（x_i，y_i）都可以用于拟合。对抛物线数据的最小二乘拟合可以在求解公式 9-15 的 c_0、c_1 和 c_2 的过程中发现。

编写子例程用于执行对二阶多项式（抛物线）的最小二乘拟合。使用该子例程用表 9-1 中的数据拟合一条抛物线。使用内部子例程来求解公式（9-15）中给出的联立方程组。

表 9-1　一个球相对于时间的实测位置和速率

间（sec）	位置（m）	速率（m/s）
0.167	49.9	−5.1
0.333	52.2	−12.9
0.500	50.6	−15.1
0.667	47.0	−6.8
0.833	47.7	−12.3
1.000	42.3	−18.0
1.167	37.9	−5.7
1.333	38.2	−6.3
1.500	38.0	−12.7
1.667	33.8	−13.7
1.833	26.7	−26.7
2.000	24.8	−31.3
2.167	22.0	−22.9
2.333	16.5	−25.6
2.500	14.0	−25.7
2.667	5.6	−25.2

续表

间（sec）	位置（m）	速率（m/s）
2.833	2.9	−35.0
3.000	0.8	−27.9

9-18 计算曲线 $y(x) = x^2 - 4x + 3$ 在 $x_i = 0, 0.1, 0.2, ..., 5.0$ 处的值 (x_i, y_i) 作为测试数据集。使用内置子例程 RANDOM_NUMBER 对每个 y_i 添加随机噪声。使用习题 9-16 中编写的子例程来试着估算生成数据集的原始函数的系数。当增加如下随机噪声取值时，再次计算：

（a）0.0（不增加噪声）

（b）[−0.1，0.1）

（c）[−0.5，0.5）

（d）[−1.0，1.0）

（e）[−2.0，2.0）

（f）[1.−，3.0）

随着增加的噪声量的变化，拟合的质量如何？

9-19 **高阶最小二乘拟合**。可以表明对一个 n 阶多项式 $y(x) = c_0 + c_1 x + c_2 x^2 + ... + c_n x^n$ 的最小二乘拟合的系数是下面的 n 个未知数的 n 个方程组的解：

$$\begin{aligned}
&Nc_0 + (\sum x)c_1 + (\sum x^2)c_2 + ... + (\sum x^n)c_n = \sum y \\
&(\sum x)c_0 + (\sum x^2)c_1 + (\sum x^3)c_2 + ... + (\sum x^{n+1})c_n = \sum xy \\
&(\sum x^2)c_0 + (\sum x^3)c_1 + (\sum x^4)c_2 + ... + (\sum x^{n+3})c_n = \sum x^2 y \\
&\vdots \\
&(\sum x^n)c_0 + (\sum x^{n+1})c_1 + (\sum x^{n+2})c_2 + ... + (\sum x^{2n})c_n = \sum x^n y
\end{aligned} \tag{9-16}$$

编写子程序，实现对任意阶数的任意多项式的最小二乘拟合（注意：使用动态内存分配为所求解问题创建合适大小的数组）。

9-20 计算曲线 $y(x) = x^4 - 3x^3 - 4x^2 + 2x + 3$ 在 $x_i = 0, 0.1, 0.2, ..., 5.0$ 处的值 (x_i, y_i) 作为测试数据集。使用内置子例程 RANDOM_NUMBER 对每个 y_i 增加随机噪声。使用习题 9-18 中编写的高阶最小二乘拟合子例程来试着计算生成数据集的原始函数的系数。增加的随机噪声取值如下：

（a）0.0（不增加噪声）

（b）[−0.1，0.1）

（c）[−0.5，0.5）

（d）[−1.0，1.0）

随着增加的噪声量的变化，拟合的质量如何？与习题 9-17 中的二次拟合相比，对同样的噪声量高阶拟合的质量如何？

9-21 将第二阶最小二乘法拟合子例程和最高阶最小二乘法拟合子例程放入同一个公共库中，以被其他程序调用。将它们放入模块中，并声明两个子例程可以公开访问。使用新的模块重新运行测试程序，证明代码运行结果相同。

9-22 **插值**。n 阶最小二乘拟合用最小二乘的思路来最优拟合一个（x，y）数据集用以计算 n 阶多项式。一旦计算出该多项式，可以用它去估算数据集中与任意 x_0 点对应的 y_0 值。这个过程叫做插值。编写一个程序用于计算下面给出的数据集的二次最小二乘拟合，然后使用拟合去估算 x_0=3.5 时的 y_0 值。

噪声测量值

x	y
0.00	−23.22
1.00	−13.54
2.00	−4.14
3.00	−0.04
4.00	3.92
5.00	4.97
6.00	3.96
7.00	−0.07
8.00	−5.67
9.00	−12.29
10.00	−20.25

9-23 **推理**。一旦最小二乘拟合完成计算，结果多项式也可以用于估算超出原始输入数据集范围的函数值。这个过程称为推理。编写一个程序，计算对应下面给出的数据集的线性最小二乘拟合，接着使用该拟合去估算 x_0=14.0 时的 y_0 值。

噪声测量值

x	y
0.00	−14.22
1.00	−10.54
2.00	−5.09
3.00	−3.12
4.00	0.92
5.00	3.79
6.00	6.99
7.00	8.95
8.00	11.33
9.00	14.71
10.00	18.75

第 10 章

字符变量的更多特性

本章学习目标：

- 理解 Fortran 编译器中支持的字符种类，包括 Fortran 所支持的 Unicode。
- 理解如何对字符数据进行关系操作。
- 理解字符串函数 LLT，LLE，LGT 以及 LGE，明白为什么它们比对应的关系操作更加安全。
- 了解如何使用字符内置函数 CHAR，ICHAR，ACHAR，IACHAR，LEN，LEN_TRIM，TRIM 和 INDEX。
- 了解如何利用内部文件将数值型的数据转化为字符形式，反之亦然。

字符变量是一个包含字符信息的变量。在本章中，“字符”是指任何出现在字符集中的符号。在美国有两种基本的字符集很常用：ASCII（American Standard Code for Information Interchange，美国标准信息交换码，ISO/IEC646：1991），和 Unicode（ISO 10646）❶。

ASCII 字符集是一种系统，该系统中的每个字符按一个字节（8 位）来存储，所以这种字符集可以容纳 256 个字符。标准 ASCII 定义了其中的前 128 个可取值。附录 A 给出了 ASCII 编码系统中每个字母和数字对应的 8 位编码。一个字节中可存储的剩余 128 个字符在不同的国家有不同的定义，这些定义取决于特定国家使用的“编码页”。这些字符定义在 ISO-8859 标准集中。

Unicode 字符集用两个字节来表示每个字符，允许最多 1112064 个可能的字符。Unicode 字符集包含了几乎地球上所有语言用到的字符。最常用的字符编码方案是 UTF-8，它使用可变字节数来表示不同的字符。127 个基本 ASCII 字符，也就是 Unicode 字符集的前 127 个字符，可以用单字节表示。字符集中较高的字符可能需要 2、3 或者 4 字节进行编码。

每种 Fortran 编译器都支持称为默认字符集的一字节字符集。最低的 127 个字符将是 ASCII 字符集。Fortran 编译器也支持其他字符集，如 Unicode 等许多字符集。

---

❶ 本书的早期版本也讨论了 EBCDIC 字符集，这是在早期 IBM 大型机中使用的另一种单字节字符集。作者已经 32 年没有见到 EBCDIC 编码的计算机，所以所有关于该字符集的讨论都被删除了。

10.1 字符比较操作

字符串可以相互比较，这是通过关系操作符，或者一些特定的字符比较函数（称为词汇函数，字符串函数）来实现。考虑到程序的移植性，字符串函数比关系操作具有更多优势。

10.1.1 字符数据的关系操作

可以使用关系操作符==，/-，<，<=，>，和>=在逻辑表达式中对字符串进行比较。比较结果是逻辑值：真或者假。例如，表达式'123'=='123'为真，而表达式'123'=='1234'为假。

两个字符比较的时候如何判定一个是大于另一个呢？比较是基于字符的排序序列进行的。字符的排序序列是指字符在特定字符集中出现的顺序。例如，在 ASCII 字符集中，字符'A'是第 65 个字符，而 B 是第 66 个字符（参见附录 A）。因此，在 ASCII 字符集中，逻辑表达式'A'<'B'为真。此外，在 ASCII 集中字符'a'是第 97 个字符，所以'a'大于'A'。

如果某台计算机使用不同的字符集，则可能因为字符的排序不同而导致关系比较结果不同[2]。

可以采取一些与字符集无关的安全比较方式。字母'A'到'Z'按照字母顺序，数字'0'到'9'遵循数字顺序，字母和数字在排序序列中并不混合。然而，超出这些，所有比较不允许。特定符号间的关系和大小写字母之间的关系在不同的字符集中是不同的。

两个字符串比较的时候，如何判定一个大于另一个呢？比较从每个字符串的第一个字符开始，如果相同，那么比较第二个字符。继续这种过程，直到发现字符串中第一个不同的字符。例如：'AAAAAB'>'AAAAAA'。

如果字符串的长度不同会发生什么呢？比较从每个字符串的第一个字母开始，这个过程持续到发现不同的字母。如果直到其中一个字符串的结尾，两个字符串都是相同的，那么就认为另一个字符串是比较大的。因此：

```
'AB'>'AAAA','AAAAA'>'AAAA'
```

例题 10-1　以字母顺序排列单词

经常需要对字符串（例如名字、地址等）进行字母排序。编写子例程，用于接收字符数组，并且排序数组中的数据。

解决方案

因为针对字符串的关系操作和针对实数的操作相同，那么很容易修改第 7 章中编写的排序子例程，使它能够对字符变量数组进行字母排序。所有需要做的就是把排序子例程中对实数的声明替换为字符数组的声明。图 10-1 给出了重编写的程序。

```
PROGRAM sort4
!
! 目的:读入输入的字符数据集,用选择排序算法实现
!  数据升序排序,在标准的输出设备上输出排序结果,
!  该程序调用子例程"sortc"来进行排序操作
!
```

[2] 稍后会介绍，有些特殊函数允许在一个字符集，以独立的方式进行比较。

```
! 修订版本:
!   日期        程序员          修改说明
!   ====        ==========      =====================
!   11/28/15    S.J.Chapman     原始代码
!
IMPLICIT NONE
! 数据字典:声明常量
INTEGER,PARAMETER ::MAX_SIZE = 10  ! Max number to sort
! 数据字典:声明变量类型和定义
CHARACTER(len=20),DIMENSION(MAX_SIZE)::a
                                        ! 排序用数据数组
LOGICAL ::exceed = .FALSE.              ! 数组下标是否越界标志
CHARACTER(len=20)::filename             ! 输入数据文件名
INTEGER ::i                             ! 循环控制变量
CHARACTER(len=80)::msg                  ! 出错信息
INTEGER ::nvals = 0                     ! 排序数据值个数
INTEGER ::status                        ! I/O 状态:0 表示成功
CHARACTER(len=20)::temp                 ! 读入的临时变量
! 获得含有输入数据的文件名
WRITE (*,*)'Enter the file name with the data to be sorted:'
READ (*,'(A20)')filename
! Open 输入数据文件.状态是 OLD,因为输入数据必须已经存在
OPEN ( UNIT=9,FILE=filename,STATUS='OLD',ACTION='READ',&
   IOSTAT=status,IOMSG=msg )
! OPEN 成功否?
fileopen:IF ( status == 0 )THEN         ! Open 成功
  ! 文件打开成功,于是开始从文件中读入排序数据
  ! 排序数据,输出排序结果
  ! 数据中第一个读入值
  DO
   READ (9,*,IOSTAT=status)temp         ! 获得数值
   IF ( status /= 0 )EXIT               ! 数据读完,退出
   nvals = nvals + 1                    ! 计数
   size:IF ( nvals <= MAX_SIZE )THEN    ! 数据值太多?
     a(nvals)= temp                     ! 不是:数据值保存到数组
   ELSE
     exceed = .TRUE.                    ! 是:数组溢出
   END IF size
 END DO
 ! 超出数组最大空间区域否?是,告诉用户,退出
 toobig:IF ( exceed )THEN
   WRITE (*,1010)nvals,MAX_SIZE
   1010 FORMAT (' Maximum array size exceeded:',I6,' > ',I6 )
 ELSE
   ! 没有超出数组空间大小,排序数据
   CALL sortc (a,nvals)
   ! 在此输出排序结果
   WRITE (*,*)'The sorted output data values are:'
   WRITE (*,'(4X,A)')( a(i),i = 1,nvals )
 END IF toobig
ELSE fileopen
  ! 否则文件打开失败,通知用户
  WRITE (*,1050)TRIM(msg)
  1050 FORMAT ('File open failed--error = ',A)
```

```
END IF fileopen
END PROGRAM sort4
SUBROUTINE sortc (array,n)
!
! 目的:对字符数组中的数据用选择排序算法进行升序排序
!
! 修订版本:
!   日期         程序员          修改说明
!   ====         ==========      =====================
!   11/28/15     S.J.Chapman     原始代码
!
IMPLICIT NONE
! 数据字典:声明调用参数类型和定义
INTEGER,INTENT(IN)::n                                  ! 数值个数
CHARACTER(len=20),DIMENSION(n),INTENT(INOUT)::array
                                                       ! 用于排序的数组
! 数据字典:声明局部变量类型和定义
INTEGER ::i                                            ! 循环控制变量
INTEGER ::iptr                                         ! 指向最小值的指针
INTEGER ::j                                            ! 循环控制变量
CHARACTER(len=20)::temp                                ! 用于实现交换的临时变量
! 数组排序
outer:DO i = 1,n-1
  ! 在array(i)到 array(n)中,找出最小值
  iptr = i
  inner:DO j = i-1,n
   minval:IF ( array(j)< array(iptr))THEN
     iptr = j
   END IF minval
 END DO inner
 ! 此时iptr指向最小值,如果i /= iptr,交换array(iptr)和array(i)
swap:IF ( i /= iptr )THEN
   temp   = array(i)
   array(i)  = array(iptr)
   array(iptr) = temp
 END IF swap
END DO outer
END SUBROUTINE sortc
```

图 10-1 接收字符串输入，用选择排序算法对字符串进行按字母序排序的程序

为了测试这个程序，在文件 INPUTC 中放有下面的字符数据：

```
Fortran
fortran
ABCD
ABC
XYZZY
9.0
A9IDL
```

如果在基于 ASCII 排序序列的计算机中编译并运行该程序，运行结果为：

```
C:\book\chap10>sort4
Enter the file name containing the data to be sorted:
```

```
inputc
The sorted output data values are:
9.0
A9IDL
ABC
ABCD
Fortran
XYZZY
fortran
```

注意，数字 9 放在任一字母之前，小写字母放在大写字母之后。这些位置和附录 A 中的 ASCII 表位置一致。

10.1.2 字符串函数 LLT，LLE，LGT 和 LGE

前面例子中的排序子例程的结果依赖于字符集，以及执行程序的处理器上使用的字符集。这种依赖非常糟糕，因为它会使得 Fortran 程序在不同处理器间可移植性变差。那么需要某些方法来确保不管在什么样的计算机上编译和运行程序，程序都能获得同样的结果。

幸运的是，Fortran 语言为这一需求提供了四个内置逻辑函数：LLT（字符串小于），LLE（字符串小于等于），LGT（字符串大于），LGE（字符串大于等于）。这些函数精确地与关系操作符<，<=，>，>=等效，不同的是它们总是按照 ASCII 排序的顺序来比较字符，而不考虑程序在什么类型的计算机上运行。如果在比较字符串的时候，用这些字符串函数来替换关系操作符，那么在所有计算机上运行的结果都会是相同的。

下面给出了一个使用 LLT 函数的简单例子。其中，使用关系操作符<和逻辑函数 LLT 比较字符变量 string1 和 string2。在不同的处理器中结果 result1 的值将会不同，然而结果 result2 的值在任何处理器中都为真。

```
LOGICAL::result1,result2
CHARACTER(len-6)::string1,string2
string1='A1'
string2='a1'
result1=string1<string2
result2=LLT(string1,string2)
```

良好的编程习惯

如果程序有可能必须在具有不同字符集的计算机上运行，在判断两个字符串是否相等的时候，记得使用逻辑函数 LLT，LLE，LGT 和 LGE。不要对字符串使用关系操作符<，<=，>，>=，因为它们的结果可能会根据计算机的不同而不同。

10.2 内置字符函数

Fortran 语言还提供了几个额外的内置函数，在处理字符数据时非常重要。这些函数包括 CHAR，ICHAR，ACHAR，IACHAR，LEN，LEN_TRIM，TRIM 和 INDEX。下面将讨论这些函数，说明它们的用法。

CHAR 函数将输入的整型值转换为对应的输出字符。例如：

```
CHARACTER::out
INTEGER::input =65
out = CHAR(input)
```

CHAR 函数的输入是单个整型值，输出是字符，字符在特定处理器上的排序序号与函数的输入参数相等。例如，如果是在使用 ASCII 排序序列的处理器上运行该函数，那么 CHAR（65）代表的就是字符'A'。

ICHAR 函数将输入的字符转换为对应的整型数输出。例如：

```
CHARACTER::input='A'
INTEGER::out
out=ICHAR(input)
```

ICHAR 函数的输入是单个字符，输出是整型数，整数指明输入字符在特定处理器中的排序序号。例如：如果是在使用 ASCII 排序序列的处理器上运行该函数，ICHAR（'A'）就是整数 65。

ACHAR 函数和 IACHAR 函数与 CHAR 函数和 ICHAR 函数的功能相同，只是 ACHAR 函数和 IACHAR 函数不考虑特定处理器采用的字符集，而是基于 ASCII 排序序列运行。因此 ACHAR 函数和 IACHAR 函数的运行结果不论在什么计算机上都是相同的。应该用它们来替换前面的函数，以提高程序的可移植性。

良好的编程习惯

多用函数 ACHAR 和 IACHAR，而不是函数 CHAR 和 ICHAR，因为前者的运行结果独立于它们所运行的处理器，而后者的运行结果依赖于它们所运行的处理器所采用的排序序列。

函数 LEN 返回字符串声明的长度。LEN 的输入是字符串 str1，输出是整型数，它代表了 str1 的字符个数。下面给出了 LEN 函数的例子：

```
CHARACER(len=20)::str1
INTEGER::out
str1='ABC XYZ'
out=LEN(str1)
```

LEN 函数的输出是 20。注意，LEN 的输出是字符串声明的大小，而不是字符串中非空字符的个数。

函数 LEN_TRIM 返回字符串的长度，不记尾部的空字符。LEN_TRIM 函数的输入是字符串 str1，输出是整型数，表示 str1 中的字符个数，且不含后面的空字符。如果 str1 是空字符串，那么函数 LEN_TRIM 返回 0。例如：

```
CHARACTER(len=20)::str1
INTEGER::out
str1='ABC XYZ'
out=LEN_TRIM(str1)
```

TRIM 函数返回不含尾部空字符的字符串。TRIM 的输入是字符串 str1，输出是同一字符串，只是不包含尾部的空字符。如果 str1 全部为空，那么 TRIM 返回一个空串。下面给出了 TRIM 函数的例子：

```
CHARACTER(len=20)::str1
str1='ABC XYZ'
```

```
WRITE(*,*)' " ',TRIM(str1),' " '
```

TRIM 的输出是 7 个字符的字符串“ABC XYZ”。

INDEX 函数用于在字符串中查找某个模式串。该函数的输入是两个字符串：str1 是被查找的字符串，str2 是要查找的模式串。函数的输出是一个整数，它是模式串 str2 第一次出现在字符串 str1 中的位置。如果没有找到匹配的模式串，那么 INDEX 输出 0。INDEX 函数的示例如下：

```
CHARACTER(len=20)::str1='THIS IS A TEST!'
CHARACTER(len=20)::str2='TEST'
INTEGER::out
Out=INDEX(str1,str2)
```

这个函数的输出是整数 11，因为 TEST 是从输入字符串的第 11 个字符开始出现。

如果 str2 是'IS'，那么 INDEX(str1，str2)的值是什么？答案是 3，因为'IS'出现在单词'THIS'中。INDEX 函数永远不会找到单词"IS"，因为在字符串中第一次看到模式串出现，它就停止执行了。

INDEX 函数也可以有可选的第三个参数，back。如果它出现，参数 back 必须是个逻辑值。如果出现 back，且其值为真，那么查找从字符串 str1 的尾部开始，而不是从字符串的首部开始。下面给出了带有可选的第三个参数的 INDEX 函数例子：

```
CHARACTER(len=20)::str1='THIS IS A TEST!'
CHARACTER(len=20)::str2='IS'
INTEGER::out
Out=INDEX(str1,str2,.TRUE.)
```

该函数的输出是整数 6，因为 IS 最后一次出现是在输入字符串的第 6 个字符处(见表 10-1)。

表 10-1　　部分通用的内置字符函数

函数名及参数	参数类型	返回值类型	说　明
ACHAR（ival）	INT	CHAR	返回 ASCII 排序序列中对应于值 ival 的字符
CHAR（ival）	INT	CHAR	返回处理器所用的排序序列中对应于值 ival 的字符
IACHAR（char）	CHAR	INT	返回 ASCII 排序序列中对应于 char 的整数值
ICHAR（char）	CHAR	INT	返回处理器所用排序序列中对应于 char 的整数值
INDEX（str1，str2，back）	CHAR，LOG	INT	返回 str1 中包含 str2 的第一个字符的序号（0=匹配）。参数 back 是可选的，如果提供且为真，那么从 str1 的末尾开始搜索，而不是开始
LEN（str1）	CHAR	INT	返回 str1 的长度
LEN_TRIM（str1）	CHAR	INT	返回 str1 的长度，不包括尾部的空格
LLT（str1，str2）	CHAR	LOG	根据 ASCII 排序序列，如果 str1<str2，返回真
LLE（str1，str2）	CHAR	LOG	根据 ASCII 排序序列，如果 str1≤str2，返回真
LGT（str1，str2）	CHAR	LOG	根据 ASCII 排序序列，如果 str1>str2，返回真
LGE（str1，str2）	CHAR	LOG	根据 ASCII 排序序列，如果 str1≥str2，返回真
TRIM（str1）	CHAR	CHAR	去除掉尾部的空格后，返回 str1

10.3 把字符变量传入子例程或函数

在例题 10-1 中，创建了一个子例程，实现字符数组变量按字母顺序排序。在那个子例程中，字符数组被声明为：

```
INTEGER,INTENT(IN)::n
CHARACTER(len=20),DIMENSION(n),INTENT(INOUT)::array
```

这个子例程对数组中任意排列的元素进行排序，但是只有当数组中每个元素长度为 20，排序才进行。如果需要对数组中不同长度的元素进行排序，就需要一个新的子例程！因为这儿的这种处理方式是不合理的。可以单独编写子例程，它能处理给定样式的字符数据，而并不用去考虑每个元素的字符个数。

Fortran 提供了一种特性来支持这种情况。该语言允许在过程中对字符类形式参数做一种特定形式的字符类型声明。这种特定形式的声明如下：

```
CHARACTER(len=*)::char_var
```

这里 char_var 是字符类形式参数的名称。这个声明说形式参数 char_var 是字符变量，但在编译的时候，并不确切的知道该字符变量的长度。如果某个过程要使用 char_var 变量，就必须知道它的长度。可以调用 LEN 函数来获取这个信息。子例程 sortc 中的形式参数应该声明如下：

```
INTEGER,INTENT(IN)::n
CHARACTER(len=*),DIMENSION(n),INTENT(INOUT)::array
```

如果以这种方式来声明，那么子例程对于包含任意长度元素的字符变量数组同样运行正确。

良好的编程习惯

在过程中使用 CHARACTER（len=*）类型语句声明字符类形式参数。这一特性使得过程可以处理任意长度的字符串。如果过程需要知道特定变量的确切长度，可以用该变量作为参数调用 LEN 函数。

记住，形式参数仅仅是调用过程时传递给过程的变量的占位符，不会为形式参数实际分配内存。正是因为没有分配内存，Fortran 编译器也就不需要事先知道传递给过程的字符变量的长度。因此，可以在过程中使用 CHARACTER（len=*）类型声明语句来定义字符类形式参数。

另外，对于过程中的任何局部字符变量，都必须显式地声明它的长度。在过程中将会为这些局部变量分配内存，为了让编译器知道应该分配多少内存给局部变量，必须显式的指明每个变量的长度。这会对那些长度必须与传递给过程的形参一样长的局部变量带来问题。例如，在子例程 sortc 中，变量 temp 用于实现交换操作，它必须和形参 array 的元素具有同样的长度。

无论何时调用子例程，如何能调整临时变量的大小去适应形参数组的大小呢？如果声明变量的长度为形参子例程的参数，那么当子例程运行的时候，将会分配一个同这参数大小的自动字符变量（这和上一章中介绍的自动数组的操作非常类似）。当子例程运行结束，自动变量会被销毁。就像自动数组那样，不会在类型声明语句中初始化自动字符变量。

例如，下面的语句创建了一个自动字符变量 temp，它和形参 string 具有相同的长度：

```
SUBROUTINE sample(string)
CHARACTER(len=*)::string
CHARACTER(len=LEN(string))::temp
```

图 10-2 给出了改进版本的字符排序子例程。这个子例程可以在任意处理器上处理任意个数元素的任意长度的字符数组。

```
SUBROUTINE sortc (array,n)
!
! 目的:用选择排序算法实现字符数组"array"的升序排序
!  这个版本的子例程排序算法是按 ASCII 字符集排序数据
!  子例程所需参数有字符数组元素值、数组元素个数,
!  且处理过程与字符集无关
!
! 修订版本:
!   日期          程序员          修改说明
!   ====          ==========      =====================
!   11/28/15      S.J.Chapman     原始代码
! 1.11/28/15      S.J.Chapman     修订版基于 fns 字符集和任意个排序
!                                 元素完成
IMPLICIT NONE
! 声明调用参数
INTEGER,INTENT(IN)::n                       ! 数据值个数
CHARACTER(len=*),DIMENSION(n),INTENT(INOUT)::array
                                            ! 用于排序的数组
! 声明局部变量:
INTEGER ::i                                 ! 循环控制变量
INTEGER ::iptr                              ! 指向最小值的指针
INTEGER ::j                                 ! 循环控制变量
CHARACTER(len=len(array))::temp             ! 交换用临时变量
! 数组排序
outer:DO i = 1,n-1
 ! 找出 array(i)到 array(n)中最小值
 iptr = i
 inner:DO j = i+1,n
   minval:IF ( LLT(array(j),array(iptr)))THEN
    iptr = j
   END IF minval
 END DO inner
 ! 此时 iptr 指向最小值,如果 i  /= iptr,交换 array(iptr)和 array(i)
swap:IF ( i /= iptr )THEN
   temp   = array(i)
   array(i)  = array(iptr)
   array(iptr)= temp
 END IF swap
END DO outer
END SUBROUTINE sortc
```

图 10-2　处理任意长度任意个元素数组的子例程 sortc 的改进版本

例题 10-2 将字符串转换为大写字母

在例题 10-1 中，因为小写字母的排序序列位置与相应的大写字母的排序序列位置不同，所以小写字符和大写字符是完全不同的字母。因为'STRING'和'string'或'String'是不同的，所以当试图与字符变量中的模式串匹配的时候，大小写字母之间的差异经常会引起问题。经常需要把所有的字符变量都转换成大写字母，以简化匹配或排序操作。编写一个子例程，将字符串中的所有小写字母都转换为大写字母，其他字符保持不变。

解决方案

因为并不清楚子例程运行的计算机上使用的是哪种排序序列，所以要解决这一问题有点复杂。在大多数情况下，假设编译器使用 ASCII 字符集。然而，可以利用字符串函数和 ACHAR/IACHAR 函数，根据 ASCII 字符集来比较和转换，以不受计算机使用的不同字符集中字符排序的影响。

附录 A 给出了 ASCII 排序序列。如果观察附录 A，会发现每个排序序列中大写字母和对应的小写字母之间都有一个固定的偏移量，因此从小写到大写的转换是从字符串中的每个字母顺序中减去固定偏移量的问题。如果使用字符串函数来比较，使用 ACHAR 和 IACHAR 函数进行转换，那么就可以像处理器一样进行 ASCII 操作，确保无论实际机器的排序如何，都能得到正确结果。

1. 问题说明

编写子例程，将字符串中的所有小写字母转换为大写字母，其他字符不变。通过在处理器上使用不依赖于排序序列的函数，设计出可以运行在任意处理器上的子例程。

2. 输入和输出定义

子例程的输入是字符参数 string，子例程的输出也是 string，string 可以是任意长度。

3. 算法描述

观察附录 A 中的 ASCII 表，大写字母是从序号 65 开始，而小写字母是从序号 97 开始。在每个大写字母和它对应的小写字母之间相差正好 32。而且，没有其他的字符混杂在字母中间。

这些事实为字符串大写转换给出了基本算法。通过检测它在 ASCII 字母表上是否在'a'到'z'之间，来判定字符是否是小写字母。如果是，用 ACHAR 函数和 IACHAR 函数将它的序号减去 32，实现转换它为大写的目的。该算法的初始伪代码为：

```
判断字符是否为小写？IF 是
    将其转换为整数(ASCII 表上的序号)
    该整数减去 32
    把整数转回为字符
End of IF
```

子例程最终的伪代码为：

```
!获得字符串长度
length  ← LEN(string)
DO for i=1 to length
   IF LGE(string(i:i),'a').AND.LLE(string(i:i),'z')THEN
      string(i:i)<-ACHAR(IACHAR(string(i:i)-32))
   END of IF
END of DO
```

这里 length 是输入字符串的长度。

4. 把算法转换成 Fortran 语句

图 10-3 给出了最终的 Fortran 子例程。

```
SUBROUTINE ucase ( string )
!
! 目的:不管哪个字符集,也不管什么型号处理器,
! 将字符串全改为大写
!
! 修订版本:
!    日期          程序员          修改说明
!    ====          ==========      =====================
!    11/28/15      S.J.Chapman     原始代码
!
IMPLICIT NONE
! 声明调用参数:
CHARACTER(len=*),INTENT(INOUT)::string
! 声明局部变量:
INTEGER ::i                       ! 循环控制变量
INTEGER ::length                  ! 输入字符串长度
! 获得字符串长度值
length = LEN ( string )
! 在此将小写字符转成大写
DO i = 1,length
  IF ( LGE(string(i:i),'a').AND.LLE(string(i:i),'z'))THEN
   string(i:i)= ACHAR ( IACHAR ( string(i:i))- 32 )
  END IF
END DO
END SUBROUTINE ucase
```

图 10-3 子例程 ucase

5. 测试 Fortran 程序

要测试上述子例程，必须编写一个读取字符串的测试程序，调用子例程，并输出结果。图 10-4 给出了测试程序。

```
PROGRAM test_ucase
!
! 目的:测试字符串改大写的子例程 ucase
!
IMPLICIT NONE
CHARACTER(len=20)string
WRITE (*,*)'Enter test string (up to 20 characters):'
READ (*,'(A20)')string
CALL ucase(string)
WRITE (*,*)'The shifted string is:',string
END PROGRAM test_ucase
```

图 10-4 子例程 ucase 的测试程序

测试程序对两个输入字符串的运行结果如下：

```
C:\book\fortran\chap10>test_ucase
Enter test string(up to 20 characters):
This is a test!...
The shifted string is:THIS IS A TEST!...
C:\book\fortran\chap10>test_ucase
Enter test string(up to 20 characters):
abcf1234^&*$po()-
```

```
The shifted string is:ABCF1234^&*$PO()-
```

子例程将所有的小写字母转换成大写字母，而剩下了所有不是字母的字符。该运行结果表示子例程工作正常。

10.4 可变长字符函数

我们已经知道，子例程可以用 CHARACTER（len=*）声明语句来声明可变长度的字符串，并处理它们。那么是否可以编写一个字符函数，返回可变长度的字符串呢？

答案是肯定的。可以创建一个自动长度字符函数，函数所返回的长度由调用参数来指定。图 10-5 给出了一个简单的例子。函数 abc 返回字母表的前 n 个字符，这里 n 在调用函数的时候指定。

```
MODULE character_subs
CONTAINS
  FUNCTION abc( n )
  !
  ! 目的:返回第一个含有字符集中字母 N 的字符串
  !
  ! 修订版本:
  ! 日期          程序员          修改说明
  ! ====          ==========      ======================
  ! 11/28/15      S.J.Chapman     原始代码
  !
  IMPLICIT NONE
  ! 声明调用参数
  INTEGER,INTENT(IN)::n                     ! 返回字符串长度
  CHARACTER(len=n)abc                       ! 返回的字符串
  ! 声明局部变量
  character(len=26)::alphabet = 'abcdefghijklmnopqrstuvwxyz'
  ! 获得要返回的字符串
  abc = alphabet(1:n)
  END FUNCTION abc
END MODULE character
```

图 10-5　返回可变长度字符串的示例函数

图 10-6 给出了这个函数的测试程序。包含函数的模块必须在调用程序的 USE 语句中命名。

```
PROGRAM test_abc
!
! 目的:测试函数 abc
!
USE character_subs
IMPLICIT NONE
INTEGER ::n                                  ! 字符串长度
WRITE(*,*)'Enter string length:'             ! 获得字符串长度
READ (*,*)n
WRITE (*,*)'The string is:',abc(n)! Tell user
END PROGRAM test_abc
```

图 10-6　测试函数 abc 的程序

当运行该程序的时候，运行结果为：

```
C:\book\fortran\chap10>test_abc
Enter string length:
10
The string is :abcdefghij
C:\book\fortran\chap10>test_abc
Enter string length:
3
The string is :abc
```

测验 10-1

该测验用于快速检测读者是否理解第 10.1 ~ 10.4 节中介绍的概念。如果对该测验感到困难，重读书中的章节，向老师请教或者和同学探讨。该测验的答案在本书的附录给出。

对于第 1 题到第 3 题，说明下列表达式的结果。如果结果依赖于所使用的字符集，给出在 ASCII 和 EBCDIC 两种字符集中的结果。

1. `'abcde'<'ABCDE'`
2. `LLT('abcde','ABCDE')`
3. `'1234'=='1234'`

对于第 4 题和第 5 题，说明下列语句中的每一句是否合法。如果合法，给出结果；如果不合法，指出为什么。

4.
```
FUNCTION day(iday)
IMPLICIT NONE
INTEGER,INTENT(IN)::iday
CHARACTER(len=3)::day
CHARACTER(len=3),DIMENSION(7)::days = &
(/'SUN','MON','TUE','WED','THU','FRI','SAT'/)
IF((iday>=1).AND.(iday<=7))THEN
 day = days(iday)
END IF
END FUNCTION day
```

5.
```
FUNCTION swap_string(string)
IMPLICIT NONE
CHARACTER(len=*),INTENT(IN)::string
CHARACTER(len=len(string))::swap_string
INTEGER::length,i
length=LEN(string)
DO i=1,length
   swap_string(length-i+1:length-i+1)=string(i:1)
END DO END FUNCTION swap_string
```

对于第 6 题到第 8 题，说明代码执行后每个变量的内容。

6.
```
CHARACTER(len=20)::last ='JOHNSON'
CHARACTER(len=20)::first='JAMES'
CHARACTER::middle_initial ='R'
CHARACTER(len=42)name
name = last //','//first//middle_initial
```

7.
```
CHARACTER(len=4)::a='123'
CHARACTER(len=12)::b
```

```
b='ABCDEFGHIJKLMNOPQRSTUVWXYZ'
b(5:8)=a(2:3)
```

8.
```
CHARACTER(len=80)::line
INTEGER::ipos1,ipos2,ipos3,ipos4
line='This is a test line containing some input data!'
ipos1=INDEX(LINE,'in')
ipos2=INDEX(LINE,'Test')
ipos3=INDEX(LINE,'t l')
ipos4=INDEX(LINE,'in',.TRUE.)
```

10.5 内部文件

在本书前面的章节中，学习了如何处理数字数据。在这一章中，又学习了如何处理字符数据。然而，如何将数字数据转换为字符数据，或者将字符数据转换为数字数据，并没有介绍到。在 Fortran 中为这种转换提供了一种特殊机制，称为内部文件。

内部文件是 Fortran I/O 系统的扩展。在内部文件中，READ 操作和 WRITE 操作发生在内部字符缓冲区（内部文件）中，而不是磁盘文件（外部文件）中。任何能够写入外部文件的数据都可以写入内部文件，而且也可以执行更多的操作。同样，任何可以从外部文件中读到的内容，也可以从内部文件中读到。

从一个内部文件中执行 READ 操作的通用格式如下：

```
READ(buffer,format)arg1,arg2,…
```

这里 buffer 是指输入字符缓冲区，format 是作用于 READ 的格式，arg1，arg2 等变量的值将从缓冲区中读取。从内部文件中执行 WRITE 操作的通用格式为：

```
WRITE(buffer,format)arg1,arg2,…
```

这里 buffer 是指输出字符缓冲区，format 是作用于 WRITE 的格式，arg1，arg2 等是将要被写入缓冲区的值。

内部文件通常用于将字符数据转换为数字数据，反之亦然。例如，如果字符变量 input 包含字符串'135.4'，那么下面的代码将把字符数据转换为实数：

```
CHARACTER(len=5)::input='135.4'
REAL::value
READ(input,*)value
```

某些 I/O 特性对内部文件无效，例如 OPEN，CLOSE，BACKSPACE 以及 REWIND 语句不允许用于内部文件上。

良好的编程习惯

使用内部文件将字符格式的数据转换为数字格式的数据，反之亦然。

10.6 例题

例题 10-3　将数据变为适合输出的格式

到现在为止，已经学习了三种描述输出实型数据值的格式。Fw.d 格式符表示用于描述以固定的小数点的方式显示数据；Ew.d 和 ESw.d 格式描述符表示用指数表示法显示数据。F 格式描述符表示用人类更容易快速理解的方式显式数据，此时如果数值的绝对值太小或太大，那么数值无法正确地显示出来。E 和 ES 格式描述符可以正确地显式数字，不管数字大小如何，但是对人类来说一眼看明白它很难。

编写一个 Fortran 函数，将实型数据转换成字符数据，以用 12 个字符宽度的区域来显示数字。函数应该检测要输出的数据，除非数字的绝对值太大或者太小，否则只需要把控制数据显示的格式语句修改为 F12.4 格式即可。当数字超出了 F 格式的输出范围，函数应该把输出格式转换为 ES 格式。

解决方案

在 F12.4 格式中，函数显示小数点后四位。另一位显示小数点，如果数据为负数，还需要另外一个负号标志位。减去那些字符位之后，还有七个字符用于显示正整数，如果是负数，就剩六个字符显式整数数字部分。因此对于任何大于 9999999 的正数或小于–999999 的负数，必须转换为指数形式来输出。

如果将要显示的数据的绝对值小于 0.01，那么显示格式应该转换为 ES 格式，因为用 F12.4 格式，没有足够的有效数字可被显示。然而，精确的 0 值应该用 F 格式而不是指数格式来显示。

当必须转换为指数格式的时候，应该使用 ES12.5 格式，因为数字是以普通的科学表示法来显示的。

1. 问题说明

编写一个函数，将实型数字转换为 12 个字符，以使用 12 个字符宽度的区域来显示。如果可能，以 F12.4 格式显示数字，除非数字超出了格式描述的范围，或者小的不够 F12.4 显示的精度。当不可能用 F12.4 格式显示的时候，转换成 ES12.5 的方式来显示。精确的 0 依然用 F12.4 格式来显示。

2. 输入和输出定义

函数的输入是通过参数列表传进来的实型数据。函数返回一个 12 个字符的表达式，其中包含了用于恰当显示数字的格式。

3. 算法描述

上面讨论了这个函数的基本需求，实现这个需求的伪代码如下所示：

```
IF value > 9999999.THEN
   Use ES12.5 format
ELSE IF value < -999999.THEN
   Use ES12.5 format
ELSE IF value == 0.THEN
   Use F12.4 format
ELSE IF ABS(value)<0.01
   Use ES12.5 format
ELSE
   USE F12.4 format
END of IF
WRITE value to buffer using specified format
```

4. 把算法转换为 Fortran 语句

图 10-7 给出了 Fortran 函数。函数 real_to_char 说明了如何使用内部文件，以及如何使用字符变量为格式描述符。变量 fmt 中存储了从实型到字符型转换的合适的格式描述符。内部

WRITE 操作用于输出字符串到缓冲区 string 中。

```
FUNCTION real_to_char ( value )
!
! 目的:将一个实型数转换为 12 位的字符串,该字符串是。
! 按照可能的取值范围之内的打印格式输出。
! 程序将按如下给出的规则输出转换结果:
!  1.value > 9999999.              ES12.5
!  2.value < -999999.              ES12.5
!  3.0.< ABS(value)< 0.01          ES12.5
!  4.value = 0.0                   F12.4
!  5.Otherwise                     F12.4
!
! 修订版本:
!   日期          程序员           修改说明
!   ====          ==========       =====================
!   11/28/15      S.J.Chapman      原始代码
!
IMPLICIT NONE
! 数据字典:声明调用参数类型和定义
REAL,INTENT(IN)::value                           ! 将转换成字符格式的数据值
CHARACTER (len=12)::real_to_char                 ! 输出的字符串
! 数据字典:声明局部变量类型和定义
CHARACTER(len=9)::fmt                            ! 格式描述符
CHARACTER(len=12)::string                        ! 输出字符串
! 使用前清除字符串
string = ' '
! 选择合适的格式
IF ( value > 9999999.)THEN
 fmt = '(ES12.5)'
ELSE IF ( value < -999999.)THEN
 fmt = '(ES12.5)'
ELSE IF ( value == 0.)THEN
 fmt = '(F12.4)'
ELSE IF ( ABS(value)< 0.01 )THEN
 fmt = '(ES12.5)'
ELSE
 fmt = '(F12.4)'
END IF
! 转换成字符格式
WRITE (string,fmt)value
real_to_char = string
END FUNCTION real_to_char
```

图 10-7　字符函数 real_to_char

5. 测试 Fortran 程序

为了测试该函数，必须编写一个测试程序，读取实数、调用子例程、输出结果。图 10-8 给出了测试程序。

```
PROGRAM test_real_to_char
!
! 目的:测试函数 real_to_char.
!
```

```
! 修订版本:
!    日期         程序员          修改说明
!    ====        ==========     ====================
!    11/28/15    S.J.Chapman    原始代码
!
! 扩展例程:
!  real_to_char -- 转换实型数为字符串
!  ucase     -- 将字符串改为大写
!
IMPLICIT NONE
! 声明扩展的功能
CHARACTER(len=12),EXTERNAL ::real_to_char
! 数据字典:声明变量类型和定义
CHARACTER ::ch                          ! 接收 Y/N 响应的字符
CHARACTER(len=12)::result               ! 字符输出
REAL ::value                            ! 待转换的数据值
while_loop:DO
  ! 提示输入数据值
  WRITE (*,'(A)')'Enter value to convert:'
  READ (*,*)value
  ! 输出转换的数值,然后看是否需要另外的值
  result = real_to_char(value)
  WRITE (*,'(A,A,A)')'The result is ',result,&
           ':Convert another one? (Y/N)[N]'
  ! 获得答案
  READ (*,'(A)')ch
  ! 转换为大写的字符串,统一答案
  CALL ucase ( ch )
  ! 继续吗?
   IF ( ch /= 'Y' )EXIT
END DO while_loop
END PROGRAM test_real_to_char
```

图 10-8 函数 real_to_char 的测试程序

为了验证这个函数是否在所有的情况下都正确，必须提供落在所有可以的范围中的测试数据值。因此用以下数字测试函数：

```
       0.
       0.001234567
    1234.567
12345678.
 -123456.7
-1234567.
```

这六个输入数据值的测试结果如下：

```
C:\book\fortran\chap10>test_real_to_char
Enter value to convert:
0.
The result is  .0000:Convert another one? (Y/N)[N]
Y
Enter value to convert:
0.001234567
The result is 1.23457E-03:Convert another one? (Y/N)[N]
```

```
Y
Enter value to convert:
1234.567
The result is 1234.5670:Convert another one? (Y/N)[N]
Y
Enter value to convert:
12345678.
The result is 1.23457E+07:Convert another one? (Y/N)[N]
Y
Enter value to convert:
-123456.7
The result is -123456.7000:Convert another one? (Y/N)[N]
Y
Enter value to convert:
-1234567.
The result is -1.23457E+06:Convert another one? (Y/N)[N]
n
```

对所有可能的输入值，函数显示工作正常。

测试程序 test_real_to_char 包含了一点令人开心的特点。因为通常使用程序去测试不止一个数值，所以它的结构中使用了 WHILE 循环。用户根据程序的提示来决定是否继续重复循环。用户响应的第一个字符存储在变量 ch 中，用于和字符'Y'比较。如果用户相应的是'Y'，那么循环继续；否则终止。注意调用子例程 ucase 已经将 ch 的内容转换为大写字母，所以'y'和'Y'都会被理解为'是'。在交互式 Fortran 程序中，这种循环控制的形式是非常有用的。

测验 10-2

该测验用于快速检测读者是否理解第 10.5 节和第 10.6 节中介绍的概念。如果对该测验感到困难，重读书中的章节，向老师请教或者和同学探讨。该测验的答案在本书的最后给出。

对于第 1 题到第 3 题，指出下面的每组语句是否正确，如果正确，描述语句的执行结果。

1.
```
CHARACTER(len=12) :: buff
CHARACTER(len=12) :: buff1 = 'ABCDEFGHIJKL'
INTEGER :: i = -1234
IF ( buff1(10:10) == 'K' ) THEN
  buff = "(1X,I10.8)"
ELSE
  buff = "(1X,I10)"
END IF
WRITE (*,buff) i
```

2.
```
CHARACTER(len=80) :: outbuf
INTEGER :: i = 123, j, k = -11
j = 1023 / 1024
WRITE (outbuf,*) i, j, k
```

3.
```
CHARACTER(len=30) :: line = &
        '123456789012345678901234567890'
CHARACTER(len=30) :: fmt = &
       '(3X,I6,12X,I3,F6.2)'
INTEGER :: ival1, ival2
REAL :: rval3
        READ (line,fmt) ival1, ival2, rval3
```

10.7 小结

字符变量是包含字符信息的变量。两个字符串可以使用关系操作符进行比较。然而根据特定处理器的字符的排序序列不同，比较的结果可能不同。比较安全的方式是使用字符串函数测试字符串是否相等，因为字符串函数在任何计算机中总是返回同样的值，且不受排序序列的影响。

在过程中可以声明一个自动字符变量。自动字符变量的长度通过形参或者模块传来的值指定。每次过程运行的时候，自动生成指定长度的字符变量，当过程执行结束之后，变量被自动销毁。

如果在函数和调用它的程序单元之间有显式接口，那么可以生成一个字符函数，以返回可变长度的字符串。生成显式接口的最简单方式是把函数打包在模块中，然后在调用过程中使用该模块。

内部文件为 Fortran 程序提供了一种从数字数据到字符数据或者从字符数据到数字数据的转换方式。它们涉及程序中字符变量的读写操作。

10.7.1 良好的编程习惯小结

当使用字符变量的时候，应遵循下述原则：

1. 如果程序有可能必须在具有不同字符集的计算机上运行，在判断两个字符串是否相等的时候，记得使用逻辑函数 LLT，LLE，LGT 和 LGE。不要对字符串使用关系操作符<，<=，>，>=，因为它们的结果可能会根据计算机的不同而不同。

2. 使用 ACHAR 函数和 IACHAR 函数，而不是 CHAR 函数和 ICHAR 函数。因为前两个函数的运行结果独立于它们所运行的处理器，而后两个函数的运行结果很大程度上依赖它们所运行的处理器所采用的字符排序序列。

3. 在过程中使用 CHARACTER（len=*）类型语句来声明字符类形式参数。这个特性使得过程可以操作任意长度的字符串。如果子例程或者函数需要知道特定变量的实际长度，可以用该变量做参数调用 LEN 函数。

4. 使用内部文件把数据从字符格式转换为数字格式，反之也一样。

10.7.2 Fortran 语句和结构小结

内部 READ 语句：

```
READ(buffer,fmt)input_list
```

例如：

```
READ (line,'(1×,I10,F10.2')i,slope
```

说明：

内部 READ 语句根据 fmt 指定的格式把数据读入到输入列表中，可以是字符串、字符变量、FORMAT 语句标号，或者*。数据从内部字符变量 buffer 中读取。

内部 WRITE 语句：

```
WRITE(buffer,fmt)output_list
```

例如：

```
WRITE(line,'(2I10,F10.2)')i,j,slope
```

说明：

内部 WRITE 语句根据 fmt 中指定的格式将数据写到输出列表中去，可以是字符串、字符变量、FORMAT 语句的标号，或者*。数据被写入内部字符变量 buffer 中。

10.7.3 习题

10-1 判断执行下列代码段后每个变量的内容：

```
CHARACTER(len=16)::a='1234567890123456'
CHARACTER(len=16)::b='ABCDEFGHIJKLMNOP',c
IF (a>b)THEN
   c=a(1:6)//b(7:12)//a(13:16)
ELSE
   c=b(7:12)//a(1:6)//a(13:16)
END IF
a(7:9)='='
```

10-2 判断执行下列代码段之后每个变量的内容。这段代码和习题 10-1 中的代码有什么不同？

```
CHARACTER(len=16)::a='1234567890123456'
CHARACTER(len=16)::b='ABCDEFGHIJKLMNOP',c
IF (LGT(a,b))THEN
   c=a(1:6)//b(7:12)//a(13:16)
ELSE
   c=b(7:12)//a(1:6)//a(13:16)
END IF
a(7:9)='='
```

10-3 重新编写字符函数 ucase，注意，该函数必须返回一个可变长度的字符串。

10-4 编写子程序 lcase，使得不考虑排序序列，能正确实现字符串转换为小写字母的操作。

10-5 判断基于以下字符串，根据 ASCII 排序序列，例题 10-1 中的子程序 sortc 排序之后的顺序。

```
'This is a test! '
'?well? '
'AbCd'
'aBcD'
'1DAY'
'2nite'
'/DATA'
'quit'
```

10-6 判断执行下列代码段后，每个变量的内容：

```
CHARACTER(len=132)::buffer
```

```
REAL::a,b
INTEGER::i=1700,j=2400
a=REAL(1700/2400)
b=REAL(1700)/2400
WRITE(buffer,100)i,j,a,b
100 FORMAT(T11,I10,T31,I10,T51,F10.4,T28,F10.4)
```

10-7　编写一个子例程 caps，检索字符变量里的所有单词，并大写每个单词的首字母，单词的剩余字母小写。假定所有的非字母字符和非数字字符都是字符变量中单词的边界（例如句号，逗号，反斜线）。非字母字符应保持原样。用下面的字符变量来测试程序。

```
CHARACTER(len=40)::a='this is a test-does it work? '
CHARACTER(len=40)::b='this iS the 2nd test! '
CHARACTER(len=40)::c='123 WHAT NOW?!?xxxoooxxx. '
```

10-8　用可变长度的字符函数重写子例程 caps，用前面习题中同样的数据测试程序。

10-9　内置函数 LEN 返回的是字符变量可以存储的字符个数，而不是真正存储在变量中的字符个数。编写一个函数 len_used，返回实际存储在变量中的字符的个数。这个函数通过检查变量中第一个和最后一个非空字符的位置，并执行相应的运算，来判断实际字符的个数。用下面的变量来测试程序。对比函数 len_used 的结果和对每个给定的数值使用 LEN 和 LEN_TRIM 函数的结果。

```
CHARACTER(len=30)::a(3)
a(1)= 'How many characters are used? '
a(2)= '    …and how about this one? '
a(3)= '    !    !  '
```

10-10　当一个较短的字符串被赋给一个较长的字符串变量时，变量中多出来的空间用空字符来填充。在很多情况下，我们更愿意使用仅由字符变量中非空字符部分构成的子串。要想这样，需要知道非空部分在变量中的位置。编写子例程，接收一个任意长度的字符串，返回两个整数，它们分别包含变量中非空字符串的第一个和最后一个非空字符的位置。用几个内容不同、长度不同的字符变量测试所编程序。

10-11　**输入参数文件**。大型程序的共同点是，有一个输入参数文件，在这个文件中用户可以提供程序运行时需要使用的数据。在简单的程序中，文件中的数值必须用特定的顺序排列，并且不能够跳过。这些数据可以用一系列连续的 READ 语句读取。如果有变量遗留在输入文件，或者是多余的数值添加到输入文件，所有后面的 READ 语句都会错位读取数据，从而导致数值被放入到程序中的错误位置。

一些更复杂的程序中，在文件输入中会定义默认值来充当输入参数。在这种系统中，只需要把默认需要修改的输入参数存储在输入文件中。另外，出现在文件中的数值可以以任意顺序出现。输入文件中的每个参数通过表示参数身份的关键字来识别。

例如，数值积分程序可能要求包含用于积分计算的起始和结束的默认数值，所用的步长，以及是否标出输出结果的标志。这些值可以按行排列在输入文件中。这个程序的输入参数文件可能包含下面这些数据项：

```
start=0.0
stop=10.0
dt=0.2
plot off
```

这些数值可以以任意次序列出，如果接受默认值，那么可以省略它们中一些值。此外，关键字可以用大写、小写或者混合大小写表示。程序一次读入输入文件中的一行，更新行中关键字所指定变量的值。

编写子例程，它接收字符参数，并有下面的输出参数。其中字符参数的内容是输入参数文件中的一行信息：

```
REAL::start,stop,dt
LOGICAL::plot
```

子例程应该检测行中的关键字，更新关键字匹配的变量。子例程识别关键字'START'，'STOP'，'DT'，以及'PLOT'。如果找到关键字'START'，子例程应该检查等号，使用等号右边的数值来更新变量 START。其他带有实型数据的关键字也是类似的操作。如果找到关键字'PLOT'，子例程应该检查'ON'或'OFF'，更新对应的逻辑值（提示：为了更容易识别，将每行信息都转化为大写字母，然后使用 INDEX 函数来识别关键字）。

10-12 **直方图**。直方图是这样一种图表，它能显示特定测量值落到确定取值范围的次数。例如，研究一个班的学生。假定这个班有 30 个学生，他们最近一次考试的成绩落在下面的范围内的分布如下：

范围	学生数目
100～95	3
94～90	6
89～85	9
84～80	7
79～75	4
74～70	2
69～65	1

学生成绩在每个范围内分布的图表就是图 10-9 所示的直方图。

为了创建这张直方图，要从包含 30 个学生成绩的一系列数据开始，将可能的成绩范围（0 到 100）分隔为 20 个等份，然后计数有多少个学生成绩落在每个等份中，最后画出每个取值块中的成绩个数（因为在考试中没有 65 分以下的成绩，所以在图 10-9 中不必画出在 0 到 64 之间的所有的空等分）。

编写子例程，接收实数数组作为输入数据，根据用户指定的范围将它们分在用户指定的等份中，计算落在每个等份的样本数据个数。创建一张简单的直方图，使用星号来代表每个等份的高度。

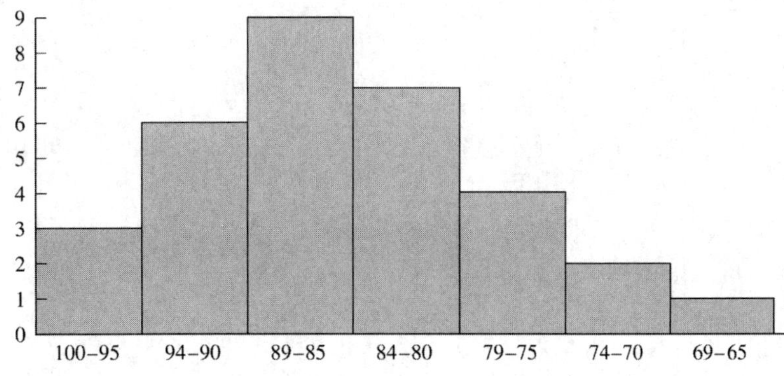

图 10-9　最近一次考试的学生成绩直方图

10-13 使用第 7 章中介绍过的随机数子程序 random0 生成一个在[0,1)范围内的由 10000 个随机数构成的数组。使用上一习题中开发出来的直方图子例程将 0 到 1 间隔划分为 20 个等份，计算 10000 个随机数的直方图。随机数生成器生成的数据分布是否均衡？

10-14 编写程序，打开用户指定的磁盘文件，其中包含一个 Fortran 程序源代码。该程序将源代码从输入文件中复制到一个用户指定的输出文件中，在复制过程中去除所有的注释。假定 Fortran 源文件采用自由格式，以便注释语句是以！字符开头。

第11章

附加的内置数据类型

本章学习目标：

- 理解给定数据类型不同类别的意思。
- 理解如何选择特定类别的 REAL，INTEGER 或 CHARACTER 数据。
- 了解如何用与计算机无关的方式选择实型变量的精度和取值范围。
- 了解如何分配和使用 COMPLEX 类型的变量。

在这一章中，将分析 REAL、INTEGER、CHARACTER 数据类型的可选类别，解释如何对特定问题选择需要的类别。接着，将重点关注 Fortran 语言中的附加数据类型：COMPLEX 数据类型。COMPLEX 数据类型用于存储和处理既有实部又有虚部元素的复数。

11.1 REAL 数据类型的可选择类别

REAL（或者浮点数）数据类型用于表达带有小数的数据。在大多数计算机中，默认实数变量是四个字节（或 32 位）长。它被分成两部分：尾数和指数。大多数现代计算机使用浮点变量的 IEEE754 标准来实现实数。在这种实现方式中，数据的 24 位用于存储尾数，8 位用于存储指数。用于存储尾数的 24 位足够用来表示小数点后 6 到 7 个有意义的数字，所以一个实数可以表示多达 7 个有效数字❶。同样，指数的 8 位足以表示 10^{38} 到 10^{-38} 之间的数据。

有时候，一个 4 个字节的浮点数不能充分的表达解决问题所需要的数据。科学家和工程人员有时会需要表达一个超过 7 个有效位或者精度的数据，或者使用大于 10^{38} 或小于 10^{-38} 的数据。在这两种情况下，都不能使用 32 位的变量来表示数据。Fortran 为这种情况提供了一个更长的实数类型版本。

实数类型的更长版本通常是 8 个字节（或 64 位）长。在一种典型的实现方式中❷，数据的 53 位用于存储尾数，11 位用于存储指数。用于存储尾数的 53 位足够表达 15 到 16 个有效

❶ 1 位用于表示数据的符号，23 位用于表示尾数的大小。因为 2^{23}=8,388,608，所以用实数可以表示 6 个到 7 个有效数字的尾部。

❷ 这条语句引用了 IEEE754 标准中的双精度数据。几乎所有新的计算机系统都遵循这一标准。

数字。同样，指数的 11 位足够表达 10^{-308} 到 10^{308} 之间的数据。

Fortran 标准保证 Fortran 编译器可以支持至少两种大小的实数。但是，它们并不指定每个大小必须使用多少位。根据传统惯例，在任意指定计算机上的较短版本的 REAL 数据类型被看作是单精度的，在任意指定计算机上的较长版本的 REAL 数据类型被看作是双精度的。在大部分计算机上，单精度实数用 32 位来存储，双精度实数用 64 位来存储。而在一些 64 位处理器上用 64 位来表示单精度数，用 128 位来表示双精度数。所以不能保证在不同处理器中单精度变量具有同样的长度。这种可变性使得术语“单精度”和“双精度”很难用于描述一个浮点数的真正精度。在 11.1.3 节中将介绍一种更好的方式来指定浮点数的精度。

大多数 Fortran 编译器也支持 16 字节（128 位）实数类型，通常被叫成为四倍精度。四倍精度可以表示 34 位的十进制数，指数可以覆盖 10^{-4932} 到 10^{4932}。

11.1.1 实数 REAL 常量和变量的类别

因为 Fortran 编译器提供了至少两种不同类别的实数，那么必须有某种方式来定义在特定的问题中使用哪种类别来解决问题。可以使用类别类型参数来处理这个问题。单精度和双精度实数是不同类别的 REAL 数据类型，它们每个都有唯一的类别号。例如，一个带有类别类型参数的 REAL 类型定义语句显示如下：

```
REAL(KIND=1)::value_1
REAL(KIND=4)::value_2
REAL(KIND=8),DIMENSION(20)::array
REAL(4)::temp
```

REAL 后面的圆括号中指定了实数的类别，可以带或者不带 KIND=。用类别类型参数声明的变量被称为参数化变量。如果没有指定类别，那么就使用默认的实数类别。不同的处理器有不同的默认类别，但通常都是 32 位长。

类别号代表什么意思呢？不幸的是我们并不清楚。每个编译器的厂商都可以自由的为任意大小的变量分配任意的类别号。例如，在某些编译器中，一个 32 位的实数可以是 KIND=1，64 位实数可能 KIND=2。而在另一些编译器中 32 位实数可能是 KIND=4，64 位实数可能是 KIND=8。表 11-1 给出了一些有代表性的计算机/编译器使用的类别号。

表 11-1　某些 Fortran95 编译器的实数类别号

计算机/编译器	32 字节实数	64 字节实数	128 字节实数
PC/GNU Fortran	4*	8	16
PC/Intel Visual Fortran	4*	8	16
PC/NAGWare Fortran	1*	2	N/A

* 表示特定处理器的默认实数类别。

因此，为了使程序在计算机间可移植，应该始终为类别号指定一个有名常量，并在所有的类型定义语句中使用这个有名常量。在不同的处理器中运行该程序的时候只需要修改有名常量对应的值。例如：

```
INTEGER,PARAMETER::SGL=4        ! 编译器所需的值
INTEGER,PARAMETER::DBL=8        ! 编译器所需的值
REAL(KIND=SGL)::value_1
```

```
REAL(KIND=DBL),DIMENSION(20)::array
REAL(SINGLE)::temp
```

对于一个大型程序来说一个更好的方式是在模块中定义类别参数，在程序中的每个过程中使用该模块。然后通过编辑单个文件就可以修改整个程序的类别号。

你也可以声明一个实型常量的类别。通过在实型常量后面加上下划线和类别号来声明该实型常量的类别。下面给出了一些有效实型常量的例子：

```
34.                 ! 默认类别
34._4               ! 当 4 为合法的实数类别时才有效
34.E3               ! 单精度数
1234.56789_DBL      ! 当“DBL”是一个整型名字常量时有效
```

第一个例子产生了一个常量，它代表程序执行时候的特定处理器使用的默认类别。第二个例子只有在程序运行的时候 KIND=4 是一个特定处理器的有效实型类别的时候才有效。第三个例子为特定的处理器产生了一个单精度类别的常量。第四个例子只有在前面定义了 DBL 为有效的名字常量之后才有效，DBL 的值就是一个有效的类别号。

除了前面例子所介绍的，可以使用 D 代替 E 来声明一个双精度常量。例如：

```
3.0E0    这是一个单精度常量
3.0D0    这是一个双精度常量
```

良好的编程习惯

始终应该为有名常量分配类别号，然后在所有的类型声明语句和常量声明语句中使用这个有名常量。这样可以很容易的在使用不同类别号的计算机间进行程序移植。对于大型程序来说，可以把带有类别参数的有名常量放在一个单独的模块中，在程序的每个过程中使用这个模块。

11.1.2 判定变量的类别

Fortran 提供了一个内置函数 KIND，它可以返回一个给定的常量或变量的类别号。这个函数可以用于判定编译器所使用的类别号。例如，图 11-1 的程序判断关联某种处理器的单精度和双精度的类别号。

```
PROGRAM kinds
!
! 目的:判断特殊计算机上单精度和双精度实型数据值的类别
!
IMPLICIT NONE
! 输出单精度和双精度数据值的类别
WRITE (*,'("The KIND for single precision is",I2)')KIND(0.0)
WRITE (*,'("The KIND for double precision is",I2)')KIND(0.0D0)
END PROGRAM kinds
```

图 11-1 在某种计算机中判定单精度和双精度类别号的程序

当这段程序运行在使用 Intel Visual Fortran95 编译器的 PC 机上时，运行结果为：

```
C:\book\fortran\chap11>kinds
The KIND for single precision is 4
The KIND for double precision is 8
```

当这段程序运行在使用 NAGWare Fortran95 编译器的 PC 机上时，运行结果为：

```
C:\book\fortran\chap11>kinds
The KIND for single precision is 1
The KIND for double precision is 2
```

如你所见，处理器和处理器的类别号是完全不同的。试着在自己的机器上运行程序，看看能够得到什么值。

11.1.3 用处理器无关的方式选择精度

在从一台计算机到另一台计算机间移植 Fortran 程序的时候，面临的一个主要问题是术语“单精度”和“双精度”没有准确的定义。双精度值大约是单精度值精度的两倍，然而每个类别关联的数字完全取决于计算机的生产厂商。在大多数计算机中，单精度是 32 位长，双精度是 64 位长。然而，在某些计算机中，诸如酷睿超级计算机和那些依赖于 64 位的 Intel®Itanium®芯片的机器中，单精度数是 64 位的，双精度数是 128 位的。因此一个在酷睿机器上运行良好的包含单精度数据的程序移植到 32 位机器上的时候可能需要双精度数才能正常运行。而一个在 32 位机上必须用双精度才能操作的程序可能在 64 位 Itanium®芯片上用一个单精度数就能正确运行了。

那么如何编写一个程序，可以使得它很容易的在处理器间移植，而不用去考虑不同的字长，并且依然功能正常呢？可以在计算机间移植程序时，使用内置函数来自动选择合适的实型数据类别。这个函数被称为 SELECTED_REAL_KIND。当执行该函数的时候，返回适合或者超过指定取值范围和精度的实型数据的最小类别的类别号。该函数的常用格式为：

```
kind_number=SELECTED_REAL_KIND(p=precision,r=range)
```

这里 precision 是所需精度的十进制数值，range 是以 10 的幂形式表示的所需的指数范围。两个参数 precision 和 range 都是可选参数，一个或者两个都可以用来指定所需的实数的特性。函数返回满足需求的最小实数类别号。如果该处理器中的任意实型数据类型中都无法获得指定的精度，那么返回–1；如果该处理器中的任意实型数据类别中都无法获得指定的取值范围，那么返回–2。如果两个都不可得，那么返回–3。

下面均为该函数的合法使用：

```
kind_number = SELECTED_REAL_KIND(p=6,r=37)
kind_number = SELECTED_REAL_KIND(p=12)
kind_number = SELECTED_REAL_KIND(r=100)
kind_number = SELECTED_REAL_KIND(13,200)
kind_number = SELECTED_REAL_KIND(13)
kind_number = SELECTED_REAL_KIND(p=17)
```

在一个使用 Intel Visual Fortran 编译器的酷睿 i7 计算机中，第一个函数将会返回 4（单精度的类别号），后四个都返回 8（双精度的类别号），最后一个将返回 16，因为 Intel Visual Fortran 提供的 16 字节实型数支持小数点后 17 位。

注意上面的例子中，只要精度和范围按照顺序指定，“p=”和“r=”都是可选的，如果只指定了精度，那么“p=”是可选的。这些是将在 13 章中学习的可选参数的通用特性。

应该用比较谨慎的数值来使用 SELECTED_REAL_KIND 函数，因为超出程序需求的指定可能会使程序的尺寸增加，执行速度减慢。例如，32 位计算机的单精度变量的精度能到小数点后 6 位到 7 位，如果用 SELECTED_REAL_KIND（6）指定一个 REAL 数据类型，那么可以得到那些机器的单精度数，然而如果用 SELECTED_REAL_KIND（7）指定一个 REAL 数据类型，那么将会得到双精度数，程序将会变得更大更慢。在调用函数之前，应该确保真的需要 7 位小数❸。

良好的编程习惯

使用函数 SELECTED_REAL_KIND 来判断解决问题所需的实型变量的类别号。该函数将会返回任何计算机上的合适的类别号，使得程序具有较好的可移植性。

有三种内置函数可以用于在特定计算机中判断特定计算机上实数的类别和精度及取值范围。这些函数汇总在表 11-2 中。整型函数 KIND()返回指定值的类别号。整型函数 PRECISION()返回实数可以存储的小数位数，整型函数 RANGE()返回实数支持的指数范围。这些函数的用法在图 11-2 所示的程序中说明。

表 11-2　　常用的与 KIND 有关的内置函数

函　　数	说　　明
SELECTED_REAL_KIND（p，r）	返回实数值的最小类别，其中类别的最小值取值为 p 十进制数精度，最大值取值为≥10^r
SELECTED_INT_KIND®	返回整数值的最小类别，其中类别的最大取值≥10^r
KIND（X）	返回 X 数据的类别号，这里 X 是所有内置类型的变量或常量
PRECISION（X）	返回 X 的十进制数精度，这里 X 是实数或复数
RANGE（X）	返回 X 的十进制指数取值范围，这里 X 是整数、实数或复数

```
PROGRAM select_kinds
!
! 目的:说明如何使用 SELECTED_REAL_KIND 函数选择
!      基于某个处理器处理方式的实型变量的类别
!
! 修订版本:
!      日期         编程员         修改说明
!      ====         ==========     ======================
!      11/28/15     S.J.Chapman    原始代码
!
IMPLICIT NONE
! 声明参数:
INTEGER,PARAMETER ::SGL = SELECTED_REAL_KIND(p=6,r=37)
INTEGER,PARAMETER ::DBL = SELECTED_REAL_KIND(p=13,r=200)
! 声明每种类型的变量:
REAL(kind=SGL)::var1 = 0.
REAL(kind=DBL)::var2 = 0._DBL
! 输出选择的变量的特性
WRITE (*,100)'var1',KIND(var1),PRECISION(var1),RANGE(var1)
WRITE (*,100)'var2',KIND(var2),PRECISION(var2),RANGE(var2)
100 FORMAT(A,':kind = ',I2,',Precision = ',I2,',Range = ',I3)
```

❸ Fortran 2008 添加了第三种可选参数 RADIX，它指定了所需的编号系统基数（例如 Base2 与 Base10）。作者暂未发现可以实现此功能的编译器。

```
END PROGRAM select_kinds
```

图 11-2 说明 SELECTED_REAL_KIND()函数用法的程序，该函数选择需要的、处理器无关的方式中的实型变量的类别，使用 KIND()函数、PRECISION()函数和 RANGE()函数可获取关于实数值的信息

当该程序运行在使用 Intel Visual Fortran 编译器的酷睿 i7 PC 机上时，运行结果如下：

```
C:\book\fortran\chap11>select_kinds
var1:kind=4,Precision=6,Range=37
var2:kind=8,Precision=15,Range=307
```

注意程序中第二个变量需要的精度为 13 个小数位和 10 的 200 次方的取值范围，但是处理器分配的实际变量精度为 15 个小数位和 10 的 308 次方的范围。这种类别的实型变量是在处理器中满足或超过需求的最小的变量类型。在你的机器上试着运行该程序，看看会得到什么值。

11.1.4 确定特定处理器上的数据类型

Fortran 提供一个称为 iso_Fortran_env 的内置模块，它包含相关给定处理器上可用数据类型的类别的信息，以及描述不同类型数据的常量的标准名称[4]。该内置模块中描述的一些常量在表 11-3 中给出。

表 11-3　　内置模块 iso_Fortran_env 中常用的 KIND 常量

函数	描　述
CHARACTER_KINDS	返回一个默认的整数数组，其中包含字符类型支持的所有类别值
INTEGER_KINDS	返回一个默认的整数数组，其中包含整数类型支持的所有类别值
LOGICAL_KINDS	返回一个默认的整数数组，其中包含逻辑类型支持的所有类别值
REAL_KINDS	返回一个默认的整数数组，其中包含实数类型支持的所有类别值
INT8，INT16，INT32，INT64	用于请求当前处理器上的 8、16、32 位和 64 位整数的标准常量
REAL32，REAL64，REAL128	用于请求当前处理器上的 32、64 位和 128 位实数或复数的标准常量

可以使用 iso_Fortran_env 模块中的常量来选择处理器无关方式下的数据大小。例如，可以使用如下代码，在任何处理器无关方式下的计算机中，请求 16 位整数和 128 位实数变量：

```
USE iso_Fortran_env
!
INTEGER(KIND=INT16)::i
REAL(KIND=INT128)::x
```

这是一种以处理器无关方式指定数据大小的非常好的方法。然而，这种方法相对较新，一些编译器还没有实现该功能。

良好的编程习惯

使用模块 iso_Fortran_env 中的常量以处理器无关方式指定数据大小。

❹ 这是 Fortran 2008 中新添加的功能。

11.1.5 混合运算

当在一个双精度实数和另一个实数或整数间执行算术运算时，Fortran 会把其他值转换为双精度值，在双精度值间完成操作。但是，只有双精度数值和其他数值都出现在同一个操作中的时候才会做这种自动转换。因此可以估算表达式的部分整数和单精度实数计算结果，随后进行另一部分双精度数据的估算。

例如：假定特定的处理器用 32 位表示单精度实数，用 64 位表示双精度实数，那么假如想要执行 1/3+1/3，得到的答案有 15 个有效数字，那么可以用下面的表达式来计算结果：

表　达　式	结　　果
1.1.D0/3.+1/3	3.333333333333333E-001
2.1./3.+1.D0/3.	6.666666333333333E-001
3.1.D0/3.+1./3.D0	6.666666666666666E-001

（1）在第一个表达式中，单精度常量 3.在除双精度常量 1.D0 之前被转化为双精度数，生成的结果是 3.333333333333333E-001。第二部分，整型常量 1 被整型常量 3 除，生成整数 0。最后整数 0 被转化为双精度的，然后加到第一个数上，生成最终的值 3.333333333333333E-001。

（2）在第二个表达式中，1./3.是单精度的计算，生成结果 3.333333E-01，1./3.D0 是双精度计算，产生结果 3.333333333333333E-001。接着，单精度数被转化为双精度数加到双精度数上生成最终的结果 6.666666333333333E-001。

（3）在第三个表达式中两数据项都是双精度数，生成的最后结果是 6.666666666666666E-001。

就像所看到的，1/3+1/3 根据表达式每部分所用的数值类别不同会得出很不同的结果。上面的第三个表达式是真正想要的答案，前两个不精确，或太大，或太小。这个结果提出了一个警告：如果需要一个双精度的运算，那么应该很小心的确保参与运算的每个中间值都是双精度的，所有中间结果都应该存在双精度变量中。

一个典型的混合运算经常会发生在类型声明语句或 DATA 语句中双精度实型变量的初始化过程中。如果用于初始化变量的常量是以单精度格式写的，那么变量将会被初始化成单精度的，而不管常量中所写的有效数字的个数[5]。例如，下面程序中的变量 a1 将会被初始化成只有 7 个有效数字，即使它是双精度的：

```
PROGRAM test_initial
   INTEGER,PARAMETER::DBL=SELECTED_REAL_KIND(p=13)
   REAL(KIND=DBL)::a1=6.666666666666666
   REAL(KIND=DBL)::a2=6.666666666666666_DBL
   WRITE(*.*)a1,a2
   END PROGRAM test_initial
```

当这个程序执行的时候，a1 的值只有 7 个有效数字：

```
C:\book\fortran\chap11>test_initial
     6.666666507720947              6.666666666666666
```

---

❺ 在这里 Fortran77 的处理方式是不同的。在一个初始化语句中允许使用一个常量的所有小数，即使有超过单精度可以支持的小数位数。这种差异使得当 Fortran77 程序移植到现代 Fortran 中时会产生问题。

编程警示

用双精度实型常量来初始化双精度实型变量的时候一定要小心，以便保护常量的所有精度。

11.1.6 高精度内置函数

所有支持单精度实数的通用函数也支持双精度实数。如果输入值是单精度的，那么函数将会计算出单精度结果，如果输入值是双精度的，那么函数将会计算出双精度结果。

DBLE 是一个重要的内置函数，当它运行在特定的处理器上时，输入的任意数值都会转化为双精度。

11.1.7 何时使用高精度实数

因为能够提供更高精度和更大范围的数，64 位实数看起来比 32 位实数更好。如果它们真的这么好，那为什么还要费心去使用 32 位实数呢？为什么不总是使用 64 位实数呢？

有几个合理的原因用于解释为什么不总是使用 64 位实数。首先，每个 64 位实数都需要两倍于 32 位实数的内存。这些额外的尺寸会使得使用它们的程序更大，计算机需要更多内存去运行程序。另外一个重要的考虑点是速度。高精度计算通常比低精度计算更慢，所以使用高精度计算的计算机程序要比使用低精度计算的程序运行的更慢[6]。因为这些缺点，所以应该在确实需要它的时候再使用较高精度的数据。

什么时候确实需要使用 64 位数呢？通常有三种情况：

（1）当计算所需数据的绝对值的动态范围小于 10^{-39} 或者大于 10^{39} 的时候。在这种情况下，或必须重新调整程序，或必须使用 64 位变量。

（2）当需要对大小非常不同的数据进行相加或者相减的时候。如果两个大小非常不同的数必须执行相加操作或者相减操作，那么计算结果将会损失大量的精度。例如，假如需要将实数 3.25 加到数据 1000000.0 上，那么用 32 位数据，结果将是 1000003.0，用 64 位数结果将是 1000003.25。

（3）当需要对两个大小非常接近的数进行相减操作的时候。当两个大小非常接近的数必须相减时，在两个数最后一位的小错误将会被放大。

例如，考虑两个几乎相等的数据，它们是一系列单精度运算的结果。因为计算中的舍入错误，每个数据都精确到 0.0001%。第一个数 a1 应该是 1.0000000，但经过前面运算的舍入错误，它实际上是 1.0000010。而第二个数 a2 应该是 1.0000005，但是经过前面运算的舍入错误实际上是 1.0000000。这两个数之间的差应该是：

```
true_result=a1-a2=-0.0000005
```

但是实际差是：

```
true_result=a1-a2=0.0000010
```

因此，在相减的数据之间的错误是：

---

[6] 基于 Intel 的 PC 机是这种通用规则的一个例外。数学处理器执行硬件以 80 位精度来计算，而不考虑被处理的数据的精度。因此，在 PC 机上对双精度数的操作基本不影响速度。

$$\%error=\frac{actual\_result-true\_result}{true\_result}\times 100\%$$

$$\%error=\frac{0.0000010-(-0.0000005)}{-0.0000005}\times 100\%=-300\%$$

单精度运算在 a1 和 a2 间产生了 0.0001%的错误，相减在最终答案中产生的错误是 300%！当两个近似相等的数必须相减来作为运算的一部分时，整个运算该用更高的精度来避免舍入错误。

例题 11–1　导数运算

一个函数的导数的数学定义如下：

$$\frac{\mathrm{d}}{\mathrm{d}x}f(x)=\lim_{\Delta x\to 0}\frac{f(x+\Delta x)-f(x)}{\Delta x} \tag{11-1}$$

一个函数的导数是指函数在检测点上的即时偏移率。在这种理论中，Δx 越小，导数的估计值就越好。然而，如果没有足够的精度用来避免舍入错误，计算将非常糟糕。注意随着 Δx 变小，相减的两个数就更加接近相等，舍入错误所造成的影响就会加倍。

为了测试计算中的精度影响，计算下面函数在 x=0.15 的位置上的导数：

$$f(x)=\frac{1}{x} \tag{11-2}$$

图 11-3 显示出了这个函数。

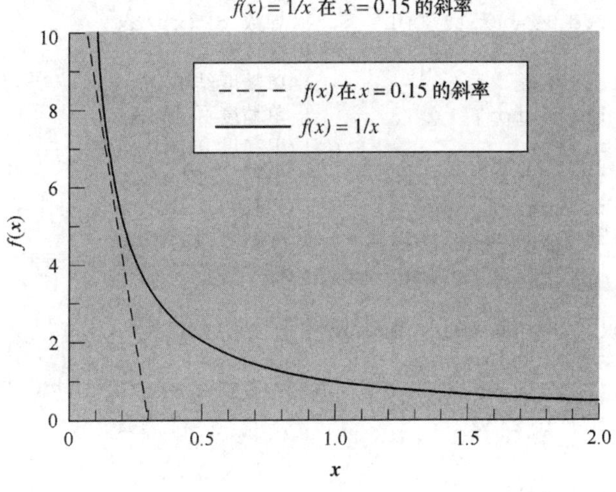

图 11-3　函数 f（x）=1/x 的曲线及在 x=0.15 时的斜率

解决方案

根据公式计算，$f(x)$导数为

$$\frac{\mathrm{d}}{\mathrm{d}x}f(x)=\frac{\mathrm{d}}{\mathrm{d}x}\frac{1}{x}=-\frac{1}{x^2} \tag{11-3}$$

当 x=0.15 时，

$$\frac{\mathrm{d}}{\mathrm{d}x}f(x)=-\frac{1}{x^2}=-44.44444444444\cdots \tag{11-4}$$

现在试着在使用 32 位单精度数值和 64 位双精度数值的计算机上用 32 位数和 64 位数来计算 Δx 从 10^{-1} 到 10^{-10} 取值时式（11-2）的导数。输出每种情况的解，包括真实的答案和错误的答案。

图 11-4 给出了计算式（11-2）的导数的 Fortran 程序。

```
PROGRAM diff
!
! 目的:通过给导数函数提供 10 个不同步长大小、单精度和
!  双精度数据来测试有限精度的有效性,测试基于函数 F(X)= 1./X
!
! 修订版本:
!    日期          编程员            修改说明
!    ====          ==========        =====================
!    12/01/15      S.J.Chapman       原始代码
!
IMPLICIT NONE
! 数据字典:声明常量
INTEGER,PARAMETER ::SGL = SELECTED_REAL_KIND(p=6,r=37)
INTEGER,PARAMETER ::DBL = SELECTED_REAL_KIND(p=13)
! 局部变量列表:
REAL(KIND=DBL)::ans                  ! 答案为真 (分析)
REAL(KIND=DBL)::d_ans                ! 双精度结果
REAL(KIND=DBL)::d_error              ! 双精度百分误差
REAL(KIND=DBL)::d_fx                 ! 双精度 F(x)
REAL(KIND=DBL)::d_fxdx               ! 双精度 F(x+dx)
REAL(KIND=DBL)::d_dx                 ! 步长
REAL(KIND=DBL)::d_x = 0.15_DBL       ! 导数 dF(x)/dx
INTEGER ::i                          ! 循环变量
REAL(KIND=SGL)::s_ans                ! 单精度结果
REAL(KIND=SGL)::s_error              ! 单精度百分误差
REAL(KIND=SGL)::s_fx                 ! 单精度 F(x)
REAL(KIND=SGL)::s_fxdx               ! 单精度 F(x+dx)
REAL(KIND=SGL)::s_dx                 ! 步长
REAL(KIND=SGL)::s_x = 0.15_SGL       ! 导数 dF(x)/dx
! 打印标题
WRITE (*,1)
1 FORMAT ('  DX    TRUE ANS   SP ANS    DP ANS ',&
    '     SP ERR  DP ERR ')
! 计算分析结果,在 x=0.15 时
ans =-( 1.0_DBL / d_x**2 )
! 计算微分值
step_size:DO i = 1,10
  ! 获得增量 x
  s_dx = 1.0 / 10.0**i
  d_dx = 1.0_DBL / 10.0_DBL**i
  ! 计算单精度结果
  s_fxdx = 1./ ( s_x + s_dx )
  s_fx  = 1./ s_x
  s_ans = ( s_fxdx - s_fx )/ s_dx
  ! 按百分比计算单精度误差
  s_error = ( s_ans - REAL(ans))/ REAL(ans)* 100.
  ! 计算双精度结果
  d_fxdx = 1.0_DBL / ( d_x + d_dx )
  d_fx  = 1.0_DBL / d_x
  d_ans = ( d_fxdx - d_fx )/ d_dx
  ! 按百分比计算双精度误差
```

```
    d_error = ( d_ans - ans )/ ans * 100.
    ! 告知结果
    WRITE (*,100)d_dx,ans,s_ans,d_ans,s_error,d_error
    100 FORMAT (ES10.3,F12.7,F12.7,ES22.14,F9.3,F9.3)
  END DO step_size
  END PROGRAM diff
```

图 11-4　分别使用单精度数和双精度数计算函数 $f(x)=1/x$ 在 $x=0.15$ 处的导数值的程序

当使用 PC 机中的 Intel Visual Fortran 版本 16 编译执行该程序时可以得到下面的结果：

```
C:\book\fortran\chap11> diff
     DX         TRUE ANS      SP ANS            DP ANS              SP ERR   DP ERR
  1.000E-01 -44.4444444 -26.6666641 -2.66666666666667E+01 -40.000  -40.000
  1.000E-02 -44.4444444 -41.6666527 -4.16666666666667E+01  -6.250   -6.250
  1.000E-03 -44.4444444 -44.1503487 -4.41501103752762E+01  -0.662   -0.662
  1.000E-04 -44.4444444 -44.4173813 -4.44148345547379E+01  -0.061   -0.067
  1.000E-05 -44.4444444 -44.4412231 -4.44414816790584E+01  -0.007   -0.007
  1.000E-06 -44.4444444 -44.3458557 -4.44441481501912E+01  -0.222   -0.001
  1.000E-07 -44.4444444 -47.6837158 -4.44444148151035E+01   7.288    0.000
  1.000E-08 -44.4444444 -47.6837158 -4.44444414604561E+01   7.288    0.000
  1.000E-09 -44.4444444   0.0000000 -4.44444445690806E+01 -100.000   0.000
  1.000E-10 -44.4444444   0.0000000 -4.44444481217943E+01 -100.000   0.000
```

当 Δx 相当大的时候，不论是单精度数还是双精度结果基本上都是相同的。在这个范围内，结果的精度仅受限于步长的大小。随着 Δx 到 10^{-5} 的取值越来越小，单精度数所表示的答案也会越来越好。当步长小于 10^{-5}，舍入错误开始影响算法。而双精度数的答案会越来越好直到 $\Delta x \approx 10^{-9}$。对于小于 10^{-9} 的步长来说，双精度数的舍入也开始变坏。

在这个问题中，双精度数的使用使得问题解决的精度从四个有效数字提高到了八个有效数字。这个问题也指出了在生成一个正确的答案时合适的 Δx 取值的重要性。相关的这些内容会发生在执行科学和工程计算的所有计算机程序中。在所有的程序中，必须正确选择参数，否则舍入错误将会产生不正确的答案。设计一个适用于计算机的合适的算法本身就是一个完整的学科，它被称为数值分析。

11.1.8　求解大型联立线性方程

在第 9 章中介绍过用于求解类似于下述格式的联立线性方程系统的高斯-亚当消元法。

$$
\begin{aligned}
&a_{11}x_1 + a_{12}x_2 + \cdots + a_{1n}x_n = b_1 \\
&a_{21}x_1 + a_{22}x_2 + \cdots + a_{2n}x_n = b_2 \\
&\cdots \\
&a_{n1}x_1 + a_{n2}x_2 + \cdots + a_{nn}x_n = b_n
\end{aligned}
\tag{11-5}
$$

在高斯-亚当消元法中，用一个常量乘以方程组中的第一个方程式，然后加到方程组中所有其他的方程中，消去 x_1，接着用一个常量乘以方程组中的第二个方程式，然后加到方程组中所有其他的方程中去，消去 x_2，对于所有的方程都执行这样的操作。这种解决方式会累积舍入错误使得最终的结果不可用。例如任何在消去 x_1 的因子的过程中产生的舍入错误都会被融入到消去 x_2 的因子时产生的错误中，并形成更大的错误，而这更大的错误又会融入到消去 x_3 的因子时产生的错误中，并形成更大一些的错误。对于一个足够大的方程系统来说，累积的舍入错误将会产生不可接受的恶劣结果。

一个方程组系统必须多大，才能在使用高斯-亚当消元法时确保不受舍入错误的影响？这个问题并不是那么容易求解的。总有一些系统会比另一些系统对舍入错误更敏感。为了理解为什么会这样，来看图 11-5 中显示的两个简单的联立方程。图 11-5（a）给出了下面两个联立方程的图示：

$$\begin{aligned} 3.0x - 2.0y &= 3.0 \\ 5.0x + 3.0y &= 5.0 \end{aligned} \tag{11-6}$$

这个方程组的解是 x=1.0，y=0.0。点（1.0，0.0）是图 11-5（a）中图示的两条线的交叉点。图 11-5（b）给出了下面两个联立方程的图示：

$$\begin{aligned} 1.00x - 1.00y &= -2.00 \\ 1.03x - 0.97y &= -2.03 \end{aligned} \tag{11-7}$$

这个方程组的解是 x=–1.5，y=0.5。点（-1.5，0.5）是图 11-5（b）中图示的两条线的交叉点。

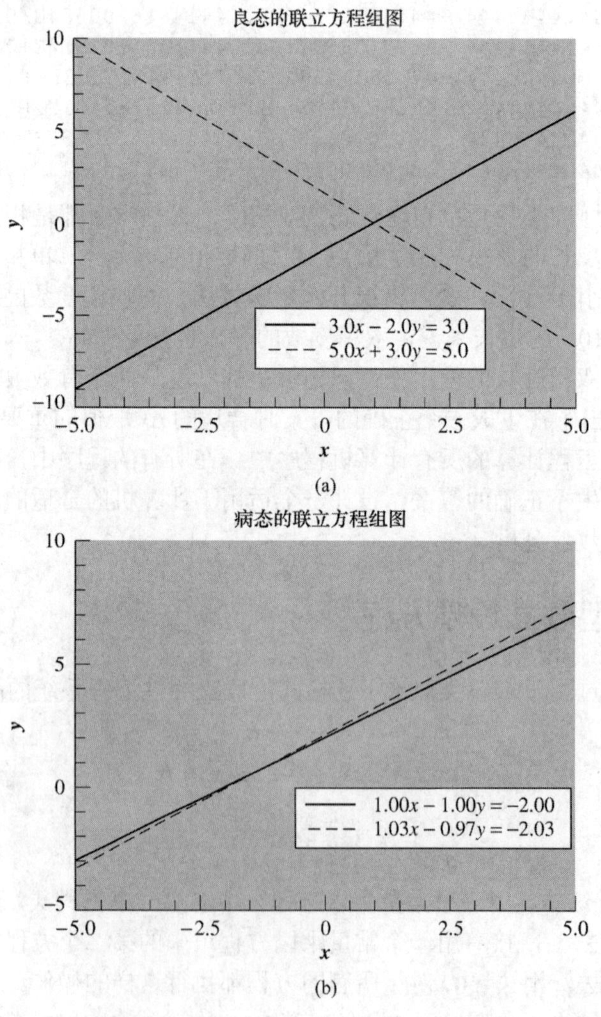

图 11-5 （a）一个良态的 2×2 方程组图示；（b）一个病态的 2×2 方程组图示

下面来比较方程（11-6）和方程（11-7）在对待方程系数的小错误时的灵敏度（方程系数小错误的影响类似于方程的舍入错误的影响）。假设方程组（11-6）的系数 a_{11} 产生了百分之一的错误，那么 a_{11} 事实上是用 3.03 取代了 3.00。那么方程的解变为 x=0.995，y=0.008，这几乎和原方程的解相同。现在假定方程组（11-7）的系数 a_{11} 产生了百分之一的错误，那么 a_{11} 事实上是用 1.01 取代了 1.00。那么方程的解变为 x=1.789，y=0.193，和原方程的解比较发生了很大的变化。方程组（11-6）对待小的系数错误相对迟钝，而方程组（11-7）对小的系数错误非常敏感。

如果更严谨的分析图 11-5（b），就会明显地发现为什么方程组（11-7）对于系数的微小改变如此敏感。代表两个方程组的直线几乎是相互平行的，所以在方程组中任意的一点微小的变化都会使得它们的交叉点移动很大的距离。如果两条直线完全平行，那么方程组要不没有解，要不就是有无穷多个解。在两条直线近似平行时，有一个唯一的解，但是解的位置对于系数的微小变化非常敏感。因此，像式（11-7）中的方程组对在高斯-亚当消元法的过程中累积的舍入噪声非常敏感。

像式（11-6）中那样表现良好的联立方程组系统被称为良态的系统，像方程组（11-7）中那样表现糟糕的联立方程组系统被称为病态的系统。良态的方程组系统对舍入错误相对免疫，而病态的系统对舍入错误非常敏感。

在处理非常巨大的方程组系统或病态的系统时，用双精度运算更有用。双精度运算能够戏剧性地减少舍入错误，即使是对于那些非常难的方程组系统，也可以利用高斯-亚当消元法生成正确的答案。

例题 11-2　求解大型线性方程组系统

对于大型和/或病态的方程组系统来说，只有使用双精度运算来降低舍入错误时高斯-亚当消元法，才能够生成正确的答案。编写一个子例程，使用双精度运算来求解一个联立线性方程组。通过和第 9 章中使用单精度的子例程 simul 比较来测试所编程序。分别用良态的和病态的方程组系统来进行比较。

解决方案

双精度子例程 dsimul 在本质上和第 9 章的图 9-6 中的单精度子例程 simul2 是相同的。因为包含了数组操作和简单灵活的自动数组，也因为没有破坏掉输入数据，在这里被改名为 simul 的子例程 simul2 被用作起始点。

1. 问题说明

编写一个子例程用于求解一个带有 N 个变量的 N 个联立方程组，使用高斯-亚当消元法，用双精度运算。重点技术在于避免舍入错误。子例程应该能够检测奇异方程组，并设置错误标志。

2. 输入和输出定义

子例程的输入由 N×N 双精度矩阵 a 和双精度向量 b 构成，a 代表了联立方程组的变量系数，双精度向量 b 代表方程组右边的内容。子例程的输出是方程组的解（在向量 soln 中）或者一个错误标志。

3. 算法描述

该子例程的伪代码类似于第 9 章中的子例程 simul2 的伪代码，这里不再重复。

4. 把算法转换成 Fortran 语句

图 11-6 给出了 Fortran 子例程。注意使用内置模块 iso_Fortran_env 的常量来指定该子例程需要使用 64 位实数变量。

```
SUBROUTINE dsimul ( a,b,soln,ndim,n,error )
!
! 目的:子例程,在不知道 N 值情况下,用高斯消元
```

```
!  和最大支点技术求解 N 个线性方程集。
!  本版本的 simul 例程用部分数组和自动数据来改写,
!  以实现用双精度算术运行,避免出现消元四舍五入错
!  且不销毁原始的输入值
!
! 修订版本:
!    日期          程序员           修改说明
!    ====          ==========       ======================
!  11/25/15       S.J.Chapman      原始代码
! 1.11/25/15      S.J.Chapman      增加了自动数组
! 2.12/01/15      S.J.Chapman      双精度
!
USE iso_Fortran_env
IMPLICIT NONE
! 数据字典:声明常量
REAL(KIND=REAL64),PARAMETER ::EPSILON = 1.0E-12
                     ! 当判断单个方程时,比较一个 "small"值
! 数据字典:声明调用参数类型和定义
INTEGER,INTENT(IN)::ndim                    ! 数组 a 和 b 的维度
REAL(KIND=REAL64),INTENT(IN),DIMENSION(ndim,ndim)::a
                     ! 系数数组 (N x N).
                     ! 该数组大小是 ndim x ndim,
                     ! 但是仅使用了 N x N 个系数
REAL(KIND=REAL64),INTENT(IN),DIMENSION(ndim)::b
                     ! 输入:方程式右边.
REAL(KIND=REAL64),INTENT(OUT),DIMENSION(ndim)::soln
                     ! 输出:结果矢量值
INTEGER,INTENT(IN)::n                       ! 待求解的方程数
INTEGER,INTENT(OUT)::error                  ! 出错标志:
                     ! 0 - 无错
                     ! 1 - 单个方程式
! 数据字典:声明变量类型和定义
REAL(KIND=REAL64),DIMENSION(n,n)::a1    ! 备份数组 a,它在求解期间会销毁
REAL(KIND=REAL64)::factor               ! 在加到方程 jrow 之前的方程 equ 相乘因子
INTEGER ::irow                          ! 当前正被处理的方程式个数
INTEGER ::ipeak                         ! 指向含有支点的方程式指针
INTEGER ::jrow                          ! 与当前方程式比较的方程式个数
REAL(KIND=REAL64)::temp                 ! 临时数值
REAL(KIND=REAL64),DIMENSION(n)::temp1   ! 临时数组
! 为局部应用复制数组"a" 和 "b"
a1 = a(1:n,1:n)
soln = b(1:n)
! 处理 N 次,获得全部方程……
mainloop:DO irow = 1,n
  ! 在 irow 到 N 行的 irow 列找出支点
  ipeak = irow
  max_pivot:DO jrow = irow+1,n
    IF (ABS(a1(jrow,irow))> ABS(a1(ipeak,irow)))THEN
     ipeak = jrow
    END IF
  END DO max_pivot
  ! 检查单个方程式
  singular:IF ( ABS(a1(ipeak,irow))< EPSILON )THEN
   error = 1
```

```
      RETURN
     END IF singular
     ! 另外,如果 ipeak /= irow,交换方程式 irow 和 ipeak
     swap_eqn:IF ( ipeak /= irow )THEN
      temp1 = a1(ipeak,1:n)
      a1(ipeak,1:n)= a1(irow,1:n)          ! 交换 a 中的 rows 行
      a1(irow,1:n)= temp1
      temp = soln(ipeak)
      soln(ipeak)= soln(irow)              ! 交换 b 中的 rows 行
      soln(irow)= temp
     END IF swap_eqn
     ! -a1(jrow,irow)/a1(irow,irow)乘于方程式 irow,
     ! 再加到方程式 jrow (除 irow 自身外,其他方程式均作此处理)
     eliminate:DO jrow = 1,n
      IF ( jrow /= irow )THEN
        factor = -a1(jrow,irow)/a1(irow,irow)
        a1(jrow,1:n)= a1(irow,1:n)*factor + a1(jrow,1:n)
        soln(jrow)= soln(irow)*factor + soln(jrow)
      END IF
     END DO eliminate
   END DO mainloop
   ! 作用于全部方程式的主循环结束.至此所有非对角线项为 0,
   ! 为了获得最终答案,必须区分每个方程式的非对角线项系数
   divide:DO irow = 1,n
     soln(irow)= soln(irow)/ a1(irow,irow)
   END DO divide
   ! 设置出错标志为 0,返回
   error = 0
   END SUBROUTINE dsimul
```

图 11-6 用双精度求解联立方程组的子例程

5. 测试 Fortran 程序

为了测试该程序必须编写一个测试程序。测试程序打开一个输入数据文件读取要求解的方程组。文件的第一行为方程组 N 的个数，下面 N 行的每一行都包含一个方程的系数。存储在一个单精度数组中被送到子例程 simul 中，用于求解的系数将会被存储在一个双精度数组中，并送到子例程 dsimul 中，用于求解。为了验证求得的解是否正确，将把它们插入到原来的方程组中，计算结果误差，求得的解和关于单精度及双精度的误差都将汇总到表中展示出来。

图 11-7 给出了子例程 dsimul 的测试程序。注意，它从头到尾都使用可分配数组，所以它可以适用于任意大小的输入数据集。

```
PROGRAM test_dsimul
!
! 目的:测试子例程 dsimul,它的功能是不知道 N 的情况下
!  求解 N 个线性方程。该测试程序将调用子例程 simul,以
!  按单精度求解问题,并且 dsimul 也用双精度求解问题。
!  将以小结表形式给出两个求解结果
!
! 修订版本:
!    日期          程序员           修改说明
!    ====        ==========       =====================
```

```
!   12/01/15    S.J.Chapman      原始代码
!
USE iso_Fortran_env
IMPLICIT NONE
! 局部变量列表
REAL(KIND=REAL32),ALLOCATABLE,DIMENSION(:,:)::a
                  ! 单精度系数
REAL(KIND=REAL32),ALLOCATABLE,DIMENSION(:)::b
                  ! 单精度常量值
REAL(KIND=REAL32),ALLOCATABLE,DIMENSION(:)::soln
                  ! 单精度答案
REAL(KIND=REAL32),ALLOCATABLE,DIMENSION(:)::serror
                  ! 单精度误差数组
REAL(KIND=REAL32)::serror_max                   ! 最大单精度误差
REAL(KIND=REAL64),ALLOCATABLE,DIMENSION(:,:)::da
                  ! 双精度系数
REAL(KIND=REAL64),ALLOCATABLE,DIMENSION(:)::db
                  ! 双精度常量值
REAL(KIND=REAL64),ALLOCATABLE,DIMENSION(:)::dsoln
                  ! 双精度答案
REAL(KIND=REAL64),ALLOCATABLE,DIMENSION(:)::derror
                  ! 双精度误差数组
REAL(KIND=REAL64)::derror_max                   ! 最大双精度误差
INTEGER ::error_flag                            ! 子例程的出错标志
INTEGER ::i,j                                   ! 循环控制变量
INTEGER ::istat                                 ! I/O 状态
CHARACTER(len=80)::msg                          ! 出错信息
INTEGER ::n                                     ! 待求解方程系统大小
CHARACTER(len=20)::filename                     ! 输入数据文件名
! 获得含有方程式的磁盘文件名
WRITE (*,*)'Enter the file name containing the eqns:'
READ (*,'(A20)')filename
! 打开输入数据文件.状态是OLD,因为输入数据必须已经存在
OPEN ( UNIT=1,FILE=filename,STATUS='OLD',ACTION='READ',&
   IOSTAT=istat,IOMSG=msg )
! OPEN成功?
open_ok:IF ( istat == 0 )THEN
  ! 文件打开成功,于是读入系统中的方程个数
  READ (1,*)n
  ! 分配n个方程需要的内存空间
  ALLOCATE ( a(n,n),b(n),soln(n),serror(n),&
       da(n,n),db(n),dsoln(n),derror(n),STAT=istat )
  ! 如果内容分配有效,读入方程式,处理之
  solve:IF ( istat == 0 )THEN
   DO i = 1,n
     READ (1,*)(da(i,j),j=1,n),db(i)
   END DO
   ! 对单精度答案复制单精度的系数
   a = da
   b = db
  ! 显示系数
  WRITE (*,1010)
  1010 FORMAT (/,'Coefficients:')
  DO i = 1,n
```

```
  WRITE (*,'(7F11.4)')(a(i,j),j=1,n),b(i)
 END DO
 ! 求解方程
 CALL simul (a,b,soln,n,n,error_flag )
 CALL dsimul (da,db,dsoln,n,n,error_flag )
 ! 检查出错否
 error_check:IF ( error_flag /= 0 )THEN
  WRITE (*,1020)
  1020 FORMAT (/,'Zero pivot encountered!',&
     //,'There is no unique solution to this system.')
 ELSE error_check
  ! 无错。检查子例程相对于原始方程的四舍五入误差
  ! 计算微分
  serror_max = 0.
  derror_max = 0._REAL64
  serror = 0.
  derror = 0._REAL64
  DO i = 1,n
    serror(i)= SUM ( a(i,:)* soln(:))- b(i)
    derror(i)= SUM ( da(i,:)* dsoln(:))- db(i)
  END DO
  serror_max = MAXVAL ( ABS ( serror ))
  derror_max = MAXVAL ( ABS ( derror ))
  ! 告诉用户结果
  WRITE (*,1030)
  1030 FORMAT (/,' i  SP x(i) DP x(i) ',&
     '    SP Err   DP Err ')
  WRITE (*,1040)
  1040 FORMAT ( ' ===  =========   =========    ',&
     '   ========    ======== ')
  DO i = 1,n
    WRITE (*,1050)i,soln(i),dsoln(i),serror(i),derror(i)
    1050 FORMAT (I3,2X,G15.6,G15.6,F15.8,F15.8)
  END DO
  ! 输出最大误差
  WRITE (*,1060)serror_max,derror_max
  1060 FORMAT (/,'Max single-precision error:',F15.8,&
    /,'Max double-precision error:',F15.8)
 END IF error_check
END IF solve
! 释放动态内存空间
DEALLOCATE ( a,b,soln,serror,da,db,dsoln,derror )
ELSE open_ok
! 否则,打开文件失败,告诉用户
WRITE (*,1070)filename
1070 FORMAT ('ERROR:File ',A,' could not be opened!')
WRITE (*,'(A)')TRIM(msg)
END IF open_ok
END PROGRAM test_dsimul
```

图 11-7　子例程 dsimul 的测试程序

应该调用三个不同的数据集来测试子例程。第一个应该是良态方程系统，第二个应该是病态方程系统，第三个应该没有唯一解。用于测试子例程的第一个方程组系统是一个 6×6 的

方程组系统，如下所示：

$$
\begin{aligned}
-2x_1+5x_2+x_3+3x_4+4x_5-x_6&=0\\
2x-x_2-5x_3-2x_4+6x_5-4x_6&=1\\
-x_1+6x_2-4x_3-5x_4+3x_5-x_6&=-6\\
4x_1-3x_2-6x_3-5x_4-2x_5-2x_6&=10\\
-3x_1+6x_2+4x_3+2x_4-6x_5+4x_6&=-6\\
2x_1+4x_2+4x_3+4x_4+4x_5-4x_6&=-2
\end{aligned}
\tag{11-8}
$$

如果这个方程组系统放在一个叫做 sys6.wel 的文件中，程序 test_dsimul 基于该文件进行运行，结果为：

```
C:\book\fortran\chap11>test_dsimul
Enter the file name containing the eqns:
sys6.wel
Coefficients:
    -2.0000    5.0000    1.0000    3.0000     4.0000    -1.0000     .0000
     2.0000   -1.0000   -5.0000   -2.0000     6.0000     4.0000    1.0000
    -1.0000    6.0000   -4.0000   -5.0000     3.0000    -1.0000   -6.0000
     4.0000    3.0000   -6.0000   -5.0000    -2.0000    -2.0000   10.0000
    -3.0000    6.0000    4.0000    2.0000    -6.0000     4.0000   -6.0000
     2.0000   -4.0000   -4.0000   -4.0000     5.0000    -4.0000   -2.0000
  i        SP x(i)         DP x(i)        SP Err          DP Err
 ===      =========       =========      ========        ========
  1        0.662556        0.662556    -0.00000048      0.00000000
  2       -0.132567       -0.132567     0.00000060     -0.00000000
  3        -3.01373        -3.01373     0.00000095      0.00000000
  4         2.83548         2.83548     0.00000095      0.00000000
  5        -1.08520        -1.08520    -0.00000048      0.00000000
  6       -0.836043       -0.836043    -0.00000072     -0.00000000
Max single-precision error: 0.00000095
Max double-precision error: 0.00000000
```

对于这个良态系统来说，单精度和双精度运算的结果在本质上是相同的。用于测试子例程的第二个方程组系统如下面所示也是一个 6×6 的方程组系统。注意第二个和第六个方程几乎是一样的，所以这个系统是一个病态系统。

$$
\begin{aligned}
-2x_1+5x_2+x_3+3x_4+4x_5-x_6&=0\\
2x_1-x_2-5x_3-2x_4+6x_5-4x_6&=1\\
-x_1+6x_2-4x_3-5x_4+3x_5-x_6&=-6\\
4x_1-3x_2-6x_3-5x_4-2x_5-2x_6&=10\\
-3x_1+6x_2+4x_3+2x_4-6x_5+4x_6&=-6\\
2x_1-1.00001x_2-5x_3-2x_4+6x_5-4x_6&=1.0\,1
\end{aligned}
\tag{11-9}
$$

如果这个方程组系统放在一个叫做 sys6.ill 的文件中，程序 test_dsimul 基于该文件进行运行，结果为：

```
C:\book\fortran\chap11>test_dsimul
Enter the file name containing the eqns:
sys6.ill
Coefficients:
```

```
-2.0000     5.0000    1.0000     3.0000     4.0000      -1.0000     0.0000
 2.0000    -1.0000   -5.0000    -2.0000     6.0000       4.0000     1.0000
-1.0000     6.0000   -4.0000    -5.0000     3.0000      -1.0000    -6.0000
 4.0000     3.0000   -6.0000    -5.0000    -2.0000      -2.0000    10.0000
-3.0000     6.0000    4.0000     2.0000    -6.0000       4.0000    -6.0000
 2.0000    -1.0000   -5.0000    -2.0000     6.0000       4.0000     1.0100
 i        SP x(i)        DP x(i)        SP Err          DP Err
===      =========      =========      ========        ========
 1        -3718.09       -3970.67      -0.00042725      0.00000000
 2        -936.408       -100.00        0.00073242     -0.00000000
 3        -4191.41       -4475.89       0.00152588      0.00000000
 4        2213.83         2364.00       0.00109863     -0.00000000
 5        -1402.07       -1497.22      -0.00024414      0.00000000
 6        -404.058       -431.444       0.00049806     -0.00000000
Max single-precision error: 0.00152588
Max double-precision error: 0.00000000
```

对于这个病态系统来说，单精度和双精度运算结果明显不同。单精度数值 $x(i)$ 与真正的答案相差 6%~7%，而双精度答案几乎是正确的。双精度运算实际上就是为了求得该问题的正确答案。用于测试子程序的第三个方程组系统还是一个 6×6 的方程组系统，如下所示：

$$\begin{aligned}
-2x_1+5x_2+x_3\ +3x_4+4x_5-\ x_6\ &=0\\
2x-\ x_2-5x_3-2x_4+6x_5-4x_6&=1\\
-x_1+6x_2-4x_3-5x_4+3x_5-\ x_6\ &=-6\\
4x_1-3x_2-6x_3-5x_4-2x_5-2x_6&=10\\
-3x_1+6x_2+4x_3+2x_4-6x_5+4x_6&=-6\\
2x_1+\ x_2\ +5x_3+2x_4+6x_5-4x_6&=1
\end{aligned}\tag{11-10}$$

如果这个方程组系统放在一个叫做 SYS6.SNG 的文件中，程序 test_dsimul 基于该文件进行运行，结果为：

```
C:\book\fortran\chap11> test_dsimul
Enter the file name containing the eqns:
sys6.sng
Coefficients before calls:
    -2.0000    5.0000    1.0000    3.0000    4.0000    -1.0000     .0000
     2.0000   -1.0000   -5.0000   -2.0000    6.0000     4.0000    1.0000
    -1.0000    6.0000   -4.0000   -5.0000    3.0000    -1.0000   -6.0000
     4.0000    3.0000   -6.0000   -5.0000   -2.0000    -2.0000   10.0000
    -3.0000    6.0000    4.0000    2.0000   -6.0000     4.0000   -6.0000
     2.0000   -1.0000   -5.0000   -2.0000    6.0000     4.0000    1.0000
Zero pivot encountered!
There is no unique solution to this system.
```

因为该方程组中的第二行和第六行完全相同，这个方程组系统没有唯一解。子例程正确的识别并且对这种情况给出了标志。

子例程 dsimul 对良态系统、病态系统及奇异系统这三种情况都运行正确。此外，测试程序也显示出双精度子例程对应于单精度子例程在对待病态系统上所体现出来的优点。

11.2 INTEGER 数据类型的可选长度

Fortran 标准也允许（但不要求）Fortran 编译器支持多种长度的整型数据。提供不同长度的整型数据这一思想是指当为了减小程序的大小而需对变量做一个限制时使变量为短整型，而当变量需要更大的使用范围时可以使变量为长整型。

整型所能提供的长度根据处理器的不同而不同，对于指定长度所对应的类别类型参数也不同。可以通过联系编译器厂商来获知编译器支持什么样的长度。表 11-4 中给出了几种处理器支持的整型的长度和类别参数（在表中，int8 是指一个 8 位整数，int16 是指一个 16 位整数等，这些事内置模块 iso_Fortran_env 的常数名）。不论是整型所支持的长度还是它们所对应的类别类型参数都根据处理器的不同而不同的。当需要使编写的程序在不同类型的处理器间进行移植时，这种不同会导致一些问题。

表 11-4　　部分 Fortran 编译器的整型数据值的 KIND（类别）号

计算机/编译器	INT8	INT16	INT32	INT64
PC/GNU Fortran	1	2	4*	8
PC/Intel Visual Fortran	1	2	4*	8
PC/NAGWare Fortran	1	2	3*	4

* 表示该特定处理器的默认整数类别。

那么如何编写可以很方便地在带有不同类别号的处理器间移植程序，并且使其正确运行呢？最好的方式就是当程序在不同处理器间移植的时候，使用 Fortran 的内置函数来自动的选择所用的合适的整型数据的类别。这一函数叫做 SELECTED_INT_KIND。当运行这个函数的时候，它返回适合于当前计算机中所指定范围的整型值最小类别的类别参数。该函数的通用格式为：

```
kind_number=SELECTED_INT_KIND(range)
```

这里 range 代表以 10 的幂的形式表示的所需整型数的范围。函数返回满足指定需求的最小整型类别的类别号。如果处理器的所有整型数据的类别都无法满足指定的范围，那么将返回–1。

下面是几个合法使用该函数的例子：

```
kind_number = SELECTED_INT_KING(3)
kind_number = SELECTED_INT_KING(9)
kind_number = SELECTED_INT_KING(12)
kind_number = SELECTED_INT_KING(20)
```

在使用 Intel Visual Fortran 编译器的酷睿 i7 计算机上，第一个函数返回 2（2 字节整型的类别号），因为指定的范围是-10^3 到$+10^3$，2 个字节的整型数据可以表示范围为–32768 到 32767。类似的，第二个函数将返回 4（4 字节整型的类别号），因为指定的范围是-10^9 到 10^9，4 个字节的整型数据可以表示范围为–2147483648 到 2147483647。第三个函数返回 8（8 字节整型的类别号），因为指定的范围是-10^{12} 到$+10^{12}$，8 个字节的整型数据，可以表示范围为–9223372036854775808 到–9223372036854775807。最后一个函数将返回–1，因为没有整型数据的类别能表示$-10^{20}\sim10^{20}$之间的范围。在其他的处理器中，可能会得到不同的结果。在你自己的机器上运行该函数，看看能得到什么结果。

下面的代码例子说明了以处理器无关的方式来使用整数的类别。它定义了两个整型变量i1和i2。整数i1保证能够表示范围在–1000到1000之间的整数，而i2保证能够表示范围在–1000000000到1000000000之间的整数。每个整数实际的容量可能根据计算机的不同而不同，但应该总是满足这个最小保证。

```
INTEGER,PARAMETER::SHORT = SELECTED_INT_KIND(3)
INTEGER,PARAMETER::LONG = SELECTED_INT_KIND(9)
INTEGER(KIND=SHORT)::i1
INTEGER(KIND=LONG)::i2
```

也可以声明一个整型常数的类别。通过增加一个下划线和常数的类别号来声明整型常数的类别：

```
34                    ! 默认的整型类别
34_4                  ! 当4为合法的整型类别时有效
24_LONG               ! 当“LONG”是一个整型名字常量时有效
```

第一个例子生成一个整型常数，该常数的类别为程序所运行的处理器的默认类别。第二个例子只有当KIND=4在所运行的处理器中是有效整型类别的时候才有效。第三个例子只有当LONG是一个提前定义好的有效的整型有名常数时才有效，它的值是一个有效的类别号。

良好的编程习惯

使用函数SELECTED_INT_KIND来判断满足解决问题所需的整型变量的类别号。该函数将返回任意处理器中合适的类别号，使得所编程序的可移植性更好。

或者，如果知道所需的整数大小，则可以使用表11-3中的iso_Fortran_env常量直接指定它。

11.3 CHARACTER数据类型的可选类别

Fortran提供了一种措施用于支持多种类别的字符集。对于多种字符集的支持是可选的，可能在你自己的处理器中并没有实现该功能。如果实现了，这个特性允许Fortran语言对世界上能发现的许多不同语言构成的不同字符集给予支持，或甚至是支持比如音符这样的“语言”。

带有类别参数的字符声明的通用格式为：

```
CHARACTER(kind=kind_num,len=length)::string
```

这里kind_num是指所需的字符集的类别号。

Fortran2003提供了一个叫做SELECTED_CHAR_KIND的新函数用于返回指定字符集的类别号。当运行该函数的时候，返回和指定字符集相匹配的类别类型参数。该函数的通用格式为：

```
kind_number = SELECTED_CHAR_KIND(name)
```

这里name是一个默认类型的字符表达式，它包含下述值之一：'DEFAULT'，'ASCII'或'ISO_10646'（Unicode）。如果支持这种字符集，函数将返回对应字符集的类别号，如果不支持，则返回–1。

下面是几个该函数的合法使用的例子：

```
kind_number = SELECTED_CHAR_KIND('DEFAULT')
kind_number = SELECTED_CHAR_KIND('ISO_10646')
```

Fortran 标准不需要编译器能够支持 Unicode 字符集，但是它为使用 Unicode 字符集的需求提供了支持函数。编写本书时，GNU Fortran 支持 ASCII 和 ISO-10646 两个字符集，Intel Fortran 仅支持 ASCII 字符集。

11.4 COMPLEX 数据类型

在科学和工程的许多问题中会出现复数。例如，在电子工程中需要使用复数来表示交流电的电压、电流和电阻。用于描述大部分电子和机械系统操作的微分方程也会生成复数。因为复数非常常见，所以作为工程人员，如果对于它的使用和操作没有一个很好的了解将无法工作。

复数的常见格式如下：

$$c = a + bi \tag{11-11}$$

这里 c 是一个复数，a 和 b 都是实数，i 是 $\sqrt{-1}$。a 称作复数 c 的实部，b 称作复数 c 的虚部。因为一个复数有两个组成元素，所以它可以表示为平面上的一点（见图 11-8）。平面的横轴代表实轴，纵轴代表虚轴，所以任何复数 $a+bi$ 都可以表示为一个点，a 沿着实轴，b 沿着虚轴。因为实轴和虚轴定义了一个矩形的边，所以复数表示的这种方式被称为直角坐标系。

复数还可以表示成由平面的原点指向 P 点的一个长度为 z，角度为 θ 的向量（见图 11-9）。这种表示复数的方式被称作极坐标。

$$c = a + bi = z\angle\theta \tag{11-12}$$

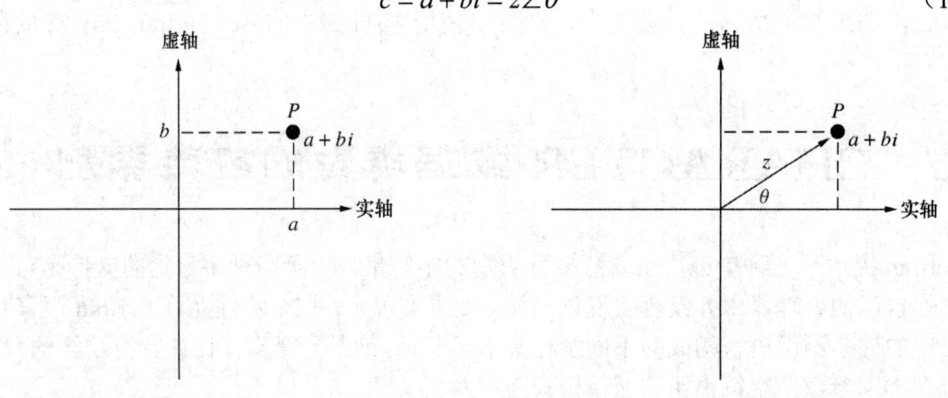

图 11-8 用直角坐标表示复数　　图 11-9 用极坐标表示复数

直角坐标和极坐标参数 a，b，z 和 θ 之间的关系为：

$$a = z\cos\theta \tag{11-13}$$

$$b = z\sin\theta \tag{11-14}$$

$$z = |c| = \sqrt{a^2 + b^2} \tag{11-15}$$

$$\theta = \tan^{-1}\frac{b}{a} \tag{11-16}$$

Fortran 使用直角坐标来表示复数。每个复数由占据内存中连续空间的一对实数（a，b）构成。第一个数字（a）是复数的实部，第二个数字（b）是复数的虚部。

如果复数 c_1 和 c_2 定义为 $c_1 = a_1 + b_1 i$ 和 $c_2 = a_2 + b_2 i$，那么 c_1 和 c_2 的加、减、乘、除定义为：

$$c_1 + c_2 = (a_1 + a_2) + (b_1 + b_2)i \tag{11-17}$$

$$c_1 - c_2 = (a_1 - a_2) + (b_1 - b_2)i \tag{11-18}$$

$$c_1 \times c_2 = (a_1 a_2 - b_1 b_2) + (a_1 b_2 + b_1 a_2)i \tag{11-19}$$

$$\frac{c_1}{c_2} = \frac{a_1 a_2 + b_1 b_2}{a_2^2 + b_2^2} + \frac{b_1 a_2 - a_1 b_2}{a_2^2 + b_2^2} i \tag{11-20}$$

当两个复数出现在二进制操作中，Fortran 使用上面的公式完成所需的加、减、乘、除运算。

11.4.1 复数常量和变量

一个复数常量由两个包含在圆括号中被逗号分开的数字常数构成。第一个常数是复数的实部，第二个是复数的虚部。例如，下面的复数常数等价于它后面显示的复数：

```
(1.,0.)                  1+0i
(0.7071,0.7071)          0.7071+0.7071i
(0.,-1.)                 -i
(1.01E6,0.5E2)           1010000+50i
(1.12_DBL,0.1_DBL)       1.12+0.1i(类别是 DBL)
```

最后一个常量只有在 DBL 被定义为使用该常量的处理器中实数的一个有效类别号之后才是有效的。

有名常量可以用来指定复数的实部和虚部。因此，如果 PI 是一个有名常量，那么下面是有效的 Fortran 复数常量：

```
(PI,-PI)      π+πi
```

复数变量使用 COMPLEX 类型声明语句来声明。该语句的通用格式为：

```
COMPLEX(KIND=kind_num):: ::variable_name1[,variable_name2,…]
```

复数变量的类别是可选的；如果省略将使用默认类别。例如，下面的语句声明了一个 256 个元素的复数数组。记住实际上分配了 512 个默认长度值的空间，因为每个复数需要两个实数空间。

```
COMPLEX,DIMENSION(256)::array
```

对任何一个处理器来说，根据实数的单精度和双精度类别至少有两种复数。单精度复数和单精度实数具有同样的数据类别，双精度复数和双精度实数具有同样的数据类别。因此内置函数 SELECTED_REAL_KIND 也可以用于指定处理器无关情况下复数的大小。

在任意给定的处理器中默认复数类别总是和默认实数类别相同。

11.4.2 初始化复数变量

像其他变量一样，复数变量也可以通过赋值语句、类型声明语句或者 READ 语句进行初始化。下面的代码使用赋值语句将数组 array1 的所有元素都初始化为（0.，0.）。

```
COMPLEX,DIMENSION(256)::array1
```

```
array1=(0.,0.)
```

复数也可以使用复数常量在类型声明语句中初始化。下面的代码使用类型声明语句定义，并初始化变量 a1 为（3.141592，–3.141592）。

```
COMPLEX::a1=(3.141592,-3.141592)
```

当用格式化 I/O 语句读写复数的时候，遇到的第一个格式描述符用于描述复数的实部，第二个格式描述符用于描述复数的虚部。下面的代码使用格式化 READ 语句初始化变量 a1。

```
COMPLEX::a1
READ(*,'(2F10.2)')a1
```

输入行的前 10 个字符被放在变量 a1 的实部，跟着的 10 个字符放在变量 a1 的虚部。注意，使用格式化 I/O 语句读取复数的时候输入行不包含圆括号。与之相反，使用表控 I/O 语句读取复数时，复数必须精确地键入，包括复数常量、圆括号等。下面的 READ 语句

```
COMPLEX::a1
READ(*.*)a1
```

需要输入值以（1.0，0.25）这样的键入格式输入。当使用自由格式的 WRITE 语句输出复数的时候，输出的是带有圆括号的完整的复数数值。例如，语句

```
COMPLEX::a1=(1.0,0.25)
WRITE(*,*)a1
```

生成结果：

```
(1.000000,2.500000E-01)
```

11.4.3 混合运算

当完成复数和任何其他数值（实型或整型的某个类别）之间的算术运算的时候，Fortran 将其他类型的数值转化为复数，然后执行操作，生成复数结果。例如，下面的代码得到的输出为（300.，–300.）：

```
COMPLEX::c1=(100.,-100.),c2
INTEGER::i=3
c2 = c1*i
WRITE(*.*)c2
```

最开始的时候，c1 是一个值为（100.，–100.）的复数变量，i 是一个值为 3 的整型数。当第三行执行之后，整型 i 被转化为复数（3.，0.），这个值与 c1 相乘得到结果（300.，–300.）。

当在两个不同类别的复数或实数间进行算术运算时，两种数据都会被转换为具有较高精度的数据类别，生成的结果也具有较高的精度。

如果一个实数表达式被赋给一个复数变量，那么表达式的值放在复数变量的实部，复数变量的虚部设为 0。如果想要把两个实数赋给一个复数变量的实部和虚部，必须使用 CMPLX 函数（在下面介绍）。当一个复数值要赋给一个实型或整型变量时，复数的实部赋给变量，虚部被丢弃。

11.4.4 用关系操作符处理复数

可以使用==关系操作符来比较两个复数，看看它们是否相等。用/=操作符去看看它们是

否不等。但是，不能用>，<，>=或<=操作符来比较复数。原因是复数是由两个独立部分构成的，假设有两个复数$c_1 = a_1 + b_1 i$和$c_2 = a_2 + b_2 i$，$a_1>a_2$，$b_1<b_2$，那么怎么可能去判断哪个数大呢？

另一方面，可以去比较两个复数的幅值。一个复数的幅值可以用内置函数 CABS（见下面）或式（11-21）来计算。

$$|c| = \sqrt{a^2 + b^2} \tag{11-21}$$

因为复数的幅值是一个实数，那么两个幅值可以用任何关系操作符来比较。

11.4.5 COMPLEX 内置函数

Fortran 提供了许多特殊函数和通用函数支持复数运算。这些函数可以分为 3 类。

（1）**类型转换函数**。这些函数将数据转换成复数，或者把复数转换为数据。函数 CMPLX（a，b，kind）是一个通用函数，把实数或整数 a，b 转换为实部为 a，虚部为 b 的复数。kind 参数是可选的，如果指定了 kind，那么生成指定类型的结果复数。函数 REAL()和 INT()将一个复数的实部转换为对应的实数或整型数据，丢弃复数的虚部。函数 AIMAG()将一个复数的虚部转化为一个实数。

（2）**绝对值函数**。这个函数计算数据的绝对值。函数 CABS（c）是一个特定函数，它使用下述公式计算复数的绝对值

$$\text{CABS}（c）=\sqrt{a^2 + b^2}$$

这里 $c=a+bi$。

（3）**数学函数**。这些函数包括指数函数、对数函数、三角函数以及平方根函数等。常用的函数 SIN、COS、LOG10、SQRT 等可以在复数中像在实数中那样很好的工作。

表 11-5 列出了一些支持复数的内置函数。

当把一个复数转换为实数的时候要非常小心。如果使用 REAL()或者 DBLE()函数进行转换，那么只转换复数的实部。在很多情况下，想要转换的是复数的虚部，如果这样，必须使用 ABS()来替换 REAL()完成转换。

表 11-5　　支持复数的内置函数一览表

泛型函数	特定函数	函数值	注　　释
ABS（c）	CABS（c）	$\sqrt{a^2+b^2}$	计算复数的大小（结果是与 c 相同类型的实数值）
CMPLX（a，b，*kind*）			将 a 和 b 合并为复数 a+bi（a、b 可以是整数、实数或双精度）。kind 是可选的整数。如果存在，则指定结果复数的类型。如果未指定，则该类型将是默认复数
	CONJG（c）	c*	计算复数共轭 c。如果 c=a+bi，则 c*=a−bi
DBLE（c）			将 c 的实数部分转换为双精度实数
INT（c）			将 c 的实数部分转换为整数
REAL（c，*kind*）			将 c 的实数部分转换为整数。kind 是一个可选整数，如果存在，将指定结果实数的类型

编程警示

小心的将复数转换为实数。搞清楚需要的是复数的实部还是虚部，使用合适的函数进行转换。

在用函数 CMPLX 处理双精度变量时也同样要非常小心。Fortran 标准规定如果没有在输入参数中显式的指明类别号，那么函数 CMPLX 返回默认的复数类别。这会产生一个问题，程序员可能会在不知情的情况下意外的损失精度。参考下面的代码示例。在这段代码中声明了两个双精度实型变量和一个双精度复数变量，并尝试着将两个实型变量的内容赋给复数变量。因为在 CMPLX 函数中没有指定类别，复数的精度被降为单精度。

```
PROGRAM test_complex
   INTEGER,PARAMETER::DBL = SELECTED_REAL_KIND(p=13)
   COMPLEX(KIND=DBL)::c1=(0.,0.)
   REAL(KIND=DBL)::a1=3.333333333333333_DBL
   REAL(KIND=DBL)::b1=6.666666666666666_DBL
   c1=CMPLX(a1,b1)
   WRITE(*,*)c1
END PROGRAM test_complex
```

当执行该程序时，结果的精度仅为单精度：

```
C:\book\chap11>test_complex
       (3.333333253860474,6.666666507720947)
```

为了能够得到所希望的结果，COMPLX 函数中必须写明要返回哪种类别：

```
c1=CMPLX(a1,b1,DBL)
```

编程警示

在使用双精度 CMPLX 函数时，应该小心的指定输出参数的类别。如果不这么做可能会导致程序中的数据精度损失。

例 11–3　二次方程（修订）

编写一个通用程序在不考虑类型的情况下求解二次方程的根。使用复数变量，这样可以不需要根据判别式的值给出不同的程序分支。

解决方案

1. 问题说明

编写一个用于求解二次方程根的程序，不管它们是有两个实根、相等的实根或是复数根，无需判断判别式的值。

2. 输入和输出定义

该程序的输入为二次方程的系数 a，b 和 c

$$ax^2 + bx + c = 0 \qquad (3\text{-}1)$$

程序的输出是二次方程的根，不论它们是实根、相同的根或者复数根。

3. 算法描述

这个任务可以被分为三个主要的模块，它们的功能是输入、处理和输出：

读入数据
计算根
打印根

现把上面的三个主要模块划分的更小、更详细。在这个算法中，判别式的值对于如何继续处理并不重要。程序伪代码如下：

```
Write 'Enter the coefficients A,B,and C:'
```

```
Read in a,b,c
discriminant ← CMPLX( b**2 - 4.*a*c,0.)
x1 ← ( -b + SQRT(discriminant))/ ( 2.* a )
x2 ← ( -b - SQRT(discriminant))/ ( 2.* a )
Write 'The roots of this equation are:'
Write 'x1 = ',REAL(x1),' +i ',AIMAG(x1)
Write 'x2 = ',REAL(x2),' +i ',AIMAG(x2)
```

4. 把算法转化为 Fortran 语句

图 11-10 给出了最终的 Fortran 代码。

```
PROGRAM roots_2
!
! 目的:求解二次方程的根
!    A * X**2 + B * X + C = 0.
!  基于根式判别的需要,进行复数估值计算
!
! 修订版本:
!   日期          编程员            修改说明
!   ====        ==========        =====================
!   12/01/15    S.J.Chapman      原始代码
!
IMPLICIT NONE
! 数据字典:声明变量类型与定义
REAL ::a                              ! X**2 的系数
REAL ::b                              ! X 的系数
REAL ::c                              ! 常量系数
REAL ::discriminant                   ! 方程的根式判别式
COMPLEX ::x1                          ! 方程的第一个根
COMPLEX ::x2                          ! 方程的第二个根
! 获得系数
WRITE (*,1000)
1000 FORMAT ('Program to solve for the roots of a quadratic',&
     /,'equation of the form A * X**2 + B * X + C = 0.' )
WRITE (*,1010)
1010 FORMAT ('Enter the coefficients A,B,and C:')
READ (*,*)a,b,c
! 计算根式
discriminant = b**2 - 4.* a * c
! 计算方程的根
x1 = ( -b + SQRT( CMPLX(discriminant,0.)))/ (2.* a)
x2 = ( -b - SQRT( CMPLX(discriminant,0.)))/ (2.* a)
! 显示结果
WRITE (*,*)'The roots are:'
WRITE (*,1020)' x1 = ',REAL(x1),' + i ',AIMAG(x1)
WRITE (*,1020)' x2 = ',REAL(x2),' + i ',AIMAG(x2)
1020 FORMAT (A,F10.4,A,F10.4)
END PROGRAM roots_2
```

图 11-10 使用复数求解二次方程

5. 测试 Fortran 程序

下一步必须使用实型输入数据来测试程序。将测试表达式在大于、小于、等于 0 的情况，以确保程序在所有情况下都运行正确。根据方程（3-1），可以验证下面给出的方程式的根：

$x^2+5x+6=0$　　x=–2 和 x=–3

$x^2+4x+4=0$　　x=–2

$x^2+2x+5=0$　　$x=-1\pm 2i$

将上面的系数应用于程序中，结果如下：

```
C:\book\fortran\chap11>roots_2
Program to solve for the roots of a quadratic
equation of the form A * X**2 + B * X + C.
Enter the coefficients A,B,and C:
1,5,6
The roots are:
 X1 =  -2.0000 + i  .0000
 X2 =  -3.0000 + i  .0000
C:\book\fortran\chap11>roots_2
Program to solve for the roots of a quadratic
equation of the form A * X**2 + B * X + C.
Enter the coefficients A,B,and C:
1,4,4
The roots are:
 X1 =  -2.0000 + i  .0000
 X2 =  -2.0000 + i  .0000
C:\book\fortran\chap11>roots_2
Program to solve for the roots of a quadratic
equation of the form A * X**2 + B * X + C.
Enter the coefficients A,B,and C:
1,2,5
The roots are:
 X1 =  -1.0000 + i  2.0000
 X2 =  -1.0000 + i -2.0000
```

对于提供的所有三种情况的测试数据，程序都给出了正确的答案。值得注意的是这个程序比例 3-1 中的求解二次方程的根要简单的多。复数类型的使用极大地简化了程序。

测验 11-1

该测验用于快速检测读者是否理解第 11.1 节 ~ 第 11.4 节中介绍的概念。如果对该测验感到困难，重读书中的章节，向老师请教或者和同学探讨。该测验的答案在本书的最后给出。

1. 你的编译器支持什么类别的实数和整数？它们对应的类别号是多少？
2. 下面的代码将会输出什么结果？

```
COMPLEX::a,b,c,d
a=(1.,-1.)
b=(-1.,-1.)
c=(10.,1.)
d=(a+b)/c
WRITE(*,*)d
```

3. 根据式（11-17）和式（11-20）中的定义编写程序，在不使用复数的情况下计算上面问题中的 d。不利用复数的优势求解表达式有多大难度？

11.5 小结

在这章中介绍了类别的概念和类别的类型参数。类别是具有相同的基本数据类型的不同的表现形式，它们在大小、精度和范围等方面有所不同。

所有的 Fortran 编译器都支持至少两种类别的实数，通常被称为单精度数和双精度数。在大多数计算机中双精度数据所占内存是单精度数据的两倍。双精度变量比单精度变量具有更大的取值范围和更多的有效数字。

通过在类型声明语句中指定类别类型参数来选择特定实数的精度。不幸的是，每种实数类别对应的编号根据不同的处理器而不同。可以在特定的处理器中使用 KIND 内置函数来获取类别号，或者是用 SELECTED_REAL_KIND 内置函数以处理器无关的方式来指定希望的精度。

双精度实数比单精度实数要占用更多的空间，花更多的计算机时间进行运算，所以不能不加选择的使用它。通常说来，当出现下述情况时可以使用它们：

（1）需解决的问题要求使用较多有效数字和较大表示范围的数据时。

（2）对大小差别非常大的数据进行加减运算时。

（3）两个近似相等的数据进行相减，结果仍要用于下一个运算时。

Fortran 允许（但并不是必需）编译器支持多种整数类别。但不是所有的编译器都会支持多种整数类别。对应于特定整数长度的类别号根据处理器的不同而不同。Fortran 提供了一个内置函数 SELECTED_INT_KIND 来帮助程序员以处理器无关的方式根据特定的应用选择所需的整数类别。

Fortran 也允许编译器支持多种类别字符集。如果你所使用的编译器能够实现这个特性，那么可以用不同的语言来输出字符数据。Fortran 2003 及之后的版本也提供了一个内置函数 SELECTED_CHAR_KIND 帮助程序员以处理器无关的方式选择 ASCII 或 Unicode 字符集的类别号。

复数由内存中两个连续存放的实数构成。这两个数被看作是在直角坐标系中表示的复数的实部和虚部。根据复数的加、减、乘、除等运算规则对它们进行处理。在特定的处理器中，每种实数变量对应着一类复数。实数和复数的类别号是相同的，所以也可以用 SELECTED_REAL_KIND 内置函数去选择复数的精度。

复数常量被写成圆括号中用逗号分开的两个数字［例如：(1., –1.)］。使用 COMPLEX 类型声明语句声明复数变量。可以使用任意类型的实数格式描述符（E，ES，F 等）来读写复数。当对复数进行读写时，分别处理实部和虚部。读入的第一个数为实部，第二个数为虚部。如果对复数进行表控的输入，那么输入值必须是用带有圆括号的复数常量形式来键入。

在涉及复数和整数或实数的二元操作中，首先将其他数据转化为复数，接着使用复数运算来进行处理，以参与运算的数据的最高精度来完成所有的算术运算。

11.5.1 良好的编程习惯小结

当处理参数化变量、复数和派生数据类型的时候，应该遵循下述原则：

（1）始终应该将类别号赋给一个有名常量，在所有的类型声明语句和常量声明中使用该有名常量。对于带有许多过程的大型程序来说，将该类别参数放在一个单独的模块中，程序中的每个过程都去使用这个模块。

（2）使用函数 SELECTED_REAL_KIND 来判断解决问题所需的实数类别号。该函数将返回处理器中合适的类别号，使得程序具有可移植性。

（3）使用模块 iso_Fortran_env 中的常量以处理器无关方式指定数据大小。

（4）使用函数 SELECTED_INT_KIND 来获取解决问题所需的整型的类别号。

（5）当出现下述情况时使用双精度实数来取代单精度实数：

（a）需解决的问题要求使用较多有效数字和较大表示范围的数据时。

（b）对大小差别非常大的数据进行加减运算时。

（c）两个近似相等的数据进行相减，结果仍要用于下一个运算时。

（6）小心的将复数转换为一个实数或双精度数。如果使用 REAL()或 DBLE()函数，只会转换复数的实部。在许多情况下，实际上想要转换的是复数的虚部。如果这样，必须使用 CABS()函数来取代 REAL()函数进行转换。

（7）使用 CMPLX 将一对双精度实数转化为复数的时候也要小心。如果没有显式的指明函数结果的类别是双精度的，那么结果类型将会是默认的复数类型，有可能损失精度。

11.5.2 Fortran 语句和结构小结

COMPLX 语句：

```
COMPLEX(KIND=kind_no)::variable_name1[,variable_name2,…]
```

例如：

```
COMPLEX(KIND=single)::volts,amps
```

说明：

COMPLEX 语句声明了一个复数类型的变量。类型号是可选的，而且依赖于机器。如果没有提供类型号，那么类型为特定机器的默认复数类型（通常是单精度数）。

带有 KIND 参数的 REAL 语句：

```
REAL(KIND=kind_no)::variable_name1[,variable_name2,…]
```

例如：

```
REAL(KIND=single),DIMENSION(100)::points
```

说明：

REAL 语句是一个声明实数类型变量的类型声明语句。类型号是可选的而且依赖于机器。如果没有提供类型号，那么类型为特定机器的默认实数类型（通常是单精度数）。

要指定一个双精度实数，必须设定特定机器上的合适的类型号。可以通过函数 KIND（0.0D0）或函数 SELECTED_REAL_KIND 来获取类型号。

11.5.3 习题

11-1 什么是 REAL 数据类型的类别？根据 Fortran 标准规定一个编译器必须支持多少种

类别的实数？

11-2 在你的编译器或计算机中获得的不同类别的实型变量所对应的类别号是多少？给出每种类别的实数的精度和表示范围。

11-3 双精度实数相对单精度实数有什么优缺点？什么时候应该使用双精度数而不是单精度数？

11-4 什么是病态方程系统？为什么很难求解一个病态方程组？

11-5 指出下面的 Fortran 语句集是否合法、如果非法，错在哪里？如果合法，做什么？

（a）语句：

```
INTEGER,PARAMETER ::SGL = KIND(0.0)
INTEGER,PARAMETER ::DBL = KIND(0.0D0)
REAL(KIND=SGL)::a
REAL(KIND=DBL)::b
READ (*,'(F18.2)')a,b
WRITE (*,*)a,b
输入数据
1111111111111111111111111111111111111111
2222222222222222222222222222222222222222
----|----|----|----|----|----|----|----|
    5   10   15   20   25   30   35   40
```

（b）语句：

```
USE iso_Fortran_env
COMPLEX(kind=REAL32),DIMENSION(5)::a1
INTEGER ::i
DO i = 1,5
  a1(i)= CMPLX ( i,-2*i )
END DO
IF (a1(5)> a1(3))THEN
  WRITE (*,100)(i,a1(i),i = 1,5)
  100 FORMAT (3X,'a1(',I2,')= (',F10.4,',',F10.4,')')
END IF
```

11-6 **函数的导数**。编写一个子例程用于计算双精度实型函数 $f(x)$ 在 $x=x_0$ 处的导数。调用子例程的参数为：函数 $f(x)$、用于计算函数的 x_0，以及用于计算的步长 Δx。子程序的输出为函数在 $x=x_0$ 处的导数。为了确保子例程与机器无关，定义实数的类别为至少 13 位精度的双精度数。注意用于计算的函数应该作为参数传递给子例程。通过计算函数 $f(x)=10\sin 20x$ 在 $x=0$ 处的导数测试所编程序。

11-7 如果你以前没有编过，那么为你的计算机编写一组习题 7-29 中描述的那样的经时计算子例程。使用经时计算子例程来比较分别用单精度数和双精度数求解一个 10×10 的联立方程组系统所需要的时间。为了实现这个需求，需要编写两个读入方程系数的测试程序（一个单精度的，一个双精度的），开始运行计时器，求解方程组，计算所用时间。在你的计算机中双精度数求解要比用单精度数求解慢多少（提示：如果你的计算机运行的非常快，为了获得有意义的经时值可以使用一个内部循环求解 10 次或更多次方程组系统）？

用下面所示的方程组测试所编程序（这个方程组包含在本书网站上的 chap11 目录的 SYS10 文件中）：

$$
\begin{aligned}
&-2x_1+5x_2+x_3+3x_4+4x_5-x_6+2x_7-x_8-5x_9-2x_{10}=-5\\
&6x_1+4x_2-x_3+6x_4-4x_5-5x_6+3x_7-x_8+4x_9+3x_{10}=-6\\
&-6x_1-5x_2-2x_3-2x_4-3x_5+6x_6+4x_7+2x_8-6x_9+4x_{10}=-7\\
&2x_1+4x_2+4x_3+4x_4+5x_5-4x_6+0x_7+0x_8-4x_9+6x_{10}=0\\
&-4x_1-x_2+3x_3-3x_4-4x_5-4x_6-4x_7+4x_8+3x_9-3x_{10}=5\\
&4x_1+3x_2+5x_3+x_4+x_5+x_6+0x_7+3x_8+3x_9+6x_{10}=-8\\
&x_1+2x_2-2x_3+0x_4+3x_5-5x_6+5x_7+0x_8+5x_9-4x_{10}=1\\
&-3x_1-4x_2+2x_3-x_4+2x_5+5x_6-x_7-x_8-4x_9+x_{10}=-4\\
&5x_1+5x_2-2x_3-5x_4+x_5-4x_6-x_7+0x_8-2x_9-3x_{10}=-7\\
&-5x_1-2x_2-5x_3+2x_4+x_5-3x_6+4x_7-x_8-4x_9+4x_{10}=6
\end{aligned}
$$

11-8 编写一个程序，判定你用的特定编译器所支持的整数的类别。该程序应该使用带有不同输入范围的函数 SELECTED_INT_KIND 来判断所有合法的类别号。每种整数所对应的类别号是什么？

11-9 **带有复数系数的联立方程组**。创建一个子例程 csimul 用于求解有复数系数的联立线性方程组系统的未知数。通过求解下述方程组测试所编程序：

$$
\begin{aligned}
&(-2+5i)x_1+(1+3i)x_2+(4-i)x_3=(7+5i)\\
&(2-i)x_1+(-5-2i)x_2+(6+4i)x_3=(-10-8i)\\
&(-1+6i)x_1+(-4-5i)x_2+(3-i)x_3=(-3-3i)
\end{aligned}
\tag{11-22}
$$

11-10 **复数的振幅和相位**。编写子例程，读取复数 $c=a+bi$，存储在 COMPLEX 类型的变量中，返回复数的振幅 amp 和相位 theta（以角度），放在两个实型变量中（提示：使用内置函数 ATAN2D 协助计算相位）。

11-11 **欧拉公式**。欧拉公式根据下面的正弦曲线函数定义 e 的虚幂：

$$e^{i\theta}=\cos\theta+i\sin\theta \tag{11-23}$$

编写函数，使用欧拉公式计算针对任意 θ 的 $e^{i\theta}$。也可以使用内置复数指数函数 CEXP 计算 $e^{i\theta}$。比较当 $\theta=0,\pi/2,\pi$ 时两种方法求得的结果。

第12章

派生数据类型

本章学习目标：

- 学会声明派生数据类型。
- 学会创建和使用派生数据类型的变量。
- 学会创建参数化派生数据类型。
- 学会创建由其他数据类型扩展的派生数据类型。
- 学会创建和使用绑定类型的过程。
- 学会使用 ASSOCIATE 结构。

本章将介绍派生数据类型。有了派生数据类型机制，用户就可以创建特殊的新数据类型，以满足解决某些特殊问题的需要。

12.1 派生数据类型简介

到目前为止，已经学习了 Fortran 的内置数据类型：整型、实型、复数型、逻辑型以及字符型。除了这些数据类型，Fortran 还允许创建自己的数据类型，以扩展语言的功能，或者简化某些特定问题的求解。用户自定义数据类型可以把任何数值和元素组合在一起，但每个元素必须是 Fortran 内置数据类型或者已定义的用户自定义类型。因为用户自定义数据类型必须由内置数据类型派生而来，因此它们被称为派生数据类型。

基本上，派生数据类型是一种将某个特定项目相关的所有信息组合在一起的好方法。从某个角度来看，它有些类似于数组。和数组相同的是，任何单个派生数据类型可以有很多个元素。不同于数组的是，一种派生数据类型的元素可以有不同的数据类型。例如，当下一个元素是实型时，这个元素却可以是整型，而再下一个却是字符串等。进一步来说，每个元素都是用名字而不是数字来表示。

派生数据类型由一系列类型声明语句定义来构成，这些语句以 TYPE 为开始符，以 END TYPE 为结束符。在这两条语句之间就是派生数据类型中定义的元素。派生数据类型的形式如下：

```
TYPE [::] type_name
```

```
  component definitions
  …
END TYPE [type_name]
```

其中，两个冒号以及 END TYPE 后面的类型名是可选的。一个派生数据类型中可以定义的元素个数没有限制。

为了说明派生数据类型的用法，假设要编写一个评分程序。这个程序含有一个班级中的学生信息，比如姓名、社会保险号、年龄、性别等。可以定义一个名为 person 的特殊的数据类型，它含有程序中要用到的每个学生的各种信息：

```
TYPE :: person
  CHARACTER(len=14) :: first_name
  CHARACTER :: middle_initial
  CHARACTER(len=14) :: last_name
  CHARACTER(len=14) :: phone
  INTEGER :: age
  CHARACTER :: sex
  CHARACTER(len=11) :: ssn
END TYPE person
```

一旦定义了派生数据类型 person，那么就可以声明此类型的变量了，比如：

```
TYPE (person) :: john, jane
TYPE (person), DIMENSION(100) :: people
```

第二条语句声明了一个有 100 个 person 类型变量的数组。派生数据类型中的每个数据项就是人们常说的结构。

同样也可以创建某个派生数据类型的无名常量。为了创建此类常量，需要使用结构构造器。结构构造器由类型名构成，且类型名后随括号括住的派生数据类型的元素，其中元素出现的顺序就是定义该派生类型时元素出现的顺序。比如，变量 john 和 jane 可以用下列的 person 类型常量来初始化：

```
john = person('John','R','Jones','323-6439',21,'M','123-45-6789')
jane = person('Jane','C','Bass','332-3060',17,'F','999-99-9999')
```

派生数据类型又可以用作为其他派生数据类型的元素。例如，评分程序可以含有一个名为 grade_info 的派生数据类型，而此类型又可以含有上面已经定义的 person 类型元素。下面的例题定义了派生数据类型 grade_info，并且声明了一个长度为 30 的该类型数组变量 class：

```
TYPE :: grade_info
  TYPE (person) :: student
  INTEGER :: num_quizzes
  REAL, DIMENSION(10) :: quiz_grades
  INTEGER :: num_exams
  REAL, DIMENSION(10) :: exam_grades
  INTEGER :: final_exam_grade
  REAL :: average
END TYPE
TYPE (grade_info), DIMENSION(30) :: class
```

12.2 派生数据类型的使用

派生数据类型中的每个元素都可以像使用同种类型的其他变量一样独立使用；如果该元

素是整型，那么就可以像使用其他整型变量一样使用它；其他类型也相同。元素是由元素选择器（也称为组件选择器）指定，它由后随%的变量名组成，然后紧随元素的名字，即“变量名%元素名”。例如，下面的语句就将变量 john 的 age 元素设置为了 35：

```
john%age=35
```

为了使用派生数据类型数组中的某个元素，将数组下标写在数组名之后%之前。例如，要设置前面定义的数组 class 中学生 5 的期末考试成绩，可以这样写：

```
class(5)%final_exam_grade=95
```

为了使用包括于其他派生数据类型中的派生数据类型的元素，可以简单地将变量名以及元素名用百分号连接在一起，如，可以使用下面的方法设置学生 5 的年龄：

```
class(5)%student%age=23
```

正如所看到的，派生数据类型变量的元素使用起来很简单。但是，将派生数据类型作为整体来使用却有一定难度。将指定的派生数据类型的变量赋值给同种类型的其他变量是合法的，但是这也几乎是对派生数据类型所定义的唯一操作。其他内置操作符，比如加、减、乘、除以及比较等都不适用于此类型变量。在第 13 章中，会学习如何扩展这些操作，以便恰当地使用派生数据类型。

12.3 派生数据类型的输入与输出

如果派生数据类型的某个变量包括在了 WRITE 语句中，那么默认的，该变量的每个元素都会被以定义的顺序输出。如果 WRITE 语句使用 I/O 格式，那么格式描述符必须和变量中元素的类型及顺序相匹配❶。

同样，如果一个派生数据类型的变量包括在 READ 语句中，那么数据必须按照该类型中定义元素的顺序来输入。如果 READ 语句使用了 I/O 格式，那么格式描述符必须与变量中元素的顺序和类型相匹配。

图 12-1 所示的程序说明了如何使用非格式化 I/O 及格式化 I/O 输出一个 person 类型变量。

```
PROGRAM test_io
!
! 目的:!  说明派生数据类型变量的 I/O
!
! 修订版本:
!    日期          程序员          修改说明
!    ====        ==========      =====================
!    12/02/15    S. J. Chapman   原始代码
!
IMPLICIT NONE
! 声明 person 类
TYPE :: person
  CHARACTER(len=14) :: first_name
  CHARACTER :: middle_initial
  CHARACTER(len=14) :: last_name
  CHARACTER(len=14) :: phone
```

❶ 有修改这种行为的方法，具体做法参见第 16 章。

```
   INTEGER :: age
   CHARACTER :: sex
   CHARACTER(len=11) :: ssn
END TYPE person
! 声明person 类变量:
TYPE (person) :: john
! 初始化变量
john = person('John','R','Jones','323-6439',21,'M','123-45-6789')
!用自由的 I/O 格式输出变量
WRITE (*,*) 'Free format: ', john
! 用 I/O 格式输出变量
WRITE (*,1000) john
1000 FORMAT (' Formatted I/O:',/,4(1X,A,/),1X,I4,/,1X,A,/,1X,A)
END PROGRAM test_io
```

图 12-1 用于说明派生数据类型的变量输出的程序

当执行这段代码时，产生的结果是：

```
C:\book\fortran\chap12>test_io
Free format: John   RJones   323-6439    21M123-45-6789
Formatted I/O:
John
R
Jones
323-6439
 21
M
123-45-6789
```

12.4 在模块中声明派生数据类型

正如所看到的，派生数据类型定义可以相当广泛。任何使用派生数据类型的变量或常量的过程中都必须包括该类型的定义。在大型的程序中，这是一个相当麻烦的问题。为了解决这个问题，通常可以将一个程序中所有的派生数据类型定义在一个模块中，然后在所有需要使用该数据类型的子程序中使用该模块。例题 12-1 正是这种方法的举例。

良好的编程习惯

对于使用派生数据类型的大程序，在一个模块中声明所有数据类型的定义，然后在每个需要访问该派生数据类型的过程中使用该模块。

注意事项

派生数据类型的内存分配

当 Fortran 编译器为派生数据类型的变量分配内存空间时，编译器并不需要为该类型变量的每个元素分配连续的空间。相反，它们在内存中的位置是随机的，只要能够保证 I/O 操作时元素之间保持原有的顺序即可。这种自由性被有意识的加入到 Fortran 标准中，以便在大规模并行计算机上能最大限度地优化内存分配。

然而，有时按照严格的顺序分配内存是相当重要的。比如，如果想要将派生数据类型的变量传给由其他语言所写的过程，那么就必须严格限制该变量各元素的内存顺序。

如果由于某些原因，一个派生数据类型的元素必须占据连续的内存空间，那么可以在类型定义中使用 SEQUENCE 语句。下面的举例展示了如何将派生数据类型的各元素通过声明放置在连续的内存空间中：

```
TYPE :: vector
  SEQUENCE
  REAL :: a
  REAL :: b
  REAL :: c
END TYPE
```

例题 12-1　按照元素对派生数据类型排序

为了说明派生数据类型的使用，将创建一个小的客户数据库程序，并从该数据库读取客户的姓名和地址，按照客户地址、姓名、所在城市或邮政编码进行数据排序和显示。

解决方案

为了完成指定任务，需要创建一个包括数据库中每个客户个人信息的简单派生数据类型，并且利用磁盘文件对客户数据库进行初始化。一旦数据库初始化之后，提示用户根据自己的意愿对数据进行排序显示。

1. 问题说明

写一个通过磁盘文件创建客户数据库的程序，并且按照客户姓名、城市或邮编进行数据排序和显示。

2. 输入和输出定义

程序的输入是客户数据文件名、客户数据库文件本身、以及来自用户的输入数据、指定的数据应该实现的排序方式。程序的输出是按照要求排序后的客户列表。

3. 算法描述

程序第一步首先创建一个容纳每个客户所有信息的派生数据类型。应该将该类型放在模块中，这样就能在整个程序的各个过程中使用它。下面给出了一个合适的数据类型定义：

```
TYPE :: personal_info
  CHARACTER(len=12) :: first         ! 姓氏
  CHARACTER     :: mi                ! 中间名
  CHARACTER(len=12) :: last          ! 最后的名字
  CHARACTER(len=26) :: street        ! 街道地址
  CHARACTER(len=12) :: city          ! 城市
  CHARACTER(len=2) :: state          ! 州(省)
  INTEGER      :: zip                ! 邮编
END TYPE personal_info
```

此程序逻辑上可以拆分为两个部分：读写客户数据库的主程序和按照指定顺序对数据进行排序的独立过程。主程序的顶部伪代码如下所示：

```
获取用户数据文件名
读取用户数据文件
提示排序顺序
以特定顺序对数据排序
写出已排序的用户数据
```

接下来，必须扩展和细化主程序的伪代码。必须更详细的说明如何读取数据，如何选定排序数据以及如何排序。主程序更详细的伪代码如下所示：

```
提示用户输入文件名"filename"
读取文件名 "filename"
OPEN 文件 "filename"
IF OPEN 成功 THEN
  WHILE
   读入数值到 temp
   IF 读取不成功 EXIT
   nvals ← nvals + 1
   customers(nvals) ← temp
  WHILE 结束
  提示用户排序类型 (1=last name;2=city;3=zip)
  读选择 → choice
  SELECT CASE (choice)
  CASE (1)
   用 last_name 比较函数调用 sort_database
  CASE (2)
   用城市名比较函数调用 sort_database
  CASE (3)
   用邮政编码比较函数调用 sort_database
  CASE DEFAULT
   告诉用户选择非法
  END of SELECT CASE
  输出排序的客户数据
END of IF
```

排序过程和第 6、7、10 章已经遇到的其他排序程序类似。唯一不同的是事先并不知道将按照数据类型的哪一个元素进行数据排序。有时可能是以姓名、有时可能是城市或邮编。所以必须想办法使得不论按照数据的哪个元素进行排序，排序过程都能有效地运行。

最简单的方法就是写一系列函数，函数比较这个类型的两个变量的某一元素，以决定两个数据谁大谁小。第一个函数比较两个用户姓名，以判定哪个名字在字母排序表中的位置靠前（在字母排序中更小的靠前）；第二个函数比较两个城市名称，以判定哪个变量的城市名靠前（也是字母排序中更小的靠前）；第三个函数按数字大小比较两个邮编，以判定哪个邮编更小。一旦写好了这些比较函数，就能通过传递相应的比较函数作为命令行所要的排序子程序参数，来对数据进行按某种方式的排序。

按姓名排序的子程序伪代码如下：

```
LOGICAL FUNCTION lt_last (a, b)
lt_lastname ← LLT(a%last, b%last)
```

注意，这个程序使用了 LLT 函数来保证在各种计算机上排序结果顺序一样，而不受不同类型机器的内码比较顺序影响。比较城市名称程序的伪代码如下：

```
LOGICAL FUNCTION lt_city (a, b)
lt_city ← LLT(a%city, b%city)
```

最后,比较邮编例程的伪代码为:

```
LOGICAL FUNCTION lt_zip (a, b)
lt_zip ← a%zip < b%zip
```

排序程序的伪代码和第 7 章 sort 子程序伪代码相同，除了比较函数作为参数传递外。在此不再赘述。

4. 把算法转化为 Fortran 语句

Fortran 子例程图 12-2 所示。

```
MODULE types
!
! 目的:为客户数据库定义派生数据类型
!
! 修订版本:
!     日期          程序员              修改说明
!     ====          ==========          =====================
!   12/04/15        S. J. Chapman       原始代码
!
IMPLICIT NONE
! 声明personal_info类
TYPE :: personal_info
  CHARACTER(len=12) :: first                          ! 姓氏
  CHARACTER     :: mi                                 ! 中间名称
  CHARACTER(len=12) :: last                           ! 最后的名称
  CHARACTER(len=26) :: street                         ! 街道地址
  CHARACTER(len=12) :: city                           ! 城市
  CHARACTER(len=2) :: state                           ! 州(省)
  INTEGER      :: zip                                 ! 邮编
END TYPE personal_info
END MODULE types
PROGRAM customer_database
!
! 目的:读取输入数据中的字符,用选择排序算法实现数据升序排序
!  输出排序的结果到标准输出设备。该程序调用了"sort_database"
!  子例程完成数据排序
!
! 修订版本:
!    日期           程序员                  修改说明
!    ====           =============           =====================
!  12/04/15         S. J. Chapman           原始代码
!
USE types                                           ! 声明模块类型
IMPLICIT NONE
! 数据字典: 声明常量
INTEGER, PARAMETER :: MAX_SIZE = 100                ! 数据库中地址最大长度
! 数据字典: 声明扩展函数
LOGICAL, EXTERNAL :: lt_last                        ! 最后姓名比较函数
LOGICAL, EXTERNAL :: lt_city                        ! 城市名比较函数
LOGICAL, EXTERNAL :: lt_zip                         ! 邮编比较函数
! 数据字典: 声明变量类型和定义
TYPE(personal_info), DIMENSION(MAX_SIZE) :: customers
                                                    ! 排序用数组
INTEGER :: choice                                   ! 如何排序数据库数据选择
LOGICAL :: exceed = .FALSE.                         ! 数组越界逻辑标识
CHARACTER(len=20) :: filename                       ! 输入数据文件名
INTEGER :: i                                        ! 循环控制变量
CHARACTER(len=80) :: msg                            ! 出错信息
INTEGER :: nvals = 0                                ! 排序数据值个数
INTEGER :: status                                   ! I/O 状态: 0 成功
TYPE(personal_info) :: temp                         ! 读入的临时变量
```

```
! 获得含有输入数据的文件名
WRITE (*,*) 'Enter the file name with customer database: '
READ (*,'(A20)') filename
!打开输入数据文件。状态是 OLD ,因为输入数据必须已经存在
OPEN ( UNIT=9, FILE=filename, STATUS='OLD', IOSTAT=status, &
   IOMSG=msg )
! OPEN 成功否?
fileopen: IF ( status == 0 ) THEN          ! Open 成功
  ! 文件代码成功,读文件中的客户信息
  DO
   READ (9, 1010, IOSTAT=status) temp      ! 获得值
   1010 FORMAT (A12,1X,A1,1X,A12,1X,A26,1X,A12,1X,A2,1X,I5)
   IF ( status /= 0 ) EXIT                 ! 读完全部数据,退出
   nvals = nvals + 1                       ! 计数
   size: IF ( nvals <= MAX_SIZE ) THEN     ! 值太多否?
    customers(nvals) = temp                ! 不: 存储数据到数组
   ELSE
    exceed = .TRUE.                        ! 是: 数组溢出
   END IF size
  END DO
  ! 数组大小越界否? 如果是, 告诉用户并退出
  toobig: IF ( exceed ) THEN
   WRITE (*,1020) nvals, MAX_SIZE
   1020 FORMAT ('Maximum array size exceeded: ', I6, ' > ', I6 )
  ELSE
   ! 没有越界: 确定排序数据个数
   WRITE (*,1030)
   1030 FORMAT ('Enter way to sort database:',/, &
          ' 1 -- By last name ',/, &
          ' 2 -- By city ',/, &
          ' 3 -- By zip code ')
   READ (*,*) choice
   ! 排序数据
   SELECT CASE ( choice)
   CASE (1)
    CALL sort_database (customers, nvals, lt_last )
   CASE (2)
    CALL sort_database (customers, nvals, lt_city )
   CASE (3)
    CALL sort_database (customers, nvals, lt_zip )
   CASE DEFAULT
    WRITE (*,*) 'Invalid choice entered!'
   END SELECT
   ! 现在输出排序的数据
   WRITE (*,'(A)') 'The sorted database values are: '
   WRITE (*,1040) ( customers(i), i = 1, nvals )
   1040 FORMAT (A12,1X,A1,1X,A12,1X,A26,1X,A12,1X,A2,1X,I5)
  END IF toobig
ELSE fileopen
  ! 否则,文件打开失败,告诉用户
  WRITE (*,1050) msg
  1050 FORMAT ('File open failed: ', A)
END IF fileopen
END PROGRAM customer_database
```

```
SUBROUTINE sort_database (array, n, lt_fun )
!
! 目的:用选择排序算法升序排序数组"array"数据,这里"array"
!  存储的是派生的数据类型"personal_info"数值。排序基于扩展的比较函数"lt_fun"
!  该函数比较时不依赖于派生数据类型数据的元素
!
! 修订版本:
!   日期         程序员              修改说明
!   ====         =============       =====================
!   12/04/15     S. J. Chapman       原始代码
!
USE types                                          ! 声明模块类型
IMPLICIT NONE
! 数据字典: 声明调用参数类型和定义
INTEGER, INTENT(IN) :: n                           ! 数值个数
TYPE(personal_info), DIMENSION(n), INTENT(INOUT) :: array
                                                   ! 用于排序的数组
LOGICAL, EXTERNAL :: lt_fun                        ! 比较函数
! 数据字典: 声明局部变量类型和定义
INTEGER :: i                                       ! 循环控制变量
INTEGER :: iptr                                    ! 指向最小值的指针
INTEGER :: j                                       ! 循环控制变量
TYPE(personal_info) :: temp                        ! 用于交换的临时变量
! 排序数组
outer: DO i = 1, n-1
  ! 在array(i)到array(n)中,找出最小值
  iptr = i
  inner: DO j = i+1, n
   minval: IF ( lt_fun(array(J),array(iptr)) ) THEN
     iptr = j
   END IF minval
  END DO inner
  ! 现在iptr指向最小值, 于是如果i /= iptr,交换array(iptr) 和array(i)
  swap: IF ( i /= iptr ) THEN
   temp    = array(i)
   array(i)  = array(iptr)
   array(iptr) = temp
  END IF swap
END DO outer
END SUBROUTINE sort_database
LOGICAL FUNCTION lt_last (a, b)
!
! 目的:比较变量"a" 和 "b",判断谁含的最后名字更小(小写字母序)
!
USE types                                          ! 声明模块类型
IMPLICIT NONE
! 数据字典: 声明调用参数类型和定义
TYPE (personal_info), INTENT(IN) :: a, b
! 作比较
lt_last = LLT ( a%last, b%last )
END FUNCTION lt_last
LOGICAL FUNCTION lt_city (a, b)
!
! 目的:比较变量"a"和"b",判断谁含的城市名更小(小写字母序)
```

```
!
USE types                                       ! 声明模块类型
IMPLICIT NONE
! 数据字典：声明调用参数类型和定义
TYPE (personal_info), INTENT(IN) :: a, b
! 作比较
lt_city = LLT ( a%city, b%city )
END FUNCTION lt_city
LOGICAL FUNCTION lt_zip (a, b)
!
! 目的：比较变量"a" 和 "b",判断谁含的邮编更小(小写数字值)
!
USE types                                       ! 声明模块类型
IMPLICIT NONE
! 数据字典：声明调用参数类型和定义
TYPE (personal_info), INTENT(IN) :: a, b
! 作比较
lt_zip = a%zip < b%zip
END FUNCTION lt_zip
```

图 12-2 按照用户指定的数据域进行客户数据库排序的程序

5. 测试 Fortran 程序

为了测试这个程序，需要创建一个客户数据库。图 12-3 给出了一个客户数据库样本，它存于名为 database 的磁盘文件中。

```
John        Q Public       123 Sesame Street       Anywhere        NY 10035
James       R Johnson      Rt. 5 Box 207C          West Monroe     LA 71291
Joseph      P Ziskend      P. O. Box 433           APO             AP 96555
Andrew      D Jackson      Jackson Square          New Orleans     LA 70003
Jane        X Doe          12 Lakeside Drive       Glenview        IL 60025
Colin       A Jeffries     11 Main Street          Chicago         IL 60003
```

图 12-3 用于测试的例题 12-1 的客户数据库样例

为了测试程序，需要执行三次该程序，每次使用一种可能的排序选项。

```
C:\book\fortran\chap12>customer_database
Enter the file name with customer database:
database
Enter way to sort database:
 1 -- By last name
 2 -- By city
 3 -- By zip code
1
The sorted database values are:
Jane        X Doe      12 Lakeside Drive       Glenview        IL 60025
Andrew      D Jackson  Jackson Square          New Orleans     LA 70003
Colin       A Jeffries 11 Main Street          Chicago         IL 60003
James       R Johnson  Rt. 5 Box 207C          West Monroe     LA 71291
John        Q Public   123 Sesame Street       Anywhere        NY 10035
Joseph      P Ziskend  P. O. Box 433           APO             AP 96555
C:\book\fortran\chap12>customer_database
Enter the file name with customer database:
database
```

```
Enter way to sort database:
 1 -- By last name
 2 -- By city
 3 -- By zip code
2
The sorted database values are:
Joseph      P Ziskend       P. O. Box 433       APO           AP 96555
John        Q Public        123 Sesame Street   Anywhere      NY 10035
Colin       A Jeffries      11 Main Street      Chicago       IL 60003
Jane        X Doe           12 Lakeside Drive   Glenview      IL 60025
Andrew      D Jackson       Jackson Square      New Orleans   LA 70003
James       R Johnson       Rt. 5 Box 207C      West Monroe   LA 71291
C:\book\fortran\chap12>customer_database
Enter the file name with customer database:
database
Enter way to sort database:
 1 -- By last name
 2 -- By city
 3 -- By zip code
3
The sorted database values are:
John        Q Public        123 Sesame Street   Anywhere      NY 10035
Colin       A Jeffries      11 Main Street      Chicago       IL 60003
Jane        X Doe           12 Lakeside Drive   Glenview      IL 60025
Andrew      D Jackson       Jackson Square      New Orleans   LA 70003
James       R Johnson       Rt. 5 Box 207C      West Monroe   LA 71291
Joseph      P Ziskend       P. O. Box 433       APO           AP 96555
```

注意，程序正常工作时有一个小小的例外，当对城市名进行排序时，“APO”和“Anywhere”的顺序不对，能说明是为什么吗？在习题 12-1 中要求重写该程序，以排除该问题。

12.5 从函数返回派生类型

当且仅当一个函数有显式接口时，可以创建有派生数据类型的函数。创建此类函数最简单的方法是将此函数放在一个模块里，然后使用 USE 语句访问该模块。例题 12-2 创建了两个返回派生数据类型的例题函数。

例题 12-2　加减矢量

为了说明派生数据类型函数的使用，创建一个含有二维矢量的派生数据类型以及两个函数分别加减这两个矢量，并且创建一个测试矢量函数的测试程序。

解决方案

1. 问题说明

创建一个包含二维矢量数据类型的模块以及两个完成矢量加减法的函数。创建一个测试程序，提示用户输入两个矢量，以便使用函数对它们进行加减运算。

2. 输入和输出定义

程序的输入是矢量 v1 和 v2。输出是两个矢量和与差。

3. 算法描述

写程序的第一步是创建一个容纳二维矢量的派生数据类型。此类型可以这样定义：

```
TYPE :: vector
  REAL :: x              ! X 值
  REAL :: y              ! Y 值
END TYPE vector
```

定义两个函数 vector_add 和 vector_sub，它们分别完成加法和减法。vector_add 函数的伪代码如下：

```
TYPE(vector) FUNCTION vector_add (v1, v2)
vector_add.x ← v1%x + v2%x
vector_add.y ← v1%y + v2%y
```

vector_sub 函数的伪代码如下：

```
TYPE(vector) FUNCTION vector_sub (v1, v2)
vector_sub.x ← v1%x - v2%x
vector_sub.y ← v1%y - v2%y
```

主程序的顶部伪代码为：

```
提示用户输入矢量 v1
读取 v1
提示用户输入矢量 v2
读取 v2
输出两个矢量和
输出两个矢量差
```

4. 把算法转化为 Fortran 语句

得到的 Fortran 矢量模块如图 12-4 所示。

```
MODULE vector_module
!
! 目的:定义关于 2D 矢量的派生数据类,
!  其中添加了加法和减法操作
!
! 修订版本:
!       日期        程序员           修改说明
!       ====        ==========       ======================
!       12/04/15    S. J. Chapman    原始代码
!
IMPLICIT NONE
! 声明矢量类
TYPE :: vector
  REAL :: x                                     ! X 值
  REAL :: y                                     ! Y 值
END TYPE vector
! 加法过程
CONTAINS
  TYPE (vector) FUNCTION vector_add ( v1, v2 )
  !
  ! 目的:两个矢量的加法
  !
  ! 修订版本:
  !      日期        程序员           修改说明
  !      ====        =========        ======================
  !      12/04/15    S. J. Chapman    原始代码
  !
```

```
  IMPLICIT NONE
  ! 数据字典：声明调用参数类型和定义
  TYPE (vector), INTENT(IN) :: v1        ! 第一个矢量
  TYPE (vector), INTENT(IN) :: v2        ! 第二个矢量
  ! 矢量加法
  vector_add%x = v1%x + v2%x
  vector_add%y = v1%y + v2%y
  END FUNCTION vector_add
  TYPE (vector) FUNCTION vector_sub ( v1, v2 )
  !
  ! 目的：两个矢量的减法
  !
  ! 修订版本：
  !      日期        程序员          修改说明
  !      ====        ==========      =====================
  !      12/04/15    S. J. Chapman   原始代码
  !
  IMPLICIT NONE
  ! 数据字典：声明调用参数类型和定义
  TYPE (vector), INTENT(IN) :: v1        ! 第一点
  TYPE (vector), INTENT(IN) :: v2        ! 第二点
  ! 两点相加
  vector_sub%x = v1%x - v2%x
  vector_sub%y = v1%y - v2%y
  END FUNCTION vector_sub
END MODULE vector_module
```

图 12-4　二维矢量模块

测试程序如图 12-5 所示。

```
PROGRAM test_vectors
!
! 目的:测试 2D 矢量的相加和相减
!
! 修订版本：
!      日期        程序员          修改说明
!      ====        ==========      =====================
!      12/04/15    S. J. Chapman   原始代码
!
USE vector_module
IMPLICIT NONE
! 键入第一点
TYPE (vector) :: v1                      ! 第一点
TYPE (vector) :: v2                      ! 第二点
! 获得第一个矢量
WRITE (*,*) 'Enter the first vector (x,y):'
READ (*,*) v1.x, v1.y
! 获得第一个点
WRITE (*,*) 'Enter the second vector (x,y):'
READ (*,*) v2.x, v2.y
! 两点相加
WRITE (*,1000) vector_add(v1,v2)
1000 FORMAT('The sum of the points is (',F8.2,',',F8.2,')')
! 两点相减
```

```
WRITE (*,1010) vector_sub(v1,v2)
1010 FORMAT('The difference of the points is (',F8.2,',',F8.2,')')
END PROGRAM test_vectors
```

图 12-5 矢量模块的测试程序

5. 测试 Fortran 程序

输入两个矢量，然后通过人工检查程序给出的答案是否正确来测试这个程序。如果矢量 v1 是（−2，2），v2 是（4，3），那么两个矢量的和 v1+v2 就该是（2，5），差就是 v1−v2=（−6，−1）。

```
C:\book\fortran\chap12>test_vectors
Enter the first vector (x,y):
-2. 2.
Enter the second vector (x,y):
4. 3.
The sum of the points is ( 2.00, 5.00)
The difference of the points is ( -6.00, -1.00)
```

函数表明运行是正确的。

良好的编程习惯

为了创建含有派生数据类型的函数，将函数放在模块中，通过 USE 语句访问该模块。

测验 12-1

本测验可以快速检查是否理解了第 12.1 ~ 第 12.5 节所介绍的概念。如果完成这个测验有一定困难，那么请重读这些章节，或者问问老师或者和同学一起讨论。本测验的答案可以参见附录。

对于问题 1 ~ 问题 3，假设有如下的派生数据类型定义存在:

```
TYPE :: position
  REAL :: x
  REAL :: y
  REAL :: z
END TYPE position
TYPE :: time
  INTEGER :: second
  INTEGER :: minute
  INTEGER :: hour
  INTEGER :: day
  INTEGER :: month
  INTEGER :: year
END TYPE time
TYPE :: plot
  TYPE (time) :: plot_time
  TYPE (position) :: plot_position
END TYPE
TYPE (plot), DIMENSION(10) :: points
```

1. 写一条 Fortran 语句，以打印第 7 个绘图点的日期值，其中数据输出格式是 DD/MM/YYYY HH: MM: SS。

2. 写一条 Fortran 语句，输出第 7 个绘图点所在的位置。

3. 写一条 Fortran 语句，计算第 2 个和第 3 个绘图点间的运动速度。提示：要想计算速度，需要知道两点之间的位置和时间。运动速度=⊿pos/⊿pos time。

对于问题 4～问题 6，说明下列语句是否合法？如果语句合法，请说明它们在做什么。

4. `WRITE (*,*) points(1)`

5.
```
WRITE (*,1000) points(4)
 1000 FORMAT (1X, 3ES12.6, 6I6 )
```

6. `dpos = points(2).plot_position - points(1).plot_position`

12.6 派生数据类型的动态内存分配

声明派生数据类型的变量或数组时可以使用 ALLOCATABLE 属性，即可以得到动态分配和回收[2]。例如，假设使用如下语句定义了一个派生数据类型：

```
TYPE :: personal_info
  CHARACTER(len=12) :: first          ! 姓氏
  CHARACTER   :: mi                   ! 中间名字
  CHARACTER(len=12) :: last           ! 最后的名字
  CHARACTER(len=26) :: street         ! 街道地址
  CHARACTER(len=12) :: city           ! 城市
  CHARACTER(len=2) :: state           ! 州(省)
  INTEGER      :: zip                 ! 邮编
END TYPE personal_info
```

那么就可以用如下的方式声明能可分配变量：

```
TYPE(personal_info),ALLOCATABLE::person
```

可以用如下语句分配：

```
ALLOCATE(PERSON,STAT=istat)
```

同样，可以用如下的方式声明可分配数组：

```
TYPE(personal_info),DIMENSION(:),ALLOCATABLE::people
```

可以用如下语句分配：

```
ALLOCATE(people(1000),STAT=istat)
```

12.7 参数化派生数据类型

正如 Fortran 允许多种整数或实数 KIND，Fortran 允许用户使用参数定义派生数据类型[3]。这种方式叫作参数化派生数据类型。有两种参数可以用来定义派生数据类型：第一种在编译时已知（称为类别类型参数），另一种在运行时获取（称为长度类型参数）。表示种类号和元

---

[2] 仅支持 Fortran2003 和后续版本。

[3] 仅支持 Fortran2003 和后续版本。

素长度的形式参数值（也称为哑元值）在类型名称后面的括号中指定，然后使用这些形式参数值来定义派生类型中的实际类型和长度。如果没有指定形式参数值，那么派生数据类型就会由在类型定义中所指明的默认值来决定。

例如，下列代码行声明了一个带有 KIND 和长度参数的矢量类型：

```
TYPE :: vector(kind,n)
  INTEGER, KIND :: kind = KIND(0.)        ! 默认为单精度
  INTEGER, n = 3                          ! 默认为三个元素
  REAL(kind),DIMENSION(n) :: v            ! 参数化矢量
END TYPE vector
```

下列类型声明将产生一个含有三个单精度元素矢量的派生数据类型：

```
TYPE (vector(KIND(0.),3)) :: v1           ! 指定类型和长度
TYPE (vector) :: v2                       ! 默认类型和长度
```

同样，下列类型声明产生一个含有 20 个双精度元素矢量的派生数据类型：

```
TYPE(vector(KIND(0.D0),20)) : v3         !指定的类别和长度
```

下类类型声明产生一个长度为 100 的矢量数组，其中每个矢量都含有 20 个双精度元素。

```
TYPE(vector(KIND(0.D0),20)),DIMENSION(100) :: v4
```

可以将派生数据类型声明为可分配的，使得在分配内存时才明确每个元素的长度。下列类型声明创建了一个分配结构，其长度是在实际执行 ALLOCATE 语句时才确定：

```
TYPE(vector(KIND(0.), : )), ALLOCATABLE :: v5
```

12.8 类型扩展

没有 SEQUENCE 或 BIND（C）[4]属性的自定义类型是可扩展的。这表示，一个已存在的用户自定义类型可以作为更大或者更广泛的类型定义基础来使用。比如，假设使用如下语句定义了一个二维的点坐标（point）数据类型：

```
TYPE::point
  REAL::x
  REAL::y
END TYPE
```

那么，一个三维的点坐标数据就可以经过扩展一个现存二维点坐标数据类型而得到，方法如下：

```
TYPE,EXTENDS(point)::point3d
   REAL ::z
END TYPE
```

这种新的数据类型含有 3 个元素 x，y，z。元素 x 和 y 是在 point 类型中定义，这些定义被类型 point3d 所继承，而对 point3d 元素 z 是唯一的。数据类型 point 被作为 point3d 数据类型的父类来引用。

一个扩展的数据类型元素的使用和其他数据类型元素的使用没有什么不同。比如，假设

---

[4] BIND（C）属性使 Fortran 2003 类型可以与 C 语言交互使用。附录 B 讨论这一问题。

声明了如下 point3d 类型的变量：

```
TYPE(point3d)::p
```

那么 p 就包含三个元素，通常写作 p%x， p%y 和 p%z 来访问它们。这些元素可以用在任何需要的计算中。

派生数据类型中继承来的元素同样可以通过引用父类型来使用。比如，x 和 y 数据项元素也可以用 p%parant%x 和 p%parant%y 的形式引用。这里，parent 引用那个派生 point3d 的数据类型。通常，当只想将继承的数值传递到过程中时才使用这种访问形式。

下面的程序给出了扩展数据类型的使用。它声明了一个 point 类型，然后将其扩展为了 point3d 类型。

```
PROGRAM test_type_extension
!
! 目的:说明派生数据类型的扩展
!
! 修订版本:
!   日期        程序员        修改说明
!   ====        ==========    =====================
!   12/04/15    S. J. Chapman 原始代码
!
IMPLICIT NONE
! 声明 point 类
TYPE :: point
  REAL :: x
  REAL :: y
END TYPE
! 声明 point3d 类
TYPE, EXTENDS(point) :: point3d
  REAL :: z
END TYPE
! 声明 person 类变量:
TYPE (point3d) :: my_point
! 初始化变量
my_point%x = 1.
my_point%y = 2.
my_point%z = 3.
! 用自由 I/O 格式输出变量
WRITE (*,*) 'my_point = ', my_point
END PROGRAM test_type_extension
```

程序执行结果为:

```
C:\book\fortran\chap12>test_type_extension
my_point =  1.0000000  2.0000000  3.0000000
```

12.9 类型绑定过程

Fortran 还允许将程序与派生数据类型明确关联 （“绑定”）[5]。这些过程只能与其中定义

---

[5] Fortran2003 和后续版本。

的派生数据类型变量一起使用[6]。使用派生数据类型的元素调用它们，其语法类似于访问该类型的数据元素。例如，派生类型的数据元素 x 可以作为 name%x 访问，并且与该类型关联的绑定过程 proc 可以作为 name%proc（arg list）访问。

通过添加 CONTAINS 语句来定义类型，并在语句中声明绑定，来创建类型绑定 Fortran 过程。例如，假设想要开发一个函数，它实现 point 类型两个数据项的加法。那么可以按下面的方法定义类型：

```
TYPE:point
 REAL::x
 REAL::y
CONTAINS
 PROCEDURE, PASS::add
END TYPE
```

这个定义声明了一个 add 过程，它关联于（绑定到）这一数据类型。如果 p 是 point 类型变量，那么 add 过程的引用就可以写作 p%add（…），就如 x 的应用可以写作 p%x。PASS 属性指明调用此过程的 point 类型变量会被当成第一调用参数自动传递到这一过程，不论何时调用。

然后，过程 add 需要当作为类型定义语句在同一模块中定义。下面例题中给出了一个模块，它含有声明 point 类型和过程 add：

```
MODULE point_module
IMPLICIT NONE
! 定义类
TYPE :: point
  REAL :: x
  REAL :: y
CONTAINS
  PROCEDURE,PASS :: add
END TYPE
CONTAINS
  TYPE(point) FUNCTION add(this, another_point)
  CLASS(point) :: this, another_point
  add%x = this%x + another_point%x
  add%y = this%y + another_point%y
  END FUNCTION add
END MODULE point_module
```

函数 add 有两个参数：this 和 another_point。其中参数 this 是用来调用过程的变量，当调用 add 时，在参数 another_point 出现在调用参数表中时，this 自动传递到过程，而无需在调用中对它进行显式地说明。

注意派生数据类型在类型绑定过程中使用 CLASS 关键字声明。CLASS 是 TYPE 关键字带有额外属性的一个特殊版本，第 16 章将具体讨论它。

这种类型的三个对象可以按如下方式声明：

```
TYPE(point) :: a, b, c
a%x = -10.
a%y = 5.
b%x = 4.
```

---

[6] 这使绑定过程与面向对象语言（如 c++和 java）的类方法类似，将使用它们在 16 章中实现 object-oriented Fortran。

```
b%y = 2.
```

基于这种定义，下面的语句将完成坐标点 a 和 b 的相加，并将结果保存于 c。

```
C=a%add(b)
```

这条语句调用了函数 add，它自动将 a 作为第一个参数，b 作为第二个参数来传递。函数返回一个 point 类型的结果，并被存储于变量 c 中。在函数调用之后，c%x 的值为-6，c%y 的值为 7。

如果过程绑定含有属性 NOPASS 而不是 PASS，那么绑定过程不会自动获得用来当成调用参数的变量。如果数据类型是按如下方式声明：

```
TYPE :: point
  REAL :: x
  REAL :: y
CONTAINS
  PROCEDURE,NOPASS :: add
END TYPE
```

那么就必须在调用中显式地给出第一参数来调用绑定函数。例如：

```
C=a%add(a, b)
```

如果在绑定中没有给出属性，那么默认属性就是 PASS。正如将在 16 章看到的，这一特性用于面向对象编程中。

例题 12-3　使用绑定过程

转换例题 12-2 中的矢量模块，使之使用绑定过程。

解决方案

如果一个派生数据类型使用了绑定过程，那么就可以通过使用元素选择器（%）后面的变量名来访问这个过程，此时调用过程的变量被自动当成第一调用参数传递给过程。修改后的矢量模块如图 12-6 所示。

```
MODULE vector_module
!
! 目的:定义 2D 矢量的派生数据类,
!  添加了加法和减法操作
!
! 修订版本:
!    日期          程序员           修改说明
!    ====          ==========       =====================
!    12/04/15      S. J. Chapman    原始代码
! 1. 12/06/15      S. J. Chapman    使用绑定的过程
!
IMPLICIT NONE
! 声明 vector 类
TYPE :: vector
  REAL :: x                                  ! X 值
  REAL :: y                                  ! Y 值
CONTAINS
  PROCEDURE,PASS :: vector_add
  PROCEDURE,PASS :: vector_sub
END TYPE vector
! 加法过程
CONTAINS
```

```
  TYPE (vector) FUNCTION vector_add ( this, v2 )
  !
  ! 目的:相加两个矢量
  !
  ! 修订版本:
  ! 日期          程序员          修改说明
  ! ====          ==========      ======================
  ! 12/04/15      S. J. Chapman   原始代码
  ! 1. 12/06/15   S. J. Chapman     使用绑定的过程
  !
  IMPLICIT NONE
  ! 数据字典: 声明调用参数类型和定义
  CLASS(vector),INTENT(IN) :: this      ! 第一个矢量
  CLASS(vector),INTENT(IN) :: v2        ! 第二个矢量
  ! 矢量相加
  vector_add%x = this%x + v2%x
  vector_add%y = this%y + v2%y
  END FUNCTION vector_add
  TYPE (vector) FUNCTION vector_sub ( this, v2 )
  !
  ! 目的:两个矢量相减
  !
  ! 修订版本:
  ! 日期          程序员          修改说明
  ! ====          ==========      ======================
  ! 12/04/15      S. J. Chapman   原始代码
  ! 1. 12/06/15   S. J. Chapman     使用绑定的过程
  !
  IMPLICIT NONE
  ! 数据字典: 声明调用参数类型和定义
  CLASS(vector),INTENT(IN) :: this      ! 第一个矢量
  CLASS(vector),INTENT(IN) :: v2        ! 第二个矢量
  ! 点相减
  vector_sub%x = this%x - v2%x
  vector_sub%y = this%y - v2%y
  END FUNCTION vector_sub
END MODULE vector_module
```

图 12-6 带有绑定过程的二维矢量模块

测试程序如图 12-7 所示。

```
PROGRAM test_vectors
!
! 目的:测试 2D 矢量的加法和减法
!
! 修订版本:
!   日期          程序员          修改说明
!   ====          ==========      ======================
!   12/04/15      S. J. Chapman   原始代码
! 1.12/06/15      S. J. Chapman   使用绑定的过程
!
USE vector_module
IMPLICIT NONE
! 键入第一点
```

```
TYPE(vector) :: v1                          ! 第一点
TYPE(vector) :: v2                          ! 第二点
! 获得第一个矢量
WRITE (*,*) 'Enter the first vector (x,y):'
READ (*,*) v1%x, v1%y
! 获得第二个点
WRITE (*,*) 'Enter the second vector (x,y):'
READ (*,*) v2%x, v2%y
! 点相加
WRITE (*,1000) v1%vector_add(v2)
1000 FORMAT('The sum of the points is (',F8.2,',',F8.2,')')
! 点相减
WRITE (*,1010) v1%vector_sub(v2)
1010 FORMAT('The difference of the points is (',F8.2,',',F8.2,')')
END PROGRAM test_vectors
```

图 12-7　带有绑定过程的矢量模块测试程序

我们将用前面例题同样的数据来测试这个程序。

```
C:\book\fortran\chap12>test_vectors
Enter the first vector (x,y):
-2. 2.
Enter the second vector (x,y):
4. 3.
The sum of the points is ( 2.00, 5.00)
The difference of the points is ( -6.00, -1.00)
```

这个函数表明运行是正确的。

12.10 ASSOCIATE 结构

ASSOCIATE 结构允许在一个代码段的执行过程中，临时将变量或表达式和某个名字关联。这种结构对于简化拥有长名字和/或多个下标的变量或表达式的引用非常有用。

Associate 结构的形式如下：

```
[name:] ASSOCIATE (association_list)
 Statement 1
 Statement 2
...
 Statement n
END ASSOCIATE [name]
```

Association_list 是一个或多个下列形式关联的集合。

```
assoc_name=>variable, array element or expression
```

如果有多个关联出现在列表中，它们之间用逗号（,）分隔。

为了更好地理解 ASSOCITAE 结构，来看一个实际的例子。假设雷达在跟踪一系列目标，而每个目标的坐标都存于如下形式的数据结构中：

```
TYPE :: trackfile
  REAL :: x                                 ! X 位置 (m)
  REAL :: y                                 ! Y 位置 (m)
  REAL :: dist                              ! 目标距离 (m)
```

```
  REAL :: bearing                        ! 目标方位 (rad)
END TYPE trackfile
TYPE(trackfile),DIMENSION(1000) :: active_tracks
```

假设雷达本身的坐标存于如下的数据结构中：

```
TYPE :: radar_loc
  REAL :: x                              ! X 位置 (m)
  REAL :: y                              ! Y 位置 (m)
END TYPE radar_loc
TYPE(radar_loc) :: my_radar
```

现在计算跟踪到的目标的距离和方位。下面的语句可以完成这一功能：

```
DO itf = 1, n_tracks
  active_tracks(i)%dist  = SQRT( (my_radar%x ñ active_tracks(i)%x) ** 2 &
            + (my_radar%y ñ active_tracks(i)%y) ** 2 )
 active_tracks(i)%bearing = ATAN2D( (my_radar%y ñ active_tracks(i)%y), &
                (my_radar%x ñ active_tracks(i)%x) )
END DO
```

这些语句是合法的，但是因为调用名太长，可读性太差。如果用 ASSOCIATE 结构，那么基本等式就非常清晰：

```
DO itf = 1, n_tracks
  ASSOCIATE ( x => active_tracks(itf)%x, &
       y => active_tracks(itf)%y, &
       dist => active_tracks(itf)%dist, &
       bearing => active_tracks(itf)%bearing )
   dist = SQRT( (my_radar%x ñ x) ** 2 + (my_radar%y ñ y) ** 2 )
   bearing = ATAN2D( (my_radar%y ñ y), (my_radar%x ñ x) )
  END ASSOCIATE
END DO
```

ASSOCIATE 结构并不是必不可少，但是它对于简化和突出算法有帮助。

12.11 小结

派生数据类型是由程序员为了解决特定问题而定义的。它们可以包含许多元素，每个元素既可以是原始数据类型，又可以是已经定义的派生数据类型。使用 TYPE…END TYPE 结构定义派生数据类型，使用 TYPE 语句声明派生数据类型的变量。使用结构构造器构造派生数据类型的常量。派生数据类型的常量或变量都称为结构。

可以像使用任何其他变量一样，在程序中使用派生数据类型变量元素。访问它们时既要用到变量名也要用到元素名，两者之间用%分开（例如，student%age）。派生数据类型变量不能使用 Fortran 内置操作符来操作，除赋值符外。另外，加减乘除等运算对于这些变量都是不可以的。派生数据类型变量可用于 I/O 语句中。

在第 13 章，将学习如何扩展内置操作，以使得能操作派生数据类型变量。

12.11.1 良好的编程习惯小结

当使用参数化变量、复数，以及派生数据类型时应该遵循下面的指导：

对于使用派生数据类型的大型程序来说，在模块中声明每个数据类型，然后在需要访问派生数据类型的过程中使用该模块。

12.11.2 Fortran 语句和结构小结

ASSOCIATE 结构：

```
[name:] ASSOCIATE (association_list)
  Statement 1
  ...
  Statement n
END ASSOCIATE [name]
```

例如：

```
ASSOCIATE (x => target(i)%state_vector%x, &
      y => target(i)%state_vector%y )
  dist(i) = SQRT(x**2 + y**2)
END ASSOCIATE
```

说明：

ASSOCIATE 结构允许程序员用结构体中更短的名字来实现用长名字访问一个或多个变量的操作。由于单个变量名都不是太烦琐，所以带有 ASSOCIATE 的等式可以非常紧凑。

派生数据类型：

```
TYPE [::] type_name
  component 1
  ...
  component n
CONTAINS
  PROCEDURE[,[NO]PASS] :: proc_name1[, proc_name2, ...]
END TYPE [type_name]
TYPE (type_name) :: var1 (, var2, ...)
```

例如：

```
TYPE :: state_vector
  LOGICAL :: valid                    ! Valid data flag
  REAL(kind=single) :: x              ! x position
  REAL(kind=single) :: y              ! y position
  REAL(kind=double) :: time           ! time of validity
  CHARACTER(len=12) :: id             ! Target ID
END TYPE state_vector
TYPE (state_vector), DIMENSION(50) :: objects
```

说明：

派生数据类型是包含内置数据类型和已定义派生数据类型联合体的结构。通过 TYPE…END TYPE 结构定义这种类型，用 TYPE()语句声明这种类型的变量。

派生数据类型中绑定过程仅在 Fortran 2003 和后续版本中有效。

NO PASS 属性：

```
TYPE :: name
  variable definitions
CONTAINS
  PROCEDURE,NOPASS :: proc_name
END TYPE
```

例如：

```
TYPE :: point
  REAL :: x
  REAL :: y
CONTAINS
  PROCEDURE,NOPASS :: add
END TYPE
```

说明：

NOPASS 属性意味着调用绑定过程的变量不会自动作为第一调用参数传递给过程。

PASS 属性：

```
TYPE :: name
  variable definitions
CONTAINS
  PROCEDURE,PASS :: proc_name
END TYPE
```

例如：

```
TYPE :: point
 REAL :: x
 REAL :: y
CONTAINS
 PROCEDURE,PASS :: add
END TYPE
```

说明：

PASS 属性意味着用来调用绑定过程的变量会自动作为函数的第一个参数传递给绑定过程，这是默认的绑定过程参数传递方式。

12.11.3 习题

12-1 当在例题 12-1 中对数据库数据按照城市名排序时，“APO”被排在“Anywhere”之前。为什么？重写本例题程序以解决这个问题。

12-2 创建一个名为 polar 的派生数据类型来存放复数，该复数形如 polar（z，θ），如图 12-8 所示。该派生数据类型包含两个元素，一个是极坐标径值 z，另一个是极坐标夹角 θ。写两个函数，将普通的复数转换为极坐标数据、以及将极坐标数据转换为普通复数。

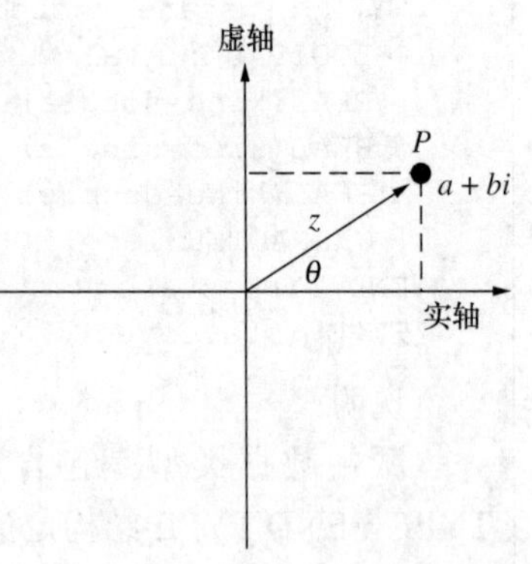

图 12-8 以极坐标表示的复数

12-3　如果两个复数是以极坐标数据形式表示的，那么两个数就可以相乘。具体方法为：极坐标径值相乘，极坐标夹角相加。即，如果 $P_1=z_1\angle\theta_1$，$P_2=z_2\angle\theta_2$，那么 $P_1 \cdot P_2=z_1z_2\angle\theta_1+\theta_2$。写一个函数，使用这个表达式将两个 POLAR 类型的变量相乘，以极坐标数据形式返回结果。注意，结果极坐标夹角θ取值范围应该是$-180°\leqslant\theta\leqslant180°$。

12-4　如果两个复数都是以极坐标数据形式表示的，那么两个数就可以相除。具体方法是：极坐标径值相除，极坐标夹角相减。即，如果 $P_1=z_1\angle\theta_1$ 和 $P_2=z_2\angle\theta_2$，那么 $P_1/P_2=z_1/z_2\angle\theta_1-\theta_2$。写一个函数，使用这个表达式将两个 POLAR 类型的变量相除，以极坐标数据形式返回结果。注意，结果极坐标夹角θ取值范围应该是$-180°\leqslant\theta\leqslant180°$。

12-5　使用习题 12-2～习题 12-4 中定义的函数作为绑定函数创建某个版本的 polar 数据类型。写一个测试程序，说明数据类型的操作。

12-6　在卡笛尔坐标系下，一个点可以由坐标（x，y）指定，其中 x 是该点距离原点在 x 轴上的距离，y 是该点距离原点在 y 轴上的距离。创建一个名为 point，包含 x 和 y 两个元素的派生数据类型。在卡笛尔坐标系下，直线可以用等式

$$uy=mx+b \tag{12-1}$$

来表达，其中 m 是该条线的斜率，b 是 y 轴上的截距。创建一个名为 line 的派生数据类型，包含 m 和 b 两个元素。

12-7　两个点 points（x1，y1）和 points（x2，y2）之间的距离可以由下式计算：

$$\text{distance}=\sqrt{(x_2-x_1)^2+(y_2-y_1)^2} \tag{12-2}$$

写函数，计算习题 12-6 中定义的类型为“point”的两个点之间的距离。输入为两个点，输出为两个点之间以实型数表达的距离。

12-8　从初等几何学可知，两点唯一决定一条直线，只要两点不重合。写函数，接收类型为 point 的两个数据，返回值为包含斜率和截距的 line 类型的数据。如果两个点重合，函数返回斜率和截距都为 0。从图 12-9 可以看出线的斜率可以由下面的等式计算：

$$m=\frac{y_2-y_1}{x_2-x_1} \tag{12-3}$$

截距可以由下式计算：

$$b=y_1-mx_1 \tag{12-4}$$

12-9　**追踪雷达目标**。许多监视雷达都有可以用固定频率旋转的天线来扫描周围的空间。被此类雷达检测到的目标通常会显示在平面位置显示器（PPI）上，如图 12-10 所示。随着天线围绕圆形扫过，一条亮线会显示在 PPI 上。每个被检测到的目标都以一个亮点显示在显示器上，具有特定的极坐标径值 r 和极坐标夹角 θ，极坐标夹角是以相对于北极的圆周角度数来度量的。

每次检测到的每个目标都会出现在不同的位置，原因不仅是目标在移动，还有一定范围内和极坐标夹角度量过程中的固有噪音的影响。雷达系统需要不断地扫描，来追踪检测到的目标，然后通过连续检测到的位置估计目标位置和速率。实现此类追踪自动化的雷达系统称为 TWS（扫描跟踪）雷达。通过测量每次检测到的目标位置，雷达将位置值传给跟踪算法。

最简单的跟踪算法之一就是 α–β 追踪器。该追踪器工作于卡笛尔坐标系统下，所以使用该系统的第一步是将每个检测到的目标从极坐标（r，θ）转换为直角坐标（x，y）。追踪系统然后根据下列式子计算出平滑的目标坐标（x_n，y_n）和速度（$\bar{x}_n$，$\bar{y}_n$）：

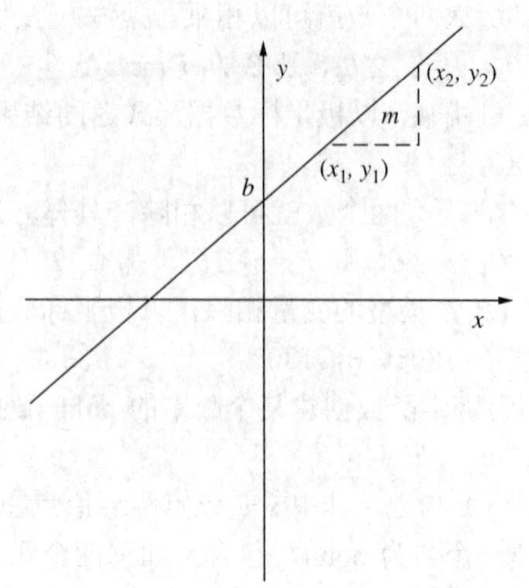

图 12-9　直线的斜率和截距由直线上的两点决定

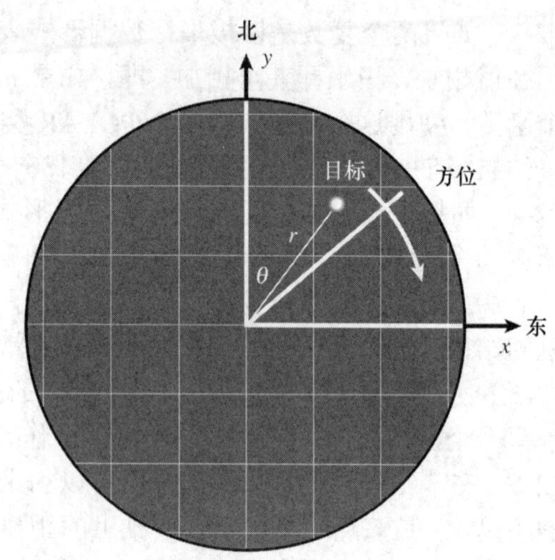

图 12-10　扫描跟踪（TWS）雷达的平面位置显示器（PPI）。检测目标在显示器上以亮点显示。每次检测结果由范围、罗盘方位角和检测时间组成（r，θ，T_n）

平滑的位置：

$$\overline{x}_n = x_{pn} + \alpha(x_n - x_{pn}) \tag{12-5}$$

$$\overline{y}_n = y_{pn} + \alpha(y_n - y_{pn})$$

平滑的速度：

$$\bar{\dot{x}}_n = \bar{\dot{x}}_{n-1} + \frac{\beta}{T_s}(x_n - x_{pn}) \tag{12-6}$$

$$\bar{\dot{y}}_n = \bar{\dot{y}}_{n-1} + \frac{\beta}{T_s}(y_n - y_{pn})$$

预测位置：

$$x_{pn} = \overline{x}_{n-1} + \bar{\dot{x}}_{n-1}T_s \tag{12-7}$$

$$y_{pn} = \overline{y}_{n-1} + \bar{\dot{y}}_{n-1}T_s$$

其中（x_n，y_n）是在时刻 n 所得到的目标坐标，（x_{pn}，y_{pn}）是时刻 n 的预测目标坐标，$(\bar{\dot{x}}_n, \bar{\dot{y}}_n)$是时刻 n 平滑的目标速度，$(\overline{x}_{n-1}, \overline{y}_{n-1})$和$(\bar{\dot{x}}_{n-1}, \bar{\dot{y}}_{n-1})$是时刻 n–1 的平滑的目标位置和速度，α 是位置平滑因子，β 是速度平滑因子，T_s 是观察时间间隔。

设计一个 Fortran 程序，实现雷达追踪器的功能。输入是一系列的雷达目标检测结果（r，θ，T），其中 r 是经过的米数，θ 是方位角度数，T 是按秒计算的检测时间。程序应该将观察结果转换为东北网格的直角坐标，并使用它们按如下要求更新追踪器：

（1）计算上次更新至今的时间 T_s。

（2）使用表达式（12-7）预测在下一次检测时，出现的位置。

（3）使用表达式（12-5）更新目标平滑的位置。假设位置平滑因子 α=0.7。

（4）使用表达式（12-6）更新目标平滑的速度。假设速度平滑因子 β=0.38。

图 12-11 给出了追踪器的操作过程。

程序应该输出一张表格，其中包含观察到的目标位置、预测到的目标位置，以及每次目标被测量的平滑位置，最后，应该能打印出针对目标物体估计的 x 和 y 速度元素坐标点。

程序应该分别包括极坐标（r_n，θ_n，T_n）、直角坐标（x_n，y_n，T_n）以及平滑的状态矢量

($\bar{x}_n$, $\bar{y}_n$, $\bar{\dot{x}}_n$, $\bar{\dot{y}}_n$, T_n) 三种派生数据类型。程序还应该有几个独立过程，它们的作用是实现极坐标向直角坐标转换、目标预测和目标更新（注意极坐标向直角坐标转换。由于使用的是圆周角，因此转换为直角坐标的方法不会用到我们前面所见到的方法）。

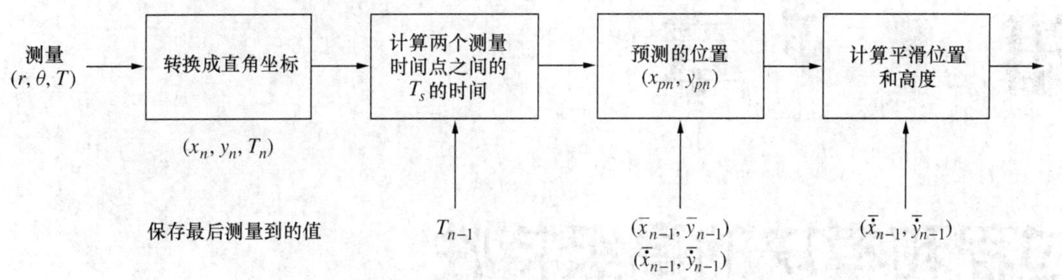

图 12-11　α–β 追踪器的操作原理图。注意平滑的位置、速度以及上次更新后的时间都必须保存，以便用于当前追踪器地周期工作中

将无噪声和有噪声数据集分别作为程序输入，进行程序测试。两个数据集都应该含有：飞机沿直线飞行，然后转弯，然后再次直线飞行的数据值。使用具有标准的 200 米范围内偏差和 1.1°方位角的高斯噪声生成噪声数据（无噪声数据可以从 track1.dat 文件中获得，有噪声数据可以从 track2.data 中得到，这两个文件存放在使用手册所带的磁盘中，也可从本书的网站上下载）。那么追踪器在没有平滑错时，工作会如何呢？追踪器如何处理转弯呢？

第 13 章

过程和模块的高级特性

本章学习目标：

- 理解 Fortran 的四种作用范围，以及分别何时使用。
- 了解 BLOCK 结构体。
- 学会创建递归子例程和函数。
- 学会创建和使用关键字参数。
- 学会创建和使用可选参数。
- 学会用接口块创建显式接口。
- 学会创建用户自定义的通用过程。
- 学会创建绑定通用过程。
- 学会创建用户自定义操作符。
- 学会创建绑定于派生数据类型的赋值和操作符。
- 学会限制访问 Fortran 模块中定义的实体。
- 学会创建和使用绑定类型过程。
- 了解标准 Fortran 内置模块。
- 了解用于访问命令行参数和环境变量的标准过程。

本章介绍 Fortran 过程和模块的高级特性。这些特性可以让我们更好地控制过程和模块中信息的访问，让我们编写出更灵活的过程，例如，支持可选参数和各种数据类型等，并且能让我们扩展对 Fortran 语言自带数据类型和派生数据类的操作。

13.1 作用范围和作用域

在第 7 章中，学习了如何独立编译程序中主程序和每个外部子例程以及函数，然后用连接器将编译结果连接在一起。正因为是独立编译的，所以不同过程中的变量名、常量名、循环名及语句标号等都可以复用而互不影响。例如，my_data 这个名字可以作为一个过程中的字符变量的名字来声明和使用，也可以在另一个过程中作为一个整型数组的名字来声明和使用，这两者是不冲突的。不冲突的原因是每个名字或标号的作用范围都只在单个过程中有效。

一个对象（变量、命名常量、过程名以及语句标号等）的作用范围是 Fortran 程序中定义该对象的那一部分。Fortran 程序有四种作用范围，它们分别是：

（1）全局范围。全局对象是指能作用于整个程序而定义的对象。在一个程序中，这些对象的名字必须不同。到目前为止，我们所遇到的全局变量就是程序名、外部过程名以及模块名。在一个完整的程序中，这些名字都必须是唯一的[1]。

（2）局部范围。局部对象是在某个作用域内定义的，并且在此作用域内名称唯一的对象。作用域的典型例子就是程序、外部过程和模块。某个作用域范围内的局部对象在该作用域内必须唯一，但是对象名、语句标号等可以在其他作用域内再次使用，而不会引起冲突。

（3）块范围。块是程序或过程中可以定义自己的局部变量的结构体，其局部变量与过程内的变量相互独立。块将在下一节中描述。

（4）语句范围。某些对象的作用范围可以限制到程序内的单条语句。我们看到的唯一的作用范围限制到单条语句的例子就是数组构造器中的隐式 DO 变量和 FORALL 语句中的下标变量。数据构造器的例子如下所示：

```
array = [ (2*i, i=1,10,2) ]
```

这里，变量 i 用来定义隐式 DO 循环中数组值。变量 i 的使用应该和程序中其他的 i 变量互不干扰，因为这个变量的作用范围仅限于上面这条语句中。

那么什么是作用域呢？它是 Fortran 程序的一部分，在那里定义了局部对象。Fortran 程序的作用域是：

（1）主程序、内部或外部过程或模块，不包括其中包含的派生数据类型或过程。

（2）派生数据类型的定义。

（3）本章后面要讨论的接口。

（4）本章后面要讨论的代码块。

这些作用域内的每个局部对象都必须唯一，但是作用域之间对象可以重用。事实上，某个派生数据类型定义是一个作用域，这意味着，可以把一个变量 x 作为派生数据类型定义的元素，也可以在含有这个派生数据类型的程序中包含名字为 x 的变量，这两个同名变量不会发生冲突。

如果一个作用域完全包含另外一个作用域，那么就把前者叫作后者的宿主作用域，或者简称为内层作用域的宿主。内层作用域自动继承宿主作用域中声明的对象定义，而在内层作用域中明确地重新定义的对象除外。这种继承又称为宿主关联。因此，内部过程继承宿主过程中定义的所有变量名和值，除非内部过程明确地重新定义某个同名变量，以便自己专用。如果内部过程使用一个宿主域定义的变量名，且不重新定义它，那么在内部过程中对这个变量的修改，也将导致宿主域的该变量被修改。反过来，如果内部过程重新定义了宿主域中的变量，那么它对该变量的修改不会波及宿主域的同名变量。

最后，在模块中定义的对象的作用范围通常就是该模块，但是可以使用 USE 关联扩大它们的作用范围。如果模块名出现在程序中的 USE 语句中，那么所有在该模块中定义的对象都会自动变成使用该模块的程序的对象，所以这些对象的名字都必须唯一。如果一个模块声明

[1] 在某些情况下，局部变量可以与一些全局变量同名。例如，假设程序含有一个名为 sort 的外部子例程，那么程序中其他全局对象就不该使用 sort 这个名字。但是程序的另一个不同子例程却可以包含名为 sort 的局部变量，而不会引起冲突。因为局部变量在子例程之外不可见，所以同名的全局变量不会与该局部变量发生冲突。

了一个名为 x 的对象，并且该模块用于过程中，那么该过程中的其他对象就不能命名为 x。

例题 13-1 作用范围和作用域

当遇到像作用范围和作用域这么复杂的问题时，分析一个示例比较有帮助。图 13-1 展示了一个专门编写用于探索作用范围概念的 Fortran 程序。如果能回答下列关于这个程序的问题，那么说明已经充分理解了作用范围。

（1）本程序中有哪些作用域？

（2）哪些作用域是其他作用域的宿主？

（3）本程序中哪些对象作用于全局范围？

（4）本程序中哪些对象作用于语句范围？

（5）本程序中哪些对象作用于局部范围？

（6）本程序中哪些对象是经宿主关联继承的？

（7）本程序中哪些对象是通过使用 USE 关联生效的？

（8）解释本程序所执行的效果。

```
MODULE module_example
IMPLICIT NONE
REAL :: x = 100.
REAL :: y = 200.
END MODULE

PROGRAM scoping_test
USE module_example
IMPLICIT NONE
INTEGER :: i = 1, j = 2
WRITE (*,'(A25,2I7,2F7.1)') ' Beginning:', i, j, x, y
CALL sub1 ( i, j )
WRITE (*,'(A25,2I7,2F7.1)') ' After sub1:', i, j, x, y
CALL sub2
WRITE (*,'(A25,2I7,2F7.1)') ' After sub2:', i, j, x, y
CONTAINS
  SUBROUTINE sub2
  REAL :: x
  x = 1000.
  y = 2000.
  WRITE (*,'(A25,2F7.1)') ' In sub2:', x, y
  END SUBROUTINE sub2
END PROGRAM scoping_test

SUBROUTINE sub1 (i,j)
IMPLICIT NONE
INTEGER, INTENT(INOUT) :: i, j
INTEGER, DIMENSION(5) :: array
WRITE (*,'(A25,2I7)') 'In sub1 before sub2:', i, j
CALL sub2
WRITE (*,'(A25,2I7)') 'In sub1 after sub2:', i, j
array = [ (1000*i, i=1,5) ]
WRITE (*,'(A25,7I7)') 'After array def in sub2:', i, j, array
CONTAINS
  SUBROUTINE sub2
  INTEGER :: i
  i = 1000
  j = 2000
```

```
    WRITE (*,'(A25,2I7)') 'In sub1 in sub2:', i, j
    END SUBROUTINE sub2
  END SUBROUTINE sub1
```

图 13-1　用来说明作用范围和作用域的程序

解决方案

上述问题的答案如下：

（1）本程序中有哪些作用域？

每个模块、主程序、内外部过程都是一个作用域，所以本程序中的作用域是模块 module_example，主程序 scoping_test，外部过程 sub1 和两个内部过程 sub2。如果程序中有派生数据类型，那么它们的定义同样是作用域。图 13-2 给出了本程序中 5 个作用域之间的相互关系。

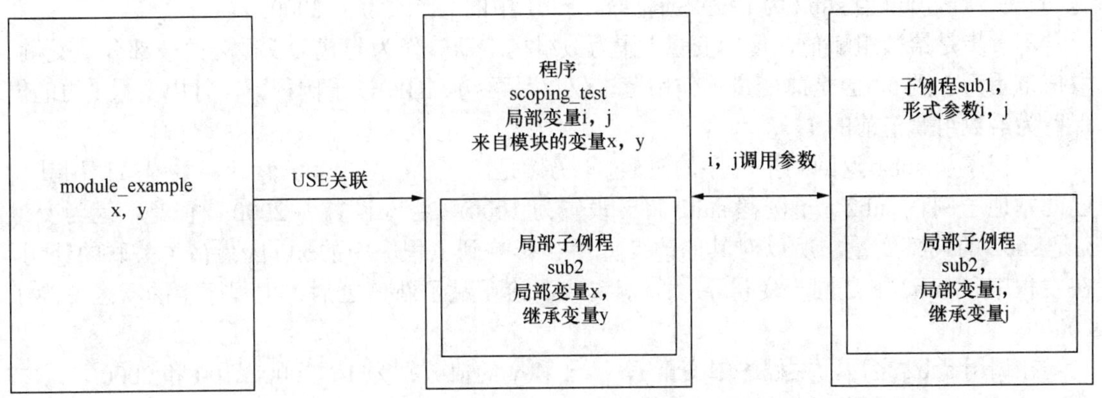

图 13-2　程序 scoping_test 中各作用域之间相互关系结构图

（2）哪些作用域是其他作用域的宿主？

主程序 scoping_test 是其内部子例程 sub2 的宿主作用域，外部子例程 sub1 是其内部子例程 sub2 的宿主作用域。注意这两个内部子例程是不同的，尽管它们的名字相同。

（3）本程序中哪些对象作用于全局范围？

此程序中具有全局作用范围的对象是模块名 module_example、主程序名 scoping_test 以及外部子例程名 sub1。在整个程序中，这些名字必须是唯一的。例如，在同一个程序中不能有两个外部子例程都叫 sub1。相反，内部子例程 sub2 因为仅作用于局部范围，因此在两个不同的作用域中有两个同名的不同局部子例程是合法的。

（4）本程序中哪些对象作用于语句范围？

此程序中唯一具有语句作用范围的对象是变量 i，它定义在子例程 sub1 的数组中。因为该变量仅作用于语句范围，所以子例程 sub1 中变量 i 的值不会被定义此数组所用到的 i 改变。

（5）本程序中哪些对象作用于局部范围？

此程序中的所有其他对象都作用于局部范围，包括内部子例程 sub2。因为每个内部子例程都是相对于其宿主域的局部数据，因此两个子例程有相同的名字并不会引起冲突。每个内部子例程都只能在其宿主域中定义和调用。

（6）本程序中哪些对象是经宿主关联继承的？

两个内部子例程中的所有对象都通过宿主关联继承于它们的宿主域，除了那些在内部子例程中显式重新定义的对象。因此，变量 x 的作用范围仅在第一个内部子例程内有效，而变量 y 则是从宿主域主程序继承来的。同样，变量 i 是第二个内部子例程的局部变量，而 j 是从宿主域子例程 sub1 继承来的。

（7）本程序中哪些对象是通过使用 USE 关联生效的？

变量 x 和 y 是通过使用 USE 关联而在主程序生效。

（8）解释本程序所执行的效果。

当程序执行时，变量 x 和 y 首先在模块 module_example 中被分别初始化为 100.和 200.，变量 i 和 j 在主程序中分别被初始化为 1 和 2。变量 x 和 y 在主程序中通过使用 USE 关联变为可访问。

当调用子例程 sub1 时，变量 i 和 j 作为调用参数传递给了 sub1。然后，子例程 sub1 调用本地的子例程 sub2，该子例程将 i 设置为 1000，将 j 设置为 2000。但是，因为变量 i 是局部于 sub2 的，因此对此 i 的改变并不会影响到 sub1 中的 i。通过宿主关联，sub1 和 sub2 中的 j 是同一变量，所以当 sub2 为 j 设置新值时，sub1 中的 j 也改为了 2000。

下一步是给数组赋值，使用变量 i 作为数组构造器。作为隐式 DO 循环的一部分，变量 i 取值范围为 1 到 5，但是此变量的作用范围仅仅是语句，因此该子例程下一行中变量 i 的值仍保留为给数组赋值前的 1。

当程序从 sub1 返回到主程序的时候，i 仍然是 1，而 j 是 2000。然后，主程序调用其自己的本地子例程 sub2。子例程 sub2 将 x 设置为 1000.，将 y 设置为 2000.。但是，因为变量 x 是 sub2 的局部变量，所以对其的改变并不会影响到主程序中的 x。因为宿主关联的使用，在主程序和 sub2 中是同一变量 y，所以当 sub2 给 y 赋了新值之后，主程序中的 y 也变为了 2000。

在调用 sub2 之后，主程序中变量 i、j、x 和 y 的值分别为 1、2000、100.和 2000.。

通过执行和测试这个程序的运行结果，可以验证对这个程序操作的分析是否正确。

```
C:\book\fortran\chap13>scoping_test
       Beginning:   1   2 100.0 200.0
   In sub1 before sub2:   1   2
     In sub1 in sub2:  1000  2000
    In sub1 after sub2:   1  2000
 After array def in sub2:   1  2000  1000  2000  3000  4000  5000
       After sub1:   1  2000 100.0 200.0
         In sub2: 1000.0  2000.0
       After sub2:   1  2000 100.0 2000.0
```

程序输出符合我们的分析。

有可能为了不同的目的而在嵌套作用域中重复使用某个局部变量名。例如，在子例程 sub1 中定义整型变量 i，通常会因为使用了宿主关联而使它在内部子例程 sub2 中也有效。然而，sub2 自己也定义了整型 i，实际上整型变量 i 在两个作用域中是不同的。这种双重定义很容易引起混乱，应该在代码中避免此类情况的发生。取而代之的方法是，仅在内部子例程中创建一个不会与宿主中任何对象发生冲突的新变量名。

良好的编程习惯

当使用嵌套作用域时，避免在内层作用域和外层作用域中对同名对象定义不同的内涵。对于内部过程更是如此。可以通过简单地给它们不同于宿主过程中变量名的名字，而避免在内部过程中发生混淆变量名的现象。

13.2 块

块是 Fortran 2008 新引入的一种结构体类型。块是宿主程序或过程内的任意一段代码块，它以 BLOCK 语句开始，以 END BLOCK 语句结束。块可以包含任何所需的代码，可以定义专属于块的局部变量。

块结构体的结构如下：

```
 [name:] BLOCK
 Type definitions ...
 ...
 Executable code
 IF (...) EXIT [name]
 ...
END BLOCK [name]
```

注意在块中任意位置可以使用 EXIT 语句退出一个代码块。如果退出了块，代码执行从块尾的第一个执行语句开始。

每个块可以在块内的可执行代码前定义局部变量。当代码块执行结束后，块中定义的所有变量变为未定义。如果在块内定义一个可分配的未使用 SAVE 属性的数组，当块执行结束后，这个数组将会自动被释放。

一个块也可以通过宿主关联访问其宿主的局部变量，块定义了同名局部变量的情况除外。

图 13-3 给出了一个包含块结构体的示例程序。该程序定义了三个变量 i，j 和 k，且在块执行前都被写入了值。这个块结构体定义了一个新的局部变量 j，并通过宿主关联访问变量 i 和 k。块中的循环 DO 执行了三次，然后退出了代码块的执行。

```
PROGRAM test_blocks
IMPLICIT NONE
INTEGER :: i, j, k
i = 1
j = 2
k = 3
! 块之前的变量
WRITE (*,*) 'Before block: i, j, k = ', i, j, k
! 声明块
test_block: BLOCK
  INTEGER :: j
  WRITE (*,*) 'In block before DO loop.'
  DO j = 1, 10
   ! 块中变量
   WRITE (*,*) 'In block:  i, j, k = ', i, j, k
   IF ( j > 2 ) EXIT test_block
  END DO
  WRITE (*,*) 'In block after DO loop.'
END BLOCK test_block
! 块之后的变量
WRITE (*,*) 'After block: i, j, k = ', i, j, k
END PROGRAM test_blocks
```

图 13-3 用来说明块结构体的程序

当程序执行完，结构是：

```
C:\book\fortran\chap13>test_blocks
 Before block: i, j, k =        1  2  3
 In block before DO loop.
 In block:  i, j, k =           1  1  3
 In block:  i, j, k =           1  2  3
 In block:  i, j, k =           1  3  3
 After block: i, j, k =         1  2  3
```

注意循环 DO 语句后的 WRITE 语句从未被执行，因为当执行 EXIT 语句后，程序执行跳转到了块后面的第一条语句。

13.3 递归过程

一个普通的 Fortran 过程不可以直接或间接的调用自己（也就是说，既不能调用自己，也不能调用另一个调用原始过程的过程）。换句话说，普通的 Fortran 过程是不可递归的。然而，有一些问题用递归的方法更容易解决。例如，阶乘函数可以定义为：

$$N! = \begin{cases} N(N-1)! & N \geqslant 1 \\ 1 & N = 0 \end{cases} \tag{13-1}$$

这个定义用递归实现就会非常容易，用计算 $N!$ 的过程调用自己来计算（N–1)!，用计算（N–1)! 的过程又调用自己计算（N–2)!，依此类推，直到最后调用的过程是计算 0!。

为了解决此类问题，Fortran 允许子例程和函数被声明为递归的。如果一个过程声明为递归的，那么 Fortran 编译器就会以直接或间接调用该过程本身的方式来实现该过程。

通过将关键字 RECURSIVE 添加到 SUBROUTINE 语句上，就可以将一个子例程声明为递归的。图 13-4 给出了一个根据式（13-1）计算阶乘的子例程示例。除了被声明为递归之外，该子例程和其他子例程没什么不同。在习题 13-2 中会要求验证这个子例程操作的正确性。

```
RECURSIVE SUBROUTINE factorial ( n, result )
!
! 目的:计算阶乘的函数
!          | n(n-1)!  n >= 1
!   n ! = |
!          | 1       n = 0
!
! 修订版本:
!    日期          程序员          修改说明
!    ====          ==========      =====================
!    12/17/15      S. J. Chapman   原始代码
!
IMPLICIT NONE
! 数据字典: 声明调用参数类型和定义
INTEGER, INTENT(IN) :: n                        ! 用于计算的值
INTEGER, INTENT(OUT) :: result                  ! 结果
! 数据字典: 声明局部变量类型和定义
INTEGER :: temp                                 ! 临时变量
IF ( n >= 1 ) THEN
```

```
  CALL factorial ( n-1, temp )
  result = n * temp
ELSE
  result = 1
END IF
END SUBROUTINE factorial
```

图 13-4　以递归方式实现阶乘功能的子例程

我们还可以定义递归的 Fortran 函数，不过在使用递归函数的时候有一点复杂。记住，函数是通过在表达式中使用函数名来调用的，而从函数返回的值是被赋值给函数名的。因此，如果函数要调用自己，当设置函数返回值时，函数名就要出现在赋值语句的左边；当递归调用函数自身时，函数名要出现在赋值语句的右边。这种函数名的双重用法确实可能会引起混乱。

为了避免递归函数中函数名的两种用法带来的麻烦，Fortran 允许程序员为递归调用函数及其返回结果指定两个不同的名字。当让函数调用自己时，使用该函数的实际名字；当想指定一个返回值时，使用特定的形参。这个特定形参的名字在 FUNCTION 语句中的 RESULT 子句中指定。例如，下面的代码声明了递归函数 fact，它使用了形参 answer 来接收返回到调用程序的返回值：

```
RECURSIVE FUNCTION fact(n) RESULT(answer)
```

如果一个函数中包含 RESULT 子句，那么这个函数名就不能出现在这个函数的类型声明语句中，取而代之的是声明形参结果变量名。例如，图 13-5 给出了一个根据式（13-1）计算阶乘的递归函数。注意，声明的是结果变量 answer 的类型，而不是函数名 fact 的类型。在习题 13-2 中会要求验证这个函数的操作正确性。

```
RECURSIVE FUNCTION fact(n) RESULT(answer)
!
! 目的：计算机阶乘的函数
!           | n(n-1)!  n >= 1
!   n ! =   |
!           | 1     n = 0
!
! 修订版本：
!   日期          程序员          修改说明
!   ====          ==========      =====================
!   12/17/15      S. J. Chapman   原始代码
!
IMPLICIT NONE
! 数据字典：声明调用参数类型和定义
INTEGER, INTENT(IN) :: n                        ! 用于计算的值
INTEGER :: answer                               ! 结果变量
IF ( n >= 1 ) THEN
  answer = n * fact(n-1)
ELSE
  answer = 1
END IF
END FUNCTION fact
```

图 13-5　递归实现阶乘的函数

Fortran 2015 是将要构建的下一个 Fortran 标准。在这个标准中，所以子例程和函数默认是可递归的。如果你特别想把一个过程设置成非递归的，可以使用一个新的关键字 NON_RECURSIVE 声明该过程。不要指望在不久的将来能看到这个新特性，编译器供应商需要很多年才能赶上标准的变化。

13.4 关键字参数和可选参数

在第 7 章中，介绍了当调用一个过程时，实参和形参列表必须匹配，包括参数个数、类型以及顺序。例如，如果第一个形参是实型数组，那么第一个实参也必须是实型数组等。如果这个过程有 4 个形参，那么在调用该过程时也必须有 4 个实参。

这一描述在 Fortran 中通常是成立的。但是，如果过程接口是显式的，那么就可以改变参数列表中参数调用的顺序，或仅为某些过程形参指定实参。通过将过程放在模块中，并在调用程序中用 USE 关联访问该模块，可以显式地说明过程的接口。(通过使用接口块，同样可以显式地说明过程接口，下一小节将对此做介绍)。

如果过程接口是显式的，那么就可以用关键字参数增加调用程序的灵活性。关键字参数是一种形式如下的参数：

```
keyword = actual_argument
```

这里，keyword 是与实参关联的形参的名字。如果过程调用使用关键字参数，那么就可以以任何顺序排列调用参数，因为关键字允许编译器对实参和形参进行自动匹配。

让我们使用例子来解释一下。图 13-6 给出了函数 calc，它有三个实数参数：first，second 和 third。该函数包含在一个模块中，并且其接口是显式的。主程序使用相同的参数分别用 4 种方式调用此函数。第一次采用常规做法调用，即形参与实参完全匹配，包括个数、类型和顺序。调用方式如下：

```
WRITE(*,*) calc(3.,1.,2.)
```

第二次、第三次使用关键字参数调用，调用方式如下：

```
WRITE(*,*) calc(first=3.,second=1.,third=2.)
WRITE(*,*) calc(second=1. , third=2. ,first=3.)
```

最后一次通过混合使用常规参数和关键字参数调用函数。第一个参数是常规参数，因此它和第一个形参关联。后面的参数都是关键字参数，因此它们通过各自的关键字和形参关联。通常，将常规调用参数和关键字参数混合使用是合法的，但是一旦一个关键字参数出现在参数表中，那么该列表中所有其他参数都必须是关键字参数。

```
WRITE (*,*) calc ( 3., third=2., second=1.)
MODULE procs
CONTAINS
  REAL FUNCTION calc ( first, second, third )
  IMPLICIT NONE
  REAL, INTENT(IN) :: first, second, third
  calc = ( first - second ) / third
  END FUNCTION calc
END MODULE procs
PROGRAM test_keywords
```

```
USE procs
IMPLICIT NONE
WRITE (*,*) calc ( 3., 1., 2. )
WRITE (*,*) calc ( first=3., second=1., third=2. )
WRITE (*,*) calc ( second=1., third=2., first=3. )
WRITE (*,*) calc ( 3., third=2., second=1.)
END PROGRAM test_keywords
```

图 13-6 用来说明关键字参数的程序

当执行图 13-6 中的程序后，结果是：

```
C:\book\chap13>test_keywords
   1.000000
   1.000000
   1.000000
   1.000000
```

不管按照哪种方式给出参数，程序每次执行的结果都是一样的。

关键字参数允许我们改变传递给过程的实参顺序，但是这项技术本身没有什么实际用处。看上去这种做法只是为了多敲一些字符，结果却是一样的。但是，当使用可选参数时，关键字参数就非常有用了。

可选参数是指在调用过程时并不一定出现的过程形参。过程只使用出现的形参，如果不出现，过程则不用它。可选参数仅可用于显式接口过程中。通过在形参声明中加入 OPTIONAL 属性，指定可选参数，如：

```
INTEGER,INTENT(IN),OPTIONAL::upper_limit
```

包含可选参数的过程必须有办法确定该过程执行时，可选参数是否出现。这个办法就是使用 FORTRAN 自带的逻辑函数 PRESENT 来完成，如果可选参数出现，那么此函数会返回一个真值，反之则返回假值。例如，在下列代码中，过程可以根据可选参数 upper_limit 存在与否来执行某些操作：

```
IF(PRESENT(upper_limit))THEN
…
ELSE
…
END IF
```

对于带有可选参数的过程来说，关键字非常有用。如果可选参数存在且调用序列是有序的，那么不需要关键字。如果仅有部分可选参数存在且是有序的，那么也不需要关键字。但是，如果可选参数是无序的，或者参数表中位置靠前的某些可选参数不存在，但是这些参数后面的可选参数存在，那么就必须写出关键字，以便编辑器根据关键字分析出哪些可选参数存在，哪些不存在。

顺便提一下，我们已经遇到了一个使用关键字和可选参数的内置函数。回顾一下函数 SELECTED_READ_KIND，该函数接收两个参数，一个是实数的精度参数 p，另一个是实数取值范围参数 r。两个参数默认的顺序是（p， r），如果实参按照这个顺序给出，那么就不要关键字。如果实参是无序的，或者只指定了取值范围参数 r，那么就必须使用关键字。下面的例子是该函数的几种正确使用方法：

```
kind_num = SELECTED_REAL_KIND(13,100)
kind_num = SELECTED_REAL_KIND(13)
```

```
kind_num = SELECTED_REAL_KIND(r=100,p=13)
kind_num = SELECTED_REAL_KIND(r=100)
```

例题 13-2　找出数据集中的极值

假设想要写一个子例程来搜索实型数组中最大或最小值，并且定位该值在数组中的位置。这个子例程可以用于很多场合。在某些情况下，可能仅要找数组中的最大值，而另外一些情况下，仅需要关注最小值，还有一些场合可能需要关心两个值（例如，正在设定绘图程序的极限）。还有，某些时候需要关心极值出现的位置，而另一些时候它又无关紧要。

为了在单个子例程中涵盖上面所有可能情况，需要写一个有 4 个可选输出参数的函数：最大值、最大值的位置、最小值和最小值的位置。返回值依赖于用户调用子例程时指定的参数。

解决方案

子例程如图 13-7 所示。它可以返回任意组合的 1～4 个可选结果。注意，这个子例程必须有显式接口来支持可选参数，所以应该把子例程放在一个模块中。

```
MODULE procs
CONTAINS
  SUBROUTINE extremes(a, n, maxval, pos_maxval, minval, pos_minval)
  !
  ! 目的：找出数组中的最大值和最小值,以及这些值在数组
  !  中的位置。该子例程在可选的参数中返回输出值
  !
  ! 修订版本：
  ! 日期         程序员          修改版本
  ! ====         ==========      =====================
  ! 12/18/15     S. J. Chapman   原始代码
  !
  IMPLICIT NONE
  ! 数据字典：声明调用参数类型和定义
  INTEGER, INTENT(IN) :: n                           ! 数组 a 中数值个数
  REAL, INTENT(IN), DIMENSION(n) :: a                ! 输入数据
  REAL, INTENT(OUT), OPTIONAL :: maxval              ! 最大值
  INTEGER, INTENT(OUT), OPTIONAL :: pos_maxval       ! 最大值的位置
  REAL, INTENT(OUT), OPTIONAL :: minval              ! 最小值
  INTEGER, INTENT(OUT), OPTIONAL :: pos_minval       ! 最小值的位置
  ! 数据字典：声明变量类型和定义
  INTEGER :: i                                       ! 索引
  REAL :: real_max                                   ! 最大值
  INTEGER :: pos_max                                 ! 最大值的位置
  REAL :: real_min                                   ! 最小值
  INTEGER :: pos_min                                 ! 最小值的位置
  ! 初始化数组第一个元素为各项取值
  real_max = a(1)
  pos_max = 1
  real_min = a(1)
  pos_min = 1
  ! 从 a(2) 到 a(n)中实际找出极值
  DO i = 2, n
   max: IF ( a(i) > real_max ) THEN
     real_max = a(i)
     pos_max = i
   END IF max
```

```
    min: IF ( a(i) < real_min ) THEN
      real_min = a(i)
      pos_min = i
    END IF min
   END DO
   ! 报告结果
   IF ( PRESENT(maxval) ) THEN
    maxval = real_max
   END IF
   IF ( PRESENT(pos_maxval) ) THEN
    pos_maxval = pos_max
   END IF
   IF ( PRESENT(minval) ) THEN
    minval = real_min
   END IF
   IF ( PRESENT(pos_minval) ) THEN
    pos_minval = pos_min
   END IF
  END SUBROUTINE extremes
END MODULE procs
```

图 13-7 定位实型数组中极值的子例程。该子例程被嵌入在一个模块中，以便将其接口设置为显式接口

本章最后的习题 13-3 会要求验证这一子例程的正确操作。

测验 13-1

本测验可以快速检测你是否理解了第 13.1 节～第 13.3 节中的概念。如果完成这个测验有困难，那么请复习这几节，向导师请教或者和同学讨论。本测试的答案可以在本书附录中找到。

1. Fortran 中，什么是变量的作用范围？Fortran 的四种作用范围分别是什么？
2. 宿主关联是什么？解释怎样通过宿主关联继承变量和常量。
3. 下列代码执行之后，输出的 z 值是多少？解释为什么是这个数。

```
PROGRAM x
REAL :: z = 10.
TYPE position
  REAL :: x
  REAL :: y
  REAL :: z
END TYPE position
TYPE (position) :: xyz
xyz = position(1., 2., 3.)
z = fun1( z )
WRITE (*,*) z
CONTAINS
  REAL FUNCTION fun1(x)
  REAL, INTENT(IN) :: x
  fun1 = (x + xyz%x) / xyz%z
  END FUNCTION fun1
END PROGRAM
```

4. 下列代码执行之后，i 值是多少？

```
PROGRAM xyz
INTEGER :: i = 0
INTEGER, DIMENSION(6) :: count
i = i + 27
count = (/ (2*i, i=6,1,-1) /)
i = i - 7
WRITE (*,*) i
END PROGRAM xyz
```

5. 下列程序是否合法？为何？

```
PROGRAM abc
REAL :: abc = 10.
WRITE (*,*) abc
END PROGRAM
```

6. 什么是递归过程？如何声明？

7. 下列函数是否合法？为何？

```
RECURSIVE FUNCTION sum_1_n(n) RESULT(sum)
IMPLICIT NONE
INTEGER, INTENT(IN) :: n
INTEGER :: sum_1_n
IF ( n > 1 ) THEN
  sum = n + sum_1_n(n-1)
ELSE
  sum = 1
END IF
END FUNCTION
```

8. 什么是关键字参数？在使用关键字参数之前必须满足什么条件？为何需要使用关键字参数？

9. 什么是可选参数？在使用之前必须满足什么条件？为何需要使用它们？

13.5 过程接口和接口块

正如前面看到的，如果过程要使用诸如关键字参数和可选参数此类的 Fortran 高级特性，那么程序单元必须有过程显式接口。另外，显式接口还可以让编译器捕获过程之间调用顺序的很多错误。没有显式接口，这些错误可能导致很小且难以发现的 bug。

创建显式接口最简单的方法是将过程放在模块中，然后在调用程序单元使用该模块。任何放在模块中的过程均有显式接口。

不幸的是，有时将过程放在模块中，并不是很方便甚至不太可能。例如，假设一个技术组织有一个由有成百上千个子例程和函数构成的函数库，这些子例程或函数都是用 Fortran 的早期版本所写，这个库函数却用在旧版程序以及以后新编写的程序中。自从 20 世纪 50 年代后期以来，各种各样的 Fortran 版本的广泛使用，使得这种现象非常普遍。重写所有的过程和函数，将它们放在模块中，并且添加诸如 INTENT 属性的显式接口会带来很大的问题。如果按照这种方式修改过程，那么原来的程序可能就不能使用这些函数了。大多数组织并不想对每个过程都写两个版本（一个有显式接口，一个没有）。因为这样，一旦库中过程被修改了，那么配置管理会相当麻烦。过程的各种版本都需要独立修改，每个都需要单独测试。

问题甚至更糟，由于过程的外部函数库可能是以C等其他语言所写的。在这种情况下，将过程放在一个模块中几乎是不可能的。

13.5.1 创建接口块

当不可能将过程放在模块中时，如何用好显式接口特性呢？在这种情况下，Fortran允许在调用程序单元中定义一个接口块。接口块指定了外部过程所有的接口特征，编译器根据接口块中的信息执行一致性检查，应用诸如关键字参数的高级特性❷。

通过复制接口中过程的调用参数信息方法创建接口块。接口的一般形式是：

```
INTERFACE
  Interface_body_1
  Interface_body_2
  …
  END INTERFACE
```

每个interface_body都由相应外部过程的初始SUBROUTINE和FUNCTION语句、与过程参数相关的特定类型声明语句，以及END SUBROUTINE或END FUNCTION语句组成。这些语句为编译器给出了调用程序和外部过程之间接口一致性检查的足够信息。

当使用接口时，将它和其他类型声明语句一起放在调用程序单元的最前面。

例题 13-3　创建外部子例程接口

在例题7-1中，我们创建了用于将实型数组的值按照升序进行排序的子例程sort。假设不可能把这个子例程放在模块中，那么就需要创建一个接口块来显式的定义子例程和调用程序单元之间的接口。当使用关键字参数时，通过此接口允许程序调用子例程sort。

解决方案

首先，必须为子例程sort创建一个接口。接口由SUBROUTINE语句、子例程形参的类型声明语句以及END SUBROUTINE语句组成。如：

```
INTERFACE
  SUBROUTINE sort (array, n)
  IMPLICIT NONE
  REAL, DIMENSION(:), INTENT(INOUT) :: array
  INTEGER, INTENT(IN) :: n
  END SUBROUTINE sort
END INTERFACE
```

然后，使用在调用程序头中使用这个接口来显式定义子例程sort的接口。图13-8给出了使用接口块创建子例程sort的显式接口的调用程序。

```
PROGRAM interface_example
!
! 目的：说明接口块对创建显式接口的作用。本程序使用接口块来创建子例程"sort"
!  的显式接口，然后用关键字参数展示这个接口的优势
!
! 修订版本：
```

❷ Fortran 接口块本质上等同于C语言中的原型。

```
!   日期          程序员              修改说明
!   ====          ==========          =====================
!   12/18/15      S. J. Chapman       原始代码
!
IMPLICIT NONE
! 声明对子例程"sort"的接口
INTERFACE
  SUBROUTINE sort(a,n)
  IMPLICIT NONE
  REAL, DIMENSION(:), INTENT(INOUT) :: a
  INTEGER, INTENT(IN) :: n
  END SUBROUTINE sort
END INTERFACE
! 数据字典: 声明局部变量类型和定义
REAL, DIMENSION(6) :: array = [ 1., 5., 3., 2., 6., 4. ]
INTEGER :: nvals = 6
! 调用 "sort" ,升序排序数据
CALL sort ( N=nvals, A=array)
! 输出存储的数组
WRITE (*,*) array
END PROGRAM interface_example
```

图 13-8　说明接口块用法的简单程序

当此程序和子例程 sort 一起编译和执行时，结果是：

```
C:\book\fortran\chap13>interface_example
    1.000000    2.000000    3.000000    4.000000
    5.000000    6.000000
```

编译器使用接口块正确地将调用子例程 sort 所用的关键字参数进行排序，程序得到了正确结果。

13.5.2　接口块使用注意事项

如何使用和何时使用接口块才能最大限度发挥其优势？当看接口块的结构时，看上去我们只是在做从源过程中复制一些语句到接口块中这样的额外工作。那么应该什么时候创建接口块，又为什么要创建呢？下面的内容对于 Fortran 中接口块的使用给出了一些指导。

（1）任何时候都要尽可能避免简单地将所有程序放到模块中来产生接口，并且要以 USE 关联访问相应的模块。

良好的编程习惯

任何时候尽可能避免使用将过程放到模块中的方法来创建接口块。

（2）接口块不应该指定通过使用 USE 关联已经在模块中存在的过程接口。这会造成显式接口的二次定义，是非法的，会引起编译器错误。

（3）接口块常用于为用早期版本的 Fortran 或者其他语言所写、独立编译过的过程提供显式接口。在这种情况下，写一个接口块就能让现代 Fortran 程序有一个对所有参数进行检测的显式接口，同时也让旧版的 Fortran 或非 Fortran 程序能不需做任何改变而继续使用过程。

（4）为所有调用程序创建访问大型旧版子例程或函数库的接口的一个简单方法是将接

口放进模块中，然后通过 USE 在每个调用程序单元中使用那个模块。例如，子例程 sort 的接口可以放在一个模块里，如下所示：

```
MODULE interface_definitions
  INTERFACE
   SUBROUTINE sort (array, n)
   IMPLICIT NONE
   REAL, DIMENSION(:), INTENT(INOUT) :: array
   INTEGER, INTENT(IN) :: n
   END SUBROUTINE sort
   ...
   (在这里插入其他过程接口)
   ...
  END INTERFACE
END MODULE interface_definitions
```

和模块过程不同的是，当接口包含在模块中时，没有 CONTAINS 语句。

良好的编程习惯

如果必须为很多过程创建接口，那么将所有的接口放在一个模块中，这样许多程序单元就能通过使用 USE 关联轻松访问它们。

（5）每个接口都是一个独立的作用域，所以同样的变量名可以出现在接口和包含该接口的同一程序中而不引起混乱。

（6）接口块中形参的名字不需要和相应过程中形参名相同。接口块中的形参必须与相应过程的形参在类型、方向及数组大小等方面相同，但是它们的名字没必要相同。但是，没必要在接口中更换这些参数的名字。即使这样做合法，它会增加额外的混乱和出错的可能性。

（7）接口块是独立的作用域，所以接口块中使用的形参变量必须在块中单独声明，即使这些变量在相关的作用域中已经被声明过了。

```
PROGRAM test_interface
! 声明变量
REAL,DIMENSION(10) :: x, y                      ! 主程序声明的x, y
INTEGER :: n                                    ! 主程序声明的n
...
INTERFACE
  SUBROUTINE proc (x, y, n)
  IMPLICIT NONE
  REAL, DIMENSION(:), INTENT(INOUT) :: x      ! Declared in interface block
  REAL, DIMENSION(:), INTENT(INOUT) :: y      ! Declared in interface block
  INTEGER, INTENT(IN) :: n                    ! Declared in interface block
  END SUBROUTINE proc
END INTERFACE
...
CALL proc(x,y,n)
...
END PROGRAM test_interface
```

Fortran2003 和后期版本均包含 IMPORT 语句，此语句可以修改这一行为。如果 IMPORT 语句出现在接口定义中，那么 IMPORT 语句中指明的变量会被从宿主作用域导入。如果 IMPORT 语句出现时没有带变量，那么宿主作用域内所有的变量都会被导入。使用 IMPROT 的例子如下：

```
IMPORT :: a,b !仅导入变量 a 和 b
IMPORT       !导入所有宿主作用域的变量
```

13.6 通用过程

Fortran 语言既包括通用内置函数，也包括特定内置函数。通用函数是指能正确操作多种不同类型的输入数据，特定函数是指一种需要特定类型输入数据的函数。例如，Fortran 中的通用函数 ABS()计算数的绝对值。不管输入数据是整型数，还是单精度实型数，还是双精度实型数，还是复数，此函数都能得到正确的结果。Fortran 也包含接收整型输入参数的特定函数 IABS()，接收单精度实型输入参数的特定函数 ABS()，接收双精度实型输入参数的特定函数 DABS()，接收复数型输入参数的特定函数 CABS()。

现在有个小技巧：Fortran 编译器并不是在任何地方都支持通用函数 ABS()。相反，当编译器遇到通用函数时，它会检查函数的参数，然后调用相应的特定函数。例如，如果编译器在程序中检测到通用函数 ABS（–34)，那么它就会自动调用特定函数 IABS()，因为函数参数是整型数。当使用通用函数时，允许编译器作一些更细致的工作。

13.6.1 用户定义的通用过程

除了嵌入在编译器的标准函数外，Fortran 还允许我们定义我们用户自己的通用过程。例如，可能想要定义一个通用子例程 sort，能够对整型数、单精度实型数、双精度实型数或者字符数据进行排序，具体对哪种数据排序依赖于输入的参数。这样在程序中就可以使用这个通用子例程，而不用在每次给数据集排序时，担心调用参数的细节问题。

但是怎么实现呢？使用特定版本的通用接口块来解决这个问题。如果给 INTERFACE 语句加一个通用名，那么在接口块中定义的每个过程接口都可以看作一个特定版本的通用过程。用来声明通用过程的接口块通常可以写作：

```
INTERFACE generic_name
 Specific_interface_body_1
 Specific_interface_body_2
END INTERFACE
```

当编译器遇到这个含有通用接口块的程序中的通用过程名，它就会检查调用这个通用过程时关联的参数，以便确定应该使用哪个特定的过程。

为便于编译器决定该使用哪个特定的过程，块中的每个特定过程都必须与其他特定过程能明显区分开。例如，一个特定的过程可能需要实型输入数据，而另一个需要整型输入数据等。编译器通过比较通用过程和特定过程的调用参数表来决定使用哪个过程。下面的规则适用于通用接口块中的特定过程：

1．要么通用接口块中的所有过程都是子例程，要么都是函数。不能将二者混在一起，因为定义的通用过程要不就是子例程，要不就是函数，不可能同时是两者。

2．块中的每个过程必须能通过类型、个数和不可选参数的位置来与其他过程区分开。只要每个过程都不同于块中的其他过程，那么编译器就能通过比较类型、个数及特定过程的调用参数的位置来决定该使用哪个过程。

可以将通用接口块放在程序单元的最开始，或者放在模块中，且该模块可以在调用通用过程的程序单元中使用。

良好的编程习惯

使用通用接口块定义过程，可以通过不同类型的输入参数区分各个过程。通用过程可以增加程序的灵活性，便于处理不同类型的数据。

举个例子，假设一个程序员写了下列 4 个子程序，按照升序对数据进行排序。

子例程	函　数
SUBROUTINE sorti（array，nvals）	排序整型数
SUBROUTINE sortr（array，nvals）	排序单精度实型数
SUBROUTINE sortd（array，nvals）	排序双精度实型数
SUBROUTINE sortc（array，nvals）	排序字符数据

现在，程序员想要创建一个通用子例程 sort 实现对各种类型数据的升序排序，那么可以使用下面的通用接口块（参数 single 和 double 前面都已定义过）来实现。

```
INTERFACE sort
  SUBROUTINE sorti (array, nvals)
  IMPLICIT NONE
  INTEGER, INTENT(IN) :: nvals
  INTEGER, INTENT(INOUT), DIMENSION(nvals) :: array
  END SUBROUTINE sorti
  SUBROUTINE sortr (array, nvals)
  IMPLICIT NONE
  INTEGER, INTENT(IN) :: nvals
  REAL(KIND=single), INTENT(INOUT), DIMENSION(nvals) :: array
  END SUBROUTINE sortr
  SUBROUTINE sortd (array, nvals)
  IMPLICIT NONE
  INTEGER, INTENT(IN) :: nvals
  REAL(KIND=double), INTENT(INOUT), DIMENSION(nvals) :: array
  END SUBROUTINE sortd
  SUBROUTINE sortc (array, nvals)
  IMPLICIT NONE
  INTEGER, INTENT(IN) :: nvals
  CHARACTER(len=*), INTENT(INOUT), DIMENSION(nvals) :: array
  END SUBROUTINE sortc
END INTERFACE sort
```

通用接口块满足了上面所描述的需求，因为所有的过程都是子例程，并且它们相互之间能通过调用时的数组类型清晰的区分开来。

13.6.2　模块中用于过程的通用接口

在上面的例子中，定义于子例程 sort 中的通用接口块中的每个特定子例程都有一个显式接口。如果独立编译每个特定的子例程，并且没有显式接口时，这种做法比较合适。但是如果子例程都在一个模块中，并且它们都有显式接口，那会怎么样呢？

在 13.4.2 节中已经介绍过，为一个在模块中已经有显式接口的过程声明显式接口，这是非法的。如果这样，那么怎么能将模块中定义的过程包含在通用接口块中？为了解决这个问题，Fortran 包括了一个专门的可以用在通用接口模块中的 MODULE PROCEDURE 语句。该语句的形式如下：

```
MODULE  PROCEDURE module_procedure_1 ( , module_procedure_2,…)
```

其中，module_procedure_1 等是过程名，这些过程的接口定义在使用 USE 关联可访问的模块中。

如果这四个排序子例程是定义在一个模块中，而不是分开编译，那么子例程 sort 的通用接口形式如下：

```
INTERFACE sort
  MODULE PROCEDURE sorti
  MODULE PROCEDURE sortr
  MODULE PROCEDURE sortd
  MODULE PROCEDURE sortc
END INTERFACE sort
```

应该将这个接口块放在定义过程的模块中。

例题 13-4　创建通用子例程

创建一个子例程 maxval，该子例程返回数组的最大值及其位置（可选）。这个子例程适用于整型、单精度实型、双精度实型、单精度复数和双精度复数。由于比较复数的大小没有意义，所以子例程针对复数的版本应该是查找数组中绝对值最大的值。

解决方案

我们将创建一个通用子例程，能够接收 5 种不同类型的输入数据。实际上，需要创建 5 个不同的子例程，然后通过使用通用接口块将它们关联在一起。注意，子例程必须具有显式接口，以便支持可选参数，所以需要将它们放在一个模块中。

1. 问题说明

编写查找数组中最大值及其位置（可选）的通用子例程。子例程应该能对针对整型、单精度实型、双精度实型、单精度复数或双精度复数都适用。对于复数来说，比较应该基于数组中该值的幅值。

2. 输入和输出定义

在这个问题中，有 5 个不同的子例程。每个子例程的输入都是某种类型的数组以及数组元素个数。输出如下：

（a）含有输入数组中最大值的变量。

（b）含有数组中最大值位置偏移量的可选整型变量。

表 13-1 指出了 5 个子例程各自的输入和输出参数类型。

3. 算法描述

前 3 个特定子例程的伪代码是完全相同的，如下所示：

```
! 初始化"value_max" 为 a(1), "pos_max" 为 1
value_max ← a(1)
pos_max ← 1
! 在 a(2) 到 a(nvals)中,找出最大值
DO for i = 2 to nvals
  IF a(i) > value_max THEN
   value_max ← a(i)
   pos_max ← i
```

```
  END of IF
END of DO
! 报告结果
IF argument pos_maxval is present THEN
  pos_maxval ← pos_max
END of IF
```

比较两个复数的子例程的伪代码略有不同，因为复数比较的是绝对值。具体如下：

```
! 初始化"value_max" 为ABS(a(1)) ,  "pos_max" 为 1.
value_max ← ABS(a(1))
pos_max ← 1
! 在a(2) 到 a(nvals)中,找出最大值
DO for i = 2 to nvals
  IF ABS(a(i)) > value_max THEN
   value_max ← ABS(a(i))
   pos_max ← i
  END of IF
END of DO
! 报告结果
IF argument pos_maxval is present THEN
  pos_maxval ← pos_max
END of IF
```

表 13-1　　子例程的参数

特定名	输入数据类型	数组长度类型	输出最大值	最大值可选的位置
maxval_i	整型	整型	整型	整型
maxval_r	单精度实型	整型	单精度实型	整型
maxval_d	双精度实型	整型	双精度实型	整型
maxval_c	单精度复数	整型	单精度复数	整型
maxval_dc	双精度复数	整型	双精度复数	整型

4. 将算法转换为 Fortran 语句

最后的 Fortran 子例程如图 13-9 所示。

```
MODULE generic_maxval
!
! 目的：一个找出最大值的通用过程,本过程返回数组的最大值,以及根据
!  输入数据类型(整型、单精度实型、双精度实型、单精度复数和双精度复数)
!  可能的最大值位置值。复数比较是用输入数组中的值的绝对值来完成
!
! 修订版本：
!   日期          程序员            修改说明
!   ====         ==========       =====================
!   12/18/15     S. J. Chapman    原始代码
!
IMPLICIT NONE
! 声明参数：
INTEGER, PARAMETER :: SGL = SELECTED_REAL_KIND(p=6)
INTEGER, PARAMETER :: DBL = SELECTED_REAL_KIND(p=13)
! 声明通用接口
INTERFACE maxval
  MODULE PROCEDURE maxval_i
```

```
  MODULE PROCEDURE maxval_r
  MODULE PROCEDURE maxval_d
  MODULE PROCEDURE maxval_c
  MODULE PROCEDURE maxval_dc
END INTERFACE
CONTAINS
  SUBROUTINE maxval_i ( array, nvals, value_max, pos_maxval )
  IMPLICIT NONE
  ! 调用参数表:
  INTEGER, INTENT(IN) :: nvals                              ! 个数
  INTEGER, INTENT(IN), DIMENSION(nvals) :: array            ! 输入数据
  INTEGER, INTENT(OUT) :: value_max                         ! 最大值
  INTEGER, INTENT(OUT), OPTIONAL :: pos_maxval              ! 位置
  ! 局部变量表:
  INTEGER :: i                                              ! 控制变量
  INTEGER :: pos_max                                        ! 最大值的位置
  ! 初始为数组的第一个值
  value_max = array(1)
  pos_max = 1
  ! 找出array(2) 到 array(nvals)中的极值
  DO i = 2, nvals
   IF ( array(i) > value_max ) THEN
     value_max = array(i)
     pos_max = i
   END IF
  END DO
  ! 报告结果
  IF ( PRESENT(pos_maxval) ) THEN
   pos_maxval = pos_max
  END IF
  END SUBROUTINE maxval_i
  SUBROUTINE maxval_r ( array, nvals, value_max, pos_maxval )
  IMPLICIT NONE
  ! 调用参数表:
  INTEGER, INTENT(IN) :: nvals
  REAL(KIND=SGL), INTENT(IN), DIMENSION(nvals) :: array
  REAL(KIND=SGL), INTENT(OUT) :: value_max
  INTEGER, INTENT(OUT), OPTIONAL :: pos_maxval
  ! 局部变量表:
  INTEGER :: i                                              ! 控制变量
  INTEGER :: pos_max                                        ! 最大值的位置
  ! 初始为数组的第一个值
  value_max = array(1)
  pos_max = 1
  ! 找出array(2) 到 array(nvals)中的极值
  DO i = 2, nvals
   IF ( array(i) > value_max ) THEN
     value_max = array(i)
     pos_max = i
   END IF
  END DO
  ! 报告结果
  IF ( PRESENT(pos_maxval) ) THEN
   pos_maxval = pos_max
```

```
END IF
END SUBROUTINE maxval_r
SUBROUTINE maxval_d ( array, nvals, value_max, pos_maxval )
IMPLICIT NONE
! 调用参数表:
INTEGER, INTENT(IN) :: nvals
REAL(KIND=DBL), INTENT(IN), DIMENSION(nvals) :: array
REAL(KIND=DBL), INTENT(OUT) :: value_max
INTEGER, INTENT(OUT), OPTIONAL :: pos_maxval
! 局部变量表:
INTEGER :: i                                          ! 控制变量
INTEGER :: pos_max                                    ! 最大值的位置
! 初始为数组的第一个值
value_max = array(1)
pos_max = 1
! 找出 array(2) 到 array(nvals)中的极值
DO i = 2, nvals
 IF ( array(i) > value_max ) THEN
   value_max = array(i)
   pos_max = i
 END IF
END DO
! 报告结果
IF ( PRESENT(pos_maxval) ) THEN
 pos_maxval = pos_max
END IF
END SUBROUTINE maxval_d
SUBROUTINE maxval_c ( array, nvals, value_max, pos_maxval )
IMPLICIT NONE
! 调用参数表:
INTEGER, INTENT(IN) :: nvals
COMPLEX(KIND=SGL), INTENT(IN), DIMENSION(nvals) :: array
REAL(KIND=SGL), INTENT(OUT) :: value_max
INTEGER, INTENT(OUT), OPTIONAL :: pos_maxval
! 局部变量表:
INTEGER :: i                                          ! 控制变量
INTEGER :: pos_max                                    ! 最大值的位置
! 初始为数组的第一个值
value_max = ABS(array(1))
pos_max = 1
! 找出 array(2) 到 array(nvals)中的极值
DO i = 2, nvals
 IF ( ABS(array(i)) > value_max ) THEN
   value_max = ABS(array(i))
   pos_max = i
 END IF
END DO
! 报告结果
IF ( PRESENT(pos_maxval) ) THEN
 pos_maxval = pos_max
END IF
END SUBROUTINE maxval_c
SUBROUTINE maxval_dc ( array, nvals, value_max, pos_maxval )
IMPLICIT NONE
```

```
  ! 调用参数表:
  INTEGER, INTENT(IN) :: nvals
  COMPLEX(KIND=DBL), INTENT(IN), DIMENSION(nvals) :: array
  REAL(KIND=DBL), INTENT(OUT) :: value_max
  INTEGER, INTENT(OUT), OPTIONAL :: pos_maxval
  ! 局部变量表:
  INTEGER :: i                                          ! 控制变量
  INTEGER :: pos_max                                    ! 最大值的位置
  ! 初始为数组的第一个值
  value_max = ABS(array(1))
  pos_max = 1
  ! 找出 array(2) 到 array(nvals)中的极值
  DO i = 2, nvals
   IF ( ABS(array(i)) > value_max ) THEN
     value_max = ABS(array(i))
     pos_max = i
   END IF
  END DO
  ! 报告结果
  IF ( PRESENT(pos_maxval) ) THEN
   pos_maxval = pos_max
  END IF
  END SUBROUTINE maxval_dc
END MODULE generic_maxval
```

图 13-9 通用子例程 maxval，寻找数组中最大值及最大值在数组中的位置，位置是可选的

5. 测试 Fortran 程序

为了测试通用子例程，有必要写一个测试程序，使用 5 种该子例程所支持的不同类型数据来调用该子例程，并显示结果。测试程序通过用不同组合和不同顺序的参数测试子例程，同时也给出了关键字参数和可选参数的用法。图 13-10 给出了一个恰当的测试程序示例。

```
PROGRAM test_maxval
!
! 目的:用 5 种不同类型的输入数据集测试通用子例程 maxval
!
! 修订版本:
!    日期        程序员           修改说明
!    ====        ==========       =====================
!    12/18/15    S. J. Chapman    原始代码
!
USE generic_maxval
IMPLICIT NONE
! 数据字典: 声明变量类型和定义
INTEGER, DIMENSION(6) :: array_i                        ! I 整型数组
REAL(KIND=SGL), DIMENSION(6) :: array_r                 ! 单精度实型数组
REAL(KIND=DBL), DIMENSION(6) :: array_d                 ! 双精度实型数组
COMPLEX(KIND=SGL), DIMENSION(6) :: array_c              ! 单精度复数数组
COMPLEX(KIND=DBL), DIMENSION(6) :: array_dc             ! 单精度复数数组
INTEGER :: value_max_i                                  ! 最大值
REAL(KIND=SGL) :: value_max_r                           ! 最大值
REAL(KIND=DBL) :: value_max_d                           ! 最大值
INTEGER :: pos_maxval                                   ! 最大值的位置
! 初始数组
```

```
array_i = [ -13, 3, 2, 0, 25, -2 ]
array_r = [ -13., 3., 2., 0., 25., -2. ]
array_d = [ -13._DBL, 3._DBL, 2._DBL, 0._DBL, &
     25._DBL, -2._DBL ]
array_c = [ (1.,2.), (-4.,-6.), (4.,-7), (3.,4.), &
     (0.,1.), (6.,-8.) ]
array_dc = [ (1._DBL,2._DBL), (-4._DBL,-6._DBL), &
     (4._DBL,-7._DBL), (3._DBL,4._DBL), &
     (0._DBL,1._DBL), (6._DBL,-8._DBL) ]
! 测试整型子例程,包括可选参数
CALL maxval ( array_i, 6, value_max_i, pos_maxval )
WRITE (*,1000) value_max_i, pos_maxval
1000 FORMAT ('Integer args: max value = ',I3, &
      '; position = ', I3 )
! 测试单精度实型子例程,不包括可选参数
CALL maxval ( array_r, 6, value_max_r )
WRITE (*,1010) value_max_r
1010 FORMAT ('Single precision real args: max value = ',F7.3)
! 测试双精度实型子例程,使用关键值
CALL maxval ( ARRAY=array_d, NVALS=6, VALUE_MAX=value_max_d )
WRITE (*,1020) value_max_d
1020 FORMAT ('Double precision real args: max value = ',F7.3)
! 测试双精度实型子例程,使用位置关键值
CALL maxval ( NVALS=6, ARRAY=array_c, VALUE_MAX=value_max_r, &
      POS_MAXVAL=pos_maxval )
WRITE (*,1030) value_max_r, pos_maxval
1030 FORMAT (' Single precision complex args:' &
     ' max abs value = ',F7.3, &
     '; position = ', I3 )
! 测试双精度实型子例程,不包括可选参数.
CALL maxval ( array_dc, 6, value_max_d )
WRITE (*,1040) value_max_r
1040 FORMAT (' Double precision complex args:' &
      ' max abs value = ',F7.3 )
END PROGRAM test_maxval
```

图 13-10　通用子例程 maxval 的测试程序

执行测试程序，得到如下结果：

```
C:\book\fortran\chap13>test_maxval
Integer arguments: max value = 25; position = 5
Single precision real arguments: max value = 25.000
Double precision real arguments: max value = 25.000
Single precision complex arguments: max abs value = 10.000; position = 6
Double precision complex arguments: max abs value = 10.000
```

很明显，子例程可以找到每种类型的正确的最大值及其位置。

13.6.3　通用绑定过程

派生数据类型所绑定的 Fortran 过程也可以是通用的。这些过程需要使用 GENERIC 语句声明，如下所示：

```
TYPE :: point
  REAL :: x
  REAL :: y
CONTAINS
  GENERIC :: add => point_plus_point, point_plus_scalar
END TYPE point
```

这个绑定声明了通用过程 add 可以识别 point_plus_point 和 point_plus_scalar 两个过程，也能使用元素操作符访问两个过程：p%add()。

和通用接口一样，通用绑定的每个过程都必须和其他绑定的过程在类型、个数或者不可选参数的位置上可明确区分。只要每个过程能和其他绑定的过程区分开，那么编译器就可以通过调用参数的类型、个数或者特定形参的位置来决定该使用哪个过程。

例题 13-5 使用通用绑定过程

用绑定的通用过程 add 创建一个矢量类型。应该有两个特定的过程和通用过程关联，一个用于将两个矢量相加，一个用于将矢量和标量相加。

解决方案

用带有绑定通用过程的模块将矢量或标量与另一个矢量相加，如图 13-11 所示。

```
MODULE generic_procedure_module
!
! 目的：定义 2D 矢量的派生数据类型,增加了绑定的通用过程
!
! 修订版本：
!    日期          程序员           修改说明
!    ====          ==========       ======================
!    12/20/15      S. J. Chapman    原始代码
!
IMPLICIT NONE
! 声明矢量类型
TYPE :: vector
  REAL :: x                                     ! X 值
  REAL :: y                                     ! Y 值
CONTAINS
  GENERIC :: add => vector_plus_vector, vector_plus_scalar
  PROCEDURE,PASS :: vector_plus_vector
  PROCEDURE,PASS :: vector_plus_scalar
END TYPE vector
! 添加过程
CONTAINS
  TYPE (vector) FUNCTION vector_plus_vector ( this, v2 )
  !
  ! 目的：两个矢量相加
  !
  ! 修订版本：
  !    日期          程序员           修改说明
  !    ====          ==========       ======================
  !    12/20/15      S. J. Chapman    原始代码
  !
  IMPLICIT NONE
  ! 数据字典：声明调用参数类型和定义
  CLASS(vector),INTENT(IN) :: this              ! 第一个矢量
  CLASS(vector),INTENT(IN) :: v2                ! 第二个矢量
```

```
  ! 矢量相加
  vector_plus_vector%x = this%x + v2%x
  vector_plus_vector%y = this%y + v2%y
  END FUNCTION vector_plus_vector
  TYPE (vector) FUNCTION vector_plus_scalar ( this, s )
  !
  ! 目的：一个矢量和一个标量相加
  !
  ! 修订版本：
  ! 日期          程序员            修改说明
  ! ====          ==========        =====================
  ! 12/20/15      S. J. Chapman     原始代码
  !
  IMPLICIT NONE
  ! 数据字典：声明调用参数类型和定义
  CLASS(vector),INTENT(IN) :: this              ! 第一个矢量
  REAL,INTENT(IN) :: s                          ! 标量
  ! 两点相加
  vector_plus_scalar%x = this%x + s
  vector_plus_scalar%y = this%y + s
  END FUNCTION vector_plus_scalar
END MODULE generic_procedure_module
```

图 13-11　使用绑定通用过程的二维矢量模块

测试程序如图 13-12 所示。

```
PROGRAM test_generic_procedures
!
! 目的：测试绑定的通用过程
!
! 修订版本：
!   日期          程序员          修改说明
!   ====          ==========      =====================
!   12/20/15      S. J. Chapman   原始代码
!
USE generic_procedure_module
IMPLICIT NONE
! 键入第一点
TYPE(vector) :: v1                              ! 第一个矢量
TYPE(vector) :: v2                              ! 第二个矢量
REAL :: s                                       ! 标量
! 获得第一个矢量
WRITE (*,*) 'Enter the first vector (x,y):'
READ (*,*) v1%x, v1%y
! 获得第二个矢量
WRITE (*,*) 'Enter the second vector (x,y):'
READ (*,*) v2%x, v2%y
! 获得标量
WRITE (*,*) 'Enter a scalar:'
READ (*,*) s
! 矢量相加
WRITE (*,1000) v1%add(v2)
1000 FORMAT('The sum of the vectors is (',F8.2,',',F8.2,')')
! 点相减
```

```
WRITE (*,1010) v1%add(s)
1010 FORMAT('The sum of the vector and scalar is (',F8.2,',',F8.2,')')
END PROGRAM test_generic_procedures
```

图 13-12 带有绑定通用过程的矢量模块的测试程序

使用和前一个例题相同的数据来测试这个程序。

```
C:\book\fortran\chap12>test_generic_procedures
 Enter the first vector (x,y):
 -2, 2.
 Enter the second vector (x,y):
 4., 3.
 Enter a scalar:
 2
 The sum of the vectors is ( 2.00, 5.00)
 The sum of the vector and scalar is ( 0.00, 4.00)
```

函数执行，得到正确结果。

13.7 用用户自定义操作符和赋值符扩展 Fortran

当我们在第 12 章介绍派生数据类型时，知道对于派生数据类型来说，既没有现成的一元运算符，也没有二元运算符。实际上，派生数据类型唯一可用的操作是将派生数据类型的某个元素赋值给另一个同类型的变量。可以随意使用派生数据类型中的元素，但是不能使用派生数据类型本身。这一严重的缺陷降低了派生数据类型的可用性。

幸运的是，有一种方法可以弥补这一缺陷。Fortran 是一个可扩展的语言，这意味着任何一个程序员都可以为它添加新功能来解决特定类型的问题。关于可扩展性的第一个例子就是派生数据类型本身。此外，Fortran 允许程序员为原有的数据类型或者派生数据类型定义新的一元或二元操作符，允许为派生数据类型定义标准操作符的新扩展功能。使用恰当的定义，Fortran 语言可以完成派生数据类型的加法、减法、乘法、除法、比较等。

但是如何定义新的操作符或扩展已存在的操作符呢？第一步是先写一个完成目标任务的函数，然后将它放在模块中。例如，如果想完成两个派生数据类型变量的加法，首先应该创建一个函数，其参数是待加的两个变量，结果是两个变量之和。这一函数将完成执行加法指令的操作。下一步是使用接口操作符块将此函数与用户自定义或自带的操作符相关联。接口操作符块的形式如下：

```
INTERFACE OPERATOR (operator_symbol)
  MODULE PROCEDURE function_1
  ...
END INTERFACE
```

其中 operator_symbol 是任何标准的内置操作符（+，–，×，÷，>，<等）或用户自定义操作符。用户自定义操作符是以点号开头和结束的最长包含 63 个字符的序列（数字和下划线不允许出现在操作符名中）。例如，.INVERSE.就是一个用户自定义的操作符。每个接口体可能是该函数接口的完整描述（当函数不在模块中时），也可能是一个 MODULE PROCEDURE 语句（如果该函数是在模块中）。其他情况下，函数必须有显式接口。

同一个操作符可以关联多个函数，但是这些函数必须能通过形参类型的不同而区分开。当编译器遇到程序中的操作符时，它会调用某个函数，当然该函数操作符形参匹配要与操作符关联的操作数匹配。如果没有关联函数的形参与操作数匹配，那么就会出现编译错误。

如果与同一个操作符关联的函数有两个形参，那么操作符就是一个二元操作符。如果函数只有一个形参，那么该操作符就是一个一元操作符。一旦定义了操作符，它作为对函数的引用来处理。对于二元操作符而言，操作符左边的操作数是该函数的第一个参数，右边的是第二个。函数决不能修改它的调用参数。为了保证这一点，通常使用 INTENT（IN）声明所有函数的参数。

如果由接口定义的操作符是 Fortran 的自带操作符（+，–，×，÷，>，<等），那么有 3 个额外的约束需要考虑：

（1）不能修改针对预定义的自带数据类型的自带操作符的含义。例如，当加法运算符（+）用于两个整型数据时，不能改变加法原有的动作。唯一有可能的是，当操作符用于派生数据类型，或者派生数据类型和自带数据类型的组合时，可通过定义执行的动作来扩展操作符的含义。

（2）函数中参数的个数必须和该操作符的普通用法一致。例如，乘法（*）是一个二元操作符，所以任何扩展其含义的函数都必须有两个参数。

（3）如果扩展了关系运算符，那么不管以何种方式改写了该运算符，其扩展含义都要一致。例如，如果扩展关系运算符“大于”，那么这种扩展同时适用于“>”或“GT”（这两种写法都是大于运算），并且含义一致。

可以使用同样的方式扩展赋值运算符（=）。为了定义赋值运算符的扩展含义，可以使用一个接口赋值块：

```
INTERFACE ASSIGNMENT (=)
  MODULE PROCEDURE subroutine_1
  ...
END INTERFACE
```

对于赋值运算符来说，接口体必须指向子例程而不是函数。子例程必须有两个参数。第一个参数是赋值语句的输出，并且必须以 INTENT（OUT）说明。第二个参数是赋值语句的输入，必须以 INTENT（IN）说明。第一个参数相当于赋值语句左边的数据，第二个就是右边的。

赋值运算符可以同时关联多个子例程，但是这些子例程必须能以不同类型的形参区分开。当编译器遇到程序中的赋值符号时，它能够根据等号两边形参与值类型是否匹配来调用子程序。如果相关子例程没有相匹配的形参，那么将会出现编译错误。

良好的编程习惯

使用接口操作符块和接口赋值块可创建新的操作符、扩展已存在的用于派生数据类型的操作符的含义。一旦定义了合适的操作符，使用派生数据类型会非常容易。

解释用户自定义操作符和赋值的最好方法是举例。现在要定义一个新的派生数据类型，并且创建相关的用户定义操作符和赋值动作。

例题 13-6　矢量

物体在三维空间运动的动力学研究是工程学的一个重要领域。在动力学研究中，物体的位置和速度、动量、扭矩等通常是用一个三维矢量表达式来表示的 $\mathrm{v} = x\hat{i} + y\hat{j} + z\hat{k}$，其中三个元素（x，y，z）代表矢量 v 沿着 x，y，z 轴的投射，$\hat{i}$，$\hat{j}$，$\hat{k}$ 是沿着 x，y，z 轴的单位矢量（见图 13-13）。许多机械问题的解决都含有这些矢量的处理。

关于这些矢量最常用的操作有：

（1）加法。两个矢量通过分别将其 x，y，z 元素相加而完成加法。如果 $v_1 = x_1\hat{i} + y_1\hat{j} + z_1\hat{k}$，$v_2 = x_2\hat{i} + y_2\hat{j} + z_2\hat{k}$，那么 $v_1 + v_2 = (x_1 + x_2)\hat{i} + (y_1 + y_2)\hat{j} + (z_1 + z_2)\hat{k}$。

（2）减法。两个矢量通过分别将其 x，y，z 元素相减而完成减法。如果 $v_1 = x_1\hat{i} + y_1\hat{j} + z_1\hat{k}$，$v_2 = x_2\hat{i} + y_2\hat{j} + z_2\hat{k}$，那么 $v_1 - v_2 = (x_1 - x_2)\hat{i} + (y_1 - y_2)\hat{j} + (z_1 - z_2)\hat{k}$。

（3）矢量乘以标量。使用一个标量和矢量的各个元素分别单独相乘。如果 $\mathrm{v} = x\hat{i} + y\hat{j} + z\hat{k}$，那么 $\mathrm{av} = ax\hat{i} + ay\hat{j} + az\hat{k}$。

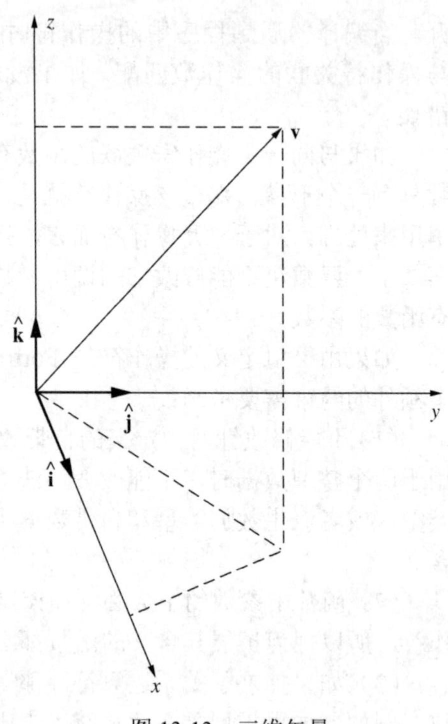

图 13-13 三维矢量

（4）矢量除以标量。矢量的各个元素分别单独除以标量。如果 $\mathrm{v} = x\hat{i} + y\hat{j} + z\hat{k}$，那么 $\frac{\mathrm{v}}{\mathrm{a}} = \frac{x}{a}\hat{i} + \frac{y}{a}\hat{j} + \frac{z}{a}\hat{k}$。

（5）点积。两个矢量的点积是一种矢量乘法的形式。它产生一个标量，该标量是矢量元素积之和。如果 $v_1 = x_1\hat{i} + y_1\hat{j} + z_1\hat{k}$，$v_2 = x_2\hat{i} + y_2\hat{j} + z_2\hat{k}$，那么 $v_1 \bullet v_2 = x_1x_2 + y_1y_2 + z_1z_2$。

（6）叉积。叉积是另一个频繁出现于矢量运算中的乘法操作。两个矢量的叉积也是一个矢量，该矢量的方向垂直于两个输入矢量形成的平面。如果 $v_1 = x_1\hat{i} + y_1\hat{j} + z_1\hat{k}$，$v_2 = x_2\hat{i} + y_2\hat{j} + z_2\hat{k}$，那么两个矢量的叉积定义为 $v_1 \times v_2 = (y_1z_2 - y_2z_1)\hat{i} + (z_1x_2 - z_2x_1)\hat{j} + (x_1y_2 - x_2y_1)\hat{k}$。

创建一个名为 vector 的派生数据类型，该类型拥有三个元素：x，y 和 z。定义 3 个函数分别完成：由数组创建矢量、将矢量转化为数组、执行上面定义的 6 个矢量运算。扩展自带的操作符+，–，×，\，使之对于矢量有有效含义。为两个矢量的点积创建新操作符.DOT.。最后，扩展赋值运算符（=），允许将 3 元数组赋给矢量，矢量赋给 3 元数组。

解决方案

为了便于使用矢量，把数据类型定义、函数处理以及操作符定义全都放在一个单独的模块中。这样，任何包含矢量操作的函数中只要使用这个模块就可以完成操作。

注意，虽然定义了矢量的 6 个操作，但是要实现它们，需要写的函数却不止 6 个。例如，矢量与标量乘法可能以任何一种顺序出现：矢量乘以标量或者标量乘以矢量。虽然产生的结果相同，但是对于实现函数来说命令行参数的顺序却不同。同样，标量可能是整型数，也可能是单精度实型数。为了包含这 4 种可能情况（顺序或标量类型），实际上要写 4 个函数。

1. 问题说明

创建一个名为 vector 的派生数据类型，该类型有三个单精度实型元素：x， y 和 z。写出下列处理矢量的函数和子例程：

（a）由一个三维单精度实型数组创建一个矢量。
（b）将矢量转化为三维的单精度实型数组。
（c）两个矢量相加。
（d）两个矢量相减。
（e）单精度实型标量乘以矢量。
（f）矢量乘以单精度实型标量。
（g）整型标量乘以矢量。
（h）矢量乘以整型标量。
（i）矢量除以单精度实型标量。
（j）矢量除以整型标量。
（k）计算两个矢量的点积。
（l）计算两个矢量的叉积。

使用接口操作符结构和接口赋值结构将这些函数和子例程与相应的操作符关联起来。

2. 输入和输出定义

上面所描述的每个过程都有其输入和输出。每个函数的输入输出参数类型说明见表 13-2。

表 13-2　操作矢量的子例程所用参数

特殊函数/子例程名	输入参数 1 类型	输入参数 2 类型	输出结果类型
array_to_vector（子例程）	3 元素单精度实数数组	N/A	矢量
vector_to_array（子例程）	矢量	N/A	3 元素单精度实数数组
vector_add	矢量	矢量	矢量
vector_subtract	矢量	矢量	矢量
vector_times_real	矢量	单精度实数	矢量
real_times_vector	单精度实数	矢量	矢量
vector_times_int	矢量	整型数	矢量
int_times_ vector	整型数	矢量	矢量
vector_div_real	矢量	单精度实数	矢量
vector_div_int	矢量	整型数	矢量
dot_produce	矢量	矢量	单精度实数
cross_product	矢量	矢量	矢量

3. 算法描述

下面的定义适用于上述所有程序的伪代码。

（a）vec_1　　第一个输入参数（矢量）
（b）vec_2　　第二个输入参数（矢量）
（c）real_1　　第一个输入参数（单精度实型）
（d）real_2　　第二个输入参数（单精度实型）
（e）int_1　　第一个输入参数（整型）
（f）int_2　　第二个输入参数（整型）
（g）array　　输入参数（单精度实型数组）

（h）vec_result　　函数结果（矢量）

（i）real_result　　函数结果（单精度实型）

（j）array_result　函数结果（单精度实型数组）

基于上述定义，array_to_vector 子例程的伪代码如下：

```
vec_result%x ← array(1)
vec_result%y ← array(2)
vec_result%z ← array(3)
```

vector_to_array 子例程的伪代码如下：

```
array_result(1) ← vec_1%x
array_result(2) ← vec_1%y
array_result(3) ← vec_1%z
```

vector_add 函数的伪代码如下：

```
vec_result%x ← vec_1%x + vec_2%x
vec_result%y ← vec_1%y + vec_2%y
vec_result%z ← vec_1%z + vec_2%z
```

vector_subtract 函数的伪代码如下：

```
vec_result%x ← vec_1%x - vec_2%x
vec_result%y ← vec_1%y - vec_2%y
vec_result%z ← vec_1%z - vec_2%z
```

vector_times_real 函数的伪代码如下：

```
vec_result%x ← vec_1%x * real_2
vec_result%y ← vec_1%y * real_2
vec_result%z ← vec_1%z * real_2
```

real_times_vector 函数的伪代码如下：

```
vec_result%x ← real_1 * vec_2%x
vec_result%y ← real_1 * vec_2%y
vec_result%z ← real_1 * vec_2%z
```

vector_times_int 函数的伪代码如下：

```
vec_result%x ← vec_1%x * REAL(int_2)
vec_result%y ← vec_1%y * REAL(int_2)
vec_result%z ← vec_1%z * REAL(int_2)
```

int_times_vector 函数的伪代码如下：

```
vec_result%x ← REAL(int_1) * vec_2%x
vec_result%y ← REAL(int_1) * vec_2%y
vec_result%z ← REAL(int_1) * vec_2%z
```

vector_div_real 函数的伪代码如下：

```
vec_result%x ← vec_1%x / real_2
vec_result%y ← vec_1%y / real_2
vec_result%z ← vec_1%z / real_2
```

vector_div_int 函数的伪代码如下：

```
vec_result%x ← vec_1%x / REAL(int_2)
vec_result%y ← vec_1%y / REAL(int_2)
```

```
vec_result%z ← vec_1%z / REAL(int_2)
```

dot_product 函数的伪代码如下：

```
real_result ← vec_1%x*vec_2%x + vec_1%y*vec_2%y + vec_1%z*vec_2%z
```

corss_product 函数的伪代码如下：

```
vec_result%x ← vec_1%y*vec_2%z - vec_1%z*vec_2%y
vec_result%y ← vec_1%z*vec_2%x - vec_1%x*vec_2%z
vec_result%z ← vec_1%x*vec_2%y - vec_1%y*vec_2%x
```

上述 12 个函数分别会被赋予在接口操作块和接口赋值块中定义的如下操作：

函数	操作符	函数	操作符
array_to_vector	=	vector_times_int	*
vector_to_array	=	int_times_vector	*
vector_add	+	vector_div_real	/
vector_subtract	−	vector_div_int	/
vector_times_real	*	dot_product	.DOT.
real_times_vector	*	cross_product	*

4. 将算法转化为 Fortran 语句

得到的 Fortran 模块如图 13-14 所示。

```
MODULE vectors
!
! 目的：定义调用矢量的派生数据类型,然后操作它。
!  模块定义了 8 个对矢量的操作
!
!          操作                    操作符
!          =========               ========
!   1. 从实型数组开始创建              =
!   2. 转换为实型数组                  =
!   3. 矢量相加                        +
!   4. 矢量相减                        -
!   5. 矢量-标量相乘 (4 项)            *
!   6. 矢量-标量相除 (2 项)            /
!   7. 点积                            .DOT.
!   8. 叉积                            *
!
!  这里含有 12 个过程实现相应的矢量操作,它们是：
!   array_to_vector, vector_to_array, vector_add,
!  vector_subtract, vector_times_real, real_times_vector,
!  vector_times_int, int_times_vector, vector_div_real,
!  vector_div_int, dot_product 和 cross_product
!
! 修订版本：
!   日期         程序员           修改说明
!   ====         ==========       =====================
!   12/21/15     S. J. Chapman    原始代码
!
IMPLICIT NONE
! 声明矢量数据类型：
```

```
TYPE :: vector
  REAL :: x
  REAL :: y
  REAL :: z
END TYPE
! 声明接口操作符
INTERFACE ASSIGNMENT (=)
  MODULE PROCEDURE array_to_vector
  MODULE PROCEDURE vector_to_array
END INTERFACE
INTERFACE OPERATOR (+)
  MODULE PROCEDURE vector_add
END INTERFACE
INTERFACE OPERATOR (-)
  MODULE PROCEDURE vector_subtract
END INTERFACE
INTERFACE OPERATOR (*)
  MODULE PROCEDURE vector_times_real
  MODULE PROCEDURE real_times_vector
  MODULE PROCEDURE vector_times_int
  MODULE PROCEDURE int_times_vector
  MODULE PROCEDURE cross_product
END INTERFACE
INTERFACE OPERATOR (/)
  MODULE PROCEDURE vector_div_real
  MODULE PROCEDURE vector_div_int
END INTERFACE
INTERFACE OPERATOR (.DOT.)
  MODULE PROCEDURE dot_product
END INTERFACE
! 在此定义实现的函数
CONTAINS
  SUBROUTINE array_to_vector(vec_result, array)
   TYPE (vector), INTENT(OUT) :: vec_result
   REAL, DIMENSION(3), INTENT(IN) :: array
   vec_result%x = array(1)
   vec_result%y = array(2)
   vec_result%z = array(3)
  END SUBROUTINE array_to_vector
  SUBROUTINE vector_to_array(array_result, vec_1)
   REAL, DIMENSION(3), INTENT(OUT) :: array_result
   TYPE (vector), INTENT(IN) :: vec_1
   array_result(1) = vec_1%x
   array_result(2) = vec_1%y
   array_result(3) = vec_1%z
  END SUBROUTINE vector_to_array
  FUNCTION vector_add(vec_1, vec_2)
   TYPE (vector) :: vector_add
   TYPE (vector), INTENT(IN) :: vec_1, vec_2
   vector_add%x = vec_1%x + vec_2%x
   vector_add%y = vec_1%y + vec_2%y
   vector_add%z = vec_1%z + vec_2%z
  END FUNCTION vector_add
  FUNCTION vector_subtract(vec_1, vec_2)
```

```
  TYPE (vector) :: vector_subtract
  TYPE (vector), INTENT(IN) :: vec_1, vec_2
  vector_subtract%x = vec_1%x - vec_2%x
  vector_subtract%y = vec_1%y - vec_2%y
  vector_subtract%z = vec_1%z - vec_2%z
 END FUNCTION vector_subtract
 FUNCTION vector_times_real(vec_1, real_2)
  TYPE (vector) :: vector_times_real
  TYPE (vector), INTENT(IN) :: vec_1
  REAL, INTENT(IN) :: real_2
  vector_times_real%x = vec_1%x * real_2
  vector_times_real%y = vec_1%y * real_2
  vector_times_real%z = vec_1%z * real_2
 END FUNCTION vector_times_real
 FUNCTION real_times_vector(real_1, vec_2)
  TYPE (vector) :: real_times_vector
  REAL, INTENT(IN) :: real_1
  TYPE (vector), INTENT(IN) :: vec_2
  real_times_vector%x = real_1 * vec_2%x
  real_times_vector%y = real_1 * vec_2%y
  real_times_vector%z = real_1 * vec_2%z
 END FUNCTION real_times_vector
 FUNCTION vector_times_int(vec_1, int_2)
  TYPE (vector) :: vector_times_int
  TYPE (vector), INTENT(IN) :: vec_1
  INTEGER, INTENT(IN) :: int_2
  vector_times_int%x = vec_1%x * REAL(int_2)
  vector_times_int%y = vec_1%y * REAL(int_2)
  vector_times_int%z = vec_1%z * REAL(int_2)
 END FUNCTION vector_times_int
 FUNCTION int_times_vector(int_1, vec_2)
  TYPE (vector) :: int_times_vector
  INTEGER, INTENT(IN) :: int_1
  TYPE (vector), INTENT(IN) :: vec_2
  int_times_vector%x = REAL(int_1) * vec_2%x
  int_times_vector%y = REAL(int_1) * vec_2%y
  int_times_vector%z = REAL(int_1) * vec_2%z
 END FUNCTION int_times_vector
 FUNCTION vector_div_real(vec_1, real_2)
  TYPE (vector) :: vector_div_real
  TYPE (vector), INTENT(IN) :: vec_1
  REAL, INTENT(IN) :: real_2
  vector_div_real%x = vec_1%x / real_2
  vector_div_real%y = vec_1%y / real_2
  vector_div_real%z = vec_1%z / real_2
 END FUNCTION vector_div_real
 FUNCTION vector_div_int(vec_1, int_2)
  TYPE (vector) :: vector_div_int
  TYPE (vector), INTENT(IN) :: vec_1
  INTEGER, INTENT(IN) :: int_2
  vector_div_int%x = vec_1%x / REAL(int_2)
  vector_div_int%y = vec_1%y / REAL(int_2)
  vector_div_int%z = vec_1%z / REAL(int_2)
 END FUNCTION vector_div_int
```

```
 FUNCTION dot_product(vec_1, vec_2)
  REAL :: dot_product
  TYPE (vector), INTENT(IN) :: vec_1, vec_2
  dot_product = vec_1%x*vec_2%x + vec_1%y*vec_2%y &
       + vec_1%z*vec_2%z
 END FUNCTION dot_product
 FUNCTION cross_product(vec_1, vec_2)
  TYPE (vector) :: cross_product
  TYPE (vector), INTENT(IN) :: vec_1, vec_2
  cross_product%x = vec_1%y*vec_2%z - vec_1%z*vec_2%y
  cross_product%y = vec_1%z*vec_2%x - vec_1%x*vec_2%z
  cross_product%z = vec_1%x*vec_2%y - vec_1%y*vec_2%x
 END FUNCTION cross_product
END MODULE vectors
```

图 13-14 用来创建派生数据类型 vector 的模块，定义在矢量类型上完成的数学运算

5. 测试写好的 Fortran 程序

为了测试这一数据类型及其相关的操作，有必要编写定义和处理矢量，并输出结果的测试程序。程序应该对模块中所有矢量操作进行测试。图 13-15 给出了一个相应的测试程序。

```
PROGRAM test_vectors
!
! 目的:测试与矢量数据类型相关的定义、操作和赋值
!
! 修订版本:
!   日期        程序员         修改说明
!   ====        ==========     =====================
!   12/21/15    S. J. Chapman  原始代码
!
USE vectors
IMPLICIT NONE
! 数据字典: 声明变量类型和定义
REAL, DIMENSION(3) :: array_out               ! 输出的数组
TYPE (vector) :: vec_1, vec_2                  ! 测试矢量
! 通过给 vec_1 赋值一个数组,以及将 vec_1 赋值给 array_out,进行测试
vec_1 = (/ 1., 2., 3. /)
array_out = vec_1
WRITE (*,1000) vec_1, array_out
1000 FORMAT (' Test assignments: ',/, &
        ' vec_1 =     ', 3F8.2,/, &
        ' array_out = ', 3F8.2)
! 测试加法和减法
vec_1 = (/ 10., 20., 30. /)
vec_2 = (/ 1., 2., 3. /)
WRITE (*,1010) vec_1, vec_2, vec_1 + vec_2, vec_1 - vec_2
1010 FORMAT (/' Test addition and subtraction: ',/, &
        ' vec_1 =         ', 3F8.2,/, &
        ' vec_2 =         ', 3F8.2,/, &
        ' vec_1 + vec_2 = ', 3F8.2,/, &
        ' vec_1 - vec_2 = ', 3F8.2)
! 测试与标量相乘
vec_1 = (/ 1., 2., 3. /)
WRITE (*,1020) vec_1, 2.*vec_1, vec_1*2., 2*vec_1, vec_1*2
```

```
1020 FORMAT (/' Test multiplication by a scalar: ',/, &
      ' vec_1 =      ', 3F8.2,/, &
      ' 2. * vec_1 =  ', 3F8.2,/, &
      ' vec_1 * 2. =  ', 3F8.2,/, &
      ' 2 * vec_1 =  ', 3F8.2,/, &
      ' vec_1 * 2 =  ', 3F8.2)
! 测试与标量相除
vec_1 = (/ 10., 20., 30. /)
WRITE (*,1030) vec_1, vec_1/5., vec_1/5
1030 FORMAT (/' Test division by a scalar: ',/, &
      ' vec_1 =      ', 3F8.2,/, &
      ' vec_1 / 5. =  ', 3F8.2,/, &
      ' vec_1 / 5 =   ', 3F8.2)
! 测试点积
vec_1 = (/ 1., 2., 3. /)
vec_2 = (/ 1., 2., 3. /)
WRITE (*,1040) vec_1, vec_2, vec_1 .DOT. vec_2
1040 FORMAT (/' Test dot product: ',/, &
      ' vec_1 =         ', 3F8.2,/, &
      ' vec_2 =         ', 3F8.2,/, &
      ' vec_1 .DOT. vec_2 = ', 3F8.2)
! 测试叉积
vec_1 = (/ 1., -1., 1. /)
vec_2 = (/ -1., 1., 1. /)
WRITE (*,1050) vec_1, vec_2, vec_1*vec_2
1050 FORMAT (/' Test cross product: ',/, &
      ' vec_1 =      ', 3F8.2,/, &
      ' vec_2 =      ', 3F8.2,/, &
      ' vec_1 * vec_2 = ', 3F8.2)
END PROGRAM test_vectors
```

图 13-15　测试 vector 数据类型及其相关操作的测试程序

测试程序执行的结果如下：

```
C:\book\fortran\chap13>test_vectors
Test assignments:
vec_1 =              1.00    2.00    3.00
array_out =          1.00    2.00    3.00
Test addition and subtraction:
vec_1 =             10.00   20.00   30.00
vec_2 =              1.00    2.00    3.00
vec_1 + vec_2 =     11.00   22.00   33.00
vec_1 - vec_2 =      9.00   18.00   27.00
Test multiplication by a scalar:
vec_1 =              1.00    2.00    3.00
2. * vec_1 =         2.00    4.00    6.00
vec_1 * 2. =         2.00    4.00    6.00
2 * vec_1 =          2.00    4.00    6.00
vec_1 * 2 =          2.00    4.00    6.00
Test division by a scalar:
vec_1 =             10.00   20.00   30.00
vec_1 / 5. =         2.00    4.00    6.00
vec_1 / 5 =          2.00    4.00    6.00
Test dot product:
```

```
vec_1 =            1.00    2.00    3.00
vec_2 =            1.00    2.00    3.00
vec_1 .DOT. vec_2 = 14.00
Test cross product:
vec_1 =          1.00  -1.00    1.00
vec_2 =         -1.00   1.00    1.00
vec_1 * vec_2 = -2.00  -2.00     .00
```

程序执行结果正确，可以验证操作符计算的结果是正确的。

如果想要执行模块中没有定义的矢量操作，会发生什么情况呢？例如，如果试图将矢量和一个双精度实型标量相乘，会发生什么事情呢？将会产生编译错误，因为编译器不知道如何执行该操作。当定义了一个新的数据类型及其操作之后，一定要小心定义想使用的每种操作组合。

13.8 绑定赋值符和操作符

通过使用 GENERIC 语句，赋值符和操作符都可以和派生数据类型绑定。用 GENERIC 语句声明这些过程如下所示：

```
TYPE :: point
  REAL :: x
  REAL :: y
CONTAINS
  GENERIC :: ASSIGNMENT(=) => assign1
  GENERIC :: OPERATOR(+) => plus1, plus2, plus3
END TYPE point
```

像在前一节定义通用赋值符和操作符一样，必须用同样的方法声明实现操作符的过程体。

13.9 限制对模块内容的访问

当使用 USE 关联访问模块时，默认情况下，模块中定义的所有实体对于含有 USE 语句的程序单元都可使用。在前面已经利用这一点实现了程序单元之间共享数据、让程序单元可以访问带有显式接口的程序、创建新操作符，以及扩展已存在的操作符的含义等。

在例题 13-6 中，创建了一个名为 vectors 的模块，该模块扩展了 Fortran 语言。任何访问模块 vectors 的程序单元可以定义自己的矢量，并且可通过使用二元操作+、–、*、/以及 DOT 操作处理矢量。程序也可以调用像 Vector_add、Vector_subtract 等这样的函数，不幸的是，只能通过使用定义操作符间接地调用它们。任何程序单元不需要这些过程名，但它们已被声明，而且它们有可能和程序中定义的过程名冲突。当许多数据项同时定义在一个模块中，但特定的程序单元仅需要少数几个数据项时，同样的问题也可能发生。这些非必要数据项在程序单元中均可访问，这样会导致程序员有可能错误的修改它们。

总之，比较好的做法是限制对任意过程或数据实体的访问，只有那些了解它们的程序才可以访问。这一过程就是众所周知的数据隐藏。访问限制越多，程序员错误地使用或修改它们的可能性就越小。访问限制使得程序更具模块化，同时也更易于理解和维护。

如何限制模块中实体的访问呢？Fortran 提供了模块外的程序单元访问模块中特定项的一种控制方法，就是使用 PUBLIC、PRIVATE 和 PROTECTED 属性和语句。如果对某个项指定了 PUBLIC 属性，那么模块外的程序单元就可以访问该项。如果对某个项使用了 PRIVATE 属性，那么模块外的程序单元就不能访问该项，但是模块中的过程仍可以访问该项。如果使用了 PROTECTED 属性，那么该项对于模块外程序单元只可读。任何除了定义该项之外的其他模块试图修改 PROTECTED 变量值都会引起编译错误。模块中所有数据和过程的默认属性是 PUBLIC，因此，在默认情况下任何使用模块的程序单元都能访问模块中的每一个数据项和过程。

数据项或过程的 PUBLIC、PRIVATE 和 PROTECTED 状态可以用两种方式声明。可以在类型定义语句中将此状态作为属性指明，也可以使用独立的 Fortran 语句声明。这些属性作为类型定义语句一部分来声明的例子如下：

```
INTEGER, PRIVATE :: count
REAL, PUBLIC :: voltage
REAL, PROTECTED :: my_data
TYPE (vector), PRIVATE :: scratch_vector
```

此类声明可以用于数据项和函数，但是不能用于子例程。可使用 PUBLIC， PRIVATE 或 PROTECTED 语句指明数据项、函数和子例程的状态。PUBLIC， PRIVATE 或 PROTECTED 语句的写法如下：

```
PUBLIC :: list of public items
PRIVATE :: list of private items
PROTECTED :: list of private items
```

如果一个模块包括 PRIVATE 语句而没有具体的内容列表，那么默认状态下，模块中每个数据项和过程都是私有的。任何公用项都必须使用单独的 PUBLIC 语句显式声明。在设计模块时，推荐使用这种方法，因为这样仅暴露给程序实际需要的信息。

良好的编程习惯

隐藏外部程序单元不需要直接访问的模块数据项或过程是一个很好的编程习惯。最好的方法是在每个模块中包含 PRIVATE 语句，然后将想要暴露出来的特定项使用单独的 PUBLIC 语句罗列出来。

关于数据隐藏使用的例子，可以重新回顾例题 13-6 的 vectors 模块。访问此模块的程序需要定义 vector 类型变量，需要执行变量所涉及的操作。但是，程序不需要直接访问模块中的子例程或函数。在这种情况下，正确的属性声明如图 13-16 所示。

```
MODULE vectors
!
! 目的：定义调用矢量的派生数据类型,并操作它。
!  本模块定义了 8 个可以对矢量进行的操作!
!           操作                      操作符
!        =========                ========
!   1. 从实型数组开始创建              =
!   2. 转换为实型数组                  =
!   3. 矢量加法                        +
!   4. 矢量减法                        -
```

```
!   5. 矢量-标量相乘(4 项)          *
!   6. 矢量-标量相除(2 项)          /
!   7. 点积                        .DOT.
!   8. 叉积                        *!
!  这里含有 12 个过程,实现相应的这些操作,它们是:
!  array_to_vector, vector_to_array, vector_add,
!  vector_subtract, vector_times_real, real_times_vector,
!  vector_times_int, int_times_vector, vector_div_real,
!  vector_div_int, dot_product 和 cross_product
!  这些过程是模块私有的; 仅能通过定义的操作符从外部进行访问
!
! 修订版本:
!    日期          程序员           修改说明
!    ====         ==========      =====================
!    12/21/15     S. J. Chapman   原始代码
! 1. 12/22/15     S. J. Chapman   修改,以隐含非基本项
!
IMPLICIT NONE
! 声明所有私有的项,除了矢量类型和对它的操作符
PRIVATE
PUBLIC :: vector, assignment(=), operator(+), operator(-), &
     operator(*), operator(/), operator(.DOT.)
! 声明矢量数据类型:
TYPE :: vector
  REAL :: x
  REAL :: y
  REAL :: z
END TYPE
```

图 13-16 模块 vector 的第一部分，隐藏所有对外部程序单元不必要的项。模块中修改的部分用黑体标出

下面的说明适用于模块中派生数据类型的 PUBLIC 和 PRIVATE 声明。

（1）模块中声明的派生数据类型元素对于模块外的程序单元可以设置为不可访问，方法是在派生数据类型中加入 PRIVATE 语句。注意，派生数据类型作为整体仍然可以被外部程序单元访问，但是不能单独访问它的元素。外部程序单元可以随意声明派生数据类型变量，但是不能单独使用这些变量中的元素。下面的例子是一个带有私有元素的派生数据类型：

```
TYPE vector
  PRIVATE
  REAL :: x
  REAL :: y
END TYPE
```

（2）与上面的情况相反，可以将派生数据类型整体声明为私有的。例如：

```
TYPE, PRIVATE :: vector
  REAL :: x
  REAL :: y
END TYPE
```

在这种情况下，数据类型 vector 不能被使用模块的任何程序单元访问。这和前面的例子有所不同。在前面的例题中，数据类型可用，但是其元素不能被单独访问。这种派生数据类型仅适用于模块内部的运算。

（3）在 Fortran2003 中，既可以将派生数据类型的单个元素声明为私有，也可以声明为公

有。例如：

```
TYPE :: vector
  REAL,PUBLIC :: x
  REAL,PRIVATE :: y
END TYPE
```

在这种情况下，当派生数据类型定义所在的模块位于程序单元之外时，外部程序单元可以随意声明 vector 类型的变量，也可以自由访问元素 x，但是不能访问元素 y。

（4）最后，即使派生数据类型本身是公有的，仍然可以将该类型的某个变量声明为私有。例如：

```
TYPE :: vector
  REAL :: x
  REAL :: y
END TYPE
TYPE (vector), PRIVATE :: vec_1
```

在这种情况下，派生数据类型 vector 是公有的，可被使用模块的程序单元访问，但是变量 vec_1 却只能在模块内部使用。这种类型的声明可以用于模块内变量的内部运算。

13.10 USE 语句的高级选项

当程序单元通过使用 USE 关联访问模块时，在默认情况下该程序能访问模块中的每个数据项、接口和过程。可以通过把某些数据项声明为 PRIVATE 来限制程序的访问。除了这种方法之外，还可以对使用模块的程序单元进一步限定所使用的数据项表，并且修改这些数据项的名字。

为什么要限制程序单元中通过使用 USE 关联来访问模块的数据项表呢？如果程序单元并不需要模块中的某个数据项，那么将该数据项设为不可访问是一种很好的编程习惯。这样做，可以防止程序单元错误地使用或修改那些数据项，还可以降低制造难找的 bug 的可能性。这类常见问题可能会导致本地变量名拼写错误，新名字碰巧和模块中声明的名字相同，导致无法识别它。大多数的变量名拼写错误可以被编译器捕获，因为 IMPLICIT NONE 语句可以将未声明的变量视为非法。但是，假如模块中定义了新名字，那么使用它就不会产生错误，进而，由于模块内容不出现在程序单元表中，所以程序员可能意识不到该变量的名字已经在模块中被定义了。此类问题就很难被发现。

为了限制对模块中特定数据项的访问，可以将 ONLY 子句添加到 USE 语句中，形式如下：

```
USE module_name,ONLY:only_list
```

其中 module_name 是模块名，only_list 是模块中要使用的数据项表，数据项之间用逗号分开。例如，通过下列语句，进一步限制对模块 vectors 的操作访问：

```
USE vectors,ONLY:vector,assignment(=)
```

在包含此语句的过程中，声明 vector 类型的变量以及将三维数组赋值给该变量都是合法的，但是两个矢量相加就是非法的。

同样可以在 USE 语句中重命名数据项或过程。之所以要重命名程序单元使用的数据项或过程有两个原因。其一是该数据项名可能和本地某个局部数据项名、或同样由该程序单元使用的其他模块中的数据项名相同。这种情况下，重命名该数据项，可以避免一个名字两个定义这样的冲突。

重命名的第二个原因是当某个数据项或过程在程序单元中频繁使用时，我们可能希望缩短模块中声明的名字。例如，data_fit 模块包含名为 sp_real_least_squares_fit 的过程，以便区别于双精度版本的 dp_real_least_squares_fit。当此模块用于程序单元中时，程序员可能希望通过一个精简些的名字来访问该过程。他可能希望只是使用 lsqfit 或其他类似的短语调用该过程。

允许程序员重命名数据项或过程的 USE 语句形式为：

```
USE module_name, rename_list
USE module_name, ONLY: rename_list
```

上面 rename_list 中的每个数据项形式都为：

```
Local_name=>module_name
```

在第一种情况下，程序单元可以访问模块中所有的公有项，但是 rename_list 中的那些数据项会被重命名。在第二种情况下，只可以访问列出来的数据项，也可以重命名它们。例如，下面的 USE 语句重命名了上面提到的 least squares fit 子例程，同时限制了对模块 data_fits 中所有其他数据项的访问：

```
USE data_fit, ONLY: lsqfit => sp_real_least_squares_fit
```

当存在于一个程序单元中的多个 USE 语句同时指向一个模块时，这有点复杂，它使得在单个程序中使用多个 USE 语句来引用给定的模块没有意义，所以好的代码应该永不存在这类问题。但是，如果确实有一个以上的 USE 语句引用了同一模块，那么下面的规则适用。

1. 如果没有 USE 语句重命名列表或 ONLY 子句，那么该语句只是彼此的复制，这是合法的，但是对程序没意义。

2. 如果所有的 USE 语句都包括重命名列表，并且没有 ONLY 子句，那么效果同于所有的重命名项列在单独的 USE 语句中。

3. 如果所有的 USE 语句都包括 ONLY 子句，那么效果同于所有的列表都列在了单独的 USE 语句中。

4. 如果有些 USE 语句有 ONLY 子句而有些没有，那么 ONLY 子句对程序没有什么影响。因为没有 ONLY 子句的 USE 语句允许所有模块中的公有项对于程序单元都是可见的，才会产生这个现象。

测验 13-2

下面的测验可以快速检查你是否理解了第 13.4 节 ~ 第 13.9 节的内容。如果完成这个测试有困难，那么需要重学这些章节，请教导师或者和同学讨论。本测试的答案见附录。

1. 接口块是什么？Fortran 程序中接口块两个可能的位置分别在哪？
2. 为什么选择为过程创建接口块，而不是将该过程包含在模块中？
3. 哪些数据项必须出现在接口块中的接口体里？
4. 下面的程序是否有效？为什么？如果它是合法的，那么完成什么功能？

```
PROGRAM test
IMPLICIT NONE
```

```
TYPE :: data
  REAL :: x1
  REAL :: x2
END TYPE
CHARACTER(len=20) :: x1 = 'This is a test.'
TYPE (data) :: x2
x2%x1 = 613.
x2%x2 = 248.
WRITE (*,*) x1, x2
END PROGRAM test
```

5. 如何定义通用过程?
6. 如何定义通用绑定过程?
7. 下列代码是否有效?为什么?如果合法,完成什么功能?

```
INTERFACE fit
  SUBROUTINE least_squares_fit (array, nvals, slope, intercept)
  IMPLICIT NONE
  INTEGER, INTENT(IN) :: nvals
  REAL, INTENT(IN), DIMENSION(nvals) :: array
  REAL, INTENT(OUT) :: slope
  REAL, INTENT(OUT) :: intercept
  END SUBROUTINE least_squares_fit
  SUBROUTINE median_fit (data1, n, slope, intercept)
  IMPLICIT NONE
  INTEGER, INTENT(IN) :: n
  REAL, INTENT(IN), DIMENSION(n) :: data1
  REAL, INTENT(OUT) :: slope
  REAL, INTENT(OUT) :: intercept
  END SUBROUTINE median_fit
END INTERFACE fit
```

8. MODULE PROCEDURE 语句如何写?其目的是什么?
9. 用户定义的操作符和赋值符在结构上有何不同?它们是如何实现的?
10. 如何能访问到受控模块中的内容?为何要限制对模块中某些数据项或过程的访问?
11. 模块中数据项的默认访问权限是什么?
12. 使用 USE 关联访问模块程序单元如何控制它能看到的模块中的数据项?为何需要这样做?
13. 使用 USE 关联访问模块的程序单元如何重命名模块中的数据项或过程?为何需要这样做?
14. 下列代码是否有效?为何?如果合法,完成什么功能?

```
MODULE test_module
TYPE :: test_type
  REAL :: x, y, z
  PROTECTED :: z
END TYPE test_type
END MODULE test_module
PROGRAM test
USE test_module
TYPE(test_type) :: t1, t2
t1%x = 10.
```

```
t1%y = -5.
t2%x = -2.
t2%y = 7.
t1%z = t1%x * t2%y
END PROGRAM test
```

13.11 内置模块

Fortran 定义了一个概念“内置模块”。内置模块就像普通的 Fortran 模块一样，是由 Fortran 编译器的创造者预定义和编写的。内置模块和普通模块一样，都是通过使用 USE 语句访问其过程和数据。

Fortran 有很多标准的内置模块，三个最重要的模块是：

（1）模块 ISO_FORTRAN_ENV，包含了描述特定计算机中存储器特性的常量（标准整型数包含多少 bit，标准字符包含多少 bit 等）以及该机器所定义的 I/O 单元（第 14 章中会使用这个模块）。

（2）模块 ISO_C_BINDING，包含了 Fortran 编译器和特定处理器的 C 语言互操作时所需的必要数据。

（3）IEEE 模块描述了 IEEE 754 关于特定处理器上的浮点数运算的特征。标准的 IEEE 模块是 IEEE_-EXCEPTIONS、IEEE_ARITHMETIC 和 IEEE_FEATURES。

Fortran 标准需要编译器零售商实现内置模块中的特定过程，但是也允许零售商添加额外的过程，也允许定义它们自己的内置模块。以后，这种方法会成为给编译器增加新功能的一个常用方法。

13.12 访问命令行参数和环境变量

Fortran 包括一些标准过程，这些过程允许 Fortran 程序获得启动程序的命令行，允许 Fortran 程序从环境中恢复数据。这些机制允许用户通过在命令行中的程序名后键入参数，或在环境变量中包含参数，将参数传给程序。

一直以来，Fortran 编译器零售商允许 Fortran 程序获得命令行参数和环境变量，但是因为没有标准方法，所以每个编译器零售商都创建了自己特殊的子例程和函数。这些过程因为零售商的不同而不同，所以 Fortran 程序可移植性并不好。Fortran 通过创建标准的内置过程，已经解决了这个如何获得命令行参数的问题。

13.12.1 命令行参数的访问

有三种从命令行获得变量的标准内置过程：

（1）**函数** COMMAND_ARGUMENT_COUNT()。这一函数返回启动程序的命令行中参数个数，返回的默认类型是整型数。此函数没有参数。

（2）**子例程** GET_COMMAND（COMMAND，LENGTH，STATUS）。这个子例程返回命令行参数的完整集合，字符变量 COMMAND 中保存了该集合数据，整型变量 LENGTH 中保存了参数字符串的长度，整型变量 STATUS 存储了操作是否成功的状态。如果执行成功，那么 STATUS 为 0。如果字符串变量 COMMAND 太短放不下参数，那么 STATUS 将为–1。其他错误都会返回非零数据。注意，所有的这些参数都是可选的，所以用户可以通过使用关键字语法来指明所需的参数。

（3）**子例程** GET_COMMAND_ARGUMENT（NUMBER，VALUE，LENGTH，STATUS）。这个子例程返回特定的命令行参数。整型变量 NUMBER 指定返回哪个参数，该值的范围必须在 0～COMMAND_ARGUMENT_COUNT()之内。如果 NUMBER 大于 0，返回的参数是函数名；如果参数大于 0，返回指定的参数。返回的参数存储在字符变量 VALUE 中，参数字符串的长度存储在整型变量 LENGTH 中。操作成功与否的标志存储于整型变量 STATUS 中。如果执行成功，那么 STATUS 的值为 0。如果字符变量 VALUE 太短无法放下参数，那么 STATUS 的值为–1。其他错误都会产生非 0 的返回值。注意，所有这些参数，除了 NUMBER，都是可选的，所以用户可以通过使用关键字语法来指明所需的参数。

介绍以上这些过程用法的例子程序，如图 13-17 所示。这个程序获得并显示了用于启动程序的命令行参数。

```
PROGRAM get_command_line
! 声明局部变量
INTEGER :: i                              ! 循环控制变量
CHARACTER(len=128) :: command             ! 命令行
CHARACTER(len=80) :: arg                  ! 单个参数
! 获得程序名
CALL get_command_argument(0, command)
WRITE (*,'(A,A)') 'Program name is: ', TRIM(command)
! 在此获得单个参数
DO i = 1, command_argument_count()
  CALL get_command_argument(i, arg)
  WRITE (*,'(A,I2,A,A)') 'Argument ', i, ' is ', TRIM(arg)
END DO
END PROGRAM get_command_line
```

图 13-17　说明如何使用内置过程获得命令行参数的程序

程序执行的结果如下：

```
C:\book\fortran\chap13>get_command_line 1 sdf 4 er4
Program name is: get_command_line
Argument 1 is 1
Argument 2 is sdf
Argument 3 is 4
Argument 4 is er4
```

13.12.2　获取环境变量

可以使用子例程 GET_ENVIRONMENT_VARIABLE 获取环境变量的值。此子程序的参数是：

```
CALL GET_ENVIRONMENT_VARIABLE(NAME,VALUE,LENGTH,STATUS,TRIM_NAME)
```

参数 NAME 是用户提供的字符表达式，用于容纳目标环境变量名。环境变量的值返回于字符变量 VALUE，环境变量的长度返回于整型变量 LENGTH 中，操作成功与否的标志返回于整型变量 STATUS 中。如果恢复成功，STATUS 的值为 0。如果字符变量 VALUE 太短放不下参数，那么 STATUS 的值为–1。如果环境变量不存在，STATUS 的值为 1。如果处理器不支持环境变量，那么 STATUS 的值为 2。如果发生了其他错误，STATUS 的值大于 2。TRIM_NAME 是一个逻辑输入参数。如果它为真，那么命令行在与环境变量比较时会忽略末尾空格符。如果它为假，那么在比较时包括对末尾空格符的处理。

注意，VALUE，LENGTH，STATUS 和 TRIM_NAME 都是可选参数，可以根据需要包括它们，也可以省略它们。

图 13-18 给出了一个说明 GET_ENVIRONMENT_VABLE 用法的例子程序。这个程序获取和显示了环境变量 windir 的值，该环境变量在程序运行的计算机上有定义。

```
PROGRAM get_env
! 声明局部变量
INTEGER :: length                          ! 长度
INTEGER :: status                          ! 状态
CHARACTER(len=80) :: value                 ! 环境变量值
! 获得"windir"环境变量值
CALL get_environment_variable('windir',value,length,status)
! 告诉用户
WRITE (*,*) 'Get "windir" environment variable:'
WRITE (*,'(A,I6)') 'Status = ', status
IF ( status <= 0 ) THEN
  WRITE (*,'(A,A)') 'Value = ', TRIM(value)
END IF
END PROGRAM get_env
```

图 13-18　说明 GET_ENVIRONMENT_VARIABLE 用法的程序

程序运行的结果如下：

```
C:\book\fortran\chap13>get_env
 Get 'windir' environment variable:
Status =     0
Value = C:\WINDOWS
```

良好的编程习惯

使用标准 Fortran 内置的过程来获取启动程序的命令行参数以及环境变量的值，而不要使用个别编译器零售商提供的非标准过程。

13.13　VOLATILE 属性和语句

当 Fortran 编译器为了发布而编译程序时，通常会采用优化选项来提高程序的速度。优化器采用了许多提高程序速度的技术，但是一个十分常用的方法是在使用过程中将变量的值放到 CPU 的寄存器中，因为对寄存器的访问远远快于对内存的访问。当有空闲的寄存器可以容纳数据时，这是对于需要不断修改 DO 循环中变量的常用方法。

如果被使用的变量同样被 Fortran 程序之外的其他进程访问或修改，那么这种优化可能会引起严重的问题。这种情况下，当 Fortran 程序正在使用一个与以前存储在寄存器不同的值时，外部进程可能修改该变量的值。

为了避免数据不一致的情况，数据必须保存在一个且仅一个位置上。Fortran 编译器绝不能在寄存器中保存变量的备份，也不能因变量的值发生变化就更新主存。为了实现这点，可以将变量声明为 volatile（可变的）。如果变量是 volatile 的，那么编译器就不对它实行任何优化，程序直接使用主存中的该变量。

使用 VOLATILE 属性或语句将变量声明为 volatile 的。Volatile 属性形式如下：

```
REAL, VOLATILE :: x          !Volatile 变量
REAL, VOLATILE :: y          !Volatile 变量
```

Volatile 语句形式如下：

```
REAL :: x, y                 !声明
VOLATILE :: x, y             !Volatile 声明
```

VOLATILE 属性或语句通常用于大规模并行包处理中，这样就有办法在进程之间异步传输数据。

13.14 小结

本章介绍了 Fortran 过程和模块的几个高级特性。Fortran 的早期版本都不具备这些特性。

Fortran 支持四种作用范围：全局、局部、块和语句。全局范围对象包含程序、外部过程和模块名。到目前为止，我们唯一看到的语句范围对象是数组构造器中隐含在 DO 循环中的变量以及 FORALL 语句的下标变量。局部范围对象被限制到只可访问单个作用范围。块范围对象被限制到块的定义范围。作用域可以是主程序、过程、模块、派生数据类型或接口。如果一个作用域完全定义在另一个作用域之内，那么内部作用域会继承所有由宿主关联到的宿主作用域中所定义的数据项。

通常来说，Fortran 子例程和函数并不能递归，它们不能直接或间接的调用自身。但是，如果在相应的 SUBROUTINE 或 FUNCTION 语句中将它们声明为递归的，那么它们就可以是递归的。递归函数声明包括 RESULT 子句，该子句指明了返回函数结果所用的名字。

如果过程有显式接口，那么可以使用关键字参数来改变所指定的调用参数的顺序。关键字参数由形参名、等号以及参数值组成。关键字参数在支持可选参数方面非常有用。

如果过程有显式接口，那么可以声明和使用可选参数。可选参数可以在过程调用参数中出现或不出现。Fortran 提供了内置函数 PRESENT()，用于判断特定可选参数在过程调用中是否出现。关键字参数通常和可选参数一起使用，因为可选参数在调用过程中常不按顺序出现。

接口块用于为没有包含在模块中的过程提供显式接口。通常使用它们来给 Fortran90 之前的旧代码提供 Fortran 接口，避免重写全部代码。接口块中的主体要么必须包含过程调用序列的完整描述，包括调用序列中每个参数的类型和位置，要么必须包含 MODULE PROCEDURE 语句来引用在模块中已经定义的过程。

通用过程是指能够处理不同类型输入数据的过程。通过使用通用接口块来声明通用过程，除了有通用过程名外，通用接口块和普通的接口块看上去是一样。可以在通用接口块中声明一个或多个特定过程，但是每个特定过程必须能够通过非可选形参的类型或者顺序等与其他过程区分开来。当程序中引用了通用过程，那么编译器根据调用参数的顺序选择合适的过程来执行。

在派生数据类型中，可以使用 GENERIC 语句声明通用绑定过程。

在 Fortran 中，可以定义新的操作符和扩展内置操作符的含义。新操作符的名字必须是由点号开始和结束、最长 63 个字符的字符串。可以通过使用接口操作符块来定义新操作符以及扩展内置操作符的含义。接口操作符块的第一行指明了被定义或扩展的操作符的名字，其操作体指明了用于定义扩展内置操作符含义的 Fortran 函数。对于二元操作符来说，每个函数必须都有两个输入参数；对于一元函数来说，每个函数只能有一个参数。如果几个函数同时出现在接口体中，那么它们之间必须通过类型或参数的顺序等区分开。当 Fortran 编译器遭遇新的或者扩展的操作符时，它会自动使用操作数的类型和顺序判定该执行哪个函数。这一特性广泛用于支持派生数据类型的扩展操作符。

在派生数据类型中，可以使用 GENERIC 语句声明通用绑定操作符。

赋值符（=）同样也可以扩展来被派生数据类型所用。使用接口赋值块可以实现这种扩展。接口赋值块体必须引用一个或多个子例程。每个子例程必须有两个参数，第一个参数具有 INTENT（OUT）属性，第二个参数具有 INTENT（IN）属性。第一个参数对应等号左边的数据，第二个对应等号右边的数据。接口赋值块体中的所有子例程都必须能够通过类型或参数顺序区分开来。

通过使用 PUBLIC、PRIVATE 和 PROTECT 语句或属性可以实现对模块中数据项、操作符和过程的访问控制。如果模块中的实体被声明为 PUBLIC，那么任何程序单元都可以通过 USE 关联访问该模块。如果实体被声明为 PRIVATE，那么任何程序都不能通过 USE 关联访问该模块。但是，在模块内定义的任意过程仍然可以访问该模块。如果实体被声明为 PROTECTED，那么对于通过 USE 关联访问模块的任何程序单元是只读的。

派生数据类型的元素可以声明为 PRIVATE 的。如果声明为 PRIVATE 类型，那么在使用 USE 关联访问该派生数据类型的任何程序单元中都不能单独访问该类型的元素。该数据类型作为一个整体对程序单元是可访问的，但是不能单独访问该数据类型的元素。此外，派生数据类型可以整体声明为 PRIVATE。一旦那样声明，那么该类型本身及其元素都是不能访问的。

USE 语句有两个选项。USE 语句可以用于重命名模块访问的特定数据项或过程，这样能防止名字冲突或者为本地使用提供简化的名字。可选的 ONLY 子句可以用于限制程序单元只能访问出现在列表中的数据项。两个选项组合成一条单独的 USE 语句。

Fortran 包括可以获取用来启动程序的命令行参数及环境变量的过程。这些新过程替代了原来因为不同编译器零售商而不同的非标准过程。只要可用，尽可能使用这种新过程代替非标准过程。

13.14.1 良好的编程习惯小结

当使用过程和函数的高级特性时，应该遵循下列指南：

（1）当使用嵌套作用域时，避免对内外层作用域中同名的对象赋予不同的含义。这条准则特别适用于内部过程。通过给内部过程的变量赋予与主过程不同的名字，就可以避免两者变量行为的混淆。

（2）只要可能，尽量使用模块中的过程取代接口块。

（3）如果必须为很多过程创建接口，那么将所有这些接口放在一个模块里，这样程序单元就可以很容易地通过 USE 关联访问这些接口。

（4）用户自定义通用过程可以用于定义适用于不同输入数据类型的过程。

（5）接口操作符块和接口赋值符块可以用于创建新的操作符，可以扩展用于派生数据类型的已有操作符的含义。一旦定义了合适的操作符，使用派生数据类型就非常容易了。

（6）隐藏外部程序单元不需要直接访问的模块数据项或过程是良好的编程习惯。实现它最好的方法是在每个模块中都包含 PRIVATE 语句，然后将需要放开访问权的特定数据项单独使用 PUBLIC 语句修饰。

（7）使用标准的 Fortran 内置过程获取启动程序的命令行参数和环境变量，而不要使用个别编译器零售商所提供的非标准过程。

13.14.2 Fortran 语句和结构小结

BLOCK 结构体

```
BLOCK
```

例如：

```
 [name:] BLOCK
...variable declarations
 ...
 Executable statements
 ...
 IF ( ) EXIT [name]
 ...
END BLOCK [name]
```

说明：

BLOCK 结构体是位于主程序或者过程内的一段代码块，它可以定义自己的局部变量，也可以通过宿主关联访问其宿主的变量。当执行语句跳出块后，这些局部变量变成未定义状态。

CONTAINS 语句

```
CONTAINS
```

例如：

```
PROGRAM main
...
CONTAINS
  SUBROUTINE sub1(x, y)
  ...
  END SUBROUTINE sub1
END PROGRAM
```

说明：

CONTAINS 语句指明了下面的语句是宿主单元中的一个过程或多个相互独立的过程。当在模块中使用时，CONTAINS 语句标志着一个或多个模块过程的开始。当用在主程序或外部过程中时，CONTAINS 语句标志着一个或多个内部过程的开始。CONTAINS 语句必须出现在模块中的类型、接口以及数据定义之后，并且必须紧跟在主程序或外部过程内的最后一条可执行语句之后。

GENERIC 语句

```
TYPE [::] type_name
  component 1
  ...
  component n
CONTAINS
  GENERIC :: generic_name => proc_name1[, proc_name2, ...]
END TYPE [type_name]
```

例如：

```
TYPE :: point
  REAL :: x
  REAL :: y
CONTAINS
  GENERIC :: add => point_plus_point, point_plus_scalar
END TYPE point
```

说明：

GENERIC 语句定义了派生数据类型的通用绑定。和通用过程相关的特定过程在操作符=>之后列出。

通用接口模块

```
INTERFACE generic_name
  interface_body_1
  interface_body_2
  ...
END INTERFACE
```

例如：

```
INTERFACE sort
  MODULE PROCEDURE sorti
  MODULE PROCEDURE sortr
END INTERFACE
```

说明：

通过使用通用接口块声明通用过程。通用接口块在第一行声明了通用过程的名字，然后在接口体中列出了与通用过程关联的特定过程的显式接口。显式接口必须由不在模块中的特定过程定义。出现在模块中的过程使用带有 MODULE PROCEDURE 语句来引用，因为这些过程的接口是已知的。

IMPORT 语句

```
IMPORT :: var_name1 [, var_name2, ...]
```

例如：

```
IMPORT :: x, y
```

说明：

IMPORT 语句将过程中的类型定义导入到接口定义里。

接口赋值块

```
INTERFACE Assignment (=)
  interface_body
END INTERFACE
```

例如：

```
INTERFACE ASSIGNMENT (=)
  MODULE PROCEDURE vector_to_array
  MODULE PROCEDURE array_to_vector
END INTERFACE
```

说明：

接口赋值块用于扩展赋值符号的含义，以便实现两个不同派生数据类型变量，或派生数据类型和内置数据类型之间的赋值操作。接口体中的每个过程必须是带有两个参数的子例程。第一个参数必须具有 INTENT（OUT）属性，第二个参数必须具有 INTENT（IN）属性。接口体中的所有子例程必须可以根据参数的顺序和类型区分开。

接口块

```
INTERFACE
  interface_body_1
  ...
END INTERFACE
```

例如：

```
INTERFACE
  SUBROUTINE sort(array,n)
  INTEGER, INTENT(IN) :: n
  REAL, INTENT(INOUT), DIMENSION(n) :: array
  END SUBROUTINE
END INTERFACE
```

说明：

接口块用于为独立编译的过程声明显式接口。它既可出现在希望调用独立编译过程的过程的头中，也可以出现在模块中，希望调用独立编译过程的过程可以使用这个模块。

接口操作符块

```
INTERFACE OPERATOR (operator_symbol)
  interface_body
END INTERFACE
```

例如：

```
INTERFACE OPERATOR (*)
  MODULE PROCEDURE real_times_vector
  MODULE PROCEDURE vector_times_real
END INTERFACE
```

说明：

接口操作符块用来定义新操作符，或扩展内置操作符的含义，以便支持派生数据类型。

接口中的每个过程必须是参数属性为 INTENT（IN）的函数。如果操作符是二元的，那么函数必须有两个参数。如果是一元操作符，那么函数必须只有一个参数。接口体中的所有函数必须能通过参数的类型和顺序区分开。

MODULE PROCEDURE 语句

```
MODULE PROCEDURE module_procedure_1 [, module_procedure_2, ...]
```

例如：

```
INTERFACE sort
  MODULE PROCEDURE sorti
  MODULE PROCEDURE sortr
END INTERFACE
```

说明：

MODULE PROCEDURE 语句用在接口块中，用来指明包含在模块中的过程将和该接口定义的通用过程、操作符或赋值符相关联。

PROTECTED 属性

```
type, PROTECTED :: name1[, name2, ...]
```

例如：

```
INTEGER,PROTECTED :: i_count
REAL,PROTECTED :: result
```

说明：

PROTECTED 属性声明了变量的值在其定义的模块之外是只读的。该值在通过 USE 语句访问定义模块的过程中只能使用而不能修改。

PROTECTED 语句

```
PROTECTED :: name1[, name2, ...]
```

例如：

```
PROTECTED :: i_count
```

说明：

PROTECTED 语句声明了变量的值在其定义的模块之外是只读的。该值在通过 USE 语句访问定义模块的过程中只能使用而不能修改。

递归 FUNCTION 语句

```
RECURSIVE [type] FUNCTION name( arg1[, arg2, ...] ) RESULT (res)
```

例如：

```
RECURSIVE FUNCTION fact( n ) RESULT (answer)
INTEGER :: answer
```

说明：

此语句声明递归 Fortran 函数。递归函数是可以调用自己的函数。函数的类型要么在 FUNCTION 语句中声明，要么在单独的类型声明语句中声明（声明的是结果变量 res 的类型，不是函数名的类型）。函数调用所返回的结果是赋给函数体中 res 变量的值。

USE 语句

```
USE module_name (, rename_list, ONLY: only_list)
```

例如：

```
USE my_procs
USE my_procs, process_vector_input => input
USE my_procs, ONLY: input => process_vector_input
```

说明：

USE 语句可以让 USE 语句所在的程序单元访问命名模块的内容。除了这个基本功能之外，USE 语句允许用户将模块对象重命名为自己需要的名字。ONLY 子句允许程序员指定该程序单元只能访问模块中的特定对象。

VOLATILE 属性

```
type, VOLATILE :: name1[, name2, ...]
```

例如：

```
INTEGER,VOLATILE :: I_count
REAL,VOLATILE :: result
```

说明：

VOLATILE 属性声明可以在任何时候用程序外部的资源修改变量的值，因此所有该变量的读操作必须直接从内存中读，所有对该变量的写操作也必须直接写到内存，而不是写到缓存副本中。

VOLATILE 语句

```
VOLATILE :: name1 [, name2, ...]
```

例如：

```
VOLATILE :: x, y
```

说明：

VOLATILE 语句声明可以在任何时候用程序外部的资源修改变量的值，因此所有该变量的读操作必须直接从内存中读，所有对该变量的写操作也必须直接写到内存，而不是写到缓存副本中。

13.14.3 习题

13-1 在例题 12-1 中，逻辑函数 lt_city 在对“APO”和“Anywhere”排序时，结果不正

确，原因是所有大写字母在 ASCII 码表中排在小写字母之前。给函数 lt_city 增加一个内部过程来避免这种情况的发生。可以在比较时将城市名都转化为大写。注意，这个过程不该将数据库中的名字转为大写，而只是在比较时暂时转为大写。

13-2 为 13.3 节所介绍的递归子程序 factorial 和递归函数 fact 写出测试程序。通过计算 5！和 10！来测试这两个过程。

13-3 为例题 13-2 的子程序 extremes 写一个测试程序来验证其能够正确运行。

13-4 下列代码执行后会打印什么内容？x，y，i，j 在程序执行的每个时刻的值分别是什么？如果在程序执行过程中有值发生变化，请解释改变的原因。

```
PROGRAM exercise13_4
IMPLICIT NONE
REAL :: x = 12., y = -3., result
INTEGER :: i = 6, j = 4
WRITE (*,100) 'Before call: x, y, i, j = ', x, y, i, j
100 FORMAT (A,2F6.1,2I6)
result = exec(y,i)
WRITE (*,*) 'The result is ', result
WRITE (*,100) 'After call: x, y, i, j = ', x, y, i, j
CONTAINS
  REAL FUNCTION exec(x,i)
  REAL, INTENT(IN) :: x
  INTEGER, INTENT(IN) :: i
  WRITE (*,100) ' In exec:  x, y, i, j = ', x, y, i, j
  100 FORMAT (A,2F6.1,2I6)
  exec = ( x + y ) / REAL ( i + j )
  j = i
  END FUNCTION exec
END PROGRAM exercise13_4
```

13-5 下面的程序是否正确？如果正确，程序执行后打印出什么？如果不正确，错在什么地方？

```
PROGRAM exercise13_5
IMPLICIT NONE
REAL :: a = 3, b = 4, output
INTEGER :: i = 0
call sub1(a, i, output)
WRITE (*,*) 'The output is ', output
CONTAINS
  SUBROUTINE sub1(x, j, junk)
  REAL, INTENT(IN) :: x
  INTEGER, INTENT(IN) :: j
  REAL, INTENT(OUT) :: junk
  junk = (x - j) / b
  END SUBROUTINE sub1
END PROGRAM exercise13_5
```

13-6 Fortran 的四种作用范围是什么？请分别举例。

13-7 Fortran 的作用域是什么？请给不同类型的作用域命名。

13-8 什么是关键字参数？在什么情况下可以使用关键字参数？

13-9 假设子例程定义如下所示，后面的调用是否正确？假设所有的调用参数都是实数型的，假设子例程接口是显式的。请解释每个非法调用是非法的原因。

```
SUBROUTINE my_sub (a, b, c, d, e )
REAL, INTENT(IN) :: a, d
REAL, INTENT(OUT) :: b
REAL, INTENT(IN), OPTIONAL :: c, e
IF ( PRESENT(c) ) THEN
  b = (a - c) / d
ELSE
  b = a / d
END IF
IF ( PRESENT(e) ) b = b - e
END SUBROUTINE my_sub
```

(a) `CALL my_sub(1.,x,y,2.,z)`

(b) `CALL my_sub(10.,21.,x,y,z)`

(c) `CALL my_sub(x,y,25.)`

(d) `CALL my_sub(p,q,d=r)`

(e) `CALL my_sub(a=p,q,d=r,e=s)`

(f) `CALL my_sub(b=q,a=p,c=t,d=r,e=s)`

13-10 什么是接口块？Fortran 程序何时会使用接口块？

13-11 在例题 9-1 中，创建了一个子例程 simul，用来对 N 个未知数组成的 N 个联立线性方程组求解。假设该子例程独立编译，没有显式接口。写出定义该子例程的显式接口的接口块。

13-12 什么是通用过程？如何定义通用过程？

13-13 如何为绑定过程定义通用过程？

13-14 在例题 9-4 中，创建了改进版的单精度子例程 simul2，用来对 N 个未知数组成的 N 个联立线性方程组求解。在例题 11-2 中，创建了双精度版子例程 dsimul，用来对 N 个未知数组成的 N 个联立线性方程组求解。在习题 11-9 中，创建了复数版子例程 csimul，用来对 N 个未知数组成的 N 个联立线性方程组求解。为这三个过程写一个通用接口块。

13-15 下面的通用接口块是否正确？为什么？

(a)
```
INTERFACE my_procedure
    SUBROUTINE proc_1 (a, b, c)
    REAL, INTENT(IN) ::a
    REAL, INTENT(IN) ::b
    REAL, INTENT(OUT) ::c
    END SUBROUTINE proc_1
    SUBROUTINE proc_2 (x, y, out1, out2)
    REAL, INTENT(IN) ::x
    REAL, INTENT(IN) ::y
    REAL, INTENT(OUT) ::out1
    REAL, INTENT(OUT), OPTIONAL ::out2
    END SUBROUTINE proc_2
    END INTERFACE my_procedure
```

(b)
```
INTERFACE my_procedure
    SUBROUTINE proc_1 (a, b, c)
    REAL, INTENT(IN) ::a
    REAL, INTENT(IN) ::b
    REAL, INTENT(OUT) ::c
    END SUBROUTINE proc_1
    SUBROUTINE proc_2 (x, y, z)
```

```
INTEGER, INTENT(IN) ::x
INTEGER, INTENT(IN) ::y
INTEGER, INTENT(OUT) :: z
END SUBROUTINE proc_2
END INTERFACE my_procedure
```

13-16　如何定义新的 Fortran 操作符？接口操作符块中的过程应该应用什么规则？

13-17　如何扩展 Fortran 内置操作符并赋予新的含义？如果扩展了某个内置操作符，那么应该对接口操作块中的过程应用什么特殊规则？

13-18　如何扩展赋值操作符？接口赋值块中的过程应该应用什么规则？

13-19　**极坐标复数**。可以用两种方式表达复数：直角坐标和极坐标。直角坐标的形式为 $c=a+bi$，其中 a 是实部，b 是虚部。极坐标的表达形式为 $z\angle\theta$，其中 z 是复数的幅值，θ 是角度（见图 13-19）。这两种表达方式之间的关系如下：

$$a = z\cos\theta \tag{11-13}$$

$$b = z\sin\theta \tag{11-14}$$

$$z = \sqrt{a^2 + b^2} \tag{11-15}$$

$$\theta = \tan^{-1}\frac{b}{a} \tag{11-16}$$

COMPLEX 数据类型代表直角坐标形式的复数。定义一个新的数据类型 POLAR，用于代表极坐标形式的复数。然后，写一个模块，其中包含接口赋值块和支撑过程，允许把复数赋值给极数，反之亦然。

13-20　如果两个复数 $p_1 = z_1\angle\theta_1$，$p_2 = z_2\angle\theta_2$ 是以极坐标形式表示的，那么它们的点积为 $p_1 \bullet p_2 = z_1 z_2 \angle\theta_1 + \theta_2$，同样，$P_1$ 除以 P_2 等于 $\frac{p_1}{p_2} = \frac{z_1}{z_2}\angle\theta_1 - \theta_2$。扩展习题 13-19 中创建的模块，添加接口操作符块和支撑过程，使得两个 POLAR 类型数可以相乘和相除。

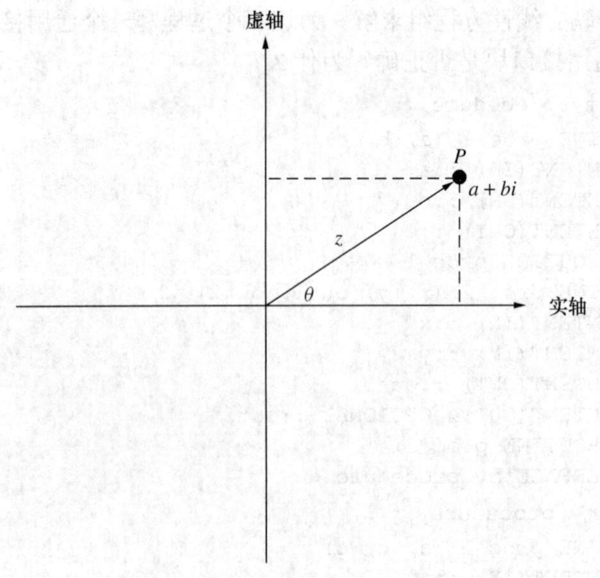

图 13-19　以极坐标和直角坐标表示的复数

13-21　如何实现对模块中数据项和过程的访问控制？

13-22 下面的程序是否合法？为什么？

（a）
```
MODULE my_module
IMPLICIT NONE
PRIVATE
REAL, PARAMETER :: PI = 3.141592
REAL, PARAMETER :: TWO_PI = 2 * PI
END MODULE my_module

PROGRAM test
USE my_module
IMPLICIT NONE
WRITE (*,*) 'Pi/2 =', PI / 2.
END PROGRAM test
```

（b）
```
MODULE my_module
IMPLICIT NONE
PUBLIC
REAL, PARAMETER :: PI = 3.141592
REAL, PARAMETER :: TWO_PI = 2 * PI
END MODULE my_module

PROGRAM test
USE my_module
IMPLICIT NONE
REAL :: TWO_PI
WRITE (*,*) 'Pi/2 =', PI / 2.
TWO_PI = 2. * PI
END PROGRAM test
```

13-23 修改习题 13-19 中的模块，使其只允许访问 POLAR 类型的定义、赋值操作符以及乘除法操作符。实现对此操作符定义的函数的访问限制。

13-24 在下列所示的每个例子中，指出模块中定义的哪个数据项对于访问它的程序可用？

（a）
```
MODULE module_1
IMPLICIT NONE
PRIVATE
PUBLIC pi, two_pi, name
REAL, PARAMETER :: PI = 3.141592
REAL, PARAMETER :: TWO_PI = 2 * PI
TYPE :: name
  CHARACTER(len=12) :: first
  CHARACTER :: mi
  CHARACTER(len=12) :: last
END TYPE name
TYPE (name), PUBLIC :: name1 = name("John","Q","Doe")
TYPE (name) :: name2 = name("Jane","R","Public")
END MODULE module_1
PROGRAM test
USE module_1, sample_name => name1
...
END PROGRAM test
```

（b）
```
MODULE module_2
IMPLICIT NONE
```

```
REAL, PARAMETER :: PI = 3.141592
REAL, PARAMETER :: TWO_PI = 2 * PI
TYPE, PRIVATE :: name
  CHARACTER(len=12) :: first
  CHARACTER :: mi
  CHARACTER(len=12) :: last
END TYPE name
TYPE (name), PRIVATE :: name1 = name("John","Q","Doe")
TYPE (name), PRIVATE :: name2 = name("Jane","R","Public")
END MODULE module_2
PROGRAM test
USE module_2, ONLY: PI
...
END PROGRAM test
```

第 14 章

高级 I/O 概念

本章学习目标：

- 了解 Fortran 中所有可用格式描述符。
- 了解 OPEN、CLOSE、READ 和 WRITE 语句的更多选项。
- 理解如何使用 REWIND、BACKSPACE 和 ENDFILE 语句定位文件中的不同位置。
- 理解如何使用 INQUIRE 语句检查文件参数。
- 学会如何使用 FLUSH 语句将输出数据刷新到磁盘上。
- 理解格式化和未格式化文件之间的区别，顺序访问文件和随机访问文件之间的区别。
- 了解何时使用不同类型的文件。
- 了解异步 I/O。

第 5 章介绍了基本的 Fortran 输入输出语句，学习了如何使用格式化 READ 语句读数据，使用格式化 WRITE 语句写数据，也学习了常用的格式描述符：A、E、ES、F、I、L、T、X 和/的使用。最后，学习了如何打开、关闭、读写和定位顺序磁盘文件。

本章介绍 Fortran I/O 系统的高级特性，包括对还没有提到的格式描述符的讨论，还详细地介绍了针对 I/O 列表操作的语句。然后给出恰当使用各种 Fortran I/O 语句的方法，介绍 I/O 名称列表。最后，本章解释格式化和未格式化磁盘文件的不同，顺序访问文件和直接访问文件的不同。从中将学会何时以及如何正确使用各类文件。

14.1 更多格式描述符

表 14-1 给出了 Fortran 所有格式描述符的完整列表。有 12 个格式描述符用于描述输入输出数据类型：E、ES、EN、F 和 D 用于单（双）精度的实型变量；I 用于整型变量；B、O 和 Z 既可用于整型也可用于实型；L 用于逻辑变量；A 用于字符变量；G 可以用于各种类型的变量。附加的 DT 格式描述符用于指定派生数据类型的输出格式。有 5 个格式描述符控制着数据的水平和垂直位置：X、/、T、TL 和 TR。“：”字符控制着在 WRITE 语句中的最后一个变量输出之后，WRITAE 语句相关的变量扫描格式。6 个格式描述符控制着浮点数的舍入：

RU、RD、RN、RZ、RC 和 RP。其中的两个控制着一个数的整数和小数之间所使用的分隔符的类型，它们是 DC 和 DP。最后，简单介绍不常使用或将要废弃的格式描述符。表 14-1 中，不常使用或将要废弃的描述符以阴影标记。

下面来讨论前面没有提到过的格式描述符。

表 14-1 **Fortran 格式描述符的完整列表**

格 式	描 述 符	用 法
实型数据 I/O 描述符		
Dw.d		指数表示法中的双精度数
Ew.d	Ew.dEe	指数表示法中的实数
ENw.d	ENw.dEe	工程表示法中的实数
ESw.d	ESw.dEe	科学表示法中的实数
Fw.d		十进制表示法中的实数
整型数据 I/O 描述符		
Iw	Iw.m	十进制格式中的整数
实数或整数 I/O 描述符		
Bw	Bw.m	二进制格式的数据
Ow	Ow.m	八进制格式的数据
Zw	Zw.m	十六进制格式的数据
逻辑型数据 I/O 描述符		
Lw		逻辑数据
字符型数据 I/O 描述符		
A	Aw	字符数据
‘x…x’	nHx…x	字符常数（nHx…x 形式在 Fortran95 中已废弃）
“x…x”		
通用 I/O 描述符		
Gw.d	Gw.dEe	任何类型都适用的通用编辑描述符
GO		任何类型都适用的可调节宽度的通用编辑描述符
派生类型 I/O 描述符		
DT’string’（vals）		派生类型编辑描述符
舍入描述符		
RU		采用向上舍入的原则，为在当前 I/O 语句中在此描述符之后的所有描述符指定数值
RD		采用向下舍入的原则，为在当前 I/O 语句中在此描述符之后的所有描述符指定数值
RZ		采用向 0 舍入的原则，为在当前 I/O 语句中在此描述符之后的所有描述符指定数值
RN		采用四舍五入的原则，为在当前 I/O 语句中在此描述符之后的所有描述符指定数值
RC		采用兼容的舍入原则，为当前 I/O 语句中所有在此描述符之后的描述符指定数值
RP		采用处理器默认的舍入原则，为当前 I/O 语句中所有在此描述符之后的描述符指定数值

续表

格　式	描 述 符	用　法
十进制描述符		
DC		使用逗号作为分隔符，把当前 I/O 语句中所有在此描述符之后的描述符的十进制部分分隔开
DP		使用点号作为分隔符，把当前 I/O 语句中所有在此描述符之后的描述符的十进制部分分隔开
定位描述符		
nX		水平距离：空 n 格
/		垂直距离：向下移动一行
Tc		TAB：移动到当前行的第 c 列
TLn		TAB：向当前行左边移动 n 列
TRn		TAB：向当前行右边移动 n 列
扫描控制描述符		
:		格式扫描控制符
其他描述符（不常使用的）		
kP		显示实数时的比例因子
BN		Blank Null：忽略数字输入域中的空格
BZ		Blank Zero：将数字输入域中的空格解释为 0
S		Sign control：　使用系统默认的规则
SP		Sign control：在正数前显示“+”号
S		Sign control：在正数前不显示“+”号

其中：c 表示列数。d 表示小数点右边数字的个数。e 表示指数的位数。k 表示比例因子（十进制小数点移动的位数）。m 表示要显示的最小数据位位数。r 表示重复次数。w 表示字符域宽。

14.1.1　E 和 ES 格式描述符的其他形式

第 5 章中介绍了格式描述符 E、ES 和 F。除了其中所说明的用法外，E 和 ES 描述符还有其他用法，使用它们可以指定实数的指数部分使用几位数字。具体使用形式为：

`rEw.dEe` 或 `rESw.dEe`

其中 w、d、e 和 r 的含义参看表 14-1。除了指定指数的数字位个数之外，它们的基本功能和第 5 章介绍的一样。

14.1.2　工程表示法——EN 描述符

工程表示法是科学表示法的一种变形，这种表示法下，一个实数表示为 1.0 到 1000.0 之间的某个数乘以 10 的 *N* 次方，*N* 的值通常是 3 的倍数。这种形式的表示法非常便于工程上使用，因为 10^{-6}，10^{-3}，10^{3}，10^{6} 等这些数值都有标准的、全球公认的名称。比如，10^{-6} 就是“微”，10^{-3} 就是“毫”等。工程师通常使用诸如 250kΩ（千欧）的电阻和 50nF（毫法）的电容等此类方法来表示数据，而不是使用 $2.5\times10^{5}\Omega$（欧姆），5×10^{-8}F（法拉）这类表示法。

Fortran 可以使用 EN 描述符将数值以工程表示法显示出来。当显示浮点数时，EN 描述符指定显示的浮点数为：尾数为 1 到 1000 之间的一个数字，指数是 10 的 *N* 次方，其中 *N* 能被 3 整除。EN 描述符的形式如下：

rENw.d 或 rENw.dEe

其中 w，d，e 和 r 的含义参看表 14-1。

例如，下面的语句：

```
a = 1.2346E7; b = 0.0001; c = -77.7E10
WRITE (*,'(3EN15.4)') a, b, c
```

产生的输出如下：

```
    12.3460E+06    100.000E-06   -777.0000E+09
----|----|----|----|----|----|----|----|----|
    5   10   15   20   25   30   35   40   45
```

注意所有的指数都是 3 的倍数，当读取这些数据时，EN 描述符的作用就像 E、ES 和 F 描述符一样。

14.1.3 双精度数据——D 描述符

双精度数据有一个已废弃的格式描述符——D 描述符。D 格式描述符的形式是 rDw.d。其功能和 E 格式描述符完全一样，除了指数的指示符是 D 而不是 E 之外。此描述符仅为了保证早期版本的后向兼容性而保留。在新程序中绝对不要使用 D 格式符。

14.1.4 通用格式描述符

F 格式描述符用于以固定格式显示实数。例如，描述符 F7.3 会以格式 ddd.ddd 显示正实数，以格式–dd.ddd 显示负实数。F 描述符以非常易读的格式显示数值。不幸的是，如果以 F7.3 格式显示大于等于 1000 或者小于等于–100 的数，那么输出的数据就会变为一系列星号*******。相反，使用 E 格式描述符可以不考虑数值的范围。但是，以 E 格式显示的数值从识别的角度来说，不如 F 格式显示的数值易理解。尽管下面两个数值是一样的，但是以 F 格式显示的要比 E 格式显示的容易理解：

```
225.671          0.225671E+03
```

因为 F 格式易读，所以尽可能使用 F 格式显示数值；如果使用 F 格式表示的数值变得太大或者太小，那么将使用 E 格式显示数据。当面对实数时，G 格式描述符也是如这种方式起作用。

G 格式描述符的形式如下：

rGw.d 或 rGw.dEe

其中 w、d、e 和 r 的含义参看表 14-1。用 G 格式描述符表示的实数可以使用 E 格式显示，也可以使用 F 格式显示，这取决于该实数的指数。如果待显示的实数是 $\pm 0.dddddd \times 10^k$ 的形式，并且用来显示的格式描述符是 Gw.d，那么 d 和 k 之间的关系将会决定如何显示该数。如果 $0 \leqslant k \leqslant d$，那么数值会以 F 格式输出，数值后加 4 个空格，字段宽度是 w–4 个字符。小数点的位置做了调整，以便显示尽可能多的有效数字。如果指数是负的，或者比 d 大，那么该值会以 E 格式输出。在两种情况下，都会总共显示 d 位有效数字。

下表给出了针对实数的 G 格式描述符的操作。在第一个例子中，k 是–1，所以按 E 格式输出。最后一个例子中，k 是 6，d 是 5，所以还是按 E 格式输出。在 $0 \leqslant k \leqslant d$ 之间的所有例子，输出都是按 F 格式，其中小数点的位置做了调整，以便显示尽可能多的有效数字。

数值	指数	G 描述符	输出
0.012345	−1	G11.5	0.12345E-01
0.123450	0	G11.5	0.12345ϕϕϕϕ
1.234500	1	G11.5	1.23450ϕϕϕϕ
12.34500	2	G11.5	12.3450ϕϕϕϕ
123.4500	3	G11.5	123.450ϕϕϕϕ
1234.5600	4	G11.5	1234.50ϕϕϕϕ
12345.600	5	G11.5	12345.0ϕϕϕϕ
123456.00	6	G11.5	0.12345E+06

通用格式描述符也可用于显示整型、逻辑型和字符型数据。当用于整型数据时，其作用和 I 格式描述符相同。当用于逻辑数据时，其作用和 L 格式描述符相同。当用于字符数据时，其作用和 A 格式描述符相同。

14.1.5 GO 格式描述符

GO 格式描述符是 G 格式描述符的通用版本，可以自动调整其字段来适应显示数据的类型。当用于整型数据，其作用和 IO 描述符相同。当用于逻辑数据时，其作用和 L1 描述符相同。当用于实型数据时，其作用和 rESw.dEe 描述符相同。当用于字符数据时，其作用和 A 描述符相同。

14.1.6 二进制、八进制和十六进制（B，O 和 Z）描述符

二进制（B）、八进制（O）和十六进制（Z）描述符用于描述二进制、八进制和十六进制数据的读写格式，它们可用于描述整型数据和实型数据。这些描述符的通用形式为：

```
rBw 或 rBw.m
rOw 或 rOw.m
rZw 或 rZw.m
```

其中，w，m 和 r 的含义参考表 14-1。格式描述符的宽度必须足够宽，以便于在适当的位置显示出所有的数字；如果不够宽，就填充星号。例如，下列语句：

```
a = 16
b = -1
WRITE (*,'(A,B16,1X,B16)')   'Binary: ', a, b
WRITE (*,'(A,O11.4,1X,O11.4)') 'Octal: ', a, b
WRITE (*,'(A,Z8,1X,Z8)')    'Hex:  ', a, b
```

其输出为：

```
Binary:        10000 ****************
Octal:      0020 37777777777
Hex:       10 FFFFFFFF
----|----|----|----|----|----|----|----|----|
    5   10   15   20   25   30   35   40   45
```

因为数字在计算机中都是以二进制补码形式存储，所以–1 实际就是 32bit 的 1。因此，b 的二进制表示由 32 位数字组成，而字段 B16 描述的数据域太小不能显示这个数字，所以就用星号填满。

14.1.7 TAB 描述符

Fortran 一共有三个 TAB 描述符：T*c*、TL*n* 和 TR*n*。第 5 章已经介绍过 T*c*。在格式化 WRITE 语句中，该描述符使得下一个输出数据开始于输出缓冲区的第 *c* 列。在格式化的 READ 语句中，它使得下一个数据开始于输入缓冲区的第 *c* 列。例如，下面的代码将会在第 30 列打印出字母'Z'（记住，第 1 列用来显示回车控制符，不产生输出）。

```
WRITE (*,'(T30,A)') 'Z'
```

T*c* 描述符执行的是绝对 tab 功能，也就是说输出会移动到第 *c* 列，而不管前一个输出位置在哪。相反，TL*n* 和 TR*n* 描述符执行的是相对 tab 功能。TL*n* 把输出位置向当前输出位置左边移动 *n* 列，TR*n* 把输出位置向当前输出位置右边移动 *n* 列。这里，下一个将输出的位置取决于同一行前一个输出的位置。例如，下列代码会在 10～12 列之间显示 100，在 17～19 列之间显示 200：

```
WRITE (*,'(T10,I3,TR4,I3)') 100, 200
```

14.1.8 冒号（:）描述符

已经知道，如果 WRITE 语句用完了其对应格式末尾前的变量，那么该格式的作用会持续到第一个没有对应变量的格式描述符，停止，或者持续到格式结束，不管哪种情况先出现。例如，下面的语句：

```
m = 1
voltage = 13800.
WRITE (*,40) m
40 FORMAT ('M = ', I3, ' N = ', I4, ' O = ', F7.2)
WRITE (*,50) voltage / 1000.
50 FORMAT ('Voltage = ', F8.1, ' kV')
```

这些语句将产生的输出如下：

```
    M =   1 N =
Voltage =     13.8 kV
----|----|----|----|----|
    5   10   15   20   25
```

第一条 FORMAT 语句停在 I4 处，因为它是第一个不匹配的格式描述符。第二条 FORMAT 语句会起作用，直到语句结束，因为在它之前没有不匹配的格式描述符出现。

在编写程序中，冒号描述符允许用户修改格式描述符的常见行为。冒号描述符在 WRITE 语句中就像条件停止点。如果需要输出较多的数值，那么冒号可被忽略，而按正常的格式执行格式化的 WRITE 语句。但是，如果在格式化中有冒号，并且输出的数值不是很多，那么 WRITE 语句就会在冒号处停止执行。

为了便于理解冒号的使用，来看一个简单的程序，如图 14-1 所示。

```
PROGRAM test_colon
IMPLICIT NONE
REAL, DIMENSION(8) :: x
INTEGER :: i
x = [ 1.1, 2.2, 3.3, 4.4, 5.5, 6.6, 7.7, 8.8 ]
WRITE (*,100) (i, x(i), i = 1, 8)
100 FORMAT (/'The output values are: '/, &
   3(5X,'X(',I2,') = ',F10.4))
WRITE (*,200) (i, x(i), i = 1, 8)
200 FORMAT (/'The output values are: '/, &
   3(:,5X,'X(',I2,') = ',F10.4))
END PROGRAM test_colon
```

图 14-1　说明冒号格式描述符使用的程序

这个程序含有一个有 8 个元素的数组，我们希望一页的每行上并排输出 3 个元素值。注意圆括号中的格式描述符部分有一个重复 3 次的数值，所以在程序运行到下一行之前，每行将按相同的格式打印出 3 个数值。如果编译和执行该程序，那么结果是：

```
C:\book\fortran\chap14>test
The output values are:
  X( 1) =    1.1000   X( 2) =   2.2000  X( 3) =   3.3000
  X( 4) =    4.4000   X( 5) =   5.5000  X( 6) =   6.6000
  X( 7) =    7.7000   X( 8) =   8.8000  X(
The output values are:
  X( 1) =    1.1000   X( 2) =   2.2000  X( 3) =   3.3000
  X( 4) =    4.4000   X( 5) =   5.5000  X( 6) =   6.6000
  X( 7) =    7.7000   X( 8) =   8.8000
```

第一条 WRITE 语句和 FORMAT 语句在 x(8)被写入数值之后没有其他对应的数值输出，但是因为它位于格式的中间，所以 WRITE 语句继续执行，直到碰到了第一个没有对应变量的输出描述符。结果，多余的'X（'就被打印出来了。第二条 WRITE 语句和 FORMAT 语句，除了在 FORMAT 语句中重复部分开始的地方有个冒号外，和第一对是一样的。同样，它们也是在 x（8）被写入数值后没有其他对应的数值输出。但是因为也是在格式中间，所以 WRITE 语句继续执行，但是马上碰到了冒号，此时执行就停止了。所以，第二种情况没有打印出'X('。

正如上面的例子中所演示的，冒号描述符最常用于清晰地终止行中间无意义的输出。

14.1.9　比例因子：P 描述符

P 描述符可以为使用 E 和 F 格式描述符输出的任意实型变量添加比例因子。比例因子的形式为：

*n*P

其中，***n*** 是小数点移动的位数。比例因子 P 可以用在 E 或 F 格式符之前。带有比例因子的描述符的常见形式为：

*n*PrFw.d 和 *n*PrEw.d

和 F 格式描述符一起使用时，比例因子 P 会使显示的数据乘以 10^n。和 E 格式描述符一起使用时，比例因子 P 会使显示数据的小数部分乘以 10^n，指数部分减去 ***n***。

FORTRAN 90 引入了 ES 和 EN 格式描述符后，比例因子 P 就是多余的了。在新程序中应该不再使用此描述符。

14.1.10 SIGN 描述符

SIGN 格式描述符控制着输出行中正数前的正号的显示。SIGN 格式描述符一共有三个：S、SP 和 SS。SP 描述符会在同一条 FORMAT 语句中紧随其后的所有正数据值前显示正号，SS 描述符会在同一条 FORMAT 语句中紧随其后的所有正数据前阻止正号的出现。S 描述符让其后的正值按系统默认行为显示。这些格式描述符几乎不需要，所以也很少被使用。

14.1.11 空格的解释：BN 和 BZ 描述符

BN（blank null，空格）和 BZ（blank zero，空 0）描述符控制着输入数据域中空格的解释方法。如果起作用的是 BN，那么忽略空格。如果起作用的是 BZ，那么空格被视为 0。在两种情况下，如果整个输入数据域都是空格，那么该域都被解释为 0。在现代程序中已经不需要 BN 和 BZ 描述符了。保留它们仅是为了与 FORTRAN 66 的 I/O 操作相兼容。

14.1.12 舍入控制：RU，RD，RZ，RN，RC 和 RP 描述符

RU（round up，向上舍入），RD（round down，向下舍入），RZ（round toward zero，向 0 舍入），RN（round nearest，四舍五入），RC（round compatible，相容舍入）和 RP（round processor defined，按处理器默认原则舍入）描述符控制着数据读写时的舍入原则。例如 0.1 这个数，在 IEEE 754 处理器上使用的二进制浮点运算中没有精确的表示含义，所以为了将其存入内存，必须对其进行舍入。同样，计算机中二进制数的表示都不会精确匹配格式化文件中的十进制数据，所以输出时也必须舍入。这些描述符控制着如何对给定的输入或输出语句进行舍入。

在同一条 READ 语句或者 WRITE 语句中，RU 描述符规定了其后所有数值在转换过程中都将采用向上舍入（趋近于正无穷大）的原则处理；RD 描述符规定了其后所有数值在转换过程中都将采取向下舍入（趋近于负无穷大）的原则处理；RZ 描述符规定了其后所有数值在转换过程中都将采取向 0 舍入的原则处理；RN 描述符规定了其后所有数值在转换过程中都将采取四舍五入的原则处理。如果两个可表示的数据相差很远，舍入要朝着远离 0 的方向。RP 描述符规定了同一条 WRITE 语句中所有其后的浮点数值采取处理器默认的舍入原则处理。

14.1.13 小数指示符：DC 和 DP 描述符

DC（小数逗号）和 DP（小数点号）描述符控制着用来分隔一个表达式的整数部分和小数部分的字符。如果使用 DC 描述符，那么在同一条 READ 语句或者 WRITE 语句中所有其后的浮点数都使用逗号作为小数部分和整数部分的分隔符。如果使用 DP 描述符，那么在同一条 READ 语句或者 WRITE 语句中所有其后的浮点数都使用点号作为分隔符。注意，对于一个指定的文件，默认分隔符的行为是由 OPEN 语句中 DECIMAL=子句中来设定的。如果在

文件打开时希望临时重载默认的行为选项，才使用 DC 和 DP 描述符。

14.2 表式输入的默认值

表式（list-directed，直接列表式）输入的优点是易于使用，因为不需要为它专门编写 FORMAT 语句。一条有表式输入的 READ 语句对于从终端获取用户输入信息来说是非常有用的。用户可能在任何一列键入输入数据，READ 语句仍能正确解析输入值。

此外，有表式输入的 READ 语句还支持空值。如果输入数据行包含两个连续的逗号，那么输入列表中相应的值都不变。这一行为允许用户将一个或多个变量的数值默认设置为前面定义的数值。看下面的例子：

```
PROGRAM test_read
INTEGER :: i = 1, j = 2, k = 3
WRITE (*,*) 'Enter i, j, and k: '
READ (*,*) i, j, k
WRITE (*,*) 'i, j, k = ', i, j, k
END PROGRAM test_read
```

编译并执行该程序时，结果如下：

```
C:\book\fortran\chap14>test_read
Enter i, j, and k:
1000,,-2002
i, j, k =     1000     2     -2002
```

注意，j 的值默认设置为 2，而 i 和 k 都被赋予了新值。同样可以使用斜线作为结束符而将一行中的其他值全部设置为默认值。

```
C:\book\fortran\chap14>test_read
Enter i, j, and k:
1000 /
i, j, k =     1000    2     3
```

测验 14-1

下面的测验可以快速检查是否理解了第 14.1 节和第 14.2 节所学习的内容。如果完成该测验有困难，那么请重读这些章节，请教老师或者和同学讨论。该测验的答案可在本书的附录中找到。

对于题 1 到题 4，确定语句执行后的输出结果。

1.
```
REAL ::  a = 4096.07
WRITE (*,1) a, a, a, a, a
1 FORMAT (F10.1, F9.2, E12.5, G12.5, G11.4)
```

2.
```
INTEGER :: i
REAL, DIMENSION(5) :: data1 = [ -17.2,4.,4.,.3,-2.22 ]
WRITE (*,1) (i, data1(i), i=1, 5)
1 FORMAT (2(5X,'Data1(',I3,') = ',F8.4,:,','))
```

3.
```
REAL :: x = 0.0000122, y = 123456.E2
WRITE (*,'(2EN14.6,/,1X,2ES14.6)') x, y, x, y
```

4.
```
INTEGER ::  i = -2002, j = 1776, k = -3
WRITE (*,*) 'Enter i, j, and k: '
READ (*,*) i, j, k
WRITE (*,1) i, j, k
1 FORMAT ('i = ',I10,' j = ',I10,' k = ',I10)
```

这里输入是:

```
  ,          -1001/
---------|---------|
        10        20
```

14.3 Fortran I/O 语句详述

表 14-2 列出了所有的 Fortran I/O 语句。利用这些语句，可以打开文件、关闭文件、检查文件的状态、跳转到文件中某个特定的位置以及读写文件等。在本节中，将逐一介绍表中所列出的语句。其中有些语句的简单用法在第 5 章中已经介绍过，即使我们已经熟悉这些语句，但是它们还有许多额外的用法也需要学习。

表 14-2 **Fortran I/O 语句**

语句	功　　能
OPEN	打开文件（将文件连接到 i/o 单元）
CLOSE	关闭文件（将文件与 i/o 单元的连接断开）
INQUIRE	检查文件的属性
READ	读取文件（通过 i/o 单元）
PRINT	向标准输出设备写入数据
WRITE	向文件写入数据（通过 i/o 单元）
REWIND	将文件指针移动到顺序文件开始处
BACKSPACE	将顺序文件中的文件指针向后移动一个记录
ENDFILE	将文件指针移动到顺序文件结束处
FLUSH	将输出缓冲区的内容写入磁盘
WAIT	等待异步 I/O 操作的完成

对于每个 i/o 语句进行谈论时，都会给出所有可能与该语句联合使用的子句。以阴影列出的那些子句不应再用于现代 Fortran 程序中。

14.3.1 OPEN 语句

在读写文件之前，必须将磁盘文件与 i/o 单元相连。连接操作与编译器的特定实现有关，在程序开始执行时，一些文件已经预连接到了某些 i/o 单元。如果预连接文件存在，那么可以不用打开文件而直接把数据写入文件。例如，Intel Visual Fortran 会自动地将名为“fort.21”的文件预连接到 i/o 单元 21 上等。预连接文件是在 Fortran 程序第一次写该文件时自动创建的。

不幸的是，预连接文件的编号和名字根据处理器的不同而不同，所以如果在自己的程序中使用这些特性，那么程序的可移植性会比较差。为了提高程序的可移植性，应该明确地打开要用的文件，并要使得用户可以选择需要使用的文件名。

良好的编程习惯

在 Fortran 程序中不要依赖预连接文件（标准输入输出设备除外）。预连接文件的编号和名字会因处理器的不同而不同，所以使用它们会降低程序的可移植性。

通过使用 OPEN 语句，可以将 i/o 单元和磁盘文件显式连接起来。一旦使用完该文件，应该使用 CLOSE 语句将文件和 i/o 单元连接断开。在 CLOSE 语句执行之后，i/o 单元便失去了与文件的连接，此时，又可以使用 OPEN 语句连接到其他文件。

OPEN 语句的通用形式如下：

```
OPEN(open_list)
```

其中，open_list 由两个或多个用逗号分开的子句构成。表 14-3 列出了在 OPEN 语句中可能出现的子句。这些子句可以以任意顺序包含于 OPEN 语句中。并不是每个语句都会包含所有的子句。有些子句仅对特定类型的文件有意义。例如，RECL=子句仅对“直接访问文件”有意义。同样，一些子句的组合可能有相互矛盾的含义，这样在编译时会产生错误。在下面对子句的详细讨论中，将会列出一些相互矛盾的例子。

表 14-3　OPEN 语句中可用子句

子　句	输入或输出	目　的	可能的取值
[UNIT=] int_expr	输入	指明文件所要连接的 i/o 单元，UNIT=短语是可选的	与处理器相关的整型
FILE= char_expr	输入	要打开的文件名[1]	字符串
STATUS=char_expr	输入	指定要打开的文件的状态	'OLD'，'NWE'，'SCRATCH'，'REPLACE'，'UNKNOWN'
NEWUNIT=int_var	输出	自动选择与当前打开的 i/o 单元不冲突的 i/o 单元，返回使用的单元编号	与处理器相关，整型变量 int_var 包含了返回的单元编号
I/OSTAT= int_var	输出	操作结束后 I/O 的状态	与处理器相关 整型 int_var .0=成功；正数=打开失败
I/OMSG= char_var	输出	描述在操作期间所发生错误的字符串	字符串
ACCESS= char_expr	输入	指明文件的存取是顺序的、直接的，还是流式的	'SEQUENTIAL'，'DIRECT'，'STREAM'
ASYNCHRONOUS= char_expr	输入	指明是否使用异步 I/O[2]	'YES'，'NO'
DECIMAL= char_expr	输入	指明数值整数和小数部分用哪种符号隔开。（默认是'.'）	'COMMA'，'POINT'
ENCODING= char_expr	输入	指明读写文件时，字符数据的类型。'UTF-8'表示 Unicode 文件[3]	'UTF-8'，'DEFAULT'
ROUND= char_expr	输入	指明在格式化 I/O 操作中所使用的舍入类型（默认是'PROCESSOR DEFINED'）	'UP'，'DOWN'，'ZERO'，'NEAREST'，'COMPATIBLE'，'PROCESSOR DEFINED'
SIGN= char_expr	输入	指明格式化写操作中，输出正数时是否显示正号	'PLUS'，'SUPPRESS'，'PROCESSOR DEFINED'
FORM= char_expr	输入	指明是否格式化数据	'FORMATTED'，'UNFORMATTED'

续表

子　句	输入或输出	目　的	可能的取值
ACTION= char_expr	输入	指明文件是只读的、只写的，还是读写的	'READ'，'WRITE'，'READWRITE'
RECL= int_expr	输入	对于格式化直接访问文件来说，是每条记录的字符个数。 对于未格式化直接访问文件来说，是每条记录按处理器的单元计数的字符个数[4]	与处理器相关的正整数
POSITION=char_expr	输入	指明文件打开后文件指针的位置	'REWIND'，'APPEND'，'ASIS'
DELIM=char_expr	输入	指明表式输入字符输入是由省略号分隔，还是由引号分隔，还是不分隔（默认是'NONE'）[5]	'APOSTROPHE'，'QUOTE'，'NONE'
PAD=variable	输入	指明格式化输入的记录是否填充空格（默认是'YES'）	'YES'，'NO'
BLANK=char_expr	输入	指明空格是被视为空，还是 0。默认是为空[6]	'NULL'，'ZERO'
ERR=label	输入	文件打开失败时，转向的语句标号[7]	当前作用域之内的语句标号

[1] FILE=子句不允许用于临时文件。
[2] ASYNCHRONOUS=子句允许此文件使用异步 I/O 语句。默认值是'NO'。
[3] 定义 ENCODING=子句，仅用于连接格式化 I/O 的文件。默认值是'DEFAULT'，表示与处理器相关，但是通常是 1 字节字符。
[4] 定义 RECL=子句，仅用于连接直接访问的文件。
[5] 定义 DELIM=子句，仅用于连接格式化 I/O 的文件。
[6] 定义 BLANK=子句，仅用于连接有格式化 I/O 的文件。在现代 Fortran 程序中不再需要这条子句。
[7] ERR=子句在现代程序中并不需要。使用 IOSTAT=子句替代它。

UNIT=子句

该子句指定和文件相关联的 i/o 单元编号。在所有 OPEN 语句中，必须出现 UNIT=子句或者 NEWUNIT=子句。这里指定的 i/o 单元编号将会在后面访问文件的 READ 语句和 WRITE 语句中用到。如果 UNIT=io_unit 子句作为 OPEN 语句的第一个子句出现，那么它可以简写为 io_unit。在 Fortran 中，此功能能保证对 Fortran 早期版本的向后兼容。因此，下面两条语句是等价的：

```
OPEN(UNIT=10, …)
OPEN(10, …)
```

NEWUNIT=子句

该子句用于指明打开文件的 i/o 单元不能与其他正在使用的任何单元冲突。如果指定了 UNIT=子句，Fortran 会选择一个未使用单元编号，在该单元上打开文件，并通过输出变量返回单元编号。典型的用法为：

```
INTEGER :: lu
OPEN ( NEWUNIT=lu, ... )
```

文件打开后，变量 lu 包含用于读写的单元编号。

FILE=子句

该子句用于指明连接到特定 i/o 单元的文件名。文件名必须能用于除临时文件外的所有文件。

STATUS=子句

该子句指明了要连接到 i/o 单元的文件的状态。一共有 5 种可能的文件状态：'OLD'，'NEW'，'REPLACE'，'SCRATCH'和'UNKNOWN'。

如果文件状态为'OLD'，那么在执行 OPEN 语句时，该文件必须已经存在于系统中，否则执行 OPEN 语句会产生错误。如果文件的状态为'NEW'，那么当执行 OPEN 语句时，在系统上一定不存在该文件，否则执行 OPEN 语句会产生错误。如果文件状态是'REPLACE'，那么不管该文件是否存在，在执行 OPEN 语句时都会打开一个新文件。如果文件已经存在，那么程序会删除它，然后创建一个新文件，并打开它以便输出，该文件原来的内容丢失。如果文件不存在，程序会根据给出的名字创建一个新文件。

如果文件的状态是'SCRATCH'，那么会在计算机上创建一个临时文件，然后将它和 i/o 单元关联起来。临时文件是由计算机创建的，在程序运行时可以用它来存放临时数据。当临时文件关闭了或者程序结束了，该文件就自动从系统中删除。注意，FILE=子句不能用于临时文件，因为不会创建永久文件，给临时文件指定文件名是错误的。

如果文件状态是'UNKNOWN'，那么程序的处理可能会根据处理器的不同而不同，Fortran 标准并没有指明此选项的动作。对程序来说，最常做的动作首先是寻找已存在的指定名字的文件，如果该文件存在，那么打开它。文件的内容不会因为通过 UNKNOWN 状态打开而遭到破坏，但是如果随后向该文件中写入数据，那么原来的内容就会被毁掉。如果文件不存在，那么计算机使用文件名创建一个新文件，然后打开它。在程序中应该避免使用 UNKNOWN 状态，因为 OPEN 语句的动作此时依赖于处理器，而这点会降低程序的可移植性。

如果 OPEN 语句中没有 STATUS=子句，那么默认状态是'UNKNOWN'。

IOSTAT=子句

该子句指明了 OPEN 语句执行之后，包含 i/o 状态的整型变量。如果文件打开成功，那么该状态变量的值为 0。否则，该变量的值为一个处理器相关的正数，并且该正数代表着发生的错误的类型。

IOMSG=子句

该子句指明了 OPEN 语句执行之后，包含 i/o 状态的字符变量。如果文件打开成功，那么该状态变量的值不会变化。否则，该变量的值为描述所发生的问题的消息。

ACCESS=子句

该子句指明了文件的访问方法。有三类访问方法，分别是："顺序式"（'SEQUENTIAL'）、"直接式"（'DIRECT'）和"流式"（'STREAM'）。顺序访问指的是打开文件后，对其中记录的读写是按照从头到尾的顺序逐一进行。顺序访问是 Fortran 默认的访问模式，到目前为止我们所看到的所有文件都是顺序文件。使用顺序访问方式打开的文件不需要限定记录的长度。

如果使用直接访问方式打开文件，那么任何时候都可以从文件中的一条记录直接跳到另一条记录，而并不需要经过读取这两条记录之间的任何记录。以直接访问方式所打开的文件中的每条记录的长度必须相同。

如果文件是按流式访问方式打开的，那么读写文件都是以"文件访问单元"（通常是字节）进行的。这种模式和顺序访问方式的不同在于，顺序访问是面向记录的，每条记录后面都会自动插入一个记录结束符（新行）。相反，流式访问只是按照指定的字节来读写文件，而不对每行的结束做任何额外的处理。流式访问类似于 C 语言中的文件 I/O。

ASYNCHRONOUS=子句

该子句指明了当前文件是否使用异步 I/O。默认的值是'NO'。

DECIMAL=子句

该子句指明了实型数值中整数和小数部分的分隔符是采用小数点还是逗号。默认是小数点。

对于使用了 DC 和 DP 格式描述符的特定 READ 或 WRITE 语句来说，此子句中的值可以被重载。

ENCODING=子句

该子句指明了该文件中的字符编码是标准的 ASCII 码，还是 Unicode 码。如果值是'UTF-8'，那么每个字符以 2 字节的 Unicode 编码存取。如果值是'DEFAULT'，那么字符编码依赖于处理器，实际上这意味着它是 1 字节的 ASCII 码字符编码。

ROUND=子句

该子句指明了向格式化文件读写数据时，应该采用的舍入原则。舍入选项有'UP'，'DOWN'，'ZERO'，'NEAREST'，'COMPATIBLE'和'PROCESSOR DEFINED'。例如，数值 0.1 在 IEEE754 计算机中的二进制浮点运算中没有确切的表示方式，所以这样一个数值必须经过舍入才能存入存储器。同样的，计算机中数字的二进制数据表示不可能确切地匹配格式化文件中所写的十进制数，所以在输出时也需要进行舍入。此子句控制着给定文件的舍入原则。

'UP'选项指定所有的数值都采用向上舍入原则（趋向于正无穷大）处理。'DOWN'选项指定所有的数值都采用向下舍入原则处理（趋向于负无穷大）。'ZERO'选项指定所有的数值都采用趋向于 0 而舍入的原则。'NEAREST'选项指定在常规的处理中，所有的数值都采用趋向于最接近的数据的舍入原则（四舍五入）。如果两个表示的数从距离上来说相同，那么舍入的方向没必要定义。'COMPATIBLE'选项和'NEAREST'选项相同，但当两个表示的数距离当前数值的距离相同时，此选项指明舍入的方向以背离 0 为原则。PROCESSOR DEFINED 指明所有的浮点值都按照处理器相关的方式进行舍入。

对于使用了 RU、RD、RZ、RN、RC 和 RP 格式描述符的 READ 或 WRITE 语句来说，此子句中的值可以被重载。

SIGN=子句

该子句控制着输出行中正数的前面是否显示正号。选项有：'PLUS'，'SUPPRESS'和'PROCESSOR DEFINED'。'PLUS'选项说明在所有的正数之前都显示正号，'SUPPRESS'选项表示所有的正数之前不显示正号。'PORCESSOR DEFINED'选项允许计算机使用系统默认的方法来显示正数。此选项也是默认选项。

对于使用了 S，SP 和 SS 格式描述符的 READ 或 WRITE 语句来说，此子句中的值可以重载。

FORM=子句

该子句指明了文件的格式状态。有两种文件格式：'FORMATTED'和'UNFORMATTED'。格式化文件中的数据是由可识别的字符和数字等组成。这些文件之所以叫作格式化文件是因为在读写数据时，使用格式描述符（或者表式输入 I/O 语句）将数据转化为计算机可用的形式。当向格式化文件写入数据时，存储在计算机中的比特序列就被翻译为了一系列人所能识别的字符，然后这些字符被写到文件。翻译指令包含在格式描述符中。到目前为止所使用的所有磁盘文件都是格式化文件。

相反，未格式化文件所包含的数据是计算机内存中数据的精确拷贝。当向未格式化文件写数据时，实际上是将计算机内存中的精确比特序列拷贝到文件。未格式化文件要比相应的格式化文件小很多，但是由于未格式化文件中的信息是按照比特序列进行编码的，所以对人来说不容易识别和检查。此外，一些特殊值的比特序列可能因为计算机系统类型的不同而不同，所以未格式化文件不能轻易地从一台机器移植到另一台机器。

如果文件使用的是顺序访问方式，那么默认的文件格式是'FORMATTED'。如果文件使用的直接访问方式，那么默认的文件格式是'UNFORMATTED'。

ACTION=子句

该子句指明了是以只读方式、还是只写方式、还是读写方式打开文件。可能的取值有：'READ'，'WRITE'和'READWRITE'。默认的操作是'READWRITE'。

RECL=子句

该子句指明了直接访问文件中每条记录的长度。对于使用直接访问方式打开的格式化文件来说，该子句包含每条记录的字符长度。对于未格式化文件来说，该子句包含了以处理器相关的度量单位计算的每条记录的长度。

POSITION=子句

该子句指明了文件打开后文件指针的位置。可能的取值有：'REWIND'，'APPEND'或者'ASIS'。如果表达式是'REWIND'，那么文件指针指向文件的第一条记录。如果表达式是'APPEND'，那么文件指针指向文件的最后一条记录之后、文件结束符之前。如果表达式是'ASIS'，那么文件指针的位置不定，与处理器相关。默认的是'ASIS'。

DELIM=子句

该子句指明了在表式输出和名称列表输出语句中用于分隔字符串的字符。可能的取值有：'QUOTE'，'APOSTROPHE'和'NONE'。如果表达式是'QUOTE'，那么字符串之间以引号分隔，字符串中实际含有的引号会自动重复一次。如果表达式是'APOSTROPHE'，那么字符串以省略号分隔，字符串中实际含有的省略号会自动重复一次。如果表达式是'NONE'，那么字符串没有分隔符。

PAD=子句

该子句可能的取值有：'YES'和'NO'。如果子句是'YES'，那么处理器会按照 READ 格式描述符所指明的记录长度，根据需要填充输入数据行以匹配记录的长度。如果是'NO'，那么输入数据行至少要和格式描述符指明的记录一样长，否则会发生错误。默认值是'YES'。

BLANK=子句

该子句指明在数字域中的空格被视为空格，还是 0。可能的取值有'ZERO'和'NULL'。它和 BN，BZ 格式描述符是等价的，除了这里使用的值适用于整个文件之外。该子句可以向后兼容 FORTRAN 66；在新的 Fortran 程序中不应该再使用它。

ERR=子句

该子句指明当文件打开失败时，应该跳转到的语句标号。ERR=子句提供了一种可以将特殊的代码添加到文件打开错误处理中的方法（在新的 Fortran 程序中不应该再使用此子句，使用 IOSTAT=和 IOMSG=子句替代该子句）。

使用 IOSTAT=和 IOMSG=子句的重要性

如果打开文件失败，并且 OPEN 语句中没有 IOSTAT=子句或 ERR=子句，那么 Fortran 程序会打印出一个错误信息，并退出程序。这一动作对于运行时间长的大型程序来说是非常不方便的，因为中途退出此类程序意味着前面所做大量工作可能都丢失了。如果能捕获此类错误，然后让用户告诉程序如何处理该问题，这样会好很多。用户可以指定一个新的文件或者让程序在保存了已经做的工作后再关闭。

如果在 OPEN 语句中使用了 IOSTAT=子句和 ERR=子句，那么当发生错误时，Fortran 程序不会立即退出。如果出现了错误，并且有 IOSTAT=子句，那么就会返回一个代表发生的错误类型的 i/o 状态数字。如果同时还有 IOMSG=子句，那么还会返回用户可读的描述所产生问题的字符串。程序能检查错误，并且合理地向用户提供选择：是继续执行，还是保存后关闭。例如，

```
OPEN ( UNIT=8, FILE='test.dat', STATUS='OLD', IOSTAT=istat, IOMSG=msg)
! 检查有 OPEN 错吗
in_ok: IF ( istat /= 0 ) THEN
  WRITE (*,*) 'Input file OPEN failed: istat = ', istat
  WRITE (*,*) 'Error message = ', msg
  WRITE (*,*) 'Shutting down...'
  ...
ELSE
  normal processing
  ...
END IF in_ok
```

通常，在所有新程序中，应该使用 IOSTAT=子句代替 ERR=子句，因为 IOSTAT=子句有更大的灵活性，并且更适于现代结构化编程。ERR=子句的使用会导致出现“纵横交错复杂的编码”，即在这种方式下，程序的执行跳来跳去，难于跟踪和维护。

良好的编程习惯

始终在 OPEN 语句中使用 IOSTAT=子句来捕获文件打开错误。当检测到错误后，在关闭文件或者使用新文件之前，优雅地告诉用户问题所在。

举例

下面给出了一些 OPEN 语句的例子：

（1）OPEN（UNIT=9，FILE='x.dat'，STATUS='OLD'，POSITION='APPEND'，& ACTION='WRITE'）

该语句打开了一个名为 x.dat 的文件，并且将它连接到编号为 9 的 I/O 单元上。文件的状态是'OLD'，所以文件必须已经存在。文件指针的位置状态是'APPEND'，所以文件指针应该指向此文件的最后一条记录之后，文件结束符之前。文件是以顺序访问方式打开的格式化文件，并且是只写的。因为没有 IOSTAT=或 ERR=子句，所以含有这条语句的程序会在文件打开出错时自动关闭。

（2）OPEN（22，STATUS='SCRATCH'）

该语句创建了一个临时文件，并且将它连接到编号为 22 的 i/o 单元。系统自动给临时文件创建了一个唯一名字，并且当文件关闭或者程序结束时，自动删除临时文件。临时文件是一个按照顺序访问方式打开的格式化文件。由于没有 IOSTAT=或 ERR=子句，所以文件打开错误会使含有这条语句的程序自动关闭。

（3）OPEN（FILE='input'，UNIT=lu，STATUS='OLD'，ACTION='READ'，IOSTAT=istat）

该语句打开一个已存在的名为 input 的文件，并且将它连接到变量 1u 对应的值的那个 I/O 单元。文件状态是'OLD'，所以如果文件不存在，OPEN 语句将会出错。此文件是一个按照顺序访问方式打开的格式化文件，并且是只读的。状态代码返回于变量 istat 中。如果文件打开成功，那么该变量的值为 0；如果文件打开失败，返回一个正数。由于使用了 IOSTAT=子句，所以打开发生错误时，含有这条语句的程序不会自动退出。

（4）OPEN（FILE='input'，NEWUNIT=lu，ACTION='READ'，IOSTAT=istat，IOMSG=msg）

该语句打开一个已经存在的名为 input 的文件，并把它连接到程序定义的 i/o 单元上，返回变量 lu 中对应的值。因为文件的默认状态设置为'UNKNOWN'，因此程序的操作是依赖于处理器的。此文件是一个按照顺序访问方式打开的格式化文件，并且是只读的。状态代码返回于变量 istat 中。如果文件打开成功，那么该变量的值为 0；如果文件打开失败，返回一个正数。由于在此语句中使用了 IOSTAT=子句，所以打开发生错误时，含有这条语句的程序不会自动退出。如果产生了错误，描述错误信息的消息将返回于字符变量 msg。

14.3.2 CLOSE 语句

一旦不再需要文件，就应该使用 CLOSE 语句将其和 i/o 单元的连接断开。CLOSE 语句执行后，该 i/o 单元会失去和此文件的连接，又可以被其他 OPEN 语句用于打开其他文件。

只要程序结束，Fortran 程序都会自动更新并关闭打开的文件。因此，CLOSE 语句实际上并不是必需的，除非想将同一个 i/o 单元关联到多个文件上。但是，当程序使用完了某文件，就使用 CLOSE 语句关闭它是一个好习惯。当文件被某个程序打开后，其他程序就不能同时访问该文件。只有关闭文件，该文件才可以被其他程序使用。对于需要多人共享的文件来说这一点特别重要。

良好的编程习惯

始终记得在程序使用完文件之后，就尽快使用 CLOSE 语句显式的关闭文件，以便其他程序能使用文件。

CLOSE 语句的通用形式如下：

```
CLOSE(close_list)
```

其中 close_list 由一个或多个用逗号分开的子句构成。表 14-4 列出了 CLOSE 语句中可以用的子句。它们可以以任何顺序出现于 CLOSE 语句中。

表 14-4　　CLOSE 语句中允许出现的子句

子　句	输入或输出	目的	可能的值
[UNIT=] int_expr	输入	要关闭的 i/o 单元。UNIT=短语是可选的	与处理器相关的整数
STATUS= char_expr	输入	在文件关闭后，指明保留文件，还是删除文件	'KEEP'，'DELETE'
I/OSTAT=int_var	输出	操作结束后的 I/O 状态	与处理器相关的整数 int_var.0=成功；正数=关闭失败
I/OMSG= char_var	输出	在操作过程中描述发生的错误的字符串	字符串
ERR=label	输入	如果文件打开错误用于转移控制的语句标号 [1]	当前作用域内的语句标号

[1] 现代 Fortran 程序中不再使用 ERR=子句，而是使用 IOSTAT=子句。

UNIT=子句

该子句和 OPEN 语句中的 UNIT=子句完全相同。所有 CLOSE 语句中必须有 UNIT=子句。

STATUS=子句

该子句指明了和指定 i/o 单元相连的文件的状态。有两种可能的文件状态值：'KEEP'和

'DELETE'。如果文件状态是'KEEP'，那么文件在关闭后仍然保留在文件系统中。如果文件状态是'DELETE'，那么文件在关闭后会自动删除。临时文件在关闭后都会被删除；把临时文件的状态指定为'KEEP'是非法的。对于其他类型的文件，默认的状态是'KEEP'。

IOSTAT=子句

该子句指定了在 CLOSE 语句执行后包含 i/o 状态的整型变量。如果文件关闭成功，那么该状态变量为 0。如果文件关闭失败，该状态变量包含一个处理器相关的正值，该值和发生的错误类型有关。

IOMSG=子句

该子句指定了在 CLOSE 语句执行后包含 i/o 状态的字符变量。如果文件关闭成功，那么此变量的内容不变。如果文件关闭失败，此变量的值是描述所发生问题的字符串。

ERR=子句

该子句指明了当文件关闭失败时所跳转到的语句标号。ERR=子句提供了可以将特殊的代码添加到文件关闭错误处理中的方法（在新的 Fortran 程序中不应该再使用此子句；而是使用 IOSTAT 子句）。

举例

下面给出了 CLOSE 语句的几个例子：

1．CLOSE（9）

该语句关闭了连接到 i/o 单元 9 的文件。如果文件是一个临时文件，那么它会被自动删除；否则，该文件会留在磁盘上。由于没有 IOSTAT=或 ERR=子句，所以错误会导致包含此语句的程序退出。

2．CLOSE（UNIT=22，STATUS='DELETE'，IOSTAT=istat，IOMSG=err_str）

该语句关闭并删除了和 i/o 单元 22 相连的文件。操作的状态会返回到变量 istat 中。如果操作成功，则 istat 为 0，否则为一个正数。由于该语句中出现了 IOSTAT=子句，所以关闭时发生错误不会直接导致包含此语句的程序退出。如果发生错误，字符变量 err_str 会包含错误描述信息。

14.3.3 INQUIRE 语句

在 Fortran 程序中，经常需要检查要使用的文件属性或状态。INQUIRE 语句就是用来完成此功能的。设计它的目的就是为了在文件打开之前或者打开之后提供文件的详细信息。

INQUIRE 语句有三种不同的版本。除了查找文件的方法不同之外，该语句的前两个版本是相似的。既可以通过 FILE=子句又可以通过 UNIT=子句（这两个子句不能同时使用）可以指定需要查找的文件。如果文件还没有打开，那么必须通过文件名来识别文件。如果文件已经打开了，那么可以通过文件名或 i/o 单元来识别文件。在 INQUIRE 语句中，有多种可能的输出子句。为了找出文件的某些特定信息，只要在语句中包含相应的子句即可。表 14-5 列出了可用的所有子句。

表 14-5　INQUIRE 语句中可使用的子句

子句	输入或输出	目的	可能的值
[UNIT=] int_expr	输入	要检查的文件 I/O 单元[1]	与处理器相关的整数
FILE= char_expr	输入	要检查的文件名[1]	与处理器相关的字符串

续表

子句	输入或输出	目的	可能的值
IOSTAT=int_var	输出	I/O 状态	成功返回 0；否则返回与处理器相关的正数
IOMSG= char_var	输出	I/O 错误信息	如果失败，此变量包含一个描述错误的信息
EXIST= log_var	输出	文件是否存在	.TRUE.，.FALSE.
OPENED= log_var	输出	文件是否打开	.TRUE.，.FALSE.
NUMBER= int_var	输出	如果文件打开，该值是文件的 I/O 单元编号；如果文件没有打开，该值未定义	与处理器相关的正数
NAMED= log_var	输出	文件是否有名字（临时文件没有名字）	.TRUE.，.FALSE.
NAME= char_var	输出	如果文件有名，该值为文件名；否则无定义	文件名
ACCESS= char_var	输出	如果文件当前是打开的，指定访问的类型 [2]	'SEQUENTIAL','DIRECT','STREAM'
SEQUENTIAL= char_var	输出	指定文件是否能按顺序访问方式打开	'YES'，'NO'，'UNKNOWN'
DIRECT= char_var	输出	指定文件是否能按直接访问方式打开	'YES'，'NO'，'UNKNOWN'
STREAM= char_var	输出	指定文件是否能按流访问方式打开 [2]	'YES'，'NO'，'UNKNOWN'
FORM= char_var	输出	如果文件打开，指定文件格式的类型 [3]	'FORMATTED'，'UNFORMATTED'
FORMATTED= char_var	输出	指定文件是否能连接格式化 I/O[3]	'YES'，'NO'，'UNKNOWN'
UNFORMATTED= char_var	输出	指定文件是否能连接未格式化 I/O[3]	'YES'，'NO'，'UNKNOWN'
RECL= int_var	输出	指定直接访问文件中记录的长度；对于顺序文件此值无定义	记录长度是与处理器处理单元相关的
NEXTREC= int_var	输出	对于直接访问文件，最后从文件中读出或写入的记录个数；对于顺序文件无定义	
BLANK= char_var	输出	指定数字域中的空格被视为空还是零 [4]	'ZERO'，'NULL'
POSITION= char_var	输出	当文件首次打开时，指定文件指针的位置。此值对于未打开的文件或者以直接访问方式打开的文件无定义	'REWIND'，'APPEND'，'ASIS'，'UNDEFINED'
ACTION= char_var	输出	指定对打开文件采取读操作、写操作还是读写操作。对于未打开文件此值无定义 [5]	'READ'，'WRITE'，'READWRITE'，'UNDEFINED'
READ= char_var	输出	指定文件是否为只读访问而打开 [5]	'YES'，'NO'，'UNKNOWN'
WRITE= char_var	输出	指定文件是否为只写访问而打开 [5]	'YES'，'NO'，'UNKNOWN'
READWRITE= char_var	输出	指定文件是否为读写访问而打开 [5]	'YES'，'NO'，'UNKNOWN'
DELIM= char_var	输出	指定该文件的表式和命名 I/O 列表中字符分隔符的类型	'APOSTROPHE'，'QUOTE'，'NONE'，'UNKNOWN'
PAD= char_var	输出	指定输入行是否需要使用空格填充。此值通常是 yes，除非使用 PAD ='NO'显式打开文件	'YES'，'NO'
IOLENGTH= int_var	输出	返回未格式化记录的长度，和处理器单元相关。此子句专门用于第三种 INQUIRE 语句（参见正文）	
ASYNCHRONOUS= char_var	输出	指定对此文件是否允许异步 I/O	'YES'，'NO'

续表

子句	输入或输出	目的	可能的值
ENCODING= char_var	输出	指定文件字符编码的类型[6]	'UTF-8', 'UNDEFINED', 'UNKNOWN'
ID=int_expr	输入	即将进行异步数据传输的 ID 号，结果返回在 ID=子句中	
PENDING=log_var	输出	返回指定 ID=子句异步 I/O 操作的状态	.TRUE.，.FALSE.
POS= int_var	输出	返回下一步要读写的文件位置	
ROUND= char_var	输出	返回所使用的舍入类型	'UP', 'DOWN', 'ZERO', 'NEAREST', 'COMPATIBLE', 'PROCESSOR DEFINED'
SIGN=char_var	输出	返回输出+号的选项	'PLUS', 'SUPPRESS', 'PROCESSOR', 'DEFINED'
ERR=statementlabel	输入	如果语句失败所应执行的分支[7]	当前程序单元的语句标号

[1] 任何 INQUIRE 语句中包含且只能包含 FILE=和 UNIT=子句中的一个。

[2] ACCESS=子句、SEQUENTIAL=、DIRECT=和 STREAM=子句的不同在于 ACCESS=子句说明了正在使用的访问类型，而其他三个说明了可以使用的访问类型。

[3] FORM=子句、FORMATTED=子句和 UNFORMATTED=子句的不同在于 FORM=子句说明了正在使用的 I/O 类型，而其他两个说明了可以使用的 I/O 类型。

[4] 定义 BLANK=子句仅是为了连接格式化 I/O 的文件。

[5] ACTION=子句和 READ=子句、WRITE=子句以及 READWRITE=子句的不同在于 ACTION=子句指明了对于已经打开的文件的动作，而其他则指明了对于被打开的文件的动作。

[6] 值'UTF-8'返回的是 Unicode 文件；值'UNDEFINED'返回未格式化文件。

[7] ERR-子句在现代 Fortran 程序中不再使用，它被 IOSTAT=和 IOMSG 代替。

INQUIRE 语句的第三种形式为 inquire-by-output-list（有输出列表的查询）语句。该语句的形式如下：

```
INQUIRE (IOLENGTH=int_var) output-list
```

其中，int-var 是整型变量，output-list 是变量、常量和表达式的列表，类似于 WRITE 语句中出现的列表。此语句的目的是返回包含在输出列表中实体的未格式化记录的长度。在本章后面会看到，未格式化直接访问文件有固定的记录长度，该长度使用与处理器相关的单元来度量，所以其长度会依处理器的不同而不同。此外，在文件打开时，必须指明记录的长度。这种形式的 INQUIRE 语句是可以用一种不依赖于处理器的方法指明直接访问文件中的记录长度的方法。具体的例子在 14.6 节介绍直接访问文件时出现。

例题 14-1　防止输出文件覆盖已有数据

许多程序要求用户指明一个输出文件，用于写入程序的执行结果。在打开该文件并且向其写入之前，检查该文件是否存在是一个良好的编程习惯。如果该文件已经存在，那么在程序写文件之前，应该问问用户是否真的想销毁该文件中的数据。如果是，那么程序就可以打开该文件，然后向其写入数据。否则，程序就该获得一个新的输出文件名并重新写入。编写一个程序，描述这种防止已存在文件被覆盖的保护技术。

解决方案

图 14-2 给出了相应的 Fortran 程序。

```
PROGRAM open_file
!
! 目的：说明在覆写输出文件前如何进行检查处理
!
```

```
IMPLICIT NONE
! 数据字典: 声明变量类型和定义
INTEGER :: istat                        ! i/o 状态
LOGICAL :: lexist                       ! 如果文件存在,则为 True
LOGICAL :: lopen = .FALSE.              ! 如果文件打开,则为 True
CHARACTER(len=20) :: name               ! 文件名
CHARACTER :: yn                         ! Yes / No 标志
! 一直做,直到文件打开
openfile: DO
  ! 获取输出文件名
  WRITE (*,*) 'Enter output file name: '
  READ (*,'(A)') file_name
  ! 文件已经存在否?
  INQUIRE ( FILE=file_name, EXIST=lexist )
  exists: IF ( .NOT. lexist ) THEN
   ! 如果是 OK, 文件没有已经存在,打开文件.
   OPEN (UNIT=9, FILE=name, STATUS='NEW', ACTION='WRITE' ,IOSTAT=istat)
   lopen = .TRUE.
  ELSE
   ! 文件存在,应该替代它否?
   WRITE (*,*) 'Output file exists. Overwrite it? (Y/N) '
   READ (*,'(A)') yn
   CALL ucase ( yn )              ! 转换成大写
   replace: IF ( yn == 'Y' ) THEN
     ! 如果 OK. 打开文件
     OPEN (UNIT=9, FILE=name, STATUS='REPLACE', ACTION='WRITE',IOSTAT=istat)
     lopen = .TRUE.
   END IF replace
  END IF exists
  IF ( lopen ) EXIT
END DO openfile
! 现在打印输出数据,关闭和保存文件
WRITE (9,*) 'This is the output file!'
CLOSE (9,STATUS='KEEP')
END PROGRAM open_file
```

图 14-2 演示如何防止输出文件数据遭到意外覆盖的程序

请自己完成对此程序的测试。你会如何提出建议以改进此程序，使之更好呢（提示：想想 OPEN 语句）？

良好的编程习惯

检查是否输出文件覆盖了已存在的数据文件。如果是，确定用户确实希望销毁原文件中的数据。

14.3.4 READ 语句

READ 语句从与指定 i/o 单元关联的文件中读取数据，并且按照指定的 FORMAT 描述符转换数据格式，然后存入 i/o 列表的变量中。当 i/o_list 中的所有变量全部填充数据时，或者当达到输入文件的末尾时，或者发生错误时，READ 语句才停止读取数据。READ 语句的通用形式如下：

```
READ(control_list) i/o_list
```

其中 control_list 由一个或多个用逗号分开的子句构成。表 14-6 汇总了 READ 语句中可能出现的所有子句，这些子句可以在 READ 语句中以任意顺序出现。在给定的 READ 子句中，并不是所有的子句都会出现。

表 14-6　READ 语句中允许的子句

子　　句	输入或输出	目的	可能的值
[UNIT=] int_expr	输入	读取的 I/O 单元	与处理器相关的整数
[FMT=] statement_label [FMT=] char_expr [FMT=] *	输入	指定当读取格式化数据时采用的格式	
IOSTAT=int_var	输出	操作后的 I/O 状态	与处理器相关的整数 int_var： 0=成功； 正数=读失败； –1=文件结束； –2=记录结束
IOMSG=char_var	输出	I/O 错误信息	如果发生失败，此变量包含一条错误描述消息
REC=int_expr	输入	指明在直接访问文件中要读取的记录个数	
NML=namelist	输入	指明要读取的 I/O 实体的名称列表	在当前作用域中定义的，或通过使用，或通过宿主关联可访问的名称列表
ADVANCE=char_expr	输入	指明是否进行高级或非高级 I/O。只对顺序文件有效	
SIZE= int_var	输出	指定在非高级 I/O 中读取的字符个数。只对非高级 I/O 有效	
EOR=label	输入	在非高级 I/O 操作时，到达结束记录时，转移控制到的语句标号。只对非高级 I/O 有效	当前作用域中的语句标号
ASYNCHRONOUS= char_expr	输入	指定本语句是否使用异步 I/O（默认是“NO”）[1]	'YES'，'NO'
DECIMAL= char_expr	输入	暂时重载 OPEN 语句中的分隔原则	'COMMA'，'POINT'
DELIM= char_expr	输入	暂时重载 OPEN 语句中的定界原则	'APOSTROPHE'，'QUOTE'，'NONE'
ID= int_var	输出	返回一个和异步 I/O 传输相关的唯一的 ID[2]	
POS= int_var	输入	指定按照流访问方式打开的文件的读取位置 [3]	
ROUND= char_var	输入	暂时重载 OPEN 语句中指定的舍入原则	'UP'，'DOWN'，'ZERO'，'NEAREST'，'COMPATIBLE'，PROCESSOR DEFINED'
SIGN= char_var	输入	暂时重载 OPEN 语句中指定的符号原则	'PLUS'，'SUPPRESS'，'PROCESSOR'，'DEFINED'
END= statement_label	输入	如果到达文件结束标志点，控制的语句标号 [4]	当前作用域内的语句标号
ERR=statement_label	输入	如果发生错误，控制转向的语句标号 [4]	当前作用域内的语句标号

[1] 如果文件打开后允许异步 I/O，那么 ASYNCHRONOUS=子句只能为'YES'。
[2] 如果指定了异步数据传输，那么只能使用 ID=子句。
[3] 当文件是按流访问方式打开时，只能使用 POS=子句。
[4] END=、ERR=和 EOR=子句在现代 Fortran 程序中不再使用，使用 IOSTAT=子句和 IOMSG=子句代替。

UNIT=子句

该子句指定从哪个 i/o 单元号读取数据。*表示从标准输入设备读取数据。所有 READ 语句中必须有 UNIT=子句。

也可以通过在 READ 语句中指定 i/o 单元的名字，而不用 UNIT=关键字来指定 i/o 单元。Fortran 包含这一特性是为了实现向后兼容。如果 i/o 单元是以这两种方式的任一种指定，那么此子句必须是 READ 语句中的第一个子句。下面两条语句是等价的：

```
READ(UNIT=10,…)
READ(10,…)
```

FMT=子句

该子句形式如下：

```
[FMT=] statement_label 或者[FMT=] char_expr 或者 [FMT=]*
```

其中 statement_label 是 FORMAT 语句的标号，char_expr 是包含格式化信息的字符串，或*指定表式 I/O。所有格式化 READ 语句中必须使用 FMT=子句。

如果 FMT=子句是 READ 语句中的第二个子句，并且第一个子句是缩写的单元编号，且没有 UNIT=关键字，那么格式化子句可以通过命名语句编号、字符变量或包含格式的*来实现缩写。这一特性包含在 Fortran 中，也是为了实现对 Fortran 早期版本的向后兼容性。因此，下面两条语句是等价的：

```
READ(UNIT=10,FMT=100) data1
READ(10, 100) data1
```

IOSTAT=子句

该子句指定了一个在整型变量，这个变量包含了 READ 语句执行之后的状态信息。如果读操作成功，那么该状态变量值为 0。如果遇到文件结束条件，那么状态变量值为–1。在执行非高级 i/o 时，如果遇到记录结束条件，那么状态变量值为–2。如果读失败，那么状态变量包含一个表示错误类型的正数。

IOMSG=子句

该子句指定了一个字符变量，这个变量包含了 READ 执行之后的 i/o 状态信息。如果读操作成功，那么该变量内容不会发生变化。否则，该变量含有描述所发生问题的消息。

REC=子句

该子句指定将从直接访问文件中读取的记录数。该子句仅对直接访问文件有效。

NML=子句

该子句指明要读入的变量值名称列表。关于 I/O 名称列表的详细描述在第 14.4 节讨论。

ADVANCE=子句

该子句指明在 READ 结束时是否放弃当前输入缓冲区的内容。可能的取值是'YES'和'NO'。如果为'YES'，那么当 READ 语句完成时，当前输入缓冲区中的数据将被丢弃。如果为'NO'，当前输入缓冲区中的数据将得到保存，并用于下一条 READ 语句。默认值是'YES'。此子句仅对顺序文件有效。

SIZE=子句

该子句指定一个整型变量的名字，该变量包含了在非高级 I/O 操作过程中已经从输入缓冲区中读取到的字符数。仅当指定 ADVANCE='NO'子句时才能使用此子句。

EOR=子句

该子句指定了一个可执行语句的标号。在非高级 READ 操作执行过程中，如果检测到了当前记录结束的情况，就会跳转到这个标号处。如果在非高级 READ 操作执行过程中到达输入记录结束点，那么程序将会跳转到指定的语句并执行它。仅当指定 ADVANCE='NO'子句时，才能指定此子句。如果指定了 ADVANCE='YES'子句，那么会继续读取连续的输入行，直到所有的输入数据全都读取完毕。

ASYNCHRONOUS=子句

该指明了特定的读取操作是否是异步的。如果文件是以异步 I/O 方式打开的，子句的值才能是'YES'。

DECIMAL=子句

该子句临时重载了 OPEN 语句中的小数点分隔符规则。

对于特定的 READ 或 WRITE 语句来说，此子句的值可以通过 DC 和 DP 格式描述符重载。

DELIM=子句

该子句临时重载了 OPEN 语句中的定界符规则。

ID=子句

该子句返回一个与异步 I/O 传输相关的唯一 ID。此 ID 可以用于后面的 INQUIRE 语句，以确定 I/O 传输是否完成。

POS=子句

该子句指明从流文件中读取时的位置。

ROUND=子句

该子句临时重载了 OPEN 语句中指定的 ROUND 子句的值。该子句中的值也可以重载为由 RU，RD，RZ，RN，RC 和 RP 格式描述符指定的值。

SIGN=子句

该子句临时重载了 OPEN 语句中指定的 SIGN 子句的值。该子句中的值也可以重载为由 S，SP 和 SS 格式描述符指定的值。

END=子句

该子句指定了一个可执行语句的标号。当检测到输入文件结束时，将跳转到该标号。END=子句提供了一个处理意外文件结束条件的方法。此子句在现代程序中不再使用，而是用更通用和灵活的 IOSTAT=子句代替。

ERR=子句

该子句指定了一个可执行语句的标号。如果发生读取错误，将跳转到这个标号。最常见的读错误是字段输入数据的类型和用来读取该字段的格式描述符不一致。例如，如果字符'A123'错误地出现在以 I4 描述符指定的字段中，那么就会发生错误。此子句在现代程序中不再使用，而被更通用和灵活的 IOSTAT=子句代替。

使用 IOSTAT=和 IOMSG=子句的重要性

如果读失败，并且 READ 语句中没有 IOSTAT=或 ERR=子句，那么 Fortran 程序就会输出错误信息并且退出。如果读到了输入文件结束点，并且没有 IOSTAT=子句或 END=子句，那么 Fortran 程序将退出。最后，如果在非高级 i/o 过程中碰到输入记录结束点，并且没有 IOSTAT=子句或 EOR=子句，那么 Fortran 程序也会退出。如果 READ 语句中有 IOSTAT=子句，ERR=子句，END=子句或者 EOR=子句，那么当发生读错误、遇到文件结束条件、或遇到记录结束条件，Fortran 程序不会退出。如果同时有 IOMSG=子句，那么会返回用户可读的描述错误信息的字符串。程序员可以采取一些措施处理那些问题，并且允许程序继续执行。

下面的代码片断显示了如何使用 IOSTAT=消息来读取未知个数的输入值，而不退出，直到输入文件结束。它使用 while 循环读取数据，直到到达文件结束。

```
OPEN ( UNIT=8, FILE='test.dat', STATUS='OLD' )
! 读入输入数据
nvals = 0
DO
  READ (8,100,IOSTAT=istat) temp
  ! 检查到数据末尾否
  IF ( istat < 0 ) EXIT
  nvals = nvals + 1
  array(nvals) = temp
END DO
```

在所有新程序中使用的是 IOSTAT=子句而不是 END=、ERR=和 EOR=子句，因为 IOSTAT=子句更灵活，更加适于现代结构化编程。如果使用其他几个子句，会使得代码结构“复杂化”，导致程序中发生跳来跳去的情况，从而难于跟踪和维护。

良好的编程习惯

在 READ 语句中使用 IOSTAT=和 IOMSG=子句来防止程序在碰到错误，或者文件结束条件，或者记录结束条件时就退出的情况。当检测到这些条件中的任何一个，程序都能采用恰当的方法继续处理或友好地结束。

14.3.5 READ 语句的另一种形式

READ 语句的另一种形式仅用于格式化读取或从标准输入设备进行表式读取。语句的格式如下：

```
READ fmt,i/o_list
```

其中 fmt 是当读取 i/o_list 中的变量列表时使用的格式说明。该格式可以是 FORMAT 语句的个数，包含格式信息的字符变量名或是星号。READ 语句此版本的例子如下：

```
READ 100, x, y
100 FORMAT (2F10.2)
READ '(2F10.2)', x, y
```

此版本的 READ 语句没有标准的 READ 语句灵活，因为它只能用于标准输入设备，并不支持可选的子句。它是旧版 FORTRAN 语句的延续，在现代程序中已经不再使用。

14.3.6 WRITE 语句

WRITE 语句接收 I/O 列表中变量的数据，并按照指定的 FORMAT 描述符进行转换，然后结果写入与指定的 i/o 单元关联的文件。WRITE 语句通用格式如下：

```
WRITE(control_list) i/o_list
```

其中 control_list 由一个或多个逗号分隔的子句构成。WRITE 语句中可用的子句和 READ 语句中的相同，除了 WRITE 语句中没有 END=，SIZE=或 EOR=子句之外。

14.3.7 PRINT 语句

PRINT 语句是另一条输出语句，专用于格式化输出或向标准输出设备进行表式输出。语句的形式如下：

```
PRINT fmt, i/o_list
```

其中 fmt 是 i/o_list 中的变量列表的读取格式说明。此格式可以是 FORMAT 语句的个数、包含格式信息的字符变量名、包含格式信息的字符串或是星号。PRINT 语句的例子如下：

```
PRINT 100, x, y
100 FORMAT (2F10.2)
string = '(2F10.2)'
PRINT string, x, y
```

PRINT 语句没有标准的 WRITE 语句灵活，因为它只能用于标准输出设备，并且不支持可选子句。它是 FORTRAN 早期版本语句的延续，在现代程序中已经不再使用它。但是，由于多年的习惯，许多 FORTRAN 程序员从表达上还是愿意使用这个语句。因为它工作正常，所以使用 PRINT 语句的程序在今后还会得到继续支持。当看到这条语句时应该认识它，但就作者的观点来看，在自己的程序中最好不要使用它。

14.3.8 文件定位语句

Fortran 中有两条定位语句：REWIND 和 BACKSPACE。REWIND 语句将文件指针定位在文件的最开始，以便下一条 READ 语句读取文件的第一行。BACKSPACE 语句将文件指针回退一行。这些语句仅对顺序文件有效。语句的通用形式为：

```
REWIND(control_list)
BACKSPACE(control_list)
```

其中 control_list 由一个或多个由逗号隔开的子句构成。表 14-7 汇总了文件定位语句中可以出现的子句。这些子句的含义和前面描述的在其他 I/O 语句中的含义一样。

如果 i/o 单元处在控制列表的第一个位置，那么可以不用指定 UNIT=关键字。下列示例语句都是合法的文件定位语句：

```
REWIND(unit_in)
BACKSPACE(UNIT=12, IOSTAT=istat)
```

为了和早期版本 FORTRAN 兼容，仅包含 i/o 单元编号的文件定位语句可以不使用括号：

```
REWIND 6
BACKSPACE unit_in
```

在现代 Fortran 程序中，应该使用 IOSTAT=子句而非 ERR=子句。它更适合现代结构化编程技术。

14.3.9 ENDFILE 语句

ENDFILE 语句在顺序文件的当前位置写入一个文件结束记录，然后定位在文件的该记录之后。在对文件使用的 ENDFILE 语句执行之后，除非执行 BACKSPACE 或 REWIND 语句，否则 RREAD 或 WRITE 都不能继续对该文件进行操作。如果强行操作，READ 或 WRITE 语句就会产生错误。ENDFILE 语句的通用形式如下：

```
ENDFILE (control_list)
```

其中 control_list 由一个或多个逗号分隔的子句构成。表 14-7 汇总了 ENDFILE 语句中可用的子句。这些子句的含义和在前面描述的其他 I/O 语句中的一样。如果本语句是出现在控制列表的第一个位置上，那么可以不为 i/o 单元指定 UNIT=关键字。

为了和 Fortran 早期版本兼容，仅包含 i/o 单元号的 ENDFILE 语句可以不带括号。下面的示例语句都是合法的 ENDFILE 语句：

```
ENDIFLE(UNIT=12, IOSTAT=istat)
ENDFILE 6
```

在现代 Fortran 程序中，应该使用 IOSTAT=子句代替 ERR=子句。它更适合现代结构化编程技术。

表 14-7　　REWIND，BACKSPACE，ENDFILE 子句中允许的子句

子　句	输入或输出	目的	可能的值
[UNIT=] int_expr	输入	要操作的 I/O 单元 UNIT=短语是可选的	与处理器相关的整数
IOSTAT=int_var	输出	操作后的 I/O 状态	与处理器相关的整数 int_var。 0=成功； 正数=读失败
IOMSG=char_var	输出	如果发生错误，字符串包含错误信息	
ERR=statement_label	输入	如果发生错误，转向的语句标号[1]	当前作用域内的语句标号

[1] ERR=子句在现代 Fortran 程序中永不需要，而是用 IOSTAT=子句替代。

14.3.10 WAIT 语句

当开始异步 I/O 传输开始时，在 I/O 操作完成前，立即返回执行程序。这允许程序可以和 I/O 操作并行执行。它使得程序在后面的有些地方，能够保证在继续执行之前完成 I/O 操作。例如，程序需在异步写过程中读回要写的数据。

如果这样，那么程序可以使用 WAIT 语句，用来确保在程序继续执行之前完成 I/O 操作。WAIT 语句的形式如下：

```
WAIT (unit)
```

其中，unit 是需要等待的 I/O 单元。当该单元所有悬挂的 I/O 操作完成时，这条语句才会交出控制权。

14.3.11 FLUSH 语句

FLUSH 语句让所有待写入文件的数据一次性进入或者在语句返回前使用。它的实际效果是强制将暂存在输出缓冲区的数据写入磁盘。该语句的形式如下：

```
FLUSH(unit)
```

其中 unit 是要 flush 的 I/O 单元。当所有的数据写入磁盘时，此语句才会交出控制权。

14.4 I/O 名称列表

I/O 名称列表是一个输出固定变量名和数值列表的好方法，它也是读入固定变量名和数值列表的好方法。名称列表经常是作为整体来读写的变量名列表。其形式如下：

```
NAMELIST /nl_grounp_name/ var1[,var2,…]
```

其中 n1_grounp_name 是名称列表的名字，var1，var2 等是列表中的变量。NAMELIST 是一条说明语句，必须出现在程序的第一条可执行语句之前。如果有多条具有同样名字的 NAMELIST 语句，那么所有语句中的变量被连接起来，把它们视为一条大型语句来处理。通过使用面向名称列表的 I/O 语句可以读写 NAMELIST 中列出的所有变量。

NAMELIST I/O 语句看上去和格式化 I/O 语句类似，除了用 NML=子句代替 FMT=子句之外。面向名称列表的 WRITE 语句形式如下：

```
WRITE(UNIT=unit,NML=nl_group_name,[…])
```

其中 unit 是数据写入的 I/O 单元，nl_group_name 是要写的名称列表的名字（不同于 I/O 语句中其他大多数子句，nl_group_name 不用单引号或双引号括住）。当执行面向名称列表的 WRITE 语句时，名称列表中的所有变量名都会和其值一起按照特定的顺序输出出来。输出的第一项是&符号，其后跟随名称列表的名字，然后是一系列按照“NAME=value”格式的输出值。这些输出值可能出现在一行上，中间以逗号分开，也可以各自独立出现在一行，主要依赖于特定处理器对名称列表的实现方法。最后，列表以一个斜杠/结束。

例如，分析图 14-3 给出的程序。

```
PROGRAM write_namelist
!
! 目的：说明直接的 NAMELIST 的 WRITE 语句
!
IMPLICIT NONE
! 数据字典：声明变量类型和定义
INTEGER :: i = 1, j = 2                                ! 整型变量
REAL :: a = -999., b = 0.                              ! 实型变量
CHARACTER(len=12) :: string = 'Test string.'           ! 字符变量
NAMELIST / mylist / i, j, string, a, b                 ! 声明名字列表
OPEN (8,FILE='output.nml',DELIM='APOSTROPHE')          ! Open output file
WRITE (UNIT=8, NML=mylist)                             ! 输出名称列表
CLOSE (8)                                              ! 关闭文件
END PROGRAM write_namelist
```

图 14-3　使用针对 NAMELIST 的 WRITE 语句的简单程序

程序执行后，文件 output.nml 包含的内容如下：

```
&MYLIST
I =         1
J =         2
STRING = 'Test string.'
A =     -999.000000
B =     0.000000E+00
/
```

名称列表输出是以&符号开始，紧接着名称列表的名字 MYLIST，以'/'结束。注意，字符串用引号括住，因为文件是使用 DELIM='APOSTROPHE'子句打开的。

面向名称列表的 READ 语句通用形式如下：

```
READ(UNIT=unit,NML=nl_group_name,[…])
```

其中 unit 是将要从中读取数据的 i/o 单元，而 nl_group_name 是将要读的名称列表的名字。当执行面向名称列表的 READ 语句时，程序搜索带有&nl_group_name 的输入文件，它表示名称列表的开始。然后读取名称列表中的所有数值，直到碰到字符'/'终止 READ。输入列表中的值可以出现在输入文件的任意一行，只要它们在标志 Nl_group_name 和字符'/'之间。根据输入列表中给定的名字，给名称列表中变量赋值。名称列表 READ 语句不是必须给名称列表中的每个变量赋值。如果有些名称列表变量没有包含在输入文件列表中，那么在名称列表 READ 执行之后，这些变量的值保持不变。

面向名称列表的 READ 语句非常有用。假设正在编写一个包含 100 个输入变量的程序。这些变量在程序中初始化为常用的默认值。在程序的某一特殊执行过程中，如需要改变这些变量前 10 个初始值，其他变量值保持不变。这种情况下，就可以将 100 个变量放在名称列表中，并在程序中包括面向 NAMELIST 的 READ 语句。当用户运行程序时，他只要在名称列表输入文件中给出少量几个值，其他的输入变量会保持不变。这一方法要比使用普通的 READ 语句好很多，因为在普通的 READ 输入文件中要列出所有 100 个变量，即使在特殊过程中它们的值不需要改变。

思考图 14-4 给出的例子，它描述了名称列表 READ 如何有选择的更新名称列表中某些变量的取值。

```
PROGRAM read_namelist
!
! 目的：说明直接地 NAMELIST 的 READ 语句
!
IMPLICIT NONE
! 数据字典：声明变量类型和定义
INTEGER :: i = 1, j = 2                               ! 整型变量
REAL :: a = -999., b = 0.                             ! 实型变量
CHARACTER(len=12) :: string = 'Test string.'          ! 字符变量
NAMELIST / mylist / i, j, string, a, b                ! 声明 namelist
OPEN (7,FILE='input.nml',DELIM='APOSTROPHE')          ! Open input file.
! 在更新前输出 NAMELIST
WRITE (*,'(A)') 'Namelist file before update: '
WRITE (UNIT=*, NML=mylist)
READ (UNIT=7,NML=mylist)                              ! 读取 namelist 文件.
! Write NAMELIST after update
WRITE (*,'(A)') 'Namelist file after update: '
WRITE (UNIT=*, NML=mylist)
END PROGRAM read_namelist
```

图 14-4 使用面向 NAMELIST 的 READ 语句的简单程序

如果文件 input.nml 包含如下数据：

```
&MYLIST
I =    -111
STRING = 'Test 1.'
```

```
STRING = 'Different!'
B =  123456.
/
```

那么变量 b 就会被赋值 123456.，变量 i 会赋值–111，变量 string 会赋值'Different! '。注意，如果同一个变量有多个输入值，那么名称列表中最后的那个值是真正使用的值。除了 b，i 和 string 之外的其他变量取值都不会改变。程序的执行结果为：

```
C:\book\fortran\chap14>namelist_read
Namelist file before update:
&MYLIST
I =      1
J =      2
STRING = Test string.
A =   -999.000000
B =   0.000000E+00
/
Namelist file after update:
&MYLIST
I =    -111
J =      2
STRING = Different!
A =   -999.000000
B =  123456.000000
/
```

如果打开名称列表输出文件时使用的是'APOSTROPHE'或'QUOTE'作为定界符，那么由名称列表 WRITE 语句所写入的输出文件是可以被名称列表 READ 语句直接读取的。这一事实给相互独立的程序之间或者同一程序不同运行之间大量数据的相互交换带来了极大的方便。

良好的编程习惯

使用 NAMELIST I/O 保存数据，以便在程序之间或者程序的不同运行之间交换数据。同样，可以使用 NAMELIST READ 语句在程序执行时更新选中的输入参数。

数组名，部分数组以及数组元素都可以出现在 NAMLIST 语句中。如果数组名出现在名称列表中，那么当执行名称列表 WRITE 时，数组的每个元素都会一次输出到输出名称列表中，例如 a（1）=3.，a（2）=–1.等。当执行名称列表 READ 时，可以单独给每个数组元素赋值，输入文件中只需列出要改变值的数组元素。

形参和动态创建的变量不能出现在 NAMELIST 中，这包括无上下界值数组的形参、长度不定的字符变量、自动变量以及指针。

14.5 未格式化文件

到目前为止，在本书中所见到的文件都是格式化文件。格式化文件由可识别的字符、数字等组成，按照标准编码格式存储，如 ASCII 码或 EDCDIC 码。这些文件易于区别，因为当在屏幕上显示或将文件使用打印机打印出来时，文件中所有的字符和数字都是可读的。但是，要使用格式化文件中的数据，程序必须将文件中的字符翻译为运行程序的特定处理器所使用的内部整数或实数格式。这一翻译指令由格式描述符提供。

格式化文件具有可直接识读其内容是何种数据的优点。但是它同样也有缺点，因为处理器内部表示和文件中字符的不同，处理器在转换数据时必须做大量的工作。如果想将数据读回到同一台处理器上的其他程序中，那么所有这些努力都浪费了。同样，数字的内部表示需要的空间通常比它在格式化文件中对应的 ASCII 码或者 UNICODE 表示所需要的空间要小得多。例如，一个 32bit 实型整数，机器内部表示只需要 4 个字节的空间。而同一个数值的 ASCII 码表示将是±.dddddddE±ee，这需要 13 个字节的空间（每字符占用一个字节）。因此，将数据存储为 ASCII 码格式或是 UNICODE 格式效率很低，大量浪费磁盘空间。

未格式化文件通过直接将处理器内存的信息复制到磁盘，而不需要任何转换的方式，这就克服了格式化文件的缺点。因为不需要进行转换，所以处理器不会浪费时间格式化数据，而且数据所占用的磁盘也要小很多。但是另一方面，未格式化数据不能直接被人类所识别和解释，而且它通常不能在不同型号的处理器之间移动，因为不同型号的处理器其内部表达整数和实数的方法也不同。

格式化和未格式化文件的比较见表 14-8。总的来说，格式化文件适合于人类必须识别的数据，或者必须在不同型号的处理器之间进行传送的数据。未格式化文件适合存储不需要人类识别的，并且其创建和使用都在同一型号处理器上的信息。在这种情况下，未格式化文件不但快而且占用的空间小。

未格式化 I/O 语句看上去和格式化 I/O 语句类似，除了 READ 和 WRITE 语句中的控制列表中不出现 FMT=子句之外。例如，下面两条语句分别完成了格式化和未格式化数组 arr 的写操作：

```
WRITE (UNIT=10,FMT=100,IOSTAT=istat) (arr(i), i = 1, 1000)
100 FORMAT ( 5E13.6 )
WRITE (UNIT=10,IOSTAT=istat) (arr(i), i = 1, 1000)
```

一个文件可以是格式化的，也可以是未格式化的，但不能两者兼顾。因此，不能将格式化 I/O 语句和未格式化 I/O 语句混用在同一个文件中。INQUIRE 语句可以用来判定文件的格式化状态。

良好的编程习惯

使用格式化文件创建人类必须可读的文件，或者必须在不同的处理器之间传输的文件。使用未格式化文件来有效的存储大量不需要直接识别，并且始终保存在同一型号处理器上的数据。同样，当 I/O 速度非常关键的时候，使用未格式化文件。

表 14-8　　格式化文件和未格式化文件的比较

格式化文件	未格式化文件
可以在输出设备上显示数据	不能在输出设备上显示数据
可以在不同的计算机之间传送数据	无法轻易地在使用不同内部数据表示法的计算机之间传送数据
需要大量的磁盘空间	需要的空间相对较小
速度慢：需要大量的计算机时间	速度快：需要很少的计算机时间
在格式化时可能导致截尾或舍入错误	不存在截尾或舍入错误

14.6 直接访问文件

直接访问文件是指使用直接访问模式读写的文件。顺序访问文件中的记录必须按照顺序从第一条记录访问到最后一条。相反，直接访问文件中的记录可以按照任意顺序来访问。直接访问文件对于需要以任意顺序读取的信息非常有用，比如数据库文件。

操作直接访问文件的关键是直接访问文件中的每条记录的长度必须相等。如果记录等长，那么精确的计算磁盘文件中第 i 条记录的位置就非常简单，这样就可以直接读取含有该条记录的磁盘扇区，而无需读取该记录前的其他所有扇区。例如，假设想要读取一个每记录长度为 100 个字节的直接访问文件中的第 120 条记录。那么第 120 条记录就位于文件中字节 11901 到 12000 之间。计算机可以根据计算出含有那些字节的磁盘扇区，直接读取之。

直接访问文件可以通过在 OPEN 语句中指定 ACCESS='DIRECT'的方法来打开。直接存取文件中的每个记录的长度必须在 OPEN 语句中使用 RECL=子句来指明。对于直接访问格式化文件来说，典型的 OPEN 语句如下：

```
OPEN ( UNIT=8, FILE='dirio.fmt', ACCESS='DIRECT', FORM='FORMATTED', &
       RECL=40 )
```

这里必须指定 FORM=子句，因为直接访问文件的默认格式是'UNFORMATTED'。

对于格式化文件来说，RECL=子句中每个记录的长度是按字符单位计算的。因此，上述文件 dirio.fmt 中每条记录的长度都是 40 个字符。对于未格式化文件来说，RECL=子句中指明的长度可以按照字节、字或者其他机器相关的度量单位来表示。可以使用 INQUIRE 语句来确定与处理器无关情况下的未格式化直接访问文件中每条记录的长度。

直接访问文件的 READ 和 WRITE 语句看上去和顺序访问文件的相同，除了它包含了用于指定要读写的特定记录的 REC=子句之外（如果省略了 REC=子句，那么读写的记录就为文件的下一条记录）。典型地直接访问格式化文件的 READ 语句形式如下：

```
READ ( 8, '(I6)', REC=irec ) ival
```

直接访问的、未格式化文件可能是计算机上最高效的 Fortran 文件，因为它们的记录长度是与特定机器相关的扇区大小的倍数。因为它们是直接访问的，所以就可以直接读写文件中的任意一条记录。因为它们是未格式化的，所以在读写时不需要将计算机的时间浪费在格式转换上。此外，因为每条记录的长度刚好是一个扇区的大小，所以读写一条记录实际上只需访问一个磁盘扇区（有些短记录不是磁盘扇区大小的整数倍，它们可能跨越两个扇区，为了恢复这类短记录的信息，需要强制计算机读取两个扇区）。因为这些文件很高效，所以很多用 Fortran 写的大程序都是基于使用此类文件而设计的。

图 14-5 给出了使用直接访问的格式化文件的例子。该程序创建了一个直接访问的格式化文件，文件名为 dirio.fmt，其中每条记录长度为 40 个字符。程序使用信息填充了文件的前 100 条记录，并且直接恢复了用户指定的任何一条记录。

```
PROGRAM direct_access_formatted
!
! 目的：说明如何直接访问 Fortran 文件
!
! 修订版本：
```

```
!   日期          程序员           修改说明
!   ====          ==========       =====================
!   12/27/15      S. J. Chapman    原始代码
!
IMPLICIT NONE
! 数据字典：声明变量类型和定义
INTEGER :: i                                  ! 控制变量
INTEGER :: irec                               ! 文件中记录数
CHARACTER(len=40) :: line                     ! 含有当前行的字符串
! 打开直接访问的格式化文件,每条记录含 40 个字符
OPEN ( UNIT=8, FILE='dirio.fmt', ACCESS='DIRECT', &
   FORM='FORMATTED', STATUS='REPLACE', RECL=40 )
! 插入 100 条记录到该文件
DO i = 1, 100
  WRITE ( 8, '(A,I3,A)', REC=i ) 'This is record ', i, '.'
END DO
! 找出用户要检索的那条记录
WRITE (*,'(A)',ADVANCE='NO') ' Which record would you like to see? '
READ (*,'(I3)') irec
! 检索需要的那条记录
READ ( 8, '(A)', REC=irec ) line
! 显示检索到记录
WRITE (*, '(A,/,5X,A)' ) ' The record is: ', line
END PROGRAM direct_access_formatted
```

图 14-5　使用直接访问格式化文件的例程

程序编译并执行后，结果如下：

```
C:\book\fortran\chap14>direct_access_formatted
Which record would you like to see? 34
The record is:
This is record 34.
```

该程序同样演示了 WRITE 语句中的子句 ADVANCE='NO'的用法，该子句允许返回消息和提示消息出现在同一行。当执行 WRITE 语句时，光标不会自动换行。

例题 14–2　直接访问格式化文件和未格式化文件的比较

为了比较格式化的和未格式化的直接访问文件的操作，创建两个各自包含 50000 条记录的文件，每个文件的每行都有四个双精度实型数据。一个文件是格式化文件，一个是未格式化文件。比较两个文件的大小，然后比较它们随机恢复 50000 条记录所用的时间。使用第 7 章的子例程 random0 生成数据存放到文件中，并生成需要恢复的数值的顺序。使用练习 7-29 的子例程 elapsed_time 来确定读取每个文件所花费的时间。

解决方案

编写程序来生成两个文件，然后用图 14-6 所示的程序访问它们。注意，程序使用 INQUIRE 语句判定未格式化文件中每条记录所花费的处理时间。

```
PROGRAM direct_access
!
! 目的：比较直接访问的格式化文件和未格式化文件
!
! 修订版本：
!   日期          程序员           修改说明
!   ====          ==========       =====================
!   12/27/15      S. J. Chapman    原始代码
```

```
!
USE timer                                              ! 时钟模块
IMPLICIT NONE
! 参数表:
INTEGER, PARAMETER :: SINGLE = SELECTED_REAL_KIND(p=6)
INTEGER, PARAMETER :: DOUBLE = SELECTED_REAL_KIND(p=14)
INTEGER, PARAMETER :: MAX_RECORDS = 50000      ! Max # of records
INTEGER, PARAMETER :: NUMBER_OF_READS = 50000  ! # of reads
! 数据字典: 声明变量类型和定义
INTEGER :: i, j                                        ! 控制变量
INTEGER :: length_fmt = 84                             ! 格式化文件中每条记录的长度
INTEGER :: length_unf                                  ! 未格式化文件中每条记录的长度
INTEGER :: irec                                        ! 文件中记录数
REAL(KIND=SINGLE) :: time_fmt                          ! 格式化读取的时钟
REAL(KIND=SINGLE) :: time_unf                          ! 未格式化读取的时钟
REAL(KIND=SINGLE) :: value                             ! 随机返回的值
REAL(KIND=DOUBLE), DIMENSION(4) :: values              ! 记录中的数值
! 获得未格式化文件中每条记录的长度
INQUIRE (IOLENGTH=length_unf) values
WRITE (*,'(A,I2)') ' The unformatted record length is ', &
        length_unf
WRITE (*,'(A,I2)') ' The formatted record length is ', &
        length_fmt
! 打开直接访问的未格式化文件
OPEN ( UNIT=8, FILE='dirio.unf', ACCESS='DIRECT', &
   FORM='UNFORMATTED', STATUS='REPLACE', RECL=length_unf )
! 打开直接访问的格式化文件
OPEN ( UNIT=9, FILE='dirio.fmt', ACCESS='DIRECT', &
   FORM='FORMATTED', STATUS='REPLACE', RECL=length_fmt )
! 生成记录,插入到每个文件
DO i = 1, MAX_RECORDS
  DO j = 1, 4
   CALL random0(value)                                 ! Generate records
   values(j) = 30._double * value
  END DO
  WRITE (8,REC=i) values                               ! Write unformatted
  WRITE (9,'(4ES21.14)',REC=i) values                  ! Write formatted
END DO
! 测量恢复未格式化文件中随机某条记录的时间
CALL set_timer
DO i = 1, NUMBER_OF_READS
  CALL random0(value)
  irec = (MAX_RECORDS-1) * value + 1
  READ (8,REC=irec) values
END DO
CALL elapsed_time (time_unf)
! 测量恢复格式化文件中随机某条记录的时间
CALL set_timer
DO i = 1, NUMBER_OF_READS
  CALL random0(value)
  irec = (MAX_RECORDS-1) * value + 1
  READ (9,'(4ES21.14)',REC=irec) values
END DO
CALL elapsed_time (time_fmt)
```

```
! 告诉用户
WRITE (*,'(A,F6.2)') ' Time for unformatted file = ', time_unf
WRITE (*,'(A,F6.2)') ' Time for formatted file =  ', time_fmt
END PROGRAM direct_access
```

图 14-6 比较直接访问格式化文件和直接访问未格式化文件的示例程序

当使用 Intel Visual Fortran 编译器编译程序，并在处理器为 i7 芯片的个人电脑上执行该程序，得到的结果如下：

```
C:\book\fortran\chap14>direct_access
 The unformatted record length is 8
 The formatted record length is 80
 Time for unformatted file = 0.19
 Time for formatted file =  0.33
```

未格式化文件中每条记录的长度为 32 字节，因为每条个记录包含了四个双精度（64bit 或 8 个字节）值。由于 Intel Visual Fortran 编译器正好是按照 4 字节为单位对记录长度进行度量的，所以记录长度为 8。在其他处理器或其他编译器上，长度可能不尽相同，主要依赖于处理器的长度单位。如果在程序执行后检查文件，会发现格式化文件要比未格式化文件大很多，即使它们存储的信息相同。

```
C:\book\fortran\chap14>dir dirio.*
Volume in drive C is SYSTEM
Volume Serial Number is 6462-A133
Directory of C:\book\fortran\chap14
12/27/2015 01:58 PM     4,200,000 dirio.fmt
12/27/2015 01:58 PM     1,600,000 dirio.unf
       2 File(s)   5,800,000 bytes
       0 Dir(s) 117,824,688,128 bytes free
```

相比格式化直接访问文件而言，未格式化直接访问文件不但占用的空间更小，而且访问的速度更快，但是它们不能在不同的处理器之间移植。

14.7 流访问模式

流访问模式按照字节读写文件，并且不处理其中的特殊字符，比如回车、换行等。这点和顺序访问方式不同，顺序访问方式是按记录读写数据，使用回车和/或换行作为当前处理的记录的结束标志。流访问模式和 C 语言中的 I/O 函数 getc，putc 功能类似，每次读写一个字节，文件中的控制字符和其他字符的处理方式相同。

在 OPEN 语句中通过使用 ACCESS='STREAM'就可以按照流访问方式打开文件。典型的按流访问方式的 OPEN 语句如下所示：

```
OPEN ( UNIT=8, FILE='infile.dat', ACCESS='STREAM', FORM='FORMATTED', &
   IOSTAT=istat )
```

使用一系列的 WRITE 语句可以将数据写入文件。当程序员想要结束一行，需要将'新行'符(类似于 C 语言中的\n）写入文件。Fortran 有一个内置函数 new_line（a)，此函数把 KIND 类别的新行符返回来作为输入字符 a。例如，下面的语句打开一个文件，并向其中写入两行数据：

```
OPEN (UNIT=8, FILE='x.dat', ACCESS='STREAM', FORM='FORMATTED', IOSTAT=istat)
```

```
WRITE (8, '(A)') 'Text on first line'
WRITE (8, '(A)') new_line(' ')
WRITE (8, '(A)') 'Text on second line'
WRITE (8, '(A)') new_line(' ')
CLOSE (8, IOSTAT=istat)
```

良好的编程习惯

对于需要按照顺序读取和处理的数据使用顺序访问文件。对于可以按任意顺序读写的数据使用直接访问文件。

良好的编程习惯

对于需要快速处理大量数据的应用程序，使用直接未格式化文件。如果可能，让文件中的记录长度为当前机器基本磁盘扇区大小的倍数。

14.8 派生数据类型的非默认 I/O

在第 12 章中，已经知道默认情况下，派生数据类型是按照其在类型定义语句中定义的顺序读写的，并且 Fortran 描述符的顺序必须和派生数据类型中各元素的顺序一致。

可以创建一个非默认用户自定义的方式来读写派生数据类型数据。只要将过程和要进行输入输出处理的数据类型绑定即可。一共有四种类型的过程可用，分别是格式化输入、格式化输出、未格式化输入以及未格式化输出。可以用如下所示的方法声明一个或者多个过程，并将其和数据类型绑定。

```
TYPE :: point
  REAL :: x
  REAL :: y
CONTAINS
  GENERIC :: READ(FORMATTED) => read_fmt
  GENERIC :: READ(UNFORMATTED) => read_unfmt
  GENERIC :: WRITE(FORMATTED) => write_fmt
  GENERIC :: WRITE(UNFORMATTED) => write_unfmt
END TYPE
```

对于其他类型的 I/O 操作来说，可以通过调用在通用 READ（FORMATTED）行上指定的过程，完成格式化读出等。

可以通过在 I/O 语句中指定 DT 格式化描述符来访问绑定的过程。该描述符的形式如下：

```
DT 'string' (10, -4, 2)
```

其中字符串和参数列表传递给完成 I/O 功能的过程。字符串是可选的，对于某些用户自定义的 I/O 操作，如果不需要可以删除它。

完成 I/O 功能的过程必须有如下接口：

```
SUBROUTINE formatted_io (dtv,unit,iotype,v_list,iostat,iomsg)
SUBROUTINE unformatted_io(dtv,unit,        iostat,iomsg)
```

其中调用参数说明如下：

（1）dtv 是要读写的派生数据类型。对于 WRITE 语句来说，必须使用 INTENT（IN）来声明此值，并且不能修改。对于 READ 语句来说，必须使用 INTENT（INTOUT）声明此值，并且读入的数据必须存入此变量中。

（2）unit 是要读/写的 I/O 单元编号。必须使用 INTENT（IN）语句将其声明为整型。

（3）iotype 是 INTENT（IN）的 CHARACTER（len=*）变量。包含下列三个可能的字符串之一：'LISTDIRECTED'，针对表式 I/O 操作。'NAMELIST'，针对 I/O 名称列表操作。'DT'//string，普通格式化 I/O 操作，其中 string 是 DT 格式描述符中的字符串。

（4）v_list 声明为 INTENT（IN）的整型数组，该数组中整数集是放在 DT 格式描述符的圆括号中。

（5）iostat 是 I/O 状态变量，在执行完过程后对该状态变量进行设置。

（6）iomsg 是声明为 INTENT（OUT）的 CHARACTER（len=*）变量。如果 iostat 非零，那么就必须将此变量的值赋为一条消息。否则，该变量值不会改变。

每个子例程都按照程序员期望的方式执行特定类型和方向的 I/O 操作。只要接口明确了，那么非默认的 I/O 可以和其他 Fortran I/O 特性无缝连接完成。

测验 14-2

本测验对于是否理解了第 14.3 节～第 14.6 节的内容进行一个快速检查。如果完成这个测验有困难，那么请重读本章、询问老师或者和同学讨论。测试的答案参见本书最后的附录。

1. 格式化文件和未格式化文件的区别是什么？各自的优缺点是什么？
2. 直接访问文件和顺序文件的区别是什么？各自的优缺点是什么？
3. INQUIRE 语句的目的是什么？其使用的三种方法是什么？

判断问题 4-9 的语句是否有效，如果无效，请说出原因；如果有效，完成什么功能？

4.
```
INTEGER :: i = 29
OPEN (UNIT=i,FILE='temp.dat',STATUS='SCRATCH')
WRITE (FMT="('The unit is ',I3)",UNIT=i) i
```

5.
```
INTEGER :: i = 7
OPEN (i,STATUS='SCRATCH',ACCESS='DIRECT')
WRITE (FMT=''('The unit is ',I3)'',UNIT=i) i
```

6.
```
INTEGER :: i = 7, j = 0
OPEN (UNIT=i,STATUS='SCRATCH',ACCESS='DIRECT',RECL=80)
WRITE (FMT='(I10)', UNIT=i) j
CLOSE (i)
```

7.
```
INTEGER :: i
REAL,DIMENSION(9) :: a = [ (-100,i=1,5), (100,i=6,9) ]
OPEN (8,FILE='mydata',STATUS='REPLACE',IOSTAT=istat)
WRITE (8,'(3EN14.7)') (a(i), i = 1, 3)
WRITE (8,*) (a(i), i = 4, 6)
WRITE (UNIT=8) (a(i), I = 7, 9)
CLOSE (8)
```

8.
```
LOGICAL :: exists
INTEGER :: lu = 11, istat
INQUIRE (FILE='mydata.dat',EXIST=exists,UNIT=lu,IOSTAT=istat)
```

9. 下列语句执行之后，文件 out.dat 的内容是什么？

```
INTEGER :: i, istat
REAL, DIMENSION(5) :: a = [ (100.*i, i=-2,2) ]
REAL :: b = -37, c = 0
NAMELIST / local_data / a, b, c
OPEN(UNIT=3,FILE='in.dat',ACTION='READ',STATUS='OLD',IOSTAT=istat)
OPEN(UNIT=4,FILE='out.dat',ACTION='WRITE',IOSTAT=istat)
READ(3,NML=local_data,IOSTAT=istat)
WRITE(4,NML=local_data,IOSTAT=istat)
       Assume that the file in.dat contains the following information:
   &local_data A(2) = -17., A(5) = 30. /
```

假设文件 in.dat 包含下列信息:

```
&local_data A(2)=-17.,A(5)=30./
```

例题 14-3　空闲库存清单

任何维护计算机或测试设备的工程组织都需要准备一部分空闲部件和易耗品，以备不时之需，例如设备停机了，打印机没纸了等。他们需要追踪这些东西的补给情况，以便确定每种东西在指定时间内使用的数量、库存数量以及何时定购某种新设备。在实际中，这些功能通常使用数据库程序实现。这里，写一个简单的 Fortran 程序来追踪库存货品。

解决方案

用来追踪库存货品的程序需要维护一个数据库，数据库中包括所有可用货品的库存、它们的描述信息和数量等。一条典型的数据库记录可以包括：

1．库存号。标识货物的唯一数字。库存号从 1 开始编号，依次递增，直到所有的仓库中的所有库存货物都被标识为止（在磁盘上是 6 个字符；内存中是 1 个整数）。

2．描述信息。对库存货物的描述（30 个字符）。

3．销售商。生产或者销售该货物的公司（10 个字符）。

4．销售商编号。标识销售商的数字（20 个字符）。

5．库存数量（磁盘上 6 个字符，内存中 1 个整数）。

6．最少数量。如果库存中该货物的数量比此数少，那么应该继续订购（磁盘上=6 个字符，内存中 1 个整数）。

将在磁盘上创建一个数据库文件，该文件中每条记录中的数字对应着记录中各货物的库存量。记录的数量等于库存中货品项的数量，每条记录的长度都为 78 字节，以便容纳数据库记录的 78 个字符。此外，可以从库存中按任意顺序调出各项货品，也就是说应该对数据库中的记录采用直接访问方式。我们将使用直接访问格式化的 Fortran 文件实现这个数据库，并且文件中的每条记录长度都是 78 个字节。

此外，我们还需要一个文件，用于记录从货品库存中调出各种物品的信息，以及重新买入的补给信息。这种“事务文件”将由库存号和买入和调出的数量（货品的买入使用正数表示、调出使用负数表示）组成。由于事务文件中的事务信息应该按时间顺序读取，所以对于事务文件来说，使用顺序文件比较合适。

最后，需要一个文件用于记录重新订购以及出错的信息。这个输出文件应该包含一旦库存数量小于最少数量时就该进行订购的信息。同样还应包含如果有人试图提取库存中没有的货品时的错误信息。

1．问题说明

编写维护一个小公司库存物品数据库的程序。此程序将库存物品的调出以及库存物品补给的描述信息作为输入，并且可以不断更新库存物品数据库，当物品库存量过低时可以生成订购信息。

2. 定义输入和输出

程序的输入是一个顺序文件，用于描述库存调出和库存补给信息。每次购买或调出信息在事务文件中都是单独的一行信息。每条记录都由库存号以及可用的数量按照自由格式组成。

程序有两个输出。其一是数据库本身，其二是包含订购和出错信息的消息文件。程序的数据库文件由上述结构化的 78 字节记录组成。

3. 算法描述

当程序开始时，它打开数据库文件、事务文件以及消息文件。然后处理事务文件中的每项事务，按需更新数据库信息和产生必要的消息。程序的顶层伪代码如下：

```
打开三个文件
WHILE 处理事务还没有到文件尾 DO
 读取事务
 应用到数据库
 IF 出错或超出范围 THEN
   生产出错 / 记录信息
 END of IF
End of WHILE
Close 三个文件
```

详细伪代码如下：

```
! 打开文件
打开用于 DIRECT 访问的数据库文件
打开用于 SEQUENTIAL 访问的事务文件
打开用于 SEQUENTIAL 访问的消息文件
! 处理事务
WHILE
 读取事务
 IF 到文件尾 EXIT
 加 / 减 数据库记录数
 IF 记录数 < 0 THEN
   生产出错消息
 END of IF
 IF 记录数< 最小值 THEN
   生产记录信息
 END of IF
End of WHILE
! 关闭文件
Close 数据库文件
Close 事务文件
Close 消息文件
```

4. 把算法转换为 Fortran 语句

得到的 Fortran 子例程如图 14-7 所示。

```
PROGRAM stock
!
! 目的：维护库存补给，当库存很低时产生警告消息
!
! 修订版本：
!    日期          程序员          修改说明
!    ====          ==========      =====================
!    12/27/15      S. J. Chapman   原始代码
```

```
!
IMPLICIT NONE
! 数据字典：声明常量
INTEGER, PARAMETER :: LU_DB = 7                    ! 数据库文件单位
INTEGER, PARAMETER :: LU_M = 8                     ! 消息文件单位
INTEGER, PARAMETER :: LU_T = 9                     ! 事务文件单位
! 为数据库数据项声明派生数据类型
TYPE :: database_record
  INTEGER :: stock_number                          ! 数据项个数
  CHARACTER(len=30) :: description                 ! 数据项描述
  CHARACTER(len=10) :: vendor                      ! 销售商
  CHARACTER(len=20) :: vendor_number               ! 货品销售商数
  INTEGER :: number_in_stock                       ! 货品库存数
  INTEGER :: minimum_quantity                      ! 最小数量
END TYPE
! 为事务声明派生数据类型
TYPE :: transaction_record
  INTEGER :: stock_number                          ! 数据项数
  INTEGER :: number_in_transaction                 ! 事务数
END TYPE
! 数据字典：声明变量类型和定义
TYPE (database_record) :: item                     ! 数据库项
TYPE (transaction_record) :: trans                 ! 事务项
CHARACTER(len=3) :: file_stat                      ! 文件状态
INTEGER :: istat                                   ! I/O 状态
LOGICAL :: exist                                   ! 如果文件存在,则为 True
CHARACTER(len=120) :: msg                          ! 出错消息
CHARACTER(len=24) :: db_file = 'stock.db'          ! 数据库文件
CHARACTER(len=24) :: msg_file = 'stock.msg'        ! 消息文件
CHARACTER(len=24) :: trn_file = 'stock.trn'        ! 事务文件
! Begin execution: open database file, and check for error.
OPEN (LU_DB, FILE=db_file, STATUS='OLD', ACCESS='DIRECT', &
   FORM='FORMATTED', RECL=78, IOSTAT=istat, IOMSG=msg )
IF ( istat /= 0 ) THEN
  WRITE (*,100) db_file, istat
  100 FORMAT (' Open failed on file ',A,'. IOSTAT = ',I6)
  WRITE (*,'(A)') msg
  ERROR STOP 'Database file bad'
END IF
! 打开事务文件,检查出错否
OPEN (LU_T, FILE=trn_file, STATUS='OLD', ACCESS='SEQUENTIAL', &
   IOSTAT=istat, IOMSG=msg )
IF ( istat /= 0 ) THEN
  WRITE (*,100) trn_file, istat
  WRITE (*,'(A)') msg
  ERROR STOP 'Transaction file bad'
END IF
! 打开消息文件，定位文件指针到文件尾
! 检查出错否
INQUIRE (FILE=msg_file,EXIST=exist)                ! 消息文件存在否？
IF ( exist ) THEN
  file_stat = 'OLD'                                ! Yes，附加上它
ELSE
  file_stat = 'NEW'                                ! No，创建它
```

```
END IF
OPEN (LU_M, FILE=msg_file, STATUS=file_stat, POSITION='APPEND', &
   ACCESS='SEQUENTIAL', IOSTAT=istat, IOMSG=msg )
IF ( istat /= 0 ) THEN
  WRITE (*,100) msg_file, istat
  WRITE (*,'(A)') msg
  ERROR STOP 'Message file bad'
END IF
! 在此,只要事务存在,开始循环处理
process: DO
  ! 读取事务
  READ (LU_T,*,IOSTAT=istat) trans
  ! 如果到数据尾,则退出
  IF ( istat /= 0 ) EXIT
  ! 获得数据库记录,检查出错否
  READ (LU_DB,'(I6,A30,A10,A20,I6,I6)',REC=trans%stock_number, &
     IOSTAT=istat) item
  IF ( istat /= 0 ) THEN
   WRITE (*,'(A,I6,A,I6)') &
    ' Read failed on database file record ', &
     trans%stock_number, ' IOSTAT = ', istat
  ERROR STOP 'Database read failed'
  END IF
  ! 读取 ok, 于是修改记录
  item%number_in_stock = item%number_in_stock &
            + trans%number_in_transaction
 ! 检查出错否
 IF ( item%number_in_stock < 0 ) THEN
   ! 输出出错信息,重置个数值为 0
   WRITE (LU_M,'(A,I6,A)') ' ERROR: Stock number ', &
      trans%stock_number, ' has quantity < 0! '
   item%number_in_stock = 0
  END IF
  ! 检查 数量值 < 最下值.
  IF ( item%number_in_stock < item%minimum_quantity ) THEN
   ! 输出记录消息到消息文件
   WRITE (LU_M,110) ' Reorder stock number ', &
       trans%stock_number, ' from vendor ', &
       item%vendor, ' Description: ', &
       item%description
   110 FORMAT (A,I6,A,A,/,A,A)
  END IF
  ! 更新数据库记录
  WRITE (LU_DB,'(I6,A30,A10,A20,I6,I6)',REC=trans%stock_number, &
     IOSTAT=istat) item
END DO process
! 修改结束,关闭文件,退出
CLOSE ( LU_DB )
CLOSE ( LU_T )
CLOSE ( LU_M )
END PROGRAM stock
```

图 14-7 程序 stock

5. 测试编写的 Fortran 程序

为了测试上面的子例程，需要创建一个数据库样本文件和事务文件。下面的数据库样本文件只有四类库存物品：

```
    1Paper,   8.5 x 11", 500 sheets    MYNEWCO   111-345              12        5
    2Toner,   Laserjet IIP             HP        92275A               2         2
    3Disks,   DVD-ROM, 50 ea           MYNEWCO   54242                10       10
    4Cable,   USB Printer              MYNEWCO   11-32-J6             1         1
----|----|----|----|----|----|----|----|----|----|----|----|----|----|----|----|
         10        20        30        40        50        60        70        80
```

下面的事务文件包含消耗三包纸和五个软盘的分发记录，以及两个新墨粉到货并且被添加到库存中。

```
1 -3
3 -5
2  2
```

如果上面的事务文件作为程序的输入文件，那么新的数据库如下：

```
    1Paper,   8.5 x 11", 500 sheets    MYNEWCO   111-345              9         5
    2Toner,   Laserjet IIP             HP        92275A               2         2
    3Disks,   DVD-ROM, 50 ea           MYNEWCO   54242                10       10
    4Cable,   USB Printer              MYNEWCO   11-32-J6             1         1
----|----|----|----|----|----|----|----|----|----|----|----|----|----|----|----|
         10        20        30        40        50        60        70        80
```

消息文件包含的信息如下：

```
Reorder stock number  3 from vendor MYNEWCO
 Description: Disks, DVD-ROM, 50 ea
```

通过比较数据库运行之前和之后的数据值，可以看到程序执行结果是正确的。

这个例子说明了几种高级 I/O 特性。要执行上面的程序，必须事先存在输入文件，因此打开输入文件是使用'OLD'状态。输出的消息文件可以事先存在，也可以不存在，所以打开的时候使用'OLD'和'NEW'都可，主要依赖于 INQUIRE 语句的结果。上面的例子既使用了直接访问文件，也使用了顺序访问文件。直接访问文件主要用于数据库中，因为需要按任意顺序访问其中的各记录。顺序访问文件主要用于按照顺序处理的简单输入和输出列表。消息文件是使用'APPEND'选项打开的，这样每次的新消息可以添加到已存在消息之后。

上面的程序同样展示了几个不推荐使用的特性。最主要的一个是在发生错误的时候使用了 STOP 语句。这里使用它主要是考虑到简化教学程序的原因。但是，在实际程序中，如果发生错误，应该关闭所有文件并友好地关机，或者把机会留给用户，让用户决定如何修复检测到的问题。

实际的数据库可能使用的是直接访问的未格式化文件，而不是格式化文件。这里使用格式化文件主要是考虑到可以明显地看到执行前后数据库的变化。

14.9 异步 I/O

Fortran 2003 和后期版本定义了一种新的 I/O 模式——异步 I/O。在普通的 Fortran I/O 操作中，如果程序使用 WRITE 语句向文件写入数据，那么程序执行到 WRITE 语句处就会暂停执行，直到数据全部写完，才会继续执行。同样，如果程序使用 READ 语句从文件中读数据，那么程序遇到 READ 时就会停止，直到数据全部读完才会继续执行。这就是同步 I/O，因为 I/O 操作和程序的执行是同时的。

相反，异步 I/O 操作和程序的执行是并行执行的。如果执行异步 WRITE 语句，那么待写入文件的数据会先拷贝到一些内部缓冲区，当写过程启动后，控制马上返回到调用程序。这种情况下，调用程序可以继续全速执行，而写操作也会同时执行。

对于异步读操作来说，情况会更加复杂一些。如果执行的是异步 READ 语句，那么在启动读过程后，控制立即返回到调用程序。当执行返回的调用程序时，被读的变量是未定义的。它们的值可能是旧值，也可能是新值，还可能正在更新，所以在读操作完成前，这些变量不能使用。计算机可以继续执行，完成其他计算，但是不能使用异步 READ 语句中的变量，除非读操作完成。

使用异步读操作的程序如何知道何时完成了读操作呢？当启动 I/O 操作时，首先使用 ID=子句为该操作获取一个 ID，然后使用 INQUIRE 语句查询操作的状态。另外一种可供选择的方法，就是让程序执行 WAIT 指令或者在相应的 I/O 单元上使用文件定位语句（REWIND，BACKSPACE）。在这两种情况下，直到所有该单元的所有 I/O 操作完成后，控制才会立即返回到调用程序，这样程序就能在执行恢复之后安全地使用新数据了。

使用异步 I/O 的典型方法是启动读操作，同时执行一些其他的运算，然后调用 WAIT 语句确保在使用读回的数据之前完成该 I/O 读操作。如果程序结构合理，应该能够保证绝大多数时间里程序都是执行状态而非阻塞状态。

注意，Fortran 编译器被允许但不必须实现异步 I/O。你会发现在很多系统上设计的 Fortran 编译器支持多种 CPU，其中 I/O 操作可以在不同 CPU 上独立计算。大型并行计算机总是支持异步 I/O 操作的。

14.9.1 执行异步 I/O

为了使用异步 I/O 操作，首次打开文件时必须使用允许异步 I/O 的选项，并且每个单独的 READ 和 WRITE 语句都必须选择支持异步 I/O 选项。如果执行异步 WRITE，那么程序不需要采取其他专门的操作。如果执行异步 READ，那么程序必须等待 READ 执行完毕后才能使用其中的变量。

可以使用如下方式建立异步 WRITE 操作。注意，ASYCHRONOUS=子句必须在 OPEN 语句和 WRITE 语句中都出现。

```
REAL,DIMENSION(5000,5000) :: data1
...
OPEN( UNIT=8, FILE='x.dat', ASYNCHRONOUS='yes', STATUS='NEW', &
   ACTION='WRITE', IOSTAT=istat)
...
! 输出数据到文件
WRITE(8, 1000, ASYNCHRONOUS='yes', IOSTAT=istat) data1
1000 FORMAT( 10F10.6 )
(继续处理 ……)
```

使用如下方式建立异步 READ 操作。注意，ASYNCHRONOUS=子句必须在 OPEN 语句和 READ 语句中都出现。

```
REAL,DIMENSION(5000,5000) :: data2
...
OPEN( UNIT=8, FILE='y.dat', ASYNCHRONOUS='yes', STATUS='OLD', &
  ACTION='READ', IOSTAT=istat)
...
! 从文件读取数据
READ(8, 1000, ASYNCHRONOUS='yes', IOSTAT=istat) data2
1000 FORMAT( 10F10.6 )
(继续处理,但是 DO NOT USE data2 ……)
! 在此等待 I/O 完成
WAIT(8)
(现在,安全使用 data2 ……)
```

14.9.2 异步 I/O 的问题

当 Fortran 编译器试图优化执行速度时，容易出现异步 I/O 操作问题。现代的优化型编译器通常会改变动作的顺序，并行执行操作，以便提高程序整个执行的速度。通常情况下，这样做程序能够很好地运行。但是，如果编译器将一条语句移动到了 I/O 单元的 WAIT 语句之前，并且被移动的语句使用了异步 READ 中的数据，那么优化型编译器会带来问题。这种情况下，所使用的数据可能是旧信息，也可能是新信息，还可能是两者的组合！

Fortran 定义了一个新的属性，可以针对异步 I/O 的此类问题向编译器提出警告。ASYNCHRONOUS 属性或者语句规定了这种警告的格式。例如，下面的数组就是使用 ASYNCHRONOUS 属性声明的：

```
REAL,DIMENSION(1000),ASYNCHRONOUS::data1
```

下列语句声明了带有 ASYNCHRONOUS 属性的几个变量：

```
ASYNCHRONOUS::x,y,z
```

当某变量（或变量成分）出现在与异步 I/O 语句相关的输入输出列表或名称列表时，ASYNCHRONOUS 属性会自动赋给变量。在这种情况下不需要用 ASYNCHRONOUS 属性声明变量，所以实际效果中，通常在变量的声明语句中看不到显式的异步声明。

14.10 访问特定处理器相关的 I/O 系统信息

Fortran 包括一个内置模块，该模块提供了一个不依赖于处理器的获取处理器 I/O 系统信息的方法。这个模块就是 ISO_FORTRAN_ENV。它所定义的常量见表 14-9。

如果在 Fortran 程序中使用这些常量而不是将对应的值进行硬编码，那么程序的可移植性会更高。如果程序移植到另外一个处理器上，那么该处理器上 ISO_FORTRAN_ENV 所包含的值就是新环境下的修正值，而代码本身不需要修改。

为了访问存储在此模块中的常量，只需要在相应的程序单元中包含一条 USE 语句，然后通过常量名来访问即可：

```
USE ISO_FORTRAN_ENV
...
WRITE (OUTPUT_UNIT,*) 'This is a test'
```

表 14-9 模块 ISO_FORTRAN_ENV 中定义的常量

常　量	值/描述
INPUT_UNIT	整型，包含标准输入流的单元编号，通常使用 READ（*，*）语句访问该单元
OUTPUT_UNIT	整型，包含标准输出流的单元编号，通常使用 WRITE（*，*）语句访问该单元
ERROR_UNIT	整型，包含标准错误流的单元编号
IOSTAT_END	整型，包含当到达文件结尾时，IOSTAT=子句中的 READ 语句的返回值
IOSTAT_EOR	整型，包含当记录结束时，IOSTAT=子句中的 READ 语句的返回值
NUMERIC_STORAGE_SIZE	整型，包含默认数字型数值的比特数
CHARACTER_STORAGE_SIZE	整型，包含默认字符型数值的比特数
FILE_STORAGE_SIZE	整型，包含默认文件存储单元的比特数

14.11 小结

本章中，详细地介绍了 Fortran 另外的格式描述符 EN，D，G，G0，B，O，Z，P，TL，TR，S，SP，SN，BN，BZ，RU，RD，RN，RZ，RC，RP，DC，DP 和:。EN 描述符提供了一种按照工程描述法显示数据的方式。G 和 G0 描述符提供了一种以任何格式显示数据的方式。B，O，Z 描述符分别以二进制、八进制和十六进制形式显示整型或实型数据。TLn 和 TRn 描述符分别将当前行中数据的位置向左移动和向右移动 n 个字符。冒号描述符（:）是 WRITE 语句的条件停止符。在新程序中不要使用 D，P，S，SP，SN，BN 和 BZ 描述符。

然后，了解了 Fortran I/O 语句的高级特性。介绍了 INQUIRE，PRINT 和 ENDFILE 语句，并且解释了所有 Fortran I/O 语句的全部选项。还介绍了 NAMELIST I/O，解释了名称列表对于两个程序之间或同一个程序的两次运行之间交换数据的好处。

Fortran 包括两种文件格式：格式化和未格式化。格式化文件包含的是 ASCII 码字符或者 UNICODE 字符格式的数据，而未格式化文件包含的数据是计算机内存数据的直接拷贝。格式化 I/O 需要相对较长的处理器时间，因为在每次读写时都需要转换数据格式。但是，格式化文件可以容易的在不同型号的处理器之间相互移植。未格式化 I/O 速度很快，因为不需要格式转换。但是，未格式化文件不能轻松的被人识别，也不能在不同类型的处理器之间相互移植。

Fortran 包括三种访问方法：顺序、直接和流访问方式。顺序访问文件是指需要按照先后顺序进行读写的文件，它使用 REWIND 和 BACKSPACE 命令在顺序文件中能够有限地移动文件指针，但这些文件中的记录必须是连续可读的。直接访问文件是指可以按照任意顺序进行读写的文件。为了实现这点，直接访问文件中的每条记录长度都必须是固定长度的。如果已知每条记录的长度，那么就可以直接计算出所要寻找的记录在磁盘的位置，然后直接读写该条记录。直接访问文件对于大量完全相同且需要按照任意顺序访问的记录非常有用。直接访问文件经常用于数据库。

流访问模式是按照字节读写文件的，在读写过程中不对诸如回车、换行等特殊字符进行特别处理。这和顺序文件不同，顺序文件一次读写一条记录，使用回车或（和）换行符作为所要处理的记录的结束标志。流访问模式类似于 C 语言的 I/O 函数 getc 和 putc，一次读写一个字节，其中控制字符的处理方式和文件中其他字符相同。

14.11.1 良好的编程的习惯小结

使用 Fortran I/O 时请遵循下列原则：

（1）在新程序中绝不要使用 D，P，BN，BZ，S，SP 或 SS 格式描述符。

（2）不要在 Fortran 程序中依赖预先连接的文件（标准输入输出文件除外）。预先连接文件的编号和名字随着处理器的不同而不同，所以使用它们会降低程序的可移植性。相反，应该始终使用 OPEN 语句显式打开每个要用的文件。

（3）在 OPEN 语句中始终使用 IOSTAT=和 IOMSG=子句来追踪错误。当检测到错误时，关闭程序之前告诉用户所发生的问题或者让用户选择使用一个其他文件。

（4）在程序使用完文件后，尽可能快地使用 CLOSE 语句显示关闭每个磁盘文件，这样在多任务环境中，其他人也能使用该文件。

（5）检查输出文件是否覆盖了一个已存在文件。如果是，确认用户确实想覆盖文件中原来的数据。

（6）在 READ 语句中使用 IOSTAT=和 IOMSG=子句来防止程序在发生错误、遇到文件结束条件或者遇到记录结束条件时意外终止。当发生错误或者碰到文件结束条件时，程序可以采用恰当的方法继续执行或者合理地关闭。

（7）使用 NAMELIST I/O 来存储数据，以便在程序之间或者同一个程序的不同运行之间交换数据。同样，也可以使用 NAMELIST READ 语句更新程序执行时所选择的输入参数。

（8）使用格式化文件创建人类可读的文件，或者便于在不同型号的机器之间进行移植的文件。使用未格式化文件可以有效地存储大量的不需要直接检查的数据，并且这些数据只保存在一种类型的计算机上。同样，当 I/O 速度至关重要时使用未格式化文件。

（9）对于需要顺序读取和处理的数据使用顺序访问文件。对于必须按照任意顺序读写的数据使用直接访问文件。

（10）对于需要快速操控大量数据的应用程序，使用直接访问的未格式化文件。如果可能，让文件中的记录长度为所在计算机的基本磁盘扇区的整数倍。

14.11.2 Fortran 语句和结构小结

BACKSPACE 语句：

```
BACKSPACE(control_list)
```

或者 `BACKSPACE (unit)`

或者 `BACKSPACE unit`

例如：

```
BACKSPACE(lu,IOSTAT=istat)
BACKSPACE(8)
```

说明：

BACKSPACE 语句将当前文件指针后移一条记录。control_list 中能出现的子句有 UNIT=，IOSTAT=和 ERR=。

ENDFILE 语句：

```
ENDFILE(control_list)
```

或 `ENDFILE(unit)`

或 `ENDFILE unit`

例如：

```
ENDFILE(UNIT=1u,IOSTAT=istat)
ENDFILE(8)
```

说明：

ENDFILE 语句将文件结束符记录写入文件，并且将文件指针定位到文件结束记录之后。control_list 中能出现的子句有 UNIT=，IOSTAT=和 ERR=。

FLUSH 语句：

```
FLUSH(control_list)
```

例如：

```
FLUSH(8)
```

说明：

FLUSH 语句将内存缓冲区中的输出数据强制写入磁盘。

INQUIRE 语句：

```
INQUIRE(control_list)
```

例如：

```
LOGICAL:: lnamed
CHARACTER(len=12)::filename,access
INQUIRE(UNIT=22,NAMED=lnamed,NAME=filename,ACCESS=access)
```

说明：

INQUIRE 语句允许用户判定文件属性。可以通过指定的文件名或者（在文件打开后）文件对应的 i/o 单元编号来指明文件。INQUIRE 语句中可用的子句在表 14-5 中列出。

NAMELIST 语句：

```
NAMELIST/nl_group_name/var1[,var2,…]
```

例如：

```
NAMELIST / control_list /page_size,rows,colums
WRITE(8,NML=control_data)
```

说明：

NAMELIST 语句是将一组变量和一个名称列表关联的规格说明语句。使用针对名称列表的 WRITE 和 READ 语句，把名称列表中所有变量作为一个单元进行读写。当读名称列表时，只有出现在输入列表中的变量可以由 READ 语句修改。输入列表中的变量以关键字格式出现，并且各个变量的顺序任意。

PRINT 语句：

```
PRINT fmt,output_list
```

例如：

```
PRINT *,intercept
PRINT '216', i, j
```

说明：

PRINT 语句将输出列表中的数据按照格式描述符中所指定的格式输出到标准输出设备中。格式描述符可以写在 FORMAT 语句中，也可以是一个字符串或者是带有星号的表控 I/O 默认的格式。

REWIND 语句：

```
REWIND(control_list)
```

或者 `REWIND(lu)`

或者 `REWIND 12`

说明：

REWIND 语句将当前文件指针移动到文件的开始处，control_list 中可用的子句包括：UNIT= IOSTAT=和 ERR=。

WAIT 语句：

```
WAIT (control_list)
```

例如：

```
WAIT(8)
```

说明：

WAIT 语句等待悬挂的异步 I/O 操作完成后，才返回调用程序。

14.11.3 习题

14-1 ES 和 EN 格式描述符的区别是什么？如何分别使用它们来显示数字 12345.67？

14-2 什么类型的数据可以使用 B，O，Z 描述符来显示？这些描述符是做什么用的？

14-3 写出使用 G 格式描述符显示 7 位有效数字的数字的形式。此描述符的最小宽度是多少？

14-4 分别使用 I8 和 I8.8 格式描述符写出下列整数。输出结果相比如何？

（a）1024

（b）–128

（c）30000

14-5 使用 B16（二进制）、O11（八进制）和 Z8（十六进制）格式描述符分别写出 14-4 中的整数。

14-6 使用第 7 章的子程序 random0 生成 9 个取值范围在–10000 到 100000 之间的随机

数。使用 G11.5 和 G0 格式描述符显示这些数字。

14-7 假设想要按下列格式显示 14-6 中得到的 9 个随机数：

```
VALUE(1) = ±xxxxxx.xx VALUE(2) = ±xxxxxx.xx
VALUE(3) = ±xxxxxx.xx VALUE(4) = ±xxxxxx.xx
VALUE(5) = ±xxxxxx.xx VALUE(5) = ±xxxxxx.xx
VALUE(7) = ±xxxxxx.xx VALUE(8) = ±xxxxxx.xx
VALUE(9) = ±xxxxxx.xx
----|----|----|----|----|----|----|----|----|----|----|----|
         10        20        30        40        50        60
```

写出一个可以生成此输出的格式描述符，并在格式化语句中恰当使用冒号分隔符。

14-8 假设要使用 G11.4 格式描述符显示下列数值，那么每个输出分别是什么？

（a）-6.38765×10^{10}

（b）-6.38765×10^{2}

（c）-6.38765×10^{-1}

（d）2345.6

（e）.TRUE.

（f）'String!'

14-9 假设要使用 EN15.6 格式描述符显示 14-8 中的前四个数值。那么每个输出分别是什么？

14-10 解释 NAMELIST I/O 操作。它为什么特别适合用于初始化程序，或者程序之间的数据共享？

14-11 下列语句的输出是什么？

```
INTEGER :: i, j
REAL, DIMENSION(3,3) :: array
NAMELIST / io / array
array = RESHAPE( [ ((10.*i*j, j=1,3), i=0,2) ], [3,3] )
WRITE (*,NML=io)
```

14-12 下列语句的输出是什么？

```
INTEGER :: i, j
REAL, DIMENSION(3,3) :: a
NAMELIST / io / a
a = RESHAPE( [ ((10.*i*j, j=1,3), i=0,2) ], [3,3] )
READ (8,NML=io)
WRITE (*,NML=io)
```

单元编号为 8 的输入数据如下：

```
&io a(1,1) = -100.
a(3,1) = 6., a(1,3) = -6. /
a(2,2) = 1000. /
```

14-13 在输出格式化语句中，使用 TRn 格式描述符和 nX 格式描述符将 10 个字符向右移，有什么区别？

14-14 下列 Fortran 语句集的输出是什么？

（a）
```
REAL:: value = 356.248
INTEGER :: i
WRITE (*,200) 'Value = ', (value, i=1,5)
```

```
200 FORMAT (A,F10.4,G10.2,G11.5,G11.6,ES10.3)
```

（b）
```
INTEGER, DIMENSION(5) :: i
INTEGER :: j
DO j = 1, 5
  i(j) = j**2
END DO
READ (*,*) i
WRITE (*,500) i
500 FORMAT (3(10X,I5))
```

输入数据：

```
-101  ,,  17      /
  20      71       ,,
```

14-15　假设使用如下语句打开文件

```
OPEN(UNIT=71,FILE='myfile')
```

当使用这种方式打开文件后，该文件的状态是什么？该文件是按直接访问方式还是顺序方式打开的？文件指针指向哪？是格式化文件还是未格式化文件？打开文件是用于读的，还是用于写的，还是两者皆可？文件中每条记录的长度是多少？如何分隔待写入文件的表式字符串？如果没有找到文件，那么会发生什么？如果在文件打开过程中出错了，会发生什么？

14-16　根据下列条件回答 14-15 题中的问题：

（a）
```
OPEN (UNIT=21, FILE='myfile', ACCESS='DIRECT', &
  FORM='FORMATTED', RECL=80, IOSTAT=istat, IOMSG=msg)
```

（b）
```
OPEN (NEWUNIT=i, FILE='yourfile', ACCESS='DIRECT', ACTION='WRITE', &
  STATUS='REPLACE', RECL=80, IOSTAT=istat, IOMSG=msg)
```

（c）
```
OPEN (5, FILE='file_5', ACCESS='SEQUENTIAL', &
  STATUS='OLD', DELIM='QUOTE', ACTION='READWRITE', &
  POSITION='APPEND', IOSTAT=istat )
```

（d）
```
OPEN ( UNIT=1, STATUS='SCRATCH', IOSTAT=istat, IOMSG=msg )
```

14-17　READ 语句中的 IOSTAT=子句可以返回正值、负值或零。正值是什么含义？负值和零分别又是什么含义？

14-18　**用截取尾部空格方式复制文件**。编写一个 Fortran 程序，提示用户键入输入文件名和输出文件名，然后将输入文件拷贝到输出文件，在写入文件之前截去文件中每行最后的多余空格。程序应该在 OPEN 语句中使用 STATUS=和 IOSTAT=子句来确认输入文件已经存在，并在 OPEN 语句中使用 STATUS=和 IOSTAT=子句来确认输出文件不存在。确保对每个文件都使用了合适的 ACTION=子句。如果输出文件已经存在，那么提示用户是否确实需要覆盖原内容。如果是，覆盖之；否则，终止程序。完成拷贝后，程序应该询问用户是否删除原文件。如果删除了该文件，程序还应该在输入文件的 CLOSE 语句中设置正确的状态。

14-19　判定下列每条 Fortran 语句集是否有效。如果无效，解释原因。如果有效，描述其输出。

（a）Statements:
```
CHARACTER(len=10) :: acc, fmt, act, delim
INTEGER :: unit = 35
LOGICAL :: lexist, lnamed, lopen
INQUIRE (FILE='input',EXIST=lexist)
IF ( lexist ) THEN
  OPEN (unit, FILE='input', STATUS='OLD')
```

```
  INQUIRE (UNIT=unit,OPENED=lopen,EXIST=lexist, &
     NAMED=lnamed,ACCESS=acc,FORM=fmt, &
     ACTION=act, DELIM=delim)
  WRITE (*,100) lexist, lopen, lnamed, acc, fmt, &
      act, delim
  100 FORMAT ('File status: Exists = ',L1, &
      ' Opened = ', L1, ' Named = ',L1, &
      ' Access = ', A,/,' Format = ',A, &
      ' Action = ', A,/,' Delims = ',A)
END IF
```

（b）Statements:

```
INTEGER :: i1 = 10
OPEN (9, FILE='file1', ACCESS='DIRECT', FORM='FORMATTED', &
  STATUS='NEW')
WRITE (9,'(I6)') i1
```

14-20 **用逆置内容方式复制文件**。编写一个 Fortran 程序，提示用户键入输入文件名和输出文件名，然后将输入文件按照相反的顺序拷贝到输出文件。也就是说，输入文件的最后一条记录变成输出文件的第一条记录。程序应该使用 INQUIRE 语句来确认输入文件已经存在，而输出文件不存在。如果输出文件存在，那么提示用户是否需要覆盖原内容（提示：读取输入文件中的所有行，并计数，然后使用 BACKSPACE 语句完成文件内容的反向扫描。注意 IOSTAT 的取值）。

14-21 **比较格式化和未格式化文件**。编写一个 Fortran 程序，它含有一个有 1000 个元素的数组，该数组元素取值为 $[-10^6, 10^6)$ 的随机值。然后完成下列操作：

（a）打开格式化顺序文件，将这些值写入该文件，并且每个值都保留完整的 7 位有效数（使用 ES 格式符，这样任何长度的数字都能正确地表示）。文件中每行写入 10 个数值，因此文件共有 100 行。那么这个文件最后多大？

（b）打开未格式化的顺序文件，并且将值写入文件。文件中每行写入 10 个数值，因此文件共有 100 行。那么这个文件最后多大？

（c）哪个文件更小？格式化文件还是未格式化文件？

（d）使用练习 7-29 创建的子例程 set_timer 和 elapsed_time 来测算格式化和未格式化写操作所占用的时间。哪个快？

14-22 **比较顺序和直接访问文件**。编写一个 Fortran 程序，它含有一个有 1000 个元素的数组，该数组元素取值为 $[-10^5, 10^5)$ 的随机值。然后完成下列操作：

（a）打开格式化顺序文件，将这些值写入该文件，并且每个值都保留完整的 7 位有效数（使用 ES14.7 格式符，这样任何长度的数字都能正确地表示）。这个文件最后多大？

（b）打开每条记录长度都为 14 个字符的格式化直接访问文件，将值写入文件，并且每个值都保留完整的 7 位有效数（同样也是使用 ES14.7 格式符）。那么文件最后多大？

（c）打开未格式化直接访问文件，然后将值写入文件。使得每条记录都足够容纳一个数字（此参数与计算机相关；使用 INQUIRE 语句来判定用于 RECL=子句的长度）。文件最后多大？

（d）哪个文件更小？格式化的直接访问文件，还是未格式化的直接访问文件？

（e）现在，从三个文件中分别按照如下顺序检索 100 条记录：记录 1，记录 1000，记录 2，记录 999，记录 3，记录 998，依此类推。使用练习 7-29 创建的子程序 set_timer 和 elapsed_time 来测算每个文件读取记录的时间。哪个最快？

（f）当按照这一顺序读取数据时，顺序访问文件和随机访问文件相比如何？

第 15 章

指针和动态数据结构

本章学习目标：

- 理解使用指针的动态内存分配。
- 能够解释目标变量是什么，以及为何在 Fortran 中要显式声明目标变量。
- 理解指针赋值语句和常规赋值语句的不同。
- 理解如何使用指向数组子集的指针。
- 了解如何使用指针动态分配和释放内存。
- 如何使用指针创建动态数据结构，如链表。

在前面的章节中，已经创建并使用了五种 Fortran 自带的数据类型以及派生数据类型的变量。这些变量有两个共同的特征：第一，都存储某一形式的数据；第二，几乎都是静态的，即，程序中变量的个数和类型在程序执行之前就已经声明了，并且在整个程序执行过程中保持不变❶。

Fortran 包含另一种类型的变量，该变量根本不包含数据。相反，它包含的是另一变量在内存中的地址，即这另一变量在内存中实际存储的位置。因为这种类型的变量指向另外的变量，所以又称为指针。图 15-1 给出了指针和普通变量的区别。

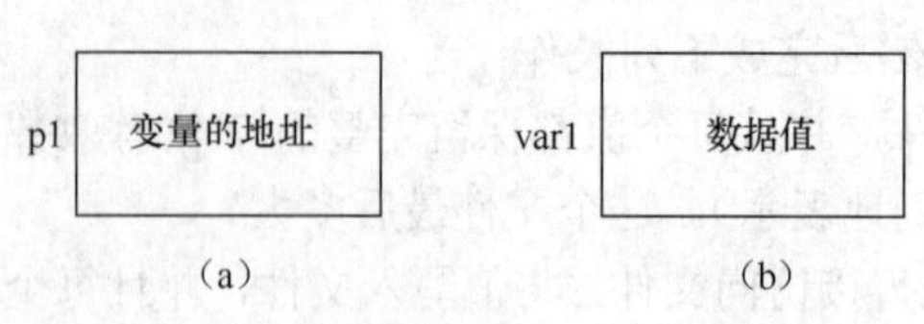

图 15-1　指针和普通变量的区别
(a) 指针保存的是普通变量在内存中的地址；
(b) 普通变量保存的是数据值

指针和普通变量都有名字，但是指针保存的是普通变量的地址，而普通变量保存的是数据值。

指针主要用于变量和数组必须在程序执行的过程中动态创建和销毁的情况，此时在程序执行前并不知道这些变量和数组在哪，在程序执行过程中才知道需要多少个给定类型的变量。例如，假设一个邮件列表程序必须读入未知个数的姓名和地址，并且将它们按照用户指定的顺序排序，然后按顺序打印出邮寄标签。名字和地址会存入派生数据类型变量中。如果程序使用的是静态数组，那么数组就必须和曾经处理过的邮件列表的最多值一样大。大多数时间，邮件

❶ 可分配数组，自动数组以及自动字符变量不受此规则的限制。

列表都很小，这样就会对计算机内存产生巨大的浪费。如果程序使用的是可分配的数组，那么就能仅分配需要的内存，但是在读入第一个数值之前，我们仍然需要知道要多少个地址。相反，现在学习如何在变量读入时为它动态分配地址，以及如何使用指针按照需要的方式来操作这些地址。这种灵活性会大大提高程序的性能。

首先要了解创建和使用指针的基础知识，然后看几个如何使用它们来编写灵活强大程序的例子。

15.1 指针和目标变量

要想将 Fortran 变量声明为指针型，可以在变量声明语句中包含 POINTER 属性来实现（推荐做法），也可以将它单独列在一个 POINTER 语句中。例如，下面的语句都声明了指针 p1，它必须指向一个实型变量：

```
REAL, POINTER::p1
```

或者

```
REAL::p1
POINTER:: p1
```

注意，即使指针不包含指针类型的任何数据，也必须声明指针的类型。实际上，它包含的是所声明的某种类型的变量的地址。指针只允许指向与其声明类型一致的变量。任何将指针指向不同类型变量的做法都会产生编译错误。

指向派生数据类型变量的指针同样也需声明。例如：

```
TYPE(vector), POINTER::vector_pointer
```

声明了指向派生数据类型 vector 变量的指针。指针同样也可以指向数组。使用延迟形状数组规范声明指向数组的指针，即指定数组的维数，但是数组每维的实际宽度用冒号指明。下面指向数组的两个指针：

```
INTEGER,DIMENSION(:),POINTER::ptr1
REAL,DIMENSION(:,:),POINTER::ptr2
```

第一个指针可以指向任何一维的整型数组，第二个指针可以指向任何二维的实型数组。

指针可以指向任何同类型的变量或数组，只要该变量或数组被声明为目标变量即可。TARGET 是一种数据对象，其地址在使用指针时可用。可以通过在 Fortran 变量或数组的类型定义语句中包括 TARGET 属性来将其声明为目标变量（推荐做法），也可以将变量或数组列在单独的 TARGET 语句中。例如，下列语句集都声明了两个能指向目标变量的指针。

```
REAL,TARGET::a1=7
INTEGER,DIMENSION(10),TARGET::int_array
```

或

```
REAL::a1=7
INTEGER,DIMENSION(10)::int_array
TARGET::a1,int_array
```

它们声明了一个实型的标量 a1 和一个一维的整型数组 int_array。可以使用任何实型标量指针（如上面声明的 p1）指向变量 a1，使用任何整型的一维指针（如上面声明的 ptr1）指向 int_array。

TARGET 属性的重要性

指针也是一种变量，它包含的是其他变量的内存地址，这些其他变量被称为目标变量。目标变量本身只是一个普通的变量，其类型和指针类型一致。既然目标变量只是一个普通变量，那么为什么必须要给它添加一个特殊的 TARGET 属性才能使用指针指向它呢？其他的计算机语言，如 C 语言并没有这种特殊要求。

需要 TARGET 属性的原因和 Fortran 编译器的运行方式有关。Fortran 通常用于解决大型的数字密集型的数学问题，并且大多数 Fortran 编译器的设计都是为尽可能快的产生输出程序。这些编译器内都有一个作为编译过程一部分的优化器。优化器检查代码并且对它们进行重新排列，展开循环，消除公用的子表达式等，以便提高最终的执行速度。作为编译过程的一部分，原程序中的某些变量实际上可能消失了，或者被寄存器中的临时变量替代了。如果我们想用指针指向的变量经过优化后不见了，结果会怎样呢？那就会出现指针指向问题。

通过分析程序然后再确定每个单独的变量是否曾作为指针的目标变量使用了，这对编译器来说是可能实现的，但是这个过程是非常冗长的。在语言中添加了 TARGET 属性后，对于写编译器的人来说，事情就变得简单了。该属性告诉编译器这个特别的变量可能是被指针所指向的，因此不要优化时，将它优化掉。

15.1.1 指针赋值语句

通过指针赋值语句，可以将指针关联到指定的目标变量。指针赋值语句的形式如下：

```
pointer=>target
```

其中 pointer 是指针的名字，而 target 是和指针同一类型变量或数组的名字。指针赋值操作符由等号后紧跟大于号组成，中间不能有空格[2]。当执行此语句时，目标变量的内存地址就保存在了指针中。指针赋值语句之后，任何对该指针的引用实际上都是对保存在目标变量中的数据的引用。

如果某个指针已经和一个目标变量相关联，但使用同一个指针又执行了另一个指针赋值语句，那么和第一个目标变量相关联的指针自动丢失，指针现在指向的是第二个目标变量。在执行完第二个指针赋值语句后，任何对该指针的引用实际上都是对存储在第二个目标变量中的数据的引用。

例如，图 15-2 给出的程序定义了一个实型指针 p 和两个目标变量 t1 和 t2。通过指针赋值语句，该指针首先和变量 t1 关联，通过 WRITE 语句给 p 赋值。该指针再通过另一个指针赋值语句和变量 t2 关联，然后使用第二个 WRITE 语句给 p 赋值。

```
PROGRAM test_ptr
IMPLICIT NONE
REAL, POINTER :: p
REAL, TARGET :: t1 = 10., t2 = -17.
p => t1
WRITE (*,*) 'p, t1, t2 = ', p, t1, t2
p => t2
WRITE (*,*) 'p, t1, t2 = ', p, t1, t2
END PROGRAM test_ptr
```

图 15-2　说明指针赋值语句的程序

---

[2] 此符号和 USE 语句中使用重命名符号一样（参见第 13 章），但是含义不同。

程序执行的结果如下：

```
C:\book\fortran\chap15>test_ptr
p, t1, t2 =    10.000000    10.000000   -17.000000
p, t1, t2 =   -17.000000    10.000000   -17.000000
```

一定要注意 p 从来都没有包含过 10.或–17.。取而代之的是，它包含的是存储了这些数值的变量的地址，Fortran 编译器将指针的引用视作对这些地址的引用。同样，注意，既可以通过指向变量的指针访问该变量，也可以通过变量名访问该变量，两种形式的访问甚至可以同时用在同一条语句中（见图 15-3）。

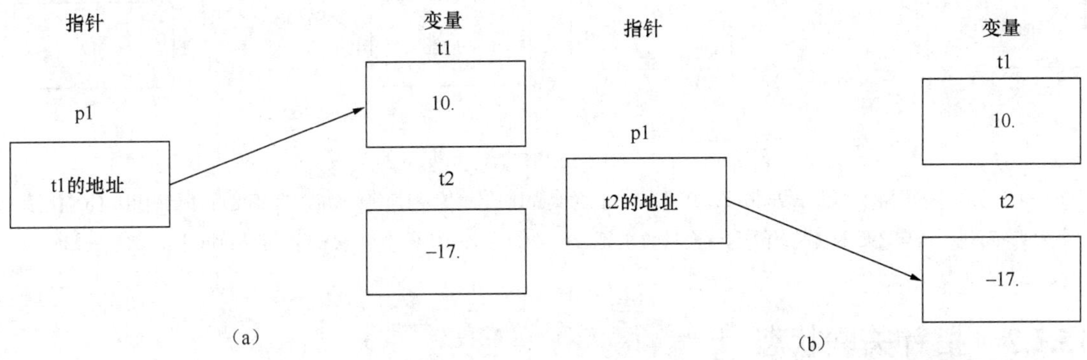

图 15-3 程序 test_ptr 中指针和变量的关系

（a）执行第一条可执行语句之后的状态：p1 包含变量 t1 的地址，对 p 的引用就是对 t1 的引用；

（b）第三条可执行语句执行之后的状态：p 包含变量 t2 的地址，对 p 的引用就是对 t2 的引用

同样也可以通过指针赋值语句将一个指针的值赋给另一个指针。

```
pointer1=>pointer2
```

这条语句之后，两个指针都直接而独立的指向同一个目标变量。如果其中任何一个指针在后面的赋值语句中被改变，另外一个指针不受影响，它会继续指向原来的目标变量。如果在赋值语句执行时，指针 pointer2 没有指向任何目标变量，那么 pointer1 同样也不指向任何目标变量。例如，图 15-4 的程序定义了两个实型指针 p1 和 p2，以及两个目标变量 t1 和 t2。通过指针赋值语句，指针 p1 最开始和 t1 关联，然后通过另一个指针赋值语句，指针 p2 也被赋予了 p1 的值。这些语句之后，指针 p1 和 p2 同时各自独立的指向变量 t1。当后面 p1 和变量 t2 关联时，指针 p2 仍然和 t1 关联。

```
PROGRAM test_ptr2
IMPLICIT NONE
REAL, POINTER :: p1, p2
REAL, TARGET :: t1 = 10., t2 = -17.
p1 => t1
p2 => p1
WRITE (*,'(A,4F8.2)') ' p1, p2, t1, t2 = ', p1, p2, t1, t2
p1 => t2
WRITE (*,'(A,4F8.2)') ' p1, p2, t1, t2 = ', p1, p2, t1, t2
END PROGRAM test_ptr2
```

图 15-4 说明两个指针之间赋值的程序

程序执行结果如下（见图 15-5）：

```
C:\book\fortran\chap15>test_ptr2
p1, p2, t1, t2 =  10.00  10.00  10.00 -17.00
p1, p2, t1, t2 =  -17.00  10.00  10.00 -17.00
```

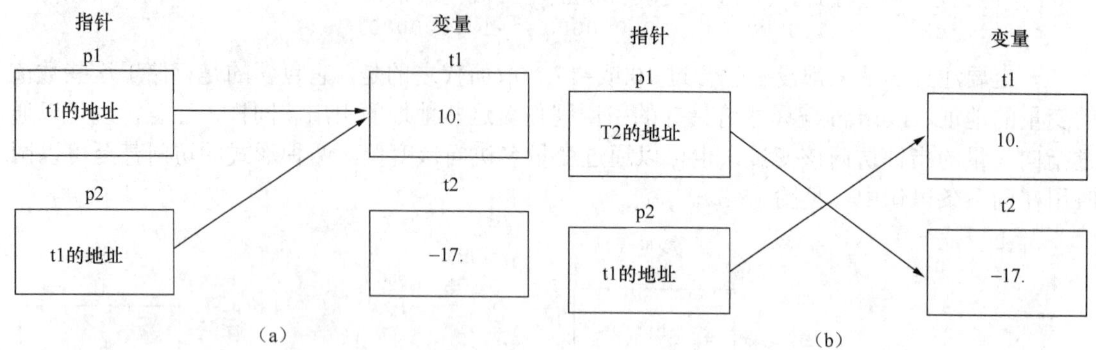

图 15-5 程序 test_ptr2 中指针和变量的关系

(a) 执行了第二条可执行语句之后的情况：p1 和 p2 都包含变量 t1 的地址，对任何一个的引用都是对 t1 的引用；(b) 执行第四条可执行语句之后的情况：p1 包含变量 t2 的地址，p2 包含 t1 的地址。注意 p2 不再受到指针 p1 赋值的影响

15.1.2 指针关联状态

指针关联状态指的是指针当前是否指向一个有效的目标变量。有三种可能的状态：未定义，相关联以及未关联。当第一次在数据类型声明语句中声明指针时，其指针关联状态是未定义。一旦指针和目标变量通过指针赋值语句关联起来，那么其关联状态是相关联。如果指针后来和其目标变量断开，并且没有和新的目标变量关联，那么其关联状态是空状态（未关联）。

一个指针如何和其目标变量断开呢？执行指针赋值语句就可以与一个目标变量断开的同时和另一个目标变量关联。此外，可以通过执行 NULLIFY 语句将指针和所有目标变量断开。NULLIFY 语句形式如下：

```
NULLIFY(ptr1[,ptr2,…])
```

其中 ptr1，ptr2 等是指针。语句执行之后，语句中列出的指针会和所有的目标变量断开。

仅当指针和某目标变量关联时，该指针才可引用相应目标变量。当指针没有和目标变量关联时，任何对指针的使用都会导致错误，使得程序退出。因此，必须知道一个指针是否和特定的目标变量关联，或者和某个目标变量关联。使用内置逻辑函数 ASSOCIATED 就可以知道这个信息。该函数有两种形式，一种是指针是其唯一的参数，另一种是参数既包含指针又包含目标变量。第一种形式是

```
status=ASSOCIATED(pointer)
```

如果 pointer 和某个目标变量关联，那么该函数返回真值，如果 pointer 没有和任何目标变量关联，那么函数返回假值。第二种形式是：

```
status=ASSOCIATED(pointer,target)
```

如果 pointer 和某个包含在函数中的特定目标变量关联，那么此函数返回真值，否则返回假。

从指针被声明直到其第一次使用之前，指针的关联状态都是未定义。从那以后，指针的

状态不是相关联就是未关联。因为未定义状态是不明确的，所以建议在创建指针时就尽快指明指针的状态，让它指向某个目标变量或者将其置为未关联。例如，可以像如下程序这样声明指针并将与目标变量断开：

```
REAL, POINTER :: p1, p2
INTEGER, POINTER :: i1
...
(additional specification statements)
...
NULLIFY (p1, p2, i1)
```

良好的编程习惯

在程序单元中创建指针时就让其未关联或给其赋值。这样可以消除所有可能的未定义状态相关的不确定性。

Fortran 同样也提供了一个内置函数 NULL()，此函数可以在声明指针的同时（或者在程序执行的任何过程中）将其置为空状态。因此，指针可以按照如下方式声明和取空状态：

```
REAL, POINTER :: p1 => NULL(), p2 => NULL()
INTEGER, POINTER :: i1 => NULL()
...
(additional specification statements)
```

NULL()函数的详细说明参见附录 B。

图 15-6 所示的简单程序说明了 NULLIFY 语句以及 ASSOCIATED 内置函数的使用。

```
PROGRAM test_ptr3
IMPLICIT NONE
REAL, POINTER :: p1 => null(), p2 => null(), p3 => null()
REAL, TARGET :: a = 11., b = 12.5, c = 3.141592
WRITE (*,*) ASSOCIATED(p1)
p1 => a          ! p1 指向 a
p2 => b          ! p2 指向 b
p3 => c          ! p3 指向 c
WRITE (*,*) ASSOCIATED(p1)
WRITE (*,*) ASSOCIATED(p1,b)
END PROGRAM test_ptr3
```

图 15-6 说明 NULLIFY 语句以及 ASSOCIATED 函数的使用的程序

程序开始执行时，指针 p1，p2 和 p3 就是空状态。因此第一个 ASSOCIATED（p1）函数的结果为假。然后指针和目标变量 a，b，c 关联。当第二个 ASSOCIATED（p1）函数执行时，指针是关联的，所以函数的结果为真。第三个 ASSOCIATED（p1，b）函数检查指针 p1 是否指向变量 b。因为它没有指向 b，所以函数返回假。

15.2 在赋值语句中使用指针

只要指针出现在需要数值的 Fortran 表达式中时，就是使用指向的目标变量的值来代替指针本身。这一过程就是指针的断开引用。已经在前面的章节中看到断开引用的例子：当指针出现在 WRITE 语句中时，打印出来的是指针所指向的目标变量值。另一个例子是：考虑两个指针 p1 和 p2，它们分别指向变量 a 和变量 b。在普通的赋值语句

```
p1=p2
```

中，p1 和 p2 出现在变量应该出现的位置，所以 p1 和 p2 实际上都断开引用，这一语句和语句

```
b=a
```

完全一致。

相反，在指针赋值语句

```
p2=>p1
```

中，p2 出现在指针应该出现的位置，而 p1 出现在目标变量（普通变量）应该出现的位置。结果，p1 断开引用，p2 指向指针本身。结果是 p1 所指向的目标变量被赋值为 p2。

图 15-7 所示的程序给出了另一个在变量位置使用指针的例子。

```
PROGRAM test_ptr4
IMPLICIT NONE
REAL, POINTER :: p1 => null(), p2 => null(), p3 => null()
REAL, TARGET :: a = 11., b = 12.5, c
p1 => a              ! p1 指向 a
p2 => b              ! p2 指向 b
p3 => c              ! p3 指向 c
p3 = p1 + p2         ! 犹如 c = a + b
WRITE (*,*) 'p3 = ', p3
p2 => p1             ! p2 指向 a
p3 = p1 + p2         ! 犹如 c = a + a
WRITE (*,*) 'p3 = ', p3
p3 = p1              ! 犹如 c = a
p3 => p1             ! p3 指向 a
WRITE (*,*) 'p3 = ', p3
WRITE (*,*) 'a, b, c = ', a, b, c
END PROGRAM test_ptr4
```

图 15-7 说明赋值语句中在变量所在的位置上使用指针的程序

在本例中，第一条赋值语句 p3=p1+p2 等价于语句 c=a+b，因为指针 p1，p2 和 p3 分别指向变量 a，b 和 c，并且因为赋值语句中本该出现普通变量。指针赋值语句 p2=>p1 使得指针 p1 指向 a，所以第二条赋值语句 p3=p1+p2 等价于语句 c=a+a。最后，赋值语句 p3=p1 等价于语句 c=a，而指针赋值语句 p3=>p1 使得指针 p3 指向 a。程序的输出如下：

```
C:\book\fortran\chap15>test_ptr4
p3 =   23.500000
p3 =   22.000000
p3 =   11.000000
a, b, c =   11.000000   12.500000   11.000000
```

现在来展示使用指针改善程序性能的方法。假设程序要交换两 100×100 个元素的实型数组 array1 和 array。为了交换这两个数组，通常使用的是下面的代码：

```
REAL, DIMENSION(100,100) :: array1, array2, temp
...
temp = array1
```

```
array1 = array2
array2 = temp
```

代码足够简单，但是注意，每条赋值语句我们都要移动 10000 个实型变量。所有这些移动需要大量的时间。相反，可以使用指针完成相同的操作，仅需要交换目标数组地址即可。

```
REAL, DIMENSION(100,100), TARGET :: array1, array2
REAL, DIMENSION(:,:), POINTER :: p1, p2, temp
p1 => array1
p2 => array2
...
temp => p1
p1 => p2
p2 => temp
```

第二种方法仅需要交换地址，而不是完整的 10000 个数组元素。这要比前一个例子高效的多。

良好的编程习惯

在排序或交换大型数组或派生数据类型时，交换指向数据的指针要比操作数据本身高效得多。

15.3 使用数组指针

指针可以指向数组，也可以指向标量。指向数组的指针必须声明其将指向的数组的类型及维数，但是不需要声明每一维的宽度。下列语句是合法的：

```
REAL, DIMENSION(100,1000), TARGET :: mydata
REAL, DIMENSION(:,:), POINTER :: pointer
pointer => array
```

指针不仅能指向数组而且能指向数组子集（部分数组）。任何由下标三元组定义的部分数组都可以用作指针的目标变量。例如，程序 15-8 中声明了有 16 个元素的整型数组 info，并且将其各元素分别赋值为 1 到 16。此数组是一系列指针的目标变量。第一个指针 ptr1 指向整个数组，而第二个指针指向由下标三元组 ptr1（2：：2）定义的部分数组。此部分数组由下标为偶数的元素 2，4，6，8，10，12，14 和 16 构成。第三个指针同样使用了下标三元组 2：：2，它也指向第二个指针所指向的列表中下标为偶数的元素。也就是原数组的数组下标为 4，8，12 和 16 的那几个元素。其余的指针持续这一选择过程。

```
PROGRAM array_ptr
IMPLICIT NONE
INTEGER :: i
INTEGER, DIMENSION(16), TARGET :: info = [ (i, i=1,16) ]
INTEGER, DIMENSION(:), POINTER :: ptr1, ptr2, ptr3, ptr4, ptr5
ptr1 => info
ptr2 => ptr1(2::2)
ptr3 => ptr2(2::2)
ptr4 => ptr3(2::2)
ptr5 => ptr4(2::2)
WRITE (*,'(A,16I3)') ' ptr1 = ', ptr1
```

```
WRITE (*,'(A,16I3)') ' ptr2 = ', ptr2
WRITE (*,'(A,16I3)') ' ptr3 = ', ptr3
WRITE (*,'(A,16I3)') ' ptr4 = ', ptr4
WRITE (*,'(A,16I3)') ' ptr5 = ', ptr5
END PROGRAM array_ptr
```

图 15-8 说明指针指向由下标三元组定义部分数组的程序

程序执行结果如下：

```
C:\book\fortran\chap15>array_ptr
ptr1 =  1 2 3 4 5 6 7 8 9 10 11 12 13 14 15 16
ptr2 =  2 4 6 8 10 12 14 16
ptr3 =  4 8 12 16
ptr4 =  8 16
ptr5 = 16
```

尽管指针可以用于下标三元组所定义的部分数组，但是不能用于向量下标所定义的部分数组。因此，图 15-9 中的代码是非法的，会产生编译错误。

```
PROGRAM bad
IMPLICIT NONE
INTEGER :: i
INTEGER, DIMENSION(3) :: subs = [ 1, 8, 11 ]
INTEGER, DIMENSION(16), TARGET :: info = [ (i, i=1,16) ]
INTEGER, DIMENSION(:), POINTER :: ptr1
ptr1 => info(subs)
WRITE (*,'(A,16I3)') ' ptr1 = ', ptr1
END PROGRAM bad
```

图 15-9 说明使用向量下标定义无效的部分数组指针赋值的程序

15.4 使用指针的动态内存分配

指针最强大的功能之一是能够使用它们在任何需要的时候动态创建变量或数组，还能在使用完毕后，释放动态变量或数组所使用的空间。这种过程类似于创建可分配数组的过程。使用 ALLOCATE 语句分配内存，使用 DEALLOCATE 语句释放内存。ALLOCATE 语句的形式和用于可分配数组的 ALLOCATE 语句形式相同。具体形式如下：

```
ALLOCATE(pointer(size),[…,]STAT=status)
```

其中 pointer 是指向所创建的变量或数组的指针名，如果创建的对象是数组，那么 size 是维数，status 是操作的结果。如果分配成功，那么 status 为 0。如果失败，那么 status 变量的值会是一个与处理器相关的正数。STAT=子句是可选的，但是通常都要使用它，因为如果没有 STAT=子句，那么分配内存失败会让程序意外终止。

此语句创建了一个未命名的数据对象，它有指定的长度和指针类型，并且让指针指向该对象。因为新的数据对象是未命名的，所以只能通过指针来访问。语句执行后，指针的关联状态就变为相关联。如果在 ALLOCATE 语句执行前，指针和另一个数据对象关联，那么该关联丢失。

由指针 ALLOCATE 语句所创建的数据对象是未命名的，所以只能通过指针访问。如果所有指向该片内存的指针被置为空或和其他目标变量再关联的，那么程序就不能再访问该数据对象了。对象仍在内存中存在，但是无法再用了。因此如果编写带有指针的程序时不小心，就会造成内存中充满了此类无用碎片。这种无用内存通常被称为“内存泄漏”。此问题的一个症状就是随着程序的执行，内存碎片变得越来越大，直到填满了整个计算机内存或者用完了所有可用的内存。图 15-10 给出了内存泄漏的程序举例。在此程序中使用 pt1 和 ptr2 分别分配了两个 10 元素的数组。两个数组初始化为不同的值，然后打印出这些值。然后使用指针赋值语句将 ptr2 赋值为 ptr1 所指向的内存。这条语句之后，程序无法再访问原来赋值给 ptr2 的内存了。该内存丢失，直到程序停止执行也无法回收。

```
PROGRAM mem_leak
IMPLICIT NONE
INTEGER :: i, istat
INTEGER, DIMENSION(:), POINTER :: ptr1, ptr2
! 检查 ptrs 关联状态.
WRITE (*,'(A,2L5)') ' Are ptr1, ptr2 associated? ', &
  ASSOCIATED(ptr1), ASSOCIATED(ptr2)
! 分配和初始化内存
ALLOCATE (ptr1(1:10), STAT=istat)
ALLOCATE (ptr2(1:10), STAT=istat)
ptr1 = [ (i, i = 1,10 ) ]
ptr2 = [ (i, i = 11,20 ) ]
! 检查 ptrs 关联状态.
WRITE (*,'(A,2L5)') ' Are ptr1, ptr2 associated? ', &
  ASSOCIATED(ptr1), ASSOCIATED(ptr2)
WRITE (*,'(A,10I3)') ' ptr1 = ', ptr1        ! 输出数据
WRITE (*,'(A,10I3)') ' ptr2 = ', ptr2
ptr2 => ptr1                                 ! 重新给 ptr2 赋值
WRITE (*,'(A,10I3)') ' ptr1 = ', ptr1        ! 输出数据
WRITE (*,'(A,10I3)') ' ptr2 = ', ptr2
NULLIFY(ptr1)                                ! 空指针
DEALLOCATE(ptr2, STAT=istat)                 ! 回收内存空间
END PROGRAM mem_leak
```

图 15-10 说明内存泄漏的程序

程序执行结果如下：

```
C:\book\fortran\chap15>mem_leak
Are ptr1, ptr2 associated?          F
Are ptr1, ptr2 associated?          T
ptr1 =   1  2  3  4  5  6  7  8  9 10
ptr2 =  11 12 13 14 15 16 17 18 19 20
ptr1 =   1  2  3  4  5  6  7  8  9 10
ptr2 =   1  2  3  4  5  6  7  8  9 10
```

当程序使用完 ALLOCATE 语句分配的内存后，应该使用 DEALLOCATE 语句收回内存。如果没有回收，那么内存对于其他人是不可用的，直到程序执行完毕。当用指针 DEALLOCATE 语句回收内存时，指向该片内存的指针同时变为无效。因此语句

```
DEALLOCATE(ptr2,STAT=istat)
```

既回收了内存，也将指针 ptr2 置为空状态。

指针 DEALLOCATE 语句只能回收使用 ALLOCATE 语句所创建的内存。记住这点很重

要。如果语句中的指针碰巧指向不是使用 ALLOCATE 语句所创建的目标变量，那么 DEALLOCATE 语句就会失败，程序会退出，除非指定了 STAT=子句。此类指针和其目标变量之间的关联可以通过使用 NULLIFY 语句来断开。

回收内存还有可能引发一个潜在的严重问题。假设两个指针 ptr1 和 ptr2 同时指向同一已分配数组。如果在 DEALLOCATE 语句中使用指针 ptr1 回收数组，那么该指针就置空了。但是 ptr2 不会置空。它仍然指向数组所在的那片内存，即使该内存已经被其他程序为了其他目的而使用。如果 ptr2 指针用于读或写对应内存的数据，它或者读到不可预测值或者覆盖了用于其他目的的一些内存数据。两种情况下，使用该指针都是灾难。如果回收了一块已分配的内存，那么所有指向该内存的指针都应无效或重赋值。它们中的一个会因为 DEALLOCATE 语句的使用自动置空，但是其他的必须通过 NULLIFY 语句来置空。

良好的编程习惯

当释放某片内存空间时，记得总是置空或重赋值指向内存的所有指针。它们中的一个会因为 DEALLOCATE 语句的使用自动置空，但是其他的必须通过 NULLIFY 语句置空，或通过指针赋值语句重赋值。

图 15-11 说明了在指针所指向的内存被回收后，还使用该指针的影响。此例中，两个指针 ptr1 和 ptr2 都指向同一片有 10 个元素的可分配数组。当使用 ptr1 与该数组断开关联后，ptr1 变为空状态。但 ptr2 仍然保持关联，不过指向的那片内存是可以被其他程序随意使用的。当在下一条 WRITE 语句中访问 ptr2 时，它可能指向包含任何内容的未分配内存区。那么，通过 ptr1 分配了一个新的 2 个元素的数组。根据编译器的不同，此数组可能分配在前一个数组所释放的空间上，或者分配在内存中的其他位置。

```
PROGRAM bad_ptr
IMPLICIT NONE
INTEGER :: i, istat
INTEGER, DIMENSION(:), POINTER :: ptr1, ptr2
! 分配和初始化内存
ALLOCATE (ptr1(1:10), STAT=istat)                    ! 分配 ptr1
ptr1 = [ (i, i = 1,10 ) ]                            ! 初始化 ptr1
ptr2 => ptr1                                         ! 赋值 ptr2
! 检查 ptrs 关联状态
WRITE (*,'(A,2L5)') ' Are ptr1, ptr2 associated? ', &
   ASSOCIATED(ptr1), ASSOCIATED(ptr2)
WRITE (*,'(A,10I3)') ' ptr1 = ', ptr1  ! Write out data
WRITE (*,'(A,10I3)') ' ptr2 = ', ptr2
! 在此,释放 ptr1 分配到的内存空间
DEALLOCATE(ptr1, STAT=istat)                         ! 回收内存空间
! 检查 ptrs 关联状态
WRITE (*,'(A,2L5)') ' Are ptr1, ptr2 associated? ', &
   ASSOCIATED(ptr1), ASSOCIATED(ptr2)
! 输出 ptr2 关联的内存
WRITE (*,'(A,10I3)') ' ptr2 = ', ptr2
ALLOCATE (ptr1(1:2), STAT=istat)                     ! 重新分配 ptr1
ptr1 = [ 21, 22 ]
WRITE (*,'(A,10I3)') ' ptr1 = ', ptr1                ! 输出数据
WRITE (*,'(A,10I3)') ' ptr2 = ', ptr2
END PROGRAM bad_ptr
```

图 15-11 演示使用指向已经被回收的内存的指针的程序

程序的执行结果根据编译器的不同而不同，因为回收内存在不同的处理器上处理方式不相同。当此程序运行在 Lahey Fortran 编译器上时，结果如下：

```
C:\book\fortran\chap15>bad_ptr
Are ptr1, ptr2 associated?      T   T
ptr1 =  1 2 3 4 5 6 7 8         9   10
ptr2 =  1 2 3 4 5 6 7 8         9   10
Are ptr1, ptr2 associated?      F   T
ptr2 =  1 2 3 4 5 6 7 8         9   10
ptr1 = 21 22
ptr2 = 21 22 3 4 5 6 7 8        9   10
```

使用 ptr1 回收内存之后，其指针状态变为了未关联，而 ptr2 的状态仍然是相关联。当使用 ptr2 检查内存时，它指向数组原来使用的内存，并且因为这片内存还有没有被重用，所以还可以看到原来的旧数值。最后，当使用 ptr1 分配一个新的两元素数组时，一些释放的自由内存又被使用。

如果愿意，在一个 ALLOCATE 语句中或者 DEALLOCATE 语句中可以混合使用指针和可分配数组。

15.5 指针当作派生数据类型的元素

指针也可以作为派生数据类型的元素出现。派生数据类型中的指针甚至可以指向所定义的派生数据类型。这一特点非常有用，因为它允许我们在程序执行过程中构建各种类型的动态数据结构，并使用连续指针将这些数据结构链接到一起。最简单的这种结构是链表，它通过指针按照线性的方式连接为数值列表。例如，下面的派生数据类型包括实数和指向另一个同种类型变量的指针：

```
TYPE :: real_value
  REAL :: value
  TYPE (real_value), POINTER :: p
END TYPE
```

链表是一系列派生数据类型的变量，指针从一个变量指向链表中的下一个变量。最后一个变量的指针是空的，因为链表中该变量之后没有任何变量。定义两个指针（明确地说，是 head 和 tail）用于指向链表中的第一个和最后一个变量。图 15-12 说明了 real_value 型变量的这种结构。

链表要比数组灵活得多。回忆一下，当编译程序时，静态数组必须声明固定的大小。结果是，我们必须给每个数组预留很大的空间，以便处理需要处理的最大问题。这种最大的内存需求可以导致程序太大，而在某些计算机上无法运行，同样也会导致在程序执行的大部分时间内的资源浪费。即使用可分配数组也无法彻底解决问题。可分配数组解决了内存浪费问题，因为它允许仅分配适用于特定问题所需大小的内存，但是我们必须在分配内存前清楚究竟这个特定问题在运行时需要多大的内存。相反，链表允许我们随时添加元素，事先并不需要知道列表中最终会有多少元素。

当包含链表的程序开始执行时，链表中并没有值。此时，指针 head 和 tail 不指向任何东西，所以都是空的［见图 15-13（a）］。当读入第一个值后，就会创建一个派生数据类型变量，读入的值就保存在此变量中。此时，指针 head 和 tail 指向此变量，此变量中的指针为空［见

图 15-13（b）]。

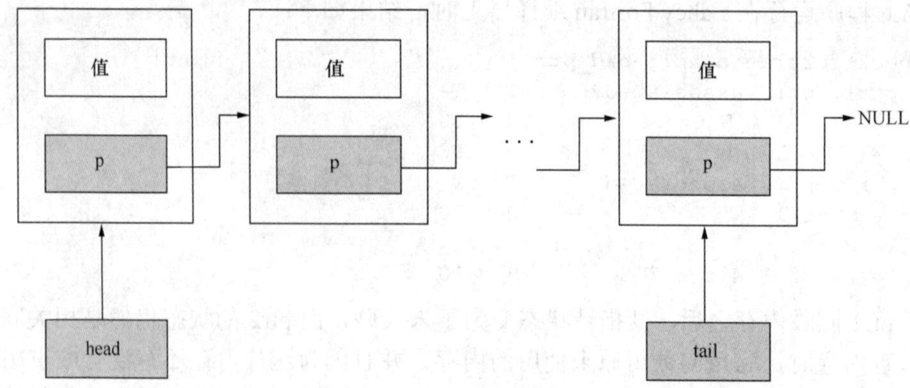

图 15-12　典型链表。注意，每个变量的指针指向的都是链表中的下一个元素

当读入下一个值后，就会再创建一个派生数据类型的新变量，读入的值就保存在此变量中，此变量中的指针设置为空。前一个变量的指针指向此新变量，指针 tail 也被设置为指向此新变量。指针 head 不变［见图 15-13（c）]。每当向链表中添加一个新值时，就重复此过程。

一旦读入了所有值之后，程序可以从 head 指针开始，顺着变量中的指针处理数值，直到到达 tail 指针。

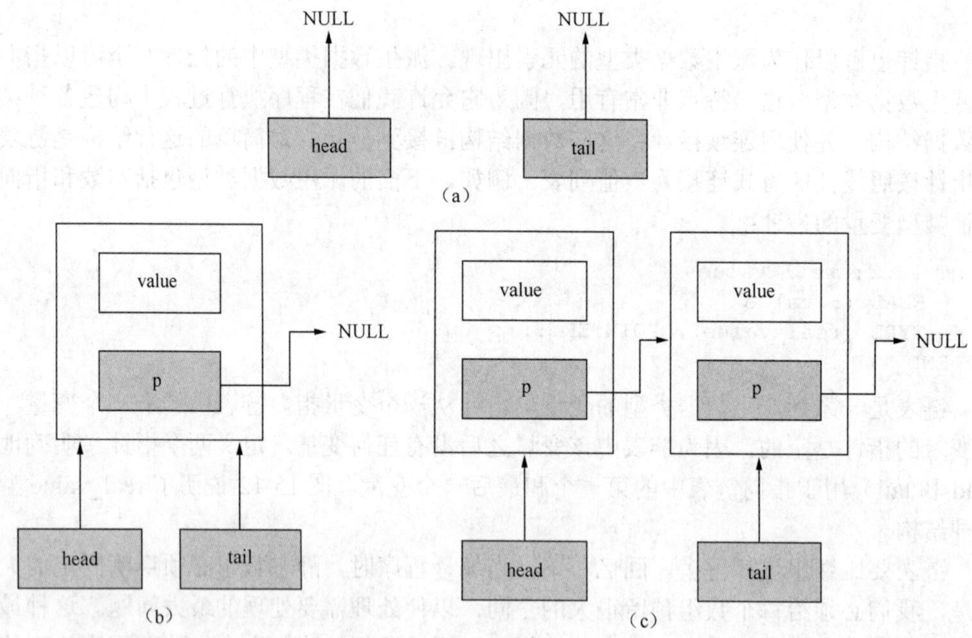

图 15-13　创建链表

（a）空链表初始状态；（b）向链表中添加一个新值后；（c）向链表中添加两个值之后

例题 15–1　创建链表

在本例题中，将编写一个简单程序，用于读入一个实数列表后，再将它们输出。程序所能处理的数据个数应该只受计算机内存大小的限制。程序本身不做任何有意思的事情，仅仅是在内存中创建一个链表，这是很多实际问题的第一步。通过本例，将学习如何创建链表，然后在后面的例子中会看到如何使用链表完成有用的工作。

解决方案

使用链表容纳所有的输入数据，因为只要有足够分配新数据要用的内存空间，链表的大小就可增长。每个输入数据都保存在下列派生数据类型的一个变量中，其中元素 p 指向列表中的下一数据项，而元素 value 保存输入的数据。

```
TYPE :: real_value
  REAL :: value
  TYPE (real_value), POINTER :: p
END TYPE
```

1. 问题说明

编写程序用于从文件读入任意个实数，并且将其存入链表中。读入所有数据后，向标准输出设备输出这些数据。

2. 输入和输出定义

程序的输入是文件名和一个实数值列表，这个列表在文件中每行放一个数值。程序的输出是文件中所列出的所有实数，结果将输出到标准输出设备上。

3. 算法描述

可以将程序分解为四个主要步骤：

```
获得输入文件名
打开输入文件
读入数据,并将其放入链表
将数据输出到标准输出设备
```

程序的前三个主要步骤是获取输入文件的名字，打开文件及读取其中的数据。我们必须提示用户输入文件名，然后才能读入该名，并且打开文件。如果文件打开成功，那么必须读入数据，记录读入的数据个数。因为并不知道文件中有多少个数据，所以在使用 READ 时最好用一个 WHILE 循环。下面是这些步骤的伪代码：

```
提示用户输入文件名"filename"
读取文件名"filename"
OPEN 文件"filename"
如果 OPEN 成功 THEN
  WHILE
     读入数据,并存储到 temp
     IF 读取不成功 EXIT
     nvals←nvals+1
     (分配新的链表数据项,并存储数值到其中)
  End of WHILE
  … (这里插入打印步骤)
End of IF
```

将新数据项添加到链表中的步骤需要更仔细地分析。当将新数据值添加到链表时，有两种可能性：其一是链表中还什么都没有，其二是链表中已经有数据了。如果链表中还什么都没有，那么 head 和 tail 指针都是空的，所以需要使用指针 head 分配新变量，同时指针 tail 也指向该变量。新变量中的指针 p 必须是空的，因为此时还没有什么数据需要它来指向，而读入的实数存储在变量的 value 元素中。

如果链表中已经有数据了，那么 tail 指针指向链表中的最后一个数据。此时，会使用链表中最后一个变量中的指针 p 给新变量分配内存，而指针 tail 就指向此新变量。新变量中的指针 p 必须空，因为此时还没有需要其指向的数据，而读入的实数存储在变量的 value 元素中。此步的伪代码如下：

```
读入数据,并存储到 temp
IF 读取不成功 EXIT
    nvals←nvals+1
     IF head 未关联 THEN
        !链表为空
        ALLOCATE head
        tail => head                ! Tail 指针指向第一个数据值
        NULLOFY tail%p              ! 第一个值的 p 为空
        tail%value←temp             ! 存储新数据
     ELSE
       !链表已经有值
       ALLOCATE tail%p
       tail => tail%p               ! 现在 Tail 指针指向一个新数据值
       NULLOFY tail%p               ! 新数据值的 p 为空
       tail%value←temp              ! 存储新数据
  END of IF
```

最后一步是输出链表中的数据。要完成这个，必须回溯到链表头，然后顺着指针到达链表尾。可以定义一个局部指针 ptr 来指向要输出的当前数据。此步的伪代码如下：

```
ptr=>head
WHILE  ptr 关联
   WRITE ptr%value
    ptr=>ptr%p
END of  WHILE
```

4. 把算法转换为 Fortran 语句

图 15-14 给出了编写好的 Fortran 子例程。

```
PROGRAM linked_list
!
! 目的：从输入数据文件中读取一系列实型数值,保存它们到链表
!  然后读出链表的数据值,输出到标准输出设备
!
! 修订版本：
!   日期         程序员          修改说明
!   ====         ==========      =====================
!   01/02/16     S. J. Chapman   原始代码
!
IMPLICIT NONE
! 存储实型数值的派生数据类型
TYPE :: real_value
  REAL :: value
  TYPE (real_value), POINTER :: p
END TYPE
! 数据字典：声明变量类型和定义
TYPE (real_value), POINTER :: head        ! 指向链表的头结点
CHARACTER(len=20) :: filename             ! 输入数据文件名
INTEGER :: nvals = 0                      ! 数据读取个数
TYPE (real_value), POINTER :: ptr         ! 临时指针
TYPE (real_value), POINTER :: tail        ! 指向链表的尾结点
INTEGER :: istat                          ! 状态：0 表示成功
CHARACTER(len=80) :: msg                  ! I/O 消息
```

```
REAL :: temp                                ! 临时变量
! 获得含有输入数据文件的文件名
WRITE (*,*) 'Enter the file name with the data to be read: '
READ (*,'(A20)') filename
! 打开输入数据文件
OPEN ( UNIT=9, FILE=filename, STATUS='OLD', ACTION='READ', &
   IOSTAT=istat, IOMSG=msg )
! OPEN 成功?
fileopen: IF ( istat == 0 ) THEN            ! Open 成功
  ! 文件打开成功,于是读取数据,存储到链表
  input: DO
   READ (9, *, IOSTAT=istat) temp           ! Get value
   IF ( istat /= 0 ) EXIT                   ! 到文件末尾,退出
   nvals = nvals + 1                        ! 计数值+1
   IF (.NOT. ASSOCIATED(head)) THEN         ! 链表有数值否
     ALLOCATE (head,STAT=istat)             ! 分配新的数值
     tail => head                           ! 尾指针指向新的数值
     NULLIFY (tail%p)                       ! 给新值指针域 p 赋空指针
     tail%value = temp                      ! 保存数据值
   ELSE                                     ! 如果链表已经有值
     ALLOCATE (tail%p,STAT=istat)           ! 分配新的数值
     tail => tail%p                         ! 尾指针指向新值
     NULLIFY (tail%p)                       ! 给新值指针域 p 赋空指针
     tail%value = temp                      ! 保存数据值
   END IF
  END DO input
  ! 到此, 输出数据
  ptr => head
  output: DO
   IF ( .NOT. ASSOCIATED(ptr) ) EXIT        ! 指针有效吗?
   WRITE (*,'(F10.4)') ptr%value            ! Yes: 输出数据值
   ptr => ptr%p                             ! 获得下一个指针
  END DO output
ELSE fileopen
  ! 否则,文件打开失败,告诉用户
  WRITE (*,'(A,I6)') 'File open failed--status = ', istat
  WRITE (*,*) msg
END IF fileopen
END PROGRAM linked_list
```

图 15-14 读入一系列实数，并将它们存储在链表中的程序

5. 测试编写的 Fortran 程序

为了测试此程序，必须产生一个包含输入数据的文件。如果下列 10 个实数放在名为 input.data 的文件中，那么可以使用此文件来测试程序：1.0，3.0，−4.4，5.，2.，9.0，10.1，−111.1，0.0，−111.1。使用此文件作为程序输入的执行结果如下：

```
C:\book\fortran\chap15>linked_list
Enter the file name with the data to be read:
input.dat
    1.0000
    3.0000
   -4.4000
    5.0000
```

```
     2.0000
     9.0000
    10.1000
  -111.1000
      .0000
  -111.1000
```

程序执行看上去是正确的。注意，程序并没有检查 ALLOCATE 语句的状态。这样做的主要目的是为了使得链表的处理尽可能地简单明了。在实际的程序中，都必须检查该语句的状态，以便确定是否有内存问题，这样在程序出现问题时才能友好的结束。

例题 15-2 插入排序

在第 6 章中，介绍了选择排序。该算法用于对链表进行排序，通过寻找当前数据列表中的最小数，并将其放在数据列表最上面，然后再寻找列表中其他所有没有被选中的数据中的最小数，再把它放到第二位置，依此类推，直到排完所有的数据。

另一种排序算法为插入排序。插入排序的原理为，在读入数据时就将其放置在列表中的正确位置。如果该值比列表中的所有原值都小，那么将它排在第一位。如果该值比列表中所有原值都大，那么把它排在最后。如果该值在最大最小之间，那么将它插入在列表中的合适位置。

对于数值 7，2，11，–1 和 3 的插入排序过程如图 15-15 所示。第一个读入的值是 7。因为此时列表中并没有数据，因此把它排在最上面。下一个读入的值是 2。因为它比 7 小，所以排在列表中唯一一个数字 7 的上面。第三个读入的值是 11。因为它比列表中所有的数都大，所以排在列表的最下面。第四个读入的值是–1。它比列表中所有的值都小，所以排在列表的最上面。第五个是 3。它比 2 大，比 7 小，所以排在列表中它俩之间。在插入排序中，读入每个值时，就排好列表的顺序。

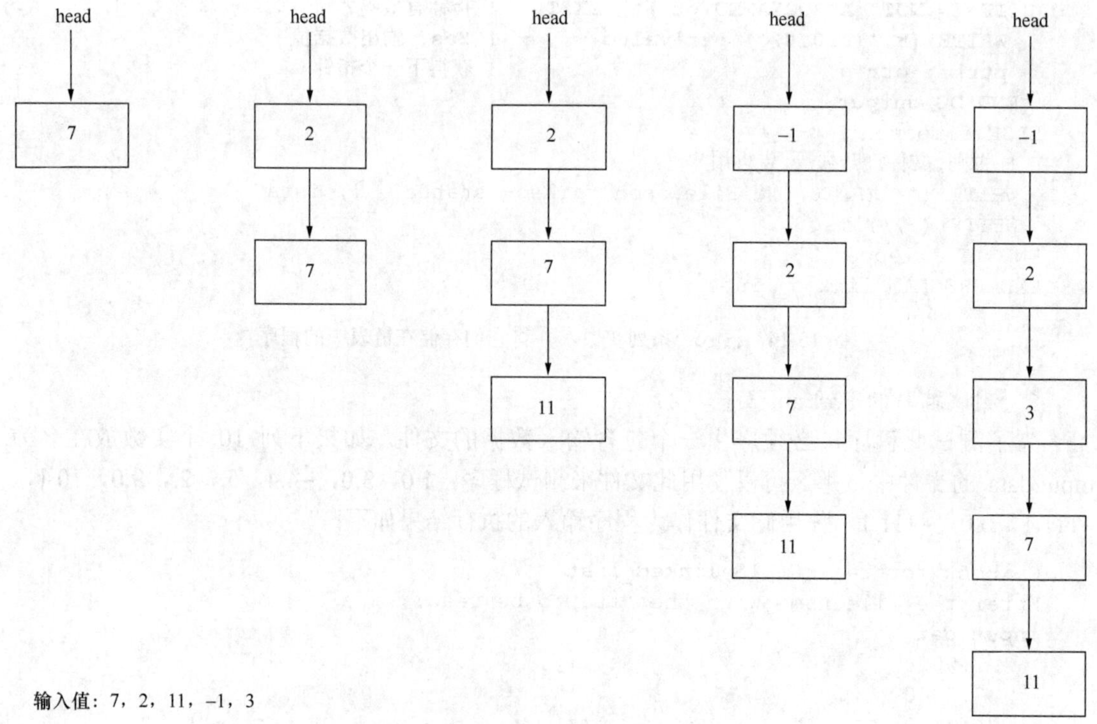

图 15-15 用插入排序算法排序输入的数据 7，2，11，–1，3

链表对于实现插入排序再合适不过了，因为新值可以放在前面，也可以放在后面或者列表中的任何位置，做到这些只需要简单地修改指针即可。使用链表实现插入排序算法，以排序任意多个整数。

解决方案

将使用链表来容纳输入数据，因为在链表中可以非常容易地将新值插入到任意位置，只需简单地修改指针即可。读取的每个输入数值都会保存在下列派生数据类型的一个变量中，其中指针 next_value 指向链表中的下一个数据项，而元素 value 则保存输入的整数值。

```
TYPE :: int_value
  INTEGER :: value
  TYPE (int_value), POINTER :: next_value
END TYPE
```

读入每个值，和链表中已有的所有值进行比较，然后将其插入在链表中合适的位置。

1. 问题说明

编写程序从文件读入任意个整数，并且使用插入排序法将它们排序。在读入所有的数值并对其进行排序后，向标准输出设备输出排序后的数据列表。

2. 输入和输出定义

程序的输入是一个文件名和一个整型列表，在文件中的每一行放一个整型列表中的数值。程序的输出是显示在标准输出设备上的一个有序整数列表。

3. 算法描述

程序的伪代码如下所示：

```
提示用户输入文件名"filename"
读取文件名"filename"
OPEN 文件"filename"
如果 OPEN 成功 THEN
  WHILE
     读入数据,并存储到 temp
     IF 读取不成功 EXIT
     nvals←nvals+1
     ALLOCATE 新数据项,并保存数值
     插入数据项到链表的合适位置
  End of  WHILE
  打印数据到标准输出设备上
End of  IF
```

向链表中添加新数据项这一步需要详细说明。当我们向链表中添加新变量时，存在两种可能：其一是链表中什么都没有，其二是链表中已经有数据了。如果链表中什么都没有，那么 head 和 tail 指针都是空的，所以需要使用指针 head 分配新变量，同时指针 tail 也指向该变量。新变量中的指针 next_value 必须是空的，因为此时还没有什么数据需要它来指向，而读入的整数存储在变量的 value 元素中。

如果链表中已经有数据了，那么必须通过搜索链表为新值找到合适的位置并插入链表。有三种可能性。如果该值小于链表中第一个数值（由 head 指向的变量），那么就将该值添加到链表的头部。如果该值大于或等于链表中最后一个数值（由 tail 指向的变量），那么将该值放在链表的最后。如果该值在这些数值之间，那么就需要寻找某个位置，该位置的前一个数值比读入的数值大，后一个数值比读入的数值小，然后将该值放入此位置。注意，必须考虑新值等于链表中某一数值的可能情况。这些步骤的伪代码如下：

```
读入数据,并存储到 temp
IF 读取不成功 EXIT
    nvals←nvals+1
    ALLOCATE ptr
     ptr%value ← temp
IF head 未关联 THEN
       !链表为空
       head => head
       tail=>head
NULLOFY tail%next_value
     ELSE
       !链表已经有值,与它们比较
       !找到新值的插入位置
       IF ptr%next_value=>head
         head=>ptr
       ELSE  IF ptr%next_value=>tail%value THEN
         !添加在链表尾部
         tail %next_value=>ptr
       tail=>ptr
NULLIFY tail%next_value
         ELSE
           !找寻新值添加的位置
           ptr1=>head
           ptr2=>ptr1%next_value
           DO
             IF ptr%value>=ptr1%value AND
               ptr%value>=ptr2%value THEN
               !把值插入在这里
               ptr%next_value>=ptr2
               ptr1%next_value=>ptr
               EXIT
             END of  IF
             ptr1=>ptr2
             ptr2=>ptr2%next_value
           END of  DO
  END of IF
END of  IF
```

最后一步是输出链表中的数据。为了完成它，必须回溯到链表头，然后沿着指针访问到链表尾。必须使用指针 ptr 指向当前正在输出的元素。此步的伪代码如下：

```
ptr=>head
WHILE  ptr 关联
   WRITE ptr%value
    ptr=>ptr%next_value
END of  WHILE
```

4. 把算法转换为 Fortran 语句

编写的 Fortran 子例程如图 15-16 所示。

```
PROGRAM insertion_sort
!
! 目的：从输入文件读取一系列整型数据,用插入算法进行
!   数据排序之后,输出到标准输出设备
!
```

```
! 修订版本:
!   日期          程序员           修改说明
!   ====          ==========       =====================
!   01/02/16      S. J. Chapman    原始代码
!
IMPLICIT NONE
! 存储到整型数据中的派生数据类型
TYPE :: int_value
  INTEGER :: value
  TYPE (int_value), POINTER :: next_value
END TYPE
! 数据字典: 声明变量类型和定义
TYPE (int_value), POINTER :: head                ! 指向链表的头结点
CHARACTER(len=20) :: filename                    ! 输入数据文件名
INTEGER :: istat                                 ! 状态: ø 空,成功
INTEGER :: nvals = 0                             ! 读取数据值个数
TYPE (int_value), POINTER :: ptr                 ! Ptr 指向新数据值
TYPE (int_value), POINTER :: ptr1                ! 用于查找的临时指针
TYPE (int_value), POINTER :: ptr2                ! 用于查找的临时指针
TYPE (int_value), POINTER :: tail                ! 指向链表的尾结点
INTEGER :: temp                                  ! 临时变量
! 获得含有输入数据的文件名
WRITE (*,*) 'Enter the file name with the data to be sorted: '
READ (*,'(A20)') filename
! 打开输入数据文件
OPEN ( UNIT=9, FILE=filename, STATUS='OLD', ACTION='READ', &
    IOSTAT=istat )
! OPEN 成功?
fileopen: IF ( istat == 0 ) THEN                 ! Open 成功
  ! 文件打开成功, 于是读取数据,排序,分配一个变量,
  ! 在列表中确立插入新值的位置
  input: DO
   READ (9, *, IOSTAT=istat) temp                ! 获得数值
   IF ( istat /= 0 ) EXIT input                  ! 到数据值末尾,退出
   nvals = nvals + 1                             ! 计数值+1
   ALLOCATE (ptr,STAT=istat)                     ! 分配空间
   ptr%value = temp                              ! 存储数据
   ! 现在找出列表中放入数值的位置
   new: IF (.NOT. ASSOCIATED(head)) THEN         ! 列表为空
     head => ptr                                 ! 放在最前端
     tail => head                                ! 尾指针 pts 指向新值
     NULLIFY (ptr%next_value)                    ! 指向下一个值的指针 ptr 为空
   ELSE
     ! 列表中有数据值,检查存放位置
     front: IF ( ptr%value < head%value ) THEN
      ! 加入到列表前端
      ptr%next_value => head
      head => ptr
     ELSE IF ( ptr%value >= tail%value ) THEN
      ! 加入到列表尾部
      tail%next_value => ptr
      tail => ptr
      NULLIFY ( tail%next_value )
     ELSE
```

```
      ! 找出插入数值的位置
      ptr1 => head
      ptr2 => ptr1%next_value
      search: DO
        IF ( (ptr%value >= ptr1%value) .AND. &
          (ptr%value < ptr2%value) ) THEN
         ! 在这里插入数据值
         ptr%next_value => ptr2
         ptr1%next_value => ptr
         EXIT search
        END IF
        ptr1 => ptr2
        ptr2 => ptr2%next_value
      END DO search
     END IF front
   END IF new
  END DO input

  ! 现在, 输出数据
  ptr => head
  output: DO
   IF ( .NOT. ASSOCIATED(ptr) ) EXIT          ! 指针无效?
   WRITE (*,'(I10)') ptr%value                ! Yes: 输出数据值
   ptr => ptr%next_value                      ! 获得指向下一个数据的指针
  END DO output
ELSE fileopen
  ! 否则,文件打开失败,告诉用户
  WRITE (*,'(A,I6)') 'File open failed--status = ', istat
END IF fileopen
END PROGRAM insertion_sort
```

图 15-16　用于读入一系列整数，并使用插入排序法将它们排序的程序

5. 测试编写的 Fortran 程序

为了测试此程序，必须生成一个输入数据文件。如果有如下 7 个数放在名为 input1.dat 的文件中，那么就能使用此文件测试程序：7，2，11，–1，3，2 和 0。当程序将此文件作为输入执行后，结果如下：

```
C:\book\fortran\chap15>insertion_sort
Enter the file name with the data to be sorted:
input1.dat
    -1
     0
     2
     2
     3
     7
    11
```

程序执行看上去正确。注意，此程序同样也没有检查 ALLOCATE 语句的状态。这样做的主要目的是为了让处理尽可能的简单明了（程序的另外一点需要注意的是，DO 和 IF 结构的嵌套深度为 6 层）。在实际的程序中，应该检查该语句的状态，以便确定有内存问题时，程序能够友好地结束。

15.6 指针数组

在 Fortran 中不可能声明指针数组。在指针声明中，DIMENSION 属性指的是指针指向的目标变量的维数，而不是指针本身的维数。必须使用延迟形状规范来声明维数，而实际的大小是指针所关联的目标变量的大小。在下面的例子中，指针下标引用的是目标变量数组中的相应位置，所以 ptr（4）的值是 6。

```
REAL, DIMENSION(:), POINTER :: ptr
REAL, DIMENSION(5), TARGET :: tgt = [ -2, 5., 0., 6., 1 ]
ptr => tgt
WRITE (*,*) ptr(4)
```

在很多应用程序中，指针数组都很有用。幸运的是，可以通过派生数据类型来为这些应用程序创建指针数组。在 Fortran 中，指针数组是非法的，但是创建派生数据类型数组却是再合法不过。因此，可以声明一个只包含指针的派生数据类型，然后创建该类型的数组。例如，图 15-17 中的程序声明了一个包含实型指针的派生数据类型数组，其中每个指针都指向一个实型数组。

```
PROGRAM ptr_array
IMPLICIT NONE
TYPE :: ptr
  REAL, DIMENSION(:), POINTER :: p
END TYPE
TYPE (ptr), DIMENSION(3) :: p1
REAL, DIMENSION(4), TARGET :: a = [ 1., 2., 3., 4. ]
REAL, DIMENSION(4), TARGET :: b = [ 5., 6., 7., 8. ]
REAL, DIMENSION(4), TARGET :: c = [ 9., 10., 11., 12. ]
p1(1)%p => a
p1(2)%p => b
p1(3)%p => c
WRITE (*,*) p1(3)%p
WRITE (*,*) p1(2)%p(3)
END PROGRAM ptr_array
```

图 15-17　说明如何使用派生数据类型创建指针数组的程序

有了程序中声明的 ptr_array，表达式 p1（3）%p 指向的是第三个数组（数组 c），所以第一条 WRITE 语句应该输出 9.，10.，11.和 12.。表达式 p1（2）%p（3）指向的是第二个数组（数组 b）的第三个数值，所以第二条 WRITE 语句打印出数值 7。使用编译器 Compaq Visual Fortran 编译和运行程序，结果如下：

```
C:\book\fortran\chap15>ptr_array
   9.000000    10.000000    11.000000    12.000000
   7.000000
```

测验 15-1

此测验是对是否理解了第 15.1 节 ~ 第 15.6 节的内容进行一个快速检测。如果完成测试有困难，请重学这些部分，或者向老师请教或者和同学讨论。测验的答案可在书后找到。

1. 什么是指针？什么是目标变量？指针和普通变量有什么不同？
2. 什么是指针赋值语句？指针赋值语句和普通赋值语句有什么不同？
3. 指针的关联状态可以是哪些内容？如何改变关联状态？
4. 什么是断开关联？
5. 如何使用指针动态分配内存？如何回收内存？

下面代码片段是否有效？如果有效，请解释代码段完成什么功能；如果无效，说出原因。

6.
```
REAL, TARGET :: value = 35.2
REAL, POINTER :: ptr2
ptr2 = value
```

7.
```
REAL, TARGET :: value = 35.2
REAL, POINTER :: ptr2
ptr2 => value
```

8.
```
INTEGER, DIMENSION(10,10), TARGET :: array
REAL, DIMENSION(:,:), POINTER :: ptr3
ptr3 => array
```

9.
```
REAL, DIMENSION(10,10) :: array
REAL, DIMENSION(:,:) :: ptr4
POINTER :: ptr4
TARGET :: array
ptr4 => array
```

10.
```
INTEGER, POINTER :: ptr
WRITE (*,*) ASSOCIATED(ptr)
ALLOCATE (ptr)
ptr = 137
WRITE (*,*) ASSOCIATED(ptr), ptr
NULLIFY (ptr)
```

11.
```
INTEGER, DIMENSION(:), POINTER :: ptr1, ptr2
INTEGER :: istat
ALLOCATE (ptr1(10), STAT=istat)
ptr1 = 0
ptr1(3) = 17
ptr2 => ptr1
DEALLOCATE (ptr1)
WRITE (*,*) ptr2
```

12.
```
TYPE mytype
    INTEGER, DIMENSION(:), POINTER :: array
END TYPE
TYPE (mytype), DIMENSION(10) :: p
INTEGER :: i, istat
DO i = 1, 10
       ALLOCATE (p(i).array(10), STAT=istat)
       DO j = 1, 10
              p(i)%array(j) = 10*(i-1) + j
              END DO
     END DO
     WRITE (*,'(10I4)') p(4).array
     WRITE (*,'(10I4)') p(7).array(1)
```

15.7 在过程中使用指针

指针可以作为过程的形参，也可以作为实参传递到过程中。此外，函数的返回值也可以是指针。如果在过程中使用指针，那么就应该遵循下列原则：

（1）如果过程有 POINTER 或 TARGET 属性的形参，那么过程必须有显式接口。

（2）如果形参是指针，那么传给过程的实参必须是同一类型，类别和维度的指针。

（3）指针形参不能出现在 ELEMNETAL 过程中。

将指针传递给过程时一定要小心。随着程序越来越大，越来越灵活，经常面对在一个过程中分配指针、而在其他过程中使用、最后又在另外的过程中回收和置空指针的情况。在这种复杂的程序中，非常容易产生诸如企图使用未关联的指针，或者给已经在用的指针分配新数组此类的错误。因此，对于所有的 ALLOCATE 和 DEALLOCATE 语句来说，检查状态结果，以及使用 ASSOCIATED 函数检查指针的状态都是非常重要的。

当使用指针将数据传给过程时，从指针本身的类型就能自动知道与指针相关联的数据的类型。如果指针指向一个数组，那么就能知道数组的维数，但不知道它的宽度或大小。如果需要知道数组的宽度或大小，那么应该使用内置函数 LBOUND 和 UBOUND 来判定数组每一维的边界值。

例题 15-3　从矩阵中提取对角线元素

为了说明指针的正确用法，现在编写一个子例程，用于接受一个指向方形矩阵的指针，然后返回一个指向数组的指针，其中数组包含的是矩阵对角线上的元素。

解决方案

图 15-18 给出了一个带有相应错误检测的子例程。该示例子例程接收一个指向二维方形数组的指针，返回指向一个一维数组的独立指针，该一维数组中容纳了方形矩阵上的对角线元素。子例程检查输入指针的关联状态，以确保当前指针的状态是相关联状态；检查数组，以确保该数组是正方形的；检查输出指针的关联状态，以确保它当前未关联（最后一个测试确保不会意外的重用当前正在使用的指针。重用指针可能会使得原有数据不可访问，如果以后没有其他指针指向原有数据）。如果任何一个条件失败了，就会设置相应的错误标志，子例程会将标志返回到调用程序单元。

```
SUBROUTINE get_diagonal ( ptr_a, ptr_b, error )
!
! 目的：从指针 ptr_a 指向的二维方形数组中提取出对角线元素，
!  存储到 ptr_b 指向的一维数组中。以下是出错情况定义：
!   0 -- 无错
!   1 -- ptr_a 与输入数据无关联
!   2 -- ptr_b 已经关联到输入数据
!   3 -- ptr_a 指向的数组不是正方形
!   4 -- 不能为 ptr_b 正确分配需要的内存空间
!
! 修订版本：
!    日期          程序员          修改说明
!    ====        ==========      =====================
!    01/03/16    S. J. Chapman   原始代码
!
```

```
IMPLICIT NONE
! 数据字典：声明调用参数类型和定义
INTEGER, DIMENSION(:,:), POINTER :: ptr_a      ! Ptr 指向二维方形数组
INTEGER, DIMENSION(:), POINTER :: ptr_b        ! Ptr 指向输出数组
INTEGER, INTENT(OUT) :: error                  ! 出错标记
! 数据字典：声明变量类型和定义
INTEGER :: i                                   ! 循环计数
INTEGER :: istat                               ! 分配状态
INTEGER, DIMENSION(2) :: l_bound               ! ptr_a 的低端下标
INTEGER, DIMENSION(2) :: u_bound               ! ptr_a 的高端下标
INTEGER, DIMENSION(2) :: extent                ! ptr_a 数组下标越界
! 检查出错条件
error_1: IF ( .NOT. ASSOCIATED ( ptr_a ) ) THEN
  error = 1
ELSE IF ( ASSOCIATED ( ptr_b ) ) THEN
  error = 2
ELSE
  ! 检查二维方形数组
  l_bound = LBOUND ( ptr_a )
  u_bound = UBOUND ( ptr_a )
  extent = u_bound - l_bound + 1
  error_3: IF ( extent(1) /= extent(2) ) THEN
   error = 3
  ELSE
   ! 至今每件事都 ok，分配 ptr_b 空间
   ALLOCATE ( ptr_b(extent(1)), STAT=istat )
   error_4: IF ( istat /= 0 ) THEN
     error = 4
   ELSE
     ! 至今每件事都 ok，提取出对角线元素
     ok: DO i = 1, extent(1)
      ptr_b(i) = ptr_a(l_bound(1)+i-1, l_bound(2)+i-1)
     END DO ok
     ! 重置出错标志
     error = 0
   END IF error_4
  END IF error_3
END IF error_1
END SUBROUTINE get_diagonal
```

图 15-18　用于提取方形数组对角线元素的子例程。
此子例程说明了将指针作为调用参数传递使用的正确技术

图 15-19 给出了此子例程的测试程序。此程序测试了三种可能出现的错误情况，以及没有错误发生时子程序的正确操作。没有简单的方法来使指针 ptr_b 因未分配到内存而失败，所以没有对这种情况进行明确的测试。

```
PROGRAM test_diagonal
!
! 目的：测试对角线元素提取子例程
!
! 修订版本：
!    日期          程序员          修改说明
!    ====          ==========      =====================
!    01/03/16      S. J. Chapman   原始代码
```

```
!
IMPLICIT NONE
! 声明对角线子例程的接口
INTERFACE
  SUBROUTINE get_diagonal ( ptr_a, ptr_b, error )
  INTEGER, DIMENSION(:,:), POINTER :: ptr_a
  INTEGER, DIMENSION(:), POINTER :: ptr_b
  INTEGER, INTENT(OUT) :: error
  END SUBROUTINE get_diagonal
END INTERFACE
! 数据字典：声明变量类型和定义
INTEGER :: i, j, k                                    ! 循环计数
INTEGER :: istat                                      ! 分配状态
INTEGER, DIMENSION(:,:), POINTER :: ptr_a             ! Ptr 指向方形数组
INTEGER, DIMENSION(:), POINTER :: ptr_b               ! Ptr 指向输出数组
INTEGER :: error                                      ! 出错标志
! 用空参数调用对角线子例程,看发生什么事情
CALL get_diagonal ( ptr_a, ptr_b, error )
WRITE (*,*) 'No pointers allocated: '
WRITE (*,*) ' Error = ', error
! 分配两个指针,调用子例程
ALLOCATE (ptr_a(10,10), STAT=istat )
ALLOCATE (ptr_b(10), STAT=istat )
CALL get_diagonal ( ptr_a, ptr_b, error )
WRITE (*,*) 'Both pointers allocated: '
WRITE (*,*) ' Error = ', error
! 仅分配 ptr_a ，但是是不同的区域范围
DEALLOCATE (ptr_a, STAT=istat)
DEALLOCATE (ptr_b, STAT=istat)
ALLOCATE (ptr_a(-5:5,10), STAT=istat )
CALL get_diagonal ( ptr_a, ptr_b, error )
WRITE (*,*) 'Array on ptr_a not square: '
WRITE (*,*) ' Error = ', error
! 仅分配 ptr_a ，初始化，获得结果
DEALLOCATE (ptr_a, STAT=istat)
ALLOCATE (ptr_a(-2:2,0:4), STAT=istat )
k = 0
DO j = 0, 4
  DO i = -2, 2
   k = k + 1                                          ! 存储数字 1 ... 25
   ptr_a(i,j) = k                                     ! 数组中的行序中
  END DO
END DO
CALL get_diagonal ( ptr_a, ptr_b, error )
WRITE (*,*) 'ptr_a allocated & square; ptr_b not allocated: '
WRITE (*,*) ' Error = ', error
WRITE (*,*) ' Diag = ', ptr_b
END PROGRAM test_diagonal
```

图 15-19　子例程 get_diagonal 的测试程序

测试程序执行结果如下：

```
C:\book\fortran\chap15>test_diagonal
No pointers allocated:
```

```
 Error =     1
Both pointers allocated:
 Error =     2
Array on ptr_a not square:
 Error =     3
ptr_a allocated & square; ptr_b not allocated:
 Error =     0
 Diag =      1    7    13    19    25
```

所有的错误都得到了正确标记，对角线的数值也是正确的，所以子例程正确执行。

良好的编程习惯

测试所有作为参数传递给过程的指针的关联状态。因为在大型程序中很容易发生这类错误，可能导致试图使用未关联的指针或者重新分配已关联的指针（后者会导致内存泄漏）。

15.7.1 使用指针的 INTENT 属性

如果 INTENT 属性出现在指针形参中，那么它引用的是指针本身，而非它所指向的目标变量。因此，如果子例程中有下列定义：

```
SUBROUTINE test(xval)
REAL,POINTER,DIMENSION(:),INTENT(IN) :: xval
...
```

那么在该子例程中不能分配指针 xval，也不能回收或者给它重赋值。不过，可以修改指针目标变量的内容。因此，语句

```
xval(90 : 100)=-2.
```

在该子例程中是合法的，如果指针的目标变量至少有 100 个元素。

15.7.2 值为指针的函数

函数也可以返回指针的值。如果函数要返回指针，那么必须在函数定义中使用 RESULT 子句，而且 RESULT 变量必须声明为指针。例如，图 15-20 所示的函数接收一个指向一维数组的指针，返回一个指向数组中第五个值的指针。

```
FUNCTION every_fifth (ptr_array) RESULT (ptr_fifth)
!
! 目的：指向一维数组输入维度的第 5 个元素值的过程
!
! 修订版本：
!   日期        程序员         修改说明
!   ====        ==========     =====================
!   01/03/16    S. J. Chapman  原始代码
!
IMPLICIT NONE
! 数据字典：声明调用参数类型和定义
INTEGER, DIMENSION(:), POINTER :: ptr_array
INTEGER, DIMENSION(:), POINTER :: ptr_fifth
! 数据字典：声明局部变量类型和定义
```

```
INTEGER :: low                              ! 数组的低端下标
INTEGER :: high                             ! 数组的高端下标
low = LBOUND(ptr_array,1)
high = UBOUND(ptr_array,1)
ptr_fifth => ptr_array(low:high:5)
END FUNCTION every_fifth
```

图 15-20　值为指针的函数

在使用值为指针的函数的过程中必须有函数的显式接口。可以通过接口，或将函数放在模块中，然后在过程中使用该模块的方式来指明显式接口。一旦定义了函数，就能把它用在任何可以使用指针表达式的地方。例如，下列指针赋值语句中赋值号右边使用的就是值为指针的函数：

```
Ptr_2=>every_fifth(ptr_1)
```

同样可以在希望出现整型数组的地方使用此函数。这时，函数返回的指针会自动断开引用，而使用指针指向的值。因此，下列语句是合法的，会输出函数返回的指针所指向的值。

```
WRITE(*.*)every_fifth(ptr_1)
```

和其他函数一样，值为指针的函数不能用在赋值语句中赋值号的左边。

15.8　过程指针

对于 Fortran 指针来说，指向过程而不是变量或数组也是可以的。使用如下语句声明过程指针：

```
PROCEDURE(proc),POINTER::p=>NULL()
```

此语句声明了一个指向过程的指针，该过程有着和 proc 过程一样的调用顺序，也必须有一个显式接口。

一旦声明了过程指针，那么就能按照和变量或数组一样的方式将过程赋给指针。例如，假定子例程 sub1 有一个显式接口。那么指向 sub1 的指针可以声明为：

```
PROCEDURE(sub1),POINTER::p=>NULL()
```

下列赋值语句是合法的：

```
P=>sub1
```

在这样赋值之后，下列两个子例程调用语句是等价的，结果相同。

```
CALL sub1(a,b,c)
CALL p(a,b,c)
```

注意，这一指针对任何与接口 sub1 一样的子例程都可用。例如，假设子例程 sub1 和 sub2 有同样的接口（个数，顺序，类型以及调用参数的使用目的都一样）。那么下列第一个对 p 的调用就是调用 sub1，而第二个就是调用 sub2。

```
P=>sub1
CALL p(a,b,c)
P=>sub2
CALL p(a,b,c)
```

图 15-21 给出了一个使用函数指针的例子。这个程序使用模块中同一个签名声明了三个函数，这三个函数就会有显式的接口。主程序声明了一个类型为 func1 的过程指针，并且任何与 func1 签名相同的函数都可以使用该过程指针。这个程序根据用户的选择给函数分配了指针，然后评估了使用指针的函数。

```
MODULE test_functions
!
! 目的：含有测试函数的模块,模块创建了函数的显式接口
!
! 修订版本：
!    日期          程序员             修改说明
!    ====          ==========         =====================
!    01/08/16      S. J. Chapman      原始代码
!
IMPLICIT NONE
CONTAINS
  ! 以下所有函数含有同一签名,它们均有显式接口,
  ! 因为它们被包含在模块中
  REAL FUNCTION func1(x)
  IMPLICIT NONE
  REAL,INTENT(IN) :: x
  func1 = x**2 - 2*x + 4
  END FUNCTION func1
  REAL FUNCTION func2(x)
  IMPLICIT NONE
  REAL,INTENT(IN) :: x
  func2 = exp(-x/5) * sin(2*x)
  END FUNCTION func2
  REAL FUNCTION func3(x)
  IMPLICIT NONE
  REAL,INTENT(IN) :: x
  func3 = cos(x)
  END FUNCTION func3
END MODULE test_functions
PROGRAM test_function_pointers
!
! 目的：测试 Fortran 过程指针。函数指针将通过同一签名"func1"的显式接口
!   来指向任何一个过程,实现指向函数的操作
!
! 修订版本：
!    日期          程序员             修改说明
!    ====          ==========         =====================
!    01/08/16      S. J. Chapman      原始代码
!
USE test_functions
IMPLICIT NONE
! 声明变量
INTEGER :: index                          ! 选项变量
PROCEDURE(func1), POINTER :: p            ! 函数指针
REAL :: x                                 ! 调用参数
! 获得函数输入数据的文件名
WRITE (*,*) 'Select a function to associate with the pointer:'
WRITE (*,*) ' 1: func1'
```

```
WRITE (*,*) ' 2: func2'
WRITE (*,*) ' 3: func3'
READ (*,*) index
! 它有效吗?
IF ( (index < 1) .OR. (index > 3) ) THEN
  WRITE (*,*) 'Invalid selection made!'
  ERROR STOP 'Bad index'
ELSE
  ! 关联指针
  SELECT CASE (index)
   CASE (1)
     WRITE (*,*) 'func1 selected...'
     p => func1
   CASE (2)
     WRITE (*,*) 'func2 selected...'
     p => func2
   CASE (3)
     WRITE (*,*) 'func3 selected...'
     p => func3
  END SELECT
  ! 执行函数
  WRITE (*,'(A)',ADVANCE='NO') 'Enter x: '
  READ (*,*) x
  WRITE (*,'(A,F13.6)') 'f(x) = ', p(x)
END IF
END PROGRAM test_function_pointers
```

图 15-21 以二叉树结构存储姓名和电话号码数据库，并从二叉树中检索被选项的程序

执行此程序，结果为：

```
C:\book\fortran\chap15>test_function_pointers
 Select a function to associate with the pointer:
  1: func1
  2: func2
  3: func3
3
 func3 selected...
Enter x: 3.14159
f(x) =    -1.000000
```

因为 cos（π）=–1，所以这个结果是正确的。

过程指针在 Fortran 程序中非常有用，因为用户可以将一个特定的过程和一个定义的数据类型关联起来。例如，下列类型声明包含了一个指向过程的指针，该过程可以逆置以派生数据类型声明的矩阵。

```
TYPE matrix(m,n)
  INTEGER, LEN :: m,n
  REAL :: element(m,n)
  PROCEDURE (lu), POINTER :: invert
END TYPE
:
TYPE(m=10,n=10) :: a
:
CALL a%invert(...)
```

注意，这和将过程与数据类型绑定不同，绑定是永久的，而由函数指针指向的过程可以在程序执行过程中发生变化。

15.9 二叉树结构

已经看见过一个动态数据结构的例子：链表。另一个非常重要的动态数据结构是二叉树。二叉树由重复的元素（或结点）组成，这些元素按照逆置的树型结构排列。每个元素或结点都是一个派生数据类型变量，它存储一些排过序的数据，和两个指向相同数据类型其他变量的指针。派生数据类型例子可以如：

```
TYPE :: person
  CHARACTER(len=10) :: last
  CHARACTER(len=10) :: first
  CHARACTER :: mi
  TYPE (person), POINTER :: before
  TYPE (person), POINTER :: after
END TYPE
```

图 15-22 说明了此种数据类型。它可以扩展到包含更多关于个人的信息，比如地址、电话号码、社会保险号等。

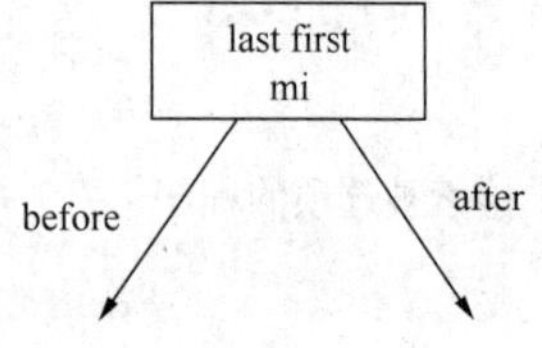

图 15-22 二叉树的典型元素

二叉树的一个重要的必要条件是，元素必须可以按照某种已知的标准进行排序。对于我们的例子来说，元素可以按照姓名字母排序。如果元素中的指针是关联的，那么指针 before 必须指向另一个元素，该元素按照排序顺序应排在当前元素之前，而指针 after 应该指向排在当前元素之后的元素。

二叉树开始于单个结点（根结点），它是程序第一个读入的值。当读入第一个值时，会创建一个变量，保存该值，而该变量的两个指针是空的。当读入下一个值时，再创建一个新结点来容纳该值，同时会将此值与根结点中的值进行比较。如果新值小于根结点中的值，那么根结点的 before 指针指向新值，否则，如果新值大于根结点的值，那么根结点的 after 指针指向新值。如果新值大于根结点的值，而且根结点的 after 指针已被使用，那么就需要比较新值和根结点的 after 指针指向的结点中的值，然后将新结点插入到恰当的位置。每次读入新值时都重复这一过程，将产生的结点按照值的顺序以逆置树型结构进行排列。

通过举例可以很好地说明这一过程。让我们将下列姓名加入一个由上面所定义的类型组成的二叉树结构中。

```
Jackson, Andrew D
Johnson, James R
Johnson, Jessie R
Johnson, Andrew C
Chapman, Stephen J
Gomez, Jose A
Chapman, Rosa P
```

读入的第一个名字是“Jackson，Andrew D”。因为还没有其他数据，所以此名字保存在结点 1 中，它就是树的结点点，该变量的两个指针都为空［见图 15-23（a)]。读入的下一个名字是“Johnson，James R”。此名字保存在结点 2 中，同时此变量的两个指针都为空。下一步，要将这个新值和根结点进行比较。因为此值大于根结点中的值，所以根结点的 after 指针指向此新变量［见图 15-23（b）］。

第三个读入的名字是“Johnson，Jessie R”。这个名字保存在结点 3 中，新变量的两个指针都为空。下一步，此值和根结点值进行比较。此值大于根结点的值，但是根结点的 after 指针已经指向了结点 2，所以将此新值和结点 2 中的值进行比较。结点 2 中的值是“Johnson，James R”，因为新值大于此值，所以将新变量放在结点 2 之后，结点 2 的 after 指针指向新变量［见图 15-23（c）］。

读入的第四个名字是“Johnson，Andree C”。此名字保存在结点 4 中，新变量的两个指针为空。下一步，将此新值和根结点的进行比较。此值大于根结点的值，并且根结点的 after 指针已指向结点 2，所以将新值和结点 2 的值进行比较。结点 2 中的值是“Johnson，James R”，因为新值小于结点 2 的值，所以结点 2 的 before 指针指向此新变量［见图 15-23（d）］。

第五个读入的名字是“Chapman，Stephen J”。此名字保存在结点 5 中，此新变量的两个指针都为空。下一步，将新值和根结点的进行比较。因为新值小于该值，因此新变量被放在根结点下面，根结点的 before 指针指向它［见图 15-23（e）］。

第六个读入的名字为“Gomez，Jose A”。此名字保存在结点 6 中，此新变量的两个指针都为空。下一步，将新值和根结点进行比较，发现此值小于根结点的值，但是根结点的 before 指针已经指向结点 5，所以将此值和结点 5 的值进行比较，结点 5 的值是“Chapman，Stephen J”。因为新值比此值大，因此新变量被放在结点 5 之下，结点 5 的 after 指向此新变量［见图 15-23（f）］。

第七个读入的名字是“Chapman，Rosa P”。此名字保存于结点 7，此新变量的两个指针都为空。下一步，将新值和根结点进行比较，发现此值小于根结点的值，但是根结点的 before 指针已经指向结点 5，所以将此值和结点 5 的值进行比较，结点 5 的值是“Chapman，Stephen J”。因为新值比此值小，因此新变量放在结点 5 之下，结点 5 的 before 指针指向此变量［见图 15-23（g）］。

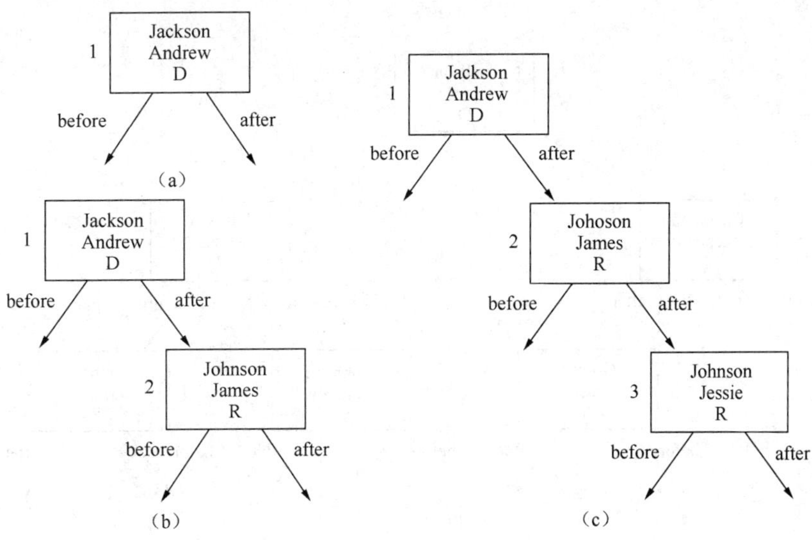

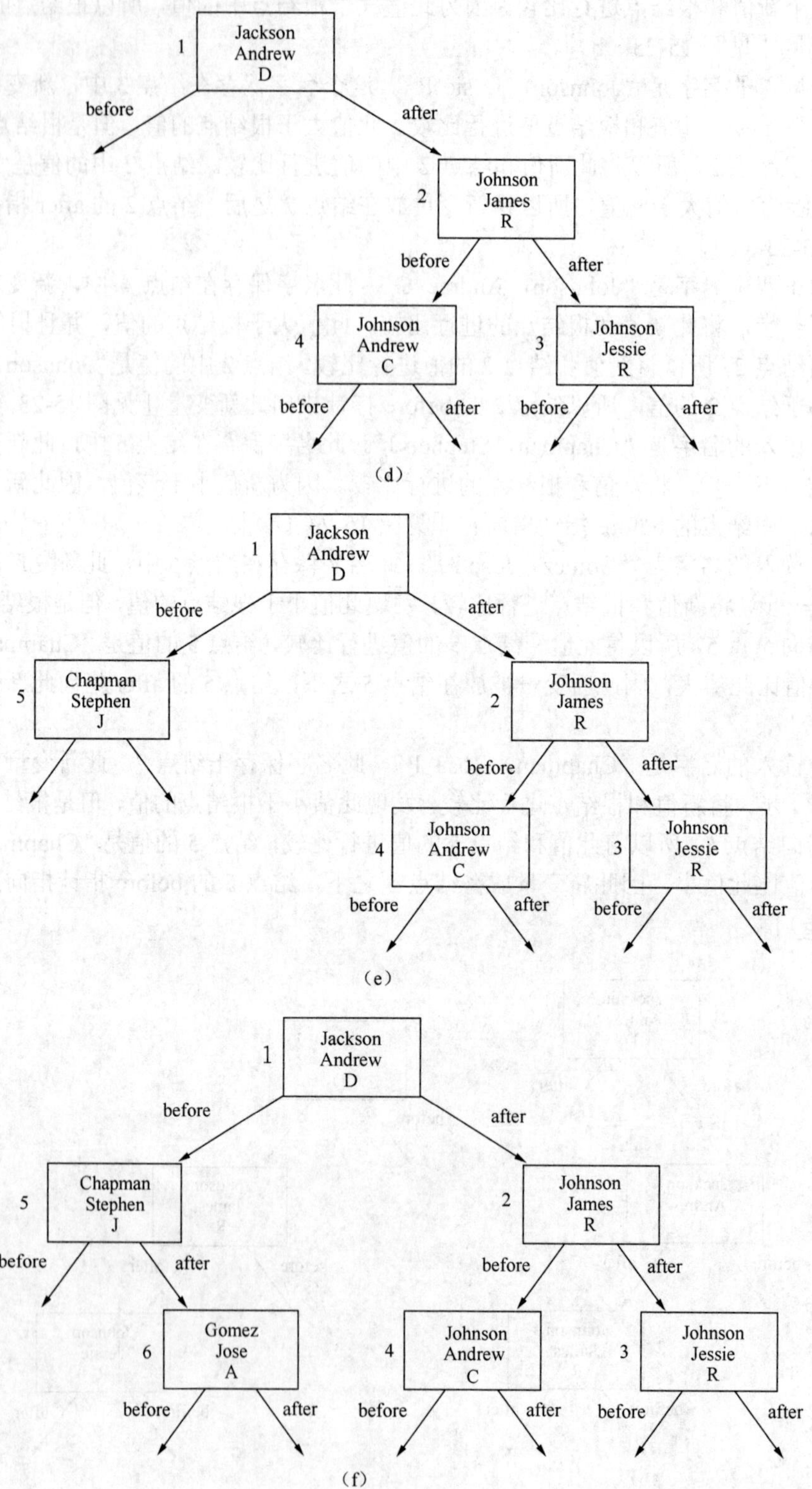
1
Jackson
Andrew
D
before
after
2
Johnson
James
R
before
after
4
Johnson
Andrew
C
3
Johnson
Jessie
R
before
after
before
after
(d)
1
Jackson
Andrew
D
before
after
5
Chapman
Stephen
J
2
Johnson
James
R
before
after
4
Johnson
Andrew
C
3
Johnson
Jessie
R
before
after
before
after
(e)
1
Jackson
Andrew
D
before
after
5
Chapman
Stephen
J
before
after
2
Johnson
James
R
before
after
6
Gomez
Jose
A
4
Johnson
Andrew
C
3
Johnson
Jessie
R
before
after
before
after
before
after
(f)

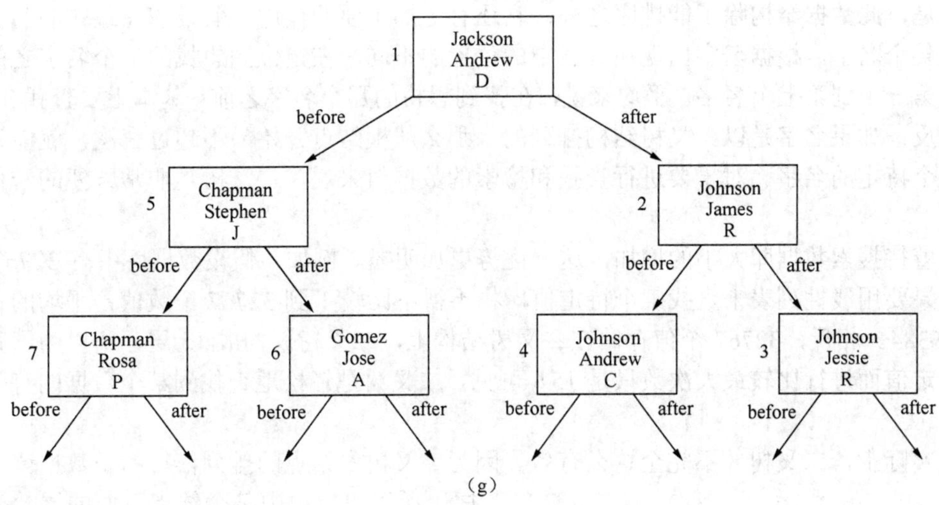

(g)

图 15-23　二叉树结构的生成过程

当需要往树中添加更多的数据时，可以无限循环多次本过程。

15.9.1　二叉树结构的重要性

现在让我们看一下图 15-23（g）所示的完整结构。注意，当完成树的构造后，数值是按照树结构中从左到右的顺序排序的。这就意味着二叉树可以作为对数据集进行排序的一种方法（见图 15-24）（在此应用中，它类似于上一节所讨论的插入排序）。

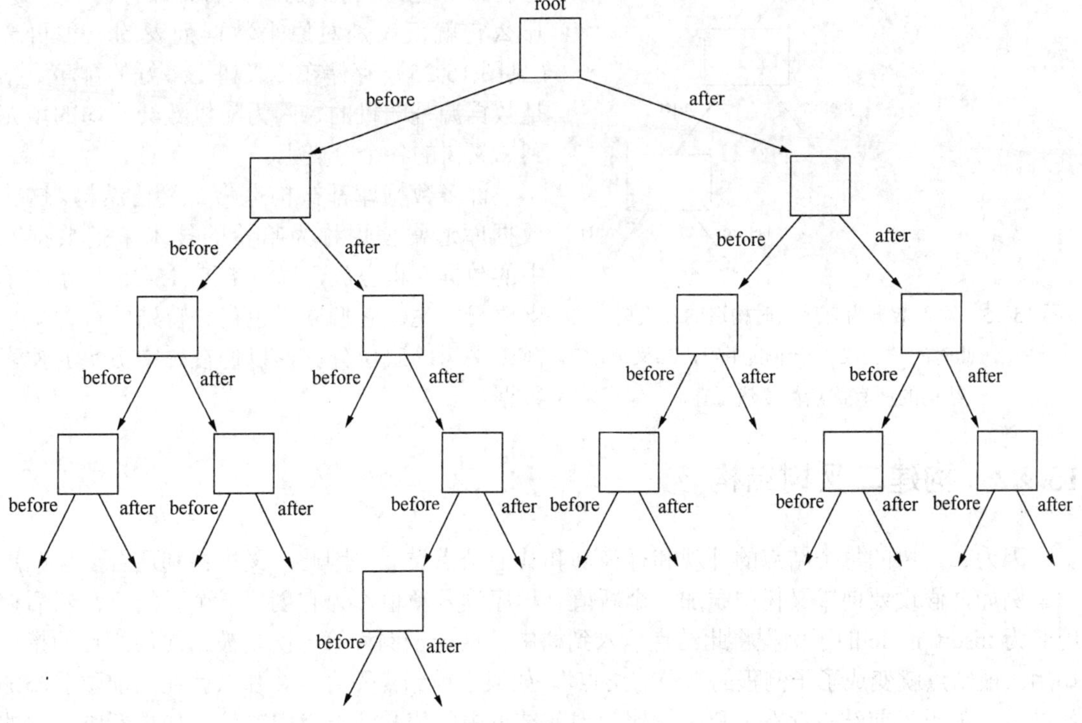

图 15-24　一个二叉树结构，它的最底层分支没有填写完

但是，此数据结构除了能排序之外，它还有更加重要的作用。假设想在最初的名字列表中查找某个名字。根据名字出现在列表中的位置的不同，在定位到想找的那个名字之前，需要比较第一个到第七个名字。平均来说，在找到想找的那个名字之前，基本上要查找 3½个名字。相反，如果名字是以二叉树结构排列的，那么从根结点开始，不超过三次，就能查找到任何一个特定的名字。对于要进行查找和检索的数据值来说，二叉树是非常方便的一种检索方法。

随着待搜索数据库大小的增加，这一优势更加明显。例如，假设数据库中有 32767 个数值。如果要用线性列表来查找某个特定值，将不得不比较 1 到 32767 个数值，平均的查找长度是 16384。相反，32767 个值存储在二叉树结构上，二叉树仅构成 15 层，所以为了查找到某个特定值而进行比较最大次数只是 15！可见，二叉树是轻松地查找到某个数据的有效存储结构。

但实际上，二叉树并不完全这么有效。因为二叉树中结点的排列依靠的是数据读入的顺序，所以可能树中某个结点下面的层数要比其他结点下面的层数多。在这种情况下，查找某些值时可能就会需要比查找到另外一些数值更多搜索一些结点层。但是，二叉树的效率确实比线性列表要更高，对于数据存储和检索来说，二叉树一直是非常好的方法。

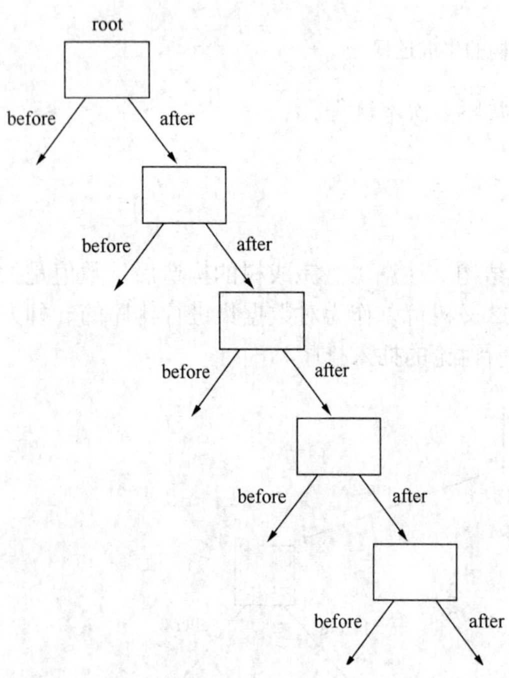

图 15-25　输入数据为有序数时构造的二叉树。注意，此时的树变成了一个顺序表，二叉树结构的所有优点都荡然无存

存储在二叉树上最差排序数据是数据源本身就有序。如果读入的是有序的数据，每个值都比前一个大，那么每个新结点都放在前一个之后。在最后，得到的二叉树就只有一个分支，那么它就仅仅是对原来数据列表的一种再造（见图 15-25）。存储在二叉树上最好的排序数据是数据源是随机的，因为随机数会平均的填充到二叉树的各个分支上。

许多数据库都被构造为二叉树结构。这些数据库通常使用称为哈希的技术来把数据库中的数据随机存放，以避免图 15-25 所示的单支情况发生。它们同样也包含特殊的过程来平衡二叉树的底层分支，以便在树中更快的搜索数据。

15.9.2　构建二叉树结构

因为二叉树的每个结点的外观和行为都和其他结点类似，因此二叉树特别适合于递归过程。例如，假设要向二叉树中添加一个新值。程序读入新值，为它创建一个新结点，然后调用名为 insert_node 的子例程将此结点插入到树中。这一子例程第一次是被指向根结点的指针调用。根结点就变成了子例程的“当前结点”。如果当前结点不存在，那么就在当前位置添加新结点。如果当前结点存在，那么就比较当前结点中的值和新结点中的值。如果新结点中的值小于当前结点的值，那么子例程就使用当前结点的 before 指针递归的调用自己。如果新结点的值大于当前结点的值，那么子例程就使用当前结点的 after 指针递归的调用自己。子例程 insert_node 会继续调用自己，直到达到了树的底层，并且定位到插入新结点的合适位置。

同样的递归子例程可以用来查找二叉树中特定的值，或者按照排序顺序输出所有树中的结点。下面的例子说明了二叉树的构造。

例题 15-4　在二叉树中排序和查找数据

假设要创建一个包含一组人员姓名和电话号码的数据库（这一结构很容易包含每个人的很多信息，但是为实现本例子的主要任务，这里选用简单结构）。编写程序，读入人员姓名和电话号码，然后将它们存储在二叉树中。在读入所有姓名后，程序应该能够按照字母顺序打印出所有的名字和电话号码。此外，应该能够通过人员姓名查找到其相应的电话号码。使用递归子例程来实现二叉树函数。

解决方案

为了把每个人的信息保存在二叉树中，必须创建一个派生数据类型来容纳每个结点所包含的信息：姓名，电话号码以及指向其他两个结点的指针。恰当的派生数据类型是：

```
TYPE :: node
  CHARACTER(len=10) :: last
  CHARACTER(len=10) :: first
  CHARACTER :: mi
  CHARACTER(len=16) :: phone
  TYPE (node), POINTER :: before
  TYPE (node), POINTER :: after
END TYPE
```

主程序从输入数据文件中读入姓名和电话号码，并且创建容纳它们的结点。当创建了每个结点后，它会调用递归子例程 insert_node 来定位新结点应该放在树中的位置。一旦所有的姓名和电话号码都读入后，主程序会调用递归子例程 write_node 按字母顺序列出所有的姓名和电话号码。最后，程序提示用户输入姓名，然后调用递归子例程 find_node 得到该姓名对应的电话号码。

注意，对于二叉树来说，必须有一种比较代表每个结点的两个派生数据类型数值的方法。在例子中，我们希望按照姓氏（last name）、名字（first name）、中间名缩写（middle initial）的顺序来排序和比较数据。因此，要为操作符<，>和==各自创建一个扩展定义，这样它们就能用于派生数据类型。

1. 问题说明

编写一个程序，从输入文件中读入一列姓名和电话，并将它们存储在二叉树结构中。在读入所有的姓名等后，程序按照字母顺序打印出所有的姓名和号码。然后，提示用户输入一个特定的姓名，程序检索出相应的电话号码。使用递归子例程来实现二叉树函数。

2. 输入和输出定义

程序的输入文件名和文件中包含姓名和电话号码的列表。姓名和电话号码将按 last，first，middle initial 和电话号码来排序。

程序的输出如下：

（a）按字母排序的所有姓名和电话号码列表。

（b）与用户指定名字相对应的电话号码。

3. 算法描述

主程序基本的伪代码如下：

```
获得输入文件名
读取数据并存入二叉树
按字母顺序打印数据
获取用户输入的特定名字
查找和显示与名字相关的电话号码
```

通过 WHILE 循环来从输入文件中读入数据，并存储在二叉树中，其中使用递归子例程 add_node 存储数据。一旦读入了所有的数据，使用递归子例程 write_node 按照字母顺序在标准输出设备上打印出所有排序后的数据，然后提示用户输入需要查找记录的名字。子例程 find_node 查找出相应的记录。如果找到，就显示结果。详细的主程序伪代码如下所示：

```
提示用户输入文件名"filename"
读入文件名"filename"
OPEN 文件"filename"
IF OPEN 成功 THEN
  WHILE
     用指针"temp"创建新结点
     读入数值到"temp"
     IF 读取不成功 EXIT
     CALL add_node(root, temp)将数据项放入二叉树
  End of WHILE
  调用 write_node(root)输出排序数据
  提示用户输入查找的数据,并存储到"temp"
  CALL find_node(root, temp, error)
  输出数据值到标准输出设备上
End of  IF
```

必须创建一个包含派生数据类型定义及三个用来处理二叉树结构的递归子程序模块。为了要将结点添加到树中，应该从根结点开始查找。如果根结点不存在，那么新结点就是根结点。如果根结点存在，应该将新结点中的姓名和根结点中的进行比较来判定按照字母顺序新结点大于还是小于根结点。如果小于，那么应该检查根结点的 before 指针。如果该指针为空，那么将新结点添加于此。否则，检查根结点 before 指针指向的结点，然后重复此过程。如果新结点按照字母顺序大于等于根结点，那么检查根结点的 after 指针。如果该指针为空，那么将新结点添加于此。否则，检查根结点的 after 指针指向的结点，然后重复此过程。

对于每个所检查的结点，都采用如下相同的步骤：

（a）判定新结点是 < 还是 >= 当前结点。

（b）如果小于当前结点，并且 before 指针为空，那么将新结点添加于此。

（c）如果小于当前结点，并且 before 指针不空，那么检查该指针所指向的结点。

（d）如果新结点大于等于当前结点，并且指针 after 为空，那么将新结点添加于此。

（e）如果大于等于当前结点并且 after 指针不空，那么检查该指针所指向的结点。

因为一直重复相同的模式，所以就能将 add_node 子程序写为递归子例程。

```
IF ptr 为空 THEN
  ! 还没有树。在此添加结点
  ptr => 新结点
ELSE IF 新结点 < ptr THEN
  ! 检查能否在此添加新结点
  IF ptr%before 指针已关联 THEN
   ! 结点不为空，递归调用 add_node
   CALL add_node ( ptr%before, new_node )
  ELSE
```

```
   ! 指针为空,在此添加结点
    ptr%before => new_node
  END of IF
ELSE
  ! 检查能否将结点添加到 ptr 之后
  IF ptr%after is associated THEN
   ! 结点不为空,递归调用 add_node
   CALL add_node ( ptr%after, new_node )
  ELSE
   ! 指针为空。在此添加结点
   ptr%after => new_node
  END of IF
END of IF
```

子例程 write_node 是用于按照字母顺序打印树中数值的递归子例程。它首先开始于根结点，然后沿着树一直到树最左下角的分支。然后，沿着树一直到树最右下角分支。伪代码如下所示：

```
IF 指针"before"不空 THEN
  CALL write_node(ptr%before)
END of  IF
WRITE 当前结点的内容
IF 指针"after"空 THEN
  CALL write_node(ptr%after)
END of  IF
```

子例程 find_node 是用于定位树中特定结点的递归子例程。为了找到树中的某结点，首先开始查找根结点。应该比较所查找的值和根结点中的值，用来判定所找的值按照字母顺序是大于根结点的还是小于根结点的。如果小于根结点的，那么应该查找根结点的 before 指针。如果该指针为空，那么所寻找的结点不存在。否则，应该检查根结点的 before 指针所指向的结点，然后重复此过程。如果要查找的名字按照字母顺序大于或者等于根结点的名字，那么应该查找根结点的 after 指针。如果该结点为空，那么所寻找的结点不存在。否则，应该检查根结点的 after 指针所指向的结点，然后重复此过程。如果查找的名字等于根结点的名字，那么表示根结点包含的就是所要查找的数据，此时子例程返回它。这一过程可以递归的重复用于每个结点，直到找到了所要的数据或者遇到了空指针。伪代码如下所示：

```
IF search_value < ptr THEN
  IF ptr%befor 不空 THEN
    CALL find_node(ptr%befor, search_value, error)
  ELSE !not_found
     error←1
  END of IF
ELSE IF search_value==ptr THEN
  Search_value=ptr
error←0
   ELSE
     IF ptr%after 不空 THEN
    CALL find_node(ptr%after, search_value, error)
  ELSE !not_found
     error←1
  END of IF
END of IF
```

必须在模块中包含派生数据类型的定义以及>，<和==操作符对于该类型的定义。要做到这一点，需要在模块中包含三个 INTERFACE OPERATOR 块。此外，必须编写三个私有函数来实现这些操作符的操作。第一个函数为 greater_than，第二个为 less_than，第三个为 equal_to。这三个函数必须比较两个名字的 last 部分，以便判定第一个名字是大于、小于、还是等于第二个名字。如果相同，那么函数必须比较两个名字（first name）和中间名缩写（middle initial）。注意，所有的名字应该都转换为大写，以避免大小写混合比较的情况。此事可以写一个名为 ushift 的子例程来完成，ushift 子例程中只需要调用第 10 章所编写的子例程 ucase 即可。函数 greater_than 的伪代码如下：

```
IF last1 > last2 THEN
   greater_than=.TRUE.
ELSE IF  last1 < last2 THEN
   greater_than=.FALSE.
ELSE !Last 名相等
IF first1 > first2 THEN
      greater_than=.TRUE.
ELSE IF  first1 < first2 THEN
      greater_than=.FALSE.
ELSE !First 名相等
IF mi1 > mi2 THEN
        greater_than=.TRUE.
ELSE IF  mi1 < mi2 THEN
        greater_than=.FALSE.
END of IF
END of IF
END of IF
```

函数 less_than 的伪代码如下：

```
IF last1 < last2 THEN
   less_than=.TRUE.
ELSE IF  last1 > last2 THEN
   less _than=.FALSE.
ELSE !Last 名相等
IF first1 < first2 THEN
      less _than=.TRUE.
ELSE IF  first1 > first2 THEN
      less _than=.FALSE.
ELSE !First 名相等
IF mi1 < mi2 THEN
        less _than=.TRUE.
ELSE IF  mi1 > mi2 THEN
        less _than=.FALSE.
END of IF
END of IF
END of IF
```

函数 equal_to 的伪代码如下：

```
IF last1==last2 .AND. first1==first2 .AND. mi1==mi2 THEN
  equal_to=.TRUE.
ELSE
equal_to=.FALSE.
   END of  IF
```

4. 把算法转换为 Fortran 语句

编写的 Fortran 程序如图 15-26 所示。模块 btree 包含派生数据类型的定义和相应的支持子程序和函数，以及用于派生数据类型的操作符>，<和==的定义。注意，模块中只有最基本的过程才是 PUBLIC 型的。主程序通过使用 USE 关联来访问模块中的过程，所以过程具有显式接口。

```
MODULE btree
!
! 目的：定义二叉树上结点的派生数据类型。
!  为该数据类型定义操作>, <. 和 ==。该模块也包含
!  将结点加入到树上、输出树上某个数值、找出数
!  上某个数值的子例程
!
! 修订版本：
!    日期         程序员           修改说明
!    ====         ==========       =====================
!    01/04/16     S. J. Chapman    原始代码
!
IMPLICIT NONE
! 限制对模块内容的访问
PRIVATE
PUBLIC :: node, OPERATOR(>), OPERATOR(<), OPERATOR(==)
PUBLIC :: add_node, write_node, find_node
! 声明二叉树上结点的类型
TYPE :: node
  CHARACTER(len=10) :: last
  CHARACTER(len=10) :: first
  CHARACTER :: mi
  CHARACTER(len=16) :: phone
  TYPE (node), POINTER :: before
  TYPE (node), POINTER :: after
END TYPE
INTERFACE OPERATOR (>)
  MODULE PROCEDURE greater_than
END INTERFACE
INTERFACE OPERATOR (<)
  MODULE PROCEDURE less_than
END INTERFACE
INTERFACE OPERATOR (==)
  MODULE PROCEDURE equal_to
END INTERFACE
CONTAINS
  RECURSIVE SUBROUTINE add_node (ptr, new_node)
  !
  ! 目的：添加一个新的结点到二叉树结构
  !
  TYPE (node), POINTER :: ptr              ! 指向树上当前位置的指针
  TYPE (node), POINTER :: new_node         ! 指向新结点的指针
  IF ( .NOT. ASSOCIATED(ptr) ) THEN
   ! 还没有树。此时添加结点到右子树上
   ptr => new_node
  ELSE IF ( new_node < ptr ) THEN
   IF ( ASSOCIATED(ptr%before) ) THEN
```

```
    CALL add_node ( ptr%before, new_node )
  ELSE
    ptr%before => new_node
  END IF
 ELSE
  IF ( ASSOCIATED(ptr%after) ) THEN
    CALL add_node ( ptr%after, new_node )
  ELSE
    ptr%after => new_node
  END IF
 END IF
 END SUBROUTINE add_node
 RECURSIVE SUBROUTINE write_node (ptr)
 !
 ! 目的: 顺序输出二叉树结构上的内容
 !
 TYPE (node), POINTER :: ptr                     ! 指向树上当前位置的指针
 ! 输出前一结点的内容
 IF ( ASSOCIATED(ptr%before) ) THEN
  CALL write_node ( ptr%before )
 END IF
 ! 输出当前结点的内容
 WRITE (*,"(A,', ',A,1X,A)") ptr%last, ptr%first, ptr%mi
 ! 输出下一个结点的内容
 IF ( ASSOCIATED(ptr%after) ) THEN
  CALL write_node ( ptr%after )
 END IF
 END SUBROUTINE write_node
 RECURSIVE SUBROUTINE find_node (ptr, search, error)
 !
 ! 目的: 找出二叉树结构上的特殊结点。
 !  "Search"是指向要查找的名字的指针,
 !  如果该结点找到,则该指针也含有本例程
 !  完成后查找到的结果值
 !
 TYPE (node), POINTER :: ptr                     ! 指向树上当前位置的指针
 TYPE (node), POINTER :: search                  ! 指向找到的值的指针
 INTEGER :: error                                ! Error: 0 = ok, 1 = not found
 IF ( search < ptr ) THEN
  IF ( ASSOCIATED(ptr%before) ) THEN
    CALL find_node (ptr%before, search, error)
  ELSE
    error = 1
  END IF
 ELSE IF ( search == ptr ) THEN
  search = ptr
  error = 0
 ELSE
  IF ( ASSOCIATED(ptr%after) ) THEN
    CALL find_node (ptr%after, search, error)
  ELSE
    error = 1
  END IF
 END IF
```

```
END SUBROUTINE find_node
LOGICAL FUNCTION greater_than (op1, op2)
!
! 目的: 测试看是否按字母顺序操作数 1 > 操作数 2
!
TYPE (node), INTENT(IN) :: op1, op2
CHARACTER(len=10) :: last1, last2, first1, first2
CHARACTER :: mi1, mi2
CALL ushift (op1, last1, first1, mi1 )
CALL ushift (op2, last2, first2, mi2 )
IF (last1 > last2) THEN
 greater_than = .TRUE.
ELSE IF (last1 < last2) THEN
 greater_than = .FALSE.
ELSE ! Last names match
 IF (first1 > first2) THEN
   greater_than = .TRUE.
 ELSE IF (first1 < first2) THEN
   greater_than = .FALSE.
 ELSE ! First names match
   IF (mi1 > mi2) THEN
    greater_than = .TRUE.
   ELSE
    greater_than = .FALSE.
   END IF
 END IF
END IF
END FUNCTION greater_than
LOGICAL FUNCTION less_than (op1, op2)
!
! 目的: 测试看是否按字母顺序操作数 1 < 操作数 2
!
TYPE (node), INTENT(IN) :: op1, op2
CHARACTER(len=10) :: last1, last2, first1, first2
CHARACTER :: mi1, mi2
CALL ushift (op1, last1, first1, mi1 )
CALL ushift (op2, last2, first2, mi2 )
IF (last1 < last2) THEN
 less_than = .TRUE.
ELSE IF (last1 > last2) THEN
 less_than = .FALSE.
ELSE ! Last names match
 IF (first1 < first2) THEN
   less_than = .TRUE.
 ELSE IF (first1 > first2) THEN
   less_than = .FALSE.
 ELSE ! First names match
   IF (mi1 < mi2) THEN
    less_than = .TRUE.
   ELSE
    less_than = .FALSE.
   END IF
 END IF
END IF
```

```
END FUNCTION less_than
LOGICAL FUNCTION equal_to (op1, op2)
!
! 目的: 测试看是否按字母数据集操作数 1 等于操作数 2
!
TYPE (node), INTENT(IN) :: op1, op2
CHARACTER(len=10) :: last1, last2, first1, first2
CHARACTER :: mi1, mi2
CALL ushift (op1, last1, first1, mi1 )
CALL ushift (op2, last2, first2, mi2 )
IF ( (last1 == last2) .AND. (first1 == first2) .AND. &
  (mi1 == mi2 ) ) THEN
 equal_to = .TRUE.
ELSE
 equal_to = .FALSE.
END IF
END FUNCTION equal_to
SUBROUTINE ushift( op, last, first, mi )
!
! 目的: 为了进行比较,对所有字符串进行归一化
!
TYPE (node), INTENT(IN) :: op
CHARACTER(len=10), INTENT(INOUT) :: last, first
CHARACTER, INTENT(INOUT) :: mi
last = op%last
first = op%first
mi = op%mi
CALL ucase (last)
CALL ucase (first)
CALL ucase (mi)
END SUBROUTINE ushift
SUBROUTINE ucase ( string )
!
! 目的: 不管是哪种字符集,对于所有的处理器,字符串全转换成大写
!
! 修订版本:
! 日期       程序员          修改说明
! ====       ==========      =====================
! 11/28/15   S. J. Chapman   原始代码
!
IMPLICIT NONE
! 声明调用参数
CHARACTER(len=*), INTENT(INOUT) :: string
! 声明局部变量
INTEGER :: i                             ! Loop index
INTEGER :: length                        ! Length of input string
! 获得字符串长度
length = LEN ( string )
! 现在将小写字符转换成大写
DO i = 1, length
 IF ( LGE(string(i:i),'a') .AND. LLE(string(i:i),'z') ) THEN
  string(i:i) = ACHAR ( IACHAR ( string(i:i) ) - 32 )
 END IF
END DO
```

```
  END SUBROUTINE ucase
END MODULE btree
PROGRAM binary_tree
!
! 目的：读取一系列随机名字和电话号码，存储它们到二叉树上。
!  在数值保存之后，按顺序输出值，然后提示用户输入要检索的
!  名字，程序归一化与名字相关的数据
!
! 修订版本：
!   日期          程序员            修改说明
!   ====          ==========        =====================
!   01/04/16      S. J. Chapman     原始代码
!
USE btree
IMPLICIT NONE
! 数据字典：声明变量类型和定义
INTEGER :: error                              ! 出错标志： 0=成功
CHARACTER(len=20) :: filename                 ! 输入数据文件名
INTEGER :: istat                              ! 状态： 0 成功
CHARACTER(len=120) :: msg                     ! 出错消息
TYPE (node), POINTER :: root                  ! 指向根结点的指针
TYPE (node), POINTER :: temp                  ! 指向结点的临时指针
! 新指针为空
NULLIFY ( root, temp )
! 获得含有输入数据的文件名
WRITE (*,*) 'Enter the file name with the input data: '
READ (*,'(A20)') filename
! 打开输入数据文件。状态是 OLD，因为输入数据必须已经存在
OPEN ( UNIT=9, FILE=filename, STATUS='OLD', ACTION='READ', &
   IOSTAT=istat, IOMSG=msg )
! OPEN 成功？
fileopen: IF ( istat == 0 ) THEN              ! Open 成功
  ! 文件打开成功，为每个结点分配空间，读取数据到结点
  ! 插入结点到二叉树
  input: DO
   ALLOCATE (temp,STAT=istat)                 ! 分配结点
   NULLIFY ( temp%before, temp%after)         ! 指针空
   READ (9, 100, IOSTAT=istat) temp%last, temp%first, &
     temp%mi, temp%phone                      ! 读取数据
   100 FORMAT (A10,1X,A10,1X,A1,1X,A16)
   IF ( istat /= 0 ) EXIT input               ! 到数据尾，退出
   CALL add_node(root, temp)                  ! 添加到二叉树上
  END DO input
  ! 现在，输出排序的数据
  WRITE (*,'(/,A)') 'The sorted data list is: '
  CALL write_node(root)
  ! 提示键入在树上要查找的姓名
  WRITE (*,'(/,A)') 'Enter name to recover from tree:'
  WRITE (*,'(A)',ADVANCE='NO') 'Last Name:    '
  READ (*,'(A)') temp%last
  WRITE (*,'(A)',ADVANCE='NO') 'First Name:    '
  READ (*,'(A)') temp%first
  WRITE (*,'(A)',ADVANCE='NO') 'Middle Initial: '
  READ (*,'(A)') temp%mi
```

```
    ! 定位记录
    CALL find_node ( root, temp, error )
    check: IF ( error == 0 ) THEN
     WRITE (*,'(/,A)') 'The record is:'
     WRITE (*,'(7A)') temp%last, ', ', temp%first, ' ', &
            temp%mi, ' ', temp%phone
    ELSE
     WRITE (*,'(/,A)') 'Specified node not found!'
    END IF check
  ELSE fileopen
    ! 否则,文件打开失败,告诉用户
    WRITE (*,'(A,I6)') 'File open failed--status = ', istat
    WRITE (*,'(A)') msg
  END IF fileopen
  END PROGRAM binary_tree
```

图 15-26 以二叉树结构存储姓名和电话号码数据库，并查找树中某个选定的特定数据项的程序

5. 测试编写的 Fortran 程序

为了测试此程序，需要创建一个包含姓名和电话号码的输入数据文件，并使用这些数据来执行程序。将创建文件 tree_in.dat，包含下列数据：

```
Leroux        Hector     A (608)    555-1212
Johnson       James      R (800)    800-1111
Jackson       Andrew     D (713)    723-7777
Romanoff      Alexi      N (212)    338-3030
Johnson       Jessie     R (800)    800-1111
Chapman       Stephen    J (713)    721-0901
Nachshon      Bini       M (618)    813-1234
Ziskend       Joseph     J (805)    238-7999
Johnson       Andrew     C (504)    388-3000
Chi           Shuchung   F (504)    388-3123
deBerry       Jonathan   S (703)    765-4321
Chapman       Rosa       P (713)    721-0901
Gomez         Jose       A (415)    555-1212
Rosenberg     Fred       R (617)    123-4567
```

两次执行此程序。第一次指定一个有效的查找名字，一次指定一个无效的名字，来测试在两种情况下程序是否都能正确执行。程序执行结果如下：

```
C:\book\fortran\chap15>binary_tree
Enter the file name with the input data:
tree_in.dat
The sorted data list is:
Chapman       , Rosa        P
Chapman       , Stephen     J
Chi           , Shuchung    F
deBerry       , Jonathan    S
Gomez         , Jose        A
Jackson       , Andrew      D
Johnson       , Andrew      C
Johnson       , James       R
Johnson       , Jessie      R
```

```
Leroux          , Hector       A
Nachshon        , Bini         M
Romanoff        , Alexi        N
Rosenberg       , Fred         R
Ziskend         , Joseph       J
Enter name to recover from tree:
Last Name:  Nachshon
First Name:  Bini
Middle Initial: M
The record is:
Nachshon , Bini   M (618) 813-1234
C:\book\fortran\chap15>binary_tree
Enter the file name with the input data:
tree_in.dat
The sorted data list is:
Chapman         , Rosa         P
Chapman         , Stephen      J
Chi             , Shuchung     F
deBerry         , Jonathan     S
Gomez           , Jose         A
Jackson         , Andrew       D
Johnson         , Andrew       C
Johnson         , James        R
Johnson         , Jessie       R
Leroux          , Hector       A
Nachshon        , Bini         M
Romanoff        , Alexi        N
Rosenberg       , Fred         R
Ziskend         , Joseph       J
Enter name to recover from tree:
Last Name:  Johnson
First Name:  James
Middle Initial: A
Specified node not found!
```

程序看上去正确。请注意，程序正确地将数据存储到了二叉树中合适的位置，没有受大小写影响（deBerry 插入到了正确的位置）。

你能确定程序所创建的树结构是什么样的吗？为了在树中找到某个特定的数据项，程序必须查找的最大层数是多少呢？

15.10 小结

指针是一种特殊类型的变量，它包含的是另一变量的地址而非值。指针有特定的数据类型和维数（如果指向的是数组），它只能指向特定的类型和维数的数据项。在类型声明语句单独的 POINTER 语句中使用 POINTER 属性声明指针。指针所指向的数据项称为目标变量。在类型声明语句或单独的 TARGET 语句中使用 TARGET 属性声明的数据项才能由指针所指向。

指针赋值语句将目标变量的地址放在指针中。形式为：

```
pointer=>target
```

```
pointer=>pointer2
```

后一种情况中，包含在 pointer2 中的当前地址和 pointer1 中的相同，两个指针独立的指向同一个目标变量。

指针可以有三种关联状态：未定义、相关联或未关联。当在类型声明语句中第一次声明指针时，指针的关联状态是未定义。一旦指针和某个目标变量通过指针赋值语句关联后，其关联状态就是相关联。如果后来指针从其目标变量断开，并且没有关联到新的目标变量上时，指针的关联状态就是未关联。只要创建了指针，它就总应该是为空的或相关联的状态。函数 ASSOCIATED()用于判定指针当前的关联状态。

可以使用指针动态的创建和销毁变量或数组。使用 ALLOCATE 语句可以为数据项分配内存，使用 DEALLOCATE 语句可以回收内存。ALLOCATE 语句中的指针指向其所创建的数据项，指针是访问那个数据项的唯一方法。如果在其他指针指向分配的内存之前，该指针是未关联的或者与其他目标变量相关联，那么该块内存对于程序来说就不可访问了。这称为“内存泄漏”。

当使用 DEALLOCATE 语句回收动态内存时，指向内存的指针就自动置为空。但是，如果有其他指针指向同一片内存，那么就必须手动的将这些指针设置为空或进行重新赋值。如果不这样做，程序可能就会使用它们进行读写已经回收的内存，而这可能会引起意想不到的灾难。

指针也可以作为派生数据类型的元素，包括定义的数据类型。这一特性使得能够创建诸如链表和二叉树此类的动态数据结构，在这些结构中，指向动态分配的数据项的指针指向链中的其他项。这种灵活性在解决许多问题时非常重要。

不太可能声明一个指针数组，因为指针声明中的 DIMENSION 属性指的是目标变量的维数，不是指针的维数。当需要用指针数组时，可以定义仅包括指针的派生数据类型，然后创建该派生数据类型的数组。

指针也可以作为调用参数传递给过程，前提是该过程在调用程序中具备显式接口。指针形参不能有 INTENT 属性。对于函数来说，如果使用了 RESULT 子句，并且结果变量声明为指针型，那么它也可以返回指针。

15.10.1 良好的编程习惯小结

当使用指针时应该遵循下列原则：

1. 在程序单元中只要创建了指针，就将其赋为空或者给其赋值。这样会减少未定义分配状态引起的不明确性。

2. 在对大数组或派生数据类型进行排序或交换时，交换指向数据的指针而非数据本身将会更加高效。

3. 当内存回收时，一定要让所有指向该片内存的指针为空或者给这些指针重新赋值。这些指针中的一个会因为 DEALLOCATE 语句的使用而自动为空，但是其他的必须手动的使用 NULLIFY 语句或者指针赋值语句来让它们为空或重新指向其他内存。

4. 始终记得测试作为参数传递给过程的指针的状态。在大型程序中很容易出错，因为在大型程序中很可能会出现试图访问未关联的指针或者试图重分配已关联的指针（后者会造成内存泄漏）。

15.10.2 Fortran 语句和结构小结

POINTER 属性：

```
Type,POINTER::ptr1[,ptr2,…]
```

例如：

```
INTEGER,POINTER::next_value
REAL,DIMENSION(:),POINTER::array
```

说明：

POINTER 属性在类型定义语句中声明变量为指针变量。

POINTER 语句：

```
POINTER::ptr1[,ptr2,…]
```

例如：

```
POINTER::p1,p2,p3
```

说明：

POINTER 声明列表中的变量是指针变量。最好在类型定义语句中使用指针属性来声明指针而不是采用这种形式。

TARGET 属性：

```
Type,TARGET::var1[,var2,…]
```

例如：

```
INTEGER,TARGET::num_values
REAL,DIMENSION(:),TARGET::array
```

说明：

TARGET 属性在类型定义语句中声明了合法的指针指向的目标变量。

TARGET 语句：

```
TARGET::var1[,var2,…]
```

例如：

```
TARGET::my_data
```

说明：

TARGET 语句声明列表中的变量是指针指向的合法的目标变量。最好在类型定义语句中使用 TARGET 属性来声明目标变量而不是采用这种形式。

15.10.3 习题

15-1 指针变量和普通变量之间的区别是什么？

15-2 指针赋值语句和普通赋值语句有什么不同？下列两个语句中的 a=z 和 z=>z 分别完成什么操作？

```
INTEGER :: x = 6, z = 8
INTEGER, POINTER :: a
a => x
a = z
a => z
```

15-3 下面的程序段正确与否？如果不正确，说明错在哪。如果正确，该程序完成什么功能？

```
PROGRAM ex15_3
REAL, POINTER :: p1
REAL:: x1 = 11.
INTEGER, POINTER :: p2
INTEGER :: x2 = 12
p1 => x1
p2 => x2
WRITE (*,'(A,4G8.2)') ' p1, p2, x1, x2 = ', p1, p2, x1, x2
p1 => p2
p2 => x1
WRITE (*,'(A,4G8.2)') ' p1, p2, x1, x2 = ', p1, p2, x1, x2
END PROGRAM ex15_3
```

15-4 指针可能的关联状态有哪些？如何确定某个给定指针的关联状态？

15-5 下列程序段正确与否？如果不正确，说明错在哪。如果正确，那么 WRITE 语句的输出将是什么？

```
REAL, POINTER :: p1, p2
REAL, TARGET :: x1 = 11.1, x2 = -3.2
p1 => x1
WRITE (*,*) ASSOCIATED(p1), ASSOCIATED(p2), ASSOCIATED(p1,x2)
```

15-6 函数 NULL()的目的是什么？此函数取代置空（nullify 语句）的优点是什么？

15-7 声明指向整型数组的指针的 Fortran 语句怎么写？指出指向有 1000 个元素的目标变量数组 my_data 中每 10 个元素的指针怎样表示。

15-8 下列程序打印出什么？

```
PROGRAM ex15_8
IMPLICIT NONE
INTEGER :: i
REAL, DIMENSION(-25:25), TARGET :: info = [ (2.1*i, i=-25,25) ]
REAL, DIMENSION(:), POINTER :: ptr1, ptr2, ptr3
ptr1 => info(-25:25:5)
ptr2 => ptr1(1::2)
ptr3 => ptr2(3:5)
WRITE (*,'(A,11F6.1)') ' ptr1 = ', ptr1
WRITE (*,'(A,11F6.1)') ' ptr2 = ', ptr2
```

```
WRITE (*,'(A,11F6.1)') ' ptr3 = ', ptr3
WRITE (*,'(A,11F6.1)') ' ave of ptr3 = ', SUM(ptr3)/SIZE(ptr3)
END PROGRAM ex15_8
```

15-9　如何使用指针进行动态内存分配和回收？使用指针的内存分配和使用可分配数组有何不同？

15-10　什么是内存泄漏？为什么它是个问题，如何避免？

15-11　下面的程序正确与否？如果不正确，说明错在哪。如果正确，那么 WRITE 语句的输出将是什么？

```
MODULE my_sub
CONTAINS
  SUBROUTINE running_sum (sum, value)
  REAL, POINTER :: sum, value
  ALLOCATE (sum)
  sum = sum + value
  END SUBROUTINE running_sum
END MODULE my_subs
PROGRAM sum_values
USE my_sub
IMPLICIT NONE
INTEGER :: istat
REAL, POINTER :: sum, value
ALLOCATE (sum, value, STAT=istat)
WRITE (*,*) 'Enter values to add: '
DO
  READ (*,*,IOSTAT=istat) value
  IF ( istat /= 0 ) EXIT
  CALL running_sum (sum, value)
  WRITE (*,*) ' The sum is ', sum
END DO
END PROGRAM sum_values
```

15-12　下面的程序正确与否？如果不正确，说明错在哪。如果正确，那么 WRITE 语句的输出将是什么？当在你的机器上编译并执行此程序，会发生什么事情？

```
PROGRAM ex15_12
IMPLICIT NONE
INTEGER :: i, istat
INTEGER, DIMENSION(:), POINTER :: ptr1, ptr2
ALLOCATE (ptr1(1:10), STAT=istat)
ptr1 = [ (i, i = 1,10 ) ]
ptr2 => ptr1
WRITE (*,'(A,10I3)') ' ptr1 = ', ptr1
WRITE (*,'(A,10I3)') ' ptr2 = ', ptr2
DEALLOCATE(ptr1, STAT=istat)
ALLOCATE (ptr1(1:3), STAT=istat)
ptr1 = [ -2, 0, 2 ]
WRITE (*,'(A,10I3)') ' ptr1 = ', ptr1
WRITE (*,'(A,10I3)') ' ptr2 = ', ptr2
END PROGRAM ex15_12
```

15-13　创建一个插入排序程序，对大小写不敏感的输入字符变量集进行排序（即，大小写不区别对待）。确保程序执行是按照 ASCII 码的顺序进行排序，而与运行程序的计算机无关。

15-14 **使用二叉树 VS 链表进行插入排序**。(a) 使用链表创建插入排序子程序，使用它排序实数数组。此子程序和例 15-2 的程序类似，除了输入数据是由数组一次性提供而非从磁盘一个个读入。(b) 创建一组子程序，使用二叉树结构对实数数组进行插入排序。(c) 生成一个包含 50000 个随机数的数组，使用两种方法进行插入排序，比较两种方法。使用练习 7-29 所生成的测试运行时间的子程序比较两者使用的时间。哪个算法更快？

15-15 在 Fortran 中如何生成指针数组？

15-16 下列程序打印出什么？

```
PROGRAM ex15_16
TYPE :: ptr
 REAL, DIMENSION(:), POINTER :: p
END TYPE
TYPE (ptr), DIMENSION(4) :: p1
REAL, DIMENSION(4), TARGET :: a = [ 1., 2., 3., 4. ]
REAL, DIMENSION(2), TARGET :: b = [ 5., 6. ]
REAL, DIMENSION(3), TARGET :: c = [ 7., 8., 9. ]
REAL, DIMENSION(5), TARGET :: d = [ 10., 11., 12., 13., 14. ]
p1(1)%p => a
p1(2)%p => b
p1(3)%p => c
p1(4)%p => d
WRITE (*,'(F6.1,/)') p1(1)%p(2) + p1(4)%p(4) + p1(3)%p(3)
DO i = 1, 4
 WRITE (*,'(5F6.1)') p1(i)%p
END DO
END PROGRAM ex15_16
```

15-17 编写函数，接收实型数组作为输入，返回指向该数组中最大值的指针。

15-18 编写函数，接收指向实型数组的指针作为输入，返回指向该数组中最大值的指针。

15-19 **线性最小二乘拟合**。编写程序，从文件读入未知个数的实数对 (x, y)，将它们保存在链表中。当读入所有数据后，将链表传递给子例程，计算这些数据项对于直线来说的线性最小二乘拟合（线性最小二乘拟合的公式在例题 5-5 中有介绍)。

15-20 **双向链表**。链表有一个限制，为了找到链表中的特定元素，必须总是从头到尾遍历整个链表。在查找某个特定值时，没有办法回溯链表。例如，假设程序已经查找到了链表中的第 1000 个数据项，而现在想要查找第 999 个数据项。唯一的方法就是退回到链表头然后重新开始查找。可以通过创建双向链表的方法来解决这个问题。双向链表既有指向下一个数据项的指针，也有指向前一个数据项的指针，这样就可以在两个方向上进行遍历。编写程序读入任意多个实数，将它们添加到双向链表中。然后使用指针，按照输入时的顺序和输入时的反序分别打印输入数据。通过创建大小为–100.0 到 100.0 之间的 20 个随机数来测试程序。

15-21 **用双向链表实现插入排序**。编写插入排序程序，将输入的实数插入到双向链表中。创建 50 个大小为–1000.0 到 1000.0 之间的随机数测试程序，并使用程序将它们进行排序。按照升序和降序分别输出排序后的数值。

15-22 使用给定的测试数据集，手动重构例题 15-4 中的二叉树。该树有几层？树是正则树还是非正则树？

第16章

Fortran面向对象程序设计

本章学习目标：

- 理解对象以及面向对象编程的基本概念。
- 理解对象和类之间的关系。
- 理解面向对象方法中的继承。
- 理解 Fortran 类的结构。
- 学会使用 CLASS 保留字，并掌握它和 TYPE 保留字的区别。
- 了解如何创建一个类，包括创建和该类绑定的方法。
- 了解如何控制对类中实例化变量和方法的访问，并理解为什么要进行这样的访问控制。
- 理解析构函数的定义以及何时应该使用它。
- 理解继承和多态的工作机制。
- 理解抽象类的概念，学习如何声明抽象类，并明白为什么要这样做。

本章将介绍 Fortran 中面向对象编程（OOP）的基本概念。

本质上，Fortran 不是一个面向对象语言，但是在 Fortran 2003 中介绍的一些新特性允许（并不是要求）程序员以面向对象的方式编写代码。我们已经遇到了面向对象编程所需的大多数新特性：扩展的数据类型、访问控制以及绑定方法等。本章将介绍一个新的概念（CLASS 保留字），然后将上述概念结合起来，进行 Fortran 面向对象程序设计。

在本章中，将从介绍面向对象编程的基本概念入手，然后再解释 Fortran 是如何采纳面向对象编程基本概念。

在整个章节中，都将使用面向对象的标准术语，例如类、对象、数据域（field）以及方法等。大多数术语并不是官方的 Fortran 标准的一部分，而是所有面向对象程序设计的基本术语。使用这些标准的术语，将能更好地与接受过 Java 或 C++等面向对象语言训练的同事进行交流，相互理解。

16.1 面向对象程序设计介绍

面向对象程序设计是在软件中采用模块化对象进行程序设计的过程。我们将在下面的章节中介绍 OOP 的主要特点。

16.1.1 对象

现实世界中充满了对象：例如汽车、铅笔、树木等。任何一个具体的对象都可以从两个不同的方面来刻画：属性和行为。例如，一辆汽车可以被看作一个对象模型，它具有某些属性（颜色、速度、行驶方向、耗油量等），同时它也具备一些行为（启动、停止、转向等）。

在软件世界里，对象是软件的构件，它的结构类似于现实世界中的对象。每一个对象都由若干数据（称为属性）和行为（称为方法）组成。属性是一些描述对象基本特征的变量，方法描述对象的行为以及如何修改对象的属性。因此，一个对象便是变量以及相关方法的软式联合体。

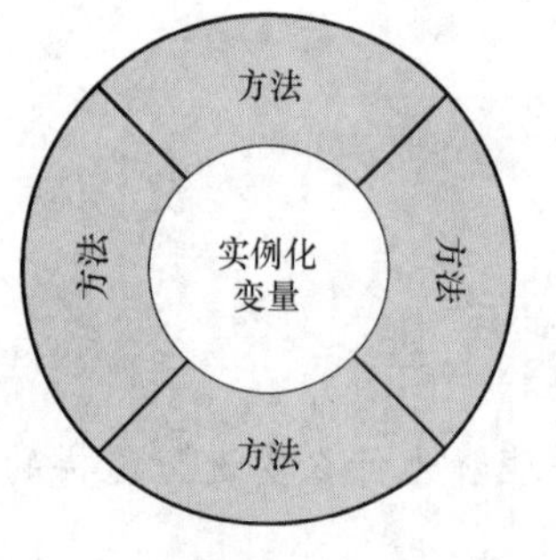

图 16-1 对象可以被看作是被方法包围并保护着的数据核，这些方法实现对象的行为，并形成变量和外界的接口

软件中的对象常以图 16-1 的方式来表示。对象可以被想象为一个细胞，该细胞核由内核变量（含有对象的属性）和外层方法构成，方法是对象变量与外部世界的接口，使得数据内核通过外层方法对外部世界隐藏起来。这被称为对象的变量封装在对象中，意味着对象外部的代码不可能看见或直接操作内部变量。任何对变量数据的访问都必须通过调用方法来实现。

对象中的变量和方法也被称为实例变量和实例方法。每一个指定类型的对象都会复制自己的实例变量，但是所有的对象共享同样的实例方法。

通常，如果程序中的其他对象不能看到一个对象的内部状态，它们也就不会因偶然的修改对象状态而给程序引入错误。此外，对对象内部操作的修改不会影响到程序中其他对象的操作。只要对象跟外部的接口没有被改变，在任何时候修改对象的实现细节，都不会影响程序的其他部分。

对软件开发者来说，封装提供了两点主要的好处：

（1）模块性。一个对象的编写和维护独立于其他对象源代码。因此，一个对象可以很容易被重用，以及用于系统中的其他部分中。

（2）信息隐藏。每一个对象都具有一个和其他对象交互的公共接口（方法调用列表）。然而，对象的实例化变量是不能被其他对象直接访问的。因此，只要公共接口没有改变，对象的变量和方法在任何时候都可以被修改，却不会对依赖于该对象的其他对象造成影响。

良好的编程习惯

尽量使变量为私有，以保证它们被隐藏在对象中。这样的封装使程序模块性更好，并易于修改。

16.1.2 消息

在面向对象编程模型中，对象之间通过来回地发送消息进行通信。这些消息实际上就是方法调用。例如，如果A对象希望B对象为它完成某些行为，它将发送一条消息给B对象，请求它执行某个方法（见图16-2)。这个消息引发B对象去执行某个特定的方法。

每条消息都包含三个部分，为接受消息的对象完成所要求的动作提供必需的信息。

（1）一个要访问消息的对象的引用。

（2）对象要执行的方法名。

（3）方法需要的全部参数。

一个对象的行为通过它的方法来表现，因此，消息传送机制为对象间所有可能的交互提供了支持。

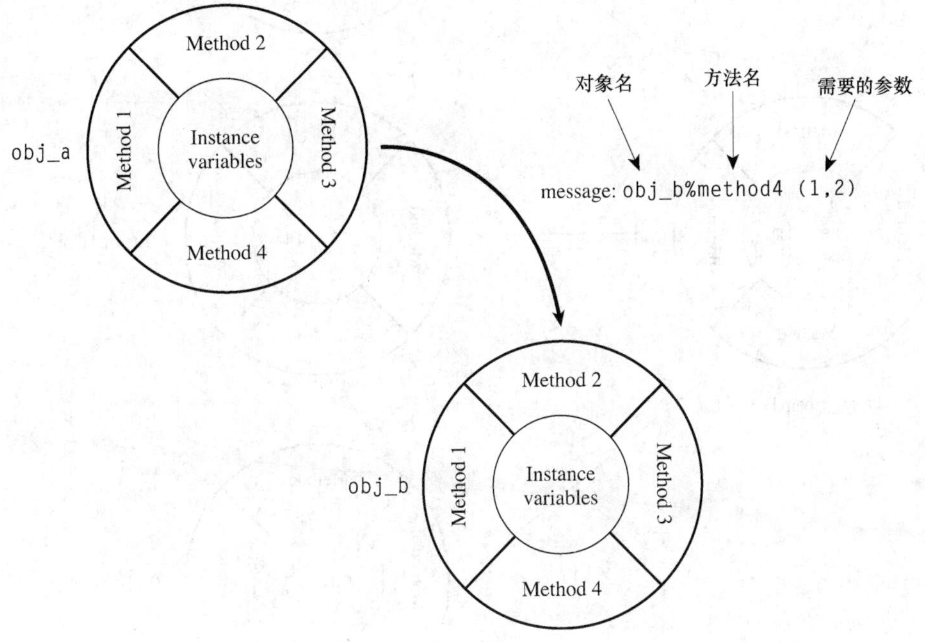

图16-2 如果对象obj_a希望对象obj_b为它做某些事情，它就发送一个消息给obj_b。这条消息包括三个部分：一个要访问消息的对象的引用，完成所要求动作的对象中的方法名，所需的参数。注意对象名和方法名是用“%”隔开

16.1.3 类

在面向对象编程中，类是创建对象的蓝本。类是一个软件结构，它指定了对象中包含的变量类型和个数，以及对象中定义的方法。类中的每一个组件被称为成员。有两种类型的成员，一种是数据域（数据成员），它指定了类中定义的数据类型，另一种是方法（成员函数），用来定义对数据域的操作。例如，假设要创建一个表示复数的类，这样的对象需要两个变量，一个表示复数的实部（re)，另一个表示虚部（im)。此外，可能还需要描述如何进行加减乘除等运算的方法。为了创建一个这样的对象，需要写一个类complex_ob，类中定义了两个数

据域 re 和 im，以及相关的方法。

需要注意的是，类是实现对象的蓝本，而不是对象本身。类描绘了对象创建后的样子和行为。每一个对象按照类所提供的蓝本在内存中被创建或者实例化，许多不同的对象可以由同一个类实例化而来。例如，图 16-3 展示了一个 complex_ob 类以及由它创建的三个对象 a、b 和 c，它们中的每一个对象都拥有自己的实例化变量 re 和 im 的备份，却共享同一组修改这些变量的方法集。

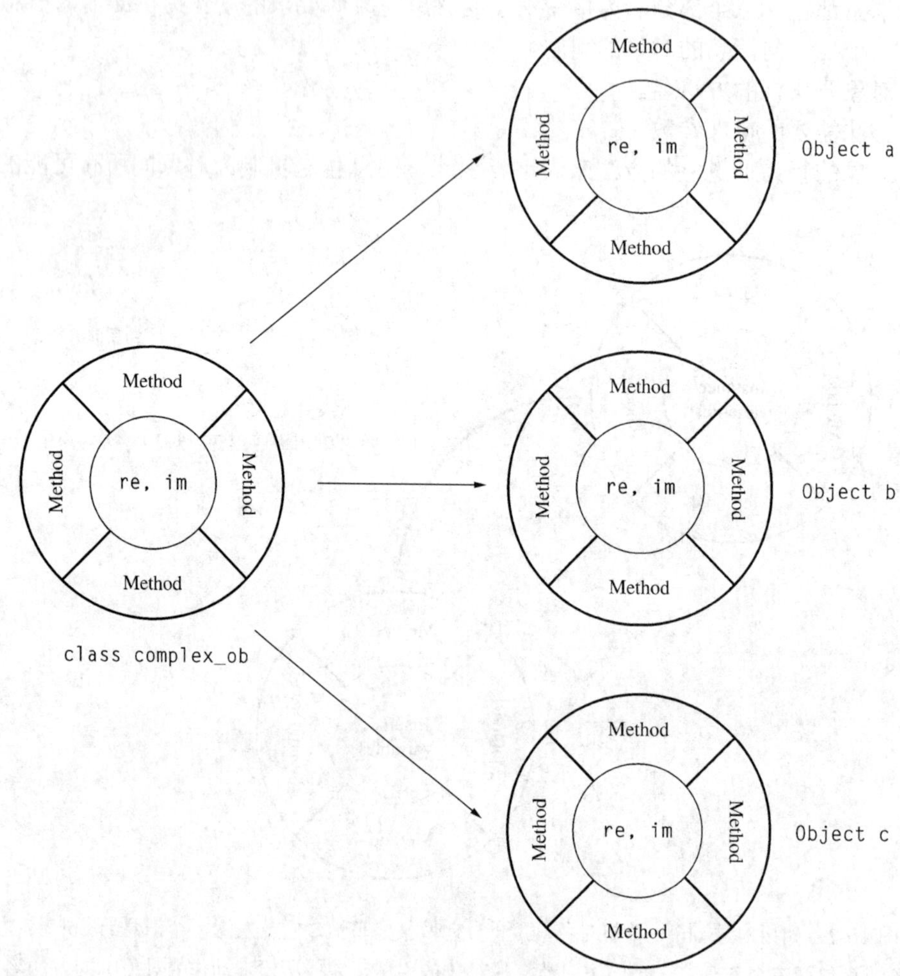

图 16-3　同一个类可以实例化多个对象。在本例中，三个对象 a，b，c 从同一个类 complex_ob 实例化而来

16.1.4　类的层次结构和继承

面向对象语言中的类采用类层次结构来组织，位于最高层的基类定义了通用的行为，而较低层的类更具特殊性。每一个低层的类都基于更高层次的类，或者从较高层的类派生而来。派生的低层类从上层继承了实例变量和实例方法。新类一开始就具有基类的所有实例变量和方法，然后程序员可以根据功能需要在新类中添加新的变量和方法。

新类基于的那个类称为父类或超类，新类称为子类。新的子类也可以作为另一个子类的超类。子类通常会添加自己的实例变量和实例方法，因此，子类通常会更大于它的超类。另外，子类可以重载超类的某些方法，从而改变它从超类继承的行为。因为与超类相比，子类更具特殊性，所以，子类代表的对象集合更小。

例如，假设要定义一个含有二维向量的类 vector_2d。这个类应有两个变量 x 和 y 来表示二维向量的 x 和 y 坐标，同时还有操作向量的方法，例如，向量相加、相减、计算向量长度等。现在假设要创建一个表示三维向量的类 vector_3d。如果这个类是基于类 vector_2d 的，那么它将从基类中自动继承变量 x 和 y，新类只需定义变量 z（见图 16-4）。通过重载类中操作二维变量的方法，新类可以适用于三维向量。

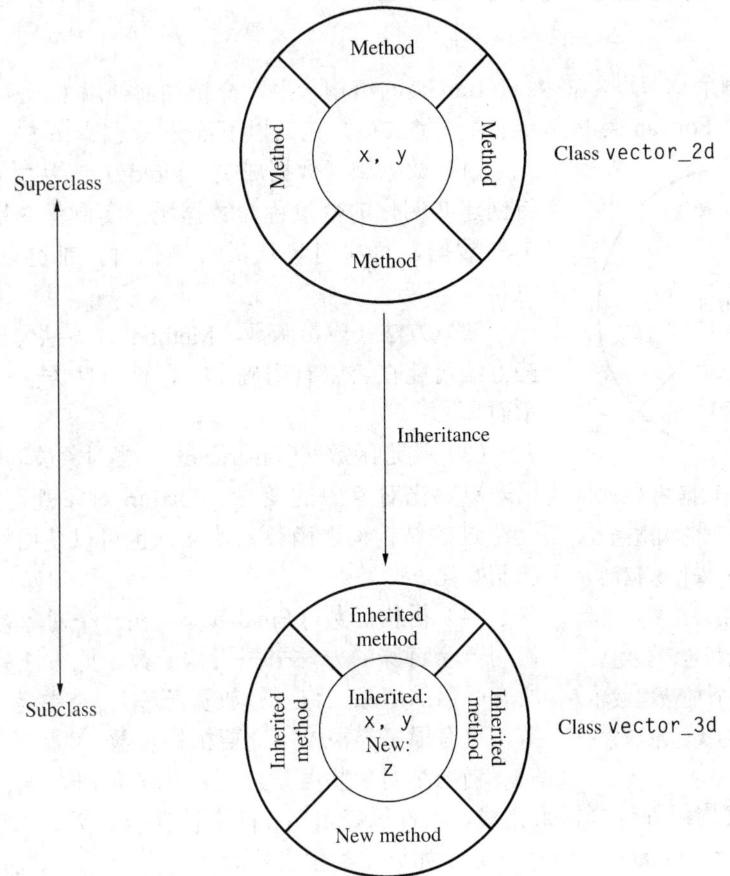

图 16-4 一个继承实例。vector_2d 被定义为处理二维向量的类。当定义 vector_3d 类为 vector_2d 的子类时，它将从 vector_2d 类继承变量 x 和 y，还继承多个方法。程序员可以添加新的变量 z 和新方法到从超类中生成的新类中

类层次结构和继承的概念非常重要，因为继承使编程人员可以仅在一个超类中定义一次某个特定的行为，就可以在子类中不断地复用那些行为。这种可重用性使编程更高效。

16.1.5 面向对象编程

面向对象编程（Object-Oriented Programming OOP）在软件中模块化对象的编程过程。在 OOP 中，程序员分析要解决的问题，并将它们分解为特定的对象，每一个对象都包含一定的

数据和操作这些数据的特定方法。有时，这些对象和客观世界中的对象相对应，而有时候它们纯粹是抽象的软件结构。

一旦确定了问题分解的对象，程序员要做的就是确定每个对象中作为实例变量存放的数据类型，以及用来操作这些数据需要的方法的精确调用参数序列。

接下来，程序员可以一次性开发并测试模块中的类。只要不改变类间的接口（方法调用参数序列），每一个类都可单独开发和测试，而不需要改变程序的其他部分。

16.2 Fortran 类的结构

在本章的剩余章节里，将从 Fortran 类的结构入手，介绍如何使用 Fortran 语言完成面向对象编程。一个 Fortran 类的主要组件（类成员）包括以下部分（见图 16-5）：

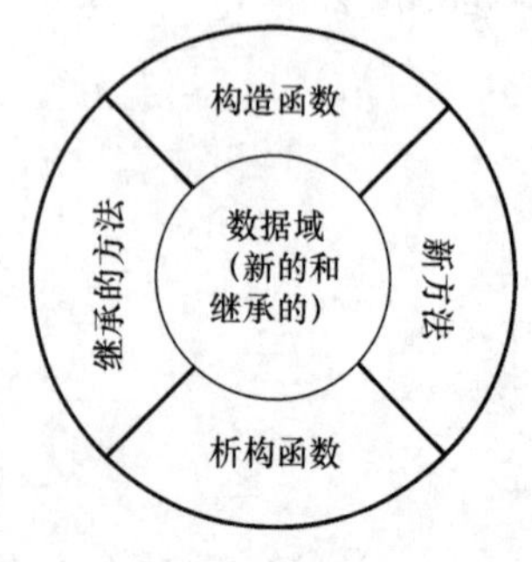

图 16-5 类由多个数据域（数据）、一个初始化对象数据的构造函数、一个或多个修改及操作数据的方法以及至多一个用来在销毁对象前进行清除工作的析构函数组成。需要注意的是，所有的数据域和方法都有可能从超类继承而来

（1）数据域（数据成员，Field）。当从类实例化对象时，将创建实例化的变量称为数据域，实例化变量是封装在对象中的数据，每次对象从类实例化时，都会创建新的实例变量集。

（2）方法（成员函数，Method）。方法实现类的行为。有些方法可能在类中有明确定义，但有些方法可能从超类中继承而来。

（3）构造函数（Constructor）。当对象被创建后，构造函数用来初始化对象中的变量。Fortran 对象既可以用 12.1 节中介绍过的结构构造函数初始化，也可以使用特殊的初始化方法初始化。

（4）析构函数（Finalizer）。在一个对象被销毁前，它将调用一个特殊的方法——析构函数。此方法完成对象销毁前所有必需的清除工作（释放资源等）。类中最多有一个析构函数，也有很多类根本不需要析构函数。

当一个对象想要访问类中的成员时，无论是变量还是方法，都要通过使用组件选择器来完成。组件选择器用%标识符表示。例如，假设有一个包含变量 a 和方法 process_a()的类 my_class，如果该类生成的对象名为 my_obj，那么用 my_obj%a 来访问 my_obj 中的实例变量，my_obj%process_a()来访问其方法。

16.3 CLASS 保留字

CLASS 保留字是 TYPE 保留字的变形。TYPE 保留字用来添加特殊属性，对面向对象编程很重要。

在常规的 Fortran 程序中，过程中形参的类型和调用时相应的实参应该完全匹配，否则将会引发错误。类似地，指针类型和它所指向的类型也必须匹配，不然的话，也会有错误发生。可分配变量和相应的数据也必须是匹配的，否则会出错。

CLASS 保留字以一种特殊的方式放宽了这个要求。如果一个可分配数据项、指针，或者形参用 CLASS（type）保留字声明，这里 type 是一个派生数据类型，那么数据项将与数据类型或数据类型的所有扩展相匹配。

例如，假设声明了下面的两个数据类型：

```
TYPE :: point
  REAL :: x
  REAL :: y
END TYPE
TYPE, EXTENDS(point) :: point_3d
  REAL :: z
END TYPE
```

然后又声明了一个指针：

```
TYPE(point),POINTER::p
```

那么它只能接受 point 类型的数据，而如果指针声明为：

```
CLASS(point), POINTER::p
```

这样的方式声明的指针，无论是 point 类型还是 point_3d 这样的 point 扩展类型的数据都可以被接受。

以 CLASS 保留字声明的指针或者形参类型，称为指针或者形参的声明类型。而任何时候分配给指针或者形参的实际对象的类型被称为指针或形参的动态类型。

因为用 CLASS 保留字声明的数据项可以和一种以上的数据类型相匹配，所以被认为是多态的（意思是“多种形式”）。

多态指针或形参有一个特殊的限制：仅能用它们来访问声明类型的数据项。在扩展中定义的数据项不能用多态指针访问。例如，来看如下的类型定义：

```
CLASS(point),POINTER :: p
TYPE(point),TARGET :: p1
TYPE(point_3d),TARGET :: p2
```

在这些定义中，变量 p1 和 p2 都能赋值给 p，而且指针 p 能用来访问 p1 和 p2 中的 x 和 y 成员组件。但是，指针 p 不能用来访问 z 组件，原因是 z 组件没有在指针的声明类型中定义。

为了更好地理解这一点，来看下面的代码。第一行中，指针 p 被赋值指向目标变量 p1，第二行和第三行中分别通过原来的变量名和指针来访问 p 的成员组件。这两行代码都能正常运行。在接下来第四行中，指针 p 被赋值指向目标变量 p2，p2 属于 point_3d 类型。第五行和第六行代码分别使用原来的变量名和指针访问 p 的各个成员组件。第五行的代码可以正常运行，但是第六行的代码会产生错误。不能通过一个 point 类的指针来访问组件 z，因为 z 没有在派生类型中定义。

```
1 p => p1
2 WRITE (*,*) p1%x, p1%y          ! 这两行产生同样的输出
3 WRITE (*,*) p%x, p%y            ! 这两行产生同样的输出
4 p => p2
5 WRITE (*,*) p2%x, p2%y, p2%z    ! 合法
6 WRITE (*,*) p%x, p%y, p%z       ! 非法,不能访问 z
```

你可以通过 SELECT_TYPE 结构来绕过这个限制，这将在本章的稍后部分介绍。

你也可以用 CLASS（*）定义指针或者形参。这样定义的指针或参数被称为不受限多态

性（unlimited polymorphic），因为它可以与任何派生类型相匹配。然而，不能直接访问动态数据类型的任何成员组件，因为在指针或者形参的声明类型中没有定义任何组件。

16.4 在 Fortran 中实现类和对象

就像在第 16.2 节中介绍的一样，Fortran 类中包含实例变量、方法、一个构造函数，可能的话还有一个析构函数。现在将学习如何创建一个（不含析构函数）简单的 Fortran 类，以及如何由此类实例化对象。

每一个 Fortran 类都应该放在一个独立的模块中，以便可以控制访问它的成员组件，且通过 USE 访问显式的类接口。

16.4.1 声明数据域（实例变量）

类中的数据域（或实例变量）定义在用户定义的数据类型中，而且数据类型的名字是类的名字。在严格的面向对象编程中，数据类型应当用 PUBLIC 来声明，而数据类型的成员组件则用 PRIVATE 声明。这样做，使得在模块外创建该类型的对象成为可能，但是从模块外读取或者修改该类型的实例变量是不可能的。

在实际的面向对象 Fortran 程序中，经常不把数据类型的成员组件声明为 PRIVATE。如果一个 Fortran 对象具有继承了超类数据的子类，那么那个数据必须声明为 PUBLIC，否则（那些定义在不同模块中的）该子类将不能访问这个数据。此外，如果数据域被声明为 PRIVATE，那么 Fortran 语言不允许构造函数使用它们。这是 Fortran 对于面向对象编程实现的限制。

作为一个例子，假设定义了一个简单的复数类，命名为 complex_ob。该类包含两个实例变量 re 和 im，分别表示复数的实部和虚部成员组件。如下所示：

```
MODULE complex_class
IMPLICIT NONE
! 类型定义
TYPE,PUBLIC :: complex_ob              ! 这将是实例化名
  PRIVATE                              ! (应该要用，但不可能用上)
  REAL :: re                           ! 实数部分
  REAL :: im                           ! 虚数部分
END TYPE complex_ob
! 这添加方法
CONTAINS
  (插入方法代码在此)
END MODULE complex_class
```

如果类中的数据域用 PUBLIC 声明，那么这个类的构造函数可以用来初始化实例变量。构造函数由数据类型名组成，其后的圆括号中是数据元素的初始值。例如，如果类中的数据域被声明为 PUBLIC，那么下面的代码将创建一个复数对象，对象中初始的 x 和 y 值为 1 和 2，并且将这个对象赋值给指针 p。

```
CLASS(complex_ob), POINTER::p
p= complex_ob(1.,2.)
```

如果类中的数据域声明为 PRIVATE，那么程序员必须编写一个特别的方法来初始化类中

的数据。

16.4.2 创建方法

面向对象方法不同于普通的 Fortran 过程，它们绑定于一个特定的类，而且仅能作用于类中的数据。怎样将 Fortran 过程绑定于一个特定的类（例如，一个已定义的数据类型）？以及如何用 Fortran 创建方法呢？

正如在第 12 章中看到的那样，为绑定类型 Fortran 过程，可以通过在类型定义中添加 CONTAINS 语句来创建，而且在语句后声明绑定。例如，假定要在类中包含一个在 complex_ob 类型中添加两个数据项的子程序，那么将以下面的形式声明类型定义：

```
MODULE complex_class
IMPLICIT NONE
! 类型定义
TYPE,PUBLIC :: complex_ob             ! 这将是实例化名
  PRIVATE
  REAL :: re                          ! 实数部分
  REAL :: im                          ! 虚数部分
CONTAINS
  PROCEDURE :: add => add_complex_to_complex
END TYPE complex_ob
! 声明对模块的访问
PRIVATE :: add_complex_to_complex
! 这添加方法
CONTAINS
  ! 这里插入方法 add_complex_to_complex:
  SUBROUTINE add_complex_to_complex( this, ... )
  CLASS(complex_ob) :: this
  ...
  END SUBROUTINE add_complex_to_complex
END MODULE complex_class
```

这些语句使得子例程 add_complex_to_complex 和该数据类型绑定，而且仅作用于该数据类型，可以用过程名 add 来访问子例程。子例程必须有类型定义的一个数据项作为它的第一个参数，因为 PASS 属性对于绑定过程来说是默认的。这就意味着无论在何时调用子例程，和它绑定的对象都将作为要传递的第一个参数。

绑定是很普遍的，可以有多个过程绑定于同一个名字，只要这些过程能够由不同的调用参数区分开。例如，可能要向对象中添加一个复数或者实数。这时候，绑定如下所示：

```
MODULE complex_class
IMPLICIT NONE
! 类型定义
TYPE,PUBLIC :: complex_ob             ! 这将是实例化名
  PRIVATE
  REAL :: re                          ! 实数部分
  REAL :: im                          ! 虚数部分
CONTAINS
  PRIVATE
  PROCEDURE :: ac => add_complex_to_complex
  PROCEDURE :: ar => add_real_to_complex
```

```
    GENERIC, PUBLIC :: add => ac, ar
  END TYPE complex_ob
  ! 声明对模块的访问
  PRIVATE :: add_complex_to_complex, add_real_to_complex
  ! 这添加方法
  CONTAINS
    ! 这插入方法 add_complex_to_complex :
    SUBROUTINE add_complex_to_complex( this, ... )
    CLASS(complex_ob) :: this
    ...
    END SUBROUTINE add_complex_to_complex
    ! 这插入方法 add_real_to_complex:
    SUBROUTINE add_real_to_complex( this, ... )
    CLASS(complex_ob) :: this
    ...
    END SUBROUTINE add_real_to_complex
  END MODULE complex_class
```

例子中定义了一个通用的公共绑定函数 add，而且有两个私有过程 ac 和 ar 跟它连在一起。注意 ac 和 ar 应该是于更长名字的子例程相对应的，短形式名字仅仅是为了方便好用。也要注意，ac，ar，add_complex_to_complex 和 add_real_to_complex 均声明为 PRIVATE，所以不能从模块外部直接访问。

只要需要，就可以用这种形式创建许多的方法，每一个方法都和类创建的数据对象绑定。所有的过程都可以用 obj%add（…）来访问这里，obj 是由类创建的对象名。add 方法的参数将决定调用哪个特定的方法。

16.4.3 由类创建（实例化）对象

通过在过程中用 USE 语句来使用 complex_class 模块，使得 complex_ob 类的对象可以在另一个过程中被实例化，然后用 TYPE 保留字声明该对象。

```
USE complex_class
IMPLICIT NONE
TYPE (complex_ob)::x, y, z
```

这几条语句从 complex_ob 类创建（实例化）三个对象 x，y 和 z。如果对象的数据域没有被声明为 PIRVATE，那么就可以像用构造函数创建它们一样，初始化它们。

```
TYPE(complex_ob)::x= complex_ob(1.,2.),y= complex_ob(3.,4.),z
```

对象一旦被创建，就可以用对象名和成员选择器来访问对象的方法。例如，对象 x 的 add 方法可以用下面的方式访问：

```
z=x%add(…)
```

16.5 第一个例子：timer 类

开发软件时，能够确定执行某一段特定程序需要花费多长时间是非常有用的。这样的计算可以帮助我们找出代码中的“热点”，也就是那些程序中花费大量时间的地方，这样就可以对它们进行优化。这个通常由时间计算器（计时器）来完成。

计时器是非常好的第一个对象，因为它很简单。它类似于一个秒表。秒表用来计算从按下开始按键到按下结束按键（通常和开始按键是同一个按钮）之间所经过的时间。秒表所完成的基本动作（即方法）包括如下几项：

（1）按下按键，重置开始计时；

（2）按下按键，结束计时，并显示计时时长。

在秒表内部，必须记录下第一次按下按键的时间，以计算经过的时间。

简单来说，一个计时器类需要包括以下的组件（成员）：

（1）用来保存起始时间的方法（start_timer）。调用这个方法时不需要任何输入参数，而且它也没有返回值。

（2）返回从最后一次计时开始算起所经过的时间的方法（elapsed_time）。这个方法也不需要任何输入参数，但是它将返回给调用程序经过的时间的长度，以秒为单位。

（3）使用计时方法时要有保存计时器开始计时的时间点的数据域（实例变量）。

这个类不需要析构函数。

无论何时调用它的任何一个方法，计时器类都必须能够准确判断当时的时间。幸运的是，Fortran 内置子例程 data_and_time（参见附录 B）能提供这一信息。可选参数 values 返回一个由 8 个整数组成的数组，包括了从年月日一直到毫秒的时间信息。利用这些值，可以计算从当月开始算起的当前时间，以毫秒为单位。如下所示：

```
! 获取时间
CALL date_and_time ( VALUES=value )
time1 = 86400.D0 * value(3) + 3600.D0 * value(5) &
   + 60.D0 * value(6) + value(7) + 0.001D0 * value(8)
```

注意其中的变量 time1 是一个 64 位的实数，所以才能容纳所有的时间信息。

16.5.1 实现 timer 类

将分以下几个步骤来实现 timer 类，定义实例变量，编写构造函数和依次实现各个方法。

（1）**定义实例变量**。timer 类必须包含一个独立的实例变量 saved_time 来记录最近一次调用 start_timer 方法的时间。它必须是一个 64 位的实型数（SELECTED_REAL_KIND（P=14）），这样才能保存秒值的小数部分。

实例变量被声明在类定义之后和构造函数和方法之前。这样，timer 类的开头部分如下：

```
MODULE timer_class
IMPLICIT NONE
! 声明常量
INTEGER,PARAMETER :: DBL = SELECTED_REAL_KIND(p=14)
! 类型定义
TYPE,PUBLIC :: timer                        ! 这将是实例化名
  PRIVATE
  REAL(KIND=DBL) :: saved_time
END TYPE timer
```

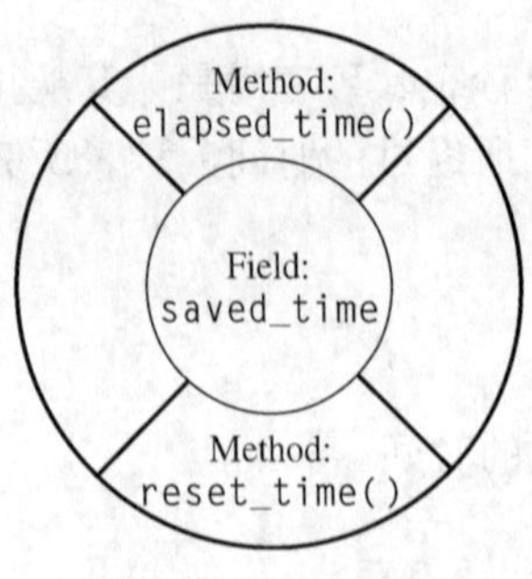

图 16-6 timer 类

注意声明 saved_time 数据域为 PRIVATE，这样就不可能用构造函数对该数据初始化，取而代之的是，必须用用户自定义的方法来初始化它。

（2）**创建方法**。类中也必须包括两个方法用来启动计时和读取计时时间。start_timer()方法仅是在实例变量中重新设置启动时间。Elapsed_time()返回启动计时器后的经时时长，以秒为单位。这两个方法均要和类绑定。

方法中声明的 timer 类型的形式参数应当用 CLASS 保留字声明，这样它们就可以作用于随后定义的 timer 类的任何扩展中。

timer 类如图 16-6 所示，源代码如图 16-7 所示。

```
MODULE timer_class
!
! 这个模块实现 timer 类
!
! 版本信息记录:
!   日期          程序员          修改说明
!   ====          ==========      =====================
!   01/06/16      S. J. Chapman   源代码
!
IMPLICIT NONE
! 声明常量
INTEGER,PARAMETER :: DBL = SELECTED_REAL_KIND(p=14)
! 类型定义
TYPE,PUBLIC :: timer                          ! 这将是实例化名
  ! 实例变量
  PRIVATE
  REAL(KIND=DBL) :: saved_time                ! 保存时间在 ms
CONTAINS
  ! 绑定的过程
  PROCEDURE,PUBLIC :: start_timer => start_timer_sub
  PROCEDURE,PUBLIC :: elapsed_time => elapsed_time_fn
END TYPE timer
! 限制对实际子例程名的访问
PRIVATE :: start_timer_sub, elapsed_time_fn
! 这是添加子例程
CONTAINS
  SUBROUTINE start_timer_sub(this)
  !
  ! 子例程,获得和保存起始时间
  !
  IMPLICIT NONE
  ! 声明调用参数
  CLASS(timer) :: this                        ! Timer 对象
  ! 声明局域变量
  INTEGER,DIMENSION(8) :: value               ! 时间值数组
  ! 获取时间
  CALL date_and_time ( VALUES=value )
  this%saved_time = 86400.D0 * value(3) + 3600.D0 * value(5) &
       + 60.D0 * value(6) + value(7) + 0.001D0 * value(8)
  END SUBROUTINE start_timer_sub
```

```
    REAL FUNCTION elapsed_time_fn(this)
    !
    ! 函数:计算经历的时间
    !
    IMPLICIT NONE
    ! 声明调用参数
    CLASS(timer) :: this                    ! Timer 对象
    ! Declare local variables
    INTEGER,DIMENSION(8) :: value           ! 时间值数组
    REAL(KIND=DBL) :: current_time          ! 当前时间点值 (ms)
    ! 获取时间
    CALL date_and_time ( VALUES=value )
    current_time = 86400.D0 * value(3) + 3600.D0 * value(5) &
         + 60.D0 * value(6) + value(7) + 0.001D0 * value(8)
    ! 获取经历的时间,以秒为单位
    elapsed_time_fn = current_time - this%saved_time
    END FUNCTION elapsed_time_fn
  END MODULE timer_class
```

图 16-7 timer 类的源代码

16.5.2 使用 timer 类

为了在程序中使用 timer 类，程序员必须首先用下面的语句实例化一个 timer 对象：

```
TYPE(timer)::t
```

这条语句定义了一个 timer 类的对象 t（如图 16-8 所示）。创建对象后，t 就是一个 timer 类对象，可以用引用 t%start_timer()和 t%elapsed_time()来调用对象中的方法。

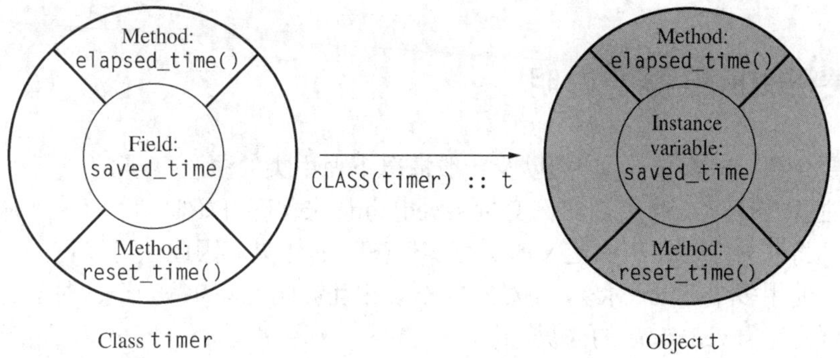

图 16-8 语句“CLASS（timer)：：t”从类定义提供的模板创建（实例化）了一个新的 timer 对象，并命名为 t。这个对象拥有自己唯一的 saved_time 实例变量的拷贝

可以在任何时候调用 start_timer()方法来使计时器归零，执行 elapsed_time()方法获得经时时长。图 16-9 中展示了一个利用 timer 对象的例子。程序中通过计算执行 1 亿次嵌套的 DO 循环所花费的时间来测试 timer 类。

```
PROGRAM test_timer
!
! 测试类 timer 的程序
!
```

```
! 修订版本记录:
!    日期          程序员           修订说明
!    ====          ==========       =====================
!    01/06/16      S. J. Chapman    源代码
!
USE timer_class                         ! 重要的 timer 类
IMPLICIT NONE
! 声明局域变量
INTEGER :: i, j                         ! 循环控制变量
INTEGER :: k                            ! 延时变量
TYPE(timer) :: t                        ! Timer 对象
! 重置 timer
CALL t%start_timer()
! 延时一段时间
DO i = 1, 100000
  DO j = 1, 100000
   k = i + j
  END DO
END DO
! 获取经历的时间
WRITE (*,'(A,F8.3,A)') 'Time =', t%elapsed_time(), ' s'
END PROGRAM test_timer
```

图 16-9 测试 timer 类的程序

在 Intel i7_PC 上执行上述程序，结果为：

```
D:\book\fortran\chap16>test_timer
Time =  0.274 s
```

在不同速度的计算机上运行这段程序测试到的时间当然不同，这也与选用的编译器有关系。

16.5.3 关于 timer 类的说明

本节主要介绍一些操作 timer 类以及一般情况下使用类的注意事项。

首先要注意的是，timer 类用实例变量 saved_time 来保存开始时间。每一次从类实例化一个对象，它都将获得自己的类中定义的所有实例变量的拷贝。因此，可以在同一个程序中，同时实例化及使用多个 timer 对象，而对象间不会相互影响，因为每一个计时器都拥有属于自己的私用实例变量 saved_time 的拷贝。

还需要注意的是，图 16-7 中的每一个类成员都用关键字 PUBLIC 或者 PRIVATE 声明。任何用 PUBLIC 声明的实例变量或者方法都可以被程序的其余部分用 USE 关联来访问。而任何用 PRIVATE 声明的实例变量和方法只能被定义了该变量或方法的对象本身来访问[❶]。

在这个例子中，实例变量 saved_time 声明为 PRIVATE，因此不能被定义它的对象之外的任何方法看到或修改。由于 timer 之外的程序其余部分不能访问 saved_time，它的值也就不可能被程序的其他部分意外修改，导致计时错误。使用计时功能的唯一途径是通过使用绑定为 PUBLIC 的 start_timer()方法和 elapsed_time()方法来完成。记住应当总是将类中的所以实例变

❶ 实际上，它可以被同一模块中的其他任何方法访问。由于把每一个类放在它自己的模块中，所以使用 PRIVATE 关键字能有效地限制访问只能由定义它的对象进行。

量声明为 PRIVATE。

还要注意，实际命名为 start_timer_sub 和 elapsed_time_fn 的方法被声明为 PRIVATE，这意味着不能从程序的另外其他部分直接调用它们，唯一执行这些方法的办法是用对象名和成员选择器（%）来实现。

16.6 方法的分类

因为实例变量通常隐藏在类中，操作它们的唯一途径是通过类的方法所构成的接口完成。方法是类的公共接口，是操作信息的标准方式，对用户隐藏了不必要的方法实现细节。

类的方法必须实现一些通用的类似于“管家”的功能，以及完成类所要求的一些特殊动作。这些“管家”功能有几大分类，对于大多数的类来说它们都是通用的，跟类的不同用途无关。通常来说，类必须提供向实例变量存储数据、读取实例变量、监测实例变量状态的方法，以及为解决问题而必须对变量的操作等功能。

由于不能直接使用类中的实例变量，就必须在类中定义从实例变量存和取数据的方法。按照面向对象程序员的习惯，存储数据的方法名以 set 开头，称为设置方法，读取数据的方法以 get 开头，称为读取方法。

设置方法从外部获得信息，并将它存储在类的实例变量中。在这个过程中，应当检查数据的合法性和一致性，以避免类的实例变量被设置为非法状态。

例如，假设创建了一个包含实例变量 day（取值范围 1～31），month（取值范围 1～12），和 year（取值范围 1900～2100）的 date 类，如果这些实例变量都声明为 PUBLIC，那么程序的任何部分都可以用 USE 类方法直接修改它们。例如，假如有一个 date 对象声明如下：

```
USE date_class
…
TYPE(date)::d1
```

有了这个声明，程序中的任何方法都可以像下面这样直接修改 day 为一个非法的值：

```
d1%day=32;
```

利用设置方法和私有的实例变量，可以通过检查输入参数避免这种非法行为的发生。如果参数是合法的，方法将它们存储在相应的实例变量中。如果参数是非法的，方法或者将输入改为合法值，或者返回某种类型的错误消息给调用者。

良好的编程习惯

在对对象实例变量赋值前，使用 set 方法检验输入数据的合法性和一致性。

读取方法用来从实例变量中获取信息，并格式化它以恰当的形式展现给外界。例如，date 类可能会包含 get_day()，get_month()以及 get_year()方法来分别获取日、月、年的值。

另一类方法用来检验某些条件的真假。这些方法称为断言方法（predicate methods）。这些方法通常名字以 is 开头，返回值为 LOGICAL（真/假）类型。例如，date 类中可能会有一个名为 is_leap_year()的方法，如果某一年为闰年的话，它的返回值为真，否则为假。还可能有 is_equal()，is_earlier()或者 is_later()等方法来比较两个日期。

良好的编程习惯

定义断言方法来检查条件的真假，这些条件与所创建的类相关。

例题 16-1 创建 date 类

将以创建一个 date 类为例来说明本章介绍的概念。date 类用来存储和处理公历日期。

该类应当能够在实例变量中存储日历日期的年月日值，并且不允许外界访问。类中还应有 set 方法和 get 方法来改变和获取存储的信息，断言方法用来恢复 date 对象的信息，以及比较两个 date 对象，to_string()方法使 date 对象中的信息更易于显示输出。

解决方案

date 类需要 3 个实例变量 day，month，year。为了避免外部方法对变量的直接操作，将它们声明为 PRIVATE。Day 变量的取值范围为 1～31，对应于每月天数。Month 变量的取值范围为 1～12，对应于一年的 12 个月。Year 变量取值大于等于 0。

定义 set_date（day，month，year）方法为 date 对象插入一个新的日期，get_day()，get_month()以及 get_year()等三个方法返回一个给定 date 对象的日、月、年值。

断言方法 is_leap_year()用来判断某一年是否是闰年，它使用的是例题 4-3 中介绍过的判断闰年的方法。此外，还将创建 is_equal()，is_earlier()和 is_later() 3 个方法来比较两个 date 对象。最后，to_string()方法将日期格式化为通行的 mm/dd/yyyy 美国格式。

最终的类代码如图 16-10 所示。需要注意的是利用了绑定可给每个过程一个名字实现重命名的特性，来区分子例程和函数。这不是面向对象编程的要求，但是我发现它很便于帮助我保持子例程和函数井然有序。

```
MODULE date_class
!
! 这个模块实现一个 date 类,它存储和操作公历日期的值
!  它实现 set 方法, get 方法, predicate 方法,以及显示用的"to_string" 方法
!
! 版本记录信息:
!   日期         程序员          修改说明
!   ====         ==========      =====================
!   01/07/16     S. J. Chapman   源代码
!
IMPLICIT NONE
! 类型定义
TYPE,PUBLIC :: date                            ! 这是实例化名
  ! 实例变量。注意默认值
  ! 日期是 January 1, 1900
  PRIVATE
  INTEGER :: year = 1900                       ! Year (0 - xxxx)
  INTEGER :: month = 1                         ! Month (1-12)
  INTEGER :: day = 1                           ! Day (1-31)
CONTAINS
  ! 绑定的过程
  PROCEDURE,PUBLIC :: set_date => set_date_sub
  PROCEDURE,PUBLIC :: get_day => get_day_fn
  PROCEDURE,PUBLIC :: get_month => get_month_fn
  PROCEDURE,PUBLIC :: get_year => get_year_fn
  PROCEDURE,PUBLIC :: is_leap_year => is_leap_year_fn
  PROCEDURE,PUBLIC :: is_equal => is_equal_fn
```

```
  PROCEDURE,PUBLIC :: is_earlier_than => is_earlier_fn
  PROCEDURE,PUBLIC :: is_later_than => is_later_fn
  PROCEDURE,PUBLIC :: to_string => to_string_fn
END TYPE date
! 限制对实际过程名的访问
PRIVATE :: set_date_sub, get_day_fn, get_month_fn, get_year_fn
PRIVATE :: is_leap_year_fn, is_equal_fn, is_earlier_fn
PRIVATE :: is_later_fn, to_string_fn
! 这添加方法
CONTAINS
 SUBROUTINE set_date_sub(this, day, month, year)
 !
 ! 设置初始日期的子例程
 !
 IMPLICIT NONE
 ! 声明调用参数
 CLASS(date) :: this                    ! Date 对象
 INTEGER,INTENT(IN) :: day              ! Day (1-31)
 INTEGER,INTENT(IN) :: month            ! Month (1-12)
 INTEGER,INTENT(IN) :: year             ! Year (0 - xxxx)

 ! 保存日期
 this%day  = day
 this%month = month
 this%year = year
 END SUBROUTINE set_date_sub
 INTEGER FUNCTION get_day_fn(this)
 !
 ! 返回该对象中的日子函数
 !
 IMPLICIT NONE
 ! 声明调用参数
 CLASS(date),INTENT(IN) :: this         ! Date 对象
 ! 获取日子
 get_day_fn = this%day
 END FUNCTION get_day_fn
 INTEGER FUNCTION get_month_fn(this)
 !
 ! 返回该对象中的月份函数
 !
 IMPLICIT NONE
 ! 声明调用参数
 CLASS(date) :: this                    ! Date 对象
 !获得月份
 get_month_fn = this%month
 END FUNCTION get_month_fn
 INTEGER FUNCTION get_year_fn(this)
 !
 ! 返回该对象中的年份函数
 !
 IMPLICIT NONE
 ! 声明调用参数
 CLASS(date),INTENT(IN) :: this         ! Date 对象
 ! 获得年份
```

```
get_year_fn = this%year
END FUNCTION get_year_fn
LOGICAL FUNCTION is_leap_year_fn(this)
!
! 是闰年吗?
!
IMPLICIT NONE
! 声明调用参数
CLASS(date),INTENT(IN) :: this          ! Date 对象
! 完成计算
IF ( MOD(this%year, 400) == 0 ) THEN
 is_leap_year_fn = .TRUE.
ELSE IF ( MOD(this%year, 100) == 0 ) THEN
 is_leap_year_fn = .FALSE.
ELSE IF ( MOD(this%year, 4) == 0 ) THEN
 is_leap_year_fn = .TRUE.
ELSE
 is_leap_year_fn = .FALSE.
END IF
END FUNCTION is_leap_year_fn
LOGICAL FUNCTION is_equal_fn(this,that)
!
! 两个日期相等吗?
!
IMPLICIT NONE
! 声明调用参数
CLASS(date),INTENT(IN) :: this          ! Date 对象
CLASS(date),INTENT(IN) :: that          ! 另一个待比较的 Date 日期对象
! 完成判断
IF ( (this%year == that%year) .AND. &
  (this%month == that%month) .AND. &
  (this%day == that%day) ) THEN
 is_equal_fn = .TRUE.
ELSE
 is_equal_fn = .FALSE.
END IF
END FUNCTION is_equal_fn
LOGICAL FUNCTION is_earlier_fn(this,that)
!
! date 中的"that"日期比 date 对象存储的日期早吗?
!
IMPLICIT NONE
! 声明调用参数
CLASS(date),INTENT(IN) :: this          ! Date 对象
CLASS(date),INTENT(IN) :: that          ! 另一个待比较的 Date 日期对象
!完成判断
IF ( that%year > this%year ) THEN
 is_earlier_fn = .FALSE.
ELSE IF ( that%year < this%year ) THEN
 is_earlier_fn = .TRUE.
ELSE
 IF ( that%month > this%month) THEN
   is_earlier_fn = .FALSE.
 ELSE IF ( that%month < this%month ) THEN
```

```
  is_earlier_fn = .TRUE.
 ELSE
  IF ( that%day >= this%day ) THEN
   is_earlier_fn = .FALSE.
  ELSE
   is_earlier_fn = .TRUE.
  END IF
 END IF
END IF
END FUNCTION is_earlier_fn
LOGICAL FUNCTION is_later_fn(this,that)
!
! date 中的"that"日期比 date 对象存储的日期晚吗？
!
IMPLICIT NONE
! 声明调用参数
CLASS(date),INTENT(IN) :: this          ! Date object
CLASS(date),INTENT(IN) :: that          ! Another date for comparison
! 完成判断
IF ( that%year > this%year ) THEN
 is_later_fn = .TRUE.
ELSE IF ( that%year < this%year ) THEN
 is_later_fn = .FALSE.
ELSE
 IF ( that%month > this%month ) THEN
  is_later_fn = .TRUE.
 ELSE IF ( that%month < this%month ) THEN
  is_later_fn = .FALSE.
 ELSE
  IF ( that%day > this%day ) THEN
   is_later_fn = .TRUE.
  ELSE
   is_later_fn = .FALSE.
  END IF
 END IF
END IF
END FUNCTION is_later_fn
CHARACTER(len=10) FUNCTION to_string_fn(this)
!
! 用字符串：MM/DD/YYYY 表示日期
!
IMPLICIT NONE

! 声明调用参数
CLASS(date),INTENT(IN) :: this          ! Date 对象
! Declare local variables
CHARACTER(len=2) :: dd                  ! Day
CHARACTER(len=2) :: mm                  ! Month
CHARACTER(len=4) :: yy                  ! Year
! 获得成员组件
WRITE (dd,'(I2.2)') this%day
WRITE (mm,'(I2.2)') this%month
WRITE (yy,'(I4)') this%year
! 返回字符串
```

```
  to_string_fn = mm // '/' // dd // '/' // yy
  END FUNCTION to_string_fn
END MODULE date_class
```

图 16-10 date 类

必须编写程序来测试 date 类，如图 16-11 所示。在程序 test_date 中，实例化了 4 个 date 对象，并对他们进行了初始化。然后执行类中定义的所有方法。

```
PROGRAM test_date
!
! 测试 date 类
!
! 版本记录信息:
!   日期         程序员          修改说明
!   ====         ==========      =====================
!   01/07/16     S. J. Chapman   源代码
!
USE date_class                                 !重要的 date 类
IMPLICIT NONE
! 声明局域变量
TYPE(date) :: d1                               ! Date 1
TYPE(date) :: d2                               ! Date 2
TYPE(date) :: d3                               ! Date 3
TYPE(date) :: d4                               ! Date 4
CHARACTER(len=10) :: str1                      ! Date 字符串
CHARACTER(len=10) :: str2                      ! Date 字符串
CHARACTER(len=10) :: str3                      ! Date 字符串
CHARACTER(len=10) :: str4                      ! Date 字符串
! 初始化 dates d1, d2, 和 d3 (d4 默认)
CALL d1%set_date(4,1,2016)

CALL d2%set_date(1,3,2018)
CALL d3%set_date(3,1,2016)
! 输出 dates
str1 = d1%to_string()
str2 = d2%to_string()
str3 = d3%to_string()
str4 = d4%to_string()
WRITE (*,'(A,A)') 'Date 1 = ', str1
WRITE (*,'(A,A)') 'Date 2 = ', str2
WRITE (*,'(A,A)') 'Date 3 = ', str3
WRITE (*,'(A,A)') 'Date 4 = ', str4
! 判定是闰年否
IF ( d1%is_leap_year() ) THEN
  WRITE (*,'(I4,A)') d1%get_year(), ' is a leap year.'
ELSE
  WRITE (*,'(I4,A)') d1%get_year(), ' is a not leap year.'
END IF
IF ( d2%is_leap_year() ) THEN
  WRITE (*,'(I4,A)') d2%get_year(), ' is a leap year.'
ELSE
  WRITE (*,'(I4,A)') d2%get_year(), ' is a not leap year.'
END IF
```

```
! 判定相等否
IF ( d1%is_equal(d3) ) THEN
  WRITE (*,'(3A)') str3, ' is equal to ', str1
ELSE
  WRITE (*,'(3A)') str3, ' is not equal to ', str1
END IF
! 判定更早吗
IF ( d1%is_earlier_than(d3) ) THEN
  WRITE (*,'(3A)') str3, ' is earlier than ', str1
ELSE
  WRITE (*,'(3A)') str3, ' is not earlier than ', str1
END IF
! 判定更晚吗
IF ( d1%is_later_than(d3) ) THEN
  WRITE (*,'(3A)') str3, ' is later than ', str1
ELSE
  WRITE (*,'(3A)') str3, ' is not later than ', str1
END IF
END PROGRAM test_date
```

图 16-11　测试 date 类的 test_date 程序

运行程序，结果如下所示：

```
C:\book\fortran\chap16>test_date
Date 1 = 01/04/2016
Date 2 = 03/01/2018
Date 3 = 01/03/2016
Date 4 = 01/01/1900
2016 is a leap year.
2018 is a not leap year.
01/03/2016 is not equal to 01/04/2016
01/03/2016 is earlier than 01/04/2016
```

注意日期字符串是按照月/日/年的顺序输出的，测试结果表明该类的功能运行正确。

类虽然能够正常工作，但是仍可以改进。比如说，在 set_date()方法中没有对输入数据的合法性检查，以及 to_string()方法可以修改为以月份的名字输出日期，例如“January 1，1900”。另外，月/日/年的美国日期格式在世界上并不通用，可以定制 to_string()方法，使得在不同的地方可以按照不同的顺序输出日期字符串。作为结束本章学习的练习，读者将被要求改进这个类。

16.7　对类成员的访问控制

类中的实例变量通常以 PRIVATE 声明，而类中的方法通常声明为 PUBLIC，因此，方法构成了类和外部世界的接口，向程序其他部分隐藏了类的内部行为的细节。这样做有多种好处，因为它使得程序的模块性更好。例如，假设编写了一个广泛使用 timer 对象的程序，如果必要，可以完全重新设计 timer 类的内部行为，只要不改变 start_time()和 elapsed_time()方法的参数或返回值，程序就依然能够正常工作。公用接口将类的内部和程序其他部分隔离开来，使得更易于做进一步的修改。

良好的编程习惯

类中的实例变量通常应声明为 PRIVATE，而类方法应被用于提供类的标准接口。

这个普遍的原则也有例外。许多类中包含若干个 PRIVATE 方法，支持类中的 PUBLIC 方法完成某些特殊的计算，称这些方法为实用方法。由于原本就不打算让用户直接调用它们，所以用 PRIVATE 访问修饰符声明它们。

16.8 析构函数

一个对象被销毁前，它将调用一个被称为析构函数的特殊方法，假如这个特殊的方法已经被定义了。析构函数完成对象销毁前全部必要的清理工作（释放资源，关闭文件等）。类中可以有一个以上的析构函数，但大多数的类也根本不需要析构函数。

通过在类型定义的 CONTAINS 部分附加一个 FINAL 关键字，可以把析构函数和类绑定。例如，如下的数据类型中包含了一对指向点坐标 x 和 y 的数组的指针。当由该数据类型创建一个对象并使用时，将分配数组，并赋值给指针 v。

```
TYPE, PUBLIC::vector
  PRIVATE
REAL, DIMENSION(:), POINTER::v
LOGICAL::allocated = .FALSE.
END TYPE
```

如果该数据类型的对象随后被删除的话，指针也将释放，但是已分配的空间却被保留下来，这样，程序中就出现了内存泄漏。

现在假设在该数据类型中声明了一个名为 clean_vector 的析构子例程。

```
TYPE,PUBLIC::vector
  PRIVATE
REAL,DIMENSION(:),POINTER::v
LOGICAL::v_allocated = .FALSE.
CONTAINS
  FINAL::clean_vector
END TYPE
```

当销毁一个该数据类型的数据项时，它销毁前将自动调用析构子例程 clean_vector，其参数为对象名。这个子例程能够释放分配给 x 或 y 的所有内存空间，因此就避免了内存泄漏。

最后，析构子例程也可以用来关闭在对象中可能打开的文件，以及释放类似的系统资源。

例题 16-2　使用析构函数

为了说明析构函数的用法，将创建一个简单类，该类中存储的实数向量的长度任意。由于不知道向量的长度，用指针来声明这个向量，并且分配指针指向一个适当大小的数组。

类中将包含一个设置方法将向量赋值给对象，一个读取方法来获得数据，以及一个析构方法在销毁对象时释放数据。

类代码如图 16-12 所示。

```
MODULE vector_class
!
!  这个模块实现一个 vector 类。该类的初始版有任意长度秩为 1 的实数矢量 vector,
```

```
!  有过程设置和获取数据,以及析构函数回收该类型的对象销毁前的数据空间
!
! 版本记录信息:
!   日期          程序员          修改说明
!   ====          ==========      =====================
!   01/08/16      S. J. Chapman   源代码
!
IMPLICIT NONE
! 类型定义
TYPE,PUBLIC :: vector                                  ! 这将是实例化名
  ! 实例化变量
  PRIVATE
  REAL,DIMENSION(:),POINTER :: v
  LOGICAL :: v_allocated = .FALSE.
CONTAINS
  ! 绑定的过程
  PROCEDURE,PUBLIC :: set_vector => set_vector_sub
  PROCEDURE,PUBLIC :: get_vector => get_vector_sub
  FINAL :: clean_vector
END TYPE vector
! 限制对实际过程名的访问
PRIVATE :: set_vector_sub, get_vector_sub, clean_vector_sub
!这里添加方法
CONTAINS
  SUBROUTINE set_vector_sub(this, array)
  !
  ! 存储数据到 vector 的子例程
  !
  IMPLICIT NONE
  ! 声明调用参数
  CLASS(vector) :: this                                ! Vector 对象
  REAL,DIMENSION(:),INTENT(IN) :: array                ! 输入数据
  ! Declare local variables
  INTEGER :: istat                                     ! 分配状态
  ! 保存数据,为删除已有的所有数据
  ! 存储到对象中
  IF ( this%v_allocated ) THEN
   DEALLOCATE(this%v,STAT=istat)
  END IF
  ALLOCATE(this%v(SIZE(array,1)),STAT=istat)
  this%v = array
  this%v_allocated = .TRUE.
  END SUBROUTINE set_vector_sub
  SUBROUTINE get_vector_sub(this, array)
  !
  ! 获取 vector 中的数据
  !
  IMPLICIT NONE
  !声明调用参数
  CLASS(vector) :: this                                ! Vector 对象
  REAL,DIMENSION(:),INTENT(OUT) :: array               ! 输出数据
  ! 声明局部变量
  INTEGER :: array_length                              ! 数组长度
  INTEGER :: data_length                               ! 数据矢量的长度
```

```
  INTEGER :: istat                                    ! 分配状态
  ! 恢复数据,如果知道存储的数据长度与数组大小不匹配
  ! 那么仅返回数据的子集,或用零填充真实数据
  IF ( this%v_allocated ) THEN
   !返回尽可能多的数据,必要时截取或用 0 填充数据
   array_length = SIZE(array,1)
   data_length = SIZE(this%v,1)
   IF ( array_length > data_length ) THEN
     array(1:data_length) = this%v
     array(data_length+1:array_length) = 0
   ELSE IF ( array_length == data_length ) THEN
     array = this%v
   ELSE
     array = this%v(1:array_length)
   END IF
  ELSE
   ! 无数据--返回 0
   array = 0
  END IF
  END SUBROUTINE get_vector_sub
  SUBROUTINE clean_vector_sub(this)
  !
  !析构矢量的子例程
  !
  IMPLICIT NONE
  ! 声明调用参数
  CLASS(vector) :: this                               ! Vector 对象
  ! 声明局部变量
  INTEGER :: istat                                    ! 分配状态
  ! 出错信息
  WRITE (*,*) 'In finalizer ...'
  ! 保存数据, 为删除已存储的数据
  ! 存储到对象中.
  IF ( this%v_allocated ) THEN
   DEALLOCATE(this%v,STAT=istat)
  END IF
  END SUBROUTINE clean_vector_sub
END MODULE vector_class
```

图 16-12　vector 类

必须编写程序来测试 vector 类，该程序如图 16-13 所示。程序中创建了一个 vector 对象，并将它分配给一个指针。它存储和获取来自对象的数组，然后释放这个数组。需要注意的是，当对象被释放时，析构子例程被自动调用来释放实例变量 v。

```
PROGRAM test_vector
!
! This program tests the vector class.
!
! 版本记录信息:
!   日期        程序员          修改说明
!   ====        ==========      =====================
!   01/08/16    S. J. Chapman   源代码
!
```

```
USE vector_class                                    ! 重要的 vector 类
IMPLICIT NONE
! 声明变量
REAL,DIMENSION(6) :: array                          ! 加载/保存的数据数组
INTEGER :: istat                                    ! 分配状态
TYPE(vector),POINTER :: my_vec                      ! 测试对象
! 用指针创建类型为"vector" 的对象
ALLOCATE( my_vec, STAT=istat )
!保存对象中的数据数组
array = [ 1., 2., 3., 4., 5., 6. ]
CALL my_vec%set_vector(array)
! 从该 vector 回收数据
array = 0
CALL my_vec%get_vector(array)
WRITE (*,'(A,6F6.1)') 'vector = ', array
!销毁该对象
WRITE (*,*) 'Deallocating vector object ...'
DEALLOCATE( my_vec, STAT=istat )
END PROGRAM test_vector
```

图 16-13 测试从 vector 类派生的类

在我的个人计算机上，程序执行结果如下：

```
C:\book\fortran\chap16>test_vector
vector =  1.0  2.0  3.0  4.0  5.0  6.0
 Deallocating vector object ...
 In finalizer ...
```

注意存储在向量中的数据被成功读取，而且，析构子例程在对象释放前被调用。

16.9 继承性和多态性

在 16.1.4 节中，已学习了类以类层次结构的方式组织起来，低层的类继承了上层类的实例变量和方法。

在类层次结构图中，位于某特定类上层的所有类称为该特定类的超类，该特定类的直接上层称为直接超类。位于该特定类下层的所有类称为该特定类的子类。

本节中将介绍 Fortran 中的继承机制，通过将它们作为公共超类对象来引用，该机制使得能够以一个独立的单元来使用来自不同子类的对象。本节中还将介绍，当使用一组这样的拥有共同超类的不同对象时，Fortran 如何自动地为每个对象应用适当的方法，而不用考虑对象来自于哪个子类。这种能力称之为多态性。

继承性是面向对象编程的主要优势之一，一旦定义了超类的行为（方法），这个行为就会自动地被它的所有子类继承，除非显式地重载了这一方法。因此，只须编写一次代码，就会应用于所有的子类。子类仅需提供方法来实现它本身与它的父类之间的不同操作。

16.9.1 超类和子类

例如，假设要创建一个 employee 类来描述公司的职员情况。类中应当包含姓名、社会保

险号、地址等雇员个人信息以及工资信息。然而，大多数公司都拥有月薪和时薪两种职员。因此，需要创建 employee 类的两个子类，salaried_employee 和 hourly_employee，他们的月薪计薪方法不同。这两个子类从 employee 类中继承了公共的信息和方法（姓名，等），但是它们将重载 employee 类中原有的计薪方法。

图 16-14 中展示了继承的层次结构。面向对象程序设计中，通过从子类指向超类的箭头来表示子类和超类间的关系。这里，employee 类是 salaried_employee 类和 hourly_employee 类的父类。

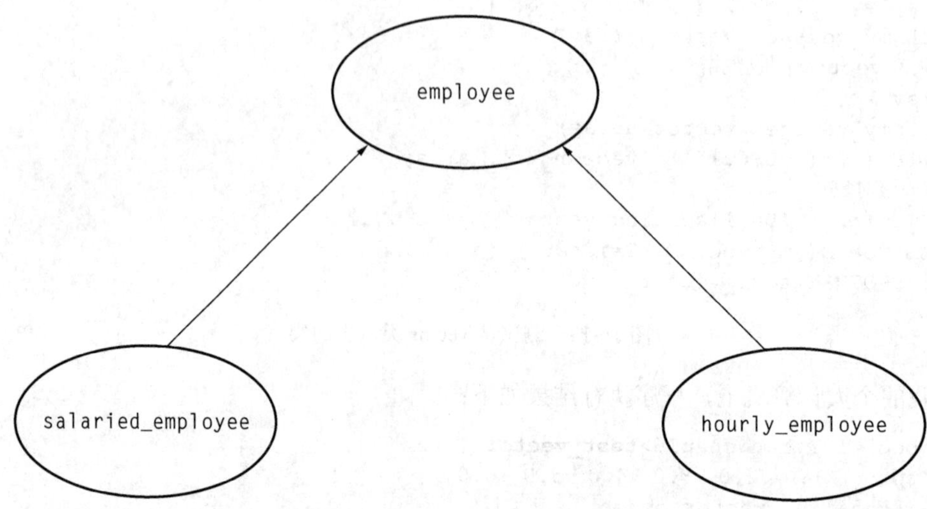

图 16-14 一个简单的类继承层次结构。salaried_employee 类和 hourly_employee 类都从 employee 类继承而来，因此这两个类的对象也是 employee 类的对象

不管是 salaried_employee 类，还是 hourly_employee 类的对象，都可以被看作是 employee 类的对象，甚至是类层次结构中 employee 类的上层类的对象。这一点非常重要，因为两个子类对象可以当作单个超类 employee 对象集来组合和操作。

不管是 salaried_employee 类，还是 hourly_employee 类的对象，它们都继承了 employee 类中所有的 PUBLIC 实例变量和方法。这就意味着如果一个对象想要操作父类中定义的实例变量或重载方法，那么那些实例变量和/或方法都必须已经用 PUBLIC 声明。

16.9.2 定义和使用子类

通过在类型定义中包含一个 EXTENDS 属性标识符可以声明某类为另一个类的子类。例如，假设 employee 类中的实例变量和方法如下声明：

```
! 类型定义
TYPE,PUBLIC :: employee                          ! 这将是实例化名
  ! 实例化变量
  CHARACTER(len=30) :: first_name                ! 姓氏
  CHARACTER(len=30) :: last_name                 ! 名字
  CHARACTER(len=11) :: ssn                       ! 社会保险号
  REAL :: pay = 0                                ! 月薪
CONTAINS
  ! 绑定的过程
```

```
  PROCEDURE,PUBLIC :: set_employee => set_employee_sub
  PROCEDURE,PUBLIC :: set_name => set_name_sub
  PROCEDURE,PUBLIC :: set_ssn => set_ssn_sub
  PROCEDURE,PUBLIC :: get_first_name => get_first_name_fn
  PROCEDURE,PUBLIC :: get_last_name => get_last_name_fn
  PROCEDURE,PUBLIC :: get_ssn => get_ssn_fn
  PROCEDURE,PUBLIC :: calc_pay => calc_pay_fn
END TYPE employee
```

那么可以用 EXTENDS 属性标识符声明 salaried_employee 子类如下：

```
! 类型定义
TYPE,PUBLIC,EXTENDS(employee) :: salaried_employee
  ! 其他实例化变量
  PRIVATE
  REAL :: salary = 0                          ! 月薪
CONTAINS
  ! 绑定的过程
  PROCEDURE,PUBLIC :: set_salary => set_salary_sub
  PROCEDURE,PUBLIC :: calc_pay => calc_pay_fn
END TYPE employee
```

新的子类继承了 employee 类的所有实例变量，而且还增加了一个自己的新变量 salary。它也继承了父类的方法，除此之外，还用自己的新版本重载（代替）了原有的 calc_pay 方法。这个重载的方法 calc_pay 将被用来代替从 employee 中定义子类对象时继承的这一方法。子类中还添加了一个父类没有的 set_salary 方法。

创建 hourly_employee 子类的简单定义如下所示。

```
! 类型定义
TYPE,PUBLIC,EXTENDS(employee) :: hourly_employee
  ! 其他实例化变量
  PRIVATE
  REAL :: rate = 0                            ! 小时工收益
CONTAINS
  ! 绑定的过程
  PROCEDURE,PUBLIC :: set_pay_rate => set_pay_rate_sub
  PROCEDURE,PUBLIC :: calc_pay => calc_pay_fn
END TYPE employee
```

这个类也扩展了 employee 类。新的子类继承了 employee 类所有的实例变量，而且还增加了一个自己的新变量 rate。同样，它也继承了父类的方法，除了用自己的新的版本重载原有的 calc_pay 方法，对该子类对象来说，这个重载的方法 calc_pay 将用来替代 employee 类中原定义的方法。子类中还添加了一个父类没有的独有的 set_pay_rate 方法。

实际上，每一个 salaried_employee 子类或者 hourly_employee 子类对象，都是 employee 类的对象。在面向对象程序设计的术语里，称这些类和 employee 类有“1 对 1（is a）”关系。这是因为这两个类的任何一个对象都“是一个（is an）”employee 父类的对象。

employee 类的 Fortran 代码如图 16-15 所示。该类包含 4 个实例变量 forst_name，last_name，SSN 和 pay。该类还定义了几个方法来操作类的实例变量。

```
MODULE employee_class
!
!  这个模块实现 employee 类
!
```

```
! 版本记录信息:
!   日期          程序员           修改说明
!   ====          ==========       =====================
!   01/09/16      S. J. Chapman    源代码
!
IMPLICIT NONE
! 类型定义
TYPE,PUBLIC :: employee                          ! 这将是实例化名
  ! 实例化变量
  CHARACTER(len=30) :: first_name                ! 姓氏
  CHARACTER(len=30) :: last_name                 ! 名字
  CHARACTER(len=11) :: ssn                       ! 社会保险号
  REAL :: pay = 0                                ! 月薪
CONTAINS
  ! 绑定的过程
  PROCEDURE,PUBLIC :: set_employee => set_employee_sub
  PROCEDURE,PUBLIC :: set_name => set_name_sub
  PROCEDURE,PUBLIC :: set_ssn => set_ssn_sub
  PROCEDURE,PUBLIC :: get_first_name => get_first_name_fn
  PROCEDURE,PUBLIC :: get_last_name => get_last_name_fn
  PROCEDURE,PUBLIC :: get_ssn => get_ssn_fn
  PROCEDURE,PUBLIC :: calc_pay => calc_pay_fn
END TYPE employee
! 限制对实际过程名的访问
PRIVATE :: set_employee_sub, set_name_sub, set_ssn_sub
PRIVATE :: get_first_name_fn, get_last_name_fn, get_ssn_fn
PRIVATE :: calc_pay_fn
! 这里添加方法
CONTAINS
  SUBROUTINE set_employee_sub(this, first, last, ssn)
  !
  ! 初始化雇员数据的子例程
  !
  IMPLICIT NONE
  ! 声明调用参数
  CLASS(employee) :: this                        ! Employee 对象
  CHARACTER(len=*) :: first                      ! 姓氏
  CHARACTER(len=*) :: last                       ! 名字
  CHARACTER(len=*) :: ssn                        ! SSN
  ! 保存数据到对象
  this%first_name = first
  this%last_name = last
  this%ssn   = ssn
  this%pay   = 0
  END SUBROUTINE set_employee_sub
  SUBROUTINE set_name_sub(this, first, last)
  !
  ! 初始化雇员名字的子例程
  !
  IMPLICIT NONE
  ! 声明调用参数
  CLASS(employee) :: this                        ! Employee 对象
  CHARACTER(len=*),INTENT(IN) :: first           ! 姓氏
  CHARACTER(len=*),INTENT(IN) :: last            ! 名字
```

```
! 保存数据到对象
this%first_name = first
this%last_name = last
END SUBROUTINE set_name_sub
SUBROUTINE set_ssn_sub(this, ssn)
!
! 初始化雇员 SSN 的子例程
!
IMPLICIT NONE
! 声明调用参数
CLASS(employee) :: this                    ! Employee 对象
CHARACTER(len=*),INTENT(IN) :: ssn         ! SSN
! 保存数据到对象
this%ssn = ssn
END SUBROUTINE set_ssn_sub
CHARACTER(len=30) FUNCTION get_first_name_fn(this)
!
!返回姓氏函数
!
IMPLICIT NONE
! 声明调用参数
CLASS(employee) :: this                    ! Employee 对象
! 返回姓氏
get_first_name_fn = this%first_name
END FUNCTION get_first_name_fn
CHARACTER(len=30) FUNCTION get_last_name_fn(this)
!
! 返回名字函数
!
IMPLICIT NONE
! 声明调用参数
CLASS(employee) :: this                    ! Employee object
! 返回名字
get_last_name_fn = this%last_name
END FUNCTION get_last_name_fn
CHARACTER(len=30) FUNCTION get_ssn_fn(this)
!
! 返回 SSN 函数
!
IMPLICIT NONE
! 声明调用参数
CLASS(employee) :: this                    ! Employee 对象
! 返回名字
get_ssn_fn = this%ssn
END FUNCTION get_ssn_fn
REAL FUNCTION calc_pay_fn(this,hours)
!
! 返回计算的雇员薪水,该函数将通过不同的子类重载
!
IMPLICIT NONE
! 声明调用参数
CLASS(employee) :: this                    ! Employee 对象
REAL,INTENT(IN) :: hours                   ! 工作的小时
! 返回薪水
```

```
  calc_pay_fn = 0
  END FUNCTION calc_pay_fn
END MODULE employee_class
```

图 16-15 employee 类

类中的 calc_pay 方法返回值为 0，而不是计算出一个合法的工资额，这是因为工资的计算方法与职员类型有关，而目前类中还没有此类信息。

需要注意的是，每一个绑定方法都将对象本身作为调用时的第一个实参。这一点是必须的，因为无论何时，当对象通过 obj%method()的方式引用一个 PASS 属性的绑定方法时，对象本身将作为第一个参数传递给该方法。这样做使得方法在需要时能够访问或修改对象中的内容。更进一步说，需要注意的是在每一次调用方法时，对象都以 CLASS 保留字声明，如下所示。

```
SUBROUTINE set_name_sub(this, first, last)
!
! 初始化雇员名字的子例程
!
IMPLICIT NONE
! 声明调用参数
CLASS(employee) :: this                    ! Employee 对象
CHARACTER(len=*) :: first                  ! 姓氏
CHARACTER(len=*) :: last                   ! 名字
```

这所列出的 CLASS 保留字的意思是该子例程将操作一个 employee 类的对象或者其任一子类的对象。在 Fortran 术语中，this 参数声明类型是 employee 类，但是运行时的动态类型可以是 employee 类或者其他子类。

相反地，如果像下面这样用 TYPE 保留字声明调用参数：

```
! 声明调用参数
TYPE(employee)::this                       ! employee 对象
```

那么代码仅能作用于 employee 类对象，而不能应用于任何其他子类。在这种情况下，声明类型和动态类型都需要定义。为了获得多态性，必须用 CLASS 保留字声明方法的参数。

salaried_employee 子类的 Fortran 代码如图 16-16 所示。这个类继承了 4 个实例变量，first_name，last_name，ssn 和 pay，还增加了一个 salary 变量。此外，还定义了一个新的方法 set_salary，并重载了超类的原方法 calc_pay。

```
MODULE salaried_employee_class
!
!  这个模块实现了受薪雇员类
!
! 版本记录信息:
!   日期       程序员          修改说明
!   ====       ==========      =====================
!   01/09/16   S. J. Chapman   源代码
!
USE employee_class                         ! USE 父类
IMPLICIT NONE
! 类型定义
TYPE,PUBLIC,EXTENDS(employee) :: salaried_employee
  ! 其他的实例化变量
```

```
    PRIVATE
    REAL :: salary = 0                              ! 月薪
  CONTAINS
    ! 绑定的过程
    PROCEDURE,PUBLIC :: set_salary => set_salary_sub
    PROCEDURE,PUBLIC :: calc_pay => calc_pay_fn
  END TYPE salaried_employee
  ! 限制对实际过程名的访问
  PRIVATE :: calc_pay_fn, set_salary_sub
  ! 这里添加方法
  CONTAINS
    SUBROUTINE set_salary_sub(this, salary)
    !
    ! 初始化受薪雇员的初始薪水。这是一个新方法
    !
    IMPLICIT NONE
    ! 声明调用参数
    CLASS(salaried_employee) :: this                ! 受薪雇员对象
    REAL,INTENT(IN) :: salary                       ! 薪水
    ! 保存数据到对象
    this%pay  = salary
    this%salary = salary
    END SUBROUTINE set_salary_sub
    REAL FUNCTION calc_pay_fn(this,hours)
    !
    ! 计算受薪雇员获得薪水的函数。
    ! 这个函数重载了父类中相应的函数
    !
    IMPLICIT NONE
    ! 声明调用参数
    CLASS(salaried_employee) :: this                ! 受薪雇员对象
    REAL,INTENT(IN) :: hours                        ! 工作小时数
    ! 返回发放的薪水
    calc_pay_fn = this%salary
    END FUNCTION calc_pay_fn
  END MODULE salaried_employee_class
```

图 16-16　salaried_employee 类

通过在类型定义中包含 EXTENDS 属性标识符可以声明某类为另一个类的子类。在这种情况下，由于在类型定义中使用了 EXTENDS（employee） 属性，所以 salaried_employee 类是 employee 类的一个子类。因此，它将从 employee 类中继承所有的公有实例变量和方法。

类中除从父类继承变量与方法外，还添加了一个新的变量 salary 和一个新方法 set_salary。另外，类中还重载了 calc_pay_fn 方法，从而更改了 salaried_employee 类型对象的该原方法的含义。

hourly_employee 子类的 Fortran 代码如图 16-17 所示。类中除了继承 4 个实例变量 first_name，last_name，ssn 和 pay 之外，还增加了一个变量 rate。此外，类中定义了一个新的方法 set_rate，并重载了超类的原方法 calc_pay。

```
MODULE hourly_employee_class
!
!  该模块实现小时工雇员类
```

```
!
! 版本记录信息:
!   日期         程序员            修改说明
!   ====        ==========        =====================
!   01/09/16    S. J. Chapman     源代码
!
USE employee_class                               ! USE 父类
IMPLICIT NONE
! 类型定义
TYPE,PUBLIC,EXTENDS(employee) :: hourly_employee
  ! 其他实例化变量
  PRIVATE
  REAL :: rate = 0                               ! 小时薪水
CONTAINS
  ! 绑定的过程
  PROCEDURE,PUBLIC :: set_pay_rate => set_pay_rate_sub
  PROCEDURE,PUBLIC :: calc_pay => calc_pay_fn
END TYPE hourly_employee
! 限制对实际过程名的访问
PRIVATE :: calc_pay_fn, set_pay_rate_sub
! 这里添加方法
CONTAINS
  SUBROUTINE set_pay_rate_sub(this, rate)
  !
  ! 初始化小时工雇员的小时薪水的子例程
  ! 这是个新方法
  !
  IMPLICIT NONE
  ! 声明调用参数
  CLASS(hourly_employee) :: this                 ! 小时工雇员对象
  REAL,INTENT(IN) :: rate                        ! 小时薪水 ($/hr)
  ! 保存数据到对象
  this%rate = rate
  END SUBROUTINE set_pay_rate_sub
  REAL FUNCTION calc_pay_fn(this,hours)
  !
  ! 计算小时雇员的薪水函数
  ! 该函数重载了父类的相应函数
  !
  IMPLICIT NONE
  ! 声明调用参数
  CLASS(hourly_employee) :: this                 ! 小时工雇员对象
  REAL,INTENT(IN) :: hours                       ! 工作的小时数
  ! 返回发放的薪水
  this%pay = hours * this%rate
  calc_pay_fn = this%pay
  END FUNCTION calc_pay_fn
END MODULE hourly_employee_class
```

图 16-17 hourly _employee 类

由于在类型定义中使用了 EXTENDS（employee） 属性标识，所以 hourly_employee 类是 employee 类的一个子类。因此，它也从 employee 类中继承了所有的实例变量和方法。

类中还添加了一个新的变量 rate 和一个新方法 set_rate。另外，类中重载了 calc_pay_fn

方法，更改了 hourly_employee 类型对象的该原方法的含义。

16.9.3 超类对象和子类对象间的关系

子类对象继承超类对象的所有变量和方法。实际上，任何一个子类的对象都可以被看作是（或者说“就是”）一个它的超类的对象。这就意味着既可以通过指向子类的指针，也可以通过指向超类的指针来操作该对象，关于这点如图 16-18 所示。

```
PROGRAM test_employee
!
! 该程序测试 employee 类和它的子类
!
! 版本记录信息:
!   日期        程序员          修改说明
!   ====        ==========      =====================
!   01/09/16    S. J. Chapman   源代码
!
USE hourly_employee_class                          ! 重要的小时雇员类
USE salaried_employee_class                        ! 重要的受薪雇员类
IMPLICIT NONE
! 声明变量
CLASS(employee),POINTER :: emp1, emp2              ! 雇员
TYPE(salaried_employee),POINTER :: sal_emp         ! 受薪雇员
TYPE(hourly_employee),POINTER :: hourly_emp        ! 小时工雇员
INTEGER :: istat                                   ! 分配状态
! 创建"salaried_employee"类型对象
ALLOCATE( sal_emp, STAT=istat )
! 初始化对象的数据
CALL sal_emp%set_employee('John','Jones','111-11-1111');
CALL sal_emp%set_salary(3000.00);
! 创建"hourly_employee"类型对象
ALLOCATE( hourly_emp, STAT=istat )
!初始化对象的数据
CALL hourly_emp%set_employee('Jane','Jones','222-22-2222');
CALL hourly_emp%set_pay_rate(12.50);
! 现在创建指向"employees"的指针
emp1 => sal_emp
emp2 => hourly_emp
! 用子类指针计算发放薪水
WRITE (*,'(A)') 'Pay using subclass pointers:'
WRITE (*,'(A,F6.1)') 'Emp 1 Pay = ', sal_emp%calc_pay(160.)
WRITE (*,'(A,F6.1)') 'Emp 2 Pay = ', hourly_emp%calc_pay(160.)
! 用超类指针计算发放薪水
WRITE (*,'(A)') 'Pay using superclass pointers:'
WRITE (*,'(A,F6.1)') 'Emp 1 Pay = ', emp1%calc_pay(160.)
WRITE (*,'(A,F6.1)') 'Emp 2 Pay = ', emp2%calc_pay(160.)
! 用超类指针列出雇员信息
WRITE (*,*) 'Employee information:'
WRITE (*,*) 'Emp1 Name / SSN = ', TRIM(emp1%get_first_name()) // &
     ' ' // TRIM(emp1%get_last_name()) // ' ', &
     TRIM(emp1%get_ssn())
WRITE (*,*) 'Emp 2 Name / SSN = ', TRIM(emp2%get_first_name()) // &
```

```
    ' ' // TRIM(emp2%get_last_name()) // ' ', &
    TRIM(emp2%get_ssn())
END PROGRAM test_employee
```

图 16-18 通过超类指针操作对象的示例程序

在测试程序中，创建了一个 salaried_employee 类对象和一个 hourly_employee 类对象，并且把它们赋值给相应类型的指针。接下来，创建指向 employee 类对象的多态指针，并将两个子类对象赋值给 employee 指针。通常情况下，将一种类型的对象赋值给另一种类型的指针是非法的，但是在这里却是允许的，原因在于 salaried_employee 子类和 hourly_employee 子类的对象也是 employee 超类的对象。用 CLASS 保留字声明的指针能够和那些动态类型对象匹配或与声明的类型的子类对象相匹配。

程序中，一旦将对象赋值给 employee 指针，就可以用原来的指针和 employee 指针两种方式来访问某些方法。程序执行结果如下：

```
D:\book\fortran\chap16>test_employee
Pay using subclass pointers:
Emp 1 Pay = 3000.0
Emp 2 Pay = 2000.0
Pay using superclass pointers:
Emp 1 Pay = 3000.0
Emp 2 Pay = 2000.0
 Employee information:
 Emp 1 Name / SSN = John Jones 111-11-1111
 Emp 2 Name / SSN = Jane Jones 222-22-2222
```

注意其中使用子类指针进行的工资计算和使用超类指针进行工资计算是一样的。

将一个子类对象自由地赋值给一个超类指针是可能的，因为子类对象同时也是它的超类的对象。但是，反过来并不成立。一个超类对象不是它的子类的对象。因此，如果 e 是指向 employee 的指针，而 s 是指向 salaried_employee 的指针，那么语句

```
e=>s
```

是正确的。相反，语句

```
s => e
```

却是非法的，会引发编译错误。

16.9.4 多态性

让我们再来回顾一下图 16-18 中的程序。使用超类指针计算工资，而且雇员的信息也是使用超类指针输出显示的。需要注意的是，emp1 和 emp2 的 calc_pay 方法不同。使用 emp1 引用的对象实际上是一个 salaried_employee 类对象，因此 Fortran 程序中应用 calc_pay 方法的 salaried_employee 来计算相应的工资值。换句话说，使用 emp2 引用的对象实际是一个 hourly_employee 类对象，因此需要应用 calc_pay 方法的 hourly_employee 来计算相应的工资。而 employee 类中定义的 calc_pay 方法根本就没有使用过。

在这里，操作的是 employee 类对象，但是程序可以为某个给定的对象基于该对象是属于哪个子类而自动地选择对应的恰当方法。这种能够根据不同子类而自动调用相应方法的能力称为多态性。

多态性是面向对象编程语言所具有的一项令人难以置信的强大特性，它使改变很容易发生。例如，假设编写了一个使用 employee 数组来输出工资单的程序，而接下来公司希望增加一种新的按件计薪的雇员类型。那么，需要定义一个 employee 类的新子类 piecework_employee，并且相应地重载 calc_pay 方法，以及创建该类型的雇员对象。程序的其余部分不需要修改，因为程序中操作的是 employee 类对象，多态性使 Fortran 程序能够自动地按照不同对象属于的子类来选择恰当的方法来执行。

良好的编程习惯

多态性使得不同子类的多个对象能够被当作同一个超类的对象来处理，多态性保证能够根据某一个特定对象所属的子类来选择相应版本的方法。

需要注意的是，要想使多态性能够发挥作用，就必须在超类中定义方法，并且在各个子类中重载该方法。如果仅仅是在子类中定义方法，那么多态性是不会发挥作用的。因此，象 emp1.calc_pay()这样的方法是合法的，因为 calc_pay()方法定义在 employee 类中，而且还在 salaried_employee 和 hourly_employee 子类中重载了该方法。另一方面，象 emp1.set_rate()这样的方法就是非法的，因为 set_rate()方法仅仅在 hourly_employee 子类中定义，无法通过 employee 指针来引用 hourly_employee 的方法。

在下一节会看到，用 SELECT Type 结构也可以访问子类的方法和变量。

良好的编程习惯

为了实现多态性，需要在一个超类中声明所有的多态方法，然后在每个子类中重载子类继承超类获得的方法行为。

16.9.5 SELECT TYPE 结构

在使用超类指针引用对象时，清楚地分辨出该对象属于哪一个子类是可能的，这是通过使用 SELECT TYPE 结构来做到的。一旦得知了这一信息，程序就可以访问子类独有的变量和方法。

SELECT TYPE 结构的形式如下所示：

```
[name:] SELECT TYPE (obj)
TYPE IS ( type_1 ) [name]
  Block 1
TYPE IS ( type_2 ) [name]
  Block 2
CLASS IS ( type_3 ) [name]
  Block 3
CLASS DEFAULT [name]
  Block 4
END SELECT [name]
```

声明类型 obj 是结构中其他类型的超类。如果输入对象 obj 的动态类型为 type_1，那么将执行块 1（BLOCK 1）中的语句，而且在块语句执行期间，对象指针被认为是 type_1 类型。这就意味着程序可以访问 type_1 子类独有的变量和方法，尽管声明类型 obj 为超类类型。

类似地，如果输入对象 obj 的动态类型为 type_2，那么将执行块 2（BLOCK 2）中的语句，并且在执行期间，认为对象指针是 type_2 类型。

如果输入对象 obj 的动态类型与任何一个 TYPE IS 子句均不匹配，那么结构体将转到 CLASS IS 子句处，并执行该块中与输入对象的动态类型最为匹配的代码。执行期间，认为对象类型为这块中声明的类型。

结构中最多有一个块中的语句被执行。选择执行哪块的原则如下：

（1）如果与某个 TYPE IS 块匹配，那么执行该块。

（2）否则，如果与某一个 CLASS IS 块匹配，执行该块。

（3）否则，如果与多个 CLASS IS 块匹配，则其中一定有一个块必定是其他块的扩展，那么执行该扩展块。

（4）否则，如果定义了 CLASS DEFAULT 块，就执行它。

图 16-19 中的示例程序演示了这个结构的用法。程序中定义了一个二维点类型，以及该类型的两个扩展，一个是三维点，另一个是可以测量温度的二维点。接下来，为每个类型声明对应的对象以及一个指向 point 类的指针，该指针可以与任何一个对象相匹配。此时，把温度点对象赋值给指针，那么 SELECT TYPE 结构将匹配 TYPE IS（point_temp）子句。接下来，程序中将把指向 point 的指针当作指向 point_temp 的指针来使用，从而能够访问在 point_temp 类型中定义的变量 temp。

```
PROGRAM test_select_type
!
! 这是测试 select type 结构的程序
!
! 版本记录信息:
!    日期        程序员          修改说明
!    ====        ==========      =====================
!    01/09/16    S. J. Chapman   源代码
!
IMPLICIT NONE
! 声明 2D 点类型
TYPE :: point
  REAL :: x
  REAL :: y
END TYPE point
! 声明 3D 点类型
TYPE,EXTENDS(point) :: point3d
  REAL :: z
END TYPE point3d
! 声明记录温度数据的 2D 点类型
TYPE,EXTENDS(point) :: point_temp
  REAL :: temp
END TYPE point_temp
! 声明变量
TYPE(point),TARGET :: p2
TYPE(point3d),TARGET :: p3
TYPE(point_temp),TARGET :: pt
CLASS(point),POINTER :: p
! 这里初始化对象
p2%x = 1.
p2%y = 2.
p3%x = -1.
```

```
p3%y = 7.
p3%z = -2.
pt%x = 10.
pt%y = 0.
pt%temp = 700.
! 将一个对象赋值给 p
p => pt
! 现在访问对象中的数据
SELECT TYPE (p)
TYPE IS ( point3d )
  WRITE (*,*) 'Type is point3d'
  WRITE (*,*) p%x, p%y, p%z
TYPE IS ( point_temp )
  WRITE (*,*) 'Type is point_temp'
  WRITE (*,*) p%x, p%y, p%temp
CLASS IS ( point )
  WRITE (*,*) 'Class is point'
  WRITE (*,*) p%x, p%y
END SELECT
END PROGRAM test_select_type
```

程序运行结果如下：

```
D:\book\fortran\chap16>test_select_type
Type is point_temp
 10.00000   0.0000000E+00   700.0000
```

图 16-19 使用 SELECT TYPE 结构的示例程序

16.10 禁止在子类中重载方法

有时候需要保证一个或多个方法在某个给定超类的子类中不被修改，这可以在绑定时用 NON_OVERRIDABLE 属性标识符声明它们来做到这一点，如下所示：

```
TYPE::point
   REAL::x
REAL::y
   CONTAINS
      PROCEDURE, NON_OVERRIDABLE::my_proc
      …
   END TYPE
```

在 point 类的定义中使用 NON_OVERRIDABLE 属性声明了 my_proc 过程，则这个过程就不能被 point 类的任何一个子类所改写。

16.11 抽象类

回顾 employee 类。注意，在类中定义了 calc_pay()方法，却从来没有使用过它。由于仅仅实例化了 salaried_employee 子类和 hourly_employee 子类成员，所以 calc_pay()方法总是被这两个子类中相应的方法所重载，也即多态性。如果这个方法根本不会被使用，那为什么要费力去编写它呢？答案就是为了实现多态性，多态方法必须与父类绑定，这样才能够被所有的子类继承。

但是事实是，如果没有对象从父类实例化，那么父类中的方法永远不会被使用。因此，在 Fortran 中允许只声明绑定和接口的定义，而并不需要编写具体的方法。这样的方法被称为抽象方法或不能引用的方法。包含抽象方法的类型称为抽象类型，以区别于一般的具体类型。

在类型定义中用 DEFERRED 属性来声明抽象方法，以及用 ABSTRACT INTERFACE（抽象接口）来定义方法的调用参数序列。任何包含了不能引用方法的类型都必须用 ABSTRACT 属性声明。从一个抽象类型直接创建对象是非法的，但是创建指向该类型的指针却是合法的。这个指针可以用来操作抽象类型的不同子类对象。

下面的语句声明了一个不能引用的方法：

```
PROCEDURE(CALC_PAYX),PUBLIC,DEFERRED::calc_pay
```

在这条语句中，PROCEDURE 后面的括号里填写的是应用于该方法的抽象接口的名字(此处是 CALC_PAYX)，而 calc_pay 是方法的实际名字。

Employee 类的抽象版本如图 16-20 所示。

```
MODULE employee_class
!
!  该模块实现抽象的 employee 类
!
! 版本记录信息:
!    日期          程序员            修改说明
!    ====          ==========        =====================
!    01/11/16      S. J. Chapman     源代码
!
IMPLICIT NONE
! 类型定义
TYPE,ABSTRACT,PUBLIC :: employee
  ! 实例变量
  CHARACTER(len=30) :: first_name                     ! 姓氏
  CHARACTER(len=30) :: last_name                      ! 名字
  CHARACTER(len=11) :: ssn                            ! 社会保险号
  REAL :: pay = 0                                     ! 月收入
CONTAINS
  ! 绑定的过程
  PROCEDURE,PUBLIC :: set_employee => set_employee_sub
  PROCEDURE,PUBLIC :: set_name => set_name_sub
  PROCEDURE,PUBLIC :: set_ssn => set_ssn_sub
  PROCEDURE,PUBLIC :: get_first_name => get_first_name_fn
  PROCEDURE,PUBLIC :: get_last_name => get_last_name_fn
  PROCEDURE,PUBLIC :: get_ssn => get_ssn_fn
  PROCEDURE(CALC_PAYX),PUBLIC,DEFERRED :: calc_pay
END TYPE employee
ABSTRACT INTERFACE
  REAL FUNCTION CALC_PAYX(this,hours)
  !
  ! 计算雇员收入的函数
  ! 该函数将在不同的子类中重载
  !
```

```
    IMPLICIT NONE
    ! 声明调用参数
    CLASS(employee) :: this                              ! Employee 对象
    REAL,INTENT(IN) :: hours                             ! 工作小时数
    END FUNCTION CALC_PAYX
  END INTERFACE
  ! 限制对实际过程名的访问
  PRIVATE :: set_employee_sub, set_name_sub, set_ssn_sub
  PRIVATE :: get_first_name_fn, get_last_name_fn, get_ssn_fn
  ! 这里添加方法
  CONTAINS
    ! 除了没有实现 calc_pay 方法外,所有方法与以前完全一样
    SUBROUTINE set_employee_sub(this, first, last, ssn)
    !
    ! 初始化雇员数据的子例程
    !
    IMPLICIT NONE
    ! 声明调用参数
    CLASS(employee) :: this                              ! Employee 对象
    CHARACTER(len=*) :: first                            ! 姓氏
    CHARACTER(len=*) :: last                             ! 名字
    CHARACTER(len=*) :: ssn                              ! SSN
    ! 保存数据到对象
    this%first_name = first
    this%last_name = last
    this%ssn       = ssn
    this%pay       = 0
    END SUBROUTINE set_employee_sub
    SUBROUTINE set_name_sub(this, first, last)
    !
    ! 初始化雇员名字的子例程
    !
    IMPLICIT NONE
    ! 声明调用参数
    CLASS(employee) :: this                              ! Employee 对象
    CHARACTER(len=*),INTENT(IN) :: first                 ! 姓氏
    CHARACTER(len=*),INTENT(IN) :: last                  ! 名字
    ! 保存数据到对象
    this%first_name = first
    this%last_name = last
    END SUBROUTINE set_name_sub
    SUBROUTINE set_ssn_sub(this, ssn)
    !
    ! 初始化雇员 SSN 的子例程
    !
    IMPLICIT NONE
    ! 声明调用参数
    CLASS(employee) :: this                              ! Employee 对象
    CHARACTER(len=*),INTENT(IN) :: ssn                   ! SSN
    ! 保存数据到对象
    this%ssn = ssn
    END SUBROUTINE set_ssn_sub
    CHARACTER(len=30) FUNCTION get_first_name_fn(this)
    !
```

```
 ! 返回姓氏的函数
 !
 IMPLICIT NONE
 ! 声明调用参数
 CLASS(employee) :: this                                ! Employee 对象
 ! 返回姓氏
 get_first_name_fn = this%first_name
 END FUNCTION get_first_name_fn
 CHARACTER(len=30) FUNCTION get_last_name_fn(this)
 !
 ! 返回名字的函数
 !
 IMPLICIT NONE
 ! 声明调用参数
 CLASS(employee) :: this                                ! Employee 对象
 ! 返回名字
 get_last_name_fn = this%last_name
 END FUNCTION get_last_name_fn
 CHARACTER(len=30) FUNCTION get_ssn_fn(this)
 !
 ! 返回 SSN 的函数
 !
 IMPLICIT NONE
 ! 声明调用参数
 CLASS(employee) :: this                                ! Employee 对象
 ! 返回名字
 get_ssn_fn = this%ssn
 END FUNCTION get_ssn_fn
END MODULE employee_class
```

图 16-20 employee 抽象类

抽象类中定义了方法列表，说明这些方法能够被抽象类的哪些子类所用，以及可以提供哪些方法的部分实现。例如，图 16-20 中的 employee 抽象类就提供了 set_name 和 set_ssn 的实现，它们可以被 employee 的子类所继承，但是并没有提供 calc_pay 方法的实现。

抽象类的所有子类都必须重载超类中所有抽象方法，否则，它们自己也将是抽象的。因此，salaried_employee 和 hourly_employee 必须重载 calc_pay 方法，否则，它们本身也将是抽象的。

与具体类不同，不能从抽象类实例化对象。因为抽象类没有提供对象行为的完整定义，因此不能由抽象类创建任何对象。抽象类就像是一个为具体子类服务的模板，可以从这些具体子类实例化对象。抽象类定义了可被其子类使用的多态行为的类型，但是并没有定义这些行为的具体细节。

编程警示

不能从抽象类实例化对象。

抽象类通常位于面向对象编程类层次结构的顶层，定义了其所有子类对象行为的主要类型。具体类位于结构层次的更下层，为每个子类提供具体的实现细节。

良好的编程习惯

使用抽象类型来定义位于类层次结构顶层的行为的主要类型，使用具体类来完成抽象类的子类的实现细节。

总的来说，要想在程序中实现多态性，需要做到以下几点：

（1）**创建一个父类，其中包含了解决问题所需的所有方法**。那些在不同子类中会有变化的方法可以声明为 DEFERRED，如果需要，都不必在超类中编写方法，仅仅有接口就可以了。注意这样做将使超类是抽象的（ABSTRACT），也就意味着不能从它直接实例化对象。

（2）**为每一类要操作的对象定义子类**。子类必须为超类中的每一个抽象方法提供特定的实现。

（3）**创建不同子类的对象，并用超类指针引用它们**。当用超类指针调用某方法时，Fortran 将自动地执行对象所属子类中的方法。

得到正确多态性的窍门是决定超类对象应当展示什么样的行为，以及确保每一种行为在超类定义中都有一个方法来代表。

例题 16-3　综合应用——shape 类层次结构

为了说明本章中介绍的面向对象编程的概念，我们来设计一个通用的二维图形类。有很多这样的图形，包括圆、三角形、正方形、长方形、五边形等。所有这些图形都具有一些共同的特性，它们都是闭合的二维图形，有封闭的区域和有限的周长。

首先创建一个通用的图形类，类中包含计算图形面积和周长的方法，然后按层次结构为每一个特殊图形（圆形、等边三角形、正方形、长方形和五边形）分别创建相应的子类。接下来，通过引用通用图形类为每一类型创建图形和计算图形的面积和周长，说明多态性如何实现。

解决方案

为了解决这个问题，需要创建一个通用的 shape 类及其一系列子类。

上述所列的各种图形可按照它们之间的关系列出逻辑结构。圆、等边三角形、长方形和五边形都是某种特殊的图形，因此它们应当是 shape 类的子类。正方形又是长方形的特例，因此它应当是 rectangle 类的子类。它们之间的关系如图 16-21 所示。

圆可以由其半径 r 完全决定，可以通过下面的公式计算圆的面积 A 和周长 P：

$$A=\pi r^2 \tag{16-1}$$

$$P=2\pi r \tag{16-2}$$

等边三角形可由其边的长度 s 完全决定，可通过下面的公式计算它的面积 A 和周长 P：

$$A=\frac{\sqrt{3}}{4}s^2 \tag{16-3}$$

$$P=3s \tag{16-4}$$

长方形由它的长 l 和宽 w 来决定，可通过下面的公式计算它的面积 A 和周长 P：

$$A=lw \tag{16-5}$$

$$P=2(l+w) \tag{16-6}$$

正方形是长宽相等的特殊长方形，因此可以将长方形的长和宽置为相等，记做 s。它的面积和周长可用式（16-5）和式（16-6）来计算。

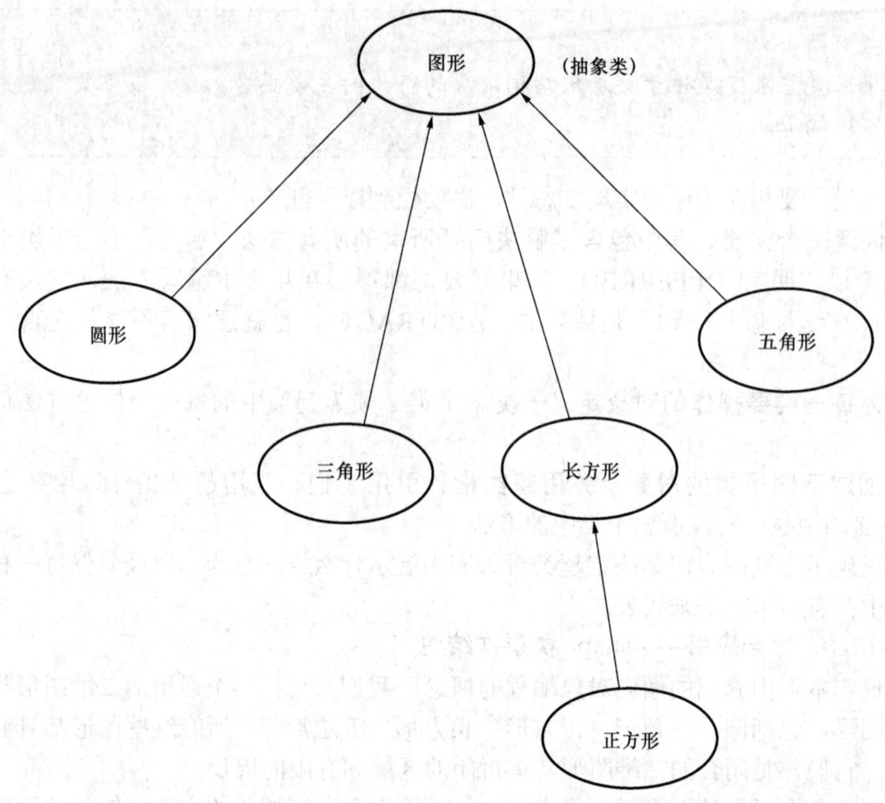

图 16-21 shape 类层次结构

五边形由其一边的长度 s 完全决定，可通过下面的公式计算它的面积 A 和周长 P：

$$A=\frac{5}{4}s^2\cot\frac{\pi}{5} \tag{16-7}$$

$$P=5s \tag{16-8}$$

其中 cot 为余切函数，即正切函数的倒数。

1. 说明问题

定义并实现 shape 类，类中包含计算特定形状面积和周长的方法。定义代表圆形、等边三角形、长方形、正方形和五边形的子类，每个类均有其自己的面积和周长的计算公式。

2. 定义输入和输出

各子类的输入数据分别为圆形的半径 r，等边三角形的边长 s，长方形的长 l 和宽 w，正方形的边长 s，以及五边形的边长 s。输出数据是各对象的面积和周长。

3. 描述算法

每个类都需要对相应对象进行初始化的方法。圆形初始化方法需要知道半径 r，等边三角形初始化方法需要知道边长 s，长方形初始化方法需要知道其长 l 和宽 w，正方形初始化方法需要知道边长 s，五边形初始化方法需要知道其边长 s。

每一个类都包含 area、perimeter 以及 to_string 等 3 个方法，分别用来返回图形的面积和周长，以及一个用来代表不同图形的字符，还含有接收每个图形类型的关键参数（半径等）的方法。

本例中需要的类有 shape、circle、triangle、rectangle、square 和 pentagon。shape 类是超类，代表一个具有有限面积和周长的封闭二维图形。circle、triangle、rectangle 和 pentagon 类

是特殊种类的图形，因此它们应当是 shape 类的子类。square 类是特殊的长方形，因此它是 rectangle 类的子类。每个类中的方法应当包括初始化方法，area 方法，perimeter 方法以及 to_string 方法，以及为某个特定的图形类型获取关键参数的方法。

circle 类中 area()方法的伪代码如下：

```
get_area_fn = PI * this%r**2
```

circle 类中 perimeter ()方法的伪代码如下：

```
get_perimeter_fn = 2.0 * PI * this%r
```

triangle 类中 area()方法的伪代码如下：

```
get_area_fn = SQRT(3.0) / 4.0 * this%s**2
```

triangle 类中 perimeter ()方法的伪代码如下：

```
get_perimeter_fn = 3.0 * this%s
```

rectangle 类中 area()方法的伪代码如下：

```
get_area_fn = this%l * this%w
```

rectangle 类中 perimeter ()方法的伪代码如下：

```
get_perimeter_fn = 2 * this%l + 2 * this%w
```

square 类的 area()方法和 perimeter ()方法与 rectangle 类的完全相同，故它们可以直接从 rectangle 类继承下来。

pentagon 类中 area()方法的伪代码如下：

```
get_area_fn = 1.25 * this%s**2 / 0.72654253
```

pentagon 类中 perimeter ()方法的伪代码如下：

```
get_perimeter_fn = 5.0 * this%s
```

4. 将算法改写为 Fortran 语句

shape 抽象类如图 16-22 所示。注意，类中定义了抽象方法 area()、perimeter()和 to_string()，因此所有的子类都必须具体实现这些方法，这样才可以在使用 shape 对象时体现多态性。

```
MODULE shape_class
!
!  这个模块实现 shape 父类
!
! 版本记录信息：
!    日期          程序员          修改说明
!    ====          ==========      =====================
!    01/13/16      S. J. Chapman   源代码
!
IMPLICIT NONE
! 类型定义
TYPE,PUBLIC :: shape
  ! 实例化变量
  ! <无 >
CONTAINS
  ! 绑定的过程
  PROCEDURE,PUBLIC :: area => calc_area_fn
  PROCEDURE,PUBLIC :: perimeter => calc_perimeter_fn
```

```
    PROCEDURE,PUBLIC :: to_string => to_string_fn
  END TYPE shape
  ! 限制实际过程名的访问
  PRIVATE :: calc_area_fn, calc_perimeter_fn, to_string_fn
  CONTAINS
    REAL FUNCTION calc_area_fn(this)
    !
    ! 返回对象的面积
    !
    IMPLICIT NONE
    ! 声明调用参数
    CLASS(shape) :: this                          ! Shape 对象
    ! 返回虚拟面积值
    calc_area_fn = 0.
    END FUNCTION calc_area_fn
    REAL FUNCTION calc_perimeter_fn(this)
    !
    ! 返回对象的周长
    !
    IMPLICIT NONE
    ! 声明调用参数
    CLASS(shape) :: this                          ! Shape 对象
    ! 返回虚拟的周长值
    calc_perimeter_fn = 0.
    END FUNCTION calc_perimeter_fn
    CHARACTER(len=50) FUNCTION to_string_fn(this)
    !
    ! 返回对象的特别说明
    !
    IMPLICIT NONE
    ! 声明调用参数
    CLASS(shape) :: this                          ! Shape 对象
    ! 返回虚拟的字符串
    to_string_fn = ''
    END FUNCTION to_string_fn
  END MODULE shape_class
```

图 16-22 shape 父类

circle 类如图 16-23 所示。类中定义了一个实例变量 r 来代表圆半径，并且提供了 area()、perimeter()和 to_string()方法的具体实现。此外，它还定义了一个 initialize 方法，这个方法并不是从父类继承而来。

```
MODULE circle_class
!
!  这个模块实现 circle 类
!
! 记录修订版本:
!   日期        程序员          修订说明
!   ====        ==========      =====================
!   01/13/16    S. J. Chapman   源代码
!
USE shape_class                                 ! USE 父类
IMPLICIT NONE
```

```
! 类型定义
TYPE,PUBLIC,EXTENDS(shape) :: circle
  ! 其他的实例化变量
  REAL :: r = 0                                    ! 半径
CONTAINS
  ! 绑定的过程
  PROCEDURE,PUBLIC :: initialize => initialize_sub
  PROCEDURE,PUBLIC :: area => get_area_fn
  PROCEDURE,PUBLIC :: perimeter => get_perimeter_fn
  PROCEDURE,PUBLIC :: to_string => to_string_fn
END TYPE circle
! 声明常量 PI
REAL,PARAMETER :: PI = 3.141593
! 限制实际过程名的访问
PRIVATE :: initialize_sub, get_area_fn, get_perimeter_fn
PRIVATE :: to_string_fn
! 这里添加方法
CONTAINS
  SUBROUTINE initialize_sub(this,r)
  !
  !初始化 circle 对象
  !
  IMPLICIT NONE
  ! 声明调用参数
  CLASS(circle) :: this                            ! Circle 对象
  REAL,INTENT(IN) :: r                             ! 半径
  ! 初始化 circle
  this%r = r
  END SUBROUTINE initialize_sub
  REAL FUNCTION get_area_fn(this)
  !
  ! 返回对象的面积
  !
  IMPLICIT NONE
  ! 声明调用参数
  CLASS(circle) :: this                            ! Circle 对象
  !计算面积
  get_area_fn = PI * this%r**2
  END FUNCTION get_area_fn
  REAL FUNCTION get_perimeter_fn(this)
  !
  ! 返回对象的周长
  !
  IMPLICIT NONE
  ! 声明调用参数
  CLASS(circle) :: this                            ! Circle 对象
  ! 计算周长
  get_perimeter_fn = 2.0 * PI * this%r
  END FUNCTION get_perimeter_fn
  CHARACTER(len=50) FUNCTION to_string_fn(this)
  !
  ! 返回对象的特性说明
  !
  IMPLICIT NONE
```

```
    ! 声明调用参数
    CLASS(circle) :: this          ! Circle 对象
    ! 返回说明
    WRITE (to_string_fn,'(A,F6.2)') 'Circle of radius ', &
     this%r
    END FUNCTION to_string_fn
  END MODULE circle_class
```

图 16-23 circle 类

triangle 类如图 16-24 所示。类中定义了一个实例变量 *s* 来代表三角形的边长，并且提供了 area()、perimeter()和 to_string()方法的具体实现。此外，它还定义了一个 initialize 方法，这个方法并不是从父类继承而来。

```
MODULE triangle_class
!
!  这个模块实现 triangle 类
!
! 记录修订版本:
!    日期         程序员            修订说明
!    ====         ==========        ======================
!    01/13/16     S. J. Chapman     源代码
!
USE shape_class                                         ! USE 父类
IMPLICIT NONE
! 类型定义
TYPE,PUBLIC,EXTENDS(shape) :: triangle
  ! 其他的实例化变量
  REAL :: s = 0                                         ! 边长
CONTAINS
  ! 绑定的过程
  PROCEDURE,PUBLIC :: initialize => initialize_sub
  PROCEDURE,PUBLIC :: area => get_area_fn
  PROCEDURE,PUBLIC :: perimeter => get_perimeter_fn
  PROCEDURE,PUBLIC :: to_string => to_string_fn
END TYPE triangle
! 限制实际过程名的访问
PRIVATE :: initialize_sub, get_area_fn, get_perimeter_fn
PRIVATE :: to_string_fn
! 这里添加方法
CONTAINS
  SUBROUTINE initialize_sub(this,s)
  !
  ! 初始化 triangle 对象
  !
  IMPLICIT NONE
  ! 声明调用参数
  CLASS(triangle) :: this                               ! Triangle 对象
  REAL,INTENT(IN) :: s                                  ! 边长
  ! 初始化 triangle
  this%s = s
  END SUBROUTINE initialize_sub
  REAL FUNCTION get_area_fn(this)
  !
```

```
  ! 返回对象的面积
  !
  IMPLICIT NONE
  ! 声明调用参数
  CLASS(triangle) :: this                               ! Triangle 对象
  ! 计算面积
  get_area_fn = SQRT(3.0) / 4.0 * this%s**2
  END FUNCTION get_area_fn
  REAL FUNCTION get_perimeter_fn(this)
  !
  ! 返回对象的周长
  !
  IMPLICIT NONE
  ! 声明调用参数
  CLASS(triangle) :: this                               ! Triangle 对象
  ! 计算周长
  get_perimeter_fn = 3.0 * this%s
  END FUNCTION get_perimeter_fn
  CHARACTER(len=50) FUNCTION to_string_fn(this)
  !
  ! 返回对象的特性说明
  !
  IMPLICIT NONE
  ! 声明调用参数
  CLASS(triangle) :: this                               ! Triangle 对象
  ! 返回说明
  WRITE (to_string_fn,'(A,F6.2)') 'Equilateral triangle of side ', &
this%s
  END FUNCTION to_string_fn
END MODULE triangle_class
```

图 16-24　triangle 类

rectangle 类如图 16-25 所示。类中定义了实例变量 l 和 w 来分别代表长方形的长和宽，并且提供了 area()、perimeter()和 to_string()方法的具体实现。此外，它还定义了一个 initialize 方法，这个方法并不是从父类继承而来。

```
MODULE rectangle_class
!
!  这个模块实现 rectangle 类
!
! 记录修订版本:
!    日期           程序员          修订说明
!    ====           ==========      =====================
!    01/13/16       S. J. Chapman   源代码
!
USE shape_class                                       ! USE 父类
IMPLICIT NONE
! 类型定义
TYPE,PUBLIC,EXTENDS(shape) :: rectangle
  ! 其他的实例化变量
  REAL :: l = 0    ! 长
  REAL :: w = 0    ! 宽
CONTAINS
  ! 绑定的过程
```

```
    PROCEDURE,PUBLIC :: initialize => initialize_sub
    PROCEDURE,PUBLIC :: area => get_area_fn
    PROCEDURE,PUBLIC :: perimeter => get_perimeter_fn
    PROCEDURE,PUBLIC :: to_string => to_string_fn
  END TYPE rectangle
  ! 限制实际过程名的访问
  PRIVATE :: initialize_sub, get_area_fn, get_perimeter_fn
  PRIVATE :: to_string_fn
  ! 这里添加方法
  CONTAINS
    SUBROUTINE initialize_sub(this,l,w)
    !
    ! 初始化 rectangle 对象
    !
    IMPLICIT NONE
    ! 声明调用参数
    CLASS(rectangle) :: this                          ! Rectangle 对象
    REAL,INTENT(IN) :: l                              ! 长
    REAL,INTENT(IN) :: w                              ! 宽
    ! 初始化 rectangle
    this%l = l
    this%w = w
    END SUBROUTINE initialize_sub
    REAL FUNCTION get_area_fn(this)
    !
    ! 返回对象的面积
    !
    IMPLICIT NONE
    ! 声明调用参数
    CLASS(rectangle) :: this                          ! Rectangle 对象
    ! 计算面积
    get_area_fn = this%l * this%w
    END FUNCTION get_area_fn
    REAL FUNCTION get_perimeter_fn(this)
    !
    ! 返回对象的周长
    !
    IMPLICIT NONE
    ! 声明调用参数
    CLASS(rectangle) :: this                          ! Rectangle 对象
    ! 计算周长
    get_perimeter_fn = 2 * this%l + 2 * this%w
    END FUNCTION get_perimeter_fn
    CHARACTER(len=50) FUNCTION to_string_fn(this)
    !
    ! 返回对象的特性说明
    !
    IMPLICIT NONE
    ! 声明调用参数
    CLASS(rectangle) :: this                          ! Rectangle 对象
    ! 返回说明
    WRITE (to_string_fn,'(A,F6.2,A,F6.2)') 'Rectangle of length ', &
     this%l, ' and width ', this%w
    END FUNCTION to_string_fn
  END MODULE rectangle_class
```

图 16-25 rectangle 类

square 类如图 16-26 所示。因为正方形就是长宽相等的长方形，因此 square 类从 rectangle 类中继承了变量 l 和 w，以及 area()和 perimeter()方法的具体实现。square 类重载了 to_string() 方法。它还定义了一个 initialize 方法，这个方法并不是从父类继承而来。

```
MODULE square_class
!
!  这个模块实现 square 类
!
! 记录修订版本:
!    日期          程序员            修订说明
!    ====          ==========        =====================
!    01/13/16      S. J. Chapman     源代码
!
USE rectangle_class                                     ! USE 父类
IMPLICIT NONE
! 类型定义
TYPE,PUBLIC,EXTENDS(rectangle) :: square
  ! 其他的实例化变量
  !<无>
CONTAINS
  ! 绑定的过程
  PROCEDURE,PUBLIC :: to_string => to_string_fn

END TYPE square
! 限制实际过程名的访问
PRIVATE :: to_string_fn
! 这里添加方法
CONTAINS
  CHARACTER(len=50) FUNCTION to_string_fn(this)
  !
  ! 返回对象的特性说明
  !
  IMPLICIT NONE
  ! 声明调用参数
  CLASS(square) :: this                                 ! Square 对象
  ! 返回说明
  WRITE (to_string_fn,'(A,F6.2)') 'Square of length ', &
   this%l
  END FUNCTION to_string_fn
END MODULE square_class
```

图 16-26　square 类

pentagon 类如图 16-27 所示。类中定义了一个实例变 s 用来代表五边形的边长，并且提供了 area()、perimeter()和 to_string()方法的具体实现。此外，它还定义了一个 initialize 方法，这个方法并不是从父类继承而来。

```
MODULE pentagon_class
!
!  这个模块实现 pentagon 类
!
! 记录修订版本:
!    日期          程序员            修订说明
!    ====          ==========        =====================
!    01/13/16      S. J. Chapman     源代码
```

```
!
USE shape_class                                      ! USE 父类
IMPLICIT NONE
! 类型定义
TYPE,PUBLIC,EXTENDS(shape) :: pentagon
  ! 其他的实例化变量
  REAL :: s = 0     !边长
CONTAINS
  ! 绑定的过程
  PROCEDURE,PUBLIC :: initialize => initialize_sub
  PROCEDURE,PUBLIC :: area => get_area_fn
  PROCEDURE,PUBLIC :: perimeter => get_perimeter_fn
  PROCEDURE,PUBLIC :: to_string => to_string_fn
END TYPE pentagon
! 限制实际过程名的访问
PRIVATE :: initialize_sub, get_area_fn, get_perimeter_fn
PRIVATE :: to_string_fn
! 这里添加方法
CONTAINS
  SUBROUTINE initialize_sub(this,s)
  !
  ! 初始化 pentagon 对象
  !
  IMPLICIT NONE
  ! 声明调用参数
  CLASS(pentagon) :: this                            ! Pentagon 对象
  REAL,INTENT(IN) :: s                               !边长
  ! 初始化 pentagon
  this%s = s
  END SUBROUTINE initialize_sub
  REAL FUNCTION get_area_fn(this)
  !
  ! 返回对象的面积
  !
  IMPLICIT NONE
  ! 声明调用参数
  CLASS(pentagon) :: this                            ! Pentagon 对象
  ! 计算面积 [0.72654253 is tan(PI/5)]
  get_area_fn = 1.25 * this%s**2 / 0.72654253
  END FUNCTION get_area_fn
  REAL FUNCTION get_perimeter_fn(this)
  !
  ! 返回对象的周长
  !
  IMPLICIT NONE
  ! 声明调用参数
  CLASS(pentagon) :: this                            ! Pentagon 对象
  ! 计算周长
  get_perimeter_fn = 5.0 * this%s
  END FUNCTION get_perimeter_fn
  CHARACTER(len=50) FUNCTION to_string_fn(this)
  !
  ! 返回对象的特性说明
  !
```

```
  IMPLICIT NONE
  ! 声明调用参数
  CLASS(pentagon) :: this                          ! Pentagon 对象
  ! 返回说明
  WRITE (to_string_fn,'(A,F6.2)') 'Pentagon of side ', &
   this%s
  END FUNCTION to_string_fn
END MODULE pentagon_class
```

图 16-27 pentagon 类

5. 测试程序

为了对程序进行测试，将手工计算各图形的面积和周长，并将它们与程序运行的结果进行比较。

图形	面积	周长
直径为 2 的圆	$A=\pi r^2=12.5664$	$P=2\pi r=12.5664$
边长为 2 的三角形	$A=\frac{\sqrt{3}}{4}s^2=1.7321$	$P=3s=6$
长 2、宽 1 的长方形	$A=lw=2$	$P=2(l+w)=6$
边长为 2 的正方形	$A=lw=2\times2=4$	$P=2(l+w)=8$
边长为 2 的五角形	$A=\frac{5}{4}s^2\cot\frac{\pi}{5}=6.8819$	$P=5s=10$

测试程序如图 16-28 所示。注意，程序中创建了不同子类的 5 个对象，以及一个 shape 类型的指针数组（就像在 15.6 节中介绍的那样）。然后将对象赋值给各数组元素。接下来，对 shapes 数组中的每个对象应用 to_string()方法、area()方法和 perimeter()方法。

```
PROGRAM test_shape
!
! 这个程序测试 shape 类的多态性和它的子类
!
! 记录修订版本：
!   日期        程序员          修订说明
!   ====        ==========      =====================
!   01/13/16    S. J. Chapman   源代码
!
USE circle_class                              ! 重要的 circle 类
USE square_class                              ! 重要的 square 类
USE rectangle_class                           ! 重要的 rectangle 类
USE triangle_class                            ! 重要的 triangle 类
USE pentagon_class                            ! 重要的 pentagon 类
IMPLICIT NONE
! 声明变量
TYPE(circle),POINTER :: cir                   ! Circle 对象
TYPE(square),POINTER :: squ                   ! Square 对象
TYPE(rectangle),POINTER :: rec                ! Rectangle 对象
TYPE(triangle),POINTER :: tri                 ! Triangle 对象
TYPE(pentagon),POINTER :: pen                 ! Pentagon 对象
INTEGER :: i                                  ! 循环控制变量
```

```
CHARACTER(len=50) :: id_string                 ! ID 字符串
INTEGER :: istat                               ! 分配状态
! 创建 shape 指针数组
TYPE :: shape_ptr
  CLASS(shape),POINTER :: p                    ! 指向 shape 的指针
END TYPE shape_ptr
TYPE(shape_ptr),DIMENSION(5) :: shapes
! 创建和初始化 circle
ALLOCATE( cir, STAT=istat )
CALL cir%initialize(2.0)
! 创建和初始化 square
ALLOCATE( squ, STAT=istat )
CALL squ%initialize(2.0,2.0)
! 创建和初始化 rectangle
ALLOCATE( rec, STAT=istat )
CALL rec%initialize(2.0,1.0)
! 创建和初始化 triangle
ALLOCATE( tri, STAT=istat )
CALL tri%initialize(2.0)
! 创建和初始化 pentagon
ALLOCATE( pen, STAT=istat )
CALL pen%initialize(2.0)
! 创建 shape 指针数组
shapes(1)%p => cir
shapes(2)%p => squ
shapes(3)%p => rec
shapes(4)%p => tri
shapes(5)%p => pen
! 这里显示 shape 指针数组的结果
DO i = 1, 5
  ! 获得 ID 字符串
  id_string = shapes(i)%p%to_string()
  WRITE (*,'(/A)') id_string
  ! 获得面积和周长
  WRITE (*,'(A,F8.4)') 'Area      = ', shapes(i)%p%area()
  WRITE (*,'(A,F8.4)') 'Perimeter = ', shapes(i)%p%perimeter()
END DO
END PROGRAM test_shape
```

图 16-28 测试 shape 抽象类及其子类的程序

程序运行结果如下：

```
C:\book\fortran\chap16>test_shape
Circle of radius  2.00
Area      = 12.5664
Perimeter = 12.5664
Square of length  2.00
Area      =  4.0000
Perimeter =  8.0000
Rectangle of length  2.00 and width  1.00
Area      =  2.0000
Perimeter =  6.0000
Equilateral triangle of side  2.00
Area      =  1.7321
```

```
Perimeter =  6.0000
Pentagon of side  2.00
Area   =  6.8819
Perimeter = 10.0000
```

程序运行结果与手工计算结果完全相符。注意程序正确地调用了每个方法的多态版本。

测验 16-1

测验能够快速检查你是否掌握了从 1 第 6.1 节 ~ 第 16.9 节中介绍的概念。如果你对某个问题感到困惑，请复习相关章节，向老师请教或者和同学讨论。书后附有测验的答案。

1. 面向对象编程的主要优点是什么？
2. 说出类由哪些主要成员组件组成，并描述它们的用处。
3. Fortran 中定义了哪几类访问标识符，每一类分别提供了什么样的访问限制？对于实例变量，通常应当使用什么样的访问标识符？对于方法又该如何？
4. 如何在 Fortran 中创建类型绑定的方法？
5. 什么是析构函数？为什么需要它？如何创建一个析构函数？
6. 什么是继承性？
7. 什么是多态性？
8. 什么是抽象类和抽象方法？在程序中，为什么使用它们？

16.12 小结

对象是一个独立的软件构件，由属性（变量）和方法组成。属性（变量）通常被隐藏起来，外部不可见，仅能通过相关的方法来修改。对象间通过消息（实际上就是方法调用）互相通信。一个对象通过消息来要求另一个对象为它完成某件任务。

类是创建对象的软件蓝本。类的成员有实例变量和方法，可能的情况下，还包括一个析构函数。通过对象名和访问操作符%来访问对象中的成员。

析构函数是一个特殊的方法，用来在对象销毁前释放资源。一个类最多只能有一个析构函数，但是大多数的类并不需要析构函数。

当从类实例化一个对象后，就为该对象创建了一个独立的实例变量备份。从某个给定类派生的所有对象共享一组独有的方法。

当从其他类（“扩展”这个类）创建一个新类时，新类将继承父类的实例变量和方法。这个新类基于的这个类被称新类的超类，称新类为基于的超类的子类。子类仅需定义及实现与其父类不同的实例变量和方法。

子类的对象可以被看作是其超类的对象，因此，子类的对象可以自由地赋值给一个超类指针。

多态性是一种能力，该能力能根据对象所属子类不同自动地更新方法的行为。为了实现多态性的行为，需要在通用的超类中定义所有的多态方法，并且在各个子类中重载从超类继承下来的方法行为。所有用来操作对象的指针和形式参数都必须用 CLASS 保留字声明为超类类型。

抽象方法是声明了接口却没有编写相应的具体实现的方法。通过在绑定时附加 DEFERRED 属性标识符以及为方法提供抽象接口来声明一个抽象方法。包含一个或多个抽象方法的类称为抽象类。抽象类的每一个子类都必须提供所有抽象方法的具体实现，否则，该子类也将是抽象类。

16.12.1 良好的编程习惯小结

本章中介绍的如下原则有助于编写好的程序：

（1）通过保持变量的私有属性来将它隐藏在对象之中。这样的封装使得程序具有模块性，并易于修改。

（2）在对实例变量赋值前，使用 set 方法检验输入数据的合法性和一致性。

（3）定义断言方法来检查条件的真假，这些条件与所创建的类相关。

（4）类中的实例变量通常应声明为 PRIVATE，而类方法被用于提供对类的标准接口。

（5）多态性使得不同子类的多个对象能够被当作单个超类的对象来处理，多态性能够根据某一个特定对象所属的子类来选择相应版本的方法执行。

（6）为了实现多态性，需要在通用超类中声明所有的多态方法，然后通过在每个子类中重载子类继承下来的方法，改变方法的具体行为。

（7）使用抽象类型来定义位于面向对象编程类层次结构顶层的行为的主要类型，使用具体类来完成抽象类的子类的实现细节。

16.12.2 Fortran 语句和结构的小结

ABSTRACT 属性：

```
TYPE,ABSTRACT :: type_name
```

举例：

```
TYPE,ABSTRACT :: test
  INTEGER :: a
  INTEGER :: b
CONTAINS
  PROCEDURE(ADD_PROC),DEFERRED :: add
END TYPE
```

说明：

ABSTRACT 属性用来声明某个数据类型为抽象类型，这就意味着不能从该类型创建任何对象，其原因在于类中绑定的一个或多个方法不可引用。

ABSTRACT INTERFACE 结构：

```
ABSTRACT INTERFACE
```

举例：

```
TYPE,ABSTRACT :: test
  INTEGER :: a
  INTEGER :: b
```

```
CONTAINS
  PROCEDURE(ADD_PROC),DEFERRED :: add
END TYPE
ABSTRACT INTERFACE
  SUBROUTINE add_proc (this, b)
  ...
  END SUBROUTINE add_proc
END INTERFACE
```

说明:

ABSTRACT INTERFACE 结构声明了一个不能引用过程的接口,以便 Fortran 编译器可以知道要求的过程调用参数序列。

CLASS 关键字:

```
CLASS(type_name) :: obj1, obj2, ...
```

举例:

```
CLASS(point) :: my_point
CLASS(point),POINTER :: p1
CLASS(*),POINTER :: p2
```

说明:

CLASS 保留字定义了一个指针或形式参数，这个指针或形式参数能够接受某特定类型的目标变量或者该特定类型的任意扩展类型。换句话说，这个指针或形式参数能够操作该特定类型或其任意子类的目标变量。

CLASS 关键字的最终形式创建了一个不受限的多态性指针，该指针可以与全部类的对象匹配，但是对象的数据域和方法仅可以用 SELECT TYPE 结构来访问。

DEFERRED 属性:

```
PROCEDURE,DEFERRED :: proc_name
```

举例:

```
TYPE,ABSTRACT :: test
  INTEGER :: a
  INTEGER :: b
CONTAINS
  PROCEDURE(ADD_PROC),DEFERRED :: add
END TYPE
```

说明:

使用 DEFERRED 属性声明绑定到某一派生数据类型的过程并没有在该数据类型中定义，从而使得该类型为抽象类型。该数据类型不能创建任何对象。在创建该类型的对象前，必须在子类中定义具体实现。

EXTENDS 属性:

```
TYPE,EXTENDS(parent_type) :: new_type
```

举例：

```
TYPE,EXTENDS(point2d) :: point3d
  REAL :: z
END TYPE
```

说明：

EXTENDS 属性指明定义的新类型是 EXTENDS 属性中指定类型的扩展。除了那些在类型定义中已被明确重载的实例变量和方法外，新类型继承了原类型的所有实例变量和方法。

NON_OVERRIDABLE 属性：

```
PROCEDURE,NON_OVERRIDABLE :: proc_name
```

举例：

```
TYPE :: point
  REAL :: x
  REAL :: y
CONTAINS
  PROCEDURE,NON_OVERRIDABLE :: my_proc
END TYPE
```

说明：

NON_OVERRIDABLE 属性表明绑定过程不可以被该类的任何派生子类重载。

SELECT TYPE 结构：

```
[name:] SELECT TYPE (obj)
TYPE IS ( type_1 ) [name]
  Block 1
TYPE IS ( type_2 ) [name]
  Block 2
CLASS IS ( type_3 ) [name]
  Block 3
CLASS DEFAULT [name]
  Block 4
END SELECT [name]
```

举例：

```
SELECT TYPE (obj)
TYPE IS (class1)
CLASS DEFAULT
END SELECT
```

说明：

SELECT TYPE 结构根据 obj 的特定子类来选择执行的代码段。如果 TYPE IS 块中的类型精准地与对象类型匹配，则执行该块中的代码，否则如果 CLASS IS 块的类型是对象超类，则执行那一块。如果多个 CLASS IS 块是对象的超类，那么执行最高层次超类的代码段。

16.12.3 习题

16-1 列出并说明类的主要组成组件。

16-2 通过增加下列的方法改进本章中创建的 date 类：

（a）计算某一指定日期是一年中的第几天。

（b）计算从 1900 年 1 月 1 日起到某一指定日期的天数。

（c）计算两个不同 date 对象所代表的日期之间的天数。

此外，将 to_string 方法改写为按照月日年（MMDDYYYY）的格式输出日期字符串的方法，并编写程序来测试类中的所有方法。

16-3 创建一个名为 salary_plus_employee（加薪雇员）的新类，它是本章所创建的 employee 类的子类。加薪类型的雇员除了有每周正常工作的固定月薪之外，任何超出每周 42 小时的加班时间都将以小时为单位计算加班费。重载子类中所有必要的方法。然后修改测试程序 test_employee 来验证 employee 的 3 个子类。

16-4 **通用多边形**。创建一个名为 point 的类，类中包含两个实例变量 x 和 y，代表笛卡尔平面上某点的坐标。然后定义一个 polygon 类，它是例题 16-3 中 shape 类的子类。多边形由一系列的有序点确定，这些点指明了组成多边形的每条线段的端点。例如，三角形由三个点（x，y）确定，四边形由四个点（x，y）确定，以此类推。

类中的初始化方法首先应接收确定一个特殊多边形的点的个数，然后应当分配一个 point 对象数组来保存点的坐标（x，y）信息。类中还应该实现 set 方法和 get 方法来设置和获取每点位置，以及计算多边形的面积和周长。

通用多边形的面积计算公式如下：

$$A=\frac{1}{2}(x_1y_2+x_2y_3+\ldots+x_{n-1}y_n+x_ny_1-y_1x_2-y_2x_3-\ldots-y_{n-1}x_n-y_nx_1) \tag{16-9}$$

其中 x_i 和 y_i 是第 i 点的 x，y 坐标值。通用多边形的周长是各条线段的长度之和，其中某条线段 i 的长度可由下面的公式计算得出：

$$Length=\sqrt{(x_{i+1}-x_i)^2+(y_{i+1}-y_i)^2} \tag{16-10}$$

一旦创建多边形类后，编写测试程序。程序中创建一个包括通用多边形类的各种图形类的数组，然后按照面积从小到大将图形排序。

16-5 创建一个名为 vec 的抽象类，类中包括两个实例变量 x 和 y，以及进行两个矢量加和减运算的抽象方法。创建两个子类 vec2d 和 vec3d，用来分别实现对二维矢量和三维矢量的相关运算。vec3d 类还必须再定义一个实例变量 z。编写一个测试程序来检测当 vec 对象被传递给进行加或减运算的方法时，是否多态性地调用了相应的方法。

16-6 在第 15 章学习了怎样创建链表，如本章定义的方式编写程序，创建和操作 Employee 对象的链表。

16-7 概括习题 16-6 中创建的链表程序，以使之可以适用于任何类型的对象（提示：用 CLASS 关键字实现无限多态性版本的程序）。

第 17 章

优化数组和并行计算

本章学习目标：

- 理解现代计算机上并行处理的优缺点。
- 理解单程序流多数据流（SPMD）方法的并行处理。
- 理解怎样创建操作多映像的程序。
- 理解怎样创建优化数组，优化数组是可以在多映像程序中的映像间共享的数据矩阵。
- 了解怎样在并行操作的映像间同步通信和数据传送。
- 了解并行程序中与紊乱条件和死锁相关的问题。

本章介绍 Fortran 中并行处理和优化数组的基本概念。

现在现代计算机有多核，每个核是并存运行的独立处理单元。例如，我用来在写本书中的计算机含有 8 个核，所以它能同时做 8 件不同的事情。

早期，计算机只有一个计算单元，时钟速度越来越提高❶，以使计算单元运行的越来越快。不幸的是，时钟速度不可能永无止境的提高，因为半导体芯片物理设计性能会限制信号速度的无限增加。另外，伴随时钟速度的提高，能源的需求（和热量的散发）会极具的增加，结果是，过去一个时期以在单个半导体芯片上放置越来越多的并行计算单元（核）来获得计算机性能的提高，来替代让单个计算核的吞吐量有巨大的提高以获得计算性能的提高。

这些额外的核使得单个计算机比以前消耗的能源更多，但是获得的效率仅仅是一次比在单个多核机器上多做几件事情而已。如果创建的经典程序一次可以运行多条指令，但该程序仅运行在单核上，且仅和以计算机单核一样的执行速度执行，那么像这样操作的经典 Fortran 程序，它们运行在现代 CPU 上并不会比运行在早期时代的 CPU 上快多少。这种程序称为单线程程序。

为了使现代程序跑得更快，就需要分解程序的工作，以便它能比在单核计算机上运行的更快，每个处理机核并行运行工作的一部分。这种程序称为并行程序。这类程序比本书迄今为止讨论的单个程序要更复杂。在至今我们看到的顺序程序中，程序总是知道程序中下一行要执行代码前的、已经计算过的前一行代码的执行结果，在并行程序中，这一事实不存在，

❶ 且设计更多的高效计算指令。

除非程序员做特别的努力来保证多核计算上的计算是协同的。

例如，假设要完成关于巨大数组的一些计算，为了提高计算速度，将它们分解在多核上运行。如果数组元素上的每个计算依赖相邻元素的值，那么单个核上的计算结果将依赖更新相邻元素值的另一个核上的计算结果，或在另一个核计算完成之前不可能执行，所以并行程序产生的结果会随每个核的计算的相关时间不同而不同。这种情形被称为紊乱条件，在并行编程中必须要避免。

为了产生可靠的结果，并行程序必须有一套机制来同步不同的并行部分，以保证某个处理机核需要的先行数据在给定的计算启动前已经准备好，对并行程序特有的操作来说，这些同步语句绝对是基础。

原始设计的 Fortran 是单线程语言，每条语句是顺序执行，但是，在 Fortran 2008 中并行处理扩展到语言中，该选项称为优化数组 Fortran（Coarray Fortran，CAF）。优化数组 Fortran 由称为优化数组的新数据结构和一系列同步语句组成，新数据结构允许数据在共同工作的多核中共享，以求解问题，同步语句协调并行核上的程序操作。

设计的优化数组 Fortran 允许用单个相关简单接口来进行并行处理，因此，相对比较容易使用，而且这一设计保留现有的 Fortran 效率继续有效，仅仅是将简单的语法单纯地扩展进现有的 Fortran 中，优化数组 Fortran 的用户无需了解映像间的共享内存和处理的细节，它们均隐藏在简单假象的后面了。

17.1 Fortran 中优化数组的并行处理

优化数组 Fortran 中的并行处理被设计在单程序流、多数据流模式上工作。单个程序的多个拷贝可以并行启动，每一个拷贝有自己的数据，且可以和其他拷贝共享一定的数据。程序的每个拷贝看着为一个映像，启用的并行映像数量可以在编译和/或运行时指定，这与编译器有关。

程序的多个映像分别在单台计算机（称为主机，cost）的多个核上运行，或有时候在通过互联网连接在一起的不同计算机的多个核上运行。一些编译器仅支持并行处理的映像运行在单台主机的核上，而另外一些编译器可能支持在互联网相连接的多台主机上并行处理映像。阅读自己的编译器文档，以了解它支持的是哪种类型的并行处理。

后面我们分两部分来讨论 Fortran 的并行处理，首先讨论怎样创建有多映像的程序，然后讨论怎样在多映像间同步和共享数据。

17.2 创建简单并行程序

优化数组 Fortran 程序由单个程序的 *n* 个并行拷贝组成，每个拷贝被称为一个映像，语言提供内置函数来让每个映像了解自己的拷贝号是多少，有多少个总的映像在使用。函数 this_image() 返回特定映像的映像号，函数 num_images()返回正在并行运行的映像总数。

图 17-1 给出了一个可以简单地并行运行的 Hello World 程序，每个拷贝将输出一个字符串，标识自己的映像编号，然后停止。

```
PROGRAM hello_world
```

```
WRITE (*,*) 'Hello from image ', this_image(), ' out of ', &
   num_images(), ' images.'
END PROGRAM hello_world
```

图 17-1 timer 类的源代码

要编译这个程序使之并行操作，有些特殊的编译器开关需要设置，到底有哪些开关，这与编译器有关。对于 Windows 上运行的 Intel Fortran，选项/Qcoarray：shared 指定程序是按共享内存的方式并行运行，选项/Qcoarray-num-images：n 指定程序可以有 *n* 个并行映像。

这个程序可以用如下命令行来编译。

```
C:\book\fortran\chap17>ifort /Qcoarray:shared /Qcoarray-num-images:4 hello_
world.f90 /Fehello_world.exe
Intel(R) Visual Fortran Intel(R) 64 Compiler for applications running on
Intel(R) 64, Version 16.0.3.207 Build 20160415
Copyright (C) 1985-2016 Intel Corporation. All rights reserved.
Microsoft (R) Incremental Linker Version 12.00.40629.0
Copyright (C) Microsoft Corporation. All rights reserved.
-out:hello_world.exe
-subsystem:console
hello_world.obj
```

当程序执行时，产生的结果如下：

```
C:\book\fortran\chap17>hello_world
 Hello from image   4 out of   4 images.
 Hello from image   1 out of   4 images.
 Hello from image   2 out of   4 images.
 Hello from image   3 out of   4 images.
C:\book\fortran\chap17>hello_world
 Hello from image   2 out of   4 images.
 Hello from image   3 out of   4 images.
 Hello from image   4 out of   4 images.
 Hello from image   1 out of   4 images.
```

注意，每次输出的映像顺序号是变化的，这个顺序号不确定，它由执行时哪个映像首先到达 WRITE 语句来决定，这也是一个紊乱条件的实例。在后面章节中，将学习到如何在程序中添加特殊的同步命令，以解决紊乱条件问题。

优化数组程序的第一个映像是特定的，通常被引用为 master image（主映像）。例如，仅有 master image 可以从标准的输入设备上读取数据，所有映像都可以输出数据，但仅有 master image 能读入数据。master image 通常被用来与称为 worker image（工作者映像）的其他映像的函数做协同。

良好的编程习惯

在优化数组 Fortran 程序中，使用 master image（映像 1）协同和控制各种 worker image 的函数。

良好的编程习惯

仅有 master image 可以从标准的输入设备上读取数据，假如数据是需要对 worker image 有效可用，master image 必须将数据复制给 worker image。

当到达程序结尾时或当执行 STOP 语句时，映像将中止运行，无论是哪个映像首先到达程序尾。如果某个映像中止运行，其余的映像会继续运行，直到它们也到达了程序结尾或执行了一条 STOP 语句。

假如希望停止程序中的所有映像，那么要用 STOP ALL 语句。当任何一个映像执行这条语句时，它会强制所有的映像中止运行。STOP ALL 语句与 STOP 语句的语法相同，于是当程序执行 STOP ALL 时将打印出一个数字或字符串。

良好的编程习惯

记得在优化数组程序中用 STOP ALL 语句强制所有的映像中止运行。

17.3 优化数组

coarray 是一个标量或数组，它在每个映像中是独立分配的，但是任何一个映像中拷贝都可以被从其他映像访问。可见在每个映像中的数据是各自独立的一个拷贝，特殊的寻址方式使得任何一个映像可以使用自己所在本地内存中的数据拷贝，或任何其他映像中保存的数据拷贝。

在类型声明语句中，优化数组用特定的 CODIMENS 属性来声明，或通过在变量名上使用[ ]的语法来声明。例如，下列语句用 CODIMENS 属性声明了一个标量 a 和一个数组 b 作为优化数组。

```
INTEGER, CODIMENS[*]::a
REAL, DIMENSION(3, 3), CODIMENSION[*]::b
```

第一条语句声明程序的每个映像将有一个称为 a 的整型标量，所有其他映像均可以访问每个映像中的每个变量 a。第二条语句声明了程序的每个映像将有一个 3×3 大小的实数数组，称为 b，所有其他映像均可以访问每个映像中的每个数组 b。注意，声明用*实现，表示大小不定。优化数组声明的最后维度必须总是用*声明，因为直到编译时（直到运行时，取决于编译器）都不知道实际使用的映像的个数。

优化数组也可以用另一种没有 CODIMENSION 关键的语法来声明。

```
INTEGER ::a[*]
REAL :: b(3,3)[*]
```

这些声明与上面所述声明相同。

当作 SAVE 属性时，优化数组必须总是隐含或明确地声明，因为即使在某个特殊的映像中它们超出了范围，也必须去操作该优化数组中的值。如果优化数组声明在 PROGRAN 或 MODULE 中，自动隐含了 SAVE 属性。如果优化数组声明在子例程或函数中，就必须给它声明一个 SAVE 属性，以便该优化数组永远不发生超范围使用。

优化数组的值就好像任何普通变量或数组一样使用，可以做加法、减法、乘法以及其他数组元素或变量可以参加的运算。圆括号中的数字是读取或写数据的映像的编号。例如，下列代码中的加法把映像 2 中的 b（3，1）与映像 1 中的 b（1，3）相加，保存结果到映像 3 声明的一个标量中。

```
a[3] = b(3,1)[2] + b(1,3)[1]
```

无需程序做任何其他的特殊操作，优化数组语法自动处理不同映像间的通信，Fortran 用非常简单的语法，隐含了不同映像间联络时软件的复杂性。

良好的编程习惯

优化数组语法允许程序中存储在正在执行的不同映像间的数据很容易通信。

假如一个变量被声明为优化数组，在映像中它既可以被用作优化数组，也可以被用作普通内存变量。假如映像中的变量如下所示声明：

```
REAL, CODIMENSION(3,3), CODIMENSION[*]::b
```

那么在映像中可以以一个普通数组的方式来寻址该数组的本地拷贝。例如，当前映像中数组的第一个元素可用 b（1，1）形式访问。要从映像 3 中寻址到数据的第一个元素，可用语法 b（1，1）[3] 来实现。注意，b（1，1）和 b（1，1）[this_image()] 实际引用的是同一个本地内存单元，但是如果不带优化数组的子下标引用本地机器上的内存单元，内存访问更快且更有效。

优化数组也可以用多个维度的语法来声明。例如，数组 b 声明如下：

```
REAL::b(3,3)[2,*]
```

这被称为秩为 2 的优化数组。这种情况下，映像以列为主序来访问，像数组一样。第一个映像寻址形式是 [1，1]，第二个映像寻址地址是 [2，1]，第三个映像寻址方式是 [1，2]，其他映像也照此引用。注意，不是所有的优化数组寻址都可以定义，因为程序执行时，仅有有限个数的映像存在。例如，假设程序有五个映像在执行，那么有效映像寻址是 [1，1]，[2，1]，[1，2] [2，2] 和 [1，3]，特别执行中的其他值不对应现有的映像。

Fortran 包括两个函数 co_lbound 和 co_ubonud，返回最低和最高相互绑定的特定优化数组，除它们返回的是优化数组的大小而不是普通数组的大小外，它们的函数执行结果与 lbound 和 ubound 类似。

有一个内置函数 image_index()可用来判断含有优化数组变量的特定映像的索引，如果优化数组索引与任何现有的映像都不匹配，则该函数返回 0 值，因此，image_index（b，[1，1]）将返回映像索引值 1，image_index（b，[1，3]）将返回映像索引值 5，image_index（b，[2，3]）将返回映像索引值 0，因在指定的执行代码中该映像不存在。

子下标的最大数加上数组多个维数的最大值必须小于或等于 15。

良好的编程习惯

维度总数加上数组的多个维数必须小于或等于 15。

如果某个映像中止在程序结尾或遇到一条 STOP 语句中止，中止的映像中声明的优化数组保持分配到的空间，且可以为所有其他映像继续使用。如果某个映像用 STOP ALL 语句中止，所有映像都将中止，所有优化数组分配的空间全都回收。

17.4 映像间的同步

已经了解了某个映像如何访问其他映像中的数据，也知道仅有 master image（主映像，

image 1）可以读取从标准输入流来的数据，因此，可以创建一个程序来使用 image 1 来读取输入值，并使用这些值初始化所有其他映像的优化数组。之后，每个映像输出自己映像中现存的数据的本地拷贝。图 17-2 是该程序代码。注意，仅有 image 1 提示用户输入一个整型数，然后使用该数值去初始化每个正执行的映像中的优化数组 a，然后，每个映像输出出现在自己本地映像中的数值。

```
PROGRAM initialize_image
IMPLICIT NONE
! 声明变量
INTEGER ::a[*]                          ! Coarray
INTEGER :: i                            ! 循环控制变量
INTEGER :: m                            ! 种子
IF ( this_image() == 1 ) THEN
  ! 用 image 1 获取种子值
  WRITE(*,'(A)') 'Enter an integer:'
  READ(*,*) m
  ! 用种子初始化其他映像
  DO i = 1, num_images()
   a[i] = i*m
  END DO
END IF
! 这里输出来自每个映像的结果
WRITE (*,'(A,I0,A,I0)4') 'The result from image ', &
   this_image(), ' is ', a
END PROGRAM initialize_image
```

图 17-2　这个程序使用 master image 1 初始化所有映像中的优化数组 a，然后各个映像打印输出出现在自己映像中的数据

如果以 8 个映像来编译和执行该程序，结果如下所示：

```
C:\book\fortran\chap17>initialize_image
The result from image 4 is 0
The result from image 2 is 0
The result from image 6 is 0
Enter an integer:
The result from image 3 is 0
The result from image 5 is 0
The result from image 7 is 0
The result from image 8 is 0
4
The result from image 1 is 4
```

这不对！第一个映像应该产生数值 4，第二个映像应该产生 8，第三个应该产生 12 等，哪出错了呢？

问题是每个映像是并行独立运行的，在映像 1 去初始化那些映像中的数组之前，映像 2 到映像 8 已经完成运行。必须做点什么来拖延所有映像的执行，直到初始化工作完成。最简单的方法是用 SYNC ALL 语句来做这件事。程序中的 SYNC ALL 语句产生同步点。如果在某个映像中执行 SYNC ALL 语句，那么那个映像的执行会暂停，直到所有其他映像也运行到 SYNC ALL 语句。当所有其他映像已经到达 SYNC ALL 语句，那么程序执行将继续所有映像中的操作。

SYNC ALL 语句的格式如下

```
SYNC ALL
SYNC ALL( [sync_stat_list] )
```

sync_stat_list 可以包含选项 STAT=和 ERMSG=子句，如果缺省子句，并出现报错，执行的映像将中止。如果子句出现，执行将继续，使得用户可以尝试处理局面。

如果语句成功，STAT=子句返回的值为 0，如果一个或多个映像中止，返回的是常量 STAT_STOPPED_IMAGE（在模块 ISO_FORMTRAN_ENV 中定义），假如出现另外一些错，返回的就是另外一些正数。ERMAG 子句返回的字符串是对错误的描述信息。

假如把 SYNC ALL 语句加到程序中的正好是初始化模块后（见图 17-3），那么直到 image 1 完成初始化，否则其他的映像均暂停运行，image 1 将最后一个到达同步点，它到达同步点后其他的映像将继续执行。

```
PROGRAM initialize_image2
IMPLICIT NONE
! 声明变量
INTEGER ::a[*]                          ! Coarray
INTEGER :: i                            ! 循环控制变量
INTEGER :: m                            ! 种子
IF ( this_image() == 1 ) THEN
  ! 用 image 1 获取种子值
  WRITE(*,'(A)') 'Enter an integer:'
  READ(*,*) m
  ! 用种子初始化其他映像
  DO i = 1, num_images()
   a[i] = i*m
  END DO
END IF
! 在继续前同步所有映像
SYNC ALL
! 这里输出来自每个映像的结果
WRITE (*,'(A,I0,A,I0)4') 'The result from image ', &
   this_image(), ' is ', a
END PROGRAM initialize_image2
```

图 17-3 程序 initialize_image 的修改形式。正好在初始化后，所有映像执行才同步执行，直到初始化完成，否则执行被挂起

如果用 8 个映像编译和执行这个程序，结果如下所示：

```
C:\book\fortran\chap17>initialize_image2
Enter an integer:
4
The result from image 1 is 4
The result from image 4 is 16
The result from image 3 is 12
The result from image 7 is 28
The result from image 8 is 32
The result from image 2 is 8
The result from image 5 is 20
The result from image 6 is 24
```

这次，在映像群继续执行前，优化数组被初始化。

良好的编程习惯

用 SYNC ALL 语句保证在允许映像群继续执行前，程序中的所有映像到达一个公共点。

还有 SYNC IMAGES 命令，这条命令允许程序同步一个映像列表，而不是每个映像。SYNC IMAGES 语句格式如下：

```
SYNC IMAGES(* [, sync_stat_list] )
SYNC IMAGES(int[, sync_stat_list])
SYNC IMAGES(int array[, sync_stat_list])
```

如果第一个参数是*，那么最初的映像指定直到每个映像执行一条 SYNC IMAGES，该映像才停止。如果第一个参数是一个正数，那么直到最初的映像指定的这个映像执行 SYNC IMAGES，该映像才停止。如果第一个参数是一个正数数组，那么直到最初的映像指定的这个数组中的映像都执行了一条 SYNA IMAGES 语句，该映像才停止。STAT=和 ERMSG=子句是语句中的两个选项，它们的意思和 SYNA ALL 相同。

那么当执行 SYNA IMAGES 命令时，直到相应的同步被完成，否则映像发出的命令被冻结。如果不小心，可能会引起程序冻结，永不解冻。例如，验证图 17-4 所示程序，该程序用 3 个映像来编译，image 1 企图同步 image 2 和 3，image 2 企图同步 image 1，image 3 不做任何同步。

```
PROGRAM test_sync_image
! Image 1
IF ( this_image() == 1 ) THEN
  WRITE (*,'(A)') 'Image 1 syncing with images 2 and 3.'
  SYNC IMAGES( [2,3])
  WRITE (*,'(A)') 'Image 1 after the sync point'
END IF
! Image 2
IF ( this_image() == 2 ) THEN
  WRITE (*,'(A)') 'Image 2 syncing with image 1'
  SYNC IMAGES (1)
  WRITE (*,'(A)') 'Image 2 after the sync point'
END IF
! Image 3
IF ( this_image() == 3 ) THEN
  WRITE (*,'(A)') 'Image 3 not syncing with Image 1'
END IF
! All
WRITE (*,'(A,I0,A)') 'Image ', this_image(), ' reached end.'
END PROGRAM test_sync_image
```

图 17-4　程序说明映像间同步时可能出现的问题

当执行该程序时，结果不确定。假如首先执行 image 1，那么 image 1 将挂起，等待 image 2 和 3 同步；Image 2 和 image 1 同步，那么执行到结束，image 3 不用同步，执行到结束；但是，image 1 永远不会结束，因为它被挂起，在等待 image 3 和它同步。这个程序永远挂起了。

```
C:\book\fortran\chap17>test_sync_image
Image 1 syncing with images 2 and 3.
Image 2 syncing with image 1
Image 3 not syncing with Image 1
```

```
Image 3 reached end.
Image 2 after the sync point
Image 2 reached end.
```

另一方面，假如 image 3 在 image 1 尝试和它同步前结束，程序将崩溃，因为我们正尝试同步的 image 在 SYNA IMAGES 命令发出前已经中止。

```
C:\book\fortran\chap17>test_sync_image
Image 2 syncing with image 1
Image 1 syncing with images 2 and 3.
Image 3 not syncing with Image 1
Image 3 reached end.
forrtl: severe (778): One of the images to be synchronized with has terminated.
In coarray image 1
Image               PC                Routine    Line       Source
libicaf.dll         00007FF8DA49719B  Unknown    Unknown    Unknown
test_sync_image.e   00007FF645DF128E  Unknown    Unknown    Unknown
test_sync_image.e   00007FF645E4154E  Unknown    Unknown    Unknown
test_sync_image.e   00007FF645E41D10  Unknown    Unknown    Unknown
KERNEL32.DLL        00007FF8F4C68102  Unknown    Unknown    Unknown
ntdll.dll           00007FF8F503C5B4  Unknown    Unknown    Unknown
application called MPI_Abort(comm=0x84000000, 3) - process 0
```

根据映像执行的时间，这些可能性有两种会发生。这就是另外一个紊乱条件的例子，对于并行程序来说绝对是个烦人的事情。除非程序员非常小心，否则紊乱条件将导致程序的结果是不可重现的。

良好的编程习惯

并行程序中的紊乱条件可能导致出现不可重现的结果，这类代码必须被避免出现。

还有，相互关联的所有映像的同步失败，可能引起程序映像永远挂起。这被称为死锁条件，这是大型并行程序的主要问题。在一个扣一个的简单程序中很容易看到和预见到死锁，但是在大型并行程序中就很难发现所有可能存在的死锁。

良好的编程习惯

如果一个映像对另一个映像调用 SYNA IMAGE，那么另一个映像必须对第一个映像调用 SYNA IMAGE，或第一个映像无限期的挂起等待同步。这被称为死锁。

SYNA IMAGE 函数可以用来强制特殊的映像按特殊次序执行。例如，测试图 17-5 中修改过的程序，黑字体的代码段使得映像 2 与映像 1 同步，映像 3 与映像 2 同步等。映像 1 可以自由地运行，不阻挡映像 1 输出结果，不阻挡映像 3 输出结果等。结果是输出行以连贯的次序给出。

```
PROGRAM initialize_image3
IMPLICIT NONE
! 声明变量
INTEGER ::a[*]                          ! Coarray
INTEGER :: i                            ! 循环控制变量
INTEGER :: m                            ! 种子
IF ( this_image() == 1 ) THEN
  ! 用 image 1 湖区种子值
```

```
  WRITE(*,'(A)') 'Enter an integer:'
  READ(*,*) m
  ! 用种子初始化其他映像
  DO i = 1, num_images()
   a[i] = i*m
  END DO
END IF
! 继续前同步所有映像
SYNC ALL
! 这里按次序输出每个映像的结果
me = this_image()
IF ( me > 1 ) SYNC IMAGES(me - 1)
WRITE (*,'(A,I0,A,I0)') 'The result from image ', &
 this_image(), ' is ', a
IF ( me < NUM_IMAGES() ) SYNC IMAGES(me + 1)
END PROGRAM initialize_image3
```

图 17-5 修改过的初始化程序，它强制输出语句有次序的给出

如果用 8 个映像编译和执行该程序，结果如下所示。

```
C:\book\fortran\chap17>initialize_image3
Enter an integer:
4
The result from image 1 is 4
The result from image 2 is 8
The result from image 3 is 12
The result from image 4 is 16
The result from image 5 is 20
The result from image 6 is 24
The result from image 7 is 28
The result from image 8 is 32
```

输出语句现在是有次序的。

注意，一般不要这样强制映像，如果这样做，绝大多数映像将暂停等到其他映像的执行，这就丧失了并行处理的优势！当映像做计算时，应该让它们尽可能地以最大速度自由的运行，仅在当某个映像的结果依赖于另一个映像的输出时，才需要做同步。

良好的编程习惯

仅当某个映像的计算依赖于另一映像的输出时才做同步处理。这种情况下，同步保证需要从另一个映像来的数据在执行开始前已出现。如果不需要，千万别过度使用同步点，因为它们会阻挡并行执行，拖慢整个程序的执行速度。

另一类同步是 SYNA MEMORY。假如使用了一条 SYNA MEMORY 命令，那么所有映像中的所有执行都会停止，直到全部待办的内存输出已经扩散到所有远程映像那。当执行它们时，CAF 中的所有其他同步语句自动地完成 SYNA MEMORY。

为了理解 SYNA MEMORY，请看如下代码：

```
REAL :: var
...
IF ( this_image() == 1 ) THEN
  var[2] = -6
```

```
  ! At this point, we have started to send a 6 to var in image 2,
  ! but it may not have arrived yet
  SYNC MEMORY
  ! Now we are sure that var[2] has the new value, and we can use it...
  a = 6 * var[2]
END IF
```

IF 块的第一行，把−6 赋值给映像 2 的变量拷贝，这个值在 IF 块的最后一行要使用，但是没用 SYNA MEMORY 语句，所以不能保证 var［2］中数据在使用前被按时修改了。这是紊乱条件的有一个举例。假设 SYNA MEMORY 语句停止映像的执行，直到完成内存的修改，保证当访问它的时候 var［2］中的数据值是−6。

17.5 例题：排序大数据集合

为了说明并行处理的好处，将创建一个大数据集合以排序，且把在某个映像中进行排序所需的时间与并行处理的两个映像中完成排序的时间相比较。排序工作用第 13 章开发的选择排序子例程来完成。注意，这不是一个非常有效的排序方法，但是它适合用来说明并行处理的优点。将排序数据两次，一次用单个映像完成，一次用两个并行的映像完成。使用第 16 章开发 timer_class 对象来测定按序进行排序操作的时间和并行操作排序的时间。

例题 17–1 用并行处理进行排序

编写一个程序，实现大型的实数集合升序排序，比较用单个映像完成排序和用两个映像并行完成排序所用的时间。

解决方案

要完成该计算，将创建一个主映像和第二个工作型映像。主映像将提示用户待排序数据的样本个数，数据样本是用内置子例程 random_number 随机创建并放入数组，然后并行解决问题，即传送一半的数据给某个映像，另一半传给另一个映像。每个工作型映像将用 sort 子例程排序自己那一半的数据，然后等待另一个工作型映像完成工作。当它们已经完成，主映像将允许一个合并子例程来把两个排好序的数组合并到一个待输出的数组中。然后 image 1 显示排序数组中最前几个样本和最后几个样本数据值，并显示计算所需时间。

下一步，同样的排序和合并仅用 image 1 完成。然后 image 1 将显示排序数组中最前几个样本和最后几个数据，并显示计算所需时间。显示的输出数据应该是一样的，但是计算所需时间应该不同。

1. 说明问题

用两个并行的映像，和用单个的映像，完成数组中实际数据的升序排序，比较使用那两个方法完成排序所需的时间。

2. 定义输入和输出

输入到程序是要排序的样本的个数，来自程序的输出是排好序的最前几个样本和最后几个样本数据值，以及执行每个排序算法所需的时间。

3. 描述算法

方法是：

（a）创建含有随机样本的数组，以备排序。

（b）启动计时器 timer 的运行。

（c）传送一半的样本给映像 1，另一半样本给映像 2，并且排序每个数据集合。

（d）当数据排好序，用合并子例程完成合并输出。

（e）从计时器对象上获得经历的时间，显示最前几个和最后几个数据值，以及排序时间。

（f）重置计时器。

（g）image 1 排序一半的原始数据，然后 image 1 排序另一半的数据。

（h）当数据排好序，用合并子例程合并的输出结果。

（i）从计时器对象上获得经历的时间，显示最前几个和最后几个数据值，以及排序时间。

4. 转换算法为 Fortran 语句

用多个映像测试排序的程序如图 17-6 所示。

```
PROGRAM test_sort
!
! 这个模块测试并行映像的排序
!
! 修订版本:
!   日期        程序员          修订说明
!   ====        ==========      =====================
!   05/06/16    S. J. Chapman   源代码
!
USE merge_module                                    ! 合并
USE timer_class                                     ! Timer 计时器类
IMPLICIT NONE
! 参数
INTEGER,PARAMETER :: N_SAMPLES = 100000
! 声明变量
REAL,DIMENSION(N_SAMPLES) :: a                      ! 输入要排序的数据值
REAL,DIMENSION(N_SAMPLES/2) :: b[*]                 ! 并行排序的优化数组
REAL,DIMENSION(N_SAMPLES/2) :: b1                   ! 顺序排序数组
REAL,DIMENSION(N_SAMPLES/2) :: b2                   ! 顺序排序数组
REAL :: elapsed_time                                ! 经历的时间(s)
INTEGER :: i                                        ! 循环控制变量
INTEGER :: m                                        ! 排序数据个数
REAL,DIMENSION(N_SAMPLES) :: out                    ! 排好序要输出的结果
TYPE(timer) :: t                                    ! Timer 对象
!*************************************************
!*************************************************
! 这里用两个映像排序数据
!*************************************************
!*************************************************
!*************************************************
! 用 Image 1 创建输入数组
!*************************************************
IF ( this_image() == 1 ) THEN
  ! 给排序数据分配空间
  CALL random_number(a)
  ! 启动计时器 timer
  CALL t%start_timer()
  ! 拷贝数据到每个映像的工作数组
  b[1] = a(1:N_SAMPLES/2)
  b[2] = a(N_SAMPLES/2+1:N_SAMPLES)
END IF
!*************************************************
```

```
! 在创建输入数据期间,同步所有映像
!*************************************************
SYNC ALL
!*************************************************
! 这里所有映像并行运行
! 每个映像中进行数据排序
!*************************************************
CALL sort( b, N_SAMPLES/2 )
!*************************************************
! 等待,直到所有映像完成运行
!*************************************************
SYNC ALL
!*************************************************
! 这里用 Image 1 合并数据到公用输出数组,并显示结果
!*************************************************
IF ( this_image() == 1 ) THEN
  ! 合并数据
  CALL merge ( b[1], N_SAMPLES/2, b[2], N_SAMPLES/2, out, N_SAMPLES )
  ! 停止计时器 timer
  elapsed_time = t%elapsed_time()
  ! 显示经历的时间
  WRITE (*,'(A,F8.3,A)') &
   'Parallel sort elapsed time =', elapsed_time, ' s'
  ! 显示最前面 5 个样本值
  WRITE (*,'(A)') 'First 5 samples:'
  DO i = 1, 5
   WRITE (*,'(F10.6)') out(i)
  END DO
  ! 显示最后面 5 个样本值
  WRITE (*,'(A)') 'Last 5 samples:'
  DO i = N_SAMPLES-4, N_SAMPLES
   WRITE (*,'(F10.6)') out(i)
  END DO
ELSE
  ! 停止其他 images--它们不在需要被使用
  STOP
END IF
!*************************************************
!*************************************************
! 这里用单个映像排序数据
!*************************************************
!*************************************************
IF ( this_image() == 1 ) THEN
  ! 启动计时器 timer
  CALL t%start_timer()
  ! 赋值数据到工作数组
  b1 = a(1:N_SAMPLES/2)
  b2 = a(N_SAMPLES/2+1:N_SAMPLES)
  !单个映像排序数据
  CALL sort( b1, N_SAMPLES/2 )
  CALL sort( b2, N_SAMPLES/2 )
  ! 合并数据
  CALL merge ( b1, N_SAMPLES/2, b2, N_SAMPLES/2, out, N_SAMPLES )
  ! 停止计时器 timer
```

```
    elapsed_time = t%elapsed_time()
    ! 显示经历的时间
    WRITE (*,'(/A,F8.3,A)') &
     'Sequential sort elapsed time =', elapsed_time, ' s'
    ! 显示最前面 5 个样本值
    WRITE (*,'(A)') 'First 5 samples:'
    DO i = 1, 5
     WRITE (*,'(F10.6)') out(i)
    END DO
    ! 显示最后面 5 个样本值
    WRITE (*,'(A)') 'Last 5 samples:'
    DO i = N_SAMPLES-4, N_SAMPLES
     WRITE (*,'(F10.6)') out(i)
    END DO
  END IF
  END PROGRAM test_sort
```

图 17-6 test_sort 程序

合并两个数据集合的子例程放在模块中，以便它有显式的接口。这个子例程如图 17-7 所示。

```
MODULE merge_module
!
! 这个模块实现合并子例程
!
IMPLICIT NONE
! 这里添加方法
CONTAINS
SUBROUTINE merge(b1, size1, b2, size2, out, size_out)
!
!以增序的次序合并两个排好序的数组到一起的子例程
!
! 修订版本:
!   日期          程序员           修订说明
!   ====          ==========       =====================
!   05/06/16      S. J. Chapman    源代码
!
IMPLICIT NONE
! 声明调用参数
INTEGER :: size1                         ! 数组 b1 的大小
REAL,DIMENSION(size1) :: b1              ! 输入数组 b1
INTEGER :: size2                         ! 数组 b2 的大小
REAL,DIMENSION(size1) :: b2              ! 输入数组 b1
INTEGER :: size_out                      ! 输出数组 out 的大小
REAL,DIMENSION(size_out) :: out          ! 输出数组 b1
! 声明局部变量
INTEGER :: i1                            ! 指向 b1 的指针
INTEGER :: i2                            ! 指向 b2 的指针
INTEGER :: iout                          ! 指向 out 的指针
! 初始化指针
i1  = 1
i2  = 1
iout = 1
```

```
! 这里做合并,一步一步把两个输入数组的数据合并到输出数组
DO
  IF ( iout > size_out ) THEN
   ! 所有完成,结束
   EXIT
  ELSE IF ( i1 > size1 ) THEN
   ! 如果b1完成,用b2
   out(iout) = b2(i2)
   iout = iout + 1
   i2  = i2 + 1
  ELSE IF ( i2 > size2 ) THEN
   ! 如果b2完成,使用b1
   out(iout) = b2(i1)
   iout = iout + 1
   i1  = i1 + 1
  ELSE IF ( b1(i1) <= b2(i2) ) THEN
   ! 如果 b1 更小,就用它
   out(iout) = b1(i1)
   iout = iout + 1
   i1  = i1 + 1
  ELSE IF ( b1(i1) > b2(i2) ) THEN
   ! 如果 b2 更小,就用它
   out(iout) = b2(i2)
   iout = iout + 1
   i2  = i2 + 1
  END IF
END DO
END SUBROUTINE merge
END MODULE merge_module
```

图 17-7 合并子例程，它把两个排好序的数据合并到单个输出数组中

当执行程序时，结果如下所示：

```
C:\book\fortran\chap17>test_sort
Parallel sort elapsed time =  1.232 s
First 5 samples:
 0.000000
 0.000007
 0.000010
 0.000021
 0.000029
Last 5 samples:
 0.999927
 0.999945
 0.999979
 0.999983
 0.999998
Sequential sort elapsed time =  2.467 s
First 5 samples:
 0.000000
 0.000007
 0.000010
 0.000021
 0.000029
```

```
Last 5 samples:
 0.999927
 0.999945
 0.999979
 0.999983
 0.999998
```

并行映像中排序的数据和单个映像中排序的数据排序结果完全相同的，但是当两个映像同时工作时，它的工作效率是两倍。

在章节末尾的某些问题中，将要求推广这个排序来支持任意数量的数据排序，并支持更多的映像并行运行。

17.6 动态优化数组和派生数据类型

优化数组可以是可动态的，也可以是静态的。为了声明动态优化数组，简单添加 CODIMENSION 属性到类似的声明语句（或添加 [ ] 语法来声明，这是同样的东西)。例如，下列两条语句每个声明一个 2D 动态实数数组 arr，这也是优化数组：

```
REAL,ALLOCATABLE,DIMENSION(:,:),CODIMENSION[:] :: var
REAL,ALLOCATABLE :: var(:,:)[:]
```

注意，类型声明语句的数组和优化数组中的所有维数必须用（:）声明。这个变量非常像任何其他变量一样在映像中用 ALLOCATE 语句来分配。

```
ALLOCATE( var(10,20)[*], STAT=istat )
```

如果某个映像中分配了数组，它必须立即在所有的其他映像中按照第一个映像一样地也分配同样大小的数组，所有的分配必须在代码执行前完成，因为任何某个映像可能尝试访问任何其他某个映像中的数据，因此，习惯上，放置 SYNC ALL 语句在分配语句后，以保证所有映像在继续前行前完成空间分配。

```
ALLOCATE( var(10,20)[*], STAT=istat )
SYNC ALL
```

就如普通可动态数组一样，动态的优化数组必须用 DEFALLOCATE 语句回收。

```
DEALLOCATE( var, STAT=istat )
SYNC ALL
```

动态的优化数组必须有 SAVE 属性，在程序或模块中声明的动态数组自动地有隐含的 SAVE 属性，在子例程或函数中声明的动态数组必须有显式的 SAVE 属性，该 SAVE 属性包含在声明语句中。

动态的数组允许程序动态地调整大小，以支持不同大小的数据集，在本章末尾的问题中，将要求修改例题 17-1，以实现用任何大小的数据集进行工作。

良好的编程习惯

当它们是动态的，动态数组可以用作优化数组，它们必须在所有的映像中同时分配空间。

派生的数据类型也可以是优化数组，它们可以当作标量、静态的数组或动态的数组来声明，派生的数据类型也可以含有指针元素，就像动态数组，在每个映像中所有动态派生的数据类型必须在进一步执行前已经声明。例如，下列代码声明一个派生类 my_type，然后为每个映像分配那个数据类型的数组。正如前面看到的，所有映像必须在执行继续前做好同步。

```
TYPE :: my_type
  REAL :: a
  REAL,POINTER,DIMENSION(:) :: b
  LOGICAL :: valid = .FALSE.
END TYPE my_type
TYPE(my_type),ALLOCATABLE,DIMENSION(:),CODIMENSION[:] :: arr
ALLOCATE( arr(10)[*], STAT=istat )
DO i = 1, num_images()
  ALLOCATE (arr(i)%b(100), STAT=istat)
  arr(i)%b = this_image()
END DO
SYNC ALL
```

指向自己的指针不能是优化数组，但是指针可以存在派生的数据类一边，这里的数据类型本身可以是优化数组。

良好的编程习惯

指针不能被用作为优化数组，但是指针可以存在是优化数组的派生的数据类型一边。

17.7 优化数组传给过程

优化数组可以传给子例程或函数，只要过程有显式接口。如果某个参数用优化数组语法声明，那么过程可以访问本地拷贝和其他映像中的拷贝。如果参数没有用优化数组语法声明，那么过程仅能访问数据本地的拷贝。例如，下面的模块声明了两个子例程 sub1 和 sub2。

```
MODULE test_module
CONTAINS
SUBROUTINE sub1(b)
REAL,DIMENSION(:),CODIMENSION(*) :: b
...
...
...
END SUBROUTINE sub1
SUBROUTINE sub2(b)
REAL,DIMENSION(:) :: b
...
...
...
END SUBROUTINE sub2
END MODULE test_module
```

主程序按如下方法调用这些子例程：

```
PROGRAM test
USE test_module
...
...
CALL SUBROUTINE sub1(b)
```

```
CALL SUBROUTINE sub2(b)
...
...
END PROGRAM test
```

子例程 sub1 可以使用数组 b 的本地和远程拷贝，但是子例程 sub2 仅能使用数组 b 的本地拷贝。

良好的编程习惯

如果参数用优化数组语法来声明，且过程有显式的接口，那么过程可以使用优化数组的本地拷贝和远程拷贝。

17.8 临界区

临界区是并行编程的另一个特性。有时候某个映像中的计算需要依赖一组输入值。如果这些输入值在计算期间有要被另一个映像修改，不一致的输入数据将导致产生无效的结果。例如，假设并行程序用如下表达式计算入射光线的角度。

```
angle=ATAN2D(y, x)
```

这里 x 是光线的水平长度，y 是光线的垂直高度。如果 x 和 y 的值可以被另一个映像修改，那么这两个参数有可能在计算期间被修改，导致计算出来的角度值是无效的。像这样的情况，用户可以将计算放入临界区。临界区是一块代码，这块代码一次仅能被一个映像操作。如果多个映像要修改这段代码，那么它们必须排队，等待轮流使用。当第一个映像完成对临界区的操作，第二个映像才可以开启执行这段代码，如此下去。

临界区的格式如下：

```
CRITICAL
  angle = ATAN2D(y,x)
END CRITICAL
```

在 CRITICAL 和 END CRITICAL 语句中的所有代码一次仅能被一个映像访问。

良好的编程习惯

使用临界区保护代码和数据，使它们一次仅能被一个映像访问。

17.9 并行程序中的极大危险

并行编程有许多普通的顺序编程没有的问题，这些问题必须被开发者重视。通常，并行程序比顺序程序更快，因为工作时分别在不同的核上运行的。但是，程序执行出来的结果却不好确定，在给定的执行中执行结果与哪个映像先完成有关。另外，并行程序可能会死锁，即一个映像永久等待与另一个映像同步（可参见 17.4 中的例题）。这些问题常常是不再现的，即在某一执行中会发生，可在另一次执行中又可能不发生，这取决于发生事情的次序。

例如，请看如下的简单程序。

```
PROGRAM test_race
INTEGER,CODIMENSION[*] :: i_sum = 0
i_sum[1] = i_sum[1] + this_image()
WRITE (*,'(A,I0,A,I0)') 'Image ', this_image(), &
      ' finishing: i_sum = ', i_sum[1]
END PROGRAM test_race
```

这个程序看上去是要在 i_sum [1] 中添加一个映像的编号值。如果映像总是井然有序的执行着，可以期待映像执行后的结果值是 1，映像 2 执行后的结果是 3，映像 3 执行后的结果是 6。事实是，结果每次差异很大：

```
C:\book\fortran\chap17\test_race>test_race
Image 1 finishing: i_sum = 1
Image 2 finishing: i_sum = 3
Image 3 finishing: i_sum = 4
C:\book\fortran\chap17\test_race>test_race
Image 1 finishing: i_sum = 1
Image 3 finishing: i_sum = 3
Image 2 finishing: i_sum = 3
C:\book\fortran\chap17\test_race>test_race
Image 1 finishing: i_sum = 1
Image 2 finishing: i_sum = 4
Image 3 finishing: i_sum = 4
C:\book\fortran\chap17\test_race>test_race
Image 1 finishing: i_sum = 3
Image 3 finishing: i_sum = 3
Image 2 finishing: i_sum = 5
```

注意，每次映像不是按用于的次序执行，甚至是按同样的次序执行，答案也不相同！这是为什么呢？

这是困扰并行编程的竞争条件的经典例子。语句“i_sum[1] = i_sum[1] + this_image()”是问题的主要原因。每个映像从映像 1 中读取 i_sum，再加上自己的映像编号值，回存到 i_sum [1]，但是，多个映像是并行运行的，第二次映像在第一个映像完成对 i_sum 修改之前读取 i_sum [1] 的值，结果，两个映像都是以 i_sum [1] 的同一值开始执行，加上它们不同的映像编号。最后那个映像完成计算，并保存变动的值和打印计算结果。例如，有时候看到的结果是 [1，3，3]。这是这样发生的，如果第一个映像执行并保存结果到 i_sum [1]，然后第二个和第三个映像读取这个值，加上它们自己的映像编号到 i_sum [1]，若第二个映像最后完成变量的修改，结果就会是 [1，3，3]，若第三个映像最后完成变量的修改，结果就会是 [1，4，4]。

显然，对程序来说没有理想的方法解决该问题，那么我们如何保证结果是可重新的呢？一种可能是把求解语句放入临界区块，以便一次仅有一个映像可以访问这段代码。

```
PROGRAM test_race2
INTEGER,CODIMENSION[*] :: i_sum = 0
CRITICAL
  i_sum[1] = i_sum[1] + this_image()
END CRITICAL
WRITE (*,'(A,I0,A,I0)') 'Image ', this_image(), &
      ' finishing: i_sum = ', i_sum[1]
END PROGRAM test_race2
```

当执行该程序时，结果会比较好一点：

```
C:\book\fortran\chap17\test_race>test_race2
Image 1 finishing:, i_sum = 1
Image 2 finishing:, i_sum = 3
Image 3 finishing:, i_sum = 6
C:\book\fortran\chap17\test_race>test_race2
Image 1 finishing:, i_sum = 1
Image 2 finishing:, i_sum = 3
Image 3 finishing:, i_sum = 6
C:\book\fortran\chap17\test_race>test_race2
Image 1 finishing:, i_sum = 4
Image 3 finishing:, i_sum = 4
Image 2 finishing:, i_sum = 6
C:\book\fortran\chap17\test_race>test_race2
Image 1 finishing:, i_sum = 1
Image 3 finishing:, i_sum = 4
Image 2 finishing:, i_sum = 6
```

一次只能一个映像访问临界区，所有总是映像编号和为 6（1+2+3），但是 WRITE 语句输出的数字却是变化，因为在每个映像输出时 i_sum［1］的值是不同的。

那么就需要进一步把 WRITE 语句也放入临界区，现在事情看上去就更好了：

```
PROGRAM test_race3
INTEGER,CODIMENSION[*] :: i_sum = 0
CRITICAL
  i_sum[1] = i_sum[1] + this_image()
  WRITE (*,'(A,I0,A,I0)') 'Image ', this_image(), &
         ' finishing: i_sum = ', i_sum[1]
END CRITICAL
END PROGRAM test_race3
```

这时结果仅依赖于映像执行临界区的次序：

```
C:\book\fortran\chap17\test_race>test_race3
Image 1 finishing:, i_sum = 1
Image 3 finishing:, i_sum = 4
Image 2 finishing:, i_sum = 6
C:\book\fortran\chap17\test_race>test_race3
Image 1 finishing:, i_sum = 1
Image 3 finishing:, i_sum = 4
Image 2 finishing:, i_sum = 6
C:\book\fortran\chap17\test_race>test_race3
Image 1 finishing:, i_sum = 1
Image 2 finishing:, i_sum = 3
Image 3 finishing:, i_sum = 6
```

如果在进一步限制映像的执行次序，结果将成为确定值。

```
PROGRAM test_race4
INTEGER,CODIMENSION[*] :: i_sum = 0
INTEGER :: me
me = this_image()
IF ( me > 1 ) SYNC IMAGES(me - 1)
i_sum[1] = i_sum[1] + this_image()
WRITE (*,'(A,I0,A,I0)') 'Image ', this_image(), &
       ' finishing: i_sum = ', i_sum[1]
IF ( me < NUM_IMAGES() ) SYNC IMAGES(me + 1)
```

```
END PROGRAM test_race4
```

当执行该程序时，结果又好了一点：

```
C:\book\fortran\chap17\test_race>test_race4
Image 1 finishing: i_sum = 1
Image 2 finishing: i_sum = 3
Image 3 finishing: i_sum = 6
C:\book\fortran\chap17\test_race>test_race4
Image 1 finishing: i_sum = 1
Image 2 finishing: i_sum = 3
Image 3 finishing: i_sum = 6
C:\book\fortran\chap17\test_race>test_race4
Image 1 finishing: i_sum = 1
Image 2 finishing: i_sum = 3
Image 3 finishing: i_sum = 6
```

这种情况下，结果是固定的，但是也丧失了并行处理的优势，因为我们实际强制映像是顺序执行的。

在并行代码中，避免紊乱条件和死锁是非常难的，与打算实现的算法有很大关系。在设计的时候要小心，在复杂地处理一个与紊乱条件或死锁有关的任何问题时，要努力简化相关条件；在处理的时候非常有用的办法是，小心谨慎编写语句，以保证可以在每个映像执行中在每个点的特定变量内容被显示出来。

学习编写好的并行程序是一项挑战，它要求进行本书没有教的额外的技巧的训练。如果希望在并行编程领域做更多的工作，请学习更多并行编程领域的相关知识。

测验 17-1

本测验可以快速检查你是否已经理解了 17.1 节 ~ 17.9 节中介绍的概念。如果对本测验存在问题，重新阅读本节，向指导教师请教，或者与同学讨论。本测验的答案在本书后面可以找到。

1. 怎样创建一个支持多个映像的 Fortran 程序？
2. SPDM 模式什么？
3. 在优化数组的 Fortran 程序中，怎样保证一个映像与另一个映像区分开来？怎样知道哪个映像的代码正在执行？
4. 优化数组是什么？
5. 怎样实现优化数组 Fortran 中的映像彼此之间进行通信？
6. 紊乱条件是什么？怎样在程序中极小化紊乱条件的发生？
7. 临界区是什么？
8. 下列程序含有 4 个映像，该设计用于完成 sin0，，sin π和的计算。它能正常工作吗？如果它能工作，需要多少个映像才能打印出期望的结果？

```
PROGRAM test
REAL,PARAMETER :: PI = 3.141593
REAL :: in_val[*]
REAL :: sin_val[*]
INTEGER :: i
IF ( this_image() == 1 ) THEN
  DO i = 1, num_images()-1
```

```
      in_val[i+1] = i * PI/2
    SYNC MEMORY
    IF ( i > 0 ) SYNC IMAGES([i+1])
  END DO
ELSE
  SYNC IMAGES([1])
END IF
sin_val = SIN(in_val)
IF ( this_image() > 1 ) THEN
   WRITE (*,'(A,F9.5,A,F9.5)') 'sin(', in_val, ') = ', sin_val

END IF
END PROGRAM test
```

17.10 小结

优化数组 Fortran 是对 Fortran 的扩展，以完成并行处理。用单个程序多个数据流（SPMD）模式直接扩展 Fortran，这一设计尽可能地极小化的改变了标准 Fortran。在优化数组 Fortran 中，每个可能的并行程序被称为一个映像，每个映像是唯一的。但是，通过 this_image()函数来把每个映像区别开来，不同的映像可以完成不同的功能。

映像间彼此的通信通过同步命令实现，它们通过优化数组共享数据。优化数组是在每个映像中唯一声明的标量或数组，但是一条特殊的语法允许所有映像访问任何其他映像中的内存拷贝。

用 SYNC ALL、SYNC IMAGES、NOTIFY 或 QUERY 语句，程序中的映像被强制做到彼此的同步。如果映像执行 SYNC ALL 命令，那么那个映像被冻结，它将保持冻结，直到所有其他映像也执行 SYNC ALL 命令。这样做可以保证所有的映像在它们执行前获得需要的信息。SYNC IMAGES 函数允许特定的映像被同步，而不是与全部的映像同步。NOTIFY 或 QUERY 语完成的功能与 SYNC IMAGES 相同，但是更灵活。特定的映像可以无需冻结而同步，直到同步完成。

并行处理相比于普通编程更难，因为紊乱条件和死锁。紊乱条件会出现在变量的值与映像运行的次序有关的场合。死锁会出现在一个映像尝试与另一个映像同步、而另一个映像不响应的场合，这会引起特定的映像被永久冻结。需要非常小心编程，以避免紊乱条件和死锁问题出现。

17.10.1 良好的编程习惯小结

本章中介绍的如下原则有助于编写好的程序：

（1）在优化数组 Fortran 程序中，使用 master image（映像 1）协同和控制各种 worker image 的函数。

（2）仅有 master image 可以从标准的输入设备上读取数据，假如数据是需要对 worker image 有效可用，master image 必须将数据复制给 worker image。

（3）记得在优化数组程序中用 STOP ALL 语句强制所有的映像中止运行。

（4）优化数组语法允许程序中存储在正在执行的不同映像间的数据很容易通信。

（5）维度总数加上数组的多个维数必须小于或等于 15。

（6）用 SYNC ALL 语句保证在允许映像群继续执行前，程序中的所有映像到达一个公共点。

（7）当某个映像的计算依赖于另一个映像的输入时，才使用同步点。这种情况，同步保证需要的来自另一个映像的数据出现在执行启动之前。如果不需要，千万别使用额外的同步点，因为它们可能阻碍并行的执行，并减慢整个程序的执行速度。

（8）动态数组可以用作为优化数组。当它们是动态的，它们必须同时在所有的映像中分配。

（9）指针不可以用作为优化数组，但是指针可以存在于优化数组派生的数据类型那边。

（10）如果用优化数组语法声明某个参数，且过程有显式的接口，则过程可以使用本地和远程的优化数组拷贝。

（11）使用 NOTIFY 和 QUERY 可以为并行程序中的映像之间提供更灵活的同步。

（12）用临界区保护代码和数据块，使它们一次仅被一个映像访问。

17.10.2 Fortran 语句和结构小结

CODIMENSION 属性：

```
TYPE, CODIMENSION[*]::type_name
```

举例：

```
REAL, CODIMENSION[*]::value
REAL, DIMENSION(4,4), CODIMENSION[2,*]::array
INTEGER :: i(2,2)[*]
```

说明：

CODIMENSION 属性声明变量或数组为多个映像共享，语法可以是 CODIMENSION 属性形式或在变量声明之后加上方括号。

CO_LBOUND 函数：

```
co_lbound(coarray)
```

举例：

```
co_lbound(coarray)
```

说明：

CO_LBOUND 函数返回优化数组中各个维数值的最低位值。

CO_UBOUND 函数：

```
co_ubound(coarray)
```

举例：

```
co_ubound(coarray)
```

说明：

CO_UBOUND 函数返回优化数组中各个维数值的最高位值。

CRITICAL 区：

```
CRITICAL
….
END CRITICAL
```

举例：

```
CRITICAL
  ival[2]=ival[1]+ival[2]
END CRITICAL
```

说明：

CRITICAL 区使其内部的代码一次只能被一个映像访问，如果多个映像尝试执行这段代码，所有其他的映像必须等待，直到当前执行临界区代码的映像离开临界区。

NUM_IMAGES 函数：

```
num_images()
```

举例：

```
num_images()
```

说明：

这个函数返回程序映像的总个数值。

SYNC ALL 语句：

```
SYNC ALL
```

举例：

```
SYNC ALL
```

说明：

SYNC ALL 语句引起执行该语句的映像暂停、等待，直到程序中的每个映像已经同步。在那点，所有映像又再次开始执行。

SYNC IMAGES 语句：

```
SYNC IMAGES( )
```

举例：

```
SYNC IMAGES( * )
SYNC IMAGES( 1 )
SYNC IMAGES( [2,3,4])
```

说明：

SYNC IMAGES 语句引起调用的映像暂停，直到列表中指定的映像用原始的调用者当作参数调用 SYNC IMAGES。在那点，所有映像再次继续执行。如果参数是“*”，那么调用的映像等待的是所有其他的映像。如果参数是指定映像的列表，那么调用的映像等待的是列表中列出的全部映像。

SYNC MEMORY 语句:

```
SYNC MEMORY
```

举例:

```
SYNC MEMORY
```

说明:

SYNC MEMORY 语句引起所有映像暂停，直到所有挂起的内存写入操作已经完成。在那点，任何未被阻止的映像继续执行剩余的代码。

THIS_IMAGE 函数:

```
this_image()
```

举例:

```
this_image()
```

说明:

这个函数返回当前映像个数。

17.10.3 习题

17-1 修改例题 17-1 中的排序程序，以便它可以工作于任意多个映像，然后重复调用合并子例程完成最终的排序操作。

17-2 修改例题 17-1 的排序程序，以便它可以工作于任意多个映像，提示用户待排序数据的样本个数，然后使用动态数组创建完成排序所需大小的数组

17-3 修改例题 17-1 的排序程序，以便它使用映像 1 作为主映像，映像 2–n 为工作型映像。排序数据用映像 1 来创建，最后合并也用映像完成。工作型映像 2–n 则做数据子集中的数据排序。

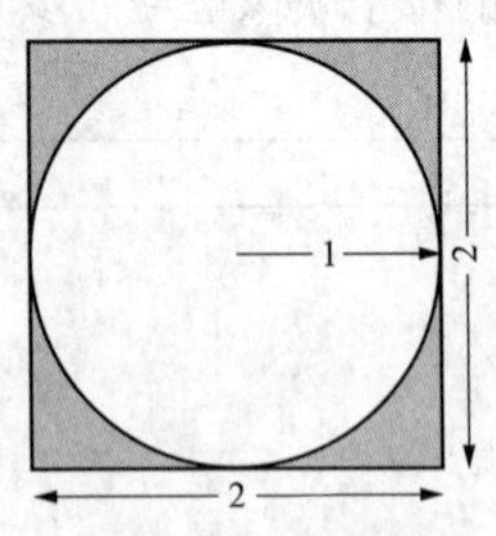

图 17-8 半径为 1 的圆与边长为 2 的正方形临接

17-4 计算π图 17-8 显示了一个正方形，它的边长是 2，封闭了一个半径为 1 的圆。正方形的面积是:

$$A=l^2 \tag{17-1}$$

这里 i 是正方形的边长，封闭的圆的面积计算公式是:

$$A=\pi r^2 \tag{17-2}$$

这里 r 是圆的半径。这种情况下，这里的边 l=2 和半径 r=1，正方形面积是 4，圆的面积是π。因此，圆的面积和正方形的面积比例为π/4。

这种关系提供了计算π的有趣方法。假设在给定的$-1\leqslant x\leqslant 1$ 和 $-1\leqslant y\leqslant 1$ 范围内随机产生两个随机数，那么每个可能的点将落入正方形面积内（或精确地在边界上）。假设点也满足约束条件:

$$\sqrt{x^2+y^2}<r \tag{17-3}$$

那么它们将落入圆的面积内，这就得出了估算π值的方法。

（a）初始化变量，计算落入正方形的点的个数（N_{sq}），以及落入圆的面积中的点的个数

（N_{cir}）。

（b）从均匀分布在$-1 \leqslant x \leqslant 1$和$-1 \leqslant y \leqslant 1$范围内的数据中，随机选择$x$和$y$，这点将落在正方形内，于是数字$N_{sq}$加1。

（c）如果$\sqrt{x^2+y^2}<1$，这点也落在圆内，于是数字N_{cir}加1，否则保持这个值不变。

（d）经过很多例子就，

$$\frac{N_{cir}}{N_{sq}} \approx \frac{\pi}{4} \tag{17-4}$$

或者

$$\pi \approx 4\frac{N_{cir}}{N_{sq}} \tag{17-5}$$

测试时用的样本越多，计算出来的大概值就越与π的值相近。

创建程序，含有子例程，它返回$-1 \leqslant x \leqslant 1$范围内均匀分布的随机值，然后用随机值子例程编写并行处理程序，通过进行数百万次试验来估计π值。每次计算中用8个并行映像，确定计算结果精确到小数点的8位数，保证输出完成计算所需的时间值。

17-5　用1、2、4和8个映像并行运行完成习题17-4的计算，执行计算的时间是如何随映像个数不同而变化的？

17-6　在习题17-5的计算中，必须分时段，增加落在正方形和圆中的数据样本数。如果优化数组含有这两个在不同时间要被读取的值，那么数据可能会有错，某个值可能已经被加1，其他的值可能还没有改变。当它们被修改、而另一个映像要读取这个数据和时，用临界区来保护它们。

执行修改的程序，它们跟以前比，可能快点，也可能慢点，那么是多少呢？

17-7　你能想出另一个同步映像的方法，保证在数据和产生时不发生数据访问吗？生产的代码运行的时间有多快呢？

第 18 章

冗余、废弃以及已被删除的 Fortran 特性

本章学习目标：

- 当遇到时，能够查询和理解那些冗余、废弃以及已被删除的 Fortran 特性。
- 理解不应该在任何新程序中使用这些特性。

在 Fortran 语言中，有些零碎的东西跟我们在前述章节中讨论的内容在逻辑上不符。下面将介绍这些各色各样的特性。

本章中介绍的许多特性来自于早期的 Fortran 语言。它们曾经是 Fortran 的重要组成部分，但它们中的大多数已经不适用于优秀的结构化编程方法，或者已被废弃，并由更好的方法取代。正因如此，在编写新程序时，都不应当使用这些特性。但是，你有可能在被要求去维护或者修改已有程序时，会遇到它们。因此，仍然需要对它们有所了解。

在 Fortran 2008 中，这些特性中的许多被宣布为废弃的，或者已删除。被废除的特性是指那些已经被声明为不再需要，以及那些已经由新的更好方法代替的特性。尽管所有的编译器仍然支持那些被废除的特性，但是不应该在任何新的代码中再使用它们。随着使用的减少，在 Fortran 的后续版本中，将逐步地删除那些被废弃的特性。已被删除的特性是指那些已从正版 Fortran 语言正式删除的特性。也许为了向后兼容的原因，你的 Fortran 编译器可能还支持这些特性，但是并不能保证所有的编译器都支持它们。

由于本章中介绍的特性通常来说都是不需要的，所以没有例题和测验。本章内容可以作为一个参考来帮助你理解（可能的话，去替代）在现有程序中碰到的比较旧的那些特性。

18.1 Fortran 90 前的字符限制

在 Fortran 90 之前的 Fortran 版本中，正式发布的用来命名变量的 FORTRAN 字符集仅包括大写字母 A～Z 和数字 0～9。标准中并没有定义小写字母，但如果得到特定的编译器支持，它们和对应的大写字母不作区分。另外，变量名中不允许出现下划线。

Fortran 中，所有的名称（过程名、变量名等）都严格受到最大 6 个字符长度的限制。也正是由于这个限制，你可能会在一些比较老的程序中遇到奇怪和难以理解的名称。

18.2 已被废除的源码格式

就像在第一章曾经提到的那样，Fortran 是首先开发出来的计算机编程语言之一。它起源于没有显示器和键盘的时代，当时打孔卡片是计算机的主要输入方式。每一张打孔卡片都只有固定的 80 列宽度，每一列只能表示一个字符、一位数字或一个符号。Fortran 早期版本的语句结构反映了这种每行 80 个字符的固定长度限制。与之相对照，Fortran90 以及其后的版本是在已有显示器和键盘的时代发展起来的，因此允许自由输入任何长度的语句。为了向后兼容的需要，Fortran90 及以后的版本仍然支持 Fortran 早期老式版本的固定格式。

固定源码格式的 Fortran 语句仍然反映了计算机打孔卡片的结构。每张卡片都是 80 列。图 18-1 展示了在一条固定源码格式的 Fortran 语句中这 80 列的作用。

第 1-5 列是为语句标号保留的。语句标号可以写在第 1 列到第 5 列的任何位置，前面几列或者后面几列空白都可以。例如，标号 100 可以写在 1 到 3 列的位置，也可以是 2 到 4 列，或者 3 到 5 列，但它们都是同一个标号。

在第 1 列出现字母 C 或者星号（*），意味着这条语句是一句注释。Fortran 编译器忽略所有以这样字符开头的语句。

第 6 列通常是空白。如果这一列是任意字符而不是空白或者零时，那么这行语句被认为是前一行语句的继续。

第 7～72 列包含了需要编译器理解的 Fortran 指令。指令可以放置在这一区域的任何位置。通常程序员利用了这种自由来缩进某些指令（循环或者分支），使得代码较易读懂。

第 73～80 列有时被称为卡片标识域，它们完全被编译器忽略，有时被程序员用来实现某一要求。在用成叠的打孔卡片来保存程序的时代，这些域被用来对卡片连续编号。如果某人不小心碰掉了某套已编号的卡片，可以按照卡片上的顺序把它们重新排好序。现在，这些列通常都是空白。

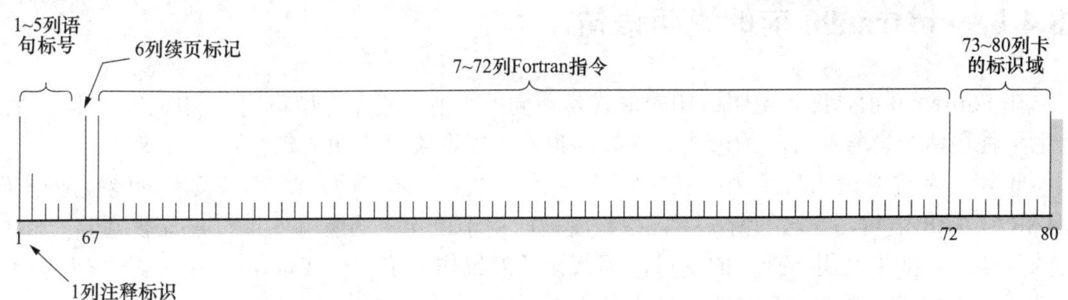

图 18-1 固定源码格式 Fortran 语句的结构样例

图 18-1 中给出了一个使用固定源码格式的 Fortran 程序示例。语句标号 100 在第 1～5 列，Fortran 指令从第 7 列开始。

很容易将一个固定源码格式程序转化为自由源码格式。完成这种转化的 Fortran 程序可以在网上免费获得。它是由位于日内瓦的欧洲粒子物理研究所（CERN）的 Michael Metcalf 编写的，并取名为 convert.f90。可以从很多互联网资源免费获得。

Fortran 95 中已将固定源码格式宣布为废弃，这意味着这一特性是未来版本的 Fortran 候选的删除特性。所有新程序应该采用自由源码格式。

18.3 冗余数据类型

在 Fortran90 版本之前，有两种类型的实数变量，REAL（实型）和 DOUBLE PRECISION（双精度）。双精度变量的精度比实型变量更高，但是其实际精度和每个数据类型的取值范围随计算机的不同而不同。因此，一台 VAX 计算机上的双精度变量为 64 位，而一台 Cray 超级计算机上的双精度变量是 128 位。这种差异将会使那些与变量固定最小取值范围和精度有关的程序难于移植。

这些旧的数据类型已经被参数化实型数据类型所代替。在这种类型中，能够显式地指定所需的某一数据项的取值范围或精度。不应当在新的程序中再使用 DOUBLE PRECISION 数据类型。

18.4 过时、废弃、和/或不必要的说明语句

在 Fortran90 前，许多说明语句的语法是不同的。此外，在 Fortran 程序的声明部分，还可能会出现 5 种废弃的、和/或者不必要的 Fortran 语句。它们是：

（1）IMPLICIT 语句。

（2）DIMENSION 语句。

（3）EQUIVALENCE 语句。

（4）DATA 语句。

（5）PARAMETER 语句。

随后会介绍这些语句。

18.4.1 Fortran90 前的说明语句

在 Fortran90 前，许多说明语句的形式是不同的。不可能在类型声明语句中声明属性，而且也不使用两个冒号（::）的形式。同样，也不可能在类型声明语句中初始化变量。

此外，字符变量的长度用跟在字符长度后面的星号来声明。星号和长度可能被应用于 CHARACTER 语句，在这种情况下，该长度被应用于语句中的所有变量；或者被用于一个指定的变量名。如果是用于指定的变量，那么该长度仅作用于这个变量。

Fortran90 前，类型说明语句可能是下列形式之一：

```
INTEGER list of integer variables
REAL list of real variables
DOUBLE PRECISION list of double precision variables
COMPLEX list of complex variables
LOGICAL list of logical variables
CHARACTER list of character variables
CHARACTER*<len> list of character variables
```

下面是一些 Fortran90 版本前类型说明语句的例子：

```
INTEGER I,J,K
```

```
DOUBLE PRECISION BIGVAL
CHARACTER*20 FILNM1, FILNM2,YN*1
```

字符型声明语句里的 CHARACTER*<len>形式在 Fortran 95 中已被声明为废弃，这就意味着它在后续的 Fortran 版本中有可能被删除。

18.4.2 IMPLICIT 语句

按照 Fortran 中默认的规定，命名时以 I 到 N 开头的常量和变量被定义为整型，而其他被命名的常量和变量为 REAL 类型。IMPLICIT 语句允许重载这个默认规定。

IMPLICIT 语句的一般形式是

```
IMPLICIT type1(a1, a2, a3,…), type2(b1, b2, b3,…),…
```

其中的 type1，type2 等是任意合法的数据类型，INTEGER，REAL，LOGICAL，CHARACTER，DOUBLE PRECISION 或者 COMPLEX。字母 a1， a2， a3 等表示以这些字母开头的变量将被认为是 type1 类型，以此类推。如果要将某一字符范围都声明为同一类型，那么可以用连字符（–）连接字符范围的第一个字母和最后一个字母来表示。例如，下面的语句将把以 a, b, c, i 和 z 开头的变量声明为 COMPLEX 类型，以 d 开头的变量声明为 DOUBLE PRECISION 类型。以其他字母开头的变量保持它们的默认类型。最后，变量 i1 和 i2 被显式地声明为 INTEGER 类型，重载 IMPLICIT 语句。

```
IMPLICIT COMPLEX ( a-c, i, z ), DOUBLE PRECISION d
INTEGER :: i1, i2
```

IMPLICIT NONE 语句曾在第 2 章中介绍过，并且被用于整本书中。它取消所有的默认类型。当在程序中使用 IMPLICIT NONE 语句时，每一个常量、变量以及函数名都必须显式地声明。因为程序中每个命名的常量和变量应该显式声明，所以在任何设计良好的程序中没有使用标准 IMPLICIT 语句的必要，仅需要使用 IMPLICIT NONE 语句。但是，仍然需要熟悉 IMPLICIT 语句，因为可能在比较老的程序中遇到它。

良好的编程习惯

除了 IMPLICIT NONE 语句，不要在程序中使用 IMPLICIT 语句。所有程序都应当包含 IMPLICIT NONE 语句，程序中所有的常量、变量以及函数都应当显式地声明类型。

18.4.3 DIMENSION 语句

DIMENSION 语句是用来声明数组长度的语句。它的通用形式如下：

```
DIMENSION array ( [i1:] i2, [j1:] j2, … ), …
```

其中，array 是数组名，i1，i2，j1，j2 等是数组的维度。例如，一个有 6 个元素的数组 array1 可以声明如下：

```
DIMENSION array1(6)
```

注意 DIMENSION 语句声明数组的长度，而不是数组的类型。如果 array1 不被任何类型说明语句所包含，那么它的类型被默认为实型，因为数组名以字符 A 开头。如果想同时声明数组类型和长度，那么将使用下列两组语句中的一组：

```
REAL, DIMENSION (6) :: array1
```

或者

```
REAL :: array1
DIMENSION array1(6)
```

仅在声明默认类型的数组长度时，才需要使用 DIMENSION 语句。由于在好的 Fortran 程序中，从来不会使用默认类型，因此不会有使用 DIMENSION 语句的需要。它是从 Fortran 的早期版本延续下来的。

良好的编程习惯

不要在程序中使用 DIMENSION 语句。由于程序中所有的变量和数组都该显式声明类型，所以可以在类型声明语句中使用 DIMENSION 属性来声明数组长度。在设计良好的程序中永远没有使用 DIMENSION 语句的需要。

18.4.4 DATA 语句

Fortran90 前，不可能在类型声明语句初始化变量。变量必须在单独的 DATA 语句中初始化，语句形式如下：

```
DATA var_names/values/,var_names/values/,…
```

其中，var_names 是变量名列表，values 是赋给那些变量的变量取值。变量个数必须和变量值个数一一对应。如果要将一个数值多次重复赋值，就在变量值前加上重复次数和星号。例如，下面的语句将变量 a1，b1 和 c1 分别初始化为 1.0，0.0，0.0。

```
DATA  a1,b1,c1 / 1.0, 2*0.0 /
```

DATA 语句也可以初始化数组。如果 DATA 语句中涉及数组，那么必须有足够的数值为所有的数组元素赋值。这些数值以列序优先的方式赋值给数组元素。下面的 DATA 语句初始化一个 2×2 数组 a1。

```
REAL a1(2,2)
DATA a1 / 1., 2., 3., 4. /
```

由于以列序优先方式为数组元素赋值，因此初始化 a1（1，1）为 1.0，a1（2，1）为 2.0，a1（1，2）为 3.0，a1（2，2）为 4.0。

可以通过一个隐式的 DO 循环来改变这种赋值顺序。因此下面的 DATA 语句初始化 2×2 数组 a2：

```
REAL a2(2,2)
DATA (( a2(i,j), j = 1,2 ), i = 1,2 ) / 1., 2., 3., 4. /
```

隐式的 DO 循环按照 a2（1，1），a2（1，2），a2（2，1），a2（2，2）的顺序初始化数组元素，因此它们的值分别为：a2（1，1）=1，a2（1，2）=2，a2（2，1）=3，a2（2，2）=4。

DATA 语句是冗余的，因为可以在类型声明语句中直接对数据初始化。不应该在任何新的程序中再使用这条语句。

良好的编程习惯

不要在程序中使用 DATA 语句。取而代之的是，在类型声明语句中初始化变量。

18.4.5 PARAMETER 语句

FORTRAN 77 中引入了参数和有名常量，那时用 PARAMETER 语句来声明参数。如下所示：

```
INTEGER SIZE
PARAMETER ( SIZE = 1000 )
```

Fortran 90 中引入了 PARAMETER 属性，同样的参数可以声明如下：

```
INTEGER , PARAMETER :: Size = 1000
```

为了向后兼容，旧的 PARAMETER 语句仍然被保留了下来，但是不应该继续使用它。该语句的语法与其他 Fortran 语句不一致，而且无论如何，在类型声明语句中声明参数都更为简单。

良好的编程习惯

不要在程序中使用 PARAMETER 语句。取而代之的是，在类型声明语句中用 PARAMETER 属性。

18.5 共享内存空间：COMMON 和 EQUIVALENCE

Fortran 中包含了两条语句：COMMON 语句和 EQUIVALENCE 语句，这两条语句使得不同的变量能够共享同一个物理内存单元，这种共享可以发生在程序的不同单元之间，也可以是同一个程序单元内部。在 Fortran 90 及其后的版本中，这两条语句都已被更好的方法所取代。

18.5.1 COMMON 块

第 7 章曾经介绍过可以用模块在程序的不同单元间共享数据。如果在一个模块中定义了一个具有 PUBLIC 属性的数据项，那么任何使用了该模块的程序单元都可以访问这个数据项。这是现代 Fortran 中在程序单元间共享数据的标准方式。然而 Fortran90 之前，并没有模块的概念，因此采用了与此完全不同的共享数据的机制。

Fortran90 之前，通过 COMMON 块在不同程序单元间共享信息。COMMON 块是对一段内存空间的声明，使之可以被任何包含该块的单元访问。COMMON 块的结构如下：

```
COMMON / name / var1, var2, var3, …
```

其中，name 是 COMMON 块的名字，var1，var2 等是变量或数组，它们从块开始位置起，在内存中连续地分配到空间。在 Fortran90 之前，一个 COMMON 块中可以包含实型、整型、逻辑变量和数组，块中还可以包含字符数据，但是字符数据和非字符型数据不能混合于同一个 COMMON 块中。Fortran90 中取消了这个限制。

只要程序员愿意，一个过程中可以包含许多的 COMMON 块，因此，为了有条理地组织共享数据，可能需要创建独立的 COMMON 块。每一个独立的 COMMON 块必须有唯一的名字。这个名字是全局的，因此，必须在整个程序内是唯一的。

当 COMMON 块中包含数组时，数组的大小可以在 COMMON 块中声明，也可以在类型声明语句中声明，但是不能在两个地方都声明。下面的两组语句都是合法的，而且完全等价。

```
REAL, DIMENSION (10) :: a        ! 完美
COMMON / data1 / a
REAL :: a
COMMON / data1 / a(10)
```

但是，下面的语句是非法的，而且会引发编译错。

```
REAL, DIMENSION (10) :: a
COMMON / data1 / a(10)
```

COMMON 块允许过程通过共享一段内存区域来共享数据。Fortran 编译器为程序单元中所有名字相同的 COMMON 块都分配同一个内存区域，因此被某一过程存储在块中的任何数据都可以被其他过程读取和使用。给定名字的 COMMON 块不必在每个过程中都具有相同的长度，因为 Fortran 编译器和连接器会分配足够的空间来存储所有过程中声明的最大块。

图 18-2 中是一对样例程序，它们共享 COMMON 块。

```
PROGRAM test_common
IMPLICIT NONE
REAL :: a, b
REAL, DIMENSION(5) :: c
INTEGER :: i
COMMON / common1 / a, b, c, i
...
CALL sub11
END PROGRAM
SUBROUTINE sub11
REAL :: x
REAL,DIMENSION(5) :: y
INTEGER :: i, j
COMMON / common1 / x, y, i, j
...
END SUBROUTINE
```

图 18-2　通过 COMMON 块来共享数据的主程序和子例程

在 COMMON 块中，按照 COMMON 语句中声明变量和数组的顺序分配空间。主程序中，变量 a 位于块中第一个位置，变量 b 是第二个，依次类推。子例程中，x 位于块中第一个位置，数组元素 y（1）是第二个，依次类推。因此，主程序中的变量 a 实际上和子例程中的变量 x 一样，它们是访问同一内存位置的两种不同途径。注意主程序中的变量和子例程中的变量通过它们共享块中的相应位置来互相对应，这被称为存储关联。即变量通过共享同一物理存储单元而互相联系。

COMMON 块和模块都是在过程间共享大量数据的便捷方法，但是，必须小心地使用 COMMON 块，以免出现问题。因为 COMMON 块常会引起两类错误，而模块不会。这些错误如图 18-3 所示。注意主程序中有含 5 个元素的数组 c，子例程中含 5 元素的数组 y，它们的元素本应是对应的，但是发生了错位。因为子例程中，在数组之前比主程序少声明了一个数值。这样，主程序中的 c（1）将和子例程中的 y（2）是同一个变量。如果假定 c 和 y 是相同的，这种错位，将引发多个问题。另外还要注意的是，主程序中的实型数组元素 c（5）对

应于子程序中的整型变量 i。存储在 c（5）中的实型变量在子程序 subl 中被当作整数来使用，这类错误的匹配必须是避免的。当使用模块来实现程序单元间数据的共享时，数组错位和类型错配都不会发生。因此，使用模块是现代 Fortran 程序中共享数据的最佳方式。

内存地址	main程序	sub1子程序
0000	a	x
0001	b	y(1)
0002	c(1)	y(2)
0003	c(2)	y(3)
0004	c(3)	y(4)
0005	c(4)	y(5)
0006	c(5)	i
0007	i	j

图 18-3　COMMON 块/commonl/中的内存分配，展示了数组 c 和 y 之间的错位

要想正确地使用 COMMON 块，必须保证块中所有变量的顺序、类型和大小与包含该块的所有程序单元中的顺序、类型和大小完全一致。此外，好的编程习惯是在每个程序中保持各个变量的名字相同。如果所有过程中相同的变量都具有相同的名字，那么程序也更易于理解。

COMMON 块已被声明废弃，在新的程序中应永不使用它。

良好的编程习惯

使用模块而不是 COMMON 块来实现程序单元间共享数据。如果确实要使用 COMMON 块，那么要保证在所有使用该块的过程中，声明块的方式一致，以便每个过程中的变量有同样的名字、类型和顺序。

18.5.2　在 COMMON 块中初始化数据：BLOCK DATA 子程序

前面已经介绍了 DATA 语句。它可以用来在主程序或者子程序中初始化与本地变量有关的值。但是，不可以在主程序或者过程中用 DATA 语句来初始化 COMMON 块中的变量。下面的例子显示了要设置这一限制的原因。

```
PROGRAM test
CALL sub1
CALL sub2
END PROGRAM
SUBROUTINE sub1
INTEGER ival1, ival2
COMMON / mydata / ival1, ival2
```

```
DATA ival1, ival2 /1, 2/
...
END SUBROUTINE sub1
SUBROUTINE sub2
INTEGER ival1, ival2
COMMON / mydata / ival1, ival2
DATA ival1, ival2 /3, 4/
...
END SUBROUTINE sub2
```

这里，COMMON 块/mydata/在子例程 sub1 和 sub2 之间交换数据。子例程 sub1 试图将 ival1 和 ival2 分别初始化为 1 和 2，而子例程 sub 试图将 ival1 和 ival2 初始化为 3 和 4。但是，它们仍然是两个相同的变量！Fortran 编译器如何处理这种情况呢？答案很简单，它什么也不做。

要确保 COMMON 块中的变量只有一套初始值。Fortran 语言禁止将 DATA 语句用于任何主程序或过程的通用变量，取而代之的是，Fortran 包含了一个特别类型的程序单元，称为 BLOCK DATA 子程序，这个单元的唯一功能就是初始化 COMMON 块中的变量。由于有且仅有唯一的地方来初始化 COMMON 变量，也就不会有该给变量赋哪个值的困惑了。

BLOCK DATA 子程序以一条 BLOCK DATA 语句开头，可能包含若干条类型定义语句、COMMON 语句和 DATA 语句，绝对不能包含任何可执行语句。BLOCK DATA 子程序的例子如下所示。

```
BLOCK DATA initial
INTEGER ival1, ival2
COMMON / mydata / ival1, ival2
DATA ival1, ival2 /1, 2/
END BLOCK DATA
```

这个 BLOCK DATA 子程序名为 initial（BLOCK DATA 子程序的名字是可选的，即使没有名字，这个子程序也能同样工作）。它把 COMMON 块/mydata/中的变量 ival1 和 ival2 分别初始化为 1 和 2。

BLOCK DATA 子程序已被声明废弃，在新的程序中永不要使用它。

18.5.3 无标号的 COMMON 语句

COMMON 语句还有另一种形式，称为无标号的 COMMON 语句。它的形式如下：

```
COMMON var1,var2,var3,…
```

其中，var1，var2 等是变量或数组，它们从块开始位置起，在内存中连续分配空间。除了没有名字之外，无标号 COMMON 语句和普通的 COMMON 块非常相似。

无标号 COMMON 语句是 Fortran 早期版本遗留下来的。FORTRAN66 之前，在任何给定程序中声明唯一一个 COMMON 域是可能的。永远不要在任何现代程序中使用无标号的 COMMON 语句。

18.5.4 EQUIVALENCE 语句

在过去，有时候直接引用机器内存的特定地址要比通过名字引用更有用。计算机内存是有限的资源，而且非常昂贵。正因为内存如此昂贵，对于大型程序来说，重复使用内存为程序不同过程进行临时计算，就非常普遍。由于在 Fortran 90 前没有动态内存分配，一块固定大小的临时存储空间就必须声明得足够大，来满足程序中所有临时计算的需要。只要需要临时存储空间，这个内存块就会被重复使用。在程序的不同部分，经常用不同的名字来引用该临时存储空间，但是每次使用的都是同一块物理内存。

为了支持这样的应用，Fortran 中提供了一种机制，它能够为同一个物理地址分配两个甚至更多的名字。这种机制就是 EQUIVALENCE 语句。EQUIVALENCE 语句出现在程序的声明部分，在所有的类型声明语句之后，但是在所有的 DATA 语句之前。EQUIVALENCE 语句的形式如下：

```
EQUIVALENCE(var1, var2, var3,…)
```

其中，var1，var2 等是变量或数组元素。每一个 EQUIVALENCE 语句中圆括号内的变量名都被 Fortran 编译器赋予同一个内存地址。如果有些变量是数组元素，那么 EQUIVALENCE 语句也会修改所有数组元素间的相互对应关系。考虑如下的例子：

```
INTEGER, DIMENSION(2,2) :: i1
INTEGER, DIMENSION(5) :: j1
EQUIVALENCE( i1(2,1),j1(4) )
```

在这里，i1（2，1）和 j1（4）占用了同一内存位置，按照数组元素在内存中的存放方式，i1（1，2）和 j1（5）也将占用内存同一位置（见图 18-4）。

Memory address	Name 1	Name 2
001		j1(1)
002		j1(2)
003	i1(1,1)	j1(3)
004	i1(2,1)	j1(4)
005	i1(1,2)	j1(5)
006	i1(2,2)	
007		
008		

有效语句
EQUIVALENCE (I1(2,1), j1(4))

Fortran程序中的内存分配

图 18-4 Fortran 程序中 EQUIVALENCE 语句对内存分配的影响。因为 i1（2，1）和 j1（4）必须是同一位置，所以数组 i1 和 j1 在内存中有重叠

EQUIVALENCE 语句本质上就是十分危险的。一个常见的问题就是，当在程序中先以 array1 为名字用某等价数组进行计算后，然后还是用这个等价数组，但是以另一个不同的名字 array2，进行了另一个不同的计算。当访问 array1 中的数值时，就会发现，它们已经被 array2 的操作更改了。如果程序能够被其他人而不是原来的编程者所更改，这将是一个非常大的问

题。因为在并没有对 array1 赋值的情况下，数组 array1 中的数据就被更改了，这种错误将很难发现。

因为计算机内存已越来越便宜，而且容量也越来越大，故对等价数组的需要已急剧减少。除非有充足的理由，不要在程序中使用等价变量名。如果需要在程序中重用临时数组，使用可分配数组来动态分配和释放临时空间是更好的做法。

EQUIVALENCE 语句的另一个用法是，将同一内存地址赋值给不同类型的变量。这样，就可以用不同的方式来检查位模式。例如，一个实型变量和一个整型变量都被赋值给同一内存位置，当该位置存储一个实型变量时，可以用整形变量来检查位模式。如果有以这种方式使用 EQUIVALENCE 语句的旧代码，可以用 TRANSFER 内置函数来替换它。例如，下面的代码得到实型变量 value 的位模式，并用整型变量 ivalue 来存储它。

```
INTEGER::ivalue
REAL::value
...
ivalue = TRANSFER(value,0)
```

最后需要注意的是，EQUIVALENCE 语句有效地将两个或多个不同的名字赋值给同一内存位置。在这条语句中遵循的原则是，名字必须和内存位置相关，否则，它们就不等价。和某一特定内存位置无关的名字（例如，形式参数名）不能用于 EQUIVALENCE 语句。

EQUIVALENCE 语句已被声明废弃，在新的程序中永不要使用它。

良好的编程习惯

不要在程序中使用 EQUIVALENCE 语句。如果需要在程序中重用临时数组，使用可分配数组来动态分配和释放临时空间是更好的做法。

18.6 不必要的子程序特性

现代 Fortran 程序中有四条子程序特性已经是不必要的，应在新的程序中永不使用。它们是：

（1）另一子例程返回点。

（2）另一入口点。

（3）语句函数。

（4）将内置函数作为参数传递。

18.6.1 另一子例程返回点

当在 Fortran 程序中调用常规子例程时，执行子例程，然后返回到调用子例程之后的第一条可执行语句处。

有时候，根据子例程的调用结果在调用的过程中执行不同的代码是很有用的。早期的 Fortran 版本通过另一子例程返回点提供了对这种操作的支持。另一子例程返回点是一些语句标号，它们被当作调用参数传递给子例程。当执行子例程时，它可以决定返回到参数列表中任意一个语句标号处。另一子例程返回点的详细说明如下：

（1）与所有可能的另一返回点相关联的语句标号被指定为 CALL 语句的参数，每个标号前都有一个星号：

```
CALL SUB1(a,b,c,*n1,*n2,*n3)
```

其中，n1，n2 和 n3 是执行可能转向的语句的标号。

（2）另一返回点在 SUBROUTINE 语句中用星号标识：

```
SUBROUTINE SUB1(a,b,c,*,*,*)
```

这里星号对应于调用语句中另一返回的位置。

（3）被执行的某个特定的另一返回点在 RETURN 语句中用一个参数指定：

```
RETURN k
```

其中，k 是要执行的另一返回位置。在上面的例子里，有三个可能的另一返回点，因此，k 可以选择从 1 到 3 的数值。

在图 18-5 的例子中，有两个可能的返回点。第一个返回用于正常的执行，第二个返回用于有错误发生时执行。

```
CALL calc ( a1, a2, result, *100, *999 )
! 常规返回--继续执行
100 ...
...
STOP
! 子例程调用中的错误--处理错误和停止
999 WRITE (*,*) 'Error in subroutine calc. Execution aborted.'
STOP 999
END PROGRAM
SUBROUTINE calc ( a1, a2, result, *, * )
REAL a1, a2, result, temp
IF ( a1 * a2 >= 0. ) THEN
  result = SQRT(a1 * a2)
ELSE
  RETURN 2
END IF
RETURN 1
END SUBROUTINE
```

图 18-5　说明另一子例程返回点的程序段

不应当在现代的 Fortran 代码中使用另一子例程返回点。另一返回点使程序的维护和调试更为困难，因为很难在整个程序中跟踪执行路径。使用另一返回点会产生“复杂代码”，这在旧的程序中常见。有其他更好的途径来根据子例程调用结果的不同，提供不同的执行路径。最简单也是最好的办法就是用 IF 逻辑结构，它在调用子例程后，立即检查子例程返回参数，并根据子例程的返回状态采取相应行为。

Fortran95 中，已经声明另一子程序返回点为废弃的特性，这就意味着 Fortran 未来的版本中该特性将被删除。

良好的编程习惯

不要在程序中使用另一子程序返回点。它将使程序的维护和调试更为困难。更简单而且结构化的方法更有效。

18.6.2 另一入口点

Fortran 过程的常见入口点是过程中的第一条可执行语句。但是程序可以从过程中另一个不同的入口开始执行，这个入口由 ENTRY 语句来指定。ENTRY 语句的形式如下：

```
ENTRY name(arg1,arg2,…)
```

name 是入口点的名字，arg1，arg2 等是在入口点传递给过程的形式参数。如果 ENTRY 语句中指定名字的子程序被调用了，将执行 ENTRY 语句下面的第一条可执行语句，而不是子程序中的第一条可执行语句。

ENTRY 语句通常用在第一次使用子程序需要初始化时，而不是其后的使用中。这种情况下，子程序中通常包括一个特定的初始化入口点。例如，图 18-6 中的子例程，是求某一输入数值 x 的三次多项式。在求多项式之前，必须先指定多项式的系数。如果多项式的系数不频繁变化的话，可以通过 ENTRY 语句来指定它们。

```
PROGRAM test_entry
REAL :: a = 1., b = 2., c = 1., d = 2.
CALL initl ( a, b, c, d )
DO I = 1, 10
  CALL eval3 ( REAL(i), result )
  WRITE (*,*) 'EVAL3(', i, ') = ', result
END DO
END PROGRAM
SUBROUTINE eval3 ( x, result )
!
!   计算 3 次方的多项式的公式是:
!    RESULT = A + B*X + C*X**2 + D*X**3
!
!   声明调用参数
IMPLICIT NONE
REAL :: a1, b1, c1, d1, x, result
! 声明局部变量
REAL, SAVE :: a, b, c, d
!计算结果
result = a + b**x + c*x**2 + d*x**3
RETURN
! 当计算多项式时,键入要被使用的特定的 a, b, c和 d的值
ENTRY initl(a1, b1, c1, d1)
a = a1
b = b1
c = c1
d = d1
RETURN
END SUBROUTINE
```

图 18-6 说明多个入口点用法的子例程

在上面的例子中，需要注意的是子例程中的多个入口点不必有相同的调用参数序列。但是，必须保证在调用每个入口点时都要使用该入口合适的参数。

应当限制使用入口点。在修改一个包含多个入口点的过程代码时，可以发现 ENTRY 语

句带来的主要弊端。如果有任何代码段或变量属于不同的入口点，可能引发严重问题。在改动过程使得一个入口点正确工作的过程中，可能会无意中修改另一个入口点的操作。在修改一个包含多个入口点的过程后，必须对代码做非常仔细的检查，不仅要检查被修改的入口点，也要检查所有其他的入口点。

在过程中使用多入口点的最初原因是，为了共享代码段来完成多个目的，这样就能够减小最终程序的大小。这个理由在今天已经不再有意义。随着内存越来越便宜，已经没有理由再去使用入口点。如果为每个需要的函数都编写独立的过程，代码将更易于维护。

如果需要在多个过程间共享数据，应当把数据（或者可能是过程本身）放在一个模块中。前面的例子可以用没有入口点的方式重新编写，如图 18-7 所示。变量 a，b，c 和 d 可被子例程 eval3 和 initl 访问，而且通过 USE 语句，这两个子例程可被主程序访问。

```
MODULE evaluate
IMPLICIT NONE
PRIVATE
PUBLIC eval3, initl
! 声明共享数据
REAL, SAVE :: a, b, c, d
! 声明过程
CONTAINS
  SUBROUTINE eval3 ( x, result )
  !
  !   计算 3 次方的多项式的公式是:
  !    RESULT = A + B*X + C*X**2 + D*X**3
  !
  ! 声明调用参数
  REAL, INTENT(IN) :: x
  REAL, INTENT(OUT) :: result
  ! 计算结果
  result = a + b**x + c*x**2 + d*x**3
  END SUBROUTINE eval3
  SUBROUTINE initl (a1, b1, c1, d1 )
  !
  ! 当计算多项式时,键入要被使用的特定的 a, b, c 和 d 的值
  !
  REAL, INTENT(IN) :: a1, b1, c1, d1
  a = a1
  b = b1
  c = c1
  d = d1
  END SUBROUTINE initl
END MODULE evaluate
PROGRAM test_noentry
USE evaluate
REAL :: a = 1., b = 2., c = 1., d = 2.
CALL initl ( a, b, c, d )
DO i = 1, 10
  CALL eval3 ( REAL(i), result )
  WRITE (*,*) 'EVAL3(', i, ') = ', result
END DO
END PROGRAM test_noentry
```

图 18-7　以无多入口点方式重新编写的前一示例程序

ENTRY 语句已被声明废弃，新程序中应永不再用它。

良好的编程习惯

避免在程序中使用另一入口点。没有理由在现代 Fortran 程序中还使用它们。

18.6.3 语句函数

第 7 章中，曾经介绍了外部函数。外部函数是一个过程，向调用它的程序单元返回一个数值。它的输入数值通过参数列表来传递。调用外部函数时，它的名字是 Fortran 表达式的一部分。

第 9 章中，介绍了内部函数。内部函数完全包含在程序单元的内部，而且仅被该单元调用，除了这一点之外，内部函数和外部函数非常类似。

还有第三种类型的 Fortran 函数：语句函数。语句函数由单一一条语句构成。语句函数必须在 Fortran 程序单元的声明部分和第一条可执行语句之前定义。语句函数的例子如图 18-8 所示。

```
PROGRAM polyfn
!
! 该程序计算 3 次方多项式
!  RES = A + B*X + C*X**2 + D*X**3
! 用语句函数
IMPLICIT NONE
! 声明局部变量
REAL :: a, b, c, d, x, y
INTEGER :: i
! 声明语句函数的参数
REAL :: a1, b1, c1, d1, x1, res
! 声明语句函数的记过 res
res(a1,b1,c1,d1,x1) = a1 + b1**x1 + c1*x1**2 + d1*x1**3
! 设置多项式 res 的系数
a = 1.
b = 2.
c = 1.
d = 2.
! 循环 1 到 10,计算多项式
DO i = 1, 10
  x = REAL(i)
  y = res(a,b,c,d,x)
  WRITE (*,*) 'y(',i,') = ', y
END DO
END PROGRAM polyfn
```

图 18-8 使用了语句函数的程序

在这个例子中，定义了一个实型的语句函数 res

```
res(a1,b1,c1,d1,x1) = a1+b1**x1+c1*x1**2+d1*x1**3
```

其中，a1，b1，c1，d1 和 x1 都是形参。函数的类型和形参都必须在函数定义前声明或默认。形参是后面函数执行时所用的实际数值的占位符。形参必须和实参在类型和数量上都保持一致。执行时，函数的第一个参数值将用来替代语句函数中出现的 a1，其他的参数以此类推。

如果回想一下的话，就会注意到语句函数看起来很像是把数值赋给数组元素的赋值语句。正因如此，那么 Fortran 编译器如何分辨它们之间的不同呢？为了能够辨别它们，Fortran 规定所有的语句函数都必须在程序的声明部分定义，是在第一条可执行语句之前。

和内部函数类似，语句函数也只能用于声明它的程序单元内。语句函数仅限于那些只用一个表达式就能够表示，不需要分支和循环结构的函数。此外，调用时它的实参必须是变量、常量或数组元素。与内部函数或外部函数不同，不可能传递整个数组给语句函数。

语句函数是 Fortran 中一个非常老的特性，可以追溯到 1954 年的 FORTRAN 1。它们已经被内部函数所取代。内部函数可以完成语句函数的所有工作，甚至更多。没有理由在程序中继续使用语句函数。

语句函数已被 Fortran95 声明为废弃，这就意味着在 Fortran 未来的版本中它将被删除。

良好的编程习惯

不要在程序中使用语句函数。用内部函数来代替它。

18.6.4 内置函数作参数

可以将特定的内置函数作为调用参数传递给另一个过程。如果在过程调用中，将特定的内置函数名作为实参，那么将向过程传递一个指向该函数的指针。如果过程中相应的形参也被当作函数的话，当执行过程时，就用调用参数表中的内置函数来替代过程中的形参函数。通用内置函数不能被当作调用参数使用，只有特定的内置函数才可以。

在被当作调用参数传递给一个过程之前，特定的内置函数必须在调用程序中用 INTRINSIC 语句声明。INTRINSIC 语句格式如下：

```
INTRINSIC name1,name2,…
```

它说明 name1，name2 等为内置函数名。INTRINSIC 语句必须出现在过程的声明部分，在第一条可执行语句之前。要 INTRINSIC 语句的原因和要求 EXTERNAL 语句是一样的。这样做能够使编译器分清楚哪个是变量名，而哪个是相同类型的内置函数。

图 18-9 中是用特定的内置函数作为参数的例子。这个程序是图 6-25 中测试程序的修订版。它计算区间 [0，2π] 内 101 个样本点的 SIN（x）函数值的平均值，并打印结果。

```
PROGRAM test_ave_value2
!
! 目标：
!  调用内置函数 sin,测试函数 ave_value
!
! 修订版本：
!    日期          程序员           修订说明
!    ====          ==========       =====================
!    2/26/16       S. J. Chapman    源代码
!
IMPLICIT NONE
! 声明函数：
REAL :: ave_value                                  ! 求平均值函数
```

```
INTRINSIC sin                                    ! 计算函数
! 声明参数:
REAL, PARAMETER :: TWOPI = 6.283185 ! 2 * Pi
! 声明局部变量:
REAL :: ave                                      ! my_function 的平均值
! 用 func=sin 调用函数
ave = ave_value ( sin, 0., TWOPI, 101 )
WRITE (*,1000) 'SIN', ave
1000 FORMAT ('The average value of ',A,' between 0. and twopi is ', &
       F16.6,'.')
END PROGRAM test_ave_value2
```

图 18-9　把内置函数作为调用参数的示例程序

执行程序 test_ave_value2 的结果如下：

```
C:\BOOK\F90\CHAP6> test_ave_value2
The average value of SIN between 0. and TWOPI is .000000.
```

把内置函数作为调用参数传递非常容易制造混乱，而且仅能用特定的内置函数。永不要在新编写的程序中使用它。

18.7　其他执行控制特性

PAUSE 和 STOP 这两条语句可以暂停或者停止程序的执行。现代 Fortran 程序中很少使用 PAUSE 语句，因为同样的功能可以由 WRITE 和 READ 语句配合完成，而且更为灵活。STOP 语句更为普遍，但是很多时候它也是不必要的，因为程序在碰到 END 语句时会终止执行。但是，有时候程序中的多个停止点也是有用的。在这种情况下，每一个停止点都需要一个 STOP 语句。如果一个程序中有多条 STOP 语句，每条 STOP 语句都要用唯一的参数来标识（就象下面将介绍的那样），这样用户才能知道哪个 STOP 语句被执行了。

最后，还有一种比较老的 END 语句形式，用来指示一个独立编译的程序单元的结束点。

18.7.1　PAUSE 语句

当要编写一个在终端显示结果的 Fortran 程序时，让程序能够在某点暂停，以便用户检查终端显示的结果是很有必要的。另外一种情况是为了保证在用户看清楚前，信息就没有从屏幕上端滚动过去。用户读完终端上的输出数据后，可让程序继续，也可退出。

Fortran 的早期版本包含了一条特殊的 PAUSE 语句，它可以暂停程序执行，直到用户让它再次开始。PAUSE 语句的一般格式如下：

```
PAUSE prompt
```

prompt 是一个可选值，当 PAUSE 语句执行时被显示。prompt 可以是一个字符常量，也可以是一个 0 到 99999 之间的整数。当执行 PAUSE 语句时，prompt 值被显示在终端上，而且程序停止，直到用户重新启动。当程序被重新启动时，程序将从紧接着 PAUSE 语句的下一条语句开始执行。

PAUSE 语句永远不是必需的，因为同样的功能可以由 WRITE 和 READ 语句配合完成，而且更为灵活。

Fortran95 中，PAUSE 语句已经被删掉了，这就意味着它不再是 Fortran 语言的正式部分。

18.7.2 STOP 语句相关的参数

就像前面介绍的 PAUSE 语句一样，STOP 语句也可以包含一个参数。STOP 语句的一般形式如下：

```
STOP stop_value
```

stop_value 是一个可选值，当执行 STOP 语句时被显示。stop_value 可以是一个字符常量，也可以是一个 0～99999 之间的整数。它主要用于有多个 STOP 语句的程序中。如果有多条 STOP 语句，而且每条语句都有一个与之相关的 stop_value，那么程序员和用户就能够分辨出当程序停止时是执行哪条 STOP 语句。

如果程序中有多条 STOP 语句，为了使用户知道程序停在哪一条 STOP 语句处，为每条语句设置一个独立的参数或者在每条语句前添加一条独有的 WRITE 语句都是很好的办法。图 18-10 中是一个多 STOP 语句的程序示例。第一个 STOP 是当用户指定的文件不存在时，我们用位于 STOP 语句之前的 WRITE 语句清楚地标识。第二个 STOP 发生在程序正常结束时，执行 STOP 将显示“Normal Completion”的消息。

```
PROGRAM stop_test
!
! 目标:
!  说明程序中的多个 STOP 语句
!
IMPLICIT NONE
! 声明参数:
INTEGER, PARAMETER :: lu = 12                          ! I/O unit
! 声明变量:
INTEGER :: error                                       ! 出错标志
CHARACTER(len=20) :: filename                          ! 文件名
! 提示用户,获取输入文件名
WRITE (*,*) 'Enter file name: '
READ (*,'(A)') filename
! 打开输入文件
OPEN (UNIT=lu, FILE=filename, STATUS='OLD', IOSTAT=error )
! 检查打开操作是否成功
IF ( error > 0 ) THEN
  WRITE (*,1020) filename
  1020 FORMAT ('ERROR: File ',A,' does not exist!')
  STOP
END IF
! 正常处理……
...
! 关闭输入文件,退出
CLOSE (lu)
STOP 'Normal completion.'
END PROGRAM stop_test
```

图 18-10 在单个程序单元中使用多 STOP 语句的程序示例

随着 Fortran 的多年发展，多个 STOP 语句的使用也越来越少。现代结构化程序设计技术通常只有一个起始点，也只有一个终止点。但是，当有不同的错误路径时，仍然有可能遇到多终止点的情况。如果确实需要多终止点，要确保每个终止点都有唯一的标号，以易于区分。

另外，如果现代程序中有多个 STOP 点，程序员常对出错终止点用 ERROR STOP 语句，而不是一般的 STOP，因为 ERROR STOP 执行时会对操作系统返回错误信息。

18.7.3 END 语句

在 Fortran90 之前，所有的程序单元都以 END 语句结尾，而不是分别用 END PROGRAM，END SUBROUTINE，END FUNCTION，END MODULE，或者 END BLOCK DATA 语句。为了向后兼容的原因，在独立编译的程序单元中，例如主程序、外部子例程和外部函数，END 语句仍然可用。

但是，内部过程和模块过程必须使用 END SUBROUTINE 或 END FUNCTION 语句结束，在 Fortran 90 之前过程中的这些新的结束形式是不工作的。

18.8 被废除的分支和循环结构

在第 3 章中，已经介绍了 IF 和 CASE 逻辑结构，它们是现代 Fortran 中分支结构的标准形式。第 4 章中，给出了 DO 循环的各种形式，现代 Fortran 中它们是进行重复动作和 while 循环的标准形式。本节中要介绍另外几种分支的表示方式以及 DO 循环的旧形式。它们都是从 Fortran 的早期版本中延续下来，并且为了向后兼容的需要，新版本仍旧提供对它们的支持。不应当在任何新的程序中再使用这些特性。但是，当不得不用到旧的 Fortran 程序时，仍然有可能遇到它们。为了将来可能的这种需要，在此对它们做一介绍。

18.8.1 算术 IF 语句

算术 IF 语句可以追溯到 1954 年 Fortran 的最初版本。它的结构是

```
IF (arithmetic_expression ) label1, label2, label3
```

其中 arithmetic_expression 可以是任何整型、实型或双精度算术表达式。label1，label2 和 label3 是可执行语句的标号。当执行算术 IF 语句时，计算算术表达式。当表达式的值为负时，执行标号为 label1 的语句。如果值为 0，执行标号为 label2 的语句。如果值为正，执行标号为 label3 的语句。算术 IF 语句示例如下：

```
   IF ( x - y ) 10, 20, 30
10  (code for negative case)
   ...
   GO TO 100
20  (code for zero case)
   ...
   GO TO 100
40  (code for positive case)
   ...
```

```
100 CONTINUE
   ...
```

算术 IF 语句已从 Fortran 2008 中删除，永远不要在任何新的程序中使用算术 IF 语句。

良好的编程习惯

永不要在程序中使用算术 IF 语句。可用逻辑 IF 结构来代替它。

18.8.2 无条件 GO TO 语句

GO TO 语句的形式是：

```
GO TO label
```

其中，label 是可执行 Fortran 语句的标号。当执行 GO TO 语句时，程序将无条件地跳转到标号处的语句执行。

过去，GO TO 语句经常和 IF 语句配合使用来构造循环和条件分支。一个 while 循环如下所示：

```
10 CONTINUE
  ...
  IF ( condition ) GO TO 20
  ...
GO TO 10
20 ...
```

在现代 Fortran 程序中，有更好的方式来构建循环和分支结构，因此，已很少使用 GO TO 语句。过多使用 GO TO 语句很容易产生“复杂代码”，因此应当限制 GO TO 语句的使用。但是，也有一些特殊场合（例如异常控制），此时，使用 GO TO 语句是很有用的。

良好的编程习惯

在任何可能的时候都要避免使用 GO TO 语句。改用结构化的循环和分支来代替它。

18.8.3 可计算的 GO TO 语句

可计算的 GO TO 语句的形式如下：

```
GO TO (label1,label2, label3,…, labelk),int_expr
```

其中，label1 到 labelk 是可执行语句的标号。int_expr 表达式计算出一个 1 和 k 之间的整型值。如果表达式的值计算为 1，那么转去执行标号为 label1 的语句。如果表达式的值计算为 2，那么转去执行标号为 label2 的语句，以此类推，一直到 k。如果表达式的值小于 1 或者大于 k，这是一个错误的条件，其具体处理过程将和处理机有关，因处理机的不同而不同。

可计算的 GO TO 语句的例子如下所示。程序执行时将输出数字 2。

```
PROGRAM test
i = 2
GO TO (10, 20), i
10 WRITE (*,*) '1'
GO TO 30
```

```
20 WRITE (*,*) '2'
30 STOP
END PROGRAM
```

不要在任何现代 Fortran 程序中使用可计算的 GO TO 语句。它已经完全被 CASE 结构所取代。

可计算的 GO TO 语句已被 Fortran 95 声明为废弃的特性，这也就意味着在未来的 Fortran 版本中它有可能被删除。

良好的编程习惯

永远不要使用可计算的 GO TO 语句。用 CASE 语句来代替它。

18.8.4 可赋值的 GO TO 语句

可赋值的 GO TO 语句有两种形式：

```
GO TO integer variable, (label1,label2, label3,…, labelk)
```

或者

```
GO TO integer variable
```

其中，integer variable 是下一步将要执行的语句的标号，label1 到 labelk 是可执行的 Fortran 语句的标号。在执行这条语句前，必须用 ASSIGN 语句将语句标号赋值给整型变量，如下所示。

```
ASSIGN label TO integer variable
```

当执行第一种形式的可赋值的 GO TO 语句时，程序将对照语句标号列表，检查整型变量的值。如果变量值包含于列表中，程序控制将转移到标号处的语句执行。如果标号列表中没有变量值，将引发错误。

当第二种形式的可赋值的 GO TO 语句被执行时，不会进行错误检测。如果变量值是一个程序中的合法语句标号，控制分支转向标号处的语句。如果变量值不是合法的语句标号，将执行可赋值的 GO TO 语句后的下一条可执行语句。

下面是一个可赋值的 GO TO 语句的示例程序。程序执行时，将输出数字 1。

```
PROGRAM test
ASSIGN 10 TO i
GO TO i (10, 20)
10 WRITE (*,*) '1'
GO TO 30
20 WRITE (*,*) '2'
30 END PROGRAM
```

不要在任何现代 Fortran 程序中使用可赋值的 GO TO 语句。

ASSIGN 语句和可赋值的 GO TO 语句已从 Fortran95 中删除，这也就意味着它们不再是 Fortran 语言官方版本的一部分。

良好的编程习惯

永远不要使用可赋值的 GO TO 语句。用逻辑 IF 结构来代替它。

18.8.5 DO 循环的旧形式

在 Fortran90 以前，DO 循环的形式和本书中介绍的不同。现代的 DO 计数循环具有如下的结构：

```
DO i = istart, iend, incr
  ...
END DO
```

其中，istrat 是循环的初始值，iend 是循环的终止值，incr 是循环增量。

早期的 FORTRAN DO 循环的结构是：

```
   DO 100 i = istart, iend, index
   ...
100...
```

这种形式的循环中包含一个语句标号，而且从 DO 循环语句开始直到该标号语句之间的所有语句，均被包含在循环体中。早期循环结构的示例如下：

```
    DO 100 i = 1, 100
    a(i) = REAL(i)
100 b(i) = 2. * REAL(i)
```

从 FORTRAN 出现之初一直到 20 世纪 70 年代中期，这是大多数程序员使用 DO 循环时的标准形式。

由于这种早期形式的 DO 循环体很难判断循环体在哪里，许多程序员逐渐养成了使用 CONTINUE 语句来标识循环结束位置的习惯。CONTINUE 语句并不做任何事情。另外，程序员们还缩进 DO 语句和 CONTINUE 语句之间的所有代码。一个符合 FORTRAN77 标准的 DO 循环示例程序如下：

```
    DO 200 i = 1, 100
    a(i) = REAL(i)
    b(i) = 2. * REAL(i)
200 CONTINUE
```

正如看到的那样，这种形式的循环更易于理解。

这种以任意语句而不是以 END DO 或者 CONTINUE 语句做结束的 DO 循环已被 Fortran 2008 删除。

旧形式 DO 循环的另一个特点是可以在一条语句中结束多个循环。例如在下面的例子中，在一条语句中终止了两个 DO 循环。

```
   DO 10 i = 1, 10
   DO 10 j = 1, 10
10 a(i,j) = REAL(i+j)
```

这种结构非常容易引起混乱，因此，永不不要在任何现代程序中使用它。

在一条语句中终结多个 DO 循环已被 Fortran2008 删除。

最后，在 FORTRAN77 中允许使用单精度或双精度实数作为 DO 循环的控制变量，这一点非常糟糕，因为采用实数控制变量控制的循环，其效率和不同处理机的性能有关（在第 4 章中介绍过）。Fortran90 中已将使用实数控制变量的循环声明删除了。

良好的编程习惯

永远不要在新程序中使用任何旧形式的 DO 循环。

18.9 I/O 语句的冗余特性

I/O 语句的一些特性已成为冗余的，不应当在任何现代程序中使用它们。I/O 语句的 END=子句和 ERR=子句很大程度上已被 IOSTAT=子句取代。IOSTAT=子句更加灵活，而且与现代结构化程序设计更为兼容。因此，在新的程序中应当只用 IOSTAT=子句。

类似地，有三个格式描述符已被声明为是冗余的，不建议在现代程序中使用。格式描述符 H 是在 FORMAT 语句中指定字符串的旧方式，在表 10-1 中简略提到。它已被带单引号或双引号的字符串形式完全取代。

Fortran95 中已经删除了格式描述符 H，这意味着它不再是 Fortran 语言官方版本的一部分。

在用格式描述符 E 和 F 显示数据时，比例因子 P 被用来进行小数点定位。由于引入了格式描述符 ES 和 EF，比例因子 P 已经是冗余的，永不要在任何新程序中再使用。

在早期版本的 Fortran 中，格式描述符 D 被用于双精度的输入和输出数据。它等同于现在的描述符 E，唯一的区别在于输出 D 而不是 E 来作为指数的标记。没有任何必要在新程序中再使用格式描述符 D。

在从卡片格式文件中读取数据项时，格式描述符 BN 和 BZ 用来解释读取到的空格符的意义。现代 Fortran 默认忽略输入域中的空格符。而在 FORTRAN66 及更早版本中，空格符被处理成代表“0”。为了兼容早期 Fortran 版本，仍旧提供了对这些描述符的支持，但是永没有必要在新程序中继续使用它们了。

18.10 小结

本章中，介绍了许多各色各样的 Fortran 特性。其中，大多数特性是冗余的，已被废弃的，或者与结构化程序设计方法不兼容的。为了与旧版本兼容，仍旧提供了对这些特性的支持。

本章介绍的每一个特性都不应该在任何新程序中再使用，除了对多条 STOP 语句的参数声明外。由于现代程序设计已经很少需要 STOP 语句，因此，也很少用到 STOP 语句。然而，如果编写了一个包含多个 STOP 语句的程序，一定要确保对每条 STOP 语句使用 WRITE 语句或者对其使用参数，以便能够区分程序每一个可能的停止点。

那些需要和旧的 Fortran 代码打交道的过程中偶然可能会需要 COMMON 块，但是新程序应当使用模块来完成数据共享，而不是 COMMON 块。

可能有极少数情况下需要使用无条件 GO TO 语句，例如异常控制。大多数常规情况下使用的 GO TO 语句已经被 IF、CASE 和 DO 结构所取代，在现代程序设计中已很少使用 GO TO。

表 18-1 对那些不应当在新程序中继续使用的 Fortran 特性做了总结，同时也给出了在旧代码中碰到它们时如何替代的说明。

表 18-1 陈旧的 Fortran 特性一览表

特性	状态	说明
源码格式		
固定源码格式	在 Fortran95 中废弃	用自由格式
特定语句		
CHARACTER*<len>语句	在 Fortran95 中废弃	用 CHARACTER（len=*<len>格式
COMMON 块	多余	用模块来交换数据
DATA 语句	多余	在类型声明语句中初始化
DIMENSION 语句	多余	用类型声明语句中的维数属性
EQUIVALENCE 语句	不需要，会引起混乱	用动态内存分配替换临时存储空间。用 TRANSFER 函数改变特定数据值的类型
IMPLICIT 语句	引起混乱，但合法	别再用。始终用 IMPLICIT NONE 和显式类型声明语句替代之
PARAMETER 语句	多余，引起语法混乱	用类型声明语句中的参数属性替代之
无标号的 COMMON	多余	用模块来交换数据
不需要的子程序特性		
另一入口点	不需要，会引起混乱	模块中过程间共享数据，过程间别共享代码
另一子程序返回点	在 Fortran95 中废弃	用状态变量和子例程调用后的状态测试替代之
语句函数	在 Fortran95 中废弃	用内部过程替代之
执行控制语句		
PAUSE 语句	在 Fortran95 中已删除	用 READ 后随 WRITE 语句替代之
分支和循环控制语句		
算术 IF 语句	在 Fortran2008 已删除	用逻辑 IF
可赋值的 GO TO 语句	在 Fortran95 中已删除	用 IF 或 CASE 结构块
可计算的 GO TO 语句	在 Fortran95 中废弃	用 CASE 结构
GO TO 语句	很少需要	大部分被含有 CYCLE 和 EXIT 语句的 IF，CASE 和 DO 结构替代
DO 100… … 100 CONTINUE	多余	用 DO… … END DO
DO 循环终止在执行语句	在 Fortran2008 已删除	用 END DO 语句终止循环
多个 DO 循环终止在同一条语句上	在 Fortran2008 已删除	用独立的语句上终止循环
I/O 特性		
H 格式描述符	在 Fortran95 中已删除	用单引号或双引号括住字符串
D 格式描述符	多余	用 E 格式描述符
P 比例因子	多余，会引起混乱	用 ES 或 EN 格式描述符
BN 和 BZ 格式描述符	不需要	空格始终为空（null），这是默认的情况

续表

特　性	状　态	说　明
S，SP 和 SS 格式描述符	不需要	接受处理机的默认行为
ERR=子句	多余，会引起混乱	用 IOSTAT=子句和 IOMSG=子句
END=子句	多余，会引起混乱	用 IOSTAT=子句和 IOMSG=子句

18.10.1 良好的编程习惯小结

本章介绍的每一个特性都不应该在任何新程序中使用，除了对多条 STOP 语句的参数声明。由于现代程序设计已经很少需要多条 STOP 语句，因此，也很少用到对 STOP 语句的参数声明。然而，如果编写了一个包含多个 STOP 语句或 ERROR STOP 语句的程序，一定要确保对每条 STOP 语句使用 WRITE 语句或者对其进行参数声明，以便能够区分出程序每一个可能的停止点。

18.10.2 Fortran 语句和结构小结

算术 IF 语句

```
IF (算术表达式) label1, label2, label3
```

举例：

```
IF (b**2-4.*a*c) 10, 20, 30
```

说明：

算术 IF 语句是已被废弃的条件分支语句。当算术表达式的值为负时，控制跳转执行 label1 处的语句。如果值为 0，控制跳转执行 label2 处的语句。如果值为正，控制跳转执行 label3 处的语句。

算术 IF 语句已被 Fortran95 废弃。

可赋值的 GO TO 语句

```
ASSIGN label TO int_var
  GO TO int_var
```

或者

```
  GO TO int_var, (label1, label2, ... labelk)
```

举例：

```
ASSIGN 100 TO i
...
GO TO i
...
100... (从这里继续执行)
```

说明：

可赋值的 GO TO 语句是已被废弃的分支结构。通过 ASSIGN 语句，一个语句标号首先被赋值给一个整型变量。当执行可赋值的 GO TO 语句时，程序将跳转到赋值给整型变量中的标号标识的语句处。

可赋值的 GO TO 语句已被 Fortran95 删除。

COMMON 块

```
COMMON / name / var1, var2, ...
COMMON var1, var2, ...
```

举例：

```
COMMON / shared / a, b, c
COMMON a, i(-3:3)
```

说明：

这条语句定义了一个 COMMON 块。块中声明的变量将从某个内存位置开始连续分配空间。该空间可以被 COMMON 块中声明的任何程序单元访问。COMMON 块已经被在模块中声明的数据值取代。

可计算的 GOTO 语句

```
GO TO (label1, label2, ... labelk), int_var
```

举例：

```
GO TO (100, 200, 300, 400), i
```

说明：

可计算的 GO TO 语句是已被废弃的分支结构。根据整型变量的取值，程序将转向标号列表中的某条语句执行。如果变量值为 1，将转到列表中的第一条语句处执行，以此类推。

可计算的 GO TO 语句已被 Fortran95 废弃。

CONTINUE 语句

```
CONTINUE
```

说明：

这条语句只是一个占位语句，什么事情也不做。有时候它被用来终止 DO 循环，或者和语句标号一起来标明某个位置。

DIMENSION 语句

```
DIMENSION array( [i1:]i2, [j1:]j2, ... ), ...
```

举例：

```
DIMENSION a1(100), a2(-5:5), i(2)
```

说明：

这条语句声明了数组的大小，却没有声明它的类型。必须用独立的类型声明语句来声明数组元素的类型，否则就用默认类型。在代码优良的程序中不需要 DIMENSION 语句，因为类型声明语句可以完成同样的工作。

DO 循环（旧版的）

```
DO k index = istart, iend, incr
   ...
k  CONTINUE
```

或者

```
  DO k index = istart, iend, incr
   ...
k  Executable statement
```

举例：

```
  DO 100 index = 1, 10, 3
  ...
100 CONTINUE
```

或者

```
  DO 200 i = 1, 10
200 a(i) = REAL(i**2)
```

说明：

这种形式的 DO 循环将重复执行紧接着 DO 语句开始，一直到 DO 中出现标号的那些语句。这些循环中的控制参数与现代 DO 结构中的循环完全一样。

只有以 END DO 结尾的 DO 循环可以用在新的程序中。以 CONTINUE 结尾的 DO 循环虽然是合法的，但已多余，不应继续使用。用其他语句终止的 DO 循环（如第二个例子）已被 Fortran 2008 删除。

ENTRY 语句

```
ENTRY name( arg1, arg2, ... )
```

举例：

```
ENTRY sorti ( num, data1 )
```

说明：

这条语句声明了一个 Fortran 子例程或函数子程序的入口。通过 CALL 语句和函数引用可以执行入口点。形参 arg1，arg2 等是占位符，在执行子程序时被调用参数替代。应当在现代程序中避免使用该语句。

EQUIVALENCE 语句

```
EQUIVALENCE ( var1, var2, ...)
```

举例：

```
EQUIVALENCE ( scr1, iscr1 )
```

说明：

EQUIVALENCE 语句是一条很特别的语句，它指定括号中的所有变量占用同一地址的内存空间。

GO TO 语句

```
GO TO label
```

举例：

```
GO TO 100
```

说明：

GO TO 语句控制程序无条件转去执行标号指定的语句。

IMPLICIT 语句

```
IMPLICIT type1 (a1, a2, a3, ...), type2 (b1, b2, b3, ...), ...
```

举例：

```
IMPLICIT COMPLEX (c,z), LOGICAL (l)
```

说明：

IMPLICIT 语句是一条说明语句，它重载 Fortran 内置的默认类型。它为以特定字母开头的变量或参数指定默认类型。永不要在现代程序中使用该语句。

PAUSE 语句

```
PAUSE prompt
```

举例：

```
PAUSE 12
```

说明：

PAUSE 语句是一条可执行语句，它暂停程序的执行，直到用户重新开始它。prompt 可以是一个 0～9999 之间的整数，也可以是一个字符常量，在 PAUSE 语句执行时被显示。

PAUSE 语句已被 Fortran95 删除。

语句函数

```
name(arg1,arg2,...) = 含有 arg1, arg2, ...的表达式
```

举例：

```
Definition:    quad(a,b,c,x) = a * x**2 + b * x + c
Use:   result = 2. * pi * quad(a1,b1,c1,1.5*t)
```

说明：

语句函数是一种旧式结构，已被内部函数所取代。它在程序的声明部分定义，并且只能在程序内部使用。当函数被调用时，形参 arg1，arg2 等会用实际数值来代替。

语句函数已被 Fortran95 废弃，永不要在任何现代程序中使用它。

附录 A

ASCII 字符集

Fortran 默认字符集中的每一个字符在内存中都用一个字节来存储，因此，每一个字符变量都有 256 个可能的值。下表中给出了 ASCII 字符集，每个字符对应的十进制数字的第一位是表的行值，第二三位由表的列值给出。如，字符'R'在第 8 行第 2 列，故它的 ASCII 字符取值是 82。

	0	**1**	**2**	**3**	**4**	**5**	**6**	**7**	**8**	**9**
0	nul	soh	stx	etx	eot	enq	ack	bel	bs	ht
1	nl	vt	ff	cr	so	si	dle	dc1	dc2	dc3
2	dc4	nak	syn	etb	can	em	sub	esc	fs	gs
3	rs	us	sp	!	"	#	$	%	&	'
4	(	)	*	+	,	–	.	/	0	1
5	2	3	4	5	6	7	8	9	:	;
6	<	=	>	?	@	A	B	C	D	E
7	F	G	H	I	J	K	L	M	N	O
8	P	Q	R	S	T	U	V	W	X	Y
9	Z	[	\	]	^	_	`	a	b	c
10	d	e	f	g	h	I	j	k	l	m
11	n	o	p	q	r	s	t	u	v	w
12	x	y	z	{	|	}	~	del		

附录 B

Fortran/C 交互操作

对于科学计算来说，Fortran 是非常出色的语言，而其他像 C 和 C++语言则有更好的网络套接字接口、显示数据、与低级位运算接口、调用 Wen 服务等功能。因为 C 和 Fortran 各有各的强项，Fortran 2003 和后来介绍的标准机制允许 Fortran 和 C/C++交互操作，即 Fortran 可以调用 C/C++函数，C/C++可以调用 Fortran 子程序和函数。之前很多年就可以这样做了，但每种编译器和操作系统处理方法不同，在某台计算机所用的编译器上编写的代码，不重写就没办法移植到其他系统上去。有了新的 Fortran/C 交互操作的特性，现在可以用标准的方法，实现跨越不同的编译器和操作系统，完成 Fortran 对 C 的调用，反之亦然。

Fortran/C 之间的交互操作关键是要使得不同语言之间的调用可以完成，这需要我们保证两种语言使用相同的调用参数序列，用同样的方式传递数据（值或引用），也就是在调用参数序列中数据类型必须一样。Fortran 中介绍的新的称为 iso_c_binding 的内置模块用来保证交互操作中的参数名和结构的相同。

内置模块 iso_c_binging 声明了所有需要的特性，保证交互很容易实现。这些特性是：

（1）定义 Fortran 不同种数据类型在交互操作 C 时对应的 C 的数据的相应类型[1]。

（2）定义 Fortran 命名的常量与 C 常用不可打印字符集的对应关系，如空字符（\0），新的换行字符（\n）和水平制表符（\t）等。

（3）实现 Fortran 对 C 语言主要过程和指针的对应关系命名，如 C_F_POINTER 转换 C 指针为 Fortran 指针，C_LOC 返回变量的内存地址。

表 B-1 给出了部分数据类型和模块 iso_c_binding 中声明的对应类型。表 B-2 给出了部分常量和模块 iso_c_binding 中声明的一般过程。

表 B-1　　声明在模块 iso_c_binding 中的可选数据类型

Fortran 类型	Fortran 类别	C 类型
INTEGER	C_INT	int
	C_SHORT	short int
	C_LONG	long inrt
	C_LONG_LONG	long long int
	C_SIGNED_CHAR	signed char
		unsigned char
	C_SIZE_T	size_t
	C_INT8_T	int8_t
	C_INT16_T	int16_t

[1] 在模块中仅定义了交互操作数据类型，以用于实现两种语言之间的数据共享。例如，C 语言扩展的无符号整型数在 Fortran 中没有对应的类型，于是它不能用在混合语言的接口中。类似的，Fortran 字符串含有一个隐含的长度变量值，在 C 字符串中却没有对应的隐含长度变量存在，于是字符串不可以用于混合语言接口中。

续表

Fortran 类型	Fortran 类别	C 类型
	C_INT32_T	int32_t
	C_INT64_T	int64_t
REAL	C_FLOAT	float
	C_DOUBLE	double
	C_LONG_DOUBLE	long double
COMPLEX	C_FLOAT_COMPLEX	float _Complex
	C_DOUBLE_COMPLEX	double _Complex
	C_LONG_DOUBLE_COMPLEX	long double _Complex
LOGICAL	C_BOOL	_Bool
CHARACTER	C_CHAR	char

表 B-2　　在模块 iso_c_binding 中声明的常量和过程

名字	说　明
命名的常量	
C_NULL_CHAR	控制符（'\0'）
C_ALERT	响铃（'\a'）
C_BACKSPACE	回退一格（'\b'）
C_FORMFEED	换页（'\f'）
C_NEW_LINE	换行（'\n'）
C_CARRIAGE_RETURN	回车（'\r'）
C_HORIZONTAL_TAB	水平制表符（'\t'），它的作用是将光标移到最接近 8 的倍数的位置，使得后面的输入从此开始
C_VERTICAL_TAB	垂直制表符（'\v'），它的作用是让'\v'后面的字符从下一行开始输出，且开始的列数为“\v”前一个字符所在列后面一列
过程	
C_ASSOCIATED	测试是否关联 C 指针的函数
C_F_POINTER	转换 C 指针为 Fortran 指针的函数
C_F_PROCPOINTER	转换 C 函数指针为 Fortran 过程指针的函数
C_FUNLOC	返回 C 函数的内存地址
C_LOC	返回 C 数据项的内存地址
C_SIZEOF	返回 C 数据项占用的字节数
交互操作中对应 C 指针的类型	
C_PTR	表示任何 C 指针类型的派生类型
C_FUNPTR	表示任何 C 函数指针类型的派生类型
C_NULL_PTR	空的 C 指针的值
C_NULL_FUNPTR	空的 C 函数指针的值

希望使用 iso_c_binding 模块的 Fortran 程序必须用有 INTRINSIC 属性的 USE 子句声明该

模块，以便编译器知道该模块已内置，无需再额外定义。

```
USE, INTRINSIC :: iso_c_binding
```

B.1 声明交互数据类型

将要和 C 交互操作的 Fortran 数据类型必须表 B-1 中的某一种类来声明。例如，在 Fortran 程序和 C 函数中都要修改的整型变量将声明如下：

```
INTEGER(KIND=C_INT)::ival
```

类似的，在 Fortran 程序和 C 函数中都要修改的浮点变量将声明如下：

```
REAL(KIND=C_FLOAT)::value
```

注意，在交互操作的程序中 LOGIACAL 和 CHARACTER 数据类型会有特殊问题。在 Fortran 中，如果最高位为 1，则 LOGIACAL 值为真，这意味着这个值是一个负值。一般来说，逻辑真值用–1 表示，意思是置所有位为 1，逻辑假值用 0 表示，意思是置所有位为 0。相反，只要有一位数据值为 1，则 C_Bool 数据类型值就定义为真，而该数据值为假，则 C_Bool 数据类型值为 0。一些编译器有一个编译时间切换，该切换可能会修改 Fortran 逻辑值表示方法，以使它们与 C_Bool 之兼容❷。换句话说，必须小心解释在两种语言相互传递的逻辑值。

当在两种语言间传递字符数据时也有问题。Fortran 字符串在 C 中没有对应的取值。Fortran 数据类型隐含有一个长度参数，以使得语言知道串的长度。由于隐含参数不能在两种语言间传递，Fortran 字符串不能被用来在两种语言间调用。

C 语言使用字符串数组（类型是 char）来表示字符串，通过查找字符串结尾处的空字符（'\0'）语言知道字符串在哪里结束。Fortran 字符串必须在字符串末尾添加空字符，才能传递给 C 语言程序或调用 C 函数。C 字符串也仅仅是通过声明字符数组来传递给 Fortran 程序，这时 C 数组直接映射成了 Fortran 字符数组，随后 Fortran 过程必须去查找空字符，以知道字符串在哪里结束。

Fortran 数组默认下标起始值为 1，这是一个可以用 DIMENSION 重载的属性。C 语言的数组默认下标起始值为 0。因此，假设要在 Fortran 和 C 中传递数组，最简单也更明确的方法是下标声明为 0 而不是 1。

```
REAL(KING=C_FLOAT), DIMENSION(0:10)::array
```

在两种语言间也可以传递派生数据类型，只要用特殊的 BIND（C）属性声明类型结构。这个属性保证 Fortran 的结构数据被准确地转换成对应的 C struct 数据，以使得数据在另一种语言中被恰当的读取。例如，假设要在派生数据类型中含有一个整型数、两个单精度实型值按如下声明它，可以使得该数据类型在 C 中兼容。

```
TYPE, BIND(C)::my_type
   INTEGER(KIND=C_INT)::count
   REAL(KING=C_FLOAT)::data1
REAL(KING=C_FLOAT)::data2
END TYPE
```

这个结构数据将被精确地映射成如下声明的 C struct 类型：

```
typedef struct {
```

❷ 在 Fortran 中，编译时间选项“fpscomp logicals”用于修改 Fortran 逻辑值的定义，以使得它与 C 语言兼容。

```
    int count;
    float data1;
    float data2;
}MyType
```

B.2 声明交互过程

用 BIND（C）属性可以声明 Fortran 过程来和 C 交互操作。这个属性应该出现在子程序或函数的调用参数之后。类似的，描述 C 函数的 Fortran 接口应该用 BIND（C）属性声明，以使得编译器知道函数将被按 C 语言调用。在另一情况中，用 BIND（C）属性声明的过程要有下列特殊性质：

（1）过程的扩展名是 C 编译器可以使用的名字，Fortran 过程名要转换为小写。

（2）按 Fortran 标准用 reference 来传递和接收参数，而不是按 C 的默认方式传递。

（3）只允许使用可交互操作的参数，这意味着所有参数必须是表 B-1 定义的某种数据类型之一。

（4）不允许使用隐含参数，所以 Fortran 字符串传递给 C 函数，将无隐含长度值，必须用空字符结尾。

Fortran 支持两种过程：子程序和函数。相反，C 仅支持函数。但是，函数可以被声明为 void，不带返回值，这就好比是子程序。所以 Fortran 子程序对应着 C 的 void 函数，Fortran 函数对应着 C 的带返回值的函数。

B.3 样例程序——FORTRAN 调用 C

一个 Fortran 程序调用 C 函数的简单例子如下所示。

图 B-1 展示的简单 Fortran 程序，它读取两个浮点指针中的值，调用一个 C 函数来计算两个值的和。计算出的和返回给 Fortran 程序打印输出。

```
PROGRAM fortran_calls_c
USE, INTRINSIC :: iso_c_binding
! 声明对 C 函数的接口
INTERFACE
  SUBROUTINE calc(a, b, c) BIND(C)
  USE, INTRINSIC :: iso_c_binding
  REAL(KIND=C_FLOAT) :: a, b, c
  END SUBROUTINE calc
END INTERFACE
! 获取数据
WRITE(*,*) 'Enter a:'
READ (*,*) a
WRITE(*,*) 'Enter b:'
READ (*,*) b
! 调用 C 函数
CALL calc(a, b, c)
! 输出结果
WRITE (*,*) 'In Fortran: a + b = ', c
END PROGRAM fortran_calls_c
```

图 B-1 简单的 Fortran 程序，它调用 C 函数完成计算，并显示计算结果注意 Fortran 程序定义了一个对 C 函数的接口。因为函数是 void，Fortran 接口是一个子程序。这个子程序在 SUNROUTINE 语句中要用 BIND（C）子句来声明 C 函数。

相应的 C 函数如图 B-2 所示，该函数传递的命令行参数是引用、要相加的变量 a 和 b、以及存储和返回结果的变量 c，还用 printf 语句打印输出了计算结果。

```
void calc (float *a, float *b, float *c)
{
  // 求 a 和 b 的和
  *c = *a + *b;
  // 输出
  printf(" In C: a + b = %f\n", *c);
}
```

图 B-2　C 函数 calc

编译和连接 Fortran 程序和 C 函数的方法取决于编译器和操作系统。对于 Windows 上允许的 Intel Fortran 和 Microsoft C，首先编译 C 函数为目标代码，然后编译 Fortran 程序，然后在命令行上输入 C 函数对象文件名。

```
C:\Data\book\fortran\appB\fortran_calls_c>cl /c calc.c
Microsoft (R) C/C++ Optimizing Compiler Version 18.00.40629 for x86
Copyright (C) Microsoft Corporation. All rights reserved.
calc.c
C:\Data\book\fortran\appB\fortran_calls_c>ifort /standard-semantics fortran_
calls_c.f90 calc.obj
Intel(R) Visual Fortran Compiler for applications running on IA-32, Version
16.0.3.207 Build 20160415
Copyright (C) 1985-2016 Intel Corporation. All rights reserved.
Microsoft (R) Incremental Linker Version 12.00.40629.0
Copyright (C) Microsoft Corporation. All rights reserved.
-out:fortran_calls_c.exe
-subsystem:console
fortran_calls_c.obj
calc.obj
```

当执行程序时，结果如下：

```
C:\Data\book\fortran\appB\fortran_calls_c>fortran_calls_c
输入 a:
2
 输入 b:
4
  C 函数: a + b = 6.000000
  Fortran 函数: a + b = 6.000000
```

第二个例子展示如下。该程序说明在 Fortran 与 C 之间如何传递用户自定义数据类型和字符串。正如前面所述，Fortran 程序定义对 C 函数的接口，并在 iso_c_binding 模块中声明全部的调用参数。

图 B-3 给出了该 Fortran 程序，它传递给 C 一个结构数据和一个字符串。结构数据称为 my_type，定义在模块中，在主程序中使用。程序初始化结构数据的值和字符串，然后调用 C 函数 c_sub，打印输出 c_sub 调用之前和之后的数据。

```
MODULE data_types
```

```
USE, INTRINSIC :: iso_c_binding
IMPLICIT NONE
TYPE,BIND(C) :: my_type
  INTEGER(KIND=C_INT) :: n
  REAL(KIND=C_FLOAT) :: data1
  REAL(KIND=C_FLOAT) :: data2
END TYPE my_type
END MODULE data_types
PROGRAM fortran_calls_c2
USE, INTRINSIC :: iso_c_binding
USE data_types
TYPE(my_type) :: my_struct
CHARACTER(KIND=C_CHAR),DIMENSION(20) :: c
! 声明 C 函数的接口
INTERFACE
  SUBROUTINE c_sub(my_struct, msg) BIND(C)
  USE, INTRINSIC :: iso_c_binding
  USE data_types
  TYPE(my_type) :: my_struct
  CHARACTER(KIND=C_CHAR),DIMENSION(20) :: msg
  END SUBROUTINE c_sub
END INTERFACE
! 初始化数据
my_struct%n = 3
my_struct%data1 = 6
my_struct%data2 = 0
c(1) = 'H'
c(2) = 'e'
c(3) = 'l'
c(4) = 'l'
c(5) = 'o'
c(6) = C_NULL_CHAR
! 调用前的输出
WRITE (*,*) 'Output before the call:'
WRITE (*,*) 'my_struct%n    = ', my_struct%n
WRITE (*,*) 'my_struct%data1 = ', my_struct%data1
WRITE (*,*) 'my_struct%data2 = ', my_struct%data2
! 调用 C 函数
CALL c_sub(my_struct, c)
! 调用后的输出
WRITE (*,*) 'Output after the call:'
WRITE (*,*) 'my_struct%n    = ', my_struct%n
WRITE (*,*) 'my_struct%data1 = ', my_struct%data1
WRITE (*,*) 'my_struct%data2 = ', my_struct%data2
END PROGRAM fortran_calls_c2
```

图 B-3 简单的 Fortran 程序，它用派生数据类型和字符串调用 C 函数

C 函数将数值 n 与结构体中的 data1 相乘，在存储结果到 data2 中，还输出传递给 C 函数的字符串。C 函数如下图 B-4 所示。

```
typedef struct {
  int n;
  float data1;
```

```
  float data2;
} MyType;
void c_sub (MyType *my_struct, char c[])
{
  // Multiply n * data1 and store in data2
  my_struct->data2 = my_struct->n * my_struct->data1;
  // Print the character string
  printf(" String = %s\n", c);
}
```

图 B-4 C 函数 c_sub

对于 Windows 上运行的 Intel Fortran 和 Microsoft C，Fortran 主程序和 C 函数被如下编译：

```
C:\Data\book\fortran\appB\fortran_calls_c2>cl /c c_sub.c
Microsoft (R) C/C++ Optimizing Compiler Version 18.00.40629 for x86
Copyright (C) Microsoft Corporation. All rights reserved.
c_sub.c
C:\Data\book\fortran\appB\fortran_calls_c2>ifort /standard-semantics
data_types.f90 fortran_calls_c2.f90 c_sub.obj /Fefortran_calls_c2.exe
Intel(R) Visual Fortran Compiler for applications running on IA-32, Version
16.0.3.207 Build 20160415
Copyright (C) 1985-2016 Intel Corporation. All rights reserved.
Microsoft (R) Incremental Linker Version 12.00.40629.0
Copyright (C) Microsoft Corporation. All rights reserved.
-out:fortran_calls_c2.exe
-subsystem:console
fortran_calls_c2.obj
calc.obj
```

当执行程序时，结果如下：

```
C:\Data\book\fortran\appB\fortran_calls_c2>fortran_calls_c2
Output before the call:
 my_struct%n   = 3
 my_struct%data1 = 6.000000
 my_struct%data2 = 0.000000
 String = Hello
 Output after the call:
 my_struct%n   = 3
 my_struct%data1 = 6.000000
 my_struct%data2 = 9.000000
```

B.4 样例程序——C 调用 FORTRAN

C 主程序用 Fortran/C 交互特性也可以调用 Fortran 子程序或函数。下面程序说明一个 C 主函数如何调用 Fortran 子程序。Fortran 子程序接收三个参数，把一二两个参数相乘，保存结果到第三个参数，如图 B-5 所示。

```
SUBROUTINE my_sub(a, b, c) BIND(C)
USE, INTRINSIC :: iso_c_binding
IMPLICIT NONE
REAL(KIND=C_FLOAT) :: a, b, c
c = a * b
```

```
END SUBROUTINE my_sub
```

图 B-5 可以被 C 主程序调用的 Fortran 子程序

调用子程序的 C 主程序如图 B-6 所示。

```
int main ()
{
  float a = 3;
  float b = 4;
  float c;
  /* Call the Fortran subroutine */
  my_sub( &a, &b, &c );
  printf("a = %f\n", a);
  printf("b = %f\n", b);
  printf("c = %f\n", c);
  return ÿ;
}
```

图 B-6 调用 Fortran 子程序的 C 主程序

正如前面所述，编译和执行 C/ Fortran 混合程序的步骤与编译器和操作系统有关。对于 Intel Fortran 和 Microsoft C，Fortran 和 C 编译如下所示：

```
C:\Data\book\fortran\appB\c_calls_fortran>ifort /c my_sub.f90
Intel(R) Visual Fortran Compiler for applications running on IA-32, Version
16.0.3.207 Build 20160415
Copyright (C) 1985-2016 Intel Corporation. All rights reserved.
C:\Data\book\fortran\appB\c_calls_fortran>cl cmain.c my_sub.obj
Microsoft (R) C/C++ Optimizing Compiler Version 18.00.40629 for x86
Copyright (C) Microsoft Corporation. All rights reserved.
cmain.c
Microsoft (R) Incremental Linker Version 12.00.40629.0
Copyright (C) Microsoft Corporation. All rights reserved.
/out:cmain.exe
cmain.obj
my_sub.obj
```

当执行程序时，结果如下：

```
C:\Data\book\fortran\appB\c_calls_fortran>cmain
a = 3.000000
b = 4.000000
c = 12.000000
```

附录 C
Fortran 内置过程

本附录中介绍了嵌在 Fortran 语言中的内置过程，并给出了正确使用它们的一些建议。尽管出现了少量内置子例程，但是 Fortran 的内置过程主要是函数。

C.1 内置过程的分类

Fortran 内置过程可分为三种类型：逐元函数，查询函数和转换过程。逐元函数[1]的参数指定为标量，但是也可以是数组。如果逐元函数的参数是标量，那么函数的结果也将是标量。如果函数的参数是一个数组，那么函数的结果将是与输入参数同样形状的数组。如果有一个以上的输入参数，那么所有的参数都必须是同样形状。如果将逐元函数应用于数组，就好像把函数逐个作用于数组的每个元素上，然后再把所有带个结果组合起来，返回一个同样结构的数组。

查询函数，或者查询子例程，其函数返回值取决于于被调用对象。例如，对于查询函数 PRESENT（A），如果调用时有可选参数 A，那么函数将返回一个真值。别的查询函数通常返回一个特定处理机上由系统决定的实数和整数。

转换函数，有一个或多个数组型参数或数组型返回值。与逐个操作数组元素的逐元函数不同，转换函数作用于整个数组。转换函数的输出往往与输入参数结构不同。例如，DOT_PRODUCT 函数有两个同样大小的矢量输入参数，却产生了一个标量输出。

C.2 按字母顺序排序的内置过程表

表 C-1 包含了按字母顺序排序的 Fortran 内置过程。表格由五列组成。表格第一列包含每个过程的通用名及其调用参数表。调用参数序列由与每一个参数相关的关键字来表示。必需参数用罗马字体表示，可选参数用斜体表示。关键字的使用是可选择的，但是如果在调用参数序列中缺省了前面的可选参数，或者以非缺省序列指定参数（参见 13.3 节），那么在这个参数时就必须使用可选的关键字。例如，SIN 函数有一个参数，参数的关键字是 X，那么这个函数可以用或不用关键字来调用，所有下面两条语句是等价的。

```
result=sin(x=3.141593)
result=sin(3.141593)
```

另外一个例子是 MAXVAL 函数。该函数有一个必需的参数和两个可选参数。

```
MAVXAL(ARRAY,DIM,MASK)
```

如果三个调用值按照上述次序指定，就无需关键字而只需要简单地包含在参数序列中。但是，如果没有 DIM 参数，却指定了 MASK 参数，此时就必须用关键字。

[1] 一个内置子例程也是逐元过程。

```
value=MAVXAL(array, MASK=mask)
```

绝大部分的通用参数关键字类型如下所示（可使用的特定类型的任何类别来调用）

A	任一类型
ARRAY	任一数组
BACK	逻辑型
CHAR	字符型
COARRAY	优化数组
DIM	整型
I	整型
KIND	整型
MASK	逻辑型
SCALAR	任一标量
STRING	字符型
X，Y	数字（整数，实数或复数）
Z	复数型

对于其他类型关键词，可查阅下文中对过程的详细说明。

第二列包含了内置函数的专用名，如果在 INTRINSIC 语句中出现并作为实参传递给另一个函数时，函数就必须用专用名调用。如果这列为空，那么过程就没有专用名，也就不会作为调用参数来使用。用于专用函数的参数类型如下：

c, c1, c2,……	默认复数型
d, d1, d2,…	双精度实数型
i, i1, i2,…	默认整型
r, r1, r2,…	默认实型
l, l1, l2,……	逻辑型
str1, str2,……	字符型

如果过程是一个函数，那么在第三列中包含了函数的返回值类型，显然，内置子例程没有相应的关联类型。第四列是本附录中详细介绍该过程的章节号。第五列在表格的最后，用来作注释。

表 C-1　　所有 Fortran 内置过程的专用名和通用名

通用名，关键字和调用参数序列	专用名	函数类型	章节	注释
ABS（A）		参数类型	C.3	
	ABS（r）	默认实型		
	CABS（c）	默认实型		2
	DABS（d）	双精度		
	IABS（i）	默认整型		
ACHAR（I，*KIND*）		一个字符	C.7	
ACOS（X）		参数类型	C.3	
	ACOS（r）	默认实型		
	DACOS（d）	双精度		
ACOSH（X）		参数类型	C.3	
ADJUSTL（STRING）		字符	C.7	

续表

通用名，关键字和调用参数序列	专用名	函数类型	章节	注释
ADJUSTR（STRING）		字符	C.7	
AIMAG（Z）	AIMAG（c）	实型	C.3	
AINT（A，*KIND*）		默认类型	C.3	
	AINT（r）	默认实型		
	DINT（d）	双精度		
ALL（MASK，*DIM*）		逻辑型	C.8	
ALLOCATED（SCALAR）		逻辑型	C.9	
ANINT（A，*KIND*）		参数类型	C.3	
	ANINT（r）	实型		
	DNINT（d）	双精度		
ANY（MASK，*DIM*）		逻辑型	C.8	
ASIN（X）	ASIN（r）	参数类型		
	ASIN（r）	实型		
	DASIN（d）	双精度		
ASINH（X）		参数类型	C.3	
ASSOCIATED（POINTER，*TARGET*）		逻辑型	C.9	
ATAN（X，*Y*）		参数类型	C.3	
	ATAN（r）	实型		
	DATAN（d）	双精度		
ATAN2（Y，X）		参数类型	C.3	
	ATAN2（r2，r1）	实型		
	DATAN2（d2，d1）	双精度		
ATANH（X）		参数类型	C.3	
BESSEL_J0（X）		参数类型	C.3	
BESSEL_J1（X）		参数类型	C.3	
BESSEL_JN（N，X）		参数类型	C.3	
BESSEL_JN（N1，N2，X）		参数类型	C.3	
BESSEL_Y0（X）		参数类型	C.3	
BESSEL_Y1（X）		参数类型	C.3	
BESSEL_YN（N，X）		参数类型	C.3	
BESSEL_YN（N1，N2，X）		参数类型	C.3	
BGE（I，J）		逻辑型	C.6	
BGT（I，J）		逻辑型	C.6	
BIT_SIZE（I）		逻辑型	C.4	
BLE（I，J）		逻辑型	C.6	

续表

通用名，关键字和调用参数序列	专用名	函数类型	章节	注释
BLT（I，J）		逻辑型	C.6	
BTEST（I，POS）		逻辑型	C.6	
CEILING（A，*KIND*）		整型	C.3	
CHAR（I，*KIND*）		一个字符	C.7	
CMPLX（X，*Y*，*KIND*）		复数	C.3	
COMMAND_ARGUMENT_COUNT（）		整型	C.5	
CONGJ（Z）	CONJG（c）	复数	C.3	
COS（X）		参数类型	C.3	
	CCOS（c）	复数		
	COS（r）	实型		
	DCOS（d）	双精度		
COSH（X）		参数类型	C.3	
	COSH（r）	实型		
	DCOSH（d）	双精度		
COSHAPE（COARRAY，*KIND*）		整型	C.11	
COUNT（MASK，*DIM*）		整型	C.8	
CPU_TIME（TIME）		子例程	C.5	
CSHIFT（ARRAY，*SHIFT*，*DIM*）		数组类型	C.8	
DSHIFTL（I，J，SHIFT）		整型	C.6	
DSHIFTR（I，J，SHIFT）		整型	C.6	
DATE_AND_TIME（*DATE*，*TIME*，*ZONE*，*VALUES*）		子例程	C.5	
DBLE（A）		双精度	C.3	
DIGITS（X）		整型	C.4	
DIM（X，Y）		参数类型	C.3	
	DDIM（d1，d2）	双精度		
	DIM（r1，r2）	实型		
	IDIM（i1，i2）	整型		
DOT_PRODUCT（VECTOR_A，VECTOR_B）		参数类型	C.3	
DPROD（X，Y）	DPROD（x1，x2）	双精度	C.3	
EOSHIFT（ARRAY，SHIFT，*BOUNDARY*，*DIM*）		数组类型	C.8	
EPSILON（X）		实型	C.4	
ERF（X）		参数类型	C.3	
ERFC（X）		参数类型	C.3	

续表

通用名，关键字和调用参数序列	专用名	函数类型	章节	注释
ERFC_SCALED（X）		参数类型	C.3	
EXECUTE_COMMAND_LINE（COMMAND，*WAIT*，*EXITSTAT*，*CMDSTAT*，*CMDMSG*）		参数类型	C.3	
EXP（X）		参数类型	C.3	
	CEXP（c）	复数		
	DEXP（d）	双精度		
	EXP（r）	实型		
EXPONENT（X）		整型	C.4	
FINDLOC（ARRAY，VALUE，*DIM*，*MASK*，*KIND*，*BACK*）		整型	C.8	
FLOOR（A，*KIND*）		整型	C.3	4
FRACTION（X）		实型	C.4	
GAMMA（X）		参数类型	C.3	
GET_COMMAND（*COMMAND*，*LENGTH*，*STATUS*）			C.5	
GET_COMMAND_ARGUMENT（NUMBER，*COMMAND*，*LENGTH*，*STATUS*）			C.5	
GET_ENVIRONMENT_VARIABLE（NAME，*VALUE*，*LENGTH*，*STATUS*，*TRIM_NAME*）			C.5	
HUGE（X）		参数类型	C.4	
HYPOT（X，Y）		参数类型	C.3	
IACHAR（C）		整型	C.7	
IALL（ARRAY，*DIM*，*MASK*）		整型	C.6	
IANY（ARRAY，*DIM*，*MASK*）		整型	C.6	
IAND（I，J）		整型	C.6	
IBCLR（I，POS）		参数类型	C.6	
IBITS（I，POS，LEN）		参数类型	C.6	
IBSET（I，POS）		参数类型	C.6	
ICHAR（C）		整型	C.7	
IEOR（I，J）		参数类型	C.6	
IMAGE_INDEX（COARRAY，*SUB*）		整型	C.11	
INDEX（STRING，SUBSTRING，*BACK*）	INDEX（str1，str2）	整型	C.7	
INT（A，*KIND*）		整型	C.3	
	IDINT（i）	整型		1
	IFIX（r）	整型		1
IOR（I，J）		参数类型	C.6	
IPARITY（ARRAY，*DIM*，*MASK*）		参数类型	C.6	

续表

通用名，关键字和调用参数序列	专用名	函数类型	章节	注释
IS_IOSTAT_END（I）		逻辑型	C.5	
IS_IOSTAT_EOR（I）		逻辑型	C.5	
ISHFT（I，SHIFT）		参数类型	C.6	
ISHFTC（I，SHIFT，*SIZE*）		参数类型	C.6	
KIND（X）		整型	C.4	
LBOUND（ARRAY，*DIM*，*KIND*）		整型	C.8	
LCOBOUND（COARRAY，*DIM*，*KIND*）		整型	C.11	
LEADZ（I，J，SHIFT）		整型	C.6	
LEN（STRING）	LEN（str）	整型	C.7	
LEN_TRIM（STRING）		整型	C.7	
LGE（STRING_A，STRING_B）		逻辑型	C.7	
LGT（STRING_A，STRING_B）		逻辑型	C.7	
LLE（STRING_A，STRING_B）		逻辑型	C.7	
LLT（STRING_A，STRING_B）		逻辑型	C.7	
LOG（X）		参数类型	C.3	
	ALOG（r）	实型		
	CLOG（c）	复数		
	DLOG（d）	双精度		
LOG10（X）		参数类型	C.3	
	ALOG10（r）	实型		
	DLOG10（d）	双精度		
LOG_GAMMA（X）		参数类型	C.3	
LOGICAL（L，*KIND*）		逻辑型	C.3	
MASKL（I）		整型	C.6	
MASKR（I）		整型	C.6	
MATMUL（MATRIX_A，MATRIX_B）		参数类型	C.3	
MAX（A1，A2，*A3*，...）		参数类型	C.3	
	AMAX0（i1，i2，...）	实型		1
	AMAX1（r1，r2，...）	实型		1
	DMAX1（d1，d2，...）	双精度		1
	MAX0（i1，i2，...）	整型		1
	MAX1（r1，r2，...）	整型		1
MAXEXPONENT（X）		整型	C.4	
MAXLOC（ARRAY，*DIM*，*MASK*，*KIND*，*BACK*）		整型	C.8	
MAXVAL（ARRAY，*DIM*，*MASK*）		参数类型	C.8	

续表

通用名，关键字和调用参数序列	专用名	函数类型	章节	注释
MERGE（TSOURCE，FSOURCE，MASK）		参数类型	C.8	
MERGE_BITS（I，J，MASK）		整型	C.6	
MIN（A1，A2，*A3*，...）		参数类型	C.3	
	AMIN0（i1，i2，...）	实型		1
	AMIN1（r1，r2，...）	实型		1
	DMIN1（d1，d2，...）	双精度		1
	MIN0（i1，i2，...）	整型		1
	MIN1（r1，r2，...）	整型		1
MINEXPONENT（X）		整型	C.4	
MINLOC（ARRAY，*DIM*，*MASK*，*KIND*，*BACK*）		整型	C.8	
MINVAL（ARRAY，*DIM*，*MASK*）		参数类型	C.8	
MOD（A，P）		参数类型	C.3	
	AMOD（r1，r2）	实型		
	MOD（i，j）	整型		
	DMOD（d1，d2）	双精度		
MODULO（A，P）		参数类型	C.3	
MOVE_ALLOC（FROM，TO）		子例程	C.10	
MVBITS（FROM，FROMPOS，LEN，TO，TOPOS）		子例程	C.6	
NEAREST（X，S）		实型	C.3	
NEW_LINE（CHAR）		字符	C.7	
NINT（A，*KIND*）		整型	C.3	
	IDNINT（i）	整型		
	NINT（x）	整型		
NORM2（X，Y）		参数类型	C.3	
NOT（I）		参数类型	C.6	
NULL（*MOLD*）		指针	C.8	
NUM_IMAGES		整型	C.11	
PACK（ARRAY，MASK，*VECTOR*）		参数类型	C.8	
PARITY（MASK，*DIM*）		参数类型	C.8	
POPCNT（I）		整型	C.6	
POPPAR（I）		整型	C.6	
PRECISION（X）		整型	C.4	
PRESENT（A）		逻辑型	C.9	
PRODUCT（ARRAY，*DIM*，*MASK*）		参数类型	C.8	

续表

通用名，关键字和调用参数序列	专用名	函数类型	章节	注释
RADIX（X）		整型	C.4	
RANDOM_NUMBER（HARVEST）		子例程	C.3	
RANDOM_SEED（*SIZE*，*PUT*，*GET*）		子例程	C.3	
RANGE（X）		整型	C.4	
REAL（A，*KIND*）		实型	C.3	
	FLOAT（i）	实型		1
	SNGL（d）	实型		1
REPEAT（STRING，NCOPIES）		字符	C.7	
RESHAPE（SOURCE，SHAPE，*PAD*，*ORDER*）		参数类型	C.8	
RRSPACING（X）		参数类型	C.4	
SCALE（X，I）		参数类型	C.4	
SCAN（STRING，SET，*BACK*）		整型	C.7	
SELECTED_CHAR_KIND（NAME）		整型	C.4	
SELECTED_INT_KIND（R）		整型	C.4	
SELECTED_REAL_KIND（*P*，*R*）		整型	C.4	3
SET_EXPONENT（X，I）		参数类型	C.4	
SHAPE（SOURCE，*KIND*）		整型	C.8	
SIGN（A，B）		参数类型	C.3	
	DSIGN（d1，d2）	双精度		
	ISIGN（i1，i2）	整型		
	SIGN（r1，r2）	实型		
SIN（X）		参数类型	C.3	
	CSIN（c）	复数		
	DSIN（d）	双精度		
	SIN（r）	实型		
SINH（X）		参数类型	C.3	
	DSINH（d）	双精度		
	SINH（r）	实型		
SIZE（ARRAY，*DIM*）		整型	C.8	
SHIFTA（I，SHIFT）		整型	C.6	
SHIFTL（I，SHIFT）		整型	C.6	
SHIFTR（I，SHIFT）		整型	C.6	
SPACING（X）		参数类型	C.4	
SPREAD（SOURCE，DIM，NCOPIES）		参数类型	C.8	
SQRT（X）		参数类型	C.3	

续表

通用名，关键字和调用参数序列	专用名	函数类型	章节	注释
	CSQRT（c）	复数		
	DSQRT（d）	双精度		
	SQRT（r）	实型		
STORAGE_SIZE（X，*KIND*）		参数类型	C.9	
SUM（ARRAY，*DIM*，*MASK*）		参数类型	C.8	
SYSTEM_CLOCK（*COUNT*，*COUNT_RATE*，*COUNT_MAX*）		子例程	C.5	
TAN（X）		参数类型	C.3	
	DTAN（d）	双精度		
	TAN（r）	实型		
TANH（X）		参数类型	C.3	
	DTANH（d）	双精度		
	TANH（r）	实型		
THIS_IMAGE（*COARRAY*，*DIM*）		整型	C.11	
TINY（X）		实型	C.4	
TRAILZ（I，J，SHIFT）		整型	C.6	
TRANSFER（SOURCE，MOLD，*SIZE*）		参数类型	C.8	
TRANSPOSE（MATRIX）		参数类型	C.8	
TRIM（STRING）		字符	C.7	
UBOUND（ARRAY，*DIM*，*KIND*）			C.8	
UCOBOUND（COARRAY，*DIM*，*KIND*）		整型	C.11	
UNPACK（VECTOR，MASK，FIELD）		参数类型	C.8	
VERIFY（STRING，SET，*BACK*）		整型	C.7	

1．这些内置函数不能作为调用参数传递给过程。
2．CABS 函数的结果是与输入的复数参数同类别的实型数。
3．调用时至少必须指定 P 和 R 之一。

根据功能的不同，这些内置过程被分为几大类。可参考表 C-1 来确定感兴趣的某个函数的说明。

下列信息对全部内置过程均有效。

（1）所有内置函数的所有参数均可以有 INTENT（IN），换句话说，所有函数均是纯函数，在每一个子例程描述中都说明了子例程参数的使用目的。

（2）在调用参数序列中，可选参数用斜体字给出。

（3）当函数含有一个可选的 KIND 形式参数，那么函数返回值的类型将由某个参数指定。如果 KIND 参数缺省，那么返回值的类型是默认的类别。如果指定 KIND 参数，返回值的类型必须是指定的特定处理机上的合法类型，否则函数发生异常中止运行。KIND 参数始终是整型数。

（4）当指定过程说有两个同类型的参数，那么很好理解，它的返回值也必须是同类别的类型。如果对特殊的过程这种情况不为真，那么在过程说明中会明确地提到这一事实。

（5）数组和字符串长度在圆括号中有数字说明。例如，表达式：

```
integer(m)
```

暗示特殊的参数是一个含有 m 个值的整型数组。

C.3 数值和类型转换内置过程

ABS（A）

- 逐元函数，返回值与 A 类型和类别都相同。
- 返回 A 的绝对值|A|。
- 如果 A 是复数，函数返回值为 $\sqrt{实部^2 + 虚部^2}$ 。

ACOS（X）

- 逐元函数，元素与 X 类型和类别都相同。
- 返回半径 X 的反余弦值。
- 参数为任意类别的实数，|X|≤1.0 且 0≤ACOS（X）≤π。
- 参数可以是复数。

ACOSH（X）

- 逐元函数，元素与 X 类型和类别都相同。
- 返回 X 的反双曲余弦值。

AIMAG（Z）

- 实型逐元函数，元素与 Z 类别相同。
- 返回复数参数 Z 的虚部。

AINT（A，*KIND*）

- 实型逐元函数。
- 返回舍去小数部分的整个数据值。AINT（A）是比|A|小的最大整型数，这里 A 是有符号数。如：AINT（3.7）返回值为 3.0，而 AINT（–3.7）返回值为–3.0。
- 参数 A 为实数；可选参数 KIND 为整数。

ANINT（A，*KIND*）

- 实型逐元函数。
- 返回最接近 A 的整个数据值。例如，ANINT（3.7）返回值为 4.0，ANINT（–3.7）返回值为–4.0。
- 参数 A 为实数；可选参数 *KIND* 为整数。

ASIN（X）

- 逐元函数，与 X 类型和类别都相同。
- 返回半径 X 的反正弦值。
- 参数为任意类别的实数，|X|≤1.0 且–π/2≤ASIN（X）≤π/2。
- 参数可以是复数。

ASINH（X）

- 逐元函数，与 X 类型和类别相同。
- 返回 X 的反双曲正弦值。

ATAN（X，Y）

- 逐元函数，与 X 类型和类别都相同。
- 返回半径 X 的反正切值。
- 参数为任意类别的实数，−π/2≤ATAN（X）≤π/2。
- 参数可以是复数。
- 如果有可选参数 Y，该函数与 ATAN2（参见下一个函数）相同。

ATAN2（Y，X）

- 逐元函数，与 X 类型和类别都相同。
- 返回 Y/X 四象限的反正切值。
- X，Y 为同类别的实数，且必须是同类别的。
- X 和 Y 不能同时为 0。

ATANH（X）

- 逐元函数，与 X 类型和类别都相同。
- 返回值是 X 的反双曲正切值。

BESSEL_J0（X）

- 逐元函数，与 X 类型和类别都相同。
- 返回规则 0 的第一类别贝塞尔函数值。

BESSEL_J1（X）

- 逐元函数，与 X 类型和类别都相同。
- 返回规则 1 的第一类别贝塞尔函数值。

BESSEL_JN（N，X）

- 逐元函数，与 X 类型和类别都相同。
- 返回规则 n 的第一类别贝塞尔函数值。

BESSEL_JN（N1，N2，X）

- 逐元函数，与 X 类型和类别都相同。
- 返回第一类别的贝塞尔函数值。

BESSEL_Y0（X）

- 逐元函数，与 X 类型和类别都相同。
- 返回规则 0 的第二类别贝塞尔函数值。

BESSEL_Y1（X）

- 逐元函数，与 X 类型和类别都相同。
- 返回规则 1 的第二类别贝塞尔函数值。

BESSEL_YN（N，X）

- 逐元函数，与 X 类型和类别都相同。
- 返回规则 n 的第二类别贝塞尔函数值。

BESSEL_YN（N1，N2，X）

- 逐元函数，与 X 类型和类别都相同。
- 返回第二类别的贝塞尔函数值。

CEILING（A，*KIND*）

- 整型逐元函数。
- 返回≥A 的最小整数，例如，CEILING（3.7）返回值是 4，CEILING（−3.7）返回值

为–3。

- 参数 A 为任意类别的实数；可选参数 KIND 为整数。

CMPLX（X，Y，*KIND*）

- 复数型逐元函数。
- 返回的复数值如下所示：

（1）如果 X 是复数，那么一定不能有 Y，且返回值为 X。

（2）如果 X 不是复数，且 Y 不存在，那么返回值为（X，0）。

（3）如果 X 不是复数且 Y 存在，那么返回值为（X，Y）。

- X 可以是复数、实数或者整数，Y 为实数或者整数，KIND 为整数。

CONJG（Z）

- 复数型逐元函数，类别与 Z 相同。
- 返回 Z 的共轭复数。
- Z 是复数。

COS（X）

- 逐元函数，与 X 类型和类别都相同。
- 返回 X 的余弦值，这里 X 是半径值。
- X 为实数或复数。

COSH（X）

- 逐元函数，与 X 类型和类别都相同。
- 返回 X 的双曲余弦。
- X 是实数或复数。

DIM（X，Y）

- 逐元函数，与 X 类型和类别都相同。
- 如果 X–Y>0 时返回 X–Y，否则返回 0。
- X，Y 为整数或实数；两者必须是同类型和类别。

DBLE（A）

- 双精度实型逐元函数。
- 把 A 转化为双精度型实数。
- A 为数值参数，如果 A 是复数，那么只转换 A 的实部。

DOT_PRODUCT（VECTOR_A，VECTOR_B）

- 转换函数，与 VECTOR_A 类型相同。
- 返回数值或者逻辑矢量的点积。
- 参数为数值或逻辑矢量，两个矢量必须具有相同的类型、类别和长度。

DPROD（X，Y）

- 双精度实型逐元函数。
- 返回值为 X 和 Y 的内积，且结果为双精度型。
- 参数 X 和 Y 为默认实型数。

ERF（X）

- 逐元函数，与 X 类型和类别都相同。
- 返回误差的函数。
- X 是实型数。

ERFC（X）

- 逐元函数，与 X 类型和类别都相同。
- 返回互补误差的函数。
- X 是实型数。

ERFC_SCALED（X）

- 逐元函数，与 X 类型和类别都相同。
- 返回按比例互补误差的函数。
- X 是实型数。

EXP（X）

- 逐元函数，与 X 类型和类别都相同。
- 返回值为 e^x 。
- X 为实数或复数。

FLOOR（A，*KIND*）

- 整型逐元函数。
- 返回≤A 的最大整数，如 FLOOR（3.7）值为 3，而 FLOOR（–3.7）值为–4。
- 参数 A 是任一类别的实数，可选参数 KIND 为整数。

GAMMA（X）

- 逐元函数，与 X 类型和类别都相同。
- 返回伽马值。
- X 为实数。

HYPOT（X，Y）

- 逐元函数，与 X 类型和类别都相同。
- 返回欧氏距离。
- X 和 Y 是实型数。

INT（A，*KIND*）

- 整型逐元函数。
- 截取 A 的尾部，并把结果转换为整数。如果 A 是复数，只转换其实部。如果 A 是整数，函数仅改变其类别。
- A 为数值型，可选参数 KIND 是整型。

LOG（X）

- 逐元函数，与 X 类型和类别都相同。
- 返回值为 $\log_e(X)$ 。
- X 为实数或复数，如果是实数，要求 X>0。如果是复数，要求 X≠0。

LOG10（X）

- 逐元函数，与 X 类型和类别都相同。
- 返回值为 $\log_{10}(X)$ 。
- X 是正实数。

LOG_GAMMA（X）

- 逐元函数，与 X 类型和类别都相同。
- 返回伽马值绝对值的对数。
- X 是正实数。

LOGICAL（L，*KIND*）

- 逻辑型逐元函数。
- 把逻辑值 L 转换为指定的类别。
- L 为逻辑型参数，*KIND* 为整数。

MATMUL（MATRIX_A，MATRIX_B）

- 转换函数，与参数 MATRIX_A 类型和类别都相同。
- 返回两个数值或逻辑矩阵的矩阵乘积。返回矩阵的行数与矩阵 MATRIX_A 的行数相同，列数与矩阵 MATRIX_B 列数相同。
- 参数为数值型或逻辑矩阵。两个矩阵的类型和类别都必须一致，其大小符合矩阵乘法运算的定义。在应用的时候有以下要求：

（1）在通常情况下，两个矩阵的维数都为 2。

（2）MATRIX_A 的维数也可以为 1，此时，MATRIX_B 的维数必须为 2，且只能有一列。

（3）在任何情况下，MATRIX_A 矩阵的列数必须和 MATRIX_B 矩阵的行数相同。

MAX（A1，A2，A3，…）

- 逐元函数，与其参数类型相同。
- 返回 A1，A2，A3…中的最大值。
- 参数可以是实型，整型，字符型；所有的参数必须是同一类型。

MIN（A1，A2，A3，…）

- 逐元函数，与其参数类别相同。
- 返回 A1，A2，A3…中的最小值。
- 参数可以是实型、整型、字符型；所有的参数必须是同一类型。

MOD（A1，P）

- 逐元函数，与参数同类别。
- 当 P≠0 时，函数返回的值是 MOD（A，P）=A-P*INT（A/P）。当 P=0 时，函数返回值将与处理机有关。
- 参数可以是实型，或者整型，但必须是相同类型。
- 举例如下：

函数	结果
MOD（5，3）	5–3*INT（5/3）=5–3*1=2
MOD（–5，3）	–5–3*INT（–5/3）=–5–3*（–1）=–5*3=–2
MOD（5，–3）	5–（–3）*INT（5/（–3））=5–（–3）*（–1）=5–3=2
MOD（–5，–3）	–5–（–3）*INT（(–5）/（–3））=–5–（–3）*1=–5+3=–2

MODULO（A1，P）

- 逐元函数，与参数同类别。
- 当 P≠0 时，返回 A 对 P 的模（即 A/P）。当 P=0 时，函数返回值与处理机有关。
- 参数为实型或者整型；且参数类型必须保持相同。
- 如果两个数据同符号，则函数返回的值是 A–P*INT（A/P）。如果两个数据符号相反，则函数返回的值是 A–P*（INT（A/P）–1）。
- 对于两个正数或者两个负数来说，运算结果与 MOD 函数相同。但当符号相反时，其运算结果与 MOD 函数不同。

- 举例如下：

函数	结果	表达式
MODULO（5，3）	2	5–3*INT（5/3）=5–3*1=2
MODULO（–5，3）	1	–5–3*（INT（–5/3）–1）=–5–3*（–1–1）=–5–3*（–2）=–5+6=1
MODULO（5，–3）	–1	5–（–3）*（INT（5/（–3））–1）=5–（–3）*（–1–1）=5–（–3）*（–2）=5–6=–1
MODULO（–5，–3）	–2	–5–（–3）*INT（–5/（–3））=–5–（–3）*1=–5+3=–2

NEAREST（X，S）

- 实型逐元函数。
- 返回值为 S 方向上离 X 最近的机器可表示的数值。返回值的类别和 X 相同。
- X 和 S 均为实数，且 S≠0。

NINT（A，KIND）

- 整型逐元函数。
- 返回与实数值 A 最接近的整数。
- A 为实数。

NORM2（X，Y）

- 逐元函数，与 X 类型和类别都相同。
- 返回 L_2 的范数。
- X 和 Y 是实型数。

RANDOM_NUMBER（HARVEST）

- 内置子例程。
- 生成伪随机数，且随机数均匀地分布在 0≤HARVEST≤1 之间。HARVEST 可以是标量，也可以是数组。如果是数组，将为每个数组元素分别返回一个不同的随机数。
- 参数：

HARVEST	实型	输出	控制随机数。 可以是标量，也可以是数组

RANDOM_SEED（SIZE，PUT，GET）

- 内置子例程。
- 实现三个功能：①通过 RANDOM_NUMBER 子例程，重启伪随机数发生器；②获得发生器的相关信息；③在发生器中放入新的种子。
- 参数：

SIZE	Integer	输出	用来作为种子的整数个数 n
PUT	Integer（m）	输入	在 PUT 中放入种子，注意 m≥n
GET	Integer（m）	输出	得到种子的当前值，注意 m≥n

- SIZE 是一个整数，PUT 和 GET 是整数数组。所有的参数都是可选参数，在任何调用中至多只能指定其中的一个参数。
- 功能：

（1）如果没有指定任何参数，对 RANDOM_SEED 的调用会重新启动伪随机数发生器。

（2）SIZE 如果被指定，子例程将返回发生器中的种子个数。

（3）GET 如果被指定，当前的随机数发生器种子将会被返回给用户。*GET* 的整数数组大小至少要与 *SIZE* 相同。

（4）PUT 如果被指定的话，那么和 *PUT* 相关的整数数组中的数值将作为新的种子，放入发生器中。PUT 的整数数组长度至少必须与 SIZE 相同。

REAL（A，*KIND*）

- 实型逐元函数。
- 本函数把 A 转换为实数。如果 A 是一个复数，那么就只转换 A 的实部。如果 A 是实数，函数仅改变其类别。
- A 是数值型；KIND 是整型。

SIGN（A，B）

- 逐元函数，与参数类别相同。
- 将 A 的符号设置的与 B 的符号相同后，返回 A 的数值。
- 参数为实型或者整型，但必须是同一类型。

SIN（X）

- 逐元函数，与 X 类型和类别都相同。
- 返回半径 X 的正弦值。
- X 是实数或复数。

SINH（X）

- 逐元函数，与 X 类型和类别都相同。
- 返回 X 的双曲正弦值。
- X 是实数或复数。

SQRT（X）

- 逐元函数，与 X 类型和类别都相同。
- 返回 X 的平方根。
- X 是实数或者复数。
- 如果 X 是实数，则必须满足 X≥0。如果 X 是复数，X 的实数部分必须大于等于 0，如果 X 是纯虚数，则 X 的虚数部分≥0。

TAN（X）

- 逐元函数，与 X 类型和类别都相同。
- 返回半径 X 的正切值。
- X 是实数或者复数。

TANH（X）

- 逐元函数，与 X 类型和类别都相同。
- 返回 X 的双曲正切值。
- X 是实数或者复数。

C.4 类别和数字处理内置函数

这一节中的许多函数都是基于整型和实型数据的 Fortran 模式。为了弄清楚函数返回值的含义，必须很好地理解这些模式。

Fortran 利用数字模式把程序员和特定计算机中数字位摆放的具体物理细节隔离开来。例如，当其他的计算机上用带符号位的方式表示数字的时候，一些计算机却用二进制补码来表示数字。以上两种方式可以表示的数字取值范围本质上是相同的，但是它们的位模式却完全不同。利用数字模式告诉程序员给定的类型和类别表示的数字的取值范围和精度，使得他们无需了解特定机器的物理存储空间中数字位排列的方式。

整数 i 的 Fortran 模式为：

$$i=s\times\sum_{k=0}^{q-1}w_k\times r^k \qquad \text{(C-1)}$$

其中，r 是大于 1 的整数，q 为正整数，每一个 w_k 都是小于 r 的非负整数，S 可以取+1 或者−1。r 和 q 的取值是处理机的整数模式集。这些值的选取要尽可能使模式和运行程序的计算机相匹配。但要注意的是，该模式和特定处理机中用来存储整数的实际位模式无关。

这一模式中的数值 r 是特定计算机上表示整数的数字系统的进制或者基。本质上所有现代计算机都采用 2 进制的数字系统，因此 r 为 2。如果 r 是 2，那么 q 值就比所有用来表示整数的位数个数少 1（有 1 位被用来表示数字的符号）。基数为 2 计算机中的典型的 32 位整型数的模式如下：

$$i=\pm\sum_{k=0}^{30}w_k\times r^k \qquad \text{(C-2)}$$

其中，每一个 w_k 可取 0 或 1。

在 Fortran 中，实数 x 的模式如下：

$$x=\begin{cases}0 & \text{或者}\\ s\times b^e\times\sum_{k=1}^{p}f_k\times b^{-k}\end{cases} \qquad \text{(C-3)}$$

其中，b 和 p 均为大于 1 的整数，每一个 f_k 都是比 b 小的非负整数（而且 f_1 不能取 0），s 为+1 或者_1。e 是一个整数，其取值在最大值 e_{max} 和最小值 e_{min} 之间。b，p，e_{min}，e_{max} 数值决定了浮点数的模式集。这些值的选取要尽可能使模式和运行程序的计算机相匹配。但要注意的是，该模式和处理机中用来存储整数的实际位模式无关。

模式中数值 b 是特定计算机上表示实数的数字系统中的进制或者基。现代本质上所有现代计算机都采用 2 进制的数字系统，因此 b 为 2，而且每一个 f_k 的取值为 0 或者 1（f_1 必须取 1）。

构成实数或浮点数的位可分为两个独立的数据域，一个用来表示尾数（数字的小数部分），另一个用来表示指数。在二进制系统中，p 值为代表小数部分位的个数，存储在数据域的 e 值表示指数位的个数减 1❷。由于 IEEE 单精度标准中定义用 24 位表示小数部分，8 位表示指数，因此，p 为 24，$e_{max}=2^7=127$，$e_{min}=-126$。对于一个 32 位单精度的实数，数字的模式如下：

$$x=\begin{cases}0 & \text{或者}\\ \pm 2^e\times\left(\dfrac{1}{2}+\sum_{k=2}^{24}f_k\times 2^{-k}\right)\end{cases},\ -126\leqslant e\leqslant 127 \qquad \text{(C-4)}$$

对于查询函数 DIGITS，EPSILON，HUGE，MAXEXPONENT，MINEXPONENT，PRECISION，RANGE，RADIX，TINY，所有这些函数的返回值都和与调用参数关联的模式参数的类型和类别相关。在这些函数中，大多数程序员仅仅关心的是 PRECISION 和 RANGE。

BIT_SIZE（I）

❷ 之所以比表示指数的位的个数小 1，是因为保留了 1 位用来表示指数的符号。

- 整型查询函数。
- 返回表示整数 I 的位的个数。
- I 必须是整数。

DIGITS（X）

- 整型查询函数。
- 返回 X 的有效数字位的个数［函数返回的是式（C-1）中的整型模式的 q，或式（C-3）中的实型模式的 p］。
- X 必须是整型或者实型。
- 小心：函数返回基于计算机数字系统进制的 X 的有效数字位个数。对于大多数采用二进制的现代计算机来说，函数返回值就是有效位个数。如果需要十进制的有效位个数，就要使用 PRECISION（X）函数。

EPSILON（X）

- 整型查询函数，与 X 类型相同。
- 返回值为一个与 X 相同类型和类别的正数，该正数是与 1.0 最为接近的数字的间隔值［返回值为 b^{1-p}，b 和 p 的值参阅在式（C-3）中的定义］。
- X 必须是一个实数。
- 从本质上来说，EPSILON（X）是一个这样的值，当它与 1.0 相加，将产生特定计算机上给定 KIND 的数值的下一个数值。

EXPONENT（X）

- 整型查询函数，与 X 同类型。返回基于计算机数字系统的 X 的指数［这是式（C-3）定义的实数模式中的 e］。
- X 必须是实数。

FRACTION（X）

- 实型逐元函数，与 X 同类别。
- 返回 X 的尾数或小数部分［这个函数返回的是式（C-3）的求和部分］。
- X 必须是实数。

HUGE（X）

- 整型查询函数，与 X 同类型。
- 返回与 X 同类型和类别的最大数值。
- X 是整型或实型。

KIND（X）

- 整型查询函数。
- 返回 X 类别的值。
- X 可以是任何内置类型。

MAXEXPONENT（X）

- 整型查询函数。
- 返回 X 同类型和类别的最大指数［返回的是式（C-3）中的 e_{max} 值］。
- X 必须是实数。
- 小心：函数返回基于计算机上数字系统的最大指数。例如，大多数计算机均采用二进制编码，因此函数返回的最大指数也是基于二进制的。如果需要十进制的最大指数，则要使用 RANGE（X）。

MINEXPONENT（X）

- 整型查询函数。
- 返回与 X 同类型和类别的最小指数［即式（C-3）中的 $e_{\min}$ 值］。
- X 必须是实数。

PRECISION（X）

- 整型查询函数。
- 返回与 X 同类型和类别的十进制有效数位个数。
- X 为实数或复数。

RADIX（X）

- 整型查询函数。
- 返回与 X 类型和类别相同的算术运算模式的基数值。因为大多数现代计算机使用二进制系统，这个数值几乎总是 2［这是式（C-1）中的 r，或式（C-3）中的 b］。
- X 必须是整数或实数。

RANGE（X）

- 整型查询函数。
- 返回十进制指数的取值范围，与 X 类型和类别相同。
- X 必须是整数、实数或复数。

RRSPACING（X）

- 逐元函数，与 X 类型和类别相同。
- 返回最近 X 数字的相隔距离的倒数［这个结果的值是 $|x \times b^{-e}| \times b^{p}$，这里 b，e 和 p 如式（C-3）所定义］。
- X 必须是实数。

SCALE（X，I）

- 逐元函数，与 X 类型和类别相同。
- 返回 $x \times b^{I}$ 的值，这里 b 是用来表示 X 的模的基数。
- 基数 b 可以用 RADIX（X）函数来获取，它几乎总是 2。
- X 必须是实型数，I 必须是整型数。

SELECTED_CHAR_KIND（STRING）

- 整型转换函数。
- 返回与输入参数字符关联的类别号。
- STRING 必须是字符。

SELECTED_INT_KIND（R）

- 整型转换函数。
- 返回最小整型数类别的类别号，要求这个最小整数类别可以表示所有的整型数 n，其中 n 是满足条件 ABS（n）<10**R 的数据值。如果有多个类别满足该条件，那么返回的类别号是可表示十进制范围最小的那个值。如果没有类别满足这一需求，返回的是−1。
- R 必须是整数型。

SELECTED_REAL_KIND（P，R）

- 整型转换函数。
- 返回最小实型数类别的类别号，它有至少 P 的十进制精度，至少基数为 10 的 R 的指数取值范围。如果有多个类别满足该条件，那么返回的类别号是可表示十进制精度最小的那个值。

- 如果没有类别满足这一需求，假如要求的精度无效，返回的是-1。假如要求的取值范围无效，返回的是-2。假如精度和取值范围都无效，返回的是-3。
- P 和 R 必须是整数型。

SET_EXPONENT（X，I）

- 逐元函数，和 X 类型相同。
- 返回一个数，它的小数部分是 X 的小数部分，它的指数是 I。当 X=0 时，结果为 0。
- X 是实数，I 是整数。

SPACING（X）

- 逐元函数，与 X 同类型和类别。
- 返回 X 所能接受的最小数值间隔。如果间隔绝对值超出范围，函数将返回与 TINY（X）同类型的值（只要在范围之内，函数返回值为 b^{e-p}，其中 b，e 和 p 为公式 B-3 中的定义）。
- X 是实数。
- 这个函数的结果对于用独立于处理机的方式建立收敛性判别标准很有用。例如，可以根据某个算法的返回值是否在 10 倍的间隔以内来确定其是否收敛。

TINY（X）

- 逐元函数，和 X 类型和类别相同。
- 返回值为和 X 同类型和类别的最小正数［返回值为式（B-3）中的是 $b^{e_{min}-1}$，其 b 和 e_{min} 按照式（B-3）定义］。
- X 为实数。

C.5 系统环境过程

COMMAND_ARGUMENT_COUNT()

- 内置函数。
- 返回命令行参数的个数。
- 参数：无。
- 函数的功能是返回命令行参数的个数。参数 0 是执行程序名，参数 1 到 n 对应于命令行中的实际参数。

CPU_TIME（TIME）

- 内置子例程。
- 返回值为当前程序的处理器时间，以秒为单位。
- 参数：

TIME	Real	输出	处理器时间

- 该子例程的功能是通过比较程序运行前后的时间来计算程序运行时长。
- 子例程返回的时间是依赖于处理器的。对大部分处理机来说，即是执行当前程序所耗费的 CPU 运行时间。
- 对于多 CPU 的计算机来说，TIME 可以是一个数组，包含了每个处理器各自的执行时间。

DATE_AND_TIME（DATE，*TIME*，*ZONE*，*VALUE*）

- 内置子例程
- 返回日期和时间。
- 所有的参数都是可选参数，但至少要有一个参数：

DATE	Character（8）	输出	返回 CCYYMMDD 形式的字符串，CC 代表世纪，YY 代表年，MM 代表月，DD 代表日
TIME	Character（10）	输出	返回 HHMMSS.SSS 形式的字符串，HH 代表小时，MM 代表分钟，SS 代表秒，SSS 代表微秒
ZONE	Character（5）	输出	返回±HHMM 形式的字符串，HHMM 代表当地时间与标准时间（UCT 或 GMT）之间的差
VALUES	Integer（8）	输出	参见下面的定义

- 如果某值对于 DATE，TIME 或 ZONE 无效，字符串为空。
- 返回的 *VALUES* 数组值如下：

VALUES（1）	世纪和年（例如 1996）
VALUES（2）	月（1-12）
VALUES（3）	日（1-31）
VALUES（4）	与 UTC 相差的时区，以分为单位
VALUES（5）	时（0-23）
VALUES（6）	分（0-59）
VALUES（7）	秒（0-60）
VALUES（8）	微秒（0-999）

- 如果 VALUES 数组中某元素没有有效信息，该元素将被填充为最大负数（–HUGE（0））。
- 注意，秒的取值范围是 0 到 60，包含的额外秒值表示的是闰秒。

EXECUTE_COMMAND_LINE（COMMAND，*WAIT*，*EXITSTAT*，*CMDSTAT*，*CMDMSG*）

- 内置子例程。
- 用 C 库的系统调用把 COMMAND 参数传送给 shell 并执行。如果出现等待且有值为 FALSE，则该命令的执行与系统是异步的，否则，命令是同步执行。
- 其余的参数是可选的。

WAIT	逻辑型	输入	如果为真，完成命令，否则，当系统命令运行时立即继续执行
EXITSTAT	默认整型	输出	当通过系统库调用返回时在执行完命令后运行退出代码
CMDSTAT	默认整型	输出	如果执行命令行，返回 0
CMDMSG	字符	输出	如果出错，返回一个代码错误消息的字符

GET_COMMAND（*COMMAND*，*LENGTH*，*STATUS*）

- 内置子例程。
- 返回启动程序的整个命令行。
- 所有的参数都是可选的。

COMMAND	Character（*）	输出	返回包含命令行的字符串
LENGTH	Integer	输出	返回命令行的长度
STATUS	Integer	输出	状态字：0 代表成功；–1 代表 COMMAND 太短而无法容纳现有的

命令行；其他值代表执行失败

GET_COMMAND_ARGUMENT（NUMBER，*VALUE*，*LENGTH*，*STATUS*）

- 内置子例程。
- 返回一个指定的命令参数。
- 参数列表：

NUMBER	Integer	输入	要返回的参数个数，范围为 0 到 COMMAND_ARGUMENT_COUNT()
VALUE	Character（*）	输出	返回指定的参数
LENGTH	Integer	输出	返回参数的长度
STATUS	Integer	输出	状态字：0 代表成功；–1 代表 COMMAND 太短而无法容纳现有命令行；其他值代表执行失败

GET_ENVIRONMENT_VARLABLE（NAME，*VALUE*，*LENGTH*，*STATUS*，*TRIM_NAME*）

- 内置子函数。
- 返回一个指定的命令参数。
- 参数都为可选参数：

NAME	Character（*）	输入	取回环境变量名
VALUE	Character（*）	输出	返回指定的环境变量值
LENGTH	Integer	输出	返回命令行值的字符长度
STATUS	Integer	输出	状态字：0 代表成功；–1 代表 COMMAND 太短而无法容纳现有命令行；2 代表处理机不支持环境变量，其他值代表执行失败
TRIM_NAME	逻辑型	输入	如果为真，则在匹配环境变量时，忽略 NAME 中的空格；否则包含空格。如果参数缺省，也将忽略空格

IS_IOSTAT_END（I）

- 内置函数。
- 当 I 值和 IOSTAT_END 标志相等时，返回值为真。
- 参数：

  I　整型　输入　这是通过 IOSTAT=子句返回的读操作结果

该函数的目的是提供一种读操作中判断文件结尾的简单方法。

IS_IOSTAT_EOR（I）

- 内置过程。
- 当 I 值和 IOSTAT_EOR 标志相等时，返回值为真。
- 参数：

  I　整型　输入　这是通过 IOSTAT=子句返回的读操作结果

- 该函数的目的是提供一个简单的方法来检测带有 ADVANCE='NO'的读操作是否到达记录的结尾。

SYSTEM_CLOCK（COUNT，COUNT_RATE，COUNT_MAX）

- 内置子例程。
- 返回一行处理机的时钟计数值，每一次时钟计数，COUNT 值加 1，直到达到最大计数

COUNT_MAX。当达到COUNT_MAX时，COUNT在下一次计数时归0。COUNT_RATE变量返回处理机每秒的时钟数，因此它说明了如何理解时钟计数值。

• 参数：

COUNT	整数	输出	系统时钟的计数值，初始计数值随机
COUNT_RATE	整数或实数	输出	每秒的时钟数
COUNT_MAX	整数	输出	COUNT 的最大值

如果没有时钟记数，COUNT 和 COUNT_RATE 被置为-HUGE（0），COUNT_MAX 被置为 0。

C.6 位运算内置过程

整型数的位的表示因处理机的不同而不同。例如，有的处理机用内存的最低位来存放数值的最高位，而有的处理机把数值的最低位存放在内存的最高位。为了使开发人员不受机器的限制，Fortran 基于下面的非负整数模式，定义了一个位为非负整数第 K 位上的二进制位 w：

$$j=\sum_{k=0}^{z-1} w_k \times 2^k \tag{C-5}$$

其中，w_k 可以是 0 或 1。因此，位 0 可以是 2^0 的系数，位 1 是 2^1 的系数，以此类推。在这个模式中，z 是整数的位数，位编号为 0，1，…，z–1，而不考虑整数位在内存中的具体存放方式。在这个模式中，认为最低位在最右侧，最高位在最左侧，而不考虑它们的实际物理位置。因此，左移位使数值增大，右移位使数值减小。

Fortran 包含多个逐元函数和 1 个逐元子例程，它们基于上面的模式来实现位操作。逻辑位操作函数有 IOR，IAND，NOT 和 IEOR。移位函数有 ISHFT 和 ISHFTC。逐元函数 IBITS 和逐元子例程 MVBITS 可以引用位的子项。最后，单个位操作可以使用函数 BTEST，IBSET 和 IBCLR 完成。

BGE（I，J）

• 逻辑逐元函数。
• 逐位判断某个整数是否比另一个整数更大，或者是跟它相等。
• I 和 J 必须是同类别的整型数。

BGT（I，J）

• 逻辑逐元函数。
• 逐位判断某个整数是否比另一个整数更大。
• I 和 J 必须是同类别的整型数。

BLE（I，J）

• 逻辑逐元函数。
• 逐位判断某个整数是否比另一个整数更小，或者是跟它相等。
• I 和 J 必须是同类别的整型数。

BLT（I，J）

• 逻辑逐元函数。
• 逐位判断某个整数是否比另一个整数更小。
• I 和 J 必须是同类别的整型数。

BTEST（I，POS）

- 逻辑逐元函数。
- 当 I 中的 POS 位为 1，返回 true，否则返回 false。
- I 和 POS 必须是整数，且 0≤POS<BIT_SIZE（I）。

DSHIFTL（I，J，SHIFT）

- 整型逐元函数。
- DSHIFT（I，J，SHIFT）把 I 和 J 的位组合在一起，其中结果最右边 SHIFT 位是 J 的最左边的 SHIFT 位，其余位是 I 的最右边各位。
- I 和 J 必须是同类别的整型数。

DSHIFTR（I，J，SHIFT）

- 整型逐元函数。
- DSHIFT（I，J，SHIFT）把 I 和 J 的位组合在一起，其中结果最左边 SHIFT 位是 J 的最右边的 SHIFT 位，其余位是 I 的最右边各位。
- I 和 J 必须是同类别的整型数。

IALL（ARRAY，*DIM*，*MASK*）

- 转换函数，与 ARRAY 类型和类别都相同。
- ARRAY 是整型数数组。
- DIM 是一个整型标量，取值至 1–n，n 是 ARRAY 的维数。
- MASK 是逻辑标量，或与 ARRAY 同结构的整型数组。
- 如果 ARRAY 相应的所有位的取值时 1，则返回 1，否则返回 0。
- 结果是与 ARRAY 同结构的整型数。

IAND（I，J）

- 逐元函数，与 I 类型和类别都相同。
- 返回 I 和 J 的按位逻辑与运算结果。
- I 和 J 必须是相同类别的整数。

IANY（ARRAY，*DIM*，*MASK*）

- 转换函数，与 ARRAY 类型和类别都相同。
- ARRAY 是整型数数组。
- DIM 是一个整型标量，取值至 1–n，n 是 ARRAY 的维数。
- MASK 是逻辑标量，或与 ARRAY 同结构的逻辑型数组。
- 如果 ARRAY 相应的所有位的取值时 1，则返回 1，否则返回 0。
- 结果是与 ARRAY 同结构的整型数。

IBCLR（I，POS）

- 逐元函数，与 I 类型和类别都相同。
- I 的第 POS 位置 0，并返回 I。
- I 和 POS 必须是整数，且 0≤POS<BIT_SIZE（I）。

IBITS（I，POS，LEN）

- 逐元函数，与 I 类型和类别都相同。
- 返回整数 I 的二进制形式中第 POS 位到 POS＋LEN 位所代表的值，其他位均为 0。
- I，POS 和 LEN 必须是整数，且 POS＋LEN<BIT_SIZE（I）。

IBSET（I，POS）

- 逐元函数，与 I 类型和类别都相同。

- 将 I 的第 POS 位设置 1，并返回 I。
- I 和 POS 必须是整数，且 0≤POS<BIT_SIZE（I）。

IEOR（I，J）

- 逐元函数，与 I 类型和类别都相同。
- I 与 J 按位异或。
- I 和 J 必须是相同类别的整数。

IOR（I，J）

- 逐元函数，与 I 类型和类别都相同。
- I 与 J 按位或运算。
- I 和 J 必须是相同类别的整数。

IPARITY（ARRAY，*DIM*，*MASK*）

- 转换函数，与 ARRAY 类型和类别都相同。
- ARRAY 是整型数数组。
- DIM 是一个整型标量，取值至 1–n，n 是 ARRAY 的维数。
- MASK 是逻辑标量，或与 ARRAY 同结构的逻辑型数组。
- 如果 ARRAY 的所有位的取值时 1，则返回的给定位均为 1，否则返回 0。
- 结果是与 ARRAY 同结构的整型数。

ISHFT（I，SHIFT）

- 逐元函数，与 I 类型和类别都相同。
- 返回逻辑 I 左移位（如果 SHIFT 是正数）或右移位（如果 SHIFT 为负数）的结果，空位填写 0。
- I 必须是整数。
- SHIFT 必须是整数，且 ABS（SHIFT）<=BIT_SIZE（I）。
- 左移位是暗示将第 i 位移到第 i+1 位，右移位暗示将第 i 位移到第 i-1 位。

ISHFTC（I，SHIFT，*SIZE*）

- 逐元函数，与 I 类型和类别都相同。
- 把整数 I 的最右边 *SIZE* 位循环移动 SHIFT 位。如果 SHIFT 为正，则左移，如果 SHIFT 为负，则右移。如果可选参数 *SIZE* 缺省，则 I 的全部 BIT_SIZE（I）位都将移动。
- I 必须是整数。
- SHIFT 必须是整数，且 ABS（SHIFT）≤SIZE。
- SIZE 必须是一个正数，且 0<SIZE≤BIT_SIZE（I）。

LEADZ（I）

- 逐元函数，类型是默认的整型。
- 返回 I 中位模式中的先导值 0 的个数。
- I 必须是整型数。

MASKL（I，*KIND*）

- 逐元函数，类型为 KIND，如 KIND 缺省，类别默认为整型。
- 用 I 位集合中最左边的值做掩码。
- I 必须是整型数。

MASKR（I，*KIND*）

- 逐元函数，类型为 KIND，如 KIND 缺省，类别默认为整型。

- 用 I 位集合中最右边的值做掩码。
- I 必须是整型数。

MERGE_BITS（I，J，MASK）

- 逐元函数，类型是同 I 类别的整型数。
- MERGE_BITS（I，J，MASK）按掩码来判断合并 I 和 J 的位，如果掩码的第 k 位是 1，结果的第 k 位于 I 的第 kk 位相等，否则等于 J 的第 kk 位。

MVBITS（FROM，FROMPOS，LEN，TO，TOPOS）

- 逐元子例程
- 将整数 FROM 的部分位序列拷贝到整数 TO 中。取出整数 FROM 中 FROMPOS～FROMPOS+LEN 的位值，存入整数 TO 中 TOPOS~TOPOS+LEN 处的位值，整数 TO 中所有其他的位不变。
- 注意 FROM 和 TO 可以是同一个整数。
- 参数：

FROM	整数	输入	将被移动位的对象
FROMPOS	整数	输入	开始移位的位置，必须满足 FROMPOS >=0
LEN	整数	输入	将要移动的位个数，必须满足 FROMPOS+ LEN <=BIT_SIZE（FROM）
TO	整数，类别与 FROM 相同	输入输出	目标对象
TOPOS	整数	输入	目标对象的开始位，0<=TOPOS+LEN<=BIT_SIZE（TO）

NOT（I）

- 逐元函数，与 I 类型和类别都相同。
- 返回 I 的按位逻辑补运算结果。
- I 必须是整数。

POPCNT（I）

- 逐元函数，类型是默认的整型。
- 返回的值是 I 中位集合的个数。
- I 必须是整数。

POPPAR（I）

- 逐元函数，类型是默认的整型。
- 返回的值是 I 中位集合的奇偶性。
- I 必须是整数。

SHIFTA（I，SHIFT）

- 逐元函数，与 I 类型和类别都相同。
- 返回的是通过 SHIFT 处右移的所有位值，左边值全用符号位填充。右边末端的移出位被抛弃。
- I 必须是整数。

SHIFTL（I，SHIFT）

- 逐元函数，与 I 类型和类别都相同。
- 返回的是通过 SHIFT 处左移的所有位值，左边新值全用 0 填充。左边末端的移出位被抛弃。
- I 必须是整数。

SHIFTR（I，SHIFT）

- 逐元函数，与 I 类型和类别都相同。
- 返回的是通过 SHIFT 处右移的所有位值，左边新值全用 0 填充。右边末端的移出位被抛弃。
- I 必须是整数。

TRAILZ（I）

- 逐元函数，类型是默认的整型。
- 返回的值 I 中位模式里的末端 0 的个数。
- I 必须是整数。

C.7 字符内置函数

以下这些函数的功能是产生、操作，或者提供关于字符串的信息。

ACHAR（I，*KIND*）

- 字符型逐元函数。
- 返回 ASCII 表中编号为 I 的字符。
- 当 0≤I≤127 时，结果为 ASCII 表中编号为 I 的字符。当 I≥128 时，返回值取决于处理机。
- I 必须是整数。
- *KIND* 必须是整数，它的值是特定计算机上字符的合法类别。如果 KIND 缺省，则假定是默认字符类别。
- IACHAR 函数与 ACHAR 函数功能相反。

ADJUSTL（STRING）

- 字符型逐元函数。
- 返回与 STRING 同长度的字符串，且非空内容左对齐，也即去掉 STRING 中的前导空格，并将相同数量的空格补到 STRING 的结尾。
- STRING 必须是字符型。

ADJUSTR（STRING）

- 字符型逐元函数。
- 返回与 STRING 同长度的字符串，且非空内容右对齐，也即去掉 STRING 中结尾处的空格，并将相同数量的空格补到 STRING 的起始。
- STRING 必须是字符型。

CHAR（I，*KIND*）

- 字符型逐元函数。
- 返回处理机所使用特定类型字符集中编号为 I 的字符。
- I 必须满足 0≤I≤n−1，n 是处理机所使用字符集的字符个数。
- KIND 必须是整数，它的值是特定计算机上合法的字符类别，如果 KIND 缺省，则假定是默认字符类型。

- ICHAR 与 CHAR 函数功能相反。

IACHAR（C）

- 整型逐元函数。
- 返回 ASCII 表中字符 C 的位置。如果 C 不在 ASCII 表中，返回值将取决于处理机。
- C 必须是一个字符。
- ACHAR 与 IACHAR 函数功能相反。

ICHAR（C）

- 整型逐元函数。
- 返回字符 C 在处理器所用字符集中的位置。
- C 必须是一个字符。
- 返回值的范围为 0≤ICHAR（C）≤n–1，n 是处理机所用字符集中的字符个数。
- CHAR 与 ICHAR 函数功能相反。

INDEX（STRING，SUBSTRING，*BACK*）

- 整型逐元函数。
- 返回 SUBSTRING 在 STRING 中第一次出现的位置。
- STRING 与 SUBSTRING 必须是相同类别的字符串，BACK 必须是逻辑型值。
- 如果 SUBTRING 比 STRING 长，返回 0。如果 SUBSTRING 长度为 0，返回 1。如果缺省 BACK 或 BACK 值为 false，则函数从左向右搜索 SUBSTRING 在 STRING 中第一次出现的位置，如果 BACK 为 true，则函数从右向左搜索 SUBSTRING 在 STRING 中最后一次出现的位置。

LEN（STRING）

- 整型查询函数。
- 返回字符串的长度。
- STRING 必须是字符型。

LEN_TRIM（STRING）

- 整型查询函数。
- 返回 STRING 中去除字尾空格符后的长度。如果 STRING 全为空格，则返回 0。
- STRING 必须是字符型。

LGE（STRING_A，STRING_B）

- 逻辑型逐元函数。
- 按 ASCII 排序序列，当 STRING_A≥STRING_B 时，返回 true。
- STRING_A 和 STRING_B 必须是默认字符类型。
- 除了使用 ASCII 表排序序列进行比较外，比较过程类似于≥关系操作符的使用。

LGT（STRING_A，STRING_B）

- 逻辑型逐元函数。
- 按 ASCII 排序序列，当 STRING_A> STRING_B 时，返回 true。
- STRING_A 和 STRING_B 必须是默认字符类型。
- 除了使用 ASCII 表排序序列进行比较外，比较过程类似于>关系操作符的使用。

LLE（STRING_A，STRING_B）

- 逻辑型逐元函数。

- 按 ASCII 排序序列，当 STRING_A≤STRING_B 时，返回 true。
- STRING_A 和 STRING_B 必须是默认字符类型。
- 除了使用 ASCII 表排序序列进行比较外，比较过程类似于≤关系操作符的使用。

LLT（STRING_A，STRING_B）

- 逻辑型逐元函数。
- 按 ASCII 排序序列，当 STRING_A≤STRING_B 时，返回 true。
- STRING_A 和 STRING_B 必须是默认字符类型。
- 除了使用 ASCII 表排序序列进行比较外，比较过程类似于≤关系操作符的使用。

NEW_LINE（CHAR）

- 查询函数。
- 为输入字符串的 KIND 返回新行字符。

REPEAT（STRING，NCOPIES）

- 字符转换函数。
- 返回一个字符串，它是将 STRING 连续连接 NCOPIES 次的结果。如果 STRING 长度为 0 或如果 NCOPIES 为 0，返回一个 0 长度字符串。
- STRING 必须为字符型，NCOPIES 必须为非负整数。

SCAN（STRING，SET，*BACK*）

- 整型逐元函数。
- 返回字符串 SET 所包含的任意字符在字符串 STRING 中第一次出现的位置，如果 STRING 不包含任何一个 SET 中的字符，或者 STRING 或 SET 长度为 0，函数返回 0。
- STRING 和 SET 必须是同类型类别的字符串，**BACK** 必须为逻辑型。
- 如果 **BACK** 缺省或为 false，函数返回 SET 所包含的任意字符在字符串 STRING 中第一次出现的位置，如果 BACK 为 true，则返回 SET 所包含的任意字符在字符串 STRING 中最后一次出现的位置。

TRIM（STRING）

- 字符转换函数。
- 返回去除 STRING 尾部空格后的字符串。如果 STRING 全为空格，则返回一个长度为 0 的字符串。
- STRING 必须为字符型。

VERIFY（STRING，SET，BACK）

- 整型逐元函数。
- 返回在 STRING 中第一次出现不属于 SET 中字符的位置，如果 STRING 中使用的字符均包含在 SET 中，或者 STRING 或 SET 长度为 0，函数返回 0。
- STRING 和 SET 必须是同类型类别的字符，BACK 必须为逻辑型。
- 如果 BACK 缺省或为 false，函数返回值为 STRING 中第一次出现不属于 SET 中字符的位置，如果 BACK 为 true，则从右向左搜索 STRING 中最后一次出现不属于 SET 中字符的位置。

C.8 数组和指针内置函数

本节将介绍 24 个标准的数组与指针内置函数。因为某些参数在许多函数中出现，因此在介绍函数之前，先对其进行详细的说明。

（1）数组的阶数也就是数组的维数，本节中用 r 表示。

（2）一个标量被定义成一个维数为 0 的数组。

（3）可选参数 MASK 被许多函数用来从其他参数中选择出部分元素进行操作。如果使用 MASK，那么 MASK 必须是一个与目标数组类型大小一致的逻辑型数组；如果 MASK 中某元素为 true，那么目标数组中相应的元素将被处理。

（4）可选参数 *DIM* 被许多函数用来指定要操作的数组的维数。如果使用参数 *DIM*，则必须满足 1<=DIM<=r。

（5）在函数 ALL，ANY，LBOUND，MAXVAL，MINVAL，PRODUCT，SUM 和 UBOUND 中，可选参数 DIM 能够影响函数返回参数的类型。如果缺省 DIM 参数，则函数返回一个标量结果。如果有 DIM 参数，则函数返回一个矢量结构。因为 DIM 的缺省与否影响着函数返回值的类型，编译器必须在编译时判断是否使用了 DIM 参数。因此，*与 DIM 对应的实参在产生调用的程序单元中一定不能是一个可选形参*。不然的话，编译器在编译时将无法得知是否使用了 *DIM* 参数。这个限制不适用于函数 CSHIFT，EOSHIFT，SIZE 和 SPREAD，因为 *DIM* 参数不影响这些函数的返回值。

为了说明 MASK 和 DIM 的用法，用函数 MAXVAL 作用于一个 2×3 的实数数组 array1（r=2）和两个掩码数组 mask1 和 mask2，它们的定义如下：

$$\text{array1} = \begin{bmatrix} 1.2.3. \\ 4.5.6. \end{bmatrix}$$

$$\text{mask1} = \begin{bmatrix} .\text{TRUE}. & .\text{TRUE}. & .\text{TRUE}. \\ .\text{TRUE}. & .\text{TRUE}. & .\text{TRUE}. \end{bmatrix}$$

$$\text{mask2} = \begin{bmatrix} .\text{TRUE}. & .\text{TRUE}. & .\text{FALSE}. \\ .\text{TRUE}. & .\text{TRUE}. & .\text{FALSE}. \end{bmatrix}$$

函数 MAXVAL 返回在 DIM 维中符合所有 MASK 为 TRUE 的元素中最大的值。调用语句为

```
result = MAXVAL(ARRAY,DIM,MASK)
```

如果没有 *DIM* 参数，函数将返回一个标量，其值为数组中所有 MASK 为 TRUE 元素的最大值。因此函数

```
result = MAXVAL(array1,MASK=mask1)
```

的结果为 6。而函数

```
result = MAXVAL(array1, MASK=mask2)
```

的结果为 5。如果使用 DIM 参数，那么函数将返回一个 r–1 维的数组，数组中包含了 MASK 为 true 的 DIM 维中的最大值。即当按照其他维度搜索，以发现 mask 值为真的子数组中的最大值，然后对特定维度的每个其他可能的数值重复这一过程时，函数保留的是特定维度常数的下标。由于数组的每一行有三个元素，所以函数

```
result = MAXVAL(array1,DIM=1,MASK=mask1)
```

将沿着数组每一行的所有列进行搜索，得到矢量[4. 5. 6.]，这里 4.是第一列中最大的元素，5. 是第二列中最大的元素，6.是第三列中最大的元素。类似的，因为每一列有两个元素，所以函数

```
result = MAXVAL(array1,DIM=2,MASK=mask1)
```

会查找每一列的所有行，从而得到矢量 [3.6.]，这是因为 3 是第一行中最大的元素，6 是第二行最大的元素。

ALL（MASK，*DIM*）

- 逻辑转换函数。
- 当 DIM 维数中的所有 MASK 值都为 true，或者如果 MASK 为 0 时，返回 true，否则返回 false。
- MASK 是一个逻辑数组。DIM 是一个整数，且 1≤DIM≤r，在调用过程中，相应的实参一定不能是可选的。
- DIM 参数缺省时，返回一个标量。这里如果 MASK 的结构是（d（1），d（2），…，d（r）），结果是一个维数为 r–1，且结构是（d（1），d（2），…，d（DIM-1），d（DIM+1），…，D（r）的数组。换句话说，返回的矢量结构与 MASK 原掩码结构一样但删除了 DIM 维。

ANY（MASK，*DIM*）

- 逻辑转换函数。
- 当 DIM 维中的所有 MASK 值都为 true 时，返回 true。否则返回 false。如果 MASK 大小为 0，也返回 false。
- MASK 是一个逻辑数组。DIM 是一个整数，范围为 1≤DIM≤r。在调用过程中，相应的实参一定不能是可选的。
- DIM 参数缺省时，返回一个标量。如果 MASK 结构为（d（1），d（2），…，d（r））时，它是一个 r–1 维数组，结构为（d（1），d（2），…，d（DIM-1），d（DIM+1），…，d（r））。换句话说，返回的矢量结构与 MASK 的原掩码结构一样但删除了 DIM 维。

COUNT（MASK，*DIM*）

- 逻辑变换函数。
- 在 DIM 维中返回 MASK 值为真的元素个数，如果 MASK 大小为 0，则返回 0。
- MASK 是一个逻辑数组。DIM 是一个整数，范围在 1≤DIM≤r。在调用过程中，相应的实参一定不能是可选的。
- DIM 参数缺省时，返回一个标量。如果 MASK 结构为（d（1），d（2），…，d（r））时，它是一个 r–1 阶数组，结构为（d（1），d（2），…，d（DIM-1），d（DIM+1），…，d（r））。换句话说，返回的矢量结构与 MASK 的原掩码结构一样，但是删除了 DIM 维。

CSHIFT（ARRAY，SHIFT，*DIM*）

- 转换函数，与 ARRAY 类型相同。
- 对一维数组进行循环移位，或者对二维及二维以上的数组，对所有完整的一维部分数组分别进行循环移位。元素从某一部分数组的一端移出，并从另一端移进。不同部分可以按不同的方向和幅度进行移位。
- ARRAY 可以是任意类型和维数的数组，但不能是一个标量。当 ARRAY 为一维时，SHIFT 是一个标量。否则 SHIFT 是一个 r–1 维的数组，结构是（d（1），d（2），…，d（DIM_1），d（DIM+1），…，d（r）），这里 ARRARY 的结构为（d（1），d（2），…，d（r））。DIM 是一个可选的整数，且 1≤DIM≤r。如果缺省 DIM 参数，函数和有 DIM 且它的值为 1 时操作相同。

EOSHIFT（ARRAY，SHIFT，BOUNDARY，*DIM*）

- 转换函数，与 ARRAY 类型相同。
- 对一维数组进行去尾移位，或者对二维及二维以上的数组，对所有完整的一维部分数组分别进行去尾移位。元素从某一部分数组的一端移走，另一端移进的是边界值的拷贝。不同部分的边值可能不同，且可以按不同的方向和幅度进行移位。

- ARRAY 可以是任意类型和维数的数组，但不能是一个标量。当 ARRAY 为一维时，SHIFT 是一个标量。否则 SHIFT 是一个 r–1 维的数组，结构是形如（d（1），d（2），…，d（DIM–1），d（DIM+1），…，d（r）），这里 ARRARY 的结构为（d（1），d（2），…，d（r））。DIM 是一个可选的整数，且 1≤DIM≤r。如果缺省 DIM 参数，函数和有 DIM 且它的值为 1 时操作相同。

FINDLOC（ARRAY，VALUE，*DIM*，*MASK*，*KIND*，*BACK*）

- 整型转换函数，返回大小为 r 的一维数组。
- 根据维数 DIM（如果有的话）对应的 MASK（如果有的话）的真值元素值，返回 ARRAY 的元素中的指定值的地址。如果有多个元素取值为最大值，则返回的是第一个找到的值的位置。
- ARRAY 是整数、实数或字符类型的数组。DIM 是整型数，取值为 1≤DIM≤r。调用过程时，相应的可选参数不可或缺。
- MASK 是与 ARRAY 结构相同的逻辑标量或逻辑数组。
- BACK 是逻辑标量。
- 如果 DIM 缺省，MASK 也缺省，结果是含有已经指定的 ARRAY 中找到的第一个元素的下标的一维数组。如果 DIM 缺省，MASK 存在，检索限制对 MASK 中为真值的那些元素。如果有 DIM，结果是 r–1 维数组，结构是（d（1），d（2），…，d（DIM–1），d（DIM+1），…，d（r）），这里数组的结构是（d（1），d（2），…，d（r））。这个数组含有沿 DIM 维度找到的最大值的下标。
- 例如，如果

ARRAY=

那么函数 FINDLOC（ARRAY，2）的结果是（/2，1/）。注意，检索是按列优先来完成：第一个下标，然后是第二个下标等，按这个次序，（/2，1/）是检测到的第一个 2 值的位置。

- 如果多个元素有同样的最大值，返回的是最后检索到的元素的第一个位置值。如果有 BACK 值，且有真值，返回的是最后检测到的值的位置。因此，FINDLOC（ARRAY，2，BACK=.TRUE）是（/2，2/），因为运行折返时这是第一个遇到的 2 值。
- 出现 KIND，结果是 KIND 类型的整型数，如果 KIND 缺省，结果默认为整型数。

LBOUND（ARRAY，*DIM*，*KIND*）

- 整型查询函数。
- 返回 ARRAY 数组的所有下界值或一个指定的下界值。
- ARRAY 是一个任意类型的数组，但一定不能是一个不关联指针，或未分配的动态数组
- DIM 为整数，且 1≤DIM≤r。在调用过程中，DIM 相应的实参一定不能是可选的。
- 如果出现 DIM 参数，返回值是一个标量。如果与 ARRAY 对应的实参是部分数组或数组表达式，或者 DIM 大小为 0，则函数返回 1。否则，函数返回 ARRAY 数组维数的下界值。如果 DIM 不出现，那么函数将返回一个数组，该数组的第 i 个元素为 LBOUND（ARRAY，i），其中 i=1，2，…，r。
- 返回值是 KIND 参数中指定的类别，如果缺省 KIND 参数，返回值默认为整型。

MAXLOC（ARRAY，*DIM*，*MASK*，*KIND*，*BACK*）

- 整型变换函数，返回一个长度为 r 的一维数组。
- 返回在 DIM 维（如果指定了 DIM 参数的话）的范围内，MASK（如果指定了 MASK 参数）为真的最大值出现的位置。如果出现一个以上相同的最大值时，返回第一个发现的最大值的位置。
- ARRAY 是一个任意的整形、实型、或字符型数组。DIM 为整数，且 1≤DIM≤r。在调用过程中，DIM 相应的实参一定不能是可选的。
- MASK 是一个与 ARRAY 相适应的逻辑标量或逻辑数组。
- BACK 是逻辑标量。
- 如果 DIM 和 MASK 参数均缺省，函数将返回一个一维数组，数组中包含了在 ARRAY 中发现的第一个最大值的下标。如果 DIM 不出现，而 MASK 出现时，将严格在 MASK 为 true 的位置上进行查找。如果 DIM 出现，函数返回一个 r-1 维数组，结构如（d（1），d（2），…，d（DIM_1），d（DIM+1），…，d（r）），这里 ARRAY 的结构为（d（1），d（2），…，d（r）），这个数组中包含了 DIM 维中最大值的下标。
- 例如，如果 $ARRAY=\begin{bmatrix}1 & 3 & -9\\ 2 & 2 & 6\end{bmatrix}$

$$MASK=\begin{bmatrix}TRUE & FALSE & TRUE\\ TRUE & TRUE & FALSE\end{bmatrix}$$

那么函数 MAXLOC（ARRAY）的结果是（/2，3/），MAXLOC（ARRAY，MASK）的结果是（/2，1/），MAXLOC（ARRAY，DIM=1）的结果是（/2，1，2/），MAXLOC（ARRAY，DIM=2）的结果是（/2，3/）。

- 如果有多个元素有最大值，则返回第一个这种元素出现的位置，如果 BACK 出现，且为 true 值，则返回最后一个这种元素出现的位置。
- 如果 KIND 出现，结果是 KIND 类别的整型数，KI ND 缺省，结果为默认类型的整型。

MAXVAL（ARRAY，*DIM*，*MASK*）

- 转换函数，与 ARRAY 类型相同。
- 返回在 DIM 维（如果指定了 DIM 参数的话）的范围内，寻找 MASK（如果指定了 MASK 参数）为真的最大值。如果 ARRAY 是 0 维，或 MASK 中所有元素均为 false，则返回值为与 ARRAY 类型和类别都相同的最大可能的负值。
- ARRAY 是一个整型、实型、或字符型数组。DIM 为整数，且 1≤DIM≤r。在调用过程中，DIM 相应的实参一定不能是可选的。MASK 是一个与 ARRAY 一致的逻辑标量或逻辑数组。
- 如果 DIM 参数不出现，则返回一个标量，其值是相对于 MASK 为真值的数组中的最大值。如果 MASK 参数不出现，将搜索整个 ARRAY 数组。如果 DIM 参数出现，函数将返回一个 r–1 维数组，结构如（d（1），d（2），…，d（DIM_1），d（DIM+1），…，d（r）），这里 ARRAY 的结构为（d（1），d（2），…，d（r））。
- 例如，如果

$$ARRAY=\begin{bmatrix}1 & 3 & -9\\ 2 & 2 & 6\end{bmatrix}$$

$$MASK=\begin{bmatrix}TRUE & \mathrm{FALSE} & FALSE\\ TRUE & TRUE & FALSE\end{bmatrix}$$

那么函数 MAXVAL（ARRAY）的结果为 6，MAXVAL（ARRAY，MASK）的结果为 2，MAXVAL（ARRAY，DIM=1）的结果是（/2，3，6/），MAXLOC（ARRAY，DIM=2）的结果为（/3，6/）。

MERGE（TSOURCE，FSOURCE，MASK）

- 逐元函数，与 TSOURCE 类型相同。
- 根据 MASK 值，选择 TSOURCE 或 FSOURCE 中的一个元素。如果元素对应的 MASK 值为 true，则返回值中的对应元素为 TSOURCE 数组中的元素，如果元素对应的 MASK 值为 false，则返回值中的对应元素为 FSOURCE 数组中的元素。MASK 也可以是一个标量，此时将选择整个 TSOURCE 数组或者 TSOURCE 数组。
- TSOURCE 可以是任意类型的数组，FSOURCE 必须是与 TSOURCE 同类型类别的数组。MASK 是一个逻辑标量或一个与 TSOURCE 一致的逻辑数组。

MINLOC（ARRAY，*DIM*，*MASK*，*KIND*，*BACK*，*KIND*，*BACK*）

- 整型转换函数，返回一个长为 r 的一维数组。
- 返回在 DIM 维（如果指定了 DIM 参数的话）的范围内，MASK（如果指定了 MASK 参数）为真值元素的最小值出现的位置。如果出现一个以上相同的最小值时，返回最先发现的最小值的位置。ARRAY 是一个整形、实型，或字符型数组。DIM 为整数，且 1≤DIM≤r。在调用过程中，DIM 相应的实参一定不能是可选的。MASK 是一个与 ARRAY 一致的逻辑标量或逻辑数组。
- 如果 DIM 和 MASK 参数均未出现，函数将返回一个一维数组，数组中包含了在 ARRAY 中发现的第一个最小值的下标。如果 DIM 参数不出现，而 MASK 参数出现时，将严格在 MASK 为 true 的范围内进行查找。如果 DIM 参数出现，函数返回一个 r-1 维数组，结构如（d（1），d（2），…，d（DIM_1），d（DIM+1），…，d（r）），这里 ARRAY 的结构为（d（1），d（2），…，d（r））。返回值数组中包含了在 DIM 维中的最小值的下标。
- 例如，如果

$$\text{ARRAY} = \begin{bmatrix} 1 & 3 & -9 \\ 2 & 2 & 6 \end{bmatrix}$$

$$\text{MASK} = \begin{bmatrix} \text{TRUE} & \text{FALSE} & \text{TRUE} \\ \text{TRUE} & \text{TRUE} & \text{FALSE} \end{bmatrix}$$

那么函数 MINLOC（ARRAY）的结果是（/1，3/），MINLOC（ARRAY，MASK）的结果是（/1，1/），MINLOC（ARRAY，DIM=1）的结果是（/1，2，1/），MINLOC（ARRAY，DIM=2）的结果是（/3，1/）。

- 如有多个同样的最大值，返回第一个最大值的位置，如果存在 BACK，且为 true 值，则返回最后一个最大值的位置。
- 如果 KIND 出现，结果是 KIND 类别的整型数，KI ND 缺省，结果为默认类型的整型。

MINVAL（ARRAY，DIM，MASK）

- 转换函数，与 ARRAY 类型相同。
- 返回在 DIM 维（如果指定了 DIM 参数的话）的范围内，MASK（如果指定了 MASK 参数）值为真的元素的最小值。如果 ARRAY 是 0 维，或 MASK 中所有元素均为 false，则返回值为与 ARRAY 类型和类别相同的最大正数。

- ARRAY 是一个整型、实型、或字符型数组。DIM 为整数，且 1≤DIM≤r。在调用过程中，DIM 相应的实参一定不能是可选的。MASK 是一个与 ARRAY 一致的逻辑标量或逻辑数组。
- 如果 DIM 参数不出现，则返回一个标量，其值是 MASK 为真值的数组元素的最小值。如果 MASK 参数不出现，将搜索整个 ARRAY 数组。如果 DIM 参数出现，函数将返回一个 r–1 维数组，结构如（d（1），d（2），…，d（DIM_1），d（DIM+1），…，d（r）），这里 ARRAY 的结构为（d（1），d（2），…，d（r））。
- 例如，如果

$$ARRAY=\begin{bmatrix}1 & 3 & -9\\ 2 & 2 & 6\end{bmatrix}$$

$$MASK=\begin{bmatrix}\text{TRUE} & \text{FALSE} & \text{FALSE}\\ \text{TRUE} & \text{TRUE} & \text{FALSE}\end{bmatrix}$$

则 MINVAL（ARRAY）的结果为-9，MINVAL（ARRAY，MASK）的结果为 1，MINVAL（ARRAY，DIM=1）的结果是（/2，3，-9/），MIXLOC（ARRAY，DIM=2）的结果为（/-9，2/）。

NULL（*MOLD*）

- 转换函数。
- 如 MOLD 出现，返回一个与 MOLD 类型相同的未关联指针。如果不使用 MOLD，则指针类型由内容决定（例如，如果 NULL（）被用来初始化整型指针，则返回一个未关联的整型指针）。
- MOLD 是一个指向任意类型的指针。它的指针关联状态可以是未定义的、未关联的或关联的。
- 这个函数对于声明时初始化指针状态很有用。

PACK（ARRAY，*MASK*，*VECTOR*）

- 转换函数，与 ARRAY 类型相同。
- 将数组在 MASK 的控制下压缩为一维数组。
- ARRAY 可以是任意类型的数组。MASK 是一个逻辑标量或与 ARRAY 一致的逻辑数组。VECTOR 是一个与 ARRAY 类型相同的一维数组，其最小的容量必须和 MASK 中 true 值的数量相当。如果 MASK 是一个值为 true 的标量，则至少 VECTOR 的容量必须与 ARRAY 有相同个元素。
- 此函数在 MASK 的控制下将数组 ARRAY 压缩为一个一维数组。如果 ARRAY 的某元素对应的 MASK 值为 true 的时候，它必须被压缩到输出 VECTOR 数组中。如果 MASK 是值为 true 的标量，则整个输入数组必须被压缩到输出数组中。压缩过程按列序执行。
- 如果参数 VECTOR 出现，则函数的输出长度必须与 VECTOR 的长度一致。这个长度必须大于或等于被压缩的元素个数。
- 例如，如果

$$ARRAY=\begin{bmatrix}1 & -3\\ 4 & -2\end{bmatrix}$$

$$MASK=\begin{bmatrix}FALSE & TRUE\\ TRUE & TRUE\end{bmatrix}$$

则函数 PACK（ARRAY，MASK）的返回值为［4 –3 –2］。

PRODUCT（ARRAY，*DIM*，*MASK*）

- 转换函数，与 ARRAY 类型相同。
- 返回 ARRAY 中 DIM 维（如果指定了 DIM 参数）对应 MASK 值为真（如果指定了 MASK 参数）的元素的乘积。如果 ARRAY 为 0，或 MASK 中所有元素均为 false，则返回 1。
- ARRAY 是一个整型、实型或复数型数组。DIM 为整数，且 1≤DIM≤r。在调用过程中，DIM 相应的实参一定不能是可选的，MASK 是一个与 ARRAY 一致的逻辑标量或逻辑数组。
- 如果 DIM 参数不出现，或者 ARRAY 为一维数组，则返回值为一个标量，其值为所有对应 MASK 值为真的 ARRAY 元素的乘积。如果 MASK 参数也同时省略，则返回值为 ARRAY 中所有元素的乘积。如果 DIM 参数出现，则返回一个 r-1 阶数组，结构如（d（1），d（2），…，d（DIM_1），d（DIM+1），…，d（r）），此时，ARRAY 的结构为（d（1），d（2），…，d（r））。

RESHAPE（SOURCE，SHAPE，*PAD*，*ORDER*）

- 转换函数，与 SOURCE 类型相同。
- 用其他数组的元素构建一个特定结构的数组。
- SOURCE 是一个任意类型的数组。SHARP 是一个有 1～7 个元素的整型数组，其中包含了输出数组的各维度的宽度。PAD 是与 SOURCE 类型相同的一维数组。当 SOURCE 中没有足够的元素时，使用 PAD 中的元素补充到后面。ORDER 是一个与 SHAPE 结构相同的整型数组，它指定了哪一维将要被 SOURCE 中的元素填充的顺序。
- 这个函数的返回值是一个使用 SOURCE 中元素构建的 SHAPE 结构的数组。如果 SOURCE 中没有足够的元素，则重复使用 PAD 中的元素补充。ORDER 指定了哪一维将要被 SOURCE 中的元素填充的顺序。默认的填充顺序是（1，2，…，n），其中 n 是 SHAPE 的大小。
- 例如，SOURCE=［1 2 3 4 5 6］，SHAPE=［2 5］，PAD=［0 0］，则

$$\text{RESHAPE(SOURCE,SHAPE,PAD)} = \begin{bmatrix} 1 & 3 & 5 & 0 & 0 \\ 2 & 4 & 6 & 0 & 0 \end{bmatrix}$$

和

$$\text{RESHAPE(SOURCE,SHAPE,PAD,(/2,1/)} = \begin{bmatrix} 1 & 2 & 3 & 4 & 5 \\ 6 & 0 & 0 & 0 & 0 \end{bmatrix}。$$

SHAPE（SOURCE，*KIND*）

- 整型查询函数。
- 返回 SOURCE 数组的结构，返回值为大小为 r 的一维数组，其数组元素为 SOURCE 对应维度的大小。如果 SOURCE 为标量，将返回大小为 0 的一维数组。
- SOURCE 是任意类型的标量或数组，一定不能是无关联的指针或未分配的动态数组
- 如果 KIND 出现，一维数组的类别为 KIND，否则，结果为默认类型的整型数。

SIZE（ARRAY，*DIM*）

- 整型查询函数。
- 如果指定了 DIM 参数，则返回数组特定维度的宽度，否则，将返回所有数组元素的个数。

- ARRAY 是任意类型的数组，一定不能是无关联的指针或未分配的动态数组。DIM 为整数，且 1≤DIM≤r。如果 ARRAY 是假定大小的数组，则必须指定 DIM 参数，而且其值必须小于 r。

SPREAD（SOURCE，*DIM*，*NCOPIES*）

- 转换函数，与 SOURCE 类型相同。
- 通过复制 SOURCE 中的特定维的数据，来构建一个 r+1 维的数组（就像通过不断的拷贝同一页最终组成一本书一样）。
- SOURCE 是一个任意类型的数组或标量。SOURCE 的维数必须小于 7。DIM 为整数，用来指定 SOURCE 中要复制的哪一维的数据。它必须满足 1≤DIM≤r+1。NCOPIES 是对 SOURCE 中 DIM 维数据进行复制的次数。如果 NCOPIES 小于或等于 0，将返回一个大小为 0 的数组。
- 如果 SOURCE 是一个标量，返回值数组中的每个元素值均等于 SOURCE。如果 SOURCE 是一个数组，则输出数组中下标分别为（S_1，S_2，…，S_{n+1}）的元素值对应于 SOURCE（S_1，S_2，…，S_{DIM_1}，S_{DIM+1}，…，S_{n+1}）。
- 例如，如果 SOURCE=［1 3 5］，则函数 SPREAD（SOURCE，DIM=1，NCOPIES=3）的结果为

$$\begin{bmatrix} 1 & 3 & 5 \\ 1 & 3 & 5 \\ 1 & 3 & 5 \end{bmatrix}。$$

SUM（ARRAY，*DIM*，*MASK*）

- 转换函数，与 ARRAY 类型相同。
- 返回 ARRAY 中 DIM 维（如果指定了 DIM 参数）对应 MASK 值为真（如果指定了 MASK 参数）的元素之和。如果 ARRAY 为 0，或 MASK 中所有元素均为 false，则返回 0。
- ARRAY 是一个整型、实型或复数型数组。DIM 为整数，且 1≤DIM≤r。在调用过程中，DIM 相应的实参一定不能是可选的。MASK 是一个与 ARRAY 一致的逻辑标量或逻辑数组。
- 如果不使用 DIM 参数，或者 ARRAY 为一维数组，则返回值为一个标量，其值为所有 MASK 值为真的 ARRAY 中元素之和。如果 MASK 参数也同时省略，则返回值为 ARRAY 中所有元素之和。如果指定了 DIM 参数，则返回一个 r-1 维数组，结构如（d（1），d（2），…，d（DIM_1），d（DIM+1），…，d（r）），这里 ARRAY 的结构为（d（1），d（2），…，d（r））。

TRANSFER（SOURCE，MOLD，*SIZE*）

- 转换函数，与 MOLD 类型相同。
- 返回一个标量或一个一维的数组，数组值的物理表示用那个 SOUCE 来标识，但是解释是按 MOLD 的类型和类别进行。能行的是，这个函数获得 SOURCE 的位模式，却根据 MOLD 中的类型和类别来解释位。
- SOURCE 可以是任意类型的数组或标量。MOLD 也是任意类型的数组或标量。SIZE 是一个整型标量，在调用过程中，相应的实参一定不能是可选的。
- 如果 MOLD 为标量，且 SIZE 参数未出现，那么返回值是一个标量。如果 MOLD 是一

个数组，且 SIZE 参数省略，那么函数的返回值将有可容纳 SOURCE 中的所有位的最小容量。如果指定了 SIZE 参数，函数将返回一个大小为 SIZE 的一维数组。如果返回值的位的个数与 SOURCE 中的位个数不同，那么将截断某些位或者添加一些位，具体如何做并未定义，而是与处理机相关。

- 例如 1：在采用 IEEE 标准浮点数的 PC 机中，TRANSFER（4.0，0）的整数值为 1082130432，这是因为浮点数 4.0 的位表示与整数 1082130432 是同样的，所以转换函数导致关联浮点数 4.0 的位格式被重新解释为整数。
- 例 2：在函数 TRANSFER（/1.1，2.2，3.3/），（/（0.，0.）/））中，SOURCE 的长度为三个实数占内存空间的长度，MOLD 是其中包含了一个复数的一维数组，复数的长度为两个实数值内存空间的长度。因此输出将是复数一维数组。为了使用 SOURCE 中的所有位，函数返回值是一个包含 2 个元素的复数一维数组，其第一个元素是（1.1，2.2），第二个元素是一个实部为 3.3、虚部未知的复数。
- 例 3：在函数 TRANSER（（/1.1，2.2，3.3/），（/（0.，0.）/，1）中，SOURCE 为三个实数值长，MOLD 是其中包含了一个复数的一维数组，复数的长度为两个实数的内存空间长。因此结果是复数一维数组。由于 SIZE 参数被指定为 1，所以只产生一个复数值。函数返回值是一个仅有一个元素（1.1，2.2）的复数一维数组。

TRANSPOSE（MATRIX）

- 转换函数，与 MATRIX 类型相同。
- 转置一个二维矩阵，（i，j）位置的元素取值是位置（j，i）的值。
- MATRIX 是一个任意类型的二维矩阵。

UBOUND（ARRAY，*DIM*，*KIND*）

- 整型查询函数。
- 返回 ARRAY 所有下标的上界值或指定的某个下标的上界值。
- ARRAY 是一个任意类型的数组，但一定不能是一个未关联的指针或未分配的动态数组。
- DIM 为整数，且满足 1≤DIM≤r。在调用过程中，DIM 相应的实参一定不能是可选的。
- 如果使用 DIM 参数，返回值是一个标量。如果与 ARRAY 对应的实参是部分数组或数组表达式，或者 DIM 大小为 0，则函数返回 1。否则，函数返回 ARRAY 数组维数的上界值。如果 DIM 参数不出现，函数将返回一个数组，该数组的第 i 个元素为 UBOUND（ARRAY，i），其中 i=1，2，…，r。
- 返回值类别由 KIND 参数指定，缺省 KIND，则为默认的整型数。

UPACK（VECTOR，MASK，FIELD）

- 转换函数，与 VECTOR 类型相同。
- 在 MASK 的控制下将一维数组解压缩为数组。其结果数组与 VECTOR 类型相同，与 MASK 结构相同。
- VETOR 是一个任意类型的一维数组，它必须至少有 MASK 真值元素个数那么多的容量，MASK 是逻辑数组。FILED 是与 VECTOR 的类型相同，与 MASK 结构一致。
- 此函数产生一个 MASK 结构的数组，VECTOR 的第一个元素放置在 MASK 第一个真值对应的位置，VECTOR 的第二个元素放置在 MASK 第二个真值对应的位置，以此类推。假如 MASK 位置为 false，那么来自 FIELD 的相应元素放置在输出数组中。假如 FIELD 是标量，则输出相同的值到所有 MASK 中标为 false 的位置。
- 函数功能与 PACK 函数相反。

- 例如，假设 V= [1 2 3]，

$$M = \begin{bmatrix} TRUE & FLASE & FALSE \\ FALSE & FALSE & FALSE \\ TRUE & FALSE & TRUE \end{bmatrix}$$

和

$$F = \begin{bmatrix} 0 & 0 & 0 \\ 1 & 1 & 1 \\ 0 & 0 & 0 \end{bmatrix}。$$

则函数 UNPACK（V，MASK=M，FIELD=0）的结果为 $\begin{bmatrix} 1 & 0 & 0 \\ 0 & 0 & 0 \\ 2 & 0 & 3 \end{bmatrix}$，

函数 UNPACK（V，MASK=M，FIELD=F）的结果为

$$\begin{bmatrix} 1 & 0 & 0 \\ 1 & 1 & 1 \\ 2 & 0 & 3 \end{bmatrix}。$$

C.9 各种查询函数

ALLOCATED（ARRAY）

- 逻辑查询函数。
- 当 ARRAY 已正确分配空间时，返回 true，当 ARRAY 没有被正确地分配空间时，返回 false。如果 ARRAY 分配状态未定义，则结果也是未定义的。
- ARRAY 是任意类型的动态数组。

ASSOCIATED（POINTER，*TARGET*）

- 逻辑查询函数。
- 函数有三种可能的应用场合：

（1）如果 TARGET 参数不出现，则当 POINTER 已被关联时，返回 true，否则返回 false。

（2）如果指定了 *TARGET* 参数为一个目标变量，则当 *TARGET* 大小不为 0，并且 POINTER 指向 *TARGET* 时返回 true，否则返回 false。

（3）如果指定了 *TARGET* 参数为一个指针，则当 POINTER 与 TARGET 均指向同一个非 0 大小的目标变量时返回 true，否则返回 false。

- POINTER 是一个任意类型的指针，它的指针关联状态不是未定义。TRAGET 是一个任意类型的指针或目标变量。如果它是一个指针，则指针的关联状态必须是未定义的。

PARITY（MASK，*DIM*）

- 逻辑查询函数。
- MASK 是逻辑类型的数组。
- DIM 为整数，且满足 1≤DIM≤r。在调用过程中，DIM 相应的实参一定不能是可选的
- 如果 MASK 中有奇数个元素为真，返回真，否则返回假。

PRESENT（A）

- 逻辑查询函数。

- 当可选参数 A 被指定时，返回 true，否则返回 false。
- A 可以是任何一个可选参数。

STORAGE_SIZE（A，*KIND*）

- 整型查询函数。
- A 是任意类型的标量或整型数。
- 该函数返回标量 A 中包含的位数的个数，或数组 A 中元素的个数。如果出现 KIND，整数就为指定的 KIND 类型。

C.10 各种过程

MOVE_ALLOC（FROM，TO）

- 纯子例程。
- 参数：

FROM	任意类型	输入输出	任意类型和维度的动态标量或数组
TO	与 FROM 类型相同	输出	与 FROM 参数类型兼容的动态标量或数组

- 将 FROM 对象分配的空间转移给 TO 对象。
- 子例程结束后，FROM 对象被释放。
- 如果调用时释放了 FROM 对象，则 TO 对象也被释放。
- 如果调用时为 FROM 对象分配空间，则也分配同样类型空间给 TO 对象，该对象的类型参数、数组边界以及初始值与 FROM 相同。
- 如果 TO 对象具有 TARGET 属性，任意原指向 FROM 对象的指针均指向 TO 对象。
- 如果 TO 对象不具有 TARGET 属性，任意指向 FROM 对象的指针均变为未定义。

C.11 优化数组函数

COSHAPE（COARRAY，*KIND*）

- 整型查询函数。
- 返回 COARRAY 的相应结构当成一位数组，其大小为 R，并且其元素由 COARRAY 相应维度的元素扩展组成。
- SOURCE 是任意类型的数组或标量。SOURCE 必须不关联指针或没分配的动态数组。
- KIND 出现，一维数组类型为 KIND，否则是默认类型的整型数。

IMAGE_INDEX（COARRAY，SUB）

- 整型查询函数。
- COARRAY 是任意一个优化数组。
- SUB 是优化数组的一维子下标。
- 如果子下标的集合对应到一个有效的优化数组地址，函数将返回含有指定优化数组数据的映像。
- SOURCE 是任意类型的数组或标量，SOURCE 必须不关联指针或没分配的动态数组。
- KIND 出现，一维数组类型为 KIND，否则是默认类型的整型数。

LCOBOUND（COARRAY，*DIM*，*KIND*）

- 整型查询函数。
- 返回所有更低优化数组的下界或 COARRAY 中指定的更低下界。
- COARRAY 是任意类型的优化数组。
- DIM 为整数，且满足 1≤DIM≤r。在调用过程中，DIM 相应的实参一定不能是可选的。
- 如果出现 DIM，结果是标量，如果对应 ARRAY 的实际参数是数组的一部分或数组表达式，或如果 DIM 维度为 0，那么函数返回 1；否则。返回的是 ARRAY 维度的更低下界。如果 DIM 不出现，那么函数将返回一个数组，该数组第 i 位元素是 LBOUND（ARRAY，i），其中 i=1，2，…，r。
- 返回的值是参数 KIND 指定的类别，如果 KIND 缺省，返回值是默认的整型数。

NUM_IMAHES()

- 转换函数。
- 返回当前正运行的映像个数。

THIS_IMAGE（*COARRAY*，*DIM*）

- 转换函数。
- COARRAY 是优化数组的名字。
- DIM 为整数，且满足 1≤DIM≤r。在调用过程中，DIM 相应的实参一定不能是可选的
- 如果函数无参数，将返回当前的映像数组，类型是默认的整型数。
- 如果函数有 ARRAY 参数，返回的是对应 COARRAY 的相应下标值的序列，该 COARRAY 将调用指定的正被调用的映像。
- 如果函数有 COARRAY 和 DIM 参数，将返回对应 DIM 的 COARRAY 的相应下标值，该 COARRAY 将调用指定的正被调用的映像。

UCOBOUND（COARRAY，*DIM*，*KIND*）

- 整型查询函数。
- 返回 COARRAY 的优化数组边界的上界或指定更低的边界。
- COARRAY 是任意类型的优化数组。
- DIM 为整数，且满足 1≤DIM≤r。在调用过程中，DIM 相应的实参一定不能是可选的。
- 如果出现 DIM，结果是标量，如果对应 ARRAY 的实际参数是数组的一部分或数组表达式，或如果 DIM 维度为 0，那么函数返回 1；否则。返回的是 ARRAY 维度的更低下界。如果 DIM 不出现，那么函数将返回一个数组，该数组第 i 位元素是 LBOUND（ARRAY，i），其中 i=1，2，…，r。
- 返回的值是参数 KIND 指定的类别，如果 KIND 缺省，返回值是默认的整型数。

附录 D

Fortran 程序中的语句序列

Fortran 程序由一或多个程序单元（program unit）组成，每个程序单元含有至少两条合法 Fortran 语句。在一个程序中除了可以有一个和仅有一个 main 程序外，还可以有任何数量和类型的程序单元。

所有 Fortran 语句可以被分成 17 种类型，如下所列（在这个列表中，也给出了所有不好的、过时的或删除的 Fortran 语句，但这是很少一部分）。

（1）初始化语句（PROGRAM，SUBROUTINE，FUNCTION，MODULE，SUBMODULE 和 BLOCK DATA）。

（2）注释。

（3）USE 语句。

（4）IMPLICIT NONE 语句。

（5）其他 IMPLICIT 语句。

（6）PARAMETER 语句。

（7）DATA 语句。

（8）派生类型定义。

（9）类型声明语句。

（10）接口块。

（11）语句函数声明。

（12）其他特殊语句（PUBLIC，PRIVATE，SAVE 等）。

（13）FORMAT 语句。

（14）ENTRY 语句。

（15）执行语句和结构。

（16）CONTAINS 语句。

（17）END 语句（END PROGRAM，END FUNCTION，END MODULE 等）。

表 D-1 中指定了这些语句出现在程序单元中的顺序。在这张表中，水平行表明不能被混合的各种语句，垂直列表明可被解释的语句类型。

注意，从这张表上，不可执行语句常常在程序单元中放在执行语句之前，可以和执行语句混合的非执行语句仅有 FORMAT 语句、ENTRY 语句和 DATA 语句。

除以上限制外，不是每种 Fortran 语句都可以出现在每一个 Fortran 作用域中，表 D-2 给出了哪类语句可以出现在哪个对应的作用域内。

表 D-1　必需的语句序列

PROGRAM，FUNCTION，MODULE，SUBROUTINE，或 BLOCK DATA 语句
USE 语句
IMPORT 语句

续表

<table>
<tr><td colspan="3">PROGRAM，FUNCTION，MODULE，SUBROUTINE，或 BLOCK DATA 语句</td></tr>
<tr><td colspan="3">IMPLICIT NONE 语句</td></tr>
<tr><td rowspan="3">FORMAT
和
ENTRY
语句</td><td>PARAMETER
语句</td><td>IMPLICIT
语句</td></tr>
<tr><td>PARAMENTER 和 DATA
语句</td><td>派生类型定义
接口模块
类型声明语句
枚举类型定义
过程声明
特定的语句
和语句函数声明</td></tr>
<tr><td>DATA 语句</td><td>执行语句和结构</td></tr>
<tr><td colspan="3">CONTAINS 语句</td></tr>
<tr><td colspan="3">内部子程序或模块子程序</td></tr>
<tr><td colspan="3">END 语句</td></tr>
</table>

表 D-2　　在不同作用域可以出现的语句

作用种类	主程序	模块	数据块	扩展的子程序	模块子程序	内部子程序	接口体
USE 语句	Yes	Yes	Yes	Yes	Yes	Yes	Yes
ENTRY 语句	No	No	No	Yes	Yes	No	No
FORMAT 语句	Yes	No	No	Yes	Yes	Yes	No
混合声明（见脚注）	Yes	Yes	Yes	Yes	Yes	Yes	Yes
DATA 语句	Yes	Yes	Yes	Yes	Yes	Yes	No
派生类型	Yes	Yes	Yes	Yes	Yes	Yes	Yes
接口模块	Yes	Yes	No	Yes	Yes	Yes	Yes
执行语句	Yes	No	No	Yes	Yes	Yes	No
CONTAINS 语句	Yes	Yes	No	Yes	Yes	No	No
语句函数声明	Yes	No	No	Yes	Yes	Yes	No

注意：

（1）混合声明是 PARAMETER 语句、IMPLICIT 语句、类型声明语句和特定语句，如 PUBLIC、SAVE 等。

（2）派生类型定义也可以放在作用域单元中，但是它们不能含有上面给出的语句，所以它没有出现在上表中。

（3）模块的作用域单元内不包括模块可以包含的任何子程序。

附录E

术　语　表

这个附录是含有Fortran术语的术语表，这里的许多定义是对当前标准Fortran中（ISO/IEC 1539：2010）（Fortran 2008）术语定义的解释。

- abstract type，抽象类型。有ABSTRACT属性的派生类型。它仅被用于扩展基本类型，不能定义该类型的对象。
- actual argument，实际参数。在过程调用（子例程调用或函数引用）中指定的表达式、变量或过程。它与过程定义中相应形参的位置相关联，仅有关键字可用于改变参数的出现次序。
- algorithm，算法。解决特定问题的“公式”或步骤序列。
- allocatable array，动态数组。含有一定类型和维度（秩）的ALLOCATABLE指定的数组。它可以用ALLOCATE语句分配确切的宽度，动态数组只有已经分配存储空间，才可以引用或定义，相应的存储区域可以用DEALLOCATE语句释放。
- allocatable variable，动态变量。用ALLOCATABLE指定的变量，可以是内置或用户自定义的。它可以用ALLOCATE语句分配存储空间，动态变量只有已经分配存储空间，才可以引用或定义。当不再需要时，相应的存储区域可以用DEALLOCATE语句释放。
- allocation statement，分配语句。为动态数组或指针分配内存空间的语句。
- allocation status，分配状态。逻辑值，表示当前是否已经给动态数组分配成功了存储空间，可以用ALLOCATED内置函数测试分配状态。
- alpha release，α版本。大型程序第一个完整版本。α版本通常由程序员自己和少量与他们非常接近的其他人员测试，以尽可能发现程序中出现的严重bug。
- argument，参数。当调用过程时，将传递给过程的数值或变量的占位符（形参），或当调用时实际传递给过程的数值和变量（实参）。参数出现在过程声明和调用过程时过程名后的圆括号里。
- argument association，参数关联。通过引用，执行过程期间实参和形参之间的对应关系。通过在过程引用和过程定义中，或根据参数关键字的意思，经实参与形参的相关位置完成参数关联。
- argument keyword，参数关键字。形参名。它用于过程引用中，后随有显式接口的过程提供的“=”号。
- argument list，参数列表。当调用时传递给过程的数值和变量列表。参数列表出现在声明过程和调用过程时过程名后的圆括号中。
- array，数组。数据项集合。所有数据项的类型和类别相同，且通过同一名字来引用。用数组名，后随一个或多个下标，访问数组中的单个元素。
- array constant，数组常量。创建数组的常量。
- array constructor，数组构造器。数组所取常数值。
- array element，数组元素。数组中的单个数据项。

- array element order，数组元素序列。可见的数组元素的存储顺序。尽管计算机内存中的物理存储位置可能有不同，但是对数组的所有引用中元素都是按这个顺序出现。
- array overflow，数组溢出。企图用数组有效范围之外的下标使用数组元素，即越界引用。
- array pointer，数组指针。指向数组的指针。
- array section，部分数组。数组的子集，可以像数组一样使用和操作，但是以它自己的正确顺序进行。
- array specification，数组说明。在类型声明语句中，用来定义数组的名字、结构和大小的意思。
- array variable，数组变量。数组所取的变量值。
- array-valued，数组取值。数组拥有的值。
- array-valued function，数组取值函数。该函数的返回值是一个数组。
- ASCII，美国标准信息交换代码（ISO/IEC 646：1991），广泛使用的字符编码集。这个字符集也被称为 ISO 646（国际引用版本号）。
- ASCII collating sequence，ASCII 排序序列。ASCII 字符集的排序序列。
- assignment，赋值。把一个表达式的值存储到变量中。
- assignment operator，赋值操作符。等号（=），它表示等号右边的表达式的值将被赋给符号左边的变量中。
- assignment statement，赋值语句。Fortran 语句，它引起表达式的值被存储到变量中，赋值语句的形式是“变量=表达式”。
- associated，关联。如果它现在指向那个目标，那么指针将与目标相关联。
- association status，关联状态。标示当前指针是否关联目标的逻辑值。可能的指针关联状态的取值是：未定义、关联和未关联。用 ASSOCIATED 内置函数可以测试这个值。
- assumed length character declaration，不定长字符声明。长度用*号声明的字符参数。当调用过程时，实际长度由相应的实参来决定。如：

```
CHARACTER(len=*) :: string
```

- assumed length character function，不定长字符函数。返回用星号指定长度的字符函数。这些函数必须有显式的接口。在 Fortran 95 中该函数已经被声明作废。在下列例子中，my_fun 是一个不定长度的字符函数。

```
FUNCTION my_fun(str1,str2)
CHARACTER(len=*),INTENT(IN)::str1,str2
CHARACTER(len=*)::my_fun
```

- assumed-shape array，不定结构数组。形参数组参数，它的每维的界限值用冒号隔开，当调用过程时，形参数组参数将从相应的实际参数获得实际界值。不定结构数组有一个声明的数据类型和维度，只有过程实际执行时才能知道数组的大小。它仅可以用于有显式接口的过程。如

```
SUBROUTINE test(a,...)
REAL,DIMENSION(:,:)::a
```

- assumed-size array，不定大小数组。在 Fortran 90 版本之前中使用，形参数组在过程中声明。在不定大小数组中，除最后的维度用星号（*）声明，其他形参数组的所有维

度都显式地声明。不定大小数组已经被不定结构数组替代。

- asynchronous input/output，异步输入/输出。可与其他 Fortran 语句执行时同时发生的输入和输出操作。
- attribute，属性。可以在类型声明语句中声明变量和常量的性质。如 PARAMETER，DIMENSION，SAVE，ALLOCATABLE，ASYNCHRONOUS，VOLATILE 和 POINTER。
- automatic array，自动数组。过程中的显式结构数组，是个局部量，当调用过程时给出它的部分或全部边界值。每次调用过程时数组的大小和结构可以不同。当调用过程时，相应的数组大小被自动地分配给数组，当过程终止时，数组空间自动回收。在下列例子中，scratch 是自动数组。

```
SUBROUTINE my_sub ( a,rows,cols )
INTEGER :: rows, cols
...
REAL, DIMENSION(rows,cols) :: scratch
```

- automatic length character function，自动长度字符函数。一个字符函数，当通过形参或模块中的值或 COMMON 块中的值调用函数时，指定它的返回长度。这些函数必须有显式接口。在下列例子中，my_fun 是自动长度字符函数：

```
FUNCTION my_fun  ( str1, str2, n )
INTEGER, INTENT(IN) :: n
CHARACTER(len=*), INTENT(IN) :: str1, str2
CHARACTER(len=n) :: my_fun
```

- automatic character variable，自动字符变量。过程中的字符变量，是个局部量，当通过形参或模块中的值或 COMMON 块中的值调用过程时，指定它的长度。当调用过程时，自动用相应的大小创建变量，当过程终止时，自动销毁变量。在下列例子中，temp 是一个自动字符变量。

```
SUBROUTINE my_sub  ( str1, str2, n )
CHARACTER(len=*) :: str1, str2
...
CHARACTER(len=n) :: temp
```

- batch processing，批处理。程序编译和执行的模式。该模式中程序无输入，与用户无交互。
- beta release，β版本。大型程序的第二个完整版本。β版本通常被交给需要这个程序的“有好”外部用户，让他们在每天的工作中试用程序。这些用户在许多不同的条件下，用许多不同输入数据集来操作程序，他们报告他们发现的所有 bug 给程序开发者。
- binary digit，二进制数字。0 或 1，在基为 2 的系统中可以有的两个数字。
- binary operator，二元操作符。写在两个操作数之间的操作符。如+，–，*，/，>，<，.AND 等。
- binary tree，二叉树。树形结构，每个结点可以有两个分支。
- bit，位。二进制数字。
- binding，绑定。把过程与特定的派生数据类型关联到一起的操作。
- block，块。嵌在执行结构中的执行语句序列，语句夹在特殊结构中，当成一个整体单元来处理。如，下列夹在 IF 和 END IF 语句之间的语句是一个块。

```
IF ( x > 0.)THEN
```

```
  ...
  (code block)
  ...
END IF
```

- BLOCK DATA program unit，BLOCK DATA 程序单元。给名为 COMMON 块中的变量提供初始值的程序单元。
- block IF construct，IF 结构块。一个程序单元，在那里通过 IF 语句，以及可选的一个或多个 ELSE IF 语句、直到一个 ELSE 语句来控制执行一个或多个语句块。
- bound，边界取值（边界值）。上限或下限值；数组下标可取的最大和最小值。
- bound procedure，绑定过程。绑定到派生数据类型的过程，通过组件选择语法来访问（如，变量名后随%组件选择器：a%proc()）。
- bounds checking，边界检测。在每个数组引用执行之前检测数组引用的过程，以保证指定的下标是在数组声明的边界值之内。
- branch，分支。(a) 转移程序中的控制，如 IF 或 CASE 结构中的分支；(b) 用于形成二叉树部分的链表。
- bug，小毛病（“臭虫”）。引起程序发生不合适行为的编程错误。
- byte，字节。一组 8 位二进制数。
- card identification field，卡片标识域。固定源码格式行的第 73-80 列。编译器不编译这些列的信息。过去，这些列用于对一幅源码卡片中的单张卡片进行编号。
- central processing unit，中央处理单元。执行主数据处理功能的计算机组成部分，它常常由一个或多个控制单元和算术逻辑操作单元组成，这些控制单元能选择数据和完成操作，算术逻辑单元操作完成算术计算。
- character，字符。(a) 字母、数字或其他符号。(b) 用来表示字符串的内置数据类型。
- character constant，字常量。常量，其中含有用单引号或双引号括住的字符串。
- character constant edit descriptor，字符常量编辑描述符。编辑描述符，它形成输出格式中的字符常量。如，在下列语句

```
100 FORMAT (" X = ",x)
   the "X = "是字符常量编辑描述符
```

- character context，字符文本。构成字符串常数的字符或字符常数编辑描述符。不仅仅是 Fortran 字符集中的那些字符，计算机字符集中的所有合法字符都可以用在字符文本中。
- character data type，字符数据类型。用来表示字符串的内置数据类型。
- character expression，字符表达式。用于计算结果的字符常量、字符变量和字符操作符的组合式。
- character length parameter，字符长度参数。指定字符类型实体中字符个数的类型参数。
- character operator，字符操作符。操作字符数据的操作符。
- character set，字符集。字母、数字和符号的集合，它们可用于字符串中。通用字符集是 ASCII 和 Unicode。
- character storage unit，字符存储单元。可以容纳下默认类型的单个字符的存储单元。
- character string，字符串。一个或多个字符序列。
- character variable，字符变量。可以用来存储一个或多个字符的变量。
- child，孩子。从父类数据类型扩展来的派生数据类型。用 EXTENDS 子句定义。

- class，类。已定义的、所有从单个原类型（prototype）扩展而来的数据类型集，用 CLASS 语句，而不是 TYPE 来声明。
- class hierarchy，类层次结构。类之间层次顺序。表明类之间的继承关系。父类在层次结构的顶层，继承它的子类分放在它的下面。
- close，关闭。中止文件与输入/输出单元之间连接的处理操作。
- coarray，优化数组。优化数组是一类数组，它被分配放置于整个运行优化数组的 Fortran 程序中的全部映像中。任何一个映像均可以访问其他的映像中用优化数组语法定义的优化数组中的所有内容。
- Coarray Fortran，优化数组 Fortran（CAF）。一种优化数组 Fortran 程序形式，其中有并行运行程序的多个相同拷贝、共享数据和要计算处理的任务。
- collating sequence，排序序列。序列，在这个序列中用关系操作符实现特殊字符集的排序。
- column major order，列主序。多维 Fortran 数组分配内存的方法。在列主序（列优先）中，第一个下标值全使用一次，直至最大下标值后，第二个下标值才增 1.例如，设有 2×3 维的数组，则数组元素按 a（1，1），a（2，1），a（1，2），a（2，2），a（1，3），a（2，3）顺序分配存储空间。
- combinational operator，组合操作符。操作数为逻辑值、操作结果是逻辑值的操作符。如，.AND.，.OR.，.NOT.等。
- comment，注释。程序单元中的文本，编译器不编译它们，但是可以便于程序员阅读程序信息。在任意源码形式中，每行注释以感叹号（!）开始，连续直到这行末，感叹号不在字符上下文中。在固定源码中，注释以第一列的一个 C 或*开始，连续直到这行末。
- COMMON block，公用块。可以被程序中所有作用域单元访问的物理存储块，块中的数据用它相关的位置标识，而不管那个位置上的变量的名字和类型是什么。
- compilation error，编译错。在编译时被 Fortran 编译器检测出来的错误。
- compiler，编译器。被特定计算机使用的计算机程序，它能把用计算机语言（如 Fortran）编写的程序转换为机器代码。编译器常常把代码转换为称为目标代码的中间代码，以备随后可以被独立连接器连接。
- complex，复数。用来表示复数数据的内置数据类型。
- complex constant，复数常量。复数类型的常数，写成为一对用括号括住的实数数值。如（3.，-4.）是一个复数常量。
- complex number，复数数字。由实数部分和虚数部分组成的数字。
- component，组件。派生数据类型的组成部分之一。
- component order，组件序列。派生数据类型中的一组组件。
- component selector，组件选择器。访问结构中特定组件的方法。它由结构名和组件名构成，用百分号（%）隔开。如，student%age。
- computer，计算机。存储信息和修改那些信息的指令（程序）的设备，计算机执行程序，用有效的方法操作数据。
- concatenation，连接。使用连接操作符，把一个字符串附加到另一个字符串末尾的过程。
- concatenation operator，连接操作符。组合两个字符串为单个字符串的操作符（//）。

- concrete type，具体类型。无 ABSTRACT 属性的派生类型可依据具体类型的类来创建对象。
- conformable，一致性。有同样的结构的两个数组被说成是一致的。标量与所有数组一致。内置操作仅定义在一致的数据项上。
- constant，常数（常量）。值在整个程序执行过程中不可以修改的数据对象。常数可以命名（如，参数）或不命名。
- construct，结构。用 DO，IF，SELECT CASE，FORALL，ASSOCIATE 或 WHERE 语句开始，以相应终止语句结尾的语序序列。
- construct association，结构关联。ASSOCIATE 或 SELECT TYPE 结构选择器和关联结构项之间的关联。
- control character，控制字符。输出缓存中的第一个字符，它被用来控制从当前行开始空出多少行。
- control mask，控制掩码。在 WHERE 语句或结构中的逻辑类型的数组，它的值决定将操作数组的哪个元素。这个定义也用到许多内置数据函数的 MASK 参数中。
- Corank，优化维度（秩）。优化数组的维度值。Fortran 优化数组的优化维度的最大维度（秩）值，必须小于或等于 15。
- Corank 2 coarray，2D 优化数组的优化维度（秩）。一个映像看成为有 2D 结构的优化数组。
- core，核。一个核是含有多个核的 CPU 芯片上的一个独立处理单元，每个核可以和芯片上其他核并行完成计算。
- coshape，优化结构。优化结构的每一维是另一个一维优化数组。优化结构可以用一维数组存储，其中每个数组元素是另一个一维的优化数组。
- counting loop，计数循环。基于循环控制变量（也称为迭代循环），执行指定次数的 DO 循环。
- CPU，参见中央处理单元。
- critical section，临界区。并行程序的一部分。除非一次只有一个映像执行这段代码，否则结果是不定的。CRITICAL.. END CRITICAL 结构禁止多个映像在给定时间内同时执行这段代码。
- data，数据。计算机处理的信息。
- data abstraction，数据抽象。创建新数据类型，隐藏内部结构和用户操作的能力。其中类型与操作符关联。
- data dictionary，数据字典。程序单元中所有变量名和常量名的名字和定义列表。定义应该包括对数据项内容和计量单位的说明。
- data hiding，数据隐藏。程序单元中的某些数据项不能被其他程序单元访问的思想。对所有调用过程的程序单元来说，过程中的局部数据项是隐藏的。模块中对数据项和过程的访问可以用 PUBLIC 和 PRIVATE 语句来控制。
- data object，数据对象。常数和变量。
- data type，数据类型。一类数据的名字，数据类型的特性是取值范围和数值的表示方法，以表示这些值和操作这些值的操作集。
- deadlock，死锁。某个映像等待另一个映像同步的条件。当时第 2 个映像正等待与第一个映像同步。这种情况下，程序将永远挂起。

- deallocation statement，释放语句。释放前面给动态数组或指针分配到的存储空间的语句。
- debugging，调试。定位或减少程序中的 Bug。
- decimal symbol，小数点。分割实型数据的实整数与小数部分的符号。在美国、英国和许多其他国家符号为句号（.），而在西班牙、法国和某些欧洲国家则是逗号（,）。
- declared type，声明的类型。过程中为参数声明的类型，实参的动态类型可以是声明的类型或声明类型的一些子类。
- default character set，默认字符集。如果没有采取特殊行为选择其他字符集，在特定的计算机上程序可以使用的有效字符集。
- default complex，默认复数。当没有指定类型参数时，用于复数数值的类别。
- default integer，默认整数。当没有指定类型参数时，用于整数数值的类别。
- default kind，默认类别。当没有显式地指定类别时，用于指定的数据类型的类别参数。每个数据类型的默认类别被当成为默认整型，默认实型、默认复数型等。默认类别随处理机不同而不同。
- default real，默认实数。当没有指定参数类型时，用于实数数值的类别。
- default typing，默认类型声明。当在程序单元中没有出现类型声明语句时，基于变量名第一个字母给变量指定类型。
- deferred-shape array，预定义结构的数组。动态数组或指针数组。这些数组的类型和维度在类型声明语句中声明，但是直到用 ALLOCATE 语句分配内存，才决定数组的结构。
- defined assignment，定义赋值。涉及派生数据类型的用户自定义赋值。这是用 INTERFACE ASSIGNMENT 结构来做的。
- defined operation，定义操作。用户自定义的操作，它扩展使用派生类型的内置操作或定义用于内置类型或派生类型的新操作。这是用 INTERFACE OPERATION 结构来完成的。
- deleted feature，已删除的特性。旧版 Fortran 的特性，它已经从后来的语言版本中删除了。如，Hollerith（H）格式描述符。
- dereferencing，解除引用。当对指针的引用出现在操作或赋值语句中时访问相应目标变量的过程。
- derived type（or derived data type），派生类型（或派生数据类型）。由组件组成的用户自定义数据类型，每一个组件可以是内置类型或其他派生类型。
- dimension attribute，维度属性。用来指定数组下标个数的类型声明语句的属性，和那些下标（如它们的边界值和宽度）特性。这个信息也可以用独立的 DIMENSION 语句来指定。
- direct access，直接访问。按任意顺序读或写文件的内容。
- direct access file，直接访问文件。按任意顺序读或写文件的单条记录。直接访问文件有固定长度的记录，以便可以快速地计算出任何特定记录的存放位置。
- disassociated，断开关联。假如不与目标关联，断开指针的关联。指针可以用 NULLIFY() 语句或 null()内置函数来断开关联。
- DO construct，DO 结构。用 DO 语句开始和用 END DO 语句结束的循环体。
- DO loop，DO 循环。用一条 DO 语句控制的循环体。

- DO loop index，DO 循环控制变量。用于控制迭代 DO 循环中执行循环次数的变量。
- double precision，双精度。计算机中用单精度两倍的存储空间存储浮点数的方法，结果是数字有效位更多（常见情况）、数据表示的范围更大。在 Fortran 90 之前，双精度变量用 DOUBLE PRECISION 类型声明语句声明。在 Fortran 95/2003 中，它们仅仅是另一类别实型数据类型。
- dummy argument，形式参数（形参，哑元参数），形参。用于过程定义中的参数，当调用过程时，将与实参关联。
- dynamic memory allocation，动态内存分配。执行时为变量或内存分配内存空间，相对于发生在编译时的静态内存分配来说。
- dynamic type，动态类型。执行时的数据实体类型。对于多态性实体，它也是数据类型或父类型的孩子类型；对于非多态性实体，它与声明的数据类型相同。
- dynamic variable，动态变量。执行程序源代码期间需要时创建的变量，当不再需要时可以被销毁。自动数组和字符变量、动态数组和动态指针指向的目标变量都是动态变量的例子。
- edit descriptor，编辑描述符。格式项，它指定数据项在内部和外部表示之间的转换（与格式描述符相同）。
- elemental，基本操作。用于独立的数组元素，或一致的数组和标量集中相应元素的操作、过程或赋值的操作。在并行计算机的许多处理机中可以很容易地把基本操作、过程或赋值区别开来。
- elemental function，基本函数。初等函数。
- elemental subroutine，基本子例程。最基本的子例程。
- elemental intrinsic function，基本内置函数。基本内置函数定义于标量输入输出之上，但也可以作用于值为数组的参数或形参上，依次应用过程在相应的数组参数的元素上，可以获得值为数组的结果。
- elemental intrinsic procedure，基本内置过程。为标量输入和输出定义的内置过程，但接受的值可以是数组参数或参数，并能通过依次应用过程到相应的数组参数的元素上，而完成已经赋值的数组的传递。
- elemental procedure（user-defined），基本过程（用户自定义的）。仅用标量形参（非指针或过程）、产生标量结果（非指针）的用户自定义过程。基本函数必须没有其他旁的影响，这意味着它的所有参数是 INTENT（IN）的。除用 INTENT（OUT）或 INTENT（INOUT）显式指定参数外，基本子例程必须没有其他旁的影响。如果用 ELEMENTAL 前缀声明过程，它能接受有值的数组参数和参数，并能通过依次应用过程到相应的参数数组元素上，而完成已经赋值的数组的传递。用户自定义基本过程仅在 Fortran 95 中使用。
- end-of-file condition，文件结束条件。当从文件读到文件的结束记录时而设置的条件，可以在 READ 语句中用 IOSTAT 子句来检测该条件。
- endfile record，结束记录。特殊的记录，仅出现在顺序文件的末尾。可以用 ENDFILE 语句来写入文件。
- error flag，出错标志。从子例程返回、表示子例程完成操作状态的变量。
- executable statement，执行语句。在程序执行期间引起计算机完成某些行为的语句。
- execution error，执行错。程序执行期间发生的错误（也可以称为运行错）。

- explicit interface，显式接口。调用过程的程序单元知道的过程接口。对外部过程的显示接口可以用接口块来创建，或通过把外部过程放在模块中，然后用 USE 关联访问它们来创建过程接口。机器自动为内部过程或为引用自身的递归过程创建显式接口（相对于下面的隐式接口而言）。
- explicit-shape array，显式结构数组。声明数组时，每个维度都有明确的边界值。
- explicit typing，显式类型声明。在类型声明语句中，显式声明变量的类型（相对默认类型声明而言）。
- exponent，指数。①在二进制表示中，为生成完整的浮点数据，尾数权 2 的倍数；②在十进制表示中，为生成完整的浮点数据，尾数权 10 的倍数。
- exponential notation，指数表示法。用尾数乘于权 10 的指数计算值来表示的实数或浮点数。
- expression，表达式。操作数、操作符和圆括号序列，这里操作数可以是变量、常数或函数引用。
- extent，宽度。数组特定维度中的元素个数。
- external file，外部文件。存储在某些外部媒体上的文件，这相比于内部文件而言，在程序中它是一个字符变量。
- external function，外部函数。非内置函数或内部函数的函数。
- external procedure，外部过程。非任何程序单元的函数子程序或子例程的子程序。
- external unit，外部单元。可以连接到外部文件的 I/O 单元。外部单元用 Fortran I/O 语句中的数字表示。
- field，数据项（数据域）。类中定义的数据类型的说明项。
- field width，域宽度。字符的有效个数，它指定格式化数值将输出的长度，或将读取多少位格式化的输入数值。
- file，文件。数据单元，它存储在计算机主存之外的某些媒体上，按记录来组织，记录可以分别用 READ 和 WRITE 语句逐个访问。
- file storage unit，文件存储单位。无格式存储器或流文件的基本单位。
- final subroutine，析构子例程。在派生数据项析构时，处理机自动调用的子例程。
- finalizer，析构器（析构函数）。在对象销毁前才调用的方法。该方法清除分配给对象的所有资源。在 Fortran 中，析构器是一个析构子例程。
- finalizable，析构的。有析构子例程或析构组件的派生数据类型，也即析构类型的所有对象。
- finalization，析构。在销毁对象之前，调用析构子例程的过程。
- fixed source form，固定源码形式。编写 Fortran 程序时用它来为特定的目的保留固定的列，这个方法已经被废弃。
- floating-point，浮点数。表示数据的方法，在该方法中，存储关联的数据被划分为尾数（小数部分）和指数两个独立部分。
- floating-point arithmetic，浮点数运算。一种算术运算，完成实数或浮点数常量和变量的计算。
- format，格式。编辑描述符序列，它决定如何解释输入数据记录，或指定输出数据记录的形式。格式可以在 FORMAT 语句或字符常量或变量中看到。
- format descriptor，格式描述符。格式中的项目，它指定数据项在内部和外部表示之间的转换（与编辑描述符相同）。

- format statement，格式化语句。定义格式的标识语句。
- formatted file，格式化文件。一种文件，它所包含的数据以可以识别的数字、字符等来存储。
- formatted output statement，格式化输出语句。已格式化的 WRITE 语句或 PRINT 语句。
- formatted READ statement，格式化 READ 语句。使用格式描述符的 READ 语句，以指定在读入时，怎样转换数据到输入缓冲中。
- formatted WRITE statement，格式化 WRITE 语句。使用格式描述符的 WRITE 语句，以指定在显示时，怎样转换输出数据。
- Fortran Character Set，Fortran 字符集。有 86 个字符的字符集，可用于编写 Fortran 程序。
- free format，自由格式。直接用于输入/输出语句，对输入和输出不要求任何格式。
- free source form，自由源码形式。更新和更好的编程方法，这一方法中任何目标字符可以出现在一行的任意位置（相比于固定源码形式而言）。
- function，函数。表达式中调用的过程，它返回一个独立的结果值，该值可被用于进行表达式计算。
- function pointer，函数指针。指向函数地址而不是数据项的一种指针。
- function reference，函数引用。函数名用于表达式中，实现函数调用（执行），完成某些计算，返回结果可用于表达式计算。函数的调用或执行是通过在表达式中引用函数名来实现。
- function subprogram，函数子程序。用 FUNCTION 语句开始、END FUNCTION 语句结束的程序单元。
- function value，函数值。执行函数时返回的数值。
- generic function，通用函数。可以用不同类型参数调用的函数。如，内置函数 ABS 是通用函数，因为它可以用整型、实型和复数型参数调用。
- generic interface block，通用接口块。用来为一系列过程定义通用名的接口块的形式。
- generic name，通用名。用于标识两个或多个过程的名字，要求的过程是由编译器决定的。在每次调用时，通过过程调用中的非可选参数的类型调用来确定。通用名是在通用接口块中为一系列过程定义的。
- get methods，获取方法。访问和返回对象中存储的数据值的方法。
- global accessibility，全局访问。从所有程序单元中直接访问数据和派生类型定义的能力。模块的 USE 关联提供这一能力。
- global entity，全局实体。作用范围是整个程序的实体。它可以是程序单元、公用块，或外部过程。
- global storage，全局存储。所有程序单元可以访问的内存块——COMMON 块。COMMON 块中的全局存储已经彻底被整个模块可全局访问的内容替代。
- guard digits，保护数。算术计算中的额外数字。它不在计算中的实数值类别的精度之内，被用于极小化截尾和四舍五入错误处理。
- hard disk，硬盘（或硬盘驱动）。一种数据存储设备，由磁性材料制成，能存储大量数据。
- head，头节点。链表中的第一个结点。

- hexadecimal，十六进制。基数为 16 的数字系统，十六进制中合法数字是 0～9 和 A～F。
- high-level language，高级语言。有很多像英文语法和很多复杂编程结构的计算机语言。相比于机器语言和汇编语言而言。
- host，宿主。含有内部子程序的主程序或子例程，称为内部子程序的宿主。含有模块子程序的模块，称为模块子程序的宿主。
- host association，宿主关联。宿主作用域中的数据实体可以有效地在其内部作用域中进行处理。
- host scoping unit，宿主作用域。包含另一个作用域的作用域。
- ill-conditioned system，病态系统。一个等式系统，它的答案对它的系数值的微小改变，或截尾和四舍五入处理很灵敏。
- image
- imaginary part，虚部。组成 COMPLEX 数值的两个数据中的第二个数据。
- implicit type declaration，隐式类型声明。名字的第一个字母决定了变量的类型。现代 Fortran 程序中不再使用隐式类型声明。
- implicit interface，隐式接口。调用过程的程序单元完全不知道的过程接口。当使用隐式接口时，Fortran 程序不能检测实参和形参之间类型、大小或类似的错误匹配，所以编译器不能捕获到某些编程错。Fortran 90 前的所有接口是隐式的（与上面的显式接口相比）。
- implied DO loop，隐式 DO 循环。输入/输出语句、数组构建器和 DATA 语句中缩写的循环结构，其中指定用于那条语句中的数组元素的次序。
- implied DO variable，隐式 DO 变量。用于控制隐式 DO 循环的变量。
- impure elemental procedure，非纯逐元过程。改变一个或多个调用参数的逐元函数。
- index array，索引数组。含有指示其他数组的数组，索引数组常被用在排序中，以避免大量数据交换。
- Inf，无限值。IEEE 754 计算后返回的无限值。它表示结果无限大。
- infinite loop，无限循环。从不中止的循环，通常是由于程序出错导致无限循环发生。
- initial statement，初始语句。程序中的第一条语句：PROGRAM，SUBROUTINE，FUNCTION，MODULE 或 BLOCK DATA 语句。
- initialization expression，初始化表达式。声明语句中作为初始值出现的常数表达式的受限形式。如，下列类型声明语句中初始化 pi 为 3.141593 的初始化表达式。

  ```
  REAL :: pi=3.141592
  ```

- input buffer，输入缓冲区。内存部分，用于存储从输入设备（如键盘）输入的一行数据。当整个一行已经输入，计算机才可以处理输入缓冲区。
- input device，输入设备。用于键入数据到计算机的设备。常见例子是键盘。
- input format，输入格式。用于格式化输入语句的格式。
- input list，输入列表。READ 语句中列出的将读入的变量、数组和/或数组元素名。
- input statement，输入语句。READ 语句。
- input/output unit，输入/输出单元。在输入/输出语句中的数字、星号或名字，用于引用外部单元或内部单元。数字用于引用外部文件单元，它可以用 OPEN 语句连接到特定文件，用 CLOSE 来解除连接。星号用于引用处理机的标准输入和输出设备。名字用于引用内部文件单元，即唯一的程序内存中的字符变量。

- inquiry intrinsic function，查询内置函数。结果取决于检测的对象的性质而不是参数取值的内置函数。其他查询函数可以返回与特定计算机上数字系统相关的属性。
- inquiry subroutine，查询子例程。返回值是与检测的对象的属性相关而不是与参数值相关的子例程。
- instance method，实例方法。与对象关联的绑定过程，它可以修改对象中的实例变量。
- instance variable，实例变量。存储在对象中的变量。每个对象实例化时会产生这些变量的不同拷贝。
- integer，整型。表示整个数字区域的内置数据类型。
- integer arithmetic，整型数运算。仅涉及整型数据类型数据的算术操作。
- integer constant，整型常量。数字常数，它们不含有十进制的小数点部分的值。
- integer division，整数除法。一个整型数被另一个整型数除。在整数除法中，小数部分将丢弃，因此整数 7 除以整数 4，结果是 1。
- interactive processing，交互处理。一种处理模式，在该模式中程序执行期间，用户将通过键盘进行数据键入。
- integer variable，整型变量。存储整型数据的变量。
- interface，接口。过程名，形参的名字和字符串，以及（对函数而言）结果变量的字符串。
- interface assignment block，接口赋值块。用于扩展赋值符号（=）含义的接口块。
- interface block，接口块。（a）使接口对过程是显式的；（b）定义通用过程、操作符或赋值的途径。
- interface body，接口体。接口块中的语句序列，以 FUNCTION 或 SUBROUTINE 语句开头，END 语句结尾。接口体指明函数或子例程的调用顺序。
- interface function，接口函数。用于从程序的主要部分独立调用特定处理机的过程的函数。
- interface operator block，接口操作符块。用来定义新的操作符或扩展标准 Fortran 操作符（+，–，*，/，>等）的接口块。
- internal file，内部文件。可以用正常格式化 READ 和 WRITE 语句读或写的字符变量。
- internal function，内部函数。是作为函数的内部过程。
- internal procedure，内部过程。包含在其他程序单元中的子例程或函数，仅可以从那个程序单元中调用它们。
- intrinsic data type，内置数据类型。预先定义的 Fortran 数据类型：整型（integer），实型（real），双精度型（double），逻辑型（logical），复数型（complex）和字符型（character）。
- intrinsic function，内置函数。是作为函数的内置过程。
- intrinsic module，内置模块。作为标准 Fortran 语言一部分而定义的模块。
- intrinsic procedure，内置过程。作为标准 Fortran 语言一部分而定义的过程（参见附录 B）。
- intrinsic subroutine，内置子例程。是作为子例程的内置过程。
- I/O unit，I/O 单元。参见输入/输出单元（input/output unit）。
- invoke，调用。调用子程序，或在表达式中引用函数。

- iteration count，迭代计数值。迭代执行 DO 循环的次数。
- iterative DO loop，迭代 DO 循环。基于循环控制变量取值 （也就是已知循环次数），执行特定次的 DO 循环。
- keyword，保留字。在 Fortran 语言中已经定义了含义的字。
- keyword argument，关键参数。指定形式为："DUMMY_ARGUMENT=actual_argument"的形参和实参之间关联的方法。当调用过程时，关键参数允许用任何顺序指定参数。关键参数对可选参数很有用。关键参数仅可以用在有显式接口的过程中，关键参数应用的例子是：

  ```
  kind_value=SELECTED_REAL_KIND(r=100)
  ```

- kind，类别。除 DOUBLE PRECISION 之外的所有内置数据类型，类型个数有多个，类型表示与处理机有关。每种表示为一种不同的类型，与处理机有关的整型表示数，称为不同类别的类型参数。
- kind selector，类别选择器。指定变量或常量的类别不同类型参数的工具。
- kind type parameter，类别类型参数。用于标识内置数据类型类别的整型值。
- language extension，语言扩展。为其他目的使用语言特性来扩展语言的能力。Fortran 的基本语言扩展特性是派生类型、用户自定义操作和数据隐藏。
- lexical function，词法函数。用不受字符集约束的方法比较两个字符串的内置函数。
- librarian，连接库。创建和操作编译好的目标文件的程序。
- library，库文件。程序可以使用的有效过程集合，它们是模块或独立连接的目标库文件的形式。
- line printer，行式打印机。用来打印 Fortran 程序和大型计算机系统上输出结果的一种打印机，它的名字源于大型行式打印机一次可以打印一整行信息的事实。
- link，连接。把程序中产生的目标模块组合在一起，形成执行程序的过程。
- linked list，链表。每个元素含有一个指向下一结构中的元素的指针的数据结构（有时候，它也含有指到前一元素的指针）。
- list-directed input，表控输入。有特定类型的已格式化输入数据，其中格式用于解释处理机如何依照输入列表中的数据项类型选用输入数据。
- list-directed I/O statement，表控 I/O 语句。使用带有输入和输出控制列表的输入或输出语句。
- list-directed output，表控输出。有特定类型的已格式化输出数据，其中格式用来解释处理机如何依照输出列表中的数据项类型选用输出数据。
- literal constant，文字常数。可以直接输出的常数，相对于有名常数（常量）而言。如 14.4 是文字常数。
- local entity，局部实体。定义在单个作用域中的实体。
- local variable，局部变量。声明在程序单元中、但不在 COMMON 中的变量。这种变量仅在相应的作用域中有效。
- logical，逻辑类型。仅可以取值：TRUE 或 FALSE 两个值的数据类型。
- logical constant，逻辑常量。有逻辑值：TRUE 或 FALSE 的常数。
- logical error，逻辑错。程序设计中的错误引起的程序 Bug 或错误（如，不合适的分支、循环等）。

- logical expression，逻辑表达式。结果是 TRUE 或 FALSE 的表达式。
- logical IF statement，逻辑 IF 语句。逻辑表达式控制语句执行流程的语句。
- logical operator，逻辑操作符。结果是逻辑值的操作符。逻辑操作符有两类：连合符（.AND.，.OR.，.NOT.，等）和关系操作符（>，<，==等）。
- logical variable，逻辑变量。LOGICAL 类型的变量。
- loop，循环。重复多次的语句序列，常用 DO 语句控制。
- loop index，循环控制变量。迭代的 DO 循环每执行一次它的值加 1 或减 1 的整型变量。
- lower bound，下界。数组下标的最小值。
- machine language，机器语言。二进制指令集（也称为机器代码），实际中仅能被特定的处理机理解和执行。
- main memory，主存。用于存储当前正在执行的程序和与程序相关的数据的计算机存储器。通常是用半导体材料做成。主存通常也比外存速度更快，但是它的价格更高。
- main program，主程序。以 PROGRAM 开始的程序单元，当程序启动时，从这里开始执行，任何程序仅可以有一个主程序。
- mantissa，尾数。(a) 在二进制表示中，浮点数的小数部分，它们与权值 2 相乘，产生完整的数据，需要的权值 2 的多少称为数据的阶；尾数的取值常在 0.5 到 1.0 之间；(b) 在十进制表示中，浮点数的小数部分，它们与权值 10 相乘，产生完整的数据，需要的权值 10 的多少称为数据的阶；尾数的取值常在 0.0 到 1.0 之间。
- many-one array section，多对一的数组部分。下标为矢量的部分数组，该数组中有两个或多个数值相同。这样的数组部分不能出现在赋值语句的左边。
- mask，掩码。(a) 逻辑表达式，用于控制掩蔽数组赋值 （WHERE 语句或 WHERE 构建器）中数据元素的赋值。(b) 决定在操作中将包含哪个数组元素的几个数组内置函数的逻辑参数。
- masked array assignment，掩蔽数组赋值。用与数组同样结构的逻辑 MASK 控制操作的数组赋值语句。赋值语句中指定的操作仅用于那些数组中对应于 MASK“真”元素的元素。掩蔽数组赋值当成 WHERE 或 WHERE 结构来实现。
- master image，主映像。CAF 程序中编号为 1 的映像。
- matrix，矩阵。维度（阶）为 2 的数组。
- member，成员。类的组件，可以是数据项或方法。
- method，方法。与对象绑定的过程。大多数方法会访问或修改对象中存储的数据。
- mixed-mode expression，混合模式表达式。涉及不同类型操作数的算术表达式。如，实数和整数相加是混合模式表达式。
- module，模块。允许其他程序单元访问其内部用 USE 关联声明的常数、变量、派生数据类型、接口和过程单元的程序单元。
- module procedure，模块过程。包含在模块中的过程。
- name，名字。由字母组成、多达 30 个含有字母和数字的字符（字母、数字和下划线）的文字标记。有名实体可以是变量、常量、指针或程序单元。
- name association，名字关联。参数关联、USE 关联、宿主关联或结构关联。
- named constant，有名常量（也称为有名常数）。在数据类型声明语句中用 PARAMETER 属性或通过 PARAMETER 语句命名的常数。
- NAMELIST input/output，有名列表的输入/输出。一种输入或输出的形式，在形式

"NAME=value"中的数据内的数值伴随相应的变量名。NAMELIST 一旦在程序中定义，可以重复在 I/O 语句中使用多次。NAMELIST 输入语句仅用于修改 NAMELIST 列表中列出的那部分变量。

- NaN，非数字值。IEEE754 标准计算返回的非数字值。它表示没有定义的数值，或非法操作产生的结果。
- nested，嵌套。一个程序结构作为其他程序结构的一部分包含在其中。如嵌套的 DO 循环或嵌套的 IF 结构。
- node，结点。链表或二叉树上的元素。
- nonadvancing input/output，非高级输入/输出。格式化 I/O 的方法，其中的每个 READ，WRITE 或 PRINT 语句不是必须开始一条新记录。
- nonexectable statement，非执行语句。用于配置程序环境的语句，其中会发生计算行为。如，IMPLICIT NONE 语句和类型声明语句。
- nonvolatile memory，非易失性内存。当断电时，会保护其中数据的内存。
- numeric model，数字模式。描述给定类型和类别的数字的取值范围和精度的方法，但不规定特定机器上的数字位的物理特性细节。
- numeric type，数字类型。整型、实型或复数数据类型。
- object，对象。数据对象。
- object designator，对象设计器。关于数据对象的设计器。
- object module，目标模块。大多数编译器输出的文件。多个目标模块组合成连接器中的库文件，以产生最终的执行程序。
- obsolescence feature，废弃的特性。Fortran 早期版本的特性，它们被考虑为多余但是一直使用的很广泛。废弃的特性已经被后来版本的 Fortran 中更好的方法替代。如，固定源码形式，它已经被自由源码形式替代。随着它们的使用率下降，废弃的特性在 Fortran 未来的版本中将被逐步淘汰掉。
- octal，八进制。基数为 8 的数字系统，它的合法数字是 0～7。
- one-dimensional array，一维数组。维度（秩）为 1 的数组或矢量。
- operand，操作数。操作符前面或后面的表达式。
- operation，操作。涉及一个或多个操作数的计算。
- operator，操作符。定义操作的字符或字符序列。有两类：单目操作符，仅需要一个操作数；双目操作符，需要两个操作数。
- optional argument，可选参数。过程中的形参，在调用过程时这类参数不是每次都需要有相应的实际参数。可选参数仅可以存在有显式接口的过程中。
- out-of-bounds reference，越界引用。用比数组维度相应的下标下界更小或下标上界更大的下标引用数组。
- output buffer，输出缓冲区。在发送到设备之前，用来保存一行输出数据的内存空间。
- output device，输出设备。用来从计算机上输出数据的设备。常见的例子有打印机和阴极射线管（CRT）显示器。
- output format，输出格式。在格式化输出语句中使用的格式。
- output statement，输出语句。发送格式化或无格式数据到输出设备或文件上的语句。
- override，重载。方法重载是语言的一种特性。该特性允许子类对父类中已定义的方法进行修改，以提供另一个特殊版本的方法。子类中的方法重载超类中的方法，只有用同一名字和格式才能实现。

- parallel program，并行程序。含有多个可并行执行映像的程序，又称为优化数组（coarray）Fortran（简写为 CAF）程序。
- parameter attribute，参数属性。类型声明语句中指定的属性，其中命名的项目是常量而不是变量。
- parameterized variable，参数化的变量。类别显式指明的变量。
- parent，父类。在扩展的派生数据类型中被扩展的类型。这个类型出现在 EXTENDS（parent_type）子句之后的圆括号里。
- pass-by-reference，引用传递。过程间交换参数的方案，这是通过传递参数的存储位置而不是参数的值来实现。
- pointer，指针。有 POINTER 属性的变量。除非指针与目标关联，否则指针不可以被引用或定义。假如是数组，即使已经确定了维度，除非关联，否则结构不定。当指针关联到目标，它含有目标的内存地址，因此“指向”目标。
- pointer array，指针数组。用 POINTER 属性声明的数组。它的维度在类型声明语句中确定，但是除非在 ALLOCATE 语句中给数组分配内存空间，否则数组的大小和结构是不确定的。
- pointer assignment statement，指针赋值语句。把指针与目标关联的语句。指针赋值语句的形式是 pointer=>target。
- pointer association，指针关联。指针关联到目标的过程。指针的关联状态可以用 ASSOCIATED 内置函数来检测。
- pointer attribute，指针属性。类型声明语句中指定的属性，命名的项目是指针而不是变量。
- polymorphic，多态的。在执行程序时可以是不同的类型。用 CLASS 关键字声明的派生数据类型就是多态的。
- pre-connected，预先已连接。自动连接到程序、并且不需要 OPEN 语句的输入或输出单元，标准输入和标准输出单元就是预先已连接的例子。
- precision，精度。有意义的、可以在浮点数字中表示的十进制数字。
- present，在场。相对于调用程序单元中出现的实际参数来说的、过程中给出和实际参数关联的形参。用 PRESENT 内置函数可以检测形式参数出现否。
- printer control character，指针控制字符。每个输出缓冲区的第一字符。当发送它到打印机，它能控制输出一行有效数值之前，纸张要垂直移动的一小段距离。
- private，私用的。用 USE 关联不可以访问外部模块的模块中的实体，用 PRIVATE 属性或 PRIVATE 语句声明。
- procedure，过程。子例程或函数。
- procedure interface，过程接口。过程的特征，包括过程名、每个形参名和可以用于引用过程的通用标识符（假如有的话）。
- processor，处理机。处理机是运行特定编译器的特定计算机、随着计算机的不同或随着同一计算机上的编译器的不同，与处理机的相关项目会不同。
- program，程序。计算机上的指令序列，它引起计算机实现一些特殊的功能。
- program unit，程序单元。主程序、子例程、函数、模块或数据块子程序。编译器独立编译每一个程序单元。

- properties，属性。存储在对象中的数据。
- pseudocode，伪代码。用类似 Fortran 的方法建构的一系列英文语句，用于列出问题解决方法的大致框架，以便解决问题，但不像 Fortran 语法那样仔细地关注过多的问题细节。
- public，公用的。用 USE 关联可以访问外部模块的模块中的实体，用 PUBLIC 属性或 PUBLIC 语句声明。模块中的实体默认为公用的。
- pure function，纯函数。是函数的纯过程。
- pure procedure，纯过程。纯过程是没有副作用的过程。纯函数的形参必须不能用任何方式修改，所有的参数必须是 INTENT（IN）的。除用 INTENT（OUT）或 INTENT（INOUT）显式指明参数外，纯子例程必须没有副作用。这种过程用 PURE 前缀来声明，纯函数可以被用于说明表达式，以初始化类型声明语句中的数据。注意所有基本过程也是纯函数。
- pure subroutine，纯子例程。是子例程的纯过程。
- race condition，紊乱条件。是一次场合，在该场合中计算结果与多个并行计算完成的速度有关。如果并行计算完成计算的次序不同，则计算的结果将会不同。
- random access，随机访问。以任意顺序读或写文件的内容。
- random access file，随机访问文件。可直接访问的文件的另一个名字：一种文件形式，在这种文件中可以按任意顺序读或写某一条记录。直接访问文件的记录长度必须是固定的，以便任何一条特定记录的位置可以被快速计算出来。
- random access memory（RAM），随机访问存储器。半导体存储器，用于存储特定时间内计算机实际执行的程序和数据。
- range，取值范围。在计算机上表示的、给定数据类型和类别的最大和最小数字之间的差值。如，大多数计算机上单精度实型数据的取值范围是 10^{-38} 到 10^{38} 和 -10^{-38} 到 -10^{38}。
- rank，维度（秩，阶）。数据的维度个数。标量的维度是 0，Fortran 数组的最大维度可以是 15。
- rank 1 array，一维数组。仅有一个维度的数组，这里的每一个数组元素用单个下标来访问。
- rank 2 array，二维数组。有两个维度的数组，这里的每一个数组元素要用两个下标来访问。
- rank *n* array，n 维数组。有 n 个维度的数组，这里的每一个数组元素用 n 个下标来访问。
- real，实型。用于浮点表示法表示数字的内置数据类型。
- real arithmetic，实数运算。完成实型或浮点型常数和变量算术计算。
- real constant，实型常量。含十进制小数点部分的数字常数。
- real number，实型数。REAL 数据类型的数字。
- real part，实部（实数部分）。COMPLEX 数据值的两个数字中的第一个数字。
- record，记录。数值序列或在文件中按单位来处理的字符（记录是一“行”，或来自文件的数据单位）。
- record number，记录数。直接访问（或随机访问）文件中的记录个数。
- recursion，递归。直接或间接自己调用自己的过程。只有用 RECURSIVE 保留字声明的过程才允许递归。

- recursive，递归的。递归调用的能力。
- reference，引用。在执行期间，上下文中需要数值的那点上的数据对象名的外部特性，上下文中需要过程执行的那点的过程名、它的操作符号，或定义的赋值语句的外部特性，或 USE 语句中模块名的外部特性。引用既不可以定义变量的行为，也不能定义作为实际参数的过程名的外部特性。
- relational expression，关系表达式。逻辑表达式，其中的两个非逻辑操作数被用关系操作符比较，以给出表达式的逻辑值。
- relational operator，关系操作符。比较两个非逻辑操作数的操作符，返回的结果值是 TRUE 或 FALSE。如>，>=，<，<=，==和/=。
- repeat count，重复计数。在一个格式描述符或一组格式描述符前的数字，它指定数字被重复使用的次数。如描述符 4F10.4 被重复 4 次。
- root，根。（a）形式 f（x）=0 等式的答案；（b）二叉树从此结点开始成长。
- round-off error，舍入错。浮点操作中当每一个计算结果的小数部分被舍去，以用实型数特殊类别的最接近值来表示结果时，发生的累计错。
- result variable，结果变量。返回函数值的变量。
- runtime error，运行错。仅当执行程序时，才出现的错误。
- SAVE attribute，存储属性。过程中局部变量的类型声明语句中的属性，它指明有名的数据项的数值将在过程调用间被保护。这个属性也可以在独立的 SAVE 语句中指定。
- scalar variable，标量。非数组变量的变量。变量名引用单个内置或派生类型项，这个名字中不使用下标。
- scope，作用范围。程序部分，在那里名字或实体有特殊的解释。Fortran 中有三种可能的作用范围：全局作用域、局部作用域和语句作用域。
- scoping unit，作用域。作用域是 Fortran 程序中的局部作用域的单个区域，所有局部变量在作用域中有独特的解释。Fortran 的作用域是①派生类型定义；②接口体，包括它内部的派生类型定义和接口体；③程序单元或子程序，包括它内部的派生类型定义、接口体和子程序。
- scratch file，临时文件。在执行期间被程序使用的、当关闭它时自动删除的临时文件，临时文件不用赋名字。
- secondary memory，辅助存储器。用来存储现在不执行的程序和现在不需要的数据的计算机存储器。通常，是磁盘。辅助存储器通常比主存更慢，但是也更廉价。
- separate procedure，独立过程。子模块中定义的过程。
- sequential access，顺序访问。按顺序读或写文件的内容。
- sequential file，顺序文件。文件的形式，在那里每个记录按顺序读或写。顺序文件的记录不需要固定长度。在 Fortran 中这是默认文件类型。
- set methods，设置方法。一种方法，该方法用于修改对象中存储的数据值。
- shape，结构（形状）。数组每个维度的维数和宽度。用含有一维宽度的数组的每个元素可以将结构存储在一维数组中。
- side effects，负面影响。变量功能发生了改变。这些变量包括输入参数列表中的变量、或用 USE 关联有效的模块中的变量，或 COMMON 块中的变量。
- single-precision，单精度。在计算机上用比双精度更少的空间存储浮点数的方法，结果的数字更少，并且数字表示中结果的取值范围（常常）更小。如果不指定结果是实型数类型，单精度数字是“默认实数”类型。

- single-threaded program，单线程程序。从开始至结束，一次只有一个计算顺序的程序。
- size，大小（尺寸）。数组中的总元素个数。
- solid state disk（or solid state drive，SSD），固盘（或固态驱动）。一种数据存储设备，它可以以固态非易失性内存存储大量的数据。
- source form，源码格式。编写 Fortran 程序的样式，自由源码形式或固定源码形式。
- special function，专用函数。必须总是用单一类型参数调用的函数。如，当内置函数 ABS 是通用函数时，内置函数 IABS 是专用函数。
- specific intrinsic function，专用内置函数。专门用途的内置函数。
- specification expression，说明表达式。有限形式的标量整型常数表达式，它可以出现在类型说明语句中，作为数据声明中的边界或作为字符声明中的长度。
- specifier，说明符。控制列表中的项目，为出现的输入/输出语句提供额外的信息。如，输入/输出单元代号和 READ 和 WRITE 语句的格式描述符。
- statement entity，语句实体。它的范围是单条语句或语句部分的实体，如数组构造器中的隐式 DO 循环中的索引变量。
- standard error stream，标准错误流。这是反馈出错信息的输出流。
- standard input stream，标准输入流。被 READ（*，…）语句访问的 I/O 单元，常常是键盘。
- standard output stream，标准输出流。被 WRITE（*，…）语句访问的 I/O 单元，常常是显示器。
- statement label，语句标号。可以被用来引用语句的语句前面的标号。
- static memory allocation，静态存储分配。在编译时为变量或数组分配的内存，相对于在程序执行时，动态内存分配而言。
- static variable，静态变量。编译时分配的，且在整个程序执行中都存在的变量。
- storage association，存储关联。通过在计算机内存中排列它们的物理存储单元，关联两个或更多个变量或数组的方法。这常用 COMMON 块和 EQUICALENCE 语句来完成，但不推荐给新程序使用。
- stride，步长。下标三元组中指定的增量。
- structure，结构。（a）派生数据类型的数据项；（b）描述算法的有组织的、标准方法。
- structure constructor，结构构建器。派生类型的无名（或文字）常数。它由后随括号中的类型组件的类型名组成。组件按派生类型的定义中声明的顺序出现。如，下列一行声明了一个 person 类型的常数：

```
John=person('john','R','Jones','323-6439',21,'M','123-45-6789')
```

- structure component，结构组件（结构元素）。可以被组件选择器引用的派生类型的对象部分。组件选择器由后随用百分号%分割的组件名的对象名组成。
- structured program，结构化程序。用结构方式设计的程序。
- submodule，子模块。一个程序单元，该单元扩展了一个模块或另一个子模块。子模块提供了在模块中声明接口实现过程的一种方法，因此使过程的接口与其实现实现了分离。

- subroutine，子例程。用 CALL 语句调用的过程，结果用它的参数来返回。
- subscript，下标。数组名后的圆括号中的某个整型数值，它被用来标识数组的特定元素。数组的每一维有一个下标值。
- subscript triplet，下标三元组。通过初始值、最终值和步长指定数组部分某一维的方法。下标三元组的三个组件用冒号隔开来，它们可以是默认的。如，下列数组部分含有两个下标三元组：array（1:3:2，2:4）。
- substring，子串。标量字符串相邻接的一部分。
- substring specification，子串说明。字符串子串的说明。说明的形式是 char_var（istart：iend），这里 char_var 是字符变量名，istart 是 char_var 中包含在子串中的第一个字符，iend 是 char_var 中包含在子串中的最后一个字符。
- subclass，子类。继承父类数据和方法的类。
- superclass，超类。一个在子类之上的类，它是子类的构造基础。
- synchronization point，同步点。在继续执行前，CAF 程序中两个或多个映像等待彼此到达的点。
- synchronization input/output，同步输入/输出。用同步输入/输出操作，使程序暂停执行，等待 I/O 操作完成，然后再继续。
- syntax error，语法错。在编译时编译器检测到的、Fortran 语句中的语法错误。
- tail，尾结点。链表中的最后一个结点。
- target，目标变量。有 TARGET 属性的变量，可能是指针指向的目的地。
- test driver program，测试程序。专门写来调用过程的小程序，目的是测试它们。
- top-down design，自顶向下设计。分析问题的过程。开始是主步骤，随后精炼每一步，直到每一步都已经成为一些更小的步骤，这些小步骤在 Fortran 中可以很轻易地实现。
- transformational intrinsic function，变换内置函数。既不是基本函数，也不是查询函数的内置函数。它常常有数组参数和数组结果，结果元素的取值由许多的参数元素值来确定。
- tree，树。一种链表形式，在那里每个结点指向两个或更多个其他结点。如果每个结点指向两个其他结点，结构是二叉树。
- truncation，截尾。（a）在数字被赋给整型变量之前，抛弃实数部分的小数的过程；（b）在把字符串赋给长度更短的字符变量前，删除字符串右边超出长度的字符的过程。
- truncation error，截尾错。（a）在完成之前终止计算引起的错误；（b）浮点数操作期间，当每次计算结果小数部分被舍去，而取实型数值的特定类别表示的下一个更小值时，发生的累计错误。
- truth table，真值表。逻辑表达式上所有操作数的所有可能取值组合的一览表。
- two-dimensional array，二维数组。维数为 2 的数组。
- type-bound procedure，绑定类型过程。绑定类型过程是一个过程。该过程以一个派生数据类型形式来声明，仅可以用数据类型引用方式来访问。
- type declaration statement，类型声明语句。指定类型和一个或多个变量或常量的可选属性的语句。INTEGER，DOUBLE，PRECISION，COMPLEX，CHARACTER，LOGICAL 或 TYPE（类型-命名）语句。
- type parameter，类型参数。内置数据类型的参数。KIND 和 LEN 是类型参数。
- ultimate type，极限类型。极限类型的结构组件是内置类型，派生数据类型的结构组件不是极限类型。

- unary operator，单目操作符。仅有一个操作数的操作符，如.NOT.和单目操作的负数符号（–）。
- undefined，未定义的实体。没有定义值的数据实体。
- unformatted file，未格式化文件。含有一系列位模式的文件，这些位模式是计算机主存部分的直接备份。未格式化文件与处理机有关系，在产生它们的特定类型处理机上，仅可以用未格式化 WRITE 语句产生这类文件，用未格式化 READ 语句读取这类文件中的记录。
- unformatted input statement，未格式化输入语句。未格式化的 READ 语句。
- unformatted output statement，未格式化输出语句。未格式化的 WRITE 语句
- unformatted READ statement，未格式化 READ 语句。不含有格式描述符的 READ 语句，未格式 READ 语句直接把外部设备上的位模式传入存储器，不作任何解释。
- unformatted record，未格式化记录。记录由从计算机主存部分直接备份来的一系列位模式组成。未格式化记录与处理机有关，在产生它的特定的处理机上，未格式化记录仅可以用未格式化 WRITE 语句产生，被未格式化 READ 语句读取。
- unformatted WRITE statement，未格式化 WRITE 语句。未格式化 WRITE 语句不含格式描述符。未格式化 WRITE 语句把内存中的位模式直接传送给外部的设备，而不做任何解释。
- Unicode，国际字符编码方案，简称万国码，用两个字节表示每个字符。Unicode 系统可以表示 65，536 个不同的字符。前 128 个 Unicode 字符表示的是 ASCII 字符集，其他字符块用于表示其他各种语言，如中文、日文、希伯来语、阿拉伯语和印地语。
- uninitialized array，未初始化数组。数组，它的某些或全部元素没有初始化。
- uninitialized variable，未初始化变量。已经在类型声明语句中定义、但是没有赋值的变量。
- unit，单位。输入/输出的最小单位。
- unit specifier，单元说明符。指定输入或输出设备上将发生操作的单元的描述符。
- unit testing，单元测试。独立测试单个过程的处理过程，此时还没有把过程集成到最终的程序中。
- unlimited polymorphic，无限制多态性。指针或形参声明为 CLASS（*）形式，就是无限制多态性，因为此时指针或形参可以与任何类的对象匹配。
- upper bound，上界。数组下标允许取的最大值。
- USE association ，USE 关联。使模块的内容有效地用于程序单元中的方法。
- USE statement，USE 语句。引用模块的语句，以便使模块的内容在含有它的程序中有效使用。
- User-defined function，用户自定义函数。用户编写的函数。
- Utility method，实用方法。一种方法，其中有完成一些功能的对象，但对象不直接被用户调用。
- value separator，数值分隔符。在表控输入列表中用于分割数据值的逗号、空格、斜线或记录结束符。
- variable，变量。程序执行期间值可以改变的数据对象。
- variable declaration，变量声明。变量的类型声明，还可以可选的声明变量的属性。

- vector，矢量（向量）。一维数组。
- vector subscript，矢量（向量）下标。通过一维数组指明部分数组的方法，这个一维数组含有包含在部分数组中的元素下标。
- volatile memory，易失内存。当断电时，内存被擦除的内存单元。
- well-conditioned system，良态系统。一个方程系统，它的答案相对来说对系数值的微小改变、或截尾和四舍五入处理不灵敏。
- while loop，当循环（当型循环）。不确定执行次数的循环，直到指定的条件被满足才结束。
- whole array，整个数组。有名字的数组。
- WHERE construct，WHERE 结构。在掩蔽数组赋值中使用的结构。
- word，字。特定计算机上存储器的基本单位。字的大小随处理机的不同而不同，但通常长度是 16，32 或 64 位。
- work array，工作数组。正在用的数组，用于存储中间结果的临时数组。在现代 Fortran 中它已作为自动数组来实现。
- worker image，工作者映像。优化数组 Fortran（CAF）程序中的第 2-n 个映像。

附录F

各章测验的答案

测验 1-1

1.（a）11011_2　（b）1011_2　（c）100011_2　（d）1111111_2

2.（a）14_{10}　（b）85_{10}　（c）9_{10}

3.（a）162655_8 或 $E5AD_{16}$　（b）1675_8 或 $3BD_{16}$　（c）113477_8 或 $973F_{16}$

4. $131_{10}=10000011_2$，于是第 4 位是 0。

5.（a）ASCII：M　（b）ASCII：{　（c）ASCII：（不常用）

6.（a）-32768　（b）32767

7. 是的，4 字节实型变量存储的数据比 4 字节整型变量的数据更大。在实型变量中 8 位指数可以表示的值是 10^{38} 大，4 字节整型变量仅可以表示的值的是 2，147，483，647（大约是 10^9）。为了这样做，当整型变量有 9 到 10 个十进制位精度值时，实型变量的精度限制为 6 或 7 位精度的十进制数。

测验 2-1

1. 有效整型常数。

2. 无效——逗号不允许出现在常数之间。

3. 无效——实型常数必须有小数点。

4. 无效——在用单引号括住的字符串中的单引号必须双倍出现。正确的形式是：'That's ok! '或"That's ok!"。

5. 有效整型常数。

6. 有效实型常数。

7. 有效字符常数。

8. 有效字符常数。

9. 无效——字符常数必须用对称的单引号或双引号括住。

10. 有效字符常数。

11. 有效实型常数。

12. 无效——用 E 符号而不是^表示实型指数。

13. 相同。

14. 相同。

15. 不同。

16. 不同。

17. 有效程序名。

18. 无效——程序名必须用字母开头。

19. 有效整型变量。

20. 有效实型变量。

21．无效——名字必须用字母开头。

22．有效实型变量。

23．无效——名字必须用字母开头。

24．无效——没有双冒号（::）出现。

25．有效。

测验 2-2

1．顺序是（1）指数运算，从右到左运算；（2）乘法和除法，从左到右运算；（3）加法和减法，从左到右运算。圆括号可以修改这些顺序，首先计算在括号中的项目，且内括号中的计算优先执行。

2．（a）合法：结果=12；（b）合法：结果=42；（c）合法：结果=2；（d）合法：结果=2；（e）非法：被 0 除；（f）合法：结果=–40.5，注意这个结果合法是因为在操作符优先顺序中指数运算优于负号，它的等效表达式是：–（3.**（4./2.）），负数的实数指数运算无关；（g）合法：结果=0.111111；（h）非法：两个操作符不该相邻。

3．（a）7；（b）–21；（c）7；（d）9

4．（a）合法：结果=256；（b）合法：结果=0.25；（c）合法：结果=4；（d）非法：负实数不该出现在实型指数运算中；（e）合法：结果=0.25；（f）合法：结果=–0.125

5．语句是非法的，因为它们试图把一个数值赋给常量 k

6．结果=43.5

7．a=3.0；b=3.333333；n=3

测验 2-3

1．`r_eq=r1+r2+r3+r4`

2．`r_eq = 1. / ( 1./r1 + 1./r2 + 1./r3 + 1./r4 )`

3．`t = 2. * pi * SQRT( l / g )`

4．`v = v_max * EXP( - alpha * t ) * COS( omega * t )`

5．$d=\frac{1}{2}at^2+v_0t+x_0$

6．$f=\frac{1}{2\sqrt{LC}}$

7．$E=\frac{1}{2}Li^2$

8．结果是

126　5.000000E-02

保证可以解释为什么是等于 0.05!

9．结果如下。你能解释为什么通过 READ 语句给每个变量赋值吗？

1　3　180　2.000000　30.000000　3.4899499E-02

测验 3-1

1．（a）合法：结果= .FALSE.；（b）非法：.NOT.仅可以用来处理逻辑值；（c）合法：结果= .TRUR.；（d）合法：结果= .TRUR.（因为.NOT.是在.AND.之前计算）；（e）合法：结果= .TRUE.；（f）合法：结果= .TRUR.；（g）合法：结果= .FALSE.；（h）非法：.OR. 仅可以用来处理逻辑值

2．将打印 F（即为假），因为当 k=2 时，i+j=4，于是表达式 i+j==k 的值是假。

测验 3-2

1.
```
IF ( x >= 0. ) THEN
   sqrt_x = SQRT( x )
   WRITE (*,*) 'The square root of x is ', sqrt_x
ELSE
   WRITE (*,*) 'Error--x < 0!'
   sqrt_x = 0.
END IF
```

2.
```
IF ( ABS(denominator) < 1.0E-10 ) THEN
   WRITE (*,*) 'Divide by zero error!'
ELSE
   fun = numerator / denominator
   WRITE (*,*) 'FUN = ', fun
END IF
```

3.
```
IF ( distance > 300. ) THEN
   cost = 70. + 0.15 * ( distance - 300. )
ELSE IF ( distance > 100. ) THEN
   cost = 30. + 0.20 * ( distance - 100. )
ELSE
   cost = 0.30 * distance
END IF
average_cost = cost / distance
```

4. 这些语句不正确，在 IF （VOLTS < 105.）前面没有 ELSE。

5. 这些语句正确，它们将打印出警告信息，因为 warn 是真，尽管没有超过速度的限制值。

6. 这些语句不正确，因为实型值被用来控制 CASE 语句的操作。

7. 这些语句正确，它们将打印出信息'Prepare to stop.'。

8. 技术上这些语句正确，但是它们不会如期完成任务。假如温度大于 100o，那么用户大概要打印出'Boiling point of water exceeded'，但是实际打印出的是'Human body temperature exceeded'，因为 F 结构执行第一个真值分支。假如温度大于 100o，它也一定大于 37o。

测验 4-1

1. 6
2. 0
3. 1
4. 7
5. 6
6. 0
7. ires = 10
8. ires = 55
9. res=10（注意，一旦 ires=10，循环将开始执行，不管循环执行多少遍，ires 永不会被修改）。
10. ires=100
11. ires=60
12. 无效：这些语句重复定义循环中的 DO 循环控制变量 i。

13．有效。

14．非法：DO 循环发生交叉。

测验 4-2

1.（a）合法：结果= .FALSE.；（b）合法：结果=.TRUE.；（c）合法：结果=’Hello there’；（d）合法：结果='Hellothere'

2.（a）合法：结果='bcd'；（b）合法：结果='ABCd'；（c）合法：结果=.FALSE.；（d）合法：结果=.TRUR.；（e）非法：不等把字符串与整数相比较；（f）合法：结果=.TRUE.；（g）合法：结果=.FALSE.

3．str3 的长度是 20，于是第一条 WRITE 语句输出 20，str3 的内容是'Hello World'（中间有 5 个空格），于是整个字符的长度是 15。在下一组的操作之后，str3 的内容是'HelloWorld'，于是 WRITE 语句打印出 20，且第四条 WRITE 语句打印出 10。

测验 5-1

注意：测验中的每个 FORMAT 语句有多种书写方案，这里只是其中之一。下面每道题目的答案也只是关于这些问题的多个正确的答案中的一个。

1．
```
WRITE (*,100)
100 FORMAT (24X,'This is a test!')
```
2．
```
WRITE (*,110) i, j, data1
100 FORMAT (/,2I10,F10.2)
```
3．
```
WRITE (*,110) result
110 FORMAT (T12,'The result is ',ES12.4)
```
4．
```
-.0001*********    3.1416
----|----|----|----|----|----|
    5   10   15   20   25   30
```
5．
```
.000     .602E+24    3.14159
----|----|----|----|----|----|----|
    5   10   15   20   25   30   35
```
6．
```
*********   6.0200E+23   3.1416
----|----|----|----|----|----|-
    5   10   15   20   25   30
```
7．
```
32767
    24
*****
----|----|----|----|----|----|
    5   10   15   20   25   30
```
8．
```
   32767 00000024   -1010101
----|----|----|----|----|----|
    5   10   15   20   25   30
```
9．
```
ABCDEFGHIJ  12345
----|----|----|----|----|----|
    5   10   15   20   25   30
```
10．
```
        ABC12345IJ
----|----|----|----|----|----|
    5   10   15   20   25   30
```
11．
```
ABCDE 12345
----|----|----|----|----|----|
    5   10   15   20   25   30
```

12．正确——所有格式描述符与变量类型匹配。

13．不正确——格式描述符与变量 test 和 ierror 的类型不匹配。

14．这个程序跳到页面的顶端，输出下列数据。

```
   Output Data
   ============
POINT( 1) =    1.200000   2.400000
POINT( 2) =    2.400000   4.800000
----|----|----|----|----|----|----|----|
    5   10   15   20   25   30   25   40
```

测验 5-2

注意：测验中的每个 FORMAT 语句有多种书写方案，这里只是其中之一。下面每道题目的答案也只是关于这些问题的多个正确的答案中的一个。

1.
```
READ (*,100) amplitude, count, identity
100 FORMAT (9X,F11.2,T30,I6,T60,A13)
```

2.
```
READ (*,110) title, i1, i2, i3, i4, i5
110 FORMAT (T10,A25,/(4X,I8))
```

3.
```
READ (*,120) string, number
120 format (t11,a10,///,t11,i10)
```

4. a = 1.65 x 10^{-10}, b = 17., c = -11.7

5. a = -3.141593, b = 2.718282, c = 37.55

6. i = -35, j = 6705, k = 3687

7. string1 = 'FGHIJ', string2 = 'KLMNOPQRST', string3 = 'UVWXYZ0123', string4 = ' _TEST_ 1'

8．正确。

9．正确。这些语句从一行信息的第 60-74 列读入整数 junk 的值，且从下一行的第 1 到 15 列读入实型变量 scratch 的值。

10．不正确，因为错用格式 I6 描述符读入实型变量 elevation 的值。

测验 5-3

1.
```
OPEN (UNIT=25, FILE='IN052691', ACTION='READ', IOSTAT=ierror, &
    IOMSG=msg)
IF ( istat /= 0 ) THEN
  WRITE (*,'(A,I6)') 'Open error on file. IOSTAT = ', ierror
  WRITE (*,'(A)') msg
ELSE
  ...
END IF
```

2.
```
OPEN (UNIT=4, FILE=out_name, STATUS='NEW', ACTION='WRITE', &
IOSTAT=istat, IOMSG=msg)
```

3.
```
CLOSE (UNIT=24)
```

4.
```
READ (8,*,IOSTAT=istat) first, last
IF ( istat < 0 ) THEN
  WRITE (*,*) 'End of file encountered on unit 8.'
END IF
```

5.
```
DO i = 1, 8
  BACKSPACE (UNIT=13)
END DO
```

6．不正确，文件 data1 已经被替代，没有数据可读入。

7．不正确，不能在给临时文件指定文件名。

8．不正确，在临时文件中没有什么可读，因为当打开它时才创建文件。

9．不正确，不能把实型数值当成为输入/输出数据

10．正确

测验 6-1

1．15

2．256

3．41

4．有效。数组将用数组构建器中的数值初始化。

5．有效。数组中的所有数值将初始化为 0。

6．有效。数组中的 10 的倍数位置的值被初始化为 1000，所有其他的值每初始化为 0，然后打印出数值，且每行打印 10 个数值。

7．无效。数值不一致，因为 array1 是有 11 个元素，array2 有 10 个元素。

8．有效。数组 in 的 10 的倍数位置的元素将被依次初始化为 10，20，30 等，所有其他元素被初始化为 0。有 10 个元素的数组 sub1 被初始化为 10，20，30，…，100，有 10 个元素的数组 sub2 被初始化为 1，2，3，…，10。操作将执行，因为 sub1 和 sub2 是一致的。

9．很可能有效。将打印出数组 error 的数值，但是，因为 error（0）没被初始化，不知道会打印出什么，甚至也不知道打印数组元素的值是否会引出 I/O 错。

10．有效。数组 ivec1 将初始化为 1，2，…，10，数组 ivec2 被初始化为 10，9，…，1，数组 data1 被初始化为 1.，4.，9.，…，100。WRITE 语句间打印出 100.，81.，64.，…，1.，因为矢量下标的使用。

11．可能无效。这些语句将正确编译，但是可能不能实现程序员的目标。创建有 10 个元素的数组 mydata，每个 READ 语句为整个数组读入取值，于是数组 mydata 将被初始化 10 次（达到输入 100 个值），用户则可能是希望每个数组元素仅被初始化一次。

测验 7-1

1．对 ave_sd 的调用是错。在调用程序中第二个参数声明为整型，但是在子例程中它却是实型。

2．这些语句是有效的。当执行完子例程，string2 含有字符串 string1 的镜像值。

3．这些语句是错的。子例程 SUB3 使用有 30 个元素的数组，但是调用程序时，仅给数组传来 25 个值。也即，子例程使用了不定大小的形参数组，在所有新程序中应该不这样做。

测验 7-2

1．如果在模块中定义数据值，且有两个或多个过程 USE 这个模块，它们都能看见和共享这些数据。这是在一组相关过程中共享私用数据的简便方法，如习题 7-4 中的 random0 和 seed。

2．如果过程放在模块中，用 USE 关联访问，那么它们将有显式接口，允许编译器捕捉调用序列中的许多错误。

3．该程序中没有错误，通过模块 mydata 实现主程序和子例程共享数据。程序的输出是 a（5）=5.0。

4．这个程序无效。用常数作为第二个参数调用子例程 sub2，而参数在子例程中它被声明为 INTENT（OUT）。编译器将捕获这个错误，因为子例程是在用 USE 关联可访问的模块。

测验 7-3

1．
```
REAL FUNCTION f2(x)
IMPLICIT NONE
REAL, INTENT(IN) :: x
f2 = (x -1.) / (x + 1.)
END FUNCTION f2
```

2．
```
REAL FUNCTION tanh(x)
IMPLICIT NONE
REAL, INTENT(IN) :: x
tanh = (EXP(x)-EXP(-x)) / (EXP(x)+EXP(-x))
END FUNCTION tanh
```

3．
```
FUNCTION fact(n)
IMPLICIT NONE
INTEGER, INTENT(IN) :: n
INTEGER :: fact
INTEGER :: i
fact = 1.
DO i = n, 1, -1
 fact = fact * i
END DO
END FUNCTION fact
```

4．
```
LOGICAL FUNCTION compare(x,y)
IMPLICIT NONE
REAL, INTENT(IN) :: x, y
compare = (x**2 + y**2) > 1.0
END FUNCTION compare
```

5．这个函数错，因为永远不初始化 sum，在 DO 循环执行之前必须设置 sum 为 0。

6．这个函数无效。参数 s 是 INTENT（IN），但是它的值在函数中被修改了。

7．这个函数是有效的。

测验 8-1

1．645 个元素。有效取值范围是 data_input（–64，0）到 data_input（64，4）。

2．210 个元素。有效取值范围是 filenm（1，1）到 filenm（3，70）。

3．294 个元素。有效取值范围是（–3，–3，1）到（3，3，6）。

4．无效。数组构建器与数组 dist 不一致。

5．有效。dist 用数组构建器中的数值初始化。

6．有效。数组 data1，data2 和 data_out 都一致，于是这个加法是有效的。第一个 WRITE 语句打印出 5 个值：1.，11.，11.，11.，11.，第二个 WRITE 语句打印出两个值：11.，11。

7．有效。这些语句初始化数组，然后通过 list1=［1，4，2，2］和 list2=［1，2，3］指定选择的子集合，结果的数组部分是

$$\text{array（list1，list2）}=\begin{bmatrix} array(1,1) & array(1,2) & array(1,3) \\ array(4,1) & array(4,2) & array(4,3) \\ array(2,1) & array(2,2) & array(2,3) \\ array(2,1) & array(2,2) & array(2,3) \end{bmatrix}$$

$$\text{array（list1，list2）}=\begin{bmatrix} 11 & 21 & 31 \\ 14 & 24 & 34 \\ 12 & 22 & 32 \\ 12 & 22 & 32 \end{bmatrix}$$

8．无效。在赋值符号的左边不该有多-一的部分数据。

9．前三行的数据被读入数组 input，但是是按列序读入数据，于是 mydata（1，1）=11.2，mydata（2，1）=16.5，mydata（3，1）=31.3，等，mydata（2，4）=15.0。

10．前三行的数据被读入数组 input，但是是按列序读入数据，于是 mydata（0，2）=11.2，mydata（1，2）=16.5，mydata（2，2）=31.3，等，mydata（2，4）=17.1。

11．前三行的数据被读入数组 input，这次，数据按行序读入，于是 mydata（1，1）=11.2，mydata（1，2）=16.5，mydata（1，3）=31.3，等，mydata（2，4）=17.1。

12．前三行的数据被读入数组 input，这次，数据按行序读入，但是仅有每行的前 5 个值用 READ 语句读入。下一个 READ 语句开始读取输入行上的第一个值，因此 mydata（2，4）=11.0。

13．-9.0

14．数组的 mydata 的维度是 2。

15．数组的结构是 3×5。

16．数组 data_input 的第一维的宽度是 129。

17．15

测验 8-2

1．`LBOUND(values,1) = -3, UBOUND(values,2) = 50, SIZE(values,1) = 7, SIZE(values) = 357, SHAPE(values) = [7,51]`

2．`UBOUND(values,2) = 4, SIZE(values) = 60, SHAPE(values) = [3,4,5]`

3．`MAXVAL(input1) = 9.0, MAXLOC(input1) = [5,5]`

4．
```
SUM(arr1) = 5.0, PRODUCT(arr1) = 0.0,
  PRODUCT(arr1, MASK=arr1 /= 0.) = -45.0, ANY(arr1>0) = T,
  ALL(arr1>0) = F
```

5．打印输出的值是：`SUM(arr2, MASK=arr2 > 0. ) =20.0`

6．
```
REAL, DIMENSION(5,5) :: input1
FORALL ( i=1:5, j=1:5 )
  input1(i,j) = i+j-1
END FORALL
WRITE (*,*) MAXVAL(input1)
WRITE (*,*) MAXLOC(input1)
```

7．无效。WHERE 结构中的表达式与掩码语句中的不一样。

8．无效。在初始化之前，必须给数组 time 分配空间。

9．有效。由于数组未分配地址，ALLOCATED 函数的结果是 FALSE，WRITE 语句的输出是 F（假）。

测验 9-1

1．当调用过程之间希望局部数据的取值不被修改，所有过程就应该使用 SAVE 语句或 SAVE 属性。若调用之间要求所有局部变量的取值保持不变，就应该用 SAVE 属性声明局部变量。

2．自动数组是过程中的局部数组，通过调用时传递给过程的变量来扩展它。每次调用过程时自动创建数组，每次过程退出自动销毁数组，自动数组用作过程中的临时存储空间，动态数组是用 ALLOCATABLE 属性来声明的数组，且用 ALLOCATE 语句来分配空间。动态数组比自动数组更通用和灵活，因为它出现在主程序或过程中。如果不用了，动态数组空间可以回收，动态数组被用来实现主程序存储空间的分配。

3．不定结构形参的优点（相比于不定大小的数组而言）是它们可以用于整个数组的操作、数组内置函数和数组部分。它们比显式结构形参数组更简单，因为每个数组的边界值不必传递给过程。它们的唯一缺点是必须使用显式接口。

4．这个程序可以在很多处理机上运行，但是有两个潜在的严重问题。第一，变量 isum 的值从没初始化，isum 在调用 sub1 之间没存储。当运行它时，它将初始化数组的值为 1，2，…，10。

5．这个程序可以运行。当输出数组 b 时，它将含有下列值：

$$b=\begin{bmatrix} 2. & 8. & 18. \\ 32. & 50. & 72. \\ 98. & 128. & 162. \end{bmatrix}$$

6．这个程序是无效的。子例程 sub4 使用了不定结构的数组，却没有使用显式接口。

测验 10-1

1．假。

2．假。

3．假。

4．这些语句是合法的。

5．这个函数是合法的，对它提供了一个显式接口。自动长度的字符函数必须有显式接口。

6．变量 name 将含有字符串：

```
'JOHNSON   ,JAMES      R'.
```

7．`a = '123';  b = 'ABCD23 IJKL'`

8．ipos1 = 17，ipos2 = 0，ipos3 = 14，ipos4 = 37

测验 10-2

1．有效。结果是–1234，因为 buff1（10:10）是'J'，不是'K'。

2．有效。在这些语句之后，outbuf 含有

```
'       123        0         -11          '
```

3．语句是有效的。Ival1=456789，ival2=234，rval3=5678.90。

测验 11-1

1．本问题的答案与处理机有关，必须参考你所用的特定编译器的使用手册。

2．（–1.980198E-02，–1.980198E-01）

3．
```
PROGRAM complex_math
!
```

```
! 目标:
!  完成复数运算:
!    D = ( A + B ) / C
!  这里,A = ( 1., -1.)
!      B = (-1., -1.)
!      C = (10., 1.)
!  不用 COMPLEX 数据类型
!
IMPLICIT NONE
!
REAL :: ar = 1., ai = -1.
REAL :: br = -1., bi = -1.
REAL :: cr = 10., ci = 1.
REAL :: dr, di
REAL :: tempr, tempi
CALL complex_add ( ar, ai, br, bi, tempr, tempi )
CALL complex_divide ( tempr, tempi, cr, ci, dr, di )
WRITE (*,100) dr, di
100 FORMAT (1X,'D = (',F10.5,',',F10.5,')' )
END PROGRAM complex_math
SUBROUTINE complex_add ( x1, y1, x2, y2, x3, y3 )
!
! 目的:
! 子例程:完成两个复数(x1, y1)和 (x2, y2) 相加,
!  结果保存到 (x3, y3)
!
IMPLICIT NONE
REAL, INTENT(IN) :: x1, y1, x2, y2
REAL, INTENT(OUT) :: x3, y3
x3 = x1 + x2
y3 = y1 + y2
END SUBROUTINE complex_add
SUBROUTINE complex_divide ( x1, y1, x2, y2, x3, y3 )
!
! 目的:
!  子例程:实现两个复数 (x1, y1) 和(x2, y2)相除,
!  结果保存到 (x3, y3)
!
IMPLICIT NONE
REAL, INTENT(IN) :: x1, y1, x2, y2
REAL, INTENT(OUT) :: x3, y3
REAL :: denom
denom = x2**2 + y2**2
x3 = (x1 * x2 + y1 * y2) / denom
y3 = (y1 * x2 - x1 * y2) / denom

END SUBROUTINE complex_divide
```

用复数数据类型解决本问题比用复数操作和实数的定义更容易。

测验 12-1

1.
```
WRITE (*,100) points(7)%plot_time%day, points(7)%plot_time%month, &
        points(7)%plot_time%year, points(7)%plot_time%hour, &
        points(7)%plot_time%minute, points(7)%plot_time%second
100 FORMAT (I2.2,'/',I2.2,'/',I4.4,' ',I2.2,':',I2.2,':',I2.2)
```

2.
```
WRITE (*,110) points(7)%plot_position%x, &
      points(7)%plot_position%y, &
      points(7)%plot_position%z
 110 FORMAT (' x = ',F12.4, ' y = ',F12.4, ' z = ',F12.4 )
```

3. 为计算时间的差值，必须把两点的时间值相减，注意时、分、秒时间的不同。下列代码在做减法前把时间全转换为秒，还假设操作发生的前后时间点在同年同月的同一天（要把它扩展到处理任意某年、某月和某天的时间点是很容易的，但是计算时必须用双精度的实数运算）。为计算正确的差值，使用如下公式

$$\text{dpos} = \sqrt{(x_2 - x_1)^2 + (y_2 - y_1)^2 + (z_2 - z_1)^2}$$

```
time1 = points(2)%plot_time%second + 60.*points(2)%plot_time%minute &
      + 3600.*points(2)%plot_time%hour
time2 = points(3)%plot_time%second + 60.*points(3)%plot_time%minute &
      + 3600.*points(3)%plot_time%hour
dtime= time2 - time1
dpos = SQRT ( &
     (points(3)%plot_position%x - points(2)%plot_position%x )**2 &
   + (points(3)%plot_position%y - points(2)%plot_position%y )**2 &
   + (points(3)%plot_position%z - points(2)%plot_position%z )**2 )
rate = dpos / dtime
```

4. 有效。这条语句打印出所有存储点信息的数组第一个元素的组成部分。

5. 无效。格式描述符与 points（4）中的数据的次序不匹配。

6. 无效。内置操作不可以用于派生数据类型的定义，plot_position 组件是派生数据类型。

测验 13-1

1. 对象作用域是定义该对象的 Fortran 程序的一部分。四级作用域是：全局的、局部的、块中的和语句中的。

2. 宿主关联是一个处理过程，通过它将可以使宿主作用域中的数据实体在内部作用域中有效。假如在宿主作用域中定义了变量和常量，那么除非有同样名字的另一个对象被显式地定义在内部作用域中，否则那些变量和常量会被所有内部作用域继承。

3. 当执行这个程序 z=3.666667。初始时，z 设置为 10.0，然后调用函数 fun1（z），这个函数是内部函数，于是通过宿主关联，它继承派生类型变量 xyz 的值。由于 xyz%x=1.0，xyz%z=3.0，函数计算（10.+1.）/3.=3.666667，然后函数的结果被存储到变量 z 中。

4. i=20。第一条执行语句变 i 为 27，第四条执行语句把它减去 7，产生最终答案（在第三条语句中的 i 的作用域仅是语句范围的，于是不影响主程序中 i 的值）。

5. 这个程序是非法的。程序名 abc 在程序中必须是唯一的。

6. 递归过程是可以调用自己的过程。在 SUBROUTINE 或 FUNCTION 语句中用 RECURSIVE 关键字声明递归过程。假如，递归过程是函数，那么 FUNCTION 语句还应该含有一条 RESULT 子句。

7. 该函数是非法的。应声明函数名的类型，而不是声明函数结果值 sum 的类型。

8. 关键字参数是形式为 KEYWORD=value 的调用参数，这里 KEYWORD 是在过程定义中用来声明形参的名字，value 是调用过程时传递给形参的数值。假如调用过程有显式接口，那么才要用关键参数。关键参数用来允许指定不同顺序的调用参数，或仅指定某些可选参数。

9. 可选参数是调用过程时不是必须出现的参数，但是如果它们出现，将被使用。假如调用的过程有显式的接口，就必须使用可选参数。每次调用过程时，不一定需要输入或输出数

据，就该用可选参数。

测验 13-2

1．接口块是为独立编译的外部过程指定显式接口的方法。它由 INTERFACE 语句和 END INTERFACE 语句组成。在这两条语句之间是声明一系列过程调用的语句，包括次序、类型和每个参数的目的。接口块可以放在调用的程序单元的声明部分，或放在模块中，此时那个模块可以通过 USE 关联的调用程序单元来访问。

2．因为过程可能是用其他版本的 Fortran 语言编写的，或因为过程必须能用在 Fortran 90（以及以后的版本）和老式的 FORT RAN 77 应用程序中，所以程序员可以选择为过程创建一个接口块。

3．接口体含有 SUBROUTINE 或 FUNCTION 语句，声明过程的名字和它的形参，随有每个形参的类似声明语句，还包括 END SUBROUTINE 或 END FUNCTION 语句。

4．这个程序有效。为 x1 和 x2 定义的乘法不会彼此干涉，因为它们的作用域不同。当执行程序时，结果是：

```
This is a test.    613.000   248.000
```

5．用命名的接口块定义通用过程。通用过程的名字在 INTERFACE 语句中指定，所有可能的调用序列在接口块的语句体中指定。每个特定的过程必须通过一些不可选调用参数来和其他特定过程区别开来。假如通用接口块出现在模块中，并相应的特定过程也定义在模块中，那么用 MODULE PROCEDURE 语句把它们当成为通用过程的一部分来指定。

6．在类型定义中用 GENERIC 语句定义通用边界检测过程。GENERIC 语句将声明通用过程的名字，后随关联它的特定过程的列表：

```
TYPE :: point
  REAL :: x
  REAL :: y
CONTAINS
  GENERIC :: add => point_plus_point, point_plus_scalar
END TYPE point
```

7．这个通用接口是非法的，因为标识了两个特定过程的形参中的数字、类型和参数序列。两个形参集合必须有差别，以便编译器可以判断要用哪个过程。

8．当两个特定过程和通用过程（或定义的操作符）出现在同一个模块中，MOUDLE PROCEDURE 语句被用于指定一个特定过程是通用过程（或定义的操作符）的一部分。用它是因为模块中的所有过程自动拥有显式接口。在通用接口块中重新指定接口会使得过程的显式接口被再次声明，这是错误的。

9．当用 INTERFACE ASSIGNMENT 块声明用户自定义赋值时，会用 INTERFACE OPERATOR 块声明用户自定义操作符。

通过含有一个参数或两个参数的函数实现用户自定义操作符（分别是单目操作符和双目操作符）。函数的参数必须有 INTENT（IN）属性，函数的结果是操作的结果。用含有两个参数的子例程来实现用户自定义赋值，第一个参数必须有 INTENT（OUT）或 INTENT（IN OUT）属性，第二个参数必须有 INTENT（IN）属性，第一个参数是赋值操作的结果。

10．用 PUBLIC，PRIVATE 和 PROTECTED 语句或属性控制对模块内容的访问。人们要求限制某些用户自定义数据类型的内部组件的访问、或限制对用户自定义操作符实现过程或用户自定义赋值过程的直接访问，因此这些项目可以被声明为 PRIVATE。PROTECTED 访问允许使用变量，但不可修改变量，于是它可以有效地实现在定义变量的模块外对变量仅实现只读操作。

11．由于模块是 PUBLIC 的，所以可以默认访问其中的项目。

12．对 USE 关联的模块中的项目进行访问的程序单元可以用 USE 中的 ONLY 子句来限制对模块的访问。如果模块中的公用项目有与程序单元中局部项目同样的名字，那么程序员希望用这种方法限制访问，以避免冲突。

13．对 USE 关联的模块中的项目进行访问的程序单元可以通过 USE 语句中的=>选项重命名模块中的项目，如果模块中的公用项目有与程序单元中局部项目同样的名字，那么程序员希望重命名项目，以避免冲突。

14．这个程序是非法的，因为程序试图修改保护值 t1%z。

测验 14-1

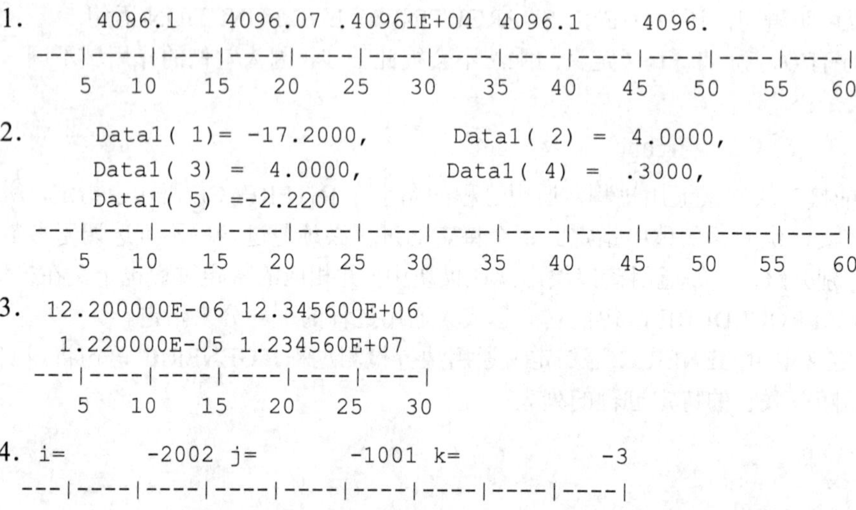

1.
```
    4096.1    4096.07 .40961E+04 4096.1     4096.
---|----|----|----|----|----|----|----|----|----|----|----|
   5   10   15   20   25   30   35   40   45   50   55   60
```

2.
```
     Data1( 1)= -17.2000,        Data1( 2) =  4.0000,
     Data1( 3) =  4.0000,        Data1( 4) =  .3000,
     Data1( 5) =-2.2200
---|----|----|----|----|----|----|----|----|----|----|----|
   5   10   15   20   25   30   35   40   45   50   55   60
```

3.
```
 12.200000E-06 12.345600E+06
  1.220000E-05 1.234560E+07
---|----|----|----|----|----|
   5   10   15   20   25   30
```

4.
```
i=        -2002 j=          -1001 k=             -3
---|----|----|----|----|----|----|----|----|
   5   10   15   20   25   30   35   40   45
```

测验 14-2

1．格式化文件含有的信息是 ASCII 或 Unicode 字符。格式化文件中的信息可以用文本编辑器读取。相反，未格式化文件含有完全以计算机存储器中位模式拷贝的形式存储的信息，它的内容不容易检测。格式化文件适于在处理机之间移植，但是它们占用的空间相对更大，需要更多的处理机时间来完成输入和输出的转换。未格式化文件更紧凑，输入和输出效率更高，但是它们在不同处理机之间很难移植。

2．直接存取文件的记录可以按随机顺序读和写。顺序存取文件的记录必须顺序地读和写。按随机顺序访问的数据更适合用直接存取的文件存储，但是直接访问文件中的每条记录的长度必须相同。按连续顺序读和写的数据更适合用顺序存取文件来存储，但是却很不适合做随机访问。顺序存取文件中记录的长度可变。

3．INQUIRE 语句被用来找回文件的信息。信息可以通过（1）文件名（2）输入/输出单元编号找回，INQUIRE 语句的第三种形式是 IOLENGTH 形式，它按处理机能接受的单位长度计算未格式化直接访问文件中记录的长度。

4．无效。对临时文件使用文件名是非法的。

5．无效。当打开直接存取文件时，必须指定 RECL=子句。

6．无效。默认的，直接存取文件按未格式化形式打开。格式化 I/O 操作不能在未格式化文件上完成。

7．无效。默认的，顺序存取的文件按格式化形式打开。未格式化 I/O 操作不能在格式化文件上完成。

8．无效。文件名或者输入/输出单元用 INQUIRE 语句来指定，但是不能同时指定两者。

9．文件'out.dat'的内容是

```
&LOCAL_DATA
A = -200.000000 -17.000000 0.000000E+00 100.000000 30.000000
B =   -37.000000
C =  0.000000E+00
/
```

测验 15-1

1．指针是 Fortran 变量，它含有另一个 Fortran 变量或数组的地址。目标是用 TARGET 属性声明的普通 Fortran 变量或数组，所以指针可以指向它。指针和普通变量之间的不同是指针含有的是另一个 Fortran 变量或数组的地址，而普通 Fortran 变量含有的是数据。

2．指针赋值语句把目标的地址赋给指针，指针赋值语句和普通赋值语句之间的不同是指针赋值语句把 Fortran 变量或数组的地址赋给指针，而普通赋值语句把表达式的值赋给指针指向的目标。

```
ptr1 => var  ! 把 var 的地址赋值给 ptr1
ptr1 = var  ! 把 var 的值赋值给 ptr1
```

3．指针可能的关联状态是：关联，分离和未定义。当首先定义的是指针，它的状态是未定义。可以用指针赋值语句或 ALLOCATE 语句实现指针与目标的关联。用 NULLIFY 语句、DEALLOCATE 语句使关联断开，也可以在指针赋值语句中把空指针赋给指针或 NULL（ ）函数来实现指针与目标的分离。

4．当对指针的引用出现在操作或赋值语句中时，解除引用是访问相应目标的过程。

5．通过 ALLOCATE 语句可以为指针动态分配内存。用 DEALLOCATE 语句可以回收分配的存储空间。

6．无效。这企图在 ptr2 关联到目标之前使用它。

7．无效。这条语句把目标变量 value 的地址赋值给指针 ptr2。

8．无效。指针必须与目标的类型相同。

9．有效。这条语句把目标数组 array 的地址赋给指针 ptr4，它说明 POINTRT 和 TARGET 语句如何使用。

10．有效，但是浪费内存。第一条 WRITE 语句将打印出 F（假），因为指针 ptr 没关联任何目标。第二天 WRITE 语句将打印出 T（真），后随值 137，因为用指针分配存储位置，值 137 被分配到这个位置。最后一条语句使指针为空，使得不再能访问到分配的存储位置。

11．无效。这些语句给有 10 个元素的 ptr1 数组分配空间，并赋值。数组的地址被赋给 ptr2，然后用 ptr1 回收数组。这使得 ptr2 指向无效存储位置。当执行 WRITE 语句时，结果是无法预测的。

12．有效。这些语句定义了一个派生数据类型，它含有一个指针，随后声明了一个派生数据类型的数组。然后数组每个元素中含有的指针被用于分配一个数组，初始化每个数组。最后，打印出第 4 个元素中的指针指向的整个数组，打印出第 7 个元素中的指针指向的第一个数组元素。输出结果是：

```
31 32 33 34 35 36 37 38 39 40
61
```

测验 16-1

1．面向对象编程有许多优点：

- 封装和数据隐藏。在对象中的数据不能被其他编程模块偶然或故意修改。另一个模块仅可以通过定义的接口与对象通信，就是调用对象的公用方法。这使得只要不改变接口，用户可以修改对象内部的内容，却不会影响代码的其他部分。
- 复用。因为对象是自包含的，很容易在其他工程项目中复用它们。
- 减少影响。方法和行为仅需要在超级类中编码一次，就可以被超类的子类继承。每个子类仅需要完成它和它的父类之间不同样的代码。

2．类的主要组成组件是：

- 数据项（数据域）。数据项定义类实例化对象时创建的实例变量，实例变量是封装在对象中的数据。每次从类实例化对象就创建一系列新的实例变量。
- 方法。方法实现类的行为。当其他方法是从类的超类继承来时，某些方法要在类中明确地定义。
- 析构函数。仅在销毁对象之前，才调用称为 finalizer（析构函数）的特定方法。在销毁对象前该方法完成必要的清除操作（释放资源等）。多数时候每个类有一个析构函数，但更多的时候许多类也不需要析构函数。

3．三类访问修饰符是：PUBLIC，PRIVATE 和 PROTECTED。PUBLIC 实例变量和方法可以被所有含有 USE 模块定义的过程访问。PRIVATE 实例变量和方法不能被含有 USE 模块定义的过程访问。PROTECTED 实例变量可以被含有 USE 模块定义的过程读取，但不能被写入。PRIVATE 访问修饰符常常被用于修饰实例变量，以便不可以从类的外面看见它们。PUBLIC 访问修饰符常常被用于修饰方法，以便可以从类的外面使用它们。

4．类-绑定方法是用派生数据定义中的 CONTAINS 子句来创建的。

5．析构函数是一个特殊的函数，仅在销毁对象之前才调用它。在对象销毁之前，析构函数完成所有必要的清除操作（释放资源等）。在类中可以有多个析构函数，但是毕竟大多数类不需要析构函数。在类型定义的 CONTAINS 部分添加 FINAL 关键字可以声明析构函数。

6．继承是子类从父类接受所有实例变量和绑定的方法的过程。如果新类扩展一个已经存在的类，那么从父类继承的所有实例变量和绑定的方法将自动被包含在子类中。

7．多态性是一种用多个不同子类对象工作的能力，就好像它们都是通用超类的对象。当用某个对象调用绑定方法时，程序将自动从特殊子类的对象中挑选合适版本的方法来执行。

8．抽象方法是它的接口在超级类中声明的方法，但是它的实现被推迟到从超类派生子类时。抽象方法可以被用于要完成多态性行为的地方，但是特殊的方法将总是被来自方法的派生子类重载。有一个或多个抽象方法的所有类是抽象类。不可以从抽象类派生对象，但是指针和形参可以执行或对应某个抽象类。

测验 17-1

1．不同的编译器上创建并行程序（CAF 程序，优化数组 Fortran 程序）的方法不同。对于 Intel Fortran，编译器的选项/Qcoarray：shared 指明程序应该如何并行运行和共享内存，选项/Qcoarray-num-images：n 指明有 n 个程序的并行映像在允许。对于 GNU Fortran，编译选项是-fcoarray=lib，这里 lib 是与并行程序相关的库文件。

2．SPMD（单程序流多数据流）程序模式是一种多处理器工作模式，其中每个映像完全运行同一个程序，但是不同的映像可以并行运行程序的不同部分。

3．在 CAF 程序中，每个映像可以用 this_image()函数来判断自己的映像编号。可以用 IF

语句，通过指定特殊的映像或映像的某个范围，来控制映像执行特殊的代码段。

4. 优化数组（coarray）是一个数组，其中同样大小的数组在每个映像中都分配内存空间，每个映像中的内存空间可以被每个其他的映像访问。特定映像中的数据可以被其他映像访问，这是用在需要访问的映像元素后面加上方括号中相应映像编号来实现。例如，元素 a（3，3）是映像 2 的值，可以用 a（3，3）[2] 形式访问。

5. CAF 中的映像可以与其他映像通过 SYNC 语句实现同步通信。每个映像可以与那些同样使用了 SYNC 语句的映像一起同步计算。

6. 紊乱条件是一种条件，这种条件中，两个或多个映像同时计算，但是最终的结果取决于哪个映像首先完成计算。程序可以通过设计算法，使得每个映像的功能尽可能与其他映像的功能关系不大，从而极小化紊乱条件。当映像间需要通信时，同步语句和临界区可被用来保证数据交换的一致性。

7. 临界区是一部分代码，这部分代码一次仅能由一个映像执行。如果有某部分的代码一次被多个映像访问时会产生不正确的结果，那么这部分代码就应该放入临界区，以避免可能发生的冲突。例如，假设两个变量需要被修改两次后，再进行计算来获得一致的结果，如果某个映像在第一次修改已经发生后和在第二个修改发生前读取了两个变量，计算结果就会有问题。如果计算被放置在临界区，那么只有两次变量的修改均适时修改了，才可以进行计算代码的访问，则能保证结果是一致的。

8. 这个程序将打印出需要的结果，只要有 5 个映像：主映像控制执行，其他 4 个从映像每个打印出一个结果。注意 SYNC MEMORY 语句保证了从映像在完成它们的计算前输入值已被从映像获取。试试没有 SYNC MEMORY 语句，看看会发生什么。

Fortran 语言和结构总结（可选的）

本表快速总结了一些常用 Fortran 语句和结构，其中不包括不常用和/或废弃的语句。

语句	说　明	举　例
ALLOCATE	给数组或指针分配内存空间	`ALLOCATE( x(100,100) )`
赋值语句	给变量赋值	`pi = 3.141593` `name = 'James'`

ASSOCIATE 结构	允许用结构中的短名字来访问有长名字的变量	`ASSOCIATE (x => target(i)%x, &`
		`    y => target(i)%y )`
		`  dist(i) = SQRT(x**2 + y**2)`
		`END ASSOCIATE`

BACKSPACE	文件中指针回指一条记录	`BACKSPACE (UNIT=9)`

IF 结构块	分支结构	`test: IF ( x > 0. ) THEN`
		`  res = SQRT(x)`
		`ELSE IF ( x == 0. ) THEN`
		`  res = 0.`
		`ELSE`
		`  res = SQRT(-x)`
		`END IF test`

CALL	调用子过程	`CALL sort ( array, n )`

CASE 结构 construct	互斥条件的分支	`SELECT CASE ( ii )`
		`CASE (selector_1)`
		`  block 1`
		`CASE (selector_2)`
		`  block 2`
		`CASE DEFAULT`
		`  block 3`
		`END SELECT`

CHARACTER	声明变量或有名常量的类型是 CHARACTER	`CHARACTER(len=12) :: surname`
CLOSE	关闭文件	`CLOSE (UNIT=1)`
COMPLEX	声明变量或有名常量的类型是 COMPLEX	`COMPLEX(KIND=sgl) :: cval` `COMPLEX,DIMENSION(10) :: array`
CONTAINS	指定模块或过程含有内部过程	`CONTAINS`
CRITICAL	临界区起始标记，这里一次只有允许一个映像执行	`CRITICAL`
CYCLE	跳转到循环体的开头处	`CYCLE`
DEALLOCATE	回收动态数组或指针分配到的内存	`DEALLOCATE ( x )`

DO（计数循环）结构	循环语句块，其中指定了循环次数	`DO i = 1, 6, 2`
		`  sqr(i) = i**2`
		`END DO`

DO（while 循环）结构	循环语句块，其中指定了循环次数	`DO`
		` IF ( condition ) EXIT`
		` ...`
		`END DO`

END CRITICAL	临界区的最后一条语句	`END CRITICAL`
END FUNCTION	函数的最后一条语句	`END FUNCTION myfun`

续表

语句	说　明	举　例
END MODULE	模块的最后一条语句	`END MODULE modulename`
END PROGRAM	程序的最后一条语句	`END PROGRAM progname`
END SUBROUTINE	子过程的最后一条语句	`END SUBROUTINE mysub`
ENDFILE	在文件中写文件结束标记	`ENDFILE (UNIT=lu)`
EXIT	循环末尾后面的第一条语句	`IF ( value < 0 ) EXIT`
FLUSH	将输出缓冲区写到磁盘	`FLUSH (UNIT=8)`

FORALL construct	基于隐含和索引的值执行语句	`FORALL (i=1:3, j=1:3, i > j)`
		`  arr1(i,j) = ABS(i-j) + 3`
		`END FORALL`

FORMAT	定义输入或输出数据格式的描述符	`5 FORMAT (' I = ',I6)`
FUNCTION	函数子程序的起始语句	`INTEGER FUNCTION fact(n)`
IF 语句	执行或跳转语句，取决于逻辑表达式是真还是假	`IF ( x < 0. ) x = -x / 2.`
IMPORT	导入类型定义到含有过程的接口块	`IMPORT :: a, b`
IMPLICIT NONE	撤销默认类型	`IMPLICIT NONE`
INQUIRE	用来通过名称或逻辑单元来学习有关文件的信息	`INQUIRE (NAME='x', EXIST=flag)`
INTEGER	声明变量或有名常量的类型是 INTEGER	`INTEGER :: i, j, k`

INTERFACE	创建一个显式接口，通用过程或用户定义的操作符	`INTERFACE :: sort`
		`  MODULE PROCEDURE sort_i`
		`  MODULE PROCEDURE sort_r`
		`END INTERFACE`

LOGICAL	声明变量或有名常量的类型是 LOGICAL	`LOGICAL :: test1, test2`
MODULE	模块的起始语句	`MODULE mysubs`
OPEN	打开文件	`OPEN (UNIT=10,FILE='x')`
PRIVATE	声明模块中指定的数据项不可以从模块外访问	`PRIVATE :: internal_data` `PRIVATE`
PROTECTED	声明保护模块中的对象，意味着从模块外可以使用对象，但是不可以修改对象	`PROTECTED :: x`
PROGRAM	程序的起始语句，并给程序一个命名	`PROGRAM my_program`
PUBLIC	声明模块中指定的数据项可以从模块外访问	`PUBLIC :: proc1, proc2`

READ	读入数据	`READ (12,100) rate, time`
		`READ (unit,'(I6)') count`
		`READ (*,*) nvals`

REAL	声明变量或有名常量的类型是 REAL	`REAL(KIND=sgl) :: value`
RETURN	从过程返回控制给调用例程	`RETURN`
REWIND	定位文件指针指向文件的第一个记录	`REWIND (UNIT=3)`
SAVE	在调用的子程序间，保存子程序中的局部变量	`SAVE ncalls, iseed` `SAVE`
STOP	暂停程序的执行	`STOP`

续表

语句	说　明	举　例
SUBROUTINE	子过程的起始语句	`SUBROUTINE sort (array, n)`
SYNC IMAGES() SYNC ALL	同步 CAF 程序中的一个或多个映像	`SYNC ALL` `SYNC IMAGES(*)`
TYPE	声明派生数据类型	`TYPE (point) :: x, y`
USE	使模块的内容对程序单元有效	`USE mysubs`
VOLATILE	声明通过程序中的扩展源码来随时修改变量的值	`VOLATILE :: val1`

WHERE 结构	隐式地给数组赋值	`WHERE ( x > 0. )`
		`  x = SQRT(x)`
		`END WHERE`

WRITE	输出数据	`WRITE (12,100) rate, time`
		`WRITE (unit,'(1X,I6)') count`
		`WRITE (*,*) nvals`

本表快速小结了类型声明语句使用的通用属性。

属性	说　明	举　例
ALLOCATABLE	声明数组是动态的	`REAL,ALLOCATABLE,DIMENSION(:) :: a`
DIMENSION	声明数组的秩和形状	`REAL,DIMENSION(10,10) :: matrix`
CODIMENSION	声明优化数组的秩和形状，多个正执行的映像可以动态访问它们	`REAL,CODIMENSION(*) :: a`
EXTERNAL	给程序单元的外部函数声明一个名字	`REAL,EXTERNAL :: fun1`
INTENT	指定形式参数的作用	`INTEGER,INTENT(IN) :: ndim`
INTRINSIC	给指定的内置函数声明一个名字	`REAL,INTRINSIC :: sin`
NOPASS	声明派生数据类变量，它用来调用绑定的过程时将不作为第一调用参数来传递	`PROCEDURE,NOPASS :: add`
OPTIONAL	声明形式参数是可选的	`REAL,OPTIONAL,INTENT(IN)::maxval`
NON_OVERRIDABLE	声明绑定过程不能在该类的子类中重载	`PROCEDURE, NON_OVERRIDABLE :: pr`
PARAMETER	定义命名常量	`REAL,PARAMETER :: pi = 3.141593`
PASS	声明派生数据类变量，它用来调用绑定的过程时将作为第一调用参数来传递	`PROCEDURE,PASS :: add`
POINTER	声明变量为指针	`INTEGER,POINTER :: ptr`
PRIVATE	声明对象是模块私有的	`REAL,PRIVATE :: internal_data`
PROTECTED	声明保护模块中的对象，意味着在对象定义的模块外可以使用它，但不能改变它	`REAL,PROTECTED :: x`
PUBLIC	声明模块中的对象从模块外可见	`REAL,PUBLIC :: pi = 3.141593`
SAVE	保存过程调用间的过程中的局部变量	`REAL,SAVE :: sum` `SAVE`
TARGET	声明变量可以通过指针来指定	`INTEGER,TARGET :: val1`
VOLATILE	声明可以通过程序外部的某些源码修改变量的值	`REAL,VOLATILE :: val1`

作 者 介 绍

SHEPHEN J. CHAPMAN，1975 年在路易斯安那州立大学获电子工程专业学士学位，1979 年在中佛罗里达大学获电子工程专业硕士学位，后在水稻田大学进行了进一步的研究升造。

从 1975～1980 年，他是一名美国海军官员，在弗罗里达州的奥兰多美国海军核动力学校从事电子工程专业教学。1980～1982 年，他服务于休斯顿大学，主要从事技术学院的电力系统程序运维工作。

1982～1988 年，以及 1991～1995 年，他是一名林肯技术实验室的马萨诸塞州州立研究院技术团队成员，所提供技术服务的主要基础设施位于马萨诸塞的列克星敦和马绍尔群岛共和国的夸贾林环礁现场。在那工作期间，他的任务是研究雷达信号处理系统，最终成为了夸贾林现场的四大组仪器仪表（TRADEX、ALTAIR、ALCOR 和 MMW）运维的主要领导人。

从 1988～1991 年，Chapman 先生是德克萨斯州休斯敦的壳牌开发公司研究员，在那从事地震信号处理研究，同时也服务于休斯敦大学，继续从事兼职教学工作。

Chapman 先生现在负责澳大利亚墨尔本的澳大利亚 BAE 系统的系统模型化和可操作分析工作，他是一名海军舰队反导弹攻击模型的开发团队领导人。该模型的代码已经编写了十年以上，含有超过 40 万条的 MATLAB 代码，他具有极其丰富的将 MATLAB 应用于实际问题的经验。

Chapman 先生是电力与电子工程协会（以及几个子协会）的资深会员，也是计算机械协会和（澳大利亚）工程研究会的成员。